Sources in the History of Mathematics and Physical Sciences

6

Editor: G. J. Toomer

Wolfgang Pauli, Wien 1933

WOLFGANG PAULI

Wissenschaftlicher Briefwechsel mit
Bohr, Einstein, Heisenberg u.a.
Band II: 1930–1939

Scientific Correspondence with
Bohr, Einstein, Heisenberg a.o.
Volume II: 1930–1939

Herausgegeben von / Edited by
Karl von Meyenn

Unter Mitwirkung von / With the Cooperation of
Armin Hermann   Victor F. Weisskopf

Springer-Verlag Berlin Heidelberg GmbH
1985

K. v. Meyenn
A. Hermann
Historisches Institut
Lehrstuhl für Geschichte der Naturwissenschaften und Technik
Universität Stuttgart
7000 Stuttgart
Federal Republik of Germany

V.F. Weisskopf
Department of Physics
Massachusetts Institute of Technology
Cambridge, MA 02139
USA

ISBN 978-3-662-31100-4

Library of Congress Cataloging in Publication Data
(Revised for volume 6)
Pauli, Wolfgang, 1900–1958.
Wissenschaftlicher Briefwechsel mit Bohr, Einstein, Heisenberg, u. a. = Scientific correspondence with Bohr, Einstein, Heisenberg, a. o.
(Sources in the history of mathematics and physical sciences; v. 2)
Some letters in Danish and English.
Includes bibliographical references and indexes.
Contents: Bd. I. 1919–1929 – Bd. II. 1930–1939.
1. Pauli, Wolfgang, 1900–1958. 2. Physicists – Correspondence. I. Hermann, Armin, 1933–. II. Meyenn, K. v. III. Weisskopf, Victor Frederick, 1908–. IV. Title. V. Title: Scientific correspondence with Bohr, Einstein, Heisenberg, a. o. VI. Series: Sources in the history of mathematics and physical sciences; v. 2, etc.
QC16.P37A34 530′.092′4 79–4654

ISBN 978-3-662-31100-4 ISBN 978-3-540-78801-0 (eBook)
DOI 10.1007/978-3-540-78801-0

Ursprünglich erschienen bei Springer-Verlag Berlin Heidelberg New York Tokyo 1985
Softcover reprint of the hardcover 1st edition 1985

2141/3140-543210

Inhaltsverzeichnis

Pauli und seine Assistenten an der Eidgenössischen Technischen Hochschule in Zürich: 1930–1939*

Karl von Meyenn**

Viele Physiker sind der Auffassung, daß unter allen an der Entwicklung der Quantenmechanik Beteiligten *Wolfgang Pauli* derjenige war, der das tiefste Verständnis für ihre Probleme besessen hat.[1] Seine ungewöhnliche Einwirkung auf die Entwicklung der modernen Physik verdankte *Pauli* zum großen Teil seiner gründlichen und konsequenten Vorgangsweise. Einmal als Ausgangspunkt gewählte Prinzipien sollten nach seiner Anweisung so lange beibehalten werden, bis alle Möglichkeiten der Verteidigung ausgeschöpft und alle Konsequenzen überschaubar waren.

Während andere talentierte Physiker wie *Werner Heisenberg* und *Enrico Fermi* ihren Ideenreichtum vorwiegend im Ausdenken neuer Formalismen und Theorien zur Geltung brachten, hat *Pauli* viel Zeit und Mühe mit einer sauberen Durcharbeitung der zugrunde liegenden Gedanken zugebracht und dabei stets auf die einwandfreie Übereinstimmung der Voraussetzungen mit der Erfahrung geachtet. *Paulis* Übersichtsreferate und Handbuchartikel sind eindrucksvolle Früchte derartiger Bemühungen. Doch diese Maxime war auch die Ursache, weshalb *Pauli* öfters in Gegensatz zu den Ansichten vieler seiner berühmten Zeitgenossen geriet.

Als *Pauli* im Winter 1925/26 die Uhlenbeck-Goudsmitsche Spinhypothese bekämpfte, vermeinte mancher, darin seine Unaufgeschlossenheit gegenüber einer ungewohnten neuartigen Idee zur erkennen. In Wirklichkeit waren es aber schwerwiegende theoretische Einwände und berechtigte Bedenken, die gegen die anschauliche Vorstellung eines sich drehenden Elektrons vorgebracht werden konnten. Dazu muß man sich vergegenwärtigen, daß zu diesem Zeitpunkt gerade die Heisenbergsche Quantenmechanik – die ja eine Absage an die Modellphysik beinhaltete – ihre erste Bewährungsprobe zu bestehen hatte. *Paulis* Einsatz bei der Spindebatte hat am Ende wesentlich zur Aufklärung des gesamten Problemkomplexes beigetragen, wie sich heute anhand des vorliegenden Briefwechsels nachweisen läßt.

Ein zweites Paradebeispiel, jedoch mit umgekehrtem Ausgang, ist *Paulis* Neutrinohypothese, die er 1930 zur Wahrung der Erhaltungssätze beim β-Zerfall postulierte (vgl. S. 38ff.). Seine zunächst von ihm so vorsichtig formulierte und

---

* Seitenangaben in runden Klammern beziehen sich auf den vorliegenden Band. Mit eckigen Klammern wird dagegen stets auf die entsprechenden Briefe dieser Edition verwiesen.

** *Paulis* ehemaligen Assistenten *Hendrik B.G. Casimir, Markus Fierz, Nicholas Kemmer, Ralph Kronig, Rudolf Peierls* und *Viktor F. Weisskopf* danke ich für zahlreiche Hinweise und Verbesserungsvorschläge.

[1] Siehe *Hans Bethes* Vorwort zu *V.F. Weisskopfs* ‚Selected Essays: Physics in the twentieth century; Cambridge Ma. 1972.' Dort S. XI.

mit größter Skepsis von den Physikern aufgenommene Idee gewann erst allmählich gegenüber *Bohrs* Widerstände die Oberhand. „Fast noch wichtiger als die Erhaltungssätze von Energie und Impuls bei Kernprozessen sind mir aber die Erhaltungssätze aller diskret quantisierten Größen" (S. 184), argumentierte *Pauli* damals, und als mächtigste Stütze führte er dabei die Erhaltung von Spin und Statistik des Gesamtsystems an. Und an dieser Stelle steht auch die explizite Begründung für seine zuvor schon erwähnte Vorgehensweise: „Ich möchte diese Annahmen als Arbeitshypothesen zunächst *unbedingt* festhalten und in ihren Konsequenzen verfolgen, ehe ich sie abändere" (S. 184).

Diese Denkdisziplin ist auch weiterhin ein wesentliches Merkmal für *Paulis* Arbeitsstil. In Zürich hat *Pauli* viele seiner Ideen zusammen mit seinen jeweiligen Assistenten ausgearbeitet. Ein jeder von diesen ist durch die Zusammenarbeit mit dem bedeutenden Mann geprägt worden: *Paulis* Assistenten sind seine eigentlichen Schüler.

Bis auf die Neutrinhypothese, die eigentlich erst durch *Fermi* zu einer quantitativen Theorie entwickelt worden ist, sind fast alle bedeutenden Beiträge *Paulis* aus den dreißiger Jahren in Gemeinschaft mit seinen Mitarbeitern entstanden. Diese veränderte Arbeitsweise ermöglichte ihm, weiterhin das gesamte Gebiet der sich rasch entwickelnden theoretischen Physik im Auge zu behalten und sich in seiner eigenen Arbeit dennoch auf das Wesentliche zu konzentrieren. Durch den Gedankenaustausch mit seinen Mitarbeitern und Schülern konnte er seinen Ideen zugleich eine größere Wirksamkeit verschaffen, wobei ihm *Bohr* ein lebendiges Vorbild war.

Die folgenden Ausführungen sollen dazu dienen, dem Leser einen Eindruck von der allgemeinen Atmosphäre zu geben, die Pauli damals in Zürich umgab und von den Arbeitsbedingungen, die er dort vorfand. Außerdem soll dabei auf den Zusammenhang der Züricher Aktivitäten mit den allgemeinen Entwicklungen in der theoretischen Physik hingewiesen werden. Die wichtigsten Ereignisse für die Entwicklung der theoretischen Physik der dreißiger Jahre sind zur allgemeinen Orientierung in der Tabelle auf Seite XXXV zusammengestellt.

Die wissenschaftlichen Veranstaltungen

Der Vorlesungsbetrieb an der Eidgenössischen Technischen Hochschule in Zürich war durch genaue Programme und Stundenpläne festgelegt. Diese entsprachen weitgehend den praktischen Erfordernissen einer solchen Anstalt, die an erster Stelle Techniker, Ingenieure und Fachlehrer in Mathematik und Physik auszubilden hatte. Dennoch war *Pauli* der einzige Züricher Lehrstuhlinhaber, dem schon damals eine Assistentenstelle für reine theoretische Forschung zugestanden wurde.[2]

Dadurch befand er sich in der vorteilhaften Lage, den Schwerpunkt seiner Tätigkeit trotz seiner Vorlesungspflichten weiterhin auf die Forschung legen zu können.

---

[2] Siehe hierzu den im Nachtrag zu diesem Band wiedergegebenen Schriftwechsel zu *Paulis* Berufung nach Zürich und die Briefe [175], [176], [184] und [185].

Bei seiner Berufung hatte *Pauli* sich ausbedungen, nur theoretische Physik lehren zu müssen. Dementsprechend war die durch *Peter Debyes* Wegberufung im August 1927 freigewordene Professur für Physik an der ETH in ein Ordinariat für theoretische Physik umgewandelt worden. *Pauli* mußte dafür sämtliche Kursvorlesungen in theoretischer Physik für die Studenten höherer Semester übernehmen. Bis zu seiner Übersiedlung nach Princeton im Sommer 1940 las *Pauli* an drei Nachmittagen (meist am Dienstag, Donnerstag und Freitag) in einem viersemestrigen Zyklus 1. Elektrodynamik, 2. Optik und Elektronentheorie, 3. Thermodynamik und 4. Statistische Mechanik. Die Übungen dazu fanden jeweils am Mittwochnachmittag statt. Außerdem wurde stets eine anspruchsvollere Spezialvorlesung für Fortgeschrittene von ihm angeboten mit Themen wie Spezielle (WS 1929/30 und SS 1932) und Allgemeine Relativitätstheorie (WS 1932/33 und SS 1937), Atomtheorien des Magnetismus (SS 1930), Wellenmechanik (WS 1930/31 und WS 1937/38), Analytische Dynamik (SS 1934 und WS 1938/39), Differentialgleichungen der mathematischen Physik (WS 1935/36), Theorie der Metalle und des Festkörpers (SS 1938) und Theorie der Bremsung von Elementarteilchen (WS 1939/40).[3]

Paul Scherrer war als Ordinarius für Physik für die Belange der Experimentalphysik zuständig. *Scherrer* verfügte über weitverzweigte Verbindungen innerhalb und außerhalb der Hochschule und wußte seinen Einfluß geschickt für den Ausbau seines Institutes zu nutzen, im Gegensatz zu *Pauli*, der sich vorwiegend auf die wissenschaftliche Arbeit beschränkte.

Das gemeinsam von der ETH und der Universität veranstaltete (zweistündige) physikalische Mittwochskolloquium war für die Züricher Physiker die wohl interessanteste Veranstaltung (S. 232). Jede Hochschule zeigte sie in ihrem Vorlesungsverzeichnis unabhängig an. Für die ETH zeichneten *Pauli, Paul Scherrer* und (bis 1935) *Franz Tank*, und für die Universität *Edgar Meyer, Gregor Wentzel* und *Richard Bär*. Die Veranstaltung wurde (so wie heute noch) jedes Semester abwechselnd in den Räumen einer der beiden Hochschulen abgehalten. Das Kolloquium selbst war eine Art Literaturseminar im Sommerfeldschen Stil, in dem die neuesten theoretischen Arbeiten referiert und diskutiert wurden. Im allgemeinen waren es Doktoranden und Studenten der höheren Semester, die hier Gelegenheit bekamen, sich der Kritik von *Pauli* und *Wentzel* zu stellen. *Scherrer*, selbst ein hervorragender Redner und glänzender Demonstrationskünstler bei Experimentalvorträgen, wußte die Veranstaltung stets durch witzige Bemerkungen zu beleben.

Auch das stets am Montag angesetzte theoretisch-physikalische Seminar (S. 232) war eine Gemeinschaftsveranstaltung beider Hochschulen unter der Leitung von *Pauli* und *Wentzel*.[4] Einer alten Tradition gemäß – die offenbar noch auf Max von Laue zurückgeht –, fand diese Seminar immer im kleinen Hörsaal des Universitätsgebäudes statt. *Wentzel* selbst las regelmäßig über Mechanik

[3] Die Vorlesungsankündigungen aller deutschsprachigen Hochschulen wurden damals in der Physikalischen Zeitschrift abgedruckt.

[4] Als *Pauli* zum Sommer 1931 nach Amerika reisen wollte, suchte *Wentzel* rechtzeitig nach einem Ersatz: „Wenn *Erich Marx* und *Ernst Stückelberg* im Sommer herkommen wollten, würde ich das sehr begrüßen, zumal mir die Gesellschaft von *Pauli* im Seminar sehr fehlen wird", schrieb er *Sommerfeld* am 25. Januar.

(zweisemestrig) und je ein Semester lang über Thermodynamik und kinetische Gastheorie, Elektrodynamik, Optik und Quantenmechanik. Außerdem wurde von ihm ein Kurs über neuere Probleme für Fortgeschrittene angeboten. Während *Wentzel* meist 12–15 Hörer (oft auch weniger) hatte, waren es bei *Pauli* ungefähr 20. Obwohl *Pauli*, im Gegensatz zu *Wentzel*, ein schlechter Dozent im landläufigen Sinne war, faszinierte er seine Hörer durch seine geheimnisvolle Persönlichkeit.

Bisher hatten die deutschen Kollegen Zürich noch immer als eine Art „Wartesaal 1. Klasse für ein Ordinariat in Deutschland" betrachtet, wie man es damals zugespitzt formulierte.[5] Natürlich hatten *Peter Debye* und *Erwin Schrödinger* auch Schüler herangebildet. Doch nach ihrem Weggang aus Zürich zerstreute sich dieser Kreis sehr rasch. Mit *Pauli* und *Wentzel* kamen erstmalig zwei ausländische Physiker für längere Zeit nach Zürich. Diesem Umstand war es zu verdanken, daß sich nun auch eine Schule der theoretischen Physik von internationalem Ruf in Zürich ausbilden konnte. Zürich wurde damit – ebenso wie Berlin, Cambridge, Göttingen, Kopenhagen, Leiden, Leipzig und München – ein Anziehungspunkt für jüngere theoretische Physiker aus aller Welt.

Doch ganz im Gegensatz zu *Wentzel*, der eine große Anzahl von Dissertationen betreute, hatte *Pauli* nur sehr wenig Doktoranden.[6] Offenbar fürchtete man, eine Dissertation unter seiner Anleitung würde wegen seiner hohen Ansprüche mit einem uneinschätzbaren Risiko verbunden sein.

Während der ersten beiden Züricher Jahre waren *Ralph de Laer Kronig*[7] (SS 1928-WS 1928/29)[8] und *Felix Bloch*[9] (SS 1929) *Paulis* Assistenten gewesen. Damals war *Pauli* durch das bereits mit *Heisenberg* vereinbarte Programm zur

---

[5] Siehe hierzu *G. Rasche* und *H.H. Staub*: Physik und Physiker an der Universität Zürich 1833–1948. Vierteljahresschrift der Naturforschenden Gesellschaft in Zürich. **124**, 205–220 (1979).

[6] Nach *Peierls*, der sozusagen nur inoffiziell bei *Pauli* seine Doktorarbeit anfertigte, promovierte in den dreißiger Jahren nur noch *Paul Güttinger* (1932) bei ihm. Koreferent dieser Doktorarbeit war *Paul Scherrer*. Neben Doktoranden betreute *Pauli* auch Diplomanden (vgl. S. 87). Auch hier stellte Pauli hohe Anforderungen. Sein späterer Assistent *Josef Maria Jauch* mußte in seiner 1938 abgeschlossenen Diplomarbeit untersuchen, ob es möglich sei, einen Strom- und Energietensor in der Diracschen Theorie für Teilchen mit höherem Spin zu definieren (S. 538, 660 und 678). Als er schließlich voller Stolz sein Ergebnis vorzeigte, soll *Pauli* nach wenigen Minuten des Zuhörens bemerkt haben: „Das habe ich mir auch so gedacht." Siehe hierzu *Ch. P. Enz* und *J. Mehra* in ihrer Einleitung zu der Festschrift zu *Jauchs* 60jährigem Geburtstag „Physical Reality and Mathematical Discription". Dordrecht 1974.

[7] Nach der korrekten Schreibweise seines Namens befragt, gab *Kronig* folgende Erklärung: „Was meinen Namen betrifft, lautet dieser in offiziellen Stücken (Geburt, Eheschließung, Pass): *Ralph Laer Kronig*. *Laer* ist ein Vorname, der Familienname meiner Mutter, den ich, wie in angelsächsischen Ländern häufig geschieht, als zweiten Vornamen mitbekam. Eigentlich hätte er *‚van Laer'* lauten müssen (meine Mutter hatte einen Vater holländischer Nationalität dieses Namens und wurde in Surabaja auf Java geboren). Die Behörden sollten ihn aber in offiziellen Stücken nur ohne das ‚van' aufnehmen, wohl um einen Mißbrauch als Adelsprädikat zu hintertreiben. Weil es in Registern von Publikationen, bei Bankkontos, usw. leicht Mißverständnisse verursachen könnte, habe ich in meinem späteren Leben vermieden, ihn zu benutzen und mich auch in meiner Unterschrift auf *R. Kronig* beschränkt."

[8] SS und WS sind hier in der üblichen Weise als Abkürzung für Sommersemester und Wintersemester verwendet.

[9] Die exakten Angaben über Beginn und Ende der Assistententätigkeit läßt sich in einigen Fällen nicht mehr genau feststellen. Ein Hinweis in den Briefen deutet jedoch darauf hin, daß *Bloch* schon zum Jahresende 1928/29 in Zürich war (vgl. [212] und [215]).

Entwicklung einer Quantenfeldtheorie so sehr in Anspruch genommen, daß es in jenen Jahren zu keiner wesentlichen Gemeinschaftsarbeit mit seinen Assistenten gekommen ist.[10]

Doch das änderte sich mit *Rudolf Peierls*, der – wenn man seine Zeit als Doktorand hinzurechnet – mehr als drei Jahre in Zürich blieb und hier vielfach eng mit *Pauli* zusammenarbeitete.

Rudolf Peierls: WS 1929/30–SS 1932

Rudolf Peierls wurde *Paulis* erster Doktorand. Im Wintersemester 1925 hatte *Peierls* sein Physikstudium in Berlin begonnen, aber schon im folgenden Jahr ging er zu *Sommerfeld* nach München. Durch *Sommerfelds* Amerikareise im Frühjahr 1928 ergab sich die Notwendigkeit, das Studium bei *Heisenberg* in Leipzig fortzusetzen. Als auch *Heisenberg* im Sommer 1929 ebenfalls einer Einladung nach Amerika folgte, führte *Peierls* seine Dissertation schließlich unter *Paulis* Anleitung in Zürich durch.[11] Die Doktorarbeit galt der kinetischen Theorie der Wärmeleitung in Kristallen. Sie war ein altes Steckenpferd *Paulis*, welches er selbst trotz seiner mehrfachen Ansätze (vgl. [50], [53], [54], [56], [58], [65], [74], [83] und [86]) nie zu einem endgültigen Abschluß brachte. Später, von *Pascual Jordan* danach gefragt, erwiderte *Pauli*: „Meine Beschäftigung mit der Theorie der Wärmeleitung in Festkörpern gipfelte in der Doktorarbeit von *R. Peierls*, in der dieses Problem wohl erledigt wurde. Seither ist von seiten der Theorie nichts wesentliches hinzugekommen.“[12]

Aus formalen Gründen mußte aber die Doktorarbeit in Leipzig eingereicht werden. Auch die mündliche Prüfung fand dort statt. *Heisenberg* war noch nicht von seiner Amerikareise zurückgekommen. Deshalb übernahm *Friedrich Hund* diese Aufgabe. *Peierls* berichtete darüber[13]: „*Hund* was my examiner in physics, and he asked me lots of questions about three-dimensional rotations, spinning top and so on, about which I did not know very much, but I got through it somehow. Then at the end he explained, ‚I only asked you those questions so you shouldn't think you know everything‘. But the mathematics examination was delightfully easy with *Lichtenberg* who was an expert in differential equations.“

[10] Vgl. hierzu *Kronigs* Bemerkungen in seinem Interview, das am 12. November 1962 mit *J.L. Heilbron* in Delft durchgeführt wurde. – Während sich *Kronig* damals vorwiegend mit der Theorie der Bandenspektra abgab, beschäftigte sich *Bloch* mit der Theorie des Ferromagnetismus und der Supraleitung. Das waren Gebiete, für die *Pauli* damals kein großes Interesse aufbrachte. Natürlich darf man daraus nicht etwa folgern, die Quantenelektrodynamik hätte außerhalb des Interessenbereiches von *Felix Bloch* gelegen. Im Wintersemester 1927/28 beteiligten sich *Bloch* offenbar an einem Kolloquium in Leipzig, das diesem Thema gewidmet war. „*Wentzel* und ich haben zusammen ein wöchentliches Kolloquium über Quantenelektrodynamik, etwa 8 Leute, darunter ein sehr tüchtiger junger Schweizer; nachher Tee und Kuchen“, teilte *Heisenberg* am 9. Dezember 1927 *Pascual Jordan* mit.

[11] Eine gewisse Verzögerung stellte sich ein, weil *Peierls* zur gleichen Zeit an einer deutschen Übersetzung von *Louis de Broglies* neuer Einführung in die Wellenmechanik, Leipzig 1929, arbeitete; für eine Veröffentlichung dieses Werkes ließ sich damals bemerkenswerterweise kein Verlag in Frankreich finden, so daß es zuerst in deutscher und englischer Übersetzung erschien!

[12] Brief von *Pauli* an *Jordan* vom 7. Juni 1955.

[13] Nach einem Interview mit *R.E. Peierls* am 17. Juni 1963, das *J.L. Heilbron* in Birmingham durchführte.

Ab Wintersemester 1929/30 wurde *Peierls* dann *Felix Blochs* Nachfolger als Paulis Assistent.[14] Als Ersatz sollte *Pauli* aber „auch gute Physiker nach Leipzig schicken", verlangte *Heisenberg*. „Ich fände sehr schön, wenn wir so eine Art Physikertausch zwischen Zürich und Leipzig einrichten könnten" [234]. Insbesondere dachte *Heisenberg* damals an *Felix Bloch*, der zunächst einige Zeit bei *Kramers* und *Fokker* als Lorentz Fellow in Holland verbrachte [220], bevor er als *Heisenbergs* Assistent wieder nach Leipzig zurückkehrte.[15]

Während seiner dreijährigen Assistentenzeit bei *Pauli* hat *Rudolf Peierls* die Grundlagen für seine späteren Arbeiten geschaffen. *Paulis* Arbeitsweise und seine Einstellung zur Physik prägte seinen Assistenten, obwohl es zwischen *Pauli* und *Peierls* auch viele Differenzen gegeben hat (vgl. S. 581). „I probably was more influenced by *Pauli* than by *Niels Bohr*...", sagte Peierls. „Als Lehrer war *Pauli* am besten in persönlichen Diskussionen und im Briefwechsel. Persönliche Diskussionen gingen mit demselben Stil wie seine Briefe vor sich. Sie ... brachten immer viel Beleuchtung. Natürlich hatte er nicht immer recht, aber er war immer bereit, ein Argument für einen anderen Standpunkt anzuhören, und man brauchte nicht sehr darauf zu bestehen."[16]

Paulis Vortragsstil änderte sich im Laufe seiner akademischen Tätigkeit nur geringfügig. Die Hefte, die er für seine Vorlesungen angefertigt hatte, stammen zum Teil noch aus den frühen Jahren seiner Lehrtätigkeit. Später ergänzte er sie durch Randnotizen und Zusätze auf eingelegten Zetteln.[17] In den Vorlesungen selbst war *Pauli* nicht ebensogut wie in der Diskussion, meint *Peierls*. „Er hatte nicht *Sommerfelds* Geschick, die Aufnahmefähigkeit der Hörer zu beurteilen und erwartete zuviel. Er hatte nicht *Heisenbergs* Talent, die Anregung der Probleme an die Hörer zu übermitteln. Er wollte lieber eine kalte, logische Darstellung geben und die Resultate für sich selbst sprechen lassen."

Was *Pauli* von seinen Assistenten erwartete, hatte er schon 1927 bei der Anwerbung seines ersten Assistenten *Ralph Kronig* umrissen [175]: „1. Jedesmal, wenn ich etwas sage, mir mit ausführlichen Begründungen zu widersprechen. 2. Den wissenschaftlichen Betrieb etwas mit modernen Ideen zu beleben (besonders was eventuelle Doktoranden und was das Kolloquium betrifft)." Auch daran hatte sich nicht allzu viel geändert, wie man *Peierls'* Darstellung entnimmt.[18]: „First of all you were expected to be available to talk with *Pauli* when he wanted to discuss something. Sometimes he had some problem he would like to think about and discuss with somebody, and then of course one was there. You had to do some odd chores. It varied of course according to where you were. In the case of *Pauli*, I remember my first job – well, I don't know whether it was an official duty of mine – but at any rate Pauli

[14] Obwohl *Felix Bloch* weniger als zwei Semester lang *Paulis* Assistent gewesen ist, hielt er sich auch später öfters in Zürich auf (vgl. z.B. S. 540) und diskutierte dort mit *Pauli*. „These years between 1927, when I went to Leipzig und 1933, when I left Europe, where probably the most important ones in my entire development", sagte *Bloch* später in einem Interview.

[15] Siehe hierzu *F. Bloch: Heisenberg* and the early days of quantum mechanics. Physics Today, Dezember 1976, S. 23–27.

[16] Vgl. hierzu *R. Peierls:* Was ich von *Pauli* lernte. Vortrag während der internationalen Pauli-Tagung am 15. und 16. November 1983 in Wien.

[17] Siehe hierzu die Verzeichnisse auf S. 736f. des Anhangs.

[18] Vgl. das unter Anmerkung 13 genannte Interview.

suggested it and I agreed to sort out his reprints. He had a large stock of reprints, and I got them into some kind of alphabetical order; I think with cross-references where there were joint authors and so on. ... There were other odd jobs. For example when there were visitors coming there was a certain amount of practical work of organizing things and this obviously one did."

Doch im Gegensatz zu *Kronigs* und *Blochs* Zeiten – berichtete *Peierls* weiter – verkehrte jetzt eine größere Anzahl auswärtiger Physiker in Zürich, mit denen *Pauli* ein wissenschaftliches Gespräch führen konnte. „Again the first summer I was there was very lively – the first two semesters I suppose – because now *Heisenberg* was on sabbatical, and the people who would have gone to Leipzig were in Zürich. So then there was *Rabi* and *Oppenheimer* and *Bartlett*. ... Apart from the overseas visitors who sometimes stayed a year or so, or sometimes less – there weren't so many students there. In fact, if I remember rightly, the time I was with *Pauli* there wasn't anybody else, apart from overseas visitors." Ein weiterer Besucher war der russische Physiker *Lev Davidovich Landau*, der Zürich damals zweimal aufsuchte und dort gemeinsam mit *Peierls* eine wichtige Untersuchung über das Problem der Feldmessung in der Quantenfeldtheorie durchführte, welche *Bohr* später zu einer eingehenden Analyse des Problems mit seinem Mitarbeiter *Léon Rosenfeld* inspirierte. *Peierls* erinnert sich: „I think probably the first time was in my first year as *Pauli's* assistent, which will be 1929 and 1930. And then *Landau* was on a scholarship from the Russian government, and had no end of difficulty in staying in Zürich because the Soviet Union and Switzerland then did not have any diplomatic relations. He needed a special permit which he was given for only a short time, I think first of all a month; then they renewed it for another two weeks and then another two weeks. *Pauli* and *Scherrer* worked very hard to get this extended, but finally they said: ‚Well, we have renewed it so often, we really can't do it any more.' So then *Landau* had to got off. ... The following year he came back with a Rockefeller Fellowship, and that was all right."

Gegenstand vieler Diskussionen waren natürlich auch *Paulis* eigene Arbeiten. Gelegentlich ließ Pauli seine Assistenten ihm verdächtig erscheinende Ergebnisse anderer Physiker nachprüfen. *Peierls* und *Casimir* mußten ihm auch beim Korrekturenlesen des bekannten Handbuchartikels [1933] über Wellenmechanik helfen.

Obwohl *Pauli* seinen Assistenten viele Freiheiten gewährte, wurde er äußerst ungehalten, sobald sie sich mit Problemen abgaben, die ihm uninteressant oder für eine strenge theoretische Behandlung unzugänglich erschienen. Ebenso verfolgte *Pauli* mit großer Wachsamkeit alle Entwicklungen der ihn interessierenden Gebiete der theoretischen Physik. „He wouldn't like to let a wrong statement go uncontradicted in a field."

Paulis Abneigung gegen die Festkörperphysik ist sprichwörtlich geworden (S. 147). Das ist um so bemerkenswerter, wenn man beachtet, daß er selbst mit seiner Theorie des Paramagnetismus den ersten Anstoß zur Entwicklung der Quantentheorie des Festkörpers gab[19] und auch ein Festkörperthema für *Peierls* Dissertation anregte. Auch später hat *Pauli* die Festkörperphysik sowohl

[19] Siehe hierzu L.H. *Hoddeson* und *G. Baym:* The development of the quantum mechanical electron theory of metals: 1900–28. Proc. Roy. Soc. A **371**, 8–23 (1980).

in seine Vorlesungen (im Sommersemester 1938) mit einbezogen (S. 576), als auch an derartigen Veranstaltungen mit Interesse teilgenommen.[20]

Was *Pauli* grundsätzlich ablehnte, war nicht die Festkörperphysik als solche, sondern die Beschreibung physikalischer Effekte durch Näherungsmethoden oder als Folge scheinbar unkontrollierbarer Begleitumstände. Er sprach in diesem Zusammenhang gerne von „Größenordnungsphysik", „Dreckeffekten" und „schmutziger Physik" (S. 527). „Erstens halte ich es für schädlich", schrieb er seinem Assistenten während seines Amerikaaufenthaltes [279], „wenn die jüngeren Physiker sich an die Größenordnungsphysik gewöhnen. Zweitens ist der Restwiderstand ein Dreckeffekt und im Dreck soll man nicht wühlen. ... Viertens sollten Sie doch vernünftigere Fragestellungen haben als solche kleine Problemchen."[21] Dennoch waren gerade diese Untersuchungen *Peierls*' grundlegend für die moderne Festkörpertheorie.[22]

Bevor *Peierls* Anfang Oktober 1932 Zürich wieder verließ, um mit einem Stipendium der Rockefeller-Foundation zu Fermi nach Rom zu gehen [291], erwarb er seine venia legendi – abermals mit einer Festkörperuntersuchung [280]. Obwohl er sich während seines Züricher Aufenthaltes gemeinsam mit *Pauli* auch eingehend mit *Diraces* Löchertheorie befaßt hatte (S. 10 und 196f.), sind daraus keine publikationsreifen Erzeugnisse hervorgegangen.

Die beruflichen Aussichten für junge theoretische Physiker wurden Anfang der dreißiger Jahre immer schlechter. In Deutschland waren „für absehbare Zeit alle Stellen für theoretische Physik besetzt [und] die Gründung neuer ausgeschlossen", stellte *Max Born* in einem Schreiben an *Sommerfeld* fest.[23] *Born* erwog damals die Gründung eines großen physikalischen Recheninstitutes, dessen Plan er *John Trowbridge* in einer Denkschrift vorlegte. In dem Brief an *Sommerfeld* heißt es weiter: „Es gibt eine *Schar besonders tüchtiger Leute*. Ich zähle auf, was mir gerade einfällt: *Wigner, London, Heitler, Bethe, Nordheim, Peierls* usw. Bei Ihnen wachsen bisher neue heran, auch ich habe einige *sehr* gute: *Weißkopf, Stobbe, Delbrück, Maria Goeppert*. Sicher gibt's in Berlin, Leipzig, Zürich noch mehr. Was soll aus all denen werden? Sie beginnen bereits nach Amerika abzuwandern, wie es *Herzfeld, Laporte* und die Holländer *Uhlenbeck, Goudsmit, Dieke* vorgemacht haben. Aber dort ist es auch schon schwer, unterzukommen. Ich glaube, daß die Gründung eines großen Recheninstitutes auf internationaler Basis viele wertvolle Kräfte der Wissenschaft erhalten könnte. ... In diesem Winter promovieren zwei meiner besten Leute. Wissen Sie irgendwo eine freie Assistentenstelle?"

Max Delbrück und *Viktor Weisskopf*, auf die sich *Born* hier bezieht, gehörten

---

[20] Insbesondere erwähnte *Pauli* in seinen Briefen öfters seine Beschäftigung mit dem festen Körper (z.B. auf S. 549 und 576). Ebenso besuchte er die interessanten Vorträge über Festkörperphysik von *Charles Kittels* 1958 in Berkeley. (Vgl. Pauli an Wentzel, 10. März 1958.)

[21] Noch drastischer formulierte *Pauli* seine Abneigung gegen diese Art von Physik in einem weiteren Schreiben [283], in dem er die ganze Halbleiterphysik eine „Schweinerei" nannte. Wie stark die Assistenten manchmal unter seiner Kritik litten, schilderte *Gregor Wentzel* in einem Interview. (Vgl. Interview mit *Gregor Wentzel*, durchgeführt von *T.S. Kuhn* am 3.–5. Februar 1964.)

[22] Siehe hierzu *R.E. Peierls*: Recollections on early solid state physics. Proc. Roy. Soc. A **371**, 28–38 (1980)

[23] Brief von *Born* an *Sommerfeld* vom 13. November 1930.

auch zu den Anwärtern auf die zum Wintersemester 1932 bei *Pauli* freiwerdende Assistentenstelle.

Trotz einer ersten gescheiterten Doktorprüfung bei *Kienle, Courant, Born* und *Pohl* in Göttingen war *Max Delbrück* wegen seines Einfallsreichtums bei den Physikern sehr geschätzt. Unabhängig von *Otto Halpern* und *Peierls* verfiel er als erster auf die Idee, die anomale Streuung kurzwelliger γ-Strahlen an Kernen als ein Streuphänomen an Dirac-Elektronen zu deuten (S. 186, 198 und 375). Weil er aber mit der quantitativen Berechnung dieses sog. Delbrück-Effektes nicht vorankam (S. 332), hat *Pauli* ihn später nicht mehr für seine Assistentenstelle in Betracht gezogen (S. 163f.). *Max Delbrück* blieb von 1932–1937 *Lise Meitners* Assistent am Kaiser-Wilhelm-Institut für Chemie in Dahlem. Neben der Physik beschäftigte er sich mit Problemen der Genmutation und legte schon damals den Grundstein zu seinen bahnbrechenden Arbeiten zur Molekulargenetik. Als er im Herbst 1937 mit einem Rockefeller-Stipendium zunächst für zwei Jahre und dann – nach einem vorübergehenden Aufenthalt an der Vanderbilt University in Nashaville/Tenn. – endgültig an das California Institute of Technology in Pasadena übersiedelte, wandte er sich ganz der Phagenforschung zu. *Pauli* und *Delbrück* wurden später gute Freunde.

Auch *Viktor Weisskopf* genoß einen guten Ruf unter den theoretischen Physikern. Gemeinsam mit *Eugen Wigner* war es ihm Anfang 1930 gelungen, die Diracsche Strahlungstheorie mit Hilfe eines Näherungsansatzes, der über das übliche Störungsverfahren hinausging, auf das Problem der natürlichen Linienbreite anzuwenden. Damals war *James Franck* gerade mit einer experimentellen Untersuchung der Resonanzfluoreszenz beschäftigt. Die Theorie dieses Phänomens konnte mit dem gleichen Näherungsverfahren wie die natürliche Linienbreite behandelt werden. Deshalb eignete sich das Thema ausgezeichnet für eine Dissertation, die *Weisskopf* Anfang 1931 bei *Max Born* in Göttingen abschloß.

Im folgenden Sommer ging *Weisskopf* zu *Heisenberg* nach Leipzig.[24] Während dieser Zeit entstand im wesentlichen das große Übersichtsreferat über die Breite von Spektrallinien. Zum Wintersemester konnnte er vorübergehend die in Berlin freigewordene Assistentenstelle von *Fritz London* bei *Schrödinger* ausfüllen. Anschließend folgte ein längerer Aufenthalt in Charkow. Gemeinsam mit *Fritz Houtermans* und *Georg Placzek* half er hier beim Aufbau des Physikalisch-Technischen Institutes, das bald unter *Landaus* Leitung eines der bedeutendsten Zentren für theoretische Physik in der Sowjetunion werden sollte.

Auf der Suche nach einer angemesseneren Stellung wandte sich *Weisskopf* (mit einem Schreiben vom 28. Juli 1932) direkt an *Bohr*: „Es sieht nämlich momentan hier in Deutschland sehr schlecht aus und es ist sehr schwer, eine passende Assistentenstelle zu finden.“ *Bohrs* Empfehlung verhalf ihm schließlich zu einem Rockefeller-Stipendium, mit dem er sich im Herbst 1932 zunächst nach Kopenhagen und später nach Cambridge begab.

Nachdem *Weisskopf* für die nächste Zukunft versorgt war und auch *Max Delbrück* noch unschlüssig war, ob er sich ganz der theoretischen Physik verschreiben sollte, entschied *Pauli* schließlich, den Ehrenfest-Schüler *Hendrik B.G.*

---

24 Siehe hierzu *V.F. Weisskopf*: Physics and physicists the way I knew them. In Proceedings of the International School of Physics »Enrico Fermi«. Course LVII. New York and London 1977. Dort S. 435–446.

Casimir als seinen neuen Assistenten zu nehmen, zumal auch *Ehrenfest* meinte, *Casimir* „könnte bei *Pauli* ein wenig saftiger physikalisch denken [lernen] als er thut.“[25]

Hendrik B.G. Casimir: WS 1932/33–SS 1933

Casimir war auf *Ehrenfests* Rat im Sommersemester 1932 bei *Lise Meitner* am Kaiser-Wilhelm-Institut für Chemie in Berlin-Dahlem. Dort half er zunächst *Hermann Schüler* bei der Entwirrung der Hyperfeinstrukturlinien. Schon im Juni erhielt er *Paulis* Angebot für die zum Herbst freiwerdende Assistentenstelle. „Alles in Allem glaube ich“, schrieb *Pauli*, „daß geistige Luftänderung Ihnen jetzt gut täte und ich würde mich freuen, wenn Sie kämen.“[26]

Ehrenfest schien „die durch *Pauli* angebotene Arbeits- und Lerngelegenheit *ganz besonders* günstig ..., falls Du fühlst, daß sie Dich anzieht. *Pauli* ist streng in seinen Anforderungen bezüglich Denkdisziplin, wie nur wenige. Das scheint mir von ganz besonderem Gewicht. Und in *Paulis* Nähe wirst Du auch stets Gelegenheit haben, *weiterhin* alles zu überblicken, was es in der Physik Wertvolles gibt!! Lasse mich hoffen, daß Du dort ‚auf etwas einschnappen‘ wirst.“[27] Drei Tage später teilte ihm *Casimir* mit, er habe die Stelle bei *Pauli* angenommen.

Als *Casimir* in Zürich ankam, hatte *Pauli* gerade seinen bekannten Handbuchartikel [1933] über Wellenmechanik abgeschlossen. *Pauli* sah sich nun ein wenig nach neuen Problemen um. Unter anderem interessierten ihn einige mathematische Fragen, die *Casimir* in seiner Leidener „Proefschrift“ von 1931 angeschnitten hatte. *Casimir* machte er auf ein ungelöstes Problem der Darstellungstheorie aufmerksam, das zwar durch *Hermann Weyl* auf gruppentheoretische Weise behandelt, aber erst später in allgemeiner Form durch *Casimir* und *van der Waerden* gelöst wurde (S. 398).

Im Mittelpunkt der physikalischen Diskussionen stand weiterhin das Problem der Selbstenergie in der Diracschen Löchertheorie. Schon damals wies *Pauli* auf die Möglichkeit hin, durch Subtraktion der Energien des gebundenen und des freien Elektronenzustandes zu einer endlichen Energie zu gelangen.[28] Der Diracschen Löchertheorie selbst stand *Pauli* nach wie vor skeptisch gegenüber (S. 164). Um Hinweise für eine Verbesserungsmöglichkeit der Theorie zu gewinnen, untersuchte er gemeinsam mit *Casimir* die Streuung von γ-Strahlen an bewegten Elektronen. Doch mehr als um eine Verbesserung der bestehenden Theorien bemühte sich *Pauli* um einen fundamentalen Durchbruch zu einer neuen Theorie.

Zum Wintersemester 1932/33 hatte *Pauli* eine Vorlesung über die „Allge-

---

[25] Brief von *Ehrenfest* an *Lise Meitner* vom 19. Mai 1932. Was sich *Ehrenfest* darunter vorstellte, hatte er einmal in einem Schreiben vom 5. Juli 1928 an *Oppenheimer* unumwunden ausgedrückt: „Was Sie *Oppenheimer* betrifft, so fühle ich in einigen Punkten eine Verwandtschaft in unserem Geschmack, aber in anderen Beziehungen hasse ich glattweg Ihre Methodik, nämlich in den zahlreichen Fällen, wo Sie sogleich mit einer riesigen Rechenkanone eine Frage beschießen, statt erst irgend einen möglichst vereinfachten Beispiel Fall erfreulich und appetitlich durchzudenken.“

[26] Zitiert in einem Schreiben *Casimirs* an *Ehrenfest* vom 24. Juni 1932.

[27] Brief von *Ehrenfest* an *Casimir* vom 27. Juni 1932.

[28] Auf diese Weise hätte man damals die Bethe-Näherung für den Lamb-shift erhalten können! Ein Hinweis auf diese Überlegung findet man auch in *Paulis* Handbuchartikel [1933].

meine Relativitätstheorie und ihre Entwicklung“ angekündigt. Gleichzeitig beschäftigte er sich mit der fünfdimensionalen Formulierung der Relativitätstheorie von *Klein* und *Kaluza*, weil er hoffte, dadurch eine „physikalisch-begriffliche Verbesserung der Grundlagen der Diracschen Theorie“ zu erreichen (S. 189).

Bei dieser Gelegenheit regte *Pauli Jacques Solomon* zu einer Umformulierung der Diracschen Theorie mit Hilfe der neuen einheitlichen Feldtheorie von *Einstein* und *Mayer* an. In der Veröffentlichung (1932b) sollte daraufhin *Pauli* als Mitautor genannt werden. *Pauli* beauftragte seinen Assistenten *Casimir*, nochmals alle Formeln in dieser Arbeit zu kontrollieren. Das Ergebnis war, daß zahlreiche Fehler festgestellt wurden. Zur großen Bestürzung von *Pauli* konnten die Berichtigungen nicht mehr berücksichtigt werden, weil die Arbeit sich schon im Druck befand. Erst in einem zweiten Teil (1932c) wurden die entsprechenden Verbesserungen und ihr Einfluß auf das Ergebnis nachgetragen. Obwohl *Casimirs* Mitwirkung nicht erwähnt wurde, habe er hiermit doch wenigstens auch einen (wenn auch anonymen) Beitrag zur Allgemeinen Relativitätstheorie geleistet, bemerkte *Casimir* in seinen Lebenserinnerungen.[29]

In seinen Briefen an *Ehrenfest* schilderte *Casimir* auch seine ersten Erlebnisse bei *Pauli*. „Bisher konnte ich eigentlich nur über eine rein wissenschaftliche Angelegenheit mit *Pauli* sprechen“, schrieb er Anfang Oktober. „Die große Neuigkeit ist aber, daß *Pauli* ein Auto gekauft hat. Gestern haben wir eine große Tour mit ihm unternommen. Er fährt gar nicht so schlecht und trinkt auch keinen Wein, wenn er noch fahren muß.“[30] Eine abenteuerliche Ausfahrt in *Paulis* Auto zur Schweizerischen Physikertagung in Luzern mit *David Inglis, Walter Elsasser, Felix Bloch* und *Homi Bhabha* beschreibt *Casimir* in seinen Erinnerungen.[31]

Casimir erwähnte bei dieser Gelegenheit auch, wie der indische Physiker *Homi Bhabha* Pauli durch *Ralph Howard Fowler* mit den Worten „You can be as brutal to him as you like“ vorgestellt wurde. Diese keineswegs nur scherzhaft gemeinte Formulierung bewirkte jedoch eine äußerst wohlwollende Aufnahme bei *Pauli*. *Bhabha* hatte zuvor in Cambridge *Diracs* Buch über Quantenmechanik gründlich durchgearbeitet und war infolgedessen ausgezeichnet für die Diskussionen im Züricher Seminar mit *Pauli* und *Wentzel* vorbereitet. Zwischen *Pauli* und *Bhabha* entwickelte sich ein äußerst freundschaftliches Verhältnis, das sich später in einem regen Briefwechsel fortsetzte und mit einer Einladung *Paulis* nach Indien seinen Höhepunkt erreichte.

Die Machtübernahme durch die Nationalsozialisten Anfang 1933 ereignete sich noch während *Casimirs* Assistentenzeit bei *Pauli*. Auch für die Physik bedeutete dieses verhängnisvolle Jahr in mehrfacher Hinsicht eine Zäsur.[32]

Das Gesetz zur Wiederherstellung des Berufsbeamtentums vom 7. April führte zur Entlassung und Abwanderung einer Forscherelite vorwiegend jü-

[29] Vgl. *H.B.G. Casimir:* Haphazard Reality. Half a Century of Science. New York 1983. Dort S. 141.

[30] Brief an *Ehrenfest* vom 10. Oktober 1932. (Übersetzung aus dem Holländischen.) – Vgl. Anm. 3 auf S. 122.

[31] *H.B.G. Casimir* (op.cit.), S. 144f.

[32] Vgl. hierzu *A.D. Beyerchen:* Wissenschaftler unter *Hitler*. Physiker im Dritten Reich. Köln 1980. (Auf die besondere Rolle von *Ehrenfest* in der Anfangsphase der Emigration von Wissenschaftlern geht diese Schrift leider nicht ein.)

discher Herkunft und damit zu tiefgreifenden Veränderungen in der Entwicklung vieler Wissenszweige. Besonders spürbar war dieser Eingriff in der theoretischen Physik, die bisher gerade an den deutschen Hochschulen bevorzugt gefördert worden war.[33]

Die Tragweite dieser Vorgänge wurde schon damals von Wissenschaftlern des In- und Auslandes richtig eingeschätzt. Nun ist „die Blüte unserer wissenschaftlichen Gruppe hier [in Göttingen] vorbei", heißt es in einem Schreiben von *Richard Courant* an *Abraham Flexner*. Und *Samuel Goudsmit,* der von Amerika aus die europäischen Veränderungen aufmerksam verfolgte, urteilte treffend: „The situation in Germany is indeed deplorable. However, since they have kicked out all the best scientists and since those who were not kicked out left out of free-will, they soon will be a nation of the 5th rank as far as scientific culture is concerned."[34] Je mehr Wissenschaftler Deutschland damals einbüßte, um so größer wurde der Vorteil seiner späteren Rivalen.

Die unmittelbaren Auswirkungen der Entlassungspolitik wurden durch eine zunehmend theorienfeindliche Einstellung verstärkt, die unter der Führung von *Philipp Lenard* und *Johannes Stark* zeitweilig in Deutschland die Oberhand gewann.

Doch mit der Emigration ihrer führenden Vertreter wurden vielfach auch ganze Forschungszweige in eine andere Umgebung mit neuartigen Entfaltungsmöglichkeiten verpflanzt. Besonders die bereits im Aufschwung begriffene Entwicklung der theoretischen Physik in Amerika hat von diesem Emigrantenstrom entscheidende Impulse empfangen.[35] Zur Überraschung vieler europäischer Physiker waren amerikanische Gelehrte schon Mitte der 30er Jahre auf vielen Gebieten führend. Auch hier war es *Goudsmit*, der seine amerikanischen Kollegen auf diese Veränderung aufmerksam machte: „As can be seen clearly from the contents of Physical Review, physics in this country has advanced enormously in recent years and it is not difficult to find first class students of high agreeable character to work with. In Europe, however, except of a few isolated spots (around *Rutherford, Bohr, Fermi,* late Madam *Curie*) there is, I think, a decided downward trend."[36]

Solche Verschiebungen wurden durch die aufsehenerregenden Entdeckungen der letzten Jahre begünstigt.[37] Der Forschungsschwerpunkt hatte sich infolgedessen immer mehr von der Atom- auf die Kernphysik verlagert. Der mit wachsender Kenntnis einhergehende größere experimentelle Aufwand bedingte immer kostspieligere Großforschungsanlagen, die nicht mehr auf die europäischen Verhältnisse zugeschnitten waren. Einzelforschung, die bisher im Vordergrund gestanden hatte, wurde zunehmend durch Teamarbeit ersetzt.[38] Für diese For-

---

[33] Siehe hierzu *K. v. Meyenn:* Theoretische Physik in den dreißiger Jahren. Die Entwicklung einer Wissenschaft unter ideologischen Zwangsbedingungen. Gesnerus **39**, 417–435 (1982)

[34] Brief von *Goudsmit* an *Darwin* vom 23. November 1933.

[35] Vgl. hierzu *R.H. Stuewer:* Nuclear physicists in a new world. The emigrés of the 1930s in America. Ber. Wissenschaftsgesch. **7**, 23–40 (1984). – *G. Holton:* The migration of physicists to the United States. In *J.C. Jackman* and *C.M. Borden* (Hrsg.): The muses flee Hitler. Cultural transfer and adaptation 1930–1945. Washington 1983. – *Laura Fermi*: Illustrious Immigrants. Chicago 1968.

[36] Brief von *Goudsmit* an *Randall* vom 10. Oktober 1934.

[37] Vgl. hierzu *Ch. Weiner:* 1932 – Moving into the new physics. Physics Today **25**, 30–49 (1972).

[38] Vgl. hierzu *W. Gentner:* Individuelle und kollektive Erkenntnissuche in der modernen Naturwissenschaft. Freiburger DIES Universitas **9**, 1–16 (1961/62).

schungsweise war Amerika weitaus besser gerüstet als das traditionsgebundene Europa.

Einige Physiker wie *Paul Ehrenfest* vermeinten, mit der raschen, unübersichtlichen Entwicklung der vielen hochspezialisierten Einzeldisziplinen nicht mehr Schritt halten zu können. Mit Bedauern stellten andere fest, daß nun wohl das Ende der Physik bevorstehe, weil die wirklich interessanten Probleme zu kompliziert wären.[39]

Doch im Jahre 1933 stand zunächst noch das persönliche Schicksal der von den Rassegesetzen betroffenen Physiker im Vordergrund. Für einige wenige war es allerdings nur eine Unterbrechung ihrer Tätigkeit, für die meisten dagegen eine Beeinträchtigung oder gar das Ende einer vielversprechenden wissenschaftlichen Laufbahn.

Einen unmittelbaren Einblick in die Ereignisse jener Zeit vermittelt ein Bericht von *James Franck*, den er im Mai für *Max Born* aufzeichnete: „Ich war in Berlin, habe mit *Planck, Haber, Pringsheim, Lise Meitner, Hertz* u.a. gesprochen. *Haber* geht es nicht sehr gut; ... *Peter Pringsheim* ist jetzt ebenfalls beurlaubt worden, und wie ich höre auch [*Adolf*] *Fraenkel* in Freiburg. Bei *Pringsheim* hat offenbar [*Arthur*] Wehnelt seine Finger im Spiel gehabt, das ist allerdings bisher nur eine Vermutung. *Planck*, *Laue*, aber auch die anderen waren besonders nett, haben sich viel nach Dir erkundigt und lassen Dich herzlich grüßen. Die relativ optimistische Anschauung, die sie haben, kennst Du ja aus eigenen Unterhaltungen." Und nun zu seiner eigenen Einstellung übergehend, schrieb er: „Ich habe *Planck* gegenüber gesagt, daß ich jede Stellung, die mir in Deutschland Arbeitsmöglichkeit und auch einige Einnahmen ergibt, annehmen würde, soweit sie keine Staatsbeamtenqualitäten einschließen. Denn Beamter will ich nicht sein, solange es Ausnahmegesetze gegen die Juden gibt. *Planck* hat das völlig eingesehen, desgleichen *Laue*. ... In Berlin gerade so wie hier in Göttingen scheint man auf dem Standpunkt zu stehen, daß zur Zeit Abwarten das Richtige ist."[40] „Viele denken, daß die Prozesse reversibel seien, mir jedoch sieht es nicht so aus."[41]

James Franck gehörte jedoch – ebenso wie *Otto Stern* (S. 204) – zu den wenigen, die ohne von den Ausnahmegesetzen unmittelbar betroffen zu sein, ihr Amt dennoch niederlegten. Die Zahl der wirklich entlassenen Wissenschaftler war dagegen beachtlich.[42] Zürich wurde jetzt ebenso wie auch die anderen internationalen Forschungszentren zunehmend von stellungssuchenden Physikern aufgesucht. Besonders bedrückend war die Situation in der theoretischen Physik, da auf diesem Gebiet ohnehin schon ein großer Stellungsmangel herrschte.

Zu den ersten, die damals Zürich aufsuchten, gehörte *Walter Elsasser*. *Elsasser* hatte außerdem das Mißgeschick, daß *Ehrenfest* ihn nicht ausstehen konnte.[43] „Es wäre, wie mir scheint, sehr wichtig", hatte *Ehrenfest* einmal *Max*

[39] Vgl. z.B. die Ausführungen in einem Brief von *Goudsmit* an *Darwin* vom 23. November 1933.

[40] Brief von *Franck* an *Born* vom 27. Mai 1933.

[41] Brief von *Franck* an *Born* vom 15. Juni 1933.

[42] Eine Liste der Entlassungen wurde u.a. im Manchester Guardian Weekly am 19. Mai 1933, S. 399 unter dem Titel: Nazi Purge of the universities veröffentlicht.

[43] Vgl. hierzu auch *Elsassers* Autobiographie: Memoirs of a Physicist in the Atomic Age. New York and Bristol 1978. Dort insbesondere S. 90f.

Born empfohlen, „*Elsasser* irgendwohin zu senden, wo er wissenschaftlich wirklich diszipliniert wird. Wenn ich mich nicht irre, so ist niemand außer etwa *Pauli* dazu im Stande. Ich kann absolut nichts mit ihm zusammen auch nur besprechen. Er macht mich ganz todunglücklich, durch seine Art eine Sache zu behandeln. Ich habe ihn deshalb auch offen gebeten abwesend zu sein, wenn ich mit meinen Jungens, was ich ja stundenlang tue, etwas durchspreche um es mir klar zu machen. Der Absprache gemäß kann er bis 1. April hier bleiben. ... Da ich, *falls er diszipliniert wird,* wirklich gute Funde von ihm erwarte, bin ich gerne bereit ein Rockefeller fellowship *mit* zu befürworten."[44]

Elsasser war inzwischen Privatdozent geworden. Unmittelbar nach Bekanntgabe der neuen Gesetze hatte er seine Stellung in Frankfurt a.M. verlassen. In Zürich empfing ihn *Pauli* auf dem Treppenabsatz des ETH-Gebäudes: „*Elsasser*, Sie sind der erste, der diese Treppen heraufkommt. Ich sehe, wie Ihnen bereits in den folgenden Monaten noch viele, viele andere folgen werden."[45] Nach einigen vergeblichen Bemühungen gelang es schließlich, bei *Joliot* in Paris eine neue Stelle für *Elsasser* ausfindig zu machen (S. 163).

In Holland bildete sich in Kürze ein Komitee, „das *zumindest* rein informatorisch den deutsch-jüdischen Gelehrten und Studenten dienen will", berichtete *Ehrenfest* schon am 9. Mai an *Otto Oldenberg* nach Cambridge in Massachusetts. „Es hat sich unmittlich in Verbindung mit analogen Commitees in Frankreich, Belgien, Italien, Spanien, England, Schweiz gesetzt und wird für diese anderen nationalen Commitees das internationale Zentrum sein." Eine Liste der stellungslosen Physiker vom 21. Mai enthielt die Namen von *Born, London, Gordon, Kallmann* (*Habers* Mitarbeiter), *Bloch, Bethe, Heitler, Nordheim, Teller, Peierls* und *Weisskopf.*[46]

Schon im April 1933 war *Ehrenfest* in Berlin gewesen und hatte dort mit *Max von Laue*, dem damaligen Vorsitzenden der Deutschen Physikalischen Gesellschaft, beraten, was in dieser Lage am besten zu tun sei. *Von Laue* verfaßte daraufhin am 10. Mai ein offizielles Rundschreiben und bat um Angabe der „Namen und Adressen aller wissenschaftlich tätigen Physiker bis zu älteren Studenten hinunter, ... von denen Sie erfahren, daß sie unter der Wirkung des Beamtengesetzes vom April dieses Jahres ihre Stellung verlieren oder in ihrem Fortkommen wesentlich behindert werden. ... Soweit ich diesen Fachgenossen Hilfe vermitteln kann, wird es geschehen." *Sommerfeld* nannte drei Namen: *Hans Bethe,* im Wintersemester 1932/33 vertretungsweise mit den Vorlesungen über theoretische Physik in Tübingen beauftragt; *Herbert Fröhlich,* zuletzt *Privatdozent* und Assistent in Freiburg i.Br. bei Gustav Mie und *Walter Henneberg*.

Ohne Zweifel haben diese politischen Ereignisse auch *Ehrenfest* in seiner schon seit längerer Zeit gehegten Absicht bestärkt, seinem Leben ein Ende zu bereiten (S. 142, 210).[47] Um Ostern 1933 forderte er *Pauli* auf, seinen Assisten-

---

[44] Brief von *Ehrenfest* an *Born* vom 21. Januar 1928.

[45] Vgl. *Elsasser* op. cit., S. 161.

[46] Brief von *Ehrenfest* an *Rosenfeld* vom 21. Mai 1933.

[47] Vgl. hierzu auch den Brief von *Ehrenfest* an *Berliner* vom 13. April 1933 und die (auf S. 167) erwähnten Bemerkungen von *Hans Kopfermann* über den „stillen Boykott" jüdischer Professoren.

ten *Casimir* zum Herbst wieder nach Leiden zu schicken. Seinem Schüler, der eigentlich noch gerne in Zürich geblieben wäre, schrieb er: „Ach Caasje, setze Deine breiten Schultern unter den Karren der Leidener Physik.“ [48]

Viktor F. Weisskopf: WS 1933/34–WS 1935/36

Pauli mußte sich also abermals einen neuen Assistenten suchen (S. 161f.). In Anbetracht der allgemeinen Situation dürfte ihm die Entscheidung diesmal nicht leicht gefallen sein. Zu den engeren Bewerbern gehörten jetzt nur noch *Bethe* und *Weisskopf*, nachdem für *Peierls* Aussicht auf eine Anstellung in Manchester bestand (S. 196). *Pauli* entschied sich schließlich für *Weisskopf*, dessen Arbeiten sich am meisten mit seinen eigenen Interessen in der theoretischen Physik berührten (S. 161). [49]

„Then when I was in Cambridge“, berichtete *Weisskopf*, „I got an offer from *Pauli* to be his assistent, which was, of course, fantastic. ... The first time I came to see him, I knocked at the door – no answer. He was in a very bad mood at that time, the whole period was a difficult one for him for personal reasons. When he didn't answer, after a few minutes I opened the door. ‚A, you are *Weisskopf*; yes, you will be my assistent. I will tell you that I wanted to take *Bethe*‘ but he works on the solid state. I don't like this kind of physics although I started it. He gave me some problem – I really don't know what it was – and after a few weeks I showed him what I had done; he was very dissatisfied with it and he said, ‚Ich hätte doch *Bethe* nehmen sollen‘.“ [50]

Im Oktober 1933 hatte der 7. Solvaykongreß über Kernphysik in Brüssel getagt. Im Anschluß an *Heisenbergs* Übersichtsreferat stellte *Pauli* bei dieser Gelegenheit zum ersten Mal seine Neutrinohypothese der Öffentlichkeit vor, indem er eine gedruckte Verlautbarung billigte. Obwohl *Pauli* dabei *Bohrs* Auffassung von einer Verletzung des Energiesatzes beim β-Zerfall widersprechen mußte, „war er in Brüssel sogar so milde, daß [*Bohr*] ganz unheimlich zumute“ wurde, wie er *Weisskopf* mitteilte. [51] „Mir scheint“, erwiderte *Weisskopf* daraufhin, „daß die *Paulische* Milde auf einer wirklichen Übereinstimmung zwischen Ihnen und ihm beruhen, die ich in der Löchertheorie immer deutlicher sehe, wenn wir darüber sprechen.“ [52]

---

[48] Siehe *Casimir*, op.cit., S. 147. – *Ehrenfest* litt seit längerer Zeit unter der Vorstellung, daß er selber den Kontakt mit der naturwissenschaftlich-mathematischen Forschung endgültig verloren habe, daß ihm, „um nun endlich [seinen] Leidener Platz frei zu machen, kein anderer Ausweg übrig bleiben wird, als [sich] zu töten.“

[49] Vgl. hierzu auch *V.F. Weisskopf*: Physics in the Twentieth Century. Selected Essays. Cambridge, Massachusetts 1972. Dort S. 9ff.

[50] Interview mit *V.F. Weisskopf*, durchgeführt am 10. Juli 1963 von *T.S. Kuhn* und *J.L. Heilbron*.

[51] Brief von *Bohr* an *Weisskopf* vom 10. November 1933.

[52] Brief von *Weisskopf* an *Bohr* vom 13. November 1933.

Weisskopf beteiligte sich jetzt auch an den brieflichen Auseinandersetzungen über die Löchertheorie mit *Heisenberg*: „A lively correspondence developed between *Heisenberg* and *Pauli*; every letter from *Heisenberg* was intensely discussed. More often than not I was asked to write the first draft of *Pauli's* critical answers to some of *Heisenberg's* suggestions.“[53]

Die Probleme der Löchertheorie wurden durch *Diracs* Referat auf dem 7. Solvay-Kongreß in Brüssel erneut in den Vordergrund gerückt (S. 219). Noch während des Kongresses vereinbarten *Heisenberg* und *Pauli* ein vorläufiges Programm einer widerspruchsfreien Formulierung der Theorie zur „Befreiung von Diracschen Ansätzen und Gedankengängen“ (S. 330).

In ihrer ursprünglichen Fassung als Einteilchenproblem konnte die Diracsche Wellengleichung für das Elektron Paarbildungen natürlich nicht beschreiben. Dieser Nachteil sollte durch *Diracs* Löcheridee behoben werden. Paarbildungsprozesse waren nun als Elektronenübergänge zwischen den Zuständen negativer und positiver Energie zu verstehen.

Als es im Juni 1933 *Robert Oppenheimer* und *Milton Plesset* gelang, den Wirkungsquerschnitt für Paarerzeugungs- und Vernichtungsprozesse abzuschätzen, wandelte sich *Paulis* skeptische Einstellung. „Meine Haltung zur Löcheridee ist nunmehr ebenso wie bei *Bohr* und Dir keine völlig ablehnende oder negative mehr“, hatte er daraufhin *Heisenberg* geschrieben (S. 212).

Der stärkste theoretische Einwand gegen die Löchervorstellung blieb nach wie vor das unendlich große elektrische Feld, welches von der Ladungsdichte der unendlich vielen Zustände negativer Energie herrührte. *Dirac* hatte diese Schwierigkeit umgangen, indem er einfach nur die Differenz zwischen den wirklich besetzten Zuständen negativer Energie und der Gesamtheit aller Zustände negativer Energie als felderzeugend erklärte. Da es sich dabei um die Subtraktion von zwei unendlichen Größen handelte, mußte zunächst erst einmal ein eindeutiges Subtraktionsverfahren entwickelt werden.

Ebenso kritisierte *Pauli*, die bisherigenTheorien hätten die relativistische und Eichinvarianz nicht genügend in Evidenz gestellt. Noch unbefriedigender war aber die Tatsache, daß die negativen Elektronenzustände – ungeachtet ihres passiven Platzhalterdaseins – offenbar mit einem elektromagnetischen Feld in Wechselwirkung treten konnten. Wie *Dirac* nämlich in dem erwähnten Solvay-Referat zeigte, waren bereits kleine äußere Felder ausreichend, um eine unendlich große Änderung in der negativen Zustandsverteilung zu erzeugen.

Dieser Umstand weckte auch das allgemeine Interesse an diesen exotischen Vakuumserscheinungen. Insbesondere hoffte man, hier neue Hinweise zur Lösung des Selbstenergieproblems beim Elektron zu erhalten.

Während *Pauli* noch gemeinsam mit *Heisenberg* die Möglichkeiten einer invarianten Löchertheorie erörterte, hatte *Dirac* bereits einen bedeutsamen Fortschritt erzielt, wie er *Bohr* und *Pauli* Anfang November in einem „aufregenden Brief“ meldete (S. 228f., 232).

In den nun folgenden Monaten arbeiteten die Theoretiker von Cambridge,

---

[53] Vgl. *V.F. Weisskopf*: Growing up with field theory; The development of quantum electrodynamics. Enthalten in *L.M. Brown* und *L. Hoddeson* (Hrsg.): The birth of particle physics. New York 1983.

Leipzig und Zürich fieberhaft an einer Verbesserung der Löchertheorie[54], zumal *Diracs* vorläufige Mitteilungen *Pauli* nicht von seinem Erfolg sehr überzeugten. Anfang Februar publizierte Dirac endlich seine Ergebnisse, die alle Unklarheiten der Subtraktionsmethode in der Löchertheorie beseitigten. *Heisenberg, Pauli* und sein Assistent *Weisskopf* beschlossen daraufhin, ihre eigenen Ergebnisse als Ergänzung und Vervollkommnung der *Dirac*schen Untersuchung in einer gemeinsamen „Dreimännerarbeit" zu publizieren (S. 293).

Weisskopf wurde von Anfang an durch *Pauli* in dieses Unternehmen einbezogen (S. 229), weil er infolge seiner früheren Tätigkeit ausgiebig mit *Diracs* Arbeiten und Ansichten vertraut war (S. 292).

Zunächst sollte *Weisskopf* den Einfluß der Vakuumpolarisation auf die Selbstenergie des Elektrons prüfen (S. 255). Ganz in Übereinstimmung mit *Paulis* Erwartungen ergaben seine Rechnungen ähnlich divergierende Ausdrücke für die Selbstenergie, wie die früheren Untersuchungen gemäß der gewöhnlichen Einelektronentheorie (ohne Vakuum) von *Ivar Waller* und anderen. Damit wurde auch „*Wentzels* Trick" zur Beseitigung des „klassischen" Anteils der Selbstenergie hinfällig (S. 257).[55]

Paulis aufkommende Begeisterung für die Löchertheorie kühlte sich zunehmend wieder ab. Ende März distanzierte er sich von der geplanten „Dreimännerarbeit" (S. 294) und er riet *Weisskopf*, seinen Anteil allein zu veröffentlichen (S. 306). Auch *Heisenberg* entschloß sich zur selbständigen Publikation seines Ergebnisses (S. 332, 337), obwohl es, wie *Pauli* meinte, kaum „zu irgend welchen prüfbaren Folgen führen kann, die nicht schon durch die elementaren Rechnungen über die Häufigkeit der Paar-Erzeugung vorliegen" (S. 328).

Im Juli 1934, als *Pauli* und *Weisskopf* nach diesen vermeintlichen Fehlschlägen sich bereits mit einer anderen Möglichkeit der Feldquantisierung befaßten, traf eine überraschende Nachricht aus Amerika ein. *Wendell Furry* hatte in *Weisskopfs* Rechnungen einen Fehler gefunden. Nach seiner Berichtigung divergierte die Selbstenergie nur noch logarithmisch (S. 343). Obwohl damit das Divergenzproblem keineswegs gelöst war, bewertete *Heisenberg* diese Tatsache als Hinweis dafür, daß die Quantentheorie „gewissermaßen schon von selbst für die richtige Abänderung"[56] der klassischen Theorien sorge (S. 345, 396).

Robert Serber und *Edmund Uehling* zeigten später den Zusammenhang der logarithmischen Divergenz der Selbstenergie mit den Abweichungen vom Coulombgesetz für Abstände, die kleiner als die Comptonwellenlänge des Elektrons sind (S. 433).[57]

---

[54] Vgl. hierzu *Heisenbergs* Darstellung in einem Schreiben an *Niels Bohr* vom 17. April 1934: „Ich hab' in der letzten Zeit ausschließlich an der Löchertheorie herumstudiert und glaube, sie jetzt ziemlich in Ordnung zu haben – im Wesentlichen in Verfolgung des *Dirac*schen Programmes; vielleicht glaub' ich dies jetzt sogar mit etwas mehr Recht, als nach den bisherigen Versuchen. Ich fühle mich in dem Stadium, wo man überzeugt ist, alle möglichen Fehler wenigstens einmal gemacht zu haben. Ich hab' nämlich das Wichtigste von diesen Rechnungen an *Pauli* und *Weisskopf* nach Kopenhagen geschickt und hoffe, daß Du es auf diese Weise auch erfahren hast; allerdings weiß ich garnicht sicher, ob *Pauli* und *Weisskopf* in Kopenhagen sind, auch hab' ich bis jetzt keine Antwort bekommen."

[55] *Wentzels* Verfahren zur Beseitigung der Divergenzen im klassischen Grenzfall wurde gleichzeitig von *Nicholas Kemmer* in einer Doktorarbeit ausgearbeitet (siehe Anm. 67).

[56] Aus einem Schreiben von *Heisenberg* an *Born* vom 18. März 1935.

[57] Siehe hierzu *V.F. Weisskopf*: The development of field theory in the last 50 years. Physics Today, November 1981, S. 69–85.

Doch in Zürich war man inzwischen schon mit ganz anderen Fragen beschäftigt, weshalb diese Weiterbildungen der *Dirac*schen Löchertheorie zunächst zurückgestellt wurden. Im Juni 1934 waren *Pauli* und *Weisskopf* auf eine „Kuriosität" gestoßen (S. 328)[58]. Als man das Problem der Quantisierung der skalaren relativistischen Schrödinger-Klein-Gordon-Gleichung dort erneut erörtert hatte (vgl. S. 274), stellte sich nämlich heraus, daß diese Theorie wider Erwarten eine vernünftige Quantisierung zuläßt[59] und ohne Löcheridee den Vorgang der Paarbildung automatisch wiederzugeben vermochte.

Obwohl eine solche Theorie für spinlose Teilchen und Bose-Statistik sich nicht zur Beschreibung der (damals) bekannten Elementarteilchen eignete, war die Aussicht auf eine Theorie, die *„ohne jede weitere Hypothese* (ohne ‚Löcher-Idee', ohne Limes-Akrobatik, ohne Subtraktionsphysik) zur Existenz von Positronen und Prozessen der Paarbildung" führte, geradezu faszinierend. „Jetzt lasse ich *Weisskopf* noch nachrechnen, ob eine (eventuell unendlich große) Polarisation des Vakuums in dieser Theorie herauskommt oder nicht" (S. 329). Doch wie die weitere Untersuchung dieser Frage zeigte, war das Problem der Vakuumpolarisation und der Selbstenergie auch hier nicht zu vermeiden (S. 334, 337f., 352).

Diese Pauli-Weisskopf-Theorie, die *Pauli* auch gerne als „Anti-Dirac-Theorie" bezeichnete, sollte schon in den nächsten Jahren zur Beschreibung der neu entdeckten Höhenstrahlungsteilchen und in der Feldtheorie der Kernkräfte eine bedeutende Rolle spielen (S. 331). Für *Pauli* wurde sie darüberhinaus zum Wegweiser bei der Suche nach einer Erklärung des Zusammenhanges von Spin und Statistik, welcher in der bisherigen Quantentheorie lediglich aufgrund der Erfahrung gewährleistet war (vgl. hierzu S. 330, 334f., 337 und 361).[60] „In physikalischer Hinsicht scheint es mir nur befriedigend, daß *ohne Spin* auch kein Ausschließungsprinzip erreichbar ist." (S. 335), beantwortete *Pauli* Heisenbergs Vorschlag, bei der Quantelung der Klein-Gordon-Gleichung die Fermistatistik zu erzwingen (S. 333).

Im Herbst 1934 nahmen Heisenberg, *Pauli* und ihre Mitarbeiter die Diskussion über mögliche Verbesserungen und Anwendungen der Löchertheorie wieder auf. Insbesondere suchte man nach beobachtbaren Effekten, welche durch eine Kopplung der Teilchen mit dem Strahlungsfeld hervorgerufen werden. *Heisenbergs* Mitarbeiter *Hans Euler* und *Bernhard Kockel* begannen mit der langwierigen Berechnung der Streuung von langwelligem Licht an Licht gemäß dem Dirac-Heisenbergschen Subtraktionsformalismus (S. 331f.).

Dieses Phänomen war ein typischer Streuprozeß an den virtuellen Elektron-Positron-Zuständen des Vakuums und erforderte eine spezielle Behandlung der problematischen höheren Näherungen der Störungstheorie.[61]

---

[58] Vgl. hierzu auch die auf S. 333 wiedergegebene Darstellung von *Weisskopf*.

[59] Die Möglichkeit der Quantisierung einer solchen skalaren Wellengleichung war von *Dirac* in seinem Leipziger Vortrag von 1928 verneint worden. Vgl. *P.A.M. Dirac*: Über die Quantentheorie des Elektrons. Phys. Z. **29**, 361–363 (1928).

[60] Auf diesen Mangel der Theorie suchte auch *V. Weisskopf* in seinem Übersichtsreferat über die Probleme der neueren Quantentheorie des Elektrons, Naturwiss. **23**, 631–637, 647–653, 669–674 (1935), dort S. 636, aufmerksam zu machen.

[61] Auf das Auftreten solcher Unendlichkeiten in den höheren Näherungen der Störungstheorie hatte *Oppenheimer* schon in seinem ersten Beitrag zur Quantenfeldtheorie hingewiesen, der 1929 noch

Eng im Zusammenhang damit stand auch das Delbrücksche Problem. Der Streueffekt von langwelligem Licht an räumlich langsam veränderlichen elektrostatischen Feldern wurde schon im Mai 1933 von *Max Delbrück* vorgeschlagen, um die von der Klein-Nishina Formel abweichende anomale Streuung von harten γ-Strahlen zu erklären.[62]

Im Juni 1934, während eines Besuches in Leipzig, erzählte *Delbrück* „von seinen vergeblichen Versuchen, die kohärente Streuung zu rechnen". „Er wäre sicher froh", berichtete *Heisenberg*, „wenn er die Arbeit gemeinsam mit einem anderen, z.B. *Weisskopf* machen könnte" (S. 332). *Delbrück* war an den Schwierigkeiten bei den höheren Näherungen der Störungsrechnung gescheitert und gab schließlich das Problem auf. Ein Jahr später, im Juni 1935, erwähnte *Pauli*, auch *Weisskopf* habe mit den dabei auftretenden Fragen der Subtraktionsphysik zu kämpfen (S. 402).

Zum Winter 1935/36 nahm *Pauli* eine Einladung nach Princeton an. Während seiner Abwesenheit von Zürich wurde er durch *Weisskopf* vertreten. Während dieser Zeit gelang *Weisskopf* gemeinsam mit *Nicholas Kemmer* die Herleitung der „Euler-Kockel-Glieder im elektrostatischen Grenzfall ohne Subtraktionsphysik". *Heisenberg* kommentierte diesen Erfolg als eine „schöne Stütze für die Eindeutigkeit der subrahierten Glieder" (S. 439).

Mit diesem Wintersemester ging auch *Weisskopfs* Assistentenzeit bei Pauli ihrem Ende entgegen (S. 438, 440). Im Mai 1936 kehrte er zu *Bohr* nach Kopenhagen zurück. Dort vollendete er zunächst seinen bekannten Beitrag zur Vakuumelektrodynamik, der die Grundidee der Renormalisation bereits vorwegnimmt.[63] Daß *Weisskopf* sich anschließend unter dem Einfluß von *Bohr* der „halbempirischen" Kernphysik zuwandte, fand nicht *Paulis* Zustimmung (S. 533).

Guido Ludwig und Nicholas Kemmer: SS 1936

Noch von Princeton aus suchte *Pauli* die Assistentennachfolge zu regeln. Zunächst wußte er noch nicht, ob *Nicholas Kemmer* oder *Guido Ludwig* der geeignetere Nachfolger sei, obwohl im *Kemmer* mehr zusagte (S. 440). Nachdem er *Kemmer* von Princeton aus die Assistentenstelle bereits angetragen hatte, erhob der Schweizerische Schulrat Einspruch, weil seiner Ansicht nach ein Schweizer mit gleicher Qualifikation für diese Stelle zur Verfügung stand (S. 441). So kam

---

im Zusammenhang mit der Heisenberg-Paulischen Feldquantisierung in Zürich entstanden war (vgl. hierzu Band I, S. 514ff.). – Der von *Euler* und *Kockel* berechnete Wirkungsquerschnitt für die Streuung von Licht an Licht war gleichbedeutend mit einer Abweichung vom Superpositionsprinzip der klassischen Elektrodynamik und führte rein formal zu den gleichen Feldgleichungen, die *Max Born* und *Leopod Infeld* ihrer neuen Feldtheorie zugrunde gelegt hatten (vgl. S. 239).

[62] Vgl. *W. Gentner:* Einiges aus der frühen Geschichte der Gamma-Strahlen. In *O.R. Frisch, F.A. Paneth, F. Laves* und *P. Rosbaud*: Beiträge zur Physik und Chemie des 20. Jahrhunderts. Braunschweig 1959. Dort S. 28–44. – Siehe hierzu auch *L.M. Brown* und *D.F. Moyer*: Lady or tiger? – The Meitner-Hupfeld effect and Heisenberg's neutron theory. Amer. J. Phys. **52**, 130–136 (1984).

[63] *V. Weisskopf:* Über die Elektrodynamik des Vakuums auf Grund der Quantentheorie des Elektrons. Det Kgl. Danske Videnskabernes Selskab. Math.-fys. Meddelelser. XIV, 6. 1936.

es, daß sich der gebürtige Schweizer *Guido Ludwig* und der aus Rußland stammende *Kemmer* für einige Monate mit einer halben Assistentenstelle bei *Pauli* begnügen mußten.[64]

Schon als Student im Züricher Kolloquium hatte *Kemmer Pauli* kennengelernt: „Wie alle anderen Beteiligten begann ich von ihm Physik zu lernen wie es kaum in irgend einer anderen Umgebung möglich gewesen wäre. *Pauli* war natürlich nicht allein daran beteiligt – mit ihm wirkten Wentzel, Scherrer und viele andere. Besonders erinnere ich mich an *Viki Weisskopf*, an *Marcel Schein*[65] und an *Ernst Stueckelberg*, und dazu kamen auch viele Jüngere, die erst später einen Namen für sich machten. Man lernte Physik direkt von den Quellen aus; sowie irgendwo etwas entdeckt oder erdacht wurde, wußte man es sofort. *Pauli* hatte einen Briefwechsel mit der ganzen Welt der Physik – mit *Bohr*, mit *Heisenberg* und nicht nur mit Europa, auch mit den Amerikanern. Nur die Yukawasche Idee schien an uns vorübergegangen zu sein. Als dann die ersten Berichte kamen, wurde sofort, möglichst für die nächste Woche, von jemandem ein Vortrag beauftragt – und dann kam die Kritik, teilweise des Vortragenden, aber viel wichtiger, der eigentlichen neuen Arbeit. Die Züricher Kritik wurde dann auch in der weiteren Welt bekannt – und damit meinte man in erster Linie *Paulis* Meinung. Nichts wurde mehr geschätzt als ein günstiges Urteil von ihm. Natürlich war *Paulis* typisches Eingreifen beim Kolloquiumsvortrag erheblich und einprägsam – oft klang es auch etwas boshaft."[66]

Kemmer war zuerst in Göttingen und hatte dann im Wintersemester 1931/32 sein Studium in Zürich fortgesetzt. Nach einer weiteren Unterbrechung 1932/33 begann er in seiner Doktorarbeit unter *Gregor Wentzels* Anleitung sich mit dem Selbstenergieproblem des Elektrons auf der Grundlage des neuen Subtraktionsformalismus zu befassen.[67] „*Weißkopf* war damals auch in Zürich und arbeitete am Selbstenergieproblem in diesem neuen Rahmen. Er fand, daß die neue Theorie immer noch an Divergenzen litt, die aber nur schwach (logarithmisch) waren. Ich beteiligte mich ein wenig an den Rechnungen und erlebte es mit, als Nachricht von Heisenberg ankam, daß zwei seiner Schüler *Euler*

---

[64] In einem Schreiben *Paulis* vom 13. Mai 1936 an den Präsidenten des Schweizerischen Schulrates *A. Rohn* heißt es: „Auf Grund mündlicher Besprechung möchte ich Ihnen den Antrag stellen, für das Sommersemester die Herrn Dr. *Guido Ludwig*, aus Scanfs, Dr. *Nicolai Kemmer*, aus Hannover als Assistenten für theoretische Physik anzustellen. Diesen Antrag möchte ich an die Bedingung knüpfen, daß jedem der beiden Herren ein Gehalt von Fr. 200.– monatlich (mit dem gewöhnlichen Abzug von 8%) gewährt wird. Ich hoffe, daß es sich im Laufe des Semesters entscheiden wird, ob Herr *Dr. Ludwig* für seine Vollassistentenstelle in Frage kommen kann; im Augenblick ist dies sicher nicht der Fall. Sollte nur der Betrag von Fr. 380.– zur Verfügung gestellt werden können, so müßte ich meinen bisherigen Antrag auf alleinige Anstellung des Herrn Dr. *Kemmer* aufrecht erhalten." Der Schulrat entschied für die gleichzeitige Einstellung von *Ludwig* und *Kemmer*. (Auf die entsprechenden Unterlagen aus dem Archiv des Schweizerischen Schulrats machte mich freundlicherweise *Abraham Pais* aufmerksam.)

[65] Der Experimentalphysiker *Marcel Schein* beschäftigte sich damals im Institut von *Edgar Meyer* mit Hyperfeinstrukturuntersuchungen an Quecksilber.

[66] Aus *N. Kemmer*: Erinnerungen an *Pauli*. Vortrag auf der internationalen Pauli-Tagung in Wien am 15. und 16. November 1983. (Vgl. Phys. Bl. **40**, 103–104 (1984).)

[67] *N. Kemmer*: Über die elektromagnetische Masse des Diracelektrons. Ann. Phys. (5)**22**, 674–712 (1935). – „Diese Arbeit enthält nichts von dauerndem Wert", urteilte *Kemmer* rückblickend, „aber so lernte ich die sogenannte ‚α-Gymnastik', die man mit Dirac-Matrizen zu treiben hatte."

und *Kockel*, aufgrund dieser Theorie die ‚Streuung von Licht an Licht' berechnet hatten. Dies war ein wohldefinierter, kleiner, aber im Prinzip beobachtbarer Effekt, der als Abweichung von den Maxwellschen Gleichungen beschrieben werden konnte. Die Autoren mußten bis zur vierten Ordnung in der Störungstheorie rechnen und ohne vollständige Rechtfertigung gewisse divergente Integrale vernachlässigen. Die Berechnung war enorm lang, obwohl sie nur für einige Spezialfälle durchgeführt wurde. ... Unter *Weißkopfs* Leitung und mit Dr. *Guido Ludwig* als Mitarbeiter berechnete ich einen verwandten Effekt, nämlich die (Delbrück-)Streuung von Licht an einem elektrostatischen Potential.[68] In der Abwesenheit invarianter Rechenmethoden war es nicht offensichtlich, daß unser Resultat mit dem Euler-Kockelschen übereinstimmen würde. Ich fand aber genau dieselben Koeffizienten wie [*Euler* und *Kockel* in ihrem Zusatzglied zur Lagrangefunktion]. So lernte ich, daß man Invarianzargumenten trauen konnte – auch für eine ganz unvollkommene Theorie!"[69]

Während dieser kurzen Übergangszeit bei *Pauli* entstanden auch die erwähnten Rechnungen zum Delbrück-Effekt (S. 490). Außerdem untersuchte *Kemmer* auf *Paulis* Vorschlag hin mögliche Formen der Neutron-Proton-Wechselwirkung unter Zugrundelegung der Diracschen Gleichung für beide Nukleonen (S. 490).[70] Es zeigte sich, daß der einzige relativistisch invariante Ansatz ein δ-artiges Potential war, das keine endliche Bindungsenergie erzeugte. Diese Ergebnisse suchte *Pauli* ebenso vergeblich für die Neutrinowechselwirkung heranzuziehen (S. 470, 472, 476).

Zum 1. Oktober 1936 erhielt *Kemmer* ein Beit Scientific Research Fellowship am Imperial College of Science and Technology in London (S. 470). Auch wenn *Kemmers* direkte Zusammenarbeit mit *Pauli* nur von kurzer Dauer war, trug sie doch durch ihre Fortsetzung in einem regen brieflichen Gedankenaustausch bald die schönsten Früchte. „Es ist gar nicht übertrieben zu sagen", erklärte *Kemmer* später, „daß alles, was mir bis Kriegsausbruch zu schaffen gelang, unter [*Paulis*] Leitung durchgeführt wurde."

Markus Fierz: WS 1936/37–WS 1939/40

Nachdem *Pauli* sich vergewissert hatte, daß er *Kemmer* nur übergangsweise auf der halben Assistentenstelle zu halten vermochte – und an *Ludwig* war er nicht weiter interessiert –, erkundigte er sich bei den Kollegen nach einem möglichen Nachfolger. Wahrscheinlich hatte ihn *Wentzel* daraufhin auf *Markus Fierz* aufmerksam gemacht. Weil außerdem für *Fierz* als gebürtiger Schweizer von seiten des Schulrates keine Einwände zu befürchten waren, beschloß *Pauli*

[68] *N. Kemmer:* Über die Lichtstreuung an elektrischen Feldern nach der Theorie des Positrons. Teil I und II (mit G. Ludwig). Helv. Phys. Acta **10**, 112–122, 182–184 (1937).

[69] *N. Kemmer:* Die Anfänge der Mesonentheorie und des verallgemeinerten Isospins. Phys. Bl. **39**, 170–175 (1983).

[70] *N. Kemmer:* Zur Theorie der Neutron-Proton-Wechselwirkung. Helv. Phys. Acta **10**, 47–67 (1937).

– nicht ohne vorher bei *Heisenberg* Erkundigungen einzuziehen (S. 443) – ihn für das Wintersemester 1936/37 als Assistenten zu nehmen.

Auch *Fierz* hatte in Göttingen und Zürich studiert. Anfang 1936 promovierte er bei *Wentzel* mit einer Untersuchung der künstlichen Umwandlungen von Protonen in Neutronen gemäß der Fermischen Theorie des β-Zerfalls.[71]

Anschließend war *Fierz* 1936 ein Sommersemester lang bei *Heisenberg* in Leipzig. Dort beschäftigte er sich mit dem Divergenzproblem (S. 443), das bei der Behandlung des Bremsvorgangs von Elektronen in elektrostatischen Feldern durch Emission langwelliger Lichtquanten auftritt.[72] Natürlich waren auch *Pauli* und *Weisskopf* frühzeitig auf diese merkwürdige Angelegenheit aufmerksam geworden (S. 528). Die gleiche Schwierigkeit war aber auch *Heisenbergs* Doktorand *Bernhard Kockel* bei der Untersuchung von Mehrfachprozessen zwischen Elektronen und Positronen mit Beteiligung von zwei Lichtquanten nach der Diracschen Löchertheorie aufgefallen (S. 439).[73]

Während des Kopenhagener Kernphysikerkongresses im Sommer 1936 erhielt *Fierz* das Angebot, *Paulis* Assistent zu werden (S. 448). Nachdem er die Züricher Stelle zum Wintersemester angetreten hatte, wurde diese (als Ultrarotkatastrophe bezeichnete) Frage gemeinsam mit *Pauli* weiterverfolgt (S. 518f.)

Das gleiche Problem wurde auch von *Felix Bloch* und seinem Doktoranden *Arnold Nordsieck* in Stanford untersucht (S. 522). Sie zeigten, daß das Divergenzproblem lediglich auf einer unsachgemäßen Anwendung der Störungstheorie in dem Grenzfall sehr langwelliger Lichtquanten kleiner Frequenz beruhte. Nachdem *Pauli* das Manuskript dieser Verfasser gesehen hatte, bezeichnete er das Ergebnis als großen Fortschritt. Doch er vermißte eine genauere physikalische Analyse des Phänomens, aus der auch hervorgeht, „wo die bisherige Theorie etwas falsches gibt" (S. 528). Schließlich konnte er gemeinsam mit *Fierz* noch nachweisen, daß das Ergebnis wesentlich von der Größe der Ausdehnung des Probekörpers abhängig ist.[74] Eine praktische Anwendung zur Größenbestimmung geladener Teilchen schien ihm nicht ausgeschlossen zu sein (S. 530). „Nun, es bleibt noch viel zu sagen, und viel zu ixen", schrieb er im Juli.

Während und nach der Kopenhagener Septemberkonferenz 1937 (S. 534) gab es noch hitzige Diskussionen über diese Fragen mit *Bohr* und *Felix Bloch*, bis sich Paulis Interpretation der Ergebnisse schließlich durchsetzte (S. 540). Erst Anfang 1938 wurde eine endgültige Fassung der gemeinsamen Untersuchung (1938a) zur Veröffentlichung eingereicht (S. 548).

Schon während seines zweiten Amerikaaufenthalts im Winter 1935/36 hatte *Pauli* die großartige Entdeckungsserie der Amerikaner miterlebt, welche den nicht elektromagnetischen Ursprung der Kernkräfte offenbarte (S. 441).

Die bisherigen Vorschläge, eine Feldtheorie der Kernkräfte mit Hilfe der Fermischen Theorie des β-Zerfalls aufzustellen, ließen sich nur unter sehr künst-

---

[71] *M. Fierz:* Über die künstliche Umwandlung des Protons in ein Neutron. Helv. Phys. Acta **9**, 245–264 (1936). Eingegangen am 18. Februar 1936.

[72] Einen Hinweis auf dieses Problem findet man auf S. 259 in *Fierz*' Doktorarbeit.

[73] *B. Kockel:* Über einige Mehrfachprozesse zwischen Elektronen, Positronen und Lichtquanten. Z. Phys. **107**, 153–176 (1937). Signiert 10. Oktober 1936.

[74] Vgl. hierzu auch die Bemerkungen von *G. Wentzel:* Quantum theory of fields (until 1947). Pauli-Memorial-Volume, dort S. 56.

lichen Annahmen realisieren. *Fermi* hatte in seiner Theorie für die Wechselwirkung zwischen dem Materiefeld der Nukleonen und dem Elektron-Neutrinofeld ursprünglich den einfachsten Ansatz gemacht, der überhaupt denkbar ist. Die Kopplungskonstante selbst wurde bei ihm nicht näher begründet. Diese Schwäche der Theorie wurde von *Pauli* heftig kritisiert. Er sprach von „*Fermis* ingenious theory" und nannte *Fermi* einen „halb-experimentellen Opportunisten" (S. 478).

Um eine bessere Anpassung an die Erfahrung zu erzielen, probierte man zunächst andere Ansätze durch. Größte Beachtung fanden zeitweilig *Uhlenbeck* und *Konopinski*, die in ihrem Wechselwirkungsansatz anstelle der Neutrinowellenfunktion deren räumliche und zeitliche Ableitungen benutzten (S. 442). Damit konnten sie den infolge unzureichender Experimente entstellten Verlauf der β-Spektren darstellen; bald zeigten sich weitere Abweichungen an der oberen Energiegrenze des Spektrums, die selbst mit diesem Ansatz schwer zu erfassen waren (S. 479).

Paulis nächstes Ziel war deshalb „eine vernünftige und relativistische invariante Theorie des β-Zerfalls, die von der Fermischen *wesentlich* verschieden ist" (S. 479).

Im Anschluß an *Fierz*' Doktorarbeit sollten zunächst alle möglichen Lorentz-invarianten Ansätze für das Matrixelement der Fermiwechselwirkung systematisch geprüft werden (S. 477, 521). Ableitungen der Wellenfunktionen durften darin freilich nicht vorkommen, denn *Pauli* glaubte anfangs, sie würden gegen das Ausschließungsprinzip verstoßen (S. 521). Doch diese Annahme beruhte auf einem „dummen Rechenfehler" (S. 521), worauf *Fierz* in einem Nachtrag zu seiner Veröffentlichung über die Quantisierung von Theorien des β-Zerfalls" (S. 483) hinwies. *Pauli* kündigte daraufhin *Uhlenbeck* an, er sei nun bereit, „eine Art Gang nach Canossa anzutreten", denn jetzt bestünden gegen die Uhlenbeck-Konopinski-Theorie keine anderen Einwände mehr als gegen die ursprüngliche Theorie von *Fermi* (S. 521).

„Daß alle nicht-elektrodynamischen Kräfte zwischen schweren Teilchen gleich sind, wäre in der Tat eine ‚versprechende' Möglichkeit" (S. 479), schrieb *Pauli* im November 1936. Seinem ehemaligen Assistenten *Kemmer*, der jetzt schon seine neue Stelle in London angetreten hatte, riet er, „sich doch die neuen amerikanischen Arbeiten" genauer anzusehen. „Die dort diskutierte Möglichkeit, daß alle nicht-elektromagnetischen Kernkräfte von der Ladung unabhängig sein sollen, hat eine gewisse innere Vernunft in sich" (490). Innerhalb von drei Wochen wandelte sich auch seine Einstellung zur Fermischen Neutrinotheorie grundlegend. „Bei aller Skepsis gegen die ‚ingenious theory' könnte an dem allgemeinen Gedanken, daß das ‚Neutrinofeld' die Kernkräfte vermittelt, doch etwas Wahres sein" (489).

Nur wenige Monate später erfolgte die Entdeckung der „Andersonschen Elektronen" (S. 525) in der Höhenstrahlung (S. 528)[75] und die rasch darauf einsetzende Entwicklung der Mesonentheorie. Damit wurde allen bisherigen Spekulationen über ein Versagen der Quantenelektrodynamik bei Energien von

[75] Siehe hierzu auch *L.M. Brown* und *L. Hoddeson:* The birth of particle physics. Physics Today, April 1982, S. 36–42. – *P. Galison:* The discovery of the Muon and the failed revolution against quantum electrodynamic. Centaurus **26**, 262–316 (1983).

137 m_ec^2 (S. 496, 507) ein Ende bereitet, denn nun konnten auch die berechneten Strahlungsverluste für die durchdringende Komponente der Höhenstrahlung infolge der größeren Masse des neuen Teilchens besser mit der Erfahrung in Einklang gebracht werden.[76]

Anfang der dreißiger Jahre beschäftigte die Theoretiker vorerst noch die Frage, warum eigentlich die Natur nur eine so kleine Anzahl verschiedenartiger Teilchen zulasse. Die Pauli-Weisskopf-Gleichung hatte dann gezeigt, daß im Prinzip auch spinlose Boseteilchen möglich sind. Nachdem die teilweisen Erfolge der Fermischen Theorie des β-Zerfalls einen Stimmungsumschwung zugunsten des Neutrinos bewirkt hatten, verfügte man im Jahre 1937 bereits über sechs „Elementarteilchen" (S. 443). Es schien deshalb nur noch eine Zeitfrage zu sein, wann weitere solche Teilchen entdeckt würden.

Schon damals schwebte *Heisenberg* so etwas wie eine Theorie der Elementarteilchen vor (S. 523), obwohl auch ihm bewußt war, „daß man schon ein ziemlich reichhaltiges Teilchensortiment braucht, um alle Bedingungen einer solchen Theorie zu befriedigen" (S. 443).

Die Idee der sog. unitären Theorien lag geradezu in der Luft (S. 381, 383 und 386). In ihrer ursprünglichen Gestalt erfaßte die Quantenfeldtheorie Materie und Feld ja nur als zwei verschiedenartige Naturgegebenheiten, die erst durch die Bewegungsgleichungen miteinander in Verbindung gebracht werden:[77] Bei einer einheitlichen Beschreibung sollte sich jedoch Materie und Feld als Erscheinungsformen einer und derselben Substanz äußern.

In dem feldtheoretischen Ansatz von *Gustav Mie,* den *Max Born* und *Leopold Infeld* weiterentwickelten, werden die materiellen Teilchen dagegen als Feldsingularitäten aufgefaßt. Doch auch diese Theorie mußte aufgegeben werden, weil eine Beschreibung der Elektronenwellenfunktionen durch Lichtwellen nicht möglich war.[78]

Die Vertreter des entgegengesetzten Standpunktes wollten der Materie – und damit der Diracschen Wellengleichung – den Vorzug geben. In der von *Louis de Broglie* begründeten „Theorie des Photons" und ihrer von *Pascual Jordan* und *Ralph Kronig* als Neutrinotheorie des Lichtes weiter ausgearbeiteten Variante sollte sich jede elektromagnetische Welle aus je zwei Diracschen (Neutrino-)Wellenfunktionen zusammensetzen lassen (S. 379 u. S. 385).

Pauli schien diese zweite Alternative zunächst sehr „bestechend" (S. 385); er fand jedoch die bisherigen Versuche, diese Idee durchzuführen, alle „schwach und unbefriedigend" (S. 385). Jedoch die Existenz „nicht-komplexer Boseteilchen" beschäftige ihn auch weiterhin (S. 525).

Mit der Entdeckung der „schweren Elektronen" schwand endlich die allgemeine Skepsis, die man ursprünglich gegen das Aufstellen von Theorien und

[76] Schon im Herbst 1933 berechneten *Heitler* und *Sauter* den Strahlungswirkungsquerschnitt bei schnellen Elektronenstößen gemäß der Diracschen Theorie. Die logarithmische Abhängigkeit von der Energie des stoßenden Teilchens „zeigt natürlich, daß für sehr große Energien die Theorie falsch wird", berichtete *Heitler* am 16. Oktover 1933 an *Bohr*. „Für die ‚Zwillingsgeburt' von *Oppenheimer* und *Plesset* erhält man eine ganz ähnliche Formel."

[77] Vgl. *G. Wentzel:* Quantentheorie und Wellenmechanik. (Teil 1 und 2.) Die Physik **2**, 141–152 (1934); **7**, 1–12 (1939).

[78] *M. Pryce:* The eigenvalues of electromagnetic angular momentum. Proc. Cambr. Phil. Soc. **32**, 614–621 (1936).

Formalismen hegte, die nicht auf die bereits bekannten Elementarteilchen zugeschnitten waren.

Schon Anfang 1935 hatte *Dirac* eine allgemeine Wellengleichung für Teilchen mit beliebigem Spin aufgestellt; *Proca* untersuchte anschließend den Spezialfall mit Spin 1, jedoch ohne zu erkennen, daß seine Gleichungen für Elektronen umbrauchbar waren. *Kemmer*, der diese Gleichungen später explizite für Spin 1-Teilchen heranzog, gab ihnen den Namen Proca-Gleichungen. Für die Theorie der Kernkräfte eröffneten sich damit ganz neue Perspektiven.

In den bisherigen Feldtheorien der Kernkräfte waren bereits verschiedene Typen solcher „Feldquanten" in Erscheinung getreten. Doch *Yukawas* früherer Vorschlag aus dem Jahre 1934, Bosonen als Trägerteilchen der Kernkräfte zu betrachten, war lange Zeit unbeachtet geblieben. Jetzt konnte er besonders durch die Arbeiten von *Oppenheimer* und seinen Mitarbeitern um so rascher zur Geltung gebracht werden.[79]

„Für uns war das Jahr 1937 der Anfang eines neuen Kapitels in der Physik", berichtete *Kemmer*. „Das von *Heisenberg* gesuchte Trägerfeld schien wirklich zu existieren. Wir sahen auch sofort, daß *Yukawas* erste Arbeit in vielerlei Beziehungen ergänzt und entwickelt werden konnte. Bei einer kleinen Physikertagung in London traf ich *Heitler*, und wir stellten fest, daß wir beide eine Spinabhängigkeit in die Yukawa-Theorie einzuführen suchten."[80] Als Ergebnis dieser Diskussionen entstand die „Dreimännerarbeit" von *Fröhlich, Heitler* und *Kemmer*, welche zusammen mit anderen parallel laufenden Arbeiten die Mesonentheorie der Kernkräfte begründete.[81]

Kurz vor Einreichung des Manuskriptes waren *Bhabba* und *Kemmer* in Zürich: „Wir hatten hier (unter wesentlicher Beteiligung von *Wentzel*) mit diesen eine Art theoretischer Konferenz über Höhenstrahlung", berichtete *Pauli* im Januar 1938. „Diese beiden Herren sowie auch *Heitler* haben nämlich die Absicht, in nächster Zeit die ‚Nature' und die ‚Proceedings of the Royal Society' mit ihren geistigen Produkten zu überschwemmen, welche die sogenannte ‚Yukawatheorie' der Kernkräfte betreffen. ... In 4. Näherung bekommt man auch (endliche und nicht kleine) Protonen-Protonenkräfte. Wenn einem das nicht paßt, kann man auch weitere elektrische neutrale ‚ν-Teilchen' mit Bose-Statistik erfinden" (S. 548).

Während in *Yukawas* Theorie nur geladene Bosonen berücksichtigt sind, wollte man nun auch neutrale ν-Teilchen zulassen. *Kemmer* erweiterte dieses Schema anschließend zu einem Isospintriplett. Dadurch erzielte er „eine hübsche Symmetrie im ‚σ-Spin' und im δ-Spin'", wie *Pauli* befriedigt feststellte, als er im Juni 1939 bereits an seinem zusammenfassenden Bericht über die allgemeinen Eigenschaften der Elementarteilchen für den im Herbst geplanten Solvaykongreß arbeitete (S. 663).

Bei den Versuchen, eine allgemeine Theorie für Teilchen mit höherem Spin zu entwickeln, stieß man in Zürich Anfang 1938 auf einige formale Schwierigkei-

[79] Unabhängig davon war auch *E.C.G. Stueckelberg* auf *Yukawas* Theorie aufmerksam geworden. Vgl. *E.C.G. Stueckelberg*: On the existence of heavy electrons. Phys. Rev. **52**, 41–42 (1937). Siehe hierzu *L.M. Brown:* Yukawa's prediction of the meson. Centaurus **25**, 71–132 (1981).

[80] *N. Kemmer*. Die Anfänge der Mesonentheorie und des verallgemeinerten Isospins. Phys. Bl. **39**, 170–175 (1983). Dort S. 173.

[81] Siehe hierzu die Angaben in der beigefügten Tabelle auf S. XXXVIII

ten (S. 556). Im März berichtete *Pauli* in Cambridge – nicht ohne sich vorher einige „Spezialbosheiten gegen *Dirac*" (S. 552) auszudenken – über die bisherigen Ergebnisse der Zusammenarbeit mit *Fierz*.

Paulis ursprünglicher Glaube, daß eine solche relativistische Theorie auch für Teilchen mit Spin >1 möglich sei (S. 558), war durch weitere Schwierigkeiten bei der Quantisierung der Feldgleichungen für wechselwirkende Teilchen ins Wanken geraten. „So we came to the conclusion", teilte er *Dirac* im November 1938 mit, *„that no elementary particle with a spin greater than 1 can exist"* (S. 608). Ebenso befriedigt war *Pauli* darüber, daß „bei positiv definiter Energiedichte *keine* höheren Spins als 1 vorkommen können" (S. 623). „Es ist doch interessant, daß von selbst der ganze Spin nach Einstein-Bose, der halbzahlige nach Fermi-Dirac gequantelt werden muß" (S. 580).

Mit diesem Thema sollte sich *Markus Fierz* in Zürich habilitieren. Bei der Ausarbeitung des Manuskriptes für eine gemeinsame Veröffentlichung mit *Pauli* in den Proceedings of the Royal Society (1939c) „bemerkte *Fierz* im letzten Moment noch eine letzte, bis dahin übersehene Möglichkeit" (S. 661). „Das Resultat der englischen Arbeit ist", lautete daraufhin *Paulis* definitive Antwort im April 1939, „daß die Teilchen mit höherem Spin in der Tat theoretisch möglich sind" (633). In diesem Rahmen war es nun auch zulässig, über „Gravitationsquanten mit Spin 2" nachzudenken (S. 635, 662 und 665).

Doch *Pauli* war mit dem bisher Erreichten noch keineswegs zufrieden, wie er im Frühjahr 1940 *Weisskopf* wissen ließ: „Das punctum saliens sind natürlich die Behebung der Singularitäten der jetzigen Theorien und die Werte der Ruhmassen. Wahrscheinlich gibt es in der Natur alle überhaupt möglichen Spinwerte, die höheren nur energetisch sehr labil (kurzlebig also). Das ist mir wahrscheinlicher, als daß es nur Spin 0 (?), 1/2 und 1 geben sollte."[82]

Teilweise unabhängig von *Pauli* und *Fierz* verfolgte *Nicholas Kemmer* in London die gleichen Fragen mit anderen Mitteln. Den Kontakt mit Zürich hielt er durch seinen Briefwechsel mit *Pauli* und *Wentzel* aufrecht. Im April 1939 informierte er *Pauli* von einem bemerkenswerten Formalismus, auf den er bei der Beschreibung von Teilchen mit Spin durch lineare Gleichungssysteme gestoßen sei [541]. Dem folgenden Bericht entnehmen wir[83]: „Ich spielte mit den einschlägigen Matrizen herum und lernte von *Duffin*, wie man dafür Vertauschungsrelationen aufschreiben konnte. (Daß ein paar Jahre früher [*Gérard*] *Petiau* genau dieselben Relationen im Rahmen der de Broglieschen Zweiphotonentheorien aufgestellt hatte, bemerkte ich nicht.) Sobald ich den Entwurf meiner Arbeit an *Pauli* schickte, begann eine lebhafte Korrespondenz zwischen uns. Von der tieferen Struktur der Algebra verstand ich gar nichts, und ich bekam von *Pauli* sofort eine ganze Folge von Anweisungen, wie meine Untersuchungen weiterzuführen seien" (vgl. auch [542], [544], [545] und [548]).

Wie sich dabei herausstellte, handelte es sich um die Algebra der hyperkomplexen Zahlensysteme, die *Pauli* aus *Emil Artins* Hamburger Vorlesungen kannte (S. 624). Die Eigenschaften einiger spezieller Darstellungen, die für eine feldtheoretische Beschreibung der Elementarteilchen von besonderem Interesse waren,

---

82 Brief von *Pauli* an *Weisskopf* vom 10. März 1940.

83 Vgl. den in Anm. 66 genannten Vortrag von *Kemmer*.

wurden von *Kemmer* und *Pauli* näher untersucht. Obwohl die „β-Gymnastik" großen Spaß bereitete (S. 621), war diesen Arbeiten zunächst nur ein beschränkter Erfolg beschieden, denn der Formalismus ließ sich nicht auf Teilchen mit höherem Spin ausdehnen [555].[84] Doch *Pauli* gab die Hoffnung noch nicht auf (S. 661 und 665), zumal er gegen den Spinorkalkül große Vorbehalte hatte.

Die Ergebnisse der letzten Jahre auf dem Gebiete der Elementarteilchentheorie wurden im Sommer 1939 durch *Heisenberg* und *Pauli* für den geplanten Solvay-Bericht zusammengefaßt (S. 665 und 633). Ebenso wie *Paulis* frühere Darstellungen über bereits abgeschlossene Entwicklungen in der Physik vermittelt auch dieser Bericht einen ausgezeichneten Überblick über den damaligen Forschungsstand in der noch jungen Elementarteilchenphysik. Der Ausbruch des Zweiten Weltkrieges vereitelte diesen Kongreß. *Pauli* veröffentlichte daraufhin seinen Anteil erst in den folgenden beiden Jahren nach seiner Übersiedlung nach Princeton im Physical Review und im Review of Modern Physics.

Anfangs mochte *Pauli* nicht an die Möglichkeit eines Krieges glauben. „Mit der Weltlage beschäftige ich mich möglichst wenig. Ich glaube aber, die gegenwärtige Unordnung kann noch eine ganze Weile ohne allgemeinen Krieg so weitergehen!", erklärte er noch im Mai 1939.[85]

Um diese Zeit verhandelte *Pauli* bereits mit seinem ehemaligen Schüler *Josef Maria Jauch*, der *Fierz*' Nachfolger werden sollte. *Fierz* hatte zum Sommersemester 1940 ein Angebot aus Basel erhalten (S. 660 und 671), und es war deshalb geboten, sich rechtzeitig nach einem Ersatz umzusehen. Auch *Jauchs* Kriegsbefürchtungen suchte *Pauli* zu zerstreuen (S. 661 und 674).

Eine zum September 1939 angekündigte große internationale Physikertagung in Zürich (S. 634 und 673) mußte schließlich wegen der allgemeinen politischen Wetterlage Ende August abgesagt werden (S. 674). Als dann der Krieg ausbrach, hatte *Jauch* sein Kommen „trotz Krieg" bereits zugesagt.[86] Doch die Entwicklung des Krieges in den folgenden Monaten änderte allmählich *Paulis* Entschluß, in der Schweiz zu verbleiben, auch wenn der wissenschaftliche Betrieb zunächst nahezu ungestört weiterverlief. Im Juni des folgenden Jahres nahm er ein Angebot für eine Gastprofessur in Princeton an.

Am 31. Juli 1940 verließ *Pauli* in Begleitung seiner Frau die Schweiz. Nach einer beschwerlichen Fahrt durch Frankreich und Spanien erreichten beide am 7. August Lissabon. Am 24. August kamen sie schließlich wohlbehalten in New York an. Dort wurden sie von *John von Neumann* empfangen und im Auto nach Princeton geleitet, das für die nächsten sechs Jahre *Paulis* Bleibe werden sollte.

---

[84] In der Literatur wird im Anschluß an diesen abstrakten Formalismus auch von einer Pauli-Algebra gesprochen. Vgl. z.B. *P. Roman*: Theory of elementary particles. Amsterdam 1960. Dort insbesondere S. 119f.

[85] Brief von *Pauli* an *Weisskopf* vom 12. Mai [1939]. Dieses Schreiben konnte leider nicht mehr in diesem Band aufgenommen werden, weil die korrekte Datierung (1939 statt 1940) erst zu einem Zeitpunkt erfolgte, als der Druck schon weitgehend abgeschlossen war.

[86] Nachdem *Jauch* seine Züricher Assistentenstelle zum Sommersemester 1940 schon angetreten hatte, gab *Pauli* seinen ersten Eindruck in einem Schreiben an *Fierz* weiter: „*Jauch* ist sehr flüchtig beim Rechnen und macht viele Fehler; seine Ideen und sein Verständnis sind aber gut. Ich versuche, meinen pädagogischen Einfluß auf ihn geltend zu machen."

Schnell paßte sich *Pauli* den neuen Gegebenheiten an. Sofort nach seiner Ankunft konnte er die Forschungstätigkeit wieder aufnehmen. „Here [in Princeton] is the theory of mesons with Spin 1/2 en vogue", schrieb er im Oktober *Bhabha*, mit dem er jetzt einen intensiven Briefwechsel aufnahm.[87] Seinem Kollegen *Heinz Hopf* von der ETH berichtete er um die gleiche Zeit, wie gut er sich in die neuen Verhältnisse eingelebt habe: „Mir gefällt es hier sehr gut. Es gibt wieder Besuche von auswärts, Kongresse und Einladungen. Unsere Spaziergänge in Zollikon sind jetzt durch den Sonntagsspaziergang des Princetoner-Institutes ersetzt. ... Was macht das Schach? Der Chianti ist jetzt ersetzt durch einen ganz brauchbaren Californischen Wein, der etwa ebensogut ist wie Kalterer oder sonst ein Landwein und nicht allzu teuer. Nur unser Hund Dixi ist durch nichts ersetzbar."[88]

Mit *Paulis* Weggang fand auch ein großes Kapitel europäischer Physik seinen Abschluß.

---

[87] Aus einem Brief vom 19. Oktober 1940.

[88] Brief von *Pauli* an *Hopf* vom 15. Oktober 1940.

Chronologie der wichtigsten Entwicklungen in the theoretischen Physik der dreißiger Jahre*

1924		
2. Juli/10. Juli	*Bose*[1]/*Einstein*[2]	Bose-Einstein-Statistik
1926		
24. März/26. August	*Fermi*[3]/*Dirac*[4]	Fermi-Dirac-Statistik
28. April/21. Juni/ 29. September	*Klein*[5]/*Schrödinger*[6]/ *Gordon*[7]	Relativistische Wellengleichung für spinlose Teilchen (Klein-Gordon-Gleichung)
1927		
2. Februar	*Dirac*[8]	Quantisierung des Strahlungsfeldes
3. Mai	*Pauli*[9]	Unrelativistische Spintheorie; Pauli-Matrizen
4. Oktober	*Jordan* und *Klein*[9a]	Zweite Quantisierung für Bosonensysteme (S. 4)
7. Dezember	*Jordan* und *Pauli*[10]	Quantenelektrodynamik der ladungsfreien Felder; Vertauschungsrelationen für die Feldstärken (S. 157, 665)
1928		
2. Januar/ 2. Februar	*Dirac*[11a, b]	Relativistische Wellengleichung für das Elektron; Dirac-Matrizen
26. Januar	*Jordan* und *Wigner*[12]	Zweite Quantisierung für Fermionensysteme (S. 150)
30. Oktober	*Klein* und *Nishina*[13]	Relativistische Theorie der Streuung von γ-Strahlen an Elektronen (Klein-Nishina-Formel; S. 44)
24. Dezember	*Klein*[14]	Kleinsches Paradoxon (S. 78, 154)
1929		
7. März	*Weyl*[15]	Eichtransformation (S. 5)
19. März/ 7. September	*Heisenberg* und *Pauli*[16a, b]	Allgemeines Verfahren zur Quantisierung von Wellenfeldern (S. 2f.)
12. November	*Oppenheimer*[17]	Versagen der Störungstheorie (bei höheren Näherungen) in der Quantenfeldtheorie (S. 196)
6. Dezember/ 29. Mai 1931	*Dirac*[18a, b]	Formulierung der Löchertheorie (S. 4)

* Ergebnisse der 20er Jahre wurden berücksichtigt, soweit sie die anschließende Entwicklung beeinflußten. Die zeitliche Reihenfolge wurde im allgemeinen gemäß dem Eingangsdatum der Erstveröffentlichung festgelegt. Bei mehreren zusammenhängenden Publikationen erfolgte die Angabe der entsprechenden, durch einen Schrägstrich getrennten Daten nebeneinander.

1930		
4. März	*Oppenheimer*[19]	Abschätzung der Lebensdauer des H-Atoms gemäß der Löchertheorie (S. 62f.)
24. März	*Waller*[20]	Quadratische Divergenz der Selbstenergie des Elektrons (ohne Berücksichtigung der »Löcher«; S. 169, 255, 270)
26. März	*Dirac*[21]	Paar-Erzeugung und -Vernichtung (mit Beteiligung von zwei Photonen) aufgrund der Löchertheorie
4. Dezember	*Pauli*[22]	Neutrinohypothese (S. 36, 39f.)

1931		
19. Januar	*Heisenberg*[23]	Energieschwankungen des Strahlungsfeldes (S. 111, 255f.)

1932		
27. Februar	*Chadwick*[24]	Entdeckung des Neutrons (S. 106)
3. Mai	*Møller*[25]	Relativistische Stoßtheorie; Møller-Streuung
7. Juni	*Heisenberg*[26a, b, c]	Theorie der Kernkräfte: Heisenbergkraft; ρ-Spin (S. 188, 218)
1. September	*Anderson*[28]	Entdeckung des Positrons (S. 17)
25. Oktober	*Dirac, Fock* und *Podolski*[29]	Mehrzeitiger Formalismus der Quantenfeldtheorie (S. 138, 157)
10. Dezember	*Wigner*[30]	Sättigungscharakter der Kernkräfte (S. 355, 472)

1933		
7. Februar	*Blackett* und *Occhialini*[31]	Beobachtung von Paarerzeugungen und Kaskadenschauern (S. 158f.)
3. März	*Majorana*[32]	Theorie der Kernkräfte: Majoranakraft (S. 185, 218)
April	*Bohr* und *Rosenfeld*[33]	Meßbarkeit der elektromagnetischen Feldgrößen (S. 284)
17. Mai	*Delbrück*[34]	Delbrückeffekt (S. 186)
27. Mai	*Frisch* und *Stern*[35]	Anomalie des magnetischen Protonenmomentes (S. 213, 354f., 359f.)
9. Juni	*Oppenheimer* und *Plesset*[36]	Wirkungsquerschnitte für Paarerzeugung (S. 212)
22.–24. Oktober	*Dirac*[38]	Vakuumpolarisation (S. 220, 232, 234)
	Pauli[39]	Öffentliche Bekanntgabe der Neutrinohypothese (S. 184)
26. Oktober	*Halpern*[40]	Streuung von Licht an Licht; Delbrückeffekt (S. 375)
1. Dezember	*Furry* und *Oppenheimer*[41]	Beseitigung der unendlichen Ladungsdichte durch Einführung von Erzeugungs- und Vernichtungsoperatoren (S. 255)

1934

16. Januar	*Fermi*[42]	Neutrinotheorie des β-Zerfalls (S. 224f.)
26. Januar	*Born* und *Infeld*[43]	Born-Infeld-Theorie (239f.)
2. Februar	*Dirac*[44]	Löchertheorie mit Subtraktionsformalismus (S. 275f., 279)
27. Februar	*Bethe* und *Heitler*[45]	Bremsstrahlung und Paarbildung gemäß der Löchertheorie (S. 529)
20. Februar/ 1. April	*Bethe* und *Peierls*[46a, b]	Inverser β-Zerfall
28. Februar	*v. Weizsäcker*[47]/ *Williams*[47a]	v. Weizsäcker-Williams-Methode
13. März/20. Juli	*Weisskopf*[48]	Logarithmische Divergenz der Selbstenergie des Elektrons gemäß der Löchertheorie; Ultraviolettkatastrophe (S. 255)
Juni	*Tamm* und *Iwanenko*[49]	Fermitheorie der Kernkräfte (S. 354)
21. Juni	*Heisenberg*[50]	Löchertheorie mit Subtraktionsformalismus; Erzeugungs- und Vernichtungsoperatoren (S. 327f.)
27. Juli	*Pauli* und *Weisskopf*[51]	Quantisierung der skalaren relativistischen Wellengleichung (S. 328f., 337)
10. September	*Stueckelberg*[51a]	Relativistisch invarianter Formalismus der Störungstheorie (S. 513)
17. November	*Yukawa*[52]	Mesonentheorie der Kernkräfte (S. 546)

1935

11. Februar	*Euler* und *Kockel*[53]	Berechnung der Wirkungsquerschnitte für Streuung von Licht an Licht (mit Subtraktionsformalismus; S. 332)
24. April	*Serber* und *Uehling*[54a, b]	Vakuumpolarisation; Abweichungen vom Coulombgesetz (S. 433)
3. Mai	*Konopinski* und *Uhlenbeck*[55]	Erweiterung der Fermischen Theorie des β-Zerfalls (S. 442)

1936

12. Februar	*Kemmer* und *Weisskopf*[56]	Streuung von Licht an Licht (ohne Subtraktionsformalismus)
15. Februar	*Breit* und *Wigner*[57]	Theorie der Kernreaktionen: Breit-Wigner-Formel (S. 441)
25. März	*Dirac*[58]	Wellengleichung für Teilchen mit beliebigem Spin (S. 538)
28. Mai	*Proca*[59]	Wellengleichung für Teilchen mit Spin 1 (Vektorbosonen; S. 553, 581f.)
3. August	*Tuve* und *Hafstad*[60]	Neutron-Proton-Streuversuche (S. 440)
10. August/ 11. August/ 19. August	*Cassen* und *Condon*[61]/ *Breit, Condon* und *Present*[62]/*Breit* und *Feenberg*[63]	Ladungsunabhängigkeit der Kernkräfte; Isospininvarianz
11. August	*Tuve, Heydenburg* und *Hafstad*[64]	Proton-Proton-Streuversuche (S. 440f., 474)

8. Dezember/ 11. Dezember	*Carlson* und *Oppenheimer*[65]/ *Bhabha* und *Heitler*[66]	Kaskadentheorie der Höhenstrahlung (S. 496f., 500, 503f.)	
1937			
30. März	*Neddermeyer* und *Anderson*[67]	Entdeckung der „schweren Elektronen" in der Höhenstrahlung (S. 523f.)	
April	*Majorana*[68]	Zweikomponententheorie des Neutrino (S. 653)	
14. Mai	*Bloch* und *Nordsieck*[69]	Streuung von Elektronen an statisch elektrischen Feldern (Infrarotkatastrophe; S. 522)	
1. Juni	*Oppenheimer* und *Serber*[70]	Yukawa-Elektronen in der Höhenstrahlung	
25. September	*Yukawa, Sakata* und *Taketani*[71]	Mesonentheorie der Kernkräfte: Wellengleichung mit Spin 1 (S. 553)	
18.–21. Oktober	*Pauli* und *Fierz*[72]	Infrarotkatastrophe (530f.)	
	Kramers[73]	Massenrenormierung	
1938			
1. Februar	*Fröhlich, Heitler* und *Kemmer*[74]		Magnetische Kernmomente (S. 556)
9. Februar	*Kemmer*[75]		
21. Februar	*Stueckelberg*[76]	Mesonentheorie der Kernkräfte	Teilchen mit Spin 1
28. Februar	*Bhabha*[77]		
27. April	*Kemmer*[78]		Isospintriplet
3. September	*Fierz*[79]	Relativistische Wellengleichungen für Teilchen mit beliebigem Spin	ohne Feld (S. 580f.)
1939			
6. Mai/31. Mai	*Pauli* und *Fierz*[80a,b]		mit Feld (S. 661)
23. Dezember	*Pauli* und *Belinfante*[82]	Spin und Statistik (S. 678)	

[1] Z. Phys. **26**, 178 (1924). – [2] S.B. Preuß. Akad. Wiss. 1924, S. 261. – [3] Z. Phys. **36**, 902 (1926). – [4] Proc. Roy. Soc. A **112**, 661 (1926). – [5] Z. Phys. **37**, 395 (1926). – [6] Ann. Phys. (4) **81**, 109 (1926). – [7] Z. Phys. **40**, 117 (1927). – [8] Proc. Roy. Soc. **114**, 243 (1927). – [9] Z. Phys. **47**, 151 (1928). – [9a] Z. Phys. **45**, 751 (1927). – [10] Z. Phys. **43**, 601 (1927). – [11a,b] Proc. Roy. Soc. **117**, 610; **118**, 351 (1928). – [12] Z. Phys. **47**, 631 (1928). – [13] Z. Phys. **52**, 853 (1929). – [14] Z. Phys. **53**, 157 (1929). – [15] Proc. Nat. Acad. Sci. **15**, 323 (1929). – [16a,b] Z. Phys. **56**, 1 (1929); **59**, 168 (1930). – [17] Phys. Rev. **35**, 461 (1930). – [18a,b] Proc. Roy. Soc. A **126**, 360 (1930); **133**, 60 (1931). – [19] Phys. Rev. **35**, 939 (1930). – [20] Z. Phys. **62**, 673 (1930). – [21] Proc. Cambr. Phil. Soc. **26**, 361 (1930). – [22] Offener Brief [259]. – [23] Ber. Sächs. Akad. Wiss. **83**, 3 (1931). – [24] Nature **129**, 312 (1932). – [25] Ann. Phys. **14**, 531 (1932). – [26a,b,c] Z. Phys. **77**, 1; **78**, 156 (1932); **80**, 587 (1933). – [28] Science **76**, 238 (1932). – [29] Phys. Z. Sowjetunion **2**, 468 (1932). – [30] Phys. Rev. **43**, 252 (1933). – [31] Proc. Roy. Soc. A **139**, 699 (1933). – [32] Z. Phys. **82**, 137 (1933). – [33] Det Kgl. Danske Vid. Selskab **12**, 8 (1933). – [34] Z. Phys. **84**, 144 (1933). – [35] Z. Phys. **85**, 4 (1933). – [36] Phys. Rev. **44**, 53 (1933). – [38] Solvay-Report 1933, S. 202. – [39] Solvay-Report 1933, S. 324. – [40] Phys. Rev. **44**, 855 (1933). – [41] Phys. Rev. **45**, 245 (1934). – [42] Z. Phys. **88**, 161 (1934). – [43] Proc. Roy. Soc. A **144**, 425 (1934). – [44] Proc. Cambr. Phil. Soc. **30**, 150 (1934). – [45] Proc. Roy. Soc. A **146**, 83 (1934). – [46a,b] Nature **133**, 532, 689 (1934). – [47] Z. Phys. **88**, 612 (1934). – [47a] Det Kgl. Dansk. Vid. Selskab **13**, Nr. 4 (1935). – [48] Z. Phys. **89**, 27; **90**, 817 (1934). – [49] Nature **133**, 981 (1934). – [50] Z. Phys. **90**, 209 (1934). – [51] Helv. Phys. Acta **7**, 709 (1934). – [51a] Ann. Phys. **21**, 367 (1934).

– [52] Proc. Phys.-Math. Soc. Japan **17**, 48 (1935). – [53] Natuwiss. **23**, 246 (1935). – [54a,b] Phys. Rev. **48**, 49; 55 (1935). – [55] Phys. Rev. **48**, 7 (1935). – [56] Nature **137**, 659 (1936). – [57] Phys. Rev. **49**, 519 (1936). – [58] Proc. Roy. Soc. A **155**, 447 (1936). – [59] J. Phys. et Radium **7**, 347 (1936). – [60] Phys. Rev. **50**, 490 (1936). – [61] Phys. Rev. **50**, 846 (1936). – [62] Phys. Rev. **50**, 825 (1936). – [63] Phys. Rev. **50**, 850 (1936). – [64] Phys. Rev. **50**, 806 (1936). – [65] Phys. Rev. **51**, 220 (1937). – [66] Proc. Roy. Soc. A **159**, 432 (1937). – [67] Phys. Rev. **51**, 884 (1937). – [68] Nuovo Cim. **14**, 171 (1937). – [69] Phys. Rev. **52**, 54 (1937). – [70] Phys. Rev. **51**, 1113 (1937). – [71] Proc. Phys.-Math. Soc. Japan **20**, 319 (1938). – [72] Nuovo Cim. **15**, 167 (1938). – [73] Nuovo Cim. **15**, 108 (1938). – [74] Proc. Roy. Soc. A **166**, 154 (1938). – [75] Proc. Roy. Soc. **166**, 127 (1938). – [76] Helv. Phys. Acta **11**, 225 (1938). – [77] Proc. Roy. Soc. **166**, 501 (1938). – [78] Proc. Cambr. Phys. Soc. **34**, 354 (1938). – [79] Helv. Phys. Acta **12**, 3 (1939). – [80a,b] Helv. Phys. Acta **12**, 297 (1939); Proc. Roy. Soc. A **173**, 211 (1939). – [82] Physica **7**, 177 (1940).

I. Das Jahr 1930

Die Neutrinohypothese

[242]	Pauli an Klein	Zürich	10. Februar	1930
[243]	Heisenberg an Pauli (PK)	Leipzig	18. Februar	1930
[243a]	Pauli an Klein	Zürich	10. März	1930
[244]	Sugiura an Pauli (engl.) (MS)	Tokio	30. März	1930
[245]	Heisenberg an Peierls	Leipzig	3. Juni	1930
[246]	Pauli an Schlick (PK)	Como	10. Juni	1930
[247]	Heisenberg an Peierls	Helgoland	13. Juni	1930
[247a]	Sommerfeld an Pauli (MSD)	München	24. Juni	1930
[248]	Pauli an Meitner	Zürich	1. August	1930
[249]	Pauli, Sommerfeld u.a. an Ehrenfest (PK)	An Bord der „Grusia“	25. August	1930
[250]	Pauli an Jaffé (PK)	Wien	18. September	1930
[251]	Pauli an Coster	Wien	19. September	1930
[252]	Pauli an Jaffé	Zürich	1. Oktober	1930
[253]	Jaffé an Pauli (Entwurf)	Rom	5. Oktober	1930
[254]	Pauli an Jaffé (PK)	Zürich	11. Oktober	1930
[255]	Pauli an Jaffé	Zürich	17. November	1930
[256]	Pauli an Jaffé (PK)	Zürich	20. November	1930
[257]	Heisenberg an Pauli (PK)	Leipzig	1. Dezember	1930
[258]	Heisenberg an Pauli	Leipzig	1. Dezember	1930
[259]	Pauli an Meitner u.a. (MSA)	Zürich	4. Dezember	1930
[260]	Heisenberg an Peierls	Leipzig	5. Dezember	1930
[261]	Pauli an Klein	Zürich	12. Dezember	1930
[262]	Heisenberg an Peierls (PK)	Leipzig	12. Dezember	1930

Mit Oskar Klein ist am 5. Februar 1977 der letzte der älteren Freunde Paulis gestorben. Klein gehörte ebenso wie Pauli zu dem engeren Mitarbeiterkreis um Niels Bohr, und beide haben Zeit ihres Lebens in enger Beziehung zueinander gestanden.

Klein war, abgesehen von einigen Unterbrechungen, von 1918 bis 1930 Bohrs ständiger Mitarbeiter gewesen[1]; in Kopenhagen sah ihn Pauli des öfteren während seiner Besuche.

Schon seit längerer Zeit liefen Verhandlungen mit Stockholm, die endlich 1931 zur Berufung von Klein an die Universität seiner Heimatstadt führten (vgl. [242] und [261]). Damit wurde ein weiterer wichtiger Lehrstuhl für theoretische Physik nochmals mit einem Bohrschüler besetzt.

Leider sind von dem Briefwechsel der beiden Freunde nur wenige Stücke vorhanden[2]. Mit dem Wenigen haben sich aber erfreulicherweise auch die ersten genaueren Hinweise erhalten, die uns einen Aufschluß über die Entstehung der Neutrinohypothese zu geben vermögen (vgl. insbesondere [218] und [261]).

Der vorliegende Brief [242] bildet auch eine der ersten Reaktionen auf die zweite Mitteilung zur Quantentheorie der Wellenfelder (1930), die bereits im September 1929 eingereicht und in der Zeitschrift für Physik soeben erschienen war. Während in dieser Arbeit bekanntlich der etwas willkürliche „Heisenbergsche Kunstgriff“ durch eine Berücksichtigung der Eichinvarianz der Wellengleichungen in befriedigenderer Weise umgangen werden konnte (siehe hierzu auch [235]), so zeigte Pauli hier auch, daß die neue Quantenfeldtheorie – bis auf einen Selbstenergieterm, der allerdings noch zu den allergrößten Schwierigkeiten führen sollte – mit der Diracschen Spin- und Strahlungstheorie identisch ist. Der neuen Diracschen Löchertheorie stand Pauli jetzt eher skeptisch gegenüber[3].

[1] Nach einem kürzeren Aufenthalt im Juni 1922 in Göttingen ging Klein für ein Jahr nach Schweden und anschließend für zwei Jahre an die Universität von Michigan. Im Sommer 1925 ist er bereits wieder in Kopenhagen, das er bis zu seiner Berufung nach Stockholm nur noch einmal anläßlich eines Sommeraufenthalts 1926 in Leiden und 1928 in Cambridge bei Dirac verließ. Einen Bericht über seine Kopenhagener Zeit gab Klein in dem Aufsatz: „Glimpses of Niels Bohr as Scientist and Thinker.“ In: Niels Bohr, His Life and Work as seen by his friends and colleagues. Edited by S. Rozental. Amsterdam: North-Holland Publishing Company. 1968, S. 74–93.

[2] Darunter befinden sich bisher keine Briefe von Klein an Pauli. Bei Antritt seiner Amerikareise im Sommer 1940 dürfte Pauli diese Briefe zusammen mit anderen Schriftstücken vernichtet haben, weil er kein seine Freunde belastendes Material zurücklassen wollte. Klein hatte sich in Schweden maßgeblich für die durch die Nationalsozialisten vertriebenen Emigranten eingesetzt. (Vgl. hierzu die Bemerkungen von Stanley Deser in seinem kurzen Nachruf auf Klein in der Juniausgabe 1977 von Physics Today.)

[3] Vgl. die Fußnote f des folgenden Briefes [242].

[242] Pauli an Klein

[Zürich], 10. Februar [1930]

Lieber Klein!

Vielen Dank für Deinen Brief. Ich freue mich sehr, daß Du Dich mit Quantenelektrodynamik nun eingehender beschäftigst. Es wird Dich dann wohl interessieren, wenn ich noch einiges über diesen Gegenstand hinzufüge.

Daß scheinbar die Gleichungen

$$\operatorname{rot} \vec{H} - \frac{1}{c}\frac{\partial \vec{E}}{\partial t} = \frac{4\pi}{c}\vec{J}$$

als Matrixgleichungen gelten, nicht aber die Beziehung

$$\operatorname{div} \vec{E} = 4\pi\rho,$$

liegt eigentlich nicht an der Auszeichnung der Zeit vor den Raumkoordinaten, sondern an den eigentümlichen Verhältnissen, die durch die Eichtransformationen

$$\psi \to e^{i\chi}\psi, \qquad \psi^* \to \psi^* e^{-i\chi}, \qquad \phi_k \to \phi_k + \frac{\partial \chi}{\partial x_k}$$

geschaffen werden[a]. In Wirklichkeit gelten *beide* Beziehungen als Matrixgleichungen, wenn man sich auf die Darstellung eichinvarianter Größen (wie $\vec{E}$, $\vec{H}$,

$\vec{J}$, ρ) als Matrizen beschränkt. Dagegen gelten im allgemeinen *beide* Relationen nicht mehr als Matrixgleichungen, wenn man auch die Matrizen der Potentiale ϕ oder der ψ selber heranzieht; sie gelten dann vielmehr nur als Gleichungen für die „Schrödingerfunktionen". (Daß wir $\operatorname{rot}\vec{H}-\frac{1}{c}\dot{\vec{E}}=\frac{4\pi}{c}\vec{J}$ als vertauschbar mit den ϕ_v angenommen haben, hat eigentlich nur Bequemlichkeitsgründe.) Das dürfte also wohl kein sehr tiefliegender Punkt sein.

Die Beziehungen unserer Theorie zur Diracschen Strahlungstheorie[b] sind in der Tat sehr enge. Es wird dies dann deutlich, wenn man aus unseren Gleichungen (68), (69) P_{r3} eliminiert[c]. Es kann dies *in Strenge*, d.h. *ohne* Approximation, geschehen! (Man spalte von φ einen Faktor $f[P_{r3}+e\sum_p v_r^0(q_{ip})]$ ab, so daß der andere Faktor nicht mehr von P_{r3} abhängt; die Terme, wo der erste Faktor nach q_{ip} differenziert wird und die, wo er nach P_{r3} differenziert wird, heben sich auf. Hernach nehme man für f speziell die δ-Funktion.)

Schließlich bleibt folgende Gleichung für $\varphi_{\rho_1\ldots\rho_p\ldots}(q_{i1}\cdots q_{ip}\cdots)M^{r\lambda}$ (φ von P_{r3} jetzt unabhängig, $\lambda=1,2$ - nicht mehr $\lambda=3$) stehen:

$$\begin{aligned}&-E+\sum_{k,\sigma_p,p}\left[\alpha^k_{\rho_p\sigma_p}\frac{hc}{2\pi i}\frac{\partial}{\partial q_{kp}}\varphi_{\rho_1\ldots\rho_{p-1},\sigma_p,\rho_{p+1}\ldots}(q_{i1},\ldots,M)\right.\\&\quad\left.+\alpha^4_{\rho_p\sigma_p}mc^2\varphi_{\rho_1\ldots\sigma_p\ldots}(q_{i1},\ldots,M)\right]\\&\quad+\{\sum_{r,\lambda}M_{r\lambda}h\nu_{r\lambda}+\sum_r\pi\nu_r e^2[\sum_p v_r^0(q_{ip})]^2\}\varphi_{\rho_1\ldots}(q,\ldots;M_{r\lambda})\\&\quad-ie\sqrt{\frac{h}{4\pi}}\sum_{k,p,\sigma_p}\sum_{\lambda=1,2}\alpha^k_{\rho_p,\sigma_p}v_k^{r\lambda}(q_{ip})[(M^{r\lambda})^{\frac12}\varphi_{\rho_1\ldots\sigma_p\ldots}(q_1,q_2,\ldots;M_1\ldots M_{r\lambda}-1,\ldots)\\&\quad-(M_{r\lambda}+1)^{\frac12}\varphi_{\rho_1\ldots\sigma_p\ldots}(q_1,q_2,\ldots;M_1\ldots M_{r\lambda}+1,\ldots)]=0.\end{aligned}\tag{1}$$

Der letzte Term der linken Seite kommt natürlich von $(P_{r3})^2$. Nun läßt sich zeigen

$$\sum_r\pi\nu_r[\sum_p v_r^0(q_{ip})]^2=\frac12\sum_p\frac{1}{r_{pp}}+\sum_{\substack{(p,p')\\p\neq p'}}\frac{1}{r_{pp'}}.$$

$\left\{\sum_{(p,p')}\frac{1}{r_{pp'}}\right.$ Coulombsche Wechselwirkung; $\frac12\sum_p\frac{1}{r_{pp}}$ Selnstenergie! ist in Wirklichkeit ∞, tritt schon bei *einem* Elektron auf;$\}$

Abgesehen von der unendlich großen Selbstenergie - d.h. wenn man in (1) den letzten Term links durch $\sum_{\substack{(p,p')\\p\neq p'}}\frac{e^2}{r_{pp'}}\varphi_{\rho_1\ldots}(q_1\ldots)$ ersetzt - *ist die Gleichung* (1) *identisch mit derjenigen, die aus der kombinierten Diracschen Spin- und Diracschen Strahlungstheorie folgt!*[d] Eine innigere Beziehung läßt sich ja nicht denken. Damit ist zugleich bewiesen, daß die letztere Theorie schon relativistisch *wäre, wenn* man die elektrostatische Selbstenergie nicht fortgestrichen hätte. Letzteres ist natürlich *nicht* relativistisch, denn daß die elektrische Selbstenergie explizite, die magnetische Selbstenergie aber nur implizite in den Gleichungen enthalten ist, liegt nur an der speziellen Variablenwahl und ist vom Bezugssystem abhängig. - Auch in einem speziellen Bezugssystem sind die Gleichungen (1) selbst nach Fortstreichen der unendlich großen elektrostatischen Selbstenergie keineswegs vernünftig; für *ein* Elektron haben sie nämlich - eben wegen der magnetischen Selbstenergie - keinen endlichen Eigenwert. Dieser Mangel, der auch schon der Diracschen Strahlungstheorie anhaftet, ist tief im Wesen der Sache begründet und bedeutet, streng genommen, sogar die Unbrauchbarkeit aller bisherigen quantenelektrodynamischen Theorien.

Der in der Arbeit von Dir und Jordan enthaltene Trick zur Elimination der Selbstenergie[e] kann in einer *relativistischen* Theorie schon deshalb nicht die Lösung des Problems bringen, weil man damit die Reaktionskräfte der Strahlung *auch* fortstreichen würde, was unzulässig ist. - So sehe ich in der Frage der Selbstenergie (die vielleicht mit der $\pm mc^2$ Schwierigkeit zusammenhängt) den eigentlichen Pferdefuß der bisherigen Theorien (*ein*schließlich derjenigen von Heisenberg und mir).

In letzter Zeit habe ich mich eingehender mit Diracs letzter Arbeit[f] (Protonen = Lücken in einer Gesamtheit unendlich vieler Elektronen negativer Energie) befaßt. Ich glaube jetzt *gar nicht mehr* daran! Aber eine Erklärung würde zu lang werden.

Von Bohr hoffe ich bald zu hören. Ich lasse ihn vielmals grüßen. Meine Frau und ich danken für Deine Glückwünsche[g] und grüßen Dich und Deine Frau!

Herzlichst Dein alter Freund W. Pauli

P.S. Beim Durchlesen bemerke ich, daß dieser Brief gar keine boshafte Bemerkung enthält! Ich werde wohl alt; oder ist es schlechter Einfluß der Ehe? Also schnell noch einige:

1) In Stockholm scheint die Gefahr zu bestehen, daß bei schließlicher Erledigung der Angelegenheit alle ursprünglich in Betracht gezogenen Kandidaten bereits die Altersgrenze überschritten haben, so daß dann doch wieder eine neue Behandlung der Sache notwendig wird[h].

2) Beim jetzigen Stand der Theorie scheint es mir ganz unmöglich, daß sich irgend jemandes Gedanken über β-Spektren geklärt haben können![i] Also auch nicht die Gedanken Bohrs darüber - trotz seiner Schiller-Sprüche*[j]. Deine alte Methode, Bohr bereits wie ein Löwe zu verteidigen, bevor Du ihn verstanden hast, verfängt bei mir nicht. Der Gedanke an eine Verletzung des Energiesatzes bei den β-Spektren ist und bleibt nach meiner Meinung eine billige und ganz plumpe Philosophie!

3) Falls mir meine Frau einmal davonlaufen sollte, bekommst Du (ebenso wie alle meine anderen Freunde) eine gedruckte Anzeige.

* Gemäß diesen müßte es sich so verhalten, daß jedesmal, wenn Bohr etwas unklar ist, dies durch einen *Mangel an Fülle* seiner Gedanken verursacht wird. Aber ich bezweifle doch ernstlich, ob dies der wahre Grund ist.

a) Die hier erörterten Fragen sind eingehend in Heisenbergs und Paulis zweiter Arbeit (1930) behandelt. (Siehe dort auch die Bedeutung der Bezeichnungen.) Auf die besonderen durch die Eichgruppe ausgedrückten Invarianzeigenschaften der Wellengleichungen war Pauli durch Hermann Weyls gruppentheoretische Untersuchungen aufmerksam geworden. (Vgl. hierzu Paulis Brief [227], Weyls zusammenfassende Darstellung: „Geometrie und Physik" in Naturwiss. **19**, 49–58 (1931) und Paulis „Prinzipien der Wellenmechanik" [1933] S. 232f.) – b) P.A.M. Dirac: The Quantum Theory of the Emission and Absorption of Radiation. Proc. Roy. Soc. A **114**, 243–265 (1927). – c) Diese Ausdrücke findet man auf S. 190 der genannten Arbeit von Heisenberg und Pauli (1930). – d) P.A.M. Dirac: The Quantum Theory of the Electron. I. u. II. Proc. Roy. Soc. A **117**, 610–624 (1928) und A **118**, 351–361 (1928). – e) P. Jordan und O. Klein: Zum Mehrkörperproblem der Quantentheorie. Z. Phys. **45**, 751–765 (1927). In dieser Arbeit, in der übrigens zum ersten Mal auch die „zweite Quantisierung" symmetrischer Zustände eingeführt wurde, zeigten die Autoren, daß die Selbstenergieterme durch eine geeignete Reihenfolge der nichtkommutativen Faktoren in dem Ausdruck für die (nicht relativistische) Wechselwirkungsenergie eines Systems von Punktladungen wegfallen. Dieses bemerkenswerte Resultat gab Jordan noch auf der Konferenz in Charkow 1929 Anlaß zu der Hoffnung, „daß die Quantenmechanik auch jenen, auf die Konstitution des Elektrons und auf seine Rückwirkung auf sich selbst (warum zerplatzen die Elektronen nicht infolge ihrer elektrostatischen Selbstenergie?) bezüglichen Fragen gewachsen sein wird, denen die klassische Theorie so machtlos gegenüber stand." Was für Jordan die Möglichkeit zur Erledigung eines tiefen Problems der theoretischen Physik bot, war für Pauli lediglich ein „Trick". (Vgl. hierzu auch Paulis Bemerkungen in [183] und die Fußnote auf S. 40 der ersten Mitteilung von Heisenberg und Pauli (1929), worin Pauli noch von einem „Kunstgriff" spricht.) – f) P.A.M. Dirac: A Theory of Electrons and Protons. Proc. Roy. Soc. A **126**, 360–365 (1930). Eingegangen am 6. Dezember 1929. (Vgl. hierzu auch Paulis Brief vom 30. November 1929 an Jordan [238], dort insbesondere die Fußnote i.) – g) Paulis erste am 23. Dezember 1929 geschlossene Ehe mit Luise Margarete Käthe Deppner war nur von kurzem Bestand. Paulis Äußerung am Ende des Briefes mag ein Hinweis sein, daß diese Ehe von Anbeginn an unter einem schlechten Vorzeichen stand. – h) Eine Anspielung auf die sich in die Länge ziehenden Berufungsverhandlungen Kleins mit der Universität Stockholm. – i) Diese Bemerkung läßt darauf schließen, daß auch Pauli zu diesem Zeitpunkt noch keine Erklärung für den β-Zerfall hatte. An eine Verletzung des Energiesatzes, mit der Bohr das Rätsel zu lösen versuchte (vgl. z.B. [216] und [217]), mochte Pauli auch jetzt nicht einmal denken. – j) Ein sehr beliebtes Schiller-Zitat von Bohr war der „Spruch des Konfuzius", der mit der Strophe endet:

„Nur Beharrung führt zum Ziel,
nur die Fülle führt zur Klarheit
und im Abgrund wohnt die Wahrheit."

In einem Beitrag zu der 1955 von Pauli herausgegebenen Festschrift „Niels Bohr and the Development of Physics" zu Bohrs 70. Geburtstag zitierte Pauli diesen Vers. Vgl. hierzu auch L. Rosenfeld: „Niels Bohr in the Thirties". In: Niels Bohr, His life and work as seen by his friends and colleagues. Edited by S. Rozental. Amsterdam: North-Holland Publishing Company. 1968. Dort S. 131.

Auch die folgende Postkarte [243] von Heisenberg weist auf Paulis andauernde Beschäftigung mit dem β-Zerfall der Kerne hin. Während Pauli noch Anfang 1929 der Ansicht war, daß das kontinuierliche Geschwindigkeitsspektrum der β-Strahlen durch eine zusätzliche und bisher von den Experimentatoren übersehene kontinuierliche γ-Strahlung (vgl. hierzu insbesondere [216], [219] und [224]) verursacht sei, war er schon im Juli 1929 durch Lise Meitners Vortrag von dieser Meinung beinahe bekehrt, wie er schrieb [231]. Endgültige Sicherheit brachten schließlich die genauen Messungen von Meitner und Orthmann[1].

Da die Bohrsche Alternative für Pauli nicht akzeptabel war, wie wir gesehen haben, hat er möglicherweise schon im Februar – was hier durch Heisenbergs Äußerung nahegelegt wird – seine Neutrinoidee Heisenberg auf der in [243] erwähnten Postkarte mitgeteilt, so daß dann die Geburtsstunde des Neutrino schon in der Woche zwischen dem 10. und 18. Februar 1930 anzusetzen wäre[2].

Pauli hat in der Folge den Briefwechsel mit Heisenberg durch seinen Assistenten Peierls führen lassen, welcher sich aber gemeinsam mit Landau damals mehr mit den Problemen der Feldquantisierung beschäftigte. In den vorliegenden Schreiben erhalten wir deshalb keine weiteren Aufschlüsse über das β-Strahlungsproblem. Die Frage, weshalb Bohr weiterhin an eine Verletzung des Energiesatzes im Bereich der Kernprozesse glaubte, blieb bisher ungeklärt. Bohr hatte im Sommer 1929 in einer Note für die Zeitschrift Nature seinen Standpunkt ausgearbeitet, diese dann aber nicht – vielleicht wegen Paulis kritischen Einwänden – veröffentlicht [231].

[1] L. Meitner und W. Orthmann: Über eine absolute Bestimmung der Energie der primären β-Strahlen von Radium E. Z. Phys. **60**, 143–155 (1930). Eingegangen am 18. Dezember 1929. Die allgemeine Unsicherheit, die damals bei der Interpretation der kontinuierlichen β-Sprektren herrschte, zeigt auch die Darstellung in dem 1931 von G. Gamow veröffentlichten Buch über den Bau der Atomkerne. Eine deutsche Übersetzung wurde von Pauli in den Naturwissenschaften besprochen.

[2] Leider können hier wegen der fehlenden Gegenstücke zu den Briefen Heisenbergs nur Vermutungen angestellt werden. Daß aber schon vorher eine Korrespondenz mit Heisenberg über Paulis „Neutronen" (die man erst später, auf Fermis Anregung hin, in Neutrinos – zur Unterscheidung von den inzwischen von Chadwick entdeckten neutralen Kernbausteinen, unseren heutigen Neutronen – umtaufte) geführt wurde, beweist übrigens auch der Brief [258], der noch vor der bekannten Mitteilung an die „Radioaktiven Damen und Herren" [259] geschrieben wurde.

[243] Heisenberg an Pauli

Leipzig, 18. Februar 1930
[Postkarte]

Lieber Pauli!
Vielen Dank für Deine Karte. Du wirst mit den β-Strahlen schon recht haben, wenn die Experimentatoren nicht gemogelt haben. – Über Physik will ich Dir nächstens ausführlicher schreiben. Heut' möcht' ich Dich bitten, meinen Kolloquiumsvortrag am nächsten Dienstag[a] dadurch zu unterstützen, daß Du mir kurz schreibst, wie man den Spin freier Elektronen (bei Reflexion an Kristallen etc.) nachweisen oder nicht nachweisen kann[b]. Landau erzählt mir nämlich, Du hättest mit Peierls das ausführlich überlegt, deshalb mag ich die Arbeit nicht nochmal machen[c]. – Oder laß es P[eierls] schreiben!
Vielen Dank Dein W. H[eisenberg]

a) Im Wintersemester 1930/31 veranstalteten Werner Heisenberg und Friedrich Hund ein gemeinsames Seminar über die Struktur der Materie. Wahrscheinlich hat Heisenberg hier seinen Vortrag gehalten. Erst für das folgende Sommersemester war ein Physikalisches Kolloquium (gemeinsam mit Debye) angekündigt. (Vgl. die Vorlesungsankündigungen in Physik. Z. **30**, 662 (1929) und **31**, 398 (1930).) – b) Die Frage der Meßbarkeit des magnetischen Moments eines freien Elektrons wurde zuerst von Bohr auf der Kopenhagener Konferenz im Frühjahr 1929 gestellt. (Vgl. hierzu auch die Erinnerungen von H.B.G. Casimir auf der Physikertagung 1972 in Varenna, die in den Rendiconti della Scuola Internazionale di Fisica »Enrico Fermi«, LVII Corso, New York und London: Academic Press 1977, abgedruckt sind.) Pauli, der sich an diesen Diskussionen beteiligte, hat das Problem noch einmal in seinem Brief an F. Knauer [236] und später in seinem Solvaybericht (1930a), S. 217ff., behandelt. Möglicherweise interessierte sich Heisenberg für dieses Problem im Hinblick auf seine Bedeutung für die Energiemessung der Höhenstrahlungspartikel. Carl Friedrich von Weizsäcker, der im Wintersemester 1929/30 von Berlin nach Leipzig zu Heisenberg gekommen war, behandelte es später im Rahmen seiner Doktorarbeit über den „Durchgang schneller Korpuskularstrahlen durch ein Ferromagnetikum". Ann. Phys. (5) **17**, 869–896 (1933). – c) Wie viele junge russische Physiker war auch der 21jährige Landau 1929 mit Hilfe eines Forschungsstipendiums nach Westeuropa gekommen. Neben Kopenhagen, Leiden, Göttingen, Leipzig und Cambridge besuchte er mehrmals Zürich. Hier entstanden in gemeinsamer Arbeit mit Paulis neuem Assistenten Rudolf Peierls zwei bedeutende Untersuchungen zur Quantenfeldtheorie, auch die wir noch später zurückkommen.

[243a] Pauli an Klein

Zürich, 10. März 1930

Lieber Klein!
Vielen Dank für Deinen Brief vom 6. – Was meinen Besuch in Kopenhagen betrifft, so würde mir die Zeit vom 5. bis etwa 15. April gut passen (am 22. April beginnen meine Vorlesungen in Zürich). Ich schreibe gleichzeitig an Heisenberg, daß er auch um diese Zeit kommt, es wird sicher gehen. Peierls kommt dann ebenfalls ungefähr gleichzeitig. Meine Frau kommt voraussichtlich nicht mit; wenn ich schon verheiratet bin, so bin ich es wenigstens locker! Ich habe aber in diesem Zusammenhang (verheiratet sein) eine große Bitte: da ich ziemlich pleite bin, wäre ich *sehr dankbar,* wenn mir diesmal die Reisekosten vom Kopenhagener Institut ersetzt werden könnten.* Bitte haltet mich nicht für unbescheiden, aber es wäre mir sonst in diesen Ferien schwer möglich, zu kommen. (Wir kennen uns doch gut genug, daß ich so etwas offen sagen kann!) Auf die Quantenelektrodynamik-Diskussion freue ich mich sehr; ich selbst könnte als Beitrag zu dieser Diskussion über die Einordnung der Diracschen Lücken-Arbeit in den Formalismus von Heisenberg und mir sprechen. Übrigens wird Bohr bezüglich außer Kraftsetzens des Energiesatzes in Heisenberg einen mächtigen Bundesgenossen bekommen! ...

Es wäre sehr nett von Dir, wenn Du mir bald antworten würdest, ob Euch alles so paßt, wie ich vorschlage. Und zwar so, daß Deine Antwort schon am Montag den 17. hier ist (da ich nachher verreise.)

Viele Grüße an Bohr und ich gratuliere ihm herzlich zu dem seltenen Erfolg, daß er wenigstens in *einer* Sache (schwedische Professur) früher fertig geworden ist als die anderen!

Also auf Wiedersehen! Dein W. Pauli

1) Grüße auch von Peierls.
2) Kronig soll sich verlobt haben! – Ich habe ja auch geheiratet, aber wenigstens nicht, wie Kronig, die Tochter eines Professors!

Mitte März 1930 war Pauli im Anschluß an seinen Kopenhagenaufenthalt mit seinem Assistenten Peierls bei Ehrenfest zu Besuch in Leiden. Bei dieser Gelegenheit mußte er auch seinen Namen an die berühmte Leidener Wand schreiben, die Ehrenfest zur Erinnerung an prominente Gäste seines Institutes hatte einrichten lassen. Paulis Inschrift trägt das Datum 19. März 1930. Über den Verlauf des Besuches berichtete Ehrenfest am 23. März Casimir: „Pauli war dieser Tage mit Peierls da. Pauli ist prachtvoll in der Klarheit und fleckenlosen Ehrlichkeit seines Denkens und Vortrags. Er, Fokker und Peierls und Bloch haben mir in wenigen Stunden eine ganze Menge Unklarheiten entwirrt, in die ich hoffnungslos verwickelt geraten war. Insbesondere auch was die Anwendung der Unsicherheitsrelation betrifft.“

* Für Peierls ist es diesmal nicht nötig, er ist unverheiratet und hat wohlhabende Eltern!

Yoshikatsu Sugiura, ein ehemaliger Schüler von Max Born und Mitarbeiter am Niels Bohr-Institut in Kopenhagen[1], hatte sich insbesondere seine wellenmechanischen Berechnungen des Zweizentrensystems[2] und zahlreiche Untersuchungen über kontinuierliche Spektren einen Namen gemacht.

Inzwischen wieder nach Tokio zurückgekehrt, begann Sugiura mit der Berechnung des Röntgenbremsspektrums nach der Quantenmechanik[3], ein vertrautes Problem, das einst Kramers und Wentzel mit den Methoden der älteren Quantentheorie behandelt hatten (vgl. hierzu auch [37]). Gleichzeitig wurde dieses Gebiet auch durch Oppenheimer[4], Gaunt[5] und Sommerfeld[6] in Angriff genommen, die zu ähnlichen Ergebnissen wie Sugiura gelangten.

[1] Vgl. hierzu auch den Brief [148], dort insbesondere die Fußnote 1. Sugiura war vom November 1925 bis zum April 1927 in Kopenhagen gewesen.

[2] Y. Sugiura: Über die Eigenschaften des Wasserstoffmoleküls im Grundzustande. Z. Phys. **45**, 484–492 (1927).

[3] Y. Sugiura: The Angular Intensity Distribution of Continuous X-Ray Spectrum. I. und II. Scientific Papers of the Institute of Physical and Chemical Research, Tokyo, 11, 251–290 (1929) und **13**, 23–47 (1930). Eingegangen am 21. September 1929 und 22. März 1930.

[4] J.R. Oppenheimer: Über die Strahlung der freien Elektronen im Coulombfeld. Z. Phys. **55**, 725–737 (1929).

[5] J.A. Gaunt: Über die Strahlung der freien Elektronen im Coulombfeld. Z. Phys. **59**, 508–513 (1930).

[6] A. Sommerfeld: About the production of the continuous X-ray spectrum. Proc. Nat. Acad. Sci., Washington, **15**, 393 (1929). – Über die Beugung und Bremsung der Elektronen. Ann. Phys. **11**, 257–330 (1931). Eingegangen am 8. Juni 1931. – Eine historische Übersicht findet man in den späteren Auflagen des zweiten Bandes von Sommerfelds Atombau und Spektrallinien.

[244] Sugiura an Pauli[a]

Tokio, 30. März 1930
[Maschinenschrift]

Dear Prof. W. Pauli!

Many thanks for your kind remarks on my paper „The Angular Intensity Distribution of Continuous X-Ray Spectrum", regarding the difference between the retarded co-ordinate and current matrix. According to the results obtained, as is expected, both the matrix elements give the same intensity formula in a zero approximation, while in the next approximation there appears a slight difference in the angular part of the intensity distribution formula.

As has been noted in the paper, whose copy I inclose here[b], I should think it was a serious mistake to have taken out the factor $\sin^2\delta$ as the common, even though in the classical theory of Sommerfeld[c] it might be the common factor. The experimental results of Kulenkampff[d] show also some radiations in the directions 0° and 180°, the amounts in 0° being greater than those in 180°. The direction of the vector potential $\mathfrak{A}$ is, in reality, not the same as the z-axis of the direction of the cathode ray electrons, so that the angle between the direction of observation and the vector potential comes in the intensity expressions (8).

This angle plays a special rôle for the polarization, as shown in Fig. 5. There are some directions of no polarization.

If you could give me your remarks again on these calculations done in the present paper, I should be very much glad. How do you think about the little note in the section 7, regarding the electric moment $P_{t-r/c}$ [e]?

Hoping to have your kind answer,

Yours truly, Y. Sugiura

Please send me the copies of your papers „Zur Quantenmechanik der Wellenfelder" I, II.[f]

a) Der vorliegende Brief befand sich zusammen mit der unten genannten Abhandlung von Sugiura in Paulis Sonderdrucksammlung. – b) Es ist die zweite der im Kommentar unter 3 genannten Abhandlung von Sugiura. Die folgenden Bemerkungen beziehen sich auf diese Arbeit. Am Schluß der Arbeit auf S. 47 findet man den Hinweis auf den genannten Fehler. – c) A. Sommerfeld. Über die Verteilung der Intensität bei der Emission der Röntgenstrahlen. Physik. Z. **10**, 969–976 (1909). – d) H. Kulenkampf: Untersuchungen der kontinuierlichen Röntgenstrahlung dünner Aluminiumfolien. Ann. Phys. (4) **87**, 597–637 (1928). – Untersuchungen über die kontinuierliche Röntgenstrahlung. Physik. Z. **30**, 513–515 (1929). Vorgetragen auf der Physikalischen Vortragswoche der ETH im Juli 1929. – e) Auf der Rückseite des Briefes hat Pauli einige Rechnungen hierzu skizziert. – f) Handschriftlicher Zusatz.

In Kopenhagen sollte Anfang April 1930 zum zweiten Mal ein Ostertreffen der Physiker veranstaltet werden, um dort über die Schwierigkeiten der neuesten Quantenmechanik sprechen zu können. Obwohl Heisenberg noch am 10. März nach Kopenhagen schrieb, Pauli wolle diesmal nicht kommen, wahrscheinlich weil er fürchte, dort zu viele Physiker anzutreffen, sagte Pauli kurz darauf seinen Besuch vom 5. bis zum 15. April zu.[1] Doch vorher suchte Pauli noch seinen Freund Paul Ehrenfest in Leiden auf, was wir aus einem Schreiben an Epstein[2] und der erwähnten Inschrift an der „Leidener Wand" entnehmen.[3]

Auf einer Postkarte, datiert vom 4. April 1930, sandten die Teilnehmer der Kopenhagener Konferenz Grüße an den nicht anwesenden Ehrenfest. Zwischen den Namenszügen von Møller, Peierls, Landau, Heisenberg, Bloch, Gamow, Teller u.a. finden wir auch folgende Zeile von Pauli: „Herzliche Grüße aus der Großstadt Kopenhagen von W. Pauli."

Während Pauli damals vorwiegend von seinen Assistenten und Mitarbeitern die Strahlungsprobleme bearbeiten ließ, selber aber mehr über das Rätsel der kontinuierlichen β-Strahlung nachdachte, wollte Heisenberg die Schwierigkeiten mit der Selbstenergie und den Dirac-Übergängen in der Quantenelektrodynamik durch eine radikale Änderung der üblichen Auffassungen über die Raumstruktur lösen.

In seinen Briefen an Bohr und auf der Kopenhagener Frühjahrskonferenz stellte Heisenberg zum erstenmal seine neuen Ideen über die „universelle Länge" vor, die ihn noch die nächsten Jahre beschäftigen sollten. Da auch in dem weiteren Briefwechsel mit Pauli davon die Rede sein wird, wollen wir die Grundgedanken von Heisenbergs „Gitterwelt" hier kurz skizzieren.

Weil die Unschärferelation eine genauere Ortsbestimmung als $l=h/Mc$ (M=Protonenmasse) nicht zuläßt, wollte Heisenberg diese Länge l als eine neue fundamentale Größe in die Theorie einbauen, indem er den Ortsraum in diskrete Zellen der Größe $(h/Mc)^3$ einteilte. Es stellte sich nun die Frage, zu welchen physikalischen Konsequenzen eine solche Zellstruktur des Raumes führt. Der Einfachheit halber betrachtete Heisenberg zuerst den eindimensionalen Fall. Für eine Zellenlänge l ist dann die Klein-Gordon-Gleichung $\Box\varphi+m^2c^2\varphi=0$ durch folgende Gleichung zu ersetzen:

$$-\left(\frac{E}{c}\right)^2 u_n+\left(\frac{h}{2\pi i l}\right)^2 (u_{n+1}-2u_n+u_{n-1})+m^2c^2u_n=0.$$

Analog wie für die Schwingungen einer linearen Kette von Massenpunkten läßt sich auch hier die Energie als Funktion der Quantenzahlen darstellen. Man erhält eine periodische Funktion mit Maxima und Minima an den Stellen $(2n+1)\pi$ und $2n\pi$ (mit $n=0, 1, \cdots$).

Ein Elektron würde sich in einem solchen Raum in der Nachbarschaft der Minima wie ein normales Elektron, in der Nähe der Maxima aber wie ein Proton verhalten, da hier die Krümmung der Energiekurve ungefähr einer Masse $h/2\pi l c$ entspricht. Ebenso ließ sich zeigen, daß das Elektron dann auch auf äußere Kräfte wie eine positive Ladung reagiert.[4] Sogar die Masse des Elektrons ließe sich in einer solchen Theorie vernünftig bestimmen, teilte Heisenberg voller Enthusiasmus in einem Schreiben an Bohr mit.[5]

Schwierigkeiten ergaben sich erst, als Heisenberg die dreidimensionale Erweiterung vornahm: Energie-, Impuls- und Ladungserhaltungssatz blieben dann nur noch näherungsweise gültig.[6]

Aber auch für die Theorie der Atomkerne ergaben sich schwerwiegende Folgerungen. Da man in dieser Gitterwelt Wellenpakete von Kerndimensionen nur aus Protonen und „langsamen Lichtquanten" (die sich ebenfalls aus dieser Theorie ergaben) bilden konnte, kamen nur diese als Kernbausteine in Frage.

Daß die meisten Physiker in Anbetracht all dieser Unsicherheiten Heisenbergs Ausführungen nicht zu folgen vermochten, versteht sich von selbst. „Heisenberg macht Bocksprünge mit einem »granulierten Äther« (die Kerngröße natürlich nicht relativistisch invariant), glaubt aber den Unsinn womöglich(!) selber noch weniger als die anderen", berichtete Tanja Ehrenfest nach Leiden. „Pauli sagt summarisch, »müßte ich nicht Geld verdienen, so gäbe ich MOMENTAN meine Professur der Physik auf und ginge bei Artin in Hamburg Mathematik studieren.« (Ich begreife nicht, warum er – ohne Frau und Kinder – nicht wirklich so verfährt.)"[7]

Ein weiterer Einwand gegen diese Theorie war später der aus ihr folgende unzulässige Wert für die Elektronenladung.[8]

Peierls beschäftigte sich schon in seiner Münchener Studienzeit mit dem Beobachtungsproblem der Quantenmechanik.[9] Als er dann während Sommerfelds Abwesenheit in Amerika im Frühjahr 1928 zu Heisenberg nach Leipzig kam, entwickelte man hier gerade die Quantentheorie des Magnetismus ([192]ff.), und auch Peierls begann sich für diesen vielversprechenden Problemkreis zu interessieren. In kurzer Abfolge entstanden hier mehrere Arbeiten, darunter die wichtige Abhandlung zum anomalen Halleffekt, die in gewisser Weise zum Vorbild für Heisenbergs „Gitterwelt" wurde.[10]

Als schließlich auch Heisenberg im Frühjahr 1929 (zusammen mit Dirac) eine Weltreise machte, empfahl er Peierls, während seiner Abwesenheit zu Pauli nach Zürich zu gehen. Pauli gab Peierls – im Hinblick auf seine speziellen Interessen für den Festkörper – als Thema für seine Dissertation das Wärmeleitungsproblem [225][11], welches er schon seit langem mit sich herumtrug ([74], [83], [86]) und wozu er sich umfangreiche Aufzeichnungen gemacht hatte.[12] Nach der Doktorprüfung, die Peierls aus formalen Gründen in Leipzig (bei Friedrich Hund) ablegen mußte, wurde er im Herbst 1929 Paulis Assistent, während Felix Bloch nach einem Aufenthalt bei Kramers in Utrecht die Assistentenstelle bei Heisenberg übernahm [234]. Paulis Assistenten hatten die Pflicht, mit ihm so oft er es wollte, eingehend über seine physikalischen Probleme zu diskutieren. Auf diese Weise wurde Peierls natürlich auch in alle Einzelheiten und Schwierigkeiten der Quantenfeldtheorie eingeweiht.

Im Januar 1930 kam Lev Davidovich Landau zum erstenmal für einige Wochen nach Zürich, um hier gemeinsam mit Pauli über die Möglichkeit einer Darstellung der Quantenelektrodynamik im Konfigurationsraum der Lichtquanten zu diskutieren. Das Ergebnis dieser Diskussion war eine gemeinsame Publikation mit Peierls[13], in der auch der „fürchterliche" Operator $\sqrt{\Delta}$ (der durch wiederholte Anwendung zum Laplaceschen

Operator führt) auftritt [245]. Obwohl die Autoren zeigen konnten, daß sich die Nullpunktsenergie der Strahlung beseitigen läßt, erwies sich schon die Übertragung der Ergebnisse auf das Einelektronenproblem als undurchführbar.

Dem Beispiel seiner Lehrer Bohr und Sommerfeld folgend, hat auch Pauli seine Korrespondenz durch seine Assistenten führen lassen. Der folgende Briefwechsel zwischen Heisenberg und Paulis neuem Assistenten ist ein solches Beispiel. Obwohl die dem vorliegenden Schreiben [245] vorausgegangenen Briefe (vgl. [243]) nicht erhalten sind, läßt sich der Inhalt aus der daraus hervorgegangenen Veröffentlichung Heisenbergs entnehmen.[14]

Besonders die Unverträglichkeit einer kleinsten Länge mit den Prinzipien der Relativitätstheorie bewog Heisenberg, zunächst nur den Sonderfall großer Teilchengeschwindigkeiten zu betrachten, so daß die Ruhemassen in den entsprechenden Gleichungen gegenüber der kinetischen Energie vernachlässigbar werden. Die Gleichungen, die jetzt für Elektronen und Protonen völlig symmetrisch sind, enthalten auch die Masse dieser Teilchen nicht mehr, und eine kleinste Länge (die sich aus den verbleibenden Konstanten e, h und c nicht mehr bilden läßt) verliert völlig ihren Sinn. Damit werden aber auch alle korrespondenzmäßigen Betrachtungen für das Problem der quantenmechanischen Selbstenergie hinfällig.

Im weiteren untersuchte Heisenberg die Konsequenzen, die sich aus der Nichtvertauschbarkeit der Feldgrößen gemäß den Gleichungen der Quantenelektrodynamik ergaben. Die vorliegenden Briefe [245] und [247] an Peierls enthalten Einzelheiten zu seiner genannten Publikation.[14]

[1] Diese Nachricht teilte Bohr in seinem Schreiben vom 18. März Heisenberg mit. – Pauli war zusammen mit seinem Assistenten Peierls zuvor in Leiden bei Ehrenfest gewesen, wie dieser am 23. März 1930 Casimir mitteilte.

[2] In seinem Brief vom 17. März 1930 berichtete ihm Ehrenfest: „Übermorgen kommt Pauli her nach Leiden und da wirds eine Riesenhetze geben mit Pauli, Bloch, Kramers, Fokker und den Jüngeren von Kramers und mir.“

[4] Diese Eigenschaft ist auch für das Verständnis der Leitfähigkeitsprobleme eines Festkörpers von großer Bedeutung. Mit diesen Fragen beschäftigte sich damals Heisenbergs ehemaliger Assistent Rudolf Peierls, dessen Ergebnisse auch Heisenbergs Theorie beeinflußt haben.

[5] Vgl. Heisenbergs Brief vom 10. März 1930, dem auch die vorangehenden Angaben entnommen sind.

[6] Vielleicht liegt hier mit ein Grund vor, weshalb Bohr an der Gültigkeit des Energiesatzes zu zweifeln wagte. (Vgl. hierzu den Kommentar zu [243].)

[7] Zitiert aus einem Schreiben Ehrenfests vom 24. April 1930 an Goudsmit. Die letzte Bemerkung deutet darauf hin, daß Pauli schon damals seine erste Frau verlassen hatte.

[8] Vgl. Heisenbergs Brief vom 26. April 1930 an Bohr. Siehe auch K. v. Meyenn: Pauli, das Neutrino und die Entdeckung des Neutrons vor 50 Jahren. Naturwiss. **69**, 564–573 (1982).

[9] Im Münchener Kolloquium referierte Peierls am 3. Februar 1928 über „Neuere Arbeiten zur physikalischen Deutung der Quantenmechanik (prinzipielle Unschärfe der Beobachtung).“

[10] R. Peierls: Zur Theorie der galvanomagnetischen Effekte. Z. Phys. **53**, 255–266 (1929). Eingegangen am 24. Dezember 1928.

[11] R. Peierls: „Zur kinetischen Theorie der Wärmeleitung in Kristallen“. Ann. Phys. (5) **3**, 1055–1101 (1929). Eingegangen am 24. Oktober 1929.

[12] Trotz seiner sprichwörtlich gewordenen Abneigung gegen die Festkörperphysik hatte Pauli in den zwanziger Jahren diesem Gebiet zwei Abhandlungen (1925d und 1927a) gewidmet. (Vgl. hierzu die Fußnote 3 im Kommentar zu [4]. – Pauli selbst betrachtete damit das Problem als abgeschlossen: „Meine Beschäftigung mit der Theorie der Wärmeleitung in Festkörpern gipfelte in der Doktorarbeit von R. Peierls, in der dieses Problem wohl erledigt wurde. Seither ist von seiten der Theorie nichts Wesentliches hinzugekommen“, äußerte Pauli in einem Schreiben vom 7. Juni 1955 gegenüber Jordan.

[13] L. Landau und R. Peierls: „Quantenelektrodynamik im Konfigurationsraum.“ Z. Phys. **62**, 188–200 (1930). Eingegangen am 12. Februar 1930. Eine Diskussion dieser Darstellung findet man

bei Pauli [1933], S. 255f. Die anfangs gehegte Hoffnung, daß die in dieser Darstellung gefundenen Feldgleichungen nicht die üblichen Schwierigkeiten der Quantenfeldtheorie aufweisen würden, erfüllte sich nicht.

[14] W. Heisenberg: Die Selbstenergie des Elektrons. Z. Phys. **65**, 4–13 (1930). Eingegangen am 3. August 1930.

[245] Heisenberg an Peierls

[Leipzig], 3. Juni 1930

Lieber Herr Peierls!

Aus Ihrem und Paulis Brief sehe ich, daß Sie beide meinen Versuch einer Umschreibung der bisherigen Gleichungen noch nicht richtig verstanden haben. Ich möchte, wie Sie auf der letzten Seite Ihres Briefes schreiben, dem Operator Gesamtimpuls genau *dieselbe* Bedeutung lassen, wie bisher. Man bekommt also in der Tat genau die*selben* Gleichungen wie bisher, nur mit der Nebenbedingung $-i\alpha_k\pi_k+\alpha_i\alpha_k f_{ik}=0$. Genauer möchte ich das so schreiben: Für ein kräftefreies Elektron soll $-i\alpha_k\pi_k+\alpha_i\alpha_k f_{ik}=0$ gelten und ich hoffe, daß aus dieser Bedingung *folgt*, daß $\int\limits_V \operatorname{div}\pi$ die Eigenwerte 0, μ hat, wobei das $\int \operatorname{div}\pi$ über *irgendein* endliches Volumen zu erstrecken ist[a]. Im Falle von Elektronen + Lichtquanten kann *nicht* mehr $-i\alpha_k\pi_k+\alpha_i\alpha_k f_{ik}$ verschwinden. Wenn man dies nicht fordert, so hat sicher $\operatorname{div}\pi$ zunächst kontinuierliche Eigenwerte. Man kann aber hoffen, daß es nur für solche Werte von $\operatorname{div}\pi$ Lösungen mit endlicher Selbstenergie gibt, für die es im kräftefreien Fall solche, d.h. Lösungen mit der Nebenbedingung $-i\alpha_k\pi_k+\alpha_i\alpha_k f_{ik}=0$ gibt. Man müßte also auch im Fall von Elektronen + Lichtquanten *fordern*, daß $\int\limits_V \operatorname{div}\pi$ die Eigenwerte 0 und μ hat[b]. In diesem Fall kann man eine Hilfsvariable q einführen nach der Gleichung $\operatorname{div}_p\pi=\mu\delta(q-q_p)$ und die Katze fällt wieder auf die alten Füße. Das wesentliche an meinem Versuch scheint mir *nur*, daß für die Selbstenergie eine einfache und durchsichtige Formel resultiert $\frac{1}{2}\int dV(\sigma,\rho_2\mathfrak{E}+\rho_3\mathfrak{H})^2$, und daß man daraus genauer sieht, welchen Bedingungen das Feld zu unterwerfen ist, damit die Selbstenergie verschwindet. Die ganze Frage ist also nach wie vor die, ob es in der bisherigen Theorie Lösungen ohne Selbstenergie gibt; ferner, für welche Werte von $\int \operatorname{div}\pi$ dies der Fall ist. Die Korrespondenz scheint mir dagegen völlig trivial, wie ich immer an Pauli schrieb, da ja an den Gleichungen nichts geändert ist.

In der Frage der Nullpunktsenergie bin ich dagegen sehr viel skeptischer als Sie; ich muß gestehen, daß ich den Operator $\sqrt{\Delta}$ als etwas so fürchterliches ansehe, daß ich zu seiner Anwendung nur mit Gewalt gezwungen werden kann[c]. Wie man aus dem Operator Δ die Wurzel zieht, hat gelegentlich der Spintheorie Dirac gezeigt. Ob es immer durch einen solchen Witz geht, weiß ich nicht. Aber jedenfalls bin ich so nicht zufrieden. Ich sehe auch nicht, wie in Ihren $\mathfrak{E}_1$ und $\mathfrak{H}_1$ *nach* Umstellung der Faktoren im Energieausdruck die Selbstenergie noch als Quadrat oder etwas ähnliches geschrieben werden kann[d]. Geht das????

Eine weitere fundamentale Schwierigkeit scheint mir darin zu liegen, daß die Größe $\int_V \operatorname{div}\mathfrak{E}\,dV$ in der bisherigen Theorie überhaupt keine Eigenwerte haben kann, da $\int \operatorname{div}\mathfrak{E}\,dV = \int \dot{\mathfrak{E}}_n\,df$; es handelt sich also hier nicht mehr um räumliche Mittelwerte von $\mathfrak{E}$, sondern um solche auf einer Fläche und dafür divergiert (vgl. Paulis Brief vor einigen Wochen) das bisherige Verfahren.

Ich glaube also z.Z. (Dienstag abend), daß die ganze Feldquantelung noch in Unordnung ist und daß sich diese Unordnung unter anderem in der Nullpunktsenergie und in der Undefiniertheit von Größen à la $\int \mathfrak{E}_n\,df$ äußert. An Pauli richte ich die dringende Bitte, den Operator $\sqrt{\Delta}$ ohne Fourierzerlegung zu definieren, wie er mit Bleistift in Ihrem Brief andeutet.

Sonst die herzlichsten Grüße von Institut zu Institut Ihr W. Heisenberg

Vom 5.–15. 6. bitte ich Sie oder Pauli, Briefe nach Helgoland postlagernd zu schicken.

a) α_k sind hier die Spinmatrizen und Π_k die Komponenten des elektrischen Feldes. Diese Größen wie auch die weiter unten auftretende Relation für die Selbstenergie des Elektrons werden in Heisenbergs Arbeit (vgl. Kommentar, Fußnote 14) näher erläutert. – b) $\mu = 4\pi e/\sqrt{2hc}$ ist eine dimensionslose Zahl, welche die Abweichung von der klassischen Theorie bei kleinen Quantenzahlen ausdrückt. – c) Vgl. die im Kommentar (Fußnote 13) genannte Arbeit von Landau und Peierls und Pauli [1933]. – d) Vgl. hierzu auch [247].

Aus der vorliegenden Postkarte [246] geht hervor, daß Pauli noch vor seiner Rußlandreise in Oberitalien war. Das Treffen mit dem amerikanischen Physiker Walther Colby aus Ann Arbor und dessen Frau Martha war durch Vermittlung von Sommerfeld zustande gekommen [247a], um Pauli zu einer Teilnahme an den seit 1927 alljährlich an der Universität von Michigan stattfindenden Sommerschulen zu bewegen.

George Uhlenbeck und Samuel Goudsmit hatten auf Anraten ihres Lehrers Ehrenfest 1927 eine Stellung in Michigan übernommen.[1] Durch ihre Anwesenheit dort wurde nun die Verbindung zwischen Amerika und Europa immer enger geknüpft. Ann Arbor war bald ein beliebter Anlaufpunkt für die europäischen Gäste. „Wir haben hier fortwährend europäischen Besuch", schrieb Goudsmit im Mai 1930 an Ehrenfest. „Vor einiger Zeit war Halpern hier. Den mochte ich nicht. Dann kamen von Laue und Ladenburg ... Jetzt ist Manneback hier aus Löwen."

Es war vorgesehen, daß Ehrenfest in diesem Sommer nach Ann Arbor kommen sollte. Seine beiden Schüler Uhlenbeck und Goudsmit hatten in einem Schreiben vom 25. Februar versucht, seine andauernden Bedenken zu zerstreuen: „Hier können Sie etwas zu Stande bringen", heißt es dort, „hier braucht man Sie, hier wartet man auf Sie, besonders Ihre alten Schuljungen, Diecke und wir beide ... Hier kommen Sie nicht als ‚Gastvortragender', man will ja nicht Ihre Vorträge, vielleicht auch kaum Ihre Physik, sondern vor allem Ihre Atmosphäre, Ihre Inspiration, ja nur Ihre Anwesenheit ... Denken Sie z.B. nur an Kopenhagen. Welchen Einfluß hat nicht die bloße Anwesenheit Bohrs. Leute, die man anderswo hassen würde, wenn man ihnen irgendwo sonst in der Welt begegnen würde, werden zu den liebenswürdigsten Geschöpfen in der Atmosphäre des Bohrschen Instituts."

In einem vorhergehenden Brief vom 2. Februar hatte Ehrenfest als möglichen Ersatz für den Fall, daß er diesmal nicht kommen würde, Landé, Pauli !!!!, Haas, Fowler, London, Heitler, Neumann, Bloch, Nordheim, Fermi !!!!!, Frenkel und Kronig vorgeschlagen. Durch die Unterstreichungen und Ausrufezeichen hatte er seine Präferenzen markiert.

Da Pauli sich wahrscheinlich schon für die Teilnahme an dem erwähnten russischen Physikerkongreß in Odessa entschlossen hatte, sagte er seinen Besuch in Michigan erst für das nächste Jahr zu.

Nachdem Ehrenfest sich schließlich für die Reise entschieden hatte und auch Fermi eine Einladung annahm, wurde die diesjährige Sommerschule zu einem unvergeßlichen Ereignis. Durch die vielen Briefe und Berichte, die Ehrenfest an seine europäischen Kollegen und Freunde zu senden pflegte, gelangten immer mehr Nachrichten über die amerikanischen Verhältnisse nach Europa und weckten dort in zunehmendem Maße das Interesse für dieses Land. Am 30. Juni schrieb er außerdem seinem Freund Epstein in Pasadena folgenden lebhaften Bericht: „Seit zwei Tagen bin ich hier [in Ann Arbor]. Uhlenbeck mit seiner Frau holten mich aus Kingstone (Ontario) mit ihrem Wagen ab, so daß ich erst auf dem Dampfer vom Fatherpoint über Quebec bis Montreal, dann wieder auf dem Flußdampfer von Brockville bis Kingstone, dann mit dem Auto via Toronto, Niagarafälle, London, Detroit ganz ernorm viel WIRKLICH SCHÖNES zu sehen bekam. Und es war darum so besonders fein, weil ich bis Kingstone mit zwei ganz besonders lieben feinen Schülern von mir fuhr: mein Assistent Dr. Rutgers (27jährig) und Bohrs Assistent Casimir (20jährig), die ich nach Ann Arbor aus Leiden mitgenommen hatte ... Wir sind eine ganz große Freundesgruppe hier beisammen: Uhlenbeck, Goudsmit, Diecke, Fermi (der ja auch eine längere Zeit in Leiden war), dann Rutgers, Casimir und noch eine ganze Reihe von Amerikanern, die ich entweder aus Leiden oder aus Göttingen hier gut kenne ... Nun muß ich schließen, denn direkt beginnt die erste Vorlesung von Fermi."

In Ann Arbor hat Fermi damals seine durch große Klarheit ausgezeichneten Vorlesungen über Quantenelektrodynamik gehalten, die vielen Physikern einen leichteren Zugang zu diesem komplexen Gebiet eröffneten.[2]

Neben Ann Arbor genossen damals ebenso wie heute das California Institute of Technology in Pasadena und die Universitäten von Stanford und Berkeley in San Francisco mit ihren großartigen Einrichtungen hohes Ansehen und wurden dadurch zu weiteren Anziehungspunkten für die ausländischen Gäste. Auch Moritz Schlick lehrte hier für einige Semester als Gastprofessor.

[1] Die Vermittlung hatte Oskar Klein zustande gebracht, der inzwischen aus Ann Arbor zurückgekehrt war. In einem Brief vom 11. August 1926 schreibt er: „Ich war vor einiger Zeit mit einem guten Freund aus Ann Arbor, W. Colby, zusammen; ... er möchte gerne einen jüngeren theoretischen Physiker für seine Universität einfangen. Wir sprachen von Ihnen und Uhlenbeck ..."

[2] So schrieb John C. Slater darüber in seiner Wissenschaftlichen Biographie: „It was not until Fermi published a paper in the Review of Modern Physics for January 1932, on the quantum theory of radiation, that I felt that I understood what it was all about, even though I had been the point of working out the same type of theory myself." Ein Abdruck dieser Vorträge erschien unter dem Titel: „Quantum Theory of Radiation" im Rev. Mod. Phys. **4**, 87–132 (1932).

[246] Pauli an Schlick

[Como], 10. Juni [1930]
[Postkarte]

Lieber Herr Schlick!
Die Welt ist doch klein: ich bin hier am Comersee mit Bekannten von Ihnen zusammen, die mich dazu verführt haben, nächsten Sommer (1931) nach Ann Arbor zu fahren. Sind Sie um diese Zeit in Californien?[a] Vielleicht sehe ich

Sie dort! – Die mir zugesandten Schriften über die neugegründete Wiener Konfession[b] haben mich sehr interessiert, aber ich fühle mich nicht ganz ihr angehörig.[c]

Herzlichst Ihr W. Pauli

[Zusatz von Walter und Martha Colby:] „Herzliche Grüße auch von dem Verführer. W. Colby and Martha."

a) Vgl. hierzu den Kommentar. – b) Es handelt sich um die Programmschrift des Wiener Kreises von 1929. (Vgl. Fußnote 3 des Kommentars zu [23a].) Einen Abdruck derselben findet man in einer neueren kommentierten Ausgabe der Schriften von Otto Neurath durch Rainer Hegselmann: „Otto Neurath: Wissenschaftliche Weltauffassung, Sozialismus und logischer Empirismus". Frankfurt a.M.: Suhrkamp 1979. Dort S. 79–101. – c) Paulis reservierte Haltung gegenüber dem Neopositivismus wird näher in seinem Schreiben vom 5. Februar 1931 an Schlick erläutert.

[247] Heisenberg an Peierls

Helgoland[a], 13. Juni [1930]

Lieber Herr Peierls!

Vielen Dank für Ihren Brief; ich glaube, daß wir jetzt so ungefähr einig sind über den Sinn der Nebenbedingung. Für den materiefreien Fall bedeuten meine Gleichungen ein System, das aus dem Strahlungshohlraum *und* einer ungeladenen Partikel besteht. Es muß also Lösungen der Gleichungen geben, die sich als Produkt von zwei Faktoren schreiben lassen, von denen der erste einer (physikalisch nicht vorkommenden) Partikel mit der Ladung Null entspricht, der zweite dem ladungslosen Hohlraum. Die Existenz dieser Lösungen ist wieder trivial, wenn man in der von Ihnen angegebenen Weise Faktoren umstellt und statt (I) $(\sigma, \rho_2\mathfrak{E}+\rho_3\mathfrak{H})^2$ etwa (II) $(\sigma, \rho_2\mathfrak{E}^{(1)}+\rho_3\mathfrak{H}^{(1)})\,(\sigma, \rho_2\mathfrak{E}^{(2)}+\rho_3\mathfrak{H}^{(2)})$ einführt und $(\sigma, \rho_2\mathfrak{E}^{(2)}+\rho_3\mathfrak{H}^{(2)})=0$ fordert. Es ist aber zu bemerken, was Sie ja auch schon schreiben, daß I und II nur dann ersetzt werden kann (d.h., nach Integration über den Raum, bis auf Umstellungen identisch ist), wenn $\operatorname{div}\mathfrak{E}=0$. Sobald longitudinale Schwingungen auftreten, so ist I von II wesentlich verschieden. Dieser Umstand scheint mir zu zeigen, daß Ihre Beseitigung der Nullpunktsenergie durch Umstellung von Faktoren noch nicht die endgültige Lösung darstellt. Man möchte doch den Fall $\operatorname{div}\mathfrak{E}=0$ nicht wesentlich anders behandeln, als den Fall des Elektrons. – Ihre Umformung der Nebenbedingung in eine Summe von drei Ausdrücken scheint mir nicht sehr vorteilhaft, weil aus dem Verschwinden der Summe ja noch garnicht das der einzelnen Glieder folgt; Ihre Gleichungen verlangen also wohl zu viel.

Die Einführung des Elektronenortes scheint mir sehr einfach in folgender Weise möglich: Es sei eine Lösung von

$$H=\alpha_k I_k+\tfrac{1}{2}\int(\sigma, \rho_2\mathfrak{E}+\rho_3\mathfrak{H})^2\,dV$$

gegeben; d.h. etwa ein Funktional $\Phi_\rho(\mathfrak{E})(=\Phi_\rho(\pi))$, das außerdem der Nebenbedingung $\int\operatorname{div}\mathfrak{E}=\mu$ genügt. Dabei ist es zunächst unwesentlich, ob $(\sigma, \rho_2\mathfrak{E}+\rho_3\mathfrak{H})=0$ ist oder nicht; d.h. ob man ein kräftefreies Elektron hat oder nicht.

Dann ist das Funktional

$$\Psi(q,\mathfrak{E})=\delta\left(q_x-\frac{1}{\mu}\int \operatorname{div}\mathfrak{E}\cdot x\,dV\right)\delta\left(q_y-\frac{1}{\mu}\int \operatorname{div}\mathfrak{E}\cdot y\,dV\right)\delta(\ldots^2)\frac{\Phi(\mathfrak{E})}{\rho}$$

eine Lösung der Ausgangsgleichung

$$H=\alpha_k[p_k-\mu\chi_k(q)]+\int(\mathfrak{E}^2+\mathfrak{H}^2)\,dV,$$

wie man durch direktes Einsetzen verifiziert. Notwendig ist hierbei nur, daß $\int \operatorname{div}\mathfrak{E}\,dV=\mu$. (III) gibt also allen notwendigen Aufschluß über die Bahn des Elektrons.

Im ganzen glaub' ich aber doch nicht daran, daß mit den bisherigen Vertauschungs-Relationen eine vernünftige Lösung der Gleichungen möglich ist. Ich möchte in ähnlicher Weise, wie wir in Kopenhagen besprochen haben[b], doch Ungenauigkeiten der Ortskoordinanten einführen; aber diesmal ohne neue universelle Länge, sondern etwa nach dem Schema $\{\chi_i, x_k\}=\delta_{ik}$ oder $\{f_{ik}|x_r x_s\}_-=\delta_{ik}\delta_{ks}$.

Mir ist es bisher nicht gelungen, solchen Vertauschungs-Relationen einen vernünftigen mathematischen Sinn zuzuordnen. Dagegen wären die zugehörigen Ungenauigkeitsrelationen äußerst vernünftig; auch wären die Vertauschungs-Relationen relativistisch invariant und es gäbe beliebig kurze Wellen. Fällt Ihnen oder Pauli nicht vielleicht etwas über den mathematischen Sinn solcher Vertauschungs-Relationen ein?

Ich freue mich sehr auf Ihr Kommen zu den Leipziger Festspielen und hoffe dringend, daß Sie auch Ihren Chef mitbringen[c]. Ihnen und Pauli also die herzlichsten Grüße von Ihrem W. Heisenberg

a) Wegen seines Heufiebers suchte Heisenberg im Sommer gerne einen Ort an der See auf. Helgoland weckte sicherlich auch Erinnerungen an die Entdeckung der Quantenmechanik [91]. – b) Vgl. den Kommentar zu [245]. – c) Diese gemeinsame Veranstaltung von Debye und Heisenberg fand Ende Juni 1930 zum dritten Mal statt. Thema der diesjährigen Vorträge war die Elektroneninterferenz. Peierls vertrat Pauli und referierte bei dieser Gelegenheit über seine magnetischen Arbeiten. Bohr, der am 20. Juni in Berlin die Planck-Medaille in Empfang nahm, sagte ebenfalls einen kurzen Besuch in Leipzig zu.

Bereits in der ersten Abhandlung zur Quantenelektrodynamik (1929) gaben Heisenberg und Pauli eine Anwendung ihrer Theorie auf das Gamowsche Kernmodell. Demzufolge sollte das von einem Kern ausgesandte rätselhafte kontinuierliche β-Spektrum von einer zusätzlichen kontinuierlichen γ-Strahlung begleitet sein, so daß dadurch auch der Energiesatz gewahrt blieb.

Bohr wurde möglicherweise erst durch Ehrenfest auf das hier bestehende Problem aufmerksam gemacht. „Was [Gamow] mir erzählte", schrieb dieser ihm am 16. Januar 1929, „war mir außerordentlich interessant. Besonders über die Rätsel der Betastrahlen aus dem Kern."

Pauli ersuchte daraufhin Lise Meitner nach einer solchen bisher noch nicht nachgewiesenen γ-Strahlung zu suchen. Die Angelegenheit fesselte ihn derart, daß er Anfang April 1929 bei einer Durchfahrt nach Kopenhagen in Berlin Halt machte und das Kaiser-Wilhelm-Institut für physikalische Chemie aufsuchte, um dort die bereits in Gang gesetzten Versuche von Meitner und Orthmann zu sehen ([218] und [219]).[1]

Im Sommer 1929 ergab sich während der physikalischen Vortragswoche in Zürich nochmals eine Gelegenheit, um hier mit Lise Meitner eingehend über die durch den negativen Ausgang dieser Experimente hervorgerufenen Schwierigkeiten für die Kernphysik zu sprechen [231]. Von jetzt an war Pauli überzeugt davon, daß hier ein grundlegendes Problem für die gesamte Physik vorlag. Auch Dirac schloß sich dieser Ansicht an. Am 26. November schrieb er an Bohr: „The question of the origin of the continous β-rays is a very interesting one and may prove to be a serious difficulty in the theory of the atom ..."

Da man als Ursache für das kontinuierliche β-Spektrum die sekundären Prozesse in der Elektronenhülle des Atoms ausschließen mußte und auch der Kern vor und nach dem Übergang definite Energiezustände einnimmt[2], war es naheliegend, an dem Prinzip der Energieerhaltung zu zweifeln. Doch Pauli widerstrebte es, ein durch die Erfahrung so fest verankertes Prinzip leichtfertig aufzugeben. Damit geriet er aber in Gegensatz zu Bohr und den „Cambridger Autoritäten" (vgl. [216]). Bohr warf er vor, daß er „den armen Energiesatz noch weiter maltraitiere" [217] und daß er die Physiker wie bei seiner Strahlungstheorie erneut mit einer Irrlehre auf Abwege führe.[3] Paulis erster Erfolg war, daß er Bohr veranlaßte, eine beabsichtigte Publikation über diesen Gegenstand in der Zeitschrift Nature zu unterlassen [231]. Die weitere Entwicklung hat Pauli schließlich recht gegeben.

Als man zur Überprüfung der relativistischen Streuformel von Klein und Nishina jetzt auch Streuversuche mit kurzwelliger γ-Strahlung durchführte, fand man für schwere Elemente einen größeren Streukoeffizienten als er nach dieser Theorie zu erwarten war.[4]

Da kein Grund vorlag, die Gültigkeit der Klein-Nishina Formel anzuzweifeln, versuchte man erst einmal diese Anomalitäten durch Vorgänge im Inneren des Atomkerns zu erklären.

Nach der damaligen Auffassung sollte der Kern gemäß der von ihm ausgesandten Strahlungen aus drei Komponenten bestehen: α-Teilchen, Protonen und Elektronen.[5] Heisenbergs Mitarbeiter Guido Beck versuchte deshalb diese Abweichung als einen Streueffekt an den schweren Kernbausteinen zu deuten.[6] Landau zeigte bald darauf, daß diese Rechnungen auf einer unzulässigen theoretischen Voraussetzung aufbauten[7].

Somit konnten auf der Grundlage dieser Modellvorstellung nur noch die „freien" Kernelektronen (im Gegensatz zu den in den α-Teilchen gebundenen) für die anomale Streuung herangezogen werden. Obwohl Pauli noch im August 1930 hierin der gleichen Auffassung wie sein Besucher Gamow[8] ist [248], teilte er keineswegs dessen Standpunkt über den Energiesatz. Gamow äußerte sich dazu in der deutschen Ausgabe (auf S. 104) seines Buches[3]: „Man könnte höchstens darauf hinweisen, daß, da das Energieprinzip auf Kernelektronen nicht anwendbar ist, die Möglichkeit nicht ausgeschlossen erscheint, daß die Energie der γ-Strahlen von den Kernelektronen nicht gestreut, sondern direkt absorbiert wird und auf diese Weise spurlos verschwindet(!?)".

Die erlösenden Ideen kamen auch diesmal gerade noch zur rechten Zeit: Paulis Neutrino-Hypothese bewahrte die Physik vor der Zerstörung einer ihrer sichersten Fundamente, und die Entdeckung des Neutrons durch Chadwick lieferte den fehlenden Baustein für eine modelltheoretische Kernphysik. Schließlich vermittelte die Entdeckung des Positrons durch den amerikanischen Physiker Carl D. Anderson im September 1932 die Grundlage für die ungewöhnlich starke Absorption der γ-Strahlung bei den schweren Elementen. Ein beträchtlicher Teil dieser Absorption konnte nämlich durch die dabei beteiligten Elektron-Positron-Paarbildungsprozesse gedeutet werden.[9]

[1] L. Meinter und W. Orthmann: Über eine absolute Bestimmung der Energie der primären β-Strahlen von Radium E. Z. Phys. **60**, 143–155 (1930). Eingegangen am 18. Dezember 1929. – Einen historischen Überblick gab W. Gentner in seinem Beitrag zur Festschrift zum 80. Geburtstag von Lise Meitner,

Otto Hahn und Max von Laue, Beiträge zur Physik und Chemie des 20. Jahrhunderts. Braunschweig: Friedr. Vieweg und Sohn 1959. Dort unter dem Titel: Einiges aus der frühen Geschichte der Gamma-Strahlen. S. 28–44.

[2] Vgl. W. Heitler: Können leichte Kerne in verschiedenen Quantenzuständen sein? Naturwiss. **18**, 332 (1930).

[3] Dem Beispiele Bohrs folgten viele dem Kopenhagener Kreis nahestehende Physiker. So wird diese Auffassung auch in der ersten zusammenfassenden Darstellung der gesamten Kernphysik von G. Gamow: The constitution of the atomic nuclei and radioactivity. Oxford 1931, vertreten. (Die kurz darauf erscheinende deutsche Übersetzung dieses Buches hatte Pauli recht wohlwollend für die Naturwissenschaften besprochen.) Der gleichen Auffassung schloß sich der in Berlin lebende ungarische Physiker Johann Kudar an. Noch immer suchte Kudar trotz seiner beachtlichen wissenschaftlichen Leistungen vergeblich in der akademischen Welt festen Fuß zu fassen. In Berlin kooperierte Kudar vorläufig als Theoretiker mit Lise Meitner und Erwin Schrödinger. Mit Bohr unterhielt er eine Korrespondenz, und 1931 wurde er auch einmal für drei Monate nach Kopenhagen eingeladen. Am 28. Januar 1930 schrieb ihm Bohr über das Problem des β-Spektrums: „Wie Gamow in seinem in der Physikalischen Zeitschrift referierten Vortrag in Charkow erwähnt hat, bin ich darauf gefaßt, daß wir es mit einem Effekt zu tun haben, dessen Erklärung sich der bisherigen Fassung der Quantenmechanik entzieht und der sogar auf eine beschränkte Gültigkeit der Energieerhaltung hindeutet." Ausgiebig hat sich Kudar auch mit den theoretischen Problemen auseinandergesetzt, welche mit den damals noch als selbstverständlich vorausgesetzten Kernelektronen zusammenhängen. Auch der englische Theoretiker Neville Mott äußerte sich in diesem Sinne in seinem Übersichtsartikel über „Wellenmechanik und Kernphysik" für das Blaue Handbuch der Physik (Band XXIV, 1. Teil, Berlin: Verlag von Julius Springer 1933), welcher kurz nach der Einführung des Neutrons als neuer Kernbaustein abgefaßt war: „Es wird angenommen, daß der Zerfall des Neutrons den Prozeß darstellt, bei dem der Energieerhaltungssatz nicht gültig ist. Für diesen Vorgang dürfen dann auch die gewöhnlichen Gesetze der Statistik und des Drehimpulsmoments nicht gültig sein ..." (dort S. 823).

[4] L. Meitner und H.H. Hupfeld: Über die Prüfung der Streuformel von Klein und Nishina an kurzwelliger γ-Strahlung. Naturwiss. **18**, 534–535 (1930). Signiert am 9. Mai 1930.

[5] Vgl. hierzu den Übersichtsbericht von Lise Meitner über Kernstruktur im Handbuch der Physik, Band XXII, 1. Teil. Berlin: Verlag von Julius Springer 1933.

[6] Guido Beck war als Schüler von Hans Thirring 1928 zu Heisenberg nach Leipzig gekommen und bearbeitete schon seit Jahren die Theorie der Kernelektronen. Vgl. G. Beck: Über die Systematik der Isotopen I, II und III. Z. Phys. **47**, 407–416, **50**, 548–554 (1928) und **61**, 615–618 (1930).

[7] G. Beck: Bemerkung zur Zerstreuung harter γ-Strahlen. Naturwiss. **18**, 896 (1930). Signiert am 27. September 1930. – L. Landau, Naturwiss. **18**, 1112 (1930). Signiert Kopenhagen, den 10. November 1930.

[8] George Gamow kam im Juli 1930 aus Kopenhagen zu Besuch nach Zürich. Hier traf er auch Rudolf Peierls und Leon Rosenfeld, mit denen er anschließend eine Bergtour ins Engadin unternahm. Am 2971 Meter hohen Piz da Daint unterzeichnete der für Extravaganzen aufgeschlossene Gamow einen Artikel für die Zeitschrift Nature. Eine Fotografie, die ihn bei diesem feierlichen Akt mit Landau im Schnee sitzend zeigt, verschickte er an seine Freunde. Vgl. hierzu L. Rosenfeld: Nuclear Reminiscences (in memory of George Gamow). In: Cosmology, Fusion and Other Matters. George Gamow Memorial Volume, herausgegeben von F. Reines. Boulder Colorado Associated University Press 1972. Hier S. 289–299.

[9] Vgl. L. Meitner: Die Streuung harter γ-Strahlen. Naturwiss. **22**, 174 (1934). Signiert am 23. Februar 1934. Der Streuprozeß ist dabei bekanntlich so zu verstehen, daß ein γ-Photon ein Elektron aus dem negativen Energiezustand (Dirac-See) in einen Zustand positiver Energie anhebt, also ein „Loch" (Positron) und ein Teilchen (Elektron) erzeugt (Delbrückstreuung). Da dieser Vorgang aus Gründen der Impulserhaltung die Anwesenheit eines weiteren Teilchens (z.B. eines Atomkerns) erfordert, findet er nur in Materie statt. – Vgl. hierzu z.B. W. Heitler: The Penetration of Gamma-Rays through Matter and the Development of Radiation Theory. In Beiträge zur Physik und Chemie des 20. Jahrhunderts. Lise Meitner, Otto Hahn, Max von Laue zum 80. Geburtstag. Braunschweig: Friedr. Vieweg und Sohn 1959. Dort S. 23–27. – Einen abschließenden Bericht reichte ferner Wolfgang Gentner 1937 als Habilitationsschrift ein. Ein Abdruck derselben unter dem Titel „Die Absorption, Streuung und Sekundärstrahlung harter γ-Strahlen" erfolgte in der Physik. Z. **38**, 836–853 (1937).

[247a] Sommerfeld an Pauli

München, 24. Juni 1930
[Maschinenschriftliche Durchschrift]

Lieber Pauli!
Dank für Ihre Karte. Ich weiß es als Vertrauensbeweis zu schätzen, daß Sie mir Ihre ehelichen Schwierigkeiten freimütig mitteilen.[a] Wie merkwürdig sich die Dinge verschieben! Ihre Frau hatte Lust auf Amerika, Sie keine. Jetzt haben Sie zwar keine Frau, aber Lust auf Amerika.[b] Offengestanden werde ich lieber mit Ihnen allein, als zu zweit reisen.

Colby sagte mir, daß Sie ihn ernstlich gefragt hätten, ob mir Ihre Begleitung auch recht sei.[c] Wie können Sie daran zweifeln? Ich brauche Sie nur daran zu erinnern, daß ich Sie im vorigen Sommer in allererster Linie gegenüber Laporte genannt habe. Ich bin überzeugt, daß wir eine sehr nette Zeit zusammen haben werden. Ich verspreche auch, nicht zu „streng" mit Ihnen sein zu wollen.

Ich bin im Begriffe, mir ein Häuschen zu bauen.

Mit dem Solvay-Bericht habe ich noch nicht recht angefangen, aber ich lese darüber.[d]

Herzlich

Ihr [Sommerfeld]

a) Siehe hierzu [242], Anm. g. – b) Siehe den Kommentar zu [246]. – c) Walter Colby war ein alter Bekannter Sommerfelds, der seit 1915 an der University of Michigan in Ann Arbor die Physik vertrat. Gemeinsam mit Harrison Randall hatte er dort der theoretischen Physik den Weg bereitet. Viele europäische Physiker wie Oskar Klein, Otto Laporte, Samuel Goudsmit und George Uhlenbeck wurden eingeladen. Besonders erfolgreich war die Summer School in Theoretical Physics, die seit 1923 jedes Jahr in Ann Arbor abgehalten wurde. Non-Resident-Lecturer waren 1923: K.T. Compton (Princeton), F.A. Saunders (Harvard); 1924: W.L. Bragg (Manchester); 1925: P.D. Foote (Bureau of Standards), W.P. Davey (General Electric), H. Fletcher (American Telegraphy Co.); 1926: Ch.E. St. John (Mt. Wilson), K.F. Herzfeld (München); 1927: E.A. Milne (Manchester); 1928: H.A. Kramers (Utrecht), E.C. Kemble (Harvard); 1929: E.A. Milne (Oxford), E. Condon (Princeton), K.F. Herzfeld (Hopkins), P.A.M. Dirac (Cambridge), L. Brillouin (Paris); 1930: P. Ehrenfest (Leiden), E. Fermi (Rom), Ph.M. Morse (Princeton); 1931: A. Sommerfeld (München), W. Pauli (Zürich), H.A. Kramers (Utrecht), J.R. Oppenheimer (Pasadena). Während einer Europareise im Sommer 1930 hatte Colby Paulis Zusage für eine Teilnahme an der nächsten Summer School erhalten (Vgl. [246] und den dazugehörigen Kommentar.). – d) Siehe den Kommentar zu [254].

[248] Pauli an Meitner

Zürich, 1. August 1930

Liebes Frl. Meitner!
Haben Sie vielen Dank für Ihren Brief, der mich sehr interessierte. Die Arbeit von Tarrant[a] hatte ich inzwischen auch gesehen. Zunächst haben wir daran gedacht, ob der Debyesche Interferenzeffekt eine Rolle spielen könnte[b]. Damit meine ich, daß bei Vergleichbarkeit der Wellenlänge der einfallenden Strahlung mit dem Abstand der Elektronen im Atom die Intensitäten der von den einzelnen Elektronen herrührenden Streustrahlung nicht einfach addiert werden dürfen. Ich habe aber überschlagen, daß dieser Effekt höchstens bei den schweren Elementen, etwa bei Pb eine Korrektur von 2% macht, bei den leichten Elementen Mg, Al aber gar nicht berücksichtigt zu werden braucht.

Der Überschuß der Streustrahlung über den aus der Klein-Nishinaschen Formel berechneten ist also wohl ein echter Kerneffekt. Herr Gamow war gerade hier in Zürich und ich habe ausführlich mit ihm darüber gesprochen[c]. Er meint – und ich bin da ganz seiner Ansicht – daß vor allem die freien Elektronen des Kernes für den Effekt verantwortlich zu machen seien. Unter „freien" Elektronen verstehe ich dabei diejenigen, die nicht in α-Teilchen eingebaut sind. Könnten Sie nicht einfach den Effekt vergleichen *mit der Anzahl dieser freien Elektronen in den betreffenden Kernen*. Diese Anzahl wächst ja mit der Kernladung auch ähnlich ruckweise, wie sie es von dem Effekt selber angeben (bei Al, Mg bis Zn etc.; man muß natürlich das eventuelle Vorhandensein mehrerer Isotopen bei den betreffenden Elementen berücksichtigen). Gamow sagte mir, er hätte einen solchen Vergleich bereits früher auf Grund der Cambridger Messungen versucht, das Zahlenmaterial war aber dazu nicht ausreichend gewesen[d]. Man könnte also einmal die Kurve: Abweichung von der Klein-Nishina-Formel gegen Kernladung, das andere Mal die Kurve:Zahl der freien Kernelektronen gegen Kernladung (mit Mittelbildung über die verschiedenen Isotopen) aufzeichnen und nachsehen, ob beide sich nicht ganz ähnlich verhalten.

Darauf ist sehr neugierig Ihr W. Pauli

a) GT.P. Tarrant: The Absorption of Hard Monochromatic γ-Radiation. Proc. Roy. Soc. A **128**, 345–359 (1930). Eingegangen am 5. Mai 1930. – b) Vgl. P. Debye: Laue-Interferenzen und Atombau. Naturwiss. **10**, 384–391 (1922). In diesem historischen Übersichtsbericht, den Debye zum 10jährigen Jubiläum der Entdeckung der Laue-Diagramme verfaßte, spricht er in diesem Zusammenhang von einem inneratomaren Interferenzeffekt. Diese Phänomene dürften während der Diskussion auf der letzten Physikalischen Vortragswoche in Zürich über Röntgenstrahlen und Quantentheorie erörtert worden sein. (Vgl. z.B. [229]). – c) Vgl. Anmerkung 7 zum voranstehenden Kommentar. – d) In dem ein Jahr darauf fertiggestellten Buch über den Bau des Atomkerns (op. cit., Fußnote 2), wo Gamow das empirische Material über die γ-Strahlung für verschiedene radioaktive Elemente zusammenstellte, äußerte er (auf S. 102) hierzu: „Theoretisch ist die Interpretation der beobachteten Anomalien noch vollkommen unkar. Wir wissen nicht einmal, ob die anomale Absorption von der Elektronenhülle des Atoms (Photoeffekt) oder vom Kern selbst herrührt. Um diese Frage entscheiden zu können, müßte man genau wissen, ob der Effekt sich kontinuierlich mit der Atomnummer ändert oder nicht ..." – Rutherford und seine Mitarbeiter hatten ihre experimentellen Untersuchungen zur β-Strahlung gerade publiziert: E. Rutherford, J. Chadwick und C.D. Ellis: Radiations from radioactive substances. Cambridge 1930. Paulis Hinweis auf die Cambridger Messungen bezieht sich wahrscheinlich auf dieses Werk.

Mit großen Anstrengungen versuchten die Sowjets Ende der zwanziger Jahre ihre durch die Revolution stark geschädigte Wissenschaft wieder auf die Höhe zu bringen. Eine größere Anzahl jüngerer Physiker wurde an ausländische Forschungszentren geschickt. Westliche Wissenschaftler kamen zur Ausbildung des Nachwuchses an die Universitäten und Forschungsinstitute.[1]

Ebenso veranstalteten die Russen damals mehrere große internationale Kongresse, die auch von zahlreichen ausländischen Gästen besucht wurden.[2]

Das besondere Ereignis im August dieses Jahres war aber der 7. Allunion-Kongreß der sowjetischen Physiker in Odessa. Zu diesem Kongreß waren Einladungen an führende Wissenschaftler ergangen. Offenbar versuchte Sommerfeld auch Einstein für einen Vortrag zu gewinnen, der ihm am 14. August 1930 abschrieb: „Ich weiß niemand, der nach Odessa fährt. Vortrag kann ich keinen übernehmen, habe auch nichts besonderes zu berichten."

Noch größere Mühe gab sich Paul Ehrenfest, der durch seine persönlichen Beziehungen zu vielen sowjetischen Wissenschaftlern besonders dazu in der Lage war, hier die erforderlichen Verbindungen herzustellen. Seitdem Ehrenfest 1912 die Nachfolge von Lorentz in Leiden übernommen hatte, spielte er immer mehr die Vermittlerrolle für die Wissenschaftler in Ost und West. Schon einmal hatte er sich um das Schicksal der nach der Revolution verbannten russischen Gelehrten, darunter über 200 Professoren, gekümmert. Seine Reisen nach Amerika hatten das erklärte Ziel, „persönliche Kontakte zugunsten der jüngeren holländischen und russischen Physiker zu kriegen", wie er am 9. September 1922 Epstein mitteilte.

Jetzt versuchte Ehrenfest auch Fermi zu einer Teilnahme an der Konferenz in Odessa zu bewegen, und er schilderte ihm in einem Brief vom 23. Februar 1930 eindringlich die russischen Verhältnisse, die er soeben von einer Reise heimkehrend dort kennengelernt hatte:

„1. Nach dem Krieg haben in Rußland einige (in der schwersten Hungerzeit gegründete) naturwissenschaftliche Forschungsinstitute einen ganz enormen Aufschwung genommen. Ich kenne näher hauptsächlich das unter Leitung von Joffé stehende physikotechnische Institut in Leningrad sowie das unter Roshdjestwensky stehende optotechnische Institut ebendort. Bis vor kurzem konnte man solche Institute nur in Leningrad und in Moskau entwickeln. Eben jetzt aber beginnt man analoge Institute auch in Charkow und in Tomek zu entwickeln und in den nächsten Jahren wird man trachten, dieses Netz vorzüglich eingerichteter moderner Institute weiter und weiter über Rußland auszubreiten, und zwar stets in der Nähe wichtiger Industriezentren.

2. In den technisch-physikalischen Instituten wird dabei von vorneherein danach gestrebt, speziell auch die theoretische und mathematische Physik sich selbständig und kräftig entwickeln zu lassen. Und da man in dieser Beziehung einige hochbegabte junge Kräfte hat (wie Frenkel, Tamm, Fock, Iwanenko, Landau und andere), so darf man in der Tat alles Beste in dieser Beziehung erhoffen.

3. Eine der vielen Einrichtungen, die man zur Beförderung speziell der theoretischen Physik in den neuen Instituten getroffen hat, sind neben der Aussendung junger begabter Leute an ausländische Universitäten die regelmäßigen Einladungen älterer und insbesondere auch JÜNGERER Theoretiker aus dem Ausland.

4. Was speziell die Charkower Konferenz für theoretische Physik betrifft, so möchte ich Sie kurz auf die ausführlichen zusammenfassenden Berichte verweisen, die von der vorjährigen Charkower Konferenz in der Physikalischen Zeitschrift erschienen sind ...[3] Sie werden daraus sehen wie hochstehend das Niveau dieser Konferenz ist. Ebenso wie voriges Jahr wird auch dieses Jahr Jordan anwesend sein. Und man verlangt sehr danach, Sie diesmal als Vortragenden auf der Konferenz zu haben. (Ich selber konnte weder auf der vorjährigen Konferenz anwesend sein noch auch auf diese kommen[4], ich bin aber im Dezember zwei Wochen dort gewesen.)"

Fermi jedoch konnte nicht teilnehmen, da er bereits eine Einladung nach Amerika angenommen hatte.

Neben Pauli, der schon damals ein großes Ansehen besonders bei den jüngeren sowjetischen Physikern genoß, waren diesmal auch Arnold Sommerfeld, Franz Simon und Paul Dirac dabei. Wegen Frenkels großem Interesse an Peierls Arbeiten zur Theorie der Wärmeleitung wurde auch Paulis junger Assistent eingeladen. Peierls, der die Reise nach Rußland teilweise gemeinsam mit Pauli machte, berichtet hierzu: „Ich reiste zusammen mit Pauli mit dem Zuge über Lwow, wo der »Zug« über die polnisch-russische Grenze aus einem Wagen bestand, und soweit ich mich erinnere, waren da nur drei Passagiere, Pauli und ich und ein polnischer Physiker, dessen Namen ich vergessen habe. Der Stationsvorsteher an der polnischen Grenzstation gab uns noch eine reichliche Mahlzeit, da er erwartete, daß wir für die nächsten drei Wochen nichts ordentliches zu essen bekommen würden. Es gab damals in Rußland viel Hunger, aber als Gäste ging es uns schon sehr gut. Aber unser Zug hat sich sehr verspätet, und wir kanen in Odessa erst am Nachmittag statt am frühen Morgen an. Es gab keinen Speisewagen, und wir waren daher sehr hungrig ... An die Vorträge bei dem Kongreß erinnere ich mich schon nicht sehr. Das ist wohl schon verständlich, wenn man bedenkt, daß das schon 47 Jahre her ist, und außerdem, daß ich bei dieser Tagung eine junge russische Physikerin kennen lernte, die ich im nächsten Jahre geheiratet habe.[5]

Nach dem Ende der Tagung wurden alle Mitglieder auf eine Schiffsreise über das Schwarze Meer nach Batumi eingeladen. Das Schiff war die »Grusia« und von dort wurde die Karte an Ehrenfest [249] geschrieben. Die Postkarte wurde erst in Leningrad abgeschickt.[6] Während der Reise schlug Sommerfeld vor, daß er noch einen kleinen Vortrag halten sollte. Das konnte man schon nicht ablehnen, aber da das nicht ohne Tafel möglich war, hofften wir alle sehr, daß man auf dem Schiff keine Tafel finden würde. Aber es stellte sich heraus, daß die Besatzung regelmäßig Unterricht im dialektischen Materialismus hatte, und dafür gab es natürlich eine Tafel und Kreide. Sommerfelds Vortrag bestand aus einer Rechnung, die zeigte, wie die Superposition von einigen Fehlern mit rechteckiger Verteilung sich sehr rasch der Normalverteilung annähert. Nach dieser Reise haben wir uns getrennt. Ich glaube, daß Pauli dann nach Moskau und Leningrad gefahren ist ....“[7]

Die Rückreise in die Schweiz hat Pauli dann über Istanbul und Wien angetreten ([250] und [251]).

[1] Walter Elsasser hat seine Erlebnisse in der Sowjetunion während seines relativ kurzen Aufenthalts 1930/1931 an der Universität Charkow in seiner Autobiographie: Memoirs of a Physicist in the Atomic Age, New York – Bristol 1978, beschrieben. Von Bedeutung wurde die Abwanderung von Wissenschaftlern nach Rußland erst nach dem Erlaß der Rassengesetze durch die Nationalsozialisten. Auch hier hat Ehrenfest die Bedrängten tatkräftig mit Rat und Tat unterstützt. Ein Schreiben vom 14. Juni 1933 an die Borns berichtet uns darüber: „Einzig und allein Joffe schrieb mir sofort, daß die russischen Institute SOFORT bereit wären, alle bekannten Leute unter (im russischen Sinne) *sehr* günstigen Bedingungen unterzubringen. Er bat mich festzustellen, wer dafür in Betracht kommt (natürlich dachte er dabei ausschließlich an die schon bekannten guten Physiker!!!!!). Er sandte mir sogleich den provisorischen Verteilungsplan über die verschiedenen Institute.“ Unter den Wissenschaftlern, die nach 1933 nach Rußland gingen, finden wir Herbert Fröhlich, Fritz Houtermans, Laszlo Tisza und Fritz Noether.

[2] Ehrenfest beteiligte sich z.B. sehr aktiv an dem 4. Allunionskongreß 1924 in Leningrad. Der 6. Kongreß 1928 wurde von Joffé organisiert und war eine Art Wanderkongreß, der in Leningrad und Moskau startete und dann auf einem Wolgadampfer von Nischni-Nowgorod aus über Kasan, Saratow und Tiflis fortgesetzt wurde. An ihm nahmen u.a. Leon Brillouin, Max Born, Peter Pringsheim, Robert Pohl, Charles Galton Darwin, Rudolf Ladenburg, Peter Debye, Paul Dirac und Philipp Frank als Gäste teil. Von den bekannten sowjetischen Physikern waren anwesend A.P. Alexandrow, Y.I. Frenkel, A.F. Joffé, L.I. Mandelstam, V.M. Tuchkevich und I. Tamm (nach einer freundlichen Mitteilung von V. Frenkel). Max Born berichtete über diesen Kongreß in den Naturwissenschaften **16**, 741–743 (1928). Der 7. Allunionskongreß 1931 in Odessa war zugleich auch der letzte dieser Art. Er war mit einer Dampferreise über das Schwarze Meer nach Batumi und zurück verbunden. Vgl. hierzu A.F. Joffé: Begegnungen mit Physikern. Pfalz-Verlag: Basel 1967. Dort S. 57.

[3] Es handelt sich um die Theoretisch-Physikalische Konferenz vom 19. bis 25. Mai 1929 in Charkow. Die Vorträge und Diskussionen wurden in der Physikalischen Zeitschrift **30**, 645–655, 700–720 (1929) abgedruckt.

[4] Ehrenfest war zum Sommer 1930 zu Vorträgen in den Vereinigten Staaten eingeladen. Vgl. hierzu den Kommentar zu [246].

[5] Es handelte sich um die junge russische Physikerin Yevgenia Kanegiesser, die gemeinsam mit Landau, Ivanenko und Gamow in Leningrad studiert hatte. Gamow zitiert in seiner Autobiographie des öfteren ihre witzigen Verse. Schon am 25. April 1931 konnte Bethe seinem Lehrer Sommerfeld berichten: „Peierls hat sich plötzlich verheiratet.“

[6] Die Postkarte war an Ehrenfests amerikanische Adresse, das Department of Physics der Universität von Michigan in Ann Arbor adressiert. Offenbar verzögerte sich ihre Ankunft so sehr, daß sie von dort nach Pasadena an das California Institute of Technology geschickt wurde, wohin sich Ehrenfest inzwischen begeben hatte.
[7] Nach einer brieflichen Mitteilung vom 19. November 1977.

[249] Pauli u.a. an Ehrenfest

[An Bord der] „Grusia"[a], 25. August 1930
[Postkarte]

„Gruß von der ‚Grusia' an den Freund der russischen Physik".[b] Die Paulieffekte waren bis jetzt ganz harmlos.

Viele Gruße von der „Geißel Gottes"[c] Sommerfeld[d]

a) Die Karte trägt den Poststempel von Leningrad. – b) In russischer Schrift, mit einer unleserlichen Unterschrift unterzeichnet. – c) Der zweite Satz und der Gruß sind in Paulis Handschrift geschrieben. – d) Sommerfelds Unterschrift.

Georg Cecil Jaffé (1880–1965) war in jungen Jahren aus Moskau in das Deutsche Reich gekommen, um bei Wilhelm Ostwald Physik zu studieren. 1923 erhielt er eine außerordentliche Professur für mathematische Physik in Leipzig. Als er 1926 einem Ruf nach Gießen folgte, wurden Heisenberg und Pauli als Nachfolger vorgeschlagen. Beide haben bekanntlich abgesagt (vgl. [133], [135] und [149]). 1933 wurde Jaffé wie viele andere „nichtarische" Wissenschaftler in den Ruhestand versetzt. Zurückgezogen lebte er in Freiburg i.Br., bis er 1939 in die Vereinigten Staaten emigrierte. Dort wirkte er bis zu seiner Emeritierung 1950 an der Louisiana State University in Baton Rouge.

Wie und wo Pauli Jaffé kennengelernt hatte, ist uns nicht bekannt. Auf jeden Fall war Jaffé als mathematischer Physiker ein Kenner der Paulischen Arbeiten[1], und so schickte er Pauli eine Arbeit[2] zur Begutachtung, in welcher er das Pauli-Prinzip aus einem speziellen Ansatz für das Wechselwirkungspotential zwischen den Elektronen begründet zu haben vermeinte ([250] und [252]). Deshalb setzte er sich auch mit Erwin Schrödinger und Hermann Weyl in Verbindung. Obwohl Pauli den physikalischen Folgerungen von Jaffé nicht zustimmte, hat er den mathematischen Inhalt seiner Arbeit gutgeheißen.[3]

[1] So griff Jaffé beispielsweise 1934 nochmals das Problem der Paulischen Dissertation über das Wasserstoffmolekülion auf. Vgl. Z. Phys. **87**, 535–544 (1934).
[2] G. Jaffé: Über die Lösungen der Schrödingergleichung bei singulären Wechselwirkungspotentialen. Z. Phys. **66**, 748–769 (1930). Eingegangen am 18. November 1930.
[3] In seinem Handbuchartikel [1933] hat Pauli (auf S. 191) auf Jaffés Ergebnisse hingewiesen.

[250] Pauli an Jaffé

Wien, 18. September [1930]
[Postkarte]

Sehr geehrter Herr Jaffé!
Infolge einer längeren Reise nach Rußland und Türkei hat mich Ihr Brief vom 4. d[es Monats] erst jetzt erreicht. Ab 26. d[es Monats] bin ich wieder in Zürich

und dann werde ich sehr gerne dazu bereit sein, Ihr Manuskript im Einzelnen genau durchzustudieren, sobald Sie mir es senden.

Allerdings bin ich davon überzeugt, daß eine Ableitung des Ausschließungsprinzips durch Einführung geeigneter Wechselwirkungspotentiale zwischen den Elektronen unmöglich ist.

Mit den besten Grüßen Ihr sehr ergebener W. Pauli

Gutachten und Referenzen über Fachgenossen bei Ernennungen und Berufungen gehören zu den alltäglichen Obliegenheiten eines Ordinarius. Besonders geschätzt war bei den Kollegen Paulis gerechtes und zuverlässiges Urteil, wovon uns hier im Fall von Kronig [251] ein schönes Beispiel vorliegt.

Ralph Kronig war nach seiner Züricher Assistentenzeit 1928–1929 zuerst Lecturer an der Universität in Cambridge und dann Assistent Professor am Imperial College in London gewesen. Bereits im April 1930 finden wir ihn schon wieder in Holland, wo sein Freund Gerhard Dieke an der Universität in Groningen als sog. Konservator die theoretische Physik zu vertreten hatte. Durch Diekes Weggang an die Johns Hopkins Universität war diese Stelle wieder frei geworden und Dirk Coster, seit 1924 Direktor des Physikalischen Instituts, suchte einen Nachfolger.

[251] Pauli an Coster

Wien, 19. September 1930

Lieber Herr Coster!
Ich war auf einer längeren Reise nach Rußland und Konstantinopel; infolgedessen komme ich leider erst heute dazu, Ihren Brief vom 3. zu beantworten. (Ab 26. des Monats bin ich wieder in Zürich.) Natürlich können Sie das folgende Schreiben auch der Fakultät vorlegen, wenn Sie es wünschen.

Nach meiner Meinung ist Herr Kronig auf Grund seiner wissenschaftlichen Leistungen in jeder Hinsicht reif für eine Professur für theoretische Physik und den mit einer solchen verbundenen selbständigen Wirkungskreis. Seine Arbeiten beziehen sich auf das Gebiet der Theorie der Spektren, zuletzt der Bandenspektren, für welche er als einer der besten Kenner zu bezeichnen ist[a], ferner auf die Theorie der Metalle[b] und anderes.[c] Alle diese Arbeiten sind durch große Originalität in der Problemstellung und besondere Zuverlässigkeit und Gründlichkeit in der Durchführung ausgezeichnet. Auch ist zu betonen, daß Herr Kronig, obwohl keine diesbezügliche Publikation von seiner Seite vorliegt, seinerzeit der Entdeckung des Spinelektrons sehr nahe gekommen ist.[d] Schließlich halte ich ihn, wegen seiner Beherrschung der modernen Quantenphysik im Allgemeinen, ganz für den geeigneten Mann, um dieses Fach im Universitäts-Unterricht zu vertreten.

Zu weiteren Auskünften gerne bereit, verbleibe ich mit den herzlichsten Grüßen

Ihr sehr ergebener W. Pauli

P.S. Grüße auch an Herrn Zernike.[e]

a) Neben vielen Einzelveröffentlichungen hatte Kronig gerade eine erste zusammenfassende theoretische Darstellung dieses Gebietes abgeschlossen: Band Spectra and Molecular Structure. Cambridge: University Press 1930. Lobende Besprechungen in der Physikalischen Zeitschrift **32**, 774 (1931) und in den Naturwissenschaften **19**, 428 (1931) von Experten wie Friedrich Hund und Adolf Kratzer bestätigten Paulis Urteil. – b) Seine diesbezügliche Publikation über „The Quantum Theory of dispersion in metallic conductors" war vor kurzem in den Proc. Roy. Soc. A **124**, 409–422 (1929) erschienen. – c) Unter anderem ist hier wohl die berühmte Kramers-Kronig-Relation und sein Hinweis auf das anomale Verhalten des Stickstoffkerns als erstes Anzeichen für das Versagen der herkömmlichen Kernmodelle zu verstehen. – d) Vgl. hierzu den Kommentar zu [80]. – e) Der holländische Physiker und Erfinder des Phasenkontrastmikroskops Fritz Zernike (1888–1966) war langjähriger Professor für theoretische Physik in Groningen.

Offensichtlich hatte George Jaffé kurz nach Erhalt der Postkarte [250] Pauli zwei Manuskripte zugesandt. Der Inhalt des ersten, zu dem Pauli hier Stellung nimmt, deckt sich bis auf einige nachträgliche Änderungen (vgl. [255]) mit der in der Zeitschrift für Physik publizierten Arbeit.[1] Das Manuskript II dürfte die am Ende des Briefes erwähnte Note sein.

Die Tatsache, daß bei gleichzeitiger Vertauschung von Orts und Spinvariablen für jede Teilchensorte nur symmetrische oder antisymmetrische Zustände in der Natur realisiert sind, war in der bisherigen Form der Wellenmechanik nicht begründbar. Jaffés Versuch zielte darauf ab, die überzähligen Lösungen der Wellengleichung durch geeignet gewählte Singularitäten in der Wechselwirkungsenergie der Teilchen so zu eliminieren, daß nur die gewünschte Klasse von (symmetrischen oder antisymmetrischen) Eigenfunktionen übrigblieb. Obwohl Jaffés Überlegungen mathematisch einwandfrei waren, wie Pauli ihm später bestätigte, waren seine Singularitäten „jedoch von solcher Art, daß sie kaum der Wirklichkeit entsprechen dürften."

[1] Vgl. Fußnote 2 des Kommentars zu [250].

[252] Pauli an Jaffé

Zürich, 1. Oktober 1930

Sehr geehrter Herr Kollege!

Ich habe nun Ihr Manuskript erhalten, bin aber mit der Darstellung der Resultate in dem Manuskript I in vielen Punkten nicht einverstanden. Ich halte die Angabe, daß in dem von Ihnen betrachteten Fall „der exakt symmetrische bzw. antisymmetrische Charakter der Lösungen verloren geht" für unrichtig und irreführend. Es ist ferner unrichtig und irreführend, wenn Sie sagen, daß durch Betrachtung Ihrer Beispiele möglicherweise „ein Weg zum Verständnis des Pauli-Verbotes eröffnet wird"[a]. Richtig ist natürlich, daß bei Einführung einer Singularität in die Potentialfunktion der Schrödingergleichung die Störungsrechnung versagt und die Lösungen dieser Schrödingergleichung nicht notwendig stetig an die der Schrödingergleichung ohne Singularität anschließen.

Um zu erläutern, wie ich den Sachverhalt auffasse, betrachte ich, Ihnen folgend, die Gleichung

$$\frac{d^2\psi}{d\xi^2}+\left(\frac{\lambda}{\alpha}-\xi^2-\frac{\beta}{\xi^2}\right)\psi=0.$$

Ich stimme Ihnen zu, daß von den Lösungen Eindeutigkeit und Stetigkeit von ψ und $d\psi/d\xi$ auf der ganzen reellen Achse $-\infty<\xi<\infty$ verlangt werden muß. *Komplexe Werte von ξ werde ich dagegen nicht betrachten.* Ich stimme Ihnen weiter zu, daß also nur die Lösungen mit den Exponenten

$$\gamma=\tfrac{1}{2}+\sqrt{\tfrac{1}{4}+\beta}$$

in Frage kommen (die für $\beta=0$ sich den ungeraden Hermiteschen Polynomen anschließen). Diese Lösungen sind von der Form

$$\psi=e^{-\xi^2/2}\xi^\gamma P_{12}(\xi^2),$$

worin P ein nur von ξ^2 abhängigen Polynomen bedeutet. Es ist wichtig, daß $\gamma>1$, also $d\psi/d\xi=0$ für $\xi=0$. *Infolgedessen* gibt es zum gleichen Eigenwert λ_n die *beiden* Lösungen

$$\psi_1=\begin{cases} e^{-\xi^2/2}\xi^\gamma P_n(\xi^2) & \text{für } \xi>0 \\ e^{-\xi^2/2}|\xi|^\gamma P_n(\xi^2) & \text{für } \xi<0 \end{cases} \tag{A}$$

$$\psi_2=\begin{cases} e^{-\xi^2/2}\xi^\gamma P_n(\xi^2) & \text{für } \xi>0 \\ -e^{-\xi^2/2}|\xi|^\gamma P_n(\xi^2) & \text{für } \xi<0. \end{cases} \tag{B}$$

Wahr ist also, daß der Symmetriecharakter der Lösungen durchaus erhalten bleibt. Auch die symmetrische Lösung erfüllt alle Stetigkeitsforderungen für $\xi=0$, solange $\gamma>1$, d.h. $\beta>0$. Für $\beta=0$ hat die symmetrische Lösung ψ_1 auszuscheiden, da diese dann einen unstetigen Differentialquotient im Nullpunkt bekäme. Es ist *völlig falsch*, daß die beiden Lösungen ψ_1 und ψ_2 linear nicht unabhängig seien[c]. Wahr ist vielmehr, daß sie durchaus linear unabhängig sind! Denn auf der *ganzen* reellen Achse $-\infty<\xi<\infty$ läßt sich eben ψ_1 *nicht* durch ψ_2 ausdrücken!

Interessant ist, daß *nach* Einführung der Singularität das Problem entartet wird (was es vorher nicht war), indem jetzt zum *gleichen* Eigenwert λ_n stets *zwei* linear unabhängige Lösungen gehören. Die physikalische Bedeutung dieses Umstandes ist folgende. Die hohe Singularität in $\xi=0$ bewirkt, daß das Teilchen, wenn es einmal sicher links (bzw. rechts) von ihr sich befunden hat, auch stets links (bzw. rechts) von ihr *bleibt.* Es gibt also die physikalisch erforderten Lösungen $u=\psi_1+\psi_2$ bzw. $v=\psi_1-\psi_2$, welche die Eigenschaft haben, links bzw. rechts von der Singularität zu verschwinden. Auch im dreidimensionalen Fall ist diese Teilung des ganzen Raumes in zwei Teile *durch eine für das Teilchen unpassierbare Singularität* (in Ihrem Beispiel $W(r,\vartheta)=f_1(r)+\dfrac{c}{r^2\cos^2\vartheta}$ liegt diese auf der Ebene $\vartheta=\pi/2$) eine notwendige Bedingung für die Entartung des Problems, d.h. dafür, daß zum *selben* Eigenwert eine antisymmetrische und eine symmetrische Lösung gehören. Ich brauche über den dreidimensionalen Fall und über den Fall des Spins nichts weiter zu sagen. Die Konstruktion der zu (A) und (B) analogen Eigenlösungen gelingt ohne weiteres. Betonen möchte ich noch, daß Ihre Angabe, durch die Anbringung der Singularität verliere der Entwicklungssatz seine Gültigkeit, gleichfalls völlig falsch ist[b]. Wahr ist vielmehr, daß dieser seine Gültigkeit *behält* für alle Funktionen, die überall einen stetigen ersten Differentialquotienten besitzen und für die $\int |f^2| dV$ über den ganzen Konfigurationsraum existiert.

Ich möchte Ihnen dringend raten, die zahlreichen unrichtigen Angaben Ihres Manuskriptes zu ändern, ehe sie es in Druck geben. Ferner rate ich Ihnen *dringend*, den Titel der Arbeiten zu ändern und das Wort Auswahlregeln (das ja übrigens ohnehin schon in einem ganz anderen Sinne im Gebrauch ist) zu streichen. Ich würde als Titel Ihnen *etwa* vorschlagen „Über die Lösungen der Schrödingergleichung bei singulären Wechselwirkungspotentialen“[c]. Ferner würde ich in der Zusammenfassung alles streichen, wo von „Auswahl der Lösungen“ die Rede ist. Es sollte vielmehr folgendes zum Ausdruck gebracht werden: *Bei Einführung einer Singularität kann es geschehen, daß die neuen Eigenlösungen sich teilweise nicht stetig an die alten anschließen. Gewisse von den früheren Eigenlösungen und Eigenwerten (ohne Singularität) scheiden aus und dafür treten neue Eigenlösungen auf, welche die Eigenschaft haben im Limes verschwindender Singularität an dieser Stelle einen unstetigen Differentialquotienten zu bekommen. Auch kann der Fall eintreten, daß das Problem nach Anbringen der Singularität streng entartet wird, indem zum selben Eigenwert eine symmetrische und eine antisymmetrische Eigenlösung gehört. Niemals aber kann es eintreten, daß das Problem nur Lösungen des einen Symmetriecharakters besitzt und die des anderen gänzlich fehlen*[d]. – Alle gegenteiligen Behauptungen sind unrichtig.

Ich bin überzeugt, daß Sie mir Recht geben werden, wenn Sie sich die Sache auf Grund meines Briefes, namentlich auf Grund der Konstruktion der Eigenlösungen (A) und (B), nochmals überlegen! Mit dem Inhalt Ihrer Note II bin ich einverstanden[e].

Mit den besten Grüßen Ihr sehr ergebener W. Pauli

a) Ungeachtet dieser Feststellung ließ Jaffé den Satz ungeändert auf S. 748 seiner Publikation stehen, woraus zu entnehmen ist, daß er in diesem wichtigen Punkt Paulis Argumentation nicht zu folgen vermochte. (Vgl. auch [253].) Weiter unten (auf S. 752) in seiner Arbeit spricht er sogar davon, daß man zu der vom verallgemeinerten Paulischen Prinzip geforderten Auswahl der Lösungen gelangt, wenn man zusätzlich zu der betrachteten Singularität noch verlangt, daß die Lösungen des gestörten Problems stetig an die des ungestörten Problems anschließen. – b) Vgl. hierzu Jaffés Antwortschreiben [253]. – c) In der Tat hatte Jaffé diesen Titelvorschlag schließlich von Pauli übernommen (vgl. [253]). – d) Auch diesen Passus übernahm Jaffé in leicht abgeänderter Form. – e) Die Note II ist wahrscheinlich das anfangs erwähnte Manuskript II, welches Jaffé gleichzeitig unter dem Titel: Welchen Forderungen muß die Schrödingersche ψ-Funktion genügen? in Z. Phys. **66**, 770–774 (1930) publizierte. Die hierin erörterten Regularitätsverhältnisse bei der Schrödingergleichung hatte John von Neumann schon 1926 in einer viel allgemeineren Weise beantwortet (vgl. J.v. Neumann: Mathematische Begründung der Quantenmechanik. Nachr. der Gesellschaft der Wissenschaften zu Göttingen. Math.-Phys. Klasse. 1926. S. 1–57), so daß Pauli diese Angelegenheit nicht weiter interessierte.

Das Original des folgenden Briefes [253] ist verloren gegangen. In dem Nachlaß von Jaffé fand sich dafür aber ein Entwurf vom 5. Oktober mit mehreren Änderungen, Streichungen und Einschüben. Auf dieser Grundlage wurde unter Fortlassung der Wiederholungen die vorliegende Rekonstruktion vorgenommen. Das endgültige Schreiben trug das Datum 7. Oktober und dürfte außerdem die Nachricht enthalten haben, daß Jaffé die Rückreise von Rom Mitte Oktober über Zürich benutzen wollte, um dort mit Pauli persönlich diese Fragen zu besprechen (vgl. [254]).

[253] Jaffé an Pauli

Rom, 5. Oktober [1930]
[Entwurf]

Sehr geehrter Herr Pauli!
Vor allem möchte ich Ihnen sehr herzlich dafür danken, daß Sie sich der Mühe unterzogen haben, meine Manuskripte durchzusehen. Ihre kritischen Bemerkungen sind für mich von größtem Wert; ich werde nach meiner Rückkehr die Arbeit noch einmal vornehmen und dann – unter Berücksichtigung Ihrer Anregungen – alle fraglichen Punkte klarzustellen suchen.

Allerdings kann ich schon jetzt sagen, daß ich Ihnen nicht überall zustimmen kann; ganz offenbar haben Sie manche meiner Aussagen anders aufgefaßt, als ich sie aufgefaßt sehen möchte – was natürlich nur durch die ungenügend klare Darstellung verursacht sein kann.

Auch will es mir scheinen, als ob Sie einige meiner Behauptungen zu Unrecht als falsch bezeichnen. Sie behaupten, es sei „völlig falsch", daß die von mir als „symmetrisch bzw. antisymmetrisch normiert" bezeichneten Lösungen linear nicht unabhängig seien. Nun habe ich mich aber dabei (allerdings stillschweigend) auf den allgemeinen Satz gestützt, daß bei gewöhnlichen Differentialgleichungen (wenn nicht gerade der Fall einer zyklischen Koordinanten vorliegt) die Eigenwerte garnicht doppelt sein können, weil man aus zwei linear unabhängigen Lösungen die allgemeine Lösung aufbauen könnte, während doch die Eigenfunktionen an die Randbedingungen gebunden sind! Es liegen also doch wohl bei mehrwertigen Lösungen besondere Verhältnisse vor und man darf m. E. nicht von wahrer Entartung sprechen. Die verschiedenen möglichen Formen der Lösung sind als verschiedene Zweige derselben Funktion anzusehen. Darum bin ich im Komplexen geblieben und habe die symmetrische und antisymmetrische Form der Lösung nicht als zwei verschiedene Lösungen, sondern als „symmetrische bzw. antisymmetrisch normierte" Form derselben Lösung dargestellt. Sie bezeichnen es ferner als „gleichfalls völlig falsch", daß der Entwicklungsatz durch Anbringung der Singularität seine Gültigkeit verliere. Man kann aber doch mit den von Ihnen und mir zugelassenen Lösungen *höchstens* solche willkürlichen Funktionen darstellen, die bei $\xi=0$ samt ihrem ersten Differentialquotienten verschwinden*, während der Entwicklungssatz die Darstellung willkürlicher Funktionen im ganzen Bereich $-\infty<\xi<+\infty$ verlangen würde. Man kann also z. B. die geraden Lösungen des ungestörten Problems (die ja bei $\xi=0$ von 0 verschieden sind) in keiner Weise durch die Eigenfunktionen des gestörten Problems darstellen. Genau darin spricht sich doch meines Erachtens völlig klar aus, daß eine gewisse „Auswahl" der Lösungen stattfindet.

Ich gebe im übrigen *zu,* daß der von mir gewählte Titel unglücklich ist; ich werde ihn Ihrem Vorschlage entsprechend ändern.

Mit besonderem Nachdruck betonen Sie: „Niemals aber kann es eintreten, daß das Problem nur Lösungen des einen Symmetriecharakters besitzt und die des anderen gänzlich fehlen." Eine solche Behauptung habe ich aber auch nirgends aufgestellt**, ich habe vielmehr behauptet – und glaube daran festhalten

---

* Es scheint mir sogar, daß man nur solche Funktionen darstellen kann, die sich bei $\xi=0$ genau wie die Eigenfunktion, d. h. wie ξ^{γ} verhalten!

** Nur die Spezialfälle $j=2n$, $2n+1$ machen eine Ausnahme.

zu müssen – daß durch die Einführung von geeigneten Singularitäten die symmetrischen Lösungen *des ungestörten Problems* ausgeschieden werden, in dem Sinne, daß sich keine Lösungen des gestörten Problems stetig an sie anschließen.***

Statt dessen gibt es nun die Lösungen, die sich an die antisymmetrischen anschließen, in symmetrischer und antisymmetrischer Form. Ich habe nirgends behauptet, daß die eine dieser Formen von selbst ausgeschieden wird; ich habe nur aus den angeführten Gründen den Unterschied als irrelevant erklärt. Will man aber eine Form auszeichnen (und das gilt ebensogut, wenn die beiden Formen gemäß Ihrer Auffassung als verschiedene Lösungen angesehen werden), so muß man – wie ich das getan habe – von einem neuen Prinzip Gebrauch machen, man muß nämlich fordern: es sollen nämlich die gestörten Lösungen „hinsichtlich ihres Symmetriecharakters so normiert werden, wie die Lösungen des ungestörten Problems, an die sie sich stetig anschließen." Mit anderen Worten: unter Berufung auf eine adiabatische Erzeugung der Störung lasse ich keine unstetige Fortsetzung von Eigenfunktionen zu und nur aufgrund dieser neuen Regel erfolgt dann die Auswahl auch bei den Lösungen des gestörten Problems. Ich glaube doch, daß das etwas ganz anderes ist, als das, was Sie mir vorwerfen.

Ich halte darum auch für meine Person an der Auffassung fest, daß durch meine Beispiele „ein Weg zum Verständnis des Pauli-Verbots eröffnet wird."

Man hat doch bisher stets die nach ihrem Symmetriecharakter unterschiedenen Lösungen des Mehrkörperproblems zunächst durch eine Störungsrechnung (Heisenberg) in erster Näherung *aus den Eigenfunktionen des ungestörten Problems* konstruiert und sich (mit Recht) darauf berufen, daß bei weiterer Fortführung des Näherungsverfahrens der Symmetriecharakter der Lösungen durch eine symmetrische Wechselwirkungsfunktion nicht geändert werden kann.

Wie aber, wenn die Wechselwirkungsfunktion so beschaffen wäre, daß eine Störungsrechnung versagt? Dann kann doch der Fall eintreten – meine Beispiele 2 und 3 zeigen es – daß alle zulässigen Lösungen aus derjenigen Lösung des ungestörten Problems hervorgehen, die in allen Elektronen antisymmetrisch ist. Diese *eine* Lösung ist doch dadurch ausgezeichnet; und fordert man wieder, daß sich die Lösungen des gestörten Problems stetig hinsichtlich ihrer Symmetrie an [diejenigen des ungestörten anschließen], so bleiben doch nur die antisymmetrischen Lösungen übrig.

*** [Von Jaffé durchgestrichener Text:]
Ich möchte das etwas näher ausführen. Man denke sich das ungestörte Problem gelöst; es habe die symmetrischen Lösungen S_n mit den Eigenwerten E_n und die antisymmetrischen Lösungen A_n mit den Eigenwerten E_n'. Nun denke man sich das gestörte Problem gelöst; dann gibt es – bei geeignet gewählten Singularitäten – Lösungen $\overline{A}_n$, $\overline{E}_n'$, die sich stetig an A_n, E_n' anschließen, aber keine Lösungen, die sich stetig an S_n, E_n anschließen. Damit ist doch eine Auswahl der Lösungen des *ungestörten Problems* vollzogen! Die Lösungen S_n, E_n sind unbrauchbar als Ausgangspunkt irgend einer Störungsrechnung und scheiden daher aus.

(2) Statt dessen gibt es nun, wie Sie betonen, zu den Eigenwerten $\overline{E}_n$, die den E_n benachbart sind, symmetrische und antisymmetrische Lösungen $\overline{A}_n^s$ und $\overline{A}_n^a$. Das war mir wohl bekannt; die von Ihnen konstruierten Lösungen (A) und (B) sind nichts anderes als meine „symmetrischen bzw. antisymmetrischen normierten" Lösungen $\overline{A}_n$. Ich habe allerdings behauptet, diese seien linear abhängig. Das ist falsch, und ich bin Ihnen für diesen Hinweis aufrichtig dankbar. Ich habe aber nirgends behauptet, daß die eine oder andere Form von selbst ausscheidet. Um auch von den gestörten Lösungen nur die antisymmetrischen übrig zu behalten, habe ich vielmehr eine neue Regel eingeführt:

Sie nehmen Anstoß an meiner Formulierung, daß in dem von mir betrachteten Fall der exakt symmetrische bzw. antisymmetrische Charakter der Lösungen verloren geht. Wenn aber *eine einzelne* antisymmetrische Lösung des ungestörten Problems durch Anbringung der Singularität in eine mehrwertige Funktion übergeht, die man in dem oben gekennzeichneten Sinne noch symmetrisch oder antisymmetrisch normieren kann (ja selbst, wenn sie nach Ihrer Auffassung sich in zwei Lösungen spaltet, von der die eine symmetrisch die andere antisymmetrisch ist), so geht doch der Symmetriecharakter *dieser einzelnen* Lösung verloren. Ich wüßte gar nicht, wie ich den Tatbestand anders formulieren soll.

Vom 20. bis zum 25. Oktober 1930 fand der 6. Solvay-Kongreß in Brüssel statt, der diesmal den magnetischen Eigenschaften der Materie gewidmet war.[1] Das Thema und die Wahl der Einladungen waren im voraus durch ein Komitee festgelegt worden. Paul Langevin führte diesmal als Nachfolger von Lorentz den Vorsitz. Er hatte auch angeregt, daß die Teilnehmer ihre Referate schon im voraus einreichen sollten, um so eine Abschrift derselben an die Mitglieder des Kongresses verteilen zu können. Es sollte dadurch mehr Zeit für die Diskussionen gewonnen werden.

Die Verhandlungen selbst wurden auf französisch, englisch und deutsch geführt. Edmund Bauer, Leon Brillouin und Hendrik Antony Kramers übersetzten, wenn notwendig. Die älteren Teilnehmer wurden im Club de la Fondation Universitaire, die jüngeren im Hotel Gallia untergebracht. Schon während des Frühstücks fingen im allgemeinen die Diskussionen an, wobei man gelegentlich aus Mangel an einer Tafel die Tischtücher beschrieb. Die eigentlichen Sitzungen begannen gegen 10 Uhr im neuen physikalischen Institut der Université Libre außerhalb der Stadt und dauerten bis etwa 18 Uhr. Nach dem Mittagessen konnte man an einem gemeinsamen Spaziergang in die umgebenden Wälder teilnehmen. Am Abend wurde im Club de la Fondation gespeist.[2]

Es war das letzte Mal, daß auch Einstein an diesen Veranstaltungen teilnahm. Er ergriff diese Gelegenheit, um mit Bohr ein weiteres Gedankenexperiment zu diskutieren, durch welches er das Heisenbergsche Unbestimmtheitsprinzip mit Hilfe der sog. „Einstein Box" zu umgehen versuchte. Doch unterstützt durch seine Anhänger Pauli und Heisenberg konnte Bohr auch diesmal Einsteins Einwände zerstreuen.[3]

Pauli lieferte dieses Mal ein Hauptreferat, in dem er die Quantentheorien des Magnetismus und das magnetische Elektron behandelte (1930a). Während er in dem ersten Teil einen Überblick über die magnetischen Eigenschaften der Festkörper gab, wurden im zweiten Teil die prinzipiellen Fragen der relativistischen Theorie des Elektrons und die damit zusammenhängenden Probleme der Diracschen Theorie diskutiert.

In einer Diskussionsbemerkung nach dem Vortrag von Fermi über die magnetischen Kernmomente bekundete Pauli auch sein Interesse an diesem Thema. Sein Diplomand Paul Güttinger bearbeitete nämlich zu dieser Zeit die Theorie der von Hermann Schüler in Potsdam gemessenen Hyperfeinstruktur beim Lithium, deren Größe nicht recht mit den theoretischen Erwartungen übereinstimmte.[4] Da man bei dem Isotopen $^{6}_{3}$Li mindestens ein ungepaartes Kernelektron voraussetzte, sollte dieses auch einen Beitrag von einem Bohrschen Magneton zum magnetischen Moment des Kerns liefern. Die Größe der beobachteten Feinstrukturaufspaltung entsprach dagegen einem viel kleineren magnetischen Moment von der Größenordnung eines Protonenmomentes.

[1] Le Magnetisme. Rapports et discussions du sixième Conseil de Physique tenu à Bruxelles du 20 au 25 Octobre 1930 sous les auspices de l'Institut International de Physique Solvay. Paris: Gauthier-Villars et Cie, Editeurs 1932.

[2] Walther Gerlach, der diesmal am Kongreß teilnahm, stattete einen dreiteiligen Bericht für die Zeitschrift Metall, Wirtschaft, Wissenschaft und Technik **9**, 939–942, 965–967 und 1003–1006 (1930) ab, dem diese Angaben entnommen sind.
[3] Vgl. hierzu N. Bohr: The Solvay Meetings and the Development of Quantum Physics. In: La Théorie Quantique des Champs. Douzième Conseil de Physique, tenu à l'Université Libre de Bruxelles du 9 au 14 octobre 1961. New York: Interscience Publishers 1962. Dort S. 13–36. Dieses Einsteinsche Gedankenexperiment hat Bohr weiterhin bis zu seinem Lebensende beschäftigt, wie sein Mitarbeiter Léon Rosenfeld in seinem Nachruf „Niels Bohr's contribution to Epistemology" in Physics Today, Oktober 1963, S. 47–54 ausführte. – Eine weitere Darstellung hat Bohr selbst in seinem Beitrag: „Discussion with Einstein on epistemological problems in atomic physics" zum Einstein-Band der Library of Living Philosophers, Evanston: La Salle, Illinois, 1949, S. 201–241 gegeben.
[4] P. Güttinger: Über die Hyperfeinstruktur des Li II-Spektrums. Z. Phys. **64**, 749–759 (1930). Eingegangen am 2. August 1930. Paul Güttinger (1908–1955) wurde später Assistent an der ETH in Zürich und promovierte 1932 bei Pauli. Anschließend ging er in den Schuldienst.

[254] Pauli an Jaffé

[Zürich], 11. Oktober [1930]
[Postkarte][a]

Sehr geehrter Herr Jaffé!
Ihr ausführlicher Brief vom 7. hat manches aufgeklärt. Insbesondere muß ich zugeben, daß ich betreffend die Frage der Gültigkeit des Entwicklungssatzes mehr behauptet habe als ich jetzt aufrecht erhalten kann.

Ich glaube, daß wir uns jetzt über alle rein mathematischen Behauptungen sehr schnell einigen könnten. Nur in der physikalischen Deutung sehen wir die Sache etwas verschieden an. Es liegt mir daran, folgendes zu betonen:

1. Die Wichtigkeit derjenigen Lösungen, die auf der einen Halbgeraden bis zur Singularität identisch verschwinden.

2. Daß der Begriff des *adiabatischen* Einschaltens eines Störungspotentials dann seinen unmittelbaren Sinn verliert, wenn dieses eine Singularität aufweist.

Ich bin Montag, den 27. Oktober wieder in Zürich[b]; falls Sie an diesem Tag noch hier sein können, würde es mich sehr freuen, Sie zu sehen. Wenn nicht, ist jedenfalls mein Assistent, Dr. Peierls, sehr gerne bereit, mit Ihnen über die Sache zu sprechen, da er meinen Standpunkt dazu kennt.

Viele Grüße, Ihr sehr ergebener W. Pauli

a) Die nach Rom adressierte Postkarte erreichte Jaffé dort nicht mehr und wurde ihm nach Sorrento nachgesendet. – b) Am Samstag den 25. Oktober endete der Solvay-Kongreß in Brüssel, so daß Pauli erst am Montag im Institut sein konnte.

[255] Pauli an Jaffé

Zürich, 17. November 1930

Sehr geehrter Herr Jaffé!
Vielen Dank für Ihren Brief vom 15. und die neue Fassung des Manuskriptes[a]. Da ich über die Fragen der physikalischen Bedeutung Ihrer Resultate nicht

etwas objektiv prüfbares sagen kann, beschränke ich mich auf das mathematisch formale. Hier bin ich jetzt mit der Diskussion des Wechselwirkungspotentials β/ξ^2 *ganz* einverstanden. Das zweite Beispiel $\beta/|\xi|$ ist interessant, da hier der Raum *nicht* in getrennte Teile zerfällt. Mathematisch scheint mir nur ein kleiner (und nicht wesentlicher) Punkt bei Ihnen für diesen Fall nicht in Ordnung zu sein. Für die Lösungen mit dem Exponenten 0, die von der Form sind

$$\chi(\xi)=(\alpha_0+\alpha_1|\xi|+\alpha_2|\xi|^2+\ldots)+\log|\xi|\cdot P_1(|\xi|), \tag{1}$$

worin P_1 eine Potenzreihe ist, muß nämlich noch untersucht werden, *mit welchem Exponenten die Potenzreihe* P_1 *beginnt*. Ich habe gefunden (hoffentlich habe ich mich nicht verrechnet), daß diese (im Gegensatz zur Potenzreihe ohne das logarithmische Glied) mit dem Exponenten *1* (und *nicht* mit dem Exponenten 0) beginnt:

$$P_1(|\xi|)=b_1|\xi|+b_2|\xi|^2+\ldots$$

Dann ist also zwar $\chi(|\xi|)$ für $\xi=0$ stetig, die Ableitung $d\chi/d\xi$ wird aber für $\xi=0$ logarithmisch unendlich. Der Funktionsverlauf für diese Lösungen in der Nähe von $\xi=0$ ist also so:

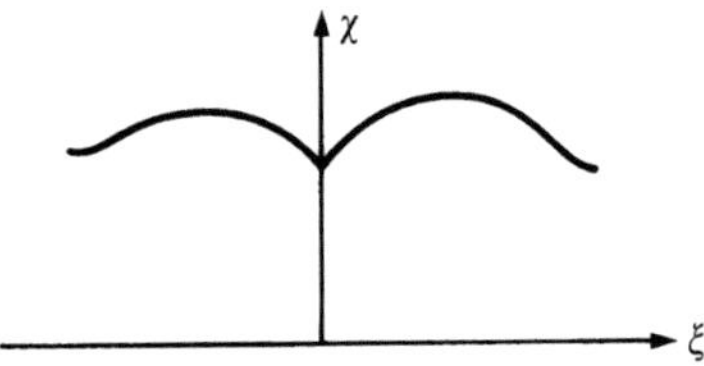

Es ist richtig, daß diese symmetrischen Lösungen auf Grund der Forderung der Stetigkeit für den Differentialquotienten $d\chi/d\xi$ (nicht für die Funktion χ selbst) ausscheiden, ohne daß hier eine weitere Zusatzforderung nötig ist. Dieser Umstand ist jedenfalls mathematisch neu und von Interesse.*

Das übersandte neue Manuskript schicke ich demnächst wieder zurück. Inzwischen mit vielen Grüßen

Ihr sehr ergebener W. Pauli

* Gibt es analoge Fälle auch im Dreidimensionalen und für Spin?

a) Es dürfte das Manuskript der endgültigen Fassung von Jaffés Publikation (vgl. Fußnote 2 des Kommentars zu [250]) gewesen sein.

[256] Pauli an Jaffé

[Zürich], 20. November [1930]
[Postkarte]

Sehr geehrter Herr Jaffé!
Besten Dank für Ihren Brief vom 19. – Zum dreidimensionalen Fall möchte ich noch sagen, daß mir Ihr Beispiel $W\sim\frac{c}{r^2|\cos\vartheta|}$ nicht interessant zu sein scheint,

weil es längs einer ganzen Ebene singulär ist. Ich möchte wissen, was sich über den Fall sagen läßt, wo im dreidimensionalen eine *punkt*förmige Singularität von W vorliegt. Ich vermute, daß in diesem Fall auf Grund der Stetigkeitsforderung für ψ und grad ψ allein es *nicht* gelingen wird, durch geeignete Wahl der Singularität nur antisymmetrische Lösungen zu erhalten. Wissen Sie was darüber?

Mit den besten Grüßen Ihr sehr ergebener W. Pauli

Im September hatte Heisenberg auf der Königsberger Physikertagung vorgetragen und war anschließend zusammen mit Bohr auf eine Segeltour auf der Ostsee gegangen. Nach Leipzig zurückgekehrt, schrieb er am 18. September an Bohr: „Hier in Leipzig ist alles beim alten, mein Tagesablauf und meine Arbeit kommen mir etwas ‚grau in grau' vor. Über relativistische Quantentheorie suche ich nachzudenken, aber ich finde bis jetzt gar keinen formalen Angriffspunkt. Vielleicht muß man doch erst die ganze Entwicklung der Kernphysik abwarten, bis man hier weiterkommt. Von Pauli hab' ich noch nichts weiter gehört. Grüße bitte alle Kopenhagener Nicht-Spießer und Landau."

Es ist zu vermuten, daß Heisenberg schon damals mit Landau Erfahrungen über dessen und Peierls Überlegungen zur relativistischen Erweiterung des Unbestimmtheitsprinzips[1] ausgetauscht hatte. Erste Überlegungen über die Grenzen der Meßbarkeit elektromagnetischer Feldgrößen hatte Heisenberg in seinen Vorlesungen an der Universität in Chicago im Frühjahr 1929 angestellt.[2] Diese Fragen waren erneut Gegenstand eingehender Diskussionen zwischen Bohr, Dirac, Heisenberg und Pauli während des 6. Solvay-Kongresses in Brüssel gewesen. Nach seiner Rückkehr in sein Leipziger Institut stellte Heisenberg seinem damaligen Studenten Carl Friedrich von Weizsäcker die Aufgabe, das Mikroskop nach der neuen Quantenelektrodynamik durchzurechnen.[3] „Es kommt alles so heraus", schrieb er Bohr am 23. Januar 1931, „wie wir damals in Brüssel besprachen. Die Abbildung wird unscharf in einer solchen Weise, daß man die Unschärfe rein formal entweder auffassen kann als verursacht durch die Frequenzunsicherheit beim Comptoneffekt *oder* durch das Davonlaufen des Elektrons."

Man hoffte durch Klärung der Fragen, die mit der Meßbarkeit der Feldgrößen zusammenhingen, auch Hinweise auf die Unstimmigkeiten in der damaligen Quantenfeldtheorie zu gewinnen. So versuchte z. B. Paulis ehemaliger Mitarbeiter Leon Rosenfeld, der jetzt vorübergehend bei Bohr in Kopenhagen arbeitete, gemeinsam mit Jacques Solomon die unendliche Nullpunktsenergie des Strahlungsfeldes durch einen formalen Kunstgriff zu beseitigen, der von dem zuerst von Landau und Peierls benutzten Operator $\sqrt{\Delta}$ (vgl. [245]) Gebrauch machte.[4] Mit der Formulierung entsprechender Vertauschungsrelationen für geeignet gewählte Feldstärkevektoren zum Zwecke einer übersichtlicheren Darstellung der Quantenfeldtheorie beschäftigt sich auch der folgende Briefwechsel Heisenbergs mit Pauli und dessen Assistenten Peierls ([257], [258], [260] und [264]). Wegen der großen Lücken, die in dieser Korrespondenz bestehen, ist es nicht möglich, den hier angeschnittenen Fragen im einzelnen nachzugehen.

Besonders bedauerlich ist dieser Verlust auch deshalb, weil Pauli in diesen Briefen offensichtlich Genaueres über seine „Neutronen" berichtet hatte [258]. Offenbar spielte in Paulis Überlegungen zum β-Zerfall das Versagen der Statistik bei Kernen, für die eine ungerade Teilchenzahl angenommen werden mußte, eine ebenso wichtige Rolle wie der Glaube an die Erhaltungssätze für Energie und Impuls.

Kronig hatte bekanntlich kurz vor Antritt seiner Züricher Assistentenstelle als erster auf das Problem aufmerksam gemacht[5], daß es vom Standpunkt eines aus Elektronen und Protonen zusammengesetzten Kernes völlig unverständlich bleibt, wieso ein Kern mit einer ungeraden Anzahl von Partikeln (im Falle von ^{14}N 14 Protonen und 7 Elektronen) ein ganzzahliges Drehmoment haben kann. Diese Diskrepanz suchte man durch die Annahme zu lösen, daß das Elektron sein Spinmoment im Kern verliere.[6]

Wenig später haben dann Walter Heitler und Gerhard Herzberg darauf hingewiesen[7], daß der Stickstoffkern, obwohl aus einer ungeraden Anzahl von Teilchen zusammengesetzt, der Bose-Einstein-Statistik gehorcht. Heisenbergs Bemerkung [258] zufolge sollte es dann aber auch den umgekehrten Fall von Kernen mit gerader Elektronenzahl und „falscher" Statistik geben.

[1] Das Ergebnis ihrer Untersuchungen publizierten beide Autoren im März 1931 in der Z. Phys. **69**, 56–69 (1931).

[2] Diese Vorlesungen wurden 1930 bei S. Hirzel in Stuttgart in Buchform unter dem Titel: Die physikalischen Prinzipien der Quantentheorie herausgegeben. Dort findet man in Kapitel III Heisenbergs Ausführungen über die Grenzen der Brauchbarkeit des klassischen Wellenbildes.

[3] C.F. v. Weizsäcker: Ortsbestimmung eines Elektrons durch ein Mikroskop. Z. Phys. **70**, 114–130 (1931). Eingegangen am 9. April 1931.

[4] Vgl. L. Rosenfeld und J. Solomon: Zur Theorie der Hohlraumstrahlung. Naturwiss. **19**, 376 (1931). Signiert am 23. März 1931. Über den gleichen Gegenstand fertigte Solomon 1931 in Paris eine Dissertation an, die jedoch falsche Vertauschungsrelationen für die Feldstärken enthält, wie Pauli feststellte [1933]. Eine umfassende Darstellung der Quantenfeldtheorie lieferte Rosenfeld im Februar 1931 in seinen Vorlesungen am Institut Henri-Poincaré, die in den Ann. Inst. Poincaré **2**, 25–91 (1932) publiziert wurden.

[5] R. Kronig: Der Drehimpuls des Stickstoffkerns. Naturwiss. **16**, 335 (1928).

[6] Vgl. z.B. N.F. Mott: Wellenmechanik und Kernphysik. Handbuch der Physik. Band 24, 1. Teil. Berlin: Verlag von Julius Springer 1933. Dort S. 797.

[7] W. Heitler und G. Herzberg: Gehorchen die Stickstoffkerne der Boseschen Statistik? Naturwiss. **17**, 673–674 (1929). Zu dem gleichen Ergebnis gelangte F. Rasetti: Über die Rotations-Ramanspektren von Stickstoff und Sauerstoff. Z. Phys. **61**, 598–601 (1930).

[257] Heisenberg an Pauli

Leipzig, 1. Dezember 1930
[Postkarte]

Lieber Pauli!
In Deinem vorletzten Brief findet sich die Behauptung, daß nach Peierls der Impuls durch $\mathfrak{G} = \frac{1}{c}\int \left(\mathfrak{E}_2 \frac{\text{grad}}{\sqrt{\varDelta}} \mathfrak{E}_1\right) dV$ gegeben sei. Was ist hier mit dem Symbol $\text{grad}\,\mathfrak{E}_1$ gemeint? Wenn etwa $\int \mathfrak{E}_i^{(2)} \frac{\partial}{\partial x_i} \frac{1}{\sqrt{\varDelta}} \mathfrak{E}_k^{(1)} dV$ gemeint wäre[a], könnte man nach $\int \text{div}\,\mathfrak{E}_i \frac{1}{\sqrt{\varDelta}} \mathfrak{E}^{(1)} dV$ transformieren, was sicher falsch ist. Also: ich weiß nicht, was soll es bedeuten?

Vielleicht kann Peierls mir eine kurze Notiz darüber schicken!

Viele Grüße Heisenberg

a) Pauli ersetzte im Operator $\partial/\partial x_i$ den Index i durch k und bei der Feldstärke $\mathfrak{E}_k^{(1)}$ den Index k durch i.

In dem nun folgenden Brief [258] werden zum erstenmal in der vorliegenden Korrespondenz Paulis „Neutronen" (=Neutrinos) erwähnt.[1] Die „falsche" Statistik einiger

Kerne, die sich bei den Hyperfeinstrukturen der Spektren offenbarte, war eines der Hauptargumente für die Einführung dieses neuen Teilchens.[2]

Bekanntlich hatte Pauli schon 1924 auf den nuklearen Ursprung der Hyperfeinstruktur hingewiesen (1924c).[3] Jedoch erst nach der Einführung des Elektronenspins und der neuen Quantenmechanik ließen sich auch genauere Angaben über die Art dieser zusätzlichen Wechselwirkung zwischen den Bahnelektronen und dem Atomkern machen. Gestützt auf das empirische Material des amerikanischen Chemikers Robert S. Mulliken brachte Friedrich Hund als erster die Gewichtsverhältnisse der verschiedenen Termsysteme, die bei den Molekülspektren auftreten, mit dem Vorhandensein eines neuen Kernfreiheitsgrades – dem Kernspin – in Zusammenhang.[4] Danach war die beobachtete Aufspaltung der einzelnen Multipletterme eine Folge der magnetischen Wechselwirkung der Momente des Kerns mit denen der Hüllenelektronen, die zu verschiedenen Einstellungsmöglichkeiten der Spinmomente führt.

Schließlich konnte Heisenberg zeigen [146], daß auch der Intensitätswechsel bei den Rotationsbanden in den Spektren von Molekülen mit zwei gleichen Kernen von den Symmetrieeigenschaften der entsprechenden Rotationseigenfunktionen abhängt.[5] Die Terme derselben lassen sich nämlich in zwei nicht miteinander kombinierende Termsysteme einteilen: bei dem symmetrischen System bleiben die Rotationseigenfunktionen gegenüber einer Vertauschung der Kerne ungeändert (Bose-Statistik), bei den antisymmetrischen dagegen wechseln sie ihr Vorzeichen (Fermi-Statistik). Der Symmetriecharakter ist dabei durch den Spin der beteiligten Kerne festgelegt.

Für zusammengesetzte Kerne sollte ebenfalls ganz allgemein ein sog. „Wechselsatz" (vgl. [259]) gelten: Kerne mit einer geraden (oder ungeraden) Anzahl von Protonen und Elektronen haben einen ganzzahligen (oder halbzahligen) Spin und gehorchen der Bose- (oder Fermi-)Statistik.

Diese Regel war in guter Übereinstimmung mit den meisten der damals verfügbaren Daten. Eine Ausnahme machte lediglich der Stickstoffkern $^{14}_{7}N$ und der Lithiumkern $^{6}_{3}Li$, weil bei ihnen keine Hyperfeinstruktur mit dem erwarteten Aufspaltungsbild beobachtet wurde; man sagte deshalb, daß diese Kerne einer „falschen" Statistik gehorchen.

Die experimentelle Untersuchung der Hyperfeinstruktur beim Lithium hat zuerst Hermann Schüler vorgenommen[6], der damals im Laboratorium der Einstein-Stiftung in Potsdam arbeitete. Weil das einfach ionisierte Lithium auch das einfachste Atom ist, bei dem eine Hyperfeinstruktur zu erwarten war, sollte es sich besonders gut für eine theoretische Analyse eignen. Gemäß der damaligen Vorstellung sollte dieser Lithiumkern ja aus 6 Protonen und 3 Elektronen, also einer ungeraden Anzahl von Partikeln bestehen. In Übereinstimmung mit dem „Wechselsatz" müßte er dann aufgrund der Fermi-Statistik eine Hyperfeinstrukturaufspaltung aufweisen, obwohl diese in dem Spektrum nicht nachgewiesen werden konnte. Die schon erwähnte theoretische Behandlung der Hyperfeinstrukturen der Li-Isotope von Pauli und seinem Mitarbeiter Paul Güttinger[7] hatten zum Zweck, den Ursachen für das Versagen der genannten Regel nachzugehen.

Ähnlich war auch die Situation beim Stickstoffmolekül, dessen Kerne ebenfalls aus einer ungeraden Zahl von Kernpartikeln (14 Protonen und 7 Elektronen) gebildet sein sollte und somit der Fermistatistik zu gehorchen hatte. Im Widerspruch dazu standen die genannten Untersuchungen von Heitler und Herzberg, die auf eine Bosestatistik hinwiesen.[8] Weitere Unstimmigkeiten fand man bald darauf auch bei den Hyperfeinstrukturen der Cadmiumisotope.[9]

Insbesondere haben Kronig und sein Mitarbeiter Frisch daraufhin systematisch alle bekannten Hyperfeinstrukturen zusammengestellt, um auf diese Weise einen Überblick über das gesamte Ausmaß der hier bestehenden Anomalien zu gewinnen.[10] Die Hyperfeinstrukturuntersuchungen erwiesen sich auch in den folgenden Jahren als ein wichtiges Hilfsmittel bei der weiteren Erforschung der Kernstruktur mit konventionellen Methoden.

[1] Die Bezeichnung Neutrino für das Paulische „Neutron" bürgerte sich erst im Jahre 1932 nach der Entdeckung des Neutrons durch James Chadwick ein. Gamow berichtete in einem Aufsatz: Die Existenz des Neutrionos. Phys. Bl. **5**, 108–114 (1949) (zuerst im März 1948 in Physics Today veröffentlicht), daß Fermi einmal auf die Frage, ob Chadwicks Neutron identisch mit Paulis Teilchen sei, geantwortet haben soll: „No, il neutrone di Pauli è molto piu piccolo, cio è un neutrino." Auf eine Anfrage von Franco Rasetti gab Pauli demgegenüber in einem Antwortschreiben vom 8. Oktober 1956 an, daß der Name Neutrino bereits während der Diskussionen mit Fermi und den anderen italienischen Physikern auf dem Kernphysikerkongreß 1931 in Rom aufgekommen sei. Das scheint jedoch sehr unwahrscheinlich, weil das Neutron ja erst ein Jahr später entdeckt wurde. Dieser Briefwechsel mit Rasetti hat jedoch Pauli dazu angeregt, die Geschichte des Neutrinos zu schreiben. Gedruckt tauchte der Name Neutrino zuerst 1933 in den Berichten des 7. Solvay-Kongresses und in Fermis Publikation: „Tentativo dè una teoria dell'emissione dei raggi beta" in La Ricerca Scientifica **4**, 491–495 (1933) auf.

[2] Die mit der Neutrinohypothese einhergehenden Diskussionen unter den Physikern stehen im Zentrum der Kopenhagener Faustparodie, die während der zum 10jährigen Jubiläum des Instituts gehaltenen Osterkonferenz 1932 unter der Mitwirkung der anwesenden Bohr-Schüler in Kopenhagen entstand. (Eine englische Übersetzung publizierte G. Gamow im Anhang seiner Schrift: Thirty years that shock Physics. New York: Doubelday 1966.) Die Anwesenden auf dieser Konferenz sind auf einer Photographie zu sehen, die bei dieser Gelegenheit im Bohr-Institut aufgenommen wurde. (Vgl. Physics Today. Oktober 1963, S. 27.) In diesem Spiel tritt Pauli auf in Gestalt des Mephisto als Anwalt seines (zu diesem Zeitpunkt noch Neutron genannten) Neutrinos, welches durch Gretchen dargestellt wurde, und versucht vergeblich, dieses dem ungläubigen Faust (den hier Paul Ehrenfest repräsentieren soll) anzudienen. Währenddessen erscheint Gretchen und singt die folgenden Strophen:

Meine Ladung ist hin,
Statistik ist schwer,
Ich finde sie nimmer
und nimmer mehr.

Wo du mich nicht hast,
Keine Formel paßt.
Die ganze Welt
Ist dir vergällt.

Mein Dipol drängt
Sich nach ihm hin.
Ach dürft' ich fassen
Und halten ihn.

Nur mit mir allein
Kann der Betastrahl sein.
Auch der Stickstoffkern
Steht mir nicht ganz fern.

Es pocht mein Herz,
Es zittert mein Spin.
Ich liebe dich,
Oh nimm mich hin.

Die in dem genannten Buch von Gamow (dort auf S. 75) erwähnten brieflichen Auseinandersetzungen zwischen Bohr, Ehrenfest und Pauli über das Neutrino konnten nicht belegt werden. – Fermi, der gewöhnlich nicht zu den Kopenhagener Veranstaltungen kam, kannte das Paulische Neutron dennoch schon vor dem im Juli 1932 in Paris abgehaltenen Elektrizitätskongreß (vgl. seinen Vortrag: État actuel de la physique du noyau atomique. Comptes Rendues, 1. Section, Report Nr. 22 S. 789–807).

[3] Erste praktische Anwendungen dieser Idee auf den Wismutkern stammen von S. Goudsmit und E. Back: Feinstrukturen und Termordnung des Wismutspektrums. Z. Phys. **43**, 321–334 (1927).

[4] F. Hund: Zur Deutung einiger Erscheinungen in den Molekülspektren. Z. Phys. **36**, 657–674 (1926).

[5] W. Heisenberg: Mehrkörperproblem und Resonanz in der Quantenmechanik. II. Z. Phys. **41**, 239–267 (1927). Das Intensitätsverhältnis der Banden wird bekanntlich durch die Anzahl der Terme, als das Gewicht der Zustände, bestimmt.

[6] H. Schüler: Weitere Untersuchungen am ersten Li-Funkenspektrum. Z. Phys. **42**, 487–494 (1927). – Über die Tätigkeit des Einsteininstituts berichtete K.F. Bottlinger: Zehn Jahre Einsteininstitut. Naturwiss. **18**, 777–778 (1930).

[7] Vgl. den Kommentar zu [254].

[8] Vgl. die Fußnote 7 im Kommentar zu [257].

[9] H. Schüler und J.E. Keyston: Über Intensitätsmessungen in einigen Cd I-Hyperfeinstrukturen im Hinblick auf Kernmoment und Isotopenverhältnis. Z. Phys. **67**, 433–439 (1931). – Vgl. hierzu auch den historischen Bericht von P. Brix: 50 Jahre Kernvolumeneffekt in den Atomspektren. Phys. Bl. **37**, 181–183 (1981).

[10] R. Kronig und S. Frisch: Kernmomente. Physik. Z. **32**, 457–472 (1931).

[258] Heisenberg an Pauli

[Leipzig], 1. Dezember 1930

Lieber Pauli!

Heut' nachmittag hab' ich schon eine Karte mit Fragen an Dich geschrieben. Ich möchte einige dazufügen. – Du kannst sie, wenn sie Dir zu langweilig sind, an Peierls abschieben. Deine Behauptung über den Gesamtimpuls scheint mir zunächst falsch; die triviale Rechnung lautet doch so:

$$\mathfrak{G} = \int dV([\mathfrak{E}\mathfrak{H}] - [\mathfrak{H}\mathfrak{E}]);$$

nun setze man

$$\mathfrak{E} = \mathfrak{E}^{(1)} + \mathfrak{E}^{(2)}; \qquad \mathfrak{H} = \mathfrak{H}^{(1)} + \mathfrak{H}^{(2)};$$

außerdem stelle man eventuell Faktoren um. Also

$$\mathfrak{G} = \int dV\{[\mathfrak{E}^{(1)}\mathfrak{H}^{(1)}] + [\mathfrak{E}^{(1)}\mathfrak{H}^{(2)}] - [\mathfrak{H}^{(1)}\mathfrak{E}^{(2)}] + [\mathfrak{E}^{(2)}\mathfrak{H}^{(2)}]\}.$$

Ganz analog kann man doch jede Funktion der $\mathfrak{E}$ und $\mathfrak{H}$ auf die $\mathfrak{E}^{(1)}$ und $\mathfrak{H}^{(1)}$ umrechnen, ohne daß jemals der Operator $\frac{1}{\sqrt{\Delta}}$ auftauchte. Dies gilt insbesondere für Deinen Operator Λ, d.h. für die $D_{\mu\nu}$; mehr als eine Vertauschung von Faktoren tritt doch garnicht auf. Wie soll da $\frac{1}{\sqrt{\Delta}}$ entstehen; oder mach' ich hier einen dummen Fehler irgendwo? Übrigens ist der Energieausdruck $\mathfrak{E}^{(1)}\mathfrak{E}^{(2)} + \mathfrak{H}^{(1)}\mathfrak{H}^{(2)}$ natürlich falsch; wenn man $\mathfrak{E}^2 + \mathfrak{H}^2$ umrechnet, kommen noch die Glieder mit $\mathfrak{E}^{(1)2}$ usw., die zwar im ladungsfreien Fall sich kompensieren, sonst aber nicht. Mir scheint also wirklich, daß der Operator $\frac{1}{\sqrt{\Delta}}$ völlig zu vermeiden ist, wobei ich nicht sagen will, daß damit viel gewonnen wäre.

Zu Deinen Neutronen möchte ich noch bemerken: Es müßte auch Kerne mit gerader Elektronenzahl aber „falscher" Statistik geben; solche sind bisher nie beobachtet. Aber vielleicht reicht das experimentelle Material nicht.

Viele Grüße

Dein W. Heisenberg

Paulis erste halboffizielle Bekanntgabe der Neutrinohypothese auf der Tübinger Gauvereinstagung im Dezember 1930 durch seine Botschaft [259] an die „Radioaktiven Damen und Herren" fällt aus dem Rahmen der üblichen Gepflogenheiten.

Aber gerade dieser Einzigartigkeit verdankt dieses Dokument auch seine große Popularität bei Physikern und Wissenschaftshistorikern, die kaum eine Gelegenheit versäumten, es zu verwähnen.[1]

Viel wurde darüber gerätselt, weshalb Pauli diesmal den Zugang zur Öffentlichkeit auf so behutsame und unkonventionelle Weise suchte. Sicher ist, daß Pauli Bohrs vorschnellem Aufgaben des Energieprinzips und der Tatsache, daß die meisten Theoretiker ihm darin folgten, mit seiner vorzeitigen Preisgabe der noch unfertigen Vorstellungen über das Neutrino entgegenwirken wollte. Ebensowenig darf vergessen werden, daß Pauli seinen einstigen Widerstand gegen die Spinhypothese noch in guter Erinnerung hatte und nun nicht nochmals durch allzugroße Vorsicht den Fortschritt der Wissenschaft behindern wollte.

Vom theoretischen Standpunkt aus war aber die Postulierung nur eines hypothetischen Teilchens als Ersatz für die zahlreichen Spekulationen über das Versagen allgemeiner physikalischer Prinzipien bei ganz speziellen kernphysikalischen Vorgängen ganz im Sinne wissenschaftlicher Denkökonomie. Wenn dennoch die Zeitgenossen anfangs nur zögernd auf Paulis Vorschlag eingingen, so ist das lediglich Ausdruck für eine Art von Trägheitsgesetz, welches für das Durchsetzungsvermögen grundsätzlich neuer physikalischer Ideen gilt. Das Ändern oder Erweitern gewohnter Prinzipien wird im allgemeinen wesentlich leichter hingenommen.

Zu diesen rein fachlichen Motiven gesellte sich außerdem ein weiterer Umstand, auf den Pauli in seinem letzten Schreiben vom 6. Oktober 1958 an Max Delbrück selbst hingewiesen hat: „Die Geschichte dieses närrischen Kindes [des Neutrinos] meiner Lebenskrise (1930/31) – das sich auch weiter recht närrisch aufgeführt hat – beginnt ja mit jenen heftigen Diskussionen zwischen ihr [Lise Meitner] und Ellis über das kontinuierliche β-Spektrum, die gleich mein Interesse geweckt haben."

Pauli war nämlich in den Jahren 1929 und 1930 mehrmals in Berlin gewesen und hatte bei dieser Gelegenheit Lise Meitner aufgesucht. Was allerdings nicht aus den Briefen hervorgeht, ist seine Beziehung mit Luise Margarete Käthe Deppner, mit der er sich ebenfalls häufig in Berlin traf und dort am 23. Dezember 1929 vermählte. Den unglücklichen Verlauf dieser Ehe haben wir schon erwähnt. Ein Jahr darauf, am 26. November 1930, erfolgte die Scheidung in Wien. Diese gescheiterte Ehe und der vorhergegangene Verlust seiner vielgeliebten Mutter haben den jungen Pauli schwer getroffen und waren die Ursache der oben genannten Lebenskrise. Deshalb ist es sehr aufschlußreich, wenn Pauli dieses Ereignis hier direkt im Zusammenhang mit seinem „verzweifelten Ausweg" zur Lösung der physikalischen Schwierigkeiten schildert.

Bei aufmerksamem Lesen der Schlußsätze des Briefes [259] spürt man auch die Euphorie, in der Pauli dieses Schriftstück wohl verfaßt haben mag. Man kann vermuten, daß Pauli unter normalen Umständen die Bekanntgabe seiner Ideen in diesem spekulativen Stadium unterlassen hätte.[2]

[1] Noch unter dem Eindruck des experimentellen Nachweises des Neutrinos durch Frederick Reines und Clyde Cowan im Jahre 1956 – die telegraphische Nachricht erreichte ihn am 15. Juni 1956 – hatte Pauli am 21. Januar 1957 einen Vortrag „Über die ältere und neuere Geschichte des Neutrinos" vor der Naturforschenden Gesellschaft im Hörsaal des Physikgebäudes der ETH in Zürich gehalten. Das Protokoll erwähnt die Anwesenheit von 267 Personen. Ein kurzes Autoreferat erschien 1957 in den Sitzungsberichten der Naturforschenden Gesellschaft Zürich. Das Manuskript seines Vortrages erweiterte und ergänzte Pauli noch im September 1958 kurz vor seinem Tode und reihte es in die von ihm selbst zusammengestellte Sammlung seiner „Aufsätze und Vorträge über Physik und Erkenntnistheorie" ein, welche 1961 in Braunschweig bei Friedr. Vieweg und Sohn erschienen. (Ein Nachdruck des Aufsatzes mit einer kurzen Einleitung von Steffen Richter findet man in der Reihe Texte zur Forschung, Band 27: „Wolfgang Pauli. Fünf Arbeiten zum Ausschließungsprinzip und zum Neutrino". Wissenschaftliche Buchgesellschaft Darmstadt 1977.) Der Anlaß, diese erweiterte Fassung aufzuschreiben, war Lise Meitners 80. Geburtstag. In dankbarer Erinnerung an ihre vielen gemeinsamen Unterredungen, welche sie diesem Thema gewidmet hatten, sandte ihr Pauli die Kopie als Geburtstagsgeschenk. – Weitere Darstellungen zur Frühgeschichte des Neutrinos sind enthalten in C.S. Wu: History of Beta Decay. In: Beiträge zur Physik und Chemie des 20. Jahrhunderts.

Braunschweig: Friedr. Vieweg und Sohn 1959. Dort S. 45–65. – C.S. Wu und S.A. Moszkowski: Beta Decay. New York: Interscience 1966.

[2] Fred Hoyle berichtet, daß Pauli am gleichen Tage, als er den vorliegenden Brief [259] schrieb, im Züricher Seminar geäußert haben soll: „Heute habe ich etwas getan, was ein Theoretiker nie in seinem Leben tun sollte. Ich habe nämlich etwas, was man nicht verstehen kann, durch etwas zu erklären versucht, was man nicht beobachten kann." Zitiert nach E. Bagge: Müssen wir die klassischen Erhaltungssätze für die Energie und den Impuls eines physikalischen Systems neu interpretieren? Sonderdruck Forschungsbericht und Halbjahresschrift der Universität Kiel, Heft 7 (neue Folge) Oktober 1977, S. 19–30. Die Authentizität dieser Bemerkung ist jedoch zu bezweifeln, da Pauli noch zu diesem Zeitpunkt die Möglichkeit des Nachweises seiner Teilchen keineswegs für so außerordentlich schwierig erachtete.

[259] Pauli an Meitner u.a.

Zürich, 4. Dezember 1930
[Maschinenschriftliche Abschrift]

Offener Brief an die Gruppe der Radioaktiven bei der Gauvereins-Tagung zu Tübingen[a]

Liebe Radioaktive Damen und Herren!
Wie der Überbringer dieser Zeilen[b], den ich huldvollst anzuhören bitte, Ihnen des näheren auseinandersetzen wird, bin ich angesichts der „falschen" Statistik der N- und Li 6-Kerne[c], sowie des kontinuierlichen β-Spektrums auf einen verzweifelten Ausweg verfallen, um den „Wechselsatz" * der Statistik und den Energiesatz zu retten. Nämlich die Möglichkeit, es könnten elektrisch neutrale Teilchen, die ich Neutronen nennen will[d], in den Kernen existieren, welche den Spin 1/2 haben und das Ausschließungsprinzip befolgen und sich von Lichtquanten außerdem noch dadurch unterscheiden, daß sie nicht mit Lichtgeschwindigkeit laufen[e]. Die Masse der Neutronen müßte von derselben Größenordnung wie die Elektronenmasse sein und jedenfalls nicht größer als 0,01 Protonenmasse[f]. – Das kontinuierliche β-Spektrum wäre dann verständlich unter der Annahme, daß beim β-Zerfall mit dem Elektron jeweils noch ein Neutron emittiert wird, derart, daß die Summe der Energien von Neutron und Elektron konstant ist.

Nun handelt es sich weiter darum, welche Kräfte auf die Neutronen wirken. Das wahrscheinlichste Modell für das Neutron scheint mir aus wellenmechanischen Gründen (näheres weiß der Überbringer dieser Zeilen) dieses zu sein, daß das ruhende Neutron ein magnetischer Dipol von einem gewissen Moment μ ist[g]. Die Experimente verlangen wohl, daß die ionisierende Wirkung eines solchen Neutrons nicht größer sein kann, als die eines γ-Strahls und dann darf μ wohl nicht größer sein als $e \cdot (10^{-13}\ \mathrm{cm})$. Ich traue mich vorläufig aber nicht, etwas über diese Idee zu publizieren und wende mich erst vertrauensvoll an Euch, liebe Radioaktive, mit der Frage, wie es um den experimentellen Nachweis eines solchen Neutrons stände, wenn dieses ein ebensolches oder etwa 10mal größeres Durchdringungsvermögen besitzen würde, wie ein γ-Strahl[h].

* Dieser lautet: Ausschließungsprinzip (Fermi-Statistik) und halbzahliger Spin bei ungerader Gesamtzahl der Teilchen; Bosestatistik und ganzzahliger Spin bei gerader Gesamtzahl der Teilchen.

Ich gebe zu, daß mein Ausweg vielleicht von vornherein wenig wahrscheinlich erscheinen mag, weil man die Neutronen, wenn sie existieren, wohl schon längst gesehen hätte. Aber nur wer wagt, gewinnt, und der Ernst der Situation beim kontinuierlichen β-Spektrum wird durch einen Ausspruch meines verehrten Vorgängers im Amte, Herrn Debye, beleuchtet, der mir kürzlich in Brüssel gesagt hat[i]: „O, daran soll man am besten gar nicht denken, so wie an die neuen Steuern.“[j] Darum soll man jeden Weg zur Rettung ernstlich diskutieren. – Also liebe Radioaktive, prüfet, und richtet. – Leider kann ich nicht persönlich in Tübingen erscheinen, da ich infolge eines in der Nacht vom 6. zum 7. Dezember in Zürich stattfindenden Balles hier unabkömmlich bin. – Mit vielen Grüßen an Euch, sowie auch an Herrn Back, Euer untertänigster Diener W. Pauli

a) Es handelt sich um die gemeinsame Tagung der Gauvereine Württemberg und Baden-Pfalz in Tübingen am 6. und 7. Dezember 1930, bei der auch Hans Geiger und Lise Meitner anwesend waren. In einem Vortrag zur Geschichte des Neutrinos (vgl. Fußnote 1 im Kommentar) sagt Pauli hierzu: „Als Antwort auf meinen Brief kam bald ein Schreiben von Geiger, der in Tübingen meine Frage auch mit anderen, insbesondere mit L. Meitner, diskutiert hat. Diesen Antwortbrief besitze ich leider nicht mehr, ich erinnere mich aber, daß seine Antwort positiv und ermutigend war: Vom experimentellen Standpunkt aus seien meine neuen Teilchen durchaus möglich.“ Eine Kopie des uns vorliegenden Schreibens [259] wurde Pauli von Lise Meitner überlassen, als er 1956 seinen Vortrag ausarbeitete. – b) Der Überbringer des Briefes ist unbekannt. – c) Vgl. hierzu den Kommentar zu [258]. – d) Die Existenz eines neutralen Kernbausteins hat bekanntlich E. Rutherford schon in seiner Bakerian Lecture über „Nuclear Constitution of Atoms, Proc. Roy. Soc. A **97**, 374–400 (1920), dort S. 396, für möglich gehalten. Die Benennung Neutron für ein solches Teilchen taucht in der Literatur mit dem Hinweis: „such a particle to which the name neutron was been given by Prof. Rutherford“, zuerst bei J.L. Glasson, Phil. Mag. **42**, 596 (1921) auf. Ebenso hat man im Laufe der folgenden Jahre die Bezeichnung Neutron auch für andere hypothetische, elektrisch neutrale Elementarbausteine verwendet. So verstand z.B. der Prager Physiker Reinhold Fürth darunter ein Gebilde, „das aus einem Proton und einem Elektron besteht, die in unmittelbarer Berührung stehen, und das im übrigen mit dem Lichtquantum der kurzwelligsten Höhenstrahlung identisch ist.“ (Vgl. Naturwiss. **17**, 688, 728 (1929).) Pauli kannte diese Überlegung möglicherweise durch den Vortrag von Fürth auf dem Prager Physikertag im Herbst 1929 (abgedruckt in Physik. Z. **30**, 895–898 (1929). Diese Idee war ihm nicht von vornherein unsympathisch; er hielt es für möglich, daß sie „in einer künftigen Theorie einen Sinn bekommen“ würde, wie er am 29. September 1929 an Ehrenfest [237] schrieb. Es ist nicht unwahrscheinlich, daß Pauli hierdurch gewisse Anregungen für seine Neutrinohypothese erhalten hat. Besonders der Hinweis auf einen Zusammenhang mit der Höhenstrahlung findet sich auch in Paulis späteren Äußerungen. (Vgl. z.B. S. Goudsmits Vortrag auf dem Kernphysikerkongreß in Rom im Oktober 1931, in dem er einen kurzen Bericht über Paulis unveröffentlichten Neutrinovortrag im Juni 1931 in Pasadena gab. Die betreffende Bemerkung findet sich auf S. 41 der Kongreßberichte: Convengo di Fisica Nucleare. Roma 1932.) Das Fürthsche Neutron wurde 1930 von dem Wiener Physiker Hans Bauer zu einem „rotierenden Lichtquantenmodell“ ausgebaut. (Vgl. hierzu seinen Vortrag auf dem 6. Physikertag in Königsberg; abgedruckt in Physik. Z. **31**, 882–886 (1931).) – St. Meyer machte 1929 den Bildungsvorgang von Neutronen für das Entstehen der Höhenstrahlung verantwortlich. – Auch vor Rutherford wurde der Name Neutron schon verschiedentlich für elektrisch neutrale Gebilde gebraucht. Walter Nernst verstand darunter ein „elektrisch neutrales masseloses Molekül“, das durch die Verbindung von einem positiven und negativen Elektron entstehen sollte. (Vgl. z.B. W. Nernst: Theoretische Chemie. [6]Stuttgart: Verlag von Ferdinand Enke 1909. Dort S. 398). Auf dieser Vorstellung fußte auch A.v. Antropoffs spekulatives Neutronenmodell (aus Elektron und Proton) zur Erklärung der sog. Weltraumstrahlung. (Vgl. Naturwiss. **14**, 493–495 (1926).) – e) Auch diese Passage erinnert z.T. noch an die anderen Vorläufer des Neutrons, obwohl Pauli hier nicht mehr an ein zusammengesetztes Teilchen (aus Elektron und Proton) denkt. Die Idee, daß seine „Neutronen“ bereits im Kern als selbständige dritte Einheit neben Elektron und Proton existieren sollten, hat Pauli bald wieder fallengelassen, weil diese Annahme, wie er später sagte, nicht mit den beobachteten Kernmassen zu vereinbaren war. – f) Eine größere Masse hätte sich in der Massenbilanz beim β-Zerfall bemerkbar machen müssen (vgl. auch [261]). – g) Eine nähere Begründung dieser Angaben auf der Grundlage der Diracschen Theorie gab Pauli in seinem Schreiben an Oskar Klein [261] und in ausführlicherer Form während seiner Vorträge im theoretischen Seminar in Ann Arbor im Sommer 1931 bekannt. Vgl. hierzu die Zuschrift von J.F. Carlson und J.R. Oppenheimer: On the Range of Fast Electrons and Neutrons an Phys. Rev. **38**, 1787–1788 (1931). Diese beiden Autoren haben auch die erste Anwendung der Paulischen Hypothese auf das Problem der Höhenstrahlung unternommen und zu diesem Zweck den Stoß von schnellen Elektronen mit den „magnetischen Neutronen" untersucht. Vgl. J.F. Carlson und J.R. Oppenheimer: The Impacts of Fast Electrons and Magnetic Neutrons. Phys. Rev. **41**, 763–792 (1932). Eingegangen am 18. Juli 1932. – h) Dem entspricht ein Durchdringungsvermögen von etwa 10 cm Blei, wie Pauli in seinem Neutrinovortrag bemerkte. – i) Debye hatte im Oktober 1930 am 6. Solvay-Kongreß in Brüssel teilgenommen. – j) Die große Verschuldung des Deutschen Reiches im Jahre 1930 führte zu großer Arbeitslosigkeit und zu einer Notverordnung, die unter anderem eine Kürzung der Beamtengehälter und Erhöhung der Beiträge zur Arbeitslosenversicherung durchsetzte. Offenbar bezieht sich Debyes Bemerkung hierauf.

[260] Heisenberg an Peierls

Leipzig, 5. Dezember 1930

Lieber Peierls!

Vielen Dank für Ihren Brief! Ich verstehe immer noch nicht, weshalb man Ihre Nebenbedingungen noch explizite braucht. Wenn man alle vier Variable $\mathfrak{E}_{(1)}\mathfrak{E}_{(2)}\mathfrak{H}_{(1)}\mathfrak{H}_{(2)}$ in die Hamiltonfunktion und den Impuls einführt, so folgen aus den Vertauschungsrelationen die Wellengleichungen für die $\mathfrak{E}_1$ usw. Diese Wellengleichungen enthalten allerdings automatisch den Operator $\frac{1}{\sqrt{\Delta}}$, das scheint mir aber unwesentlich. Die Gleichungen sagen nun ziemlich dasselbe aus, wie Ihre Nebenbedingungen. D.h. man bekommt etwa:

$$\dot{\mathfrak{E}}_1 = \frac{1}{2}\left(\dot{\mathfrak{E}} + \frac{\mathrm{rot}}{\sqrt{\Delta}}\dot{\mathfrak{H}}\right);$$

ebenso aus dem Impuls

$$\frac{\partial}{\partial x_i}\mathfrak{E}_1 = \frac{\partial}{\partial x_i}\left[\frac{1}{2}\left(\mathfrak{E} + \frac{\mathrm{rot}}{\sqrt{\Delta}}\mathfrak{H}\right)\right].$$

Aus den Wellengleichungen *folgen* also Ihre Nebenbedingungen wenigstens bis auf eine (räumliche und zeitliche) Konstante. Ich sehe also nicht ein, wozu man noch explizite eine Nebenbedingung braucht.

Mit dem Faktor 2 in den Vertauschungs-Relationen können Sie natürlich sehr leicht recht haben. – Dagegen seh' ich wieder nicht ein, weshalb im Falle $\mathrm{div}\,\mathfrak{E} \neq 0$ irgendetwas geändert wird. Die Vertauschungs-Relationen zwischen den $\mathfrak{E}^{(1,2)}$ und $\mathfrak{H}^{(1,2)}$ bleiben doch ungeändert, die zwischen den $\mathfrak{A}$ und den $\mathfrak{E}$ ebenfalls. Alles andere folgt wieder aus den Vertauschungs-Relationen. Der longitudinale Teil von $\mathfrak{E}$ wird sich dabei in gleichen Hälften auf $\mathfrak{E}^{(1)}$ und $\mathfrak{E}^{(2)}$ verteilen.

Ich habe also deutlich den Eindruck, daß Sie sich das Leben unnötig schwer machen.

Viele herzliche Grüße

Ihr W. Heisenberg

Die Tatsache, daß Pauli seine Neutrinohypothese ursprünglich nur in sehr qualitativer Form und ohne nähere Begründung bekannt gemacht hat, dürfte für die weitere Entwicklung derselben von entscheidender Bedeutung gewesen sein. Die vollständige Darlegung seiner Überlegungen hätte ohne Zweifel sehr bald die noch bestehenden Schwächen zum Angriffspunkt starker Kritik gemacht und am Ende wahrscheinlich zu allgemeiner Ablehnung geführt. In diesem Sinne zeigt sich Pauli hier als ein echter Schüler Bohrs, der stets davor gewarnt hatte, die Begriffe einer entstehenden Theorie nicht durch allzu scharfe Formulierungen einzuengen.

Um so interessanter ist es im Nachhinein, die Vorstellungen im einzelnen kennenzulernen, welche Pauli veranlaßt hatten, sein neues Teilchen zu postulieren, und wieso er einige Eigenschaften desselben sogar vorhersagen konnte.

Sehr aufschlußreich sind in dieser Hinsicht die bisher weniger bekannten Mitteilungen über das Neutrino, welche Pauli damals Oskar Klein zukommen ließ [261], der zu diesem Zeitpunkt noch in Kopenhagen war.

Auf die Nachricht hin, daß Klein endlich die langersehnte Berufung nach Stockholm[1] erhalten habe, hielt Pauli es für angezeigt, seinen Freund auf die bevorstehenden Gefahren vor dem „Gott des Mittelstandes" hinzuweisen. Bei der Würdigung seiner bisherigen wissenschaftlichen Leistungen verschwieg Pauli entsprechend seiner offenherzigen Art auch nicht seine Meinung, „daß das Auffinden neuer Naturgesetze und das Wegweisen in ganz neue Richtungen" [nicht] Kleins besondere Stärke sei. Desgleichen sparte er nicht mit seinem scharfen Urteil über andere weniger erfolgreiche Kollegen.

Dann berichtete Pauli über seine eigenen Arbeiten. Die Untersuchungen zur Hyperfeinstruktur mit Güttinger waren ihm lediglich eine Schulaufgabe. Mit größerer Anteilnahme ging er dafür auf seine neue Neutrinohypothese ein. Bei dieser Gelegenheit erfahren wir Genaueres über die theoretischen Gründe, welche Pauli auf die bereits erwähnten Eigenschaften des neuen Teilchens geführt hatten.

Für das neutrale Teilchen sollte nach Pauli die um ein magnetisches „Zusatzglied" erweiterte relativistische Diracgleichung

$$\{\gamma^\mu p_\mu + \mu(i\gamma^\mu\gamma^\nu)F_{\mu\nu} - imc\}\cdot\psi = 0 \tag{1}$$

gelten, wobei m jetzt die Masse des „Neutrons" darstellt. Die übrigen Größen sind hier in der üblichen Weise zu verstehen[2].

Unter der Voraussetzung, daß die „Neutronen" im Kerninneren sich nur langsam im Vergleich zur Lichtgeschwindigkeit c bewegen, führt die Gleichung (1) auf Paulis zweikomponentige „Neutrino"-Gleichung

$$\left\{-\frac{\hbar^2}{2m}\Delta + \mu\vec{H}\cdot\vec{\sigma}\right\}\psi = -\frac{\hbar}{i}\frac{\partial\psi}{\partial t} \tag{2}$$

($\vec{H}$ ist das auf das Teilchen wirkende Magnetfeld und $\vec{\sigma}=(\sigma_x, \sigma_y, \sigma_z)$ sind die Paulischen Spinmatrizen), welche den magnetischen Charakter der Wechselwirkung mit den anderen Kernbausteinen offenbart. Die Größe des zu erwartenden Dipolmomentes μ – bei vorgegebener Masse – und die anderen Eigenschaften des Neutrinos, wie z.B. sein Ionisierungsvermögen, lassen sich gemäß dieser Gleichung (2) bestimmen[3].

Landau war zum Jahresende wieder aus Kopenhagen nach Zürich gekommen, um hier gemeinsam mit Peierls seine Arbeit über die verallgemeinerten Unschärferelationen der Feldphysik fertigzustellen[4]. Heisenbergs Versuche, eine Quantenelektrodynamik auf der Grundlage einer kleinsten universellen Länge aufzubauen, erschienen Pauli offenbar noch immer recht aussichtsreich[5].

[1] Siehe hierzu den Kommentar zu [242].

[2] Später konnte Pauli in seinem Handbuchartikel [1933] zeigen (auf S. 233), daß man in Überein-

stimmung mit der Erfahrung auch ohne das „Zusatzglied" auskommt. Dort sind auch die hier verwendeten Größen definiert.

[3] Vgl. J.F. Carlson und J.R. Oppenheimer: The Impact of Fast Electrons and Magnetic Neutrons. Phys. Rev. **41**, 763–792 (1932). In dieser Arbeit werden die Eigenschaften der Paulischen Gleichung (1) ganz allgemein untersucht.

[4] L. Landau und R. Peierls: Erweiterung des Unbestimmtheitsprinzips für die relativistische Quantentheorie. Z. Phys. **69**, 56–69 (1931). Eingegangen am 3. März 1931.

[5] Siehe hierzu den Kommentar zu [245]. Vgl. hierzu auch D.C. Cassidy: Cosmic ray showers, high energy physics, and quantum field theories: Programmatic interactions in the 1930s. Hist. Studies Phys. Sci. **12**, 1–39, 1981.

[261] Pauli an Klein

[Zürich], 12. Dezember [1930]

Lieber Klein!

Ich möchte Dir heute gerne ein paar Worte schreiben und zwar über verschiedene Dinge. Zunächst habe ich gehört, Du hast jetzt das Ziel unserer sozialen Klasse erreicht, bist Oberbonze in Stockholm und kannst fortan einen (hoffentlich) von materiellen Sorgen freien Lebenswandel im bürgerlichen Mittelstand führen mit einem Glück und Zufriedenheit spendenden Heim. (Einen solchen Lebenswandel nennt man „ehrenvoll".) Wenn dann noch Dein Knie ganz ausgeheilt sein wird, brauchst Du nur noch täglich zum Gott des Mittelstandes zu beten, daß er Dein Bankkonto immer beschützen möge. – Wenn dieses die einzigen Aussichten wären, welche die Übernahme der Professur in Stockholm für Dich und Deine Mitbürger eröffnen würde, dann würde ich Dir aber kaum dazu gratulieren. In Wirklichkeit aber kann ich dies mit gutem Gewissen tun (die voranstehende Einleitung sollte Dir hauptsächlich zum Bewußtsein bringen, daß die Änderung Deiner äußeren Position, die Du jetzt vollführst, menschlich für Dich nicht ganz ungefährlich ist), denn ich hoffe, Du wirst jetzt das Wort erfüllen „Gehet hin und *lehret* die Völker". Deine großen pädagogischen Fähigkeiten waren immer eine Deiner stärksten Seiten und für sie wird in Schweden ein weites Anwendungsfeld vorhanden sein. Bis jetzt gab es ja in Schweden praktisch fast keine theoretische Physik (Oseen[a] zählte, als er jünger war, in dieser Hinsicht stark negativ, er hat die jungen Leute geistig völlig verdorben* und seine Einwirkung war ein auslesendes Verfahren, dem gegenüber nur die Tauglichsten fortbestehen konnten; jetzt ist Oseen allerdings infolge seines zunehmenden Alters schon weniger schädlich geworden und zählt schon fast als Null.) – ein Mißverhältnis besonders auch zur Experimentalphysik, die ja durch Siegbahn[c] und Hulthén[d] so glänzend vertreten ist. Nun braucht man in Schweden einen mit der *modernen* theoretischen Physik vertrauten Mann, der es versteht, die jungen Leute mit Begeisterung zu erfüllen (ich verstehe das übrigens kaum) und der der großen Schule schwedischer Experimentalphysiker eine ebensogroße und ebensogute von Theoretikern an die Seite stellen soll. Sollte Dir das gelingen – ich hoffe es nicht nur, sondern halte es sogar für wahrscheinlich

---

* Man muß sich nur den geistigen Krüppel Faxén[b] anschauen! Seine bloße Existenz ist eine Anklage gegen Oseen.

– dann wirst Du schon ganz zufrieden sein können und brauchtest Dich weder um den Gott des Mittelstandes noch um die fünfte Dimension (oder Ähnliches) weiter zu kümmern.

Die letztere Bemerkung führt mich dazu, Deine bisherige Tätigkeit in der reinen Forschung zu überblicken. Ich habe Dir schon einmal gesagt, ich sei nicht der Meinung, daß das Auffinden neuer Naturgesetze und das Wegweisen in ganz neue Richtungen eine große Stärke von Dir ist, obgleich Du in dieser Hinsicht stets einen gewissen Ehrgeiz entwickelt hast. (Einmal warst Du übrigens nahe daran, Dich schwer zu verirren – und zwar in das Programm einer reinen Feldphysik ohne Diskontinuitäten nach klassischem Muster – und wenn Bohr an dieser Stelle Deines geistigen Lebensweges nicht entscheidend und rettend eingegriffen hätte, wäre vielleicht sogar ein unwiderrufliches Unglück geschehen[e].) Viel schöner finde ich diejenigen Deiner Arbeiten, die ohne solche Ambitionen Anwendungen bekannter Theorien bringen, aus denen man etwas lernen kann, wie z.B. die über die gekreuzten Felder[f], die Potentialschwelle in der Diracschen Theorie[g], die Arbeit mit Nishina über die neue Streuformel[h], etc. ... Möge sich die Reihe (*trotz* der Professur, welche ja Deine Zeit stark mit anderen Dingen beanspruchen wird) noch schön und lange fortsetzen!

Ich hoffe bestimmt, Dich in nicht allzu ferner Zeit (vielleicht etwa in einem Jahr) in Stockholm besuchen zu können und werde mich dann freuen, diese Stadt kennen zu lernen sowie auch Deinen neuen Wirkungskreis.

Wenn ich nun von mir selbst erzählen darf, so habe ich mich in den letzten Monaten, einem lange gehegten Plan folgend, sehr mit moderner abstrakter Algebra beschäftigt, über welches Gebiet ich schon viel gelernt habe. Ob diese Beschäftigung einmal fruchtbar werden wird, so daß ich auf diesem Gebiet auch ewas werde produzieren können, das kann ich natürlich noch nicht sagen; aber jedenfalls gewährt mir diese Beschäftigung die angenehme Freude eines mit Interesse Lernenden.[i]

Sonst habe ich noch etwas Kernphysik getrieben, aber nicht mit viel Erfolg. Anläßlich der Lösung einer Schulaufgabe über die Hyperfeinstruktur von Li^+ – welche Lösung Du in Form einer gemeinsamen Arbeit von Herrn Güttinger und mir demnächst in der Zeitschrift für Physik finden wirst[j] – habe ich mir über die „verkehrte“ Statistik der Kerne sowie über das kontinuierliche β-Spektrum noch einmal gründlich den Kopf zerbrochen. Dann fiel mir folgender möglicher Ausweg ein (ein Ausweg der Verzweiflung allerdings): Es könnten die Kerne außer Elektronen und Protonen noch andere Elementarteilchen enthalten und zwar müßten diese elektrisch neutral sein, der Fermi-Statistik gehorchen und den Spin 1/2 haben. Nennen wir diese Teilchen *Neutronen.* Es ist klar, daß man dann die „verkehrte“ Statistik verstehen kann. Auch die β-Spektren könnte man dann mit Beibehaltung des Energiesatzes verstehen, wenn man annimmt, daß beim β-Zerfall außer dem Elektron immer noch ein Neutron ausgeschleudert wird. Aus den Atomgewichtsbestimmungen von Anfangs- und Endprodukten radioaktiver Zerfallsreihen müßte man dann schließen, daß die Neutronenmasse nicht größer sein kann als 0,01 Protonmasse; sie *könnte* aber demnach größer sein als die Elektronenmasse. – Nun kommt es aber wesentlich darauf an, welche Kräfte auf diese Neutronen wirken. Würden überhaupt keine oder zu schwache Kräfte auf sie wirken, so könnten sie ja gar nicht im Kern bleiben. Das vom Standpunkt der Diracschen Theorie fast einzig mögliche Modell des Neutrons wäre dieses, daß es in einem äußeren Feld $F_{\mu\nu}$ der Wellengleichung

$$\gamma^{\mu} \frac{h}{2\pi i} \frac{\partial \psi}{\partial x_{\mu}} + \mu(i\gamma^{\mu}\gamma^{\nu}) F_{\mu\nu} \psi - imc\psi = 0$$

(Wie üblich $\gamma^{\mu}\gamma^{\nu} + \gamma^{\nu}\gamma^{\mu} = 2\delta_{\mu\nu}$.)

genügt. Wegen $e=0$ sind hierin die Terme mit dem Potential gestrichen; ferner *folgt* für solche Teilchen, daß sie sich für langsame Geschwindigkeiten wie ein magnetischer Dipol vom Moment μ verhalten (die Konstante μ hat die Dimension Ladung mal Länge). – Aber das hat alles einen großen Haken. Nimmt man nämlich für μ ein gewöhnliches Magneton an, so wäre, wie eine einfache Abschätzung zeigt, die ionisierende Wirkung der Neutronen nicht wesentlich kleiner als die der β-Teilchen und alle Wilsonaufnahmen müßten geradezu wimmeln von Neutronen. Selbst wenn man μ von der Größenordnung des Protonenmagnetons und m so groß wie möglich (0,01 Protonmasse) ansetzt, wird die ionisierende Wirkung voraussichtlich nicht größenordnungsmäßig kleiner als die der γ-Strahlen resultieren. Wenn die Neutronen also wirklich existieren würden, wäre es wohl kaum verständlich, daß man sie noch nicht beobachtet hat. Deshalb glaube ich auch selber nicht so ganz an die Neutronen, habe nichts darüber publiziert und habe nur einige Experimentalphysiker veranlaßt, nach durchdringlichen Teilchen dieser Art besonders zu suchen. Ich würde sehr gerne wissen, was Bohr dazu meint.

Überschrift für das folgende: „Nicht um zu kritisieren, nur um zu verstehen!“[k]

In dieser Verbindung habe ich ferner für den Fall, daß die Neutronenidee sich als falsch herausstellen sollte, über die Möglichkeit eines Versagens des Energiesatzes für die Elektronen im Kern nachgedacht und möchte gerne auf dem Wege über Dich, Bohr um einige Auskünfte darüber bitten. Ich kann mich vorläufig nicht entschließen, an ein Versagen des Energiesatzes ernstlich zu glauben und zwar aus folgenden Gründen (von denen ich natürlich zugebe, daß sie nicht *absolut* zwingend sind).

Erstens scheint es mir, daß der Erhaltungssatz für Energie–Impuls dem für die Ladung doch sehr weitgehend analog ist und ich kann keinen theoretischen Grund dafür sehen, warum letzterer noch gelten sollte (wie wir es ja empirisch für den β-Zerfall wissen), wenn ersterer versagt. Zweitens müßte bei einer Verletzung des Energiesatzes auch mit dem *Gewicht* etwas sehr merkwürdiges passieren. Denke Dir einen geschlossenen Kasten, in welchem β-Strahlen radioaktiv zerfallen; die β-Teilchen mögen dann irgendwie an der Wand absorbiert werden und den Kasten nicht verlassen können. Einzelbeobachtungen darüber, was im Kasten vor sich geht, mögen nicht gemacht werden, es möge nur das Gesamtgewicht des Kastens (beliebig genau) festgestellt werden. Wenn dann der Energiesatz beim β-Zerfall nicht gelten würde, müßte das Gesamtgewicht des geschlossenen Kastens sich dabei ändern (dieser Schluß scheint mir ganz zwingend)[1]. Dies widerstrebt meinem physikalischen Gefühl auf das äußerste! Denn es muß dann sogar auch für das Gravitationsfeld, das von dem ganzen Kasten (samt seinem radioaktiven Inhalt) selber *erzeugt* wird (daß man dieses wegen seiner Kleinheit *praktisch* nicht messen kann, tut nichts zur Sache), angenommen werden, daß es sich ändern kann, während wegen der Erhaltung der Ladung das nach außen erzeugte elektrostatische Feld (beide Felder scheinen mir doch analog zu sein; das wirst Du ja übrigens auch aus Deiner fünfdimensionalen Vergangenheit noch wissen) unverändert bleiben soll. Ich möchte Bohr doch ernstlich fragen, ob er das glaubt, bzw. wie er das plausibel machen kann! Ich wäre ihm also *sehr* dankbar, wenn ich bald von ihm einen Brief darüber bekommen würde, der mit dem Satz beginnt: „Wir sind ja ganz einig, *aber* ..."

Landau hat interessante Ungleichungen und das Versagen vieler Begriffe aus Kopenhagen hierhergebracht, die mich wirklich interessiert haben. Leider konnte er nichts darüber sagen, welche Begriffe bei der Kernphysik *nicht* versagen und das wäre doch wichtiger! Ferner waren Landaus Berichte über Bohrs Ideen betreffend die Nicht-Existenz beliebig kleiner Maßstäbe sehr unvollständig, da dem Landau diese Ideen nicht sehr sympatisch sind. Ich teile aber *diese* Einstellung Landaus nicht ganz und ich halte es durchaus für möglich, daß die Aufstellung einer relativistischen Quantenelektrodynamik in dieser Richtung zu suchen ist.

Nun viele Grüße an Dich und Deine Familie sowie an Bohr, und allen Kopenhagener Freunden ein „glaedelig Jul"!

Dein alter Freund W. Pauli

a) Carl Wilhelm Oseen (1879–1944) studierte in Lund und Göttingen. Nach seiner Tätigkeit als Lektor für Physik in Lund erhielt er 1909 einen Ruf auf den Lehrstuhl für mathematische Physik an der Universität Uppsala. Oseen gehörte mit Klein zu Bohrs Begleitern, als dieser im Juni 1922 zu seinen berühmten Vorträgen nach Göttingen kam. Wahrscheinlich ist Pauli Oseen auch später noch öfters in Kopenhagen begegnet. Oseen gehörte auch zu den ersten schwedischen Physikern, die Bohrs Theorie akzeptierten. 1933 wurde er zum Direktor des seit dem Tode von Svante Arrhenius 1927 verwaisten Instituts für physikalische Chemie des Stockholmer Nobelinstituts ernannt, das nun in ein Institut für theoretische Physik umgewandelt wurde. Oskar Klein war Assistent bei Arrhenius gewesen, bevor er 1918 zu Bohr nach Kopenhagen ging. – b) Olaf Hilding Faxén (1892–1970) ist ein Schüler von Oseen und bekleidete seit 1927 – mit einer Unterbrechung von 1930–1935 in Göteborg – eine Professur an der Technischen Hochschule in Stockholm. Während eines Kopenhagener Aufenthalts im Sommer 1927 leitete er in gemeinsamer Arbeit mit Johan Holtsmark die bekannte Formel für die Streuung langsamer Elektronen an Atomen her. – Nicht erwähnt in dieser Aufzählung ist der schwedische Theoretiker Ivar Waller, der seit 1925 an der Universität Uppsala lehrte und mehrere bedeutende Beiträge zur Strahlungstheorie geliefert hatte. – c) Karl Manne Siegbahn (1886–1978) war noch während seiner Assistentenzeit 1907–1915 in Lund bei Johannes Robert Rydberg mehrmals zu einem Studienaufenthalt in Deutschland und Frankreich gewesen. Nach Rydbergs Tod übernahm er 1920 dessen Stelle, bis er 1923 an die Universität in Uppsala berufen wurde. 1937 wurde ihm auf Antrag des schwedischen Reichstags ein eigens für ihn errichtetes Institut für Experimentalphysik in Stockholm übergeben. Siegbahn gehört zu den Pionieren der Röntgenspektroskopie und ohne seine Präzisionsmessungen wären die großen Fortschritte der Bohrschen Atomphysik jener Jahre nicht denkbar. Max Born sagte 1920 von ihm: „Der beste Röntgenspektroskopiker ist heute wohl der Schwede Siegbahn", und Sommerfeld schlug Siegbahn im Juni 1918 gegenüber Einstein als einen der ersten ausländischen Physiker vor, die man zu einem Vortrag nach Berlin einladen sollte. Seine Untersuchungen sind in dem 1923 zuerst in deutscher Sprache publizierten Werke „Spektroskopie der Röntgenstrahlen" zusammengefaßt. Ende der dreißiger Jahre wandte er sich kernphysikalischen Problemen zu. – d) Erik Vilhelm Hulthén (1891–1972) ist Schüler von Manne Siegbahn. Nach seiner Promotion 1923 wurde er Lektor in Lund und später seit 1929 Professor für Experimentalphysik an der Technischen Hochschule Stockholm. Während seines zweijährigen Studienaufenthaltes (1927–1929) in Kopenhagen dürfte ihn Pauli kennen und schätzen gelernt haben. – e) Pauli bezieht sich hier auf Kleins frühere Versuche, die Verbindung zur Quantentheorie durch eine fünfdimensionale Verallgemeinerung der Relativitätstheorie herzustellen. Heisenberg und Pauli lehnten diese Arbeiten damals ab (vgl. [145], [160], [163] und [168]), und Pauli gratulierte Bohr, weil es ihm schließlich gelungen sei, Klein veranlaßt zu haben, seine fünfdimensionalen Betrachtungen zurückzustellen [160]. – Drei Jahre später hat Pauli selbst einen Beitrag (1933, c, d) zur fünfdimensionalen Feldtheorie geliefert. – f) Vgl. Kommentar und Anmerkung 1 zu [38]. – g) Vgl. [213], Anmerkung b und [216]. – h) O. Klein und Y. Nishina: Über die Streuung von Strahlung durch freie Elektronen nach der neuen relativistischen Quantendynamik von Dirac. Z. Phys. **52**, 853–868 (1929). – Die hierin abgeleitete Streuformel von Klein-Nishina hatte sich ausgezeichnet bewährt bei der Auswertung der Nebelspuren von Rückstoßelektronen der Ra-γ-Strahlung durch Dmitri Wladimir Skobelzyn: Die spektrale Verteilung und die mittlere Wellenlänge der Ra-γ-Strahlen. Z. Phys. **58**, 595–612 (1929). Abweichungen waren erst bei den Messungen von Meitner und Hupfeld aufgetreten. (Vgl. hierzu den Kommentar zu [248].). – i) Während seiner Hamburger Zeit hatte Pauli besonders guten Kontakt zu den Mathematikern, und er beteiligte sich auch aktiv am Seminar für höhere Mathematik. Insbesondere mit Erich Hecke und Emil Artin unterhielt er freundschaftliche Beziehungen. Artins Vorlesung über Darstellungstheorie halbeinfacher Systeme (eine 44 Seiten umfassende sorgfältige Ausarbeitung befindet sich in Paulis Nachlaß), die Pauli im Wintersemester 1927/28 besuchte, leistete ihm später noch gute Dienste bei der mathematischen Ausgestaltung der Mesonentheorie (vgl. [1948]). Rein mathematischen Inhalts sind auch Paulis Publikationen (1935a), (1936b), (1938b) und (1939a). – j) P. Güttinger und W. Pauli (1931). – k) Dieser Ausspruch ist eine der häufig von Bohr benutzten Redewendungen, und er steht deshalb auch als Motto über der Faustparodie, die zum zehnjährigen Jubiläum des Bohr-Institutes 1932 verfaßt wurde. – l) Gamow berichtet (auf S. 73f.) seines erwähnten Buches (vgl. Anmerkung 2 des Kommentars zu [258]) auch über eine allerdings nicht publizierte Idee von Bohr über die Energieerzeugung in den Sternen, die sich auf eine Vorstellung der Nichterhaltung der Energie stützt. Der innere Kern eines strahlenden Sternes sollte demzufolge aus reiner Kernmaterie bestehen, welche von einem Mantel aus freien Elektronen und Protonen umgeben ist. Im dynamischen Gleichgewicht muß die Anzahl der von dem Kern emittierten β-Teilchen gleich der Anzahl der von dem Mantel in den Kern eindringenden Elektronen sein. Da Bohr nun annimmt, daß alle Elektronen den Kern immer mit der gleichen Energie verlassen, die Hüllenelektronen jedoch gemäß einer thermischen Verteilung unterschiedliche Energie aufweisen, findet ein ständiger Abfluß von Energie vom Kern nach außen statt. Wegen der vorausgesetzten Nichterhaltung der Energie beim β-Zerfall wäre es auf diese Weise möglich, daß ein solcher Stern ewig strahlen könnte. Andeutungen dieser Art finden sich am Ende von Bohrs Vortrag auf dem Kernphysikerkongreß in Rom im Oktober 1931 und am Schluß seiner Faraday-Lecture im Februar 1932. Desgleichen erwähnte Bohr diese Anwendung seiner Ideen über die Nichterhaltung der Energie auf die Energieerzeugung in den Sternen in der schon erwähnten ([217], [228] und [231]) nicht veröffentlichten Note aus dem Jahre 1929 für die Zeitschrift Nature. Auf diese Spekulationen Bohrs spielte Pauli an, als er in seinem Schreiben [231] Bohr riet, die Sterne in Frieden strahlen zu lassen.

[262] Heisenberg an Peierls

[Leipzig], 12. Dezember 1930
[Postkarte]

Lieber Peierls!

Ich komme mir bald so vor, wie ein altes Waschweib, was immer das letzte Wort behalten will. Auch ist unsere Diskussion reichlich uninteressant; aber trotz alledem sehe ich nicht ein, wie in aller Welt Ihr geliebter Operator $\frac{1}{\sqrt{\Delta}}$ in den Vertauschungs-Relationen der *(sämtlicher)* $\mathfrak{E}_1, \mathfrak{H}_1, \mathfrak{E}_2, \mathfrak{H}_2$ auftreten soll. Ich hab' doch damals sämtliche Vertauschungs-Relationen an Pauli geschrieben und der Operator $\frac{1}{\sqrt{\Delta}}$ ist mit *nirgends* begegnet. Also seien Sie doch bitte so nett und schreiben mir, auch wegen der Rechenfehler, sämtliche Vertauschungs-Relationen der vier Größen $\mathfrak{E}_1, \mathfrak{E}_2, \mathfrak{H}_1, \mathfrak{H}_2$ auf einer Postkarte. Dann will ich auch nie mehr über $\frac{1}{\sqrt{\Delta}}$ schimpfen[a].

Viele Grüße

Ihr W. Heisenberg

a) Vgl. hierzu Paulis Bemerkungen in seinem Schreiben [294] an Ehrenfest.

II. Das Jahr 1931

Erste Kernphysik-Kongresse und Amerikareise

[263]	Pauli an Klein	Zürich	8. Januar 1931
[264]	Heisenberg an Peierls und Landau	Leipzig	26. Januar 1931
[265]	Pauli an Schlick (MSA)	Zürich	5. Februar 1931
[266]	Millikan an Pauli (engl.) (MSD)	Pasadena	7. Februar 1931
[267]	Pauli an Millikan (PK)	Zürich	11. März 1931
[268]	Pauli an Schrödinger	Zürich	11. März 1931
[269]	Heisenberg an Pauli	Leipzig	12. März 1931
[270]	Bohr an Pauli (dän.)	Kopenhagen	21. März 1931
[271]	Ehrenfest an Pauli (MSA)	Leiden	25. März 1931
[272]	Pauli an Goudsmit (PK)	Zürich	17. April 1931
[273]	Pauli an Dirac	Zürich	21. April 1931
[274]	Bohr an Pauli (dän.) (MS)	Kopenhagen	27. April 1931
[275]	Millikan an Pauli (Telegramm)	Pasadena	28. April 1931
[276]	Pauli an Millikan (Telegramm)	Zürich	4. Mai 1931
[277]	Pauli an Goudsmit (Telegramm)	Zürich	20. Mai 1931
[278]	Goudsmit an Pauli (Telegrammentwurf)	Ann Arbor	29. Mai 1931
[279]	Pauli an Peierls (1. Brief)	Ann Arbor	1. Juli 1931
[280]	Pauli an Peierls (2. Brief)	Ann Arbor	1. Juli 1931
[281]	Pauli an Peierls	Ann Arbor	3. Juli 1931
[282]	Pauli an Goudsmit (PK)	Ann Arbor	18. August 1931
[283]	Pauli an Peierls	New York	29. September 1931
[284]	Pauli an Ehrenfest (PK)	Zürich	26. Oktober 1931
[285]	Bohr an Pauli (dän.) (MS)	Kopenhagen	8. Dezember 1931
[286]	Pauli an Peierls (PK)	Zürich	12. Dezember 1931

Erste Anzeichen einer durchdringenden und allgegenwärtigen Strahlung ungewisser Herkunft hatten zuerst Charles Thomson Rees Wilson und Hans Geitel um die Jahrhundertwende bemerkt. Nachdem Victor Franz Hess im Jahre 1912 eindeutig eine Intensitätszunahme mit der Höhe feststellte[1], gab es zahlreiche Spekulationen über die Natur und den Ursprung dieser rätselhaften Strahlung.[2] Die Untersuchung der jetzt als Höhenstrahlung bezeichneten Erscheinung[3] erreichte Ende der 20er Jahre einen Höhepunkt und führte zur Vervollkommnung der Meßmethoden.[4] Auch die Theoretiker begannen sich jetzt ernsthaft mit dieser hochenergetischen Strahlung zu beschäftigen, da sie ein vorzügliches Mittel zur Prüfung der relativistischen Quantentheorie und ihrer Grenzen darstellte.

Mit den Ansichten über die Zerstrahlung von Materie war Pauli durch die Diskussionen mit Otto Stern schon in Hamburg vertraut gewesen (vgl. [97]). Da das enorme Durchdringungsvermögen der Höhenstrahlung bisher durch keinen anderen physikalischen Vorgang erklärt werden konnte, hat Pauli offenbar einen Zusammenhang mit seinen „Neutronen" für möglich gehalten. Genauere Ausführungen darüber soll er nach Goudsmits Angaben im Juni während seines Vortrags in Pasadena gemacht haben.[5]

Millikan, der seinerseits eigene Vorstellungen über die Entstehung der kosmischen Strahlung entwickelt hatte, reagierte sehr verärgert, als er von Paulis Ausführungen hörte.[6]

Millikan stellte sich nämlich vor, daß im interstellaren Raum ein Aufbauprozeß der Atomkerne aus Wasserstoffkernen vor sich geht, bei dem die entsprechenden Energiemengen in Form von Strahlung freigesetzt werden.[7] Eine Korpuskelstrahlung im Sinne der Paulischen Neutrinotheorie widersprach deshalb Millikans Anschauungen. Der experimentelle Hinweis auf die korpuskulare Natur der Höhenstrahlung von Bothe und Kolhörster[8] wurde von Millikan anfangs ebensowenig beachtet.

Wie einst Kramers, so spielte jetzt Oskar Klein den Anwalt Bohrs, indem er rückhaltlos dessen Ideen über die Nichterhaltung der Energie gegenüber Pauli vertrat. In seiner fünfdimensionalen Vereinheitlichung von Relativität und Elektromagnetismus[9] hatte Klein versucht, den Zusammenhang von Raum-Zeit-Symmetrien und Impuls-Energie-Erhaltung durch eine weitere Beziehung zwischen einer fünften (nicht beobachtbaren!) Dimension und der Ladungserhaltung zu ergänzen. Auf diese Weise war dann aber keiner der Erhaltungssätze mehr ausgezeichnet, und das Versagen des Energiesatzes mußte letzten Endes auch die Nichterhaltung der Ladung nach sich ziehen, wie Pauli bemerkte [263].

[1] V.F. Hess: Über Beobachtungen der durchdringenden Strahlung bei sieben Ballonfahrten. Physik. Z. **13**, 1084–1091 (1912).

[2] Ursprünglich glaubte man an eine extrem kurzwellige extraterrestrische Wellenstrahlung, welche erst bei ihrem Durchgang durch die Atmosphäre durch Photoeffekte eine zusätzliche korpuskulare Sekundärstrahlung hervorruft. Da eine derartig kurzwellige Strahlung bei keinem der radioaktiven Prozesse beobachtet wurde, stellte man sich vor, daß die Strahlung entweder unter den besonderen Bedingungen des interstellaren Raumes entsteht (R.A. Millikan sprach von einer Herkunft aus den „Tiefen des Weltraumes") oder unter den extremen Verhältnissen erzeugt wird, die auf manchen Himmelskörpern herrschen. Als möglichen Mechanismus zur Strahlungserzeugung erwog man Erzeugungs- oder Vernichtungsprozesse von Materie gemäß der Einsteinschen Gleichung $E=mc^2$.

[3] Die üblichen Bezeichnungen für diese Erscheinungen waren ursprünglich durchdringende oder Höhenstrahlung. Später sprach man auch von einer Ultrastrahlung. Durchgesetzt hat sich schließlich die 1925 von Millikan und Bowen eingeführte Bezeichnung einer kosmischen Strahlung.

[4] Die wichtigsten sind die drei großen Erfindungen aus dem Jahre 1927: Das Geiger-Müllersche Zählrohr war besonders zum Nachweis der sog. weichen Strahlung geeignet. Werner Kolhörster verwendete zuerst eine Koinzidenzschaltung, welche eine genauere Richtungsbestimmung und den Nachweis der korpuskularen Natur der harten Primärstrahlung ermöglichte. Skobelzyn hat schließlich die Wilsonsche Nebelkammer als weiteres Untersuchungsmittel auch für die Höhenstrahlung eingesetzt, wodurch eine direkte Beobachtung der ionisierenden Teilchen durch ihre Nebelspuren möglich wurde, die man jetzt sogar photographieren konnte. Diese Methode wurde später durch Blackett und Occhialini perfektioniert, indem die Teilchen bei ihrem Durchgang durch die Nebelkammer automatisch die Belichtung und Photoaufnahme auslösen konnten. Auf diese Weise entstanden die für die spätere Teilchenforschung so wichtigen Nebelkammeraufnahmen.

[5] Siehe hierzu Laurie M. Brown: The idea of the neutrino. Physics Today, S. 23–28, September 1978.

[6] Siehe hierzu A. Kimball Smith and Ch. Weiner: Robert Oppenheimer. Letters and Recollections. Cambridge, Mass. und London 1980. Dort S. 147f.

[7] Millikan hat seine Ideen über den Zusammenhang von kosmischer Strahlung und Atomkernaufbau in vielen Publikationen dargestellt und ist dadurch mehrfach in Widerspruch zu einigen europäischen Forschern getreten. Insbesondere war dafür eine mißverständliche Darstellung der Verdienste Kolhörsters durch Millikan verantwortlich, welche dieser ohne weitere Überarbeitung in Nature abdrukken ließ. Epstein berichtete Einstein über diesen Sachverhalt in einem Schreiben vom 6. August 1926 aus Pasadena: „Ich möchte den Anlaß benutzen, Ihnen etwas über die Spannung Millikan – Kolhörster mitzuteilen ..." Große Publizität erlangte auch ein Prioritätsstreit, der durch einen Vortrag Millikans am 2. September 1927 in Leeds ausgelöst wurde (vgl. Nature **121**, 19–26 (1928)). Vgl. hierzu: K. Bergwitz, V.F. Hess, W. Kolhörster und E. Schweidler: Feststellungen zur Geschichte der Entdeckung und Erforschung der kosmischen Höhenstrahlung (Ultragammastrahlung). Physik.

Z. **29**, 705–707 (1928). R.A. Millikan: Bemerkungen zur Geschichte der kosmischen Strahlung. Physik. Z. **31**, 241–247 (1930).

[8] W. Bothe und W. Kolhörster: Untersuchungen über die Natur der Höhenstrahlung. Forsch. u. Fortschr. **5**, 333 (1929).

[9] O. Klein: Zur fünfdimensionalen Darstellung der Relativitätstheorie. Z. Phys. **46**, 188–208 (1927).

[263] Pauli an Klein

[Zürich], 8. Januar [1931]

Lieber Klein!

Auf Deinen netten Brief vom 20. XII. möchte ich doch noch kurz antworten. – Von den Neutronen glaube ich zwar nicht, daß ihre Existenz feststeht, wohl aber, daß diese Hypothese ernstlich geprüft (bzw. definitiv widerlegt) werden muß. Es spricht auch einiges dafür, daß die Höhenstrahlung solche Neutronen sind, aber das ist eine weitere Hypothese. Ich wäre sehr froh, wenn man die Impulsbilanz der einzelnen Prozesse beim β-Zerfall direkt experimentell prüfen könnte[a]. Die Schwierigkeit besteht natürlich in der Bestimmung des Impulses des Rückstoßatoms. Wenn man beim Einzelprozeß sowohl den Impuls des Rückstoßatoms, als auch den des β-Teilchens bestimmen könnte, dann könnte man über die Existenz der Neutronen zu definitiver Klarheit kommen. Auch unabhängig von der Neutronenhypothese wäre natürlich ein solches Experiment auf jeden Fall von Interesse. Aber wie es praktisch ausführen?

Natürlich bin ich mir darüber klar, daß die Neutronenhypothese Bohr und den Bohrianern nicht in ihren Kram paßt. Eben deshalb macht es mir besonderes Vergnügen, sie zu diskutieren. Die vielen Ausrufungszeichen Deines Briefes deute ich im wesentlichen als Schrecken darüber, daß der Energiesatz möglicherweise doch gelten könnte. Da Bohr das Gegenteil vermutet, würde das eine ernstliche Erschütterung Deines psychologischen Weltbildes zur Folge haben. Nichts ist doch komischer als ein Bohrianer; aber dafür kann Bohr nichts ...

Könntest Du ihm ausrichten, ich möchte sehr gerne von ihm möglichst bald hören, wie er sich die Gewichtsbilanz und die Gravitationswirkung nach außen eines geschlossenen Kastens denkt, in dessen Innerem radioaktive β-Zerfallsprozesse stattfinden[b] und ferner, wie er den von ihm postulierten Unterschied des Erhaltungssatzes der Ladung von dem der Energie theoretisch verstehen kann. Ich möchte das gerne schon wissen, bevor er seine Kernarbeit[c] fertig gestellt hat, denn letzteres kann, wie ich ihn kenne, gerade angesichts des unabgeschlossenen Charakters dieser Probleme, noch lange dauern.

Es tat mir furchtbar leid, zu hören, daß die Mutter Bohr nicht mehr lebt. Wenn ich Bohr nächstens schreibe, werde ich ihm noch besonders kondolieren.

Es freut mich, daß Dir und Deiner Frau meine Anpassung der Sprüche Salomos an moderne soziale Verhältnisse (man sollte einen großen Teil der Bibel so umdichten!) Vergnügen gemacht hat.

Viele Grüße an Euch beide (wie groß ist die Anzahl eurer Kinder?) von

W. Pauli

a) Auf die Notwendigkeit einer direkten Prüfung des Impulssatzes beim β-Zerfall wies Pauli nochmals in einer Diskussionsbemerkung nach dem Vortrag von Patrick Maynard Stuart Blackett während der Physikalischen Vortragswoche der ETH im Mai 1931 hin. Vgl. Physik. Z. **32**, 664 (1931). – b) Siehe hierzu Paulis vorhergehenden Brief [261], in dem das betreffende Gedankenexperiment beschrieben wird. – c) Wahrscheinlich handelt es sich um einen Entwurf für den Vortrag, den Bohr im Oktober auf dem Kernphysikerkongreß in Rom halten wollte. Außerdem hatte Bohr auch am Ende seiner berühmten Faraday Lecture die Probleme zusammengefaßt, die mit der Struktur des Atomkerns zusammenhingen. Obwohl er diese Rede schon am 8. Mai 1930 gehalten hatte, nahm er bis zu ihrem Abdruck 1932 im Journal of the Chemical Society mehrere Änderungen und Ergänzungen vor. Insbesondere an den dort geäußerten Ansichten über den β-Zerfall übte Pauli Kritik. Die entsprechenden Stellen sind in Paulis persönlichem Exemplar dieses Aufsatzes durch kräftige Anstreichungen hervorgehoben. Vgl. N. Bohr: Chemistry and the Quantum Theory of Atomic Constitution. Faraday Lecture. (Delivered before the Fellows of the Chemical Society at the Salters' Hall on May 8th 1930.)

Nach den anregenden Diskussionen mit Heisenberg, Pauli und Dirac auf dem letzten Solvaykongreß in Brüssel[1] begann jetzt auch Niels Bohr sich mit den Fragen nach den Grenzen der gleichzeitigen Meßarbeit elektrischer und magnetischer Feldstärken zu befassen. Gemeinsam mit seinem russischen Gast Landau hat Bohr die Diskussion darüber aufgenommen.[2]

Das Problem wurde, wie wir erwähnt haben, zuerst von Heisenberg behandelt.[3] Ebenso wie die klassische Partikelvorstellung infolge der Ungenauigkeitsrelationen nur beschränkte Gültigkeit hat, sollte nach Heisenberg auch die Gültigkeit des klassischen Wellenbildes seine Grenzen haben. Wären nämlich die elektrischen und magnetischen Feldstärken in einem beliebig kleinen Volumenelement $(\Delta l)^3$ genau bekannt, so ließe sich auch der Energie- und Impulsinhalt in demselben exakt bestimmen. Bei zunehmender Verkleinerung dieses Volumenelementes würden diese Größen dann unterhalb der von der Quantentheorie geforderten kleinsten Energie $h\nu$ und des kleinsten Impulses $h\nu/c$ gelangen. Daraus ergibt sich ein Widerspruch, wie Heisenberg folgert, der nur durch eine Unbestimmtheit der Feldgrößen aufgelöst werden kann.

Landau kam über die Weihnachtsferien nach Zürich und setzte hier zusammen mit Paulis Assistenten Peierls die weitere Diskussion des Problems fort. Sie gelangten zu einer ganz anderen Lösung, die sich auf die Endlichkeit der Lichtausbreitung und eine durch die Strahlung der beschleunigten Probeladung bewirkten Ungenauigkeit bei einer Impulsmessung stützte. Auf diese Weise kamen sie zu dem verblüffenden Ergebnis, die Feldstärken seien im Bereich der Quantenmechanik keine meßbaren Größen und infolgedessen für das bisherige Versagen der relativistischen Quantentheorie verantwortlich.[4]

Heisenberg, der von Landaus Ergebnissen durch Bohr unterrichtet war und Ende Januar 1931 das Manuskript der Arbeit von Landau und Peierls erhalten hatte, reagierte ablehnend. In seinem Schreiben an Bohr vom 23. Januar heißt es: „Ich hab' aber das Bedenken, daß in dieser Arbeit die Probleme nicht ganz bis zum Grund diskutiert sind – was mir auch sehr schwierig vorkäme ... Besonders schien mir die Beziehung der Unbestimmtheitsrelationen zur Quantenelektrodynamik bei Peierls und Landau völlig mißverstanden. Z. B. bestehen für die Messung von statischen Feldern in der Quantenelektrodynamik natürlich gar *keine* Unbestimmtheitsrelationen, da die Zeitmittelwerte von Operatoren stets vertauschbar sind ... Die Unbestimmtheitsrelationen meines Buches beziehen sich naturgemäß auf Momentanwerte von $\mathfrak{E}$ und $\mathfrak{H}$ und sind nur bei Messungen richtig, deren Dauer Δt kleiner ist als $\Delta l/c$ ... Ich will überhaupt die Arbeit nicht zu sehr kritisieren, denn es steht auch sehr viel Schönes drin."

Auch Pauli war nicht mit allen Folgerungen dieser Untersuchung von Landau und Peierls einverstanden, weil er eine Lücke in deren Argumenten entdeckt hatte.[5] Diese Lücke wurde später von Bohr und seinem Mitarbeiter Rosenfeld ausgefüllt.

[1] Siehe hierzu den Kommentar zu [257].
[2] Bohrs Beschäftigung mit diesem Problem wird in seinem Briefwechsel mit Heisenberg erwähnt. Vgl. z.B. Bohrs Schreiben vom 19. November und vom 8. Dezember 1930 und Heisenbergs Antwort vom 23. Januar 1931. – Siehe auch L. Rosenfeld: On quantum electrodynamics. In: Niels Bohr and the Development of Physics. London 1955. Dort S. 70–95.
[3] Obwohl Heisenberg die Bogenkorrekturen seines Buches über „Die physikalischen Prinzipien der Quantentheorie“ schon Ende April 1930 an Bohr geschickt hatte, war Bohr damals noch nicht auf die darin (im Kapitel III) enthaltenen Gedanken über das Meßproblem der Feldstärken eingegangen. Wahrscheinlich hatte er zu diesem Zeitpunkt für eine Lektüre noch keine Zeit gefunden, weil er seinen Vortrag in Berlin anläßlich der Verleihung der Planckmedaille vorbereiten mußte.
[4] L. Landau und R. Peierls: Erweiterung des Unbestimmtheitsprinzips für die relativistische Quantentheorie. Z. Phys. **69**, 56–69 (1931). Signiert ETH-Zürich, Januar 1931. Eingegangen am 3. März 1931. – Paulis Kritik ist in seinem Schreiben [280] und [281] enthalten.
[5] Siehe Pauli [1933], dort insbesondere S. 91f. und S. 256f. – Eine weitere Einschränkung für die Feldmessung durch die dem Probekörper durch die Unbestimmtheitsrelationen auferlegten Ungenauigkeiten von Impuls und Position hat Jordan mit Fock während eines Aufenthalts im Physikalisch-Technischen Institut in Charkow gefunden. (Vgl. P. Jordan und V. Fock: Neue Unbestimmtheitseigenschaften des elektromagnetischen Feldes. Z. Phys. **66**, 206–209 (1930). Eingegangen am 15. Oktober 1930.)
Auch auch diese Arbeit wurde von Bohr und Heisenberg in dem unter 2 genannten Briefwechsel kritisiert.

[264] Heisenberg an Peierls und Landau

Leipzig, 26. Januar [1931]

Lieber Peierls und lieber Landau!
Vielen Dank für Ihre interessante Arbeit, deren Tendenz mir außerordentlich sympathisch ist[a]. Es ist mir durchaus klar – und von Ihnen sehr schön herausgearbeitet worden – daß man in der bisherigen Quantenmechanik der relativistischen Effekte viel zu viel „unbeobachtbares“ in die Theorie hereinsteckt und sich über die verschiedenen Unglücke eigentlich nicht beklagen kann. Allerdings hab' ich gegen Ihre Arbeit einen Einwand, den ich auch oft gegen Bohr geltend gemacht hab': Ich glaube stets gerne, daß *sämtliche* bisherigen Begriffe versagen. Was mich aber interessiert, sind die ganz wenigen Relationen, die *nicht* versagen: so etwas, wie 1924 die Burger-Dorgeloschen Summenregeln[b]. Also, um meine Kritik spießig (im Sinne Landau) einzukleiden: *Δο'ς μοι πον̄ στω̄*“![c] Aber ich will Ihre Arbeit noch genau studieren, ob wirklich alle die Begriffe versagen, von denen Sie's behaupten; und ich hoffe, daraus zu lernen.

In ihrer Arbeit steht übrigens noch ein ganz unwesentlicher, aber elementarer Fehler an der Stelle, wo Sie die Ungenauigkeitsrelationen der Quantenelektrodynamik kritisieren, wie ich mit Schadenfreude bemerkte. Es gibt in der Quantenmechanik einen schönen Satz, demzufolge die zeitlichen Mittelwerte sämtlicher Operatoren (i.e. ihre Diagonalelemente!) vertauschbar und daher gleichzeitig meßbar sind[d]. Dies gilt auch für $\mathfrak{E}$ und $\mathfrak{H}$ und daher ist es völlig trivial, daß bei Messungen über lange Zeiten Δt, die ja *Mittelwerte* von $\mathfrak{E}$ und $\mathfrak{H}$ bestimmen, die Ungenauigkeitsrelationen meines Buchs nicht herauskommen können und nicht gelten und nicht behauptet wurden[e]. Diese beziehen sich vielmehr auf Momentanwerte $\Delta t = 0$, wie sämtliche Vertauschungsrelationen und Ungenauigkeitsrelationen der bisherigen Theorie. Man kann aber sagen, daß die Ungenauigkeitsrelationen meines Buchs auch dann noch gelten müssen, wenn Δt zwar $\neq 0$, aber noch $\Delta t < \frac{\Delta l}{c}$, weil in solchen Zeiten die Mittelwerte von $\mathfrak{E}$ und $\mathfrak{H}$ über das Raumgebiet Δl^3 sich nicht merklich ändern können, also durch die Zeitintegration nichts herausgemittelt wird. (Die hohen Frequenzen sind ja durch die Raumintegration herausgemittelt.) Für $\Delta t > \frac{\Delta l}{c}$ gelten aber die Ungenauigkeitsrelationen meines Buches trivialerweise nicht mehr, (was auch nirgends behauptet wurde), ebenso wenig, wie etwa zwischen den Zeitmittelwerten von p und q in der Quantenmechanik irgendeine Ungenauigkeitsrelation besteht; beim Wasserstoff ist z.B. $\bar{x}=0$ und $\bar{p}_x=0$. Von statischen Feldern zu sprechen, ist deswegen falsch, weil es die ebensowenig gibt, wie ‚statische' Koordinaten beim Oszillator.

Dieser ganze Punkt ist aber zu uninteressant, um ihn ausführlich zu diskutieren. – Hoffentlich schreiben Sie also nächstens eine Arbeit über die Begriffe, die *nicht* versagen. Herzliche Grüße, auch an Pauli! Ihr W. Heisenberg

a) Es ist zweifellos das Manuskript der im Kommentar unter Anmerkung 4 zitierten Arbeit von Landau und Peierls. – b) Siehe hierzu den Kommentar zu [64]. – c) „Gib mir einen Platz, wo ich stehen kann, und ich werde die Erde bewegen." Dieser Ausspruch wird nach Pappus dem Archimedes zugeschrieben, als dieser mit Hilfe eines Flaschenzuges ein großes Schiff bewegen wollte. – d) Pauli bemerkte hierzu in [1933] (auf S. 257): „An dieser Stelle hat das Argument von Landau und Peierls jedoch eine wesentliche Lücke, da der ausgestrahlte Impuls und die ausgestrahlte Energie einer exakten Messung zugänglich sind. Die durch diese bedingte Änderung von Energie und Impuls des geladenen Körpers kann deshalb nicht ohne weiteres als *unbestimmte* Änderung angesehen werden. Infolgedessen haftet den weiteren Folgerungen eine wesentliche Unsicherheit an und die Frage nach der Genauigkeit der Feldstärkemessung muß als eine *noch nicht geklärte* angesehen werden." Vgl. hierzu auch N. Bohr und L. Rosenfeld: Zur Frage der Meßbarkeit der elektromagnetischen Feldgrößen. Det Kgl. Danske Videnskabernes Selskab. Math.-fys. Meddelelser XII, 8. Kopenhagen 1933, dort insbesondere S. 26ff., und L. Rosenfeld: The Measuring Process in Quantum Mechanics. Supplement of the Progress of Theoretical Physics, Commemoration Issue for the 30th Anniversary of the Meson Theory by Dr. H. Yukawa, 1965. Dort S. 222–231. – e) Siehe Fußnote 3 des Kommentars.

Nach dem Abschluß der ersten erkenntnistheoretischen Diskussionen über Inhalt und Bedeutung der neuen Quantenmechanik durch die Physiker Ende 1927 auf der Volta-Feier in Como und auf dem 5. Solvay-Kongreß in Brüssel begannen sich nun in verstärkterem Maße auch die Philosophen mit diesem Gegenstand zu beschäftigen. Im Vordergrund der philosophischen Auseinandersetzung stand vorerst noch die durch die Quantentheorie geforderte Revision des Kausalitätsbegriffes.

Moritz Schlick hatte sich bereits zu Beginn der zwanziger Jahre zur Stellung des Kausalitätsproblems in der Physik geäußert. Er war dabei aber im wesentlichen nur auf die durch die Relativitätstheorie bedingten Implikationen eingegangen.[1] »Die Wendung, zu der die Physik der letzten Jahre in der Frage der Kausalität gelangt ist«, heißt es nun in einem weiteren Aufsatz zu diesem Thema, dessen Manuskript er zusammen mit einem Begleitschreiben an Pauli schickte, »konnte ... nicht vorausgesehen werden. Soviel auch über Determinismus und Indeterminismus, über Inhalt, Geltung und Prüfung des Kausalprinzips philosophiert wurde – niemand ist gerade auf diejenige Möglichkeit verfallen, welche uns die Quantenphysik als den Schlüssel anbietet, der die Einsicht in die Art der kausalen Ordnung öffnen soll, die in der Wirklichkeit tatsächlich besteht.

... Jetzt aber, nachdem die Fruchtbarkeit der quantentheoretischen Begriffe durch die außerordentlichen Erfolge ihrer Anwendung dargetan ist und wir schon einige Jahre Gelegenheit zur Gewöhnung an die neuen Ideen gehabt haben, jetzt dürfte der Versuch nicht mehr verfrüht sein, zur philosophischen Klarheit über den Sinn und die Tragweite der Gedanken zu kommen, welche die gegenwärtige Physik zum Kausalproblem beiträgt.«[2]

Schicks Aufsatz ist eine der ersten ernstzunehmenden Stellungnahmen von philosophischer Seite zu der neuen Quantentheorie[3]. Als Anführer der neopositivistischen Schule vertrat er jedoch einen erkenntnistheoretischen Standpunkt, der nur von wenigen Physikern geteilt wurde.

Max Planck hatte sich schon sehr früh vom Positivismus abgewandt, nachdem er selbst die Unfruchtbarkeit einer solchen mehr auf eine Analyse des Erkenntnisvorgangs als auf die Gewinnung von Erkenntnis gerichteten Wissenschaft für die praktische Forschungsarbeit erfahren hatte.[4] Eine konsequente Folge aus dem Positivismus als einer Lehre, welche allein die »Analyse der Empfindungen« als Grundlage der Wissenschaft anerkannte, war bekanntlich die Ablehnung der Atome als reale Naturgegebenheiten gewesen. Aber gerade das war unannehmbar für einen Physiker des 20. Jahrhunderts, für den der Nachweis der realen Existenz der Atome zu den wichtigsten Erfolgen seiner Wissenschaft zählte.

Selbst Albert Einstein, dessen Spezielle Relativitätstheorie ursprünglich noch unter dem Einfluß positivistischer Gedanken entstanden war, äußerte sich später Schlick gegenüber fast ebenso ablehenend: »Allgemein betrachtet«, bemerkte er in einem Brief an ihn, »entspricht ihre Darstellung insofern nicht meiner Auffassungsweise, als ich Ihre ganze Auffassung sozusagen zu positivistisch finde. Die Physik liefert zwar Relationen zwischen Sinneserlebnissen, aber nur mittelbar ... Ich sage es Ihnen glatt heraus, die Physik ist ein Versuch der begrifflichen Konstruktion eines Modells der realen Welt, sowie deren gesetzlicher Struktur, allerdings muß sie die empirischen Relationen zwischen den uns zugänglichen Sinneserlebnissen exakt darstellen, aber nur so ist sie an letztere gekettet.«

Interessanterweise lehnte der kritische Pauli die positivistischen Gedanken jetzt weniger ab als die Physiker der älteren Generation wie Planck, Einstein und Sommerfeld. Seine in dem folgenden Brief dargelegten Einwände betreffen insofern den Positivismus selbst weniger, als einige mißverständliche Punkte und weiterführende Überlegungen, die Schlick in seinem Aufsatz übergangen hatte.

Die von Schlick als Merkmal für das Bestehen eines kausalen Zusammenhangs geforderte Existenz einer Theorie (und einer Gleichung als den ihr entsprechenden Ausdruck) erschien Pauli als zu weitgehend. Ebenso empfand Pauli den Unterschied zwischen klassischer und quantentheoretischer Gesetzmäßigkeit nicht genügend herausgearbeitet. Daß Schlick schließlich die philosophischen Folgerungen der Bohrschen Komplementaritätsauffassung, zu der sich ja auch Pauli bekannte, überhaupt nicht erwähnt hatte, veranlaßte ihn zu der etwas spöttischen Aufforderung, daß Schlick hierzu »hoffentlich noch einige Abhandlungen schreiben werde.«

Zu Schlicks Ausführungen über die Natur der statistischen Gesetzmäßigkeiten, die auch von Paul hier kritisiert werden, erschien eine längere Stellungnahme von Hans Reichenbach im dritten Augustheft der Naturwissenschaften.

[1] M. Schlick: »Naturphilosophische Betrachtungen über das Kausalprinzip.« Naturwiss. **8**, 461–474 (1920).

[2] M. Schlick: »Die Kausalität in der gegenwärtigen Physik.« Naturwiss. **19**, 145–162 (1931).

[3] Vgl. hierzu auch den bereits im Kommentar zu [23a] erwähnten Prager Vortrag von Philipp Frank vom September 1929. Möglicherweise hatte dieser Vortrag und Sommerfelds Stellungnahme Schlick veranlaßt, sich eingehender mit den philosophischen Konsequenzen der Quantentheorie aus-

einanderzusetzen. In diesem Sinne schrieb Sommerfeld am 17. Oktober 1932 an Schlick: „Ich habe Ihre beiden Aufsätze genau gelesen, sie sind ja zum Teil an meine Adresse gerichtet. Ich habe mich über die tolerante Gesinnung und über die Verständigkeitsbereitschaft gefreut. Daß gegen die absolute Konsequenz des positivistischen Systems nichts zu machen ist, habe ich in Diskussionen mit Ph. Frank schon früher zugegeben. – Und doch – ich wiederhole eine Frage, die ich am Ende meines Wiener Vortrages gestellt habe: Ist die Dualität zwischen Seelischem und Körperlichem kein philosophisches Problem? Gewinnt man etwas, wenn man dieses Problem als nicht-existent erklärt? Und noch eines: Der Positivismus führt zur Unfruchtbarkeit. Als ich das früher einmal andeutete, hatte ich Jaumann im Sinne. Ich könnte auch Ph. Frank anführen, der trotz allen Scharfsinnes nie ein physikalisches Problem angefaßt hat. – Ich bin nicht Dogmatiker im religiösen Sinne, aber ich bin Dogmatiker im Punkte der Naturgesetze. Das Machsche »Prinzip der schlampigen Naturgesetze« kann ich nicht vertragen, trotz der Unschärferelation. Auch Einstein lehnt es ab, er sagte mir einmal: »Alle Physik ist Metaphysik«."

[4] Vgl. hierzu M. Planck: »Die Einheit des physikalischen Weltbildes.« Physik. Z. **10**, 62–75 (1909). Diese am 8. Dezember 1908 in Leiden vorgetragene Rede rief einen heftigen Protest von Ernst Mach hervor, der nun seinerseits »Die Leitfaden meiner naturwissenschaftlichen Erkenntnislehre und ihre Aufnahme durch die Zeitgenossen« in der Physik. Z. **11**, 599–606 (1910) publizierte. Zu einer weiteren Stellungnahme hatte Planck seine Erwiderung »Zur Machschen Theorie der physikalischen Erkenntnis« in der Physik. Z. **11**, 1186–1190 (1910) eingereicht.

[265] Pauli an Schlick

Zürich, 5. Februar [1931]
[Maschinenschriftliche Abschrift]

Lieber Herr Schlick!

Haben Sie vielen Dank für Brief und Manuskript[a]. Ich freue mich also ganz außerordentlich, daß Sie kommen werden. Möchte über vieles mit Ihnen plaudern, über die Wiener Konfession[b] (Sie werden erraten, was ich so nenne), über Ihre Fragen der Ethik[c] (ich habe sie diesen Herbst gelesen; mußte oft feststellen, daß sie gerade dort aufhören, wo die Sache erst interessant wird) und natürlich auch über Quanten und Kausalität. Ich hoffe bestimmt, Ihr jetziges Manuskript ist nur ein kleiner Anfang verglichen mit Ihren Abhandlungen über diesen Gegenstand, die noch kommen *werden;* denn es ist bestimmt nur ein kleiner Anfang verglichen mit Ihren Abhandlungen darüber, die noch kommen *sollten!* Die Stellung zur Kausalität ist ja nur *eine* erkenntnistheoretische Seite der Quantentheorie, neben vielen anderen, die für einen Antiphilosophen (das soll natürlich ein Lob sein) Ihrer Richtung von Interesse sein müssen.[d]

Nun darf ich vielleicht gleich zu dem Inhalt Ihres Manuskriptes Stellung nehmen. Die Sache ist so: ich kann alles was Sie sagen, so interpretieren, daß ich einverstanden bin. Man könnte aber vieles auch so interpretieren, daß ich protestieren müßte; kurz, ich meine, Sie haben sich nicht in allen Fragen präzise und deutlich genug ausgedrückt.

Man muß zunächst, glaube ich, zwei verschiedene Fragen deutlicher auseinanderhalten als dies in Ihrem Manuskript geschehen ist:

A) Wie stellt man einen kausalen Zusammenhang zwischen Beobachtungsdaten fest und in welchem Umfang besteht ein solcher nach der Auffassung der Quantentheorie?

B) Wie prüft man eine bestimmte Theorie durch Experimente?

Ich behaupte, daß die Frage A schon ohne Kenntnis einer Theorie des Vorganges durch Experimente in einem gewissen Umfang entschieden werden kann.[e]

I. Die Frage A muß ein Physiker, glaube ich, so beantworten. Man hat eine gewisse Reihe von Beobachtungsdaten $A1$, $A2$, ... von bestimmter Art, welche willkürlich herstellbare und variable Bedingungen garantieren. (Beispiel: die elektromagnetischen Feldstärken im Innern eines endlichen Raumgebietes für einen bestimmten Zeitmoment und am Rande des Gebietes für alle Zeiten.) Dann sollen immer außerdem andere Beobachtungsdaten $B1$, $B2$, ... mitbestehen müssen. (In dem Beispiel: die elektromagnetischen Feldstärken im Innern des räumlichen Gebietes zu späteren und früheren Zeiten.) Es ist wesentlich, daß man übereinkommt, daß außer den Daten $A1$, $A2$, ... *keine anderen mehr* nötig sind, um $B1$, $B2$, ... zu bestimmen. Und zweitens, daß das Experiment wiederholt werden kann, d.h. daß die $A1$, $A2$, ... vom Experimentator willkürlich hergestellt werden können. (Dies ist etwas, was man ‚Vorhersagbarkeit' nennen kann, wenn man will.) Es ist ferner wesentlich, daß in dem Beispiel der Feldstärken das Bestehen des Kausalzusammenhanges schon festgestellt werden kann, *auch wenn dem Physiker die Maxwellschen Gleichungen noch nicht bekannt sind.* Ebenso kann man in der Mechanik empirisch feststellen, daß durch Anfangslagen und Anfangsgeschwindigkeiten eines Systems von Massenpunkten die Lagen und Geschwindigkeiten zu einer späteren Zeit bestimmt sind (die Physiker sagen dann *kausal* bestimmt sind), *auch wenn die Formeln, die aus ersteren die letzteren zu berechnen gestatten, dem Physiker noch nicht bekannt sind.* Der unterstrichene Zusatz ist nach meiner Meinung in Ihrem Manuskript nicht genügend betont (im § 6 namentlich), wodurch mir manches in eine etwas schiefe Beleuchtung zu kommen scheint. (Die Frage, wie man durch Beobachtungspunkte am besten Kurven bzw. stetige Funktionen legen kann, scheint mir ganz unsinnig und daher unbeantwortbar: *In einer vernünftigen Physik darf sie niemals in dieser Form auftreten.)*

II. Wir wissen also jetzt, wie kausale Zusammenhänge festgestellt werden können. Auch in der Quantentheorie bestehen solche wie z.B. der Satz, daß Energie und Impuls eines Systems zeitlich konstant bleiben. Der Unterschied zwischen klassischer Physik und Quantenphysik besteht darin, daß in ersterer folgende beiden Behauptungen bestehen, die in der Quantenphysik nicht mehr gelten:

1. Alle Naturgesetze sind aus solchen deduzierbar, welche die oben genannte kausale Form haben.

2. Es läßt sich für einen gewissen Zustand stets eine solche Mannigfaltigkeit von Beobachtungsdaten A angeben, daß *alle* entsprechenden Beobachtungsdaten B zu einer späteren oder früheren Zeit dann gesetzlich eindeutig bestimmt sind. (Vorbehaltlich gewisser Randbedingungen im räumlich Unendlichen von denen ich hier nicht spreche.) Jedesmal, wenn bestimmte A, so auch bestimmte B. Auffindung der Funktion $B=f(A)$ ist erst ein weiterer Schritt!

Die Quantentheorie ersetzt diese Sätze durch andere:

2a. Wie immer ich meine Mannigfaltigkeit A von Beobachtungsdaten zu einer gewissen Zeit auswähle, es gibt dann zu anderen Zeiten immer solche B, die nicht ‚reproduzierbar' sind, d.h. unbestimmt bleiben. Es gibt nämlich verschiedene Beobachtungsmöglichkeiten, Versuchsanordnungen also, *die einan-*

der ausschließen (z.B. Messung von Impuls p und von Ort q eines Partikels) und jede Versuchsanordnung zur Messung bringt störende Einflüsse auf das zu messende System mit sich, die *prinzipiell* unbestimmt bleiben *müssen.*[f] (Hier wird die Frage nach der Möglichkeit der Trennung des zu untersuchenden Systems vom Beobachtungsapparat – allgemein von Phänomen und Beobachtung desselben – aufgerollt, eine Frage, über die Sie hoffentlich noch einige Abhandlungen schreiben werden.) Aus diesem Grunde ist es widerspruchsfrei möglich, Gesetze von nur statistischer Art anzunehmen (Satz 1a).[g]

Wenn ich sage ‚reproduzierbar', so können Sie auch sagen ‚vorhersagbar'. Ich habe nichts gegen diesen Terminus, wenn er richtig und unzweideutig verwendet wird.

In der Aussage 2a ist eine gewisse Konvention enthalten. Es könnten nämlich andere, uns heute noch unbekannte, feinere Beobachtungsmöglichkeiten C existieren, bei deren Kenntnis dann alles vorhersagbar wäre. Ich glaube, daß vom rein induktiven Standpunkt dagegen nichts eingewandt werden kann.[h] Wenn man aber an den Sinn eines logisch widerspruchsfreien Systems von Naturgesetzen glaubt, wird man solche Möglichkeiten vernünftigerweise nicht in Betracht ziehen. (Von jedem solchen System, z.B. von der klassischen Physik, stellt sich später heraus, daß es nur in einem bestimmten Umfang angewendet werden kann – niemals aber, daß es ‚falsch', d.h. gänzlich unbrauchbar ist.)

Ich möchte noch bemerken: Der Unterschied zwischen: ‚unbrauchbarer Vorschrift' und ‚unrichtiger Aussage' ist mir unklar geblieben. Mit der ganzen Richtung Wittgenstein (Übertragung logischer Methoden Hilberts und anderer von der Mathematik auf die Naturwissenschaften) kann ich mich nicht befreunden; ich sehe die Fruchtbarkeit dieser Methode nicht ein.[i]

Zur *Frage B:* Wie man eine bestimmte Theorie, also bestimmte spezielle Gesetze über den Zusammenhang von Beobachtungsdaten (nicht: die Tatsache eines eindeutigen Zusammenhanges überhaupt) prüft, ist im allgemeinen viel komplizierter. Gewöhnlich geschieht dies mittels indirekter Folgerungen aus den ursprünglichen Annahmen der Theorie. Vgl. Anomalie der Merkurbewegung, Rotverschiebung der Spektrallinien. (S. 12 Ihres Manuskriptes[j].) Die Art von ‚Voraussagbarkeit', um die es sich hier handelt, ist aber wesentlich verschieden von derjenigen ‚Voraussagbarkeit', um die es sich handelt, wenn das Bestehen eines kausalen (gesetzlichen) Zusammenhanges überhaupt geprüft wird. ‚Jedesmal, wenn A, dasselbe B' ist etwas anderes wie eine spezielle Funktionsform ‚$B=f(A)$'.

Die ‚Prüfung eines Gesetzes' ist etwas anderes wie die Prüfung der Frage, ob zwischen gewissen Versuchsresultaten überhaupt eindeutige Zusammenhänge bestehen. Deshalb scheint mir der Schluß Ihres § 6 irreführend zu sein.

Zur Charakteristik des ‚statistischen Gesetzes' hätte ich noch zu sagen, daß mir die Zerlegung eines solchen in strenge Gesetzmäßigkeit und völlige Gesetzlosigkeit weder allgemein durchführbar, noch zweckmäßig erscheint. Ferner, daß es eine andere Definition der Wahrscheinlichkeit, als die durch Zahl der günstigen dividiert durch Zahl der möglichen Fälle für den Physiker nicht geben kann, *trotz* der ihr innewohnenden prinzipiellen Unbestimmtheit wegen des Überganges zum Limes einer unendlichen Anzahl von Fällen.

Nun ist ja der Brief schon ziemlich lang geworden, also will ich über andere Fragen, wie die der scheinbaren Auszeichnung der Zukunft vor der Vergangenheit im täglichen Leben[k], nichts mehr schreiben. Vielleicht wird mein Brief zur Präzisierung Ihres eigenen Standpunktes etwas beitragen können. Alles weitere mündlich.

Also auf frohes Wiedersehen nächsten Mittwoch und viele Grüße, sowie Empfehlungen an Ihre Frau,

von Ihrem W. Pauli

a) Es handelt sich offensichtlich um das Manuskript des wenig später in den »Naturwissenschaften« publizierten Aufsatzes. (Vgl. Fußnote 2 des Kommentars.) Das entsprechende Heft Nr. 7 wurde am 13. Februar 1931 ausgegeben, so daß Paulis Bemerkungen hierauf keinen Einfluß mehr ausüben konnten. – Weitere Stellungnahmen und Kritiken zu Schlicks Aufsatz wurden auch von anderer Seite bei der Redaktion der »Naturwissenschaften« eingereicht. Vgl. H. Reichenbach: »Das Kausalproblem in der Physik.« Naturwiss. **19**, 713–722 (1931) und G. Hamel: »Die Kausalität in der klassischen Physik, insbesondere in der Mechanik.« Naturwiss. **19**, 895 (1931). – b) Vgl. Fußnote b zu [246]. – c) M. Schlick: »Fragen der Ethik.« Wien 1930. Auf den Zusammenhang von Kausalität und Willensfreiheit geht Schlick auch in einem abschließenden Paragraphen seines Aufsatzes ein. – d) Vgl. hierzu auch Einsteins Bemerkung über den Anti-Kantianer Schlick in einem Brief vom 9. Dezember an Max Born. (Siehe Fußnote 2 zum Kommentar von [23a].) – e) Schlick diskutiert im § 4 seines Aufsatzes die Auffindung einer geeigneten mathematischen Funktion zur Beschreibung eines kausalen Zusammenhanges (Gesetzes). Dabei unterscheidet er zwischen zwei gängigen Definitionsweisen der Kausalität: Die sog. Maxwellsche Definition fordert, daß in den Gleichungen, welche den fraglichen Ablauf bestimmen sollen, die Raum- und Zeitkoordinaten nicht explizite vorkommen dürfen. Die andere Möglichkeit, Kausalität durch eine größtmögliche Einfachheit der beschreibenden Funktionen zu erklären, bezeichnete Schlick als ästhetische Definition. Bei der letzteren stelle sich dann das hier von Pauli angesprochene Problem, eine solche »einfache« Funktion für eine vorgegebene Anzahl von isolierten Meßpunkten festzulegen. – Diese Fragestellung geht übrigens auf Mach zurück, nach dem es Aufgabe einer Theorie ist, eine netzartige Verknüpfung der Erscheinungen durch eine stetige Fläche durch die Beobachtungspunkte herzustellen. – f) Wie bereits im Kommentar erwähnt, hatte Schlick in seinem Aufsatz das Problem der quantenmechanischen Komplementarität nicht berührt. Aber gerade das mußte Paulis Auffassungen zuwiderlaufen, da er als Anhänger der Kopenhagener Schule in der Komplementarität eine grundlegende Eigentümlichkeit der Quantenphysik erblickte. Als Pauli wenig später in seiner Wellenmechanik [1933] den quantenmechanischen Meßprozeß behandelte, schlug er in Analogie zur Relativitätstheorie für die Quantentheorie die Bezeichnung »Komplementaritätstheorie« vor. – g) Pauli weist hiermit auf einen (auf S. 157f. des Aufsatzes) von Schlick nicht beachteten Aspekt der statistischen Gesetzmäßigkeiten hin, der später auch in dem Beitrag von Reichenbach (siehe Anmerkung a) aufgegriffen wurde. – h) Auf S. 156 hatte Schlick geäußert, daß stets die Hoffnung bestehen bleibe, dem Kausalprinzip bei weiterem Erkenntnisfortschritt wieder zur vollen Geltung zu verhelfen. Gerade diese Frage wurde später auch von seiten einiger Physiker erneut aufgegriffen, die sich mit dem durch die Quantentheorie geschaffenen Indeterminismus in der Phisik nicht abfinden konnten. Pauli vertrat den gleichen Standpunkt wie Heisenberg, der seine Auffassung in einem Manuskript von 1935: »Ist eine deterministische Ergänzung der Quantenmechanik möglich?« darlegte. – i) Dieses Argument, daß die Fruchtbarkeit einer Methode der entscheidendere Gesichtspunkt für den Physiker sei, hatte zuerst Max Planck dem Machschen Positivismus entgegengehalten. (Vgl. den in der Fußnote 1 des Kommentars genannten Vortrag von Planck aus dem Jahre 1908). – Der von Pauli öfters gebrauchte Ausspruch: »Das ist nicht einmal falsch« zur Charakterisierung einer inhaltslosen Bemerkung dürfte ebenfalls ein Rückgriff auf den analogen Einwand Plancks gegen den Positivismus sein. Die Umkehrung dieses Gedankens gebrauchte einmal Schlick in der folgenden Bemerkung: »Geistreich heißt ein Gedanke, wenn er zwar falsch, aber interessant ist.« (Vgl. M. Schlick: Gesammelte Aufsätze 1926–1936. Wien 1938. Dort S. XXX.) – j) Entspricht S. 150 des Schlickschen Aufsatzes. – k) Schlick wollte (in § 13 des Aufsatzes) im Gegensatz zu Reichenbach nur die Entropievermehrung als Ursache der Zeitrichtung zulassen. Über dieses Problem hatte sich auch E. Zilsel in »Die Asymmetrie der Kausalität und die Einsinnigkeit der Zeit«, Naturwiss. **15**, 280–286 (1927), geäußert.

Millikans Verhältnis zu den deutschen Kollegen war gespalten. Kurz nach seiner Promotion war er 1895 für acht Monate nach Jena, Berlin und Göttingen gekommen. In Göttingen führte er unter Walther Nernst eine experimentelle Untersuchung über das Verhalten leitender Kugeln in einem Dielektrikum durch.[1] Nach seiner Rückkehr nach Chicago avancierte er zum Professor und wurde bald einer der führenden Wissenschaftsorganisatoren in Amerika.[2] Seinen internationalen Ruf verdankte er aber seinen Präzisionsmessungen, die ihn 1913 zu einer genauen Bestimmung der elektrischen Elementarladung führten.[3]

1921 wurde er als Leiter des neugegründeten California Institute of Technology und zugleich als Vorsitzender des Norman-Bridge-Laboratoriums für Physik nach Pasadena berufen. Seit 1922 begannen Millikan und seine Schüler sich den Problemen der kosmischen Strahlung zuzuwenden, die zu dieser Zeit auch von den europäischen Forschern mit größtem Eifer verfolgt wurden und Anlaß zu manchen Prioritätsstreitigkeiten gaben. Millikan besuchte häufig die europäischen Institute und physikalischen Laboratorien und konnte viele hervorragende Wissenschaftlicher zu Vorträgen und Gastaufenthalten nach Kalifornien einladen.[4] Neben Ann Arbor in Michigan wurde Pasadena bald der bevorzugte Besuchsort europäischer Gäste in Amerika. Die vorliegende Einladung an Pauli [266] weist darauf hin, wie gut Millikan über alle Vorgänge im In- und Ausland informiert war. So wußte er auch von Paulis Einladung nach Ann Arbor, die bereits ein Jahr zuvor vereinbart war.

In Zürich war man schon zum Jahresende bestrebt, einen Ersatz für Pauli während seiner Abwesenheit zu beschaffen. Gregor Wentzel wandte sich am 25. Januar 1931 an Sommerfeld. „Wenn Morse und Stückelberg im Sommer herkommen wollten, würde ich das sehr begrüßen, zumal mir die Gesellschaft von Pauli im Seminar sehr fehlen wird.“

Pauli hatte später seinen ersten Besuch in Pasadena wegen seines Neutrinovortrags noch in lebhafter Erinnerung. In seinem Schreiben vom 6. Oktober 1958 an Delbrück berichtete er: „Über das Neutrino habe ich ja 1931 in Pasadena zum ersten Mal öffentlich vorgetragen – the english language comes natural by talking of the Pasadena of 1931. Unfortunately, I may say, I had to live in the home of Millikan for some while, home – at least of my impression of it – is this: he wanted implicitely to convince the visitor that he would every morning transform the blood of Christ into orange juice (and on Sundays, in the afternoon, too). I was glad, when I moved out into the Athenaeum where Epstein ... often fetched me for some excursion. In his home the atmosphere was very different, namely with some Freudian touch. Complementary to the Millikan-house, but causally related to it, by the prohibition, were my experiences in the speakeasies of Chicago at the same trip. But this I have to omit ...“

Wie man mit den Unannehmlichkeiten der Prohibition fertig werden konnte, hatte schon Ludwig Boltzmann 1905 amüsant geschildert.[5] 1920 war die Prohibition in den USA durch ein Bundesgesetz allgemein eingeführt worden und führte zu einem lebhaften Schmuggel besonders in den Grenzgebieten wie Chicago, worauf Pauli hier anspielt.[6]

[1] R.A. Millikan: Eine experimentelle Prüfung der Clausius-Mossottischen Formel. Ann. Phys. **60**, 376–380 (1897).

[2] Siehe hierzu P.S. Epstein: Robert Andrews Millikan as Physicist and Teacher. Rev. Mod. Phys. **20**, 10–25 (1948). – E. Regener: Robert Andrews Millikan †. Physik. Bl. **10**, 227–229 (1954). – Robert A. Millikan: Autobiography of Robert A. Millikan. Prentice-Hall. New York (1950). S. 118–125. D.J. Kevles: Robert A. Millikan. Scientific American, Januar 1979. S. 118–125.

[3] Den Bericht über seine Öltröpfchenmethode publizierte er auch (in deutscher Übersetzung) in der Physikalischen Zeitschrift **14**, 796–812 (1913) unter dem Titel: Über die elektrische Elementarladung und die Avogadrosche Konstante. – Erich Regener hatte übrigens schon im Jahre 1909, wie er vorsichtig in seinem in der Fußnote 2 erwähnten Nachruf erwähnt, eine „eigene Bestimmung

von e durch Zählung und Ladungsmessung der α-Teilchen ... mit viel geringeren Ansprüchen an die Genauigkeit" vorgenommen, die fast den gleichen Millikanschen Wert $e = 4{,}79 \cdot 10^{-10}$ *e.st.E.* ergab.

[4] Siehe hierzu z.B. A.F. Joffe: Begegnungen mit Physikern. Pfalz-Verlag: Basel 1967. Dort S. 110f.

[5] Vgl. L. Boltzmann: Reise eines deutschen Professors ins Eldorado. Johann Ambrosius Barth: Leipzig 1905. Dort S. 14.

[6] G. Schmölders: 10 Jahre Prohibition in den Vereinigten Staaten. Die Umschau **34**, 207–211 (1930). – K. Allsop. The bootleggers; the story of Chicagos prohibition era. New Rochelle, N.Y. 1970.

[266] Millikan an Pauli

[Pasadena], 7, February 1931
[Maschinenschriftlicher Durchschlag]

Dear Dr. Pauli!

The first national summer meeting of the American Association for the Advancement of Science is to be held in Los Angeles and Pasadena from June 15th to June 22.[a] I am informed that you and Dr. Sommerfeld are to be at Michigan this summer. The officers of the Association and the local committes very much hope that this means that you can be present during this meeting before your Ann Arbor commitment, and take part in a symposium on the present status of the problem of the structure of the nucelus. In addition to all of the local men who will be present at this meeting, we are going to have Fowler here from Cambridge participating in this discussion, and possibly also Kramers.[b] We should entertain you while here in the new Athenaeum[c], and I think could pay your carfare from Ann Arbor to Los Angeles and return.

Cordially yours [R.A. Millikan]

a) Ein kurzer Bericht von L.B. Loeb über diese denkwürdige Veranstaltung erschien im ersten Augustheft der Phys. Rev. **38**, 579–581 (1931). Dort heißt es: „The 171st regular meeting of the American Physical Society was held at the California Institute of Technology, Pasadena, California, in affiliation with Section B of the American Association for the Advancement of Science, during the period June 15–June 20, 1931 ... The mornings of June 15th, 16th and 18th were occupied by symposia, the papers being by invitation and covering the following topics:

Symposium on »The Physics of Crystals« ...

Symposium of »The Present Status of the Problem of Nuclear Structure« ...

Symposium on »The Production of High Energy Electrical Particles«".

Unter den Vortragenden des zweitgenannten Symposiums befinden sich W.F.G. Swann, R.H. Fowler, W. Pauli, S.A. Goudsmit und W.M. Latimer. Der Mittwoch (17. Juni) wurde für den Besuch der Symposia der Astronomen und Chemiker freigehalten. An den Nachmittagen konnte man an Exkursionen und Besichtigungen der Laboratorien teilnehmen. Ein großes Festessen mit Beteiligung von einigen Hundert Gästen und ein Vortrag des berühmten Astronomen Edwin Powell Hubble vom Mt. Wilson Observatory bildete den Abschluß. Einigen Angaben zufolge soll Pauli seine Neutrinohypothese während seines Vortrags im Kernphysikersymposium über „Problems of Hyperfine Structure" geäußert haben. Die vielen Veranstaltungen boten Gelegenheit zur Diskussion, zumal Pauli hier in Pasadena viele Bekannte antraf. Besonders in Gesellschaft von Epstein verbrachte er angenehme Stunden, wie er später seinem Freunde Max Delbrück berichtet hat. – b) R.H. Fowler sprach über „Recent Studies of Nuclear Stationary States"; Kramers, der zu diesem Zeitpunkt seine Gastprofessur an der Purdue University beendet hatte und an der summer session in Michigan teilnahm, war dagegen nicht nach Kalifornien gekommen. – c) Das Athenaeum des California Institute of Technology war dem Athenaeum Club in London nachempfunden. Es sollte nach seinem Begründer George Ellery Hale die Aufgabe haben, ein gesellschaftliches Zentrum zu sein, ein „Social rendezvous where members and friends may hear discussions of topics of interest ... by those best prepared to tell of the fascinating developments in science and art, literature, history and government.“ Erst im Oktober 1930 fertiggestellt, wohnte bereits im Januar 1931 Einstein hier während seines dreimonatigen Aufenthalts in Pasadena. „Seit 5 Wochen treiben wir uns in diesem Paradies herum“, schrieb Einstein am 5. Februar den Borns, und weckte bei diesen die Sehnsucht nach dem schönen sonnigen Kalifornien.

Vom 20.–24. Mai sollte in Zürich die traditionelle physikalische Vortragswoche stattfinden, die diesmal der Kernphysik gewidmet war. Da Pauli dieser Veranstaltung natürlich nicht fernbleiben konnte, wohl auch nicht wollte, war die noch verbleibende Zeit bis zum 15. Juni für die Reise nach Kalifornien sehr kurz. Außerdem war Pauli noch am gleichen Wochenende in Berlin gewesen (vgl. [268] und [270]) – möglicherweise im Zusammenhang mit seiner verfahrenen Ehe mit Käthe Deppner, die sich damals hauptsächlich in der Reichshauptstadt aufhielt – und Anfang April reiste er offenbar noch einmal nach Kopenhagen und wahrscheinlich auch zu Ehrenfest nach Leiden (vgl. [271] und [274]).

[267] Pauli an Millikan

Zürich, [11]. März 1931
[Postkarte]

Sehr geehrter Herr Dr. Millikan!
Haben Sie vielen Dank für Ihre freundliche Einladung zu dem Sommer-Meeting in Pasadena und Los Angeles vom 15. bis 22. Juni. Leider kann ich Ihnen noch nicht definitiv zusagen, da ich nicht sicher weiß, ob ich so früh schon von Zürich werde abreisen können. Ich werde aber mein möglichstes tun, um kommen zu können. In 2 bis 3 Wochen hoffe ich Ihnen endgültiges schreiben zu können.

Nochmals vielen Dank und beste Grüße von

Ihrem sehr ergebenen W. Pauli

In der ersten unveröffentlicht gebliebenen relativistischen Wellengleichung aus dem Jahre 1926 von Schrödinger war weder der Spin enthalten – weshalb sie auch nicht die richtige Feinstruktur der Balmerserie liefern konnte – noch führte sie zu einer positiv-definiten Teilchendichte. Diese Schwierigkeiten wurden bekanntlich durch die Diracsche Theorie des Elektrons behoben. Darüber hinaus war der Elektronenspin in Diracs Theorie bereits mitenthalten. Ihre Anwendung auf das Wasserstoffatom lieferte die Sommerfeldsche Feinstrukturformel; auch die Zeemaneffekte komplizierterer Atome kamen richtig heraus.

Die größten Schwierigkeiten der Diracschen Theorie bildete nach wie vor der negative Teil des Energiespektrums

$$E = \pm \frac{m_0 c^2}{\sqrt{1-\beta^2}} + eV \quad (\beta := v/c)$$

für ein Teilchen der Ruhemasse m_0 (und der Ladung e in einem elektrostatischen Felde mit dem Potential V), der nur in einer klassischen Theorie ignorierbar ist, in der Wellenmechanik jedoch – wegen der möglichen quantenmechanischen Übergänge zwischen den positiven und negativen Energieniveaus – nicht vernachlässigt werden darf. J. Robert Oppenheimer hatte die Übergangswahrscheinlichkeiten für das Wasserstoffatom nach der Diracschen Strahlungstheorie berechnet und daraus eine Lebensdauer von höchstens 10^{-10} Sekunden erhalten.[1] Weitere paradoxe Folgerungen ergaben sich nach den Untersuchungen von Oskar Klein[2] und Fritz Sauter[3] über die Reflexion von Teilchen an einer Potentialwand, deren Höhe $eV > 2\,m_0c^2$ ist. Unter zweimaliger Umladung konnte eine solche Wand ungeachtet ihrer Höhe und Breite durchdrungen werden. Weil man bei einer Entwicklung nach Eigenfunktionen eines beliebigen Anfangszustandes die den negativen Zuständen entsprechenden Eigenfunktionen nicht weglassen darf (weil sonst das System der Eigenfunktionen unvollständig wäre), hat Schrödinger sich die Aufgabe gestellt, den Formalismus der Diracschen Theorie so abzuändern, daß die Übergänge zwischen den positiven und den negativen Energieniveaus unterbunden werden.

In einem Schreiben vom 24. Februar 1931 an Sommerfeld berichtete Schrödinger über die Ergebnisse seiner Untersuchungen, welche er am 29. Januar der Preußischen Akademie der Wissenschaft vorgelegt hatte[4]:

„Neulich schrieb mir einer Ihrer Schüler, Herr Sauter, einen Brief, der mir sehr genützt hat, obwohl das darin Behauptete nicht wörtlich richtig war. Aber ich kam dadurch zur begrifflichen Zergliederung der Frage der ‚negativen Energien' beim Dirac-Elektron und fand einige Dinge, deren endgültigen Wert ich noch nicht beurteilen kann, die mir aber doch sehr interessant sind. Es ist in Kürze so: man kann aus dem Diracschen Wellenoperator fein säuberlich einen additiven Bestandteil herauspräparieren, welcher ‚das Karnickel' ist, d.h. *er* bewirkt die, wenn auch geringe, ‚Übergangswahrscheinlichkeit in Zustände negativer kinetischer Energie, $m_0c^2/\sqrt{1-\beta^2}$. Er ist für die niedersten H-Bahnen von der Größenordnung Termwert mal Feinstrukturkonstante. Und jetzt kommt der Clou: *obwohl* das Karnickel so unverschämt groß ist, darf man es glatt *streichen,* fortlassen aus der Gleichung, ohne etwas an der Feinstruktur zu ändern, wenigstens nicht an den Termwerten. Auch Zeeman- und Starkeffekt bleiben unverändert. (Alles: innerhalb der Meßgenauigkeit, nicht exakt.). Es ist gewiß nicht das Endgültige, die Potentiale in der Diracgleichung sind ja überhaupt nur ein vorläufiger Ersatz für die Kopplung mit anderen Elektronen. Aber vielleicht ist es ein Schritt zur Klärung dieser zur Zeit noch sehr unsauberen Angelegenheit."

Unsauber war die Angelegenheit auch deshalb, weil der neue Formalismus bei Anwesenheit von Kräften nicht mehr relativistisch invariant bleibt. Damit wäre aber gerade der wichtigste Fortschritt der Diracschen Theorie hinfällig geworden.

Die in dem folgenden Brief [268] erörterten Vorschläge, wie man ganz allgemein einen Operator konstruieren kann, der jeden Operator in einen geraden und einen ungeraden Bestandteil zerlegt, hat Pauli ausführlich in seinem Handbuchartikel ([1933], dort S. 231) dargelegt. Das Verfahren hatte er schon im vorhergehenden Jahr bei seinen Untersuchungen der Quantenelektrodynamik im Konfigurationsraum entwickelt.[5]

[1] J.R. Oppenheimer: Two notes on the probability of radiative transitions. Phys. Rev. **35**, 939–947 (1930).

[2] O. Klein: Die Reflexion von Elektronen an einem Potentialsprung nach der relativistischen Dynamik von Dirac. Z. Phys. **53**, 157–165 (1929).

[3] F. Sauter: Über das Verhalten eines Elektrons im homogenen elektrischen Feld nach der relativistischen Theorie Diracs. Z. Phys. **69**, 742–764 (1931). Eingegangen am 21. April 1931. – Zum „Kleinschen Paradoxon". Z. Phys. **73**, 547–552 (1931). Eingegangen am 14. November 1931.

[4] E. Schrödinger: Zur Quantendynamik des Elektrons. Sitzungsberichte der Preußischen Akademie der Wissenschaften. Phys. – Math. Klasse. 1931. III, S. 63–72. Ausgegeben am 24. Februar. – Der Inhalt des genannten Schreibens an Sommerfeld, welches Schrödinger am gleichen Tage der Ausgabe verfaßte, dürfte ungefähr gleichlautend mit dem des verschollenen Briefes an Pauli sein. – Einen schönen Überblick über die hier von Schrödinger skizzierten Gedanken gibt H. Hönl in seiner: Feldmechanik des Elektrons und der Elementarteilchen. Ergebnisse der exakten Naturwissenschaften **26**, 291–382 (1952).

[5] Vgl. hierzu auch den Brief [318].

[268] Pauli an Schrödinger

Zürich, 11. März 1931

Lieber Schrödinger!
Vielen Dank für Brief und Sonderdruck. Ich habe viel dazu zu sagen. Denn ich hatte schon vor etwa einem Jahr die mathematische Frage mir überlegt (in etwas anderem Zusammenhang als Du), wie man einen beliebigen Operator in seinen geraden und ungeraden Bestandteil zerlegen kann. Dazu möchte ich, in Ergänzung Deiner Arbeit in den Berliner Berichten zunächst noch einiges sagen.

1) Es sei $u_{n,\alpha}(x)$ ($\alpha=1 \dots 4$; x im folgenden stets als Abkürzung für x, y, z) eine normierte Eigenfunktion der kräftefreien Diracschen Gleichung. Und zwar n_+ ein Zustand mit positiver Energie, n_- ein Zustand mit negativer Energie. Dann ist

$$\sum_{n_+} u_{n_+,\alpha}(x) u^*_{n_+,\beta}(x') + \sum_{n_-} u_{n_-,\alpha}(x) u^*_{n_-,\beta}(x') = \delta_{\alpha\beta}\,\delta(x-x'), \tag{1}$$

worin δ die Diracsche δ-Funktion bedeutet.

Nun betrachte ich den linearen Operator $\boldsymbol{D}$, definiert durch

$$D_{\alpha\beta}(x-x')[=D^*_{\beta\alpha}(x'-x)] = \sum_{n_+} u_{n_+,\alpha}(x) u^*_{n_+,\beta}(x') \tag{2}$$

$$\boldsymbol{D}\cdot\{\varphi_\beta(x)\} \equiv \sum_\beta \int D_{\alpha\beta}(x-x')\varphi_\beta(x')\,dV'. \tag{3}$$

Dieser führt jede positive Funktion $[=\sum_n c_n u_{n_+,\alpha}(x)]$ in sich über, während er jede negative Funktion $[=\sum_n c_n u_{n_-,\alpha}(x)]$ in Null überführt. Natürlich wird die Funktion $D_{\alpha\beta}(x'-x)$ an der Stelle $x'=x$ δ-artige Singularitäten aufweisen dürfen.

Man kann nun diese Funktion $D_{\alpha\beta}(x'-x)$ durch die letztgenannte Eigenschaft *definieren*, ohne die Summe in (2) explizite zu berechnen. Dadurch ergibt sich leicht eine explizite Form für $D_{\alpha\beta}(x'-x)$. Es ist nämlich

$$\alpha^4_{\rho\sigma}\,\delta(x-x') + \frac{1}{m_0 c}\sum_{k=1}^{3} \alpha^k_{\rho\sigma}\frac{\partial}{\partial x_k}\delta(x-x')$$

angewandt [nach dem Schema (3)] auf eine positive Funktion f gleich

$$\sqrt{1+\frac{1}{m_0 c^2}\,p^2} = +\sqrt{1+\frac{1}{m_0 c^2}\,\frac{-h^2}{4\pi^2}\cdot\Delta},$$

auf eine negative Funktion gleich

$$-\sqrt{1+\frac{1}{m_0 c^2}\,\frac{-h^2}{4\pi^2}\,\Delta}.$$

Also hat

$$D_{\rho\sigma}(x-x')=\frac{1}{2}\left[\frac{\alpha^4_{\rho\sigma}\delta(x-x')+\frac{1}{m_0 c}\sum_{k=1}^{3}\alpha^k_{\rho\sigma}\frac{\partial}{\partial x_k}\delta(x-x')}{+\sqrt{1+\frac{1}{m_0 c^2}\frac{-h^2}{4\pi^2}\Delta}}+1\right] \tag{4}$$

die verlangte Eigenschaft, eine positive Funktion in sich, eine negative Funktion in Null überzuführen.

{Der Operator $1\Big/\sqrt{1+\frac{1}{m_0 c^2}\frac{-h^2}{4\pi^2}\Delta}$ läßt sich so definieren:

Es ist bei Fourierzerlegung der Funktion $\phi(x)\equiv\int A(k_x, k_y, k_z)e^{i(kr)}dk_x dk_y dk_z$

$$\boldsymbol{D}\cdot\phi(x)=\int A(k_x, k_y, k_z)\cdot\frac{1}{+\sqrt{1+\frac{1}{m_0 c^2}\frac{h^2}{4\pi^2}p^2}}e^{i(kr)}dk_x dk_y dk_z.$$

Für die Umformung dieses Operators in einen Integraloperator im (x, y, z)-Raum siehe Weyl, Zeitschrift für Physik **46**, 1 (1927), insbesondere S. 38ff., wo das entsprechende für den Operator $\sqrt{1+\frac{1}{m_0 c^2}\frac{h^2}{4\pi^2}\Delta}$ (also den reziproken zu dem in (4) verwendeten) durchgeführt ist.}

Ist nun Ω ein *beliebiger* Operator, so ist $D\cdot\{\Omega\}$ sein gerader Bestandteil. Ich glaube, daß dadurch die mathematische Aufgabe, zu einem beliebigen Operator seinen geraden Bestandteil zu finden, in etwas vollständigerer Weise gelöst ist als in Deiner Arbeit in den Berliner Berichten.

2) Wenn man die Hamiltonfunktion $\boldsymbol{H}$, wie Du es vorschlägst, durch $\boldsymbol{D}\cdot\boldsymbol{H}$ ersetzt, und den Ausdruck $\sum_\alpha \psi_\alpha^*\psi_\alpha$ für die Dichte ρ beibehält, muß man den Ausdruck für die Stromdichte i gegenüber Dirac abändern, damit die Kontinuitätsgleichung

$$\frac{\partial\rho}{\partial t}+\operatorname{div} i=0 \tag{5}$$

bestehen bleibt.

Wegen der Hermitizität von $\boldsymbol{D}\cdot\boldsymbol{H}$ (vgl. S. 6. oben, in Deiner Arbeit[a]) ist in der Tat $\int\rho dV$ zeitlich konstant, also i definierbar. Dieses i ist maßgebend für die Lichtemission. (Intensitätsstörungen der Wasserstoff-Feinstruktur sind ebenso wichtig zu diskutieren wie Eigenwertstörungen, Diskussion der Abhängigkeit von der Kernladungszahl Z; diese ist aber zu trivial, als daß ich es hier näher ausführen möchte.)

Ein interessantes Beispiel ist das Kleinsche der Potentialschwelle. $\{V(x)=0$ für $x<0$, $V(x)=P$ (const.) für $x>0.\}$ Es wäre lustig, *dieses* $V(x)$ in seinen geraden und ungeraden Bestandteil zu zerlegen.

3) Ich bin nun ganz Deiner Ansicht, daß auf die in Rede stehende Weise – ebensowenig wie durch meine Feldquantelung, bei der ja auch an der Möglichkeit festgehalten wird, einen *Momentan*zustand eines Gesamtsystems (ganz bestimmter Augenblick t) zu beschreiben – die prinzipiellen Schwierigkeiten der relativistischen Quantentheorie *nicht* gelöst werden können. Ich schicke Dir

beiliegend das Manuskript einer Arbeit von Landau und Peierls (es ist nicht ganz die endgültige Form dieser Arbeit), worin Ungleichungen wie diejenigen, die Du mir *beinahe*(*) geschrieben hast, ausführlich entwickelt und begründet werden[b]. – Es ist namentlich auch Wert gelegt auf die Feststellung, daß die Messung des Impulses eines Lichtquants oder Elektrons nicht in beliebig kurzer Zeit möglich ist.

Ich komme vermutlich Ende der Woche auf der Durchreise durch Berlin[c]. Vielleicht können wir uns dann mündlich über die zuletzt angeschnittenen Fragen noch weiter unterhalten. Ich will mich dann bei Dir melden.

Herzliche Grüße Dein W. Pauli

a) Entspricht S. 66 der in Anmerkung 4 zitierten Arbeit. – b) Siehe die in der Fußnote 4 zum Kommentar von [264] genannte Arbeit. – c) Vgl. hierzu den Kommentar zu [267].

Anfang März fand erneut ein kleines Physikertreffen in Kopenhagen statt. Pauli nahm diesmal nicht daran teil, weil er den Stand der relativistischen Quantentheorie noch für zu ungeklärt hielt, um schon jetzt darüber sinnvoll diskutieren zu können. Heisenberg korrespondierte dagegen schon seit längerer Zeit mit Bohr wegen seines Besuches: „Hab' herzlichen Dank für Deine Einladung zum Institutsfest am 3.", schrieb er am 22. Februar, „mein Dank gilt natürlich ebenso Herrn Gamow, dessen Reklamebild in der kommenden Woche in meinem Institut für Kopenhagen werben wird. – Wahrscheinlich kommt Teller auch nach Kopenhagen. – Ich selbst werde am Abend des 28. 2. ankommen. Wenn Du nichts anderes schreibst, werde ich also – da im Semester ja wohl Casimir das Institutsreich beherrscht – am Samstag im Hotel absteigen und dann Frau Maar besuchen und ihr [zum Geburtstag] gratulieren und am Sonntag früh ins Institut kommen."

Im Zentrum der Konferenz stand offenbar die Diskussion der Arbeit von Landau und Peierls. Besonders die Anwesenheit der durch Landau und Gamow vertretenen „russischen Jugend" brachte Leben in die Veranstaltung, wie Heisenberg feststellte.[1]

Der folgende Brief [269] an Pauli gibt einen Bericht über Bohrs Einstellung zu der neuen Arbeit von Landau und Peierls. Wahrscheinlich wurde er von Heisenberg kurz nach seiner Rückkunft in Leipzig geschrieben.

[1] Siehe hierzu die Bohr-Biographie von Ruth Moore. Eine deutsche Übersetzung erschien im Paul List Verlag K.G., München 1970. Auf S. 176 findet man dort eine hübsche Anekdote, welche den jugendlichen Übermut der damaligen Kopenhagener Gäste zum Ausdruck bringt.

[269] Heisenberg an Pauli

[Leipzig], 12. März 1931

Lieber Pauli!

Vielen Dank für Deinen Brief. Deine Kritik der Kopenhagener Physik ist insofern berechtigt, als natürlich niemand etwas Positives weiß[a]. Immerhin ist die Bohrsche Kritik der Landau-Peierls Arbeit ganz interessant. Bohr ist mit den Ungenauigkeitsrelationen von L[andau]-P[eierls] einverstanden[b]. Die Ableitung

(*) Es war in dem Schreibmaschinen-Manuskript vergessen worden, die leergelassenen Stellen mit Tinte auszufüllen. Es war dies wohl eine besondere Feinheit, um anzudeuten, daß die betreffenden Ungleichungen bei dem jetzigen Stand der Physik geradezu in der Luft liegen!

derselben hält er an einigen Stellen für schlampig, aber dieser Punkt ist nicht wesentlich. Die Hauptkritik richtet sich vielmehr gegen die Schlüsse, die L[andau]-P[eierls] aus den U[ngenauigkeits]-R[elationen] ziehen. Bohr meint, daß die U[ngenauigkeits]-R[elationen] keineswegs bedeuten, daß die relativ[istische] Wellenmechanik zu eng sei und einem allgemeineren Formalismus weichen müsse. Vielmehr sagt Bohr: auch in der nichtrelativ[istischen] Wellenmech[anik] ist nur ein kleiner Teil aller Operatoren meßbar. In der relativ[istischen] W[ellen] M[echanik] sind gewisse Operatoren, z.B. der Ort des Elektrons, nicht mehr unmittelbar meßbar. Trotzdem könnte man das Resultat vieler Ortsmessungen etwa an einem 1S-Zustand statistisch vorhersagen und die Form der Wellenfunktionen ist daher exakt nachprüfbar. Es ist daher unrichtig, wenn L[andau] P[eierls] behaupten, die Wellenfunktion sei in der relativ[istischen] W[ellen] M[echanik] prinzipiell unbeobachtbar. Bohr meint also, alles in allem, daß man in der jetzigen relativ[istischen] W[ellen] M[echanik] (Dirac + Qu[anten] Elektr[o] Dyn[amik]) ein *befriedigendes* Schema habe, das erst verlassen werden müßte und könnte, wenn man die Größe h/mc diskutiert. Bohr glaubt also *nicht* an die Möglichkeit des Grenzüberganges $m \to 0$[c]. Er sagt etwa so: Man versteht bisher die Theorie im Limes $c \to \infty$ oder auch $m \to \infty$. Dagegen wird *Lim* $m \to 0$ ebensowenig Sinn haben, wie *Lim* $c \to 0$.

Er kann ja Recht haben, aber „nichts gewisses weiß man nicht".[d] Im Einzelnen machte Bohr einige ganz hübsche Bemerkungen. L[andau] und P[eierls] sind besonders stolz darauf, daß man in der nichtrelativ[istischen] Theorie die Energie in beliebig kurzer Zeit messen kann. Bohr meint, diese Möglichkeit helfe jedenfalls nicht weiter, als eine langdauernde Energiemessung, da man *vor* der E[nergie] Mess[un]g lange Zeit braucht. Man kann z.B. einen Spektralapparat aufstellen, eine Platte einlegen und den Spalt lange offen lassen, danach kann man dann *plötzlich* die Platte entwickeln und hat so eine kurzdauernde Energiemessung vorgenommen. – Daß nicht alle Operatoren in der W[ellen] M[echanik] meßbar sind, geht auch besonders aus folgendem hervor: Man messe etwa den Impuls eines Elektrons *im* Gamowberg. Er würde sich imaginär ergeben müssen, wenn er meßbar wäre. – Also: die Nichtmeßbarkeit eines Operators ist *kein* gutes Kriterium für die Nicht-Geschlossenheit der Theorie.[e]

Der Kopenhagener Film war sehr gut.[f] Von den Reklamebildern auf der Tafel im Auditorium muß ich einige hier wiedergeben, da sie sehr gut waren, z.B.: Einige unverständliche Zeichen mit der Unterschrift: Dirac's holes, neds at pris.[g]

Ein Bild von Landau mit dem Text:

Automatisk Grammophon.
Stort Udvalg. Hvert Stykke kun 5 Øre.[h]
Politik
Kærlighed[i] (10 Øre)
Kunst
Religion
Specialitet: *Pligt*[j]
Teoretisk Fysik (Let beskadiget[k], 2 Øre).

Sonst war's in jeder Beziehung sehr gemütlich.

Also viele Grüße Dein W. Heisenberg

a) Den zu negativen Inhalt der Landau-Peierls-Arbeit hatte Heisenberg auch in seinem Schreiben [264] vom 26. Januar verurteilt. – b) Nach Landau und Peierls sollte eine direkte Ortsmessung des Elektrons nur mit der Genauigkeit

$$\Delta x \sim \frac{h}{mc}\sqrt{1-\beta^2} = \frac{hc}{E},$$

und eine Impulsmessung im Zeitintervall $\Delta t \sim \Delta x/c$ nur mit der Genauigkeit

$$\Delta p \sim \frac{h}{c\,\Delta t}$$

möglich sein. Pauli folgerte daraus, „daß eine universelle kleinste Länge sicher nicht existieren kann." (Vgl. Pauli [1933], dort S. 246.) – c) Wahrscheinlich meint Heisenberg den an seiner Gitterwelt betrachteten Fall so hoher Energien, bei denen das Masseglied vernachlässigt werden kann. – d) Dieses ist eine häufig benutzte bayerische Redewendung, die auch in die erwähnte Faustparodie Eingang gefunden hat. – e) Pauli vertrat denselben Standpunkt auch (auf S. 247) in seinem Handbuchartikel [1933]: „Von vornherein wäre allerdings eine widerspruchsfreie Theorie denkbar, die auch nicht direkt beobachtbare Größen als Hilfsmittel benützt." – f) Offenbar handelte es sich um einen scherzhaften Film, den Gamow für die Veranstaltung vorbereitet hatte. (Vgl. [270] und Bohrs Brief vom 18. Februar 1931 an Heisenberg.) Eine Reihe solcher Abbildungen findet man auf S. 145 der Festschrift: Niels Bohr. His life and work as seen by his friends and colleagues. Amsterdam 1967. – g) Herabgesetzter Preis. – h) Große Auswahl. Jedes Stück nur 5 Øre. – i) Liebe. – j) Pflicht. – k) Leicht beschädigt.

[270] Bohr an Pauli[a]

Kopenhagen, 21. März 1931

Kære Pauli!

Vi savnede Dig alle ved vor lille Instituts Fødselsdag, som især Gamows Humør gjorde til en morsom Fest, og hvor mine Tanker med Taknemmelighed gik tilbage til alle de gamle Medarbejdere, der, som ikke mindst Du, paa saa mange Maader med Taalmodighed har støttet mig i mine Bestræbelser. Jeg var ogsaa meget glad for den venlige Indbydelse fra Dig og Scherrer til at komme til Zürich og holde et Foredrag ved jeres fysiske Uge. Da jeg imidlertid netop paa samme Tid hørte fra Gamow, at Du var i Berlin, fattede jeg det Haab, at vi alligevel skulde faa Dig at se heroppe, og faa Lejlighed til at tale lidt nærmere om Fysikken og om Besøget i Zürich, førend jeg svarede paa den mere officielle Indbydelse. I de sidste Maaneder har jeg arbejdet meget med de almindelige Problemer, hvorom jeg i disse Aar har snakket saa meget frem og tilbage, og er endelig kommet til et, som jeg troer holdbart og haaber frugtbart, Syn paa Problemernes Stilling; et Syn der afviger paa stærkest mulige Maade fra Peierls og Landaus, efter min Mening ganske ubegrundede, Skepticisme. Efter Kleins Bortrejse har jeg i Rosenfeld faaet en udmærket og forstaaende Medarbejder, og jeg haaber i de første Dage at fuldende en lille Artikkel, som jeg troer vil more Dig. Efter spændt at have ventet paa Svar paa mit, af Gamow affattede, Telegram, fik jeg i Aftes det, af Din gamle Smag for at blande Spøg og Alvor, prægede Brev. Hvis Du ikke har andre Aftaler, der forhindrer det, og hvis Du ellers har Lyst dertil, saa vis Dig nu ogsaa dermed som den gamle Pauli, at Du som Instituttets Gæst kommer paa et lille Besøg herop til København, hvor Du ved, at der altid er en Stue der venter paa Dig, og en Familie der glæder sig til at se Dig. Din Niels Bohr

a) Helge Kragh verdanken wir die Transkription dieses Briefes.

Übersetzung von [270]

Lieber Pauli!
Wir haben Dich alle bei unserem kleinen Instituts-Geburtstag vermißt, den besonders Gamow durch seinen Humor zu einem lustigen Fest machte, und bei dem ich in Gedanken mit Dankbarkeit all der alten Mitarbeiter gedachte, die wie nicht zuletzt Du mich in meinen Bestrebungen auf so vielfältige Weise geduldig unterstützt haben. Ich habe mich auch sehr über die freundliche Einladung von Dir und Scherrer nach Zürich zu einem Vortrag bei Eurer physikalischen Woche gefreut[a]. Da ich indessen gerade zur gleichen Zeit von Gamow hörte, daß Du in Berlin warst[b], so schöpfte ich die Hoffnung, daß wir Dich doch hier oben würden sehen und Gelegenheit bekämen, etwas eingehender über Physik und über den Besuch in Zürich zu sprechen, ehe ich auf die offiziellere Einladung antwortete.

Während der letzten Monate habe ich viel an den allgemeinen Problemen gearbeitet, über die ich in diesen Jahren so viel hin und her geredet habe, und ich bin schließlich zu einer, wie ich glaube, haltbareren und hoffentlich auch fruchtbareren Ansicht über den Stand der Probleme gekommen, einer Ansicht, die auf das stärkste von dem meiner Meinung nach ganz unbegründeten Skeptizismus von Peierls und Landau abweicht. Nach Kleins Abreise habe ich in Rosenfeld einen vortrefflichen und verständnisvollen Mitarbeiter bekommen.[c] In den nächsten Tagen hoffe ich einen kleinen Artikel zu vollenden, der Dir wahrscheinlich Spaß machen wird.[d]

Nachdem ich gespannt die Antwort auf mein durch Gamow aufgesetztes Telegramm erwartete, bekam ich gestern abend Deinen Brief, gekennzeichnet durch Deinen alten Brauch, Spaß und Ernst zu mischen[e]. Wenn Du durch keine anderen Verpflichtungen verhindert bist und überhaupt Lust dazu hast, so erweise Dich auch dadurch als der alte Pauli, daß Du als Gast des Institutes zu einem kurzen Besuch hierher nach Kopenhagen kommst, wo immer ein Zimmer auf Dich wartet wie Du weißt und eine Familie sich freut Dich zu sehen.

Dein Niels Bohr

a) An den Züricher Vorträgen, welche diesmal vom 20.–24. Mai stattfanden, konnte Bohr schließlich wegen einer Erkältung nicht teilnehmen, wie er am 19. Mai 1931 Ehrenfest mitteilte. – b) Siehe hierzu den Kommentar zu [267]. – c) Siehe hierzu Rosenfelds eigenen Bericht: Niels Bohr in the Thirties. Consolidation and extension of the conception of complementarity. In: Niels Bohr. His life and work. North-Holland Publishing Company: Amsterdam 1968. Dort S. 114–136. – d) Der angekündigte Artikel gelangte nicht zur Publikation (vgl. hierzu Anmerkung i von [274]). – e) Oskar Klein ist sogar in seinem Beitrag zur obengenannten Bohrfestschrift (siehe unter c) der Auffassung, daß „with Pauli irreverence came into its own ‚supported by Bohr's self criticism and sense of humor“. (Vgl. O. Klein: Glimpses of Niels Bohr as scientists and thinker.)

Pauli sollte am 31. Oktober 1931 die Lorentz-Medaille erhalten. Er war nach Planck der zweite Physiker, dem diese hohe wissenschaftliche Auszeichnung zuerkannt wurde.[1]

Ehrenfest übernahm die Organisation der Veranstaltung. Er kümmerte sich schon jetzt um alle Einzelheiten. Bevor er zu Born nach Göttingen reiste, schickte er einen ersten Entwurf der geplanten Festrede an Pauli zur Begutachtung. Die hier wiedergegebene Durchschrift dieser ersten Fassung [271] ist leider unvollständig; sie enthält einige wesentliche Abweichungen von der endgültigen Ansprache, die in den Amsterdamer Akademieberichten erschien.[2] Wie Kramers später am 5. Oktober Bohr mitteilte, mußte auch er bei der Überarbeitung dieser letzten Version helfen. Ähnlich wie sein ehemaliger Lehrmeister Boltzmann[3] erreichte Ehrenfest durch die Mitwirkung der besten Freunde diese so persönliche und ansprechende Form der Rede.

[1] Die Lorentz-Medaille wurde 1925 zu Lorentz' 50jährigem Doktorjubiläum gestiftet und 1927 erstmalig an Planck verliehen.

[2] P. Ehrenfest: Address on award of Lorentz Medal to Professor W. Pauli. Versl. Akad. Amsterdam **40**, 121–126 (1931).

[3] Boltzmann pflegte z. B. vor der Abfassung seiner Nachrufe ausgiebige Nachforschungen bei den Freunden, Bekannten und Verwandten des Betreffenden einzuziehen, wie dies aus dem noch erhaltenen Briefwechsel hervorgeht.

[271] Ehrenfest an Pauli

[Leiden], 25. März 1931
[Kopie des Hauptteils des verlorenen Briefes vom 25. März 1931.]

Ich glaube, daß Paulis bedeutendste Leistung doch wohl seine Arbeit „Über den Zusammenhang des Abschlusses der Elektronengruppen im Atom mit der Komplexstruktur der Spektren" (Z. Phys. **31**, 765 (1925)) ist. Denn dort hat er A) dem Leuchtelektron noch eine weitere Quantenzahl zugeordnet, deren Spindeutung dann Uhlenbeck und Goudsmit gelang, – B) gezeigt, daß sich mit Hilfe dieser weiteren Quantenzahl die Bohr-Stonerschen Regeln für den Aufbau der Atome als Folge eines Verbotes äquivalenter Elektronen unmittelbar ergeben.

Diese beiden Entdeckungen haben einen tiefen Einfluß auf die weitere Entwicklung ausgeübt. – A) führte zur Einführung der „Spin"-Hypothese, die ja ungeheuer fruchtbar wurde. – B) führte Heisenberg zur Hypothese, daß die Natur immer nur mit denjenigen Lösungen der Schrödingergleichung arbeite[t], die bezüglich der Permutation zweier Elektronen oder Permutation zweier Protonen antisymmetrisch sind[a]. – Und diese verallgemeinerte Formulierung des „Pauli-Verbotes" gehört doch wohl zu den tiefsten Fundamentalsätzen der jetzigen Physik und läßt fühlen, daß die jetzige Quantenmechanik dringend nach einer Weiterentwicklung verlangt, nach einer solchen Form, daß in ihr die Verwerfung aller anderen als der antisymmetrischen Lösungen nicht mehr ein so willkürliches „angehängtes" Verbot bleibt, wie das jetzt noch der Fall ist.[b] Und das ist umso interessanter, als das Pauliverbot überall in der Physik sehr wirksam eingreift! – Z.B. Warum ist ein Kristall so dick als er ist? Weil die Atome dick sind.[c] – Warum sind sie dick? – Weil nicht alle Elektronen auf innere

Ringe fallen. – Warum tun sie es nicht? – Wegen der elektrostatischen Abstoßung der Elektronen gegeneinander? – Nein! Denn dann würden sie sich um hoch geladene Kerne doch noch sehr viel dichter zusammenscharen können als sie es tun. – Nein sie tun es nicht, aus Angst vor Pauli!!!! Und so können wir sagen: Pauli selber ist so dick, weil das Pauliverbot gilt. Das wunderbare, unbegriffene.

Es ist ungemein interessant in dieser Arbeit zu lesen: 766 unten, 767, oben, 771 Mitte und 776 oben.

Ich glaube, daß bei Zuerkennung der Medaille vor allem auf diese Arbeit der Nachdruck gelegt werden muß.

Aber nun andere sehr schöne Leistungen von Pauli:

1. Noch als ganz junger Mann (ich glaube, knapp 20jährig) hat er für die Enzyklopädie der Mathematik den wunderbaren klaren Artikel über Relativitätstheorie geschrieben, sehr klar auch in der Kritik.[d]

2. 1920 (Z. Phys. **6**, 319) gibt er die Formel für die diamagnetische Suszeptibilität von einatomigen Molekülen.[e]

3. 1921 (Z. Phys. **2**, 201) zeigt er, daß nach der „klassischen" Quantentheorie der Faktor im Curiegesetz für magnetische oder dielektrische Suszeptibilität auch bei beliebig hohen Temperaturen unter dem Langevinschen Wert 1/3 bleiben müßte. – Als dann die Wellenmechanik von Schrödinger kam, konnte er zeigen, (W. Pauli und L. Mensing, Physik. Z., **27**, 509, (1926)), daß sie dem Faktor den richtigen Wert 1/3 gibt.[f]

4. 1923 zeigt er, daß bei der Wechselwirkung zwischen Strahlung und freien Elektronen nur dann richtig das Plancksche Strahlungsgesetz herauskommt, wenn man hier einen zu Einsteins „negativer Einstrahlung" analogen Term einführt (Z. Phys. **18**, 272.)[g]

5. 1927 (Z. Phys. **41**, 81) erkennt er, daß sein „Äquivalenz-Verbot" zu einem eigentümlichen Paramagnetismus der Leitungselektronen der Metalle führt.[h] Daß nämlich paarweise ihre Spins sich zu Null ergänzen, worin ein angelegtes Magnetfeld Veränderung bringen kann, indem es bei steigenden Werten die Energiekosten deckt, die daraus erwachsen, daß (wegen des Pauliverbotes) immer eines der gepaarten Elektronen auf eine noch freie höhere Stufe translatorischer Bewegung gehoben werden muß, wenn es seinen Spin mit dem des anderen Elektrons parallel stellen will. Diese Arbeit hat alle bisherigen Arbeiten eingeleitet, die in den letzten Jahren über Ferromagnetismus erschienen sind.

6. 1927 (Z. Phys. **43**, 601) hat er gezeigt, wie man das Spin-Phänomen in die Schrödingersche Wellenmechanik hineinzuarbeiten hat.[i] – Diese Arbeit ist sehr wichtig geworden. Sie hat zu Diracs genialer Arbeit über die Spinelektronen den Weg gebahnt und wohl auch zu Heisenbergs berühmter Arbeit über das Heliumspektrum. – Mir ist auch in dieser schönen Arbeit von Pauli so interessant, daß hier zum ERSTENMAL in die Physik eine neue Art von Größen (neben Tensoren und Vektoren) eingeführt werden, nämlich die Größen, die man jetzt „Spinoren" nennt.[j]

7. Erst mit Jordan, später mit Heisenberg (Z. Phys. **47**, 151, **56**, 1, **59**, 168) nimmt er das schwierige Problem der quantenmechanischen Behandlung der elektromagnetischen Felder in Angriff.[k] Diese Arbeiten haben gezeigt, daß man hier auf vorläufig unbeseitigbare Absurditäten stößt.

Es wären noch mehrere andere Arbeiten und Beiträge zu Handbüchern zu nennen. Aber vielleicht noch von viel größerem Gewicht als diese Publikationen sind die unzähligen, unverfolgbaren Beiträge, die er zur Entwicklung der neueren Physik durch mündliche Diskussionen oder Briefe geliefert hat. Die enorme Schärfe seiner Kritik, seine außerordentliche Klarheit und vor allem die rücksichtslose Ehrlichkeit mit der er stets den Nachdruck auf die ungelösten Schwierigkeiten legt (ganz besonders, wenn es sich um seine eigenen Arbeiten handelt!), bewirkt, daß er als unschätzbare Treibkraft innerhalb der neueren theoretischen Forschung gelten muß.

Ich hoffe, daß im Augenblick diese Andeutungen, genügen. Ich hoffe etwa 10. April wieder in Leiden zurück zu sein. Dann können wir ja weiter sehen.

So nötig, bin ich für Sie erreichbar: Bis Freitag 12 Uhr Mittag – Leiden. (5 Uhr 30 bis 7 Uhr in meinem Haus) Freitag 7 Uhr abends bis Samstag morgens Ermelo bei Kohnstamm (Telefon)[l]. Von ab Sonntag morgens Göttingen, Prof. M. Born, Wilhelm Weberstraße.

Herzliche Grüße Ihnen und allen den Ihren [P. Ehrenfest]

a) Die allgemeine wellenmechanische Formulierung des Pauliprinzips für Teilchen mit Spin 1/2 (Elektronen) wurde zuerst von Heisenberg in seiner Arbeit über das Heliumspektrum (Z. Phys. **40**, 801 (1926)) gegeben (vgl. [136]). In einer weiteren Arbeit wurde es dann von Heisenberg auch auf die Statistik der Kerne ausgedehnt und auf die Bandenspektren der Moleküle angewandt. Vgl. Mehrkörperproblem und Resonanz in der Quantenmechanik II. Z. Phys. **41**, 239–267 (1927). – b) Diesem Bedürfnis nach einer Begründung des Ausschließungsprinzips waren wir schon in dem Briefwechsel mit Jaffé begegnet, und auch Pauli teilte es, wie er in seinem Handbuchartikel [1933] auf S. 191 sagte: „Der Umstand, daß die Wellenmechanik *mehr*, und zwar korrespondenzmäßig gleichberechtigte Möglichkeiten liefert, als in der Natur vorkommen, ist sehr eigenartig und es ist zu hoffen, daß eine künftige Theorie der elektrischen Elementarteilchen auch eine vertiefte Einsicht in das Wesen dieser engeren Auswahl der Natur bringen wird. Die endgültige Klärung dieser Fragen gelang Pauli 1939 und sollte auf dem für dieses Jahr geplanten Solvay-Kongreß vorgetragen werden. Da dieser wegen des Kriegsausbruchs nicht mehr zustande kam, publizierte Pauli seine Beiträge später im Review of Modern Physics. – c) Ehrenfests bildliche Ausdrucksweise machte bald Schule. Im Februar 1933 sprach Schrödinger in der Preußischen Akademie der Wissenschaften über das Thema: „Warum sind die Atome so klein?“, und Max von Laue benutzte in seinem Aufsatz: „Materie und Raumerfüllung“ (Scientia 1933, S. 402–412) Ehrenfests Formulierung. – d) Vgl. Pauli [1921], den Briefwechsel mit F. Klein ([10], [11], [12] und [13]) und den Kommentar zu [22]. – e) Vgl. Pauli (1921). – f) Vgl. Pauli (1920b) und (1926b). – g) Vgl. Pauli (1923c). – h) Vgl. Pauli (1927a). – i) Vgl. Pauli (1927b). – j) Ehrenfest selbst hatte die Bezeichnung Spinor vorgeschlagen. Vgl. hierzu B.L. van der Waerden: Spinoranalyse. Nachr. Ges. Wiss. Göttingen, math.-phys. Klasse 1929, S. 100ff. Auch diese Abhandlung verdankt ihr Entstehen, wie van der Waerden berichtete, einer Anregung von Ehrenfest, der eine Darstellung der Spinoren wünschte, welche für den Physiker ebenso handzuhaben sei wie die Tensoranalyse. (Vgl. Pauli-Memorial-Volume, S. 236). Eine modernere Darstellung (in englischer Übersetzung) findet man bei Elie Cartan: The Theory of Spinors. MIT Press: Cambridge, Mass. 1966. – k) Vgl. Jordan und Pauli (1928b) sowie Heisenberg und Pauli (1929) und (1930). – l) Am gleichen Tage schrieb Ehrenfest von Leiden aus auch an Ph. Kohnstamm, wohnhaft in der östlich von Amsterdam gelegenen Ortschaft Ermelo.

Nach seiner Ernennung 1927 zum Professor für theoretische Physik an der Universität von Michigan in Ann Arbor setzte Goudsmit zusammen mit seinen Mitarbeitern die Untersuchung der Hyperfeinstrukturen fort, deren theoretische Behandlung er gemeinsam mit Back in Tübingen begonnen hatte.[1]

Auch Pauli, der bekanntlich als erster eine Erklärung für diese Erscheinungen lieferte (1924c), nahm auch jetzt an den neuesten Entwicklungen lebhaften Anteil, und er arbeitete zusammen mit seinem Mitarbeiter Paul Güttinger die Theorie der Hyperfeinstrukturen des Lithiums aus (1931). Diese Züricher Untersuchungen wurden durch Goudsmits rege Zusammenarbeit mit seinen ehemaligen europäischen Kollegen[2] auch bald in Amerika bekannt: „I saw the paper by Güttinger und Pauli", schrieb Goudsmit am 28. März 1931 an seinen Kollegen Gregory Breit von der New York University. „I think their intensity calculations are very nice but there are several details which I don't understand yet."

Man betrachtete damals folgende zwei Ursachen für die Entstehung solcher Hyperfeinstrukturen. Die sogenannte magnetische Hyperfeinstruktur bewirkt eine Aufspaltung der Spektralterme und sollte infolge der magnetischen Wechselwirkung der Elektronenhülle mit dem Atomkern zustande kommen. Sie war es, durch welche man sich vorwiegend neue Einblicke in die Struktur des Atomkerns erhoffte. Außerdem war eine Verschiebung gleicher Spektralterme gegeneinander bei verschiedenen Isotopen eines und desselben Elementes zu beobachten. Diesen als Isotopieverschiebung bezeichneten Effekt erklärte man als eine Folge der unterschiedlichen Massen der Isotope. Unter der Voraussetzung, daß zur Berechnung der Kernmomente die Protonenmasse zugrunde gelegt wird, ließen sich auf dieser Grundlage auch die von Schüler und seinen Mitarbeitern[3] für die Isotope des Lithiums ausgemessenen Hyperfeinstrukturen vernünftig deuten.

Schwierigkeiten bereiteten dagegen die neuen Messungen der Hyperfeinstrukturen des Thalliums.[4] Dieses Element besitzt zwei Isotope mit den Massenzahlen 203 und 205. Außerdem wußte man schon, daß beide Isotope das gleiche Kernmoment $i=1/2$ besitzen. Nicht zu verstehen war, wieso bei diesem Element einige Terme in eine größere Anzahl als der zu erwartenden Komponenten aufspaltete und weshalb die Terme mit geringer Hyperfeinstrukturaufspaltung eine größere Isotopieverschiebung als die stärker aufgespaltenen Terme zeigen. Auf diese Diskrepanz wies Pauli auch in der folgenden Postkarte [272] an Goudsmit hin. Zusammen mit seinem Assistenten Peierls hatte Pauli vergeblich versucht, diese Besonderheiten beim Thallium durch Annahme unterschiedlicher Kernvolumina für beide Isotope zu erklären. Eine vollständige Erklärung gemäß der Diracschen Theorie lieferten schließlich Fermi und Segré 1933. Den Kernvolumeneffekt haben Aage Bohr und Victor Weisskopf erst im Jahre 1950 zufriedenstellend berücksichtigen können.

Offenbar hatte Pauli während seiner verschiedenen Berlinaufenthalte damals auch das Astrophysikalische Observatorium des Einstein-Instituts in Potsdam aufgesucht, um sich dort über die neuen Messungen von Schüler und seinen Mitarbeitern zu informieren. Schüler war auch zu der im Mai in Zürich stattfindenden Vortragswoche über Kernphysik zu einem Vortrag eingeladen.[5]

Als Pauli schon in Amerika war, erkundigte sich Schüler bei Goudsmit in einem Schreiben vom 14. Juli 1931: „Wo steckt Herr Professor Pauli jetzt?" Wahrscheinlich hatte Pauli in seinem Vortrag auf dem Pasadena Meeting inzwischen auch dort über Schülers Messungen berichtet.[6]

[1] S. Goudsmit und E. Back: Feinstrukturen und Termordnung des Wismutspektrums. Z. Phys. **43**, 321–334 (1927). – S. Goudsmit und R.F. Bacher: Separations in hyperfine structure. Phys. Rev. **34**, 1501–1506 (1929). – S. Goudsmit: Theory of hyperfine structure separations. Phys. Rev. **37**, 663–681 (1931). Eingegangen am 4. Februar 1931, ausgegeben am 15. März. Einen zusammenfassenden Bericht über die „Present Difficulties in the Theory of Hyperfine Structure" übernahm Goudsmit außerdem für den Romkongreß über Kernphysik im Oktober 1931. Abgedruckt in den Atti del Convegno di Fisica Nucleare della Fondazione Alessandro Volta, Ottobre 1931. Reale Accademia d'Italia: Roma 1932. Dort S. 33–49.

[2] In Holland waren es insbesondere P. Zeeman und H.B.G. Casimir, die sich an den Hyperfeinstrukturuntersuchungen beteiligten. Fermi hatte kürzlich eine grundlegende Arbeit über die magnetischen Momente der Atomkerne in der Z. Phys. **60**, 320–333 (1930) publiziert und darüber am 28. Februar 1931 vor der Züricher Physikalischen Gesellschaft gesprochen. In Deutschland waren außer

der Gruppe von H. Schüler, E. Back in Tübingen und Hans Kopfermann beim Kaiser-Wilhelm-Institut für Physikalische Chemie in Berlin-Dahlem auf diesem Gebiet tätig.
[3] H. Schüler: Weitere Untersuchungen am ersten Li-Funkenspektrum. Z. Phys. **42**, 487–494 (1927). – Zur Frage nach den Kernmomenten von Li_6 und Li_7. Z. Phys **66**, 431–436 (1930).
[4] H. Schüler und J.E. Keyston. Über einen Isotopeneffekt der Hyperfeinstruktur an Tl. Naturwiss. **19**, 320–321 (1931). Signiert am 10. März 1931. – Eine theoretische Deutung versuchte insbesondere G. Breit durch eine genauere relativistische Theorie: Anomalies in hyperfine structures. Phys. Rev. **37**, 1182–1183 (1931). Signiert am 8. April 1931. – On the hyperfine structure of heavy elements. Phys. Rev. **38**, 463–472 (1931). Eingegangen am 26. Juni 1931.
[5] Vgl. hierzu den von P. Güttinger abgefaßten Bericht über das Referat „Hyperfeinstrukturen und Kernmomente" von H. Schüler während der Züricher Vortragswoche im Mai 1931 für die Physik. Z. **32**, 667–670 (1931). Auf S. 670 befindet sich dort auch der Hinweis auf die Bemerkung von Pauli und Peierls. – In einem zusammenfassenden Bericht lieferten ferner H. Kallmann und H. Schüler über „Hyperfeinstruktur und Atomkern" in den Ergebnissen der exakten Naturwissenschaften **11**, 134–175 (1932), in dem erstmalig (auf S. 158) Paulis Neutron mit den beiden Neutronen in Zusammenhang gebracht wird, die bei der Atomzertrümmerung entstehen.
[6] Siehe hierzu die Anmerkung 3 zu [266].

[272] Pauli an Goudsmit

Zürich, 17. April 1931
[Postkarte]

Lieber Herr Goudsmit!
Ich habe eben Ihre Arbeit im Physical Review, März 15, gelesen.[a] Muß unbedingt mit Ihnen über Hyperfeinstruktur sprechen. *Fahren Sie auf keinen Fall nach Europa,* wenn ich in Ann Arbor bin![b] Wahrscheinlich bringe ich Ihnen neues Material über Tl von Herrn Schüler mit. In Wahrheit hat Tl zwei Isotope, beide mit $i=1/2$. – Oft trifft man große Unterschiede der Terme verschiedener Isotope, wenn Hyperfeinstruktur-Aufspaltung klein und umgekehrt. Die Erklärung dafür ist mir gar nicht klar.

Also hoffentlich auf Wiedersehen in Ann Arbor Herzlichst Ihr W. Pauli

Grüße an Randall[c], Laporte[d], Colby[e], etc.

Bin sehr wahrscheinlich vom 15. bis 22. Juni in Pasadena.[f] Sie auch?

a) Vgl. Fußnote 1 zum Kommentar. – b) Goudsmit reiste schon im Juli noch vor Beginn der Summer Session in Ann Arbor nach Europa, um dort in Holland seine Ferien zu verbringen. Dort erreichte ihn auch ein Schreiben vom 18. August 1931 seines Kollegen Laporte: „Sie haben gewiß eine beneidenswerte Zeit in Holland, ich sehe Sie stundenlang am Strand liegen, nur mit einem ‚Mückenstich' bekleidet, wie neulich Scherrer von dem unvermeidlichen Huys les Puym schrieb. Ich werde mit Prof. Sommerfeld zuerst nach den 1000 Inseln fahren." – c) Harrison M. Randall, seit 1916 Professor für Physik an der Universität Michigan, rief 1927 die alljährlich stattfindenden Summer Sessions ins Leben. Er stand mit Goudsmit während dessen Abwesenheit in ständigem brieflichen Kontakt. – d) Vgl. hierzu die Liste der Sommerfeldschüler im Kommentar zu [191a], wo Otto Laporte unter 29. aufgeführt ist. – e) Angaben über Walter Colby findet man im Kommentar zu [246]. – f) Siehe hierzu die Einladung [266] von Millikan.

Leon Rosenfeld war seit dem Sommer 1929 bei Pauli in Zürich und hatte sich hier eingehend mit der Heisenberg-Paulischen Quantenelektrodynamik befaßt. Von prinzipieller Bedeutung für diese Theorie mußte es sein, das Atom mit seinem elektromagnetischen

Feld konsequent als abgeschlossenes Gesamtsystem zu behandeln. Während eines kurzen Besuches in Zürich hatte Ivar Waller hier eine entsprechende Untersuchung für ein freies Elektron gemäß der Diracschen Strahlungstheorie fertiggestellt.[1] Da er für die Kopplungsenergie zwischen Atom und Feld unendliche Werte erhielt, rechnete Rosenfeld auch noch den Fall eines harmonischen Oszillators durch[2], um zu prüfen, ob es sich um ein allgemeines Versagen des Diracschen Formalismus handelte. Aus Kopenhagen, wohin Rosenfeld sich inzwischen begeben hatte, sandte er Pauli sein Manuskript. Pauli teilte daraufhin Dirac triumphierend das von ihm schon vermutete Versagen der Strahlungstheorie auch beim Oszillatorproblem mit [273].[3]

Infolge dieser Unzulänglichkeiten der Diracschen Theorie wandte man sich wieder der von Bohr propagierten korrespondenzmäßigen Methode zu: für den Zusammenhang von Feldstärke und Ladung ging man von den klassischen Ausdrücken der Elektrodynamik und der Elektronentheorie aus und führte erst nachträglich die durch die Quantentheorie geforderten Abänderungen für die Felder und Teilchen durch.[4] Einen ersten Anfang machte Heisenberg, indem er zeigte, daß man mit dem Korrespondenzverfahren ebenso wie mit der Diracschen Quantelungsmethode Emission, Absorption und Dispersion zu behandeln vermag.[5]

[1] I. Waller: Bemerkungen über die Rolle der Eigenenergie des Elektrons in der Quantentheorie der Strahlung. Z. Phys. **62**, 673–676 (1930). Eingegangen am 24. März 1930.

[2] L. Rosenfeld: Zur Kritik der Diracschen Strahlungstheorie. Z. Phys. **70**, 454–462 (1931). Signiert Kopenhagen, 16. Mai 1931.

[3] Aus Bohrs Schreiben [274] an Pauli ist zu entnehmen, daß Rosenfeld sich bereits mit Dirac in Verbindung gesetzt hatte und dessen Meinung noch abwarten wollte, bevor er publizierte.

[4] Siehe hierzu L. Rosenfelds Übersichtsbericht „Über die quantentheoretische Behandlung der Strahlungsprobleme" auf dem Kernphysikerkongreß in Rom im Oktober 1931. In: Convengo di Fisica Nucleare. Roma: Reale Accademica d'Italia 1932. Dort S. 131–135.

[5] W. Heisenberg: Bemerkungen zur Strahlungstheorie. Ann. Phys. (5) **9**, 338–346 (1931). Eingegangen am 25. Februar 1931.

[273] Pauli an Dirac

Zürich, 21. April 1931

Lieber Herr Dirac!

Rosenfeld hat mir nun seine Rechnung über den Oszillator im Strahlungsfeld[a] nach Ihrer ursprünglichen (unrelativistischen) Photonentheorie[b] geschickt und hat mir mitgeteilt, daß er gleichzeitig an Sie einen Durchschlag davon geschickt hat. Das Resultat ist das von mir erwartete, daß auch die Energie eines gebundenen Elektrons im Strahlungsfeld unendlich groß wird. Zugleich zeigt es sich, daß Ihre Vermutung, wonach die Schwierigkeiten daher rühren sollten, daß man mit dem Wert des Vektorpotentials am Ort des Elektrons und nicht mit denen am Ort des Kernes (beim Oszillator am Ort der Ruhelage der Ladung) rechnet, *gänzlich unrichtig* war. *Im Gegenteil* zeigt sich: die betreffenden Integrale divergieren bei der letzteren Berechnungsweise (Potential am Ort der Ruhelage) ebenfalls und *sogar stärker* als bei der ersteren Berechnungsweise!

Ich lege auch besonderen Wert auf die nicht-stationäre Behandlungsweise am Schluß des Rosenfeldschen Manuskriptes.[c] Schon nach einer beliebig kleinen Zeit t wird der Erwartungswert der Strahlungsenergie unendlich groß, wenn er zur Zeit $t=0$ gleich Null war (und zwar herrührend vom Anteil der *sehr kurzen* Wellen an diesem Erwartungswert). Auch dieses Ergebnis folgt *a fortiori*, wenn man mit dem Vektorpotential am Ort der Ruhelage der Teilchen rechnet (wie Sie das wünschen)!

Daß bei Ihrer Behandlung der Emission, Absorption und Dispersion vernünftige Resultate aus Ihrer Photonentheorie folgen, liegt ausschließlich daran, *daß Sie sich dort auf diejenigen Terme beschränken, die zu (nahezu) verschwindenden Resonanznennern gehören*. Die physikalisch sinnlosen Resultate kommen dagegen von solchen Termen, bei denen keine Energieresonanz, kein Anwachsen der Störung *mit der Zeit*, stattfindet[d]. Zusammenfassend muß ich betonen: *Bereits Ihre ursprüngliche (unrelativistische) Theorie der Photonen (in welcher keine Zustände negativer Energie möglich sind) gibt nur dann durchweg physikalisch sinnvolle Resultate, wenn man das Spektrum der Strahlung nach kurzen Wellen zu (willkürlich) an einer Stelle abbricht.*

Ich hoffe, daß Sie erstens diesem unterstrichenen Satz zustimmen, daß Sie zweitens die prinzipielle Fehlerhaftigkeit der Grundlagen Ihrer Photonentheorie in Ihren künftigen Publikationen genügend hervorheben werden und daß Sie drittens mir bald antworten werden, wie Sie jetzt über diese Fragen denken.

Mit vielen herzlichen Grüßen Ihr W. Pauli

a) Vgl. Anmerkung 2. – b) P.A.M. Dirac: The quantum theory of the emission and absorption of radiation. In: The quantum theory of dispersion. Proc. Roy. Soc. London (A) **114**, 243–265; 710–728 (1927). – c) Diese Überlegung wurde von Pauli angeregt, wie Rosenfeld (auf S. 457 seiner Publikation) in einer Fußnote vermerkte. – d) Die gleiche Bemerkung findet man auf S. 271 in Paulis Handbuchartikel [1933].

[274] Bohr an Pauli

Kopenhagen, 27. April 1931

Kære Pauli,

Tak for Dine rare og indholdsrige Breve. Især glædede det mig, at Dit Besøg i København, som var saa stor en Fornøjelse for os alle, har foranlediget Dig til at genoptage Diskussionen om de almindelige Spørgsmaal. Vi forstaar jo hinanden, og Du ved, at det ikke er Hensigten at undervurdere Vanskelighederne, men kun at bidrage til Klarlæggelsen af Situationen ved en Undersøgelse af Rækkevidden og Bæreevnen af Korrespondensargumentet. Naar jeg i vore Diskussioner om Diracs Teori saa stærkt betonede Forskellen mellem Anvendelser, hvor de i Hamiltonfunktionen optrædende Felter er maalelige eller ikke maalelige, var det i denne Forbindelse mere Hensigten at understrege Tvivlsomheden af de sidste Anvendelser end den absolutte Berettigelse af de første. Kleins Paradoks sætter jo efter min Opfattelse en principiel Grænse for Udviklingen af en relativistisk Kvantemekanik for Elementarpartikler med vilkaarlige Masser og Ladninger, som der maa tages Hensyn til ikke alene for Bedømmelsen af Teoriens Udviklingsmuligheder, men ogsaa for Bedømmelsen af dens nuværende Standpunkt.

Jeg er ganske enig med Dig i, at Paradokset ikke kan afvises ved en simpel Henvisning til Begrænsningen af de realiserbare Feltstyrker. Naar jeg har talt om Spørgsmaalet, som jeg gjorde, var Tanken den, at der skulde bestaa en Balance mellem den aftagende Sandsynlighed for de katastrofale Overgangsprocesser og den tiltagende Berettigelse i at regne med statiske Felters Realiserbarhed. Dine Bemærkninger har imidlertid vækket min Samvittighed paa dette Punkt, og jeg har for at komme dybere ind i Sagen anstillet følgende Overslagsberegning: Dersom den maximale Feltstyrke er $\mathfrak{E}$, vil Sandsynligheden W_1 for Overgange til negative Tilstande højst være $e^{-\alpha}$, hvor $\alpha = \frac{mc^2}{e\,\mathfrak{E}} : \lambda_0 = \frac{m^2c^3}{he\,\mathfrak{E}}$. Den maximale Felstyrke vil imidlertid altid findes paa de elektri[fi]cerede Legemers Overflader, og Sandsynligheden W_2 for, at Elektroner indenfor Tidsrum af samme Størrelse som de optiske Svingningstider rives bort fra disses Atomer, er givet ved $e^{-\beta}$, hvor $\beta = \frac{e}{\alpha_0^2\,\mathfrak{E}} = \frac{m^2e^5}{h^4\,\mathfrak{E}}$.

Vi har derfor $\beta = \alpha\left(\frac{e^2}{hc}\right)^3$ eller $W_2 = W_1^{(e^2/hc)^3}$. For enhver endelig Værdi af W_1 maa vi derfor regne med en betydelig Værdi af W_2. Nu maa jeg straks sige, at jeg ikke ved, hvor afgørende dette Resultat er, fordi det forekommer mig vanskeligt at overse, i hvor høj Grad Elektronløsrivningen vil hindre de katastrofale Overganges Iagttagelse. Jeg er selvfølgelig enig med Dig deri, at det ikke kan hjælpe med en omtrentlig, men kun med en fuldstændig Udelukkelse af de omhandlede Overgange, og Problemet er derfor, om vi ved en Betragtning som den omhandlede kommer ned til en principiel Grænse for Feltbegrebets korrespondensmæssige Benyttelse.

Hvad Dine andre Bemærkninger om de negative Energitilstande angaar, er min Samvittighed betydelig renere. Ved Vekselvirkning mellem en Elektron og en Atomkerne forekommer det mig nemlig, at Paradoksierne udelukkende hidrører fra Problemets Formulering. Ved et Problem som det paagældende synes det mig uberettiget at basere Energibetragtninger paa en Opløsning i Egenløsninger svarende til den kraftfri Bevægelse. En indgaaende Analyse maa jo baseres paa en Opløsning i Egenfunktioner svarende til hele Problemet, og saa snart vi tager Kræfternes endelige Forplantningshastighed i Betragtning, er det ikke muligt som i den ikke-relativistiske Teori at benytte en Henvisning til Feltets pludselige Forsvinding som et eentydigt Argument. Den sidste Bemærkning gælder iøvrigt ogsaa Schrödingers sidste Forsøg paa at omgaa de negative Energier. Vanskeligheden synes jeg her ikke alene ligger i Formalismens Mangel paa relativistisk Invarians, men allerede deri at den hele Benyttelse af kraftfri Egenløsninger, saavidt jeg kan se, strider mod Relativitetsteoriens Aand og ikke besidder nogen paa mulige Maalinger baseret fysisk Realitet. Det er netop ud fra saadanne Betragtninger, at jeg i Øjeblikket haaber, at man kan naa til en Bedømmelse af Grænserne for Feltbegrebets principielle Anvendelighed.

Hvad Rosenfelds Arbejde angaar, er jeg fuldstændig enig med Dig i Resultaternes Betydning, og at de derfor snarest bør offentliggøres. Han afventer dog naturligvis først Brev fra Dirac, hvis Mening om Sagen det bliver interessant at høre. I de sidste Dage har Rosenfeld nærmere undersøgt Spørgsmaalet om Forholdet mellem Problemet om Spektralliniers Bredde og den simple korrespondensmæssige Formulering af Straalingsteorien. Som vi jo ofte har talt om, er de Resultater, som Diracs Teori her giver, jo ikke overraskende, og en Henvisning til dette Problems Behandling i Rosenfelds Arbejde turde derfor være af Interesse for den almindelige Diskussion. Hvad min egen lille Artikel angaar, er jeg endnu ikke naaet at blive færdig dermed paa Grund af forskellige Forpligtelser, hvis Natur jeg med Henblik paa Formerne for vor Omgang og Forhandlinger ikke skal forsøge nærmere at specificere. Iøvrigt er ogsaa for mig Spørgsmaalet om Høflighed og Uhøflighed i denne Forbindelse aldeles ligegyldig[t]; ja, to Ord, der kun adskiller sig ved Bogstavet U, dækker vel aldrig over noget dybere Komplementaritetsforhold. Nu er imidlertid Foraaret virkelig kommet til Danmark, og med Din forventede Tilladelse tager Rosenfeld og jeg paa Landet for at arbejde i Ro i nogle Dage. Jeg haaber, at Du fra Tisvilde snart skal høre nærmere fra mig om Artiklen og om de ovenfor berørte Spørgsmaal.

Med mange venlige Hilsener og gode Ønsker fra hele Instituttet og Familien paa Blegdamsvejen,

Din Niels Bohr

Übersetzung von [274]

Lieber Pauli!

Danke für Deine freundlichen und inhaltsreichen Briefe. Besonders hat mich gefreut, daß Dein für uns mit so viel Vergnügen verbundener Besuch in Kopenhagen[a] Dich nun veranlaßt hat, die Diskussion über die grundlegenden Fragen wieder fortzusetzen. Wir verstehen uns ja miteinander und Du weißt auch, daß es nicht in meiner Absicht liegt die Schwierigkeiten zu unterschätzen, vielmehr möchte ich mit einer Untersuchung über die Reichweite und Tragfähigkeit des Korrespondenzarguments zur Klärung der Situation beitragen.[b]

Wenn ich bei unseren Diskussionen über die Diracsche Theorie so stark den Unterschied betont habe zwischen denjenigen Anwendungen, bei denen die in der Hamiltonfunktion auftretenden Felder meßbar sind und denjenigen, bei denen sie nicht meßbar sind, so war dabei meine Absicht, die Fragwürdigkeit der letzteren mehr hervorzuheben als die absolute Berechtigung der ersteren zu behaupten. Kleins Paradoxon setzt nach meiner Auffassung für den Aufbau einer relativistischen Quantenmechanik der Elementarteilchen mit beliebigen Massen und Ladungen eine prinzipielle Schranke, die man nicht nur bei der Beurteilung der weiteren Entwicklungsmöglichkeiten, sondern auch bei der des jetzigen Standes der Theorie berücksichtigen muß.[c] Ich bin mit Dir darin ganz einig, daß das Paradoxon nicht mit einem einfachen Verweis auf die Begrenzung der Meßarbeit der Feldstärken abgetan werden kann. Als ich damals über diese Angelegenheit gesprochen habe, hatte ich den Gedanken, daß eine Ausgewogenheit zwischen abnehmender Wahrscheinlichkeit für die katastrophalen Übergangsprozesse und zunehmender Berechtigung für die Meßbarkeit der statischen Felder herrschen sollte[d]. Deine Bemerkungen haben inzwischen mein Gewissen in dieser Hinsicht geweckt, und um tiefer einzudringen, habe ich folgende Überschlagsrechnung angestellt: Ist $\mathfrak{E}$ die maximale Feldstärke, so wird die Wahrscheinlichkeit W_1 für Übergänge in die negativen Zustände höchstens $e^{-\alpha}$ sein[e], wobei

$$\alpha = \frac{mc^2}{e\mathfrak{E}} : \lambda_0 = \frac{m^2 c^3}{he\mathfrak{E}}.$$

Die maximale Feldstärke wird man indessen immer auf der Oberfläche der elektrisch geladenen Körper antreffen. Die Wahrscheinlichkeit W_2 dafür, daß die Elektronen in einer Zeit der gleichen Größenordnung wie die optischen Schwingungsdauern von ihren Atomen losgerissen werden, ist durch $e^{-\beta}$ gegeben, wobei

$$\beta = \frac{e}{\alpha_0^2 \mathfrak{E}} = \frac{m^2 e^5}{h^4 \mathfrak{E}}.$$

Wir erhalten daher $\beta = \alpha(e^2/hc)^3$, oder $W_2 = W_1^{(e^2/hc)^3}$.

Für jeden endlichen Wert von W_1 müssen wir deshalb mit einem beträchtlichen Wert von W_2 rechnen. Nun muß ich gleich sagen, daß ich nicht weiß, wie entscheidend dieses Resultat ist, da es mir schwierig zu übersehen scheint, in wie hohem Grade die Elektronenablösung die Beobachtbarkeit der katastrophalen Übergänge verhindern wird. Ich bin mit Dir natürlich darin einig, daß dies nicht bei einem angenäherten, sondern nur bei einem vollständigen Ausschluß der behandelten Übergänge helfen kann, und das Problem liegt darin, ob wir bei einer Betrachtung wie der vorliegenden zu einer prinzipiellen Grenze für die korrespondenzmäßige Anwendbarkeit des Feldbegriffes kommen.

Was Deine anderen Bemerkungen über die negativen Energiezustände angeht, ist mein Gewissen bedeutend reiner. Bei der Wechselwirkung zwischen einem Elektron und einem Atomkern scheint es mir nämlich, daß die Paradoxa ausschließlich von der Formulierung des Problems herrühren. Bei einem Problem wie dem vorliegenden scheint es mir unberechtigt, die Energiebetrachtungen auf einer Zerlegung in Eigenlösungen entsprechend der kräftefreien Bewegung zu begründen. Eine eingehende Analyse muß ja auf einer Zerlegung in Eigenfunktionen des gesamten Problems begründet werden und sobald wir die endliche Fortpflanzungsgeschwindigkeit der Kräfte in Betracht ziehen, ist es nicht möglich – wie in der nicht-relativistischen Theorie – einen Hinweis auf das plötzliche Verschwinden des Feldes als eindeutiges Argument zu benutzen. Letztere Bemerkung gilt übrigens auch für Schrödingers letzten Versuch, die negativen Energien zu umgehen[f]. Die Schwierigkeit scheint mir hier nicht allein in einem Mangel an relativistischer Invarianz des Formalismus zu liegen, sondern schon darin, daß die ganze Benutzung kräftefreier Eigenlösungen, soweit ich sehen kann, gegen den Geist der Relativitätstheorie verstößt und nicht eine auf möglichen Messungen basierende physikalische Realität besitzt. Gerade aufgrund solcher Betrachtungen hoffe ich im Augenblick, daß man zu einer Beurteilung der Grenzen der prinzipiellen Anwendbarkeit des Feldbegriffes kommen kann.

Was Rosenfelds Arbeit angeht, bin ich mit Dir vollständig über die Bedeutung der Resultate einig und daß sie deshalb schnellstens veröffentlicht werden sollten[g]. Er wartet natürlich erst einen Brief von Dirac ab, dessen Meinung über die Sache zu hören interessant sein wird. Während der letzten Tage hat Rosenfeld die Frage des Verhältnisses zwischen dem Problem der Breite der

Spektrallinien und der einfachen korrespondenzmäßigen Formulierung der Strahlungstheorie eingehender untersucht[h]. Wie wir ja oft besprochen haben, sind die Ergebnisse die Diracs Theorie hier liefert, ja nicht überraschend, und ein Hinweis auf die Behandlung dieses Problems in Rosenfelds Arbeit dürfte deshalb von Interesse für die allgemeine Diskussion sein. Was meinen eigenen kleinen Artikel angeht, habe ich es noch nicht geschafft damit fertig zu werden[i], wegen verschiedener Verpflichtungen, deren Natur ich im Hinblick auf die Formen unseres Umganges und unserer Verhandlungen nicht versuchen werde näher zu erläutern. Übrigens ist auch für mich die Frage der Höflichkeit oder Unhöflichkeit in diesem Zusammenhang ganz gleichgültig; ja, zwei Wörter, die sich nur durch die Silbe Un unterscheiden, überdecken wohl nie ein tieferes Komplementaritätsverhältnis.

Nun ist inzwischen der Frühling wirklich nach Dänemerk gekommen, und mit Deiner erwarteten Erlaubnis reisen Rosenfeld und ich auf's Land, um in Ruhe einige Tage zu arbeiten[j]. Ich hoffe, daß Du aus Tisvilde bald näheres über meinen Artikel und über die oben berührten Fragen hören wirst.

Mit vielen freundlichen Grüßen vom ganzen Institut und der Familie am Blegdamsvej

Dein Niels Bohr

a) Pauli hatte nicht an der Kopenhagener Institutsfeier im März 1931 teilgenommen. Aus der Äußerung Bohrs müssen wir aber schließen, daß Pauli nachträglich (wahrscheinlich über Ostern) nach Kopenhagen gereist war. Vgl. hierzu auch Heisenbergs Schreiben vom 30. April 1931 an Bohr. – b) Siehe hierzu den Übersichtsbericht seines neuen Mitarbeiters Rosenfeld auf dem Kernphysikerkongreß 1931 in Rom (vgl. Anmerkung 4 im Kommentar zu [273]). – c) Diesen Standpunkt hat Bohr nochmals im Oktober 1931 während seiner Ansprache auf dem Kernphysikerkongreß in Rom vertreten. Vgl. N. Bohr: Atomic Stability and Conservation Laws. In: Convengo di Fisica Nucleare Roma 1932, S. 119–130. Dort insbesondere S. 126. – d) Bohr hatte damals vorgeschlagen, die Übergänge in die negativen Zustände durch das folgende Postulat auszuschließen: es sollte prinzipiell unmöglich sein, ein Feld $E_{max} = m^2 c^3/eh$ zu erzeugen, welches dem Elektron auf der Strecke $\lambda_0 (= mc/h)$ die maximale Energie mc^2 erteilen könnte. – e) Pauli lieferte 1932 eine Ableitung des Durchlässigkeitskoeffizienten mit Hilfe einer für die Dirac-Gleichung verallgemeinerten WKB-Methode (1932a), mit welcher sich die Übergänge in die negativen Energiezustände ganz allgemein für stetige Potentiale berechnen lassen. Siehe auch Pauli [1933], dort S. 234f. – f) Siehe hierzu Paulis Brief [268] an Schrödinger. – g) Siehe hierzu [273]. – h) L. Rosenfeld: Zur korrespondenzmäßigen Behandlung der Linienbreite. Z. Phys. **71**, 273–278 (1931). Eingegangen am 1. Juli 1931. – i) Bohr beschäftigte sich damals mit dem Supraleitungsproblem und beabsichtigte einen kleinen Artikel darüber bei den Naturwissenschaften einzureichen. Doch andere Arbeiten hielten ihn davon ab: die Faradaylecture, die er erst im Februar 1932 abschloß, und das »Addendum« zu einer Ausgabe seiner letzten vier Vorträge unter dem Titel „Atomtheorie und Naturbeschreibung". Hinzu kam, daß in dieser Zeit die Diskussionen mit seinen Mitarbeitern besonders intensiv waren. Siehe hierzu J.R. Nielson: Memoires of Niels Bohr. Physics Today, Oktober 1963, S. 22–30. Dort S. 24f. – j) Einen solchen ländlichen Ausflug in Belgien gemeinsam mit Bohr im Herbst 1931 hat Rosenfeld in seinem Beitrag für eine humoristische Festschrift des Bohrinstitutes beschrieben. L. Rosenfeld: A Voyage to Laplacia. J. of Jocular Physics **3** (1955). Abgedruckt in: Selected papers of Léon Rosenfeld. Edited by R.S. Cohen and J.J. Stachel. Dordrecht: D. Reidel Publishing Company 1979. Dort S. 704–708.

Inzwischen rückte der Termin von Paulis Abreise nach Amerika näher, und Millikan erkundigte sich bereits nach dem Thema für einen Vortrag auf dem im Juni geplanten Pasadena-Meeting [275].[1] Da Pauli im Juli während der Summerschool in Michigan über die Züricher Hyperfeinstrukturuntersuchungen[2] berichten wollte und in Amerika ein zunehmendes Interesse für die Kernphysik zu registrieren war, schlug er Millikan vor, in Pasadena ebenfalls über Hyperfeinstrukturen zu sprechen [276].

Pauli war mit den amerikanischen Verhältnissen natürlich nicht vertraut. Deshalb war es ihm sehr wichtig, dort unter den Physikern Bekannte anzutreffen, die ihm Gesellschaft leisten konnten. So hatte er seinem ehemaligen Züricher Gast Gregory Breit von der New York University[3] geschrieben und seine Ankunft in New York angemeldet. Breit gab diese Nachricht in einem Schreiben vom 25. Mai 1931 sofort an Goudsmit weiter[4]: „I just received your letter about Pauli[5]. He had written to me that he is due to come here on June 6 on the »Albert Ballin«[6]. I have cabled to him c/o Hamburg Amerika Line – Hamburg, that I will meet him at the steamer. I know him personally and will meet him and will help him to get tickets to California."

Auch Goudsmit hatte leichtsinnigerweise Pauli seine Anwesenheit während dessen Aufenthalt in Ann Arbor zugesagt. Jetzt kam er in Bedrängnis mit seinen eigenen Reiseplänen[7]. Am 29. Mai – am gleichen Tage verfaßte Goudsmit das Telegramm an Pauli [278] – schrieb er deshalb einen langen Brief an Gregory Breit. Er bat ihn darin, auf Pauli einzuwirken, damit dieser bereit sei, statt am 8. oder 9. Juni [277] schon am 7. Juni die Reise von New York nach Los Angeles anzutreten. Im folgenden geben wir einen längeren Auszug aus diesem Brief wieder. Darin wird die Reiseroute nach Pasadena beschrieben, an die sich Pauli und Goudsmit vermutlich dann auch gehalten haben: „Will you please do me an enormous favor. I am in some trouble with regard to Pauli's coming here ...

Introduction: When Paul accepted the invitation to come here this summer he put down a few conditions, one beeing that he needed a room where he could work late at night and another one that I had to be present. Of course we did not take these conditions too seriously. They looked rather like a joke, and furthermore slavery has been abolished in this country since the Civil War. As I was anxious to meet Pauli myself, I intended to stay here until about a week after his arrival and thought that would be sufficient. When I heard that he was invited to Pasadena, I was very glad about it because I was sure we could have about ten days out there.

Present situation: Paul, not knowing about my being at Pasadena too, seemed to have heard some rumor that I would be away this summer.[7] As a result he wrote a very nasty impertinent postcard to Colby. After this occurrence I cabled Pauli [278] that I would be at Pasadena and that I would like to make a trip with him. The last proposition I added to the members of the department. They of course feel rather insulted because he declares that they are not worth coming here for.

The Problem: This is my first trip to California and I would like to see a little bit of that country on my way to Pasadena, because on the way back I have to hurry to get the steamer in New York. The problem is that I would like Pauli to agree with my plans for this trip and your role will be to advise him to do so. I think that the route which I have chosen is by far the nicest.

Trip: Please advise Pauli to buy a summer round trip ticket New York, Chicago, San Francisco, Los Angeles, Chicago, New York by New York Central, Michigan Central, Northwestern, Southern Pacific, and back by Santa Fé, Michigan Central, New York Central. As far as I know these tickets are valid until October 31st, so that he can use his on his way back to Europe. Here follows the itinerary:

Sunday, June 7 – 10:40 P.M. Leave New York on New York Central.

Monday, June 8 – I board the train at Ann Arbor and Pauli can leave his heavy luggage and books at the station here.

Monday, June 8 – 9:35 P.M. Leave Chicago on Northwestern line.

Thursday, June 11 – 8:30 A.M. Arrive San Francisco. Stay in San Francisco until the morning of Saturday, June 13.

Saturday, June 13 – 8. A.M. Leave San Francisco by Southern Pacific Marvelous scenery along coast.

Saturday, June 13 – 8. P.M. Arrive at Pasadena.

We probably will get off the train at Glendale from where physicists will take us in cars to Pasadena.

General Remarks: You see that the mainpoint is that Pauli actually leaves New York not later than June 7th in the morning, otherwise we would not have enough time to visit San Francisco. I wrote Pauli two similar letters to the steamer at Cherbourg containing the same plans, but I am not sure that he received them on time. I would like to mention that he boarded the steamer at Cherbourg and not at Hamburg. Thus you had better find out whether he actually received your cable. You understand that it is very important for me to know as soon as possible whether Pauli will follow my plans or not."

In der letzten Woche vor Paulis Abreise nach Amerika fand vom 20. bis zum 24. Mai die schon erwähnte Physikalische Vortragswoche der Eidgenössischen Technischen Hochschule in Zürich statt. Es war die erste Tagung überhaupt, die allein der Kernphysik gewidmet war, und sie kündete gewissermaßen die bevorstehenden großen Entdeckungen des Jahres 1932 an. An der Organisation dieser Veranstaltung hatte Pauli sich maßgeblich beteiligt. Zahlreiche Teilnehmer aus dem Auslande[8] waren auf Paulis persönliche Einladung hin gekommen. Pauli selbst beteiligte sich an den anschließenden Diskussionen nach den Vorträgen. Nach einem Referat von Blackett über seine neuen Wilson-Aufnahmen von künstlichen Zertrümmerungsprozessen[9] empfahl er – wegen des anscheinenden Versagens des Energiesatzes beim β-Zerfall – auch den Impulssatz durch eine Rückstoßbestimmung des zerfallenden Kernes zu überprüfen. Im Anschluß an den Vortrag von Hermann Schüler[10] gab Pauli noch einen kurzen Überblick über den derzeitigen Stand der Theorie der Hyperfeinstruktur.

Ein zusammenfassender Bericht der Tagung wurde von Egon Bretscher und Eugen Guth in der Physikalischen Zeitschrift veröffentlicht.[11]

1 Siehe hierzu den Kommentar und die Anmerkungen zu [266].

2 Siehe hierzu den Kommentar zu [272].

3 Siehe hierzu den Kommentar zu [212].

4 Dieser und die folgenden Briefauszüge aus der S. Goudsmit Correspondence (SHQP, MF65,3) wurden von einem Mikrofilm transkribiert, der in der Office for History of Science and Technology in Berkely aufbewahrt wird.

5 Am 28. März 1931 hatte Goudsmit Breit auf die von Güttinger und Pauli publizierten Intensitätsberechnungen der Hyperfeinstrukturen beim Li^+ (1931) hingewiesen. (Vgl. den Kommentar zu [272].)

6 Dampfer der Hamburg-Amerika-Linie. Pauli stieg erst in Cherbourg und nicht in Hamburg zu, wie aus dem weiteren Bericht hervorgeht.

7 Goudsmit beabsichtigte nämlich schon im Juli im Anschluß an das Pasadena-Meeting nach Europa zu reisen. Vgl. hierzu [272], Anmerkung b und die Bemerkungen Goudsmits im folgenden Text.

8 Anwesend waren u.a. George Gamow aus Kopenhagen, Otto Stern, Immanuel Estermann und Robert Frisch aus Hamburg, Lise Meitner, Hans Kopfermann und Hermann Schüler aus Berlin, Walther Bothe aus Gießen, Hendrik Casimir aus Leiden, Louis de Broglie, Fréderic Joliot und Louis Leprince-Ringuet aus Paris, Patrick Maynard Stuart Blackett aus Cambridge und Eugen Guth aus Wien.

9 P.M.S. Blackett: Photographie künstlicher Zertrümmerungsbahnen. Physik. Z. **32**, 663–665 (1931). Paulis Diskussionsbemerkung findet man dort auf S. 664.

10 H. Schüler: Hyperfeinstrukturen und Kernmomente. Physik. Z. **32**, 667–670 (1931). Paulis Zusammenfassung dort auf S. 669–670.

11 E. Bretscher und E. Guth (Bearbeiter): Zusammenfassender Bericht über die Physikalische Vortragswoche der E.T.H. Zürich vom 20.–24. Mai 1931. Physik. Z. **32**, 649–674 (1931).

[275] Millikan an Pauli

[Pasadena], 28. April 1931
[Telegramm]

If you can speak Pasadena June meeting please cable subject. Millikan

[276] Pauli an Millikan

Zürich, 4. Mai 1931
[Telegramm]

Will speak about problems of hyperfine structure. Pauli

[277] Pauli an Goudsmit

Zürich, 20. Mai 1931
[Telegramm]

New York Juni 6 Dampfer Ballin[a]. Treffpunkt Chicago Juni 9 oder 10. Günstig Reise Santa De Line. Pauli

a) Vgl. den Kommentar zu [275], Anmerkung 6.

[278] Goudsmit an Pauli

Ann Arbor, 29. Mai 1931
[Entwurf zu einem Telegramm]

Möchte gern zusammen mit Ihnen nach Pasadena fahren. Telegraphiere[n] [Sie] umgehend Ihre Reisepläne, Dampfer usw., damit wir uns z. B. in Chicago treffen können. Goudsmit

Nach einem ereignisreichen Aufenthalt in Kalifornien reiste Pauli wahrscheinlich schon Ende Juni mit dem Zug von Los Angeles nach Ann Arbor [272]. Wir dürfen annehmen, daß er diese Reise in Gesellschaft von zahlreichen Kollegen machte, die ebenfalls in den Osten fuhren, um dort an der Summer school teilzunehmen. Unter ihnen befand sich sein ehemaliger Schüler Oppenheimer, inzwischen Assistenzprofessor an der Universität von California in Berkeley und am California Institute of Technology in Pasadena.[1] Desgleichen traf Pauli hier alte Bekannte wie Ralph Kronig, Otto Laporte, George Uhlenbeck und seinen ehemaligen Lehrer Sommerfeld [404]. Auch sein Freund Kramers war von der benachbarten Purdue University gekommen.[2]

Fünfmal in der Woche hielt Pauli Vorlesungen und außerdem beteiligte er sich mit Vorträgen im Kolloquium [281]. Wahrscheinlich hat er hier zum ersten Mal für längere Dauer Englisch sprechen müssen. Mit großer Zufriedenheit äußerte sich Randall über den Verlauf dieser Veranstaltung[3]: „From what I hear, the summer has gone very well. I had a short talk with Pauli yesterday and I think he is quite pleased with the way his work has gone this summer and that there have been several of the young man very well worth presenting such material too.“ Unbelegbaren Angaben zufolge soll Pauli auch bei dieser Veranstaltung seine Neutrinohypothese vorgestellt haben.[4]

Und ebenso begeistert klingt ein undatiertes Schreiben von Colby an Goudsmit, das von Laporte, Uhlenbeck und Pauli mitunterzeichnet wurde: „Nonthless the summer session has gone very well. Pauli has been delightful both scientifically and socially and we are immensely pleased to have him with us.“

Ganz reibungslos verlief dieser Aufenthalt in Ann Arbor allerdings nicht. „Da Laporte und Uhlenbeck ausgezeichnet mit Alkohol versorgt“ waren, wie Pauli berichtete [279], brauchte man hier natürlich nicht unter großer „Trockenheit“ zu leiden. Bei einem unglücklichen Sturz verrenkte Pauli am 14. Juli seine Oberschulter und brach sich dabei den Schulteransatz [280]. So mußte er zeitweilig das Bett hüten und bis Ende August mit eingegipster Schulter und erhobenem Arm umherlaufen. Natürlich wurde darüber viel gescherzt, und Sommerfeld sprach vom inversen Pauli-Effekt.

Da wegen der Prohibitionsbestimmungen die wahre Ursache des Vorfalls nicht bekannt werden durfte, mußte eine Ausrede erfunden werden.[5] Offiziell hieß es, Pauli habe sich die Verletzung beim Ausgleiten am Schwimmbecken zugezogen. Dennoch wußten die meisten von dem wirklichen Hergang, wie z. B. die folgenden Zeilen von Frances Tippy in einem Schreiben an Goudsmit beweisen[6]: „Pauli broke his arm while swimming(?) and now runs around with it stuck up in the air like a traffic cop signalling.“ Scherzhaft soll Pauli später bemerkt haben, daß dieses das einzige Mal gewesen sei, daß er die Hand zum Hitler-Gruß erhoben habe.

Mitte August endete die Summer Session [282] mit einer vergnüglichen Party der „Leage for the Colloquium in Hyperphysics“, die von Pauli und Sommerfeld gemeinsam arrangiert wurde. „The party was meant to be a mock colloquium“, berichtete Tippy[5], „following by a supper and dancing. It was fine up to the dancing and than the vitrola went bursted. Professor Sommerfeld offered to play a German Waltz and Professor Firestone offered to play Kitten on the Keys, but somehow or other the party migrated over the *Hut,* where the heat was more concentrated and the dancing floor impossible“. Auch Uhlenbeck war sehr zufrieden. „Ik heb heel veel geleerd, vooral van Pauli en van Hans [Kramers]“, schrieb er am 18. August Goudsmit. Am 16. Juli reiste Sommerfeld nach Iowa und kurz darauf verließen auch Oppenheimer und Kramers Ann Arbor.

Doch trotz des großen Erfolges und dieser lustigen Atmosphäre muß Pauli damals anscheinend noch immer unter den Folgen seiner unglücklichen Ehe gelitten haben. Er „befand sich in einem etwas gequälten Übergangsstadium“, erinnerte sich Sommerfeld später.[7]

Wahrscheinlich ließ Pauli seine Züricher Institutskorrespondenz nach Ann Arbor schicken, weil er hier die längste Zeit seines Amerikaaufenthalts verbringen wollte. Das folgende Schreiben [274] zeigt eindrucksvoll, mit welcher Schärfe Pauli zuweilen die Arbeiten seiner Mitarbeiter rügen konnte, wenn sie nicht seinem Anspruch genügten. So gefürchtet Paulis Kritik im allgemeinen auch war, vielen war sie hilfreich, weil die Auseinandersetzung mit ihr meist wesentlich zur Klärung des eigenen Standpunktes beitrug.

[1] Siehe hierzu Allice Kimball Smith and Charles Weiner (Herausgeber): Robert Oppenheimer. Letters and Recollections. Cambridge, Mass. und London. 1980. Dort auf S. 141 findet man einige kleine Anekdoten, die sich im Zusammenhang mit Pauli zugetragen haben sollen.

[2] Vgl. [266], Anmerkung b. – Sommerfeld kehrte schon Ende August nach München zurück. „Ich war sehr erstaunt, daß Sie schon wieder in Deutschland sind – die Amerikaner haben also auch nicht mehr genug Geld!", schrieb ihm Bethe am 21. September aus Baden-Baden.
[3] Aus einem Schreiben H.M. Randalls vom 18. August 1931 an den z.Z. in Holland weilenden Goudsmit. (Vgl. [272], Fußnote b.)
[4] Vgl. z.B. Samuel Glasstone: Sourcebook on Atomic Energy. New York [2]1958. Dort S. 179.
[5] Vgl. [279], Anmerkung k. – David Inglis schilderte den Hergang in einem Brief vom 17. Juli 1931 an Goudsmit folgendermaßen: „As you may have heard, Pauli broke his arm by slippering on a swimming dock after colloquium two evenings ago. The break is very near the shoulder joint, so requires a week of tension before getting a cast, and we'll not have him around for a couple of weeks." (Goudsmit papers, American Institute of Physics, New York).
[6] Aus Frances Tippys Brief vom 19. August an Goudsmit.
[7] Vgl. Sommerfelds Brief vom 8. Dezember 1948 an K. Fajans. (Fajans Nachlaß, Staatsbibliothek Preußischer Kulturbesitz, Berlin).

[279] Pauli an Peierls

[Ann Arbor], 1. Juli [1931]

Lieber Herr Peierls!

Dank für Brief und Manuskript[a]. Obwohl ich mit dem Inhalt dieses Manuskriptes einverstanden bin, bin ich doch *gegen* die Publikation. Erstens halte ich es für schädlich, wenn die (relativ zu mir) jüngeren Physiker sich an die Größenordnungsphysik gewöhnen. Zweitens ist der Restwiderstand ein Dreckeffekt und im Dreck soll man nicht wühlen. Drittens schwebt die Theorie stark in der Luft, da man nicht genau genug weiß, *wieviel* bei einer gegebenen Temperatur T die additiven Zusatzterme, die zu höheren Potenzen von T/θ proportional sind, für den elektrischen Widerstand ausmachen. Viertens sollten Sie doch vernünftigere Fragestellungen haben als solche kleine Problemchen; ich finde, Sie verzetteln sich in letzter Zeit zu sehr mit Kleinigkeiten. Ich bin nicht so wie die Bolschewisten, die die Kirchen, nachdem sie sie geschlossen haben, auch noch in die Luft knallen. Also zerreiße ich Ihr Manuskript nicht, sondern sende es Ihnen zurück, aber mit dem ausdrücklichen Rat*, es vorläufig in Ihrer Schublade liegend aufzubewahren. Vielleicht schreiben Sie einmal irgendein größeres zusammenfassendes Referat, dann können Sie es ja verwenden.

Leider ist das Annalen-Heft mit der Nordheimschen Arbeit[c] noch nicht hier. Falls Nordheim etwas unrichtiges behauptet hat, würde ich Ihnen empfehlen, an ihn zu schreiben. Eventuell soll er selbst dann eine kurze Berichtigung zu seiner Arbeit veröffentlichen. Wenn Sie in der Lichtabsorptionsfrage[d] mehr als Größenordnungen herausbringen könnten, wäre es ja sehr schön, aber ich bin sehr skeptisch. Frenkel kommt vielleicht bald nach Zürich oder Leipzig, vielleicht können Sie ihn überzeugen[e].

Das ist ja eine schöne Bieridee, magnetische Wechselfelder zu betrachten, deren Frequenz mit der Dublettaufspaltung übereinstimmt, denn der Zeeman-

* Ich habe keine legale Handhabe, Sie zu zwingen, diesen Rat zu befolgen. Auch bin ich kein Dorfmann[b], der Ihnen die Assistentenstelle kündigt, wenn Sie ihn *nicht* befolgen.

effekt, der vom Magnetfeld des Lichtes herrührt, ist doch wegen der kleinen Amplituden minimal. Ich glaube nicht, daß sich da irgendetwas wird beobachten lassen[f]. (Über eine Abänderung der Fragestellung siehe später.)

Was die mathematische Seite der Frage betrifft, so muß man schon beim normalen Zeemaneffekt wesentlich die Fälle unterscheiden, wo das Feld seine Richtung beibehält und den, wo es seine Richtung ändert. (Ihr Brief ist so schlampig, daß Sie nicht angeben, welchen Fall Sie betrachten; da Sie aber sagen, das Resultat sei einfach, vermute ich, es handelt sich um feste Richtung des Feldes.) Bei fester Richtung des Feldes ist das Resultat in der Tat beim nomalen Zeemaneffekt schon aus der klassischen Oszillatorvorstellung ableitbar (ich weiß nicht, ob es explizite in der Literatur irgendwo zu finden ist, aber es muß bestimmt vielen bekannt sein, nicht nur mir). Wellenmechanisch kann man am einfachsten mit den in der Güttingerschen Arbeit[g] stehenden Formeln rechnen. Sind $u_k(H, x, y, z)$ die Eigenfunktionen, die zum jeweiligen momentanen Wert von H gehören und sind die gesuchten Lösungen der Schrödingergleichung für das Wechselfeld

$$\psi = \sum c_k(t) u_k,$$

so gelten für die $c_k(t)$, abgesehen von Vorzeichenfehlern, Faktoren 2, etc. die Gleichungen

$$\dot{c}_k + \frac{i}{\hbar} E_k c_k + \sum_l{}' \frac{\dot{H}_x(\boldsymbol{M}_x)_{kl} + \dot{H}_y(\boldsymbol{M}_y)_{kl} + \dot{H}_z(\boldsymbol{M}_z)_{kl}}{E_k - E_l} c_l = 0.$$

Die $\boldsymbol{M}_x, \boldsymbol{M}_y, \boldsymbol{M}_z$ sind die Matrizen des totalen magnetischen Momentes des Atoms; es ist zu summieren über alle Zustände l des Atoms (bei der betreffenden Feldstärke; die E_l sind von H_x, H_y, H_z und damit implizite auch von t abhängig), die vom Ausgangszustand k verschieden sind (*Nicht*diagonalelemente der Matrizen).

Beim normalen Zeemaneffekt wird H parallel der festen Richtung z, enthält $\boldsymbol{M}_z$ keine Nichtdiagonalelemente, die Summe $\sum_l$ verschwindet, und die Lösung wird

$$c_k = \text{const.}\, e^{-\frac{i}{\hbar}\int^t E_k dt} = \text{const.}\, e^{-\frac{i}{\hbar} g \mu_0 m \int H_z(t) dt}.$$

Die Lichtabsorption oder -emission folgt durch bilden der elektrischen Momentmatrix und Fourierverlegung nach der Zeit. Wenn $H_z(t) = A \sin 2\pi\nu t$, dann kommt man auf Besselfunktionen. Das Vernachlässigen der $\sum_l$ ist für H parallel z auch bei Dubletts solange erlaubt, als ν klein gegen die Dublettaufspaltung (und Larmorfrequenz klein gegen Dublettaufspaltung). Für den von Ihnen betrachteten Fall des Dubletts $\Delta\nu$ und Wechselfrequenz $\nu \sim \Delta\nu$ habe ich die Gleichungen für $c_{j,m}$ und $c_{j',m}$ (j und j' die beiden j-Werte des Dubletts) hingeschrieben und glaube kaum, daß sie allgemein integrierbar sind, da die Verschiedenheit der g-Werte bei den beiden Dublettniveaus komplizierte Terme bedingt. {Die (in Bezug auf j) nichtdiagonalen Matrixelemente von M_z sind natürlich gleich denen des totalen Spinmomentes S_z.}

Es gibt ein Experiment von Fermi und Rasetti {Z. Phys. **33**, 246 (1925)} über die *Depolarisation der Resonanzstrahlung* in magnetischen Wechselfeldern[h].

Das ist eine viel vernünftigere Fragestellung als der *Zeemaneffekt* in Wechselfeldern, da diese Depolarisation gerade bei Feldern von einigen Gauss eintritt und Wechselfelder so kleiner Feldstärken leichter herstellbar sind. Wenn es Ihnen Spaß macht, könnten Sie folgende Frage untersuchen. Sie haben ein Hyperfeinstrukturmultiplett $\Delta\nu$ und untersuchen die Polarisation der Resonanzstrahlung in (eventuell auch der Richtung nach) wechselnden Magnetfeldern als Funktion von dessen Frequenz ν. Was passiert mit dieser Polarisation, wenn $\nu \sim \Delta\nu$ wird? Vielleicht (wenn die Resultate nicht zu kompliziert werden) könnten derartige Effekte dazu benützt werden, um unaufgelöste Hyperfeinstrukturen nachzuweisen.

Nun haben Sie also außer Kritik noch eine positive Fragestellung. Ich hoffe, Ihre Physik wird besser, ich bin wenig zufrieden mit ihr.

Bitte sagen die Güttinger, er soll mit möglichst bald Korrekturen seiner Arbeit über den Stern-Versuch hierhersenden![i]

Trotz Gelegenheit zum Schwimmen leide ich sehr unter der großen Hitze hier[j]. Unter der "Trockenheit" leide ich aber gar nicht, da Laporte und Uhlenbeck ausgezeichnet mit Alkohol versorgt sind (man merkt die Nähe der kanadischen Grenze)[k]. Physik (und Physiker) gibt es hier sehr viel, aber ich finde sie zu formal. – In Chicago, Detroit und New York werde ich sicher noch viel amüsantes erleben. Bisher hatte ich wenig Zeit. Wäre gerne länger in Californien gewesen. Grüße an Sie, Scherrer und das ganze Institut von

W. Pauli

a) Es handelt sich offensichtlich um die Untersuchung »Zur Frage des elektrischen Widerstandsgesetzes für tiefe Temperaturen«, welche Peierls trotz Paulis Unwillen Ende September einreichte und in den Annalen der Physik (5) **12**, 154–168 (1932) publizierte. – b) Der Leningrader Physiker Jakov Grigorevich Dorfman hatte 1923 die para- und ferromagnetischen Resonanzerscheinungen vorhergesagt und war seit 1930 Leiter des magnetischen Laboratoriums in Leningrad. Dorfman beteiligte sich auch am 6. Solvaykongreß 1930 in Brüssel, wo ihn wahrscheinlich Pauli kennenlernte. – c) L. Nordheim: Zur Elektronentheorie der Metalle. I und II. Ann. Phys. (5) **9**, 607–640, 641–678 (1931). In dieser Arbeit hatte Nordheim eine Interpolationsformel für den elektrischen Widerstand vorgeschlagen, welche, obwohl sie eine gute empirische Näherung darstellt, sich nicht aus der Theorie herleiten ließ. Siehe hierzu R. Peierls: Elektronentheorie der Metalle. Ergebnisse der exakten Naturwissenschaften **11**, 264–322 (1932). Dort S. 317. – d) Dieses Thema bildete den Gegenstand von Peierls Habilitationsschrift, die er bereits im Oktober 1931 abgeschlossen hatte. Eine Veröffentlichung derselben erfolgte unter dem Titel »Zur Theorie der Absorptionsspektren fester Körper« in den Annalen der Physik (5) **13**, 905–952 (1932). Eingegangen am 3. März 1932. Siehe hierzu auch die Briefe [280] und [283]. – e) J. Frenkel publizierte damals in der Physical Review **37**, 17–44, 1276–1294 (1931) eine Theorie der Umwandlung von optischer Energie in thermische Gitterenergie, welcher Peierls wegen ihrer groben Annahmen nicht zustimmen wollte. Vgl. hierzu die Bemerkungen in Peierls Habilitationsschrift (Fußnote d) und die Briefe [280] und [283]. – Pauli hatte offenbar gehört, daß Frenkel die von Paul Debye veranstalteten Leipziger Vorträge besuchen wollte, die in diesem Sommer der Molekülstruktur gewidmet waren. – f) Paramagnetische Spinresonanzen wurden erst in den vierziger Jahren (von E.K. Zavoisky) beobachtet. Heute dienen sie u.a. für Präzessionsmessungen der magnetischen Kernmomente. Vgl. hierzu auch [280]. – g) Paul Güttinger (1908–1955) hatte in seiner Züricher Diplomarbeit unter Paulis Leitung »Das Verhalten von Atomen im magnetischen Drehfeld« untersucht. Ein Auszug erschien in Z. Phys. **73**, 169–184 (1931). Dort findet man auch die folgenden hier von Pauli verwendeten Formeln. – h) E. Fermi und F. Rasetti: »Über den Einfluß eines wechselnden magnetischen Feldes auf die Polarisation der Resonanzstrahlung.« Z. Phys. **33**, 246–250 (1925). – i) Siehe die unter g genannte Arbeit von Güttinger. Dort wird darauf hingewiesen, daß Otto Stern in Hamburg gerade das entsprechende Experiment durchführt. – j) Auch Heisenberg klagte während seines Aufenthalts in Ann Arbor über die große Hitze. – k) Infolge der Prohibition gab es damals besonders in Detroit an der kanadischen Grenze einen regen Alkoholschmuggel, und die Europäer brauchten keinen Mangel zu leiden. »In etwas angeheitertem Zustand« war Pauli über eine Treppe gefallen und hatte sich dabei ein Schultergelenk verrenkt und den Arm gebrochen. (Vgl. Brief [280].) So erschien er mit einem eingegipsten und erhobenen Arm zu seinen Vorlesungen in Ann Arbor. George Uhlenbeck schrieb damals dem behinderten Pauli die notwendigen Formeln an die Tafel. Pauli, gewöhnlich schwer zu verstehen, weil er beim Schreiben meist zur Tafel gewendet redete, soll nun, von der Schreibarbeit entlastet, äußerst brillant vorgetragen haben.

[280] Pauli an Peierls

[Ann Arbor], 1. Juli [1931][a]

Lieber Herr Peierls!

Bei der Beantwortung Ihres Briefes vom 30. VI. möchte ich mit dem Ende anfangen, der Frage der diamagnetischen Drehung in Wechselfeldern. Zunächst war meine seinerzeitige Bemerkung zu Bretscher[b] die, daß rein klassisch auch im veränderlichen Magnetfeld die Präzessionsbewegung in jedem Augenblick die Periode $\sigma = \frac{e\mathfrak{H}}{4\pi mc}$ hat (σ jetzt zeitlich veränderlich). Das ist ein allgemeines Theorem. Wenn ich mich auf Felder fester Richtung (Z) und harmonischen Oszillator beschränke, so lauten die Bewegungsgleichungen für $x_1 = x + iy$ und $x_2 = x - iy$

$$\begin{aligned} \ddot{x}_1 + \omega_0^2 x_1 - 2i\sigma\dot{x}_1 - i\dot{\sigma}x_1 &= \frac{-e}{m}E_1 \\ \ddot{x}_2 + \omega_0^2 x_2 + 2i\sigma\dot{x}_2 + i\dot{\sigma}x_2 &= \frac{-e}{m}E_2 \end{aligned} \tag{1}$$

(E_x, E_y äußere Feldstärke, $E_{1,2} = E_x \pm iE_y$.)

Die Terme mit $\dot{\sigma} = \frac{d\sigma}{dt}$ kommen von der Induktionskraft $\mathfrak{E} = -\frac{1}{c}\dot{\mathfrak{A}}$ des Feldes. Wenn man, wie immer, Terme $\sim\sigma^2$ vernachlässigt, ist die Lösung für die *freie* Schwingung ($E_1 = E_2 = 0$ gesetzt):

$$x_1 = Q_1 e^{i(\omega_0 t + w)}, \qquad x_2 = Q_2 e^{i(\omega_0 t - w)}.$$

Abkürzung $w = \int_0^t \sigma dt$. Dies ist die Aussage des erwähnten Theorems für unseren Spezialfall.

Um aber die Drehung der Polarisationsebene zu bekommen, muß man die erzwungene Schwingung mit $E_{1,2} = E_{1,2}^0 e^{i\omega t}$ untersuchen, d.h. die Lösung der inhomogenen Gleichung (1). Diese lassen sich für allgemeines $w(t)$ angeben.

$$\begin{aligned} x_1 &= \left(\frac{-\varepsilon}{m}E_1^0\right)\cdot\frac{e^{iw}}{2i\omega_0}\cdot\left(e^{i\omega_0 t}\int^t dt'\, e^{i(\omega-\omega_0)t' - iw} - e^{-i\omega_0 t}\int^t dt'\, e^{i(\omega+\omega_0)t' - iw}\right) \\ x_2 &= \left(\frac{-\varepsilon}{m}E_2^0\right) \qquad (w \text{ durch } -w \text{ ersetzt}). \end{aligned} \tag{2}$$

Es scheint richtig, daß das Resultat für $w = \sigma_0 \cdot \frac{\sin \nu t}{\nu}$ und $\nu \gg \sigma_0$ ($\sigma = \sigma_0 \cos \nu t$) anders wird als für $\nu \ll \sigma_0$. Man kann, wenn man will, in diesem

Fall $e^{iw}=e^{i\sigma_0 \frac{\sin \nu t}{\nu}}$ in Fourierreihen zerlegen, was auf Besselfunktionen von $\frac{\sigma_0}{\nu}$ führt und dieses in (2) nachher einsetzen. Sie können das noch weiter durchdiskutieren, wenn Sie wollen.

Nun zur Frage der Übertragung des Resultates in die Quantentheorie. Da Sie die Arbeit von Blaton[c] in diesem Zusammenhang erwähnen (bei Ihnen muß man das wichtigste immer indirekt aus irgendwelchen Andeutungen entnehmen: Zeichen für große Zappligkeit Ihrerseits), vermute ich, daß Sie Diracs Strahlungstheorie (Quantelung des magnetischen Wechselfeldes der Frequenz ν) treiben wollen. Obwohl es wahrscheinlich ist, daß dies zu richtigen Resultaten führt, ist mir in diesem Fall die Benützung dieser Methode sehr unsympathisch. Denn es ist ja in Wirklichkeit nicht so, daß die Anzahl der Quanten $h\nu$ im Anfangszustand durch Beobachtungen (Observations) fixiert wird, und es scheint mir deshalb dem physikalischen Sachverhalt näherzukommen, das Wechselfeld als *klassisches* Feld mit gegebener Zeitveränderlichkeit einzuführen (vgl. meinen letzten Brief). Man hat einfach die Matrixelemente R_{nm} des Atomsystems als Funktion der Zeit unter dem Einfluß a) des magnetischen Wechselfeldes, b) des Feldes der Lichtwelle zu ermitteln. Ich vermute, die klassischen Gleichungen für den Oszillator werden dann im wesentlichen auch für diese Matrixelemente gelten.

Über die Ungleichungen für die Feldstärken in der Arbeit von Ihnen und Landau[d] habe ich inzwischen noch nachgedacht. Ich halte es für sehr wahrscheinlich, daß sie für makroskopische Probekörper mit Ladung $e>\sqrt{\hbar c}$ falsch sind.

Nun über die Lichtabsorption im festen Körper[e]. Es ist sehr merkwürdig, daß Sie die Breite der Linie berechnen können, ohne die angeregten stationären Zustände explizite zu kennen. Wenn es richtig ist, ist es ein ganz lustiger Trick. Schreiben Sie doch die ganze Sache zusammen und schicken Sie sie mir, bitte. Wenn Resultate herauskommen, die sich an der Erfahrung prüfen lassen, bin ich im Prinzip damit einverstanden, daß die Arbeit als Habilitationsarbeit verwendet wird. (Dabei wird man auf die Polemik gegen Frenkel auch bißchen aufpassen müssen[f]. Könnten Sie nicht versuchen, ihn zu erreichen und ihn zu überzeugen? Er muß in Europa sein.) In diesem Fall müssen Sie in dem Widerstreit zwischen ihrem Habilitationsehrgeiz und ihrer Publikationswut also dem ersteren das Übergewicht geben.

Übrigens wird es bei den Professuren eine kleine Verschiebung geben. Landé wird definitiv in Amerika bleiben[g], so daß die Tübinger Professur frei wird. Es besteht, wie ich höre, eine gewisse Absicht, Unsöld dahin zu berufen[h], zugleich wegen der dortigen Astronomie. Dann würde also (meine frühere) Hamburger Assistentenstelle wieder ledig ...

Dummerweise bin ich neulich (in etwas angeheitertem Zustand) so ungünstig über eine Treppe gefallen, daß ich mir die Schulter gebrochen habe und nun im Bett liegen muß, bis die Knochen wieder ganz sind – sehr langweilig.

Grüße

Pauli

Wenn Sie in Leipzig sind[i], grüßen Sie Heisenberg, Bloch und die anderen sehr von mir. Was gibt es Neues?

a) Der vorliegende Brief ist offenkundig falsch datiert. Der darin genannte Brief seines Assistenten vom 30. Juni konnte Pauli nicht innerhalb von zwei Tagen erreicht haben. Außerdem hat sich der am Ende des Briefes erwähnte Unfall anderen Angaben zufolge (vgl. [279], Anmerkung 4) erst am 14. Juli ereignet. Das Schreiben dürfte deshalb erst in der zweiten Julihälfte, wahrscheinlich sogar erst am 1. August entstanden sein. – b) Nach Abschluß seines Physikstudiums an der ETH promovierte Egon Bretscher 1926 in Edinburgh. Anschließend war er in die Schweiz zurückgekehrt. Seit 1928 nahm er die Stelle eines Assistenten für Physik an der ETH ein. U.a. bearbeitete er das Problem der Magnetorotation in schnell veränderlichen Feldern. Vgl. E. Bretscher und W. Deck: Magnetorotation bei nichtadiabatischer Änderung des Magnetfeldes. Helv. Phys. Acta **6**, 229–231 (1933). – c) Auf die Bedeutung der Strahlungsprozesse höherer Ordnung hatte Pauli schon in seinem Handbuchartikel [1926], S. 26 und 95, aufmerksam gemacht. Die Berechnung solcher Prozesse auf der Grundlage der Diracschen Störungstheorie sollte jetzt durch Güttinger ausgeführt werden. Im Zusammenhang damit stand die soeben erschienene Untersuchung des Lemberger Physikers Jan Blaton: Gibt es eine Doppelstreuung von Lichtquanten? Z. Phys. **69**, 835–849 (1931). Eingegangen am 29. April 1931. – d) Siehe Anmerkung 4 im Kommentar zu [264]. – e) Siehe [279], Anmerkung d. – f) Siehe [279], Anmerkung e. – g) Alfred Landé wurde 1931 zum Professor an die Ohio State University in Columbus berufen, wo er bis zu seiner Emeritierung 1960 blieb. Seine freigewordene Stelle in Tübingen wurde erst 1936 (durch Werner Braunbek) wiederbesetzt. – Nur mit Mühe hatte Friedrich Paschen 1922 seine Berufung nach Tübingen, „obwohl er Jude ist“, wie ein Zeitgenosse unverblümt bemerkte, durchsetzen können. Hier in Tübingen hatte Landé öfters Schwierigkeiten mit Gerlach und den Mitarbeitern. Landés Assistentin Lucy Mensing fand es (im Juli 1927) „empörend, daß er von mir verlangt, Dir, Sam [Goudsmit], bei dem Wismut ins Handwerk zu pfuschen ... Ich habe gerade Pauli meine physikalische Not geklagt und warte auf eine Antwort von ihm.“ Ein anderer berichtete von „seltsamen Dingen, die in Tübingen passierten (beispielsweise davon, daß Landé das Feld seiner Tätigkeit in die eigene Wohnung verlegt hat) ...“ Gleichzeitig hatte Landé sich beschwert, weil ihm im Institut kein vernünftiger Arbeitsraum eingeräumt wurde. – Selbst Epstein riet von einer Berufung Landés nach Columbus ab, „da es ihm an der von einem Institutsleiter zu verlangenden allgemeinen Übersicht fehlt“. Doch Landés fundamentale Beiträge zur Quantentheorie fanden bei dieser Ernennung ein größeres Gewicht und waren schließlich ausschlaggebend. – h) Vor seiner Berufung 1932 an die Universität Kiel war Albrecht Unsöld seit 1930 in der einst von Pauli eingenommenen Stellung in Hamburg tätig. – i) Felix Bloch, der gerade in Zürich war, schrieb am 24. August an Léon Rosenfeld: „Zürich ist momentan ganz ausgestorben. Pauli ist in Amerika, und Peierls reist irgendwo in Deutschland oder Rußland herum.“ Ende September war Peierls in Leningrad.

In dem folgenden Schreiben [281] geht Pauli nochmals auf die erweiterten Unbestimmtheitsrelationen der relativistischen Quantentheorie von Landau und Peierls[1] ein, über die er im Kolloquium während der Sommerschule in Ann Arbor berichten wollte. Wie sich später herausstellte, waren Paulis Bedenken gegen diese verschärften Relationen völlig gerechtfertigt, zumal die Abwesenheit der Planckschen Wirkungskonstante eine Einschränkung selbst der klassischen Feldtheorie impliziert hätte.[2]

Pauli hatte ja schon in seinen frühen relativistischen Arbeiten die Zulässigkeit des Feldbegriffes in den kleinsten, durch die Ausdehnung des Elektrons vorgegebenen Raumbezirken angezweifelt. Natürlich war er an diesen Fragestellungen lebhaft interessiert, und er beteiligte sich deshalb auch weiterhin maßgeblich an der weiteren Aufklärung dieser Angelegenheit.[3]

[1] Siehe hierzu den Kommentar zu [264].

[2] Eine Klärung dieses Sachverhaltes führten schließlich N. Bohr und L. Rosenfeld in ihrer bekannten Untersuchung zur Frage der Meßbarkeit der elektromagnetischen Feldgrößen herbei, die zuerst in Det Kgl. Danske Videnskabernes Selskab. Math.-fys. Meddelelser XII, 8. (1933) erschien. Die Ursache des paradoxen Ergebnisses war in der Annahme einer punktförmigen Testladung zur Feldmessung begründet.

[3] Siehe hierzu L. Rosenfeld: Niels Bohr in the thirties. Enthalten in S. Rozental (ed.): Niels Bohr. His life and work as seen by his friends and colleagues. Amsterdam 1967. Dort S. 125ff. – Siehe auch [283] und [304].

[281] Pauli an Peierls

[Ann Arbor], 3. Juli [1931]

Lieber Peierls!

Heute habe ich es schon wieder auf Ihre Physik abgesehen und zwar diesmal auf die Arbeit von Ihnen und Landau[a]. Als ich hier im Kolloquium über diese vortragen sollte, merkte ich, daß Ihre Begründung der Ungleichungen für die Feldstärken nicht richtig ist. (Vielleicht sind die Ungleichungen selbst aber richtig, und Sie können die Ableitung verbessern.) Es ist offenbar unrichtig, daß die ausgestrahlte Energie $\frac{e^2}{c^3}\frac{(v'-v)^2}{\Delta t}$ eine *unbestimmte* Energieänderung ist.[b] (Achten Sie auch darauf, daß ja die ganze Betrachtung nur für *makroskopische* Probekörper mit Ladung e, für die $\frac{e^2}{hc}>1$, in Frage steht.) Es mag sein, daß die ausgestrahlte Energie auch eine Unbestimmtheit enthält, wegen Unsicherheit im zeitlichen Verlauf, aber in erster Näherung ist die ausgestrahlte Energie sicher eine *bestimmte* Änderung. Daher ist auch die Gleichung

$$(v'-v)\,\Delta P>\frac{e^2}{c^3}\frac{(v'-v)^2}{\Delta t}$$

sicher nicht richtig als Unsicherheitsrelation. Das geht ja schon daraus hervor, daß sie h nicht enthält und, wenn richtig, eine prinzipielle Unbestimmtheit des Impulses geladener Teilchen in der klassischen Theorie postulieren würde!

Schreiben Sie mir also, bitte, Ihre Meinung über diese Sache. In diesem Fall bin ich übrigens für publizieren. Sie müssen entweder (zusammen mit Landau) eine verbesserte Herleitung der Ungleichungen für die Felstärken publizieren oder Sie müssen öffentlich bekennen, daß diese Ungleichungen (für makroskopische Probekörper großer Ladung) bisher nicht begründet sind.[c]

(Die §§ über die Ortsmessung von Lichtquanten und Elektronen sind übrigens so schlecht geschrieben, daß man kaum die Argumente verstehen kann. Auch scheint mir die Frage nach der Ausmeßbarkeit der Diracschen Dichtefunktion in einem *stationären* Zustand – wo man sich bei den Experimenten Zeit lassen kann – viel interessanter und wichtiger als die in Ihrer Arbeit diskutierten Fragen. Sie sollten das noch näher untersuchen statt Größenordnungsphysik zu treiben.)

Die Arbeit von Güttinger habe ich inzwischen bekommen.[d] Er soll die Kleinsche Arbeit[e], Zeitschrift für Physik **41**, 407, 1927 für seine Dissertation durchstudieren, ebenso die neue Arbeit von Blaton über Doppelstreuung.[f]

Heute ist es nicht so heiß und ich fühle mich hier im allgemeinen sehr wohl. Nur die Physik hier ist unbefriedigend, weil zu formal. Grüße an Sie und das ganze Institut. Richten Sie bitte Scherrer auch aus, daß Laporte und

Oppenheimer als Ersatz für Mr. Wellmann sehr zu brauchen sind. – Wissen Sie kein vernünftiges physikalisches Problem für mich? Ich würde im September gerne in New-York wohnen, am Tag ixen und nachts bummeln.

Ihr W. Pauli

a) Siehe die in der Anmerkung 4 zum Kommentar von [264] zitierte Abhandlung. – b) Diese Beziehung wird in der unter a genannten Arbeit auf S. 61 angegeben. – c) Eine solche Stellungnahme von seiten Landaus und Peierls' erfolgte nicht mehr. – d) Siehe [279], Anmerkung i. – e) O. Klein: Elektrodynamik und Wellenmechanik vom Standpunkt des Korrespondenzprinzips. Z. Phys. **41**, 407–442 (1927). – f) Siehe [280], Anmerkung c. – Ein Auszug aus Güttingers Züricher Dissertation „Über Streuprozesse höherer Ordnung" erschien in Helv. Phys. Acta **5**, 237–261 (1932).

Inzwischen war die Sommerschule in Ann Arbor zu Ende gegangen und Pauli soweit geheilt, daß er von seinem lästigen Gipsverband befreit werden konnte. Diese Nachricht wurde am 1. September von David Inglis sogleich an Goudsmit weitergeleitet: „Paulis arm came down out of its airplane splint into a cling just before he left. I put him on a train for Chicago, where he intended to observe art a week before returning to Europe. I did not see him on his way back ..."

Was Pauli bis zu seiner Abreise von New York nach Italien noch alles unternommen hat, entzieht sich unserer Kenntnis. Am 1. Oktober bestritt er gemeinsam mit Dirac noch ein „Magnetpol-Neutronen-Kolloquium" in Princeton [283], über das bisher leider keine weiteren Details bekannt geworden sind. Am 2. Oktober [283] reiste er dann in Begleitung von A.H. Compton auf dem italienischen Dampfer »Conte Biancamano« über Neapel zum Kernphysikerkongreß nach Rom, der dort vom 11. bis zum 18. Oktober stattfand.

Der Kongreß selbst verlief in einer netten, gemütlichen Atmosphäre, wie Ehrenfest seinem Freunde Epstein nach Pasadena berichtete.[1] „Wie immer, wenn Bohr bei so einem Kongreß ist, versteht man an den ersten zwei Tagen noch nicht einmal die Worte, die er spricht. Aber an den letzten zwei Tagen haben wir gut gelernt zu wiederholen, was er uns eindringlich vorgesagt hat."

Natürlich war auch hier Bohrs Hauptanliegen die Frage nach der Gültigkeit des Energieerhaltungssatzes beim β-Zerfall. Er sagte, daß all unser Wissen über Energieerhaltung uns kein Recht gibt, Zeter und Mordio zu schreien, wenn uns die Experimente zwingen, das Energieprinzip für Elektronen im Kern aufzugeben (das heißt, es auch nicht im Mittel gelten zu lassen).

Auch in seinem letzten Brief an Max Delbrück ließ Pauli nochmals alte Erinnerungen an diesen Romkongreß aufleben.[2] „In the Fall of the same year 1931 I went to the nuclear physics meeting in Rome, where – as you know – I also met you. (Before, I saw the holy Compton drinking a glass of wine in Amalfi, as I can swear before every judge or public notary.) It is strange how far away this time seems to be for the younger American generation of today. For them it is now literature – and far away, like for us the Middle Ages. America has changed so quickly. Now to Rome: you know it. So I don't need to describe the Congress nor Bohr with his spiritual somersaults of an only statistical validity of the energy law for the β-decay – and this long after the establishment of wave mechanics. And on the other side Fermi. But this you will find again in my lecture.[3] You will not find, however, my remembrances on the dancing party in Rome with you, Gamow, Ellis, Blackett, etc. and the ladies. This may go under in peace when we dye. But for me personally the history of the neutrino is unseparably connected with your – very *un*successful – flirtation with Eve Curie at that party. She had a sincere veneration for the old mother whom she accompanied at the Rome meeting, but otherwise this icy woman had nothing in her mind than publicity, newspapers with her name in it, etc. Why she should have had any interest in you, if there was no chance for her to increase her publicity with your help?"

Der Kongreß in Rom hatte bereits begonnen, als Pauli mit einem Tag Verspätung aus Neapel eintraf. Goudsmit erzählte, daß er gerade am Ende seines Referates über „Present difficulties in the theory of hyperfine structure"[4] Paulis Neutrino-Hypothese erwähnte, als Pauli ganz unerwartet den Saal betrat.[5]

Pauli selbst hatte keinen Vortrag übernommen. Deshalb dürfte sein Neutrino nur am Rande während der Diskussion und während der Gespräche im engeren Kreise erörtert worden sein.

[1] In einem Schreiben Ehrenfests vom 15. November 1931.
[2] Aus einem Schreiben vom 6. Oktober 1958.
[3] Pauli meint hier seinen Aufsatz „Zur älteren und neueren Geschichte des Neutrinos", den er damals gerade fertig aufgeschrieben hatte und Lise Meitner zu ihrem Geburtstag am 7. November überreichen wollte.
[4] Enthalten in dem Kongreßbericht: Convengo di Fisica Nucleare. Roma 1932. Dort S. 33–49.
[5] Vgl. L.M. Brown: The idea of the neutrino. Physics Today, September 1978, S. 23–28. Vgl. auch Goudsmits Schreiben vom 15. Mai 1934 an Darrow: „The mention of the Pauli neutron (now ‚neutrino') is perhaps the earliest printed statement. At least Pauli returned from the USA just at the moment when I mentioned his name in this talk."

[282] Pauli an Goudsmit

Ann Arbor, [18. August][a] 1931
[Postkarte]

Lieber Goudsmit!
Nun ist also die Sommersession vorbei und ich habe noch einen Monat Ferien in Amerika. Mein Arm ist viel besser und ich kann ihn schon gut bewegen. Hoffentlich habe ich noch eine amüsante Zeit. Zunächst gehe ich nach Chicago, später nach New York. Wo ich zwischendurch sein werde, weiß ich noch nicht. Auch bin ich noch nicht ganz sicher, ob ich nach Rom kommen werde oder nicht, es ist aber wahrscheinlich[b]. Jedenfalls hoffe ich bestimmt, Sie und Frau in Zürich zu sehen.

Viele Grüße an Sie beide von W. Pauli

a) Die Karte trägt kein Datum. Da die Sommerschule jedoch am 18. August zu Ende ging, dürfte auch diese Mitteilung um die gleiche Zeit entstanden sein. – b) Paulis Anwesenheit in Rom ist durch eigene Äußerungen [284] und zahlreiche Berichte in Briefen und anderen Darstellungen der Kongreßteilnehmer gesichert. Vgl. auch die Teilnehmerliste in dem im Kommentar unter Anmerkung 4 genannten Kongreßbericht.

[283] Pauli an Peierls

[New York], 29. September [1931]

Lieber Peierls!
Für Ihren letzten Brief vom 4. VIII. noch besten Dank. – Hoffentlich haben Sie eine anständige Klärung der Frage der Ungleichungen für die Feldstärken,

wenn ich nach Zürich zurückkomme[a]. Übrigens möchte ich die Frage der Ortsmessung im relativistischen Gebiet noch genau mit Ihnen durchdiskutieren, vielleicht kann man weiterkommen, wenn man diese Begriffe klarer faßt. So wie es in der Arbeit von Ihnen und Landau steht, ist es mir nicht klar genug.

In der Frage der Strahlung im zeitlich wechselnden Magnetfeld haben Sie viel zu großen Respekt vor der Linienbreite[b]. Es ist immer ganz leicht diese zu berücksichtigen. Ferner ist der Polarisationsgrad der Resonanzstrahlung eine ganz *alte* Methode, um Hyperfeinstrukturen nachzuweisen und nach meiner Meinung ist darüber gar nichts mehr zu rechnen, weil alles schon bekannt ist. Daß die klassischen Ansätze mit gedämpften virtuellen Oszillatoren richtig sind, muß und kann man allgemein zeigen, nicht bei jedem Beispiel extra. Aber diese Fragen sind nicht sehr interessant.

Als rein mathematische Kraftleistung habe ich sehr bewundert die Arbeit von Bethe[c], in der er das richtig macht, was Ludloff falsch gemacht hat[d]. Vielleicht kann man jetzt endlich *doch* eine anständige Theorie des Curiepunktes ferromagnetischer Substanzen machen. – Über Halbleiter soll man nicht arbeiten, das ist eine Schweinerei, wer weiß, ob es überhaupt Halbleiter gibt. – Ihre Arbeit über die Lichtabsorption in festen Körpern[e] will ich genau studieren, wenn ich in Zürich bin. Hoffentlich haben Sie sich inzwischen mit Frenkel darüber geeinigt[f]. – Am 1. Oktober haben wir ein Magnetpol[g] *-Neutronen-Kolloquium in Princeton, in dem Dirac und ich die Hauptrollen spielen werden (a first national attraction). Vom rein logischen Standpunkt aus scheinen mir die Magnet-Pole befriedigender als die magnetischen Dipole, aber man kann dann die falsche Statistik der N-Kerne nicht damit verstehen. Es ist auch durchaus möglich, daß es weder Magnetpole noch Dipol-Neutronen gibt[h].

Bitte sorgen Sie in Zürich dafür, daß meine Kollegs angekündigt werden[i] und zwar sollen beide (Kurs- und Spezialkolleg) *Dienstag, den 20. Oktober* beginnen. Ich werde wohl am 19. Oktober im Institut auftauchen und will dann auch den Antrag wegen Ihres Gehaltes schreiben.[j]

Amerika gefällt mir gut. Am 2. Oktober fahre ich von hier direkt nach Neapel, wo ich am 11. eintreffe. Mein Arm ist längst wieder heil.

Viele Grüße — Ihr W. Pauli

a) Siehe [281]. – b) Siehe hierzu [280]. – c) H. Bethe: Zur Theorie der Metalle. I. Eigenwerte und Eigenfunktionen der linearen Atomkette. Z. Phys. **71**, 205–226 (1931). Eingegangen am 17. Juni 1931. Bethe stellte darin eine Anwendung seiner Methode auf die Theorie des Ferromagnetismus in Aussicht. – d) H. Ludloff: Zur Frage der Nullpunktsentropie des festen Körpers vom Standpunkt der Quantenstatistik. I, II und III. Z. Phys. **68**, 433–492 (1931). In diesem Beitrag diskutierte Ludloff das Temperaturverhalten zweiatomiger Moleküle unter dem Einfluß von Orientierungskräften unterschiedlicher Stärke im Gitterverband. – e) Vgl. [279], Anmerkung d und [280]. – f) Vgl. hierzu Paulis Bemerkungen in [279] und [280]. – g) Vgl. P.A.M. Dirac: Quantised Singularities in Electromagnetic Fields. Proc. Roy. Soc. A **133**, 60–72 (1931). Eingegangen am 29. Mai 1931. – h) Pauli war offenbar nach seinem Vortrag in Pasadena in bezug auf seine „Neutronen" skeptischer geworden.

---

* Sie haben wohl Diracs Arbeit im September-Heft der Proceedings of the Royal Society gelesen.

Vgl. hierzu den Kommentar zu [261] und die dort in Anmerkung 4 genannte Untersuchung von Carlson und Oppenheimer, die Paulis Theorie der Magnetdipole weiterführten. – Das Interesse an den Diracschen Monopolen hat in den letzten Jahren wieder zugenommen und mehrere Versuche zu ihrem Nachweis wurden unternommen. Vgl. R.A. Carrigan und W.P. Trower: Superheavy Magnetic Monopoles. Scientific American, April 1982, S. 91–99. – i) Pauli hielt im Wintersemester eine Vorlesung über Anwendungen der Quantentheorie und gab außerdem einen Kurs über kinetische Theorie der Materie. – j) Wie viele junge Wissenschaftler erhielt auch Peierls damals eine Unterstützung durch die Rockefeller-Foundation. Vgl. [286].

Die Verleihung der Lorentz-Medaille durch die Amsterdamer Akademie der Wissenschaften am 31. Oktober 1931 an Pauli stand kurz bevor.[1] Dieses Ereignis wollte Ehrenfest zeitlich verbinden mit der Promotion seines Lieblingsschülers Casimir.[2] Zahlreiche Ehrengäste waren dazu eingeladen. Schon im Sommer war eine Einladung an Bohr ergangen: „Ferner hoffen wir", schrieb Ehrenfest am 9. Juli, „daß Du am 31. Oktober gelegentlich der Überreichung der Lorentz-Medaille an Pauli in Holland wärest." Und immer wieder drängte er Bohr in seinen folgenden Briefen, an dieser Festveranstaltung unbedingt teilzunehmen. Am 19. September schrieb er: „Noch einmal möchte ich Dich daran erinnern: 1. Daß die Lorentz-Medaille am 31. Oktober an Pauli ausgereicht werden soll. 2. Daß Casimirs Promotion am 3. November stattfinden soll ..." Am 30. November telegraphierte Bohr aus Luzern: „Ankomme Leiden morgen vormittag".

Es wäre Ehrenfest auch die Beteiligung Einsteins sehr willkommen gewesen. Einstein hatte sich Gedanken gemacht „betreffs neuer Goudsmit-Elektronentheorie", worüber man im engeren Kreise diskutieren wollte: „Einsteins Mitteilung ... gebe ich *allein* an Dich durch, denn *vielleicht* wäre es ihm unerwünscht, daß man schon darüber redet", schrieb er Bohr.

An die lustige in der folgenden Postkarte [284] angesprochene Episode mit dem „schwarzen Rock", den Pauli sich eigens für diesen Anlaß schneidern ließ, erinnert sich Casimir in einem Brief[3]: „An die Überreichung der Lorentz-Medaille an Pauli habe ich noch eine klare Erinnerung, besonders an eine Stelle in Ehrenfests Laudatio, die nicht in der gedruckten Version zu finden ist ... Ehrenfest hatte nämlich betont, daß es erwünscht sei, daß Pauli im schwarzen Anzug erscheinen würde und Pauli hatte darauf geantwortet, daß er das nur machen würde, wenn Ehrenfest diesen Anzug in seiner Ansprache erwähnen würde. Als nun Ehrenfest an die Stelle seiner Ansprache kam, die so ungefähr lautet: ‚Sie werden zugeben müssen, daß eine partielle Aufhebung des Pauli-Verbots manche Probleme des Alltags lösen könnte', fügte er als weiteres Beispiel hinzu: ‚oder auch, wie man die Auslagen für schöne neue schwarze Festkleidung herabsetzen könnte.' Pauli grinste zufrieden."

Voller Anerkennung hat Pauli sich auch gegenüber seinen Kollegen über diese wohlgelungene und weniger steife Veranstaltung in Leiden geäußert: „Pauli hat mir neulich sehr nett von der Feier in Holland und Ihrer Rede erzählt", berichtete Heisenberg in einem Schreiben vom 2. Februar 1932 Ehrenfest.

[1] Vgl. hierzu den Kommentar zu [271]

[2] Casimirs Promotion war zum 3. November angesetzt. Seine Dissertation „Rotation of a rigid body in quantum mechanics", Den Haag, Batavia 1931, fand eine äußerst lobende Besprechung durch Max Born in den Naturwissenschaften **20**, 88–89 (1932), der diese Schrift als eine ausgezeichnete Einführung in das Gebiet der quantenmechanischen Kreiselsysteme empfahl.

[3] In einem Schreiben vom 11. August 1978 an die Herausgeber.

[284] Pauli an Ehrenfest

Zürich, 26. Oktober [1931]
[Postkarte]

Lieber Ehrenfest!
Ich habe mir beim Schneider soeben einen neuen schwarzen Rock bestellt. Aber ich ziehe ihn in Amsterdam nur an, wenn Sie mir versprechen, in der offiziellen Akademiesitzung in Ihrer Rede mir öffentlich dafür zu danken, daß ich die Mühe nicht gescheut habe, zum Schneider zu gehen. Sagen Sie das meinetwegen in Hauptsätzen, wenn Sie wollen. – Heben Sie, bitte, ferner hervor, ich sei noch kein alter Herr, denn „ich hätte noch die Illusion, außer Physik noch etwas fertigbringen zu können." (Dies waren ihre Worte in Rom.) Sagen Sie, bitte, außerdem, ich hätte noch Humor, während viele Physiker wenn sie älter werden, diesen verlieren.

In diesem Sinne auf Wiedersehen in Amsterdam! Mit vielen und unabhängig von den Umständen, sogar sehr herzlichen Grüßen Ihr W. Pauli

Offensichtlich unterhielt Pauli im Anschluß an den Romkongreß im Oktober einen regen Briefwechsel mit Bohr. Das folgt auch aus den Bemerkungen am Beginn des nächsten Schreibens [285].[1] Bei der weiteren Sichtung des Bohrnachlasses können noch Teile dieses Briefwechsels zutage kommen.

Auf diesem Kongreß hatte Niels Bohr nochmals eindringlich darauf hingewiesen, daß gerade das Versagen der bisherigen Theorien zur Beschreibung der Vorgänge im Kern und in der Hochenergiephysik eine grundlegende Revision der physikalischen Begriffe erwarten lasse und wahrscheinlich zu einem ähnlichen Umbruch wie der durch die Entdeckung der Quantenerscheinungen hervorgerufene führen werde.

Im Gegensatz zu Bohr war Pauli immer bestrebt, alle Unklarheiten vorerst im Rahmen der schon bestehenden Theorien zu diskutieren, bevor er sich zu grundsätzlichen Abänderungen bereit erklärte. Die Ursache des kontinuierlichen β-Spektrums beim Kernzerfall und die Abweichungen von der Klein-Nishina-Formel bei der Streuung von harter γ-Strahlung an Kernen blieb ungeklärt, und wurde von Bohr als Paradoxon der relativistischen Quantenmechanik herausgestellt. Pauli hatte sich deshalb überlegt, ob nicht die nach Klein-Nishina berechnete Intensität der Streustrahlung bei hohen Frequenzen (gegen die Ionisierungsfrequenz des betreffenden Atoms) abhängig von der Annahme freier bewegter oder gebundener Elektronen im Anfangszustand sei. Seine eigenen Rechnungen stellte Pauli vorerst zurück, um sie erst nach eineinhalb Jahren in abgewandelter Form (1933b) zusammen mit einer Untersuchung der Streuung an gebundenen Elektronen durch seinen Assistenten Casimir[2] zu publizieren.

Auch Heisenberg befürwortete Paulis Standpunkt. „Nur glaube ich", schrieb er in dem erwähnten Brief an Bohr[1], „man hat aus Paulis Arbeit doch etwas Neues gelernt, nämlich daß sich nicht scharf unterscheiden läßt, ob die Grenzen der bisherigen Theorie bei h/mc oder bei e^2/mc^2 liegen. Die Frage, ob die Diractheorie die ‚richtige' Dichteverteilung für die K-Schale schwerer Elemente liefert, ist nach Paulis Überlegungen recht platonisch geworden, da doch alle Experimente, die sich zur Dichtebestimmung eignen, Dispersion von *sehr hartem* Licht und Kollision mit *sehr schnellen* Elektronen, nach Paulis Rechnung sich nicht behandeln lassen. Im Ganzen scheint mir, daß sich der Bereich, in dem die Diractheorie richtiges liefert, noch nicht scharf abgrenzen läßt, daß also z.B. auch die Sommerfeldformel zweifelhaft ist."

Es fällt auf, daß Bohr gegenüber Pauli in diesem Brief seine Ansichten über das Versagen der Erhaltungssätze nicht erwähnt, obwohl gerade diese Frage ihn am meisten bewegte. Diese stand auch im Mittelpunkt seines Romvortrages, den er jetzt für die Kongreßberichte ausarbeitete.

[1] Offenbar kannte auch Heisenberg den Inhalt von Paulis Briefen. Am 15. Dezember 1931 antwortete er Bohr: „Vielen Dank dafür, daß Du mir Deine Antwort auf Paulis Brief geschrieben hast. Mit der allgemeinen Stimmung, die Du gegenüber den Fragen der relativistischen Quantenmechanik hast, bin ich natürlich schon einverstanden."

[2] H. Casimir: Über die Intensität der Streustrahlung gebundener Elektronen. Helv. Phys. Acta **6**, 287–304 (1933). Eingegangen am 3. Juni 1933.

[285] Bohr an Pauli

Kopenhagen, 8. Dezember 1931

Kære Pauli,

Naar jeg ikke før har svaret paa Dine venlige Breve og Kort vedrørende Dine Beregninger om Spredning af højfrekvent Straaling fra bundne Elektroner, er det ikke af Mangel paa Interesse for de deri rejste Spørgsmaal. I den sidste Uge har jeg tænkt meget over Sagen og talt med Bloch derom, og selv om jeg endnu ikke er naaet til en bestemt Opfattelse, har jeg dog nogle Bemærkninger at gøre, som jeg gerne vil høre Din Mening om.

Hvad Sagens Realitet angaar, forstaar jeg, at den hidtidige kvantemekaniske Formalisme svigter ved det omhandlede Dispersionsproblem, ikke alene fordi Beregningerne ikke stemmer med Klein-Nishinas Formel i Grænsen for store Frekvenser, men først og fremmest fordi Beregningerne fører til en Sandsynlighed for fysisk umulige Virkninger, der er altfor stor til, at man kan se bort fra den. Efter Dit sidste Nachtrag forstaar jeg jo ogsaa, at Du har indset, at det er vanskeligt at slutte noget bestemt om Klein-Nishina Formlens Gyldighed fra Frk. Meitners Forsøg; *K*-Elektronernes ringe Antal bevirker jo, at Afvigelsen fra Formlen selv for tunge Stoffer maa blive meget lille. Den store Sandsynlighed for Udjagning af Elektroner med negativ Energi betyder derimod efter min Opfattelse en principiel Vanskelighed for Teorien, som man ikke kan komme udenom ved nogen „Beschwichtigungsphilosophie", hverken af den Art som Du i Din „Bombe" tillægger Fysikerne i København og Leipzig, eller af den Art som Du selv, saa vidt jeg forstaar fra Dine Nachträge, ikke stiller Dig helt afvisende overfor.

Det forekommer mig, at Løsningen af det omhandlede Paradox maa være, at den hidtidige kvanteteoretiske Behandling af Dispersionsproblemerne er uanvendelig i det omhandlede Grænsetilfælde, og at det derfor ikke i første Linie her drejer sig om en principiel Svigten af Diracs specielle Form for den relativistiske Elektronteori.

Det, der faar mig til at tvivle om Dispersionsteoriens Anvendelse ved Spredning af højfrekvent Straaling fra fast bundne Elektroner, er den Omstændighed, at en Comptonproces, saaledes som vi ofte har talt om, aldrig kan tilskrives en kortere Varighed end mc^2/h. Dette er imidlertid netop Størrelsesordenen for Resonansfrekvenserne af de fastest bundne Elektroner, og jeg synes derfor, at Atomkræfterne maa kunne faa en større Indflydelse paa Spredningsprocessens Forløb, end en teoretisk Behandling, hvori Sluttilstanden af Overgangsprocessen betragtes som en kraftfri Løsning af Bølgeligningen, giver Plads for. Jeg forstaar jo fuldt vel, at de Waller'ske Beregninger indgaar som Led i en tilsyneladende sammenhængende Helhed, men selve Grundantagelsen, at Dispersionen af Straaling fra Atomer kan behandles som et Perturbationsproblem, forekommer mig at indeholde Forudsætninger, der i et saa extremt Tilfælde som det af Dig betragtede er tvivlsomme.

Jeg tænker her paa det Spørgsmaal, som jeg allerede talte til Dig om under Dit sidste Besøg i København, nemlig den Grænse som et Krav om de elektromagnetiske Felters Maalelighed vilde sætte paa den sædvanlige Behandling af Dispersionsproblemet. Betingelsen for Maalelighed er jo

$$\chi \gg \nu^2 \sqrt{\frac{h}{c^3}}$$

hvor χ er den elektriske Kraft og ν Straalingens Frekvens. Dersom vi betragter Dispersionen fra et Atom i Normaltilstanden bestaaende af en Elektron og en Kerne med Ladning Ze og forlanger, at χ skal være lille i Forhold til de indre Atomkræfter, betyder dette

$$\nu \ll \nu_z Z^{-\frac{1}{2}} \left(\frac{hc}{e^2}\right)^{\frac{3}{4}}$$

hvor ν_z er Atomets Resonansfrekvens.

For Behandlingen af sædvanlige Dispersionsfænomener er det meget tilfredsstillende, at denne Betingelse for alle mulige Værdier af Z kan opfyldes ikke alene for Beregning of Polarisationen ved statiske og langsomt varierende Kraftfelter, men ogsaa i Resonansgebetet $\nu \sim \nu_z$. For store Værdier af Z kan Betingelsen imidlertid ikke opfyldes for en Straaling med saa stor Frekvens, at vi tør benytte kraftfrie Løsninger til Fremstilling af de udjagede Elektroner. Helt bortset fra Spørgsmaalet om Diracs Teori kan anvendes for Beregning af Egenskaber af de stationære Tilstande for Atomer med stor Kerneladning, synes jeg derfor, at der er en principiel Forskel mellem Beregningen af saadanne Atomers Polarisation for Straaling med stor Bølgelængde og Dispersionen i det Bølgelængdegebet, som Dine Beregninger tager Sigte paa. Kun i det første Tilfælde kan Anvendelsen af den hidtidige kvantemekaniske Formalisme begrundes ud fra de sædvanlige simple Korrespondensbetragtninger; medens det sidste Tilfælde turde kræve en nøjere Hensyntagen til Straalingsreaktionen.

Du vil sikkert her indvende, at Behandlingen af Comptoneffekten for frie Elektroner og Udledningen af Klein-Nishina Formlen netop viser Berettigelsen af den hidtil brugte Fremgangsmaade i det mest yderliggaaende Grænsetilfælde. Jeg synes imidlertid, at Situationen ligger væsentlig anderledes ved frie Elektroner, hvor der stilles langt ringere Fordringer til Rum-Tidsbeskrivelsen end ved Elektroner, der er bundne i Atomer. Jeg tror, at Resultatet af en rigtig Behandling af Dispersionsproblemerne vil føre til, at Klein-Nishina Formlen ogsaa gælder for bundne Elektroner, dersom Straalingens Frekvens er tilstrækkelig stor. For Atomer, hvor Elektronerne er saa fast bundne, at en formel Opløsning af Bølgefunktionerne i kraftfrie Løsninger giver en betydelig Værdi for Forholdet imellem Løsninger med negative og positive Energiværdier, vil Formlen derimod ikke kunne bruges til en Bestemmelse af Impulsfordelingen, saaledes som det er muligt ved Bestraaling af løst bundne Elektroner, hvor vi kan se bort fra kraftfrie Løsninger med negativ Energi, og hvor Spredningsprocessen kan tænkes kort i Forhold til Resonansperioderne.

Alle disse Bemærkninger er jo kun af rent negativ Karakter og lidet afklarede, men jeg vilde kun betone, at jeg ingenlunde er sikker paa, at Dine Betragtninger indeholder afgørende Argumenter mod en saadan almindelig Opfattelse af Kvanteteoriens øjeblikkelige Stilling, som jeg søgte at gøre Rede for i Rom. I alle vore Diskussioner har jeg blot forsøgt at komme til Klarhed over den principielle Grænse for Anvendelsen af Korrespondensbetragtninger; og jeg mener slet ikke, at Elektronens klassiske Radius i den Henseende betyder en skarp Grænse for Brugen af Rumbegrebet. Elektronproblemet i saa enkel Forstand træffer vi kun entydigt i Atomkernerne, hvor jeg stadig tror, at mine Bemærkninger i Rom indeholder et Kim til Fremskridt; i alle andre Tilfælde sætter Virkningskvantet selv langt snævrere Grænser for Rumkoordinationen. Hvad jeg først og fremmest har søgt at betone er, at den indre Sammenhæng i enhver foreløbig Teori, hvor Elektronens og Virkningskvantets Eksistens betragtes som uafhængig af hverandre, er væsentlig betinget af alle Elektroners Identitet og Kerneladningernes øvre Grænse. Iøvrigt er jeg ganske enig med Dig i, at kun Erfaringen kan afgøre Spørgsmaalet om Gyldighedsomraadet for den Diracske Elektronteori, og i denne Henseende ved jeg ikke engang, om Sommerfeld-Formlen endnu kan siges at være tilstrækkelig prøvet.

Jeg arbejder netop paa en Fremstilling af mine Synspunkter for Beretningen til Rom-Kongressen og skal derfor være Dig meget taknemmelig for at høre fra Dig, saa snart som muligt, om hvordan Du ser paa Bemærkningerne i dette Brev, og om hvordan Dine egne Synspunkter i Mellemtiden har udviklet sig.

Med mange Hilsener fra os alle,

Din Bohr

der efter Gennemlæsningen af delte Brev føler mig endnu dummere og letsindigere, end Du kan forestille Dig; i Din forhaabentlig belærende Kritik deraf, behøver Du derfor ikke at bruge flere Udskældsord end strengt nødvendigt, men kan gaa lige til Sagen.

Übersetzung von [285]

Lieber Pauli!

Wenn ich nicht früher auf Deine freundlichen Briefe und Postkarten geantwortet habe, die Deine Berechnungen über die Streuung hochfrequenter Strahlung an gebundenen Elektronen betreffen, so ist dies nicht einem mangelnden Interesse für die darin aufgeworfenen Fragen zuzuschreiben. In der letzten Woche habe ich viel über die Sache nachgedacht und mit Bloch darüber gesprochen[a], und wenn ich auch noch nicht zu einer bestimmten Auffassung gelangt bin, so habe ich doch einige Bemerkungen zu machen, über die ich gerne Deine Meinung hören möchte.

Was die Realität der Sache angeht, verstehe ich, daß der bisherige quantenmechanische Formalismus bei dem behandelten Dispersionsproblem versagt, nicht allein weil die Berechnungen im Grenzfall großer Frequenzen nicht mit der Klein-Nishina-Formel übereinstimmen, sondern vor allen Dingen, weil die Berechnungen zu einer Wahrscheinlichkeit für physikalisch unmögliche Wirkungen führen, die viel zu groß ist, als daß man von ihr absehen könnte. Nach Deinem letzten Nachtrag entnehme ich ja auch, daß Du eingesehen hast, wie schwierig es ist, aus Fräulein Meitners Versuch[b] etwas bestimmtes über die Gültigkeit der Klein-Nishina-Formel zu schließen; die geringe Anzahl der *K*-Elektronen bewirkt ja, daß die Abweichung von der Formel selbst für schwere Stoffe sehr klein bleiben muß. Die große Wahrscheinlichkeit für das Aussenden von Elektronen mit negativer Energie bedeutet hingegen meiner Auffassung nach eine prinzipielle Schwierigkeit für die Theorie, um die man nicht durch irgendeine „Beschwichtigungsphilosophie" herumkommen kann, weder auf die Art, die Du in Deiner „Bombe" den Kopenhagener und Leipziger Physikern unterstellst, noch auf die Art, der Du selbst – so weit ich es aus Deinen Nachträgen verstehe – nicht ganz ablehnend gegenüberstehst.

Es kommt mir vor, als müßte die Lösung des behandelten Paradoxons so sein, daß die bisherige quantentheoretische Behandlung der Dispersionsprobleme in dem behandelten Grenzfall unanwendbar ist und daß es sich deshalb hier nicht in erster Linie um ein prinzipielles Versagen von Diracs spezieller Form der relativistischen Elektronentheorie handelt.

Was mich an der Anwendung der Dispersionstheorie bei der Streuung hochfrequenter Strahlung an fest gebundenen Elektronen zweifeln läßt, ist der Umstand, daß einem Comptonprozeß, wie wir es oft besprochen haben, nie eine kürzere Dauer als mc^2/h zugeschrieben werden kann. Das ist indessen gerade die Größenordnung der Resonanzfrequenzen der am festesten gebundenen Elektronen, und ich glaube deshalb, daß die Atomkräfte einen größeren Einfluß auf den Verlauf des Streuprozesses haben müssen, als eine theoretische Behandlung zuläßt und in dem der Endzustand des Übergangsprozesses als eine kräftefreie Lösung der Wellengleichung angesehen wird.

Ich verstehe sehr wohl, daß die Wallerschen Berechnungen[c] als Teil in eine scheinbar zusammenhängende Ganzheit eingehen, aber die Grundannahme selbst, daß die Dispersion der Strahlung an Atomen als ein Störungsproblem behandelt werden kann, scheint mir Voraussetzungen zu enthalten, die in einem so extremen Fall wie dem von Dir betrachteten zweifelhaft sind.

Ich denke hier an die Frage, die ich mit Dir schon während Deines letzten Besuches in Kopenhagen[d] besprochen habe, nämlich der Grenze, welche eine Forderung nach der Meßbarkeit der elektromagnetischen Felder einer gewöhnlichen Behandlung des Dispersionsproblems setzen würde. Die Bedingung für die Meßbarkeit ist ja

$$\chi \gg \nu^2 \sqrt{\frac{h}{c^3}}$$ [e]

wo χ die elektrische Kraft und ν die Strahlungsfrequenz ist. Falls wir die Dispersion an einem Atom, das aus einem Elektron und einem Kern mit der Ladung Ze besteht, im Normalzustand betrachten, und verlangen, daß χ im Verhältnis zu den inneren Atomkräften klein sein soll, bedeutet das

$$\nu \ll \nu_z Z^{-\frac{1}{2}} \left(\frac{hc}{e^2}\right)^{\frac{3}{4}},$$ [f]

wo ν_z die Resonanzfrequenz des Atoms ist.

Für die Behandlung der gewöhnlichen Dispersionsphänomene ist es sehr befriedigend, daß diese Bedingung, für alle möglichen Werte von Z, nicht nur für die Berechnung der Polarisation bei statischen und langsam veränderlichen Kraftfeldern erfüllt werden kann, sondern auch im Resonanzgebiet $\nu \sim \nu_2$. Für große Werte von Z kann die Bedingung indessen nicht für eine Strahlung mit so großer Frequenz erfüllt werden, daß wir kräftefreie Lösungen zur Darstellung der abgelösten Elektronen benützen dürfen. Ganz abgesehen von der Frage, ob Diracs Theorie zur Berechnung der Eigenschaften der stationären Zustände der Atome mit großer Kernladung angewendet werden kann, meine ich deshalb, daß ein prinzipieller Unterschied besteht zwischen der Berechnung der Polarisation solcher Atome für Strahlung großer Wellenlänge und der Dispersion in dem Wellenlängenbereich, worauf Deine Rechnungen abzielen. Nur im ersteren Fall kann die Anwendung des bisherigen quantenmechanischen Formalismus auf den gewöhnlichen, einfachen Korrespondenzbetrachtungen begründet werden, während für den letzteren Fall eine genauere Berücksichtigung der Strahlungsreaktion erforderlich sein dürfte.

Du wirst hier sicher einwenden, daß die Behandlung des Comptoneffektes für freie Elektronen und die Ableitung der Klein-Nishina-Formel gerade die Berechtigung des bisher angewendeten Verfahrens in den extremsten Grenzfällen zeigt. Ich meine indessen, daß die Situation bei freien Elektronen wesentlich anders liegt, wo man viel schwächere Forderungen an die Raum-Zeit-Beschreibung stellt, als bei Elektronen, die im Atom gebunden sind. Ich glaube, daß das Resultat einer richtigen Behandlung der Dispersionsprobleme dazu führen wird, daß die Klein-Nishina-Formel auch für gebundene Elektronen gilt, falls die Strahlungsfrequenz hinreichend groß ist. Für Atome, bei denen die Elektronen so fest gebunden sind, daß eine formale Auflösung der Wellenfunktionen in kräftefreie Lösungen zu einem beträchtlichen Wert für das Verhältnis zwischen Lösungen mit negativen und positiven Energiewerten führt, wird man die Formel dagegen nicht für eine Bestimmung der Impulsverteilung brauchen können, so wie das bei der Bestrahlung locker gebundener Elektronen möglich ist, wo wir von kräftefreien Lösungen mit negativer Energie absehen können und wo man sich den Streuprozeß kurz im Verhältnis zu den Resonanzperioden denken kann.

Alle diese Bemerkungen haben ja nur rein negativen Charakter und sind wenig geklärt, aber ich wollte nur betonen, daß ich keineswegs sicher bin, daß Deine Betrachtungen entscheidende Argumente gegen eine solche allgemeine Auffassung des augenblicklichen Standes der Quantentheorie enthalten, von dem ich in Rom Rechenschaft abzulegen versuchte. In allen unseren Diskussionen habe ich bloß versucht, Klarheit über die prinzipielle Grenze Anwendbarkeit der Korrespondenzbetrachtungen zu erlangen und ich meine keineswegs, daß der klassische Elektronenradius in dieser Hinsicht eine scharfe Grenze für den Gebrauch des Raumbegriffes bedeutet. Das Elektronenproblem treffen wir in so einfacher Form nur eindeutig in den Atomkernen und ich glaube weiterhin, daß meine Bemerkungen in Rom[g] einen Keim zum Fortschritt enthalten; in allen anderen Fällen setzt das Wirkungsquantum selbst viel engere Grenzen für die Raumkoordinaten. Was ich vor allen Dingen versucht habe zu betonen, ist, daß der innere Zusammenhang in jeder vorläufigen Theorie, welche die Existenz des Elektrons und des Wirkungsquantums als voneinander unabhängig ansieht, wesentlich bedingt ist durch die Identität aller Elektronen und die obere Grenze der Kernladungen. Übrigens bin ich mit Dir darin ganz einig, daß nur die Erfahrung die Frage nach dem Gültigkeitsbereich der Diracschen Elektronentheorie entscheiden kann, und in dieser Hinsicht weiß ich nicht einmal, ob man noch sagen kann, daß die Sommerfeld-Formel hinreichend bewiesen ist.[h]

Ich arbeite gerade an einer Darstellung meiner Gesichtspunkte für den Bericht über den Rom-Kongreß und ich wäre Dir daher sehr dankbar, wenn ich sobald wie möglich von Dir hören würde, wie Du die Bemerkungen in diesem Brief ansiehst, und wie sich Deine eigenen Ansichten in der Zwischenzeit entwickelt haben.

Mit vielen Grüßen von uns allen, Dein Bohr,
der sich nach dem Durchlesen dieses Briefes noch dümmer und leichtsinniger fühlt, als Du Dir vorstellen kannst; in Deiner hoffentlich belehrenden Kritik daran brauchst Du deshalb nicht mehr Schimpfworte als absolut notwendig verwenden, sondern kannst gleich zur Sache kommen.

a) Felix Bloch verbrachte seine Ferien im Sommer 1931 teilweise in Zürich; anschließend nahm er im September an einer Konferenz des Ukrainischen Physikalisch-Technischen Instituts in Charkow teil. Für das Wintersemester hatte er durch Vermittlung von Heisenberg eine Einladung nach Kopenhagen erhalten, um dort gemeinsam mit Bohr „prinzipiell wichtigere Fragen" als den Ferromagnetismus bearbeiten zu können. (Vgl. Blochs Schreiben vom 20. Juli 1931 an Bohr.) – b) Vgl. L. Meitner und H.H. Hupfeld: Über das Streugesetz kurzwellige γ-Strahlen. Naturwiss. **19**, 775–776 (1931). Signiert am 28. August 1931. Unter Heisenbergs Anleitung hatte sich Fritz Sauter in Leipzig ebenfalls mit dem Dispersionsproblem beschäftigt. Vgl. F. Sauter: Über den atomaren Photoeffekt bei großer Härte der anregenden Strahlung. Ann. Phys. **9**, 217–248 (1931); – : Über den atomaren Photoeffekt in der *K*-Schale nach der relativistischen Wellenmechanik Diracs. Ann. Phys. **11**, 454–488 (1931). – c) I. Waller: Die Streuung von Strahlung durch gebundene und freie Elektronen nach der Diracschen relativistischen Mechanik. Z. Phys. **61**, 837–851 (1930). – d) Pauli war nachweislich im April 1931 das letztemal in Kopenhagen gewesen. – e) Pauli kennzeichnete diese Formel mit „*I*" und bemerkte dann in einer Randnotiz: „Hängt alles davon ab, ob man (*I*) für notwendig erachtet." – f) Neben diesen Ausdruck schrieb Pauli: „$v_z\,(\sqrt{137\sqrt{137}/Ze}^{\,3/2}\cdot\sqrt{Z/137\cdot\sqrt{137}})$". – g) Siehe hierzu das schon mehrfach (im Kommentar zu [282]) erwähnte Referat Bohrs auf dem Physikerkongreß in Rom.– h) Vgl. hierzu auch die im Kommentar angeführte ähnliche Auffassung Heisenbergs.

Die Erfahrungen während des Ersten Weltkrieges machten amerikanische Wissenschaftsorganisatoren immer mehr auf die außerordentliche Bedeutung aufmerksam, die den exakten Naturwissenschaften in einem modernen Staat zufällt. Ein großer Teil der Forschung in Amerika wurde damals von privater Hand finanziert. Darunter spielte die Rockefeller Foundation als mächtigster Geldgeber eine dominierende Rolle.

Auf Abraham Flexners Empfehlung entstand Anfang der 20er Jahre ein umfangreiches Förderungsprogramm, welches sich insbesondere auf die Entwicklung der Physik und Chemie konzentrierte. Schwerpunktmäßig sollten vorerst gewisse Gebiete und bestimmte Institutionen im eigenen Lande gezielt gefördert werden. Als Wickliffe Rose 1923 die Leitung des Rockefeller General Education Board übernahm, war er überzeugt davon, daß Wissenschaft nur im internationalen Austausch wirklich gedeihen könne. Während einer Europareise verschaffte er sich einen Überblick über die wichtigsten physikalischen Institute und Forschungsstätten, mit denen dort ein Kontakt zur Ausbildung junger Forscher angestrebt werden sollte.[1] Als Gegenleistung wurden den Instituten Mittel für den Bau von Gebäuden und für die Einrichtung von Laboratorien in Aussicht gestellt. So wurde von Anfang an das Bohr-Institut in Kopenhagen mit umfangreichen Mitteln unterstützt, die teilweise für eine Erweiterung des Institutsgebäudes (1924) und für den Bau eines Zyklotrons (1930) verwendet wurden. Auch in Göttingen wurde der Neubau des mathematischen Instituts weitgehend aus den Mitteln der Rockefeller Foundation finanziert. Weitere Unterstützungen gingen an das Institut Henri Poincaré in Paris und an die Universitäten von Leiden und von Cambridge. Auch der Bau des Kaiser-Wilhelm-Instituts für Physik in Berlin sollte durch die Stiftung finanziert werden.[2]

Um ein Stipendium dieses sog. International Education Board konnten sowohl amerikanische wie ausländische Wissenschaftler nachsuchen. Nach den USA, die insgesamt 100 Stipendiaten nach Europa schickten, stand Deutschland bis 1928 mit 69 Förderungen an zweiter Stelle.[3]

Die Bewerber wurden sorgfältig durch eine Kommission ausgewählt und durch einen Vertreter, der normalerweise in Paris seinen Sitz hatte, betreut. Ihm mußten die Fellows regelmäßig Bericht über den Fortgang ihrer Arbeiten erstatten oder auch um Erlaubnis bitten, wenn sie ein Institut wechseln wollten. Die finanzielle Unterstützung war großzügig und erweckte zuweilen den Neid mancher Professoren, die sich mit einem geringeren Einkommen begnügen mußten.[4]

Nach Beendigung seiner Assistentenzeit bei Pauli in Zürich erhielt auch Rudolf Peierls im September 1932 ein Rockefeller-Stipendium [291], das ihm einen Aufenthalt im Physikalischen Institut in Rom ermöglichte. Die Vorstellung beim Vertreter des International Education Board hatte offenbar in Zürich stattgefunden, wie der vorliegende Brief [286] nahelegt. Auch Jaques Solomons Aufenthalt bei Pauli in Zürich 1932 wurde durch die Rockefeller-Foundation ermöglicht.

[1] Vgl. hierzu R. Seidel: Institutional Aspects of the Transmission of Quantum Mechanics to the United States. Workshop: the Growth of Quantum Mechanics in the 20's and the Cultural, Economic and Social Context of the Weimar Republic and of the USA, Lecce 3.–6. September 1979.

[2] In den Verhandlungen Plancks mit Tisdale 1935 hatte man dafür eine Summe von 1,5 Millionen Mark zugrunde gelegt. (Vgl. Debyes Schreiben vom 16. April 1935 an Sommerfeld.)

[3] Unter ihnen finden wir auch W. Heisenberg, R.H. Fowler, W. Kuhn, H. Bethe, V.F. Weisskopf, W. Heitler, R. Kronig und D. Hartree. Unter den amerikanischen Fellows sind viele erfolgreiche Physiker der nächsten Jahrzehnte wie J.R. Oppenheimer, D. Dennison, W.V. Houston, L. Pauling, J. van Vleck, G. Breit und E.U. Condon vertreten. Auch der russische Physiker L.D. Landau wurde durch die Rockefeller Foundation unterstützt.

[4] Der Göttinger Mathematiker Landau soll 1921 gegenüber W.E. Tisdale geklagt haben, daß die von dem International Education Board gezahlten Stipendien unvernünftig hoch seien, manchmal sogar höher als die Gehälter von deutschen Professoren, welche zugleich Mitglieder der Preußischen Akademie waren. (Vgl. R. Seidel, op. cit. Anmerkung 1.) – Vgl. auch V.F. Weisskopf: My Life as a Physicist. Vortrag gehalten im Sommer 1971 während der Erice Summerschool in High-Energy Physics in Italien. Abgedruckt in V.F. Weisskopf: Physics in the Twentieth Century. Selected Essays. Cambridge, Mas. 1972. Dort S. 1–21.

[286] Pauli an Peierls

[Zürich], 12. Dezember [1931]
[Postkarte]

Lieber Peierls!

Ich habe Ihnen schon einen Zettel des folgenden Inhaltes ins Institut gelegt, aber zur Vorsicht schicke ich noch diese Karte in Ihre Bude: Wie ich erst heute Mittag erfahren habe, ist Herr Hanson von der Rockefeller-Foundation heute in Zürich (heute Abend verreist er wieder). Er wollte Sie sehr gerne sehen und es wäre deshalb gut, Sie würden – da Sie nicht im Institut waren – ihn im Hotel Baur au Lac, wo er wohnt, aufsuchen. Sie möchten auch so gut sein und die Blanketts zur Bewerbung um das Stipendium mitbringen, er hat vielleicht einige diesbezügliche Fragen. Zwischen 5 und [8] oder sogar $^1/_2$9 wird Herr Hanson voraussichtlich im Hotel zu erreichen sein.

Viele Grüße

Ihr W. Pauli

III. Das Jahr 1932

Die Entdeckung des Neutrons

[287]	Pauli an Meitner	Zürich	11. Januar 1932
[288]	Einstein an Pauli	Pasadena	22. Januar 1932
[289]	Pauli an Peierls (PK)	Zürich	24. März 1932
[290]	Heckmann an Pauli	Göttingen	13. Mai 1932
[291]	Pauli an Meitner	Zürich	29. Mai 1932
[292]	Pauli an Dirac (engl.) (mit Anhang)	Zürich	11. September 1932
[293]	Pauli an Peierls	Zürich	24. Oktober 1932
[294]	Pauli an Ehrenfest (MS)	Zürich	28. Oktober 1932
[295]	Ehrenfest an Pauli (MSD)	Leiden	31. Oktober 1932
[296]	Ehrenfest an Pauli (MSD)	Leiden	6. November 1932
[297]	Pauli an Dirac	Zürich	10. November 1932
[298]	Pauli an Dirac (engl.) (PK)	Zürich	15. November 1932
[299]	Pauli an Ehrenfest	Zürich	15. November 1932
[300]	Pauli an Ehrenfest (PK)	Zürich	24. November 1932
[301]	Ehrenfest an Pauli (MSD)	Leiden	28. November 1932
[302]	Ehrenfest an Pauli (MSD)	Leiden	2. Dezember 1932
[303]	Pauli an Ehrenfest (PK)	Zürich	5. Dezember 1932

Am 31. Dezember 1931 hielt Rutherford eine Ansprache in Göttingen, in der er nochmals die bisherigen Erfolge in der Kernphysik zusammenfaßte. Für diese war das Jahr 1932 mit glänzenden Erfolgen gekrönt – ganz im Kontrast zu der allgemeinen wirtschaftlichen Misere und politischen Unruhe dieser Zeit. Zum Jahreswechsel hatte Harold Clayton Urey und seine Mitarbeiter die Entdeckung eines Wasserstoffisotops – des Deuterons – bekanntgegeben.[1] Die Theorie wurde dadurch durch einen weiteren Baustein – neben Proton, α-Teilchen und Kernelektron – bereichert.

Von noch grundsätzlicher Bedeutung für die weitere Entwicklung der Theorie war aber die Aufklärung der rätselhaften Berylliumstrahlung. Diese Strahlung hatte Walter Bothe und sein Mitarbeiter Hans Becker 1930 in Berlin entdeckt, als sie Beryllium, Bor und andere leichte Elemente mit der α-Strahlung eines Poloniumpräparates bestrahlten.[2] Weil die ungewöhnliche Härte der Strahlung, welche mehrere Zentimeter Blei zu durchdringen vermochte, nicht mit der Energie des primären α-Strahls zu vereinbaren war, glaubten sie entgegen der allgemeinen Auffassungen eine γ-Strahlung annehmen zu müssen, welche der Berylliumkern infolge einer Umwandlung aussendet. Als Bothe damals nach Gießen berufen wurde, setzte er dort die Untersuchung dieser eigenartigen „künstlichen Kern-Gammastrahlung“ fort, jedoch ohne ihre wahre Natur zu erkennen. Allgemein bekannt wurden diese Ergebnisse jedoch durch seine Referate auf dem Kernphysikerkongreß im Oktober 1931 in Rom.[3]

Als Iréne Curie und Fréderic Joliot die Versuche in Paris unter veränderten Versuchsbedingungen wiederholten, machten sie darüber hinaus eine eigenartige Beobachtung. Die Berylliumstrahlung vermag Protonen so großer Geschwindigkeit aus Paraffin und anderen wasserstoffhaltigen Substanzen herauszuschlagen, daß die dafür erforderliche Energie von der Berylliumstrahlung allein nicht herrühren konnte.[4]

Unter abermals anderen Bedingungen untersuchte man die Berylliumstrahlung im Cavendish Laboratorium in Cambridge. Rutherfords langjähriger Mitarbeiter James Chadwick prüfte dort die Verhältnisse auch bei anderen Substanzen und gelangte zu einer einheitlichen Deutung der Ergebnisse, sobald er annahm, daß es sich um eine korpuskulare Strahlung elektrisch neutraler Teilchen der Masse 1 handle. Solche Teilchen waren schon lange von den Theoretikern vermutet worden. Er nannte sie deshalb – ebenso wie Pauli sein Neutrino – Neutronen. Seine erste Mitteilung sandte Chadwick am 17. Februar 1932 an die Zeitschrift Nature.[5]

Mit der Entdeckung des Neutrons wurden die Kernelektronen überflüssig.[6] Mit ihnen verschwand eine große Anzahl von Problemen aus der Kernphysik. Fortan hatte man es nur noch mit zwei Kernbausteinen zu tun, wodurch die Theorie um vieles einfacher wurde.

Noch kurz vor diesen bahnbrechenden Entdeckungen hatte George Gamow eine erste zusammenfassende Darstellung der gesamten Kernphysik verfaßt. Diese erschien zuerst in englischer Sprache[7] und dann in einer deutschen Übersetzung, deren Besprechung Pauli übernahm.[8] Besonders interessant in diesem Buch sind im Rückblick die zahlreichen Hinweise auf die noch bestehenden Schwierigkeiten.

Pauli, der das Werk z.T. schon während seiner Entstehung kennengelernt hatte und wohl auch von Gamow persönlich mehrfach zu Rate gezogen war, stellte gelegentlich seiner Besprechung (1932c) für die Naturwissenschaften nochmals diejenigen Probleme der Kernphysik zusammen, „die von einer theoretischen Klärung noch weit entfernt sind wie die Größe der Massendefekte, das kontinuierliche Geschwindigkeitsspektrum beim β-Zerfall, die normale Streuung von γ-Strahlen und vieles andere." Trotz des „Sündenregisters" empfahl er es „sowohl Theoretikern wie Experimentatoren auf das wärmste". In dem vorliegenden Begleitbrief [287] bat er Lise Meitner, seine Besprechung Arnold Berliner, dem Herausgeber der Naturwissenschaften, zu übergeben. – Fritz Houtermans hatte Gamow während seines Studiums in Göttingen kennengelernt. Jetzt war er als Assistent an der Physikalisch-Technischen Reichsanstalt tätig. Er hatte Gamows Buch gemeinsam mit seiner Frau Charlotte übersetzt.

[1] H.C. Urey, F.G. Brickwedde und G.M. Murphy: A hydrogen isotope of mass two and its concentration. Phys. Rev. **40**, 1 (1932). Siehe auch den zusammenfassenden Bericht von H.C. Urey und G.K. Teal: The Hydrogen isotope of atomic weight two. Rev. Mod. Phys. **7**, 34–94 (1935). Während Urey und seine Mitarbeiter einen spektroskopischen Nachweis des neuen Isotopen erbrachten, konnten H. Kallmann und W. Lasareff kurz darauf denselben mit dem Massenspektrographen ausfindig machen. (Vgl. Naturwiss. **20**, 472 (1932).)

[2] W. Bothe und H. Becker: Eine Kern-γ-Strahlung bei leichten Elementen. Naturwiss. **18**, 705 (1930). Signiert Berlin-Charlottenburg. Physikalisch-Technische Reichsanstalt, den 30. Juni 1930. –: Künstliche Erzeugung von Kern-γ-Strahlen. Z. Phys. **66**, 289–306 (1930). Eingegangen am 23. Oktober 1930. – Die Entdeckungsgeschichte des Neutrons wurde ausführlich von Chadwicks ehemaligem Mitarbeiter N. Feather in Contemp. Phys. **6**, 565–572 (1974) geschildert.

[3] W. Bothe: α-Strahlen, künstliche Kernumwandlung und Anregung, Isotope. –: Bemerkungen über die Ultra-Korpuskularstrahlung. Convengo di Fisica Nucleare. Roma 1932. Dort S. 83–106 und 153–154.

[4] I. Curie und F. Joliot: Emission de protons de grande vitesse par les substances hydrogénées sous l'influence des rayons γ très pénétrants. C.R. Acad. Sci. Paris **194**, 273–275 (1932).

[5] J. Chadwick: Possible Existence of a Neutron. Nature **129**, 312 (1932). –: The Existence of a Neutron. Proc. Roy. Soc. A **136**, 692–708 (1932). Eingegangen am 10. Mai 1932.

[6] Diese Erkenntnis setzte sich jedoch erst allmählich durch. In ihrem Referat über die Bunsentagung in Münster vom 16. bis 19. März 1932, welche der Radioaktivität gewidmet war, zählen z.B. O. Erbacher und K. Philipp die Elektronen noch zu den Kernbausteinen. Vgl. Naturwiss. **20**, 586–589 (1932). Anfangs stellte man sich auch das Neutron als ein aus Proton und Elektron zusammengesetztes

Gebilde vor. Schnell dagegen erkannte man die Bedeutung der neuen Entdeckung in München. Bereits am 24. Juni referierten Sommerfeld und Bethe „über das Neutron" im Münchener Kolloquium und am 15. Juli trug Bethe daselbst über den „Aufbau der Kerne aus Neutronen und Protonen (nach einer im Druck befindlichen Arbeit von Heisenberg)" vor.

[7] G. Gamow: Constitution of atomic nuclei and radioactivity. Oxford 1931. Das kurz zuvor erschienene Werk von E. Rutherford, J. Chadwick und C.D. Ellis: „Radiations from Radioactive Substances", Cambridge 1930 erfaßte – wie auch alle vorhergehenden Darstellungen – im wesentlichen nur die radioaktiven Erscheinungen.

[8] G. Gamow: Der Bau des Atomkerns und die Radioaktivität. Ins Deutsche übertragen von C. und F. Houtermans. S. Hirzel: Leipzig 1932. Außer Paulis Besprechung in den Naturwissenschaften erschien eine Besprechung von G. Beck in der Physikalischen Zeitschrift **33**, 144 (1932). Beck weist dort insbesondere auf die unzulängliche Behandlung der Berylliumstrahlung im vierten Kapitel von Gamows Buch hin.

[287] Pauli an Meitner

Zürich, 11. Januar 1932

Liebes Frl. Meitner!

Anbei schicke ich Ihnen die Besprechung des Gamow-Buches mit der Bitte, sie – falls Sie einverstanden sind – *an Herrn Berliner weiterzugeben*. Ich hoffe, Sie ist nicht zu unhöflich g[ew]orden, im Grunde ist es doch ein gutes Buch. Damit der Eindruck für den Leser kein zu ungünstiger wird, habe ich auch nur den Titel des „Sündenregisters" erwähnt, welches mir Herr Houtermans von Ihnen übermittelt hat. Nicht erwähnt ist nämlich, daß in Tab. IV, S. 67 die Angabe der durchschnittl[ichen] Zerfallsenergie von „Ur X_2"[a], in Tab. III d), S. 77 „L_3"[b] zu streichen ist. Das können Sie ja noch in *Ihrer* Besprechung des Buches bringen.[c]

Viele herzliche Grüße Ihr W. Pauli

a) Mit UX bezeichnete man seit W. Crookes die verschiedenen β-strahlenden Bestandteile eines Uranpräparates. Siehe z.B. M. Levin: Die Strahlung des Uran-X. Physik. Z. **8**, 585–589 (1907). – 1913 konnte auch der nur in kleinen Mengen beigemischte Anteil UX_2, das sogenannte „Ekatantal" chemisch abgetrennt werden. Wie sich später herausstellte, handelte es sich um ein Isotop des Protaktiniums. Die Zerfallsenergien solch langlebiger Präparate ließ sich nur ungenau angeben, weil man nicht über genügend große Substanzmengen verfügte. Gamow hatte in seiner Tabelle für UX_{II} einen veralteten Wert der Zerfallsenergie angegeben. Vgl. L. Meitner: Das β-Strahlenspektrum von UX_1 und seine Deutung. Z. Phys. **17**, 54–66 (1923). – b) L_3 kennzeichnet hier die durch die Kern-γ-Strahlung aus der entsprechenden Elektronenschale ausgeschleuderten Photoelektronen. Auch hier hatte Gamow einen bereits überholten Wert in seiner Tabelle eingesetzt. – c) Pauli spielte auf Lise Meitners zahlreiche Besprechungen an. So hatte sie z.B. auch das (in der Anm. 7 erwähnte) fundamentale Werk von Rutherford und Mitarbeitern äußerst lobend in Naturwiss. **19**, 660–661 (1931) besprochen.

Zu Beginn der 30er Jahre stand Einstein auf dem Höhepunkt seines Ruhmes. In Begleitung seines neuen Mitarbeiters Walther Mayer reiste er Ende November 1931 nach Amerika, um dort in Pasadena Gastvorträge zu halten. Den Wiener Mathematiker, „der längst eine Professur hätte, wenn er nicht Jude wäre",[1] hatte Einstein von der Preußischen Akademie der Wissenschaften angefordert, um mit ihm gemeinsam den mathematischen Teil seiner „neuen Feldtheorie" auszuarbeiten.

In Pasadena am California Institute of Technology wurde Einstein eine Stellung angeboten, die er jedoch ausschlug. Bei dieser Gelegenheit trat auch Abraham Flexner an ihn heran, um ihn für sein neu geplantes Forschungsinstitut in Princeton, das Institute for Advanced Study, zu gewinnen. Hier spielte insbesondere die Aussicht eine Rolle, eine feste Anstellung für seinen Mitarbeiter zu erhalten, auf dessen weitere Hilfe er großen Wert legte.[2]

Wahrscheinlich war Pauli während seiner Berlin-Besuche öfter mit Einstein zusammengetroffen. Schon damals dürfte er Einsteins neueste „Einheitliche Theorie von Gravitation und Elektrizität"[3] kennengelernt haben.

Doch Pauli stand nach wie vor der Idee einer klassischen Feldtheorie skeptisch gegenüber. Er war davon überzeugt, daß sich „der Atomismus von Elektrizität und Materie, ganz losgelöst von der Existenz des Wirkungsquantums, nicht auf die Eigenschaften von (singularitätsfreien) Eigenlösungen noch aufzufindender nicht-linearer Differentialgleichungen der Feldgrößen zurückgeführt werden kann", wie er in einer Besprechung äußerte.[4] Auch konnte Pauli es bei diesem Anlaß nicht unterlassen, sich über Einsteins wiederholt angekündigte „definitive Lösung" des Problems lustig zu machen: „Es ist schon eine kühne Tat der Redaktion, eine Referat über eine neue Feldtheorie Einsteins unter die *Ergebnisse* der exakten Naturwissenschaften aufzunehmen. Beschert uns doch seine nie versagende Erfindungsgabe sowie seine hartnäckige Energie beim Verfolgen eines bestimmten Zieles in letzter Zeit durchschnittlich etwa eine solche Theorie pro Jahr – wobei es psychologisch interessant ist, daß die jeweilige Theorie vom Autor gewöhnlich eine Zeitlang als ‚definitive Lösung' betrachtet wird. So könnte man in Variation eines bekannten historischen Ausspruches beim Erscheinen einer neuen Arbeit über diesen Gegenstand versucht sein, auszurufen: ‚Die neue Feldtheorie Einsteins ist tot. Es lebe die neue Feldtheorie Einsteins'". Doch sein Urteil milderte Pauli etwas ab, indem er prognostizierte, „daß manches dafür spricht, daß der Grundidee der neuesten Theorie Einsteins eine längere Lebensdauer beschieden sein wird als den bisherigen einheitlichen Feldtheorien."

Das Neue an Einsteins jetziger Theorie war, daß sie – im Gegensatz zu der Theorie von Weyl – einen Fernvergleich der Beträge und Richtungen von geometrischen Größen erlaubte. Darüber hinaus schuf sie die formale Grundlage für die Behandlung der Wechselwirkung von Gravitation und Elementarteilchen. Pauli selbst hat bald darauf mit seinem Mitarbeiter Jaques Solomon den Versuch unternommen, auch die Diracsche Theorie mit Hilfe der einheitlichen Feldtheorie umzuformulieren (1932b, c).

Wahrscheinlich gab Einstein Anweisung, während seiner Abwesenheit von Berlin einen Sonderdruck an Pauli zu senden.[5] Das vorliegende Schreiben [288] dürfte die Antwort auf einen verschollenen Brief Paulis sein.[6]

[1] Vgl. Einsteins Schreiben an Maurice Solovine vom 4. März 1930. Abgedruckt in Albert Einstein. Lettres à Maurice Solovine. Gauthier-Villars: Paris 1956.

[2] Die unüberwindlichen Schwierigkeiten für Mayer in Berlin eine gesicherte Anstellung zu schaffen, waren offenbar der Grund, weshalb Einstein schon im Jahre 1932 eine halbe Stelle in Princeton übernahm, die dann nach den Ereignissen in Deutschland im Frühjahr 1933 in eine Lebensstellung für ihn umgewandelt wurde. Vgl. hierzu H.J. Treder: Albert Einstein an der Berliner Akademie der Wissenschaften. In: Albert Einstein in Berlin 1913–1933. Akademieverlag: Berlin 1979. Dort S. 7–78.

[3] A. Einstein und W. Mayer: Einheitliche Theorie von Gravitation und Elektrizität. Sitzungsberichte der Preußischen Akademie der Wissenschaften **25**, 541–557 (1931). Vorgelegt am 22. Oktober 1931. Ausgegeben am 2. Dezember 1931. – Einen Vorbereicht über Einsteins neuesten Arbeiten hatte Cornel Lanczos für die Zeitschrift Forschungen und Fortschritte **5**, 220–222 (1929) unter dem Titel: Einsteins neue Feldtheorie geliefert.

[4] Zitiert nach Paulis Besprechung des neuesten Bandes der Ergebnisse der exakten Naturwissenschaften (1932c). – Frühere Äußerungen über Einsteins neue Theorien findet man z.B. in Paulis Brief [237].

[5] Vgl. hierzu Einsteins Schreiben vom 19. November 1931 an Michele Besso: „Die neue Arbeit über Gravitation und Elektrizität ist noch nicht erschienen ... Wenn die Separata kommen, bin ich schon auf dem Schiff."

[6] Die allgemeine Skepsis der Kopenhagener Physiker gegen Einsteins neue Feldtheorie kommt auch in der im Frühjahr dieses Jahres im Bohr-Institut aufgeführten Faust-Parodie zum Ausdruck. (Vgl. Anmerkung 2 zu [258].) In Anspielung auf Einstein (den König) singt Gretchen:

„Es war einmal ein König,
Der hatt' einen großen Floh.
Den liebt er gar nicht wenig
Als wie Gravitation.

Der König rief den Mayer,
Der Mayer kam heran
Und maß dem Junker Krümmung
Und Feldtensoren an.

In invarianter Weise
Ward er nun durchgeführt.
Er nahm ihn auf die Reise
Und jeder blieb gerührt.

Der Floh der kam zu Jahren
Und hatte einen Sohn.
Der Sohn verstieß den Vater,
Doch hatt' er nichts davon.

Und Floh auf Floh entsprangen
Der Berliner Akademie.
Die Physiker besangen
Die neue Feldtheorie."

[288] Einstein an Pauli

Pasadena, 22. Januar 1932

Lieber Pauli!

Sie haben also recht gehabt, Sie Spitzbube. Es freut mich nun, daß Sie an unserer Konstruktion Freude haben und sie natürlich finden. Nun freuen Sie sich aber auch darüber, daß diese Konstruktion die Feld-Betrachtungsweise starr in ihre Grenze zu weisen scheint, indem sie singularitätsfreie Elektrizität ausschließt. Sie müssen aber denken, daß diese Arbeit eine Methode gibt, die sich sehr natürlich fortsetzen läßt.[a] Das Urteil muß also aufgeschoben werden, bis dies geschehen ist. Übrigens sage ich nicht

„probabilitatem esse delendam", sondern
„probabilitatem esse deducendam",[b]

was noch nicht dasselbe ist.

Nun Ihre Fragen.[c] Die Feldgleichungen

$$0 = F_{rk;\,p} + \dots + \dots,$$

welche ja die Existenz eines Potentialvektors aussprechen, sind bei uns aus der Fünfer-Krümmung abgeleitet, und zwar so: Die Fünferkrümmung $P^{\iota}{}_{klm}$ gibt mit dem Zuordnungstensor γ die Bildung

$$\gamma^{k}{}_{k} P^{\iota}{}_{klm} = P^{\iota}{}_{klm},$$

was Anlaß gibt zu der antisymmetrischen Bildung

$$P^{\iota}{}_{klm} + P^{\iota}{}_{lmk} + P^{\iota}{}_{mkl}.$$

Nullsetzung dieses Ausdruckes ist identisch mit dem Gleichungssystem.

Man kann es natürlich auch anders machen. Grundhypothese der Theorie ist die Gleichung

$$\gamma^{\iota}{}_{k;l} = A^{\iota} F_{kl},$$

wobei F_{kl} als schief symmetrisch angenommen wird. Nimmt man noch dazu an, daß

$$F_{kl} = \frac{\partial \varphi_k}{\partial x_l} - \frac{\partial \varphi_l}{\partial x_k}, \ldots, \qquad \text{(a)}$$

so sind die Maxwell Gleichungen $F_{ik;l} + \ldots + \ldots = 0$ natürlich von selbst erfüllt. Mit Rücksicht auf die Fortsetzung der Theorie ziehe ich aber den anderen Weg vor.

Ableitung aus dem Hamilton-Prinzip ist nur dann möglich, wenn man (a) von vorneherein voraussetzt. Hamilton-Funktion ist

$$\gamma_{\iota}{}^{l} \gamma^{k}{}_{m} P^{\iota}{}_{klm},$$

was Funktion der $g_{\mu\nu}$ und φ_μ allein ist, nach denen dann zu variieren ist, genau wie in der ursprünglichen Theorie. Dies erscheint mir aber künstlich. Ich glaube überhaupt, daß man dem Variations-Prinzip zu viel Bedeutung beilegt.

Herzlich grüßt Sie Ihr A. Einstein

a) Diese Verallgemeinerung ihrer Theorie „mit einer singularitätsfreien Beschreibung des Gesamtfeldes, also auch des Feldes im Inneren der Korpuskeln“, legten Einstein und Mayer in einer zweiten Abhandlung (Sitzungsberichte **26**, 130–137 (1932) am 14. April 1932 der Preußischen Akademie der Wissenschaften vor. – b) D.h., die Wahrscheinlichkeit müsse nicht zerstört, sondern hergeleitet werden. – c) Paulis Fragen beziehen sich auf Einsteins Veröffentlichung (Anm. 3), in der auch die in den folgenden Formeln auftretenden Größen definiert sind.

Paulis zweiter Handbuchartikel [1933] markierte abermals den Abschluß einer Entwicklung in der Physik. Die andere kurz vor dem Durchbruch Heisenbergs im Jahre 1925 vollendete Monographie über die ältere Quantentheorie [1926] soll Pauli scherzhaft sein „Altes Testament“ genannt haben; daraufhin hat Paulis letzter Assistent Charles Enz die Wellenmechanik [1933] als sein „Neues Testament“ bezeichnet.[1] Die Darstellung enthält alles, was bis zu dem Erscheinungszeitpunkt an gesicherten Erkenntnissen vorlag und weist darüber hinaus auf die noch offenstehenden Fragen hin. „Es ist nicht so gut wie die erste Auflage“, soll Pauli gesagt haben, „aber immerhin doch noch zweimal besser als sonstige Darstellungen der Quantenmechanik.“

Den unrelativistischen Teil wollte Pauli kurz nach Ostern 1932 abschließen [289]. Schwierige oder noch ungeklärte Fragen (wie z.B. die der Energieschwankungen) diskutierte er mit seinem Assistenten Peierls, der ihm auch beim Einsetzen der Formeln und bei den Rechnungen behilflich war.[2] Mehr Mühe bereitete ihm die relativistische Theorie, die wegen ihres unfertigen Zustandes eine besonders vorsichtige Behandlung erforderte. „Handbuch schreiben ist fürchterlich“, gestand er im Mai Lise Meitner [291], als die Arbeit nahezu abgeschlossen war.[3]

[1] Siehe Ch.P. Enz: Pauli and the Development of Quantum Theory. Einführung in die neue englische Übersetzung von Paulis Wellenmechanik [1933] durch P. Achuthan und K. Venkatesan. Springer-Verlag: Berlin, Heidelberg, New York 1980. Dort S. III.

[2] In einer Fußnote auf S. 197 des Handbuchartikels [1933] weist Pauli ausdrücklich auf Peierls' Mitwirkung hin. Vgl. auch [293].

[3] Zum Wintersemester sollten offenbar schon die Druckfahnen zur Korrektur vorliegen. In einem Schreiben aus Dahlem vom 24. Juni 1932 an Ehrenfest berichtete Casimir, daß eine seiner Haupttätigkeiten bei Pauli im Korrigieren des Handbuchartikels bestehen würde, wie er ihm jetzt mitgeteilt habe. Eine Besprechung des Werkes erfolgte durch P. Jordan in seinem Aufsatz: Die Entwicklung der Quantentheorie. Naturwiss. **20**, 879–882 (1933).

[289] Pauli an Peierls

[Zürich], 24. März [1932]
[Postkarte]

Lieber Peierls!
Schade, daß Sie bei diesem schönen Wetter krank sind. Für das Eintragen der Formeln vielen Dank. Inzwischen habe ich einen weiteren § geschrieben; bis Samstag hoffe ich mit dem nächsten (Drehgruppe) auch noch fertig zu werden. Mittwoch nächste Woche kommt Frl. Schaufelberger[a] wieder, so hoffe ich, daß im Laufe der Woche nach Ostern der ganze unrelativistische Teil des Artikels fertig wird. Gegen 3. April will ich selber fortfahren.

Samstag möchte ich Sie gerne besuchen, etwa zwischen 2 und 3 Uhr nachmittags, um über die Energieschwankungsfrage[b] mit Ihnen zu sprechen. Gute Besserung und viele Grüße von Ihrem W. Pauli

P.S. Waller[c] will nächste Woche in Zürich heiraten!

a) Langjährige Institutssekretärin, welche das Manuskript abzuschreiben hatte. – b) Wahrscheinlich diskutierte Pauli diese Fragen auch schon seit längerem mit Heisenberg, welcher in der Sitzung der Sächsischen Akademie der Wissenschaften zu Leipzig vom 19. Januar 1931 eine Untersuchung „Über Energieschwankungen in einem Strahlungsfeld" vorgelegt hatte. Sitzungsberichte **83**, 3–9 (1931). In dem Handbuchartikel [1933] weist Pauli auf S. 198 auf das Problem der Energiemessung eines Strahlungshohlraumes hin. – c) Ivar Waller hatte damals eine Professur für mathematische Physik in Uppsala. Er war mehrfach in Zürich bei Pauli gewesen und beschäftigte sich u.a. mit dem Problem der Erweiterung der Dispersionsformeln für den kurzwelligen Bereich.

Neben den eigenen Untersuchungen verfolgte Pauli laufend die neuesten Entwicklungen auf allen Gebieten der theoretischen Physik. Besonders aufmerksam achtete er darauf, daß niemand von ihm sogenannte „Irrlehren" verbreitete, da er fürchtete, daß sie bei weniger originellen Zeitgenossen Verwirrung anrichten könnten. Urheber unzulänglicher, falscher oder trivialer Nachrichten empfingen von ihm gelegentlich einen brieflichen Verweis. Walter Elsasser berichtete, daß er einmal während seiner Pariser Zeit etwas Unrichtiges publiziert habe. Wenige Wochen darauf erhielt er eine Postkarte Paulis, in der er androhte, ihm bei Wiederholung seinen guten Willen zu entziehen.[1] Ein andermal wies Pauli „die Physiker der älteren Generation" auf den wertlosen Inhalt einer mathematischen Abhandlung von Levi-Civita hin, weil dadurch, wie er sagte, „der Leichenberg, hinter dem allerlei Gesindel Deckung sucht, einen Zuwachs erfahren" habe.[2]

Ebenso sorgsam achtete Pauli auf korrektes Zitieren. Das hat ihm später den Ruf eines unbestechlichen Richters eingetragen. Für die vielen Noten und Karten, die Pauli wohl damals an solche „Sünder" verschickt haben mag, ist die vorliegende Rückantwort [290] des bekannten Astrophysikers Otto Heckmann ein Zeugnis.

Heckmann, zu dieser Zeit noch Privatdozent in Göttingen, beschäftigte sich mit kosmologischen Problemen und hatte im Juli 1931 eine Untersuchung „über die Metrik des sich ausdehnenden Universums“ dort bei der Göttinger Gesellschaft der Wissenschaften durch Hermann Weyl vorlegen lassen.[3] Darin erweiterte er die von Alexander Friedmann und Georges Lemaître angegebenen Lösungen der Einsteinschen Feldgleichungen, ohne auf eine damit im Zusammenhang stehende spätere Untersuchung von Friedmann aus dem Jahre 1924 hinzuweisen.[4] Pauli, der offenbar das Manuskript schon vor der Einreichung erhalten hatte, machte Heckmann auf diesen Umstand in der erwähnten Karte vom 10. Mai aufmerksam. In dem hier wiedergegebenen Schreiben [290] begründet Heckmann kurz seine Unterlassung.[5]

[1] W.M. Elsasser: Memoirs of a Physicist in the Atomic Age. New York, Bristol 1978. Dort S. 315f.
[2] Siehe Paulis Schreiben [313] an Ehrenfest. Die Anregung hierzu war allerdings von Ehrenfest gekommen [295].
[3] O. Heckmann: Über die Metrik des sich ausdehnenden Universums. Nachr. von der Ges. Wiss. zu Göttingen. Math.-phys. Klasse 1931, S. 126–130.
[4] Vgl. hierzu die Literaturangaben in den Anmerkungen zu [290].
[5] Heckmann hat 1942 eine sehr schöne Darstellung über die „Theorien der Kosmologie“ im Band 2 der „Fortschritte der Astronomie“ gegeben, die später (1968) auch berichtigt in Buchform nachgedruckt wurde. Ältere (vor 1933 liegende) Arbeiten werden darin nur kurz erwähnt.

[290] Heckmann an Pauli

Göttingen, 13. Mai 1932

Sehr geehrter Herr Professor!
Besten Dank für Ihre freundliche Karte vom 10. Mai. Daß ich die Arbeit von Friedmann[a] (Z. f. Phys. **21**, 326, 1924) nicht zitierte, liegt daran, daß ich sie nicht kannte. Als ich im Winter 1930/31 die ersten Arbeiten von de Sitter[b] und Eddington[c] über den Gegenstand las, habe ich aus ihnen auch die Hinweise auf frühere Literatur übernommen. Damals war man gerade auf Friedmann[d] und Lemaître[e] aufmerksam geworden. Und offenbar haben auch de Sitter und Eddington die von Ihnen angegebene Arbeit Friedmanns nicht beachtet.[f] Womit ich mich nicht entschuldigen will.

Mit ergebenstem Gruße — Ihr O. Heckmann

a) A. Friedmann: Über die Möglichkeit einer Welt mit konstanter negativer Krümmung des Raumes. Z. Phys. **21**, 326–332 (1924). – b) W. de Sitter: On the relativity of inertia. Remarks concerning Einstein's latest hypothesis. Proc. Akad. Wet. Amsterdam **19**, 1217–1225 (1917). – : On the curvature of space. Proc. Akad. Wet. Amsterdam **20**, 229–243 (1917). –: On Einstein's theory of gravitation and its astronomical consequences. Monthly Not. Roy. Astron. Soc. **78**, 3–28 (1917). Vgl. auch die Anmerkungen zu [7]. – c) Vgl. hierzu das früher auch von Pauli besprochene Werk A.S. Eddington: Relativitätstheorie in mathematischer Betrachtung. Berlin 1925. (Die ursprüngliche englische Fassung war unter dem Titel: Mathematical Theory of Relativity, Cambridge 1923, erschienen.) Dort behandelte Eddington im 5. Kapitel eingehend de Sitters sphärische und Einsteins zylindrische Welt. Im Anschluß daran entwickelte er eigene Vorstellungen über eine homogen mit Materie gefüllte Kugel, die sofort von Laues Kritik hervorriefen (vgl. Naturwiss. **11**, 382–284 (1923)). Auch in den folgenden Jahren hat Eddington zahlreiche weiterführende kosmologische Überlegungen angestellt. – d) Friedmann hatte zuvor eine weitere Untersuchung über diesen Gegenstand publiziert, die ebenso wie die unter a) genannte Arbeit bis 1927 unbeachtet geblieben war. Vgl. A. Friedmann: Über die Krümmung des Raumes. Z. Phys. **10**, 377–386 (1922). – e) G. Lemaître: Un univers homogène de masse constante et de rayon croissant, rendant compte de la vitesse radiale de nebuleuses extragalactiques. Ann. Soc. Sci. Brux. A **47**, 49–59 (1927). – f) De Sitter hatte sich auch in den folgenden

Jahren mit dem Problem einer expandierenden Welt auseinandergesetzt, ohne dabei auf Friedmanns Arbeiten einzugehen. Eine ausführliche Literaturübersicht über die im Rahmen der allgemeinen Relativitätstheorie bis 1932 diskutierten nichtstatischen Weltmodelle findet man bei H.P. Robertson: Relativistic cosmology. Rev. Mod. Phys. **5**, 62–90 (1933).

Zum Wintersemester suchte Pauli einen neuen Assistenten, der die Nachfolge von Rudolf Peierls antreten sollte.[1] Eigentlich war Delbrück für diese Position vorgesehen, den Pauli zu schätzen gelernt hatte, als dieser als Rockefeller Fellow zeitweilig bei ihm zu Gast war. Auch Lise Meitner wollte Delbrück zum Assistenten in ihrer Abteilung am Kaiser-Wilhelm-Institut für Chemie in Berlin gewinnen. Doch Delbrück, der sich vorübergehend wieder bei seiner ehemaligen Arbeitsgruppe in Bristol aufhielt, hatte sich noch nicht endgültig festgelegt.

Lise Meitner wandte sich deshalb an ihren ehemaligen Wiener Studiengefährten Paul Ehrenfest. Dieser antwortete in einem Schreiben vom 19. Mai 1932[2]: „Sie wollen Delbrück und müssen doch, wenn ich recht begriffen habe, vorläufig noch auf Delbrück warten.“ An seiner Statt empfahl er Lise Meitner, vorläufig seinen Meisterschüler Casimir „von Beginn Juni bis Beginn August den theoretischen Leibsklaven Ihres Institutes spielen [zu lassen]! Casimir war sofort sehr begeistert über eine derartige Idee. Insbesondere, weil ihn jetzt (natürlich) der Neutronenzauber sehr fasziniert ...“[3]

Die Entdeckung der „Nicht-Paulischen Neutronen“ hatte sich inzwischen herumgesprochen. Sie stand auch im Mittelpunkt der vom 16. bis zum 19. Mai in Münster tagenden Hauptversammlung der Deutschen Bunsengesellschaft.[4] Der folgende Brief [291] zeigt Paulis erste Reaktion.

[1] Rudolf Peierls ging im Wintersemester 1932/1933 zu Fermi nach Rom, wo damals auch Hans Bethe weilte. Seine Assistentenstelle bei Pauli übernahm schließlich Casimir, nachdem er auf Ehrenfests Anraten im Sommer 1932 vorübergehend bei Lise Meitner gearbeitet hatte.

[2] Eine maschinenschriftliche Durchschrift des Schreibens befindet sich im Paul Ehrenfest Archiv des Boerhaave-Museums in Leiden unter der Signatur ESC: 8, Section 1.

[3] Casimir erwähnt seinen Aufenthalt bei Lise Meitner in seinem Festvortrag zur Feier der 100. Geburtstage von Albert Einstein, Otto Hahn, Lise Meitner und Max von Laue am 1. März 1979 in Berlin. Abgedruckt in Phys. Bl. **35**, 291–299 (1979).

[4] Einen Bericht lieferten O. Erbacher und K. Philipp in Naturwiss. **20**, 586–589 (1932).

[291] Pauli an Meitner

[Zürich], 29. Mai 1932

Liebes Frl. Meitner!

Bis zu einem gewissen Grade bringt mich Ihr Brief in Verlegenheit. Inzwischen ist nämlich folgende Situation eingetreten. Herr Peierls, der jetzt mein Assistent ist, bekommt ab H[er]bst ein Rockefeller-Stipendium und wird von Zürich fortgehen, so daß meine Assistentenstelle ab 1. Oktober frei wird. Ich hatte nun vorläufig eben Delbrück dafür in Aussicht genommen. Eine bindende Verabredung darüber zwischen mir und Delbrück besteht aber vorläufig *nicht,* sondern wir waren, als er im März Zürich verließ (Sie werden wohl wissen, daß er jetzt in Bristol ist*) übereingekommen, daß wir vorläufig uns beide in dieser Sache noch freie Handlungsmöglichkeit vorbehalten.

* Die Adresse von Delbrück ist: Wills Physical Laboratory. The Royal Fort. Bristol – England.

Bei dieser Sachlage scheint es mir das Richtigste, wenn Sie Delbrück ruhig die Assistentenstelle bei Ihnen anbieten, und er selbst soll dann entscheiden, ob er lieber nach Berlin oder nach Zürich gehen will. (Es wird bei seiner Entscheidung vielleicht auch mitspielen, daß er in Berlin zu Hause ist.) Für ihn haben beide Stellungen ihre besonderen Vor- und Nachteile, zum Beispiel wird er bei Ihnen zu noch größerer Selbständigkeit bei seinen Überlegungen *gezwungen* sein und das könnte sehr gut *für ihn* sein. Für *Sie* und die Institutsjugend wird er *bestimmt* sehr nützlich sein. – Wenn Sie ihm schreiben, fügen Sie, bitte, hinzu, er möge auch mir schreiben, was er darüber denke. Was meine Assistentenstelle betrifft, so ist Delbrück sicher *nicht* der *einzige* in Betracht kommende Kandidat für sie.

Zu den Nicht-Paulischen Neutronen bin ich durchaus *positiv* eingestellt. Obwohl durch ihre Existenz die prinzipiellen Schwierigkeiten des Kernbaues (β-Spektrum, verkehrte Statistik) nicht gelöst sind, scheinen sie doch für das Verständnis des Kernbaues in vieler Hinsicht sehr nützlich. Auch glaube ich, daß bei weiterer experimenteller Verfolgung ihrer Wirkung[en] auf andere Kerne (z.B. Stöße mit Protonen) für die Theorie sich neue wertvolle Anhaltspunkte ergeben werden.[a]

Von den kürzlich publizierten Diracschen Bemerkungen[b] meine ich, daß sie nicht ernst genommen werden können; weder ist ihr Inhalt „neu", noch ist es berechtigt, von einer „Theorie" zu sprechen.

Handbuch-Artikel schreiben ist fürchterlich! Sonst geht es mir gut.

Herzliche Grüße Ihr W. Pauli

a) Pauli interessierte sich auch weiterhin für dieses Problem, wie aus dem Schreiben [314] an Heisenberg hervorgeht. Die Theorie der Streuung von Neutronen an Protonen wurde bald darauf von Wigner und Wick entwickelt. Vgl. E.P. Wigner: Über die Streuung von Neutronen an Protonen. Z. Phys. **83**, 253–258 (1933). Eingegangen am 17. März 1933. – G.C. Wick: Über die Wechselwirkung zwischen Neutronen und Protonen. Eingegangen am 23. Juni 1933. Z. Phys. **84**, 799–800 (1933). – Damit übereinstimmende experimentelle Ergebnisse hatten Lise Meitner und Kurt Philipp zum Jahresende in einem Beitrag zur Festschrift zu Arnold Berliners 70. Geburtstag vorgelegt. Vgl. L. Meitner und K. Philipp: Über die Wechselwirkung zwischen Neutronen und Atomkernen. Naturwiss. **20**, 929–932 (1932). – b) Vgl. P.A.M. Dirac: Relativistic Quantum Mechanics. Proc. Roy. Soc. A **136**, 453–464 (1932). Siehe hierzu auch die Bemerkungen zum folgenden Brief [292].

Nachdem der Nachweis erbracht war, daß die verschiedenen Formulierungen der Quantentheorie der Wellenfelder mit Diracs Strahlungstheorie und dessen relativistischer Theorie des Elektrons äquivalent sind[1], galten Paulis Bemühungen vornehmlich der Suche nach einer möglichst einwandfreien und den relativistischen Invarianzforderungen gerecht werdenden Formulierung der Theorie. Bei der Abfassung seines Handbuchartikels [1933] gelang ihm das in zufriedenstellender Weise, obwohl damit die erwähnten Schwierigkeiten natürlich nicht behoben werden konnten.

In diesem Zusammenhang befaßte sich Pauli auch mit Diracs neuestem Versuch, ein Programm zur Entwicklung einer neuen Quantenelektrodynamik aufzustellen[2], der, wie Pauli ihm schrieb [292] – „gelinde ausgedrückt – gewiß kein Meisterstück" war. Dirac kritisierte dort die Heisenberg-Pauli-Theorie, weil sie „Beziehungen und Möglichkeiten zur Vereinfachung und Vereinheitlichung" der Theorie außer acht gelassen habe. Obwohl er in der Einleitung eine bessere Theorie in Aussicht stellte, war ihm dies – wie Rosenfeld zeigen konnte –[3] nicht gelungen. So sah es auch Wigner in einem

Schreiben vom 30. Mai 1932 an seinen ehemaligen Lehrer Ortvay in Ungarn: „Hier in Berlin gibt es nichts besonders Neues. Von Diracs Abhandlung sind die Leute nicht entzückt. Pauli und Rosenfeld haben angeblich auch gezeigt, daß diese auf dieselben Schwierigkeiten stößt, wie die Pauli-Heisenbergsche Elektrodynamik ..."

1 Diesen Nachweis lieferte u.a. Dirac gemeinsam mit dem russischen Physiker Vladimir Fock und Einsteins späterem Mitarbeiter Boris Podolsky, der inzwischen von einem Gastaufenthalt in Leipzig nach Pasadena zurückgekehrt war. Vgl. P.A.M. Dirac, V.A. Fock und B. Podolsky: On Quantum Electrodynamics. Physik. Z. der Sowjetunion **2**, 468–479 (1932). Eingegangen am 25. Oktober 1932. Siehe hierzu auch [297] und [298].

2 P.A.M. Dirac: Relativistic Quantum Mechanics. Proc. Roy. Soc. A **136**, 453–464 (1932). Eingegangen am 24. März 1932. Vgl. hierzu auch Paulis Bemerkungen in [291].

3 L. Rosenfeld: Über eine mögliche Fassung des Diracschen Programms zur Quantenelektrodynamik und deren formalen Zusammenhang mit der Heisenberg-Paulischen Theorie. Z. Phys. **76**, 729–734 (1932). Eingegangen am 21. Mai 1932.

[292] Pauli an Dirac

Zürich, 11. September 1932

Lieber Dirac!

Ihre in den Proceedings of the Royal Society erschienenen Bemerkungen über Quantenelektrodynamik[a] waren – gelinde ausgedrückt – gewiß kein Meisterstück. Nach einer verworrenen Einleitung, die aus nur halb verständlichen, weil nur halb verstandenen, Sätzen besteht, kommen Sie schließlich in einem vereinfachten eindimensionalen Beispiel zu Resultaten, die identisch sind mit denjenigen, welche die Anwendung des Formalismus von Heisenberg und mir auf dieses Beispiel ergibt. (Diese Identität ist sofort erkennbar und wurde dann in einer zu komplizierten Weise von Rosenfeld nachgerechnet[b].) Dieses Ende Ihrer Arbeit steht in Gegensatz zu den in der Einleitung enthaltenen, mehr oder weniger deutlichen Behauptungen Ihrerseits, daß Sie irgendwie eine bessere Quantenelektrodynamik machen könnten als Heisenberg und ich.

Bei dieser Sachlage scheint es kaum von irgend einem Nutzen, eine Diskussion über Ihre Arbeit zwischen Ihnen und mir zu eröffnen und dies ist auch *nicht* der Zweck dieses Briefes. Vielmehr soll dieser Brief einen Beitrag geben zur Frage der relativistischen- und Eich-Invarianz der Quantenelektrodynamik. Ich habe erfahren, daß Sie Zweifel an dem Bestehen dieser Invarianz geäußert haben. Obwohl ich diese Zweifel von vornherein für unbegründet und unberechtigt gehalten habe, war ich doch geneigt, sie mit einer gewissen Milde und Nachsicht zu betrachten, denn eine nicht genügend klare Formulierung auf S. 180 der Arbeit II von Heisenberg und mir[c] mag mit den Anlaß zu diesen Zweifeln gegeben haben.

Die Fermische Formulierung der Quantenelektrodynamik[d], welche allerdings die *Eich*invarianz durch die Nebenbedingung

$$\frac{1}{c}\frac{\partial\phi_0}{\partial t}+\operatorname{div}\vec{\phi}=0$$

beschränkt, ist wohl besonders geeignet, die *relativistische* Invarianz der Theorie direkt evident zu machen. Hier gelten ja kanonische V.-R. (Abkürzung für Vertauschungs-Relationen) und das Verfahren von § 4 der Arbeit II von Heisenberg und mir (im Folgenden einfach als II bezeichnet) führt direkt zum Ziel.

Anläßlich der Niederschrift meines Handbuch-Artikels fand ich nun eine neue Weise die Quantenelektrodynamik zu begründen (wird im Handbuch publiziert), die gewisse formale Unschönheiten der bisherigen Begründung ganz vermeidet (ohne aber natürlich zu anderen *Resultaten* führen zu können als die vorhandene Theorie; die Selbstenergie-Schwierigkeit bleibt also auch unverändert fortbestehen). Der in Rede stehende neue Formalismus enthält nämlich *nur eichinvariante Größen* bzw. Operatoren; (so werden z.B. die Potentiale ganz vermieden und nur die Feldstärken verwendet). Dies hat den Vorteil, daß dann alle Nebenbedingungen als *Identitäten* bestehen, d.h. mit allen verwendeten Operatoren vertauschbar sind; und ferner, daß die Frage nach q-Zahl-Eichinvarianz oder nur c-Zahl-Eichinvarianz wegfällt. Die V.-R. haben freilich nicht die kanonische Form und müssen besonders aufgestellt werden. Der strenge Nachweis der relativistischen Invarianz gelingt dann leicht. Gerne würde ich nun von Ihnen hören, ob Sie hie[r] durch den Nachweis eines Formalismus der Quantenelektrodynamik, der *gleichzeitig* den Forderungen der *Eich*invarianz *und* der *Lorentz*invarianz genügt, für erbracht halten, oder ob Ihre Zweifel noch immer fortdauern. Zu letzterem sehe ich nunmehr weder einen sachlichen noch einen psychologischen Grund.

Viele Grüße Ihr W. Pauli

Falls dieser Brief Sie in Rußland erreicht, grüßen Sie bitte die russischen Physiker und auch Delbrück und Rosenfeld, falls sie anwesend sind.

a) Siehe Anmerkung 2. – b) Siehe Anmerkung 3. – c) W. Heisenberg und W. Pauli (1930). – d) Fermi hatte seine Methode bereits im Frühjahr 1929 in den Rendiconti della R. Accademia Nazionale dei Lincei **9**, 881–887 (1929) publiziert. Pauli besaß einen Sonderdruck dieser Erstpublikation. In den Aufzeichnungen, die er sich dazu machte, vermerkte er, daß bei Fermi die „Frage der relativistischen Invarianz der kanonischen Vertauschungsrelationen nicht berührt“ wird und daß sie außerdem die Angelegenheit der „Eichinvarianz verdunkelt“. Allgemein bekannt wurde Fermis Darstellung jedoch erst durch den Abdruck seiner im Sommer 1930 in Michigan gehaltenen Vorträge über Quantentheorie der Strahlung im Januarheft des Rev. Mod. Phys. **4**, 87–132 (1932).

Das folgende undatierte Manuskript Paulis wurde als eingeschriebener Brief an Dirac gesandt. Der Umschlag trägt den Poststempel vom 12. September 1932. Offenbar wurde es zusammen mit dem vorhergehenden Brief [292] verschickt.[1]

Inhaltlich enthält es die schon von Pauli in seinem Brief [292] angesprochene neue Formulierung der Quantenelektrodynamik, die er für den Handbuchartikel [1933] ausgearbeitet hatte.[2] Interessant gegenüber der Darstellung in diesem Artikel sind einige Varianten und der speziell für Dirac ausgeführte Beweis der relativistischen Invarianz des neuen Formalismus.

[1] Dieses Manuskript befand sich unter den Dokumenten, die Dirac zur Verfilmung für die Quellensammlung zur Geschichte der Quantentheorie zur Verfügung stellte. Vgl. T.S. Kuhn, J.L. Heilbron, P. Forman und L. Allen: Sources for History of Quantum Physics. Philadelphia 1967. Dort S. 123.

[2] Im Handbuchartikel [1933] findet man die entsprechenden Passagen auf S. 261ff.

Anhang zu [292]

Formulierung der Quantenelektrodynamik mit eichinvarianten Größen

1. *Die benutzten Operatoren (Observablen)*

Die materiellen Teilchen werden charakterisiert a) durch die Ortskoordinaten

$$\vec{X}^{(s)} \quad \text{oder} \quad X_k^{(s)} \quad (k=1,2,3),$$

s ist ein die Materieteilchen numerierender Index, von 1 bis n laufend, und b) durch modifizierte eichinvariante Impulskoordinaten

$$\vec{\pi}^{(s)} \quad \text{bzw.} \quad \pi_k^{(s)}*$$

Hiezu kommen noch c) die aus der Theorie des Elektrons bekannten Matrizen $\vec{\alpha}^{(s)}$, $\beta^{(s)}$, mit den V.-R.

$$\alpha_i^{(s)}\alpha_k^{(s)}+\alpha_k^{(s)}\alpha_i^{(s)}=2\delta_{ik}, \quad (\beta^{(s)})^2=1, \quad \alpha_i^{(s)}\beta^{(s)}+\beta^{(s)}\alpha_i^{(s)}=0, \tag{1}$$

wobei die $\vec{\alpha}, \beta$ für *verschiedene* Teilchen (Indexwerte s) vertauschbar sind. Alle diese Partikeloperatoren sind Funktionen der Zeit t.

Weiter sind die Feldoperatoren oder Feldobservablen der elektrischen und magnetischen Feldstärke vorhanden, nämlich

$$\vec{E} \quad \text{und} \quad \vec{H}$$

bzw.

$$E_k \quad \text{und} \quad H_{ik}=-H_{ki}$$

($i, k=1,2,3$; es ist zweckmäßiger $\vec{H}$ als schiefsymmetrischen Tensor zu schreiben.)
Diese Feldoperatoren sind Funktionen der c-Zahlkoordinaten $\vec{x}, t$. Zwischen diesen Operatoren

$$X_k^{(s)}, \pi_k^{(s)}, \beta(t); E_i(x,t), H_{ik}=-H_{ki}(x,t) \tag{2}$$

bestehen für jeden Wert von t (identisch) die Nebenbedingungen

$$\operatorname{div}\vec{H}=0, \quad \operatorname{div}\vec{E}(x,t)=(-e)\sum_{s=1}^{n}\delta(\vec{x}-\vec{X}^{(s)}(t)). \tag{3}$$

2. *Die Vertauschungsrelationen*

1) Die $X_k^{(s)}$ kommutieren untereinander.

2) Die $\alpha_i^{(s)}, \beta^{(s)}$ genügen (1), kommutieren für $s \neq s'$ untereinander und kommutieren mit den übrigen Operatoren ($\vec{X}^{(s)}, \vec{\pi}^{(s)}, \vec{E}, \vec{H}$).

3) Die $\vec{E}, H$ kommutieren mit den $\vec{X}^{(s)}$.

4) Es gilt**

$$[\pi_i^{(s)}, \pi_k^{(s')}]=\frac{h}{i}\delta_{ss'}, \quad \frac{e}{c}H_{ik}(\vec{X}^{(s)},t) \tag{4}$$

(d.h. für die c-Zahlraumkoordinate x in der magnetischen Feldstärke H_{ik} (x,t) ist der q-Zahlwert $\lambda^{(s)}$ zu substituieren.)

* In der *bisherigen* Theorie entspricht dem $\vec{\pi}^{(s)}$ die Größe $\vec{p}^{(s)}+\frac{e}{c}\vec{\phi}(x^{(s)})$, doch wird *hier* von $\vec{p}^{(s)}$ und $\vec{\phi}$ nicht gesprochen.

** Es ist $[a,b]=ab-ba$ gesetzt.

5) Die V.-R. der Feldstärken sind dieselben wie in der *Vakuum*elektrodynamik.

$$[E_i(x,t), E_k(x',t)]=0, \quad [H_{ij}(x,t), H_{lk}(x',t)]=0$$
$$[E_i(x,t), H_{jl}(x',t)]=\frac{hc}{i}\left(\delta_{ij}\frac{\partial}{\partial x_l}-\delta_{il}\frac{\partial}{\partial x_j}\right)\delta(\vec{x}-\vec{x}'). \tag{5}$$

6) Es gilt

$$[\pi_i^{(s)}, X_k^{(s')}]=\frac{h}{i}\delta_{ss'}\delta_{ik}. \tag{6}$$

7) Es gelten die für die Theorie sehr entscheidenden Relationen

$$[H_{ij}(x,t), \pi_k^{(s)}(t)]=0, \qquad [E_i(x,t), \pi_k^{(s)}(t)]=e\frac{h}{i}\delta_{ik}(\vec{x}-\vec{X}^{(s)}). \tag{7}$$

Diese V.-R. erfüllen die notwendigen Forderungen, daß sie erstens nebeneinander verträglich sind, d.h. daß für irgend welche drei Größen die Identitäten

$$[[a,b]\,c]+[[c,a]\,b]+[[b,c]\,a]\equiv 0$$

von selbst erfüllt sind. (Man nehme z.B. $a=E_i(x,t)$, $b=H_{kl}(x,t)$, $c=\pi_j^{(s)}(t)$.) Und daß zweitens die Nebenbedingungen (3) mit irgendeiner der Größen (2) vertauscht, auf Grund der V.-R. für die linke und rechte Seite von (3) *identisch* dasselbe ergeben.

3. *Impuls- und Energie (Hamilton-)operator. Zeitliche Ableitungen*

Wir definieren

$$P_i=\sum_{s=1}^{n}\pi_i^{(s)}+\frac{1}{c}\int\left\{\sum_{k=1}^{3}H_{ik}E_k+D_i\right\}dV \tag{8}$$

als Impuls,

$$H=c\sum_{s=1}^{n}\sum_{k=1}^{3}(\alpha_k^{(s)}\pi_k^{(s)}+mc\beta^{(s)})+\tfrac{1}{2}\int(\vec{E}^2+\vec{H}^2+D_0)\,dV \tag{9}$$

als Energie und Hamiltonoperator des Gesamtsystems. Hierin sind D_0, D_i c-Zahlen, die dazu dienen, den Nullpunktsimpuls und die Nullpunktsenergie der Strahlung zu kompensieren. Wir haben sie nicht explizite hingeschrieben, da sie dieselben sind wie in der Vakuumelektrodynamik.

Für eine Funktion $f(X_k^{(s)}, \pi_k^{(s)})$ der Teilchenoperatoren gilt als Folge der V.-R. des §2

$$[P_k, f]=\frac{h}{i}\sum_{s=1}^{n}\frac{\partial f}{\partial x_k^{(s)}} \tag{10}$$

(insbesondere sind also die $\vec{\pi}^{(s)}$ mit P_k vertauschbar); andrerseits gilt mit Rücksicht auf (1) für eine Funktion F der Feldstärkenwerte an einer bestimmten Raumstelle x, die Relation

$$[P_k, F(\vec{E}(x,t), \vec{H}(x,t))]=\frac{h}{i}\frac{\partial F}{\partial x_k}. \tag{11}$$

Daraus folgt weiter, daß die P_k untereinander und mit H vertauschbar sind.

Über die zeitliche Ableitung einer jeden Observablen f setzen wir wie üblich fest, daß sie aus dem Hamiltonoperator gemäß

$$\dot{f}=\frac{i}{\hbar}[H,f] \tag{12}$$

resultiert. Man verifiziert dann leicht die „mechanische Bewegungsgleichung" (Lorentzkraft)

$$\frac{d\pi_k^{(s)}}{dt}=(-e)\left\{E_k(\vec{X}_s)+\sum_{l=1}^{3}H_{kl}(\vec{X}_s)\,\alpha_l^{(s)}\right\},\qquad \alpha_l^{(s)}=\frac{1}{c}\dot{X}_l^{(s)}, \tag{13}$$

und die „Maxwellschen Gleichungen"

$$\frac{1}{c}\frac{\partial\vec{H}}{\partial t}+\operatorname{rot}\vec{E}=0 \tag{14a}$$

$$-\frac{1}{c}\frac{\partial\vec{E}(x,t)}{\partial t}+\operatorname{rot}\vec{H}(x,t)=(-e)\sum_{s=1}^{n}\vec{\alpha}^{(s)}\delta(\vec{x}-\vec{X}^{(s)}). \tag{14b}$$

Die § 1 bis 3 enthalten einen *vollständigen* Ausdruck der physikalischen Gesetze der Quantenelektrodynamik. Auf die Formulierung dieser Gesetze mittels „Schrödingerfunktionen" φ (z.B. mit den Teilchenorten $\vec{X}^{(s)}$ und den Lichtquantenzahlen N_μ (der *Transversalwellen*) als Variablen), sowie auf den Nachweis der Übereinstimmung mit der bisherigen Theorie brauche ich wohl nicht einzugehen. Er läßt sich unschwer erbringen.

4. *Beweis der relativistischen Invarianz*

Wie in der Arbeit von Heisenberg und Pauli wollen wir unterscheiden zwischen Transformationen erster Art und zweiter Art. Haben wir eine orthogonale Koordinatentransformation

$$x'_\mu=\sum_{\nu=1}^{4}a_{\mu\nu}x_\nu \qquad (x_4=ict),$$

so gehen bei der Transformation erster Art die physikalischen Größen in diejenigen des neuen Bezugssystems im selben Weltpunkt, also mit anderen Koordinatenwerten über:

$$X_i^{(s)}(t),\,\pi_i^{(s)}(t),\,\alpha_i^{(s)}(t),\,\beta^{(s)}(t)\rightarrow X_i'^{(s)}(t'^{(s)}),\,\pi_i'^{(s)}(t'^{(s)}),\,\alpha_i'^{(s)}(t'^{(s)}),\,\beta'^{(s)}(t'^{(s)}) \tag{15a; I}$$

(Teilchenoperatoren)

worin überdies $t'^{(s)}$ gemäß

$$ict'^{(s)}=a_{44}ict+\sum_{k=1}^{3}a_{4k}X_k^{(s)}(t) \tag{16a}$$

zu bestimmen ist, also vom Index s abhängt; ebenso geht

$$E_i(x,t),\qquad H_{ik}(x,t)$$

(Feldoperatoren)

über in

$$E_i'(x',t'), \quad H_{ik}'(x',t') \tag{15b; I}$$

mit

$$ict' = a_{44}ict + \sum_{k=1}^{3} a_{4k}x_k. \tag{16b}$$

Dagegen wird bei der Transformation zweiter Art der Weltpunkt so verändert, daß die gestrichenen Koordinaten dieselben Werte bekommen, die früher die ungestrichenen Koordinaten hatten. Bei der Transformation zweiter Art geht also

$$x_i^{(s)}(t), \quad \pi_i^{(s)}(t), \quad \alpha_i^{(s)}(t), \quad \beta^{(s)}(t)$$

über in

$$x_i'^{(s)}(t), \quad \pi_i'^{(s)}(t), \quad \alpha_i'^{(s)}(t), \quad \beta'^{(s)}(t). \tag{15a; II}$$

Ebenso geht

$$E_i(x,t), \quad H_{ik}(x,t)$$

über in

$$E_i'(x,t), \quad H_{ik}'(x,t). \tag{15b; II}$$

Für infinitesimale Koordinatentransformationen

$$x_\mu' = x_\mu + \sum_\nu \varepsilon_{\mu\nu} x_\nu \quad (\varepsilon_{\mu\nu} = -\varepsilon_{\nu\mu}) \tag{17}$$

ist es leicht, anzugeben, wie sich die infinitesimalen Transformationen erster und zweiter Art

$$f' = f + \delta_{\mathrm{I}} f, \quad f' = f + \delta_{\mathrm{II}} f$$

voneinander unterscheiden. Für eine Funktion $f^{(s)}$ der Teilchenoperatoren des s-ten Teilchens hat man dann nämlich

$$\delta_{\mathrm{II}} f^{(s)} = \delta_{\mathrm{I}} f^{(s)} - \dot{f}^{(s)} \sum_{k=1}^{3} \varepsilon_{4k} x_k^{(s)}, \tag{18a}$$

während für eine Funktion $F(\vec{E}(x,t), \vec{H}(x,t))$ der Feldstärken an einer bestimmten Raumstelle (x,t) gilt

$$\delta_{\mathrm{II}} F = \delta_{\mathrm{I}} F - \sum_{k=1}^{3} \sum_{\nu=1}^{4} \left(\frac{\partial f}{\partial x_k} \varepsilon_{k\nu} x_\nu + \frac{1}{ic} \dot{f} \varepsilon_{4k} x_k \right). \tag{18b}$$

Zu beweisen ist, daß folgende beiden Forderungen A und B erfüllt sind.

A. Transformationen erster Art

1) Die Feldstärken $(i\vec{E}, \vec{H})$ bilden einen schiefsymmetrischen Tensor.
2) $(-i\beta\alpha_k, \beta)$ bilden (für jedes s) einen Vierervektor.
3) $x^{(s)}(t^{(s)})$, $ict^{(s)}$ bilden einen Vierervektor [vgl. (16a)].
4) π_k, $i\{\sum_l \alpha_l x_l + mc\beta\}$ bilden einen Vierervektor.

Es folgt dann, daß die durch (8) und (9) definierten Größen von Gesamtenergie und Gesamtimpuls gemäß $\left(\vec{P}, i\frac{\vec{H}}{c}\right)$ einen Vierervektor bilden.

B. Für *Transformationen zweiter Art* soll gelten:

Es gibt zu jeder Koordinatendrehung *einen* unitären Operator S, so daß jede Observable f mit demselben S gemäß

$$f'(t) = \boldsymbol{S} f(t) \boldsymbol{S}^{-1} \tag{19}$$

in die gestrichene transformiert wird.

Es ist hierfür hinreichend, daß für die *infinitesimale* Transformation (17) der Koordinaten, mit

$$S = 1 + \frac{i}{h} \Lambda$$

gilt

$$\delta_{\mathrm{II}} f = \frac{i}{h} [\Lambda, f], \qquad \delta_{\mathrm{II}} F = \frac{i}{h} [\Lambda, F]. \tag{20}$$

Hierin kann man noch

$$\Lambda = \sum_{\mu < \nu} \varepsilon_{\mu\nu} \Lambda_{\mu\nu} \qquad \text{mit } \Lambda_{\mu\nu} = -\Lambda_{\nu\mu} \tag{21}$$

setzen.

Man zeigt, daß der Ansatz

$$\Lambda_{jk} = \sum_s \left\{ X_j^{(s)} \pi_k^{(s)} - X_k^{(s)} \pi_j^{(s)} + \frac{h}{2} \frac{1}{i} \alpha_j^{(s)} \alpha_k^{(s)} \right\} + \frac{1}{c} \int (\vec{x}, (\vec{E} \times \vec{H}))_{jk} dV \tag{22}$$

(Vektorprodukt)

$$\frac{1}{i} \Lambda_{4j} = c t P_j - \sum_s \left\{ X_j^{(s)} \left(\sum_{k=1}^{3} \alpha_k^{(s)} \pi_k^{(s)} + m c \beta^{(s)} \right) + \frac{h}{2} \alpha_j^{(s)} \right\}$$
$$- \frac{1}{2c} \int x_j (\vec{E}^2 + \vec{H}^2 + \Delta_0) dV \tag{23}$$

(P_j durch (8) definiert; $j = 1$ bis 3)

allen Anforderungen genügt. Das heißt: *Aus* (20), (22), (23), (18a), (18b) *folgt, daß für infinitesimale Koordinatentransformationen die Forderungen A erfüllt sind.* Bei der Durchrechnung sind die V.-R. des § 2 zu benutzen.

Die Λ_{jk}, Λ_{4j} sind überdies zeitlich konstant und bilden selbst zusammen einen schiefsymmetrischen Tensor; die Λ_{jk} sind, wie es sein muß, die gewöhnlichen Drehimpulsintegrale.

Es scheint mir, daß hiermit alles bewiesen ist, was überhaupt gefordert werden kann. Betonen möchte ich noch, daß die Quantelung der Materiewellen nach Jordan-Klein-Wigner sich als für den Nachweis der relativistischen Invarianz der Quantenelektrodynamik völlig entbehrlich erweist.

Ähnlich wie einst sein Lehrer Sommerfeld ließ sich auch Pauli durch seine Assistenten und Mitarbeiter bei der Abfassung größerer zusammenfassender Berichte beraten und helfen. Diese Aufgabe war bei der Abfassung seines Handbuchartikels über die Wellenmechanik [1933] insbesondere seinem langjährigen Assistenten Peierls zugefallen.[1]

Inzwischen war Peierls bereits mit einem Rockefeller-Stipendium zu Fermi nach Rom gegangen.[2] Casimir hatte jetzt seinen Platz bei Pauli eingenommen.[3] Er mußte tüchtig beim Korrigieren der ersten Fahnenabzüge des Handbuchartikels helfen. Doch bei der Frage der Feldmessung war man erneut auf Schwierigkeiten gestoßen. Deshalb wandte sich Pauli brieflich an Peierls, der sich schon als 21jähriger während seiner Studienzeit bei Sommerfeld in München mit diesem Fragenkomplex auseinandergesetzt[4] und später zusammen mit Landau an der relativistischen Verallgemeinerung der Unbestimmtheitsrelationen gearbeitet hatte.[5]

Zur gleichen Zeit beschäftigte man sich auch in Kopenhagen mit dem Problem der Feldmessung. Bohr zögerte wie üblich mit der Veröffentlichung seiner Überlegungen und erhielt von Heisenberg den Rat, möglichst bald zu publizieren: „Entschuldige wenn ich etwas ‚Pauli' spiele", schrieb er ihm am 5. November 1932. „Ich meine, solche Probleme kann außer Dir doch kein Physiker anständig behandeln ..."

[1] Vgl. [289].
[2] Siehe hierzu den Kommentar zu [286].
[3] Zu dieser Zeit war auch der amerikanische Physiker David Inglis aus Ann Arbor in Zürich bei Pauli zu Besuch, bevor er zu Heisenberg nach Leipzig ging. Pauli hatte damals gerade ein Auto gekauft. Gemeinsam machte man am 9. Oktober eine größere Tour in die Berge. Zur Verwunderung der Mitreisenden weigerte sich Pauli bei dieser Gelegenheit Wein zu trinken, weil er das Auto noch heimwärts lenken mußte. (Vgl. Casimirs Bericht vom 10. Oktober 1932 an Ehrenfest.)
[4] Kurz vor seinem Studienabschluß bei Sommerfeld hielt Peierls im Münchener Mittwochskolloquium am 3. Februar 1928 ein Referat über „neuere Arbeiten zur physikalischen Deutung der Quantenmechanik (prinzipielle Unschärfe der Beobachtung)".
[5] Siehe hierzu den Kommentar zu [264].

[293] Pauli an Peierls

Zürich, 24. Oktober 1932

Lieber Peierls!

Dank' für Ihren mir zu komplizierten Brief. Ich selbst habe Überlegungen in anderer Richtung angestellt betreffend die Feldmessung, vielleicht können Sie nun beides zusammen bringen[a]. Ich betrachte nicht die Feldmessung, sondern die einmalige Impulsmessung während der Zeit t (abgebrochene Wellenzüge). Es interessiert uns der Fall, wo nicht nur gewöhnliche Comptonprozesse mit merklicher Wahrscheinlichkeit auftreten, sondern solche höheren Prozesse, wo etwa (im Mittel) N Lichtquanten beteiligt sind. Dann ist es mir ungeheuer plausibel, daß [man] hier, *selbst wenn man Energie und Impuls der gestreuten Quanten genau messen würde*, auf die Energiedifferenz des Teilchens vor und nach dem Prozeß nur mit der Genauigkeit

$$\Delta(E-E') > \frac{h}{\Delta t} \cdot N \tag{1}$$

zurückschließen kann. Plausibilitätsbegründung: Infolge des Abhackens der Wellenzüge wissen wir über das Vorhandensein von Quanten $h\nu'$ mit $\nu' < \frac{1}{\Delta t}$ im gestreuten Licht nichts. Es kann nun passieren, daß N solche Quanten mehr oder weniger gestreut werden. Das ist nicht ganz streng.

Wenn (1) wahr ist, sind wir fertig, dann gilt

$$(v-v')\Delta P > \frac{h}{\Delta t}\cdot N \tag{2}$$

(wenn $v=v'=c$); eben [so] $N\cdot\frac{h}{\Delta t}=$ausgestr[ahlte] Energie$<\frac{e^2}{c^3}\frac{(v'-v)^2}{\Delta t}$.

Das, was ich vermute, aber noch nicht ganz richtig begründen kann, ist also: *Selbst wenn ich die einfallenden und gestreuten Photonen genau messe*, ist, falls Prozesse mit N Photonen mit merklicher Wahrscheinlichkeit *möglich* sind, die Ungenauigkeit, mit der aus der Messung auf die Impulsänderung der Teilchen zurückgeschlossen werden kann, bei gegebenem Δt um den Faktor N heraufgesetzt. Über diese These müssen wir also diskutieren.

Eine zweite Frage, die mir noch nicht ganz klar ist, ist diese: wie können die eventuell in dem zu messenden Feld vorhandenen Photonen, über die ich ja noch gar nichts weiß, von den bei der Impulsmessung einfallenden und gestreuten Photonen unterschieden werden?

Haben Sie Ehrenfests „Erkundigungsfragen" in der Zeitschrift für Physik gelesen? Ich habe ihm einen mit etlichen Bosheiten versehenen langen Antwortbrief geschrieben[b]. Finden Sie nicht, man sollte auch in der N[ature] darauf antworten?[c] Natürlich könnte ich aber nichts sagen, was Sie und die kompetenten Gelehrten nicht sowieso wissen.

Hier sind ein bischen wenig Leute in diesem Semester.

Viele Grüße

Ihr W. Pauli

a) Genauer werden diese Überlegungen von Pauli in seinem Handbuchartikel [1933] auf S. 257f. ausgeführt. – b) Siehe das folgende Schreiben [294]. – c) Eine weitere Publikation zu diesem Thema in einer englischsprachigen Zeitschrift erfolgte nicht mehr.

Keinem der Kollegen hat Pauli in seinen Briefen so offen und unmittelbar geschrieben wie seinem Freunde Ehrenfest. Dieser empfand die seit der Entdeckung der neuen Quantenmechanik zunehmende Formalisierung und Mathematisierung der theoretischen Physik als bedrückend. Immer wieder versuchte er durch eine zugespitzte Formulierung speziellere Fragen herauszuschälen, um sie auf diese Weise einem breiteren Publikum verständlich zu machen. Dieses pädagogische Anliegen hat ihm bei seinen zahlreichen Schülern den Ruf eines großen Lehrers eingetragen.[1] Zugleich verdankte Ehrenfest diesem ständigen Suchen nach einer handgreiflichen Begründung der Theorie viele seiner Entdekkungen.

Im Gegensatz zu manch anderen Zeitgenossen, die Ehrenfests unablässige und hartnäckige „Schulmeisterfragen" manchmal als lästig empfanden[2], hat Pauli seine Bemühungen „selbst auf die Gefahr hin, [Ehrenfest] damit die größte Enttäuschung zu bereiten" [294], sehr ernst genommen. Die witzige und anschauliche Ausdrucksweise Ehrenfests aufgreifend, beantwortete er stets die angeschnittenen Probleme. Das wird in dem vorliegenden Briefwechsel deutlich.[3]

In den letzten Jahren war Ehrenfest zunehmend von Gewissensnöten geplagt [295]. In den Briefen an die ihm näher stehenden Freunde und Schüler machte er Andeutungen, daß er seinen „Platz für einen anderen freimachen" müsse. Nicht zuletzt war dieses Unbehagen auf eine ungewöhnlich strenge und an Boltzmann erinnernde Selbstkritik zurückzuführen.

Schon im Januar 1932 schrieb er Born[4], er „habe ein paar ‚Schulmeister-Fragen' betreffs Quantentheorie niedergeschrieben, die [er] schrecklich gerne (selbstkritisch) publizieren möchte. Aber ich traue mich nicht aus Angst vor Bohr und Pauli (und sonst niemandem in der Welt), obwohl es nur 3–4 Druckseiten sind. Weiß der Teufel, warum ich mich fürchte, obwohl ich doch so gut weiß, daß ich nichts zu verlieren habe!?!"

Im Sommer 1932 faßte Ehrenfest schließlich den Entschluß, seinen letzten größeren Beitrag zur Physik bei der Zeitschrift für Physik einzureichen.[5] Diese „Erkundigungsfragen" richtete Ehrenfest an „jemand, der diese Materie wirklich beherrscht" und „in einer auch uns älteren Physikern lesbaren Form darzustellen" vermag. Direkt und indirekt war Pauli damit angesprochen. Für Pauli bot sich hier eine Gelegenheit, schon jetzt die in seinem Handbuchartikel [1933] behandelten Gegenstände der Öffentlichkeit zugänglich zu machen.

Sobald Pauli den Aufsatz zu Gesicht bekam, verfaßte er eine ausführliche Antwort. Den Brief [294] faßte er so ab, daß er ihn später in leicht veränderter Gestalt in der Zeitschrift für Physik abdrucken lassen konnte (1933a). Die darin enthaltenen Redewendungen der Umgangssprache hat Pauli zum Vergnügen von Ehrenfest teilweise stehengelassen.[6]

[1] Vgl. hierzu H.A. Kramers: Physiker als Stilisten. Naturwiss. **23**, 297–301 (1935). – G.E. Uhlenbeck: Reminiscends of Professor Paul Ehrenfest. Amer. J. Phys. **24**, 431–433 (1956).

[2] Vgl. z.B. Heisenbergs Briefe [153], [155] und [161].

[3] Siehe die Briefe [208], [212], [215].

[4] Siehe Ehrenfests Brief vom 19. Januar 1932 an Born. Das Original befindet sich im Ehrenfestarchiv des Boerhaave Museums in Leiden.

[5] P. Ehrenfest: Einige die Quantenmechanik betreffende Erkundigungsfragen. Z. Phys. **78**, 555–559 (1932).

[6] In der Publikation auf S. 579 ersetzte Pauli beispielsweise den im Brief verwendeten Ausdruck „fortixen" durch „beseitigen". Auf der folgenden Seite 580 benutzte er dafür jedoch den typisch Ehrenfestschen Terminus „forteskamotieren"! Ehrenfests Gabe, unverstandene Probleme durch geistreiche und witzige Formulierungen hervorzuheben, äußerten sich auch in seinem Beitrag zu der Sonder- und Festnummer der „Göttinger Nachrichten", die zu Borns 50. Geburtstag von J. Ertl am 11. Dezember 1932 herausgegeben wurde. Z.B. empfahl er darin, die deutsche Redeweise, „ein Problem sei endgültig erledigt", durch das holländische Wort „afgemaakt" zu übersetzen. Diesen Ausdruck verwendet man in der Umgangssprache für das Töten toller Hunde, trichinöser Schweine und ähnliches. Auch das Problem der sinnlosen Fragen wird dort angeschnitten.

[294] Pauli an Ehrenfest

Zürich, 28. Oktober 1932
[Maschinenschrift]

Lieber Ehrenfest!

Soeben kommt mir das Heft der Zeitschrift für Physik in die Hand, das Ihre „Erkundigungsfragen" enthält[a]. Die Lektüre dieses Aufsatzes wir mir eine Quelle ungetrübten Vergnügens! Aus den Vorbemerkungen glaube ich allerdings entnehmen zu können, daß Sie großen Wert darauf legen, ein Odium auf sich zu nehmen und die Fiktion eines „guten Tones" aufrechtzuerhalten, der verlangt, daß Ihre Fragen als „sinnlos" beiseite geschoben werden. Selbst auf die Gefahr hin, Ihnen die größte Enttäuschung zu bereiten, da ich mich außerstande fühle, Sie als einen um einer gerechten Sache willen Verfolgung leidenden Märtyrer zu behandeln, muß ich Ihnen nämlich offen und feierlich erklären: Die in den Abschnitten A und B erörterten Fragen[b] gehören eben *zu denjenigen, auf die ich selbst gestoßen bin, als ich meinen neuen Handbuchartikel über die Prinzipien der Wellenmechanik zusammenschrieb und die für mich ein brennendes Interesse haben. Nach meiner Meinung ist es nur zu begrüßen, daß Sie sie öffentlich zur Diskussion stellen.*

Teilweise glaube ich sie beantworten zu können, teilweise ragen aber die Fragen auch in die noch ungelösten Probleme der Quantentheorie hinein. Jedenfalls habe ich einiges dazu zu sagen, was mir am Herzen liegt.

Zu A und Bemerkung 1 *

Die gewünschte Axiomatik, die den Grund erkennen lassen soll, warum die Materiewellen mindestens *zwei* reelle Skalare erfordern, habe ich nach einiger Mühe wie folgt gewählt. (Ich beschränke mich hier auf den *kräftefreien* Fall.)

I.1. Es gibt ein Wellenfeld mit Superpositionsprinzip, beschrieben durch eine noch unbestimmte Anzahl von Komponenten $\psi_1, \psi_2, \ldots$. Sind $\psi_\rho^{(1)}(\vec{x}, t)$, $\psi_\rho^{(2)}(\vec{x}, t)$ mögliche Felder, so ist auch $c_1\psi_\rho^{(1)} + c_2\psi_\rho^{(2)}$ mit beliebigen (den Index ρ nicht enthaltenden) Konstanten c_1, c_2 ein mögliches Feld.

I.2. Bei Fourierzerlegung der $\psi_\rho(\vec{x}, t)$ (in Integral oder Summe) entsteht

$$\psi_\rho(\vec{x}, t) = \sum_k \{a_\rho(\vec{k})e^{i(\vec{k}\cdot\vec{x} - \nu t)} + b_\rho(\vec{k})e^{-i(\vec{k}\cdot\vec{x} - \nu t)}\} \tag{I}$$

(bzw. $\int dk$ statt $\sum_k$), worin die positive Größe ν eine Funktion von $|k|$ ist, die gemäß der fundamentalen Beziehung

$$E = h\nu, \qquad \vec{p} = h\vec{k}$$

(h = Wirkungsquantum dividiert durch 2π, ν = Kreisfrequenz) mit den mechanischen Größen Energie-Impuls verbunden sind. Deshalb genügen sie den Relationen

$$\nu = \frac{h}{2m}|k|^2 \qquad \text{für unrelativistische Massenpunkte,}$$

$$\frac{\nu^2}{c^2} = \frac{m^2c^2}{h^2} + k^2 \qquad \text{für relativistische Massenp[unkte],}$$

$$\frac{\nu^2}{c^2} = k^2 \qquad \text{für Photon.}$$

Zu jedem $\vec{k}$ soll es eine ebene Welle wirklich geben. *Welche Abhängigkeitsrelationen aber zwischen den (im allgemeinen komplexen) $a_\rho(\vec{k})$, $b_\rho(\vec{k})$ bei der zu gegebenem $\vec{k}$ gehörigen allgemeinsten möglichen Welle gehören*, darüber wird hier noch nichts angenommen. Es könnte z.B. sein, daß $b_\rho(\vec{k}) = 0$ sein muß, oder auch $b_\rho(\vec{k}) = a_\rho^*(\vec{k})$, d.h. ψ_ρ reell.

---

* Indem ich hervorhebe, daß mir das in Ihrer Note 3) auf S. 556 in den Worten „ja selbst" zum Ausdruck gebrachte Lob meiner Person ungebührlich hoch zu sein scheint, möchte ich Sie darauf vorbereiten, daß Sie die „Hunde", die ich im Müller-Pouillet noch schlafen ließ, in meinem neuen Handbuchartikel „wach gemacht" finden werden. Der in Rede stehenden Frage ist dort nämlich eine ganze Seite sorgfältig gewidmet.

I.3. Die Absolutbeträge $|a_\rho(\vec{k})|$ und $|b_\rho(\vec{k})|$ von a_ρ und b_ρ sollen meßbare Größen sein und bis auf einen eventuell von $|\vec{k}|$ abhängigen Normierungsfaktor soll $|a_\rho(\vec{k})|^2+|b_\rho(\vec{k})|^2$ der Wahrscheinlichkeit, den Impuls des Teilchens im Gebiet $\vec{k}$, $\vec{k}+d\vec{k}$ zu treffen, proportional sein.

Daraus folgt schon einiges. Insbesondere die Möglichkeit des Grenzübergangs zur Strahlenoptik (klassischen Mechanik), wo man vom Zerfließen der Pakete absehen kann. Dies ist nämlich erlaubt, bei Lineardimensionen der Pakete, die groß gegen das Reziproke des „mittleren" $|\vec{k}|$ sind. Ferner der Umstand, daß

$$\vec{v}=\frac{dv}{d\vec{k}}$$

die Gruppengeschwindigkeit ist. Endlich die Unbestimmtheitsrelationen

$$\Delta\vec{x}\cdot\Delta\vec{k}\sim 1, \qquad \Delta v\cdot\Delta t\sim 1,$$

also

$$\Delta\vec{x}\cdot\Delta\vec{p}\sim h, \qquad \Delta E\cdot\Delta t\sim h$$

als der Größenordnung nach richtige Relationen. (Die Ausdehnung der Pakete ist hier noch nicht *quantitativ* definierbar, aber das schadet nichts.)

Bis hierher sind Maxwellfeld, Materiewellenfeld analog, auch wäre das Feld eines einzigen reellen Skalars noch mit den eingeführten Annahmen verträglich. Nun kommt eine *neue* Axiomengruppe:

II.1. Die Wahrscheinlichkeit $W(\vec{x},t)dx_1dx_2dx_3$, das Teilchen zur exakten Zeit t im infinitesimalen Volumelement $\vec{x}$, $\vec{x}+d\vec{x}$ zu finden, ist stets ein sinnvoller Begriff. Es muß dann erstens $W(\vec{x})$ wesentlich positiv sein:

$$W(\vec{x},t)\geqq 0. \tag{1}$$

Zweitens muß

$$\int W(\vec{x},t)dx_1dx_2dx_3=1, \tag{2}$$

also jedenfalls unabhängig von t sein.

Hier muß ich dringend darauf hinweisen (und die Schulmeister beschwören, es zu predigen), daß diese Annahme, $W(\vec{x},t)$ sei stets ein sinnvoller Begriff, weder selbstverständlich ist, noch aus dem in den Umbestimmtheitsrelationen zum Ausdruck kommenden Gesichtspunkt der Komplementarität (Axiomengruppe I) gefolgert werden kann. Denn es handelt sich um die Bestimmung des Teilchenortes auch *außerhalb der Gültigkeit der klassischen Mechanik*, d.h. in Raum- und Zeitgebieten, deren Dimensionen klein sind verglichen mit der mittleren Wellenlänge bzw. Schwingungsperiode des betrachteten Wellenpaketes. Die Existenz von $W(\vec{x},t)$ is allerdings evident, wenn gezeigt werden kann:

II.1. Es existieren stets Experimente, aus deren Ergebnis mit Sicherheit geschlossen werden kann, ob das Teilchen zur Zeit t sich im Volumelement $\vec{x}$, $\vec{x}+d\vec{x}$ befindet oder nicht (derart, daß im ersteren Fall die gleichzeitige direkte Wirkung des Teilchens an einem anderen Ort ausgeschlossen ist). Sobald derartige Experimente nicht immer existieren, kann man über die Existenz eines $W(\vec{x},t)$ im Zweifel sein. Ich komme auf diese Zweifel später zurück.

Nun komme ich zur anfangs gestellten Frage über die Notwendigkeit von mindestens *zwei* reellen Skalaren bei den de Broglie-Schrödinger-Wellen. Ich behaupte, diese Notwendigkeit und damit auch die imaginäre Einheit kommt hinein *beim Suchen nach einem Ausdruck für die Wahrscheinlichkeitsdichte W, der die Forderungen (1) und (2) befriedigt und der die zeitlichen Ableitungen der ψ nicht enthält.* Die letztere Forderung ist nötig, um den Begriff „Anzahl der benützten Skalare" eindeutig zu machen. Ein *einziger* reeller Skalar, der einer Differentialgleichung 2. Ordnung in t genügt, ist ja äquivalent der Benutzung von *zwei* reellen Skalaren, die Differentialgleichungen erster Ordnung in t genügen (man setze dann $\frac{\partial\psi_1}{\partial t}=\psi_2$). Das Umgekehrte gilt auch, wie ich sogleich diskutieren werde. Stellen wir also das Axiom auf

II.2. Wenn die $\psi_\rho(\dot{x}, t)$ für ein bestimmtes t als Funktionen von $\dot{x}$ bekannt sind, so soll W für diese Zeit t_0 durch die $\psi_\rho(\dot{x}, t_0)$ allein bestimmt sein, und zwar soll, als die einfachste Möglichkeit, W quadratisch (bzw. bilinear) von den Funktionsverläufen der $\psi_\rho(\dot{x}, t)$ abhängen.

(*Erläuterung:* Ein bilinearer Operator $W(\dot{x}, t)$ ordnet zwei Sätzen $\psi_\rho^{(1)}(\dot{x})$ und $\psi_\rho^{(2)}(\dot{x})$ von Funktionen eine Zahl zu, derart daß

$$W(\dot{x},t)\{f_\rho(\dot{x}'), c_1 g_\rho^{(1)}(\dot{x}'')+c_2 g_\rho^{(2)}(\dot{x}'')\}$$
$$=c_1 W(\dot{x},t)\{f_\rho(\dot{x}'), g_\rho^{(1)}(\dot{x}'')\}+c_2 W(\dot{x},t)\{f_\rho(\dot{x}'), g_\rho^{(2)}(\dot{x}'')\}$$

und

$$W(\dot{x},t)\{c_1 f_\rho^{(1)}(\dot{x}')+c_2 f_\rho^{(2)}(\dot{x}'), g_\rho(\dot{x}'')\}$$
$$=c_1 W(\dot{x},t)\{f_\rho^{(1)}(\dot{x}'), g_\rho(\dot{x}'')\}+c_2 W(\dot{x},t)\{f_\rho^{(2)}(\dot{x}'), g_\rho(\dot{x}'')\}.$$

Ist der Operator lokal, so ist er eine quadratische Form aus den ψ_ρ und endlich vielen räumlichen Ableitungen; ist er nicht lokal, so kann er von der Form sein

$$\int\int a_{\rho\sigma}(\dot{x},\dot{x}',\dot{x}'')\psi_\rho(\dot{x}',t)\psi_\sigma(\dot{x}'',t)\,d\dot{x}'\,d\dot{x}''.)$$

Es wäre natürlich a priori möglich gewesen, daß man zu Formen vierter oder höherer Ordnung hätte gehen müssen, aber die Erfahrung zeigt, daß man mit den quadratischen Formen auskommt.

Nun ist die Diskussion im relativistischen Fall und im *unrelativistischen* Fall verschieden. Betrachten wir zunächst den letzteren. Im kräftefreien Fall sieht man sofort: Für ein bestimmtes $\vec{k}$ läßt sich aus dem *Realteil* einer *einzigen* Welle der Form (I) und seinen räumlichen Ableitungen *kein* in den Amplituden quadratischer Ausdruck angeben, der ein zeitlich konstantes Volumintegral hat, da dann die zeitliche Ableitung des quadratischen Ausdrucks im Integranden einen willkürlich vorschreibbaren Wert hat. Ist jetzt speziell ψ *der* Teil von (I), der allein die a_ρ, ψ^* also *der* Teil von (I), der allein die b_ρ enthält, so ist

$$\int\psi^2 dV \quad \text{und} \int\psi^{*2} dV$$

zeitlich variabel, allein

$$\int\psi\psi^* dV$$

ist konstant und es genügen die so spezialisierten ψ und ψ^* den Differentialgleichungen erster Ordnung

$$-\frac{h}{i}\frac{\partial\psi}{\partial t}=\boldsymbol{H}\psi,\qquad \frac{h}{i}\frac{\partial\psi^*}{\partial t}=(\boldsymbol{H}\psi)^*;\qquad \boldsymbol{H}=E_0-\frac{h^2}{2m}\Delta\ {}^{**}$$

also

$$W(\dot{x},t)=\psi^*\psi. \tag{II}$$

Wie steht es nun aber mit der Möglichkeit, einen einzigen reellen Skalar U einzuführen, der einer Differentialgleichung 2. Ordnung in t genügt, also ψ und ψ^* durch ein einziges *reelles* „Potential" U und seine (bei gegebenem t willkürlich wählbare) erste Ableitung $\partial U/\partial t$ auszudrücken? *Dies ist in der Tat möglich* und zwar nicht nur im kräftefreien Fall, sondern allgemein, wenn $\boldsymbol{H}$ die Zeit nicht explizite enthält und reell ist. Man setze

$$\psi=\left(-\frac{h}{i}\frac{\partial}{\partial t}+\boldsymbol{H}\right)U,\qquad \text{also}\ \psi^*=\left(\frac{h}{i}\frac{\partial}{\partial t}+\boldsymbol{H}\right)U \tag{3}$$

und für das reelle U die Differentialgleichung

$$\left[-h^2\frac{\partial^2}{\partial t^2}+(\boldsymbol{H})^2\right]U=0, \tag{III}$$

also im kräftefreien Fall

$$-h^2\frac{\partial^2 U}{\partial t^2}+\left[E_0^2-2E_0\frac{h^2}{2m}\Delta+\left(\frac{h^2}{2m}\right)\Delta\Delta\right]U=0.$$

Aus der allgemeinsten reellen Lösung von (III) bekommt man die allgemeinste komplexe Lösung von (II). Die Dichte W wird

$$W(\dot{x},t)=h^2\left(\frac{\partial U}{\partial t}\right)^2+(\boldsymbol{H}U)^2, \tag{4}$$

deren zeitliche Konstanz auch direkt aus (III) folgt, wenn immer $\boldsymbol{H}$ reell-selbstadjungiert ist und die Zeit nicht explizite enthält. Ist $\boldsymbol{H}$ hermitesch aber nicht reell, so ist auch U nicht reell. Am physik[alischen] Inhalt der Theorie ändert sich durch die Einführung von U nichts, nur die Formeln werden komplizierter. (Dies äußert sich nicht nur in der Transformationstheorie, sondern auch bei der Zusammensetzung zweier unabhängiger Systeme in einem Gesamtsystem. An Stelle der einfachen Produktbildung $\psi=\psi_1\psi_2$ tritt bei den U etwas Unübersehbares.)

Im *relativistischen* Fall muß man noch weiter fordern:

II.3. Es gibt zu W einen Stromvektor $\vec{J}$, so daß die Kontinuitätsgleichung

$$\frac{\partial W}{\partial t}+\operatorname{div}\vec{J}=0$$

gilt und $\left(\frac{\vec{J}}{c},iW\right)$ einen Vierervektor S_i bilden.

** $E_0=m_0c^2$ kann man je nach Geschmack mitnehmen oder fortlassen.

Dann folgt für die Abwesenheit von Kräften die Diracgleichung als (im wesentlichen) die einzige Möglichkeit. Insbesondere wird die Einführung von Größen mit *zwei*deutigen Darstellungen der Lorentz-Gruppe unerläßlich, um neben II.3 auch die Forderung (1), daß W positiv definit sei, zu erfüllen.

Zu B

Ich komme weiter zu dem Fragenkomplex B. Durch die Gruppierung der Annahmen in die zwei Teile I und II habe ich seine Erörterung bereits vorbereitet. Um die Fragen diskutieren zu können, muß ich sie teilweise modifizieren. Die Schulmeister werden zunächst dringend aufgefordert, folgende exakte Unterscheidung mit schulmeisterlicher Strenge durchzuführen, da ihre Unterlassung eine hoffnungslose Verwirrung anrichtet. Nämlich erstens das Feld $\vec{E}$, $\vec{H}$ („großes Feld"), das *eine große* und unter Umständen *unbestimmte Anzahl* von Photonen beschreibt und in einem gewissen Grenzfall (bzw. mit einer gewissen durch das Wirkungsquantum begrenzten Genauigkeit) klassisch meßbar ist und zweitens das einem *einzigen* Photon zugeordnete, prinzipiell nicht direkt meßbare Feld $\vec{e}, \vec{h}$ („kleines Feld"), das ich mit kleinen Buchstaben bezeichne, obwohl es (zunächst bei Abwesenheit von Ladungen) den Maxwellschen Gleichungen genügt. Das Feld $\vec{e}, \vec{h}$ ist in Analogie zu setzen mit dem Diracschen ψ_ρ-Spinorfeld***, das zwecks Einführung des Photonbegriffes nach Dirac zu quantisierende Feld $\vec{E}$, $\vec{H}$ mit dem von Klein, Jordan und Wigner eingeführte eine große Anzahl von gleichartigen Materieteilchen beschreibenden (q-Zahl) Ψ_ρ-Feld (große Buchstaben). Beide an sich richtigen Analogien haben aber auch ihre Grenzen und diese will ich jetzt diskutieren†.

1. Grenzen der Analogie zwischen ($\vec{e}, \vec{h}$)- und ψ_ρ-Feld.

Ich betrachte die Maxwellschen Gleichungen für das Vakuum (Fehlen von Ladungen) für das $\vec{e}, \vec{h}$-Feld eines Photons einerseits, die Diracsche Gleichung für ein kräftefreies Materieteilchen andrerseits. Die ($\vec{e}, \vec{h}$) seien reell, die ψ_ρ können, wenn man will, zunächst auch reell gewählt werden. Da trifft man zunächst den von Ihnen bereits hervorgehobenen Unterschied:

a) *Für das Photon existiert kein Viererstromvektor der die Kontinuitätsgleichung befriedigt und positiv definite Dichte hat* (Annahme II.2 und II.3 sind nicht simultan erfüllbar). Wir müssen daraus schließen, daß für das Photonfeld außerhalb der Gültigkeit der geometrischen Optik (Strahlenoptik) für ein nicht monochromatisches Feld der Begriff der raum-zeitlich-lokalen Teilchendichte $W(\vec{x}, t)$ nicht sinnvoll existiert. Ich halte diese Feststellung für endgültig und *teile* voll und ganz die von Ihnen in Bemerkung B, 3 geäußerte Ansicht, daß „all die virtuosen Abhandlungen über die Analogien zwischen den Maxwellschen Gleichungen einerseits und speziell den Diracgleichungen andrerseits absolut nichts ergeben haben." Ich bin sogar noch viel boshafter und sage: Diese Abhandlungen haben etwas ergeben, was der Absicht ihrer Verfasser

*** Man beachte, daß im kräftefreien Fall bei geeigneter Wahl der Matrizen α^i, β, die Diracschen Gleichungen *reelle* Lösungen für ψ_ρ besitzen.

† Die folgenden Überlegungen sind teilweise anläßlich eines unveröffentlichten Habilitationsvortrages von Peierls über die Analogie zwischen Licht und Materie entstanden.

entgegengesetzt ist: nämlich, daß der in Rede stehende Unterschied selbst durch noch so gelehrtes Geschreibe nicht fortgeixt werden kann. Die Nichtexistenz eines der Annahmen II genügenden W ist es, die es möglich macht, beim elektromagnetischen Feld mit eindeutigen Darstellungen der Lorentzgruppe (ohne Spinoren) auszukommen. Der physikalische Unterschied spiegelt sich direkt wider in dem (auch nicht fortixbaren) mathematischen Unterschied zwischen Feldgrößen, die bei der Lorentzgruppe sich gemäß *eindeutigen* Darstellungen und solchen, die sich nach *zweideutigen* Darstellungen transformieren.

An dieser Stelle glaube ich auch die didaktische Frage beantworten zu können, wie man bei der Einführung in die Quantenmechanik die Analogien zwischen Photon und Elektron behandeln soll. Es sind dies diejenigen Eigenschaften des Photons und Elektrons, *die bereits aus dem Annahmenkreis I folgen* und wobei kein exakter Begriff der Teilchendichte in Raum-Zeit Gebieten, die mit Wellenlänge-Schwingungsperiode vergleichbare Dimensionen besitzen, benötigt wird (z.B. Wilson-Bahn der γ-Strahlen = geometrisch-optischer Strahl des Lichtquants).

Das Fehlen des exakten Wahrscheinlichkeitsdichtebegriffes beim Photon (nicht nur *Landau* und *Peierls* haben den richtigen Ausdruck für diese Dichte nicht finden können, sondern *es gibt keinen* richtigen Ausdruck für sie) äußert sich in der Konsequenz: *Das Verschwinden des $\vec{e}$, $\vec{h}$-Feldes an einer Raum-Zeit-Stelle hat keine direkte physikalische Bedeutung, im Gegensatz zum Verschwinden des ψ_ρ-Feldes an einer Raum-Zeit-Stelle.*

Noch eine Bemerkung über monochromatische Strahlungsfelder. In einem solchen sind die (über verglichen mit der Schwingungsdauer lange Zeiten erstreckten) zeitlichen Mittelwerte irgendwelcher quadratischer Funktionen der Feldstärken $\vec{e}$ und $\vec{h}$ als Raumfunktionen exakt meßbar. In Gebieten, die klein sind verglichen mit der Wellenlänge, wird durch die gewöhnlich benutzten Apparate†† in Interferenzfeldern, aber nicht $|\overline{e^2}|+|\overline{h^2}|$ sondern $|\overline{e^2}|$ bestimmt, wie dies bekanntlich bei den Versuchen über stehende Lichtwellen zu Tage tritt. Wichtig ist, daß die „$|\overline{e^2}|$-Apparate" und die „$|\overline{h^2}|$-Apparate" verschiedene Raumfunktionen ergeben.

b) Ich komme nun zu einem *zweiten* Unterschied des $\vec{e}$, $\vec{h}$-Feldes von dem ψ_ρ-Feld, der von Ihnen in der Bemerkung *B.1* berührt wird und der mit der beim jetzigen Stand unserer Kenntnis allein durchführbaren Behandlung der „Zustände negativer Energie" zusammenhängt. Diese Behandlung ist für Elektron und Photon verschieden. Die *reellen* Lösungen der Maxwellgleichungen für das $\vec{e}, \vec{h}$-Feld haben die Eigenschaft, daß die Energiedichte $\rho=\frac{1}{2}(\vec{e}^2+\vec{h}^2)$ (zwar ein zeitlich konstantes Volumintegral hat, aber) an einer vorgegebenen Raumstelle nicht zeitlich konstant ist, sondern Oszillationen der Frequenz 2ν aufweist, wenn ν die Frequenz des Feldes selber ist. Für denjenigen, der an die prinzipielle Beobachtbarkeit des genauen raum-zeitlichen Verlaufs von ρ glaubt, bzw. der eine Theorie aufbaut, die von der Art ist, *als ob* jene Oszillationen beobachtbar wären†††, beschreiben diese reellen Lösungen also keine

†† Photozellen, photographische Platten.

††† Beachte: die Oszillationen der $(\vec{e}, \vec{h})$- bzw. ψ_ρ-Felder *selbst* sind es trivialerweise *nicht!*

stationären Zustände. In dem Bestreben solche Lösungen der Feldgleichungen zu finden, bei denen ρ an jeder Raumstelle *genau* zeitlich konstant ist, wird der pedantische Theoretiker dazu geführt, das $(\vec{e}, \vec{h})$-*Feld und den Ausdruck für* ρ *zu modifizieren.* Unsere Theorie der Lichtemission und Absorption ist so gemacht, daß im Falle eines Photons mit bestimmter Frequenz und Fortschreitungsrichtung die Zeitabhängigkeit der Wellenfunktionen durch den komplexen Faktor $e^{i\nu t}$ beschrieben werden muß und daß allgemein nur *der* Teil des $(\vec{e}, \vec{h})$-Feldes gebraucht werden darf, bei dem die Zeitabhängigkeit bei Fourierzerlegung allein die $e^{-i\nu t}$ mit positivem ν enthält. *Dieser* Teil von $\vec{e}$ heißt $\vec{f}$, der andere $\vec{f}^*$. Es zeigt sich, daß dann neben

$$\vec{e} = \vec{f} + \vec{f}^*$$

auch gilt

$$\vec{h} = \frac{-i}{\sqrt{\Delta}} \operatorname{rot}(\vec{f} - \vec{f}^*).$$

Der Teil des $\vec{e}, \vec{h}$-Feldes, der die Zeitabhängigkeit $e^{+i\nu t}$ $(\nu > 0)$ hat, würde Lichtemission im Grundzustand und Lichtabsorption im oberen Zustand ergeben („Photonen negativer Energie"). Ferner ersetzt man $\frac{1}{2}(|\vec{e}^2| + |\vec{h}^2|)$ durch den Ausdruck

$$\rho = 2\vec{f} \cdot \vec{f}^*,$$

der im stationären Zustand keine zeitabhängigen Bestandteile mehr enthält.

(Nebenbei möchte ich bemerken, daß eine analoge Zerlegung des *großen* (q-Zahl) $\vec{E}, \vec{H}$-Feldes in $\vec{F}, \vec{F}^*$ dann nötig ist, wenn man die Nullpunktsenergie der Strahlung fortschaffen will.)

Nun ergibt sich ein Unterschied zum Materiefeld:

Auch bei Wechselwirkung mit der Materie bleibt das Fehlen von „Photonen negativer Energie" bestehen, während beim Materiefeld bekanntlich die Übergänge von „Zuständen positiver Energie" zu „Zuständen negativer Energie" nicht eliminiert werden konnten.

Diese Größen $\vec{f}$ und $\vec{f}^*$ bringen den nichtlokalen Operator $\sqrt{-\Delta}$ oder $1/\sqrt{-\Delta}$ notwendig in die Theorie hinein; nicht nur bei ihrer zeitlichen Abhängigkeit tritt er auf, sondern auch bei ihrem (bei Anwesenheit von Ladungen, die ihre zeitliche Abhängigkeit modifizieren) geradezu *unübersehbaren* Verhalten bei Lorentztransformationen. Bemerken möchte ich noch, daß bei den Diracwellen die Nebenbedingung, nur Felder mit Zuständen positiver Energie zu verwenden (Schrödinger), ebenfalls einen dem $\sqrt{-\Delta}$-Operator analogen nichtlokalen Operator (nämlich $\sqrt{m^2c^2+\Delta}$) in die Theorie hineinbringen würde. *Diese nichtlokalen Operatoren sind charakteristisch für das Ausschließen von Zuständen negativer Energie.*

Der nichtlokale Charakter des $\sqrt{\Delta}$-Operators ist nicht nur von Ihnen als unnatürlich empfunden worden. So hat mir *Heisenberg* gleich nach dem Erscheinen der Landau-Peierlsschen Arbeit geschrieben, „Ich weigere mich kategorisch, mit dem $\sqrt{\Delta}$-Operator zu rechnen!".

Hier sind wir auf das ungelöste Problem gestoßen, was mit den „Zuständen negativer Energie" vernünftigerweise zu geschehen hat. Wird es bei der Festlegung: „Einem stationären Zustand entspricht notwendig eine Lösung mit der Zeitabhängigkeit $e^{-i\nu t}$" immer bleiben? Das hängt natürlich davon ab, wie man die Wechselwirkung zwischen Licht und Materie beschreiben kann.

Und dann die noch wichtigere Frage: Wird auch in einer künftigen Theorie des *Materie*feldes, welche die Schwierigkeiten der Zustände negativer Energie zu vermeiden gestatten wird, der Begriff der Wahrscheinlichkeitsdichte W bestehen bleiben? Ich selbst vermute, daß eine solche künftige Theorie eine wesentliche Modifikation des Raum-Zeitbegriffes (nicht nur des Feldbegriffes) in Gebieten der Dimension h/mc bzw. h/mc^2 bringen wird. Werden in einer solchen Theorie die hier diskutierten Unterschiede zwischen Photonen und Elektronen vergrößert oder verkleinert werden? Mit dieser offen bleibenden Frage muß ich abbrechen.

Wir kommen zu der weniger schwierigen Frage

2. *Unterschiede zwischen dem Ψ_ρ- und dem $\vec{E}, \vec{H}$-Feld.*

Das $\vec{E}, \vec{H}$-Feld hat die Eigenschaft, daß es im Grenzfall großer Lichtquantenzahlen ein klassisch meßbares Feld ist, d.h. daß dort nicht nur die Amplituden, sondern auch die Phasen mit relativ sehr hoher Genauigkeit meßbar werden. Dabei ist aber wesentlich und entscheidend: *Jede Messung von $\vec{E}$ oder $\vec{H}$ in einem endlichen Zeitintervall ist mit einer unbestimmten Änderung der Anzahl der vorhandenen Photonen verbunden.* Man sieht dies daran, daß bei der Phasenmessung von $\vec{E}$ oder $\vec{H}$ die Lorentzkraft benutzt werden muß. Der benutzte geladene Probekörper wird bei seiner Beschleunigung in dem zu messenden Feld strahlen und (je nach der Phasenbeziehung mit dem zu messenden Strahlungsfeld) Energie emittieren oder absorbieren, also die Lichtquantenzahl verändern. (Nach der Zeitdauer T der Messung richtet sich dabei die mittlere Frequenz $\nu \sim 1/T$ der gestreuten Quanten.) Dies ist keine Zufälligkeit des Meßverfahrens, sondern folgt auch aus dem Formalismus: Lichtquantenzahl N und $\vec{E}$ oder $\vec{H}$ sind nicht vertauschbar, die Versuchsanordnung zur Messung dieser Größen schließen also einander aus (Komplementarität wie bei p und q).

Das Ψ_ρ-Feld hat nun der Fermistatistik statt der Bosestatistik zu gehorchen und das macht es bekanntlich schon allein unmöglich, es zu messen. Denken wir, um der Sache auf den Grund zu gehen, an fingierte Elementarteilchen mit Bosestatistik, bzw. betrachten wir α-Teilchen und nehmen an, daß sie zwar Kräfte aufeinander ausüben und unter dem Einfluß äußerer Strahlungsfelder erfahren, daß sie aber nicht zertrümmert werden und man von besonderen Struktureffekten absehen kann, d.h. daß sie sich wie Elementarpartikel verhalten. Dann behaupte ich: in einer Gesamtheit von gleichen Teilchen, selbst von solchen mit Bosestatistik, ist das Ψ_ρ-Feld *prinzipiell unmeßbar, solange keine Prozesse stattfinden, bei denen die Gesamtzahl der Teilchen sich ändert.* Es gehen dann eben in die Hamiltonfunktion nur Matrixelemente von $\Psi_\rho^* \Psi_\sigma$ oder $\Psi_\rho^* \frac{\partial}{\partial x} \Psi_\sigma$ ein (welche Größen mit der Gesamtzahl der Teilchen vertauschbar sind). Die Wahl der Phasen der Ψ_ρ und daher die Ortsabhängigkeit von Real- und Imaginärteil ist gleichgültig. *In dem Fehlen jener Prozesse* (über Zerstrahlungsprozesse wissen wir nichts) *liegt auch das Fehlen des Analogons zur Lorentzkraft beim Materiefeld.*

Damit ist wohl auch Ihre Bemerkung A.2. beantwortet. Nun noch etwas über die Behandlung der Wechselwirkung mehrerer Teilchen. Fern- oder Nahewirkungstheorie? Ich werde mir erlauben, auch diese Frage zu modifizieren. In der klassischen Theorie geht man dadurch von der Fern- zur Nahewirkungstheorie über, daß man das Coulombsche Gesetz durch Hinzufügen des Feldes als Zwischenbegriff in Differentialgleichungen des Feldes umtransformiert. Die Frage ist: *kann man etwas Analoges in der Quantenmechanik auch machen?* Mit einer gewissen Einschränkung ist diese Frage zu bejahen.

Berücksichtigen wir zunächst wie in der ursprünglichen Schrödingerschen Theorie des Konfigurationsraumes nur die elektrostatische Wechselwirkung der Teilchen, vernachlässigen also die Retardierung und die magnetische Wechselwirkung, so schalte ich als Zwischenbegriff das von dem c-Zahl-Raum abhängige Feld $E(\vec{x})$ ein. Dabei sind durch $\vec{x}$ die Koordinaten des *Aufpunktes* bestimmt im Gegensatz zu den $3N$ Koordinaten $\vec{X}^{(s)}$, $s=1, \ldots, N$ der N-Teilchen. Die x_1, x_2, x_3 sind mit allen Größen vertauschbar, die $\vec{X}^{(s)}$ sind mit den Impulsen $\vec{p}^{(s)} = \frac{h}{i} \frac{\partial}{\partial X^{(s)}}$ nicht vertauschbar. Das Feld $\vec{E}(\vec{x})$ ist mit den $\vec{X}^{(s)}$ vertauschbar, aber nicht mit den $\vec{p}^{(s)}$. Es soll nämlich als Ersatz des Coulombschen Gesetzes die Gleichung gelten

$$\operatorname{div} \vec{E}(\vec{x}) = 4\pi \sum_{s=1}^{N} e_s \delta(\vec{x} - \vec{X}^{(s)}). \qquad (*)$$

Ist $r_s = |\vec{x} - \vec{X}^{(s)}|$ die Entfernung des s-ten Teilchens vom Aufpunkt, so wird in der Tat

$$\vec{E}(\vec{x}) = \sum \frac{e_s}{r_s^2} \cdot \frac{\vec{x} - \vec{X}^{(s)}}{r_s}.$$

Als Schrödingergleichung hat man nun anzusetzen

$$-\frac{h}{i} \frac{\partial \psi}{\partial t} = \left[-\sum_s \frac{h^2}{2m_s} \Delta_s + \tfrac{1}{2} \int \vec{E}^2(x) dx_1 dx_2 dx_3 \right] \psi(t, \vec{X}^{(s)})$$

$$\left(\Delta_s = \sum_{h=1}^{3} \frac{\partial^2}{\partial X_k^{(s)2}} \right).$$

Das wäre identisch mit der Schrödingergleichung, wenn nicht - ach! - gelten würde

$$\tfrac{1}{2} \int \vec{E}^2(x) dx_1 dx_2 dx_3 = \tfrac{1}{2} \sum_{s,s'} \frac{e_s e_{s'}}{r_{ss'}},$$

worin $s=s'$ *nicht* ausgeschlossen ist. Also die Selbstenergieterme $e_s^2/0 = \infty$ sind darin! Im übrigen könnte man sie *endlich* machen, wenn man in (*) statt der δ-Funktion eine endliche D-Funktion, die für die *Gestalt* des Elektrons charakteristisch wäre, einführen würde.

Das angedeutete Verfahren läßt sich, wie in der Quantenelektrodynamik gezeigt wird (siehe Handbuchartikel) so verallgemeinern, daß die magnetischen und die Strahlungswirkungen (Retardierung) mit beschrieben werden. Auch die

D-Funktion der Elektronengestalt ließe sich mitführen, nur wäre diese Gestalt dann nicht relativistisch invariant (wie in der klassischen Theorie!).

Ich ziehe es jetzt vor, nicht das große Ψ-Feld und nicht das Landau-Peierls-Feld für die Lichtquanten, sondern $\vec{E}, \vec{H}$ (nicht vertauschbar!) und den Konfigurationsraum der $X_k^{(s)}$ für die Materie zu verwenden, weil *diese* Größen es sind, die sich in Grenzfällen *klassisch* verhalten. Für punktförmige Teilchen gibt es dann eine Eigenschaft der Gleichungen, die als relativistische Invarianz betrachtet werden kann und die (ohne Benutzung des „großen" Ψ-Feldes) bewiesen werden kann. Auch abgesehen von der Selbstenergie-Frage scheint mir die Theorie aber nicht befriedigend zu sein: *nicht* wegen einer Fernwirkungsannahme, die nach meiner Meinung *nicht* mehr besteht, sondern wegen der merkwürdigen Auszeichnung des Raumes vor der Zeit, die in der Benutzung des *einen* t für die Zeit statt der Verwendung von Partikelzeiten $t^{(1)}, \ldots, t^{(N)}$ neben der Aufpunktszeit t, die erst die Theorie mehr symmetrisch machen würde.

Jetzt sind meine langatmigen Ausführungen zu Ende. Denn über Ihre Fragen C[c] will ich mich nicht äußern. Das sollen die Gruppenfritze tun. Das „dünne Büchlein über Spinor- und Tensorrechnung" würde ich selbst gerne *lesen* (namentlich über die beliebig vieldimensionalen Räume, für welche mir die Darstellungen der Drehgruppe reichlich unbekannt sind), fühle mich aber nicht kompetent, es zu *schreiben.*

Also was meinen Sie davon? Finden Sie, daß mein Brief eine „für Euch ältere Physiker lesbare Form" hat? Dann aber noch eine ernste Frage. Ich hätte eigentlich Lust, diesen Brief in eventuell noch abzurundender Form als Antwort auf Ihre Fragen in der Zeitschrift für Physik zu veröffentlichen. Vielleicht wären nämlich meine Ausführungen nicht nur für Sie, sondern auch für andere von Nutzen, die nicht so lange warten wollen, bis mein Handbuchartikel erscheint (was noch längere Zeit dauern kann). Was meinen Sie dazu? Es war doch wohl der Sinn Ihres Aufsatzes, eine öffentliche *Diskussion* anzuregen?

Sie vor die Notwendigkeit stellend, die Bequemlichkeit des vermeintlichen Odium-auf-sich-Nehmens mit der realen Plage des Antworten-anhören-Müssens zu vertauschen, grüßt Sie herzlich, Ihr W. Pauli

a) Siehe Anm. 5. – b) Im Abschnitt A wollte Ehrenfest wissen, welche Bedeutung das Auftreten einer imaginären Einheit in der Schrödingergleichung und in den Vertauschungsrelationen von „Heisenberg-Born" hat. Er vermißte eine entsprechende Aufklärung in den bekannten Lehrbüchern und erwähnte bei dieser Gelegenheit auch Paulis Artikel [1929b] im Müller-Pouillet, der es vermieden habe, „schlafende Hunde wach zu machen!" In dem neuen Handbuchartikel [1933] behandelte Pauli jedoch diese Fragen eingehend. Im Abschnitt B ging es ihm um die Grenzen der Analogie zwischen Photonen und Elektronen. Über dieses letztere Thema hatte aber gerade Peierls in seinem (unveröffentlichten) Züricher Habilitationsvortrag gesprochen. – c) Im Abschnitt C bemängelte Ehrenfest das Fehlen einer kurzen und einfachen Darstellung des Spinorenkalküls. Er meinte, ein solches Werk könnte die Handhabung der neuen Theorien wesentlich erleichtern, so wie einst die vereinfachte Darstellung der Tensoren durch Voigt und Einstein den Physikern die Scheu vor dem Umgang mit ihnen genommen habe. Eine systematische „Spinortheorie" wurde von van der Waerden entwickelt und 1929 in den Nachrichten der Gesellschaft der Wissenschaften in Göttingen veröffentlicht. Mit den Anwendungen hatten sich O. Laporte und G. Uhlenbeck befaßt: Application of spinor analysis to the Maxwell und Dirac equations. Phys. Rev. **37**, 1380–1397 (1931). In seiner Wellenmechanik [1933] wies Pauli (auf S. 226) auf die nur begrenzte Zweckmäßigkeit eines solchen Spinorkalküls hin.* Im Ehrenfest-Nachlaß in Leiden befindet sich ein fragmentarischer Entwurf über Spinoren aus dem Jahre 1933. (Siehe Catalogue of the Paul Ehrenfest Archive at the Museum Boerhaave Leiden. Compiled by Bruce Wheaton. Leiden 1977. Dort ESC: 3/248.)

[295] Ehrenfest an Pauli

[Leiden], 31. October 1932
[Maschinenschriftliche Durchschrift]

Lieber Pauli!
Mit ungeheurer Freude empfing und las ich gestern Ihren Brief! – Ich hatte aus Angst vor Bohr und Ihnen („und sonst niemandem in der Welt") mehr als ein Jahr an dem Entschluß herumgewürgt, die paar Zeilen drucken zu lassen, bis mich schließlich eine Art Verzweiflung dazu trieb. Denn immer hilfloser fühle ich mich als Schulmeister den jüngeren Leuten gegenüber, die natürlich überzeugt sind, daß ich alles wissen und alles verstehen *muß*.

Ihr Brief war deshalb eine große Erleichterung für mich und ich hoffe jetzt nur noch, daß mich nicht Bohr „höflich, allzuhöflich" behandeln wird![a]

Vor allem also dieses: Ich würde mich UNGEHEUER freuen, wenn Sie irgendwas von der Art dieses Briefinhaltes in der Zeitschrift für Physik publizieren wollten. Denn dann könnte man eben jedenfalls die Studenten darauf verweisen.

Und nun gestatten Sie Einzelbemerkungen über diejenigen Punkte, wo ich nun doch noch Mühe habe, oder noch ein paar Worte mehr gewünscht hätte.

1. Schade, daß Sie nicht noch *mit wenigstens ein paar Worten* andeuten, wie man das Auftreten der imaginären Einheit bei Heisenberg-Born möglichst unabhängig von Schrödinger- und Transformations-Theorie, direkt an Bohrs Korrespondenzideen anknüpfend, begreifen soll.[b] Denn Ihr axiomatischer Aufbau knüpft ja sehr wesentlich an die Idee von Wellen im dreidimensionalen Raum an. (Was ich natürlich SEHR SCHÖN finde.)

2. Sehr schön finde ich, wie aus Ihrer Axiomatisierung nicht nur ersichtlich wird, daß man mindestens zwei reelle Skalare nötig hat, sondern auch, daß sie sich in eine komplexe Größe zusammenziehen lassen, die dann EINER Differentialgleichung genügt. Denn ich irre mich doch nicht: es hängt doch von feinen Struktureigenschaften des simultanen Differentialgleichungssystems ab, ob die zwei skalaren, reellen Lösungen sich in eine komplexe Lösung einer komplexen Gleichung zusammenfassen lassen. (Zum Beispiel im Fall der Maxwellgleichungen hängt es doch mit der Vorzeichendifferenz beim Rotor im ersten und zweiten Gleichungstripel zusammen?!) Da das aber bei Ihnen so genau mit der WELLEN-Annahme zusammenhängt, die beim Heisenberg-Born-Aufbau der Quantenmechanik nicht vorkommt, möchte ich eben so gerne dort das Auftreten des i separat begreifen!

3. Ich hoffe sehr, daß Sie Ihre Bemerkungen II.3. im Druck etwa dreima[l] ausführlicher geben werden.[c]

---

* Eine neuere Darstellung über die Anwendungen in der Elementarteilchenphysik finden wir bei F. Cap: Spinorrechnung und ihre Anwendung in der Theorie der Elementarteilchen. Fortschritte der Physik **2**, 207–231 (1955).

4. Aus Ihren Darlegungen „Zu B“ habe ich eine Menge für mich ganz neuer Dinge gelernt!!!! – Ich kann Sie versichern, daß „der Schulmeiste[r] in Zukunft die Unterscheidung zwischen großen und kleinen Feldern gewaltig akzentuieren wird!!! – Daß die Meßbarkeit großer Psi-Felder Vernichtung von materiellen Teilchen voraussetzt, war mir total entgangen. – Warum außerdem noch die Fermi-Statistik „bekanntlich“ die Meßbarkeit von Groß-Psi unmöglich macht, durchschaue ich auch jetzt noch sehr sehr schlecht. Könnten Sie das nicht in 5 Zeilen Druck deutlich machen?! – Ebenso die ungemein reizvolle Bemerkung, daß wegen der Nicht-Zerstrahlung der Materie die Analogie zur Lorentzkraft fehlt!!!!!!

5. Ihre Bemerkungen über die KLEINEN e, h-Felder waren auch ungemei[n] lehrreich für mich. Gerne hätte ich noch eine Bemerkung darüber gelesen, ob man im Interferenzfeld mit Hilfe eines Comptonelektrons nicht noch mehr als bloß e^2 messen kann?

6. Bei der lieblichen Dicke sowohl der „Maxwell-Dirac“- als auch der „Quadratwurzel-Delta“-Literatur würde es mir schon lieb sein, ein herzliches Wörtlein von Ihnen

IM DRUCK

darüber zu sehen. Denn sonst glaubt’s so einem Nebbich wie mir doch kein Student!![d]

Ich meine, daß hier ein „Abführmittel“ in Form einer Aufzählung der vernichtenden Bedenken (wie Vermengung von Spinoren und Vektoren, nichtlokaler Charakter der „Dichten“, Versagen gegenüber Lorentztransformation) SEHR nützlich wäre.

Bemerkung: Ihr verdammten Obergescheiterln, die Ihr selber nie eine Arbeit im Schweiße Eures Angesichtes entziffern müßt und überdies durch mündliche Besprechungen und Briefwechsel immer schon lange wißt, was alles falsch ist, bevor es noch publiziert ist, habt einfach gar keine Ahnung wieviel Ihr uns provinzialen Schulmeistern helfen könntet wenn Ihr von Zeit zu Zeit ruhig EINFACHE „Abschlacht-Listen“ publizieren würdet.[e] Sonst versperren uns diese unbegrabenen Leichen!! mit ihren Mathematikgeschwollenen Bäuchen jedwede Aussicht. (Und dienen allem möglichen Gesindel überdies als Deckung.)

7. Ihre Ausführungen zu meiner Jammerklage: „Schrödingertheorie ist unheimlichste Fernwirkungstheorie“, habe ich leider bis jetzt so gut wie gar nicht verstanden, möchte aber diesen Brief doch lieber gleich an Sie absenden. Ich werde versuchen ihre Form für [die] Schrödingergleichung auf pag. 13 zu kapieren und Ihnen danach nochmals schreiben. – Im Augenblick vermag ich noch nicht einmal zu sehen, was es MEINER Frage helfen kann, was Sie da schreiben. Denn auch Ihre (mir noch fast nicht verständliche) Schrödingergleichung enthält doch jedenfalls ein Psi, das nicht in einem vierdimensionalen Kontinuum ausgebreitet ist, sondern in einem Kontinuum von $3N+1$ Dimensionen. Also ist es TROTZ Ihrer feldmäßigen Behandlung des E-H-Feldes DOCH keine (vierdimensionale) Psi-Feld-(Nahewirkungs)theorie.

Verzeihen Sie mir bitte, wenn ich hier Dummheiten rede. Aber wen[n] Sie so gut sein wollen, die betreffende Stelle in meiner Notiz nocheinmal nachzusehen, werden Sie sogleich begreifen, daß mich nicht das „Coulombsche Fernwirkungspotential" quälte, sondern die Vieldimensionalität des Psi-Konfigurationsraumes.

Nun, lieber Pauli, verlieren Sie, bitte, nicht ganz die Geduld mit mir. Sie brauchen mir nicht nocheinmal zu schreiben. Keinesfalls bevor Sie einen Ergänzungsbrief von mir bekommen![f]

Es werden Ihnen VIELE Leute dankbar sein, wenn Sie etwas in der Art Ihrer Handbuchbemerkungen schon jetzt publizieren!!!!

Beste Grüße an Sie und an Casimir! Ihr [Ehrenfest]

a) Ehrenfest war damals öfters in Kopenhagen, um mit Bohr physikalische, politische und persönliche Fragen zu besprechen. Zum letztenmal beteiligte er sich im September 1933 an einer Konferenz über aktuelle Fragen der Atomtheorie in Kopenhagen (vgl. Bohrs Schreiben vom 15. Januar 1934 an Breit). Wenige Tage später, am 25. September, machte er seinen schon lange gefaßten Entschluß wahr und beging Selbstmord (vgl. [324]). – b) Die folgenden Fragen beantwortete Pauli z.T. in seinem Schreiben [299] vom 15. November. – c) Diesem Wunsch kam Pauli nicht nach, weil schon Dirac diese Fragen erörtert hatte. – d) Siehe hierzu auch Paulis Bemerkung am Ende seines Antwortschreibens [299]. Nebbich ist ein Ausdruck der jiddischen Umgangssprache und bedeutet soviel wie „jemand auf den es nicht ankommt." Vgl. auch den in Anm. 6 zu [294] erwähnten Beitrag zur Born-Festschrift, wo Ehrenfest ebenfalls das Wort nebbich in einem anderen Zusammenhang verwendet. – e) Schon bald entsprach Pauli Ehrenfests Bitte, indem er ihm eine Warnung [313] über eine mißratene Arbeit Levi-Civitas zukommen ließ. – f) Die Ergänzung kam schon im Laufe der folgenden Woche [296].

[296] Ehrenfest an Pauli

[Leiden], 6. November 1932
[Maschinenschriftliche Durchschrift]

Lieber Pauli!

Hierbei ein Brief meiner Tochter[a]. – Ich würde Ihnen raten, diese Gelegenheit, eine gute Tat zu begehen, nicht ungebraucht zu lassen. Vielleicht gibt man Ihnen dafür einmal in der „Paulischen Spezial-Hölle"[b] (Erinnern Sie sich noch, wie die eingerichtet ist?) ein paar Minuten Erholungs-Urlaub!

Mit besten Grüßen Ihr [Ehrenfest]

Ja, also leider kapiere ich noch immer nicht, inwieweit der letzte Teil Ihres Briefes an mich[c] den wesentlichen Fernwirkungscharakter der Schrödinger-Theorie zu beseitigen, solange dabei die Ausbreitung eines Psi in einem vieldimensionalen Konfigurationsraum eine wesentliche Rolle spielen, bleibt. Ach, vielleicht können Sie mir mit ein paar – wenn es sein muß – tüchtig schimpfenden Worten auch noch über diese Schwierigkeit weghelfen![d]

Herzliche Grüße auch an Casimir!

a) Ehrenfest hatte zwei Töchter, Tanya (geb. 1905) und Galinka (geb. 1910) genannt, und zwei Söhne Pavlik (geb. 1915) und Vassik (geb. 1918). Pavlik wurde später ein erfolgreicher Physiker, der nach Ehrenfests Tod zusammen mit Pierre Auger in Frankreich die kosmische Strahlung erforschte. Wahrscheinlich war der hier erwähnte Brief an Pauli von der älteren Tochter Tanya geschrieben. Wie wir in einem späteren Schreiben [301] Ehrenfests erfahren, sollte Pauli wegen eines verlorenen Briefes helfen. – b) Wahrscheinlich spielt Ehrenfest hier auf die 1932 während der Kopenhagener Osterkonferenz entstandene Faustparodie an, in der Pauli als Mephistopheles auftritt. (Vgl. hierzu den Kommentar zu [258], Anmerkung 2.) – c) Siehe Paulis Schreiben [294] und Ehrenfests Brief [302]. – d) Pauli beantwortete Ehrenfests Frage in seinem Schreiben [299] vom 15. November.

Der äußerst ungesprächige Dirac, von dem man sagte, „1 Dirac = 1 Wort pro Lichtjahr", hielt in Cambridge seine übliche Kursvorlesung über Quantentheorie, „die sich ziemlich eng an sein Buch anschließt, aber doch auch manche hübsche Beispiele zwischendurch bringt", wie Bethe am 2. November 1930 seinem Lehrer Sommerfeld aus England berichtete. Offenbar hatte Dirac bei einer solchen Gelegenheit auch über seine „neue Quantenelektrodynamik" vorgetragen. Pauli antwortet hier [297] auf einen (nicht mehr erhaltenen) Brief Diracs.

[297] Pauli an Dirac

Zürich, 10. November 1932

Lieber Dirac!

Vielen Dank für Ihren Brief. Ich bin aber mit der unterstrichenen Sentenz *nicht* einverstanden, da ich eben der Meinung bin, daß die *neue* Formulierung der Quantenelektrodynamik, die Sie gelesen haben, in *dieser* Hinsicht einen Fortschritt bringt[a]. In dieser neuen Formulierung werden neben den Orten $X_i^{(s)}$ ja *nur* die Größen $\pi_\mu^{(s)}$ und $F_{\mu\nu}$ und ihre Vertauschungsrelationen (V.-R.) verwendet, *während auf V.-R. der* p_μ *und der* ϕ_μ *ganz verzichtet wird.* Seien jetzt die $\pi_\mu^{(s)}$ und die $F_{\mu\nu}$ vorgegeben, so müssen die $p_\mu^{(s)}$ und die ϕ_μ *nur* die Relationen

$$\pi_\mu^{(s)} = p_\mu^{(s)} + \frac{e}{c}\,\phi_\mu(X_i^{(s)}), \qquad F_{\mu\nu} = \frac{\partial \phi_\nu}{\partial x_\mu} - \frac{\partial \phi_\mu}{\partial x_\nu} \tag{1}$$

erfüllen. *Jede* Transformation der $p_\mu^{(s)}$, ϕ_μ ist nun zulässig, welche die angegebenen Ausdrücke *invariant* läßt. Also

$$\phi_\mu \to \phi_\mu + \frac{\partial S}{\partial x_\mu}, \qquad p_\mu^{(s)} \to p_\mu^{(s)} - \frac{e}{c}\left(\frac{\partial S}{\partial x_\mu}\right)_{(x = X_i^{(s)},\, t)} \tag{2}$$

zu substituieren

worin *S beliebig* vom Feld abhängen kann, *wie Sie es in Ihrem Brief verlangen.* Das ist *dieselbe* Transforming-power wie in der klassischen Theorie. Denn *auch* in der *klassischen* Theorie *müssen* ja die $p_\mu^{(s)}$ in der in (2) angegebenen Weise *mittransformiert werden,* damit die Bewegungsgleichungen ihre kanonische Form behalten.

Sehr gerne würde ich hören, ob Sie hiermit übereinstimmen oder wo Sie in dieser Überlegung noch einen Fehler sehen.

Andrerseits stimme ich *vollkommen* der letzten Bemerkung Ihres Briefes *zu,* daß eine größere Symmetrie zwischen Raum- und Zeit-Variablen und eine direkte Evidenz der relativistischen Invarianz wünschenswert wäre. Meine Bemühungen, in dieser Richtung einen Fortschritt zu erzielen, waren bisher ganz vergeblich (ich wollte ebensoviele Zeitkoordinaten als Raumkoordinaten, nämlich $3N$ haben!) und nichts würde mich mehr freuen, als wenn dies jemand anderem gelingen würde[b].

Mit den besten Grüßen

Ihr W. Pauli

a) Vgl. hierzu den Anhang zu [292]. – b) Wahrscheinlich hatte Dirac in seinem Brief seine neuesten gemeinsamen Untersuchungen mit Fock und Podolsky erwähnt, in denen individuelle Zeiten für jedes Teilchen eingeführt werden. Vgl. P.A.M. Dirac, V.A. Fock und B. Podolsky: On Quantum

Electrodynamics. Physik. Z. der Sowjetunion **2**, 468–479 (1932). Eingegangen am 25. Oktober 1932. In seinen Briefen [311] und [318] an Heisenberg äußerte sich Pauli sehr lobend über diese Arbeit. Vgl. hierzu auch [306].

[298] Pauli an Dirac

[Zürich], 15. November [1932]
[Postkarte]

Dear Dirac!
Thanks for your letter from the 13th. I think, that all one can get is always the *same* transforming power in the quantum theory as in the *corresponding* classical theory. As yourself write, that is the case in the quantum-electrodynamics. That in those theories, in which the field is treated as a dynamical system interacting with the electrons, the transforming power is less than in the theories, where the field is treated as an external perturbation seems to me just, what one should expect and quite satisfactory.

With best wishes yours sincerely W. Pauli

[299] Pauli an Ehrenfest

Zürich, 15. November 1932

Lieber Ehrenfest!
Ihre Briefe vom 31. X. und 6. XI. möchte ich nun noch beantworten[a].

1. und 2. Imaginäre Einheit bei Heisenberg-Born (Matrizentheorie). Sie kommt wegen des Multiplikationsgesetzes der Matrizen hinein. Nach dem Kombinationsprinzip ist für 2 Paare (n,l) und (l,m) von Zuständen $\nu_{nl}+\nu_{lm}=\nu_{nm}$. Habe ich nun ein System $a^n_m(t)=A^n_m e^{i\nu^n_m t}$ von harmonischen Schwingungen und ein anderes $b^n_m(t)=B^n_m e^{i\nu^n_m t}$, so gilt $\sum_l a^n_l b^l_m = C^n_m e^{i\nu^n_m t}$ mit *zeitlich konstantem* C^n_m. Bilde ich aber aus $\alpha^n_m(t)=$ reeller Teil $a^n_m=|A^n_m|\cos(\nu^n_m t+\delta^n_m)$ und $\beta^n_m(t)=\operatorname{Re} b^n_m(t)=|B^n_m|\cos(\nu^n_m t+\gamma^n_m)$ die Größe $\sum_l \alpha^m_l \beta^l_m$, so ist diese *keine* Sinusschwingung!

Andrerseits sehe ich, sobald ich das Multiplikationsgesetz der Matrizen *nicht* voraussetze, keine Möglichkeit das Auftreten der imaginären Einheit vom Korrespondenzstandpunkt aus zu begründen. Denn die *reellen* Teile der Heisenberg-Matrizen erfüllen die Forderung, im Grenzfall großer Quantenzahlen in klassische Fourierkomponenten überzugehen, genau so!

3. Aus $\dfrac{\partial W}{\partial t}+\operatorname{div}\vec{J}=0$, $\left(iW,\dfrac{\vec{J}}{c}\right)$ Vierervektor, W positiv definit, Wellengleichung lorentzinvariant, schließt man so weiter:

a) $W=\sum_\rho \psi^*_\rho\psi_\rho$, worin die ψ_ρ Gleichungen *erster* Ordnung in $\partial/\partial t$ genügen.

b) Wegen Lorentzinvarianz sind diese Gleichungen auch erster Ordnung in $\partial/\partial r$ und $\vec{J}$ ist von der Form $\vec{\alpha}_{\rho\sigma}\psi^*_\rho\psi_\sigma$. c) Daraus folgt, daß die ψ_ρ-Spinoren und die Wellengleichung die Diracsche [ist].

4. Bei *Fermi-Statistik* genügen die Amplituden A der Eigenschwingungen des Groß-Ψ-Feldes den Gleichungen $AA^*+A^*A=1$, worin N nur die Eigenwerte 0, 1 hat und die A, A^* *zwei*reihige Matrizen sind, (ebenso sind $\alpha=\frac{A+A^*}{2}$ und $\beta=\frac{A-A^*}{2i}$ zweireihige Matrizen und zwar hermitesche).

Diese α, β haben gar nicht ein kontinuierliches Eigenwerkspektrum (wie es bei Bose-Statistik und bei den p und q eines Oszillators – ich meine nicht die Eigenwerte von p^2+q^2, sondern die von p und q *selbst!* – der Fall ist), sondern haben nur die Eigenwerte $+1/2$ und $-1/2$ (wie die Spinmatrizen). Es gibt dann gar kein (α, β)-Feld, sondern nur einen Index, der für jede Eigenschwingung *zwei* Werte annehmen kann. – Für den Bose-Fall ist dagegen $AA^*-A^*A=i$, $A^*A=N$, also für große N, A, A^* bzw. besser α, β $(A=\alpha+i\beta,\ A^*=\alpha-i\beta)$ bis auf den Spielraum der Ordnung 1 meßbar, wenn A und A^* von der Ordnung $\sqrt{N}$. Wenigstens dann, wenn es Vernichtungsprozesse gäbe.

Der wichtigste Punkt ist mir der Punkt 7, die Frage nach dem *Fernwirkungscharakter* der Schrödingergleichung. – Offenbar brauchen wir nämlich das Wort Fernwirkung in verschiedener Weise. *Wieso ist Ausbreitung des ψ in einem viel-dimensionalen Konfigurationsraum schon Fernwirkung?* Einen solchen vieldimensionalen ($6N+1$ Dimensionen statt $3N+1$) Raum hat man ja auch schon in der statistischen Mechanik. *Ich möchte genauer von Ihnen hören, was Sie unter Fernwirkungstheorie verstehen, sobald es sich um eine Theorie handelt, die nur statistische Gesetzmäßigkeiten kennt.* – Sonst würde ich wieder etwas schreiben, wovon Sie sagen, daß es nichts mit *Ihrer* Frage zu tun hat. – Ich verstehe wohl, daß ein $3N+1$-dimensionales Kontinuum wesentlich verschieden von einem 4-dimensionalen ist – aber Fernwirkung? Treiben Sie doch einmal *klassische Statistik* für Teilchen, deren Kräfte sich mit *endlicher* Geschwindigkeit ausbreiten (z.B. können sie mit Energie- und Impulsübertragung Licht absorbieren und emittieren). Dann gibt es eine Dichtefunktion im *Phasen*raum, aber doch keine Fernwirkung! Oder nicht? Sobald wieder Antwort von Ihnen kommt, schicke ich dann etwas an die Zeitschrift zum Druck.

Viele Grüße Ihr alter W. Pauli

Ich habe gegrinst über die Worte „sonst glaubt so einem Nebbich wie mir doch kein Student!" Das ist *Nebbichismus!*[b] – Ist das tatsächlich schon vorgekommen, daß Ihnen ein Student nicht geglaubt hat? Das muß schon ein recht begabter Student sein, der sich das leisten kann.

a) Vgl. hierzu [295], [296] und die Anm. d zu [303]. – b) Vgl. [295], Anm. d.

[300] Pauli an Ehrenfest

[Zürich], 24. November 1932
[Postkarte]

Lieber Ehrenfest!

Ich möchte Ihnen nur kurz nochmals sagen

1. Lassen Sie sich nicht gleich deprimieren, wenn Sie zu meinem letzten Brief nicht a[lles] verstanden haben. Ich war damals müde und habe mich etwas kurz gefaßt.

2. Ich möchte von Ihnen nähere Aufschlüsse über Ihre These „*Viel*dimensionale Theorie = Fernwirkungstheorie“ hören, da mir diese These nicht selbstverständlich, sondern problematisch erscheint. Insbesondere möchte ich wissen, *welchen* Begriff der Fernwirkung Sie dabei zu Grunde legen.

Viele Grüße
Ihr W. Pauli

[301] Ehrenfest an Pauli

[Leiden], 28. November 1932
[Maschinenschriftliche Durchschrift]

Lieber Pauli!

Verzeihen Sie, bitte, daß ich nicht früher geantwortet habe. Und danke für Karte!

Ihre Reaktion auf meine „Fernwirkungs-Klage“ hat mir zu Bewußtsein gebracht, wie schrecklich unklar mir selber meine Frage ist!

Ihrem sehr schönen Rat folgend, habe ich mir die Fernwirkungsklage an einem klassisch statistischen Analogon zu verdeutlichen versucht.[a] Dementsprechend habe ich auf beiliegendem Blatt* für ein EINdimensionales Gas von N Punkten, die mit RETARDIERTEN Potentialkräften (schwach mit Entfernung abfallend!), so ungefähr die Grundgleichung für die Dichtheits-Statistik im zweidimensionalen Molekül-Phasen-Raum (μ-Raum), und ebenso für den $2N$-dimensionalen Gas-Phasen-Raum (γ-Raum), hingeschrieben.

Für den R_2 Fall würde ich trotz (IV, V) keinesfalls von einer „Fernwirkungstheorie“ sprechen, weil ich (VI) hinter (IV, V) als gute Feldtheorie sehen kann. (In Gleichung I hätte ich das Hineinspielen eines u neben des x natürlich auch

---

*

R_2 (μ-Raum)		R_{2N} (γ-Raum)	
$\frac{\partial\rho}{\partial t}+u\frac{\partial\rho}{\partial x}+\frac{k}{m}\frac{\partial\rho}{\partial u}=0$	(I)	$\frac{\partial P}{\partial t}+\sum u_\alpha\frac{\partial P}{\partial x_\alpha}+\sum\frac{k_\alpha}{m}\frac{\partial P}{\partial u_\alpha}=0$	(I_N)
$\mu(t,x')=\int du'\,\rho(t,x',u')$	(II)	$\mu_\alpha(t,x'_\alpha)=\overset{(\alpha)}{\int}\dots\int dx'_1\dots dx'_N\int\dots\int du'_1\dots du'_N$ $\times P(t,x'_1\dots x'_N;u'_1\dots u'_N)$ ($\int dx'_\alpha$ unterbleibt)	(II_N)
$k(t,x)=-\frac{\partial\varphi(t,x)}{\partial x}$	(III)	$k_\alpha(t,x_\alpha)=-\frac{\partial\varphi_\alpha(t,x_\alpha)}{\partial x_\alpha}$	(III_N)
$\varphi(t,x)=\int dx'\,\gamma(x,x')\mu(t',x')$	(IV)	$\varphi_\alpha(t,x_\alpha)=\int dx'_\alpha\,\gamma(x_\alpha,x'_\alpha)\mu_\alpha(t',x'_\alpha)$	(IV_N)
$t'=t-\frac{v(x,x')}{c}$	(V)	$t'=t-\frac{v(x_\alpha,x'_\alpha)}{c}$	(V_N)
$\frac{1}{c^2}\frac{\partial^2\varphi}{\partial t^2}-\frac{\partial^2\varphi}{\partial x^2}=\mu(t,x)$	(VI)	$\frac{1}{c^2}\frac{\partial^2\varphi_\alpha(t,x_\alpha)}{\partial t^2}-\frac{\partial^2\varphi_\alpha(t,x_\alpha)}{\partial x_\alpha^2}=\mu_\alpha(t,x_\alpha)$	(VI_N)
$\frac{\partial\mu}{\partial t}+\frac{k}{\omega}\frac{\partial\mu}{\partial x}=0$	(I′)		

vermeiden können, wenn ich trägheitslose Punkte nehme in einem reibenden Medium, also Gleichung I′ statt I und II. – Aber das trifft ja offenbar NICHT den Kern meines Unbehagens.)

Nun aber der R_{2N}-Fall, der doch, wie mir scheint, die richtige „klassisch-statistische Karrikatur" der vieldimensionalen Schrödingergleichung darstellt. – Wohl kann ich auch hier die Gleichung VI_N hinter IV_N und V_N schieben. – ABER VI_N vermag ich nicht mehr als den Ausdruck einer „vieldimensionalen Feldtheorie" anzusehen, weil ich nun im selben Zeitpunkt t an N verschiedene $\mu_\alpha(t,x)$ und $\varphi_\alpha(t,x)$ denken soll, die ich „also in N verschiedenen elektromagnetischen Äthers x_α'' wohnen lassen muß.

Verzeihen Sie, falls meine ganze R_{2N} eine IRRIGE Nachahmung der Schrödinger-Situation darstellt. – Wie würden SIE es machen? (Dann schon gleich mit masselosen Punkten in reibendem Medium!)

Falls ich aber eine RICHTIGE Nachahmung gab – können Sie dann mein Unbehagen begreifen?! – Und so ja, wie ist es zu beseitigen?!

Falls es Ihnen paßt, wäre ich Ihnen dankbar, wenn Sie mir, sei es auch kurz, BALD antworten können. Denn ich bekam heute russisches Visum und werde deshalb vielleicht gegen 6. Dezember von Leiden abreisen.[b] (In Berlin bin ich dann noch an Adresse von Schrödinger, Berlin-Grunewald, Cunostraße 44, ein paar Tage später zu erreichen.)

Da mir Ihr Rat: klassisch-statistische Analogie sehr viel half die Frage deutlicher zu sehen, so sehen Sie, bitte, davon ab, daß die heutige Formulierung schief gegen meine gedruckte Formulierung steht!!

Mir geht es SO FURCHTBAR mies (nicht physisch, sondern in Gemüt und Intellekt) daß ich, um weitere Verzögerung zu vermeiden, alle anderen Punkte unserer Korrespondenz eliminiere.[c]

Ich danke Ihnen SEHR SEHR SEHR dafür, daß Sie meiner Tochter in der Not des verlorenen Briefes geholfen haben.[d]

Herzliche Grüße Ihnen und dem lieben Casimir! Ihr P. Ehrenfest

Bitte mir, GANZ IM VERTRAUEN, zu sagen, was Sie über die Fortsetzung der Assistentur von Casimir für das Sommersemester denken?! Nicht im Sinne einer festen Entscheidung, sondern nur „so".[e]

a) Siehe den Schluß von Paulis Schreiben [299], wo Pauli empfiehlt, „einmal klassische Statistik für Teilchen zu treiben, deren Kräfte sich mit endlicher Geschwindigkeit ausbreiten". – b) Ehrenfests Frau Tatyana war im Herbst 1932 wieder nach Rußland zurückgekehrt, um dort in einer kleinen Stadt im Kaukasus eine Anstellung zu übernehmen. Auch Ehrenfest selbst erwog u.a., ob er nicht nach Rußland zurückkehren sollte. Zum Jahresende unternahm er eine Reise in das ihm so vertraute Land. Dort überzeugte er sich von den großen Versorgungsschwierigkeiten, mit denen man in Rußland zu kämpfen hatte. – c) Am 15. August 1932 hatte Ehrenfest für seine Schüler Burgers, Casimir, Coster, Dieke, Goudsmit, Kramers, Rutgers, Tinbergen, Uhlenbeck und Wiersma einen Brief verfaßt, in dem er seinen endgültigen Entschluß, sich zu töten, bekanntgab, um seinen „Leidener Platz frei zu machen". Er bekannte sich darin zu dem absoluten Wert der naturwissenschaftlichen und mathematischen Forschung, bedauerte aber, daß er selbst dazu endgültig den Kontakt verloren habe: „Das ist der Kern meines Zusammenbruchs, meiner ‚Lebensmüdigkeit'." Heute wissen wir, daß auch noch andere persönliche und äußere Umstände bei diesem tragischen Entschluß eine Rolle gespielt haben. Doch ohne Zweifel muß man auch seine Verzweiflung beim Bewußtwerden seiner eigenen Grenzen ernst nehmen, zumal Ehrenfest in jüngeren Jahren einer der führenden Theoretiker war, den Lorentz sich als Nachfolger auf dem Leidener Lehrstuhl gewünscht hatte. – d) Siehe [296]. – e) Casimir blieb bis zum Ende des Sommersemesters 1933 bei Pauli in Zürich. Vgl. auch den Zusatz zu [302].

[302] Ehrenfest an Pauli

Leiden, 2. Dezember 1932
[Maschinenschriftliche Durchschrift]

Lieber Pauli!
Ich bin ganz unfähig Physik zu denken. Aber ich weiß, daß ich Ihnen antworten muß. Alle Antwortversuche waren bisher totaler Unsinn. Aber VIELLEICHT, VIELLEICHT wird die folgende Andeutung genügen, um Sie fühlen zu lassen, wonach ich mich sehne, wenn ich über „Fernwirkung" jammere.[a]

Nehmen wir erst folgende klassische Aufgabe:

Zwei Elektronen haben bestimmte Koordinaten x_1, resp. x_2 und Momente p_1, p_2. Als Feldgesetze für das elektrische Feld nehmen [wir] (mit Leugnung einer zeitlichen Ausbreitung): Rot $E=0$, Div $E=0$, außer am Ort der Elektronen. Diese Feldgesetze zusammen mit den Newtonschen mechanischen Gleichungen für die beiden mit Massen versehenen Elektronen nenne ich eine VOLLKOMMENE dreidimensionale Nahewirkungstheorie.

Nun bitte ich, die jetzige Physik DIESES Problems in „Wellenpaket-Sprache" zu übersetzen. (Natürlich weiß ich, daß die Unsicherheits-Relation jedenfalls die Übersetzbarkeit einschränkt. DAVON werde ich weiter keinen Lärm machen!)

Sie sehen, was mich zufriedenstellen würde: Wenn man das nun UNGEFÄHR folgendermaßen machen könnte: Nahe um $x=x_1$ und um $x=x_2$ liegt momentan je ein Wellenpaket; *diese Wellenpakete sind Quellen eines E-Feldes* („verschmiert[e] Ladung" von Schrödinger); dieses E-Feld beeinflußt die weitere Geschichte der beiden Wellenpakete. (Von ein bißchen Herumschwindeln, um die Rückwirkung eines Wellenpaketes auf sich selber loszuwerden, würde ich provisorisch lächelnd auch noch Absolution erteilen!!!)

Nur wenn man ungefähr so etwas machen könnte, würde ich sagen, die neuere Physik ist auch dreidimensionale Nahewirkungs-Theorie.

Lieber Pauli. Seien Sie mir nicht böse: ich VERMAG es nicht besser zu sagen!

Etwa 8. Dezember fahre ich aus Leiden via Berlin nach Rußland.[b] Bin bis etwa 10. Dezember in Berlin auf Adresse von Schrödinger (Cunostraße 44, Berlin-Grunewald) erreichbar.

Ich würde mich SEHR freuen, wenn Sie nun Ihre Erläuterungen bald publizieren wollten. Falls Sie meine Verdauungsbeschwerden bezüglich 3-dimensionaler Nahewirkung für Unsinn halten, schreiben Sie nur ruhig: „Bei brieflicher Anfrage erwies sich, daß Herr E. nicht imstande ist, klarzumachen, worin nun eigentlich seine Schwierigkeit besteht".

Ja ja, das ist eben so eine „sinnlose" Frage, wo ich hoffte, daß plötzlich ein anderer den „Sinn" herauspräparieren kann.

Ich werde versuchen es auch mit Schrödinger durchzusprechen.

Herzliche Grüße und vielen Dank! Ihr Ehrenfest

Ganz im Vertrauen möchte ich gerne so gegen 15. Januar von Ihnen hören, was Sie bezüglich Casimir im Sommersemester denken. Nicht notwendig schon „sichere" Angabe, aber nur so ein bisserl.

a) Siehe hierzu Paulis Briefe [299] und [300]. – b) Vgl. hierzu die Anmerkung b zu [301].

[303] Pauli an Ehrenfest

[Zürich], 5. Dezember [1932]
[Postkarte]

Lieber Ehrenfest!
Ihr Brief[a] war mir (in einer von Ihnen offenbar nicht vermuteten Hinsicht) besonders interessant. – Bitte lesen Sie nunmehr *nochmals* das Ende meines ersten langen Briefes an Sie durch.[b] Das was ich dort machen wollte, ist nämlich eben *genau* das, was Sie in Ihrem jetzigen Brief anstreben: *Die Übersetzung der klassischen Nahewirkungstheorie Rot $E=0$, div $E=0$ ins quantentheoretische.*

Die weitere Frage ist dann nur: habe ich dieses Ziel erreicht und inwiefern bestehen dann noch Schwierigkeiten.

Also lesen Sie, bitte, mit den Augen und Ohren Ihres Briefes vom 2. nochmals das Ende meines früheren Briefs!

Ich will jetzt jedenfalls die Sache an die Zeitschrift für Physik schicken.[c]

Bitte grüßen Sie Schrödinger sehr von mir. Ich möchte ihm eventuell nächstens wegen der 5-dimensionalen Physik schreiben (im Zusammenhang mit meiner Arbeit über Dirac-Elektron im Schwerefeld).[d]

Viele Grüße und gute Reise! Herzlichst Ihr alter W. Pauli

a) Ehrenfests Schreiben [302] vom 2. Dezember. – b) Siehe [294]. – c) Paulis Antwort auf Ehrenfests Fragen ging erst am 17. Dezember bei der Zeitschrift für Physik ein. – d) Siehe Pauli (1933 c, d). In dem vorhergehenden Brief [302] hatte Ehrenfest seinen Besuch bei Schrödinger angekündigt. Schrödinger veranstaltete in seinem Hause häufig die sog. Würstlabende, zu denen er seinen engeren Freundeskreis einlud. Unter den eingeladenen Gästen war auch Ehrenfest, wie ein für diesen Zweck von ihm verfaßtes Gedicht bezeugt: „Leiden 30. I. 1933:

Der Frau Annerl dank' ich bestens
Für das Brieferl voll des Tröstens!
Und die Würsteln? – Fräß ich gerne,
Wären sie nur nicht *gar* so ferne!
Da ist halt schon nix zu machen
Als so unter Tränen lachen.
Das versteh' ich jetzt vortrefflich,
Denn der Anlaß fehlt nicht – (nebblich!)

Nun so seid recht sehr gegrüßet,
Und (zum Teil) auch sehr geküsset.
Und im Rausch des Würstelfestes
G'denkt mal Eures Ehrenfestes.“

Zu einem Würstlabend am 3. Dezember 1932 waren folgende Zusagen eingegangen, wie eine Liste aus dem Nachlaß Schrödingers vermerkt: Szilard, Erica Cremer, Lise Meitner, Grotrians, Pringsheims, Polanyis, Londons, Dr. Möglich, Michaelis, Marta Neumann, Sommerfeld, Lucie Gelber, Paul Schwind, Dr. Sauter, Gartner, Defant, Planck, Edel-Agathe Neumann und Bredig. Abgesagt hatten Ficker, Hahn, Wien, Friedländer, Laue, Lisa Franck, Hettner, Dr. Delbrück und Hertz.

IV. Das Jahr 1933

»Subtraktionsphysik« und »Löchertheorie«

[304]	Pauli an Heisenberg	Zürich	18. Januar 1933
[305]	Bohr an Pauli (dän.) (MS)	Kopenhagen	25. Januar 1933
[306]	Pauli an Dirac	Zürich	10. April 1933
[307]	Pauli an Blackett (engl.)	Zürich	19. April 1933
[308]	Pauli an Dirac (engl.)	Zürich	1. Mai 1933
[309]	Pauli an Dirac (engl.)	Zürich	13. Mai 1933
[310]	Pauli an Peierls	Zürich	22. Mai 1933
[311]	Pauli an Heisenberg	Zürich	2. Juni 1933
[312]	Pauli an Heisenberg	Zürich	16. Juni 1933
[313]	Pauli an Ehrenfest	Zürich	Sommer 1933
[314]	Pauli an Heisenberg	Zürich	14. Juli 1933
[315]	Pauli an Einstein (mit Anhang)	Zürich	16. Juli 1933
[316]	Heisenberg an Pauli	Leipzig	17. Juli 1933
[317]	Peierls an Pauli (MSD)	Cambridge	17. Juli 1933
[318]	Pauli an Heisenberg	Zürich	19. Juli 1933
[319]	Pauli an Heisenberg	Zürich	19. Juli 1933
[319]	Heisenberg an Pauli	Leipzig	21. Juli 1933
[320]	Pauli an Heisenberg	Zürich	22. Juli 1933
[321]	Pauli an Heisenberg	Zürich	25. Juli 1933
[322]	Bohr an Pauli (dän.) (MSD)	Kopenhagen	25. August 1933
[323]	Pauli an Heisenberg	Zürich	29. September 1933
[324]	Pauli an Heisenberg	Zürich	30. September 1933
[325]	Heisenberg an Pauli	Leipzig	7. Oktober 1933
[326]	Heisenberg an Pauli	Leipzig	6. November 1933
[327]	Pauli an Heisenberg (1. Brief)	Zürich	8. November 1933
[328]	Pauli an Heisenberg (2. Brief)	Zürich	9. November 1933
[329]	Pauli an Heisenberg (3. Brief)	Zürich	9. November 1933
[330]	Pauli an Heisenberg	Zürich	11. November 1933
[331]	Heisenberg an Pauli	Leipzig	12. November 1933
[332]	Pauli an Dirac	Zürich	14. November 1933
[333]	Pauli an Heisenberg	Zürich	14. November 1933
[334]	Pauli an Jaffé	Zürich	25. November 1933
[335]	Pauli an Dirac	Zürich	2. Dezember 1933
[336]	Pauli an Heisenberg	Zürich	11. Dezember 1933
[337]	Pauli an Born	Zürich	21. Dezember 1933

1932 war das »annus mirabilis« der Kernphysik. Neben der Entdeckung des Neutrons, des Deuterons und des Positrons wurde in diesem Jahr die erste konsistente Kerntheorie auf quantentheoretischer Grundlage von Heisenberg geschaffen. Die Teilchenbeschleuniger von Robert van de Graaff und Ernst Orlando Lawrence markierten darüber hinaus den Beginn einer neuen Ära in der Elementarteilchenphysik. Eine Überraschung brachten zum Jahresende noch die Molekularstrahlmessungen von Stern und seinen Mitarbeitern in Hamburg. „Pauli erzählte mir", schrieb Felix Bloch am 30. Dezember 1932 aus Arosa an Bohr, „daß Stern das Protonenmoment gemessen und ca. $3\,(h/4\pi)\,(e/Mc)$ gefunden hätte. Das würde also bedeuten, daß die Diracsche Theorie für das Proton nicht anwendbar ist, worüber sich Pauli sehr freut."[1]

An diesen Erfolgen hatten die deutschen Physiker noch maßgeblich mitgewirkt. Von vielen Gelehrten wurde dieser Einfluß der deutschen Wissenschaftler mit Genugtuung registriert. Patriotische Geister bemühten sich, die vermeintliche Überlegenheit der Deutschen mit Hilfe von Statistiken über die Verteilung der Nobelpreise[2] und über den Anteil der deutschsprachigen Literatur am internationalen Schrifttum herauszustellen.[3] Um so empfindlicher reagierte man deshalb auf den in einigen Fachgebieten noch immer wirksamen Boykott der deutschen Wissenschaftler, der unmittelbar nach dem Ende des Ersten Weltkrieges scharf eingesetzt hatte.[4]

Der sich allmählich abzeichnende Normalisierungsprozeß wurde durch die Ereignisse des Frühjahres 1933 jäh unterbrochen, als plötzlich Braunhemden und Hakenkreuze in den Hörsälen der Institute auftauchten. Natürlich gab es schon vorher viele Anzeichen, die auf diese Katastrophe hindeuteten. Die große Zahl der Arbeitslosen – im Winter 1932/33 hatte sie in Deutschland die 6 Millionengrenze überschritten – und der von rechtsextremistischen Gruppen geschürte Haß gegen die Juden war Anlaß zu großer Besorgnis. Schon am 2. Dezember 1931 hatte der Herausgeber der „Naturwissenschaften", Arnold Berliner, Ehrenfest geschrieben: „Was aber werden wir tun, wenn die Nationalsozialisten ans Ruder kommen?"

Die Machtübernahme der Nationalsozialisten hatte für die Wissenschaft und insbesondere für die theoretische Physik tiefgreifende Folgen. Das sog. „Gesetz zur Wiederherstellung des Berufsbeamtentums" verfügte die Entlassung „nichtarischer" Staatsbeamter. Gelehrte und Nachwuchskräfte mußten in kurzer Zeit ihre Stellungen verlassen und einen neuen Wirkungskreis im Ausland suchen.

Schnell gebildete „Committees" kamen ihnen zu Hilfe und konnten das Elend zum Teil abwenden. Natürlich verfolgte Pauli ebenso wie viele andere diese Entwicklungen mit größter Bestürzung. Der damals bei ihm in Zürich weilende Felix Bloch berichtete darüber am 6. April in einem Schreiben an Bohr: „Ich kann jetzt bis zum Semesterbeginn ruhig hier bleiben und für mich arbeiten; ich spreche öfters mit Pauli und wir verfolgen alle mit größtem Bedauern die Entwicklung, die die Verhältnisse in Deutschland von Tag zu Tag machen. Es sind in der letzten Zeit auch viele Flüchtlinge in die Schweiz gekommen und was man von ihnen als Augenzeugen hört, wirkt stärker, als alle Greuelpropaganda; das Schlimmste ist, daß man – abgesehen von dem bißchen Hilfe, die man den armen Leuten zuteil werden lassen kann – so ganz wehrlos der Entwicklung dieses Wahnsinnes zusehen muß." Im Anschluß an die jüngsten Nachrichten aus Deutschland ist mir nun etwas in den Sinn gekommen, um dessentwillen ich Ihnen vor Ihrer Abreise nach Amerika schreiben wollte: Wie Sie wissen, hatte ich bei meinem Antrag auf ein Rockefeller-Stipendium auf Wunsch Heisenbergs angegeben, daß ich nach dessen Ablauf wieder nach Leipzig zurückkäme. So freundlich es auch von Heisenberg war, mir diese Möglichkeit auf alle Fälle offenzulassen, so muß ich doch fürchten, daß sie durch irgendeine Verfügung betreffend jüdischer Dozenten an deutschen Hochschulen von seiten der Regierung schon in den nächsten Wochen illusorisch gemacht werden könnte.[5] Dadurch käme ich denn in eine schwierige Situation gegenüber dem Education Board, die ich natürlich nach Möglichkeit vermeiden möchte ... Von Heisenberg habe ich seither nichts gehört; es ist ja bei der jetzigen Zensur auch schwierig, über diese Dinge zu korrespondieren ..."

Der am 28. März 1933 unter Protest erfolgte Austritt Einsteins aus der Preußischen Akademie der Wissenschaften erregte weltweites Aufsehen. Den deutschen Wissenschaftlern wurde der Vorwurf gemacht, sie hätten sich nicht genügend gegen die Einmischung des Regimes in die inneren Angelegenheiten der Universitäten und Akademien gewehrt. Arnold Berliner, der als tüchtiger und langjähriger Herausgeber der »Naturwissenschaften«, dem öffentlichen Organ der Gesellschaft Deutscher Naturforscher und Ärzte und der Kaiser-Wilhelm-Gesellschaft, die genauen Umstände gut überblickte, suchte das harte Urteil etwas abzumildern: „In der preußischen Akademie der Wissenschaften sitzen doch einige ‚Gerechte', schrieb er am 25. April an Ehrenfest, „um deretwillen der Herr die Akademie verschont haben würde ... Ich nenne zuerst Herrn Planck, an dessen Lauterkeit niemand zweifelt, der ihn kennt. Aber ebenso ist es mit Max von Laue, Haber, Schlenk, Otto Hahn und noch anderen. Die als Erklärung der Akademie gegen Einstein veröffentlichte Kundgebung hat ohne Befragung der Akademie oder der Fachgenossen unverzüglich veröffentlicht werden müssen von dem einzigen damals in Berlin anwesenden Sekretär." Weiter bat er Ehrenfest, eine entsprechende Erklärung in den englischsprachigen Zeitschriften Nature und Science zu veröffentlichen.

Von diesen politischen Ereignissen ist in dem erhaltenen Pauli-Briefwechsel wenig zu spüren. Doch vielleicht hängt die in dem folgenden Schreiben [304] zum Ausdruck gebrachte Abneigung gegen das „bonzenhafte Benehmen" Debyes mit Paulis ablehnender Einstellung zu den Begebenheiten in Deutschland zusammen. (Siehe hierzu auch [330].)

Paulis geradezu sprichwörtliche Abneigung gegen die Festkörperphysik[6] bewog ihn, Veranstaltungen mit diesem Thema zu meiden. Eine Einladung zu den von Debye und Heisenberg im Februar 1933 organisierten Leipziger Vorträgen über Magnetismus[7] schlug er aus. Offenbar brachte er sein Desinteresse so drastisch zum Ausdruck, daß Debye darüber gekränkt war. Heisenberg hielt daraufhin Pauli sein ungebührliches Benehmen vor. Pauli nimmt hierzu in dem ersten Teil seines Antwortschreibens [304] Stellung.

Der zweite Teil des Briefes [304] enthält eine Bemerkung über das schon erwähnte „Sternsche Proton", dessen anomales magnetisches Moment neue Rätsel für die Theorie aufgab,[8] und über Paulis Antwort auf Heisenbergs Bemerkungen zu den Korrekturen seines neuen Handbuchartikels [1933]. Die von der gedruckten Fassung abweichenden Seitenangaben und Paulis Bemerkungen bezeugen, daß Heisenberg für seine Kommentare die Druckfahnen des Artikels zur Verfügung standen.

[1] Man erwartete damals ein (und nicht drei) Kernmagnetonen. (Vgl. R. Frisch und O. Stern: Über die magnetische Ablenkung von Wasserstoffmolekülen und das magnetische Moment des Protons I. Z. Phys. **85**, 4–16 (1933). Eingegangen am 27. Mai 1933.) Während der physikalischen Vortragswoche Ende Juni 1933 in Zürich berichtete Stern nochmals über die neuesten Messergebnisse. (Vgl. Helv. Phys. Acta **6**, 426–427 (1933).) – Der von E. Segrè (auf S. 195 seines Buches: From X-Rays to Quarks, Berkeley 1980) geschilderte Hergang dürfte aus den oben genannten Gründen unzutreffend sein: Pauli kannte bereits im Dezember 1932 das Ergebnis des Experiments. Deshalb kann im Oktober 1933 auf dem 7. Solvaykongress darüber kein Zweifel mehr bestanden haben. – Siehe auch O.R. Frisch: Experimental Work with Nuclei: Hamburg, London, Copenhagen. In R.H. Stuewer (Hrsg.): Nuclear Physics in Retrospect. Minneapolis 1979. Dort S. 65–75.

[2] Im Oktoberheft veröffentlichte die Zeitschrift Forschung und Fortschritte **9**, 443 (1933) eine Tabelle, derzufolge in den Jahren 1901–1932 insgesamt 36 Nobelpreise (d.h. 28% aller Nobelpreise), an deutsche Staatsbürger verliehen wurden. England und Frankreich folgten mit je 20 Preisen, und auf die Vereinigten Staaten entfielen 9 Preise.

[3] Vgl. hierzu den Bericht über Die Weltgeltung des deutschen wissenschaftlichen Schrifttums. Forschung und Fortschritte **9**, 401–402 (1933).

[4] Siehe hierzu Max Plancks Bemerkungen in seinem Düsseldorfer Vortrag vom 14. Februar 1926: Physikalische Gesetzlichkeit im Lichte neuerer Forschung. Naturwiss. **14**, 249–261 (1926). Erst auf der Züricher Mathematiker-Tagung vom 3.–11. September 1932 wurde die unmittelbar nach dem Kriege gegründete Union mathématique internationale durch eine internationale Mathematiker-Vereinigung ersetzt, an der sich nun auch wieder Mitglieder der Mittelmächte beteiligen konnten. Diese

lange hinausgezögerte Entwicklung hatten die Deutschen z.T. selbst verschuldet. Siehe hierzu Brigitte Schroeder-Gudehus: Isolation und Kooperation der nationalen scientific communities. Einstein Symposium Berlin. Berlin, Heidelberg, New York 1979. Dort S. 517–536. – E. Amaldi: The Unity of Physics. In S.C. Brown (Hrsg.): Physics. 50 Years Later. Washington 1973. Dort S. 13–35.

[5] Diese Befürchtung trat in der Tat bald ein. Hilfesuchend wandte sich u.a. H. Beutler am 17. November 1935 an Schrödinger: „Infolge der gesetzlichen Aufhebung der Sonderrechte für ‚nichtarische Kriegsteilnehmer' habe ich am 1. November die dauernde ‚Beurlaubung' von der Universität Berlin erhalten und die ‚Entlassung' wird in Kürze folgen. Es ist hier für Nichtarier auch ganz unmöglich, in der Industrie angestellt zu werden." – Siehe hierzu auch Donald Fleming und Bernard Bailyn (Hrsg.): The intellectual migration: Europe and America, 1930–1960. Cambridge, Mass. 1969. – Norman Bentwich: The refugees from Germany, April 1933 to December 1935. London 1936.

[6] Vgl. hierzu z.B. V.F. Weisskopf: Physics in the Twentieth Century. Selected Essays. Cambridge, Mass. 1972. Dort S. 10.

[7] Auch diesmal wurden die Vorträge zu einem kleinen Band zusammengefaßt und von P. Debye herausgegeben. Vgl. Leipziger Vorträge 1933: Magnetismus. Leipzig 1933. Einen unmittelbaren Bericht lieferte der in Leipzig anwesende amerikanische Physiker C.I. Zahn in einem Schreiben vom 24. Februar 1933 an Goudsmit: „We have had the usual symposium, or Leipziger Tagung, this year on magnetism. There were many people here from all over Germany, and Kapitza came over from England. Inglis is here working with Heisenberg. I see Bloch occasionally, but being an experimental physicist, I have very little to talk with him about. The categories of theoretical and experimental physicists are more sharply defined here in Leipzig than any where I have ever been before." – Otto Stern berichtete hier zum erstenmal über die magnetische Ablenkung von Wasserstoffmolekülen und das magnetische Moment des Protons.

[8] Die Kenntnis des Protonenmoments führte zu einer neuen Systematisierung der empirischen Kernmomente. Vgl. z.B. H. Schüler und H. Westmeyer: Bemerkung zu den magnetischen Momenten der Atomkerne. Naturwiss. **21**, 674–675 (1933). – In theoretischer Hinsicht war dieses Ergebnis wichtig, weil es zeigte, daß Diracs Theorie (des Elektrons) nicht auf das Proton angewendet werden konnte.

[304] Pauli an Heisenberg

Zürich, 18. Januar 1933

Lieber Heisenberg!

Teil I:

Vielen Dank für Deine wunderbaren Schimpfworte, die mir zu große Freude gemacht haben, als daß sie mich bessern könnten. Am Schluß Deines Teiles I wirst Du plötzlich ganz intellektuell – ich halte nicht viel von Deiner psychologischen Begabung – und konstruierst mir einen Minderwertigkeitskomplex, nämlich, daß ich glaube, andere Leute interessieren sich nicht für meine Physik. Das glaube ich also gar nicht, vielmehr ist die Sache so, daß *ich* mich oft für die Physik der *anderen* nicht interessiere, namentlich, wenn sie Magnetismus zum Gegenstand hat und ich *deshalb* Einladungen manchmal ablehne (sogar nach Leipzig und sogar Einladungen von Debye).

Wenn wir schon bei der Psychologie sind, so bliebe ja noch zu analysieren, warum ein Oberbonze wegen der bloßen Feststellung, daß das Programm einer Tagung langweilig sei, – dieser Eindruck war durch die Form seiner Einladung noch sehr verstärkt worden – so sehr aus dem Häuschen gerät. Ferner sind Schreibfehler für die Psychologen immer sehr bedeutungsvoll und in Deinem Brief stand: „Debye will (!!) und ich wollen[a] eine Leipziger Woche machen; ..." Die weiteren Schlußfolgerungen sind Dir überlassen.

Also ich rate Dir: laß ab von der Psychologie und beschränke Dich auf's Schimpfen. *Solange Du nur schimpfst, bist Du schlechthin unwiderleglich* und die erzieherische Wirkung wird durch Deine darauf folgenden intellektuellen pseudopsychologischen Konstruktionen nur abgeschwächt.

Also zur Tagung komme ich nicht nach Leipzig, da auch der Zeitpunkt ungünstig ist. Dagegen soll ich am 27. Februar in Göttingen vortragen und die Göttinger zahlen mir so wie so etwas für die Reise, so daß ich die Leipziger Kassen in keiner Weise zu beanspruchen brauche.[b] Ferner will ich u.a. auch nach Berlin fahren. Also kann ich Dich Ende Februar oder Anfang März irgendwo in Norddeutschland treffen, eventuell in Leipzig.* *Wie lange bist Du bei oder unmittelbar nach Semesterschluß in Leipzig zu treffen?* (das heißt: wann verreist Du von dort?). – Würde sehr gerne mit Dir fachsimpeln, hoffe, daß bis dahin das Problem der Flasche Moselwein schon weiter gereift sein wird.[d]

An Debye meinen besonderen Gruß und ich wünsche ihm eine baldige Abnahme seiner Verbonzung – aber ich fürchte, dazu würde selbst die gleichzeitige Einwirkung von 10 Paulis nicht ausreichen!

Zu Teil II:

Über das Sternsche Proton sind wir ja weitgehend derselben Ansicht.[e] Selbstverständlich bin ich ferner auch Deiner Ansicht, daß die wellenmechanische Behandlung der Protonen und Neutronen in den Kernen erlaubt ist, *soweit* diese als groß gegen $\hbar/Mc$ betrachtet werden können. *Diese Bedingung scheint auch gut numerisch erfüllt mit den empirischen Kerndimensionen,* da $\hbar/Mc \sim 2 \cdot 10^{-14}$ cm.**

Zum Handbuch-Artikel zunächst in Kürze: Die Sätze auf S. 65 sind in der Tat durch Druckfehler stark entstellt.[f] Statt „irrationaler Akt" will ich also auf S. 66 lieber sagen: „ein besonderer, naturgesetzlich nicht im Voraus determinierter Akt". – Daß das Resultat einer Messung nach der Theorie nicht davon abhängt, an welcher Stelle man den Schnitt zwischen Meßapparat und System zieht, will ich gerne an einer geeigneten Stelle noch mehr explizite sagen und dabei auch das Buch von *Neumann* zitieren[g], wo dieser Punkt ausführlich besprochen wird. – Zu S. 78, Zeile 30 möchte ich meine Benützung des Wortes „Zustand" verteidigen. Nicht nur *mathematisch* ist, glaube ich, meine Behauptung „Die Quantenmechanik kennt nicht den Begriff des diskontinuierlichen ‚Prozesses'" richtig, sondern auch *physikalisch.* Ein Zustand eines Systems ist in der Quantenmechanik physikalisch zu definieren durch Angabe der statistischen Werteverteilungen aller physikalischen Größen bzw. durch Angabe der Manipulationen, Vorrichtungen, durch die das System (beliebig oft und reproduzierbar) in diesen Zustand gebracht wird. – Am Beispiel der Emission eines α-Teilchens aus einem Kern, gemessen in der Wilsonkammer, ist also die Sachlage nach dem von mir vertretenen Standpunkt so: *Vor* der Messung ist der Zustand beschrieben durch Angabe der Wahrscheinlichkeit, daß das α-Teilchen im Kern oder außerhalb des Kernes anzutreffen ist. Diese ändert sich *kontinuierlich* im Lauf der Zeit. Nur durch die *Feststellung* des Meßresultates in der

* Scherrer läßt grüßen und schlägt, um alle Schwierigkeiten zu vermeiden, eine Zusammenkunft in Corbetha vor[c] ...

** [*Von Pauli gestrichener Text:*] *Aber stimmt denn das* numerisch mit den empirischen Kerndimensionen? *Es scheint mir eher nein!*

Wilsonkammer (wobei das, was feststellt, nicht mit zum System gerechnet wird – also entweder sind schon die Wassertropfen in der Wilsonkammer außerhalb des Systems oder erst das Auge des Beobachters oder irgend etwas dazwischen) geschieht eine Diskontinuität. Was ich betonen möchte, ist besonders: *Die Emission des α-Teilchens ist in dieser Hinsicht* (Auftreten der Diskontinuität) *keineswegs prinzipiell anders als etwa die Ortsmessung am kräftefreien Teilchen.* – Ich halte also meine Behauptung Deiner Kritik gegenüber (vorläufig) gan[z] aufrecht.

Was die Klein-Jordanmethode betrifft[h], so habe ich mir, als ich den Handbuch-Artikel schrieb, allerdings besonders vorgenommen, einmal alles (auch die Quantenelektrodynamik einschließlich der Beweise für deren relativistische Invarianz) *ohne* sie abzuleiten. Mit „nochmaliger" Quantelung meine ich folgendes. Den Übergang von der *klassischen* Partikelmechanik zu den c-Zahl-ψ-Wellen im dreidimensionalen Raum nenne ich Quantelung, den Übergang von den c-Zahl-ψ-Wellen zu den q-Zahl-ψ-Wellen nenne ich auch Quantelung; also: „nochmalige" Quantelung. Diese Bezeichnung verfolgt den bewußten Zweck, daß der Leser sie „abscheulich" finden *soll!* – Besonders *unangenehm* (natürlich ist dies nicht als *Einwand* im *logischen* Sinn gedacht) finde ich, daß im Fall des Ausschließungsprinzips die Zustände in eine bestimmte *Reihenfolge* gebracht werden müssen, damit die Jordan-Wignerschen α_n definiert sind.[i]

Trotz meines momentanen Abscheus vor den q-Zahl-Feldern für die Materie halte ich es nicht für unmöglich, daß sie in einer künftigen relativistischen Theorie des Mehrkörperproblems doch mathematisch von Nutzen sein könnten. Aber darüber wissen wir ja heute nichts.

Nun habe ich noch eine besondere Frage, über die ich mit Peierls lange diskutiert habe, ohne daß wir zu einer Lösung kommen konnten. Das ist die Frage der *Ungenauigkeitsrelationen für die Feldstärken.* In dem späteren Teil des Artikels, dessen Korrekturen noch kommen werden, steht an einer Stelle darüber etwas, das nicht richtig ist und geändert werden muß.[j] Nach Landau und Peierls sollen für die *einzelnen* Feldstärken die Ungleichungen gelten

$$|\Delta \vec{E}| > \frac{\sqrt{hc}}{(c\,\Delta t)^2}, \quad |\Delta \vec{H}| > \frac{\sqrt{hc}}{(c\,\Delta t)^2}. \tag{1}$$

(Bohr hält diese Ungleichungen, wie er mir auf wiederholtes Befragen ausdrücklich betont hat, für *richtig.*)

Die Begründung für diese Ungleichungen erfolgt nach Landau und Peierls auf dem Wege über die Ungleichungen

$$e\,|\Delta \vec{E}|\,\Delta t > |\Delta \vec{p}| \tag{2}$$

$$|\Delta \vec{p}|\,\Delta t > \frac{h}{v'-v} \tag{3}$$

$$|\Delta \vec{p}|\,\Delta t > \frac{e^2}{c^3}(v'-v). \tag{4}$$

Gegen (2), (3) habe ich nichts einzuwenden, aber mit der Ungleichung (4) hat es eine besondere Bewandtnis. Sie soll für die Impulsbestimmung *geladener makroskopischer* Körper gelten. Nur für $e^2 > hc$, also hoch geladene Körper, sagt sie ja gegenüber (3) etwas Neues. (Dann werden bei der Impulsmessung immer *viele* Lichtquanten emittiert.) In diesem Fall soll die Ungleichung (4) infolge der *Ausstrahlung* des Körpers zu Stande kommen.

Dagegen machte ich einen *Einwand.* Man kann doch den geladenen Probekörper in einen sehr großen lichtundurchlässigen Kasten setzen und den Rückstoß des Kastens, sowie die von ihm absorbierte Energie, beliebig genau *messen.* Die Impulsänderung des Probekörpers durch Ausstrahlung scheint also keine *unbestimmte* zu sein, wie Landau und Peierls angenommen haben, sondern eine genau *meßbare.*

Es bleibt also offen, ob die Ungleichungen (1) für die Feldstärken durch Benützung hochgeladener makroskopischer Probekörper nicht am Ende doch umgehbar sind. Weder Peierls noch mir selbst ist es gelungen, meinen Einwand zu entkräften (obwohl ich eigentlich (1) gefühlsmäßig für vernünftig halte).

Was meinst Du dazu? – Ferner: ich kann mich erinnern, daß aus den Betrachtungen Deines Buches[k] nicht nur eine Ungleichung für $|\Delta \vec{E}_x \cdot \Delta \vec{H}_y|$, sondern auch für $\Delta \vec{E}$ und $\Delta \vec{H}$ einzeln folgte. Ich weiß aber nicht mehr, wie diese lautete und wie sie herauskam. *Kannst Du mir das schreiben?*[l]

a) Heisenberg hatte in seinem Brief hinter den Namen Debye zuerst „will“ geschrieben und dieses Wort dann durchgestrichen. Pauli hob jetzt diesen Passus hervor, indem er unter das durchgestrichene Wort drei Pünktchen und zwei Ausrufezeichen setzte. – b) „Die Sächsische Regierung konnte diesmal nicht für die Kosten aufkommen“, wie Debye in dem Vorwort zu den Leipziger Vorträgen 1933 (siehe Anm. 2) bemerkte. – c) In dem kleinen Ort Corbetha zwischen Merseburg und Weißenfels gab es damals eine wichtige Eisenbahnstation. – d) Vgl. [311] und [312]. – e) Wir erwähnten schon, daß nach der Theorie von Dirac das magnetische Moment des Protons gleich einem Kernmagneton sein sollte. Weil das Experiment von Stern und Frisch jedoch einen $2^1/_2$ mal größeren Wert ergab, war Diracs Theorie hier nicht anwendbar. Die Massendefekte eines aus Protonen und Neutronen aufgebauten Kerns waren vielmehr klein genug für eine nicht-relativistische Behandlung der Kerne, wie sie von Heisenberg vorgeschlagen wurde. Das zusätzliche magnetische Moment des Protons versuchte man daraufhin durch eine Wechselwirkung mit dem Strahlungsfeld zu erklären. (Siehe hierzu den Kommentar zu [369].) – f) Die entsprechende Seitenzahl (hier S. 147) des Handbuchartikels [1933] erhält man, indem man jeweils Paulis Angabe um 82 vergrößert. – g) J.v. Neumann: Mathematische Grundlagen der Quantenmechanik. Berlin 1932. – h) Siehe Pauli [1933], S. 198. Vgl. hierzu auch Paulis Bemerkungen in seinem Schreiben an Dirac [187] und Klein [216]. – i) Die Methode der „zweiten Quantisierung“ für den Fall antisymmetrischer Zustände wurde in der Arbeit von P. Jordan und E. Wigner: Über das Paulische Äquivalenzverbot. Z. Phys. **47**, 631–651 (1928) behandelt. – j) Siehe Pauli [1933], S. 256ff. – k) W. Heisenberg: Die physikalischen Prinzipien der Quantentheorie. Leipzig 1930. Die entsprechende Stelle bei Pauli [1933] findet man auf S. 258. – l) Das Schreiben endet hier in der Mitte der Seite ohne die übliche Grußformel.

Felix Bloch war Ende Januar 1933 vorübergehend bei Bohr in Kopenhagen und berichtete von seinem Aufenthalt bei Pauli.[1] Wahrscheinlich war dieses der Anlaß für Bohr, endlich auf Paulis Briefe zu antworten. Bohr glaubte damals, daß die Lösung der Schwierigkeiten in der Physik durch eine radikale Abkehr von den bisherigen Begriffen möglich sei. Dabei versuchte Bohr insbesondere, die Erhaltung der Energie in Frage zu stellen, was aber von Pauli energisch zurückgewiesen wurde.

Inzwischen hatte sich jedoch das Problem der Feldmessung, an dem Bohr schon seit längerer Zeit mit Rosenfeld arbeitete, so weit geklärt, daß er Pauli einen ersten Bericht [305] zukommen lassen konnte.

[1] Vgl. hierzu den Anfang des folgenden Briefes [305]. Bloch hatte sich (in einem Schreiben aus Arosa vom 30. Dezember 1932) vom 18. bis zum 29. Januar bei Bohr angekündigt.

[305] Bohr an Pauli

Kopenhagen, 25. Januar 1933
[Maschinenschrift]

Kære Pauli,
Hvad tænker Du dog om mig, at jeg aldrig fik besvaret Dine rare Breve fra i Sommer? Jeg behøver jo ikke at sige, hvor stor en Glæde det var for mig at forstaa, at Du er nogenlunde tilfreds med Livet i Almindelighed og med Dit eget Arbejde. At Du skulde se ukritisk paa Dine gamle Venners beskedne Bestræbelser vilde jo ogsaa forbavse mig meget. For at blive i Faust-Parodiens Aand, følte jeg dog, at Du vist har læst min stakkels Faraday-Lecture og Rom-Diskussionen paa en Maade, der lidt for meget ligner den Maade, som man i det mindste paa dansk siger, at Fanden læser Biblen. Ved begge Lejligheder var det først og fremmest mit Formaal at understrege, at vi ved Kerneproblemet ikke længere staar paa Mekanikkens faste Grund, og at vi derfor trods alle Dine gamle Advarsler og Trusler maaske alligevel bliver tvungne til at slaa ind paa helt nye Veje. Naar jeg i denne Forbindelse har fremhævet den Begrænsning af Partikelbegrebet, som vi allerede møder i den klassiske Elektronradius, er det jo dermed ikke Meningen, at denne Radius alene skulde danne Grænsen for Anvendelsen af den relativistiske Kvantemekanik. Ja, som jeg søgte at fremhæve i Rom-Beretningen ved Omtalen af Klein-Nishina-Formlen, kan man ikke engang tale om en absolut Grænse i den Henseende. Jeg tror heller ikke, at vort Syn paa Diracs Teori er saa forskelligt, som Du synes at mene. Med min Betoning af det Klein'ske Paradoks' principielle Betydning, navnlig paa Grund af den Grænse det sætter for Muligheden af at se bort fra Maaleinstrumenternes atomistiske Struktur, var det jo altid Hensigten at understrege Umuligheden af at opbygge en sammenhængende Teori, saa længe Elementarpartiklerne og Virkningskvantet betragtes som uafhængige Elementer. Naar jeg derimod ikke kunde dele Din Begejstring for Landau og Peierls Arbejde, laa det ingenlunde i, at jeg mente, at de paa alle Punkter havde Uret i deres Bemærkninger om den relativistisk begrundede Begrænsning af Rum-Tidsmaalinger, som jo i Hovedsagen heller ikke var mig ukendt, men fordi jeg stadig mener, at de skød over Maalet og misforstod de Fordringer, man kan stille til en fysisk Teori. Jeg tror jo ogsaa af vore senere Samtaler at forstaa, at vi er enige i, at det er umuligt at modbevise en relativistisk invariant Formalisme ved simple Relativitetsargumenter. Efter min Mening maa enhver Bedømmelse af Formalismens Begrænsning explicit tage sit Udgangspunkt i Urigtigheden af dens Konsekvenser. Jeg har derfor altid understreget, at Begrænsningen i Diracs Teori kun kan søges i Forekomsten af de ved de negative Energiværdier symboliserede ufysiske Konsekvenser. Selvfølgelig var jeg ikke dengang, ligesaa lidt som Peierls og Landau, i Stand til paa alle Punkter at gennemskue den deraf følgende Begrænsning af Diracs Teori, og jeg er stadig yderst interesseret i at lære den nøjagtige Gennemregning af det af Dig fremdragne, vigtige Dispersionsproblem at kende. Jeg forstaar derfor slet ikke Din Fanatisme i den hele Sag, og navnlig synes jeg, at Du rent forglemmer den komplementære Karakter af Dit Yndlingsudtryk „Beschwichtigungsphilosophie". I Øjeblikket er der imidlertid næppe Anledning til at skændes om Enkeltheder vedrørende Partikelmeka-

nikkens Begrænsning, thi vi er vist alle enige om, at vi staar foran en ny Udviklingsfase, der kræver helt nye Metoder. Hvad der ligger mig paa Sinde i denne Situation er blot, at vi ikke foregriber denne Udvikling ved Misbrug af tilsyneladende logiske Argumenter. En Advarsel om den Forsigtighed, der her udkræves, og den Fare som Landau og Peierls Indstilling rummer, har da ogsaa en nærmere Undersøgelse af Begrænsningen af den kvanteelektrodynamiske Formalisme givet. Selv om jeg ikke straks kunde finde nogen Fejl i Peierls og Landaus Argumenter vedrørende elektromagnetiske Feltstørrelsers Maalelighed, var jeg altid uhyggelig ved deres Kritik af Formalismens Grundlag, fordi det jo her til syvende og sidst drejede sig om rene Korrespondensbetragtninger, hvori Partikelproblemet ikke explicit indgik. Sammen med Rosenfeld har jeg i Efteraaret undersøgt Sagen nærmere, og vi er kommet til det Resultat, at der er fuld Overensstemmelse mellem den principielle Begrænsning af elektromagnetiske Kræfters Maalelighed og Formalismens Ombytningsrelationer for Feltkomponenter. Først og fremmest viste det sig, at den Forstyrrelse af Maalingerne, som Prøvelegemernes Udstraaling efter Landau og Peierls Mening skulde foraarsage, fuldstændig kan elimineres. Selv efter at vi var klare over dette Punkt, var der imidlertid endnu mange Paradoksier tilbage at løse. Det viste sig bl.a., at Middelværdierne af alle elektriske og magnetiske Feltkomponenter, taget over det samme Rum-Tidsomraade, var fuldstændig ombyttelige, og at derfor det i Heisenbergs Bog fremdragne Eksempel slet ikke var egnet til en nærmere Prøvelse af Formalismen. Hovedgrunden til, at jeg ikke før har besvaret Dine Breve, var, at jeg stadig opsatte at skrive, indtil jeg kunde fortælle nærmere om dette Arbejde, som jeg tænkte maaske vilde interessere Dig mere end den platoniske Diskussion af de uløste Problemer. Paa Grund af de stadig opdukkende, nye Vanskeligheder trak Arbejdet imidlertid ud, og vi naaede ikke at faa det færdigredigeret, førend Rosenfeld lidt før Jul maatte forlade København paa Grund af sine Pligter i Liège. Han kommer imidlertid meget snart tilbage, og jeg haaber, at vi inden faa Uger kan sende Dig et fuldstændigt Manuskript eller en Korrektur. Jeg ved ikke, hvor langt Du er gaaet ind paa disse Spørgsmaal i Din store Artikel til Handbuch der Physik. Bloch, der netop er paa et lille Besøg i København, har lige vist mig Korrekturen af de første 150 Sider, og jeg har allerede deraf faaet et meget stærkt Indtryk af det store Arbejde, Du har nedlagt deri, og den Omhu hvormed det hele er udarbejdet. Jeg glæder mig meget til at studere det hele nærmere og til at lære deraf. For at Du kan se, at jeg ikke selv har ligget paa den lade Side under Rosenfelds Fraværelse, sender jeg som en lille Nytaarshilsen Korrekturen af et Foredrag, som jeg holdt i Sommer, og som jeg i disse Uger har udarbejdet og oversat til dansk. Jeg skal være meget glad for at høre, hvad Du synes derom, og Du skal ikke være bange for at bruge lige saa mange Skældsord, som Du kan finde paa. Vor sædvanlige lille Konferens vil i Aar finde Sted indenfor de første Uger af April, og jeg regner bestemt med, at Du denne Gang kan modtage en Indbydelse fra Instituttet, og at vi ikke ligesom sidst skal nøjes med Din Optræden i en Parodi, selv om den var meget morsom.

Med mange venlige Hilsener fra os alle og de bedste Ønsker for det nye Aar,

Din Niels Bohr

Übersetzung von [305]

Lieber Pauli!

Was wirst Du nur von mir denken, weil ich Deine netten Briefe vom Sommer nicht beantwortet habe? Ich brauche ja nicht zu sagen, mit welch großer Freude ich vernommen habe, daß Du recht zufrieden mit dem Leben im allgemeinen und mit Deiner Arbeit bist. Wenn Du unkritisch auf die bescheidenen Bemühungen Deiner alten Freunde sehen würdest, wäre auch ich sehr erstaunt. Ich vermute jedoch, daß Du meine arme Faraday-Lecture[a] und die Rom-Diskussion[b] auf eine Weise gelesen hast, die etwa der Art gleicht, in der – wie man wenigstens im Dänischen sagt – der Teufel die Bibel liest, um im Geiste der Faust-Parodie zu sprechen.[c] Bei beiden Gelegenheiten war es vor allen Dingen meine Absicht, zu betonen, daß wir bei dem Kernproblem nicht länger auf dem festen Grund der Mechanik stehen, und daß wir daher trotz aller Deiner früheren Warnungen und Drohungen wahrscheinlich trotzdem gezwungen werden, ganz neue Wege einzuschlagen. Wenn ich in diesem Zusammenhang die Grenze des Teilchenbegriffs, der wir schon in dem klassischen Elektronenradius begegnen, hervorgehoben habe, ist damit ja nicht gemeint, daß dieser Radius allein die Grenze für die Anwendung der relativistischen Quantenmechanik bilden sollte. Wie ich im Rom-Bericht bei der Besprechung der Klein-Nishina-Formel hervorzuheben versuchte, kann man ja nicht einmal von einer absoluten Grenze in diesem Sinne sprechen. Ich glaube überhaupt nicht, daß unsere Ansichten über Diracs Theorie so unterschiedlich sind, wie Du zu meinen scheinst.[d] Mit meiner Betonung der prinzipiellen Bedeutung des Kleinschen Paradoxons – namentlich wegen der Grenze die es der Möglichkeit setzt, von der atomistischen Struktur der Meßinstrumente abzusehen – hatte ich ja immer die Absicht, nur darauf hinzuweisen, daß es unmöglich ist eine zusammenhängende Theorie aufzubauen, so lange man die Elementarteilchen und das Wirkungsquantum als unabhängige Elemente betrachtet. Wenn ich dagegen Deine Begeisterung für Landaus und Peierls' Arbeit[e] nicht teilen konnte, so lag das keineswegs daran, daß ich der Meinung war, daß sie in ihren Bemerkungen über die relativistisch begründete Begrenzung der Raum-Zeit-Messungen, die mir größtenteils auch nicht unbekannt waren, in allen Punkten unrecht haben, sondern daran, daß ich immer noch meine, daß sie über das Ziel hinausschossen und die Forderungen mißverstanden, die man an eine physikalische Theorie zu stellen hat. Ich glaube ja auch aus unseren früheren Gesprächen zu verstehen, daß wir uns darüber einig sind, daß es unmöglich ist einen relativistisch invarianten Formalismus mit einfachen Relativitätsargumenten zu widerlegen. Meiner Meinung nach muß jeder Ansatz zur Beurteilung der Grenzen des Formalismus explizit von den Unstimmigkeiten seiner Konsequenzen ausgehen. Ich habe daher immer betont, daß die Grenzen der Diracschen Theorie nur im Auftreten der durch die negativen Energiewerte symbolisierten unphysikalischen Konsequenzen zu suchen sind. Selbstverständlich war ich damals ebensowenig wie Peierls und Landau in der Lage, die sich daraus ergebende Einschränkung von Diracs Theorie voll zu durchschauen, und ich bin weiter äußerst daran interessiert, die genaue Durchrechnung des wichtigen von Dir erwähnten Dispersionsproblems kennzulernen.[f]

Ich verstehe deshalb Deinen Fanatismus in der ganzen Angelegenheit überhaupt nicht, und insbesondere finde ich, daß Du den komplementären Charakter Deines Lieblingsausdruckes „Beschwichtigungsphilosophie“ ganz vergißt.[g] Im Augenblick besteht indessen kaum Veranlassung sich um Einzelheiten in der Einschränkung der Teilchenmechanik zu streiten, denn wir sind uns sicher alle darin einig, daß wir vor einer neuen Entwicklungsphase stehen, die völlig neue Methoden erfordert. Was mir in dieser Situation am Herzen liegt ist, daß wir dieser Entwicklung nur nicht durch den Mißbrauch scheinbar logischer Argumente vorgreifen. Die hier erforderliche Mahnung zur Vorsicht und die Gefahr, welche Landaus und Peierls' Einstellung einschließt, hat doch auch eine nähere Untersuchung über die Grenzen des quantenelektrodynamischen Formalismus ergeben. Wenn ich auch nicht sogleich einen Fehler in Peierls' und Landaus die Meßbarkeit elektromagnetischer Feldgrößen betreffenden Argumenten finden konnte, war mir bei ihrer Kritik der Grundlagen des Formalismus' immer unbehaglich, da es sich hier letztlich um reine Korrespondenzbetrachtungen handelte, in die das Teilchenproblem nicht explizit einging. Zusammen mit Rosenfeld habe ich im Herbst die Sache eingehender untersucht,[h] und wir sind zu dem Ergebnis gekommen, daß volle Übereinstimmung zwischen der prinzipiellen Begrenzung der Meßbarkeit elektromagnetischer Kräfte und den Vertauschungsrelationen der Feldkomponenten in dem Formalismus besteht. Vor allen Dingen zeigte sich, daß die Störung der Messungen, welche die Ausstrahlung der Probekörper nach Landau und Peierls' Meinung verursachen sollte, vollständig eliminiert werden kann. Selbst nachdem wir uns über diesen Punkt im klaren waren, blieben noch viele zu lösende Paradoxa zurück. Es zeigte sich u.a., daß die Mittelwerte aller elektrischen und magnetischen Feldkomponenten, über denselben Raum-Zeitbereich genommen, vollständig vertauschbar sind, und daß deshalb das in Heisenbergs Buch angeführte Beispiel zur genaueren Prüfung des Formalismus gar nicht geeignet ist.[i]

Der Hauptgrund weshalb ich Deine Briefe nicht eher beantwortet habe war, daß ich ständig das Schreiben aufschob, bis ich Näheres über diese Arbeit erzählen könnte, die Dich – wie ich dachte – vielleicht mehr interessieren würde als platonische Diskussionen der ungelösten Probleme. Auf Grund der ständig neu auftauchenden Schwierigkeiten zog sich die Arbeit indessen hin, und wir schafften es nicht, sie fertig abzufassen, bevor Rosenfeld kurz vor Weihnachten Kopenhagen wegen seiner Pflichten in Liège verlassen mußte.[j] Er kommt indessen sehr bald zurück und ich hoffe, daß wir Dir innerhalb weniger Wochen ein vollständiges Manuskript oder eine Korrektur senden können. Ich weiß nicht wie ausführlich Du auf diese Fragen in Deinem großen Artikel für das Handbuch der Physik eingegangen bist.[k] Bloch, der gerade zu einem kurzen Besuch in Kopenhagen ist[l], hat mir soeben die Korrektur der ersten 150 Seiten gezeigt, und ich habe schon daraus einen sehr starken Eindruck von der großen Arbeit bekommen, die Du hineingesteckt hast, und von der Sorgfalt mit der das Ganze ausgearbeitet ist. Ich freue mich sehr darauf, das Ganze genauer zu studieren und daraus zu lernen. Damit Du sehen kannst, daß ich selbst während Rosenfelds Abwesenheit nicht auf der faulen Haut gelegen habe, sende ich als kleinen Neujahrsgruß die Korrektur eines Vortrages, den ich im Sommer hielt und den ich in diesen Wochen ausgearbeitet und ins Dänische übersetzt habe.[m] Ich würde mich sehr freuen von Dir zu hören, was Du darüber denkst, und Du brauchst Dich nicht scheuen, alle Schimpfworte zu benutzen, die Du ausdenken kannst. Unsere gewöhnliche kleine Konferenz wird in diesem Jahr während der ersten Aprilwochen stattfinden[n] und ich rechne dieses Mal bestimmt damit, daß Du die Einladung des Instituts annehmen wirst und daß wir uns nicht so wie letztes Mal mit Deinem Auftreten in einer Parodie begnügen müssen, wenngleich sie auch sehr lustig war.[o]

Mit vielen freundlichen Grüßen von uns allen und den besten Wünschen für das neue Jahr. Dein Niels Bohr

a) Gemeint ist Bohrs Rede auf der Faraday-Jahrhundertfeier im August 1931 in London. N. Bohr: Chemistry and the quantum theory of atomic constitution. J. Chem. Soc. 1932, S. 349–384. – b) Es handelt sich um die Ausarbeitung seines Vortrags auf dem Kongreß in Rom im Oktober 1931. N. Bohr: Atomic Stability and Conservation Laws. In: Convengo di Fisica Nucleare, Oktober 1931. Roma: Reale Accademia D'Italia 1932. Dort S. 119–130. – c) Siehe hierzu die Anm. 2 zum Kommentar von [258]. – d) Vgl. hierzu Paulis Brief [292] an Dirac. – e) Vgl. hierzu den Kommentar zu [264]. – f) Pauli bearbeitete z.Z. gemeinsam mit seinem neuen Assistenten Casimir das zur Theorie von Klein und Nishina analoge Problem der Streuung von Strahlung an bewegten freien und an gebundenen Elektronen. Vgl. Pauli (1933b) und den Kommentar zu [285]. – g) Bohr verwendet diesen Ausdruck auch in seinem Schreiben [285] an Pauli. – h) Vgl. N. Bohr und L. Rosenfeld: Zur Frage der Messbarkeit der elektromagnetischen Feldgrößen. Det Kgl. Danske Videnskabernes Selskab. Math.-fys. Meddelelser XII, 8. Kopenhagen 1933. Signiert Kopenhagen, April 1933. Einen ersten Entwurf hatte Bohr schon am 2. Dezember 1932 der Dänischen Akademie der Wissenschaften vorgelegt. Bis die Korrekturen alle gelesen waren, verging ein weiteres Jahr, so daß es erst am 19. Dezember 1933 zum Druck fertig war. Vgl. L. Rosenfeld: On Quantum Electrodynamics. In Niels Bohr and the Development of Physics. London 1955. Dort S. 70–95. – i) W. Heisenberg: Die physikalischen Prinzipien der Quantentheorie. Leipzig 1930. Dort S. 33ff. – j) Rosenfeld war seit 1930 Reader in Liège. – k) Pauli behandelt das Problem der Feldmessung in seinem Handbuchartikel [1933] auf S. 256–261. – l) Siehe Anm. 1. – m) N. Bohr: Lys og liv. Naturens Verden **17**, 49 (1933). In Paulis Sonderdrucksammlung bei CERN befinden sich die Druckfahnen dieses Vortrags, den Bohr am 15. August 1932 in Kopenhagen gehalten hatte. Eine deutsche Fassung erschien unter dem Titel Licht und Leben in den Naturwiss. **21**, 245–250 (1933). – n) Die Konferenz wurde später auf den September verschoben. – o) Bohr meint die Faustparodie, in der Mephistopheles durch Pauli dargestellt wurde. (Vgl. hierzu Anm. 2 des Kommentars zu [258].)

In seinem letzten Schreiben [297] vom November 1932 an Dirac hatte Pauli es als äußerst wünschenswert bezeichnet, „eine größere Symmetrie zwischen Raum- und Zeit-Variablen" in den Gleichungen der Quantenelektrodynamik herzustellen, weil dadurch die relativistische Invarianz derselben einsichtiger würde. Aber gerade das hatten Dirac, Fock und Podolsky in einer im Oktober 1932 eingereichten Untersuchung bereits geleistet.[1] In diesem Formalismus wird jedem Elementarteilchen eine individuelle Zeitkoordinate und dem Feld eine eigene Zeitvariable, die sog. Feldzeit, zugeordnet. Die entsprechende Wellenfunktion hängt dann von den Orts- und Zeitkoordinaten der Teilchen und den Fourierkoeffizienten des Feldes ab und muß gleichzeitig mehrere Wellengleichungen erfüllen. Sobald man alle Zeitkoordinaten gleich der Feldzeit setzt, erhält man wieder die Heisenberg-Pauli-Theorie. Auch die Folgerungen der allgemeineren Theorie von Dirac-Fock-Podolsky gehen nicht über die der letzteren hinaus, wie Bloch bald zeigen konnte.[2]

Offenbar hatte Pauli die Untersuchung von Dirac, Fock und Podolsky erst jetzt erhalten. In den Briefen [306] und [308] äußerte er einige Bedenken und Fragen, die ihm erst durch Diracs Schreiben vom 8. Mai zufriedenstellend beantwortet schienen [309].

[1] Siehe Anmerkung b zu [297].

[2] F. Bloch: Die physikalische Bedeutung mehrerer Zeiten in der Quantenelektrodynamik. Physik. Z. Sowjetunion **5**, 301–315 (1934). Signiert Zürich, 6. August 1933.

[306] Pauli an Dirac

Zürich, 10. April 1933

Lieber Dirac!

Ich habe mit viel Interesse die Arbeit von Ihnen, Fock und Podolsky[a] (sowie auch Ihre spätere Arbeit über die Lagrangefunktion[b]) in der Zeitschrift der Sowjetunion gelesen. Es ist sehr befriedigend, daß es gelingt, ebensoviele Raumkoordinaten wie Zeitkoordinaten in die ψ-Funktionen einzuführen, so daß die relativistische Invarianz trivial wird.

Um aber das Programm, die Zeitkoordinate mit den Raumkoordinaten ganz gleichwertig zu behandeln, völlig durchführen zu können, bedarf es noch der Beseitigung eines letzten Hindernisses. Dieses betrifft die Vertauschungsrelationen (Commutation rules) zwischen Feldstärken und Potentialen. Diese sind nämlich (im Fall des Vorhandenseins von geladenen Teilchen) bisher nur für den Fall aufgestellt, daß die beiden Raumzeitpunkte, in denen die Werte der Feldgrößen zu bilden sind, *dieselben Zeit*koordinaten haben. (Z.B. Teil I, Gleichung (19) Ihrer Arbeit. The relativistic invariance of those equations is *not* obvious![c])

Für den Fall des Vakuums (Abwesenheit geladener Teilchen) ist zwar die Frage der Vertauschungs-Relationen der Feldgrößen an *beliebigen* Raum-Zeitpunkten und ihre relativistische Invarianz in der alten Arbeit von *Jordan* und mir (Zeitschrift für Physik **47**, 151, 1928) vollständig gelöst.[d] Aber bei Anwesenheit geladener Teilchen sind die dort angegebenen Vertauschungs-Relationen im allgemeinen Fall $\{t \neq t'$ und $(x-x')^2+(y-y')^2+(z-t')^2<c^2(t-t')^2\}$ nicht mehr gültig. – Es ist mir auch nicht gelungen, die Vertauschungs-Relationen unter Vermeidung des Hamiltonschen Schemas, mit bloßer Verwendung der Lagrangefunktion abzuleiten.

Ich möchte Sie gerne fragen, wie Sie über das Problem, die Vertauschungs-Relationen für die Feldgrößen in verschiedenen Zeitmomenten aufzustellen und sie ebenso direkt relativistisch invariant zu schreiben wie die Wellengleichung, jetzt denken!

In meinem Handbuch-Artikel konnte ich Ihre neuen Arbeiten leider nicht mehr zitieren, da dieser schon fertig gedruckt war.[e]

Mit den besten Grüßen Ihr W. Pauli

a) Siehe Anm. 1 im Kommentar. – b) P.A.M. Dirac: The Lagrangian in Quantum Mechanics. Physik. Z. Sowjetunion **3**, 64–72 (1933). Eingegangen am 19. November 1932. – c) Pauli verwendet hier eine Formulierung, welche die Autoren der unter a) genannten Arbeit für die relativistische Invarianz der Wellengleichungen benutzt hatten. – d) Jordan und Pauli (1928b). Für die in dieser Arbeit eingeführten D-Funktionen bürgerte sich später der Name Pauli-Jordan-Funktion ein. – e) Pauli [1933]. Die Voraussetzungen, die beim Verzicht auf individuelle Teilchenzeiten gegeben sein müssen, hatte Pauli auf S. 113 erläutert. In der späteren Auflage aus dem Jahre 1958 ließ Pauli den Text unverändert stehen. Lediglich in einer Fußnote wies er auf die unter a) zitierte Arbeit hin.

Gemeinsam mit dem italienischen Physiker Giuseppe Occhialini, der im Herbst 1931 aus Florenz an das Cavendish Laboratory nach Cambridge gekommen war, verbesserte Patrick Maynard Stuart Blackett die Koinzidenzmethode zum Nachweis von Teilchen und setzte sie zur Untersuchung der Höhenstrahlung ein.[1] Es wurden mehrere Geigerzähler mit einer Wilsonkammer derart zusammengeschaltet, daß die Expansion derselben nur bei gleichzeitigem Durchfliegen aller Zähler erfolgte. Damit ließ sich die Zahl der Koinzidenzen in Abhängigkeit von der Schichtdicke der über den Zählrohren befindlichen Bleiplatte bestimmen und gewisse Aussagen über die Eigenschaften der Strahlung gewinnen. Schon die ersten Nebelkammeraufnahmen brachten einen großen Erfolg. Sie zeigten paarweise Bahnen mit entgegengesetzter Krümmung, die von Elektronen und Positronen herrührten. Ein weiterer Beweis für die Existenz der Positronen war erbracht und die anfängliche Zurückhaltung der Physiker fand damit schließlich ihr Ende.[2]

Schon einmal hatte Blackett 1931 an der Physikalischen Vortragswoche der ETH Zürich teilgenommen und seine Aufnahmen von künstlichen Kernzertrümmerungen vorgeführt.[3] Auch für die diesjährigen Vorträge Ende Juni wollte Pauli ihn wieder gewinnen, zumal er sich von seinen neusten Ergebnissen einen experimentellen Hinweis auf die Neutrinos erhoffte [307].

[1] Vgl. H. Massey und N. Feather: James Chadwick. Biogr. Mem. Fell. Roy. Soc. **22**, 11–70 (1976). Blackett hat seine Ergebnisse später in der Schrift La Radiation Cosmique, Paris 1935, zusammengefaßt.

[2] Vgl. z.B. die von Pauli in einer Fußnote seines Schreibens [310] an Peierls erwähnte Zurückhaltung Bohrs.

[3] Vgl. P.M.S. Blackett: Photographie künstlicher Zertrümmerungsbahnen. Physik. Z. **32**, 663 (1931).

[307] Pauli an Blackett

Zürich, 19. April 1933

Dear Blackett!

Your and Occhialinis paper about the positive electron[a], is very interesting and the existence of the positive electron is very supported now by the paper of Meitner and Philipp in Naturwissenschaften.[b] In this moment I come back to my old idea of the existence of a „neutrino" {that means a neutral particle with a mass comparable with that of the electron; the italian name (in contrast to neutron) is made by Fermi}. If the positive and the negative electron both existe, it is not so phantastic to assume a neutral particle, consisting of both together.[c]

Further the paper of Sargent[d] with the sharp upper limits of the energies in the β-spectra suggested to me again my old idea, that at every β-disintegration even a neutrino could be emitted and could save the conservation-law of energy (and momentum).

What think the experimental physicists of the Cavendish laboratory *now* about those possibilities?[e] Besides, I dont believe on the Dirac-„holes", even if the positive electron exist.

It is very probable, that we can made in this year a „physical week" at Zürich in June[f]. I hope, that I can write you more about that in a few days and Scherrer and myself would be very glad, if you could come with new tracks.

Wit the best wishes for you and your wife Sincerly Your W. Pauli

P.S. Perhaps your non-ionizing links are „neutrinos".[g]

a) P.M.S. Blackett und G.P.S. Occhialini: Some photographs of the tracks of penetrating radiation. Proc. Roy. Soc. A **139**, 699–726 (1933). Eingegangen am 7. Februar 1933. – b) L. Meitner und K. Philipp: Die bei Neutronenanregung auftretenden Elektronenbahnen. Naturwiss. **21**, 286–287 (1933). Signiert Berlin-Dahlem, den 25. März 1933. – c) Offenbar scheint Pauli an ein Neutrino als Positron-Elektron-Paar gedacht zu haben. – d) B.W. Sargent: The Maximum Energy of the β-Rays from Uranium X and other Bodies. Proc. Roy. Soc. A **139**, 659–673 (1933). Eingegangen am 28. Dezember 1932. – e) Im Cavendish-Laboratory in Cambridge waren es jetzt neben ihrem Leiter Rutherford vor allem James Chadwick und Blackett, welche die Arbeitsrichtung auf dem Gebiete der Kern- und Hochenergiephysik bestimmten. Auch die Nebelkammer war hier 1912 von Charles Thomas Rees Thomson entwickelt worden. – f) Die Physikalische Vortragswoche der ETH in Zürich fand in der Woche vom 28. Juni bis zum 1. Juli 1933 statt. Bei dieser Gelegenheit berichtete Blackett über die neue Nachweismethode und die Ergebnisse der Höhenstrahlungsuntersuchungen. Vgl. den von H. Stücklen angefertigten Bericht in Naturwiss. **21**, 772–776 (1933). – g) Am Ende ihrer Mitteilung a wiesen die Autoren auf die Notwendigkeit eines nicht-ionisierenden Mediums hin, um alle beobachteten Schauer deuten zu können.

[308] Pauli an Dirac

Zürich, 1. Mai 1933

Dear Dirac!

Many thanks for your kind letter. He does not, however, [answer] all my questions. What I wish to know is the following:

*Is it possible, to calculate**

$$\phi_\nu^+(\dot{x}, t)\phi_\mu(\dot{x}', t') - \phi_\mu(\dot{x}', t')\phi_\nu^+(\dot{x}, t) = ?$$

for all (in generals differents) *field* times t, t' (which are different, too, from the particle times), in such a way, that those commutability relations are 1) also true in the case of the presence of particles, 2) are obviously relativistic invariant.

Further: It is possible, to calculate the above expression in a systematical way from the Lagrangian scheme (without using the Hamiltonian)?

In the case, where no particles are present, the question is answered in the paper of Jordan and myself[a].

I agree completely with your opinion about the theory of quantized fields and with that she probably can't be made better with e^2/hc an arbitrary number.

My best wishes to all foreign physicists in Cambridge[b] (expecially to Sommerfeld) and to yourself from W. Pauli

P.S. I write now a paper about the fivedimensional theory of electromagnetic and gravitational field and particularly about the role of your equation of the electron in that theory[c].

I do not believe on your perception of "holes", even if the existence of the "antielectron" is proved. I was never in England, perhaps I also can come sometime (but not in that semester) to Cambridge[d].

---

* $\phi_4 = \phi$, $\phi_{1,2,3} = \vec{A}$.

a) P. Jordan und W. Pauli (1928b). – b) Sommerfeld war 1933 anläßlich seiner Ernennung zum Ehrenmitglied der Physical Society of London in Cambridge, wo er u.a. auch R. Peierls und V. Weisskopf antraf. Anschließend reiste er nach Edinburgh, um den James Scott-Preis in Empfang zu nehmen. – c) Pauli (1933 c, d). – d) Wahrscheinlich kam Pauli im April 1934 anläßlich seiner Heirat mit Franca zum erstenmal nach England.

[309] Pauli an Dirac

Zürich, 13. Mai 1933

Dear Dirac!

I thank you very much for your letter from 8-V and I believe, that the whole thing is now enlightened. In the first place the expression[a]

$$\phi_\nu(x,t)\phi_\mu(x',t')-\phi_\mu(x',t')\phi_\nu(x,t)$$

is equal to

$$\delta_{\mu\nu}\frac{ihc}{4\pi}\Delta(X-X'), \tag{1}$$

where X means (x, y, z, t)*. That circumstance is complete equivalent with your relations (19), if the ϕ_ν's satisfy

$$\sum_\alpha \frac{\partial^2}{\partial x_\alpha^2}\phi_\nu=0.$$

Now the relativistic invariance of (19) becomes obvious, because of the relativistic invariance of (1).

What the connexion of the above expression with the work of Jordan and myself[b] concerns, it is true, that the expression (1) does not stand in this paper. But, one sees immediately by differentiation, that the commutability relations of the field-strength, contained in this paper, follow from (1). The relation (1) was well known to Jordan and myself for the case of no charged particles, but we was hindered to stand them, because it was our opinion, that div $\mathfrak{E}$ should commute with every ϕ_ν.

It was very new for me, and I learned that from your last letter, that (1) holds also in your theory, without change, when charged particles are present. It follows than, that the relations for the field quantities $\mathfrak{E}$ and H of Jordan and myself hold, too, even in the general case. That was not the case in the theory of Heisenberg and myself[c], because we assumed, that (in contrary to div $E=\rho$) the equation

$$\operatorname{rot}\vec{H}-\frac{1}{c}\dot{\vec{E}}=\frac{1}{c}\vec{i}$$

should be an operator equation and not a condition on the ψ.

* I am not quite sure about the sign on the right side. – It is to notice, that by means of this expression the proof of the commutability of $C(x,t)$ {Eq. (27)} with $R_s-ih\,\partial/\partial t_s$ becomes very simple.

I see, that the point of view of your paper is a great approvement[d], because the relativistic invariance of all equations becomes obvious now and the commutability relation for the field strength remain unchanged, if charged particles come into play.

Perhaps I can come to Cambridge in the fall[e]. With best wishes

Yours sincerly W. Pauli

a) Die folgenden Formeln beziehen sich auf die (im Kommentar zu [306] genannte) Arbeit von Dirac, Fock und Podolsky. Die Ausdrücke für Rs (Formel 11) und $C(r,t)$ (Formel 27) findet man dort auf S. 470 und 476. Die weiter unten erwähnten Vertauschungsrelationen (19) sind daselbst auf S. 472 angegeben. – b) P. Jordan und W. Pauli (1928b). – c) W. Heisenberg und W. Pauli (1929, 1930). – d) Offensichtlich soll es hier improvement heißen. – e) Vgl. hierzu die Anm. d zu [308].

Zum Herbst 1933 suchte Pauli abermals einen neuen Assistenten, da Casimir dringend von Ehrenfest zurückgefordert wurde. Formal hatte er diese Stelle bereits seinem ehemaligen Assistenten Peierls zugesagt, weil die Vergabe der Rockefeller Stipendien an eine solche Zusage gebunden war. Es galt jedoch als ausgemacht, daß Peierls nach Ablauf seines Stipendiums von dieser Zusage keinen Gebrauch machen würde. Doch inzwischen hatte sich der Stellenmangel wegen der politischen und wirtschaftlichen Lage in Deutschland so zugespitzt[1], daß Pauli sich nun an sein gegebenes Versprechen gebunden fühlte [31c].

In der engeren Wahl waren jetzt außer Peierls Victor Weisskopf und Hans Bethe.

Hans Bethe war ebenso wie Pauli einer der erfolgreichsten Meisterschüler Sommerfelds. Nach seiner Dissertation 1928 in München war er vorübergehend Assistent bei Madelung an der Universität Frankfurt und bei Ewald an der Technischen Hochschule in Stuttgart gewesen. 1930 habilitierte er sich und wirkte von 1930 bis 1933 als Privatdozent in München und in Tübingen.[2]

Schon in diese Zeit fallen seine ersten großen Leistungen. Bahnbrechend für die Festkörpertheorie war seine Untersuchung über die Termaufspaltung in Kristallen.[3]

Als er im Frühjahr 1931 bei Fermi in Rom arbeitete, machte ihm Sommerfeld den Vorschlag, gemeinsam einen Artikel über Metallelektronen für das Handbuch der Physik zu schreiben.[4] Gleichzeitig arbeitete Bethe schon an dem Artikel über die Quantenmechanik der Ein- und Zwei-Elektronenprobleme, in dem er das Thema erschöpfend behandelte.[5]

Außerdem hatte Bethe mehrere wichtige Beiträge zur relativistischen Stoßtheorie geliefert, welche sich später für die Theorie der Höhenstrahlung als äußerst nützlich erwiesen.[6] Die Arbeitskraft von Bethe wurde allgemein bestaunt.[7] Seine Vielseitigkeit bewog Pauli, ihn trotz seines Schwerpunktes in der Festkörpertheorie für die Assistentenstelle ernsthaft in Erwägung zu ziehen. Doch Bethes Vorliebe für den verhaßten Festkörper gab schließlich den Ausschlag zugunsten von Weisskopf, „den einzigen Kandidaten“, wie Pauli bemerkte, „gegen den bei mir gar nichts spricht.“

Victor Weisskopf hatte gemeinsam mit Eugene P. Wigner zwei grundlegende Untersuchungen über die natürliche Linienbreite der Spektrallinien auf der Grundlage der Diracschen Strahlungstheorie durchgeführt, die über den Bereich der konventionellen Störungstheorie hinausgingen.[8] Besonders diese Arbeiten dürften Paulis Aufmerksamkeit erregt haben, weil sie gewisse Probleme lösten, auf die er schon in seinem älteren Handbuchartikel [1926] aufmerksam gemacht hatte.

Manchmal wurde geäußert, Pauli habe sich nicht genügend um das Schicksal seiner ehemaligen Mitarbeiter gekümmert. Anlaß für solche Bemerkungen waren die von Pauli verfaßten Empfehlungsschreiben, die sich durch ihre Kürze und Nüchternheit auszeichneten und deshalb nicht Eingeweihten zu einem solchen Schluß verleiteten.[9] Man muß jedoch beachten, daß unter Kollegen in Anbetracht der kleinen Zahl von Physikern die Bewerber meist bekannt waren und solche Schreiben deshalb nur noch eine reine Formsache waren. Natürlich versagte das Verfahren, sobald eine so geartete „Empfehlung“ außerhalb dieses Kollegenkreises gelangte.[10]

Nach Erledigung der „Marktfragen“ kam Pauli auf die neuesten Entwicklungen in der Kernphysik zu sprechen. Frederic Joliot und Irène Curie hatten ihre Untersuchungen über Neutronenstrahlung fortgesetzt und zum ersten Mal auch Positronen durch Streuung von harten γ-Strahlen an Materie erzeugt.[11] Pauli schöpfte neue Hoffnung für seine Neutrinos.

[1] Die Stellungsnot für junge Wissenschaftler hatte seit der Wirtschaftskrise 1932 ständig zugenommen. Besonders betroffen davon waren die vielen jungen Theoretiker, für die nur eine akademische Laufbahn in Frage kam. Nach der Machtübernahme durch die Nationalsozialisten standen jetzt selbst die wenigen freien Plätze an den deutschen Universitäten nur noch bedingt zur Verfügung. Rudolf Peierls hatte ursprünglich die Absicht, die ehemalige Assistentenstelle von Pauli bei Lenz in Hamburg zu übernehmen; er gab diesen Plan jedoch im Hinblick auf die politische Lage bald auf. Nachdem einige weitere Verhandlungen in Amerika, Indien und in Peru fehlschlugen, ging er schließlich zusammen mit Bethe zu Sir William Lawrence Bragg nach Manchester, wo sich ihm eine glänzende Laufbahn eröffnete.

[2] Vgl. hierzu J. Bernstein: Hans Bethe: Prophet of Energy. New York 1980. Dort auf S. 21 wird auch über Paulis erste Begegnung mit Bethe berichtet. Mit Anspielung auf die Ergebnisse der Dissertation soll Pauli gesagt haben, daß er nach den Erzählungen von Sommerfeld eigentlich etwas Besseres von Bethe erwartet hätte.

[3] H. Bethe: Termaufspaltung in Kristallen. Ann. Phys. (5) **3**, 133–208 (1929).

[4] A. Sommerfeld und H. Bethe: Elektronentheorie der Metalle. Handbuch der Physik. Band 24, Teil 2. Berlin 1933. Dort S. 333–622. – In einem Schreiben aus Capri an Sommerfeld vom 30. Mai 1931 sagte Bethe seine Mitarbeit zu: „Ich fand es doch sehr reizvoll einmal klar herauszustellen, bis wohin die Konzeption des freien Elektrons trägt und wo die genaueren Eigenfunktionen der Elektronen und vor allem die feinere Abhängigkeit der Energie von der Geschwindigkeit eine Rolle zu spielen anfangen. Dementsprechend habe ich die Disposition gemacht ...“

[5] H. Bethe: Quantenmechanik der Ein- und Zwei-Elektronenprobleme. Handbuch der Physik. Band 24, Teil 1. Berlin 1933. Dort S. 273–560.

[6] H. Bethe: Zur Theorie des Durchgangs schneller Korpuskularstrahlen durch Materie. Ann. Phys. (5) **5**, 325–400 (1930). –: Bremsformel für Elektronen relativistischer Geschwindigkeit. Z. Phys. **76**, 293–299 (1932). – und Fermi: Über die Wechselwirkung von zwei Elektronen. Z. Phys. **77**, 296–306 (1932).

[7] Siehe hierzu die Schilderung bei W. Elsasser in dem in Anm. c zu [310] zitierten Buch.

[8] V. Weisskopf und E. Wigner: Berechnung der natürlichen Linienbreite auf Grund der Diracschen Lichttheorie. Z. Phys. **63**, 54–73 (1930). –: Über die natürliche Linienbreite in der Strahlung des harmonischen Oszillators. Z. Phys. **65**, 18–29 (1930).

[9] Seinem langjährigen Assistenzen Victor Weisskopf soll Pauli ein Empfehlungsschreiben folgenden Inhalts ausgestellt haben: „V.F. Weisskopf war in den Jahren 1934 bis 1935 bei mir als Assistent tätig. Es ist mir in dieser Zeit nichts Nachteiliges über ihn bekannt geworden“. Vgl. W. Paul: Victor Frederick Weisskopf 60 Jahre. Phys. Bl. **24**, 417–418 (1968).

[10] Rudolf Peierls erhielt von Arnold Sommerfeld ein ähnlich gefaßtes Empfehlungsschreiben, als er sich Anfang 1934 um eine Stellung in Ramans neu eröffnetem Institut in Bangalore bewarb, welches völlig seinen Zweck verfehlte.

[11] I. Curie und F. Joliot: Sur la nature du rayonnement pénétrant excité dans les noyaux légères par les particules α. C.R. Acad. Sci., Paris **194**, 1229–1231 (1932). F. Joliot und I. Curie: Contribution à l'étude des électrons positifs. C.R. Acad. Sci., Paris **196**, 1581–1583 (1933). – F. Joliot: Origine des électrons positifs. Helv. phys. Acta **6**, 433–437 (1933). – Vgl. hierzu auch den zusammenfassenden Bericht von W. Bothe: Das Neutron und das Positron. Naturwiss. **21**, 825–831 (1933).

[310] Pauli an Peierls

Zürich, 22. Mai 1933

Lieber Herr Peierls!

Vielen Dank für Ihren Brief vom 19. – Ich muß Ihnen allerdings gestehen, *daß mir Ihre Weise, Physik zu treiben, wesentlich weniger gut gefällt als die von anderen, die auch für meine Assistentenstelle in Frage kämen.* Ihre letzte Arbeit über starke Felder hat hinsichtlich Form und Inhalt sehr abstoßend auf mich gewirkt.[a] Und die Mitteilung Ihres Briefes, daß Sie immer noch nicht von der Physik des festen Körpers losgekommen sind, macht mir die Aussicht, Sie wieder als Assistent hier zu haben, auch nicht gerade verlockend.

Trotz der genannten Umstände kann ich es doch – auch abgesehen von der gegenüber der Rockefeller-Stiftung übernommenen Verpflichtung – nicht mit meinem Gewissen vereinbaren, Sie jetzt einfach auf der Straße liegen zu lassen, wenn Sie im Herbst keine Stelle finden.[b]

Ihre Aussichten auf das Lorentz-Stipendium scheinen – nach dem, was ich gehört habe, nicht groß zu sein. Wie groß Ihre Chancen in Belfast sind, kann ich nicht beurteilen, aber ich höre, daß auch Bethe sich um diese Stelle beworben hat. Natürlich können Sie meinen Namen ohne weiteres als Referenz angeben.

Aus Amerika bekam ich Antwort von Herrn Rabi, daß es für Sie zwar schwierig, aber vielleicht nicht ganz unmöglich wäre, eine Stelle in Amerika zu bekommen. Schreiben Sie auf jeden Fall an Slater (Boston); es sollen dort noch die meisten Chancen sein.

Momentan ist Elsasser hier, ich bemühe mich, für ihn eine Stelle in Paris zu finden.[c] Heute tauchte auch Fröhlich auf, ein Opfer des dritten Reiches und der Metallphysik![d]

Was nun meine Assistentenstelle betrifft, so wäre es mir am liebsten, Casimir würde im Herbst noch hier bleiben. Es ist aber nicht wahrscheinlich, daß ich das durchsetzen kann, denn von Ehrenfest kommen dringende Hilferufe, Casimir möge nach Leiden zurückkehren und Casimir ist momentan sehr geneigt, das auch zu tun. Bloch dürfte im Herbst sein Rockefeller-Stipendium bekommen und für die Zeit nach dessen Ablauf, hat Bohr sich verpflichtet, Bloch anzustellen.[e] Güttinger ist endgültig in eine Versicherungsgesellschaft in Basel verschwunden. *Ich werde jetzt jedenfalls mindestens noch einen Monat mit der Entscheidung über die Besetzung meiner Assistentenstelle warten* und hoffe von Ihnen bis dahin zu hören, ob Sie untergekommen sind.

Für den Fall, daß dies eintritt, denke ich ernstlich an *Weißkopf* und an *Bethe*. Bethe allerdings nehme ich nur unter der Bedingung, daß er mit dem Handbuch-Artikel über Elektronentheorie der Metalle bis zum Herbst fertig ist und die Physik des festen Körpers abschwört. (Es ist das eine Art „Antimodernisten-Eid", den ich einführen will.) Es dürfte letzteres allerdings nicht so schwer für ihn sein, da er sich immer für Stöße interessiert hat.[f]

Immerhin ist von denjenigen, die nicht schon versorgt sind, *Weißkopf der einzige Kandidat, gegen den bei mir gar nichts spricht.*

Delbrück ziehe ich jetzt kaum mehr als Kandidat für meine Assistentenstelle in Betracht. Erstens gehört er zu den wenigen jungen Theoretikern, die in

Deutschland Unterkunftsmöglichkeit haben, zweitens hat er sich wissenschaftlich nicht günstig entwickelt, hat auch im letzten Jahr gar nichts geleistet.[g]

Nun von den Fragen des „Physikermarktes“ zu denen der Physik.

Was die Kernphysik betrifft, so glaube ich wieder sehr an die Erhaltungssätze – nicht nur an die von Energie, Impuls (und selbstverständlich der Ladung), sondern auch an die des Impulsmomentes und den Symmetriecharakter (Bose oder Fermi) des Gesamtsystems. Denn ich bin in meiner früheren Vermutung der Existenz eines „Neutrinos“ und seiner Emission beim β-Zerfall durch die Entdeckung des positiven Elektrons sehr bestärkt worden.

Ich habe darüber bewegliche Briefe an Blackett[h] und an Joliot geschrieben. Letzterer versprach, zu untersuchen, ob die künstlichen γ-Strahlen des Be Neutrinos enthalten (und zwar wäre das Kriterium der Unterscheidung die Geschwindigkeits- und Richtungsverteilung der Sekundärelektronen, die einerseits γ-Photonen, andrerseits Neutrinos auslösen).

Was nun die oben genannten Erhaltungssätze von Impulsmoment und Symmetriecharakter des Gesamtsystems bei Kernprozessen betrifft, so würden sie zunächst erklären, warum ein Wasserstoffatom sich nicht spontan in ein Neutron verwandeln kann. Denn das H-Atom hat als Ganzes Bosestatistik und ganzzahligen Spin (von Proton + Elektron), das Neutron halbzahligen Spin und Fermistatistik. Das Neutron könnte dann nicht aus Elektron und Proton bestehen, wenigstens nicht aus diesen allein.[i]

Ferner ist es wahrscheinlich, daß das positive Elektron ganzzahligen Spin (vielleicht Null) und Bose-Statistik hat. Dies könnte man aus den Erhaltungssätzen (und aus der empirischen Tatsache, daß die Massenzahl der Kerne ihre Statistik und den Geradheitscharakter des Spins eindeutig bestimmt) allerdings nur dann schließen, wenn man wüßte, daß es bei einem Elementarprozeß in ungerader Zahl erzeugt werden kann. Es wäre sehr zu wünschen, wenn die Experimentatoren genau feststellen würden, bei welchem Elementarprozeß das positive Elektron entsteht. Die Idee, daß das positive Elektron Bose-Statistik hätte, hat Elsasser zuerst gehabt (wenn auch aus anderen Gründen) und ich habe ihm geraten, darüber eine Note an die Nature zu schicken. (Daß dieser Gesichtspunkt der Diracschen Löchertheorie entgegengesetzt ist, spricht nur *für* ihn. Denn die Erfahrung zeigt doch, daß positive und negative Elektrizität sich nicht genau gleich verhalten[j] und es ist mir sehr unsympathisch, diese Asymmetrie in den Anfangszustand der Welt zu verlegen, wie Dirac es tut.)

Wenn ich also glaube, daß Bohr mit seiner Bekämpfung des Energiesatzes in der Kernphysik ganz Unrecht hat,* so glaube ich andrerseits, daß er in der Frage der Feldstärkemessung unbedingt Recht hat.[k] Ich glaube dies nicht aus allgemeinem Bohr-Autoritätsglauben (der war bei mir nie vorhanden), und nicht einmal nur deswegen, weil ich in seinem Beweis keinen Fehler gefunden habe. Sondern ich glaube es, weil umgekehrt kein einziger stichhaltiger Grund für die Ungleichungen der Felstärken in der Arbeit von Ihnen und Landau besteht.[l] (Die Diskussion einer speziellen Meßanordnung ist *nie* ein Grund!) Wenn eine Messungenauigkeits-Ungleichung besteht, die nicht in den Grundla-

---

* Er wollte übrigens, als ich ihn im März sah, von dem positiven Elektron nichts wissen und meinte, daß Blackett eben „pathologische Photographien“ gemacht habe.

gen des theoretischen Formalismus als Vertauschungsrelation direkt vorkommt, *so muß eine solche Relation einen angebbaren physikalischen Grund haben.* Bei den Relationen über die Ungenauigkeit der Impuls- und Ortsmessung von Teilchen in Ihrer Arbeit ist dieser Grund das tatsächliche Fehlen von Zuständen negativer Energie (welcher Tatsache die Theorie widerspricht). Aber bei der Feldstärkemessung spielen die Zustände negativer Energie keine Rolle und für eine aus den Vertauschungs-Relationen nicht folgende Ungleichung, *die nicht die Ladung, Masse oder Dimension der Probekörper enthält,* fehlt jeder Grund. (Die scheinbaren Paradoxien über die „Nullpunktsschwankung" der Feldstärke wurden von Bohr geklärt.)

Andrerseits kann natürlich etwas passieren, wenn der Raum-Zeit-Bereich, über den bei der Feldstärkebestimmung zu mitteln ist, Lineardimensionen der Größenordnung h/mc (bzw. h/mc^2) bekommt (m = Masse des Probekörpers) bzw. allgemeiner, wenn die atomistische Konstitution der Probekörper eine Rolle spielt. Das meint auch Bohr. (Die versprochenen Korrekturen der Arbeit von Rosenfeld und mir sind übrigens bis heute noch nicht gekommen.[m])

Was meine eigene Physik betrifft, so ist zunächst das Streuproblem bei kurzwelligen γ-Strahlen dank einer Arbeit von Casimir endlich gelöst.[n] Die Heisenbergsche Vermutung, daß in gewissen Grenzfällen die Klein-Nishina-Formel gelte, ist damit endgültig widerlegt.

Ich selbst schreibe eine längere zusammenfassende Arbeit über 5-dimensionale Physik, deren erster Teil fertig ist und deren zweiter Teil bald fertig wird.[o]

Dann möchte ich mir die Wellenfunktion mit mehreren Zeiten von Dirac, Fock und Podolsky, die mich sehr interessiert, hinsichtlich ihrer physikalischen und korrespondenzmäßigen Bedeutung noch näher ansehen.[p]

Ich habe mich gefreut, daß aus Diracs Quatsch vom vorigen Jahr[q] nun doch etwas Vernünftiges herausgekommen ist.

Beste Grüße an Sie und alle Cambridger Physiker (besonders an Weißkopf; bitte zeigen Sie ihm auch diesen Brief). Ihr W. Pauli

a) R. Peierls: Zur Theorie des Diamagnetismus von Leitungselektronen. II. Starke Magnetfelder. Z. Phys. **81**, 186–194 (1933). Eingegangen am 14. Januar 1933. – b) Vgl. hierzu Anm. 1. – c) Walter Elsasser war im Herbst 1931 nach einem längeren Aufenthalt am Ukrainischen Physikalisch-Technischen Institut in Charkow nach Deutschland zurückgekehrt und hatte eine Assistentenstelle bei Madelung in Frankfurt a.M. angetreten, die zuerst Bethe übernehmen wollte, dann aber absagte. Auch Elsasser mußte jetzt Deutschland verlassen und vorübergehend arbeitete er bei Pauli in Zürich. – Durch Paulis Vermittlung erhielt er schließlich eine Stelle als Theoretiker im Pariser Radium-Institut bei Frederic Joliot. (Vgl. hierzu W. Elsasser: Memoirs of a Physicist in the Atomic Age. New York 1978. Dort insbesondere S. 160ff.) – d) Eine große Zahl von Physikern hatte nach der Machtübernahme ihre Stellung verloren. Hilfesuchend wandten sie sich an Kollegen im Ausland. Im April 1933 erhielt Weisskopf von einem Unbekannten aus Wien die Nachricht, daß dort einige Nationalökonomen bereit wären, bedrängten Wissenschaftlern aus Deutschland beizustehen. Auch in Basel bildete sich ein Komitee zur Vermittlung von neuen Stellen. Durch dieses gelangte schließlich auch der Sommerfeld-Schüler Herbert Fröhlich, der gerade seine Habilitation in Freiburg abgeschlossen hatte, an das Physikalisch-Technische Institut in Leningrad, wo er sein bekanntes Werk über die Elektronentheorie der Metalle verfaßte, bevor er sich nach England begab. Fröhlich hatte sich fast ausschließlich mit der Metallphysik abgegeben und kam deshalb trotz seiner sonstigen Eignung für Paulis Assistentenstelle nicht in Betracht. (Vgl. hierzu das von dem Herausgeber durchgeführte Interview am 31. Juli 1980 in Stuttgart.) – e) Felix Bloch war „nicht nach Leipzig zurückgekehrt, obwohl er noch eine Zeitlang hier hätte arbeiten können", schrieb Heisenberg am 30. Juni an Bohr. „Er hält jetzt in Paris Gastvorlesungen." Bloch ging 1934 nach seinen Vorträgen am

Institut Henri Poincaré mit einem Rockefeller-Stipendium erst zu Fermi nach Rom, bevor er endgültig nach Stanford in Amerika übersiedelte. (Siehe hierzu L.I. Schiff and R. Hofstadter: Felix Bloch. A Brief Professional Biography. Physics Today, Dezember 1965. S. 42–43.) – f) Vgl. Anm. 4 und 6. – g) Siehe hierzu auch den Kommentar zu [291]. Um diese Zeit begann Delbrück sich bereits – in sog. „Schwarzarbeit", wie er später sagte – der Genforschung zuzuwenden, so daß seine Produktion auf physikalischem Gebiet stark zurückging. Besonders Niels Bohrs Vortrag auf dem II. Internationalen Kongreß für Lichttherapie in Kopenhagen am 15. August 1932 über „Licht und Leben" bestärkte ihn in seinem Wunsch, Molekularbiologe zu werden. – h) Vgl. Paulis Schreiben [307]. – i) Diese Idee hatte bekanntlich Ettore Majorana ausgestaltet, der sich um diese Zeit bei Heisenberg in Leipzig aufhielt. „Über Kernphysik hat Majorana (jr.) eine ganz hübsche Arbeit geschrieben" ... berichtete Heisenberg am 23. Februar 1933 an Bohr. Vgl. E. Majorana, Über die Kerntheorie. Z. Phys. **82**, 137–145 (1933). – j) Heisenberg war offenbar anderer Ansicht. In seinem Brief vom 17. Juli [1933] an Sommerfeld heißt es: „In der Natur scheint zwischen den beiden Prozessen: Elektronenemission und Positronenemission doch völlige Symmetrie zu herrschen. Aber natürlich muß man noch auf große Überraschungen gefaßt sein." Vgl. hierzu auch Anm. e zu [312]. – k) Vgl. Anm. h zu [305]. – l) Vgl. hierzu den Kommentar zu [293]. – m) Eine solche gemeinsame Arbeit konnte nicht nachgewiesen werden. – n) Vgl. Anm. f zu [305]. – o) Pauli (1933 c, d). – p) Vgl. hierzu den Kommentar zu [306] und die dort in der Anm. 2 genannte Untersuchung von F. Bloch. – q) Siehe hierzu Paulis Schreiben [292] an Dirac.

Die Prüfung der auf der Dirac-Gleichung beruhenden Klein-Nishina-Formel war zugleich ein entscheidender Test für Diracs Theorie. Diese Formel war bisher lediglich für anfangs ruhende Elektronen abgeleitet. Offenbar hatte Heisenberg Pauli gegenüber behauptet, daß die Ergebnisse der Theorie auch für gebundene oder bewegte Elektronen gelten würden, sofern die Frequenz der einfallenden Strahlung groß gegen die Ionisierungsfrequenz des Atoms sei [311]. Pauli, der weiterhin der Diracschen Theorie ablehnend gegenüberstand, griff diese Herausforderung gerne auf und untersuchte das komplizierte Problem gemeinsam mit seinem Assistenten Casimir. Es zeigte sich jedoch, daß das Streuvermögen der Elektronen in »Heisenbergs Limes« von der Anfangsgeschwindigkeit abhing und damit im Widerspruch zu Heisenbergs Prognose stand.[1] Casimir, der den Fall der gebundenen Elektronen behandelt hatte, verwendete zur Vereinfachung der Rechnungen für die Zwischen- und Endzustände des Atomelektrons näherungsweise ebene Wellen.[2] Das Auftreten eines logarithmischen Gliedes in seiner Streuformel verursachte noch Schwierigkeiten und veranlaßte Heisenberg, Casimir die versprochene Moselweinflasche vorzuenthalten [312].

[1] W. Pauli (1933b).
[2] H. Casimir: Über die Intensität der Streustrahlung gebundener Elektronen. Helv. Phys. Acta **6**, 287–304 (1933). Eingegangen am 3. Juni 1933.

[311] Pauli an Heisenberg

Zürich, 2. Juni 1933

Lieber Heisenberg!

Ich schicke Dir mit gleicher Post die Kopien von 2 Arbeiten von Casimir und mir, in denen endlich die Streuung von γ-Strahlen durch gebundene Elektronen in „Deinem" Limes so weit durchgerechnet ist, als man in Zwischen- und Endzuständen die Eigenfunktionen durch ebene Wellen ersetzen darf.[a] Wie weit das zulässig ist, ist sehr schwer zu entscheiden. Das Glied mit $log\ h\nu/mc^2$ in Casimirs

Resultat ist sehr komisch, aber wir konnten es nicht wegbringen. *Jedenfalls gründe ich auf diese Arbeiten den Anspruch auf die Flasche Moselwein* (die ich gerne mit Casimir teilen werde)! – Bin neugierig, was Du dazu meinen wirst!

Momentan versuche ich, mir die fünfdimensionale Physik endgültig vom Leib zu schreiben, indem ich eine längere Arbeit in 2 Teilen darüber verfasse.[b]

Die Arbeit von Dirac, Fock und Podolsky gefällt mir je länger, je mehr.[c] Es ist lustig, daß dort die Vertauschungs-Relationen der Vakuumelektrodynamik sich nicht ändern, wenn Teilchen vorhanden sind, und zwar auch dann nicht, wenn $t \neq t'$.

Wir hoffen bestimmt, daß Du zur Konferenz nach Zürich kommen wirst.[d]

Betreffend Kernphysik glaube ich wieder sehr an die Gültigkeit des Energiesatzes beim β-Zerfall, indem noch andere, sehr durchdringende leichte Teilchen dabei emittiert werden. Auch glaube ich, daß der Symmetriecharakter des Gesamtsystems ebenso wie das Impulsmoment bei allen Kernprozessen s[tet]s erhalten bleiben.

Herzliche Grüße

Dein alter W. Pauli

a) Vgl. Anm. 1 und 2. Pauli wies in seiner Publikation (1933b) auf S. 279 auf Heisenbergs Anregung hin. – b) Pauli (1933c, d). – c) Vgl. hierzu den Kommentar zu [306]. – d) Vgl. [307], Anm. f und den Brief [312].

Die Auswirkungen des »Gesetzes zur Wiederherstellung des Berufsbeamtentums« hatten inzwischen die Wissenschaftler im In- und Ausland alarmiert. In einem Schreiben von Peter Paul Ewald an das Ministerium heißt es: „Da es mir nicht möglich ist, in der Rassenfrage den Standpunkt der nationalen Regierung zu teilen, so bitte ich, mein Amt als Rektor der Technischen Hochschule Stuttgart mit sofortiger Wirkung niederlegen zu dürfen und auch von dem Amt als Prorektor entbunden zu werden." Wie lange er die Institutsdirektion noch ausüben könne, „hängt von der Interpretation ab, die den Begriffen ‚am 1. August 1914 beamtet' und ‚Frontdienst' im Beamtengesetz gegeben werden", teilte er am 21. April Frau Sommerfeld mit. „Nach den Erklärungen vor einigen Tagen fängt der Kampf um die Entjudung ja erst eigentlich an. – Ob sich bei Herrn Flexner in Princeton(?) eine großartige Sammelstelle für Physiker und Mathematiker errichten ließe? Es wäre eine etwas andere Verwendung der Mittel, über die er verfügt, als ursprünglich beabsichtigt: Aber im ganzen ließe sich dort auch eine fabelhafte physikalisch-mathematische Fakultät für Forschungsarbeit zusammenstellen, eine hohe Schule oder Akademie von Leuten, die nichts anderes kennen, als ihre Forschungsarbeit."

Natürlich gelangten solche Nachrichten auf dem Briefwege auch schnell in das Ausland. Hans Kopfermann stattete Bohr am 23. Mai 1933 einen Bericht über seine Eindrücke ab. Er war 10 Tage lang in Berlin, Göttingen und Rostock gewesen und konnte von einem „stillen Boykott" der noch im Amt verbleibenden jüdischen Professoren berichten, der durch einen Aufruf der Berliner Studentenschaft hervorgerufen wurde. Auch die Neuorientierung der Lehrpläne entging seiner Aufmerksamkeit nicht: „Idealistische Philosophie, Wehrwissenschaft(!), Rassenkunde, Geschichte mit einem stark nationalen Einschlag usw. werden viel höher gewertet als etwa die Naturwissenschaften, in denen diese Leute wohl instinktiv feindliche Kräfte ihrer Weltanschauung ahnen ... Alle irgendwie beamteten mußten einen Fragebogen ausfüllen, in dem die Rasse bis auf den Großvater anzugeben war."

Born hatte sich am 15. Mai mit seiner Frau nach Wolkenstein (Selva Gardena) in Südtirol begeben, um dort die weitere Entwicklung abzuwarten. Kritisch beobachtete er das Verhalten der in Deutschland Zurückgebliebenen. Besonders über Heisenbergs Äußerungen zu den neuen Verhältnissen war er sehr mißtrauisch geworden. „Ich schicke Dir beiliegend eine Abschrift aus einem Brief von Heisenberg", informierte Born am 11. Juni seinen Freund Ehrenfest, „aus dem Du die (Dir schon bekannte) Einstellung der deutschen wohlgesinnten Kollegen gut formuliert ersehen kannst." Es folgte die Abschrift eines Briefes vom 2. Juni, in dem Heisenberg die Vorgänge noch recht optimistisch beurteilte: „Aber über den anderen Inhalt Ihres Briefes war ich ganz erschrocken: Ich hatte nicht damit gerechnet, daß auch Sie nicht mehr nach Göttingen zurückkommen wollen und ich hoffe auch noch, daß dies nicht Ihr definitiver Entschluß ist. Ich war nämlich bei Planck in Berlin und hab' mit ihm über die Frage gesprochen, was wir für die Physik tun können. Planck hat – ich denke, ich darf Ihnen das ruhig weiter berichten – mit dem Haupt der Regierung gesprochen und die Zusicherung erhalten, daß über das neue Beamtengesetz hinausgehend nichts von der Regierung unternommen werde, das unsere Wissenschaft erschweren könnte. Da andererseits durch das Gesetz nur die allerwenigsten betroffen werden – Sie und Franck sicher nicht; auch Courant wohl nicht – so könnte die politische Umstellung ohne irgendeine Schädigung der Göttinger Physik vor sich gehen. Natürlich verstehe ich es menschlich sehr gut, wenn Sie die Rückkehr in eine so undankbare Umgebung scheuen, aber Sie wissen doch auch, mit wieviel Dankbarkeit die Schüler an Sie denken, die unmittelbar die wissenschaftliche Atmosphäre zu spüren bekamen, die von Ihrer Arbeit ausging. Auch uns anderen wird es ja nicht leicht gemacht, auf dem Posten auszuharren: Durch das Ausscheiden Blochs aus meinem Institut ist ein Bau z.T. zerstört, der mir viel Zeit und Mühe gekostet hatte. Auch im Wissenschaftsbetrieb selbst haben sich einige häßliche Dinge ereignet.

Trotzdem weiß ich, daß es unter denen, die in der neuen politischen Situation führen, auch Menschen gibt, um derentwillen sich ein Ausharren durchaus lohnt. Es wird sich sicher im Lauf der Zeit das Häßliche vom Schönen scheiden. Ich möchte also gern nach meinem Vermögen Ihnen zureden, in Göttingen nicht nur Undankbarkeit zu sehen. Vielleicht wird in nicht allzu ferner Zeit das Leben hier so ruhig werden, daß Sie spüren, wieviel Ihre Arbeit einem bestimmten Kreis von Menschen bedeutet. Und mehr können wir doch nie erreichen, daß es einen Kreis von Menschen gibt, der spürt, daß wir für ihn und die uns anvertraute Wissenschaft leben." ...

Heisenberg hat hier die wirkliche Situation offensichtlich gänzlich falsch eingeschätzt. Man darf aber nicht übersehen, daß er schon damals mißtrauisch von den neuen Machthabern beobachtet wurde und mit einer Überwachung seiner Person rechnen mußte.[1] „Seit unserem Zusammensein [im Februar 1932] in den Bergen", heißt es in einem Schreiben vom 30. Juni an Bohr, „sind hier so viele ernste Dinge geschehen, die Zeit und Denken in Anspruch nehmen – auch hatte ich oft das Gefühl, ich müßte Dir gegenüber ein schlechtes Gewissen haben für alles das, was jetzt in diesem Lande geschieht."

Auch aus diesem Grunde dürfte Heisenberg Ende Juni nicht Paulis Einladung zur Teilnahme an der Züricher Vortragswoche[2] gefolgt sein [312].

Zum ersten Mal wurde während dieser Veranstaltung auch der Höhenstrahlung spezielle Aufmerksamkeit gewidmet. Erich Regener hielt ein längeres Referat über seine Absorptionsmessungen der Ultrastrahlung und diskutierte die umstrittene Frage nach der korpuskularen oder wellenartigen Natur dieser Strahlung. Nach einem Referat des italienischen Physikers Bruno Rossi über die Wirkungen der Strahlung auf die Materie berichtete Blackett über seine neuesten Messungen. Abgesehen von dem Vortrag Lise Meitners war die Theorie nicht vertreten. Da Heisenberg im Vorjahr zwei interessante Beiträge zur Theorie der Ultrastrahlung geliefert hatte[3], baten ihn Pauli und Scherrer nochmals dringend zu kommen.

[1] Vgl. hierzu E. Heisenberg: Das politische Leben eines Unpolitischen. Erinnerungen an Werner Heisenberg. München 1980.

[2] Einen zusammenfassenden Bericht der Vorträge von E. Bretscher wurde in Helv. Phys. Acta **6**, 411–413 (1933) publiziert. Vgl. auch Anm. f zu [307].
[3] W. Heisenberg: Theoretische Überlegungen zur Höhenstrahlung. Ann. Phys. **13**, 430–452 (1932). –: Über die durch Ultrastrahlung hervorgerufenen Zertrümmerungsprozesse. Naturwiss. **20**, 365–366 (1932).

[312] Pauli an Heisenberg

Zürich, 16. Juni [1933]

Lieber Heisenberg!

Vielen Dank für Deinen Brief vom 13. d., der leider die Mitteilung enthält, daß Du nicht nach Zürich zur Konferenz kommen willst. Scherrer und ich bitten Dich *dringend,* nochmals zu erwägen, ob Du nicht kommen kannst, wir haben sonst gar keinen Theoretiker hier, der etwas von Höhenstrahlung versteht. Vielleicht könntest Du über Aachen kommen?

Es war etwas unmenschlich, daß Du Casimir zum Entzug des Moselweines und noch dazu mindestens einem halben Jahr Zwangsarbeit verurteilen willst! Aber ganz ausgeschlossen ist es nicht, daß die Benützung der ebenen Wellen doch einen Fehler macht.[a]

Was das theoretische Schema der Diracschen Löchertheorie betrifft, so habe ich nach deren Erscheinen eines aufgestellt und ausführlich in Kopenhagen und in Leyden darüber vorgetragen;[b] auch die rel[ativistische] Invarianz trotz Wegstreichen der statischen unendlichen Elektrizitätsdichte habe ich damals betont. Publiziert habe ich es nicht, weil Weyl in der damaligen Auflage seines Quantenbuches es ziemlich ausführlich behandelt hat.[c] Was Du über die Selbstenergie schreibst, stimmt nicht ganz. Denn in der gewöhnlichen Theorie (ohne Löcher) gibt es einen vom Spin herrührenden Teil der Selbstenergie, der unendlich wird wie die Energie eines (unendlich kleinen) magnetischen Dipols, also wie $1/r^3$. Bei Waller (Zeitschrift für Physik) ist der Term, im Impulsraum allerdings, ausführlich berechnet.[d] Von diesem wird auch bei den Löchern ziemlich viel übrig bleiben.

Ich glaube nicht an die Löchertheorie, da ich Asymmetrie in den Naturgesetzen zwischen positiver und negativer Elektrizität haben möchte (es befriedigt mich nicht, die empirisch festgestellte Asymmetrie in eine solche im Anfangszustand der Welt zu schieben.)

Elsasser hat die Vermutung geäußert, daß die positiven Elektronen Bose-Statistik und Spin 0 oder 1 haben könnten.[e] Ich halte das keineswegs für ausgeschlossen. (Daß dies der Diracschen Theorie Schwierigkeiten machen würde, macht mir diese Hypothese nämlich sympathisch.)

Herzliche Grüße Dein W. Pauli

a) Vgl. den Kommentar zu [311]. – b) Diracs Löchertheorie war Anfang 1930 bekanntgeworden (vgl. hierzu [242]), so daß Pauli bereits während seiner Besuche in Leiden und in Kopenhagen im März und April 1930 vorgetragen haben dürfte. – c) In der zweiten verbesserten Auflage von H. Weyls Gruppentheorie und Quantenmechanik von 1931 ist der Invarianzbeweis bereits enthalten. – d) I. Waller: Bemerkungen über die Rolle der Eigenenergie des Elektrons in der Quantentheorie der Strahlung. Z. Phys. **62**, 673–676 (1930). – Vgl. hierzu auch Heisenbergs Schreiben [316] vom

17. Juli an Pauli. – e) Elsassers Vermutung wurde bald durch die Ergebnisse von Blackett und Occhialini widerlegt. Geht man nämlich davon aus, daß bei der Auslösung eines Elektrons und eines Positrons aus dem Kern durch eine γ-Strahlung die Energie und die Ladung erhalten bleiben, so muß das auch für den Gesamtdrehimpuls gelten. Daraus ergibt sich für das Positron der Spin 1/2 und Fermi-Statistik. Eine theoretische Behandlung dieses Problems wurde gerade von Peierls in Cambridge durchgeführt. (Vgl. hierzu den Hinweis von H. Stücklen in Naturwiss. **20**, 776 (1933) und Paulis Bemerkung in seinem Schreiben [314] an Heisenberg.)

Mit der folgenden Benachrichtigung entsprach Pauli Ehrenfests Wunsch, einfache »Abschlacht-Listen« bekanntzugeben, um anderen Physikern das unnötige Studium unrichtiger oder irreführender Publikationen zu ersparen.[1]

[1] Vgl. [295], Anm. e.

[313] Pauli an Ehrenfest

Zürich, [Mitte 1933]
[Brief undatiert]

Bitte verbreiten und vervielfältigen!
Öffentlicher Nachrichtendienst für die Physiker der älteren Generation:

Der Leichenberg, hinter dem allerlei Gesindel Deckung sucht, hat einen Zuwachs erfahren:

Es wird gewarnt vor der Arbeit von *Levi-Civita:* Diracsche und Schrödingersche Gleichungen, Berliner Berichte 1933.[a]

Alle sollten abgehalten werden, diese Arbeit z[u] lesen oder gar zu versuchen, sie zu verstehen. Ferner gehören sämtliche auf S. 241 dieser Arbeit zitierten Arbeiten[b] dem Leichenberg an.

W. Pauli
Verantwortlicher Redakteur

a) T. Levi-Civita: Diracsche und Schrödingersche Gleichungen. (Aus einem Briefe an Hrn. Schrödinger.) Sitzungsberichte der Preuß. Akad. d. Wiss. 1933, S. 240–250. Vorgelegt am 12. Januar 1933. – b) Es sind im wesentlichen die Arbeiten von D. Iwanenko und L. Landau: Zur Theorie des magnetischen Elektrons. I. Z. Phys. **48**, 340–348 (1928). – C.G. Darwin: The wave equations of the electron. Proc. Roy. Soc. A **118**, 654–680 (1928). – H. Weyl: Elektron und Gravitation. I. Z. Phys. **56**, 330–352 (1929). – V. Ambarzumian und D. Iwanenko: Eine quantentheoretische Bemerkung zur einheitlichen Feldtheorie. Doklady Akad. Nauk SSSR., 1930. S. 45–49. – B. Podolsky: A tensor form of Dirac's equation. Phys. Rev. **37**, 1398–1405 (1931). – B. Hoffmann und O. Veblen: Projective relativity. Phys. Rev. **36**, 810–822 (1930).

Die physikalische Vortragwoche der ETH in Zürich fand Ende Juni statt. Max Born, ebenfalls wie viele andere „nicht-arische" Akademiker seiner Stelle beraubt, war von Wolkenstein nach Zürich gekommen, um dort den Vorträgen an der ETH beizuwohnen. „In Zürich war es sehr schön", heißt es in einem Schreiben vom 8. Juli an Ehrenfest. „Die Vorträge waren alle glänzend, besonders Joliot und Stern. Dieser hat übrigens (ebenso wie Simon in Breslau) seine Stelle in Deutschland zum 1. d.M. gekündigt ... Hier in Selva Gardena ist es jetzt sehr schön. Ich arbeite ziemlich viel an einer sehr schwierigen Sache, Quantenelektrodynamik. Die Grundzüge habe ich Pauli erzählt, und er hat mich nicht niedergeboxt. Daher bin ich hoffnungsvoll, aber es geht langsam".

Schon im Juni 1932 war beschlossen worden, auf dem nächsten für Oktober 1933 geplanten Solvaykongreß in Brüssel die Kernphysik zu behandeln. Ursprünglich waren Heisenberg und Bohr die Referate über die allgemeinen Probleme der Kernphysik zugedacht.

Am 30. Juni 1933 teilte Heisenberg Bohr mit, daß sein Solvay-Bericht jetzt ziemlich fertig sei. „Er enthält einen sehr kurzen Abschnitt über prinzipielle Fragen, dann einen etwas ausführlicheren über das Gamowsche Tröpfchenmodell und seine Erweiterung durch die Neutronenhypothese und schließlich Anwendungen auf die Massendefektkurve und ähnliches. Sobald ich den Bericht fertig habe, werde ich einen Abzug schicken ... Wie es im Herbst mit meinen Reiseplänen steht, weiß ich noch nicht. Ich hoffe, daß ich nach Dänemark[1] und Belgien kommen darf, aber irgend etwas sicher vorhersagen kann man nicht."

Paulis Einladung nach Brüssel erfolgte erst im Juli 1933. Der vorliegende Brief [314] enthält einige Überlegungen, die Pauli sich für seine erbetenen Diskussionsbeiträge zurechtlegte und eine Stellungnahme zu dem „Kernbericht", den ihm Heisenberg zugeschickt hatte.

[1] Zu einer Konferenz in Kopenhagen, die zum 14.–20. September angesetzt war. Vgl. hierzu Bohrs Einladung [322].

Faksimile des Briefes [314]*

* Das Original befindet sich im Heisenberg-Archiv in München. Helmut Rechenberg stellte freundlicherweise eine Druckvorlage zur Verfügung.

Physikalisches Institut
der Eidg. Technischen Hochschule
Zürich
*

ZÜRICH 7, ...
Gloriastraße 35

Lieber Heisenberg,

Vielen Dank für Deinen Kern-Bericht, den ich etwa gleichzeitig mit der Einladung zum Solvay-Kongreß (obzwar ich doch auf dem Gebiet der Kernphysik nichts geleistet habe) erhielt. Ich freue mich also sehr darauf, Dich dort zu sehen und endlich wieder ausführlich zu sprechen.

Zunächst einige unreife, aber mir am Herzen liegende Bemerkungen zur Kernphysik. Du erwähnst auf S. 26 meine Vermutung, daß beim β-Zerfall Energie in noch unbekannter Form als durchdringende Strahlung den Kern verläßt. Ich möchte mich durchaus öffentlich zu dieser Ansicht bekennen, möchte es aber offen lassen, ob diese Strahlung aus Neutrinos oder irgend einem noch unbekannten X besteht.

Fast noch wichtiger als die Erhaltungssätze von Energie und Impuls bei Kernprozessen sind mir aber die Erhaltungssätze aller diskret quantisierten Größen, also:

1.) Das Gesamtimpulsmoment soll bei Kernprozessen stets erhalten bleiben. Da Drehmomente u. Lichtquantendrehimpulse ganzzahlig sind folgt: Die Halb- bzw. Ganzzahligkeit des Gesamtspinmomentes aller am Kernprozeß beteiligten

21584

materiellen Teilchen, soll beim Kernprozess bestehen bleiben.

2.) Der Symmetriecharakter des Gesamt-systems (Fermi- oder Bose-Statistik) soll sich beim Kernprozess (Aufbau oder Zertrümmerung) nicht ändern.

– Ich möchte diese Annahmen als Arbeitshypothesen zunächst unbedingt festhalten, und in ihren Konsequenzen verfolgen, ehe ich sie abändere.

Zunächst komme ich zu einem Schluß, der Deiner Ansicht entgegengesetzt ist. – Wenn es wahr ist, daß das Neutron den Spin 1/2 und Fermi-Statistik hat (und es ist wohl in der Tat schwierig bei einer anderen Annahme die empirischen Resultate über den Kernspin zu verstehen), ~~komme~~ folgt daß ein Neutron durch äußere Felder (oder sonst wie) nie in ein Elektron und ein Proton zerlegt werden kann. (Worauf ich in Brüssel bestehen werde) (Da ja Elektron + Proton ganzes Spinmoment haben). Eine Stütze für diese Auffassung und für die Gültigkeit des Impulsmoment-Erhaltung bei Kernprozessen erblicke ich in der empirischen Tatsache, daß das H-Atom stabil ist und sich nicht spontan (unter Lichtemission) in ein Neutron verwandelt. – Es ist nämlich nicht wahr, daß dieser Prozess a priori unwahrscheinlich wäre, wenn nicht eine besondere Auswahlregel ihn verhindern würde. ~~Wenn~~ [Man würde etwa ein $\int \psi_1^* \psi_0 \times dV$ mit ψ_1 Eigenf. im Grundzustand des Elektrons ψ_0 Eigenfunktion im Neutron-zustand (nur in distanz e^2/mc^2 merklich von Null verschieden) ~~R~~ als maßgebend für diesen Prozess erwarten.

Physikalisches Institut
der Eidg. Technischen Hochschule
Zürich
*

ZÜRICH 7, ...
Gloriastraße 35

Ich erinnere mich, daß ich dies einmal abgeschätzt und etwa Lebensdauer 10^{-2} bis 10^{-3} sec für das H-Atom bekommen habe.]

Ob Austauschkräfte zwischen einem Neutron und einem Proton existieren wie Du es annimmst, müßte sich doch wohl durch Experimente über (elastische) Stöße zwischen Neutron u. Proton und insbesondere über die Winkelverteilung nach dem Stoß entscheiden lassen. Frl. Meitner berichtete in Zürich über Versuche, wonach die Winkelverteilung im Schwerpunktssystem isotrop wird. Es scheint mir, daß dies eher gegen Austausch-kräfte spricht. Bei Fehlen solcher liefert nämlich jedes Kraft-feld, dessen Abmessungen (also der „Neutronenradius") klein sind gegenüber der Wellenlänge der Materiewellen der Teilchen eine isotrope Streuung.*) (Vgl. dazu auch Wigner, Zs. f. Phys.) Es würde mich interessieren, was Deine Austauschkräfte in diesem Fall für eine Winkelverteilung ergeben würden.

— Um die Möglichkeit solcher Austauschkräfte vom Standpunkt der Impulsmoment-Erhaltung weiter zu diskutieren, müßte nämlich noch folgendes in Betracht gezogen werden.

*) Casimir hat mich darauf aufmerksam gemacht, daß dieser Satz sogar bei nicht-isotropen Kraftfeldern gilt, was amüsant ist.

21584

a) Ein Neutron kann zwar nie in ein Elektron und ein Proton zerlegt werden, wohl aber in komplizierterer Weise z. B. in ein Proton, ein Elektron und ein Neutrino.
oder
b.) Ein Proton kann in ein Neutron und ein positives Elektron zerlegt werden (Anderson) *)

~~Ich~~ Würde eine dieser beiden Möglichkeiten zutreffen, so müßte es ~~unbedingt~~ sicher die von Dir postulierten Austauschkräfte zwischen Proton und Neutron geben, ~~obwohl~~ und die von mir gewählte Erklärung der Stabilität des H-Atoms würde außerdem auch richtig sein.

Dieses glaubte ich eine gewisse Zeit ~~und das~~. Nun muß aber beachtet werden, daß die Anwendung der Erhaltungssätze auf die in a.) u. b.) formulierten Prozesse sofort ergibt, daß sie nur möglich sind, wenn das positive Elektron Bose Statistik und ganzzahligen Spin hat (Elsasser).

Glaubt man dagegen an die Löchertheorie oder an ein reformiertes Surrogat derselben (siehe unten) – und ich bin geneigt, dies jetzt eher zu tun – so muß man eine weitgehende Symmetrie zwischen + Elektron u. – Elektron postulieren, insbesondere müssen Spin, Statistik und die Ruhmassen beider als exakt gleich angenommen werden. – In diesem Fall nun ist bei Annahme der Erhaltungssätze auch eine komplizierte Zerlegung von Proton in Neutron + andere Teilchen oder Neutron in Proton + andere

*) Die Diskussion mit den Experimentalphysikern in Zürich hat ergeben, daß die Masse des Neutrons noch so ungenau bekannt ist, daß man nicht weiß, ob die Massensumme aus Neutron u. Elektron wirklich ~~klich~~ größer ist als die des Protons wie es nach Anderson sein sollte.

Physikalisches Institut
der Eidg. Technischen Hochschule
Zürich
*

ZÜRICH 7, ...
Gloriastraße 35

Teilchen überhaupt unmöglich, wenn die unter den anderen Teilchen nicht ganz neue, bisher noch unbekannte sind.

Wenn also andrerseits die Grundideen der Löchertheorie richtig ist, würde ich erwarten, daß die von Dir u. Majorana postulierten Austauschkräfte zwischen Neutron und Proton nicht vorhanden sind (*). – Das Stoßexperiment sollte entscheiden können.

* oder, wenn vorhanden, eine ganz andere Ursache als den „Austausch" haben (siehe unten.)

Ich füge jetzt eine mehr hypothetische, nicht prinzipielle Betrachtung dazwischen, auf die ich keineswegs übertriebenen Wert lege, die mir aber amüsant zu sein scheint, und ein wenig zur noch ganz im Dunkeln liegenden Frage der magnetischen Momente der Kerne beitragen kann. Die Überlegung stammt im wesentlichen von Casimir, nun hat Bacher (Phys. Rev., 15. Juni) Ähnliches publiziert, anläßlich einer Feststellung, daß das magnetische Moment des N_{14}-Kernes praktisch Null ist, obwohl sein Impulsmoment $i = 1$ ist. Da $N_{14} = 3\,\alpha$-Teilchen + 1 Neutron + 1 Proton komme ich zu folgenden Vermutungen.

1) Das Isotop Li 6 (α-Teilchen + 1 Neutron + 1 Proton) hat empirisch mit großer Genauigkeit das magnetische Kernmoment 0, woraus ich mit Güttinger auf $i = 0$ schließe.

21584

Ich glaube aber jetzt, daß i = 1 sein wird bei Li 6. Ist empirisch prüfbar durch ~~Banden~~ Intensitätswechsel im Bandenspektrum des $Li_6 - Li_6$-Moleküls oder mit der Rabischen Molekularstrahlmethode.

2) Das H-Isotop mit der Masse 2 (H_2 = 1 Proton + 1 Neutron) hat nach Lewis i = 1. Ich vermute, daß es magnetisches Moment 0 haben wird. Wäre von Stern zu prüfen.

Die Deutung drängt sich auf, daß in allen 3 Fällen das Impuls-Spinmoment von Proton u. Neutron (ohne Bahnmoment) parallel-gleichgerichtet steht und daß das Neutron ein magnetisches Moment besitzt welches genau entgegengesetzt gleich ist (anderes Vorzeichen heißt: beim Neutron dem Impulsmoment entgegengerichtet ~~wie wenn es von negativer Elektrizität herrühren würde~~ wenn es beim Proton gleichgerichtet dem Impulsmoment ist – oder umgekehrt) dem des Protons. (Bacher)

Nun zur Frage der Löchertheorie. Ich glaube, daß das Spielen mit dem Unendlichkeitsbegriff in der jetzigen Fassung der Theorie unanschaulich ist und eventuell auch zu Widersprüchen führt. Insbesondere sehe ich nicht, was aus der Coulombschen Wechselwirkungsenergie der unendlich vielen besetzten Zustände wird bzw. wie sie eindeutig und willkürfrei weggestrichen werden kann. Wie ist das in dem Schema, das Du Dir überlegt hast? Dann ist natürlich die immer noch unendlich große

Physikalisches Institut
der Eidg. Technischen Hochschule
Zürich
*

ZÜRICH 7, ...
Gloriastraße 35

Selbstenergie überaus unangenehm. Ich halte es aber doch für möglich, daß es möglich sein wird, den Mißbrauch des Unendlichkeitsbegriffes irgendwie aus der jetzigen Fassung der Theorie zu eliminieren und später zu einer Formulierung zu gelangen, bei der keine Zustände negativer Energie vor-
eines (unter Wahrung der relativ. Invarianz)
handen sind, sondern statt dessen die Möglichkeit ~~der~~ von Geburt und Tod eines Paares von +e u. −e Teilchen mit sonst exakt gleichen Eigenschaften.

Denn es sieht in der Tat so aus, daß eine solche Geburt aus einem γ-Lichtquant tatsächlich stattfindet, wobei der außerdem noch anwesende Kern für die Energiebilanz des Vorganges ohne Einfluß ist und nur dazu dient aus (linearen) Impuls aufzunehmen (ohne Kern brauchte man ~~was~~ bekanntlich mindestens zwei Lichtquanten, was schon viel seltener geben wird) – Durch den inversen Prozeß könnte natürlich das + Elektron in der −Elektronenhülle des gleichen oder eines fremden Atoms unter Lichtemission wieder vernichtet werden.

Von besonderem Interesse ist aber die Löcher-Theorie im Hinblick auf die anomale Kern-Streuung der γ-Strahlen. Delbrück und Peierls haben nämlich unabhängig voneinander darauf hingewiesen, daß diese vielleicht eine einfache Erklärung

21584

für diese liefern kann. Dabei kommt weder die Struktur des Kernes im allgemeinen, noch Deine mir verhaßte Lieblingsidee, daß das Neutron in Elektron und Proton zerlegt werden kann, als Erklärungsgrund vor. – Zunächst muß ich bemerken, daß Frl. Meitner über Versuche berichtete, aus denen unzweifelhaft die Existenz einer zusätzlichen Streustrahlung von unveränderter Wellenlänge bei allen anomal streuenden Kernen hervorgeht. (Die Anordnung von Gray u. Tarrant enthält experimentelle Fehler). – Nun wird, zunächst in der Unendlichkeitsterminologie der Löchertheorie ausgedrückt bei Anwesenheit eines Kernes das [besetzte unendliche] Kontinuum der den hyperbolischen Bahnen entsprechenden Zustände negativer Energie eine Streustrahlung unveränderter Wellenlänge mit merklicher Intensität, immer dann ergeben, wenn die Zustände merklich von den kräftefreien abweichen. – Ich glaube, daß auch abgesehen von der [(von mir nicht ernst genommenen)] Unendlichkeitsterminologie, ein solcher Effekt vorhanden sein muß, da er sozusagen dem unbeobachtbaren Zwischenzustand der Geburt eines +e, –e Paares und seiner darauffolgenden Wiedervereinigung entspricht und da bei Vorhandensein eines Kernes (und nur dann) der Impulssatz [dabei] erfüllt werden kann.

Ob die Löchertheorie [(Wechselwirkung der Löcherzustände u.)] jetzt schon so weit widerspruchsfrei ist, um eine quantitative Berechnung dieses Effektes (Winkelverteilung, Abhängigkeit von Kernladung u. Frequenz der einfallenden Strahlung) zu ermöglichen, dessen bin ich nicht sicher. Peierls scheint dies zu hoffen und eine quantitative Berechnung dieser und anderer Effekte zu versuchen.

Physikalisches Institut
der Eidg. Technischen Hochschule
Zürich
*

ZÜRICH 7, ...
Gloriastraße 35

Aus diesen Gründen bin ich also nicht abgeneigt, an eine Art reformierte Löchertheorie zu glauben. Da ich wegen der empirischen Gültigkeit des Erhaltungssatzes für die Ladung bis auf Weiteres noch viel weniger sogar als die Erhaltungssätze für Energie u. Impuls diejenigen für andere diskret quantisierte Größen aufzugeben gewillt bin und da mir außerdem die Unzerlegbarkeit des Neutrons in Proton u. Elektron durch die ausbleibende Vereinigung beider (H atom → Neutron) fast empirisch gewiß ist – sitze ich nun mit dem Neutron in den Nesseln. Wenn es wahr ist, daß + Elektron und Neutron beide Fermi-Statistik und Spin 1/2 haben, ist die mir früher verlockend erschienene Idee, Deine Austauschkräfte zwischen Proton und Neutron auf die von Anderson postulierte Zerlegbarkeit des Protons in Neutron u. + Elektron zurückzuführen, mir abgeschnitten.

Woher kommen nun überhaupt die Kräfte zwischen Neutron u. Proton? (Mit den magnetischen Spinkräften allein dürfte man wohl kaum auskommen – nehme ich an, Du wirst es genauer wissen – um den empirischen Stoßquerschnitt zu erklären.) – Es wäre ja überhaupt unsympathisch, beide Teilchen als gänzlich unzerlegbar

21584

anzunehmen. Auch der Sternsche Wert des magnetischen Protonen-Momentes spricht für eine komplexe Natur des Protons. Vielleicht enthalten sowohl Proton als auch Neutron ein jetzt noch nicht isoliertes etwas leichteres Teilchen? – Da sind wir noch irgendwie wesentlich unvollständig informiert. – Auch der β-Zerfall schwebt als großes X noch über allen Theorien.

So ende ich mit großen Fragezeichen und nur daß das Neutron eben wie in Proton und Elektron zerlegt werden kann, scheint mir gerade zu dem Wenigen zu gehören, was ich mit einiger Sicherheit behaupten kann – sei es, daß die Löchertheorie wahr ist, sei es daß das + Elektron Bose-Statistik und ganzzahligen Spin hat, wie Elsasser ~~behauptet~~ annimmt.

Entschuldige die Weitschweifigkeit, aber ich wollte versuchen, auf meine Weise zu einer wenigstens provisorischen Ordnung der Tatsachen zu kommen.

Bin neugierig, was Du antworten wirst!

Herzlichst

Dein alter

W. Pauli

[314] Pauli an Heisenberg

Zürich, 14. Juli 1933

Lieber Heisenberg!

Vielen Dank für Deinen Kern-Bericht[a], den ich etwa gleichzeitig mit der Einladung zum Solvay-Kongreß (obzwar ich doch auf dem Gebiet der Kernphysik nichts geleistet habe) erhielt. Ich freue mich also sehr darauf, Dich dort zu sehen und endlich wieder ausführlich zu sprechen.

Zunächst einige unreife, aber mir am Herzen liegende Bemerkungen zur Kernphysik. Du erwähnst auf S. 26 meine Vermutung, daß beim β-Zerfall Energie in noch unbekannter Form als durchdringende Strahlung den Kern verläßt.[b] Ich möchte mich durchaus öffentlich zu dieser Ansicht bekennen, möchte es aber offen lassen, ob diese Strahlung aus Neutrinos oder irgend einem noch unbekannterem X besteht.

Fast noch wichtiger als die Erhaltungssätze von Energie und Impuls bei Kernprozessen sind mir aber die Erhaltungssätze aller diskret quantisierten Größen, also:

1. Das Gesamtimpulsmoment soll bei Kernprozessen stets erhalten bleiben. Da Bahnmomente und Lichtquantendrehimpulse ganzzahlig sind folgt: Die Halb- bzw. Ganzzahligkeit des Gesamtspinmomentes aller am Kernprozeß beteiligten materiellen Teilchen soll beim Kernprozeß bestehen bleiben.

2. Der Symmetriecharakter des *Gesamt*systems (Fermi- oder Bosestatistik) soll sich beim Kernprozeß (Aufbau oder Zertrümmerung) nicht ändern.

Ich möchte diese Annahmen als Arbeitshypothesen zunächst *unbedingt* festhalten, und in ihren Konsequenzen verfolgen, ehe ich sie abändere.

Zunächst komme ich zu einem Schluß, der Deiner Ansicht entgegengesetzt ist. – Wenn es wahr ist, daß das Neutron den Spin 1/2 und Fermi-Statistik hat (und es ist wohl in der Tat schwierig bei einer anderen Annahme die empirischen Resultate über den Kernspin zu verstehen), folgt *daß ein Neutron durch äußere Felder* (oder sonstwie) *nie in ein Elektron und ein Proton zerlegt werden kann.* (Worauf ich in Brüssel bestehen werde.)[c] (Da ja Elektron + Proton ganzes Spinmoment haben.) Eine *Stütze für* diese Auffassung und *für die Gültigkeit der Impulsmoment-Erhaltung* bei Kernprozessen erblicke ich in der empirischen Tatsache, daß das *H-Atom stabil* ist und sich nicht spontan (unter Lichtemission) in ein Neutron verwandelt. – Es ist nämlich nicht wahr, daß dieser Prozeß a priori unwahrscheinlich wäre, wenn nicht eine besondere Auswahlregel ihn verhindern würde. {Man würde etwa ein $\int \psi_1 \psi_0 \cdot x\, dV$ mit ψ_1 – Eigenfunktion des Elektrons im Grundzustand, ψ_0 Eigenfunktion im Neutron-Zustand (nur in Distanz e^2/mc^2 merklich von Null verschieden) als maßgebend für diesen Prozeß erwarten. Ich erinnere mich, daß ich dies einmal abgeschätzt und etwa Lebensdauer 10^{-2} bis 10^{-3} sec für das H-Atom bekommen habe.}

Ob Austauschkräfte zwischen einem Neutron und einem Proton existieren wie Du es annimmst[d], müßte sich doch wohl durch Experimente über (elastische) *Stöße zwischen Neutron und Proton* und insbesondere über die Winkelverteilung nach dem Stoß entscheiden lassen.[e] Frl. Meitner berichtete in Zürich über Versuche, wonach die Winkelverteilung im Schwerpunktssystem isotrop wird.[f] Es scheint mir, daß dies eher gegen Austauschkräfte spricht. Bei Fehlen solcher liefert nämlich jedes Kraftfeld, dessen Abmessungen (also der „Neutronradius“) klein sind gegenüber der Wellenlänge der Materiewellen der Teilchen, eine isotrope Streuung.* (Vgl. dazu auch *Wigner,* Zeitschrift für Physik[g]). *Es würde mich interessieren, was Deine Austauschkräfte in diesem Fall für eine Winkelverteilung ergeben würden.*

Um die Möglichkeit solcher Austauschkräfte vom Standpunkt der Impulsmoment-Erhaltung weiter zu diskutieren, müßte nämlich noch folgendes in Betracht gezogen werden:[h]

a) Ein Neutron kann zwar nie in ein Elektron und ein Proton zerlegt werden, wohl aber in komplizierterer Weise, z. B. in ein Proton, ein Elektron und ein Neutrino.

oder

b) Ein Proton kann in ein Neutron und ein positives Elektron zerlegt werden *(Anderson)*.**

Würde eine dieser beiden Möglichkeiten zutreffen, so müßte es sicher die von Dir postulierten Austauschkräfte zwischen Proton und Neutron geben, und die von mir gewählte Erklärung der Stabilität des *H*-Atoms würde außerdem *auch* richtig sein.

Dieses glaubte ich eine gewisse Zeit. Nun muß aber beachtet werden, daß die Anwendung der Erhaltungssätze auf die in a) und b) formulierten Prozesse sofort ergibt, daß sie nur möglich sind, wenn das positive Elektron Bose-Statistik und ganzzahligen Spin hat *(Elsasser)*.[i]

Glaubt man dagegen an die Löchertheorie oder an ein reformiertes Surrogat derselben – und ich bin geneigt, dies jetzt eher zu tun[j] (siehe unten) – so muß man eine weitgehende Symmetrie zwischen + Elektron und − Elektron postulieren, insbesondere müssen Spin, Statistik und die Ruhmassen beider als exakt gleich angenommen werden. – In diesem Fall nun ist bei Annahme der Erhaltungssätze auch eine komplizierte Zerlegung von Proton in Neutron + andere Teilchen oder Neutron in Proton + andere Teilchen überhaupt unmöglich, wenn unter den anderen Teilchen nicht ganz neue, bisher noch unbekannte sind.

Wenn also andrerseits die Grundidee der Löchertheorie richtig ist, würde ich erwarten, daß die von Dir und Majorana[k] *postulierten Austauschkräfte zwischen Neutron und Proton nicht vorhanden sind,* oder, wenn vorhanden, eine ganz andere Ursache als den „Austausch“ haben (siehe unten). Das Stoßexperiment sollte entscheiden können.

Ich füge jetzt eine mehr hypothetische, nicht prinzipielle Betrachtung dazwischen, auf die ich keineswegs übertriebenen Wert lege, die mir aber amüsant zu sein scheint und ein wenig zur noch ganz im Dunkeln liegenden Frage der magnetischen Momente der Kerne beitragen kann. Die Überlegung stammt im wesentlichen von *Casimir,* nun hat *Bacher* (Physical Review, 15. Juni)[l] Ähnliches publiziert, anläßlich einer Feststellung, daß das *magnetische Moment des*

* Casimir hat mich darauf aufmerksam gemacht, daß dieser Satz sogar bei nicht-isotropen Kraftfeldern gilt, was amüsant ist.

** Die Diskussion mit den Experimentalphysikern in Zürich hat ergeben, daß die Masse des Neutrons noch so ungenau bekannt ist, daß man nicht weiß, ob die Massensumme aus Neutron und Elektron wirklich größer ist als die des Protons wie es nach Anderson sein sollte.

N_{14}-*Kernes praktisch Null ist, obwohl sein Impulsmoment* $i=1$ *ist.* Da N_{14} $=3$ α-Teilchen + 1 Neutron + 1 Proton, komme ich zu folgenden Vermutungen:

1. Das Isotop Li 6 (α-Teilchen + 1 Neutron + 1 Proton) hat empirisch mit großer Genauigkeit das *magnetische* Kernmoment 0, woraus ich mit Güttinger auf $i=0$ schloß.[m] *Ich glaube aber jetzt, daß* $i=1$ *sein wird* bei Li 6. Ist empirisch prüfbar durch Intensitätswechsel im Bandenspektrum des Li_8-Li_6-Moleküls oder mit der Rabischen Molekularstrahlmethode.[n]

2. Das H-Isotop mit der Masse 2 ($H_2=1$ Proton + 1 Neutron) hat nach Lewis $i=1$.[o] Ich vermute, daß es magnetisches Moment 0 haben wird. Wäre von Stern zu prüfen.[p]

Die Deutung drängt sich auf, daß in allen 3 Fällen das Impuls-Spinmoment von Proton und Neutron (ohne Bahnmoment) parallelgleichgerichtet steht und daß *das Neutron ein magnetisches Moment besitzt, welches genau entgegengesetzt gleich ist* (anderes Vorzeichen heißt: beim Neutron dem Impulsmoment entgegengerichtet wenn es beim Proton gleichgerichtet dem Impulsmoment ist – *oder umgekehrt) dem des Protons* (*Bacher*).[q]

Nun zur Frage der *Löchertheorie.* – Ich glaube, daß das Spielen mit dem Unendlichkeitsbegriff in der jetzigen Fassung der Theorie unannehmbar ist und eventuell auch zu Widersprüchen führt. Insbesondere sehe ich nicht, was aus der Coulombschen Wechselwirkungsenergie der unendlich vielen besetzten Zustände wird bzw. wie sie eindeutig und willkürfrei weggestrichen werden kann. *Wie ist das in dem Schema, das Du Dir überlegt hast?* Dann ist natürlich die immer noch unendlich große Selbstenergie überaus unangenehm. Ich halte es aber doch für möglich, daß es möglich sein wird, den *Mißbrauch des Unendlichkeitsbegriffes* irgendwie aus der jetzigen Fassung der Theorie zu eliminieren und später zu einer Formulierung zu gelangen, bei der keine Zustände negativer Energie vorhanden sind, sondern statt dessen (unter Wahrung der relativistischen Invarianz) die Möglichkeit von Geburt und Tod eines Paares von $+e$ und $-e$ Teilchen mit sonst exakt gleichen Eigenschaften.

Denn es sieht in der Tat so aus, daß eine solche Geburt aus *einem* γ-Lichtquant tatsächlich stattfindet, wobei der außerdem noch anwesende Kern für die *Energiebilanz* des Vorganges ohne Einfluß ist und nur dazu dient, den (linearen) *Impuls* aufzunehmen. (Ohne Kern brauchte man bekanntlich mindestens zwei Lichtquanten, was schon viel seltener gehen wird.) – Durch den inversen Prozeß könnte natürlich das +Elektron in der −Elektronenhülle des gleichen oder eines fremden Atoms unter Lichtemission wieder vernichtet werden.

Von besonderem Interesse ist aber die Löchertheorie im Hinblick auf die anomale Kernstreuung der γ-Strahlen. Delbrück[r] und Peierls haben nämlich unabhängig voneinander darauf hingewiesen, daß diese vielleicht eine einfache Erklärung für diese liefern kann.[s] Dabei kommt weder die Struktur des Kernes im allgemeinen, noch Deine mir verhaßte Lieblingsidee, daß das Neutron in Elektron und Proton zerlegt werden kann, als Erklärungsgrund vor. – Zunächst muß ich bemerken, daß Frl. Meitner über Versuche berichtete, aus denen unzweifelhaft die Existenz einer zusätzlichen Streustrahlung von unveränderter Wellenlänge bei allen anomal streuenden Kernen hervorgeht. (Die Anordnung von Gray und Tarrant enthält experimentelle Fehler.)[t]

Nun wird, zunächst in der Unendlichkeitsterminologie der Löchertheorie ausgedrückt, bei Anwesenheit eines Kernes das besetzte unendliche Kontinuum der den hyperbolischen Bahnen entsprechenden Zustände negativer Energie eine Streustrahlung unveränderter Wellenlänge mit merklicher Intensität immer dann ergeben, wenn die Zustände merklich von den kräftefreien abweichen.

Ich glaube, daß auch abgesehen von der (von mir nicht ernst genommenen) Unendlichkeitsterminologie, ein solcher Effekt vorhanden sein muß, da er sozusagen dem unbeobachtbaren Zwischenzustand der Geburt eines $+e$, $-e$ Paares und seiner darauf folgenden Wiedervereinigung entspricht und da bei Vorhandensein eines Kernes (und nur dann) der Impulssatz dabei erfüllt werden kann.

Ob die Löchertheorie jetzt schon so weit widerspruchsfrei ist (Wechselwirkung der Löcherzustände?), um eine quantitative Berechnung dieses Effektes (Winkelverteilung, Abhängigkeit von Kernladung und Frequenz der einfallenden Strahlung) zu ermöglichen, dessen bin ich nicht sicher. Peierls scheint dies zu hoffen und eine quantitative Berechnung dieser und anderer Effekte zu versuchen.[u]

Aus diesen Gründen bin ich also nicht abgeneigt, an eine Art reformierte Löchertheorie zu glauben. Da ich bis auf weiteres wegen der empirischen Gültigkeit des Erhaltungssatzes für die Ladung noch viel weniger sogar, als die Erhaltungssätze für Energie und Impuls, diejenigen für andere diskret quantisierte Größen aufzugeben gewillt bin und da mir außerdem die Unzerlegbarkeit des Neutrons in Proton und Elektron durch die ausbleibende Vereinigung beider (H-Atom → Neutron) fast empirisch gewiß ist – sitze ich nun mit dem Neutron in den Nesseln. Wenn es wahr ist, daß +Elektron und Neutron beide Fermi-Statistik und Spin 1/2 haben, ist die mir früher verlockend erschienene Idee, Deine Austauschkräfte zwischen Proton und Neutron auf die von Anderson postulierte Zerlegbarkeit des Protons in Neutron und +Elektron zurückzuführen, mir abgeschnitten.

Woher kommen nun überhaupt die Kräfte zwischen Neutron und Proton? (Mit den magnetischen Spinkräften *allein* dürfte man wohl kaum auskommen – nehme ich an, Du wirst es genauer wissen – um den empirischen Stoßquerschnitt zu erklären.) – Es wäre ja überhaupt unsympathisch, *beide* Teilchen als gänzlich unzerlegbar anzunehmen. Auch der Sternsche Wert des magnetischen Protonen-Momentes[v] spricht für eine komplexe Natur des Protons. Vielleicht enthalten sowohl Proton als auch Neutron ein jetzt noch nicht isoliertes etwas leichteres Teilchen? – Da sind wir noch irgendwie wesentlich unvollständig informiert. – Auch der β-Zerfall schwebt als großes X noch über allen Theorien.

So ende ich mit einem großen Fragezeichen und nur, daß das Neutron eben nie in Proton und Elektron zerlegt werden kann, scheint mir gerade zu dem Wenigen zu gehören, was ich mit einiger Sicherheit behaupten kann – sei es, daß die Löchertheorie wahr ist, sei es, daß das +Elektron Bose-Statistik und ganzzahligen Spin hat, wie Elsasser annimmt.

Entschuldige die Weitschweifigkeit, aber ich wollte versuchen, auf meine Weise zu einer wenigstens provisorischen Ordnung der Tatsachen zu kommen.

Bin neugierig, was Du antworten wirst! Herzlichst Dein alter W. Pauli

a) W. Heisenberg: Considerations théoriques générales sur la structure du noyau. In structure et propriétés des noyaux atomiques. Rapports et discussions du septième conseil de physique tenu à Bruxelles du 22 au 29 octobre 1933 sous les auspices de l'Institut International de Physique Solvay. Paris 1934. Dort S. 289–323. – b) Diese Bemerkung findet man auf S. 315 des unter a zitierten Berichtes von Heisenberg. – c) Pauli vertrat diesen Standpunkt in einer Diskussionsbemerkung im Anschluß an Heisenbergs Solvaybericht. – d) Die Austauschkräfte für die Wechselwirkung zwischen Kernbausteinen hatte Heisenberg in seiner ersten Abhandlung über den Bau der Atomkerne von 1932 eingeführt (Heisenberg-Kraft). Verfeinert wurde dieser Ansatz durch Majorana, der zusätzlich den Spinaustausch berücksichtigte (Majorana-Kraft). – e) Solche Streuexperimente konnten erst in den nächsten Jahren gemacht werden. Bahnbrechend waren die Vorarbeiten von M.A. Tuve, L.R. Hafstad und O. Dahl, denen es 1935 gelang, geeignete Hochspannungstechniken für die Zwecke der Kernphysik zu entwickeln. – f) Lise Meitner berichtete während der Züricher Vortragswoche über die Arbeiten zur Streuung kurzwelliger γ-Strahlen, die sie gemeinsam mit H.H. Hupfeld und H. Kösters durchgeführt hatte. Vgl. L. Meitner: Über die Streuung kurzwelliger γ-Strahlen. Helv. Phys. Acta **6**, 445–450 (1933). – g) E.P. Wigner: Über die Streuung von Neutronen an Protonen. Z. Phys. **83**, 253–258 (1933). Eingegangen am 17. März 1933. – h) Die Frage, ob das Neutron ein einfaches oder ein zusammengesetztes Teilchen sei, war noch nicht entschieden. Über die Art des Zerfalls gab es verschiedene Spekulationen. Chadwick hatte ursprünglich einen Zerfall des Neutrons in ein Proton und ein Elektron angenommen. Irène Curie und Fréderic Joliot hingegen glaubten an den Zerfall eines Protons in ein Neutron und ein Positron. Da zu diesem Zeitpunkt noch keine unabhängige Massenbestimmungen des Neutrons vorlagen, war die Frage auf energetischer Grundlage allein nicht zu entscheiden. Paulis hier vorgebrachten Argumente dürften wesentlich zu der Klärung beigetragen haben. Vgl. hierzu auch [325]. – i) Vgl. hierzu auch [312], Anm. e. – j) Paulis Bekehrung zur Diracschen Löchertheorie hatte sich offenbar unter dem Eindruck der Ergebnisse auf der Züricher Vortragswoche Ende Juni vollzogen. – k) E. Majorana: Über die Kerntheorie. Z. Phys. **82**, 137–145 (1933). Eingegangen am 3. März 1933. – l) R.F. Bacher: Note on the Magnetic Moment of the Nitrogen Nucleus. Phys. Rev. **43**, 1001–1002 (1933). – m) P. Güttinger und W. Pauli (1931). – n) Isidor Isaac Rabi war Anfang 1928 als Fellow des International Education Board nach Hamburg gekommen, als Pauli gerade den Ruf nach Zürich erhalten hatte. Hier bei Stern entwickelte er auch seine berühmte Molekularstrahlmethode. Vgl. I.I. Rabi: Zur Methode der Ablenkung von Molekularstrahlen. Z. Phys. **54**, 190–197 (1929). – o) Gilbert G.N. Lewis, der für den Wasserstoffisotopen der Masse 2 den Namen Deuton vorgeschlagen hatte, arbeitete im chemischen Department der Universität von Berkeley und publizierte mit seinen Mitarbeitern mehrere Untersuchungen über Streuexperimente mit Deutonen. – p) Vgl. I. Estermann und O. Stern: Über die magnetische Ablenkung von isotopen Wasserstoffmolekülen und das magnetische Moment des „Deutons". Vorläufige Mitteilung. Z. Phys. **86**, 132–134 (1933). Eingegangen am 19. August 1933. Vgl. auch [323]. – q) R.F. Bacher: Note on the Magnetic Moment of the Nitrogen Nucleus. Phys. Rev. **43**, 1001–1002 (1933). Eingegangen am 26. April 1933. – r) Vgl. M. Delbrück: Zusatz bei der Korrektur [zu einer Arbeit von L. Meitner und H. Kösters]. Z. Phys. **84**, 144 (1933). Siehe hierzu auch Peierls Schreiben [317] an Pauli. – s) Eine sorgfältige Untersuchung dieses Problems wurde später von Nicholas Kemmer in Zürich durchgeführt: Über die Lichtstreuung an elektrischen Feldern nach der Theorie des Positrons. Helv. Phys. Acta **10**, 112–122 (1937). – t) Auf diesen Umstand wies Lise Meitner in der unter f zitierten Arbeit hin. – u) Vgl. R. Peierls: The Vacuum in Dirac's Theory of the Positive Electron. Proc. Roy. Soc. A **116**, 420–441 (1934). – v) Vgl. Anm. 1 zum Kommentar von [304].

Ehrenfests Aufforderung, den Physikern mit einer einfachen Darstellung des komplizierten Spinorkalküls zu Hilfe zu kommen[1], war nicht unbeachtet geblieben. Einstein selbst untersuchte mit seinem Mitarbeiter Walther Mayer die formalen Eigenschaften von Semivektoren, welche die Spinoren mitinbegriffen. Eine Zusammenfassung legte er noch am 10. November 1932 der Preußischen Akademie der Wissenschaften vor,[2] bevor er für immer Deutschland verließ. „Von einer Erfassung des Physikalischen ist man weit entfernt, viel weiter, als man gegenwärtig denkt", schrieb er unbefriedigt über das Ergebnis an Besso. Eine Fortsetzung erschien 1933 in den Amsterdamer Akademieberichten,[3] als Einstein, von Coq-sur-mer aus Verhandlungen wegen seiner neuen Stellung führte.

Pauli, der im letzten Wintersemester über Allgemeine Relativitätstheorie gelesen hatte, beschäftigte sich seit einiger Zeit mit ähnlichen Problemen. Zwar erwartete er von der fünfdimensionalen Relativitätstheorie keine grundsätzliche Lösung der quantenelektrodynamischen Schwierigkeiten, doch die mathematische Seite des Problems interessierte ihn. Eine Besprechung darüber mit Einstein hatte möglicherweise im Frühjahr 1933 in Zürich stattgefunden.[4] Einstein ließ ihm daraufhin Korrekturen seiner neuen Arbeit[3] zuschicken. Pauli nimmt in seinem Schreiben [315] hierzu Stellung und weist auf den Zusammenhang mit seiner eigenen Arbeit (1933 c, d) hin. Dem Brief lag eine längere Rechnung bei, die in einem Anhang wiedergegeben ist.

[1] Vgl. Anm. c zu [294].

[2] A. Einstein und W. Mayer: Semi-Vektoren und Spinoren. Sitzungsberichte der Preußischen Akademie der Wissenschaften 1932, S. 522–550.

[3] A. Einstein und W. Mayer: Dirac-Gleichungen für Semi-Vektoren. Proceedings d. Koninklijke Akademie van Wetenschappen te Amsterdam **36**, 615–619 (1934).

[4] Als Einstein in Pasadena von der Machtergreifung Hitlers erfuhr, sagte er sofort seinen Vortrag an der Preußischen Akademie ab. „Ich werde am 25. März nach der Schweiz reisen", schrieb er am 27. Februar 1933, „um dort meinen Sohn zu treffen ... Dann werde ich entweder nach Lugano, Belgien oder Holland gehen." Wir können annehmen, daß Einstein Ende März vor seiner Reise nach Belgien in Zürich mit Pauli zusammentraf.

[315] Pauli an Einstein

Zürich, 16. Juli 1933

Lieber Herr Einstein!

Ich danke Ihnen noch sehr für die Zusendung der Korrekturen Ihrer neuen Arbeit mit Mayer[a]. Ich habe sie nun sorgfältig studiert, habe aber die größten physikalischen Bedenken gegen Ihre Grundidee: nämlich der Beschreibung von *zwei* materiellen Teilchen (verschiedener Masse) durch Wellenfunktion in *einem* gewöhnlichen Raum-Zeit-Kontinuum. Betrachten Sie nämlich solche P_i Lösungen, die dem Vorhandensein *beider* Teilchen entsprechen und durch Linearkombination aus den speziellen, dem Vorhandensein nur je eines einzigen Teilchens entsprechenden Partikularlösungen entstehen, so wird der Stromausdruck eigenartige raumzeitliche Interferenzterme enthalten, von denen ich nicht glaube, daß sie der physikalischen Wirklichkeit entsprechen können. So würde im Fall ruhender Teilchen eine periodische Veränderlichkeit des Stroms mit den Frequenzen $\nu_1+\nu_2$ und $\nu_1-\nu_2$ stattfinden können (ν_1, ν_2 = Eigenfrequenzen der beiden Teilchen), die in Ihrer Theorie doch wohl zu Ausstrahlung Anlaß geben müßte. Ferner könnten bei gleicher Energie (und also verschiedener Geschwindigkeit) der beiden Elementarmassen besondere räumliche Interferenzen (stehende Wellen) im Ausdruck für den Stromvektor entstehen.

Aus diesem Grund glaube ich *nicht*, daß Ihre Arbeit das physikalisch richtige Erklärungsprinzip für das Vorhandensein von zwei Elementarmassen entgegengesetzter Ladung getroffen hat!

Mit den Semivektoren kann ich mich übrigens auch formal nicht sehr befreunden, da sie keiner *irreduziblen* Darstellung der Drehgruppe entsprechen. Und ich lasse jetzt die Gleichungen Ihrer neuen Arbeit von Herrn Bargmann in Spinoren umschreiben[b].

Obwohl das Transformationsgesetz der Spinoren, im Gegensatz zu dem der Semivektoren, von der Wahl der Diracmatrizen abhängt, glaube ich *doch*, daß die Matrixgleichungen

$$\tfrac{1}{2}(\alpha_i\alpha_k+\alpha_k\alpha_i)=g_{ik}\cdot\mathbf{1}, \qquad (i, k=1 \textit{ bis } 4)$$

bzw. in der projektiven Fassung

$$\tfrac{1}{2}(\alpha_\mu\alpha_\nu+\alpha_\nu\alpha_\mu)=g_{\mu\nu}\cdot\mathbf{1}$$

(μ, $\nu=1$ bis 5; die Matrizen α aber *vier*-reihig!)

ein natürlicher Ausgangspunkt für eine Theorie sind.

Diesen Ausgangspunkt habe ich auch konsequent festgehalten in der Arbeit, von der ich Ihnen in Zürich erzählt und die jetzt in den Annalen der Physik im Druck ist[c]. Ich sende Ihnen gleichzeitig eine Kopie hiervon und würde mich interessieren, gelegentlich zu hören, wie weit Sie und Mayer (der sich vielleicht für mathematische Details dabei interessieren wird) meinen Standpunkt als formal natürlich empfinden. – Daß dies alles nur rein formale Zufälligkeiten sein sollten, [daran vermag ich] kaum zu glauben!

Mit vielen Grüßen Ihr W. Pauli

a) Siehe Anm. 3. – b) Paulis neuer Mitarbeiter Valentin Bargmann übertrug den neuen Formalismus der Semivektoren auf die zweikomponentige Spinortheorie. Vgl. V. Bargmann: Über den Zusammenhang zwischen Semivektoren und Spinoren und die Reduktion der Diracgleichung für Semivektoren. Helv. Phys. Acta **6**, 57–82 (1933). Eingegangen am 4. November 1933. – c) Pauli (1933 c, d).

[Anhang]

Ermittlung der allgemeinen Lösung der Gleichung

$$\frac{1}{V}\int g_i^l(x,z)\,g_l^k(z,y)\,dV_z=g_i^k(x,y). \tag{1}$$

Wir betrachten die lineare Integralgleichung

$$\frac{1}{V}\int g_i^l(x,y)\,U_l(y)\,dV_y=U_i(x). \tag{2}$$

Als Folge von (1) findet man, ausgehend von einem völlig willkürlichen Vektor $f_l(x)$ eine Lösung von (2) gemäß

$$U_i(x)=\frac{1}{V}\int g_i^k(x,y)\,f_k(y)\,dV_y, \tag{3}$$

wie man durch Einsetzen in (2) mit Hilfe von (1) erkennt.

Wir zeigen andererseits unter allgemeinen Voraussetzungen über $g_i^k(x,y)$, daß (2) nur endlich viele linear unabhängige Lösungen besitzen kann. Seien N linear unabhängige Lösungen $u_i^p(x)$ von (2) gegeben mit $p=1,2,\ldots,N$, die also die Gleichungen

$$\frac{1}{V}\int g_i^l(x,y)\,u_l^p(y)\,dV_y=u_i^p(x); \qquad p=1,2,\ldots,N, \tag{2'}$$

erfüllen. Der Zweck der folgenden Überlegung ist der, eine Abschätzung der Zahl N zu finden, die sie nach oben begrenzt. Zu diesem Zweck ist es bequem (wenn auch nicht notwendig), die $u_i^p(x)$ orthogonal und normiert anzunehmen gemäß

$$\frac{1}{V}\sum_i u_i^p(x)u_i^q(x)\,dV_x=\delta_{pq}. \tag{4}$$

Dies kann durch geeignete Linearkombinationen mit konstanten Koeffizienten stets erzielt werden, wenn zunächst ein beliebiges System von endlich vielen, nämlich N, linear unabhängigen Lösungen von (2) gegeben ist.

(Bemerkung: Für

$$\frac{1}{V}\sum_i \int u_i^p(x)u_i^q(x)\,dV_x=c^{pq}, \qquad (c^{pq}=c^{qp})$$

würden die normierten Unterdeterminanten c_{pq} in der Rechnung auftreten. Man kann die Form $\sum_{p,q} c_{pq}a^p a^q$ stets auf Hauptachsen bringen.)

Es gilt vermöge (4) die Identität

$$\begin{aligned}\sum_{p,l}&\left[\frac{1}{V}\int g_i^l(x,y)u_l^p\,dV_y\right]^2\\ &+\sum_{p,l,k}\frac{1}{V}\int dV_y\left\{g_i^l(x,y)-u_l^p(y)\frac{1}{V}\int g_i^k(x,z)\,u_k^p(z)\,dV_z\right\}\\ &=\sum\frac{1}{V}\int[g_i^l(x,y)]^2\,dV_y;\end{aligned} \tag{5}$$

also gilt die Ungleichung

$$\sum_{p,l}\left[\frac{1}{V}\int g_i^l(x,y)u_l^p(y)\,dV_y\right]^2\leqq\sum_l\frac{1}{V}\int[g_i^l(x,y)]^2\,dV_y. \tag{6}$$

(In geometrischer Sprache umschrieben bedeutet sie, daß die „Projektion" eines beliebigen Vektors $\varphi^l(y)$ - hier mit $g_i^l(x,y)$ zu identifizieren, wobei i und x als willkürliche Parameter gelten - in dem durch die Funktionen $u_i^p(x)$ aufgespannten Teilraum eine kleinere „Länge" hat als der ursprüngliche Vektor selbst.) Mit Benützung von (2′) wird die linke Seite gleich $\sum_p[u_i^p(x)]^2$ und durch Summation über i und nochmalige Integration über dV_x bekommen wir aus (6) unter Benützung von (4)

$$N\leqq\sum_{i,k}\frac{1}{V^2}\int\int dV_x\,dV_y[g_i^l(x,y)]^2. \tag{7}$$

Da die rechte Seite eine feste endliche Zahl ist, sobald die $g_i^k(x,y)$ stetig und singularitätsfrei sind, ist die Behauptung der Endlichkeit von N bewiesen.

Wir definieren nun die Funktionen $v^{pi}(x)$ durch

$$v^{pk}(y)=\sum_i\frac{1}{V}\int dV_x\,u_i^p(x)g_i^k(x,y). \tag{8}$$

Mit Benützung von (1) folgt hieraus

$$\frac{1}{V}\int v^{pi}(x)g_i^k(x,y)\,dV_x = v^{pk}(x), \tag{9}$$

das heißt, die $v^{pi}(x)$ sind Lösungen der zu (2) adjungierten Integralgleichung. Mit Hilfe von (2′) und (4) folgt aus der Definition (8) der $v^{pk}(y)$ unmittelbar, daß die $v^{pi}(x)$ orthogonal sind zu den $u_i^q(x)$, nämlich

$$\frac{1}{V}\int v^{pi}(x)u_i^q(x)\,dV_x = \delta_{pq}. \tag{10}$$

Seien nun $u_i^p(x)$ mit $p=1,\ldots,N$ eine gemäß (4) orthogonalisierte Basis aller Lösungen $U_i(x)$ von (2), so läßt sich jedes $U_i(x)$ in der Form darstellen

$$U_i(x) = \sum_p c^p u_i^p(x).$$

Gemäß (4) erhält man für die Koeffizienten c^p

$$c^p = \frac{1}{V}\int U_i(x)u^{pi}(x)\,dV_x,$$

somit

$$U_i(x) = \sum_p u_i^p(x)\frac{1}{V}\int U_i(z)u^{pi}(z)\,dV_z.$$

Wir können nun für $U_i(x)$ den Ausdruck (3) mit völlig willkürlichen $f_k(y)$ einsetzen und finden

$$\frac{1}{V}\int g_i^k(x,y)f_k(y)\,dV_y = \sum_p u_i^p(x)\frac{1}{V^2}\int\int dV_y\,dV_z\,u^{pl}(z)g_l^k(z,y)f_k(y),$$

oder gemäß (8)

$$\frac{1}{V}\int g_i^k(x,y)f_k(y)\,dV_y = \frac{1}{V}\int\Big(\sum_p u_i^p(x)v^{pk}(y)\Big)f_n(y)\,dV_y.$$

Das ist aber für willkürliches $f_n(y)$ nur möglich*, wenn die Integranden übereinstimmen, das heißt es gilt

$$g_i^k(x,y) = \sum_{p=1}^{N} u_i^p(x)v^{pk}(y). \tag{11}$$

Ist umgekehrt $g_i^k(x,y)$ von der Form (11), wobei die $u_i^p(x)$ und $v^{qi}(x)$ der Orthoginalitätsbedingung (10) genügen, so ist (1), (2′) und (9) leicht zu verifizieren. Aus (11) folgt

$$\frac{1}{V}\int g_i^i(x,x)\,dV_x = N. \tag{12}$$

Für $g_i^k(x,x)=\delta_i^k$ ist also N gleich der Dimensionszahl des x-Raumes und $g_i^k(x,y)$ ein flacher Raum mit allgemeiner Ränderung.

* Sei $\int L^k(y)f_k(y)\,dV_y=0$ für willkürliches $f_k(y)$. Setze z.B. $f_k(y)=L^k(y)$, dann folgt $\int\sum_k[L^k(y)]^2\,dV_y=0$, also $L^k(y)=0$ für alle stetigen $L^k(y)$.

Die folgende Antwort [316] auf Paulis Brief [314] enthält Heisenbergs neue Vorschläge zur Diracschen Löchertheorie. Sein Ziel war ein Einbau der Diracschen Theorie in den Formalismus der Quantenfeldtheorie.

[316] Heisenberg an Pauli

Leipzig, 17. Juli 1933

Lieber Pauli!

Hab' vielen Dank für Deinen interessanten und lehrreichen Brief. Zunächst möchte ich Dir kurz schreiben, was ich mir über die Löchertheorie überlegt habe.

Wenn man mit der Hamiltonfunktion der Quantenelektrodynamik anfängt:

$$\begin{aligned} E &= \sum N_s E_s + \sum M_{r\lambda} h \nu_{r\lambda} + \sum \pi \nu_r (P_3^r)^2 \\ &\quad + ie\sqrt{\frac{h}{4\pi}} \sum c_{st}^{r\lambda} N_s \Delta_s v_s v_t \Delta_t N_t (M_{r\lambda}^{\frac{1}{2}} \Delta_{r\lambda}^- - \Delta_{r\lambda}^+ M_{r\lambda}^{\frac{1}{2}}), \\ P_3^r &= -e \sum N_s \Delta_s v_s v_t \Delta_t N_t d_{st}^r, \end{aligned} \tag{1}$$

(die Bezeichnungen sind dieselben wie in unserer Arbeit)[a], so kann man zunächst die Summe über s teilen in eine Summe über positive Energien (von jetzt ab Index: s, t) und eine über negative Energien (Index α, β). Ersetzt man ferner die Anzahl N_α durch $1 - N'_\alpha$ – das ist eine reine Umbenennung – so ergibt sich

$$\begin{aligned} E &= \sum_s N_s E_s + \sum_\alpha E_\alpha (1 - N'_\alpha) + \sum \pi \nu_r (P_3^r)^2 \\ &\quad + ie\sqrt{\frac{h}{4\pi}} \{\sum c_{st}^{r\lambda} N_s \Delta_s v_s v_t \Delta_t N_t - \sum c_{s\alpha}^{r\lambda} N_s \Delta_s v_s N'_\alpha \Delta_\alpha v_\alpha \\ &\quad - \sum c_{\alpha t}^{r\lambda} v_\alpha \Delta_\alpha N'_\alpha v_t \Delta_t N_t \\ &\quad + \sum c_{\alpha\beta}^{r\lambda} v_\alpha \Delta_\alpha N'_\alpha N'_\beta \Delta_\beta v_\beta\} (M_{r\lambda}^{\frac{1}{2}} \Delta_{r\lambda}^-) \\ P_3^r &= -e\{\sum N_s \Delta_s v_s v_t \Delta_t N_t d_{st}^r - \sum d_{s\alpha}^r N_s \Delta_s v_s N'_\alpha \Delta_\alpha v_\alpha \\ &\quad - \sum d_{\alpha t}^r v_\alpha \Delta_\alpha N'_\alpha v_t \Delta_t N_t + \sum d_{\alpha\beta}^r v_\alpha \Delta_\alpha N'_\alpha N'_\beta \Delta_\beta v_\beta\}. \end{aligned} \tag{2}$$

Das Wegstreichen der Wirkung der unendlichen Ladung geschieht nun einfach durch Weglassen von $\sum E_\alpha$ und *durch Vertauschung der Reihenfolge im letzten Glied der beiden Gleichungen:*

$$\begin{aligned} E &= \sum N_s E_s - \sum N'_\alpha E_\alpha + \sum \pi \nu_r (P_3^r)^2 \\ &\quad + ie\sqrt{\frac{h}{4\pi}} \{\sum c_{st}^{r\lambda} N_s \Delta_s v_s v_t \Delta_t N_t - \sum c_{s\alpha}^{r\lambda} N_s \Delta_s v_s N'_\alpha \Delta_\alpha v_\alpha \\ &\quad - \sum c_{\alpha t}^{r\lambda} v_\alpha \Delta_\alpha N'_\alpha v_t \Delta_t N_t + \sum c_{\alpha\beta}^{r\lambda} N'_\alpha \Delta_\alpha v_\alpha v_\beta \Delta_\beta N'_\beta\} \\ &\quad \times (M_{r\lambda}^{\frac{1}{2}} \Delta_{r\lambda}^- - \Delta_{r\lambda}^+ M_{r\lambda}^{\frac{1}{2}}) \\ P_3^r &= -e[\sum d_{st}^r N_s \Delta_s v_s v_t \Delta_t N_t - \sum d_{s\alpha}^r N_s \Delta_s v_s N'_\alpha \Delta_\alpha v_\alpha - \dots \\ &\quad + \sum d_{\alpha\beta}^r N'_\alpha \Delta_\alpha v_\alpha v_\beta \Delta_\beta N'_\beta]. \end{aligned} \tag{3}$$

Das Weglassen von $\sum E_\alpha$ ist hier wohl unbedenklich, wie die elektrostatische Selbstenergie. Fraglich erscheint jedoch, ob die Vertauschung der Reihenfolge im letzten Glied {d.h. Weglassen eines Ausdrucks der Form

$$\sum_\alpha c_{\alpha\alpha}^{r\lambda}(M_{r\lambda}^{\frac{1}{2}}\Delta_{r\lambda}^{-}-\Delta_{r\lambda}^{+}M_{r\lambda}^{\frac{1}{2}})\}$$

die relativistische Invarianz stört. Hierüber bin ich mir nicht ganz klar. Sicher scheint mir aber folgendes: Angenommen wir schreiben in (3) nicht nur die Elektronen sondern auch die Protonen (Anzahl L_s und L_α, Wechselwirkungsglieder C_{st}^r und D_{st}^r) hinein, so kommt statt (3)

$$\begin{aligned} E=&\sum N_s E_s-\sum N'_\alpha E_\alpha+\sum L_s E_s^p-\sum L'_\alpha E_\alpha^p+\sum \pi\nu_r(P_3^r)^2\\ &+ie\sqrt{\frac{h}{4\pi}}\{\ldots c_{\alpha\beta}^{r\lambda}N'_\alpha\Delta_\alpha\nu_\alpha\nu_\beta\Delta_\beta N'_\beta\}\\ &-ie\sqrt{\frac{h}{4\pi}}\{\ldots C_{\alpha\beta}^{r\lambda}L'_\alpha\Delta_\alpha\nu_\alpha\nu_\beta\Delta_\beta L'_\beta\}. \end{aligned} \tag{4}$$

Dieser Ausdruck unterscheidet sich von dem der normalen Quantenelektrodynamik außer durch $\sum E_\alpha+\sum E_\alpha^p$ nur durch

$$(\sum c_{\alpha\alpha}^{r\lambda}-\sum C_{\alpha\alpha}^{r\lambda})(M_{r\lambda}^{\frac{1}{2}}\ldots);$$

in P_3^r heißt das entsprechende Glied

$$\sum d_{\alpha\alpha}^{r\lambda}-\sum D_{\alpha\alpha}^{r\lambda}.$$

Nun ist aber $d_{\alpha\alpha}=D_{\alpha\alpha}$, also fällt die Summe, wenn man gliedweise subtrahiert, weg, ebenso geht es bei $\sum(c_{\alpha\alpha}^{r\lambda}-C_{\alpha\alpha}^{r\lambda})$, wobei hier jedoch noch mitberücksichtigt werden muß, daß die Impulsvektoren in allen Richtungen stehen können. In anderen Worten: Nimmt man Elektronen und Protonen zusammen, so heben sich bei „wohlwollender" Summation die Beiträge der unendlichen Ladungen auf (was auch anschaulich einleuchtet). Ich glaube also, der Schwindel, der darin besteht, daß man (2) durch (3) ersetzt, ist nicht schlimmer, als irgendein anderer Schwindel der Quantenelektrodynamik (Selbsten[ergie]!), und Schema (3) scheint mir daher genau so solid (oder wenig solid) fundiert wie die ganze Quantenelektrodynamik. Ich glaube deshalb ziemlich fest an die Löchertheorie und meine, man solle in Zukunft alle Probleme, z.B. die Streuung von γ-Strahlen an Kernen, mit Schema (3) rechnen.

Die Selbstenergie eines Teilchens sieht in diesem Schema wesentlich anders aus, als bisher. Z.B. tritt an Stelle von

$$\frac{e^2}{2}\int u_\rho^s{}^*(P)u_\sigma^s(P')\frac{1}{r_{pp'}}u_\sigma^t{}^*(P')u_\rho^t(P)d\tau d\tau'$$

jetzt die Formel

$$\frac{e^2}{2}\int u_\rho^s{}^*(P)u_\sigma^s(P')\frac{1}{r_{pp'}}(u_\sigma^t{}^*(P')u_\rho^t(P)-u_\sigma^\alpha{}^*(P')u_\rho^\alpha(P))d\tau d\tau'.$$

Leider hilft dies aber, wenn man bei Waller[b] die entsprechende Änderung trifft, nichts für das Unendlichwerden der Selbstenergie.

Ich werde durch einen gescheiten Doktoranden noch einige Konsequenzen der Gleichung (3) durchrechnen lassen und wäre dankbar, wenn ich erführe, was von Landau und Peierls schon gemacht ist. Übrigens müßte doch wohl in Brüssel ausführlich über die Löcher gesprochen werden. Schreibt keiner einen Bericht dazu[c]?

Zu den anderen Fragen Deines Briefs: Bei Streuversuchen von Neutronen an Protonen, geben, wie Wick sich überlegt hat, Austauschkräfte und gewöhnliche Kräfte bei großer Wellenlänge beide Isotropie[d]. Der einzige Unterschied zwischen Austausch- und gewöhnlichen Kräften ist nämlich der, daß nach dem Stoß die beiden Teilchen vertauscht sind. Nur für sehr schnelle Neutronen, deren Wellenlänge vergleichbar mit Kerndimensionen ist, geben die gewöhnlichen Kräfte ein Maximum der gestreuten Neutronen bei kleinen Winkeln, während die Austauschkräfte ein Maximum der gestreuten *Protonen* bei kleinen Winkeln geben. Leider ist experimentell nichts bekannt[e].

Was den Zerfall der Neutronen in Elektron und Proton betrifft, so meine ich: Vom Standpunkt Deiner Theorie aus müßte man halt stets sagen: Zerfall in Elektron, Proton und Neutrino, wobei letzteres ein Elementarteilchen mit Spin 1/2 sein müßte. Auch dann würden Austauschkräfte eintreten. An Elsasser und Anderson glaub' ich garnicht[f]. Wie weit ich an Erhaltungssätze glaube, weiß ich nicht genau. *Die Energiebilanz beim β-Zerfall scheint mir empirisch wahrscheinlich für die Stabilität maßgebend.*

Daß der Li_6-Kern $i=1$ hat, scheint mir auch plausibel. Trotzdem bringt die Annahme, das Neutron haben entgegengesetzten Spin wie das Proton, die ich mit Bloch lange diskutiert hab' (Bloch hatte sich diese These schon überlegt), viele Schwierigkeiten mit sich. Die g-Werte der anderen Kerne deuten (vgl. Fermi und Segré)[g] viel mehr darauf hin, dem Neutron das magnetische Moment Null zuzuschreiben.

So, das ist alles, was ich über die Kerne weiß, bedauerlicher Weise. Ich freue mich auf die Diskussionen in Kopenhagen und Brüssel[h]. Bist Du im Sommer in Zürich? Wenn ja, so komme ich vielleicht, sofern das mit den neuen Gesetzen in Deutschland vereinbar ist, für ein paar Tage nach Zürich.

Herzliche Grüße Dein W. Heisenberg

a) W. Heisenberg und W. Pauli (1930), dort die Formeln (51) und (52) auf S. 183. – b) Vgl. I. Waller: Bemerkungen über die Rolle der Eigenenergie des Elektrons in der Quantentheorie der Strahlung. Z. Phys. **62**, 673–676 (1930). – c) Das Referat über die Theorie des Positrons übernahm auf Paulis Anregung hin schließlich Dirac. (Vgl. [318] und [323].) Siehe Structure et propriétés des noyaux atomiques. Rapport et discussions du septième Conseil de Physique tenu à Bruxelles du 22 au 29 octobre 1933 sous les suspices de l'Institut International de Physique Solvay. Paris 1934. Dort S. 203–212. – d) G.C. Wick: Über die Wechselwirkung zwischen Neutronen und Protonen. Z. Phys. **84**, 799–800 (1933). Eingegangen am 23. Juni 1933. – e) Vgl. hierzu auch Anm. 3 zu [314]. – f) Vgl. Anm. j zu [314]. – g) E. Fermi und E. Segré: Zur Theorie der Hyperfeinstruktur. Z. Phys. **82**, 729–749 (1933). Eingegangen am 27. März 1933. Am Ende der Abhandlung wiesen die Autoren darauf hin, daß diejenigen Kerne, „die nach der Heisenbergschen Theorie eine Anzahl von Protonen und eine ungerade Zahl von Neutronen enthalten, ein deutlich kleineres Kernmoment haben ...“ Einen informativen Bericht über den Stand der damaligen Hyperfeinstrukturforschung und die Bestimmung der Kernmomente findet man in H. Kallmanns Einführung in die Kernphysik. Leipzig und Wien 1938. Dort S. 114–123. – Vgl. außerdem H. Kallmann und H. Schüler: Über die magnetischen Momente der Atomkerne. Z. Phys. **88**, 210–213 (1934). – h) Die im Frühjahr verschobene

Konferenz in Kopenhagen sollte nun vom 14.–20. September vor dem Solvaykongreß in Brüssel abgehalten werden.

Die Schwierigkeiten mit der Diracschen Strahlungstheorie begannen, als man Prozesse betrachtete, die als Störungen höherer Ordnung behandelt werden mußten.[1] Nur in einigen speziellen Fällen war es möglich gewesen, den Anwendungsbereich der Störungstheorie bis zur zweiten Ordnung auszudehnen.[2] Eine Theorie mit solchen Mängeln konnte nur ein vorläufiges Hilfsmittel bleiben. Das Ziel war deshalb, den Gültigkeitsbereich der Theorie abzustecken und die Ursachen für das Versagen aufzudecken.

Eng damit zusammenhängend waren die Probleme der Diracschen Löchertheorie. Im Hinblick auf ihre erfolgreiche Anwendung auf die Paarerzeugungs- und Vernichtungsprozesse und die Streuung von γ-Strahlen an Elektronen (Delbrückstreuung) verwandelte sich Paulis ablehnende Haltung allmählich in eine wohlwollendere Einstellung. Weil er an die vollkommene Symmetrie der Naturgesetze glaubte, suchte er nach einer erweiterten Anwendung des Formalismus und forderte ganz allgemein die Existenz von Antiteilchen für alle Elementarteilchen [323].[3]

Im Hinblick auf den bevorstehenden Solvaykongreß im Oktober entwickelte sich eine lebhafte Korrespondenz über die Löchertheorie mit Heisenberg und Peierls, an der sich später auch Paulis neuer Assistent Weisskopf beteiligte. Bereits zurückgestellte Rechnungen mit Peierls wurden wieder hervorgesucht. Ähnlich wie bei der Entwicklung der Quantentheorie begann man auch jetzt wieder mit verschiedenen mathematisch äquivalenten Formulierungen der Theorie. Alle führten sie jedoch zu den gleichen physikalischen Schwierigkeiten [321]. Im wesentlichen haben die oben genannten Autoren drei solche Schemata diskutiert [318, 326]. Pauli und Peierls entschieden sich für „die am meisten ästetisch aussehende Formulierung“ [321]. Invarianzfragen und Gültigkeit der Erhaltungssätze stehen bei Pauli dabei im Vordergrund.

Eine der Hauptschwierigkeiten, mit denen man kämpfte, war neben der unendlichen Energiedichte des Vakuums die unendliche Ladungsdichte des Dirac-Sees. Auch zu ihrer Lösung wurden zahlreiche Vorschläge gemacht. Von Peierls kam die Idee, die negative Ladungsverteilung des Dirac-Sees durch eine ebensogroße Verteilung positiver Antiprotonen zu kompensieren.

In Manchester ergab sich für Peierls eine Periode fruchtbarer Zusammenarbeit mit Bethe. „Ich wohne zusammen mit Peierls und seiner sehr temperamentvollen Frau (plus ebensolchem Baby) in einem der vielen Tausende gleich aussehender Häuser“, schrieb Bethe zum Jahresende seinem ehemaligen Lehrer Sommerfeld. „Das Zusammenwohnen hat Nachteile für unser Englisch, aber Vorteile für allgemeines Wohlbefinden und Physik“. Es ist anzunehmen, daß man in diesem Kreis ausgiebig über die neuesten Fragen zur Diracschen Löchertheorie diskutierte, welche im Zusammenhang mit dem Problem der Paarerzeugung das allgemeine Interesse beanspruchten.[4] In dieser Atmosphäre dürfte der folgende inhaltsreiche Brief [317] von Peierls an Pauli entstanden sein. In diesem Schreiben, das Pauli offenbar noch nicht erhalten hatte, als er den folgenden Brief [318] an Heisenberg schrieb, beantwortete Peierls eine Anfrage Paulis [320]. Die darin erörterten Probleme hatte man zwar schon vor zwei Jahren in Zürich diskutiert, die Ergebnisse dann aber nicht veröffentlicht. Eine maschinenschriftliche Abschrift des Briefes [317] ließ Pauli für Heisenberg anfertigen [320].

[1] Vgl. hierzu J.R. Oppenheimer: Note on the interaction of field and matter. Phys. Rev. **35**, 461–477 (1930).

[2] Vgl. z.B. V. Weisskopf: Zur Theorie der Resonanzfluoreszenz. (Göttinger Dissertation.) Ann. Phys. (5) **9**, 23–66 (1931).

[3] Die Existenz von Antiteilchen hatte bereits der junge Pauli während seiner Auseinandersetzung mit der allgemeinen Relativitätstheorie gefordert. Vgl. Pauli (1919b).

[4] Bethe beschäftigte sich mit ähnlichen Problemen wie Peierls. 1934 publizierte er mit W. Heitler eine Untersuchung über Paarerzeugung. Vgl. H. Bethe und W. Heitler: On the Stopping of Fast Particles and on the Creation of Positive Electrons. Proc. Roy. Soc. A **146**, 83–112 (1934). Eingegangen am 27. Februar 1934.

[317] Peierls an Pauli

Cambridge, 17. Juli 1933
[Maschinenschriftliche Durchschrift][a]

Lieber Herr Pauli!

Ich bin nicht ganz so pessimistisch, wie Sie, bezüglich der Frage, wieweit das Diracsche Löchermodell so formuliert werden kann, daß es eindeutige Antworten liefert. Es scheint mir nämlich ganz ähnlich zu liegen, wie bei der Quantenelektrodynamik, insofern, als man in erster Näherung bezüglich der Wechselwirkungen zu vernünftigen Resultaten kommt, während höhere Näherungen divergieren. Das gilt im Fall des Diracmodells, wie ich näher ausführen werde, auch besonders bezüglich der Wechselwirkung mit einem Potentialfeld. In der Quantenelektrodynamik ist man ja bisher immer mit dem Prinzip durchgekommen, daß diejenigen Effekte, für die man nicht divergierende Resultate bekommt, auch der Wirklichkeit entsprechen. Ich würde daher vermuten, daß es vernüftig ist, das Gleiche in dem Löchermodell zu versuchen. Dann wäre einer von den gesichertsten Effekten sicher die Erzeugung von Elektronenpaaren durch Licht, weil der Formalismus der Berechnung so eng mit dem des Photoeffekts verknüpft ist, daß unmöglich das eine falsch und das andere richtig sein kann, sofern man natürlich überhaupt die ganze Diracsche Idee akzeptiert[b]. (D.h. die Hypothese, daß es Zerstrahlungsprozesse gibt, und daß ihre Existenz mit der Nicht-Existenz der Zustände negativer Energie zusammenhängt.)

Sofern man sich auf solche Effekte erster Näherung beschränkt, läßt sich die Theorie so formulieren, daß keine Unendlichkeiten auftreten. (Denn die Selbstenergie ist ja ein Effekt zweiter Näherung.) Das kann man etwa in der Weise tun, wie wir es uns überlegt haben[c].

Aber auf diese Weise bekommt man natürlich keinen fertigen Formalismus, sondern nur ein heuristisches Rechenschema, denn ein anständiger Formalismus muß in jeder Näherung anwendbar sein. In höherer Näherung passieren aber allerhand Schweinereien.

Die erste Frage, die Sie in Ihrem Brief erwähnen, ist allerdings keine ernsthafte Schwierigkeit, denn man soll ja gar nicht die unendliche Coulombsche Wechselwirkungsenergie der Elektronen in negativen Zuständen wegstreichen, sondern man soll die Gleichungen so schreiben, daß diese unendliche Ladungsdichte überhaupt kein elektrisches Feld erzeugt. Daß das ohne Widerspruch möglich ist, kann man grob anschaulich so sagen, daß man einfach eine ebensogroße unendlich positive Ladungsdichte hinzufügt. Zur Beruhigung ängstlicher Gemüter[d] kann man diese sogar als die Ladungsdichte der – zweifellos auch existierenden – *Protonen* in negativen Zuständen interpretieren. Daher glaube ich, daß im kräftefreien Fall alles in Ordnung ist. Man muß die Wechselwirkung zwischen den Teilchen natürlich insofern in Rechnung stellen, als man etwa bei dem Prozeß der Erzeugung von einem Teilchenpaar die Wechselwirkung dieser beiden Teilchen untereinander berücksichtigen muß. Aber das machte nur eine vermutlich kleine und jedenfalls endliche Korrektur.

Das Delbrücksche Argument mit der Änderung der Teilchendichte durch die Wirkung eines Potentialfeldes[e] ist nicht neu, Fermi fand es gleich, als er von der Theorie hörte[f]. Wenn man den Effekt in dem Diracschen Bild mit den unendlich vielen negativen Elektronen überlegen will, so bekommt man kein eindeutiges Resultat. Man kann nämlich, wenn man zunächst in quasi-klassischer Näherung bleibt, auf zwei Weisen verfahren[g]: Entweder berechnet man den Unterschied der Dichte, die von den Elektronen in negativen Zuständen herrühren, an einem bestimmten Raumpunkt, indem man zunächst die von Elektronen aus einem bestimmten Energieintervall E, $E+dE$ herrührende Dichte an dem Punkt mit oder ohne Potential vergleicht, und diese Differenz über E integriert. In diesem Fall bekommt man einen unendlichen Effekt, und zwar im Sinne einer Verstärkung des Potentialfeldes. Denn wenn man z.B. das Feld einer positiven Ladung annimmt, so wirkt es ja auf die Elektronen in negativen Zuständen abstoßend, die zu jedem Elektron gehörende Dichte wird also durch das Potentialfeld verringert, man bekommt also eine neue positive Ladung, die noch dazu, wie man leicht nachrechnen kann, an jedem Punkt unendlich wird.

Die zweite Möglichkeit ist, daß man die an einem bestimmten Punkt x von Elektronen mit der Energie E herrührende Dichte vergleicht mit der Dichte, die im Fall des Potentialfeldes von Elektronen mit der Energie $E-V(x)$ - also mit der gleichen kinetischen Energie - am gleichen Punkt erzeugt wird. Diese Differenz verschwindet aber in der hier betrachteten Näherung, da zu den beiden Intervallen dasselbe Volumelement im Phasenraum gehört, und wenn man sie über E integriert, so bleibt sie Null. Bei dieser Betrachtungsweise bekommt man also in der quasi-klassischen Näherung keine Änderung der Ladungsverteilung, man könnte also nur noch Quanteneffekte erwarten.

Diese Zweideutigkeit muß natürlich in jeder Theorie behoben werden, in der keine expliziten Unendlichkeiten auftreten. Man kann nun zum Glück allgemein sagen, was aus einer solchen Theorie herauskommen muß, ohne sie noch explizit aufzustellen. Dabei ergibt sich, daß die *zweite* Betrachtungsweise die richtige ist. Man kann sich das folgendermaßen überlegen: Betrachten wir einen Fall, in dem das Potential als kleine Störung behandelt werden kann. Dann ist also ohne Potential keine Ladung vorhanden und beim Einschalten des Potentials V entsteht eine Ladungsdichte ρ. Da das Raumintegral dieser Dichte verschwindet, ist die nächste einfache Größe, die man berechnen wird, $\int \rho V d\tau$. Diese Größe ist aber nichts anderes als die Eigenwertstörung zweiter Näherung des Gesamtsystems, und von der weiß man, daß sie negativ sein muß, weil das System in einem relativ tiefsten Zustand ist. (Es gibt natürlich noch tiefere Zustände, die man so beschreiben kann, daß man jedes negative Elektron in der Energieskala ein bißchen nach unten verschiebt, aber diese können natürlich nicht mit Hilfe nichtverschwindender Matrixelemente erreicht werden.) Sofern es also eine widerspruchsfreie Schreibweise der Theorie ohne explizite Singularitäten gibt, die der üblichen Transformationstheorie genügt (oder sich mindestens aus einem Variationsprinzip ableiten läßt) so muß

$\int \rho\text{-}V d\tau$ *negativ* sein. Das heißt aber, die Ladung hat das umgekehrte Vorzeichen wie das Potentialfeld und hat die Tendenz, es zu kompensieren. Das mit Hilfe der ersten Überlegung der vorigen Seite gewonnene Resultat kann also aus einer anständigen Theorie *nicht* herauskommen.

Man kann dieses Argument präzisieren: Falls das Potential eine kleine Störung ist, so bekommt man in verständlicher Bezeichnungsweise für die Eigenfunktionen erster Näherung jedes einzelnen Elektrons in einem negativen Zustand i:

$$u_i + \sum_k \frac{V_{ik}}{E_i - E_k} u_k.$$

Dabei durchläuft k sowohl negative wie positive Zustände. Die gesamte Änderung der Dichteverteilung wird also:

$$\rho = \sum_{-i} \sum_{+k} \frac{1}{E_i - E_k} [u_i^* u_k V_{ik} + u_i u_k^* V_{ki}] + \sum_{-i} \sum_{-k} \quad \text{(formal gleicher Term)},$$

wobei getrennt der erste Term die Teilsumme bezeichnet, in der k positive Zustände durchläuft und der zweite die mit negativen. i durchläuft natürlich immer nur negative Zustände, da nur diese besetzt sind. In der zweiten Summe sind nun je zwei Terme entgegengesetzt gleich, da der Summand beim Vertauschen von i und k antisymmetrisch ist. Eine vernünftige Theorie muß nun eben so eingerichtet sein, daß diese mehrdeutige Summe nicht auftritt, denn allen diesen Sprüngen der einzelnen Elektronen von einem negativen Zustand zum anderen entspricht kein möglicher und nach dem Pauliprinzip erlaubter Übergang des Gesamtsystems, und wenn die Quantenmechanik richtig ist, so muß jede Änderung des Erwartungswertes jeder physikalischen Größe mit den möglichen Übergängen des Systems verknüpft sein.

Dagegen bleibt nun die erste Summe stehen. Sie läßt sich auf keine Weise weginterpretieren, da sie mit Übergängen verknüpft ist, die in der Theorie unbedingt vorkommen müssen, nämlich mit der Erzeugung von Teilchenpaaren. Sie liefert einen Beitrag, der immer in der Richtung der Kompensation des Potentialfeldes geht, denn der Zähler wird, wenn man noch mit V multipliziert, und über den Raum integriert, positiv definit, während der Nenner negativ ist ($E_i < 0, E_k > 0$). Leider *divergiert* nun diese Summe.

Genauer betrachtet liegen die Verhältnisse so: Fragt man nach der ξ-ten Fourierkomponente von ρ, so läßt sich allgemein zeigen, daß sie in dieser Näherung proportional zur ξ-ten Fourierkomponente des Potentials ist:

$$\rho(\xi) = -B(\xi) \cdot V(\xi).$$

B ist hierbei ein bestimmtes Integral über die Eigenfunktionen der positiven und negativen Zustände, das logarithmisch bei den Zuständen unendlich hoher bzw. unendlich tiefer Energie divergiert, für jeden Wert von ξ.

Wir haben andererseits die Potentialgleichung, die in Fourierzerlegung die Form bekommt:

$$\xi^2 V(\xi) = 4\pi [\rho(\xi) + \rho_0(\xi)],$$

wobei ρ_0 die „äußere“, das Potentialfeld erzeugende Ladung ist. Zusammen bekommt man also:

$$V(\xi)=\frac{4\pi\rho(\xi)}{\xi^2+4\pi B(\xi)}.$$

Wenn also $B(\xi)$ für alle Werte von ξ unendlich wird, so verschwindet V identisch an jedem Raumpunkt.

Dieses Resultat bedeutet natürlich eine erhebliche Schwierigkeit für die Diracsche Theorie. Es ist von derselben Art wie die Selbstenergie, *aber wohl nicht schlimmer*, denn zur Beseitigung der Selbstenergie muß man sicher etwas machen was darauf hinausläuft, daß die Matrixelemente, die zu den ganz kurzen Wellen gehören, keine felderzeugende Wirkung mehr haben. Dann wird aber auch die Größe B endlich, und da sie nur logarithmisch divergent war, sicher hinreichend klein, um nicht mit der Erfahrung in Widerspruch zu kommen.

Die Divergenz tritt hier allerdings schon an einer früheren Stelle auf, als die Selbstenergie, nämlich ohne die Feldquantelung; ich glaube aber nicht, daß das ein prinzipieller Unterschied ist.

Man könnte noch fragen, wie weit dieses Resultat daran hängt, daß man sich auf die erste Näherung bezüglich des Potentials beschränkt hat. An sich wird zwar diese Annahme dadurch gerechtfertigt, daß sich zum Schluß das Potential zu Null ergibt, was sicher klein ist, aber man könnte unter Umständen wegen der Singularität des Coulombpotentials Bedenken haben. Ich habe mir das nicht anständig überlegt, glaube aber, daß dort nicht die Rettung zu suchen ist.

Zusammenfassend möchte ich also sagen, daß diese Schwierigkeit eine anständige Umschreibung des Diracschen Modells im Augenblick unmöglich macht, sondern daß diese Schwierigkeit nur zusammen mit der Selbstenergiefrage zu lösen ist. Andererseits bedeutet dies aber keinen ernsthaften Mangel der Diracschen Idee, denn sie dürfte dieselbe Reichweite haben, wie sie irgendeine Theorie haben kann, die die Selbstenergie nicht beseitigt.

Mit besten Grüßen Ihr R. Peierls

a) Die Vorlage zu dem vorliegenden Brief ist offenbar eine Durchschrift der maschinenschriftlichen Abschrift, die Pauli für Heisenberg anfertigen ließ. Die Formeln sind von Paulis Hand geschrieben. Unterzeichnet wurde er allerdings von Peierls. Man kann also annehmen, daß Pauli eine Durchschrift zur Begutachtung an Peierls sendete, der sie dann abgezeichnet hat. – b) In der unter Anm. 4 genannten Untersuchung haben Bethe und Heitler die Paarbildung als eine Umkehrung des Bremsvorgangs von schnellen Elektronen betrachtet, wenn die Energie des Endzustandes negativ ist. Die Ergebnisse stimmten so gut mit dem Experiment überein, daß hierdurch ein weiterer Erfolg für die Diracsche Theorie verbucht werden konnte. Zu ähnlichen Ergebnissen waren Robert Oppenheimer und Milton Plesset schon im Juni 1933 gekommen. Vgl. J.R. Oppenheimer und M.S. Plesset: On the Production of the Positive Electron. Phys. Rev. **44**, S. 53–55 (1933). – c) Während seiner Assistentenzeit bei Pauli. – d) In ähnlicher Weise argumentierte Pauli, als er bei einer anschaulichen Begründung seines Verbots von schwachen Menschen sprach, welche „die Krücke der Vorstellung" brauchen. (Vgl. [79]). Dieses mag ein Hinweis sein, wie stark Paulis Persönlichkeit auf seine Umgebung einzuwirken vermochte. – e) Max Delbrück hatte als Lise Meitners Haustheoretiker langwierige Rechnungen zur Streuung von harten γ-Strahlen ausgeführt, welche von virtuellen Paarbildungsprozessen begleitet sind. Obwohl nur ein kurzer Hinweis als Anhang zu einer Arbeit von L. Meitner und H. Kösters (siehe Anm. q zu [314]) erschienen war, sind Delbrücks Ergebnisse schnell bekannt geworden. Heisenberg erwähnte sie auf S. 228 in seinen Bemerkungen zur Diracschen Theorie des Positrons. Z. Phys.

90, 209–231 (1934). Vgl. hierzu auch J.A. Wheeler: Some Men and Moments in Nuclear Physics. In R.H. Stuewer (Hrg.): Nuclear Physics in Retrospect. Minneapolis 1979. S. 217–302. Dort insbesondere S. 246–249. – f) Fermi veröffentlichte gemeinsam mit Uhlenbeck im Septemberheft des Physical Review seine Überlegungen: On the Recombination of Electrons and Positrons. Phys. Rev. **44**, 510–511 (1933). Signiert University of Michigan, 18. August 1933. – g) Die folgenden Überlegungen sind z.T. näher ausgeführt in R. Peierls: The Vacuum in Dirac's Theory of the Positive Electron. Proc. Roy. Soc. A **146**, 420–441 (1934). Eingegangen am 24. März 1934.

[318] Pauli an Heisenberg

Zürich, 19. Juli 1933

Lieber Heisenberg!
Vielen Dank für Deinen ausführlichen Brief, von dem [m]ich natürlich am meisten Deine Ausführungen über die Diracsche Löchertheorie interessieren. Sie decken sich sehr weitgehend mit dem, was Peierls und ich mir seinerzeit nach Erscheinen der Diracschen Löcherarbeit überlegt haben[a]. Ich bin momentan ein bischen ungeschickt im Umgehen mit Vorzeichen und gar mit Vorzeichenfunktionen und möchte Dich deshalb bitten, mir mit der Technik des Ixens dadurch zu helfen, daß Du *dieselben* Gleichungen für die *materiellen Teilchen im Konfigurationsraum aufschreibst*, wie es unserer Arbeit II entspricht[b]: Also neben den Lichtquantenzahlen $M_{r,\lambda}$ und $P_{r,3}$ die Koordinaten x^s der Teilchen, also die Koordinaten der *wirklichen* Teilchen, der Löcher und der neg[ativen] Elektronen. Dabei muß man, wie es am Schluß unserer Arbeit II steht, eine Folge von Konfigurationsräumen und entsprechender ψ-Funktionen einführen, die bzw. ψ^0, keinem mat[eriellen] Teilchen, ψ^s einem Elektron, ψ^α einem Positron, $\psi^{st}, \psi^{s\alpha}, \psi^{\alpha\beta}$ je zwei $+$, ein $+$ ein $-$, zwei $-$ Teilchen entsprechen.

$$\psi^0, \psi^{s\alpha}, \ldots; \quad \psi^\alpha, \psi^{s\alpha\beta}, \ldots; \quad \psi^{s'}, \psi^{st\alpha'}, \ldots$$

werden dann durch die Schrödingergleichung (und die Nebenbedingung $\operatorname{div} E = -\rho$) untereinander verbunden.

Es kommt nur darauf an, die Operatoren $\alpha_\nu^{(s)}\phi_\nu(x^{(s)})$; ($x^{(s)}$ = Teilchenkoordinaten) und die δ-Funktion $\delta(x-x_s)$ in einen geraden und einen ungeraden Operator zu spalten und den letzteren entsprechend umzudeuten als ein Teilchenpaar schaffend oder vernichtend. – Ich fühle mich nur zu wenig vorzeichensicher, um das jetzt am Ende des Semesters zustande zu bringen und glaube auch, daß auf dem alten Schmierzettel der Rechnung mit Peierls alle Vorzeichen falsch sind.

Bezüglich der Spaltung von Operatoren in gerade und ungerade möchte ich Dich gerne auf S. 229 bis 231 (Kleindruck) meines Handbuchartikels verweisen[c]. Insbesondere ergibt sich mittels der auf S. 231 oben definierten Funktion $D(x)$:

$$\sum_t \sum_\alpha \{u_\sigma^{t*}(P')u_\rho^t(P) - u_\sigma^\alpha(P')u_\rho^{\alpha*}(P)\}$$
$$= D(x-x')\cdot\left(\sum_{k=1}^{3} \alpha_{\rho\sigma}^k \frac{h}{i}\frac{\partial}{\partial x^k} + \beta_{\rho\sigma} mc\right).$$

Die Formel für die elektrostatische Selbstenergie war Peierls und mir bekannt.

Nun kommt eine zweite Sache, um die ich Dich bitten würde und die Peierls und ich *noch nicht* ausgerechnet haben. In der gewöhnlichen Theorie läßt sich ja $P_{r,3}$ exakt eliminieren[c] (vgl. z.B. Handbuch-Artikel[d], S. 265 u. 266). Was ich sehr gerne wissen möchte, ist, *wie die Grundgleichungen der Löchertheorie nach Elimination der* $P_{r,3}$ *aussehen*, insbesondere was aus der Coulombschen Wechselwirkungsenergie der Löcher wird. Tritt eine Summe vom Typus

$$\sum_{\alpha} u^{\alpha x}(x^1) u^{\alpha}(x^2) \frac{e^2}{r_{12}} dx^1 dx^2$$

über *alle* α als Selbstenergie des in Wirklichkeit leeren Hohlraumes auf, *oder fällt die schon dadurch weg, daß vom Schema* (2) *zum Schema* (3) *übergegangen wird?*

Ich wäre *sehr* froh, wenn Du mir darüber etwas schreiben könntest.

Daß Du die Protonen in die Diskussion hineinbringst, erscheint mir überaus künstlich[e]. Man muß ja nur verlangen, daß die beiden Gleichungen (die für E und die für $P_{r,3}$) miteinander verträglich und daß die Theorie relativistisch invariant ist. – Nun ist die relativistische Invarianz der gewöhnlichen Quantenelektrodynamik in der Dirac-Fock-Podolskyschen Fassung mit mehreren Zeiten beliebig trivial geworden[f]. Die Löchertheorie würde bei dieser Formulierung hauptsächlich verlangen, $\alpha_\nu \phi_\nu(x_\rho, t_\rho)$ und $\Delta(x-x_s)$ (in der Nebenbedingung) in geraden und ungeraden Bestandteil zu zerlegen. Es wird aber eben die Zerlegung eines Operators in geraden und ungeraden Bestandteil *nicht einfach* sich gegenüber Lorentztransformationen verhalten. Ist die Zeitabhängigkeit der Eigenfunktionen nicht die des kräftefreien Falles, so ist die Teilchenzahl (im Gegensatz zur Gesamtladung) in der Löchertheorie keine relativistische Invariante. Das heißt, wenn im Bezugssystem K sicher z.B. ein $+$ und ein $-$ Elektron vorhanden ist, so wird im System K' im allgemeinen (d.h. es sei denn, die Teilchen sind kräftefrei) eine von Null verschiedene Wahrscheinlichkeit dafür bestehen, kein materielles Teilchen zu finden. (Eine merkwürdige, aber nicht notwendig unsinnige Konsequenz.) Die $\psi^0, \psi^{s\alpha}, \ldots$ (Ladung 0) müssen sich bei Lorentztransformationen untereinander transformieren, ebenso die $\psi^{\alpha}, \psi^{s\alpha\beta}, \ldots$ (Ladung -1), $\psi^s, \psi^{st\alpha}, \ldots$ (Ladung $+1$).

Deshalb bin ich *auch* nicht sicher, ob die relativistische Invarianz beim Übergang von (2) zu (3) gewahrt bleibt.

Was von Peierls wirklich schon gemacht ist, darüber existieren bisher nur vage Behauptungen von ihm ohne Beweise. Er versprach aber, mir demnächst ausführlicher zu schreiben[g]. Es wäre am besten, Du erkundigst Dich direkt schriftlich bei ihm (Cavendish Laboratory, Cambridge).

Ich weiß, daß die Löchertheorie einige Besonderheiten enthält (die wohl indirekt sicher mit der unendlichen Selbstenergie zusammenhängen), die mir unangenehm sind. Z.B. gibt es keine stationäre Lösung mehr, die einem vollkommen (sowohl von Strahlung als auch von materiellen Teilchen) *leeren* Hohlraum entspricht. (Die Terme mit $c^r_{s\alpha}$ und $d^r_{s\alpha}$[h] verhindern dies.) Das war mir damals überaus unsympathisch.

Sodann glaube ich, daß auch nach Schema 3[i] durch ein äußeres (etwa durch ein Proton erzeugtes) elektrostatisches Potentialfeld in einem faktisch leeren Hohlraum ($N'_\alpha=0$, $N_s=0$) eine Ladungsverteilung hervorgerufen werden muß.

Herr Weisskopf schreibt mir eben, es komme heraus, daß die Ladungsdichte das ursprüngliche Potentialfeld sogar immer völlig vernichten wird!! – Ich weiß allerdings nicht, wie und nach welchem Schema dies gerechnet ist[j].

Alles in allem: ich würde mich nicht wundern, wenn aus Deinem Schema 3 eine Reihe von völlig absurden Konsequenzen gezogen werden könnten.

Dies würde noch nicht heißen, daß die Löchertheorie „an sich" falsch ist; es würde eher heißen, daß alle Effekte quantitativ erst vernünftig gerechnet werden können, wenn die Schwierigkeit der unendlichen Selbstenergie gelöst ist.

Wegen eines Berichtes über die Löchertheorie für den Solvay-Kongreß solltest Du an Langevin schreiben[l]. Außer Dir könnten Dirac oder Peierls einen verfassen (ich komme nicht in Frage). Es wäre ja nur natürlich, wenn Dirac ihn schreiben würde.

Es wäre natürlich *sehr schön*, wenn Du im Sommer kommen könntest. Ich bin im August jedenfalls nicht sehr weit von Zürich, entweder in Ascona (Lago Maggiore) oder am Comosee oder in der Nähe von Bozen; an letzterem Ort treffe ich voraussichtlich Born und Schrödinger[k].

Ich werde jedenfalls im August an einem Ort sein, der nicht schwerer erreichbar ist für Dich als Zürich. Willst Du vom Institut eine Einladung haben, um den Gesetzen zu genügen[m]?

Im September will ich Privatferien machen, komme voraussichtlich *nicht* nach Kopenhagen[n]. Dagegen komme ich bestimmt nach Brüssel zum Solvay-Kongreß.

Also schreib' noch einmal wegen der Löchertheorie und komme im August in die Gegend!

Herzlichst

Dein W. Pauli

a) Siehe hierzu den Kommentar zu [317]. – b) W. Heisenberg und W. Pauli (1930). Dort insbesondere § 7. – c) Siehe hierzu auch Paulis Schreiben [242] an Klein. – Am Rande vermerkte Pauli: „Das haben auch Peierls und ich getan." – d) Pauli [1933]. Siehe auch Paulis Schreiben [268] an Schrödinger. – e) Möglicherweise wollte auch Heisenberg zur Aufhebung der unendlichen Ladung des Dirac-Sees eine ebensogroße Antiprotonenverteilung überlagern. Vgl. hierzu den Kommentar zu [317]. – f) Vgl. hierzu den Kommentar zu [306]. – g) Das erwartete Schreiben [317] von Peierls war noch nicht eingetroffen [320]. – h) Diese Größen werden bei W. Heisenberg und W. Pauli (1929) definiert. Dort S. 48. – i) Vgl. hierzu den folgenden Brief [319]. – j) Dieser frühe Briefwechsel mit dem zu diesem Zeitpunkt noch in Kopenhagen arbeitenden Weisskopf ist nicht erhalten. Weisskopf veröffentlichte seine Ergebnisse erst später, nachdem er das Selbstenergieproblem bei Pauli in Zürich weiter ausgearbeitet hatte. Vgl. hierzu auch [343] und [366]. – k) Heisenberg kündigte seinen Besuch in der Schweiz zum 10. August an [319]. Ein Treffen mit Pauli kam erst im Oktober während des Solvay-Kongresses zustande [323]. – l) Pauli selbst veranlaßte schließlich den Präsidenten des Solvaykomitees Paul Langevin, Dirac zu einem Referat über die Löchertheorie für die Solvay-Konferenz aufzufordern. – m) Vgl. Heisenbergs Antwortschreiben [319]. – n) Siehe Anm. h) zu [316].

Die neuen politischen Verhältnisse in Deutschland wirkten sich zunehmend hinderlich auf den internationalen wissenschaftlichen Verkehr aus. Um ins Ausland reisen zu dürfen, war eine Genehmigung der Landesunterrichtsbehörde erforderlich. Dem Direktor des Instituts für physikalische Chemie in Hamburg, Otto Stern, wurde im Juni 1933 die Teilnahme an der physikalischen Vortragswoche der ETH in Zürich gestattet, weil „ein

Verbot der Reise ... politisch mehr Schaden angerichtet" hätte. „Sollte er Beziehungen zur eventuellen Auswanderung anknüpfen, so braucht man das nicht zu inhibieren", heißt es in einem amtlichen Schreiben. In Zürich angekommen, bat Stern um seine Entlassung aus dem Staatsdienst zum 1. Oktober 1933, da er sich durch die Ereignisse der letzten Zeit zu diesem „äußerst schmerzlichen Schritte genötigt" sehe. Die Entlassung und die Bitte, seine Apparate für spezielle Molekularstrahlenuntersuchungen ins Ausland mitnehmen zu dürfen, wurde ihm am 15. August gewährt.[1] Vor seiner Abreise nach Amerika im September 1933 suchte Stern nochmals Pauli in Zürich auf [323].

Aber nicht nur die sog. nicht-arischen Akademiker wurden durch das neue Regime in ihrer wissenschaftlichen Tätigkeit behindert. Das bekamen vor allem Sommerfeld und sein Schüler Heisenberg bald zu spüren. Als prominenteste Vertreter der modernen theoretischen Physik und als persönliche Freunde vieler der Verfemten und Entlassenen wurden beide in einen Konflikt mit den Nationalsozialisten verwickelt. Heisenbergs mehrfache Weigerungen, seine Solidarität mit dem Führerstaat zu bekunden, machten ihn bald zur Zielscheibe politischer Aktionen.[2] Auch der Verlust einiger seiner besten Mitarbeiter und Freunde war die Folge der neuen Rassegesetze.

In einem Schreiben vom 30. Juni 1933 klagte er dem gerade in Amerika weilenden Bohr seine Nöte: „Hab vielen Dank für ... Deine Bemühungen um unsere jungen Physiker, deren Wohl uns allen am Herzen liegt ... Mit Planck und Laue hab' ich öfters gesprochen oder korrespondiert; wir haben versucht, Franck und Born zu halten – Franck möchte nicht mehr zurückkehren, bei Born hab' ich noch ein wenig Hoffnung, aber die Zukunft ist völlig unsicher. Wie es im Herbst mit meinen Reiseplänen steht, weiß ich noch nicht. Ich hoffe, daß ich nach Dänemark und Belgien kommen darf, aber irgend etwas sicher vorhersagen kann man nicht."

Trotz dieser Befürchtungen war es Heisenberg aufgrund seines hohen wissenschaftlichen Ansehens möglich, weiterhin die ihn interessierenden Veranstaltungen im Ausland aufzusuchen. Das von Pauli in Aussicht gestellte „offizielle Schreiben"[3] [319] sollte ihm bei der Beschaffung der Reisegenehmigung behilflich sein.

Obwohl es im Postwesen des nationalsozialistischen Staates noch keine Zensur gab, war man in seinen schriftlichen Äußerungen über die politischen Umstände meist sehr zurückhaltend. Nur Andeutungen oder verklausulierte Formulierungen in dem Briefwechsel weisen auf diese Aspekte des Zeitgeschehens hin. Ausführlicher dürften die politischen Tagesfragen im mündlichen Gespräch bei privaten Treffen und während der Veranstaltungen in Kopenhagen und Brüssel zur Sprache gekommen sein. Der wissenschaftliche Dialog zwischen Heisenberg und Pauli drehte sich weiterhin um den Versuch, Diracs Theorie des Positrons in den Formalismus der Quantenelektrodynamik konsistent einzubeziehen. In dem folgenden Brief [319] weist Heisenberg auf die weiteren Einschränkungen hin, welche die unkontrollierbare Entstehung von Zwillingspaaren der Messung eines Elektronenortes mit γ-Strahlen setzen.

[1] Vgl. hierzu die Personalakte Otto Sterns im Hamburgischen Staatsarchiv. Stern war wegen seiner Teilnahme am ersten Weltkrieg nicht von dem neuen Gesetz betroffen und hätte vorerst noch in seinem Amt verbleiben können.

[2] Siehe hierzu Elisabeth Heisenberg: Das politische Leben eines Unpolitischen. Erinnerungen an Werner Heisenberg. München 1980. Dort insbesondere S. 48–54.

[3] Vgl. [318], Anm. m und [320].

[319] Heisenberg an Pauli

Leipzig, 21. Juli 1933

Lieber Pauli!

Vielen Dank für Deinen Brief und das offizielle Schreiben, das mir sicher gute

Dienste tun wird. Zur Löchertheorie hab' ich noch eine Reihe von Fragen mit Dir zu besprechen. Erstens glaube ich nicht, daß eine Formulierung der L[öcher] Th[eorie] mit Wellenfunktionen im Koordinatenraum der Teilchen überhaupt möglich ist - zu mindesten wäre sie sehr künstlich und unbefriedigend. Denn wenn man etwa die L[öcher] Th[eorie] in Wellenform schreibt (ψ_ρ^+ Well[en]f[unktion] der Positronen, ψ_ρ^- die der Elektronen), so sieht das „Schema (3)" folgendermaßen aus:

$$
\begin{aligned}
H=\int dV\Big\{&\alpha_{\rho\sigma}^k\psi_\rho^{-*}\left(\frac{hc}{2\pi i}\frac{\partial\psi_\sigma^-}{\partial x_k}+e\psi_\sigma^-\Phi_k\right)+mc^2\alpha_{\varrho\sigma}^4\psi_\rho^{-*}\psi_\sigma^-\\
&-\alpha_{\rho\sigma}^k\psi_\rho^{+*}\left(\frac{hc}{2\pi i}\frac{\partial\psi_\sigma^+}{\partial x_k}+e\psi_\sigma^+\Phi_k\right)-mc^2\alpha_{\rho\sigma}^4\psi_\rho^{+*}\psi_\sigma^+\\
&+\alpha_{\rho\sigma}^k\psi_\rho^{-*}\left(\frac{hc}{2\pi i}\frac{\partial\psi_\sigma^{+*}}{\partial x_k}+e\psi_\sigma^{+*}\Phi_k\right)+mc^2\alpha_{\rho\sigma}^4\psi_\rho^{-*}\psi_\sigma^{+*}\\
&+\alpha_{\rho\sigma}^k\psi\left(\frac{hc}{2\pi i}\frac{\partial\psi_\sigma^-}{\partial x_k}+e\psi_\sigma^-\Phi_k\right)+mc^2\alpha_{\rho\sigma}^4\psi_\rho^+\psi_\sigma^-\\
&-\tfrac{1}{2}F_{4k}F_{4k}+\tfrac{1}{4}F_{ik}F_{ik}\Big\}.
\end{aligned}
$$

Nebenbedingung:

$$\operatorname{div}\mathfrak{E}=-4\pi e(\psi_\rho^{-*}\psi_\rho^- -\psi_\rho^{+*}\psi_\rho^+ +\psi_\rho^{-*}\psi_\rho^{+*}+\psi_\rho^+,\psi_\rho^-).$$

Soweit wäre alles einfach und Deinem und Peierls' Schema unterzuordnen. Nun heißen aber die Vertauschungs-Relationen *nicht* etwa:

$$\{\psi_\rho^{-*},\psi_\sigma^-\}=\delta_{\rho\sigma}\delta(PP'); \quad \{\psi_\rho^{-*},\psi_\sigma^+\}=0; \quad \text{u.s.w.}$$

sondern:

$$\{\psi_\rho^{-*}+\psi_\rho^+,\psi_\sigma^- +\psi_\sigma^{+*}\}=\delta_{\rho\sigma}\delta(PP'),$$
$$\{\psi_\rho^{-*}+\psi_\rho^+,\psi_\sigma^{-*}+\psi_\sigma^+\}=0, \quad \text{u.s.w.}$$

Dies ist ganz anders als bei Dir und Peierls[a]!

Aus diesem Grunde sehe ich keine Möglichkeit, in einfacher Weise die „Wahrscheinlichkeit dafür, ein positiv[es] El[ektron] an der Stelle x zu finden" einzuführen.

Physikalisch bedeutet mein Bedenken: Es ist prinzipiell unmöglich, durch Beobachtung festzustellen, daß zur Zeit $t=t_0$ ein Elektron an der Stelle $x=x_0$ genauer als $\frac{h}{mc}$ wäre; denn die Beobachtung (etwa durch γ-Strahl-Mikroskop) wird selbst eventuell zur Bildung neg[ativer] und positiver Elektronen Anlaß geben können, das zur Beobachtung verwendete Lichtquant kann „aufspalten". Nur bei Beobachtung mit Licht $h\nu\ll 2mc^2$ hat es einen Sinn, vom Ort des Elektrons zu sprechen.

In der Löchertheorie ist eben der Begriff „Teilchendichte" ebenso problematisch, wie in der Lichtquantentheorie. Es kann trotzdem wohl sein, daß man im

Koordinatenraum auch bei der Löcherth[eorie] rechnen kann, ähnlich wie Landau und Peierls es für die Lichtquanten getan haben - mir scheint ein solches Verfahren aber nicht natürlich. Es treten dann jedenfalls wieder so abscheuliche Integraloperatoren auf ($1/\sqrt{\Delta}$!!), denen man anschaulich nichts mehr ansieht[b]. - Oder siehst Du einen Weg, dieser Koord[inaten]-raumtheorie einen einfachen Sinn zu geben?

Deine Frage betreffs der Coulombschen Wechselwirkungsenergie kann ich genau beantworten: Bezeichnet man mit $A_{ab,cd}$ das Integral

$$A_{ab,cd}=\sum_{\rho\sigma}\int u_\rho^{a*}(P)u_\rho^b(P)u_\sigma^{c*}(P')u_\sigma^d(P')\frac{1}{r_{pp'}}dV\cdot dV',$$

so wird die gesamte Coulombenergie:

$$\begin{aligned}\frac{e^2}{2}\{&\sum_{st}N_sN_t(A_{ss,tt}-A_{st,ts})+\sum_{\alpha\beta}N_\alpha N_\beta(A_{\alpha\alpha,\beta\beta}-A_{\alpha\beta,\beta\alpha})\\&-2N_sN_\alpha(A_{ss,\alpha\alpha}-A_{\alpha s,s\alpha})\\&+\sum_s N_s(\sum_t A_{st,ts}-\sum_\alpha A_{s\alpha,\alpha s})+\sum N_\alpha(\sum A_{\alpha\beta,\beta\alpha}-\sum_s A_{\alpha s,s\alpha})\\&+\sum_{\alpha s}A_{\alpha s,s\alpha}\}.\end{aligned}$$

Die ersten beiden Zeilen geben die übliche Coulombenergie, die dritte die Selbstenergie der Elektronen und der Löcher, die vierte eine auch für den völlig leeren Raum vorhandene Art von Selbstenergie. Für die Auswertung der Selbstenergien braucht man natürlich immer wieder Deine Formel:

$$\begin{aligned}&\sum_\alpha u_\sigma^{\alpha*}(P)u_\rho^\alpha(P')-\sum_s u_\sigma^{s*}(P)u_\rho^s(P')\\&\qquad=\left(\alpha_i\frac{\hbar}{i}\frac{\partial}{\partial x_i}+\alpha_4 mc\right)_{\sigma\rho}D(x-x').\end{aligned}$$

Über die Frage der relativistischen Invarianz weiß ich nichts Neues. Ich glaube aus den vorhin gesagten Gründen nicht, daß die Koordinatenraumtheorie besonders geeignet sein wird, die relativistische Invarianz zu zeigen - und bei den Lichtquanten läßt sich doch bei Landau und Peierls[c] die Invarianz nicht trivial einsehen.

Daß die Löchertheorie noch zu mancherlei Scheußlichkeiten führen wird, solange die Selbstenergie nicht in Ordnung gebracht werden kann, das glaub' ich gern.

Am 10. August komme ich in die Schweiz, will aber dann zunächst 14 Tage in der Bernina wandern. Schreib mir bitte Deine Adressen während der Zeit vom 15. 8.–5. 9.[d]!

Viele Grüße — Dein W. Heisenberg

a) In seiner späteren Publikation weist Heisenberg auf diese nicht publizierten Ergebnisse von Pauli und Peierls hin. Vgl. W. Heisenberg: Bemerkungen zur Diracschen Theorie des Positrons. Z. Phys. **90**, 209–231 (1934). Eingegangen am 21. Juni 1934. – b) Vgl. hierzu auch Pauli [1933], S. 256. – c) Siehe hierzu den Kommentar zu [264] und dort die in der Anm. 4 zitierte Untersuchung von Landau und Peierls. – d) Siehe Anm. k zu [318].

Einsteins Emigration hatte ein Zeichen gesetzt. Auch viele der nicht direkt von den Rassegesetzen betroffenen Gelehrten, die mit den nationalsozialistischen Praktiken und Ideen nicht übereinstimmten, stellten sich jetzt die Frage, ob nicht auch sie diesem Staat den Rücken kehren sollten. Besonders den bekannteren Wissenschaftlern wurde eine solche Entscheidung durch die zahlreichen Angebote aus dem Auslande leichter gemacht. Ein wichtiger Treffpunkt für Emigranten und Ausreisewillige wurde Max Borns vorläufiger Aufenthaltsort Wolkenstein (Selva Gardena) bei Bozen.[1] Von hier aus knüpfte Born Kontakte.

Während der physikalischen Vortragswoche der ETH Ende Juni reiste er nach Zürich, um dort mit Blackett über ein Angebot der Universität Cambridge zu verhandeln.[2] Bei dieser Gelegenheit dürfte er auch Pauli nach Selva Gardena eingeladen haben. Außer Pauli und seiner Schwester Hertha waren im Sommer 1933 u. a. Hermann Weyl, Annemarie und Erwin Schrödinger, Frederick Lindemann (der spätere Lord Cherwell) und der berühmte Pianist Arthur Schnabel bei den Borns in Wolkenstein.[3] Angesichts der angespannten politischen Lage in Deutschland dürfte bei diesen Besuchen kaum Stimmung für wissenschaftliche Gespräche vorgeherrscht haben. Hinzu kam, daß auch Schrödingers Absicht, Berlin zu verlassen, inzwischen bekannt geworden war. Unmittelbare Ursache für diesen Entschluß war die Entlassung seines Assistenten Fritz London gewesen. Im Juli hatte er mit einem neuen Wagen in Begleitung seiner Frau Annemarie Berlin verlassen und war über Leipzig, Bayreuth und Nürnberg in die Schweiz gelangt.[4] Während eines kürzeren Aufenthalts in Zürich fand die in dem folgenden Brief [320] erwähnte Begegnung zwischen Pauli und Frau Schrödinger statt. Wahrscheinlich wollte man nun auch noch Heisenberg veranlassen, einen ähnlichen Schritt wie Schrödinger zu tun.[4] In Selva Gardena hätte sich eine gute Gelegenheit zu einer Aussprache mit Heisenberg geboten. Wahrscheinlich war auch dieses der Grund, weshalb Pauli Heisenberg mehrfach zu einem Treffen bei Borns aufforderte [320, 321].[5]

[1] Am 9. Mai hatte Born Göttingen verlassen. Vorher war er noch in Berlin gewesen, um sich dort mit den Schrödingers zu besprechen. Am 15. Mai schrieb er von Bozen aus an Frau Annemarie Schrödinger: „Wir hausen hier behaglich im Gasthaus ‚Mondschein', in alten, gemütlichen Zimmern! Wir laufen in den schönen Bergen herum und sitzen abends in der Gaststube und spielen mit unserem Söhnchen Skat. Übermorgen fahren wir nach Selva in die Bergeinsamkeit. An die Zukunft denken wir möglichst wenig. Es wird sich schon irgendwie fügen. Wer so gute Freunde hat wie wir braucht nicht bange zu sein. Nur: zurück mögen wir beide nicht. Wir freuen uns auf Ihren Besuch!"

[2] Siehe hierzu auch den Kommentar zu [314].

[3] Siehe hierzu M. Born: Mein Leben. München 1975. Dort S. 343–356, und ein Schreiben von J. Franck an M. Born vom 26. Juli 1933.

[4] Eine kurze Schilderung dieser Reise gab A. Schrödinger in einem kleinen im Manuskript vorliegenden Aufsatz mit dem Titel „Was ein kleiner B.M.W. erzählen kann."

[4] In diesem Sinne äußerte sich Goudsmit während eines Europabesuches in einem Schreiben vom 23. November 1933 an Charles Galton Darwin: „The situation in Germany is indeed deplorable. However, since they have kicked out all the best scientists and since those who were not kicked out left out of freewill, they soon will be a nation of the 5th rank as far as scientific culture is concerned ... I hope sincerly that Heisenberg has sense and courage enough to make a similar move like Schrödinger in protest to what has been done to his teacher and outstanding colleagues." Daß auch Heisenberg besorgt die Entlassungspolitik verfolgte, zeigen gelegentliche Äußerungen in seinen Briefen. Am 14. Oktober berichtete er Bohr: „Von Laue soll ich Dir sagen, daß nunmehr auch Reiche aus Breslau entlassen worden ist, also mit auf die Liste derer, die Stellungen suchen, kommen soll. Andererseits hat Frau Dr. Kellner eine Stellung bei A. Fowler in London bekommen und angenommen, ist also inzwischen schon versorgt." Der Versuch, Heisenberg nach Princeton zu holen, hatte keinen Erfolg. „Heisenberg hat uns in diesen Tagen definitiv abgeschrieben, er könne unter den gegenwärtigen Verhältnissen nicht auf längere Zeit herüberkommen", informierte Hermann Weyl am 13. Januar 1934 Schrödinger, der sich jetzt schon in England aufhielt.

5 Heisenbergs Verhalten gegenüber den neuen Machthabern in Deutschland wurde aufmerksam von seinen emigrierten Kollegen beobachtet. Die Abschrift einer seiner Briefe verschickte Max Born an verschiedene Bekannte. (Vgl. den Kommentar zu [312].) James Franck, der auch darunter war, antwortete am 15. Juni aus Göttingen: „Viele denken, daß die Prozesse reversibel seien, mir jedoch sieht es nicht so aus."

[320] Pauli an Heisenberg

Zürich, 22. Juli 1933

Lieber Heisenberg!
Eine offizielle Einladung ging gestern an Dich ab.[a] – Heute sah ich Frau Schrödinger in Zürich, welche mir mitteilte, daß Schrödinger auch die Absicht hat, Born in Selva Gardena (bei Bozen) zu besuchen. Es ist wahrscheinlich, daß ich etwa 15.–22. (oder 17.–24.) August dort sein werde. Könntest Du es nicht so einrichten, daß wir *beide* um diese Zeit *zusammen* dort sein könnten und Du *nachher* mit Bloch die Berge besteigen würdest? Ich könnte Dich an einem geeigneten Punkt mit dem Auto treffen.[b] (*Nach* etwa dem 24. August will ich nach Südfrankreich.) Ich fände das so sehr nett. Bloch ist jetzt in Zürich und läßt Dich grüßen.

Nun zur Physik: Der versprochene Brief von Peierls ist inzwischen eingetroffen und ich sende Dir eine Abschrift davon.[c] Man kann sich jetzt wohl einigermaßen ein Bild machen, wie es mit dem Problem der Änderung der elektrischen Dichteverteilung durch ein äußeres Potentialfeld in der Löchertheorie steht. Es scheinen da ähnliche Konvergenzschwierigkeiten aufzutreten wie bei der Selbstenergie. Ich habe bei Peierls noch angefragt, was ungefähr herauskommt, wenn man die Integrale beim klassischen Elektronenradius abschneidet.

Du siehst jedenfalls, daß zwar nicht die Löchertheorie an sich falsch zu sein braucht, daß aber ein Schema wie Deines Nr. 3 noch erheblichen Kohl enthält.[d]

Rein formal scheint mir die Zerlegung eines Operators in einen geraden und ungeraden Bestandteil[e] mathematisch unelegant und kompliziert – so wie die Operatoren $\sqrt{\Delta}$, mit denen zu rechnen Du Dich einst mit Recht geweigert hast – und sie bringt insbesondere ein kompliziertes Verhalten aller ψ-Funktionen bei Lorentz-Transformationen mit sich.

Also viele Grüße Dein W. Pauli

P.S. Die Adresse von Born ist: Selva Gardena, Villa Blazzola, Prov. Bolzano (falls Du ihm direkt berichten willst, ob Du hinkommen kannst).

a) Siehe hierzu den Kommentar zu [319]. – b) Vgl. hierzu Anm. 3 des Kommentars zu [293]. – c) Siehe den Kommentar zu [317]. – d) Vgl. Anm. i zu [318]. – e) Vgl. Anm. c zu [318].

[321] Pauli an Heisenberg

Zürich, 25. Juli [1933]

Lieber Heisenberg!
Hab' vielen Dank für Deinen Brief vom 21., der mir u..a. auch die für das

Löchermodell so charakteristische Schwierigkeit der unendlichen Selbstenergie des leeren Raumes wieder in Erinnerung brachte.[a] (Ich habe es vor 2 Jahren gewußt, aber jetzt nicht mehr daran gedacht.) Ich glaube kaum, daß es eine einfache Formulierung der Löcheridee gibt, bei der diese Selbstenergie des leeren Raumes fortfällt.

Ich gebe *ohne weiteres* die von Dir betonte physikalische Schwierigkeit des Begriffes der räumlichen Wahrscheinlichkeitsdichte eines materiellen Teilchens zu, *gebe aber in keiner Weise zu, daß an dieser Schwierigkeit das geringste dadurch geändert oder behoben ist, daß man die N_α und N_s statt der Orte als Variable einführt*. Denn auch um festzustellen wieviele Teilchen sich in einem bestimmten Zustand befinden, wird man im allgemeinen die Bildung (oder Vernichtung) von pos[itiven] und neg[ativen] Elektronen nicht vermeiden können – nämlich dann nicht, wenn diese Messung in einer Zeit kleiner als $h/2\,mc^2$ vorgenommen werden muß (was im nicht-kräftefreien Fall im allgemeinen wegen zeitlicher Veränderlichkeit der N notwendig wird).

Es gibt bisher überhaupt keine physikalisch befriedigende Formulierung der Löcheridee, sondern nur verschiedene mathematisch äquivalente, wenn auch mehr oder weniger ästhetisch aussehende Formulierungen (jedoch alle mit denselben physikalischen Schwierigkeiten).

Peierls und mir schien vor 2 Jahren die am meisten ästhetisch aussehende Formulierung die zu sein, bei der für die materiellen Teilchen der *Konfigurationsraum der Impulskoordinaten* eingeführt wird. – Der drückt ja wirklich gar nichts anderes inhaltlich aus als die N_α, vermeidet aber die mir formal unsympathischen Vorzeichenfunktionen v_s und v_α (deren Definition übrigens an die mir noch unsympathischere Notwendigkeit geknüpft ist, die Zustände eines Teilchens in einer bestimmten *Reihenfolge* anzuordnen)[b]. – Ob man dann von den Eigenfunktionen des Impulsraumes durch Fourierintegrale zu denen des Koordinatenraumes übergehen will, ist mir weniger wichtig – doch möchte ich die Verbindung der Eigenfunktionen mit durch Beobachtungen prinzipiell prüfbaren Wahrscheinlichkeitsaussagen zunächst so offen halten wie möglich! (Ich glaube, daß die Beschreibung der Natur durch Wellenfunktionen überhaupt nicht der Weisheit letzter Schluß ist.)

Über die Frage der relativistischen Invarianz der Löchertheorie will ich noch nachdenken, möchte aber zu meinem letzten Brief noch nachtragen, daß die Frage der *Eichinvarianz* (Addition eines Gradienten zu den Komponenten des Viererpotentials) in der Löchertheorie zu ähnlichen „formalen" Komplikationen führt wie die der relativistischen Invarianz und daß ich diese Komplikationen noch nicht ganz deutlich überblicken kann.

Ich kann nicht gut mehr nach dem 24. August Dich treffen, wohl aber sehr gut am 10. (in Selva Gardena oder anderswo). – Bitte gib bald positiven Bericht darüber.[c]

Viele Grüße

Dein W. Pauli

a) Siehe [319]. – b) $v_s = \prod_{t \leqq s} (1 - N_t)$ ist die von Jordan und Wigner (Z. Phys. **47**, 631 (1928)) eingeführte Vorzeichenfunktion, die auch in der Quantendynamik der Wellenfelder von Heisenberg und Pauli (1929) herangezogen wurde. – c) Siehe hierzu den Kommentar zu [320].

Die Herbstkonferenz über aktuelle atomphysikalische Fragen vom 14.–20. September in Kopenhagen wurde schon mehrfach in dem vorliegenden Briefwechsel erwähnt.[1] In seiner Einladung [322] wies Bohr nochmals auf die Wichtigkeit hin, auch die „traurigen Dinge" zu besprechen, „die seit unserem letzten Beisammensein in der Physik und in der Welt geschehen sind." Da Pauli beabsichtigte, während dieser Zeit mit seinem Wagen eine größere Tour nach Südfrankreich zu unternehmen [318, 320], konnte er nicht anwesend sein. Heisenberg, der die Konferenz besuchte, schrieb Bohr am 14. Oktober, daß er schon lange nicht mehr so viel gelernt habe, wie in den Kopenhagener Wochen.

Über den genaueren Verlauf der Konferenz selbst liegt leider kein ausführlicher Bericht mehr vor. Gewiß waren aber auch hier die zahlreichen Probleme der entlassenen Kollegen ein zentrales Thema der Gespräche. Einen besonders tragischen Anstrich erhielt die Veranstaltung, als wenige Tage später die Kunde von Ehrenfests freiwilligem Tod eintraf. Schon bei seiner Ankunft soll Ehrenfest einen sehr niedergeschlagenen Eindruck gemacht haben, wie Margrethe Bohr am 5. Oktober 1933 Goudsmit berichtete: „He has just been here to see us for a little while; he looked so unhappy and sad, when he came, that we got quite frightned, but after a few days, I thought, he looked better and more like himself and though he often spoke of death, it never entered our mind, that he himself would end his life now." Für Pauli bedeutete der Tod von Ehrenfest den Verlust eines guten Freundes. In seinem Nachruf in den Naturwissenschaften (1933e) setzte er ihm ein würdiges Denkmal, indem er sein wissenschaftliches Wirken „als lebendiges Zeugnis der bleibenden Wahrheit" bezeichnete. Wohl auf das ihn mit Ehrenfest Gemeinsame hindeutend, schloß er mit den Worten: „Wissenschaftlich objektive Kritik, und sei sie noch so scharf, wirkt stets anregend und befruchtend, wenn sie konsequent zu Ende gedacht wird."

[1] Siehe z.B. [316], Anm. k und [318], Anm. n.

[322] Bohr an Pauli

[Kopenhagen], 25. August 1933
[Maschinenschriftliche Durchschrift]

Kære Pauli,
Jeg skriver for at sige, at vor Konferens over aktuelle atomfysiske Problemer finder Sted i Dagene fra 14. til 20. September, og at vi haaber og regner med, at Du kommer. Du kan under Dit Ophold bo her paa Instituttet, der ogsaa er i Stand til at bidrage væsentligt til Dine Rejseudgifter. Jeg længes meget efter at snakke med Dig om alt glædeligt og sørgeligt, der er sket i Fysikken og Verden, siden vi sidst saas, og jeg tror, at Diskussionerne ved Konferensen, hvor vi venter stor Deltagelse indbefattet Dirac, Fermi og Heisenberg, vil blive meget lærerige for os alle. Selvom jeg maaske har Skinnet imod mig, har jeg i det mindste selv trods den herskende Mode bevaret Troen paa Eksistensen af en objektiv Videnskab.

Med mange venlige Hilsener fra os alle, Din hengivne [Niels Bohr]

Übersetzung von [322]

Kopenhagen, 25. August 1933

Lieber Pauli!
Ich schreibe, um Dir mitzuteilen, daß unsere Konferenz über die aktuellen atom-

physikalischen Fragen vom 14. bis zum 20. September stattfindet und daß wir mit Deiner Anwesenheit rechnen. Du kannst während Deines Aufenthalts hier im Institut wohnen, und wir sind auch in der Lage, wesentlich zu Deinen Reisekosten beizutragen. Ich sehne mich sehr danach, mit Dir über alle erfreulichen und traurigen Dinge zu sprechen, die seit unserem letzten Beisammensein in der Physik und in der Welt geschehen sind. Ich hoffe, daß die Diskussionen während der Konferenz, zu der wir eine große Beteiligung einschließlich von Dirac, Fermi und Heisenberg erwarten, für uns alle sehr lehrreich sein werden. Wenn auch der Schein vielleicht gegen mich spricht, so habe ich selbst wenigstens, trotz der herrschenden Mode, den Glauben an die Existenz einer objektiven Wissenschaft bewahrt.

Mit vielen freundlichen Grüßen von uns allen Dein ergebener [Niels Bohr]

Der 7. Solvaykongreß Ende Oktober 1933 sollte der Kernphysik gewidmet sein. Die Manuskripte der Referate waren inzwischen durch den Präsidenten des Komitees Paul Langevin an die Teilnehmer verteilt worden;[1] so konnte man sich schon im voraus manche Frage zurechtlegen [324].

Einen Hauptvortrag über die Theorie der Kernstruktur sollte Heisenberg übernehmen. Aus Zeitmangel hatte Niels Bohr seine Zusage zurückgezogen.[2] Lediglich in einem Zusatz zu Heisenbergs Ausführungen wollte er in einem Überblick die gegenwärtige Lage der Atomphysik behandeln. Auch Pauli bereitete sich für seine Teilnahme an den Diskussionen vor. „Ausgeruht und arbeitsfrisch" [323] war er aus dem Urlaub zurückgekehrt. Schnell versuchte er sich jetzt einen Überblick über den neuesten Forschungsstand in der Kernphysik zu verschaffen.

Um diese Zeit erwartete Pauli auch die Ankunft seines neuen Assistenten Weisskopf. In Briefen hatte ihm dieser bereits über den Verlauf der Kopenhagener September-Konferenz berichtet. Mit Dirac hatte man dort ausführlich über die Löchertheorie diskutiert. Bohr war begeistert. Trotz ihrer Erfolge war es jedoch schwierig, sie „sauber gegen die Probleme abzugrenzen, die man beim gegenwärtigen Stand der Theorie nicht lösen kann", berichtete Heisenberg am 9. Oktober Sommerfeld. Dazu gehörte die Begründung der Feinstrukturkonstante e^2/hc, des Elektronenradius, etc.

Weiterhin häuften sich jetzt die Nachrichten von dem „Ausverkauf der deutschen Universitäten". Am 18. Oktober machte der Züricher Mathematiker Georg Pólya für Epstein folgende Aufstellung: „Schrödinger nach Oxford (endgültig), Born nach Cambridge, Stern nach Pittsburg, Franck nach Kopenhagen und Konstantinopel, Weyl nach Princeton (endgültig!!), Mises nach Konstantinopel, u.s.w. Die meisten Data habe ich von Weyl, der hier durchreiste. Courant hat noch keine Stelle. Seien Sie glücklich – sagen Sie dies auch Kármán – daß Sie in Californien sind. Hier in der Schweiz wäre es noch ganz schön und ruhig, aber ringsherum verdunkelt es sich zusehends." Wie lange noch? Das fragte sich auch Pauli [323].

Im Hinblick auf diese Entwicklung suchte Pauli jetzt seinen langjährigen Freund Heisenberg zu veranlassen, den Nationalsozialisten gemeinsam mit den anderen noch in Deutschland verbleibenden Physikern entschiedener gegenüberzutreten. Vorbildlich erschien allen die Haltung Max von Laues.

Plancks Nachgiebigkeit fand dagegen keine Billigung. Die wohlwollende Besprechung einer Aufsatzsammlung von Planck durch Heisenberg nahm Pauli zum Anlaß, ihm seinen Unwillen auszudrücken. „Gibst Du dem Teufel der ‚ismus-Philosophie' bereits den kleinen Finger, und bald nimmt er Dir die ganze Hand." [323] Offen läßt Pauli, ob er hier den Heisenberg-Planckschen-Idealismus oder den Nationalsozialismus meint.

[1] Diese Berichte publizierte man später in dem Sammelband: Structure et propriétés des noyaux atomiques, Rapports et Discussions du Septième Conseil de Physique tenu à Bruxelles du 22 au 29 Octobre 1933 sous les auspices de l'Institut International de Physique Solvay. Paris 1934.
[2] Bohr war im Mai 1933 für drei Monate nach Amerika gereist, wo er Gelegenheit hatte, in Pasadena mit Oppenheimer und in Ann Arbor mit Fermi interessante Gespräche zu führen. (Vgl. Bohrs Schreiben vom 17. August an Heisenberg.)

[323] Pauli an Heisenberg

Zürich, 29. September 1933

Lieber Heisenberg!
Leider waren die Umstände so, daß ich Dich sowohl in den Sommerferien, als auch in Kopenhagen nicht treffen konnte.[a] In Brüssel hoffe ich aber bestimmt, Dich zu sehen. Inzwischen hat mir Weisskopf ausführlich über die Konferenz berichtet, ich habe auch nach meiner Rückkehr nach Zürich Literatur nachgelesen und glaube wieder ziemlich up to date zu sein.

Das wichtigste ist, wie ich mich zur Löchertheorie stellen soll. Sobald ich ein von Peierls versprochenes Manuskript seiner Arbeit[b] zugeschickt bekomme, will ich mich eingehend mit diesem ganzen Problemkreis beschäftigen*, auch mit der formalen Seite. Vielleicht ergibt sich doch ein Hinweis für eine Reform der Quantenelektrodynamik. Meine Haltung zur Löcheridee ist nunmehr ebenso wie bei Bohr und Dir keine völlig ablehnende oder negative. Man kann doch sagen, daß die Löcheridee zur theoretischen Voraussage der Existenz der Positronen und ihrer Erzeugung und Vernichtung in Paaren geführt hat. Man kann weiter mit Bohr die Ansicht verfechten, daß Berechnungen über die Häufigkeit dieser Prozesse – von der Art wie z.B. diejenigen von Oppenheimer und Plesset[c] – angenähert richtig sein werden (mit etwa einem Fehler der Ordnung α^2). Ich habe keinen a priori Grund gegen eine solche Ansicht.

Andererseits hat Peierls gezeigt, daß unsere (d.h. von Peierls und mir stammende) frühere (von der „großen Unendlichkeit“ freie) Formulierung der Löchertheorie[d] – und die wohl ganz damit identische Deines Briefes vom 17. VII.[e] an mich** – nicht eichinvariant ist. (Wobei es dahingestellt bleibt, ob sie relativistisch invariant ist.) Dies steht in einem interessanten Zusammenhang mit der besonderen, mir unberechtigt erscheinenden Bevorzugung der kräftefreien Lösungen bei der Deutung der Zustände negativer Energie (vgl. Bohrs frühere Kritik der Schrödingerschen Theorie, bei der diese Zustände fortgestrichen wurden[f]) und dem scheußlichen Auftreten von Operatoren wie $\sqrt{\Delta+\frac{m^2c^2}{h^2}}$. (Ich glaube an keine Theorie, bei der solche Operatoren in den Grundgesetzen vorkommen!) Gerne möchte ich versuchen, eine Formulierung der Theorie zu finden, welche die relativistische und Eichinvarianz direkt in Evidenz setzt und den Operator $\sqrt{\Delta+\frac{m^2c^2}{h^2}}$ vermeidet. Eventuell wird dabei aber der Begriff der

* Ich fühle mich sehr ausgeruht und arbeitsfrisch; auch herrscht in meiner Umgebung eine recht friedliche Atmosphäre. (Wie lange noch?)
** Diesen zitiere ich im Folgenden mit „l.c.“

Eigenfunktion verallgemeinert und modifiziert werden müssen. – Ich will es jedenfalls ehrlich und eingehend versuchen; wenn ich *nichts* dabei herausbringen sollte, wird es mich auch nicht reuen.

In organisatorischer Hinsicht möchte ich noch bemerken, daß ich auf Grund Deiner Anregung l.c. an Langevin geschrieben habe, er möge Dirac auffordern, einen kurzen Bericht über die Löcher für die Solvay Konferenz in Brüssel zu schreiben.[g] Das hat Langevin, wie er mir mitteilte, auch getan. Nun weiß ich nur nicht, ob Dirac auch den Bericht zugesagt hat, vermute aber, daß dies der Fall ist.

Noch etwas zur Frage der magnetischen Momente der Kerne, insbesondere des Neutrons. Nach wie vor vermute ich (wegen der Analogie zu N_{14}) erstens, daß Li_6 $i=1$ hat[h] und zweitens daß H_2 ein magnetisches Kernmoment praktisch 0 hat. Zur letzteren Frage hat mir Stern, der auf der Durchreise nach Amerika einen Tag in Zürich war, berichtet, vorläufige Messungen hätten für H_2 ein magnetisches Moment ergeben, daß sicher kleiner ist als das des Protons; er könne aber wegen der Unreinheit des Präparates noch nicht sagen, ob das magnetische Moment von H_2 genau 0 ist. Er wird sicher die Frage bald entscheiden können.[i]

Beim nochmaligen Durchdenken der ganzen Frage stieß ich auf folgendes Problem: Wenn es wahr ist, daß die Naturgesetze vollkommen symmetrisch sind in Bezug auf positive und negative Elektrizität (und alle beobachteten Unterschiede auf den *Anfangszustand* unserer Umgebung geschoben werden), wenn also z.B. auch ein negatives Proton existieren würde – dann müßte das freie Neutron, falls sein magnetisches Moment nicht Null ist, in *zwei* Zuständen existieren können: in einem wäre das magnetische Moment entgegengesetzt gerichtet zum Impulsmoment, im anderen ebenso groß aber gleichgerichtet.[j] (Denn unabhängig vom speziellen Modell des Neutrons muß einem Vorzeichenwechsel der beiden Elektrizitätsarten ein Vorzeichenwechsel des magnetischen Moments relativ zum mechanischen entsprechen.)

Nun möchte ich Dich fragen: Gibt es aus den g-Werten der Kerne Anhaltspunkte für die Existenz von *zwei* Zuständen des freien Neutrons, einem wo das magnetische Moment entgegengesetzt gerichtet ist dem Impulsmoment, einem anderen, wo es gleichgerichtet ist (während der *Betrag* des magnetischen Neutronmomentes dem des magnetischen Protonmomentes gleich ist). Ich frage Dich, weil Du l.c. schreibst, daß Du mit Bloch lange die Frage der Kern-g-Werte diskutiert hast.[k] (Natürlich werden diese durch das Vorkommen von Bahnmomenten kompliziert; schon beim Li_7 kommt man nicht ohne Annahme der Mitwirkung eines Bahnmomentes aus. – Was Schüler und Mitarbeiter in den Naturwissenschaften darüber publiziert haben, habe ich gelesen.[l]

Eine andere Möglichkeit wäre, daß das *freie* Neutron das magnetische Moment 0 hat und sein magnetisches Moment im Kern komplett induziert ist. Dies anzunehmen ist mir aber gerade im Hinblick auf Deine Kerntheorie sehr unsympathisch. – Bitte schreib mir, was Du über meine Idee der Verdopplung der Zustände des freien Neutrons meinst. Natürlich wären die Austauschkräfte zwischen den beiden Neutronsorten und dem Proton ganz verschieden. Das einfachste wäre anzunehmen, sie seien entgegengesetzt gleich.

Es kann aber natürlich *auch* sein, daß ebenso wie man im Kernbau bisher keinen Anhaltspunkt für die Existenz des negativ geladenen Protons gefunden hat, man auch keinen finden wird für die Existenz der zweiten Neutronsorte.

Nun möchte ich noch eine beliebig dumme Frage stellen: Warum soll der Kern analog zum *Flüssigkeits*tropfen und nicht analog zum *kristallinen* Zustand aufgebaut sein? (Letzterer hätte ja auch eine von der Größe des Kerns unabhängige Dichte.) D.h. warum schwingen die schweren Kernbausteine im großen Kern nicht um Gleichgewichtslagen (wie in einem organischen Molekül die C-Atome) und bilden ein Gitter? – Welche Vorstellung übrigens in der Literatur mehrfach herumspukt. Könntest Du nicht in Brüssel etwas darüber sagen?[m]

Stern erzählte mir bei seiner Durchreise durch Zürich auch, Du hättest die Planck-Medaille während Deines Kopenhagener Aufenthaltes in Würzburg verliehen bekommen[n] (wie scharf da Dein Impuls bestimmt war!). Ohne gerade eine Gratulation zu diesem factum formell zu unterlassen, möchte ich als hierzu *komplementären Gesichtspunkt* von ganzem Herzen Dir folgendes wünschen: *Möge der Geist, der über Plancks wissenschaftlicher Produktion und seinem persönlichen Leben herrscht, in Deinen Publikationen und in Deinem Leben nicht allzu stark überhand nehmen!* (Bei näherer Analyse finde ich nämlich in der in Rede stehenden Aktivität Plancks Züge, die ich im tiefen – nicht oberflächlichen! – Sinne als schlampig empfinde;[o] während mir z.B. bei H.A. Lorentz oder Bohr solche Züge völlig zu fehlen scheinen.)

In dieser Verbindung muß ich betonen, daß mir manche Wendungen in Deiner Besprechung des Planckschen Buches in den Naturwissenschaften[p] unangenehm aufgefallen sind. Wenn Du zugibst, daß Aussagen über „Realität der Außenwelt" überhaupt sinnvoll sind – also Hypothesen sind, die wahr oder falsch sein können – gibst Du dem Teufel d[er] „-ismus-Philosophie"[q] bereits den kleinen Finger und bald nimmt er Dir die ganze Hand. – Wir werden uns vielleicht in Brüssel noch darüber unterhalten.

Sei sehr herzlich gegrüßt von Deinem getreuen W. Pauli

a) Siehe den Kommentar zu [322]. – b) Peierls veröffentlichte seine Ergebnisse erst im März 1934. Vgl. R. Peierls: The Vacuum in Dirac's Theory of the Positive Electron. Proc. Roy. Soc. A **146**, 420–441 (1934). Eingegangen am 24. März 1934. – c) J.R. Oppenheimer und M.S. Plesset: On the Production of the Positive Electron. Phys. Rev. **44**, 53–55 (1933). Signiert 9. Juni 1933. Siehe hierzu auch E. Fermi und G. Uhlenbeck: On the Recombination of Electrons and Positrons. Phys. Rev. **44**, 510–511 (1933). Signiert University of Michigan, 18. August 1933. – d) Siehe hierzu den Kommentar zu [317]. – e) Vgl. [316]. – f) Siehe die im Kommentar zu [268], Anm. 4 genannte Abhandlung Schrödingers und Paulis Briefe [318 und 320]. – g) Vgl. Anm. 1 zu [318]. – h) Vgl. hierzu den vorletzten Absatz des Schreibens [316]. – i) Siehe hierzu die historischen Ausführungen von I. Estermann: History of molecular beam research: Personal reminiscences of the important evolutionary period 1919–1933. Amer. J. Phys. **43**, 661–671 (1975). Dort insbesondere S. 670. – j) Die Erwartung für das Auftreten von Antiteilchen folgt aus der relativistischen Invarianz und der Eichinvarianz der Feldgleichungen. Siehe hierzu auch G. Lüders: Die Entdeckung des Antiprotons. Naturwiss. **43**, 121–123 (1956). – k) Siehe die Bemerkung in dem vorletzten Absatz von [316]. In einer Diskussionsbemerkung auf dem Solvaykongress 1933 bekundete Pauli abermals sein Interesse an den magnetischen Momenten des Li-Kerns. Vgl. Pauli (1933f), s. 330. – l) H. Schüler und H. Westmeyer: Hyperfeinstruktur der Resonanzlinien von Sr II. Naturwiss. **21**, 561–562 (1933). –: Das Kernmoment des Zinns. Naturwiss. **21**, 660 (1933). – : Bemerkung zu den magnetischen Momenten der Atomkerne. Naturwiss. **21**, 674–675 (1933). In dieser letzten Note weisen die Autoren auch auf die weiter unten (Anm. m) von Pauli erwähnte Möglichkeit einer kristallinen Kernstruktur hin. – m) Vgl. Anm. 1. – Im Anschluß an Heisenbergs Solvaybericht wies Niels Bohr in einer Diskussionsbemerkung (auf S. 334 der in Anm. 1 erwähnten Kongreßberichte) auf ein ähnliches kristallines Modell von Delbrück hin. Debye begründete daraufhin (auf S. 335), weshalb eine solche Annahme mit den bisherigen experimentellen Befunden unverträglich sei. – Siehe auch Heisenbergs Antwort [325]. – n) Die Max-Planck-Medaille, angeregt Ende 1927 durch einen öffentlichen Aufruf von Born, Einstein, v. Laue, Schrödinger und Sommerfeld, wurde für besondere Verdienste um die theoretische Physik von Einzelpersonen, Gesellschaften und Firmen zu Max Plancks 70. Geburtstag am 23. April 1928 gestiftet. Als Danksagung bat Planck, darüber eine kurze Notiz in den Naturwiss. **16**, 368 (1928) zu publizieren. Die offizielle Verleihung der Max Planck Medaille an Heisenberg fand am 3. November 1933 während der Festsitzung der Physikalischen Gesellschaft in Berlin statt. In seiner Ansprache bei der Eröffnung der Physikertagung in Würzburg am 18. September 1933 hatte Max von Laue in einer mutigen Rede die Eingriffe der Nationalsozialisten in den Wissenschaftsbetrieb kritisiert. Da Heisenberg zu diesem Zeitpunkt auf der Kopenhagener Konferenz (vgl. [322]) war, mußte die Verleihung der Medaille verschoben werden. Pauli unterstellt mit seiner Bemerkung offenbar, daß Heisenbergs Abwesenheit nicht ganz unbeabsichtigt gewesen sein dürfte. – o) Diese indirekte Kritik an Heisenbergs Verhalten gegenüber den Vorgängen im 3. Reich beruhte wahrscheinlich auf dem Inhalt seines Briefes an Born, der in Form einer Abschrift bei den Kollegen die Runde machte. (Vgl. den Kommentar zu [312].) – p) Es handelt sich um die Besprechung des Planckschen Sammelbandes Wege zur physikalischen Erkenntnis. Reden und Vorträge. Leipzig 1933 in Naturwiss. **21**, 608 (1933). Heisenberg lobte darin die idealistische Tendenz, aus „gewissen a priori gültigen Sätzen oder a priori sinnvollen Begriffen ... das Bleibende im Wandel der Erscheinungen, die Gesetzmäßigkeit" zu suchen, die Planck als die „reale Außenwelt" bezeichnete. Besonders die Bemerkung „Planck scheut nicht vor der befremdenden Konsequenz zurück, die reale Außenwelt weit von der uns anschaulich gegebenen Sinnenwelt zu suchen", mußte Pauli auf den Gedanken bringen, daß diese Einstellung wohl auch im Hinblick auf die neue politische Entwicklung in Deutschland zu verstehen sei. Heisenberg antwortete in seinem Schreiben [325] vom 7. Oktober. – q) Diesen Terminus verwendete Paulis Lehrer Sommerfeld sehr häufig.

Auch das folgende Schreiben [324] galt dem Informationsaustausch zur Vorbereitung des Solvaykongresses.

Ehrenfest hatte am 25. September seinen lange gehegten Plan ausgeführt und sich und seinen jüngeren geisteskranken Sohn Vassik getötet. Die Nachricht war schnell durch die Presse gegangen, doch nur die Freunde, die mit Ehrenfest in näherer Beziehung gestanden hatten, wußten um die wahren Hintergründe der Tat.[1] Aus New York schrieb am 26. Dezember 1933 der befreundete Gregory Breit an Bohr und bot seine Hilfe für den Sohn Pavlik an, dem er Unterkommen in Baltimore oder in Ann Arbor in Aussicht stellte. Bohr antwortete am 15. Januar 1934: „not least it was a great pleasure to me to come into personal contact with you, about whom I had heard Ehrenfest speak with so great warmth. With his unusual enthusiasm and helpful criticism he took part in our conference here in September and we could hardly believe the information which the newspapers brought about his death just a few days after he left us. What a terrible blow it was to us all I need not say ... It was also a pleasure in Paris to learn, how good an impression the physicists there had formed of Pavlik, who some month last year has assisted Auger in his experiments."

[1] Siehe hierzu die Anm. c zu [301].

[324] Pauli an Heisenberg

Zürich, 30. September 1933

Lieber Heisenberg!

Zu meinem gestrigen Brief noch einen kleinen Nachtrag. Inzwischen habe ich die Solvay-Berichte nachgelesen. Zunächst habe ich zu meinem Vergnügen mein

Argument über das Fehlen des Überganges H Atom → Neutron im Bericht von *Chadwick* (S. 18) wiedergefunden. – Ich weiß nicht, ob Du seine Argumente *für* Austauschkräfte zwischen Proton und Neutron aus der Größe des Stoßquerschnittes (S. 23, 24) für zwingend hältst.[a]

Im Bericht von *Joliot* möchte ich gerne Deine Aufmerksamkeit richten auf den letzten Absatz über Umwandlungselektronen (S. 31 f.)[b]. *Diese* Erzeugung positiver Elektronen durch α-Strahlen ohne Mitwirkung von γ-Strahlen ist sogar die zurzeit ergiebigste Quelle für positive Elektronen (die u. a. eine genaue e/m-Bestimmung für diese ermöglichen wird; vgl. *Thibaud,* Nature).[c] – Es würde mich interessieren zu hören, *was Du vom Standpunkt der Theorie aus darüber meinst.* – Eine Erzeugung von Teilchenpaaren *ohne* γ-Strahlen wäre nach der Löcher-Theorie im Prinzip möglich, da auch beim Stoß von α-Teilchen auf Kerne nach der Diracschen Theorie Übergänge von Elektronen zu Zuständen negativer Energie unter Umständen möglich wären (α-Teilchen, Kern, Atomelektron machen Dreierstoß.) Was aber nicht verständlich ist, ist Joliots experimentelle Feststellung, daß bei Al die positiven Elektronen *nicht in Paaren* erzeugt werden, indem nur relativ wenige negative Elektronen auftreten (Bericht, S. 33).[d] Ich kann mir keinen rechten Vers dazu machen. Joliots eigene Erklärungsversuche auf S. 34ff. scheinen mir den Stempel der Unwahrheit auf der Stirne zu tragen; insbesondere glaube ich gar nicht an sein Neutron mit Masse *größer* als Proton, da dies doch mit anderen Experimenten in Widerspruch steht. *Also was meinst Du dazu?*

Nun noch ein weiterer, sehr trauriger Nachtrag. Scherrer teilt mir mit, er habe vorgestern an 2 verschiedenen Stellen Zeitungsnotizen gelesen, daß *Ehrenfest* in Leiden (Holland) Selbstmord begangen habe. Und zwar habe er in der Anstalt, in der der eine, idiotische, von seinen Söhnen[e] seit Jahren untergebracht ist, erst diesen und dann sich erschossen. Leider ist wohl nicht anzunehmen, daß es sich um eine Zeitungsente handelt. Ehrenfest war ja immer schwer neurotisch und litt von Zeit zu Zeit unter melancholisch-depressiven Anfällen. In einem von diesen dürfte sich jetzt die Tragödie ereignet haben. Nun hinterläßt er neben der Frau[f] und der verheirateten Tochter einen Sohn und eine zweite Tochter.[g] Schreib mir, ob Du irgend etwas darüber gehört hast. Es macht mich persönlich sehr traurig! – Vor allem würde ich es richtig finden, wenn Berliner ein Gedenkheft der Naturwissenschaften für ihn herausbrächte. Ich wäre gerne bereit, über Ehrenfest und die Quantentheorie zu schreiben[h]. – Vielleicht frage ich auch bei Berliner an.

Viele Grüße Dein W. Pauli

a) J. Chadwick: Diffusion anomale des particules α. Transmutation des éléments par des particules α. Le neutron. Der Aufsatz ist in dem in Anm. 1 zum Kommentar von [323] genannten Band mit den Kongreßberichten auf S. 81–112 abgedruckt. Die Bemerkung über das Fehlen des Überganges eines H-Atoms in ein Neutron und über die Austauschkräfte zwischen Neutron und Proton findet man auf S. 99 bzw. 105f. – b) Vgl. F. u. I. Joliot. Rayonnement pénétrant des atomes sous l'action des rayons α. Enthalten in den Kongreßberichten (siehe Anm. a) auf S. 121–156. Die von Pauli erwähnte Stelle über die Umwandlungselektronen wird dort auf S. 151f. erwähnt. – c) J. Thibeaud: Electrostatic deflection of positive electrons. Nature **132**, 480–481 (1933). – Vgl. auch den Übersichtsbericht von W. Bothe: Das Neutron und das Positron. Naturwiss. **21**, 825–831 (1933). Dort insbesondere S. 827. Damals berichteten mehrere Forschergruppen unabhängig voneinander über die Entstehung von Positron-Elektron-Paaren bei der Bestrahlung von Berillium mit hochenergetischen α-Strahlen. Später deutete man diese Erscheinung als einen sekundären Effekt, der von den γ-Strahlen herrührt, welche das durch α-Strahlen angeregte Berillium aussendet. Bei der Fortsetzung der Versuche entdeckte das Ehepaar Joliot-Curie die künstliche Radioaktivität. – d) Siehe S. 153ff. der unter b genannten Abhandlung mit α-Strahlen. – e) Es handelt sich um Ehrenfests jüngsten Sohn Vassik. – f) Ehrenfests Frau Tatiana war zu diesem Zeitpunkt nicht anwesend. – g) Ehrenfests zweite Tochter Anna (geb. 1910) wurde meist Galinka genannt. – h) Pauli (1933e).

[325] Heisenberg an Pauli

[Leipzig], 7. Oktober 1933

Lieber Pauli!

Vielen Dank für Deine beiden Briefe,[a] deren Beantwortung sich mir länger hinausgezogen hat, als beabsichtigt war. Ich möchte zuerst Deine Fragen der Reihe nach beantworten:

Wenn man die empirische Tabelle der Kernmomente ansieht, so stößt man, wie Fermi und Segré betont haben,[b] auf die allgemeine Regel, daß Kerne mit ungerader Ladung und Masse ein Moment der Größenordnung $\sim 2{,}5$ Protonmagnetonen haben, also etwa ebenso groß, wie nach Stern das des Protons. Die Kerne gerader Ladung und ungerader Masse haben ein sehr viel kleineres Moment mit wechselndem Vorzeichen. Gäbe es nur dieses Material, so hätte ich vermutet: das Neutron habe das magnetische Moment 0. Denn dann hätten eben die Kerne der ersten Sorte in erster Näherung stets das Moment 2,5, die des zweiten stets 0, und in nächster Näherung gibt es durch Spin-Bahn-Wechselwirkung kleine Abweichungen. Diese ganze Vermutung ist aber leider falsch wegen der Elemente H_2, Li_6, N_{14}. Diese Elemente haben offenbar ein sehr kleines magnetisches Moment trotz Spin 1 und dies muß man wohl oder übel durch die Annahme deuten, das Neutron habe ein dem Proton entgegengesetzes Moment ungefähr gleicher Größe. Macht man diese Annahme, so wird die Regel von Fermi und Segré, soweit sie die Kerne gerader Ladung betrifft, unverständlich. Man muß sich dann bei diesen Kernen darauf hinausreden – vielleicht mit Recht –, daß sie viele Neutronen enthalten, die nach Pauliprinzip in höheren Zuständen sitzen, daß also bei den Neutronen durch zusätzliche Bahnmomente ihr magnetisches Spinmoment praktisch „ausgeschmiert" wird. (Der g-Wert der Neutronenbahnen ist ja 0.) Das Proton, das nicht in α-Teilchen gebunden ist, bleibt dagegen stets im tiefsten Zustand, behält daher seinen g-Wert. – Wenn diese Deutung richtig ist, so müßte also die Regel von Fermi und Segré bei leichten Kernen gerader Ladung falsch sein. Vielmehr müßten die Kerne Be_9, C_{13}, Ne_{21} das Moment $\sim -2{,}5$ besitzen. Mehr als diese qualitativen Schlüsse wird man aus dem bisher bekannten Material nicht herausholen können. Deine Annahme, es müsse auch zwei Neutronensorten geben, wenn die Welt in $+$ und $-$ symmetrisch ist, leuchtet mir ein.[c] Aber daraus würde ich schließen, daß zwei entgegengesetzte Neutronen, wie üblich, zusammen zerstrahlen können, daß also in den beobachteten Kernen nur Neutronen der gewöhnlichen Sorte vorkommen. – Aus dem empirischen Material über Kernmomente folgt bisher wohl nichts über diese Frage.

Deine zweite Frage, warum der Kern einer Flüssigkeit und nicht einem Kristall vergleichbar sei,[d] kann ich leicht beantworten. Von den empirischen

Energiedifferenzen in Kernspektren kann man auf die Größenordnung der Impulse schließen, mit denen sich Neutronen und Protonen im Kern herumbewegen. $\left(\frac{1}{2M}p^2 \sim \Delta E\right)$. Berechnet man aus ihnen Bahndimensionen nach $\Delta q \sim \hbar/p$, so wird empirisch Δq von der Größenordnung der Kerndimensionen; d.h. die einzelnen Teilchen laufen im ganzen Kern herum, und schwingen nicht nur wenig um eine Ruhelage. Der tiefere Grund muß in einer Größenordnungsbeziehung zwischen der Masse des Protons einerseits und dem Kraftgesetz Neutron-Proton andererseits liegen.

Die Chadwickschen Argumente für eine Austauschkraft scheinen mir gar nicht zwingend.[e] Beim Streuprozeß Neutron-Proton ist man bei den üblichen Energien im Gebiet des Ramsauereffekts, d.h. man kann über die Wirkungsquerschnitte nichts ohne genaue Kenntnis des Kraftfeldes sagen. Übrigens spräche das Chadwicksche Argument ebenso gegen eine Majoranasche Austauschkraft,[f] wie gegen eine gewöhnliche Kraft; nur zu Gunsten der von mir früher angenommenen Austauschkraft ließe es sich verwenden – aber ich glaube nicht dran.

Bei Joliot möchte ich genauere Experimente abwarten.[g]

Die Formulierung, Proton oder Neutron seien „zusammengesetzt", möchte ich eigentlich auf jeden Fall vermeiden.[h] Ich könnte mir aber vorstellen, daß bei Stößen sowohl Prozesse:

Neutron → Proton + Elektron (+ Neutrino?)
wie: Proton → Neutron + pos. Elektron (+ Neutrino?)
wie: Neutron → neg. Proton + pos. Elektron (+ Neutrino?)
vorkommen. – Ich freue mich darauf, in Brüssel mit Dir zu diskutieren.

Über Ehrenfests Tod[i] waren wir alle sehr traurig; da ich nicht weiß, wieviel über die näheren Umstände gesprochen werden soll, möchte ich nicht gerne drüber schreiben. Du wirst ja in Brüssel Näheres hören. Jedenfalls war sein Selbstmord überlegt: er hat an verschiedene Freunde Abschiedsbriefe geschrieben und war auch mit seinem kranken Sohn eine Stunde lang vor dem Ende zusammen. – Wenn Du von Berliner Antwort hast, schreib mir bitte darüber.

Für den Glückwunsch zur Planck-Medaille hab' vielen Dank! Was Du über Plancks Philosophie schreibst, enthält sicher ein Körnchen Wahrheit. Ich habe das auch selbst im letzten Satz meiner Besprechung angedeutet – zu stärkerer Kritik hielt ich mich nicht für berechtigt. Was die sachliche Seite des Problems betrifft, so glaube ich allerdings im Einklang mit Planck, daß sich der Satz: „Es gibt eine reale Außenwelt" genau so gut mit zur Definition der in ihm enthaltenen Wörter verwenden läßt, wie jeder andere mehr positivistische Satz. Jedenfalls sind die unentwegten Positivisten à la Frank[j] doch wohl noch schlampiger als Planck. Aber darüber in Brüssel mehr.

Also auf frohes Wiedersehn dort — Dein W. Heisenberg

a) Siehe die Briefe [323], [324]. – b) Vgl. die in Anm. g zu [316] genannte Abhandlung. In dieser Arbeit findet man auf S. 748 eine Tabelle der Kernmomente, auf die Heisenberg sich hier bezieht. – c) Siehe Anm. j zu [323]. – d) Siehe Anm. m zu [323]. – e) Siehe Anm. a zu [324] und e zu [314]. – f) Siehe hierzu Paulis Brief [314] und dort die unter k zitierte Arbeit Majoranas. – g) Siehe Anm. b zu [324]. – h) Siehe hierzu Anm. h zu [314]. – i) Siehe hierzu den Kommentar zu [322] und [324]. – j) Heisenberg erinnerte sich wahrscheinlich an die Auseinandersetzung zwischen Philipp Frank und Sommerfeld auf dem Prager Physikertag 1929. (Siehe hierzu den Kommentar zu [265], dort insbesondere die Anm. 3.)

Auf dem Solvaykongreß vereinbarten Heisenberg und Pauli ein gemeinsames Programm der Löchertheorie. Als erster Schritt sollte eine relativistisch- und eichinvariante Formulierung der Theorie gefunden werden. Schon eine Woche später unterbreitete Heisenberg Pauli einen Vorschlag [326], wie man einen solchen invarianten Formalismus erhalten kann. „Ich bin unbedingt dafür", antwortete Pauli, „daß Du Deinen Ansatz weiter verfolgst" [327]. Es folgte nun eine Reihe von Briefen [328, 329, 330], in denen Pauli nacheinander die Schwächen des Heisenbergschen Ansatzes aufdeckte. Schließlich konnte Pauli zeigen, daß er im wesentlichen mit seiner und Peierls bereits verworfenen Theorie übereinstimmte [329].

Inzwischen hatte auch Victor Weisskopf seine Tätigkeit bei Pauli aufgenommen. „Ich bin sehr froh hier bei Pauli zu arbeiten", schrieb er am 7. November Bohr. „Ich lerne von Pauli sehr viel und finde ihn wirklich einen wunderbaren Menschen und Physiker. Ich beschäftige mich jetzt mit ein paar Fragen der Strahlungstheorie bei der Emission kleiner Quanten, wo der Anschluß an die klassische Theorie nicht ganz klar aus dem Formalismus hervorgeht ..."

[326] Heisenberg an Pauli

Leipzig, 6. November 1933

Lieber Pauli!

Da ich in der letzten Woche wieder über unsere Diskussionen zur Löchertheorie nachgedacht habe, möchte ich einige unfertige Versuche an Dich schreiben, um durch Deine Kritik mehr Klarheit zu bekommen:

In unserer früheren Korrespondenz war die unendliche Ladungswolke à la Dirac eliminiert worden durch ein von Dir und Peierls benütztes Schema[a] in folgender Weise:

Man setze die (q-Zahl) Wellenfunktion $\psi = \varphi + \chi^*$, wobei φ den kräftefreien Elektronen positiver Energie, χ^* den Zuständen negativer Energie zugeordnet war. Dann ersetze man jeweils den Operator

$$\psi^* O \psi \quad \text{durch} \quad \varphi^* O \varphi + \varphi^* O \chi^* + \chi O \varphi - \chi^* O \chi. \tag{1}$$

Hierbei gelten die Vertauschungs-Relationen

$$\begin{aligned} &[\varphi_P^* \varphi_{P'}]_+ + [\chi_{P'}^* \chi_P]_+ = \delta_{PP'}; \\ &[\varphi\chi]_+ = 0; \quad [\varphi^*\chi]_+ = 0; \quad \text{u.s.w.} \end{aligned} \tag{2}$$

Die Vertauschungs-Relation zwischen χ^* und χ einzeln war *keine* einfache δ-Funktion, konnte aber aus der Annahme, daß die Einteilung von ψ in $\varphi + \chi^*$ bei kräftefreien Elektronen vorgenommen werden soll, berechnet werden und ergab dann so eine Funktion vom $\sqrt{\Delta}$-Typus. Umgekehrt war durch diese Vertauschungs-Relation die Einteilung von ψ in $\varphi + \chi^*$ festgelegt.

Dieses Schema ist, wegen der Scheußlichkeit der genannten Funktion $\sqrt{\Delta}$ weder eich- noch relativistisch invariant. Nun hab' ich ein anderes Verfahren eingeschlagen, bei dem zunächst die Annahme (1) und (2) beibehalten werden ohne Festlegung der Einteilung $\varphi+\chi^*$. Um die Einteilung von ψ in $\varphi+\chi^*$ genauer festzulegen, soll aber jetzt folgende Annahme dienen: Der Ausdruck $[\chi_P^* \chi_{P'}]_+$ soll mit allen anderen Größen vertauschbar sein; in Formeln

$$[[\chi_P^* \chi_{P'}]_+, \varphi_{P''}]_- = 0, \quad \text{etc.,} \tag{3}$$

wenn $P \to P'$; $P' \to P''$, $P \to P''$ raumartige Vektoren.

Diese Annahme sagt weniger aus, als die frühere. *Trotzdem genügt sie, um die Vertauschung aller physikalisch vorkommenden Größen vom Typus* (1) *eindeutig festzulegen.* Nun scheint mir, daß die Annahmen (1), (2), (3) zusammen relativistisch und eichinvariant sind; denn (1) und (2) verhalten sich nicht anders als in der bisherigen nicht-Löcher-Theorie, und (3) ist trivialerweise invariant.

Die Resultate eines Schemas dieser Art hab' ich noch nicht genau durchgedacht. Jedenfalls scheint mir zu folgen, daß man zu einem *bestimmten* Resultat für z.B. die Dichte kommt, wenn man zunächst mit kräftefreien Elektronen anfängt, dort die übliche Einteilung in $\varphi+\chi^*$ vornimmt und dann die äußeren Felder langsam oder schnell einschaltet; der ganze zeitliche Ablauf für die Dichte etc. muß ja bestimmt sein, wenn alle Vertauschungs-Relationen bekannt sind. Allerdings könnte sich ergeben, daß die durch (1) definierte Dichte von der Vorgeschichte abhängt; d.h. daß auch die Polarisation des Vakuums von der Vorgeschichte abhängt. Das kann ich noch nicht recht übersehen.

Also, es würde mich interessieren, Deine Meinung zu Gleichung (3) zu hören und außerdem zu wissen, ob Du selbst weitergekommen bist[b].

Viele herzliche Grüße Dein W. Heisenberg

a) Siehe den Kommentar zu [317]. Die Bezeichnung der Hamiltonschen Funktionen ψ, ϕ, χ ist die gleiche wie bei Heisenberg und Pauli (1930). – b) Zu diesem Brief machte sich Pauli für seine Antwortschreiben folgende handschriftliche Notizen:

$$[\Psi^* \Psi', \Psi'']_- = \psi^*(\psi', \psi'')_+ - (\psi^* \psi'') + \psi' - \delta(\;'')\psi'$$

$$[\chi^* \chi', \chi''] \ldots (\varphi \chi', \chi^* \varphi^+)_- \ldots$$

$$[\chi^*, \varphi' \chi'']_- = [\chi^*, \varphi']_+ - \varphi'[\chi^*, \chi'']_+ = -\varphi' \cdot D_-$$

$$[\varphi \chi', \chi^{*''} \varphi^*] = [\varphi \chi', \chi^{*''}]_- \varphi^* + \chi^*[\varphi \chi', \varphi^*] + \chi^{*''} \cdot D_+$$

$$-\varphi' \varphi^* D_- + \chi^* \chi' D_+$$

[Alles richtig für] $\phi_0 = 0$. Vielleicht [ist] doch alles invariant hinsichtlich [der] Feldstärken. Nicht so phänomenologisch. Wie, wenn für die ϕ_0 ratardierte Potentiale eingesetzt [werden]?

$$\phi_k = f(t)\partial\lambda(x)/\partial x_k, \quad \phi_0 = 0.$$

Ein E solange $f(t) \neq 0$, $H = 0$. Nachher kein E.

$$\phi_k = \partial\lambda/\partial x_k.$$

Man kommt zu bleibendem Strom. Schwierigkeit bleibt, solange [die] Eichinvarianz nicht erreicht [ist].

[327] Pauli an Heisenberg

Zürich, 8. November 1933
[Erster Brief]

Lieber Heisenberg!

Dein Brief vom 6. hat mich außerordentlich interessiert. Ich selbst war gar nicht weitergekommen. Ich hatte nur versucht, die im kräftefreien Fall ja relativistisch invariante Nebenbedingung mit $\sqrt{\Delta}$ so zu verallgemeinern, daß sie auch bei Anwesenheit von Kräften invariant ist, was ich aber wegen zu scheußlicher Komplikationen aufgegeben habe.

Nun zu Deinem Brief: An die relativistische Invarianz von

$$[[\chi^*_{\rho P}, \chi_{\sigma P'}]_+, \varphi_{\tau P''}]_- = 0 \tag{3}$$

glaube ich ohne weiteres, aber es schien mir anfangs unbegreiflich, wie eine scheinbar so unterbestimmte Theorie eindeutig bestimmte Resultate liefern sollte. Ich sehe aber jetzt, daß dies an einer Einschränkung der „physikalisch" zulässigen Operatoren O liegt. Damit die Vertauschungs-Relationen der Größe*

$$\varphi^* O \varphi + \varphi^* O \chi^* - (O \chi^*) \chi$$

durch Deine Annahmen festgelegt ist, muß nämlich O auf φ und χ in gleicher Weise wirken. Ein Operator, für den z.B.

$$O\varphi = \varphi, \quad \text{aber} \quad O\chi = 0 \ (\mathit{Null})$$

wäre, ist ausgeschlossen. Dann wären z.B. Zahl der materiellen Teilchen oder Impuls *eines* Elektrons keine zulässigen „physikalischen" Größen. Dagegen wären a) elektrische Ladungs- und Stromdichte, b) gesamte materielle Impuls- und Energiedichte, c) alle allein vom elektromagnetischen Feld abhängigen Größen zulässig.

Es entsteht dann die weitere Frage, ob nicht aus der Theorie die vielen unbestimmt bleibenden Bestandteile eliminiert werden könnten; wenn schon die Einteilung ψ in $\varphi + \chi^*$ so weitgehend unbestimmt bleibt, wie kann es dann überhaupt gerechtfertigt werden, mit der „üblichen" Einteilung in $\varphi + \chi^*$ anzufangen? – Aber das müßte durch weitere Untersuchung der Konsequenzen aus Deinen Annahmen entschieden werden. Man müßte auch erst definieren, was „Vakuum" genau heißt. Wenn Deine Resultate von der Vorgeschichte abhängen, könnte man dann nicht einfach sagen, die Vorgeschichte hat bewirkt, daß eben nachher nicht mehr ein Vakuum da ist? – *Ich bin unbedingt dafür, daß Du Deinen Ansatz weiter verfolgst.* – Noch eine psychologische Bemerkung: mit den Vorzeichenfunktionen zu rechnen ist mir praktisch beinahe unmöglich, kann man das ganze nicht auch so formulieren, daß diese überflüssig werden?

Ein Punkt ist mir noch sehr der Aufklärung bedürftig. Bei Dir kommt ja die Nebenbedingung, daß φ nur Zustände positiver Energie enthalten soll, gar nicht explizite vor. Könnte es Dir nicht passieren, daß durch An- und Abschalten von Feldern, *zum Schluß doch wieder negative materielle Energie entsteht??* Bin neugierig, was Du zu meinen Fragen meinst.

Viele Grüße

Dein W. Pauli

9.11. Nachdem ich eine Nacht darüber geschlafen, scheint mir der zuletzt erwähnte Punkt der bedenklichste: Bist Du vor Übergängen nach Zuständen negativer Energie sicher?

---

* (Habe ich folgendes richtig verstanden?) Ich schreibe nicht $\chi^* O \chi$. Denn es muß z.B. für $O \equiv \frac{1}{i}\frac{\partial}{\partial x_r}$: $-(O\chi^*)\chi = -\frac{1}{i}\frac{\partial \chi^*}{\partial x_r}\chi$ kommen; nicht $-\chi^* \frac{1}{i}\frac{\partial \chi}{\partial x_r}$. Ebenso für $O \equiv \beta_{\rho\sigma}$: $-\beta_{\rho\sigma}\chi^*_\sigma \chi_\rho$; nicht $\chi^*_\rho \beta_{\rho\sigma}\chi_\sigma$.

[328] Pauli an Heisenberg

[Zürich], 9. November [1933]
[Zweiter Brief]

Lieber Heisenberg!
Von

$$+\alpha^k_{\rho\sigma}\chi_\rho\left(\frac{hc}{i}\frac{\partial\chi^*_\sigma}{\partial x_k}+e\chi^*_\sigma\phi_k\right)+mc^2\beta_{\rho\sigma}\chi_\rho\chi^*_\sigma$$

unterscheidet sich

$$\begin{aligned}&-\alpha^k_{\rho\sigma}\left(\frac{hc}{i}\frac{\partial\chi^*_\sigma}{\partial x_k}+e\chi^*_\sigma\phi_k\right)\chi_\rho-mc^2\beta_{\rho\sigma}\chi^*_\sigma\chi_\rho\\ &=-\left(\frac{hc}{i}\frac{\partial\chi^*_\rho}{\partial x_k}+e\chi^*_\rho\phi_k\right)\alpha^k_{\sigma\rho}\chi_\sigma-mc^2\chi^*_\rho\beta_{\sigma\rho}\chi_\rho\end{aligned}\qquad\text{(a)}$$

um eine c-Zahl.

Abgesehen vom vollständigen Differential läßt sich dies auch schreiben

$$\chi^*_\rho(\alpha^k_{\rho\sigma})^*\left(\frac{hc}{i}\frac{\partial\chi_\sigma}{\partial x_k}-e\phi_k\chi_\sigma\right)-mc^2\chi^*_\rho\beta^*_{\rho\sigma}\chi_\sigma.\qquad\text{(a*)}$$

In Deinem alten Brief vom 21. 7.[a], sowie bei wörtlicher Interpretation von $-\chi^* O\chi$ würde man schreiben

$$-\alpha^k_{\rho\sigma}\chi^*_\rho\left(\frac{hc}{i}\frac{\partial\chi_\sigma}{\partial x_k}+e\phi_k\chi_\sigma\right)-mc^2\chi^*_\rho\beta_{\rho\sigma}\chi_\sigma,\qquad\text{(b)}$$

was mir unrichtig zu sein scheint.

Für den Term (b) in der Hamilton-Funktion wäre auch Deine Angabe der Berechenbarkeit der Vertauschungs-Relation aus den bloßen Annahmen 1.), 2.), 3.) unrichtig, während sie nur für (a) zuzutreffen scheint. (Die hier nicht angeschriebenen Terme $\varphi^* O\varphi+\varphi^* O\chi^*+\chi O\varphi$ sollen so bleiben wie von Dir angegeben.)

Um Rückäußerung wird gebeten!

Herzlichst Pauli

(*P.S.* Man kann den angeschriebenen Term durch eine S-Transformation umzuformen versuchen, aber dann würden sich auch die nicht angeschriebenen Terme verändern.)

Der Strom des Positrons wäre entsprechend

$$\begin{aligned}s_k&=\ldots-\chi^*_\rho\alpha^k_{\sigma\rho}\chi_\sigma\\ &=\ldots-\chi^*_\rho(\alpha^k_{\rho\sigma})^*\chi_\sigma\end{aligned}$$

Richtig: $-(O\chi^*)\chi$ oder $-\chi^*\tilde{O}\chi$ ($\tilde{O}$ hermitesch konjugiert zu O.)

Falsch: $-\chi^* O\chi$.

a) Brief [319].

[329] Pauli an Heisenberg

Zürich, 9. November 1933
[Dritter Brief]

Lieber Heisenberg!
Schon der dritte Brief an Dich am selben Tag. Aber nun glaube ich, Deine Theorie vom 6. d. endgültig umbringen zu können, indem ich nämlich beweise, daß sie von der Theorie unserer früheren Korrespondenz, die auch von Peierls und mir benützt worden war, gar nicht wesentlich verschieden ist.

In dieser früheren Theorie sei

$$[\chi_\rho^*, \chi_\sigma']_+ = D_{\rho\sigma}(P-P'). \tag{A}$$

Nun behaupte ich: aus Deiner Annahme 3.,

$$[\chi_P^*, \chi_{P'}]_+ \quad \text{mit allen Größen vertauschbar,}$$

folgt *allgemein* die *zeitliche Konstanz* dieser Größe.

Denn es ist ja

$$\frac{h}{i}\frac{\partial}{\partial t}[\chi_P^*, \chi_{P'}]_+ = [H, [\chi_P^*, \chi_{P'}]_+] = 0$$

auf Grund von 3. Gehe ich also von einem Zustand aus, wo keine Kräfte vorhanden sind und (A) gilt (als Einteilung) und schalte nachher beliebig Felder ein und aus, so werde ich dasselbe Resultat erhalten, wie wenn ich die Gültigkeit von (A) von vornherein gefordert hätte, *das heißt genau dasselbe Resultat wie auf Grund unserer früheren Theorie*[a].

Schalte ich insbesondere ein Pseudopotentialfeld mit Feldstärken Null ein:

$$\phi_\mu = \frac{\partial}{\partial x_\mu} f(t)\cdot\lambda(x), \qquad \begin{cases} f(t)=0 & \text{für } t<t_0 \\ f(t)=1 & \text{für } t>t_1 \end{cases}$$

($f(t)$ irgendwie stetig für $t_0<t<t_1$), so muß durchweg (A) gelten; ich werde also *nicht* die Lösung

$$\chi(t) = \chi(0)e^{if(t)\cdot\lambda(x)}$$

erhalten, sondern ich werde für $t>t_1$ die von Peierls für diesen Fall berechnete Stromverteilung erhalten.

Man kann in diesem Sinne wohl sagen, daß Deine Theorie nur scheinbar eichinvariant ist, indem nämlich die Nichteichinvarianz der früheren Theorie und die Nicht-Eindeutigkeit der Resultate Deiner Theorie dasselbe ist.

In Wirklichkeit kann Deine Annahme 3. auch nur im kräftefreien Fall gelten und es fragt sich wieder, wie sie bei Vorhandensein eines Magnetfeldes eich- und relativistisch invariant zu verallgemeinern ist. – Dies ist das alte Problem, von dem ich fast glaube, es ist unlösbar.

Womit das Hornberger Schießen für's erste beendet ist[b].

Herzlichst

W. Pauli

a) Siehe hierzu den Kommentar zu Paulis Brief [326] und seine Aufzeichnungen (Anm. 6) dazu. Nähere Erläuterungen für diese Ergebnisse gab Pauli in seinem folgenden Schreiben [330]. – b) Es gibt mehrere Versionen für das Zustandekommen der Legende vom Hornberger Schießen. Der bekanntesten zufolge sollen die Bürger von Hornberg für den Empfang ihres Herzogs Schießübungen veranstaltet haben. Als der Herzog schließlich eintraf, war ihnen das Pulver ausgegangen.

Am 9. November 1933 trat die schwedische Akademie zusammen, um über die Verleihung der Nobelpresie für Physik und Chemie zu beraten. Rückwirkend für 1932 wurde der Nobelpreis für Physik Werner Heisenberg „für die Begründung der Quantenmechanik, deren Anwendung zur Entdeckung der allotropen Formen des Wasserstoffs geführt hat", zuerkannt. Den Preis für das Jahr 1933 erhielten zu gleichen Teilen Erwin Schrödinger und Paul Adrien Maurice Dirac „für die Entdeckung neuer produktiver Formen der Atomtheorie". Entsprechend den Sonder-Satzungen der Stiftung hatte jede Nobel-Kommission noch vor Ablauf des Monats September Gutachten und Vorschläge bezüglich der Preisverteilung an die schwedische Akademie abzugeben. Die betreffende Klasse der Akademie mußte daraufhin spätestens im Verlauf des darauffolgenden Oktobers der Akademie ihr Gutachten zuleiten. Bis Mitte November sollte dann die Ernennung festgelegt sein. Die Abstimmung bei der Preisverteilung war geheim. Von besonderer Wichtigkeit für die Preisvergabe wurde für lange Zeit eine Sonderklausel. Derzufolge sind „solche Arbeiten auf dem Gebiet der Physik und der Chemie zu fördern, die in wissenschaftlicher oder praktischer Beziehung bedeutungsvoll erscheinen."[1] Mit wenigen Ausnahmen wurden bis 1930 nur vorwiegend experimentelle Leistungen mit dem Preis ausgezeichnet. Obwohl man Einstein den Preis für 1921 für seine theoretischen Arbeiten zusprach, geschah es nur mit dem Hinweis auf seine Mitwirkung bei der Entdeckung des photoelektrischen Effektes. Deshalb bedeuteten die Verleihungen des Jahres 1933 geradezu einen Durchbruch, weil sie zum erstenmal für rein theoretische Leistungen vergeben wurden. Daß noch bei Heisenbergs Verleihung auf die Bedeutung seiner Theorie für die Entdeckung der allotropen Formen des Wasserstoffs hingewiesen wurde, verleitete Pauli zu der spöttischen Bemerkung in dem folgenden Brief [330].

Rasch verbreitete sich die Kunde von den neuen Preisverleihungen in der Tagespresse. Stolz las man in deutschen Zeitungen: „Zwei Deutsche erhielten den Nobelpreis für Physik".[2] In Prag hieß es dagegen: „Der Siegeszug der Wellenmechanik. Zur Verleihung des Nobelpreises an drei theoretische Physiker",[3] und im Originalbericht des „Neuen Wiener Journals" vom 11. November ging man der Frage nach, „Weshalb der Wiener Schrödinger den Preis bekam", und in einer weiteren Pressenotiz lautet die Überschrift: „Nobelpreisträger will Österreicher sein".

Heisenberg soll, wie Pauli berichtet [330], schon im Oktober von seinem Vorschlag für den Nobelpreis gewußt haben. Das ist nicht unwahrscheinlich. Eigenen Angaben zufolge hat auch Dirac aus inoffiziellen Verlautbarungen im „Svenska Dagbladet" bereits vor dem 9. November die Liste der vorgeschlagenen Preisträger gekannt. Für Heisenberg bedeutete die Preisverleihung große Publizität, damit aber auch viele Unannehmlichkeiten von seiten seiner ideologischen Gegner.[4] Doch davon wußten im Ausland nur wenige. Den Briefen ist das nur aus Andeutungen zu entnehmen.

Am Ende des Schreibens [330] kündigte Pauli sein neues Interesse für das Neutrino an. Wahrscheinlich haben dazu die Diskussionen mit Fermi und anderen auf dem Solvaykongreß beigetragen.[5] Von seinem Urlaubsaufenthalt St. Moritz schrieb Felix Bloch darüber am 24. Dezember 1933 an Wentzel: „Fermi hat mit Einführung des Neutrinos eine wunderschöne Theorie der β-Emission gemacht, die so einfach die empirischen Tatsachen wiedergibt, daß ich sehr daran glaube. Die Masse des Neutrinos soll übrigens bemerkenswerterweise Null oder doch jedenfalls viel kleiner sein, als die des Elektrons."

[1] Siehe hierzu die Broschüre Nobelstiftelsen – Die Nobel-Stiftung – Statuten. Gegeben zu Stockholm im Kgl. Schloß am 29. Juni 1900. Stockholm 1901.

[2] Z.B. in den „Dresdner neuesten Nachrichten" vom 11. November 1933 und in der Magdeburgischen Zeitung vom 15. November 1933.
[3] In der Deutschen Zeitung Bohemia, Prag, 17. November 1933.
[4] Siehe hierzu A. Hermann: Werner Heisenberg in Selbstzeugnissen und Bilddokumenten. Hamburg 1976. Dort insbesondere S. 50–55.
[5] Fermi publizierte schon zum Jahresende den ersten Entwurf zu seiner bekannten Neutrinotheorie der β-Strahlung: „Tentativo de una teoria dell'emissione dei raggi beta". Ricerca Sci. **4**, 491–495 (1933), die er dann im Januar 1934 in erweiterter Form bei der Zeitschrift für Physik einreichte.

[330] Pauli an Heisenberg

Zürich, 11. November [1933]

Lieber Heisenberg!
Heute steht in einer Züricher Zeitung die Meldung, daß Du den Nobelpreis für 1932 erhalten hast, Schrödinger und Dirac den für 1933 gemeinsam. Da dies genau mit dem übereinstimmt, was mir in Brüssel von informierter Seite mitgeteilt worden ist, kann angenommen werden, daß die Nachricht zutrifft. Du wirst also die Sache jetzt nicht mehr so brüsk leugnen können wie Du es in Brüssel getan hast; ich möchte Dir zugleich meine damaligen praktischen Bemerkungen dazu in Erinnerung rufen (aber Du hast ja in Debye einen glänzenden Berater in praktischer Hinsicht).

Der Vergleich mit früheren Begründungen für die Erteilung des Nobelpreises (namentlich die an Einstein) und die Durchsicht der Statuten der Nobelstiftung[a] lassen es mich als sicher annehmen, daß Du den Preis für Deine berühmte und bis heute unwiderlegte *hydrodynamische Dissertation*[b] bekommen hast. Denn diese hat ja den unmittelbarsten Zusammenhang mit physikalischen *Experimenten*, auf den die Nobelstiftung einen so großen Wert legt. - Wie dem auch sei, ich gratuliere Dir recht herzlich (mit viel ungemischterer Freude als damals zur Planck-Medaille[c]) und freue mich auch allgemein darüber, daß es diesmal lauter Theoretiker sind, die den Preis erhalten haben.

Nun zur Physik: Was ich zuletzt Dir über Deinen Vorschlag

$$[\chi, \chi'^*]_+ \quad \text{mit allem vertauschbar (Annahme 3.),}$$

geschrieben habe und über die Übereinstimmung der daraus folgenden Resultate mit denen des früheren Schemas von uns und Peierls scheint mir auch jetzt vollkommen zutreffend zu sein. Dein Ansatz und die Diskussion mit Dir war mir aber äußerst lehrreich, denn sie zeigte mir die große Schwierigkeit des Problems von einer neuen Seite und bestärkt mich wieder in meiner Überzeugung, daß es *unmöglich* ist, das Problem zu lösen und die Löchertheorie überhaupt zu verbessern, ohne eine neue Idee [zu]r Fixierung des numerischen Wertes von $e^2/\hbar c$.

Ich kam dazu durch folgende Erwägung: Man kann sagen, daß die Annahme 3. wegen der aus ihr folgenden *zeitlichen Konstanz* von $[\chi, \chi^{*\prime}]_+$ der Eichinvarianz widerspricht. Sei nämlich im kräftefreien Fall

$$[\chi_\rho^*(x,t), \chi_\sigma(x+\xi,t)]_+ = D_{\rho\sigma}(\xi) \tag{1}$$

unabhängig von x und t, so folgt unter der Annahme der Eichinvarianz für

$$\chi = \chi^0 e^{i\lambda(x,t)\cdot\frac{e}{c}}, \quad \phi_k = \frac{\partial\lambda}{\partial x_k}, \quad \phi_0 = \frac{\partial\lambda}{\partial t}$$

$$[\chi_\rho^*(x,t), \chi_\sigma(x+\xi,t]_+ = e^{i\frac{e}{c}[\lambda(x,t)-\lambda(x+\xi,t)]} D_{\rho\sigma}(\xi). \tag{2}$$

Oder, was damit gleichbedeutend ist:

$$\frac{\partial}{\partial t}[\chi_\rho^*, \chi_\sigma']_+ = i\frac{e}{c}[\phi_0(x,t) - \phi_0(x+\xi,t)]\cdot[\chi_\rho^*, \chi_\sigma']_+ \tag{2a}$$

$$\frac{\partial}{\partial x_k}[\chi_\rho^*, \chi_\sigma']_+ = i\frac{e}{c}[\phi_k(x,t) - \phi_k(x+\xi,t)]\cdot[\chi_\rho^*, \chi_\sigma']_+. \tag{2b}$$

(Für nicht verschwindende Feldstärken müßte dies der Integrabilitätsbedingungen wegen im allgemeinen noch weiter modifiziert werden.)

Ist $D_{\rho\sigma}(\xi) = \delta_{\rho\sigma}(\xi)$, so verschwindet die rechte Seite von (2a) und (2b), da die davor stehenden Klammern für $\xi = 0$ verschwinden. Für $D_{\rho\sigma} \neq 0$ und $D_{\rho\sigma} \neq \delta$ (welche Ungleichungen in der Löchertheorie stets zutreffen) verschwinden aber die rechten Seiten von (2a) und (2b) bei Vorhandensein eines Potentialfeldes *nicht.*

Man müßte nun für die Vertauschungs-Relationen von $[\chi_\rho^*, \chi_\sigma']_+$ *mit den anderen Größen und für den Hamiltonoperator H einen solchen Ansatz machen, daß*

$$\frac{i}{\hbar}[H, [\chi^*, \chi']_+]_-$$

mit der rechten Seite von (2a) übereinstimmt.

Dies ist mir nicht gelungen und ich glaube bis auf Weiteres auch, daß eine schöne befriedigende Lösung hierfür nicht existiert.

Sehr interessieren würde mich, ob Du etwas Neues über das Neutrino weißt. Ich glaube momentan, daß die Löcherfrage und die Neutrinofrage sich nur zusammen lösen lassen werden. – Mir selbst gelang es leider bis jetzt gar nicht, mit diesem Problem irgendwie weiterzukommen.

Viele Grüße — Dein W. Pauli

a) Vgl. die in Anm. 1 genannte Schrift der Nobelstiftung. – b) In überarbeiteter Form erschien die Dissertation unter dem Titel „Über die Stabilität und Turbulenz von Flüssigkeitsströmen" in den Ann. Phys. **74**, 577–627 (1924). Siehe hierzu auch den Kommentar zu [47]. – c) Siehe hierzu Anm. n zu [323].

[331] Heisenberg an Pauli

Leipzig, 12. November 1933

Lieber Pauli!

Hab' vielen Dank für Deine drei Briefe, deren Kritik an meinen Überlegungen mir sehr wertvoll war. Mit dem Inhalt der ersten beiden bin ich ganz einig, die zulässigen Operatoren müssen in der Form

$$\varphi^* O \varphi + \varphi^* O \chi^* + \chi O \varphi + \chi^* \tilde{O} \chi$$

geschrieben werden. Dagegen enthält Dein letzter Brief, wie mir scheint, einen Fehler - allerdings bin ich mir nicht ganz klar über diesen Punkt. Die einfache Relation $\dot{q} = Hq - qH$ gilt doch nur, wenn H nicht explizite von der Zeit abhängt; sonst ist jedenfalls der Differentialquotient der linken Seite mit Vorsicht zu genießen. Daher folgt aus meinen Vertauschungs-Relationen (3) nicht so ohne weiteres $[\chi_P^*, \chi_P']_+ = \text{const}$. Das sieht man am einfachsten, wenn man für den von Dir diskutierten Fall

$$\phi_\mu = \frac{\partial G}{\partial x_\mu}, \qquad G = G(x_1, x_2, \ldots, x_4),$$

die Vertauschungs-Relationen in der *physikalisch* richtigen Weise:

$$[\chi_{P_\rho}^* \chi_{P'_\sigma}]_+ = f_{\rho\sigma}^{PP'} = f_{\rho\sigma}^{0PP'} \cdot e^{\frac{ie}{\hbar c}(G(P) - G(P'))}$$

berechnet[a].

Hier ist, wie Du richtig schreibst, die rechte Seite zeitabhängig, aber, solange man die Potentiale als äußere Felder betrachtet, *mit H vertauschbar.*

Dagegen hast Du ganz recht, wenn man in H das elektromagnetische Feld einbezieht. Dann darf in der Tat $[\chi^* \chi]_+$ nicht mit allen Größen, nämlich nicht mit $\mathfrak{E}$ oder $\mathfrak{H}$ vertauschbar sein. Damit, wie es richtig ist,

$$\frac{\partial}{\partial t}[\chi^* \chi]_+ = [\chi^* \chi]_+ \frac{ie}{\hbar c}[\phi_4(P) - \phi_4(P)]$$

wird, sollte man etwa setzen

$$\{[\chi_P^{\rho *} \chi_{P'}^\sigma]_+ \mathfrak{E}_{P''}^2\}_- = [\chi_P^{\rho *} \chi_{P'}^\sigma]_+ \cdot [\delta_{PP''} \phi_4(P) - \delta_{P'P''} \phi_4(P')].$$

$$\{[\qquad]_+ \mathfrak{A}_{P''}\}_- = 0.$$

Inwieweit es möglich ist, diese Vertauschungs-Relationen in ein allgemeineres Schema einzubauen, ist mir nicht klar. Ich möchte beinahe glauben, daß man ein in sich völlig konsequentes und relativistisch invariantes Schema erhält, wenn man fordert, wie in unserem Teil II[b]:

$\phi_4 = 0$ und $[\chi_P^* \chi_{P'}]_+$ mit *allen* Variabeln vertauschbar.

Damit beschneidet man allerdings willkürlich die Eichinvarianz auf zeitunabhängige $G(x, y, z, \not{t})$.

Du siehst, ich bin nicht sehr weit gekommen. Ich möchte aber einer allgemeinen Stimmung Ausdruck geben: Wenn es überhaupt möglich ist, die Löchertheorie anständig zu formulieren, dann muß es durch Angabe von Vertauschungs-Relationen des Typus $\left\{[\chi_P^* \chi_{P'}]_+ \begin{matrix} \mathfrak{E} \\ \varphi \end{matrix}\right\}_-$ geschehen. Denn diese Größen sind $\sim\delta$-Funktionen, während $[\chi_P^* \chi_{P'}]_+$ selbst auf räumlich endliche Abstände von Null verschieden ist. Die letzteren Größen $[\chi^* \chi]_+$ werden also sicher bei Hinzunahme der Felder scheußlich, nicht aber die anderen $\{[\ \ ]_+\}_-$.

Vielleicht bringst Du für diese Vertauschungs-Relationen etwas heraus; außerdem würde mich Deine Meinung über das Schema, in dem $\phi_4=0$ gesetzt wird, interessieren.

In der nächsten Woche muß ich leider auf Physik verzichten und einen Vortrag für München vorbereiten[c]. Solltest Du eine Diskussion der Löcherfrage für fruchtbar halten, so könnte ich vielleicht nach dem 22. für einen Nachmittag nach Zürich kommen[d], ich hätte beinahe Lust dazu.

Daß Deine Befürchtungen von Brüssel eingetroffen sind, wirst Du ja wissen; ich freue mich auch eigentlich sehr darüber, nur hab' ich Born gegenüber ein schlechtes Gewissen[e].

Viele herzliche Grüße Dein W. Heisenberg

a) An dieser Stelle machte sich Pauli folgende Anmerkung: „oder $[\chi^*, \chi']_+$ vert[auscht] und $\partial\chi/\partial t=[H,\chi^0(?)]$." – b) Siehe Heisenberg und Pauli (1930). Dort S. 172. – c) Im Sommer 1933 hatte Heisenberg mit Sommerfeld verabredet, daß er im Herbst in München einen „Vortrag über Atomtheorie und Naturerkenntnis oder ähnliches halten sollte. Wie steht es eigentlich damit, wann soll er stattfinden?" erkundigte er sich in einem Schreiben vom 9. Oktober bei Sommerfeld. – d) Am 25. und 26. November war Heisenberg bei Pauli zu Besuch. (Siehe hierzu auch den Schluß von [333].) Am nächsten Tag schrieb er an Bohr: „Über Diracs neue Resultate hab' ich gestern in Zürich, wo ich vorübergehend war, mit Pauli diskutiert. Ich bin sehr gespannt auf die Einzelheiten der Diracschen Rechnung." – e) In seinem Schreiben vom 27. November 1933 an Bohr sagt Heisenberg: „Bei dem Nobelpreis hab' ich Schrödinger, Dirac und Born gegenüber ein schlechtes Gewissen. Schrödinger und Dirac hätten beide einen ganzen Preis mindestens ebenso verdient wie ich, und mit Born hätte ich gerne geteilt, da wir auch zusammen gearbeitet haben." Max Born hat sein Übergehen bei dieser Preisverleihung nie ganz verwunden. Auch die Anerkennung, die ihm Heisenberg für seine und Jordans Mitwirkung bei der Quantenmechanik aussprach, hat ihn nicht darüber hinweg trösten können. Noch im März 1948 bemerkte er in einem Schreiben an Einstein: „Im Falle der Quantenmechanik, von der Du so wenig hältst, ist die Lobhudelei ganz auf Heisenberg und Schrödinger niedergegangen. Dabei wußte Heisenberg damals gar nicht, was eine Matrix ist." Noch deutlicher wurde Born am 6. November 1960 in einem Brief an Schrödinger: „Was die ‚dänische Theorie' anlangt, so hätte ich allen Grund, ihren Verkündern feindlich zu sein. Denn sie haben ein gut Stück dessen, was ich zur Quantentheorie beigetragen habe, ‚nostrifiziert', wie wir früher in Göttingen zu sagen pflegten. Dies hat mich oftmals in Wut versetzt, aber nicht verhindert, anzuerkennen, was Bohr positives beigetragen hat."

Dirac hatte inzwischen einen bedeutsamen Fortschritt zur Lösung des „Löcherproblems" erzielt.[1] "I shall wrote to Pauli about this and hope it will satisfy his objections to the theory of holes", schrieb er Bohr am 10. November 1933. Am 11. November teilte er Pauli in einem „aufregenden Brief" [333] seine Ergebnisse mit. Mit Hilfe der schon früher von ihm verwendeten zeitabhängigen Dichtematrix R glaubte Dirac auf eindeutige Weise eine Elektronenverteilung darstellen zu können, bei der alle (bzw. fast alle) Zustände des Dirac-Sees besetzt sind. Weiter konnte Dirac zeigen, wie man R so in zwei Teile R_a und R_b zerlegt, daß der singularitätenfreie Teil R_b allein die physikalisch interessierenden Prozesse bei einer solchen Elektronenverteilung beschreibt. Da R_b sich außerdem als relativistisch – und eichinvariant erwies, schienen die Probleme der Löchertheorie durch diesen Kunstgriff ausgeklammert zu sein. Solche Subtraktionsverfahren beherrschten für lange Zeit die weitere Quantenfeldtheorie. Pauli, der solche Überlegungen schon selbst „vor zwei Jahren in Ann Arbor" [322] angestellt hatte, pflegte sie später abschätzig als „Subtraktionsphysik" zu bezeichnen.[2]

Diese Neuigkeiten wurden in den nächsten Tagen und Wochen von Pauli und seinen Mitarbeitern eifrig diskutiert.[3] „Es scheint sich auch jetzt herauszustellen, daß das Diracsche Programm, eine relativistisch invariante Formulierung der heutigen Löchertheorie, unmöglich ist", teilte Weisskopf Bohr in einem Brief vom 13. November [1933] mit. Und sich auf Paulis Einstellung zu Bohr beziehend, schrieb er: „Mir scheint, daß Paulische Milde auf einer *wirklichen* Übereinstimmung zwischen Ihnen und ihm beruht, die ich in der Löchertheorie immer deutlicher sehe, wenn wir darüber sprechen."

[1] Dirac veröffentlichte seine Ergebnisse erst im Februar des folgenden Jahres; vgl. Discussions of the Infinite Distribution of Electrons in the Theory of the Positron. Proc. Cambr. Phil. Soc. **30**, 150–163 (1934). Eingegangen am 2. Februar 1934.
[2] Siehe hierzu G. Wentzel: Quantum Theory of Fields. (Until 1947). Enthalten im Pauli Memorial Volume (1960). Dort S. 48–77. – R. Jost: Foundation of Quantum Field Theory. In A. Salam und E.P. Wigner (Hrsg.): Aspects of Quantum Theory. Cambridge 1972. Dort S. 61–77. – W. Pauli: The Polarizability of the Vacuum. In: The Theory of the Positron and Related Topics. (Report of a Seminar) by W. Pauli. Princeton 1935/36. Dort S. 57–66.
[3] Vgl. Anm. d zu [331].

[332] Pauli an Dirac

Zürich, 14. November 1933

Lieber Dirac!
Haben Sie sehr vielen Dank für Ihren Brief vom 11. d., der mich außerordentlich interessiert und mir viel Freude gemacht hat. Ich bin sehr froh, daß die von den Unendlichkeiten herrührenden Schwierigkeiten nun überwunden sind; ich bin weniger froh, daß hierzu die Dichtematrix

$$(x'y'z't'|R|x''y''z''t'')$$

so wesentlich benützt wird, da mir diese etwas künstlich zu sein scheint.[a]

Im kräftefreien Fall, wo die Matrix R_a nur von den Differenzen

$$x''-x'=\xi, \quad y''-y'=\eta, \quad z''-z'=\varphi, \quad t''-t'=\tau$$

abhängt, kann diese explizite berechnet werden. Die Rechnung führt im wesentlichen auf Zylinderfunktionen (Besselsche und Hankelsche Funktionen) vom Argument

$$\frac{mc}{\lambda}\sqrt{|\xi^2+\eta^2+\varphi^2-c^2\tau^2}.$$

Wichtig ist, daß R_a nicht nur für $\xi=\eta=\varphi=\tau=0$, sondern allgemein auf dem Lichtkegel

$$\xi^2+\eta^2+\varphi^2=c^2\tau^2$$

singulär wird (was Sie in Ihrem Brief nicht erwähnen)[b]. – Ich habe übrigens gewisse Bedenken, ob (schon im kräftefreien Fall) die Zerlegung von R in R_a und R_b eindeutig ist, wenn man *nicht* verlangt, daß R_a die Wellengleichung (equation of motion) befriedigen soll.

Während ich die Berechnung von R_a für den kräftefreien Fall vor zwei Jahren (in Ann Arbor) explizite durchgeführt habe (ich muß jetzt kontrollieren, ob alles auch richtig war; publiziert ist die Rechnung nicht), habe ich niemals untersucht, wie sich R bei Vorhandensein eines äußeren Feldes verhält.

Dies ist natürlich für Ihr Resultat gerade wesentlich, insbesondere wie R in diesem allgemeinen Fall auf dem Lichtkegel (1) singulär wird. Darüber weiß ich nichts.

Heisenberg und ich waren im Begriff einen anderen Weg zur Lösung der Schwierigkeiten bei der Löchertheorie ohne Benutzung der Dichtematrix zu beschreiten. Vielleicht wird sich dieser so weit führen lassen, daß man zu einer mit der Ihren äquivalenten Lösung gelangt. Wenn ich etwas näheres darüber weiß, will ich Ihnen wieder schreiben. Ich möchte Sie auch bitten, im Falle daß Sie eine Arbeit publizieren, mit Korrekturen zu senden und sobald Sie etwas Näheres über Polarisation des Vakuums wissen, mir wieder zu schreiben[c]. Ist es so, daß im Falle eines *homogenen* (räumlich und zeitlich konstanten) elektromagnetischen Feldes R_b noch die equation of motion befriedigt?

Mit sehr herzlichem Glückwunsch zum Nobelpreis[d] und vielen Grüßen

Ihr W. Pauli

a) Die Dichtematrix wurde schon 1928 von John von Neumann und Dirac zur Beschreibung statistischer Gesamtheiten in der Quantenmechanik eingeführt. Aus der Dichtefunktion, die bekanntlich aus einer bilinearen Kombination der Wellenfunktionen ψ und ψ^* besteht, läßt sich eine Dichtematrix R bilden, indem man ψ an einer Raumstelle x und ψ^* an einer anderen Raumstelle x' nimmt. Für $x=x'$ ergibt sich die gewöhnliche Dichtefunktion. Nur für $x \neq x'$ bleibt die Dichtematrix in der Summe über die unendlich vielen Elektronen des negativen Spektrums endlich. Gemäß einer Subtraktionsvorschrift sollte daraus die „wirkliche Dichtematrix" konstruiert werden. – b) Das Verhalten der Singularitäten auf dem Lichtkegel wurde ausführlich in Diracs Veröffentlichung (Anm. 1) untersucht. Siehe hierzu auch Paulis nächsten Brief [335] an Dirac. – c) Auch die Vakuumpolarisation hat Dirac in der genannten Publikation (Anm. 1) behandelt. In dieser einfachsten Anwendung seiner Theorie wird durch ein adiabatisch eingeschaltetes äußeres Feld eine Ladungsverteilung im Vakuum erzeugt. – d) Siehe hierzu den Kommentar zu [330].

[333] Pauli an Heisenberg

Zürich, 14. November 1933

Lieber Heisenberg!

Dank für Deinen Brief vom 12.[a]. Mit dessen Ausführungen bin ich *gar nicht* einverstanden und muß meine Schlußfolgerung

$$[\chi_\rho^*, \chi_\sigma']_+ = \text{const.}$$

aus Deinen Annahmen *aufrecht erhalten*, wenn die Potentiale ϕ_ν von den Koordinaten und der Zeit explizite abhängige *c-Zahlen* sind. (Auf den Fall, daß diese als q-Zahlen zu betrachten sind, komme ich später zurück.) Es gilt dann nämlich für jeden Operator O, *der nicht explizite von den Potentialen* ϕ_ν *abhängt*

$$\frac{h}{i}\dot{O} = HO - OH. \tag{1}$$

Wenn O explizite von den ϕ_ν abhängt, gilt

$$\frac{h}{i}\dot{O} = \frac{h}{i}\frac{\partial O}{\partial t} + HO - OH \tag{1'}$$

mit

$$\frac{\partial O}{\partial t}=\sum_{\nu}\frac{\partial O}{\partial \phi_{\nu}}\dot{\phi}_{\nu}. \tag{1''}$$

$\Big($Beispiel: $O=\phi_k$ selbst, $\frac{\partial O}{\partial t}\neq 0,\ H\phi_k-\phi_k H=0;$

$O=H$ selbst, $\frac{\partial H}{\partial t}\neq 0,\ HH-HH=0.\Big)$

Ich habe (1) nur *korrekt* angewendet auf $O=\chi$ oder $O=\varphi$:

$$\left.\begin{aligned}\frac{h}{i}\dot{\chi}&=H\chi-\chi H\\ \frac{h}{i}\dot{\varphi}&=H\varphi-\varphi H\end{aligned}\right\}, \tag{2}$$

welche Gleichungen gelten müssen, auch wenn die in H vorkommenden ϕ_{ν} explizite von der Zeit abhängen. (Ganz Analoges gilt natürlich auch in der klassischen Theorie.) Aus (2) *folgt*

$$\frac{h}{i}\frac{d}{dt}[\chi^*_{\rho},\chi'_{\sigma}]=H[\chi^*_{\rho},\chi'_{\sigma}]_+-[\chi^*_{\rho},\chi'_{\sigma})_+H, \tag{2a}$$

und hieraus weiter auf Grund Deiner Annahme:

$$[\chi^*_{\rho},\chi'_{\sigma}]_+ \qquad \text{mit allem vertauschbar}, \tag{3}$$

daß $[\chi^*_{\rho},\chi'_{\sigma}]_+=\text{const.}$

Der Ansatz

$$[\chi^*_{\rho},\chi'_{\sigma}]_+=f^0_{\rho\sigma}(x,x')e^{\frac{ie}{c}[G(x,t)-G(x',t)]}$$

widerspricht den Gleichungen (2), die bei Gültigkeit von (3) gelten. (Die Ausrechnung von (2) wird allerdings ein wenig kompliziert.)

Soweit bleibt also alles bei meiner früheren Schlußfolgerung, daß (3) der Eichinvarianz widerspricht (es sei denn, daß

$$[\chi^*_{\rho},\chi'_{\sigma}]_+=\delta(\mathrm{x}-\mathrm{x}')+\mathrm{c}_{\rho\sigma}).$$

Ich hatte mir auch überlegt, daß die Beschränkung auf $\phi_4=0$ nichts hilft. Denn setze wieder

$$\phi_k=f(t)\cdot\frac{\partial G(x_1,x_2,x_3)}{\partial x_k},\qquad \begin{aligned}f(t)&=0 \quad \text{für } t<t_0\\ f(t)&=1 \quad \text{für } t>t_1\end{aligned}$$

aber diesmal stets $\phi_0=0$, dann ist zwar die elektrische Feldstärke

$$E_k=-\frac{1}{c}f'(t)\frac{\partial G}{\partial x_k}$$

für $t_0<t<t_1$ von Null verschieden, aber $\vec{E}=0$ für $t>t_1$. (Die magnetische Feldstärke ist stets O.)

Dennoch wird wegen $[\chi_\rho^*, \chi_\sigma']_+ = \text{const.}$ für $t > t_1$ wieder die unangenehme von Peierls berechnete Stromverteilung vorhanden sein. – Die Stromverteilung ist *unabhängig von der Vorgeschichte*, aber abhängig von der Eichung der ϕ_k.

Ich komme nun zu dem Fall, daß die ϕ_v als q-Zahlen aufgefaßt werden. Es ist mir schon von vornherein bedenklich, daß dies zur Formulierung des Problems so notwendig sein soll. Gegen Deine Relation

$$\{[\chi_\rho^*, \chi_\sigma']_+, E_{P''}^2\} = [\chi_\rho^*, \chi_\sigma']_+ \cdot \{\delta(x, x'')\phi_4(x) - \delta(x', x'')\phi_4(x')\}$$

habe ich besondere Bedenken. Bildet man dann nämlich für die elektrische Feldstärke $\vec{E}$

$$\frac{h}{i}\frac{\partial \vec{E}}{\partial t} = H\vec{E} - \vec{E}H \qquad (H \text{ Hamiltonfunktion}),$$

so bekommt man von den nicht durchweg verschwindenden Termen, die von den Vertauschungen von $\vec{E}$ mit φ und χ herrühren (man möchte übrigens wohl $\vec{E}$ mit $\psi = \varphi + \chi^*$ vertauschbar haben) Zusatzglieder in der Maxwellschen Gleichung, d.h. im felderzeugenden Strom, die im allgemeinen wieder nicht eichinvariant sein werden. Setzt man aber $\phi_4 = 0$, $[x_\rho^*, \chi_\sigma']_+$ mit allem vertauschbar, so folgt wieder $[\chi^*, \chi']_+ = \text{const.}$ und obiges Argument bleibt bestehen.

Momentan beurteile ich also Deinen Vorschlag pessimistisch. – Vgl. dagegen den beiliegenden, aufregenden Brief von Dirac[b]. Es ist ja nicht schön, daß er die Dichtematrix so wesentlich benützt, aber ein ungeheures Resultat, daß für die elektrische Vakuumpolarisation nicht mehr abgebrochen werden muß! (Für die Selbstenergie bleibt wohl alles beim Alten.)

Komme *unbedingt* nach dem 27. nach Zürich[c]. (Am 27. kommt Kirchner hierher[d]. Schreibe wann Du kommst und ob Du vortragen willst. Mittwoch haben wir Kolloquium, am Freitag theoretisches Seminar. – Scherrer würde sich auch sehr freuen, wenn Du kommst.

Viele Grüße   Dein W. Pauli

a) Brief [331]. – b) Der schon mehrfach erwähnte Brief vom 11. November ist nicht erhalten. (Siehe den Kommentar zu [332].) – c) Siehe Anm. d zu [331]. – d) Dem Münchener Experimentalphysiker Fritz Kirchner war es gelungen, die Bahnen der durch Wasserstoffkanalstrahlen erzeugten Trümmer von Lithium und Bor in einer Nebelkammer zu photographieren. Die Wucht der ausgeschleuderten Trümmer war ganz erheblich größer als diejenige des ankommenden Wasserstoffatoms. „Leider liegt aber die ‚Entzündungstemperatur', bei der die genannte Umwandlung merklich von selbst vor sich gehen würde, so ungeheuer hoch, daß vorläufig keine Hoffnung darauf besteht, etwa eine Marsrakete mit einem ‚Atomzertrümmerungsmotor' betreiben zu können." Einen längeren Bericht über seine „Atomzertrümmerungen" durch Wasserstoffkanalstrahlen hatte Kirchner im Juni in den Naturwiss. **21**, 473–478 (1933) publiziert. Wahrscheinlich hatte Scherrer, der die experimentelle Kernphysik an der ETH Zürich vertrat, Kirchners Einladung zu einem Vortrag im Mittwochskolloquium angeregt.

Zu den vielen Physikern, die durch das neue Beamtengesetz ihre Stellung verloren, gehörte auch Georg Jaffé.[1] Zunächst die weitere Entwicklung abwartend, stellte er noch eine Untersuchung zur Theorie des Wasserstoffmolekülions fertig.[2] Da auch dieses zu den einst von Pauli behandelten Problemen gehörte, schickte er das Manuskript zur

Begutachtung an Pauli. Pauli bewertete die Arbeit als „überaus nützlich", zumal sie unrichtige Ergebnisse von Waldemar Alexandrow[3] und Wilson[4] verbesserte. Außerdem wollte er, wie er sagte, Jaffé zur Überwindung des „moralischen Katers" zu weiterer Arbeit ermuntern und regte eine Verallgemeinerung der Ergebnise an [334].

[1] Siehe auch den Kommentar zu [250].
[2] Jaffé reichte seine Rechnungen „Zur Theorie des Wasserstoffmolekülions" noch im Dezember 1933 ein. Sie erschienen in Z. Phys. **87**, 535–544 (1934).
[3] W. Alexandrow: Das Wasserstoffmolekülion und die Undulationsmechanik. 1. und 2. Mitteilung. Ann. Phys. **81**, 603–614 (1926), **82**, 683–689 (1927). Siehe hierzu auch [148].
[4] A.H. Wilson. Proc. Roy. Soc. A **118**, 617, 637 (1928).

[334] Pauli an Jaffé

Zürich, 25. November 1933

Sehr geehrter Herr Jaffé!
Haben Sie vielen Dank für Ihren Brief vom 24. d[es Monats]. Ich habe [mich] dann nicht weiter mit dem H_2^+ beschäftigt [und] möchte [nur] noch sagen, daß ich die Schlußfolgerung Ihres Briefes vom 20. X., wonach für die Koeffizienten α_m der Potenzreihen nach $u=\dfrac{\xi-1}{\xi+1}$ asymptotisch für große m

$$\frac{a_m}{a_{m-1}}=1\pm\sqrt{\frac{4\lambda}{m}}$$

gelten soll – mit Konvergenz bei $u=1$ im Falle des unteren, Divergenz bei $u=1$ im Falle des oberen Vorzeichens, für vollständig zutreffend und richtig halte.[a]

Wie die Sachlage jetzt ist, scheint mir Ihre Arbeit keineswegs umsonst, sondern überaus nützlich zu sein. – Denn in keiner Publikation steht bis jetzt klar, wo bei Wilson eigentlich der Fehler war. – Ferner wäre die Frage der Anwendbarkeit der Störungsrechnung zu klären. Ich vermute die Existenz eines *allgemeinen* (keineswegs nur beim Problem des H_2^+ gültigen) *Theorems,* wonach bei Singularitäten der Störungsenergie (unter noch zu präzisierenden Umständen) die Störungsrechnung zu den richtigen Eigen*werten* führen kann, obwohl die durch sie gelieferten Eigen*funktionen* in der Nähe der singulären Stelle *stark* von den wahren Eigenfunktionen abweichen können, indem erstere sich dort singulär verhalten.

Vielleicht versuchen Sie diesen Sachverhalt, über den Sie sich mit einem gewissen Recht wundern, bevor Sie etwas publizieren, noch näher zu verstehen und vor allem zu *verallgemeinern.* – Es würde das Interesse Ihrer Arbeit ja wesentlich erhöhen, wenn es Ihnen gelingen würde, hier ein allgemeineres Theorem aufzustellen.

Sie werden sehen, daß dieser Brief den Zweck haben soll, Sie – trotz Ihres „moralischen Katers" – zu weiterer Arbeit zu ermuntern.

Ihr altes Manuskript ist noch hier; schreiben Sie bitte für den Fall, daß Sie es zurückgeschickt haben wollen.

Mit herzlichen Grüßen

Ihr ergebener W. Pauli

a) Jaffé dankte in einer Anmerkung auf S. 543 seiner Publikation für die Anregung zu der Substitution $u=(\xi-1)/(\xi+1)$ durch F. Hund und W. Pauli, die ihn damit auf die richtige Fährte gewiesen hätten.

In dem folgenden Schreiben [335] an Dirac werden die von Pauli in dem Brief [332] vom 14. November angeschnittenen Fragen näher begründet.

[335] Pauli an Dirac

Zürich, 2. Dezember 1933

Lieber Dirac!

Ich habe inzwischen sehr genau über Ihren letzten Brief (vom 11. XI.)[a] nachgedacht und möchte gerne 2 bestimmte Fragen an Sie richten. Hoffentlich macht es Ihnen keine zu große Mühe, sie mir kurz zu beantworten.

1. Es scheint mir sicher *unrichtig* zu sein, daß „it seems to be *just one* relativistically invariant, gauge invariant way of dividing up R into two terms like this.“ - Betrachten wir den kräftefreien Fall. Dann kann man doch zu jedem zulässigen (d.h. die Bedingung, $R-R_a=R_b$ soll frei von Singularitäten sein, befriedigen) R_a noch eine Funktion

$$c\tau F(s), \qquad \tau=t''-t', \qquad r=|\vec{x}'-\vec{x}''|, \qquad s=\sqrt{c^2\tau^2-r^2},$$

mit $F(0)=0$ und F regulär hinzuaddieren, ohne die relativistische Invarianz zu stören und ohne die Singularitäten von R_b zu verändern.

Man kann aber natürlich im kräftefreien Fall R_a dadurch eindeutig bestimmen, daß man zu den von Ihnen angeführten Postulaten noch das andere *hinzufügt*, es solle R_a die equation of motion erfüllen.

Wie ist es aber, wenn ein äußeres Feld vorhanden ist? Sie schreiben, daß dann R_b, also auch R_a, im allgemeinen nicht die equation of motion erfüllt. *Durch welches zusätzliche Postulat wird dann R_a in einem gegebenen Feld eindeutig bestimmt?* - Diese Frage ist wesentlich für die Berechnung der Vakuumpolarisation nach der neuen Theorie.

2. Die Matrix R hat - sei ein äußeres Feld vorhanden oder nicht - nicht nur eine Singularität für

$$\vec{x}'\to\vec{x}'', \qquad t'\to t'',$$

sondern allgemein für

$$(\vec{x}'-\vec{x}'')^2-c^2(t'-t'')^2=0. \tag{1}$$

Wenn ein äußeres Feld vorhanden ist, ist es mir nicht gelungen, die Singularität von R auf dem Lichtkegel (1) in *endlichen* räumlichen Abständen vom Punkt $\vec{x}'=\vec{x}''$, $t'=t''$ in einwandfreier Weise zu ermitteln.

Genügt es nach Ihrer Meinung, wenn R_b in der Nähe des Punktes $\vec{x}'=\vec{x}''$, $t'=t''$ singularitätsfrei ist, oder muß man verlangen, daß es auch in endlichen Abständen von diesem Punkt auf dem Lichtkegel (1) *singularitätsfrei ist?* - Und wie kann man letzteres erreichen?

Ich hoffe, Sie können mir meine Fragen bald beantworten. Haben Sie im voraus vielen Dank dafür und seien Sie herzlich gegrüßt von Ihrem W. Pauli

Sämtliche Preisträger, meldeten die schwedischen Zeitungen, werden am 10. Dezember, dem Todestag Alfred Nobels nach Stockholm kommen, um ihre Preise aus der Hand des schwedischen Königs entgegenzunehmen. Das Nobelfest sollte diesmal in besonders festlichem Rahmen im Stockholmer Konzerthaus stattfinden, da es zugleich der 100. Geburtstag des Preisstifters war. Den gesellschaftlichen Höhepunkt bildete das große Nobel-Bankett im Wintergarten des Grand Hotel, wo sich fast hundert Teilnehmer in Frack oder Galauniform versammelten.[1] Heisenberg hielt seinen Nobelvortrag am 11., Schrödinger und Dirac am 12. Dezember.

Heisenberg war in Begleitung seiner Mutter nach Stockholm gereist. Am 8. Dezember hatte er kurz in Kopenhagen haltgemacht. „Der Grund war der Wunsch meiner Mutter, die Verwandten von Frau Maar zu sehen und meine eigene Absicht, Bekannte kurz zu sehen", benachrichtigte Heisenberg Niels Bohr am 3. Dezember. Etwas länger verweilte man dann auf der Rückreise von Stockholm in Kopenhagen. Wahrscheinlich hat Paulis Brief [336] vom 11. Dezember Heisenberg nicht mehr vor seiner Rückkunft in Leipzig erreicht. Deshalb dürfte die von Pauli angeregte Diskussion mit Dirac über die Fragen zur Löchertheorie nicht mehr zustande gekommen sein. Die Nachricht von den neuen Arbeiten von Dirac und von Heisenberg und Pauli gelangte von Kopenhagen aus schnell nach Amerika.[2]

[1] Um gut für die Preisverleihung und die damit einhergehenden Unkosten vorbereitet zu sein, bat Schrödinger einen englischen Kollegen, den Preisträger des Jahres 1928 Owen Williams Richardson, um einen Bericht. Richardson antwortete in einem Schreiben vom Dezember 1933: „1. The Stockholm people arranges for your hotel accomodation. They put you in the best hotel in Stockholm. 2. They expect you to pay the bill, which is considerable ... 3. There is very much hospitality ... 4. I did not manage to get my cheque converted into anything tangible until I was about due to have ... If you run short of money the worst that could happen, I think would be that you might have to prolong your stay in Stockholm a little. As a Nobel Laureate your credit is very good for the time being. All you have to do is to live in the hotel until the cheque materialies. 5. I assumed that the theme of my Nobel Lecture should be the answer to the question, „why" you have awarded me the Nobel Prize. One tries to make it intelligible to a lay audience, if possible. I listened to de Broglie who followed me and I doubt if he succeeded. 6. It is an ordinary lecture in a lecture room with chalk and a black Board. 7. My lecture was a minute or two short of the hour as is the usual custom in England. I think perhaps if it had been 45 minutes it might has been more popular! 8. It is well to have this lecture well prepared on account of the exigencies of the time table. Previous day 12 noon to 5 o clock. Lunch tea continues stream of newspaper people, photographers and callers. 5 pm–7 pm Prize distribution ... 7.30 pm to 12.30 am Banquet at which you are expected to make suitable speech (3 m) 12.30 am–4.30 am Second banquet of most intimate character. 10 am–11 am Nobel lecture. As you can understand I was in such a condition at the end of the second banquet that I have only a rather vague idea as to when it came to an end."

[2] Von seinem Studienaufenthalt in Kopenhagen wurde Epstein am 12. Januar 1934 durch Milton S. Plesset über diese neuen Untersuchungen unterrichtet.

[336] Pauli an Heisenberg

Zürich, 11. Dezember 1933

Lieber Heisenberg!

Hoffentlich erreicht Dich dieser Brief noch in Kopenhagen; sonst wird er Dir wohl nach Leipzig weitergeschickt.

Dirac hat mir auf meine Anfrage hin einen zweiten Brief geschrieben (Kopie beiliegend!), in welchem er hauptsächlich mitteilt, daß seine Matrix R_a

alle Singularitäten von R enthält, auch die auf dem Lichtkegel bei großer Distanz der Punkte P und P' befindlichen. Zweitens, daß R_a sich von dem im kräftefreien Fall gültigen Ausdruck R_a^0 nicht *nur* durch den Faktor

$$e^{i\frac{e}{\hbar c}\int_P^{P'}\phi_\nu dx_\nu}$$

(Integral über die gerade Verbindungslinie von P und P') unterscheidet; durch diesen Faktor erhalte man zwar die stärksten Singularitäten richtig, aber (bei nicht verschwindenden Feldstärken) noch nicht alle. – Dies ist wichtig für Deinen Formalismus, worauf ich gleich zu sprechen komme.

Könntest Du Dirac, wenn Du ihn siehst, fragen, *welches seine Methode zur Ermittelung der Singularitäten von R ist und wie sein Ausdruck für R_a genau aussieht?* – Ich weiß vorläufig keine *allgemeine* mathematische Methode zur Ermittelung der Singularitäten der Dichtematrix, versuche aber momentan die Sörungstheorie anzuwenden, indem ich die in der Ladung e linearen Terme der Dichtematrix ermittele. Dies muß eine gute Näherung sein, wenn P und P' nahe beieinander liegen und reicht sogar aus, wenn es sich darum handelt, Deinen Formalismus mit dem Diracschen zu vergleichen.

Hierzu ist es nämlich nur nötig, folgende (singulären) Matrizen zu kennen:

$$R^k_{\rho\sigma}=\lim_{\substack{\vec{\xi}\to 0\\ \tau\to 0}}\,[\chi^*_\sigma(\vec{x},t),\chi_\rho(\vec{x}+\vec{\xi},t+\tau)]_+$$

$$R^k_{\rho\sigma}=\lim_{\substack{\vec{\xi}\to 0\\ \tau\to 0}}\left[\chi^*_\sigma(\vec{x},t),\left(\frac{h}{i}\frac{\partial}{\partial x'^k}+\frac{e}{c}\phi'_k\right)\chi_\rho(\vec{x}+\vec{\xi},t+\tau)\right]_+,\qquad k=1,2,3.$$

Es ist naheliegend anzunehmen:

$$\frac{d}{dt}R_{\rho\sigma}=0,\qquad R_{\rho\sigma}=R^0_{\rho\sigma}. \tag{1}$$

(Der Index 0 bezieht sich auf den kräftefreien Fall.)

Von $R^k_{\rho\sigma}$ wissen wir, daß es eichinvariant ist, daß es also für verschwindende Feldstärken $\left(\text{bei Potentialen } \phi_k=\frac{\partial\lambda}{\partial x^k}\right)$ mit $(R^k_{\rho\sigma})^0$ übereinstimmt.

Als Du in Zürich warst[a], hatte ich angenommen, daß allgemein $R^k_{\rho\sigma}=(R^k_{\rho\sigma})^0$ sein soll und kam dann, wie Du Dich erinnerst, sobald die ϕ_ν als q-Zahlen betrachtet wurden, auf Schwierigkeiten. *Ich kann jetzt diese Schwierigkeiten ganz überwinden, wenn ich die Annahme $R^k_{\rho\sigma}=(R^k_{\rho\sigma})^0$ verlasse, sobald die Feldstärken nicht Null sind.*

(Dies scheint ganz übereinzustimmen mit Diracs Bemerkung, daß sein R^a sich nicht nur durch den Faktor

$$e^{i\frac{e}{\hbar c}\int_P^{P'}\phi_\nu dx^\nu}$$

vom kräftefreien R^a unterscheidet. Die Verbindung zwischen Deinem und Diracs Formalismus wird ja durch die Bemerkung, bzw. die Forderung hergestellt, daß D[ein]

$$[\chi_\sigma^*(\vec{x}, t), \chi_\rho(\vec{x}', t')] =$$

allgemein mit Diracs

$$= (\vec{x}\, t\, | R_{\rho\sigma}^a | \vec{x}'\, t')$$

übereinstimmen soll.

Ich habe also untersucht, welche Bedingungen $R_{\rho\sigma}^k$ erfüllen muß, damit die Hamiltonfunktion

$$H = \int dV \psi_\rho^* \left[\alpha_{\rho\sigma}^k \left(\frac{hc}{i} \frac{\partial}{\partial x^k} + e\phi_k\right) \psi_\sigma + mc^2 \beta_{\rho\sigma} \psi_\sigma\right]$$
$$+ \tfrac{1}{2} \int (E^2 + H^2) dV - \int dV (\alpha_{\rho\sigma}^k R_{\sigma\rho}^k + mc^2 \beta_{\rho\sigma} R_{\sigma\rho}), \qquad \text{(Ia)}$$

und das Impulsintegral

$$I_k = \int dV \left\{ \psi_\rho^* \left(\frac{h}{i} \frac{\partial}{\partial x^k} + \frac{e}{c} \phi_k\right) \psi_\rho - R_{\rho\rho}^k \right\} + \frac{1}{c} \int \vec{E} \times \vec{H}] dV \qquad \text{(Ib)}$$

mit den Dichte-Stromausdrücken

$$\rho = e(\psi_\sigma^* \psi_\sigma - \sum_\sigma \mathrm{R}_{\sigma\sigma}), \qquad \frac{1}{c} \frac{\vec{i}}{\hbar} = e(\psi_\rho^* \alpha_{\rho\sigma}^k \psi_\sigma - \sum_{\rho\sigma} \alpha_{\rho\sigma}^k R_{\sigma\rho}) \qquad \text{(II)}$$

und den Gleichungen

$$\operatorname{rot} \vec{H} - \frac{1}{c} \dot{\vec{E}} = \frac{1}{c} \vec{i}, \qquad \operatorname{div} \vec{E} = \rho \qquad \text{(III)}$$

verträglich sind*. (Das heißt, es soll aus (II) und (III) die *zeitliche Konstanz* von H und I_k folgen.) – Lege ich die Annahme (I) zugrunde, so findet man

$$\frac{\partial}{\partial x^k}(\ldots) + \frac{d}{dt} \sum_\rho R_{\rho\rho}^k = e\{\vec{E} \sum_\rho R_{\rho\rho} + [\sum_\rho \sum_\sigma R_{\rho\sigma} \vec{\alpha}_{\sigma\rho} \times \vec{H}]\} \qquad \text{(2a)}$$

(Vektorprodukt)

$$\frac{\partial}{\partial x^k}(\ldots) + \frac{d}{dt} \sum_{\rho,\sigma} (\alpha_{\rho\sigma}^k R_{\sigma\rho}^k) = e(\vec{E} \cdot \vec{\alpha}_{\rho\sigma}) R_{\sigma\rho}. \qquad \text{(2b)}$$

(skalares Produkt)

NB. 1. Es wird nur das Volumintegral dieser Formeln gebraucht. Es könnten also noch totale Differentiale nach den räumlichen Koordinaten irgend welcher Art hinzukommen.

2. Beide Relationen sind erfüllt, wenn man ansetzt

$$\frac{d}{dt} R_{\rho\sigma}^k = e\{E^k R_{\rho\sigma} + \tfrac{1}{2}[R_{\rho\tau} \vec{\alpha}_{\tau\sigma} \times \vec{H}]_k + \tfrac{1}{2}[\vec{\alpha}_{\rho\tau} R_{\tau\sigma} \times \vec{H}]_k\}. \qquad (2)$$

(Vektorprodukte)

3. In dem Moment, wo ich dies schreibe fällt mir ein, daß ich die fehlenden totalen Differentiale nach den Raumkoordinaten leicht be-

* Über doppelte Indizes k, ρ, σ ist zu summieren, über k nur von 1 bis 3 (räumlich).

kommen kann, wenn ich die Gültigkeit von Energie- und Impulssatz in der differentiellen Form

$$\sum_\nu \frac{\partial T_{\mu\nu}}{\partial x^\nu}=0$$

verlange. Dann wird auch die relativistische Invarianz der postulierten Gleichungen evident werden. – Davon eventuell in einem späteren Brief.

Worauf es mir ankommt, ist, daß bei Kenntnis von

$$\frac{d}{dt}R^k_{\rho\sigma} \qquad \left(\text{und von } \frac{d}{dt}R_{\rho\sigma}=0\right)$$

– die hier durch ein physikalisch vernünftiges *Postulat*, das von dem Diracschen Gesichtspunkt übrigens unabhängig ist, gewonnen wird – das Verhalten aller „physikalisch zulässigen" Operatoren Deines Formalismus eindeutig bestimmt ist. (Man kann sich z.B. die Felder langsam eingeschaltet denken und dabei $R^k_{\rho\sigma}$ aus der Kenntnis von $(R^k_{\rho\sigma})^0$ und von $\frac{d}{dt}R^k_{\rho\sigma}$ im Prinzip berechnen.)

Die interessante Frage nach den Vertauschungs-Relationen von $R^k_{\rho\sigma}$ mit den ϕ_ν und $F_{\mu\nu}$ (Feldstärken) und die daran geknüpfte Frage, ob die Relationen

$$\dot{f}=\frac{i}{h}[f, H] \qquad \text{(X)}$$

für die physikalischen Größen bei geeigneter Wahl dieser Vertauschungs-Relationen gerettet werden kann, habe ich noch offen gelassen. Ich bin allerdings skeptisch in Bezug auf diese Relationen (X), denn es können so leicht unangenehme und unzulässige Zusatzglieder für $\dot{\phi}_\nu$ und $\dot{E}$ aus einer eventuellen Nicht-Vertauschbarkeit von $R^k_{\rho\sigma}$ mit ϕ_ν oder $F_{\mu\nu}$ bei Anwendung von (X) entstehen. – Man wird eventuell auf diese Relationen verzichten müssen.

Nun, das sind aber mehr Schönheitsfragen. – Im Prinzip und in physikalischer Hinsicht ist, glaube ich, Dein Ansatz als durchführbar erwiesen und damit ist der Weg gegeben, wie der Diracsche Ansatz von der Voraussetzung der Anwendbarkeit der Hartree-Fock-Methode befreit werden kann und wie dann auch z.B. Selbstenergien werden berechnet werden können.

Von χ soll man lieber *nicht* reden; es wäre, glaube ich, zu viel verlangt, wollte man annehmen, dieses genüge der Diracschen Wellengleichung, da ja auch Diracs R^a-Matrix dies im allgemeinen nicht tut.

Ich wäre froh, wenn Du Dirac die hier aufgeworfene Frage (von der ersten Seite des Briefes) noch mündlich vorlegen könntest, auch würde es mich interessieren, zu hören, was er zu Deinem Formalismus im allgemeinen meint.

Grüße Dirac, Schrödinger und Bohr sehr von mir (Bohr soll ja *nicht* Weisskopfsche Briefe zum Anlaß nehmen, um *Änderungen* in der $(n+1)^{\text{ten}}$ Korrektor seiner Feldstärke-Arbeit vorzunehmen[b]! und sei selbst herzlichst gegrüßt

von Deinem alten W. Pauli

(Von Peierls erhielt ich einen schwer verständlichen „virtuosen“ Brief, worin er „beweist“, daß weitere Fortschritte der Löchertheorie bis auf weiteres unmöglich seien!!...)

a) Vgl. Anm. c zu [333]. – b) Weisskopf bereitete gerade einen Vortrag über die Bohr-Rosenfeldsche Untersuchung zur Frage der Meßbarkeit der elektromagnetischen Feldgrößen im Züricher Seminar vor (vgl. Anm. h zu [305]) und korrespondierte darüber mit Bohr. Die Arbeit wurde endlich von Bohr am 18. Dezember 1933 zum Druck gegeben.

Um sich die Zeit zu vertreiben und weil ihm keine Literatur zur Verfügung stand, begann Born im Sommer 1933 in der Zurückgezogenheit von Selva Gardena ein altes Problem neu aufzugreifen.[1] Es handelte sich um die Beseitigung der unendlichen Selbstenergie, die einer punktförmigen Ladung gemäß der klassischen Elektrodynamik zukommt. Born versuchte deshalb die Maxwellschen Gleichungen so abzuwandeln, daß der Beitrag der Punktladungen zur elektrostatischen Energie endlich wird.[2] Er gelangte zu einer nichtlinearen klassischen Feldtheorie, die Pauli anfangs wohlwollend beurteilte.[3] Nachdem Born im Oktober nach Cambridge gezogen war, setzte er diese Rechnungen zusammen mit dem polnischen Physiker Leopold Infeld fort und versuchte, einen Formalismus zu entwickeln, der sowohl der Quantentheorie als auch der Allgemeinen Relativitätstheorie angepaßt war.[4] Das Manuskript der ausführlicheren Darstellung der neuen Feldtheorie[5] schickte Born in Begleitung eines längeren Briefes an Pauli. Pauli reagierte skeptisch.

[1] Siehe M. Born: Mein Leben. München 1975. Dort S. 344f.

[2] M. Born: Eine Bemerkung über den Elektronenradius. Naturwiss. **20**, 269 (1932): Modified Field Equations with a Finite Radius of the Electron. Nature **132**, 282 (1933). Ausgegeben am 19. August 1933. – On the Quantum Theory of the Electromagnetic Field. Proc. Roy. Soc. A **143**, 410–437 (1934). Eingegangen am 9. August 1933.

[3] Siehe hierzu das Briefzitat im Kommentar zu [314].

[4] M. Born und L. Infeld: Electromagnetic Mass. Nature **132**, 970 (1933). Ausgegeben am 23. Dezember 1933. – Foundations of the New Field Theory. Nature **132**, 1004 (1933). Ausgegaben am 30. Dezember 1933.

[5] M. Born und L. Infeld: Foundations of the New Field Theory. Proc. Roy. Soc. A **144**, 425–451 (1934). Eingegangen am 26. Januar 1934. – Einen Übersichtsartikel publizierte P. Jordan: Die Bornsche Theorie des Elektrons. Naturwiss. **22**, 214–218 (1934).

[337] Pauli an Born

Zürich, [21.] Dezember 1933

Lieber Herr Born!
Haben Sie vielen Dank für Ihren ausführlichen Brief vom 11. des Monats. – Es freut mich sehr, daß Sie sich wohl fühlen und daß es Ihnen gut geht.

Ihre neuen Überlegungen zur Gravitation konnten aber meine skeptisch-abwartende Haltung zu Ihrer Elektrodynamik nicht verändern; ja, ich bin der Meinung, daß Ihre und Infelds Überlegungen zur Gravitation auf wesentlich schwächeren Grundlagen beruhen als Ihre Elektrodynamik.

Zunächst ist natürlich ein Irrtum, wenn Sie meinen, man könne *aus Invarianzgründen* behaupten, daß die alte Wirkungsfunktion von Maxwell

$$L_M = \tfrac{1}{4} f_{kl} f^{kl} = \tfrac{1}{2}(H^2 - E^2) \tag{1}$$

„einfach falsch" ist[a]. Wenn man von der invarianten Wirkungs*funktion* L zum Wirkungs*integral* übergeht, muß man natürlich *mit* dem invarianten Volumelement $\sqrt{|g|}\, d\tau$ $(d\tau = dx^1 dx^2 dx^3 dx^4)$ multiplizieren, wo g die Determinante der g_{kl} bedeutet, also

$$\delta \int \sqrt{|g|}\, d\tau = 0 \tag{1a}$$

setzen. Für L pflegt man anzusetzen

$$L = R + 2\frac{k}{c^2} L_M = R + \frac{k}{c^2}\frac{1}{2} f_{ik} f^{ik}, \tag{1b}$$

worin R den Riemannschen Krümmungsskalar bedeutet.

Gegen die Multiplikation mit $\sqrt{|g|}$ beim Übergang zum Wirkungs*integral* ist gar nichts einzuwenden, sie scheint mir sogar natürlich.

Nun wollen Sie g_{kl} und f_{kl} additiv in einem Tensor

$$a_{kl} = g_{kl} + f_{kl} \tag{2}$$

zusammenfassen und die Determinante a der a_{kl} statt der Determinante g der g_{kl} bilden. Sie schreiben allerdings nicht, wie Ihr Wirkungsintegral aussehen soll, um auch richtige Gravitationsgleichungen für die g_{kl} zu bekommen* (die ja z.B. für $f_{kl} = 0$ doch wenigstens eine Ähnlichkeit mit den Einsteinschen Gleichungen haben müssen). – Man könnte als Wirkungsintegral unter Benutzung desselben Riemannschen Krümmungsskalars R wie früher

$$\delta \int R \sqrt{|a|}\, d\tau = 0 \tag{3}$$

einführen. Dies wäre aber eine ganz inkonsequente Verwendung von (2), da dann ja R doch wieder von g_{kl} allein statt nur von der Summe a_{kl} abhinge. Bei Weglassen von R, indem man also

$$\delta \int \sqrt{|a|}\, d\tau = 0 \tag{4}$$

bildet, bekommt man natürlich Kohl für die Gravitation, wie man schon im Falle $f_{kl} = 0$ sieht.

Indessen ist die Möglichkeit einer additiven Zusammenfassung von g_{kl} und f_{kl} wie in (2) in der allgemeinen Relativitätsliteratur bereits ausführlich erörtert worden und zwar viel konsequenter als von Ihnen und ich möchte Sie gerne auf die Arbeiten von Einstein, Berliner Berichte 1923, S. 75, 137 und 1925, S. 414 hinweisen, ferner auf Eddington (ich glaube, daß in seinem Relativitätsbuch etwas darüber steht)[b]. – Es handelt sich um die sogenannte „affine Feldtheorie", in der nicht die g_{kl}, sondern die Komponenten Γ^i_{kl} der Parallelverschiebung als die primären Feldgrößen angesehen wurden. Sie finden dort sowohl die Zusammenfassung (2), als auch das Wirkungsintegral (4) erörtert – welch letzteres nicht direkt Kohl gibt, wenn nach den Γ^i_{kl} variiert wird statt nach den a_{kl} und a_{kl} in geeigneter Weise durch die Γ^i_{kl} ausgedrückt wird.

* weshalb ich die „fabelhaften Ausblicke auf das Wesen der Gravitation" nicht genießen konnte.

Diese affine Feldtheorie ist aber nachher von allen verlassen worden und ich halte es auch für ganz künstlich, Tensoren verschiedenen Symmetriecharakters zusammenzuaddieren wie in (2). Glaube, im Gegenteil, man soll Tensoren immer möglichst in ihre verschiedenen Symmetriebestandteile *zerlegen.*

Wie ich in den Annalen der Physik ausgeführt habe (ich glaube, es wurde Ihnen ein Sonderdruck dieser Arbeit geschickt)[c], halte ich den fünfdimensionalen bzw. projektiven Standpunkt für den natürlichsten, wenn man Gravitations- und elektromagnetisches Feld einheitlich zusammenfassen will. Es zeigt sich nämlich, daß die in (1b) oben eingeführte Größe mit der Fünferkrümmung

$$P=R+\frac{k}{c^2}\frac{1}{2}f_{ik}f^{ik} \tag{5}$$

übereinstimmt. - Ich möchte hier gerne betonen, daß es mit dem projektiven Standpunkt vereinbar ist, eine *beliebige* Funktion $F(P)$ von diesem Fünferkrümmungsskalar als Wirkungsgröße einzuführen, also

$$\delta\int F(P)\sqrt{|g|}\,d\tau=0 \tag{6}$$

zu setzen*. Insbesondere ist es also möglich,

$$F(P)=\sqrt{1+\frac{1}{\text{const.}}P}$$

zu setzen, und daher ist *Ihre Elektrodynamik mit der projektiven Auffassung von elektromagnetischen und Gravitationsfeld vereinbar.*

Von Ihren und Infelds neuen Überlegungen zur Gravitation glaube ich aber, daß sie besser ganz fallen gelassen werden sollten. Überhaupt scheint es mir am besten, die Gravitation vorläufig ganz außer Betracht zu lassen und lieber die Folgerungen aus Ihrer Elektrodynamik im Falle der speziellen Relativitätstheorie genau auszuarbeiten. (Schließlich läßt sich *jede* für die spezielle Relativitätstheorie richtige Elektrodynamik nachher auch der *allgemeinen* Relativitätstheorie anpassen.)

Zur letzteren Frage mächte ich noch einige Bemerkungen machen. - Der klassische Teil der Theorie folgt ganz aus den alten Mieschen Formeln, die sich aber sehr vereinfachen, weil bei Ihnen die Wirkungsfunktion nicht explizite von den Potentialen abhängt. Vielleicht darf ich Sie auch auf die zusammenfassende Darstellung der Mieschen Theorie in meinem alten Enzyklopädie-Artikel über Relativitätstheorie (auf S. 754 bis 759) hinweisen[e], insbesondere auf Gl. (450) für den Energie-Impulstensor. *Die dort mit* $s^i\left(=\frac{\partial L}{\partial\varphi_i}\right)$ *bezeichnete Größe muß bei Ihnen immer gleich Null gesetzt werden.* Neben $(\vec{E},\vec{B})$ gibt es - ähnlich wie in ponderablen Medien - ein $(\vec{D},\vec{H})$, das zu

$$H^{i\alpha}=\frac{\partial L}{\partial f_{i\alpha}} \tag{7}$$

* In Teil I, S. 332 unten meiner Arbeit[d], Gl. (83) habe ich etwas zu viel behauptet; $L=P$ folgt nur, wenn man voraussetzt, daß L die Ableitungen der $\Gamma^{\lambda}_{\mu\nu}$ *linear* enthalten soll!

zusammengefaßt ist (wie $(\vec{E}, \vec{B})$ selbst zu f_{ik} zusammengefaßt ist). Und dieses $\vec{D}, \vec{H}$ erfüllt die Maxwell-Gleichungen, bei Ihnen wegen $s^i = 0$ die des Vakuums. Die „Dielektrizitätskonstante“, die immer mit der „magnetischen Permeabilität“ übereinstimmt (Vorzeichen?), ist auch im Vakuum nur für kleine Feldstärken gleich 1, während sie im allgemeinen Fall die aus (7) zu entnehmende Feldstärkefunktion ist.

Nun dies wird natürlich in Ihrer noch nicht erschienenen Abhandlung stehen[f]. Ich habe es nur hier erwähnt, um daran anschließend die Frage der Quantisierung Ihrer Feldtheorie zu erörtern. Heisenberg und ich haben ja eine allgemeine Vorschrift zur Quantisierung von Feldtheorien entwickelt, die *auch im Falle nicht linearer Feldgleichungen* anwendbar ist. (Ich habe bemerkt, daß Sie einen gewissen Hang entwickeln, diesen letzteren Umstand zu übersehen; vgl. Sie jedoch auch die in der Einleitung unserer Arbeit[g] zitierte Arbeit von Mie in Annalen der Physik **85**, 711, 1928.) - Das Resultat der Anwendung unserer Quantisierungs-Vorschrift auf Ihre Theorie ist sehr einfach folgendes:

$$\begin{aligned} &[B_i, B'_k] = 0, \qquad [D_i, D'_k] = 0 \\ &[D_1, B'_2] = -[D_2, B'_1] = \frac{\hbar c}{i} \frac{\partial}{\partial x^3} \delta(P - P')^{\mathrm{h}}. \end{aligned} \tag{I}$$

Das heißt, in den Gleichungen (47″) (der Arbeit von Heisenberg und mir, Teil I) der Vertauschungsrelationen für die Feldstärken in der Maxwelltheorie, ist jetzt immer das magnetische B des *einen* schiefen Tensors $(\vec{E}, \vec{B})$ mit dem elektrischen $\vec{D}$ des *anderen* schiefen Tensors $(\vec{D}, \vec{H})$ zu kombinieren. (Es muß auch das Umgekehrte gelten: man wird auch entsprechend $\vec{E}$ mit $\vec{H}$ kombinieren können.)

Die Gleichungen (I) sind auch relativistisch invariant, trotz ihres gegenteiligen Aussehens. - Natürlich bekommt man so allein *nie* materielle Teilchen mit Spin 1/2 und Fermi-Statistik. Dazu ist eine *neue* Idee zur Auffassung des elektromagnetischen Feldes und seiner Quantisierung nötig.

An Ihnen ist es nun zu zeigen, daß hierbei die (von mir bezweifelte) Quadratwurzel in der Lagrangefunktion hilfreich ist[i].

Herzliche Grüße und frohe Weihnachten Ihnen und Ihrer Familie

von Ihrem alten W. Pauli

a) Die folgenden Bemerkungen beziehen sich auf die in Anm. 5 genannte Untersuchung von Born und Infeld. – b) In der publizierten Fassung ihrer Arbeit haben Born und Infeld auf diese Literatur hingewiesen. – c) Pauli (1933c, d). – d) Pauli (1933c). – e) Pauli [1921]. – f) Born und Infeld publizierten in der Folge zwei weitere Untersuchungen, in denen sie die Quantisierung ihrer neuen Feldtheorie in Anlehnung an die Methode von Heisenberg und Pauli durchführten. M. Born und L. Infeld: On the Quantization of the New Field Equations I. Proc. Roy. Soc. A **147**, 522–546 (1934). Eingegangen am 19. Juli 1934. – On the Quantization of the New Field Theory II. Proc. Roy. Soc. A **150**, 141–166 (1935). Eingegangen am 21. Dezember 1934. – g) Heisenberg und Pauli (1929). Dort auf S. 2. – h) Zusätzliche Randbemerkung von Pauli: „*P* und *P′* *gleichzeitige* Raumpunkte.“ – i) Born und Infeld legten ihrer Feldtheorie die Lagrangefunktion $L = b^2 \{\sqrt{1 + (1/b^2)\cdot(H^2 - E^2)} - 1\}$ zugrunde. Die für diese Wahl in ihrer Arbeit angeführten Gründe scheinen Pauli nicht überzeugt zu haben.

V. Das Jahr 1934

Die Pauli-Weisskopf-Theorie

[338]	Pauli an Heisenberg	Zürich	7. Januar	1934
[339]	Heisenberg an Pauli	Leipzig	12. Januar	1934
[340]	Pauli an Heisenberg (PK)	Zürich	16. Januar	1934
[341]	Heisenberg an Pauli	Leipzig	18. Januar	1934
[342]	Pauli an Heisenberg (PK)	Zürich	19. Januar	1934
[343]	Pauli an Heisenberg (mit Anhang)	Zürich	21. Januar	1934
[344]	Heisenberg an Pauli	Leipzig	25. Januar	1934
[344a]	Pauli an Joliot	Zürich	26. Januar	1934
[345]	Pauli an Heisenberg	Zürich	27. Januar	1934
[346]	Pauli an Heisenberg (PK)	Zürich	27. Januar	1934
[347]	Heisenberg an Pauli	Leipzig	27. Januar	1934
[348]	Heisenberg an Pauli	Leipzig	29. Januar	1934
[349]	Pauli an Heisenberg	Zürich	30. Januar	1934
[349a]	Pauli an Joliot	Zürich	1. Februar	1934
[350]	Heisenberg an Pauli	Leipzig	5. Februar	1934
[351]	Pauli an Heisenberg	Zürich	6. Februar	1934
[352]	Pauli an Heisenberg	Zürich	7. Februar	1934
[353]	Heisenberg an Pauli	Leipzig	8. Februar	1934
[354]	Pauli an Heisenberg	Zürich	10. Februar	1934
[355]	Heisenberg an Pauli	Leipzig	13. Februar	1934
[356]	Pauli an Heisenberg	Zürich	13. Februar	1934
[357]	Bohr an Pauli (dän.) (MS)	Kopenhagen	15. Februar	1934
[358]	Heisenberg an Pauli	Leipzig	15. Februar	1934
[359]	Pauli an Heisenberg (mit Anhang)	Zürich	17. Februar	1934
[360]	Pauli an Heisenberg (PK)	Zürich	23. Februar	1934
[361]	Bohr an Pauli (dän.) (MS)	Kopenhagen	24. Februar	1934
[362]	Pauli an Heisenberg (PK)	Zürich	26. Februar	1934
[363]	Pauli an Heisenberg	Zürich	2. März	1934
[364]	Bohr an Pauli (dän.) (MS)	Kopenhagen	3. März	1934
[365]	Bohr an Pauli (dän.) (MS)	Kopenhagen	7. März	1934
[366]	Bohr an Pauli (dän.) (MS)	Kopenhagen	15. März	1934
[367]	Heisenberg an Pauli und Weisskopf	Leipzig	10. April	1934
[368]	Heisenberg an Pauli und Weisskopf	Leipzig	14. April	1934
[369]	Pauli an Heisenberg	Zürich	17. April	1934
[370]	Heisenberg an Pauli	Leipzig	19. April	1934
[370a]	Weisskopf an Heisenberg	Zürich	27. April	1934
[370b]	Weisskopf an Heisenberg	Zürich	1. Mai	1934
[370c]	Weisskopf an Heisenberg	Zürich	3. Mai	1934
[371]	Pauli an Dirac (engl.) (PK)	Zürich	15. Mai	1934
[371a]	Weisskopf an Heisenberg	Zürich	16. Mai	1934
[371b]	Pauli an Joliot	Zürich	4. Juni	1934
[372]	Heisenberg an Pauli und Weisskopf	Leipzig	8. Juni	1934

[373]	Pauli an Heisenberg	Zürich	14. Juni	1934
[374]	Heisenberg an Pauli	Leipzig	16. Juni	1934
[375]	Pauli an Heisenberg	Zürich	28. Juni	1934
[376]	Heisenberg an Pauli	Leipzig	11. Juli	1934
[377]	Pauli an Heisenberg	Zürich	16. Juli	1934
[378]	Pauli an Heisenberg	Zürich	25. Juli	1934
[379]	Heisenberg an Pauli	Leipzig	28. Juli	1934
[380]	Pauli an Kronig	Zürich	3. August	1934
[381]	Bohr an Pauli (dän.)	Tilsvilde	3. August	1934
[382]	Pauli an Born	Zürich	14. September	1934
[383]	Pauli an Heisenberg	Zürich	21. September	1934
[383a]	Weisskopf an Heisenberg	Zürich	21. September	1934
[383b]	Heisenberg an Weisskopf	Leipzig	2. Oktober	1934
[384]	Pauli an Heisenberg (MS)	Zürich	13. Oktober	1934
[384a]	Weisskopf an Heisenberg (MS)	Zürich	13. Oktober	1934
[385]	Heisenberg an Pauli und Weisskopf	Leipzig	23. Oktober	1934
[386]	Pauli an Heisenberg	Zürich	24. Oktober	1934
[387]	Weisskopf an Heisenberg	Zürich	24. Oktober	1934
[388]	Heisenberg an Pauli und Weisskopf	Leipzig	24. Oktober	1934
[389]	Pauli an Heisenberg (PK)	Zürich	25. Oktober	1934
[390]	Weisskopf und Pauli an Heisenberg	Zürich	26. Oktober	1934
[391]	Heisenberg an Pauli	Leipzig	28. Oktober	1934
[392]	Pauli an Heisenberg	Zürich	1. November	1934
[393]	Heisenberg an Pauli	Leipzig	4. November	1934
[394]	Pauli an Heisenberg	Zürich	7. November	1934
[395]	Heisenberg an Pauli	Leipzig	26. November	1934
[396]	Pauli an Heisenberg (PK)	Zürich	27. November	1934
[397]	Pauli an Heisenberg	Zürich	30. November	1934
[398]	Pauli an Heisenberg	Zürich	3. Dezember	1934
[399]	Pauli an Heisenberg (PK)	Zürich	11. Dezember	1934
[400]	Heisenberg an Pauli	Leipzig	12. Dezember	1934
[401]	Pauli an Heisenberg	Zürich	16. Dezember	1934

Seitdem Fermi im Oktober 1931 auf dem Kernphysikerkongreß in Rom zum erstenmal von Paulis Neutrinohypothese gehört hatte, beschäftigte ihn diese Idee. In seinem Vortrag auf dem Pariser Internationalen Elektrizitätskongreß im Juli 1932 wies er in aller Öffentlichkeit auf Paulis bisher nur in den engeren Fachkreisen bekanntgewordenen Vorschlag hin.[1] Möglicherweise hatten die Diskussionen im Anschluß an Paulis Diskussionsbemerkung während des letzten Solvaykongresses in Brüssel den Anstoß gegeben, nun eine quantitative Theorie des β-Zerfalles auf der Grundlage der Quantentheorie der Wellenfelder in Angriff zu nehmen [339]. Schon zum Jahresende 1933 konnte Fermi eine kurze Mitteilung seines erfolgreichen „Versuch einer Theorie der β-Strahlen“ in der Zeitschrift La Ricerca Scientifica machen.[2] Einen ausführlicheren Bericht reichte er Mitte Januar bei der Zeitschrift für Physik ein.[3] Er nahm dabei an, daß das Neutron spontan in ein Proton, eine Elektron und ein Neutrino zerfällt. Während das Proton im Kern zurückbleibt, entweichen die beiden anderen Partikel. Mit Hilfe eines wellenmechanischen Ansatzes konnte Fermi ohne zusätzliche Annahmen (wie sie z.B. in einer gleichzeitig erscheinenden ähnlichen Theorie von Guido Beck und Kurt Sitte[4] gemacht wurden) das kontinuierliche Geschwindigkeitsspektrum der β-Strahlen und eine Beziehung zwischen der maximalen β-Geschwindigkeit und der Lebensdauer des Ausgangskernes in guter Übereinstimmung mit der Erfahrung ableiten. Natürlich sprach dieses Ergebnis sehr für die Existenz des Neutrinos.

Bereits vor dem Erscheinen dieses Artikels wurde Pauli durch Felix Bloch direkt aus Rom davon unterrichtet [388]. Bloch hatte die letzten 5 Monate seines Rockefellerstipendiums bei Fermi in Rom zugebracht. „Ich glaube viel gelernt zu haben, besonders von Fermis besonders klarer und einfacher Art, zu denken." In dem gleichen Schreiben an Bohr vom 10. Februar berichtete er ebenfalls über Fermis neue Theorie: „Fermi hat übrigens jetzt eine recht sympathische Theorie des β-Zerfalls gemacht, indem er die Paulische Idee des Neutrino quantitativ zu fassen versucht hat. Soweit die Experimente zu einem quantitativen Vergleich ausreichen, scheint ja das β-Spektrum wirklich sehr schön herauszukommen. Bemerkenswert ist dabei, daß man, um Übereinstimmung zu erhalten, dem Neutrino eine sehr viel kleinere Masse als dem Elektron zuschreiben muß, wenn nicht Masse Null. Was denken Sie darüber, namentlich auch im Hinblick auf die Energieerhaltung?"

Für Pauli war das natürlich eine aufregende Nachricht. „Das wäre also Wasser auf unsere Mühle!" heißt es in seinem Schreiben [338] an Heisenberg. Gemeint waren die in Brüssel gefaßten Pläne zur Lösung der Schwierigkeiten der Löchertheorie. Heisenberg, der den italienischen Kurzbericht von Fermis Neutrinoarbeit bereits kannte [339], versuchte Fermis neuen Ansatz auch für die Theorie der Kernkräfte nutzbar zu machen [341]. Seine ursprüngliche Vorstellung, die Anziehungskraft zwischen einem Neutron und Proton allein durch einen Ladungsaustausch zu erklären, war durch theoretische Erwägungen über den β-Zerfall entstanden. Nach der neuen Auffassung aber müßte außer dem Elektron auch das bei einem Neutronenzerfall freiwerdende Neutrino zur Bestimmung der Austauschkraft mit herangezogen werden. Inzwischen war auch Fermi mit Hilfe seiner Störungsmatrix zu ähnlichen Ergebnissen gelangt wie Heisenberg. Die berechnete Wechselwirkungsenergie zwischen Neutron und Proton ergab allerdings einen viel zu kleinen Wert.[5] Fermi vermutete deshalb, daß die jetzige Form der Wechselwirkung zwischen leichten und schweren Kernteilchen noch unvollständig sei. Er meinte, es könnten auch Prozesse mit zwei Neutrino und zwei Elektronen mit gleichzeitiger Verwandlung von zwei Neutronen in zwei Protonen eine Rolle spielen.[6] Pauli war hingegen der Ansicht, daß eine Lösung erst dann möglich sei, „wenn man eine Theorie für Gebiete $\hbar/Mc$ besitzt" [343].

Während Heisenberg seinen Weihnachtsurlaub in einem Schweizer Berghotel in Klosters verbracht hatte, war Pauli über die Feiertage bei seinen Verwandten und Bekannten in Wien gewesen. Bei dieser Gelegenheit stellte er seinem Vater seine zukünftige Frau Franca Bertram vor. Die Heirat erfolgte am 4. April in London [366].

Die wissenschaftliche Diskussion mit Heisenberg über die Löchertheorie erreichte in diesem Jahr ihren Höhepunkt.[7] Zwischen Pauli und Heisenberg war hierzu auf dem letzten Solvaykongreß eine Art Programm vereinbart worden. Immer wieder wird in den folgenden Briefen ([342], [345] und [346]) an die konsequente Durchführung dieser Abmachung erinnert. Vorerst war Pauli auf eine ernsthafte Schwierigkeit gestoßen, wie er Heisenberg bedenklich mitteilte [338]. Diese konnte jedoch von Heisenberg weitgehend entkräftet werden ([399] und [340]).

Zu einer gemeinsamen Publikation kam es nicht mehr, weil später sowohl bei Pauli wie auch bei Heisenberg neue Bedenken aufkamen [348–352]. Voller Ungeduld wartete man allenthalben auch auf Diracs neueste Arbeit zur Löchertheorie.[8] Paulis „Gefühl des Unbehagens wurde gewaltig gesteigert", als er endlich am 5. Februar das Manuskript der lange erwarteten Arbeit von Dirac bekam [351].[9] „Wenn Du *meine* Rechnungen schon so kompliziert fandest, was würdest Du wohl erst zu den Diracschen sagen. ... Und wie künstlich mir das Ganze vorkommt!", äußerte er voller Verzweiflung [351]. Da Pauli der weiteren Entwicklung nicht mehr zustimmen konnte, veröffentlichte Heisenberg schließlich seine Ergebnisse im Juni 1934 alleine.[10]

[1] E. Fermi: État actuel de la physique du noyau atomique. Congrès International d'Électricité, Paris 1932. Comptes Rendus, 1er Section, Rapport No. 22, S. 789–807.
[2] E. Fermi: Tentativo di una Teoria dell'emissione dei raggi „beta". Ric. Scient. **4** (2) 491–495 (1933).
[3] E. Fermi: Versuch einer Theorie der β-Strahlen. Z. Phys. **88**, 161–171 (1934). Eingegangen am 16. Januar 1934.
[4] G. Beck und K. Sitte: Zur Theorie des β-Zerfalls. Z. Phys. **86**, 105–119 (1933). Eingegangen am 3. August 1933. – G. Beck und K. Sitte: Bemerkung zur Arbeit von E. Fermi: „Versuch einer Theorie der β-Strahlen". Z. Phys. **89**, 259–260 (1934). – E. Fermi: Zur Bemerkung von G. Beck und K. Sitte: Z. Phys. **89**, 522 (1934).
[5] Unabhängig voneinander publizierten Igor Tamm und Dimitri Iwanenkô im Juni 1934 eine theoretische Herleitung der Austauschenergie zwischen Nukleonen gemäß dieser Vorstellung. I. Tamm: Exchange Forces between Neutrons and Protons, and Fermi's Theory. Nature **133**, 981 (1934). – D. Iwanenko: Interactions of Neutrons and Protons, Nature **133**, 981–982 (1934). Vgl. auch [391].
[6] Vgl. Fermis Schreiben vom 30. Januar 1934 an Heisenberg. Spätere Ansätze werden in [391] diskutiert.
[7] Gegenüber 20 erhaltenen Briefen aus dem Vorjahr sind es in diesem Jahr allein über 50 Briefe, die zwischen Pauli und Heisenberg ausgetauscht wurden.
[8] Vgl. [338], [342], [345] und ein Schreiben Gamows aus Kopenhagen vom 15. Februar 1934 an Heisenberg.
[9] P.A.M. Dirac: Discussion of the Infinite Distribution of Electrons in the Theory of the Positron, Proc. Cambr. Phil. Soc. **30**, 150–163 (1934). Eingegangen am 2. Februar 1934.
[10] W. Heisenberg: Bemerkungen zur Diracschen Theorie des Positrons. Z. Phys. **90**, 209–231 (1934). Eingegangen am 21. Juni 1934.

[338] Pauli an Heisenberg

[Zürich], 7. Januar [1934]

Lieber Heisenberg!
Dank für Deinen Brief aus Klosters. Ich war während der Feiertage in Wien und bin erst vorgestern zurückgekommen. Dirac schrieb mir, daß er jetzt seine Arbeit zusammenschreibt und mir in etwa 2 Wochen eine Kopie schicken will[a]. Auf diese bin ich schon sehr gespannt.

Was Deine Relationen

$$[\underset{P}{R^k_{\rho\sigma}}, \underset{P'}{E^l}\,] = \delta_{kl}\,\delta(P-P')\,e\frac{h}{i}\underset{P}{R_{\rho\sigma}} \tag{2}$$

$$[\underset{P}{R^k_{\rho\sigma}}, \underset{P'}{R^l_{\lambda\mu}}] = \tfrac{1}{2}\underset{P}{H_{kl}}[\delta_{\sigma\lambda}\,\delta(P-P')R_{\rho\mu} + \delta_{\rho\mu}\,\delta(P-P')R_{\lambda\sigma}] \tag{3}$$

betrifft, so scheinen sie mir bei [der] Annahme, daß die $R_{\rho\sigma}$ c-Zahlen [sind], nicht miteinander verträglich zu sein. Rechne nämlich die Jacobi-Identität

$$[[\underset{P}{R^k_{\rho\sigma}}, \underset{P'}{R^l_{\lambda\mu}}], E^m_{P''}] + [[\underset{P'}{R^l_{\lambda\mu}}, E^m_{P''}], \underset{P}{R^k_{\rho\sigma}}] + [[E^m_{P''}, \underset{P}{R^k_{\rho\sigma}}], \underset{P'}{R^l_{\lambda\mu}}] = 0$$

nach, so findest Du, daß die erste Klammer von Null verschieden, die beiden folgenden aber 0 sind, die Identität also nicht erfüllt ist. Ferner scheint mir (2) der Eichinvarianz zu widersprechen, die verlangt, daß

$$[\underset{P}{R^k_{\rho\sigma}}, \operatorname{div}_{P'} E] = 0.$$

So einfach geht die Rettung der Gleichungen $\dot{f}=\frac{i}{h}[f,\overline{H}]_-$ also nicht[b].

Was weiter die Bemerkung in meinem letzten Brief über die Differentialform $\frac{\partial T_{\mu\nu}}{\partial x^\nu}=0$ der Erhaltungssätze betrifft, so war (und ist) es meine Meinung, daß die Gleichung

$$R_\nu+\alpha^k R_k+\frac{m_0 c}{h}\,i\beta R^0=0 \tag{I}$$

gelten soll. Nur dann folgt nämlich aus

$$\text{Spur, Reeller Teil}\ \frac{\partial}{\partial x^\nu}\frac{1}{2}(\alpha_\mu R_\nu+\alpha_\nu R_\mu)=\frac{-ei}{h}\,\text{Spur}\ F_{\mu\nu}\alpha^\nu R^0, \tag{II}$$

die früher von mir angegebene Integralform des Energiesatzes. Die Gleichung (I) sagt aus, daß $[\chi^*_\rho(P),\chi_\sigma(P')]_+$ *in Größen erster Ordnung in* $(x^\nu_P-x^\nu_{P'})$ die Diracgleichung noch erfüllen soll, was mir vernünftig zu sein scheint (und was viel weniger verlangt, als daß die χ *allgemein* die Diracgleichung erfüllen sollen).

Was die Abhängigkeit der R_μ von den Matrixindizes ρ,σ betrifft, so kann man (I) und (II) leicht durch einen linearen Ansatz

$$R_\mu=r^{\mu\nu}\alpha_\nu+s^\mu\beta \qquad (r_{\mu\nu}=r_{\nu\mu})$$

befriedigen, wobei aus (I) wird

$$\beta\sum_\mu r_{\mu\mu}-s^\mu\alpha_\mu+\frac{m_0 c}{h}\,iR^0=0, \tag{I'}$$

und aus (II)

$$\sum_\nu\frac{\partial}{\partial x^\nu}r_{\mu\nu}=\frac{-ei}{h}F_{\mu\nu}C^\nu \tag{II'}$$

(mit $C^\nu=\text{Spur}\,\alpha^\nu R_0$ bei festen $x^\nu_P-x^\nu_{P'}$ von x^ν_P unabhängig; die Differentiation links ist eben bei festen Differenzen $x^\nu_P-x^\nu_{P'}$ auszuführen.)

Nun habe ich ein großes physikalisches Bedenken, das ich bis jetzt nicht entkräften konnte und das vielleicht eine ernstliche Schwierigkeit für die ganze Löchertheorie bedeutet. Die Gleichungen (II') besitzen natürlich schon Lösungen. Aber es wird dann $r_{\mu\nu}$ im Punkt P, also $(P|R_{\rho\sigma}|P')$ für nahe an einander befindliche Punkte P und P', nicht nur abhängen vom Feldverhalten in der Nähe von P und P', sondern im allgemeinen von der ganzen Vorgeschichte des $F_{\mu\nu}$-Feldes. Insbesondere brauchte *nach* Abschalten aller Felder, wenn (I), (II) bzw. die entsprechenden Volumintegralsätze des früheren Briefes vorher durchweg erfüllt waren, $(P|R_{\rho\sigma}|P')$ nicht mit dem $(P|R^\circ|P')$ des Vakuums übereinzustimmen.

Das scheint mir aber physikalisch kaum akzeptabel. Vorläufig sehe ich keinen Ausweg aus dem Dilemma, da ich nicht sehe, wie die Forderung der Energie-Impuls-Erhaltung wesentlich abgeschwächt werden kann und auch nicht, wie sie mit dem Postulat eines „Nahewirkungs-“ Ansatzes für die $R^k_{\rho\sigma}$ in Einklang gebracht werden kann. *Was meinst Du dazu??*

Ich bin natürlich neugierig, zu welchem Ansatz für R (sein R^a) Dirac auf Grund seiner Forderung der Endlichkeit (Singularitätsfreiheit) der nach Subtraktion restierenden Dichtematrix gelangen wird, bin aber sehr ängstlich, ob bei ihm Energie-Impuls-Erhaltung dann erfüllt sein werden. Inzwischen will ich mir die Sache weiter überlegen.

Bloch hat mir Interessantes von Fermi berichtet. Dieser versuchte eine Theorie des β-Zerfalles mit Neutrinos aufzustellen, indem er einen Term von folgender Art in die Hamiltonfunktion des Kernes einführt:

$$(\psi\varphi \boldsymbol{P}+\psi^*\varphi^*\boldsymbol{P}^+)$$

worin ψ Wellenfunktion des Elektrons, φ des Neutrinos und $\boldsymbol{P}$ ein Operator ist, der die Wellenfunktion des Protons in die des Neutrons verwandelt. Wesentlich ist die Nahewirkungsannahme, wonach nur wenn Elektron, Neutrino und Neutron bzw. Proton am selben Ort sind, der Operator von Null verschieden ist. Willkürlich bleibt nur 1. eine Konstante von der Dimension einer Energie, 2. die Ruhemasse des Neutrinos. Fermi behauptet, daß man die Abhängigkeit von Energie und Lebensdauer sowie die Gestalt des Geschwindigkeits-Spektrums der β-Teilchen damit recht gut herausbekommt, wenn man a) die erwähnte Konstante für die beiden Typen der β-Strahlen (den „ersten“ bzw. „zweiten“ des aufeinanderfolgenden Paares von β-Zerfallselementen) verschieden ansetzt (sonst aber für alle Elemente gleich) und b) die Neutrinoruhmasse Null (bzw. klein gegen die des Elektrons) setzt! – *Das wäre also Wasser auf unsere Mühle!* Fermis Theorie ist relativistisch in Bezug auf die leichten Teilchen (nicht in Bezug auf die schweren). – Der Zusammenhang der Neutrinos mit der Natur des elektromagnetischen Feldes bleibt dabei noch ganz offen und unberührt.

Also schreibe bald. Ich bin momentan etwas besorgt wegen der Löchertheorie.

Herzliches Prosit Neujahr! Dein W. Pauli

a) Vgl. hierzu den Kommentar. – b) Siehe das vorhergehende [336] und das folgende Schreiben [338] an Heisenberg.

[339] Heisenberg an Pauli

Leipzig, 12. Januar 1934

Lieber Pauli!

Deine Einwände gegen meine Vertauschungs-Relationen für die R^k sind natürlich völlig berechtigt. Ich möchte aber betonen, daß ich die Relationen $\dot{f}-\frac{i}{\hbar}[f,\overline{H}]_-$ in einer Theorie, in der keine „äußeren Kräfte“ (oder ähnliche Größen die von der Zeit abhängen) vorkommen, für grundlegend halte. Wenn sie nicht gelten, so bedeutet das, daß eine Matrixdarstellung der f – ähnlich wie wir sie in Brüssel besprochen haben[a] – nicht existiert, daß also die Korrespondenz mit der Fourierreihendarstellung der klassischen Theorie verloren geht. Natürlich muß man auch solche Möglichkeiten in Betracht ziehen, aber das bedeutet eine so große Abweichung vom bisherigen Formalismus, daß man dann beinahe alles ändern kann. Also es scheint mir sehr wichtig, nach Vertauschungs-Relationen für die R_k zu suchen, bisher habe ich aber noch nichts gefunden.

Dein anderer Einwand gegen die Durchführbarkeit der Theorie scheint mir nicht so schwerwiegend. Die Gleichungen

$$\frac{\partial}{\partial x_\nu} r_{\mu\nu} = -\frac{ei}{h} F_{\mu\nu} C^\nu$$

führen doch etwa auf Lösungen vom Typus

$$r_{\mu\nu} = \frac{\partial}{\partial x_\nu} \cdot \frac{ei}{\hbar} \int \frac{F_{\mu\lambda}(P') C^\lambda}{r_{PP'}} dV_{P'\,(\text{retardiert})} + r^0_{\mu\nu}.$$

(Dies stimmt nicht genau, weil $r_{\mu\nu} = r_{\nu\mu}$ sein soll, ich glaube aber, die richtigen $r_{\mu\nu}$ werden nicht wesentlich anders aussehen.) Die $r_{\mu\nu}$ werden also etwa durch die $F_{\mu\nu}$ auf dem ganzen Lichtkegel (Vergangenheitskegel) bestimmt sein. Wenn also für längere Zeit die $F_{\mu\nu}$ im ganzen Raum verschwinden, so kehrt $r_{\mu\nu}$ zum Normalwert zurück – und mehr wird man auch nicht zu fordern brauchen.

Hoffentlich erfährst Du bald die Einzelheiten der Diracschen Arbeit[b]; ich denke, sie wird auch für unser Programm eine wesentliche Klärung herbeiführen.

Die Fermische Arbeit, von der ich bisher einen italienischen kurzen Bericht gelesen habe[c], hat mir ausgezeichnet gefallen; ich bin überzeugt, daß die Lösung der Quantenelektrodynamik in der in Brüssel besprochenen Richtung liegt[d], hab' aber bisher keine rechte Kraft gehabt, weiterzukommen.

Viele Grüße Dein W. Heisenberg

a) Während des 7. Solvay-Kongresses vom 22. bis 29. Oktober 1933. – b) Siehe den Kommentar. – c) Siehe Anm. 2 des Kommentars. – d) Während der Diskussionen nach Heisenbergs Vortrag auf dem Solvay-Kongreß in Brüssel hatte Pauli nochmals seine Neutrinohypothese fomuliert und auf Fermis Namengebung hingewiesen. (Siehe Pauli (1933f), S. 324–325.) In den anschließenden mehr privaten Gesprächen dürften weiterführende Fragen über die Zukunft der Quantenelektrodynamik erörtert worden sein. (Vgl. hierzu auch die Hinweise in den folgenden Briefen.)

[340] Pauli an Heisenberg

[Zürich], 16. Januar [1934]
[Postkarte]

Lieber Heisenberg!

Vielen Dank für Deinen Brief vom 12. – Dieser hat mir hinsichtlich der Wiederherstellung der Matrix R^0 nach Abschalten der Felder solchen Mut gemacht, daß es mir gelang, die, wie ich glaube, im wesentlichen richtige Lösung für die $r_{\mu\nu} = r_{\nu\mu}$ jetzt zu finden (die wesentlich vom Feld auf dem ganzen Vergangenheitskegel abhängt wie Du es schreibst). – Ebenfalls ist es gelungen, auch $\sum_\mu r_{\mu\mu} = 0$ zu erfüllen (was wegen der Diracgleichung für R_μ und R^0 wünschbar ist).

Ferner zeigte mir eine nähere Untersuchung die *Erfüllbarkeit der Relation* $\dot{f}=\frac{i}{\hbar}[f,\overline{H}]_-$ für alle physikalischen Größen, wie Du es gefordert hast!! – Allerdings sind die Klammersymbole teilweise nur implizite definierbar, aber das schadet ja nichts. – Nächstens will ich Dir ausführlich die wichtigsten Formeln schreiben. Jedenfalls glaube ich, die hauptsächliche Struktur der Theorie jetzt überblicken zu können. Wie weit die Lösung eindeutig bestimmt ist, bleibt fraglich.

Herzlichst Dein W. Pauli

Die im folgenden von Heisenberg vorgeschlagene Austauschkraft zwischen Proton und Neutron auf der Basis der Neutrinovorstellung ergab zwar einen vernünftigen Verlauf für das Kraftgesetz, aber die Stärke dieser Kraft war viel zu klein.

[341] Heisenberg an Pauli

Leipzig, 18. Januar 1934

Lieber Pauli!

Leider weiß ich zwar zur Löchertheorie nichts Neues. Da ich aber über die Fermische Arbeit[a] etwas nachgedacht hab', möcht' ich Dir über die Resultate dieser Überlegungen kurz berichten. Wenn die Fermischen Matrixelemente für die Schaffung eines Paares: Elektron + Neutrino richtig sind, so müssen sie – ähnlich wie bei den Atomelektronen die Möglichkeit der Entstehung von Lichtquanten zur Coulombkraft führt – in der zweiten Näherung zu einer Kraft zwischen Neutron und Proton Anlaß geben. Ich hab' mir diese Kräfte ausgerechnet, und da stellt sich heraus, daß eine *Austausch*wirkung von Neutron und Proton resultiert, die je nach dem Ansatz des Fermischen Matrixelements die Majoranasche oder meine Form hat. Als Austauschintegral $I(r)$ ergibt sich im wesentlichen $I(r)=\frac{\text{const.}}{r^5}$, was aber bei Abständen $r \lesssim \hbar/Mc$ unrichtig wird.

Der Ausgangspunkt der Rechnung ist der: Die Wellenfunktionen sollen heißen: ϕ_ρ für Protonen, X_ρ für Neutronen, φ_ρ für Elektronen, χ_ρ für Neutrinos.

Die Hamiltonfunktion der Wellentheorie wird dann

$$\begin{aligned} H=&\frac{c\hbar}{i}\phi_\rho^*\alpha_k^{\rho\sigma}\frac{\partial}{\partial x_k}\phi_\sigma+Mc^2\phi_\rho^*\beta_{\rho\sigma}\phi_\sigma\\ &+\frac{c\hbar}{i}X_\rho^*\alpha_k^{\rho\sigma}\frac{\partial}{\partial x_k}X_\sigma+Mc^2X_\rho^*\beta_{\rho\sigma}X_\sigma\\ &+\frac{c\hbar}{i}\varphi_\rho^*\alpha_k^{\rho\sigma}\frac{\partial}{\partial x_k}\varphi_\sigma+mc^2\varphi_\rho^*\beta_{\rho\sigma}\varphi_\sigma\\ &+\frac{c\hbar}{i}\chi_\rho^*\alpha_k^{\rho\sigma}\frac{\partial}{\partial x_k}\chi_\sigma+H_1\\ =&H_0+H_1, \end{aligned} \tag{1}$$

wobei zwei Möglichkeiten diskutiert werden sollen:

$$\begin{aligned} &\text{a)}\ H_1=\{\phi_\rho^* X_\rho \varphi_\sigma^* \chi_\sigma^* - \phi_\rho^* \alpha_k^{\rho\sigma} X_\sigma \varphi_\tau^* \alpha_k^{\tau\omega} \chi_\omega^* + \text{konj.}\}\cdot C \\ &\text{b)}\ H_1=\{\phi_\rho^* \varphi_\rho^* X_\sigma \chi_\sigma^* - \phi_\rho^* \alpha_k^{\rho\sigma} \varphi_\sigma X_\tau \alpha_k^{\tau\omega} \chi_\omega^* + \text{konj.}\}\cdot C. \end{aligned} \tag{2}$$

Der erste der beiden Ansätze entspricht, soviel ich sehe genau der Fermischen Annahme, wobei Fermi die Glieder mit den α_k weggelassen hat; das bedeutet, daß die Geschwindigkeit der schweren Teilchen klein gegen c sein soll. Relativistisch sind beide Annahmen. Man kann nun eine Störungsrechnung durchführen, bei der in nullter Näherung keine Elektronen und Neutrinos vorhanden sind; als Variable führe man etwa die Anzahlen N (Protonen), M (Neutronen), n (Elektronen), m (Neutrinos) ein. Dann heißt die Schrödingergleichung:

$$\begin{aligned} &W\psi(N\ldots,M\ldots,n\ldots,m\ldots) \\ &\quad =\overline{H}_0(N\ldots,M\ldots,n\ldots,m\ldots)\psi(N,M,n,m) \\ &\qquad +\overline{H}_1(N\ldots,M\ldots,n\ldots,m\ldots|N'M'n'm')\psi(N'M'n'm'). \end{aligned} \tag{3}$$

Insbesondere wird in erster Näherung

$$\begin{aligned} &W\psi^{(1)}(N\ldots,M\ldots,1,0\ldots,1,0\ldots) \\ &\quad =\overline{H}_0(N\ldots,M\ldots,1,0\ldots,1,0\ldots)\psi^{(1)}(NM1,0\ldots1,0\ldots) \\ &\qquad +\overline{H}_1(N\ldots,M\ldots,1,0\ldots1,0\ldots|N'\ldots,M'\ldots,0,0,0,\ldots)\psi^{(0)}(N'M'00). \end{aligned}$$

Also

$$\begin{aligned} &\psi^{(1)}(N\ldots,M\ldots,1,0\ldots1,0\ldots) \\ &\quad = -\psi^{(0)}(N'\ldots M'00)\frac{\overline{H}_1(N\ldots M\ldots1,01,0|N'M'000)}{E_{\text{Elektron}}+E_{\text{Neutrino}}}. \end{aligned} \tag{4}$$

Also in zweiter Näherung

$$\begin{aligned} &W\psi^{(2)}(N,M,00\ldots) \\ &=\overline{H}_0(NM0,0)\psi^{(2)}(NM00)+\sum\overline{H}_1(NM00|N'M'1,0,\ldots1,0)\psi^{(1)}(N'M'1010) \\ &=\overline{H}_0(NM00)\psi^{(2)}(NM00) \\ &-\sum\frac{\overline{H}_1(NM00|N'M'1,010)\overline{H}_1(N'M'1,0\ldots1,0|N''M''00)}{E_{\text{Elektron}}+E_{\text{Neutrino}}}\psi^{(0)}(N''M''00). \end{aligned} \tag{5}$$

Die unendliche Summe ([über] alle möglichen Zustände von Elektron und Neutrino) gibt also einfach die Wechselwirkung von Neutron und Proton an. Der betreffende Operator lautet also (bei Weglassung der Glieder mit α_k in (2)): im Falle a):

$$\begin{aligned} &\iint dV_P dV_{P'}\sum\frac{(\phi_\rho^*(P)X_\rho(P)\varphi_\sigma^*(P)\chi_\sigma^*(P)+\text{konj.})}{E_{\text{Elektron}}} \\ &\qquad\qquad \frac{\cdot(\phi_{\rho'}(P')X_{\rho'}^*(P')\varphi_{\sigma'}(P')\chi_{\sigma'}(P')+\text{konj.})}{+E_{\text{Neutrino}}}\cdot C^2 \\ &=\iint dV_P dV_{P'}[\phi_\rho^*(P)\chi_\rho(P)\phi_{\rho'}(P')X_{\rho'}^*(P')+\text{konj.}]J(PP'), \end{aligned} \tag{6}$$

im Falle b):

$$\iint dV_P dV_{P'} \sum \frac{(\phi_\rho^*(P)\varphi_\rho^*(P)X_\sigma(P)\chi_\sigma^*(P)+\text{konj.})}{E_{\text{Elektron}}} \frac{\cdot(\phi_{\rho'}(P')\varphi_{\rho'}(P')X_{\sigma'}^*(P')\chi_{\sigma'}(P')+\text{konj.})}{+E_{\text{Neutrino}}}\cdot C^2$$

$$=\iint dV_P dV_{P'}[\phi_\rho^*(P)X_\sigma(P)\phi_{\rho'}(P')X_{\sigma'}^*(P')F(PP'\rho\rho'\sigma\sigma')+\text{konj.}]. \tag{7}$$

Die Gleichung (6) entspricht der Austauschwirkung, die ich angenommen hatte; Gleichung (7) ergibt die Majorana-Wechselwirkung, wenn $F(PP'\rho\rho'\sigma\sigma') = \delta_{\rho\rho'}\delta_{\sigma\sigma'}J(PP')$. Dies scheint mir richtig zu sein wegen der Orthogonalitätsrelationen. Um $J(PP')$ auszuwerten, genügt eine Dimensionsbetrachtung; es wird ja im wesentlichen

$$F(PP') \sim \sum_{\mathfrak{p}\mathfrak{p}'} \frac{e^{\frac{i}{\hbar}[\mathfrak{p}(\mathfrak{r}_P-\mathfrak{r}_{P'})+\mathfrak{p}'(\mathfrak{r}_P-\mathfrak{r}_{P'})]}}{E_{\text{Elektron}}(\mathfrak{p})-E_{\text{Neutrino}}(\mathfrak{p}')}. \tag{8}$$

Da man sich nur für das Verhalten von $F(PP')$ für $|\mathfrak{r}_P-\mathfrak{r}_{P'}| \ll \frac{h}{mc}$ interessiert, kann man im Nenner von (8) die Ruhmasse des Elektrons weglassen und bekommt für das Integral $F(PP')$:

$$F(PP') \sim \frac{\text{const.}}{|\mathfrak{r}_P-\mathfrak{r}_{P'}|^5}. \tag{9}$$

($F(PP')$ läßt sich auffassen als Limes:

$$\lim_{\alpha\to 0} \iiint d\mathfrak{p} \iiint d\mathfrak{p}' \frac{e^{\frac{i}{\hbar}(\mathfrak{p}+\mathfrak{p}')\cdot(\mathfrak{r}_P-\mathfrak{r}_{P'})-\alpha(p+p')}}{p+p'};$$

ich hab' mich überzeugt, daß dieser Limes existiert, auch den Zahlenfaktor kann man leicht ausrechnen.)

Bis auf einen Faktor der Größenordnung 1 wird also die Austauschenergie von Neutron und Proton:

$$J(PP') \sim \frac{C^2}{|\mathfrak{r}_P-\mathfrak{r}_{P'}|^5}\cdot\frac{1}{hc}. \tag{10}$$

Ich hab' noch versucht, die Größenordnung von J zu vergleichen mit dem, was man nach (10) erhält, wenn man den Wert von C aus der Zerfallszeit bestimmt. Es wird dann $C \sim 10^{-47}$ erg. cm^3. Also

$$J(PP') \sim mc^2 \frac{10^{-71}}{|\mathfrak{r}_P-\mathfrak{r}_{P'}|^5} \sim mc^2 \left(\frac{10^{-14}}{|\mathfrak{r}_P-\mathfrak{r}_{P'}|}\right)^5. \tag{11}$$

Das Austauschintegral wird also reichlich klein, aber vielleicht ist dies wegen der großen Schlampigkeit der Rechnung kein Unglück. Ob (11) zu klein ist oder nicht, hängt auch ganz vom Verhalten von J für kleine $|\mathfrak{r}-\mathfrak{r}'|$ ab. Für $|\mathfrak{r}-\mathfrak{r}'| \lesssim \frac{h}{Mc}$ gilt die ganze Rechnung nicht mehr, weil dann die Störungsrechnung (3), (4) sinnlos wird.

Mehr hab' ich mir noch nicht überlegt - entschuldige die nachlässige Darstellung, aber es ist spät in der Nacht und morgen muß ich für einige Tage nach Göttingen - da wollte ich den Brief schnell fertig machen[b].

Viele Grüße

Dein W. Heisenberg

a) Siehe die in der Anm. 3 zum Kommentar von [338] erwähnten Abhandlungen Fermis. - b) Am Ende des Schreibens machte Pauli folgende Anmerkungen: „1. Invariantentheoretische Bemerkung. 2. Physik. a) Konstante C; b) Zus[ammenhang] mit Lichtquanten. Ableitung nach Koordinaten? 3. Häufigkeit [des] künstlichen β-Zerfalls."

Schon seit längerer Zeit versuchte Louis de Broglie Lichtwellen beliebiger Polarisation aus zwei Diracschen Spinoren zu konstruieren.[1] Das würde jedoch bedeuten, daß ein Lichtquant aus zwei nahezu masselosen Teilchen zusammengesetzt sein müßte.[2] Weil auch hier ein negatives Energiespektrum mit den entsprechenden Partikel-Lochzuständen zu erwarten ist, wäre die Absorption eines Lichtquants durch ein Herunterfallen des Teilchens in eine derartige Lücke zu verstehen. Solche Teilchen verschwindend kleiner Masse könnten nach de Broglie die von Pauli postulierten Neutrinos sein. Es war deshalb naheliegend, diese Vorstellung zu einer Neutrinotheorie des Lichtes auszubauen.[3] Anfangs übersah man aber die Schwierigkeiten, die sich daraus ergeben, daß die Neutrinos der Fermistatistik gehorchen.

Ein aus zwei solchen Neutrinos zusammengesetztes Photon befolgt nämlich die Bose-Einstein-Statistik. Das wäre aber nur dann möglich, wenn zwischen einem Neutrinopaar eine starke Wechselwirkungskraft existiert, so daß die Individualität der einzelnen Teile verlorengeht. Von einer solchen Kraft war aber nichts bekannt. Weitere damit zusammenhängende Fragen werden in den folgenden Briefen [342], [343], [345], [348] und [349], [353], [354] diskutiert.

[1] L. de Broglie: Sur une analogie entre l'électron de Dirac et l'onde électromagnétique. Comptes Rendus Acad. Sci. **195**, 536–537 (1932). – : Remarque sur le moment magnétique et le moment de rotation de l'électron. Comptes Rendus Acad. Sci. **195**, 577–578 (1932).

[2] Eine Möglichkeit, diese Schwierigkeit zu überwinden, diskutierte Heisenberg in seinem Beitrag zur Festschrift „Lonis de Broglie und die Physiker", Hamburg 1955. Dort S. 138–142.

[3] L. de Broglie: Sur la nature du photon. Comptes Rendus Acad. Sci. **198**, 135–138 (1934). Vorgelegt in der Sitzung vom 3. Januar 1934.

[342] Pauli an Heisenberg

[Zürich], 19. Januar [1934]
[Postkarte]

Lieber Heisenberg!

Heute möchte ich Dir nur, anknüpfend an den letzten Satz Deines Briefes, zureden, die Frage nach der Lösung der Selbstenergie-Schwierigkeit der Quantenelektrodynamik auf Grund der in Brüssel besprochenen Grundlage wieder aufzunehmen.

In den Comptes rendues, vom 8. 1. 1934 (Bd. **198**, Heft Nr. 2, S. 135) ist eine nicht uninteressante Note von de Broglie erschienen, worin er den Gesichtspunkt, das Photon aus 2 Neutrinos zusammenzusetzen, diskutiert.

Das Hauptproblem scheint mir eine vernünftige Formulierung der *Wechselwirkungsterme von Neutrinos und Elektronen* in der Hamiltonfunktion. Man kann nicht a priori verstehen, daß die speziellen Neutrinopaare, welche zusammenhalten, und Photonen bilden, so viel leichter entstehen als irgendwelche 2 Neutrinos verschiedener Richtung des Impulses und verschiedener Energie. (Diese Frage tritt natürlich auch bei de Broglie auf und er kann sie nicht beantworten.)

Was die Selbstenergiefrage betrifft, so möchte ich mehr als den besonderen Klein-Jordanschen Trick[a] (auf den ich nicht besonders Wert lege) die Notwendigkeit betonen, nur *endlich viele* Freiheitsgrade (z. B. Teilchenzahlen) zu haben. Wenn das der Fall ist, dürfte der Formalismus sich schon irgendwie finden lassen.

Also fasse Mut und Kraft! Herzlichst Dein W. Pauli

Unser Programm der Löchertheorie scheint mir jetzt in Ordnung. Demnächst bekommst Du [B]ericht von mir.[b] – Von Dirac [h]abe ich noch nichts weiter gehört.

a) Paulis Abneigung gegen den sog. „Klein-Jordanschen Trick" für die Anordnung der Faktoren in der Wellenfunktion zur Vermeidung von Unendlichkeiten bei der Berechnung der Selbstenergie von Teilchen wurde schon bei früheren Gelegenheiten ([187], [218]) angedeutet. Anderer Meinung war Heisenberg: „Ich halte diesen „Trick" von Klein und Jordan keineswegs für einen oberflächlichen Kunstgriff, sondern für die folgerichtige Ausnützung eines bestimmten formalen Zuges in der Quantentheorie der Wellenfelder, den man in Zukunft noch allgemeiner ausnutzen muß", schrieb er Bohr am 12. März 1934 aus Klosters. (Vgl. hierzu auch [350] und den Kommentar zu [366]. – b) Siehe Anhang zu [343].

Das im Anhang zum nachfolgenden Brief [343] wiederabgedruckte Manuskript enthält Paulis vorläufigen Entwurf für die ursprünglich gemeinsam mit Heisenberg beabsichtigte Publikation zur Löchertheorie. Pauli wollte sie als Fortsetzung zu den beiden früheren grundlegenden Arbeiten zur Quantenelektrodynamik (1929) und (1930) verstanden wissen. Doch vorerst sollte Diracs angekündigte Publikation abgewartet werden, bevor man mit der endgültigen Niederschrift beginnen wollte.

[343] Pauli an Heisenberg

Zürich, 21. Januar 1934

Lieber Heisenberg!

Vielen Dank für Deine Briefe vom 18. und 19.[a] – Beiliegend (habe es in [ein] Extra-Couvert gesteckt) habe ich also – nur zu Deinem persönlichen Gebrauch – meine Rechnungen zur Löchertheorie zusammengeschrieben.[b] Das ganze kommt mir ziemlich zwangläufig vor, trotz des von Dirac logisch so verschiedenen Ausgangspunktes. Du wirst erkennen, wo die Anregungen Deines Briefes eingeflossen sind (der insbesondere meine Bedenken zerstreut hat, was die Frage der Wiederherstellung der R_μ^0 nach Abschalten der Felder betrifft). Als den zentralen Punkt der hier vorgeschlagenen Theorie betrachte ich die Bedingung (III) S. 5[c], die zeigt, was von der bisherigen Fassung der Löchertheorie weiter zu gebrauchen ist, und was nicht. – Daß der Energie-Impuls-Satz nicht nur in der Integralform, sondern auch in der Differentialform gefordert wird, scheint mir nicht ganz willkürlich; denn die letztere ist wesentlich sowohl für die Herleitung des Drehimpulssatzes, wie für die der Lorentz-Invarianz (vgl. unsere alten Arbeiten).

Daß ich den § 1 für Dich so ausführlich geschrieben habe, geschah um meines physikalischen Ausgangspunktes willen, nämlich, daß alle physikalischen Größen auf $T_{\mu\nu}$ und s_μ – neben den elektromagnetischen Feldstärken – zurückgeführt werden können; die schweren Massenteilchen habe ich konsequenterweise außer Betracht gelassen. (An dem Zusammenhang dieser Größen mit Messungsergebnissen ändert sich in der Löchertheorie nichts wesentliches; die $T_{\mu\nu}$ sind untereinander nicht vertauschbar, sondern nur die Volumintegrale der $T_{\nu 4}$; dagegen sind die S_ν selbst untereinander vertauschbar. Vgl. auch Deine alte Arbeit über die Energie-Schwankungen[d].) Stellt man sich nämlich auf diesen Standpunkt, *so braucht man von der Zerlegung* $\psi = \chi^* + \varphi$ *überhaupt nicht zu reden* und daher entfallen alle Erörterungen über $\dot{\chi}$[e]. Im § 1 sollte hauptsächlich die *Entbehrlichkeit des* χ gezeigt werden. – Andrerseits muß betont werden, daß – im Gegensatz zu den hinausgeworfenen Teilchenzahlen und Teilchenorten – die räumliche Ladungsdichte ρ im Sinne de theoretischen Formalismus als in Abhängigkeit von Raum- und Zeitkoordinaten beliebig genau ausmeßbar aufgefaßt wird, *auch in Gebieten mit Dimensionen klein gegen* $h/m_0 c$. – Das scheint mir aber jetzt auch physikalisch vernünftig.

Über zwei Punkte möchte ich gerne Deine Ansicht hören:

1. Soll man nicht statt lim $P' \to P$ stets lieber lim $K \to \infty$ *einführen, wo* K die zunächst endliche obere Grenze der Impulsbeträge der besetzten Zustände negativer Energie bedeutet, bei der zunächst abgeschnitten wird? – Bei lim $P' \to P$ habe ich eine gewisse Ängstlichkeit wegen Unendlichkeiten.

2. Was ist Deine Ansicht über die zusätzliche Lösung $H'_{\mu\nu}$ der homogenen Wellengleichung und die Möglichkeit, sie eventuel Null zu setzen? Es ist da eine Analogie zu Deiner Strahlungsarbeit in Annalen der Physik[f] vorhanden, wo zu dem Ausdruck der ϕ_ν durch den retardierten Strom S_ν auch noch ein geeignet gewähltes ϕ^0_ν hinzugefügt werden *mußte*.

Es fragt sich dann, was weiter mit unseren Überlegungen geschehen soll. Ich möchte Dir gerne vorschlagen, daß wir sie gemeinsam publizieren. Nicht nur waren mir Deine brieflichen Anregungen ganz wesentlich, sondern die Überlegungen schließen sich auch sehr eng an unsere gemeinsamen quantenelektrodynamischen Arbeiten. Natürlich sollten wir aber mit einer endgültigen Niederschrift zur Publikation erst beginnen, wenn uns auch die neue Diracsche Arbeit bekannt ist (gemäß seinem Versprechen sollte in den allernächsten Tagen die Kopie seines Manuskriptes bei mir eintreffen). Was meinst Du dazu?

Oppenheimer sandte mir vor kurzem ein Manuskript, das aber nur die alte nicht eichinvariante Fassung der Löchertheorie behandelt und die von uns und Dirac behandelten Probleme gerade ganz außer Betracht läßt.[g] – Weisskopf lasse ich eben etwas rechnen über die *magnetische* Selbstenergie in der Löchertheorie.[h] Es scheint, daß der Wallersche Spinterm[i] derselben *nicht* einmal von schwächerer Ordnung ∞ wird als in der Theorie ohne Löcher, so daß also auch der Wentzelsche Trick nichts helfen wird.[j]

Die letztere Bemerkung leitet nun über zu dem anderen Thema Deiner Briefe: zur *Neutrinofrage*. Ich teile ganz Deine Überzeugung, daß die Lösung der Quantenelektrodynamik (Selbstenergieschwierigkeit) in der in Brüssel besprochenen Richtung liegen muß. Ein Lichtquant muß aus einem Neutrino und einem Neutrino-Loch bestehen, wie es auch de Broglie haben will und die Ruhmasse der Neutrinos soll Null sein. Wenn man die gewöhnliche Lichtemission von diesem Standpunkt aus verstehen will, entsteht dann natürlich gleich die Frage, warum Neutrino und -Loch immer mit gleichem Impuls (Größe und Richtung nach), also auch gleicher Energie emittiert werden. Da fehlt offenbar noch eine wesentliche Idee, ebenso hinsichtlich des Zusammenhanges mit der Löchertheorie. Ich glaube auch, daß die Fermische Hamilton-Funktion für den β-Zerfall und die gewöhnliche der Quantenelektrodynamik (Lichtemission und Absorption bestimmt durch $e\,\phi_\mu\, s_\mu$ in Lagrangefunktion) einheitlich verstanden werden sollten. Es ist mir ferner unsympatisch, daß gar kein Versuch gemacht wird, die komische Konstante C von der Dimension $\mathrm{erg}\cdot\mathrm{cm}^3$ auf andere Konstanten schon rein theoretisch zurückzuführen.[k]

Weißt Du, was die Fermische Theorie des β-Zerfalls für die Häufigkeit der Prozesse Neutron = Proton + Elektron + Neutrino und Proton = Neutron + Positron + Neutrino (eventuell unter Mitwirkung energiespendender vorüberfliegender schwerer Teilchen) ergibt? Die sollten doch wohl beobachtbar sein.

Was Deinen Versuch betrifft, die Austauschwirkung von Proton und Neutron als 2. Näherung der Fermi-Hamilton-Funktion zu begreifen, so spricht die Kleinheit dieser 2. Näherung zunächst sehr dagegen. Vielleicht wird sich das erst entscheiden lassen, wenn man eine Theorie für Gebiete $\hbar/Mc$ besitzt.

Noch eine formale Bemerkung (Bezeichnungsweise meines Handbuch-Artikels[l]). Sei ψ ein Spinor, $\psi^+ = i\psi^*\gamma^4$ ein „inverser" Spinor, so ist $\psi^+\psi$ invariant, $\psi^+\gamma^\nu\psi$ ein Vektor. Sind ψ, φ zwei Spinoren, die sich in *gleicher Weise* transformieren ($\psi' = S\,\psi$, $\varphi' = S\,\varphi$), so ist $\varphi\,\psi$ *keine* Invariante, $\varphi\,\gamma^\nu\,\psi$ *kein* Vektor.

Es gibt aber eine Matrix B (die abhängt von der speziellen numerischen Realisierung der Dirac-Matrizen γ^ν), so daß nunmehr $\varphi\,B\,\psi$ Invariante, $\varphi\,B\,\gamma^\nu\,\psi$ Vektor etc.

Es bestimmt sich B aus der Bedingung $\overline{\gamma^\nu} = B\,\gamma_\nu\,B^{-1}$, worin $\overline{\gamma_\nu}$ die Matrix bedeutet, die aus γ_ν durch Vertauschung von Zeilen und Kolonnen entsteht. (Wenn aber γ_ν unitär transformiert wird, transformiert sich B nicht auch unitär.) – Ich glaube, da ist in Deinem Brief ein Fehler.

Herzlichst Dein W. Pauli

P.S. Der am Schluß erwähnte Fehler (Du scheinst $B = [I]$ zu setzen, was nicht stimmt) wird wahrscheinlich am Ergebnis Deiner Überlegung nichts wesentliches ändern. – Ich möchte Dich sehr dazu aufmuntern, *weiter über Neutrinos und Quantenelektrodynamik nachzudenken,* da ich glaube, daß die Lösung nicht mehr sehr ferne ist!

a) Ein Brief Heisenbergs vom 19. Januar wurde nicht gefunden. – b) Siehe folgenden Anhang. – c) Seitenzahl des Manuskripts. – d) W. Heisenberg: Über Energieschwankungen in einem Strahlungsfeld. Sitzungsber. der Sächs. Akad. Wiss. **83**, 3–9 (1931). – e) Siehe hierzu den vorangehenden Briefwechsel, insbesondere [333] und [336]. – f) W. Heisenberg: Bemerkungen zur Strahlungstheorie. Ann. Phys. **9**, 338–346 (1931). – g) W.H. Furry und J.R. Oppenheimer: On the Theory of the Electron and Positive. Phys. Rev. **45**, 245–262 (1934). Eingegangen am 1. Dezember 1933. Vgl. auch den Hinweis auf die Eichabhängigkeit in einer Note dieser Autoren im Phys. Rev. **45**, 343–344 (1934). – h) Victor Weisskopf veröffentlichte seine Rechnungen über die Selbstenergie des Elektrons im März in Z. Phys. **89**, 27–39 (1934). – i) I. Waller: Bemerkungen über die Rolle der Eigenenergie des Elektrons in der Quantentheorie der Strahlung. Z. Phys. **62**, 673–676 (1930). Diese Untersuchung wurde während eines Aufenthalts in Zürich fertiggestellt. – j) G. Wentzel: Über die Eigenkräfte der Elementarteilchen. I und II. Z. Phys. **86**, 479–494, 635–645 (1933). In dieser Arbeit hatte Wentzel ausdehnungslose Elementarteilchen vorgeschlagen, deren elektromagnetische Masse gleich Null sein sollte. Dadurch schien die Möglichkeit gegeben, wenigstens den „klassischen" Anteil der Selbstenergie zu beseitigen. Siehe hierzu die kritische Bemerkung bei Weisskopf (Anm. h), die jedoch infolge eines erst später durch Furry entdeckten Fehlers hinfällig wurde. (Vgl. V. Weisskopf, Z. Phys. **90**, 817 (1934). – k) Gemeint ist die Konstante g der Fermischen „β-Kraft", die Pauli hier mit C bezeichnete. Auch Heisenberg verwendete diese Bezeichnung in seinem Antwortschreiben [344]. Das unbefriedigende an der Theorie war, daß diese Konstante durch Anpassung an die beobachteten Daten bestimmt werden mußte. – l) Pauli [1933]. Dort S. 220ff.

Zum Brief [343]

Über die quantenelektrodynamische Formulierung der Löchertheorie

§ 1. Problemstellung

Die Tendenz des im Folgenden einzuschlagenden Weges geht dahin, bei der Formulierung der Löchertheorie die Aufmerksamkeit auf den Stromvektor s_ν und den materiellen Energieimpulstensor $T_{\mu\nu}$ zu richten, indem alle meßbaren Größen als Funktionen der zugehörigen Operatoren und der elektromagnetischen Feldgrößen $\vec{E}$, $\vec{H}(F_{\mu\nu}=-F_{\nu\mu})$ betrachtet werden. (Was die letzteren betrifft, so werden die Vertauschungs-Relationen zwischen ihnen, ihre Vertauschbarkeit mit der materiellen q-Zahl Wellenfunktion ψ sowie der Maxwellsche Energie-Impulstensor des elektromagnetischen Feldes unverändert beibehalten.) Dagegen werden die Teilchenzahlen N nur als mathematische Zwischengrößen betrachtet, die nicht direkt durch Messungen bestimmt werden können.

Um bei Besetzung unendlich vieler Zustände negativer Energie endliche Werte von s_ν und $T_{\mu\nu}$ zu erhalten, müssen (bereits im kräftefreien Fall) gewisse Größen von den üblichen qu[anten]-el[ektrodynamischen] Ausdrücken für s_ν, $T_{\mu\nu}$ subtrahiert werden, so daß man schreiben kann

$$s_\nu=(-e)\lim_{P'\to P}\{\psi^*(P')\alpha_\nu\psi(P)-\mathrm{Spur}(\alpha_\nu(P'|R|P))\} \tag{I}$$

$$T_{\mu\nu}=\tfrac{1}{2}\lim_{P'\to P}\text{Re-Teil}\left\{\psi^*(P')\left[\alpha_\nu\left(\frac{hc}{i}\frac{\partial}{\partial x_\mu}+e\phi_\mu\right)_P+\alpha_\mu\left(\frac{hc}{i}\frac{\partial}{\partial x_\nu}+e\phi_\nu\right)_P\right]\psi(P)\right.$$
$$\left.-\frac{hc}{i}\mathrm{Spur}(\alpha_\nu(P'|R_\mu|P)+\alpha_\mu(P'|R_\nu|P))\right\}. \tag{II}$$

Hierin sind R und R_μ ebenso wie die α_μ vierreihige Matrizen und es ist

$\alpha_4=iI.$ (Wir werden davon unterscheiden $\alpha^4=-i\cdot I.$) $(x_4=ict.)$

Im kräftefreien Fall (der stets durch den Index 0 gekennzeichnet werden soll), sind die Matrizen R und R_ν wohlbekannt. Es ist in diesem Fall

$$(P'|R^0_{\rho\sigma}|P)=\sum_{(k)} u^{*(k)}_\rho(P')u^{(k)}_\sigma(P) \tag{1}$$

(über alle Zustände negativer Energie summiert),

$$R^0_\mu=\frac{\partial}{\partial x^\mu_P}(P'|R^0|P). \tag{2}$$

Man kann in diesem Fall R^0 explizite berechnen und durch Zylinderfunktionen ausdrücken. Uns interessieren nur folgende Eigenschaften von R^0:

a) es ist nur abhängig von den *Differenzen*

$$\xi^\nu=x^\nu_{P'}-x^\nu_P$$

der Koordinaten der Punkte P und P'.

b) es läßt sich in der Form darstellen

$$(P'|R^0|P)=\alpha^\nu\frac{\partial}{\partial\xi^\nu}+\frac{mc\beta}{h}f(\xi) \tag{3}$$

(beachte $\alpha^4=-\mathrm{i}\cdot\mathrm{I}$), worin $f(\xi)$ nicht mehr von den Spinindizes abhängt. Also folgt aus (2)

$$\sum_\mu \alpha_\mu R^0_\mu+\frac{mc\beta}{h}R^0=0 \tag{4'}$$

c) R^0 und R^0_μ sind c-Zahlen.

Wir gehen nun über zum Fall, daß Kräfte vorhanden sind. Hierbei muß Eichinvarianz von $T_{\mu\nu}$ und von s_ν gefordert werden. Es liegt ferner nahe, allgemein die zu (4′) analoge Gleichung

$$\sum_\mu \alpha_\mu R_\mu+\frac{mc\beta}{h}R=0 \tag{4}$$

zu fordern; ferner werden wir im limes $P'\to P$

$$\lim_{P'\to P} R=\lim_{P'\to P} R^0$$

setzen können. (In solchen Relationen ist Vorsicht wegen Unendlichkeiten geboten; man könnte auch die Wellenzahlen der besetzten Zustände erst bei einem endlichen Wert k abbrechen und dafür von vornherein $P=P'$ setzen und nachher mit $k\to\infty$ gehen. Was findest Du konsequenter?)

Wichtig ist die Eichinvarianz der Größen R und R_μ (im limes $P'\to P$.)

Die Gleichungen (4) haben zur Folge, daß man den materiellen Teil der Hamiltonfunktion und des Impulses schreiben kann

$$\overline{H}^{(m)}=-\int T_{44}dV=\lim_{P'\to P}\int \mathrm{d}V\,\psi^*(P')\sum_{k=1}^{3}\left\{\left(\frac{hc}{i}\frac{\partial}{\partial x^k}+e\phi_k\right)_P\psi(P)\right.$$
$$\left.+mc^2\beta\psi(P)-\mathrm{Spur}\left(\frac{\mathrm{hc}}{\mathrm{i}}\alpha_k\mathrm{R}_k+\mathrm{mc}^2\beta\mathrm{R}^0\right)\right\}\quad(k=1,2,3) \tag{5}$$

$$G_k^{(m)} = \frac{1}{ic} \lim_{P' \to P} \int T_{k4} dV \psi^*(P') \left\{ \left(\frac{h}{i} \frac{\partial}{\partial x^k} + \frac{e}{c} \phi_k \right)_P \psi(P) - \frac{h}{i} \frac{1}{2} \operatorname{Spur} \left(R_k + \alpha_k \frac{1}{i} R_4 \right) \right\}. \tag{6}$$

(Es wird sich später herausstellen, daß $\operatorname{Spur} \alpha_k \frac{1}{i} R_4 = \operatorname{Spur} R_k$ angesetzt werden kann.)

Die totale Hamiltonfunktion und der totale Impuls werden wie üblich

$$\overline{H} = \overline{H}^{(m)} + \frac{1}{2} \int (\vec{E}^2 + \vec{H}^2) dV \tag{7}$$

$$G = G^{(m)} + \frac{1}{c} \int [\vec{E} \times \vec{H}] dV. \tag{8}$$

Die zeitliche Konstanz von $\overline{H}$ und G folgt aus der differentiellen Form von Energie- und Impulssatz

$$\frac{\partial (T_{\mu\nu} + S_{\mu\nu})}{\partial x^\nu} = 0, \tag{9}$$

worin $S_{\mu\nu}$ den Maxwellschen Tensor bedeutet. Aus der letzteren Relation folgt auch der Drehimpuls und die Lorentz-Invarianz der ganzen Theorie. Die Relationen (9) sind äquivalent mit den Maxwellschen Gleichungen $\left(F_{\mu\nu} = \frac{\partial \phi_\nu}{\partial x^\mu} - \frac{\partial \phi_\mu}{\partial x^\nu} \right)$

$$\frac{\partial F_{\mu\nu}}{\partial x^\nu} = s_\mu \quad \text{(hier rechts (I) einzusetzen)} \tag{10}$$

und

$$\frac{\partial T_{\mu\nu}}{\partial x^\nu} = F_{\mu\nu} s_\nu. \tag{11}$$

Wir werden verlangen, daß (10) und (11) im Einklang sind mit der Forderung, daß für alle physikalischen Größen f (als da sind: $\psi^*, \psi, F_{\mu\nu}, R_\mu$; $R = R^0 = c$-Zahl. Um die Potentiale ϕ_ν selbst kümmere ich mich zunächst nicht; man könnte aber auch die Fermische Form der Quantenelektrodynamik zu Grunde legen.) die Relationen

$$\frac{\partial f}{\partial x_k} = -\frac{i}{h} [G_k, f], \qquad \frac{\partial f}{\partial t} = \frac{i}{h} [\overline{H}, f] \tag{12}$$

gelten sollen. Hängt hierin die Größe f von zwei Punkten P, P' ab, so soll bei den Differentiationen der linken Seite *die Differenz* $\xi^\nu = x^\nu_{P'} - x^\nu_P$ *festgehalten* werden.

Die üblichen Vertauschungs-Relationen zwischen den ψ^*, ψ und den $F_{\mu\nu}$ sollen beibehalten werden. Es gilt dann ferner für ψ die Diracsche Wellengleichung.

Damit (10) und (11) aus (12) beim Ansatz (5), (6) für $\vec{H}^{(m)}$ und $\vec{G}^{(m)}$ folgen, müssen für das folgende fundamentale Relationen erfüllt sein, nämlich:

$$\operatorname{Spur}\int\left(\frac{h}{i}R_k-\frac{e}{c}\phi_k R^0\right)dV \qquad \text{mit } \vec{E},\vec{H},\psi^*,\psi \text{ vertauschbar,}$$

und

$$\operatorname{Spur}\sum_k\int\alpha_k\left(\frac{h}{i}R_k-\frac{e}{c}\phi_k R^0\right)dV \qquad \text{mit } \vec{E},\vec{H},\psi^*,\psi \text{ vertauschbar,}$$

oder kurz

$$\boxed{\int R_k dV=\frac{ie}{hc}R^0\int\phi_k dV+c\text{-Zahl.}} \tag{III}$$

(Es braucht dagegen R_k selbst nicht mit ψ^* und ψ vertauschbar zu sein.)

Die bisherige Formulierung der Löchertheorie setzte

$$R_\nu=R^0_\nu+\frac{e}{c}\phi_\nu R^0, \tag{$*$}$$

was einer vom vorhandenen Feld unabhängigen Einteilung der Zustände entspricht. Bekanntlich widerspricht ($*$) der Eichinvarianz, da R_ν (und R^0_ν) eichinvariant sein müssen. Wir sehen aber, daß sich unsere Hamiltonfunktion von derjenigen der alten Formulierung der Löchertheorie um eine (unter Umständen unendlich große!) c-Zahl unterscheidet. Auch ist die gegenüber ($*$) abgeschwächte Forderung (III) mit der Eichinvarianz verträglich. Aus Gründen der relativistischen Invarianz werden wir (III) ergänzen durch

$$\int R_4 dV=\frac{e}{c}R^0\int\phi_4 dV+c\text{-Zahl,} \tag{III$'$}$$

wobei übrigens ϕ_4 eine c-Zahl *in unserem Sinne* (nämlich mit allen eichinvarianten Größen vertauschbar) ist. (Um $\partial\phi_4/\partial t$ kümmere ich mich nicht.)

§ 2. Ermittelung der Größen R_μ

Wir machen den Ansatz

$$R_\mu=R^0_\mu+\frac{ie}{hc}r_{\mu\nu}\alpha^\nu \tag{13}$$

mit

$$r_{\mu\nu}=r_{\nu\mu}. \tag{14}$$

Man sieht nämlich, daß eventuelle zu Produkten von drei Matrizen α_ν oder β proportionale Terme sowie der schiefsymmetrische Teil von $r_{\mu\nu}$ (welche Terme bei geeigneten Bedingungen für die Koeffizienten mit (4) vereinbar sein können) bei der Spurbildung in (I) bzw. (II) herausfallen, also von unserem Standpunkt aus in keiner physikalischen Anwendung vorkommen. Solche Terme können daher konsequenterweise nicht bestimmt werden.

Aus (4) und (4′) ergibt sich für die $r_{\mu\nu}$ die Bedingung

$$\sum_\mu r_{\mu\mu}=0. \tag{A}$$

Setzt man ferner die durch (3) definierte Größe

$$\frac{\partial f}{\partial \xi^\nu} = C^\nu = \tfrac{1}{4}\,\mathrm{Spur}\,(R^0 \alpha_\nu),$$

so nimmt (mit Rücksicht auf die Wellengleichung für ψ) (11) die Form an

$$\frac{\partial r_{\mu\nu}}{\partial x^\nu} = -F_{\mu\nu} C^\nu. \tag{B}$$

(Die Differentiation links kann bei festen ξ^ν vorgenommen werden; die C^ν fungieren also als Konstanten.)

Endlich nehmen die Bedingungen (III), (III′) die Form an

$$\left.\begin{aligned} &\int r_{k4}\, dV = C^4 \int \phi_k\, dV + c\text{-Zahl} \\ &\int (-r_{44})\, dV = \sum_{k=1}^{3} C_k \int \phi_k\, dV + c\text{-Zahl}. \end{aligned}\right\} (k=1,2,3) \tag{C}$$

Um nun die Gleichungen (B) zu lösen, führen wir Funktionen $H_{\mu\nu} = -H_{\nu\mu}$ ein, welche den Gleichungen

$$\Box H_{\mu\nu} = -F_{\mu\nu} \qquad \left(\Box \equiv \sum_{\nu=1}^{4} \frac{\partial^2}{\partial x_\nu^2}\right) \tag{15}$$

und

$$\frac{\partial H_{\mu\nu}}{\partial x^\lambda} + \frac{\partial H_{\lambda\mu}}{\partial x^\nu} + \frac{\partial H_{\nu\lambda}}{\partial x^\mu} = 0 \tag{16}$$

genügen. Man könnte setzen

$$H_{\mu\nu} = \int \frac{\{F_{\mu\nu}\}_{P'}}{4\pi r_{PP'}}\, dV_{P'}. \qquad \{\ \}\ \text{bedeutet Retardierung.}$$

W[ir] wollen uns aber die Möglichkeit offen lassen eine Lösung $H'_{\mu\nu}$ der homogenen Gleichung

$$\Box H'_{\mu\nu} = 0 \qquad \text{(und analog soll (16′) gelten)} \tag{15′}$$

hinzuzufügen (und zwar wegen der Vertauschungs-Relationen für die $H_{\mu\nu}$):

$$H_{\mu\nu} = \int \frac{\{F_{\mu\nu}\}_{P'}}{4\pi r_{PP'}}\, dV_{P'} + H'_{\mu\nu}. \tag{17}$$

(Die $H_{\mu\nu}$ sind die in Deinem Brief vorkommenden Größen.) Es genügt dann nach (11) die Größe $\partial H_{\mu\nu}/\partial x^\nu$ der Gleichung

$$\Box \frac{\partial H_{\mu\nu}}{\partial x^\nu} = -s_\mu \tag{18}$$

und aus (17) folgt

$$\frac{\partial H_{\mu\nu}}{\partial x^\nu} = \int \frac{\{s_\mu\}_{P'}}{4\pi r_{PP'}}\, dV_{P'} + \frac{\partial H'_{\mu\nu}}{\partial x^\nu}. \tag{18′}$$

Beachten wir noch (16), so sehen wir, daß $\partial H_{\mu\nu}/\partial x^\nu$ derselben Differentialgleichung genügt wie die Potentiale ϕ_μ und daß wir daher durch geeignete Wahl der $H'_{\mu\nu}$ erreichen können, daß

$$\boxed{\frac{\partial H_{\mu\nu}}{\partial x^\nu} = \phi_\mu + c\text{-Zahl.}} \tag{19}$$

(Beachte: linke Seite ist eichinvariant, rechte Seite nur wegen der additiven c-Zahl!)

Die Gleichung (19) wird dazu benützt werden um (III) bzw. (C) zu erfüllen. (*Ich möchte gerne Deine Ansicht darüber hören, ob eventuell die $H'_{\mu\nu}$ Null gesetzt werden können; es könnten ja aber auch Lichtfelder existieren mit $s_\mu = 0$ und $\phi_\mu \neq 0$.*)

Mittels dieser $H_{\mu\nu}$ können nun alle Forderungen für die $r_{\mu\nu}$ erfüllt werden durch den Ansatz

$$\boxed{r_{\mu\nu} = r_{\nu\mu} = \tfrac{1}{2} C^\lambda \left(\frac{\partial H_{\mu\lambda}}{\partial x^\nu} + \frac{\partial H_{\nu\lambda}}{\partial x^\mu} \right) + \tfrac{1}{2} \left(C^\nu \frac{\partial H_{\mu k}}{\partial x^k} + C^\mu \frac{\partial H_{\nu k}}{\partial x^k} \right).} \tag{20}$$

$\Big($Das Hinzufügen eines Termes proportional zu $\delta_{\mu\nu} C^\lambda \frac{\partial H_{\lambda k}}{\partial x^k}$ hat sich als überflüssig erwiesen.$\Big)$

Der *Beweis von (A)* ist trivial. *Beweis von (B):*

$$\frac{\partial r_{\mu\nu}}{\partial x^\nu} = \tfrac{1}{2} C^\lambda \Box H_{\mu\lambda} + \tfrac{1}{2} C^\lambda \frac{\partial}{\partial x^\mu} \frac{\partial H_{k\lambda}}{\partial x^k} + \tfrac{1}{2} C^\lambda \frac{\partial^2 H_{\mu k}}{\partial x^k \partial x^\lambda}.$$

Mit Rücksicht auf (16) ist

$$\frac{\partial^2 H_{\mu k}}{\partial x^k \partial x^\lambda} = \frac{\partial}{\partial x^k} \left(\frac{\partial H_{\mu\lambda}}{\partial x^k} + \frac{\partial H_{\lambda k}}{\partial x^\mu} \right) = \Box H_{\mu\lambda} - \frac{\partial}{\partial x^\mu} \frac{\partial H_{k\lambda}}{\partial x^k},$$

also in der Tat:

$$\frac{\partial r_{\mu\nu}}{\partial x^\nu} = C^\lambda \Box H_{\mu\lambda} = -C^\lambda F_{\mu\lambda}.$$

Beweis von (C): Wenn lateinische Indizes immer nur von 1 bis 3 laufen, findet man mit Benützung von (16) aus (20)

$$-r_{44} = \sum_{k=1}^{3} C^k \frac{\partial H_{k\nu}}{\partial x^\nu} - \sum_{i,k=1}^{3} C^k \frac{\partial H_{ki}}{\partial x^i} - C^4 \sum_i \frac{\partial H_{4i}}{\partial x^i}$$

$$r_{k4} = C^4 \frac{\partial H_{k\nu}}{\partial x^\nu} + \frac{\partial}{\partial x^i} [-\tfrac{1}{2} C^4 H_{ki} - \tfrac{1}{2} C^i H_{4k} + \tfrac{1}{2} \delta_{ik} C^l H_{4l} - \tfrac{1}{2} \delta_{ik} C^l H_{l4}].$$

Mit Rücksicht darauf, daß die Terme mit räumlichen Ableitungen bei der Volumintegration verschwinden, *erweist sich nun (C) als äquivalent mit* (19).

Was die fundamentalen Relationen (12) für R_μ (also für die $r_{\mu\nu}$) selbst betrifft, so brauchen sie meiner Meinung nach nicht extra verifiziert werden, sobald irgend ein Ausdruck der R_μ (bzw. $r_{\mu\nu}$) durch die Feldstärken (wie in (17)) explizite vorliegt, da sie dann trivialerweise aus denen für die $F_{\mu\nu}$ folgen. Es bleibt nur, die Relationen (12) für die $H'_{\mu\nu}$ zu postulieren, womit man aber nie in Konflikt mit (19) kommen kann.

Es ist hier die Frage ganz offen gelassen worden, inwieweit die Anwendung der vorliegenden Theorie auf spezielle Probleme zu Unendlichkeiten führen wird. Daher sind interessante Aufschlüsse durch Vergleich dieser Theorie mit der (mir noch nicht bekannten) Diracschen zu erwarten.

[344] Heisenberg an Pauli

Leipzig, 25. Januar 1934

Lieber Pauli!

Hab' vielen Dank für Deinen interessanten Brief. Obwohl ich glaube, daß Deine Rechnungen im Wesentlichen die Lösung des gestellten Problems enthalten, möchte ich noch einige Fragen stellen und Bedenken vorbringen. Das wichtigste betrifft die Vereinbarkeit Deiner Gleichung (19)

$$\frac{\partial H_{\mu\nu}}{\partial x_\nu} = \phi_\mu + c\text{-Zahl} \tag{19}$$

mit den Relationen (12)

$$\frac{\partial f}{\partial x_k} = -\frac{i}{\hbar}[\bar{G}_k, f]; \quad \frac{\partial f}{\partial t} = \frac{i}{\hbar}[\overline{H}, f]. \tag{12}$$

Aus der Eichinvarianz folgt, daß die c-Zahl der rechten Seite von (19) räumlich und zeitlich veränderlich sein muß oder jedenfalls sein kann. Wenn nun die Relationen (12) für $\partial H_{\mu\nu}/\partial x_\nu$ einerseits und ϕ_μ andererseits gelten, so folgt ein Widerspruch; denn für die c-Zahlen gelten ja die Gleichungen (12) trivialerweise *nicht*. Nun glaube ich aber, aus diesem Dilemma den Ausweg zu sehen: die Relationen (12) sollen ja nur für eichinvariante Größen richtig sein. Schon in der üblichen Theorie gelten ja die Gleichungen (12) nicht für die Potentiale (z.B. ist $[\phi_1, G_1]_- = 0$, obwohl $\partial\phi_1/\partial x_1 \neq 0$), ebenso nicht für die ψ

$$([\psi, G_1)_- = \partial\psi/\partial x + (e/c)\phi, \psi \text{ statt } \partial\psi/\partial x).$$

Daß speziell die Relationen $\dot{f} = \frac{i}{\hbar}[\overline{H}, f]_-$ in der gewöhnlichen Theorie gelten, liegt nur daran, daß $\Phi_4 = 0$ gesetzt wird, was eigentlich überflüssig ist. Denkt man an die Matrixdarstellung der Wellenfunktionen, die wir in Brüssel besprachen, so ist es auch klar, daß die Gleichungen (12) nur für die eichinvarianten Größen richtig zu sein brauchen, denn nur sie lassen eine Matrixdarstellung in jenem Sinne zu. Damit verschwindet der Widerspruch mit (19). Aber nun komme ich auf meinen alten Vorschlag zurück: Man nehme einfach an, daß für raumartige Vektoren $P \to P'$

$$\begin{aligned}\varphi_\rho^*(P)\varphi_\sigma(P') &+ \varphi_\sigma(P')\varphi_\rho^*(P)\\ &= \delta_{\rho\sigma}\delta(PP') - [\chi_\rho^*(P)\chi_\sigma(P') + \chi_\sigma(P')\chi_\rho^*(P)] = R_{\rho\sigma}(PP')\end{aligned} \tag{1}$$

mit allen Größen vertauschbar, d.h. eine c-Zahl sei.

Früher war unser Einwand gegen diese Annahme, daß ja die rechte Seite räumlich und zeitlich veränderlich sein könne, im Widerspruch zu (12). *Für* *die Größen $R_{\rho\sigma}(PP')$ gelten aber jetzt die Gleichungen* (12) *garnicht mehr, weil $R_{\rho\sigma}(PP')$ nicht eichinvariant ist.* Ich glaube auch, daß Deine Gleichung (19) praktisch mit (1) identisch ist. Ich sehe also jetzt keinen Grund mehr gegen die Annahme (1) und glaube auf Grund Deiner Rechnungen sogar, daß wir alle anderen Annahmen über R_μ u.s.w. durch diese Gleichung (1) ersetzen können.

25.1. Abends. Inzwischen hab' ich über diese Fragen noch genauer nachgedacht. Die Annahme (1), zusammen mit Deinen Gleichungen $\partial T_{\mu\nu}/\partial x_\nu$ und Gleichungen (12) ergibt leider doch einen Widerspruch. Wendet man [die] Gleichungen (12) auf die R_μ selbst an, so folgt etwas anderes als $\partial T_{\mu\nu}/\partial x_\nu = 0$, wie Du früher einmal festgestellt hast. *Daraus möchte ich aber die Konsequenz ziehen, die Annahme* (1) *beizubehalten und die differentielle Form der Erhaltungssätze aufzugeben.* Ich denke hierbei an eine frühere Arbeit über Energieschwankungen im Strahlungsfeld[a], bei denen sich herausstellte, daß das Schwankungsquadrat unendlich groß wird, wenn man ein Volumen mit scharfen Grenzen vorgibt. Physikalisch heißt das: Der bei Abgrenzung des Volumens nötige Eingriff stört das System umso mehr, je schärfer die Grenzen sind. Eben dieser Umstand gibt aber die nötige Freiheit von $\partial T_{\mu\nu}/\partial x_\nu = 0$. Denn die differentielle Form der Erhaltungssätze braucht nur so genau gelten, als man die Störung bei der Messung vernachlässigen kann. Wenn man die Energie und den Impuls in einem Volumen mit unscharfen Grenzen mißt, so müssen die Erhaltungssätze um so genauer gelten, je unschärfer die Grenzen des Volumens sind. Einer Verwaschung von Δr entspricht ein Energie- bzw. Impulsbetrag von $hc/\Delta r$ bzw. $h/\Delta r$.

Du siehst, ich möchte die ganze Theorie wesentlich einfacher haben und bin auf Deine Meinung gespannt. – Im Einzelnen sei noch bemerkt, daß die $H'_{\mu\nu}$ bei Deiner Formulierung wohl notwendig sind; ich sehe keinen Grund ein, sie wegzulassen.

Noch ein Wort zu der Fermischen Arbeit; die Einführung der Wechselwirkung mit der merkwürdigen Konstanten C ist wohl noch etwas unschön; aber wenn man doch eine charakteristische Länge $\hbar/Mc$ einführt[b], kann man auch eine Größe $C \approx (\hbar/Mc)^3 \cdot mc^2$ in die Gleichungen setzen. Das Fermische C ist etwas kleiner und so eingerichtet, daß die beobachteten Zerfallszeiten beim β-Zerfall herauskommen. (Dies beantwortet wohl Deine Frage; für den Übergang Proton → Neutron + Elektron⁺ + Neutrino ergäbe sich etwa die gleiche Zerfallszeit, wenn die Energiebilanz ähnlich ist.)

Was Du über die Spinoren schreibst, ist richtig, ich hatte hier geschlampt. Am Resultat ändert es aber nichts. Die Frage, was an Stelle von $\frac{\text{const.}}{r^5}$ bei $r < h/Mc$ tritt, ist übrigens rein mathematisch, im Prinzip ist alles in der Fermischen Wechselwirkung enthalten. – Übrigens könnte man gut $C\psi\chi\psi^*\chi$ setzen und Neutrinolöcher betrachten (statt $\psi^*\chi\psi^*\chi^*$). – Noch eine ästhetische Bemerkung zur Löchertheorie: man soll sie so schreiben, daß die Invarianz gegenüber der Transformation $+e \to -e$ deutlich zum Ausdruck kommt.

Herzliche Grüße Dein W. Heisenberg

a) Siehe [343], Anm. d. – b) Heisenberg bezieht sich hier auf die Vorstellung einer universellen Länge in seiner „Gitterwelt". Siehe hierzu den Kommentar zu [245].

[344a] Pauli an Joliot

Zürich, 26. Januar 1934

Lieber Herr Joliot!

Ich habe mit dem größten Interesse Ihre Note in den Comptes rendues vom 15. Januar gelesen, worin Sie feststellen, daß der wahre Ursprung der Positrons de transmutations eine neue Art von radioaktivem Zerfall des Folgeproduktes ist. Indem ich Ihnen und Madame Joliot-Curie zu diesem neuen Resultat gratuliere, möchte ich einige Fragen an Sie richten:

1) Vor einiger Zeit hatte ich mir überlegt, daß Ihre Deutung der Positronen bei B unmöglich stimmen kann, da die Erhaltung des Spins nicht zugleich in beiden Gleichungen

$$B^5_{10}+\alpha=C^6_{13}+\pi \tag{1}$$

und

$$B^5_{10}+\alpha=C^6_{13}+n+\varepsilon^+ \tag{2}$$

erfüllt sein kann. Es hat ja π den Spin 1/2, aber n sowohl wie ε^+ beide ebenfalls Spin 1/2, also $n+\varepsilon^+$ zusammen Spin 1 oder 0. Die Gleichung (2) muß also unrichtig sein. – Man darf *nie* in einer richtigen Gleichung π durch $n+\varepsilon^+$ einfach ersetzen. Das Neutron kann nun bei einem der Prozesse

$$B^5_{10}+\alpha=N^7_{13}+n$$

oder

$$B^5_{11}+\alpha=N^7_{14}+n$$

entstehen. – *Ist es jetzt auch Ihre Meinung, daß das Positron im Falle des B analog zum Positron im Fall des Al durch einen radioaktiven Zerfall, also hier wohl des* N^7_{13} *(?) entsteht?* – Dies ist wohl aus theoretischen Gründen wahrscheinlich. – Aber dann müssen Sie unbedingt zugeben, daß Ihre Argumente für einen anderen Wert der Neutron-Masse als den Chadwickschen jetzt hinfällig geworden sind. *(Est-ce que vous-êtes d'accord avec moi sur ce point?)*

Je viens maintenant à une autre question. Au point de vue de la théorie il est nécessaire d'expecter que le spectre de l'énergie des positrons radioactives serait continu comme c'est le cas chez les électrons β (aussi M.F. Perrin est venu à la même conclusion en Bruxelles). Il serait très important de savoir si votre experiments sont d'accord avec cette conclusion théorique. Pouvez-vous déjà dire quelque chose sur cette question?

Ich selbst bin überdies der Meinung, daß ebenso wie beim β-Zerfall auch bei der Positron-Radioaktivität ein (bis jetzt experimentell nicht beobachtbares) Neutrino mit Spin 1/2 entstehen muß. Ich möchte auch gerne Fermis und F. Perrins Argumente für den Wert 0 der Ruhmasse des Neutrinos akzeptieren. Wahrscheinlich ist L. de Broglies interessanter Gesichtspunkt, daß ein Lichtquant aus einem Neutrino und einem „Antineutrino" besteht, wahr. Ich halte *sehr viel* von seiner Note in Nr. 2 der Comptes rendues.

Entschuldigen Sie bitte, daß ich deutsch schreibe, ich kann mich da doch präziser ausdrücken.

Mit vielen Grüßen an Sie und Ihre Frau Ihr W. Pauli

[345] Pauli an Heisenberg

[Zürich], 27. Januar [1934]

Lieber Heisenberg!
Dein Brief vom 25. veranlaßt mich, eine wesentliche ergänzende Bemerkung zu meinen Rechnungen zu machen. Ich habe nämlich gesehen, daß die Gleichung

$$\frac{\partial H_{\mu\nu}}{\partial x^\nu} = \phi_\mu + c\text{-Zahl}$$

in dieser Form gar nicht nötig ist. Gehst Du nochmals meine Beweise durch, so wirst Du sehen, daß nur folgendes benützt wird

$$\int \sum_{\nu=1}^{4} \frac{\partial H_{i\nu}}{\partial x^\nu} dV = \int \phi_i dV + c\text{-Zahl},$$

also

$$\frac{\partial H_{i\nu}}{\partial x^\nu} = \phi_i + \sum_k \frac{\partial}{\partial x^k}(\ldots);$$

ferner wird für $\partial H_{4k}/\partial x^k$ gar keine Vertauschungs-Relation benützt. Es genügt also

$$\frac{\partial H_{\mu\nu}}{\partial x^\nu} = \phi_\mu + \frac{\partial f}{\partial x^\mu}(+c\text{-Zahl}), \tag{19'}$$

worin f irgend eine q-Zahl ist, die im räumlich Unendlichen verschwindet.

Aber diese abgeschwächte Relation (19′) ist bereits eine Folge der übrigen Annahmen, nämlich

$$\Box H_{\mu\nu} = -F_{\mu\nu}$$

und

$$\frac{\partial H_{\mu\nu}}{\partial x^\lambda} + \frac{\partial H_{\lambda\mu}}{\partial x^\nu} + \frac{\partial H_{\nu\lambda}}{\partial x^\mu} = 0.$$

Bezeichne ich nämlich $\partial H_{\mu\nu}/\partial x^\nu$ für den Augenblick mit χ_μ, so folgt aus diesen Gleichungen $\frac{\partial \chi_\mu}{\partial x^\nu} - \frac{\partial \chi_\nu}{\partial x^\mu} = F_{\mu\nu}$, also in der Tat (19′). *Es braucht also* (19) *gar nicht extra postuliert zu werden* und überdies verschwindet dann Dein Einwand betreffend der ϕ_ν.

Zum Überfluß habe ich jetzt auch das Ganze in der Fermischen Form der Quantenelektrodynamik geschrieben[a], wo

$$\sum_\nu \frac{\partial \phi_\nu}{\partial x^\nu} = 0 \qquad (\text{und } \operatorname{div} \vec{E} = 4\pi s_0)$$

als Nebenbedingung hinzugenommen wird und w[o] die Gleichungen (12):

$$\frac{\partial f}{\partial x^k} = -\frac{i}{h}[\bar{G}_k, f], \quad \frac{\partial f}{\partial t} = \frac{i}{h}[\bar{H}, f]$$

dann auch für die nicht-eichinvarianten Größen ψ, ψ^*, ϕ_ν gelten. Ich habe mich davon überzeugt, daß diese Relationen dann auch für *alle* Größen in der vorgeschlagenen Form der Löchertheorie bestehen bleiben.

Deine Annahme (1) scheint mir hauptsächlich der Eich-Invarianz zu widersprechen, ich glaube also, daß sie nicht angenommen werden kann. Überdies möchte ich die Differentialform der Erhaltungssätze schon wegen der Drehimpulsintegrale und aus Invarianzgründen gerne haben.

Glaube ich also einerseits endgültig bewiesen zu haben, daß die vorgeschlagene Formulierung der Löchertheorie widerspruchsfrei ist, so ist andererseits *gar nicht* bewiesen, daß sie auch die *einzig mögliche* ist. – Und ich glaube sogar „wir müssen darauf vorbereitet sein“[b], daß sie noch verallgemeinert werden muß. – Eine vorläufige (etwas schlampige allerdings) Überlegung führte mich nämlich zur Folgerung, daß aus der vorgeschlagenen Form der Löchertheorie wieder dieselbe unendliche elektrische Polarisation des Vakuums folgen wird, die Dirac im Solvaybericht ausgerechnet hat[c]. Es liegt dies daran, daß ich für die in den Stromausdruck eingehenden Größen

$$(P|R_{\rho\sigma}|P) \quad \text{(also für } P'=P)$$

angenommen habe, sie seien dieselben R^0 wie im kräftefreien Fall. Eine solche Annahme ist vielleicht nicht *notwendig*, um [den] Energie-Impulssatz zu erfüllen. Eine eventuelle weitere Verallgemeinerung des Ansatzes (zwecks Fortschaffens bzw. Endlichmachens der Polarisation des Vakuums) würde allerdings eine weitere Komplikation der Formeln hervorrufen. – Ich hoffe, daß hier Diracs Arbeit (die ich immer noch nicht habe!) Klarheit bringen wird.

Was denkst Du über de Broglies Neutrino-Arbeit, von der ich Dir auf einer Karte schrieb? Du solltest wieder über Neutrino und Quantenelektrodynamik (Selbstenergie) nachdenken. Im letzten Comptes rendus ist eine wunderschöne Arbeit von Curie-Joliot, warin radioaktive Zerfalls-Umwandlungen unter Emission von *Positronen* mit *scharf definierten Lebensdauern* (Größenordnung 15 Minuten) experimentell nachgewiesen werden[d]! Ich habe ihm sofort geschrieben, er soll nachsehen, ob die Positronen ein kontinuierliches Energiespektrum haben, das muß ja so sein.

Also hoffentlich stimmst Du mir jetzt zu und ich höre bald etwas von Dirac.

Herzlichst

Dein W. Pauli

a) Vgl. E. Fermi: Quantum Theory of Radiation. Rev. Mod. Phys. **4**, 87–132 (1932). – b) Es handelt sich hier um die Imitation einer häufigen Redewendung Bohrs. – c) Vgl. P.A.M. Dirac: Théorie du positron. In Structure et Propriétés des Noyaux Atomiques. Rapports et Discussions du septième Conseil de Physique. Paris 1934. Dort S. 203–212. – d) I. Curie und F. Joliot: Un nouveau type de radioactivité. Comptes Rendus Acad. Sci. **198**, 254–256 (1934). Vorgelegt in der Sitzung vom 15. Januar 1934.

[346] Pauli an Heisenberg

[Zürich], 27. Januar [1934]
[Postkarte]

Lieber Heisenberg!

Noch ein Nachtrag zu meinem Brief: Ich glaube jetzt, daß in unserer Kontroverse von zwei Standpunkten mathematisch-logisch *beide* möglich sind:

1) Die Gleichungen (12) gelten für *alle* physikalischen Größen, bei der Fermischen Quantenelektrodynamik auch für die nicht-eichinvarianten, also für $\psi, \psi^*, \phi_\mu, R_\mu$. Ferner gilt die Differentialform von Energie-Impulssatz. Es gilt aber *nicht:* $P|R_{\rho\sigma}|P' = c$-Zahl.

2) Die Differentialform von Energie-Impuls gilt *nicht*, ferner gilt (12) nicht für R_μ. Man kann aber $P|R_{\rho\sigma}|P' = c$-Zahl setzen. – Letzteres beruht darauf, daß auch beim Standpunkt 1) die *Volumintegrale* $\overline{H}$ und $\overline{G}_k$ dieselben Werte annehmen, wie wenn man

$$P|R_{\rho\sigma}|P' = P|R^0_{\rho\sigma}|P'$$

und

$$R_\mu = (P \to P')\left(\frac{\partial}{\partial x^\mu} + \frac{ie}{hc}\,\phi_\mu\right)(P|R^0|P')$$

setzen würde. (Bei Eichtransformationen der ϕ_k, $k = 1, 2, 3$, ändert sich nämlich $C^\lambda \int \phi_k dV$ nicht.)

Die Drehimpulssätze muß man allerdings vom Standpunkt 2 noch extra beweisen. – Ich neige gefühlsmäßig mehr zum Standp[un]kt 1, aber das ist Geschmacksache und nicht beweisbar.

Herzlichst Dein W. Pauli

Ich habe übrigens immer noch Angst vor Unendlichkeiten bei lim-Bildungen.

[347] Heisenberg an Pauli

Leipzig, 27. Januar [1934]

Lieber Pauli!

Was ich Dir vorgestern schrieb, war alles Unsinn. Die Annahme, daß $R_{\rho\sigma}(PP')$ ein c-Zahl sei, widerspricht der Eichinvarianz, sie ist nicht mit der Gleichung $\operatorname{div}\mathfrak{E} = 4\pi\rho$ verträglich. Trotzdem glaube ich im Augenblick, daß Dein bisheriges Schema noch unnötig kompliziert ist – es muß möglich sein, die Vertauschungs-Relationen der Größe $R_{\rho\sigma}(PP')$ allgemein anzugeben und damit alles festzulegen. Im Augenblick versuche ich folgende Annahme: $R_{\rho\sigma}(PP')$ sei mit $\psi, \mathfrak{E}, \phi_k$ vertauschbar, jedoch gelte:

$$\begin{aligned}&[R_{\rho\sigma}(PP')R_{\tau\nu}(P''P''')]_- \\ &\quad = \delta(PP''')\delta_{\rho\nu}\cdot R_{\tau\sigma}(P''P') - \delta(P'P'')\delta_{\tau\sigma}R_{\rho\nu}(PP''').\end{aligned}$$

Diese Annahme scheint mit $\operatorname{div}\mathfrak{E} = 4\pi\rho$ (und der Forderung, daß $R_{\rho\sigma}(PP')e^{\frac{ei}{c\hbar}\int_P^{P'} \phi_k dx_k}$ eichinvariant sein solle), verträglich. Auch werden durch diese Vertauschungs-Relationen, so scheint mir, die Erhaltungssätze nicht gestört.

Ehe ich ausführlich darüber schreibe, möchte ich mir die Konsequenzen genauer überlegen. Heute wollte ich nur meinen Fehler von vorgestern korrigieren.

Viele Grüße! Dein W. Heisenberg

Die schon am Ende von Paulis Brief [345] erwähnten Experimente von Irène Curie und Frédéric Joliot zeigten, daß beim Bombardieren von Aluminium mit α-Strahlen Positronen ausgelöst werden, die offenbar von einer Umwandlung des Atomkerns herrührten. Wie sich im weiteren Verlauf der Untersuchungen zeigte, handelte es sich um eine künstliche Anregung radioaktiver Prozesse: Der Aluminiumkern fängt ein α-Teilchen ein und emittiert ein Neutron. Der zurückbleibende Phosphorkern ist instabil und zerfällt in einen Siliziumkern unter Abgabe eines Positrons.

Schon während des Solvaykongresses in Brüssel war man offenbar aufgrund theoretischer Überlegungen zu der Auffassung gelangt, daß dem Zerfall eines Neutrons in ein Proton, Elektron und Neutrino auch der umgekehrte Prozeß der Umwandlung eines Protons in ein Neutron unter Emission eines Positrons und eines Neutrinos entsprechen müßte. Dieser Umwandlungsprozeß schien nun bei der Erzeugung der künstlichen Radioaktivität gegeben. Für Heisenberg war das „neues Wasser auf die Neutrino-Mühle, die jetzt schon ganz lustig klappert" [348].

Nur Bohr stand den Neutrinos weiterhin ablehnend gegenüber. In seinem letzten Solvay-Bericht hatte er nochmals auf einen möglichen Zusammenhang des β-Zerfalls mit den Gravitationswirkungen hingewiesen, weil mit der Ungültigkeit des Energiesatzes beim β-Zerfall auch eine Änderung der trägen Masse des Systems einhergehen müßte.[1] Heisenberg wendete dagegen ein, daß ein neu hinzukommendes Gravitationsfeld ebenfalls „gequantelt" sei. Dann aber bestehe es ebenso aus Korpuskeln wie das Licht aus Lichtquanten. In einem Schreiben an Bohr vom 12. März begründete er seine neue Haltung zur Neutrinofrage etwas näher: „Die Neutrinos werden also vielleicht nur den Realitätsgrad der Lichtquanten besitzen, aber das reicht doch hin, um mit ihnen eine Beschreibung im Sinne der Erhaltungssätze durchzuführen. – Vielleicht empfindest Du meine neuentstandene Liebe zu den Neutrinos als eine seelische Verirrung, aber ich muß gestehen, daß mich insbesondere das Experiment von Joliot sehr in dieser Liebe bestärkt hat."

Schließlich kapitulierte auch Bohr. Anläßlich seines Glückwunsches zu Paulis bevorstehender Heirat eröffnete er ihm, er sei „völlig darauf vorbereitet, daß wir hier einen wirklich neuen atomaren Sachverhalt vor uns haben, der mit der realen Existenz des Neutrinos gleichbedeutend sein könnte" [366].

[1] Vgl. Niels Bohrs Diskussionsbeitrag Sur la méthode des correspondences dans la théorie de l'électron im Anschluß an den Vortrag von Dirac. Enthalten in Rapports et Discussions du septième Conseil de Physique. Paris 1934. Dort S. 216–228.

[348] Heisenberg an Pauli

Leipzig, 29. Januar [1934]

Lieber Pauli!

Vielen Dank für Deinen Brief und die Karte. Je mehr ich über die Löchertheorie nachdenke, desto unklarer wird mir alles. Ich stimme Dir jetzt ganz darin bei, daß Dein bisheriges Schema logisch widerspruchsfrei ist. Aber erstens empfinde ich es als recht kompliziert, zweitens sieht es garnicht zwangläufig aus. Auch gegenüber der Diracschen Fassung, die ich ja noch nicht genau kenne, hab' ich das Gefühl, sie sei teilweise willkürlich. An unserer Fassung scheint mir Folgendes unbewiesen und äußerst fraglich:

1. Werden die Erwartungswerte der Ladungsdichte, der Energiedichte, etc. überhaupt endlich? (Der Vergleich mit Diracs Fassung läßt mich das Gegenteil vermuten.)

2. Werden die Erwartungswerte der Energiedichte nicht gelegentlich negativ werden? Also inwiefern ist unsere bisherige Theorie eine „Löchertheorie", die dafür sorgen soll, daß die Energie stets positiv ist? – Wenn man nur wünscht, daß die Differentialform vom Energie- und Impulssatz richtig bleibt und außerdem die Maxwellgleichungen gelten, so kann man das nämlich noch billiger haben, als mit unserer bisherigen Theorie. Man setze z.B. ohne Einführung irgendwelcher ψ-Funktionen:

$$\bar{H}=\int dV\{\alpha^k_{\rho\sigma}R^k_{\rho\sigma}+\beta_{\rho\sigma}R_{\rho\sigma}+\tfrac{1}{2}(\mathfrak{E}^2+\mathfrak{H}^2)\}$$

etc., wobei ferner die Vertauschungs-Relationen gelten sollen:

$$[R_{\rho\sigma}(PP')R_{\tau\nu}(P''P''')]_- \\ =R_{\rho\nu}(PP''')\delta_{\tau\sigma}\delta(P'P'')-R_{\tau\sigma}(P''P')\delta_{\rho\nu}\delta(PP''').$$

Auch diese Theorie hat alle gewünschten Eigenschaften: sie ist invariant gegen eine Vorzeichenänderung in e (bei der Transformation $e\to -e$, $R_{\rho\sigma}(PP')\to -S_{\sigma\rho}(P'P)$ geht sie in sich über) und ist wesentlich einfacher, als die bisherige.

Alles in allem: eine Theorie, bei der die Erhaltungssätze gelten, haben wir bisher schließlich auch schon gehabt. Aber alle die Züge, die die neue Theorie von der früheren unterscheiden sollten, sind zum mindesten bisher unbewiesen.

Die Arbeiten von de Broglie und Joliot-Curie hab ich leider noch nicht gesehen, da die Comptes Rendus bei uns fehlen. Ich werd' sie aber in den nächsten Tagen bekommen. Daß Zerfälle mit Positronen vorkommen, ist natürlich genau, was wir schon in Brüssel wollten – und damit neues Wasser auf die Neutrino-Mühle, die jetzt schon ganz lustig klappert. Ich hab' mich in den letzten Tagen auch mit den Neutrinos ordentlich geplagt, aber so ganz einfach geht es nicht.

Schreib' bald, damit Du meinem Löchertheoriepessimismus aufhilfst!

Viele Grüße! Dein W. Heisenberg

[349] Pauli an Heisenberg

Zürich, 30. Januar 1934

Lieber Heisenberg!

Ich muß den Pessimismus Deines Jammerbriefes vom 29. teilweise als berechtigt anerkennen, möchte aber alles auf die Frage schieben, wie weit das Problem der Selbstenergie von dem der Löchertheorie getrennt werden kann. Denn erstere gibt ja schon in der bisherigen Theorie zu unendlichen, überdies negativen Energien (negativ bei Waller, da 2. Näherung) Anlaß. Natürlich wäre es am meisten befriedigend, könnte man ganz unabhängig von irgend einer Löcher-Vorstellung eine Theorie aufstellen, bei der

I) Die Ladungsdichte endlich

II) Energie-Impulsdichte endlich und erstere positiv ist.

Das kann sicher erst bei Fixierung von e^2/hc eventuell mit wesentlicher Heranziehung der Neutrinos erreicht werden.

Läßt man die Selbstenergie-Frage offen, so muß man sich eben mit einem bescheideneren Programm begnügen und immer die Wechselwirkungsenergie zwischen Strahlung und Materie als kleine Störung betrachten und nach e entwickeln.

Dabei ist hinsichtlich II) nur die Forderung zu stellen, daß ausgehend von dem *als bekannt vorauszusetzenden kräftefreien Zustand* der Löchertheorie gewisse Matrixelemente, die in der alten Theorie zu Übergängen zu Zust[änden] negativer Energie Anlaß geben, nun uminterpretiert werden in Paar-Erzeugung, wo die Energie positiv bleibt.

Das Äußerste, was man hoffen kann, ist, daß die Forderung I) sich nach Dirac noch eben erfüllen lassen wird. Es ist aber eben zweifelhaft, ob man darauf so großen Wert legen soll, solange doch die Selbstenergie unendlich wird. – Dieses kann man durchaus gegen das Diracsche Programm der „Trennung der Schwierigkeiten" einwenden und überdies wird ja bekanntlich der theoretische Wert der Paar-Erzeugungs-Häufigkeit bei γ-Protonen mit $E \gg mc^2$ sowieso falsch (nämlich zu groß).

Ich glaube also eigentlich, daß bei willkürlich bleibendem Wert von e^2/hc die „Löchertheorie" sich tatsächlich nicht *eindeutig* formulieren läßt und daß daher es zweifelhaft bleibt, inwieweit die von uns oder die von Dirac erreichten Formulierungen „wahr" sind.

Mein Bestreben in meinen Rechnungen war dieses: Für $e=0$ soll man von der *vorliegenden* Formulierung der Löchertheorie als feststehend ausgehen und dann noch die in e linearen Terme halbwegs vernünftig machen. Denn eine formale Abänderung des kräftefreien Falles (wie sie die $R_{\rho\sigma}$-Formulierung ohne ψ Deines Briefes darstellt) kann zu nichts führen, solange e^2/hc nicht fixiert ist.

Zur Neutrinofrage: Wie soll man elektro- und magneto*statische* Felder durch Produkt von 2 Spinorfeldern darstellen? De Broglie zeigt nur, wie es für Lichtfelder geht.

Viele herzliche Grüße

Dein W. Pauli

[349a] Pauli an Joliot

Zürich, 1. Februar 1934

Cher Monsieur Joliot!

J'ai bien reçu votre très aimable et très interessante lettre et je n'ai plus une objection théorique. – Il faut que j'admet que votre masse pour le neutron soit correcte, *si votre détermination de l'énergie maximum des positrons de transformation est exacte* (cela veut dire, si il n'existe pas des positrons avec une plus grande énergie, que vous avez mesuré, et qui sont échappés à vous à cause de leur petit nombre). C'est un point purement expérimental.

Il est bien *possible* aussi que la réaction

$${}^{11}_{5}\mathrm{B} + {}^{4}_{2}\mathrm{He} = {}^{14}_{7}\mathrm{N} + {}^{1}_{0}n$$

assumé de Chadwick ne marche pas dans la nature.

Si votre masse du neutron 1,012 ($^{16}_{8}$O$=16$) est correcte, en autre côté il est difficile de comprendre, pourquoi le neutron, il-même, est stable, cela veut dire, pourquoi la réaction

$$\underset{\rightarrow}{{}^{1}_{0}n} = \underset{\rightarrow}{{}^{1}_{1}\mathrm{H}} + \underset{\rightarrow}{{}_{-1}\varepsilon} + \underset{\rightarrow}{n} \qquad (?)$$

ne marche pas avec une très grande velocité.

Il me serait très interessante de savoir votre opinion sur le dernier point.

Veuillez agréer, cher Monsieur Joliot, l'expression de ma grande admiration et sympathie et aussi mes hommages pour Madame Joliot. W. Pauli

Ein grundsätzliches Problem der Quantenelektrodynamik war die Frage, ob die bisherigen Theorien überhaupt in der Lage sind, über die Grenzen einer konsequenten Anwendung des Korrespondenzprinzips auf die Maxwellsche Theorie hinauszugehen. Die korrespondenzmäßige Theorie erhielt man aber, indem man lediglich die in der klassischen Beschreibung verwendeten Begriffe von Ladung und Feldstärke durch ihre quantentheoretischen Entsprechungen ersetzte, also die durch die Wellennatur verursachten Bewegungszustände des Elektrons und die durch die Quantenstruktur des Strahlungsfeldes bedingten Eigenschaften des Strahlungsfeldes berücksichtigte. Wie Heisenberg sich die Lösung im einzelnen dachte, beschrieb er in dem folgenden Brief [350].

[350] Heisenberg an Pauli

Leipzig, 5. Februar 1934

Lieber Pauli!

Da ich trotz Deines guten Zuspruchs immer noch nicht mit der Löchertheorie zufrieden bin, hab' ich weiter über ihre Vereinfachung nachgedacht und schicke Dir hiermit das Resultat dieser Versuche.

Nach Deinem Brief und Deinen Rechnungen ist notwendig und hinreichend für eine vernünftige Erfüllung des von Dir zu Grunde gelegten Programms[a], daß

$$\int R_k dV = \frac{ie}{hc} R^0 \int \phi_k dV + c\text{-Zahl} \qquad (k=1,2,3). \tag{III}$$

Nun setze ich, einfacher als Du es vorschlägst,

und fordere

$$\left.\begin{aligned} R_\mu &= R^0_\mu + \frac{ie}{hc} R_0 f_\mu \\ \frac{\partial f_\mu}{\partial x_\nu} &- \frac{\partial f_\nu}{\partial x_\mu} = F_{\mu\nu}. \end{aligned}\right\} \tag{1}$$

Dann sind die f_μ genau so gut eichinvariant, wie Deine $H_{\mu\nu}$ - sie sind nämlich durch die $F_{\mu\nu}$ bestimmt, wenn auch nicht eindeutig. Gleichung (III) folgt sofort aus (1), und der Grund ist höchst trivial. *Es ist zwar nicht ϕ_k, wohl aber $\int \phi_k dV$ eichinvariant.* Die Moral von der Geschichte ist die: da in der Hamiltonfunktion nur $\int R_k dV$ vorkommt, kann man in ihr für die f_k einfach die ϕ_k setzen, und damit fällt die Katz wieder auf die alten Füße, auf denen sie vor einem Jahr schon stand: Die alte Hamiltonfunktion, die Du und Peierls schon benützt haben und die ich Dir auch einmal schrieb, ist immer noch richtig – *wenigstens ist sie eichinvariant*. Ich glaube also, wir können die alte Theorie mit dem gleichen Recht benützen wie die neue.

Nun möchte ich noch auf die Frage der Selbstenergie und die in Brüssel besprochenen Probleme eingehen. Die Selbstenergie rührt in der bisherigen Theorie davon her, daß die unendliche Anzahl der Freiheitsgrade des Systems durch die im Prinzip unendlich vielen virtuell möglichen Übergänge zu anderen Zuständen auf divergente Summen für diese Energie führt. Man könnte also daran denken, in Zukunft nur Theorien mit endlich vielen Freiheitsgraden zuzulassen. Dies ist aber bei genauem Zusehen unmöglich. Es liegt im Wesen des physikalischen Sachverhalts, daß die zukünftige Theorie ein System mit unendl[ich] vielen Freiheitsgraden behandeln muß, da nach den Experimenten im Prinzip aus zwei Teilchen beliebig viele andere entstehen können. Wenn man zum Beispiel in einen abgeschlossenen Kasten ein positives und ein negatives Elektron bringt, so sind wir überzeugt, daß nach einiger Zeit in dem Kasten eine Plancksche Strahlungsverteilung bestehen wird, deren Temperatur durch die Anfangsenergie des Paares gegeben ist. – Obwohl ich also an Systeme mit endlich vielen Freiheitsgraden nicht mehr glaube – im Gegenteil die Quantentheorie des Wellenfeldes für den einzig möglichen Weg des Fortschritts halte – scheint mir der Trick von Klein und Jordan die einzig vernüftige Methode, die Selbstenergie loszuwerden[b]. Es entspricht genau dem experimentellen Sachverhalt: Gegeben sind einzelne Partikel (das sind sozusagen die Bausteine des ganzen Geschehens) und gefragt wird, was geschieht, wenn mehrere solche Teilchen zusammenwirken. Eine Theorie ist nur dann vernünftig, wenn die Existenz einer einzigen Partikel (*ohne* äußere Kräfte!!) die *triviale* Lösung der Theorie darstellt. Eben das wird durch den Trick von Klein-Jordan erreicht, da Wechselwirkungen der Form $\psi^* \chi^* \dots \chi \psi$ immer erst wirksam werden, wenn zwei Teilchen gleichzeitig vorhanden sind. Dabei ist es *nicht* wichtig, daß ebenso viele Größen ψ^* wie ψ vorhanden sind. Z.B. erfüllen Glieder der Form $\Phi^* \psi^* \chi^* \chi \psi + \psi^* \chi^* \chi \psi \Phi$ die Bedingung auch. Aus diesem letzteren Grund glaube ich auch nicht mehr, daß die Einführung der Neutrinos die notwendige Voraussetzung für die Lösung der Selbstenergiefrage ist. In einer zukünftigen Theorie dürfte es viel eher eine Geschmacksfrage sein, ob man das Lichtquant als Elementarteilchen oder als aus zwei Neutrinos zusammengesetzt auffaßt. – Wenn durch den Klein-Jordantrick die Selbstenergie beseitigt ist, so sehe ich keinen Grund, warum das entstehende theoretische Schema falsch sein sollte: Es scheint mir vernünftig anzunehmen, daß eine richtige Wellengleichung etwa so ausschaut:

$$H\psi = \{\sum E_k a_k^* a_k + \sum h\nu_\sigma b_\sigma^* b_\sigma + \sum f_{k\sigma lmn} b_k^* a_\sigma^* a_l^* a_m a_n + \sum f_{k\sigma lmn}^* a_n^* a_m^* a_l a_\sigma b_k\}\psi, \tag{2}$$

wobei $a_k^* = N_k \Delta_k$ u.s.w.

Die Größen $f_{k\sigma lmn}$ hängen in einfacher Weise mit den Stoßquerschnitten zusammen, sind also sozusagen „beobachtbare Größen", eine Gleichung vom

Typus (2) hat also nichts unnatürliches. Nun ist die Frage: kann man zu einer Gleichung vom Typus (2) kommen, ohne die Korrespondenz zur bisherigen Theorie ganz zu verlieren? Ich möchte da zunächst einen Vorschlag machen, den ich aber noch nicht in alle Einzelheiten verfolgt habe. Man betrachte an Stelle der Gleichungen

$$(H-E)\psi=0; \quad (G_k-I_k)\psi=0 \tag{3}$$

die Wellengleichung:

$$(H^2-\sum_k G_k^2-\text{const.})\psi=0. \tag{4}$$

Die Bedenken, die Dirac gegen eine quadratische Wellengleichung vorbringt, sind glaube ich, nicht stichhaltig, wenn äußere Felder fehlen, *was hier ausdrücklich angenommen wird.* In der so entstehenden Wellengleichung kann man leicht durch Umstellung von Faktoren erreichen, daß die Gleichung (4) die Form der Gleichung (2) bekommt, d.h. daß die Existenz eines einzigen Elektrons oder Lichtquants die triviale Lösung darstellt. Solange man von der Frage der Löcher absieht, scheint es mir sicher, daß man in dieser Weise eine korrespondenzmäßig richtige Theorie ohne Selbstenergie erhält. Ob sie vernünftig ist und wie sich die Löcherfrage in ihr ausdrücken läßt, muß sich noch herausstellen.

Es würde mich interessieren, Deine Meinung über die hier ausgesprochenen Grundsätze im allgemeinen und über die Gleichung (4) im besonderen zu hören.

Mit vielen Grüßen Dein W. Heisenberg

a) Vgl. den Anhang zu Paulis Brief [343]. – b) Siehe hierzu Anm. a) von [342].

Endlich war das langersehnte Manuskript zur Löchertheorie von Dirac eingetroffen. Die Kompliziertheit der darin verwendeten Mathematik schreckte Pauli ab, und er war „einer leisen Ohnmacht nahe", wie er Heisenberg gestand [351], [352]. Gewohnheitsmäßig faßte er den wesentlichen Inhalt für Heisenberg in einem Brief zusammen. Physikalisch überzeugte ihn Diracs Theorie nicht, und er überlegte, ob es sich überhaupt lohne, sich weiter damit zu befassen [351]. In dem zweiten Teil des Schreibens werden einige in Heisenbergs letztem Brief aufgeworfene Fragen zum Selbstenergieproblem beantwortet und de Broglies Neutrinotheorie des Lichtes wohlwollend erörtert.

Am Ende des Briefes hören wir abermals von Versuchen, die Neutrinos als Gravitationsquanten aufzufassen.[1] Offenbar war auch Fermi durch Bohrs Ideen beeinflußt, obwohl darüber bisher nichts bekannt ist.

[1] Siehe hierzu den Kommentar zu [348].

[351] Pauli an Heisenberg

Zürich, 6. Februar 1934

Lieber Heisenberg!

Vielen Dank für Deinen Brief vom 5.2. – Was Du über meine Formulierung der Löchertheorie sagst und über die Möglichkeit, sie zu vereinfachen, ist ja nicht neu. Es ist der Standpunkt 2) meiner früheren Karte, bei dem auf den Energiesatz in *Differentialform* verzichtet wird[a]. Tut man dies, so sind meine Rechnungen natürlich völlig überflüssig und sollen sicher durch den ersten Teil Deines letzten Briefes ersetzt werden. Fordert man aber mit

$$T_{\mu\nu}=\frac{hc}{i}\operatorname{Re}\operatorname{Spur}\tfrac{1}{2}(\alpha_\mu R_\nu+\alpha_\nu R_\mu),\qquad \frac{\partial T_{\mu\nu}}{\partial x^\nu}=eF_{\mu\nu}\operatorname{Spur}(\alpha^\nu R^0),$$

so ist nach Deinem Ansatz

$$T_{\mu\nu}=e(C_\mu f_\nu+f_\mu C_\nu),\qquad [C^\nu\equiv\operatorname{Spur}(\alpha^\nu R^0)]$$

$$\frac{\partial T_{\mu\nu}}{\partial x^\nu}=e\left(C_\mu\frac{\partial f_\nu}{\partial x^\nu}+\frac{\partial f_\mu}{\partial x^\nu}C_\nu\right)\neq eF_{\mu\nu}C^\nu.$$

Verlangt man also die Differentialform von Energie-Impulssatz, so ist meine Rechnung *doch* nötig.

Andrerseits sind mir doch Deine früheren Bedenken über die Löchertheorie sehr zu Herzen gegangen. Ich meine die Forderung in Deinem Brief vom 29., man solle der Theorie unmittelbar ansehen, daß 1. Ladungsdichte und Energiedichte etc. stets endliche und daß 2. die Energiedichte stets *positive* Erwartungswerte hat. – Aber beides kann man nicht direkt einsehen. Deshalb bin ich momentan auch nicht sehr glücklich über die Löchertheorie.

Dieses Gefühl des Umbehagens wurde gewaltig gesteigert, als ich gestern Diracs Manuskript seiner lange erwarteten Arbeit bekam (bei der wenigstens die Forderung 1. erfüllt ist, solange die Wechselwirkung der Elektronen vernachlässigt wird und jedes sich in einem äußeren Potentialfeld bewegt)[b]. – Wenn Du *meine* Rechnungen schon so kompliziert fandest, was würdest Du wohl erst zu den Diracschen sagen? — Ich bin momentan einer leisen Ohnmacht nahe infolge des Versuches mit seinen Formeln auch praktisch etwas zu rechnen. Und wie künstlich mir das Ganze vorkommt!

Also der Gedankengang ist folgender bei Dirac. Er zeigt, daß bei Besetzung „fast" aller Zustände negativer Energie – d.h. es sind höchstens endlich viele von ihnen *nicht* besetzt und höchstens endlich viele von den Zuständen positiver Energie besetzt – die relativistische Dichtematrix (wenn $x'-x''=x$, $t'-t''=t$ und die Lichtgeschwindigkeit$=1$ gesetzt wird) die Form annimmt

$$(x',t'|R_{\rho\sigma}|x'',t'')=u\,\frac{t+\alpha_i x_i}{(t^2-r^2)^2}+\frac{V_{\rho\sigma}}{t^2-r^2}+w_{\rho\sigma}\log(t^2-r^2),$$

worin

$$u=\frac{-i}{\pi^2}\,e^{ie\int_{P'}^{P''}(A_0dt-A_i dx_i)/\hbar}$$

(gerade Linie)

und $v_{\rho\sigma}, w_{\rho\sigma}$ *regulär* sind (für $t=0$, $x=0$) und gewissen Differentialgleichungen genügen. Diese bestimmen aber $v_{\rho\sigma}$ und $w_{\rho\sigma}$ noch nicht *eindeutig*, sondern es bleibt in $v_{\rho\sigma}$ noch ein additiver Term der Form $(t^2-r^2)g_{\rho\sigma}$ mit regulärem g willkürlich, was zu einem regulären Zusatz $g_{\rho\sigma}$ in $R_{\rho\sigma}$ führt. – So weit ist alles reine Mathematik und ganz schön.

Aber nun führt Dirac eine besondere (komplizierte!) mathematische Vorschrift ein, um $v_{\rho\sigma}$ zu normieren: Er spaltet durch diese aus $v_{\rho\sigma}$ einen *eindeutig* bestimmten Teil $v^1_{\rho\sigma}$ ab und setzt

$$v_{\rho\sigma}=v^1_{\rho\sigma}+(t^2-r^2)g_{\rho\sigma},$$

wobei er dann noch weiter zeigt, daß zwar $g_{\rho\sigma}$ nicht eindeutig bestimmt ist (wie es ja sein muß), wohl aber das Resultat von

$$\left\{ih\left(\frac{\partial}{\partial t'}+\alpha_s\frac{\partial}{\partial x^s}\right)+e[A_0(x',t')-\alpha_s A_s(x',t')]-\beta m\right\}(x'|g|x'')$$

$=$bekannte komplizierte Funktion ($\neq 0$).

Einen physikalischen Sinn in seiner Definition von $v^1_{\rho\sigma}$ konnte ich nicht erkennen.

Und schließlich erklärt er: die (für $x'=x''$, $t'=t''$ endliche und singularitätsfreie) Matrix $(x,t|g_{\rho\sigma}|x,t)$ möge elektrische Dichte und Strom bestimmen, die Matrix mit dem v^1 möge dem Fall entsprechen, daß *kein* Feld erzeugt wird (das was in unserem Formalismus das von den ψ-Ausdrücken zu subtrahierende ist).

Man kann durch komplizierte Rechnungen eben noch sehen, daß $g_{\rho\sigma}$ auch wirklich den Erhaltungsatz von Ladung und Strom $\partial s_\nu/\partial x^\nu=0$ befriedigt. Ob auch der Energiesatz erfüllt ist, das weiß nur Gott! (Glaubst Du, ich soll mich mit dem Geixe abplagen, ihn nachzuprüfen?)

Also ist Diracs Naturgesetzgebung auf dem Berge Sinai. Mathematisch ist alles natürlich sehr elegant gerechnet. Aber physikalisch überzeugt es mich gar nicht! Warum soll denn gerade *diese* Vorschrift die wahre und richtige sein? Was nützt es, wenn die elektrische Polarisation des Vakuums endlich ist, wenn doch die Selbstenergie unendlich ist? Und was nützt alles, wenn die Paarerzeugung bei hohen Energien doch als zu häufig aus der Theorie herauskommt.

Also momentan bin ich sehr degoutiert von der Löchertheorie[c]. Was meinst Du? Lohnt es, wenn ich mich weiter damit überhaupt befasse?

Nun zur Selbstenergiefrage.

a) Zahl der Freiheitsgrade endlich? – Ich hatte eine Zeit lang gedacht, daß dies dadurch erreicht werden kann, daß in Gebieten des Elektronenradius die *Raum-Zeitbegriffe* (Geometrie) abzuändern seien. Nun, davon bin ich sehr abgekommen. Aber ich halte Deine Argumente gegen die Möglichkeit, mit endlich vielen Freiheitsgraden auszukommen, für *ungenügend*. – Es ist ja klar, daß man bei einem solchen Ausweg auch die schwarze Strahlung (den Strahlungshohlraum) als von *endlich* vielen Freiheitsgraden auffassen müßte. Wir wissen ja nichts darüber, ob bei Wellenlängen der Ordnung des Elektronenradius für die schwarze Strahlung die Plancksche Formel noch gilt.

b) Man kann aber natürlich *versuchen*, Raum-Zeitbegriffe im Kleinen und daher auch die Beschreibung der reinen Hohlraumstrahlung bei beliebig kurzen Wellen beizubehalten, also unendlich viele Freiheitsgrade zuzulassen. – Dann ist das Schwergewicht auf die Modifikation des elektromagnetischen *Feldbegriffes* geschoben. In der Tat scheint mir ein Spinorwellenfeld das Elementarere und daher es der Mühe wert, den Weg zu versuchen, das elektromagnetische Feld als Produkt von 2 Spinoren darzustellen, wobei das Neutrino verlockend entgegenkommt (siehe unten über de Broglie). – Die Forderung, daß *ein* Teilchen (ohne äußere Kräfte) die triviale Lösung der Theorie darstellen soll (ebenso muß natürlich *kein* Teilchen eine noch trivialere Lösung sein, was aber in der verfluchten Löchertheorie nicht zutrifft) und Wellengleichungen vom Typus (2) sind mir *äußerst* sympatisch. Kannst Du es ohne Neutrino, soll es mir auch recht sein. – Aber die *eine* quadratische Gleichung (4) ist mir ungemütlich. – Ich sehe gar nicht, wieso *eine* Gleichung dasselbe aussagen kann wie vier Gleichungen! – Oder willst Du die Komponentenzahl des ψ vervierfachen, so daß (4) dann doch 4 Gleichungen sind? – Also bring', bitte, die eine quadratische Gleichung (4) – ganz abgesehen von der Löcherfrage – meinem Gefühl etwas näher, da kann ich noch nicht ganz mit. – Ich bin für (2), aber nicht sehr für (4). – Man könnte statt überhaupt von Löchern zu reden, fordern, daß bei Weglassen der Wechselwirkungsterme die *Energiedichte* (d.h. alle E_k bzw. $h\nu_k$) *trivialerweise positiv sein müssen.* Ich glaube jetzt bestimmt, man muß von der ganzen „Loch"-Idee wieder *weg*kommen (wenngleich diese ihre historischen Verdienste hat).

c) Nun über de *Broglie.*

Er bewies im wesentlichen folgendes. Seien ψ' und ψ zwei Lösungen der Diracgleichung für Ruhmasse 0 und zwar gehöre ψ zur Energie $+E$ und zum Impuls $+\vec{p}$ und ψ' zur Energie $-E$ und zum Impuls $-\vec{p}$ *(ebene Wellen).* Dann bilde man mit $\psi'^{+}=\psi'^{*}i\beta$ den schiefsymmetrischen Tensor

$$F_{\mu\nu}=\psi'^{+}i\gamma_{[\mu\nu]}\psi, \qquad \gamma_{[\mu\nu]}=\tfrac{1}{2}(\gamma_\mu\gamma_\nu-\gamma_\nu\gamma_\mu).$$

Dieser genügt dann von selbst den Maxwellschen Gleichungen. D.h. die Vektoren $\vec{E}, \vec{H}$ sind transversal und liegen so zueinander wie es die Elektrodynamik will.

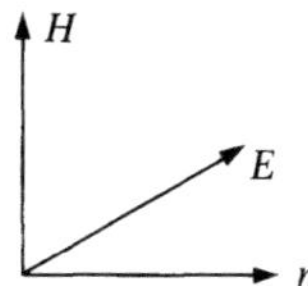

Man kann das mit Hilfe der durch die Matrix B vermittelten (lorentzinvarianten) Zuordnung $\psi'^{+}=\psi''B$ (worin ψ'' ebenfalls eine Lösung der Diracgleichung mit Ruhmasse 0 ist) auch so formulieren, daß $\psi''Bi\gamma_{[\mu\nu]}\psi$ eine Lösung der Maxwellgleichungen ist. Das gilt aber *nicht*, wenn man für ψ'', ψ *beliebige* Lösungen der Diracgleichung (mit Ruhmasse 0) einsetzt, sondern nur, wenn ψ'', ψ nur Wellen mit derselben festen Richtung $\vec{n}$ der Ausbreitung enthalten* (allerdings beliebiger Energie; aber *ein*dimensionales Problem).

Warum die Lichtquanten-Emission immer so erfolgt, daß 2 Neutrinos gerade in *derselben* Richtung emittiert werden, bleibt unklar.

Fermi wollte die Neutrinos lieber mit halben Gravitationsquanten in Verbindung bringen. Aber de Broglies Überlegung scheint mir doch mehr dafür zu sprechen, daß die Neutrinos etwas mit dem Licht zu tun haben.

Mit vielen Grüßen Dein (in Diracs Formeln ertrinkender) W. Pauli

* Nur dann ist die Phase gleich $e^{i(\sum \nu_k)\left[t-\frac{(\vec{n}\vec{x})}{c}\right]}$, also eine Lichtphase.

a) Vgl. [346]. – b) Siehe Anm. 8 im Kommentar zu [338]. – c) Diese Ausdrucksweise dürfte Pauli von Einstein übernommen haben. (Vgl. z.B. [66].) Sie gefiel ihm so sehr, daß er sie auch in seinen Briefen verwandte (vgl. [370c] und [373]).

[352] Pauli an Heisenberg

[Zürich], 7. Februar [1934]

Lieber Heisenberg!

Nachdem ich eine Nacht geschlafen und mich vom ersten Schreck über die Diracschen Formeln erholt habe, ließ ich mir Deine physikalischen Gesichtspunkte zur Selbstenergiefrage nochmals durch den Kopf gehen. – Es scheint mir jetzt, daß bei Deinem an sich so einleuchtenden Ansatz (2) etwas Wesentliches zu kurz gekommen ist,[a] nämlich der *Begriff der elektrischen Ladung* (bzw. deren räumliche Verteilung in Ladungsdichte ρ und Strom $\vec{i}$). Es scheint ja doch, daß dieser Begriff sich gegenüber dem der Teilchenzahlen als der mehr fundamentale – vielleicht als der fundamentalste der ganzen Physik – immer mehr erweist. Gäbe es nur Lichtfelder – das meint ladungsfreie Felder, die den Maxwellschen Gleichungen mit $\rho=0$, $\vec{i}=0$ genügen – und ungeladene materielle Teilchen wie Neutrinos (und eventuell Gravitation), so wäre ein Ansatz vom Typus (2) vollkommen einleuchtend. – Aber ich sehe keinen Platz in Deinem Schema für elektrostatische (und magnetostatische) Felder. Jene triviale Lösung der Theorie, bei der ein Elektron allein vorhanden ist, ist doch nicht so ganz trivial, indem das Elektron auch Träger seines (beobachtbaren elektrostatischen Feldes ist. Wo steht das in dem Schema (2)? (NB. Die Gleichung div $\vec{E}=\rho$ und die entsprechenden für den Strom kann man nicht gut quadrieren und addieren!)

Dieser selbe Einwand trifft natürlich auch de Broglies Konzeption. Er zeigt nur, wie man Lichtfelder (ladungsfreie Felder also) als Produkt von zwei Spinorfeldern darstellen kann, aber nicht, wie dasselbe für elektrostatische Felder (bzw. den „longitudinalen“ Teil des Feldes) geschehen kann.[b]

Ich fasse meine Bemerkungen *nicht* so sehr als *formal-mathematischen* Einwand auf, sondern vielmehr als physikalisch-begrifflich. *Sie wollen direkt hinzielen auf das Problem der Fixierung von* e^2/hc *und der Atomistik der elektrischen Ladung*. – Deshalb scheint es mir der wahre Kernpunkt des Problems der Selbstenergie zu sein, *wie und an welcher Stelle in ein theoretisches Schema, das die Selbstenergie-Schwierigkeit vermeiden soll, der Begriff der elektrischen Ladung eingeht!*

Viele Grüße und laß wieder von Dir hören! Dein W. Pauli

a) Vgl. [350]. – b) Das Neutrino ist nämlich longitudinal, das Licht aber transversal polarisiert.

Nachdem nun auch Heisenberg Diracs neue Löchertheorie „richtig verstanden“ hatte, war er ebenfalls für eine Publikation der mit Pauli gemeinsam entwickelten Theorie.

Bestärkt in seinem Optimismus wurde er durch die „herrlichen", schon mehrfach erwähnten Experimente von Joliot und Curie zur künstlichen Radioaktivität.[1] „Es wird Tag in der Atomphysik", sagte er voller Begeisterung [353], wohl in der Meinung, nun einem Durchbruch nahe zu sein, vergleichbar mit demjenigen in der Atomtheorie der 20er Jahre. Doch jetzt begann Pauli neue Schwierigkeiten zu entdecken[2], und er empfahl, die Publikationsfrage vorerst zurückzustellen [354]. Erst nach Beseitigung dieser Probleme kam Heisenberg nochmals darauf zurück [358]; doch Pauli riet, in diesem Falle eine Veröffentlichung gemeinsam mit Weisskopf als „Dreimännerarbeit" ins Auge zu fassen [359]. Ein vorläufiges Manuskript (siehe Anlage zu [359]) wurde Heisenberg daraufhin zugesandt. Im Juni distanziert sich Pauli von diesem Plan, da die Theorie kaum zu „irgendwelchen prüfbaren Folgerungen führen kann" [373].

[1] Siehe [345], Anm. a und den Kommentar zu [348].
[2] Vgl. hierzu Paulis Bemerkungen in [360] und [363].

[353] Heisenberg an Pauli

Leipzig, 8. Februar 1934

Lieber Pauli!
Vielen Dank für Deinen Brief! Du hast natürlich völlig recht, daß die Vereinfachung der Löchertheorie schon auf Deiner Karte vom 27.1. steht - ich hatte sie nur damals nicht richtig verstanden[a]. Nachdem ich sie aber verstanden habe, bin ich nun eigentlich über den ganzen Stand der Löchertheorie sehr zufrieden. Denn erstens glaube ich, daß der Unterschied der beiden in Deiner Karte besprochenen Auffassungen garnicht besteht, - jedenfalls nicht in den physikalischen Konsequenzen - zweitens halte ich die Diracsche Theorie, die ich bisher nur aus zwei Verzweiflungsausbrüchen aus Zürich und Kopenhagen kenne, für einen gelehrten Mist, den kein Mensch ernst nehmen kann[b]. Mir scheint das ganze Problem der Löchertheorie etwa so zu liegen:

I. Man kann die Frage stellen, durch welche Schrödingergleichung die Löchertheorie charakterisiert ist und was zu jedem Zeitpunkt die Erwartungswerte der Strom- und Ladungsdichte sind.

II. Man kann darüber hinausgehend auch nach den Erwartungswerten der Energiedichte fragen.

Das Problem I hat folgende Lösung: Man stellt fest, daß Deine Annahme (III)[c]

$$\int R_k dV = \int \left(R_k^0 + \frac{ie}{hc} R^0 \phi_k\right) dV \tag{III}$$

mit allen Bedingungen, die an die Theorie zu stellen sind, verträglich ist (Eichinvarianz, relativistische Invarianz).

Man wähle nun als Variable die Anzahlen N_k der *freien* Elektronen im Zustand k, führe ferner statt der N_k mit negativen Energiezuständen k die Größen $1 - N_k = N_k'$ ein, und statt der $a_k^*, a_k (a_k^* = N_k \Delta$ u.s.w.) für solche Zustände $b_k = a_k^*$; $b_k^* = a_k$.

Dann folgt aus (III) für die Gesamtenergie der Operator:

$$\begin{aligned} H=\sum_{+} E_k N_k - \sum_{-} E_k N_k' + M_l h\nu_l + \sum f_{r_+ s_+ g} a_r^* a_s c_g \\ + \sum f_{r_+ s_- g} a_r^* b_s^* c_g \\ + \sum f_{r_- s_+ g} b_r a_s c_g \\ - \sum f_{r_- s_- g} b_r^* b_s c_g + \text{konj.}; \qquad (1) \end{aligned}$$

hierbei sind die f_{rsg} die Matrixelemente, die wie in der gewöhnlichen Quantenelektrodynamik zum Übergang eines Elektrons vom einen in den anderen Zustand unter Emission bzw. Absorption eines Lichtquants gehören, ferner ist $C_g^* = M_g^{1/2} \Delta^-$ u.s.w.

Damit ist die Schrödingergleichung des Problems gewonnen und die Erwartungswerte der Ladungsdichte folgen aus der Gleichung $R(PP) = R^0(PP)$:

$$\rho(P) = e \sum \{ a_{r_+}^* a_{s_+} \cdot u_{r_+}^* u_{s_+} + a_{r_+}^* b_{s_-}^* u_{r_+}^* u_{s_-} + b_{r_-} a_{s_+} u_{r_-}^* u_{s_+} - b_{r_-}^* b_{s_-} u_{r_-} u_{s_-}^* \}. \qquad (2)$$

Es ist wichtig, festzustellen, daß bis hierher eine Annahme über die Größen $R(PP')$, die über die Gleichung (III) hinausgeht, *nicht* notwendig ist. Die Anstrengungen von *Dirac* scheinen mir hier ein völliger Luxus - die Gleichung (2) sorgt nämlich von selbst dafür, daß die Ladungsdichten endlich bleiben. (Z.B. sieht man ganz trivial, daß die Gesamtladung endlich ist, wenn sie es im ungestörten System ist, und den gleichen Wert hat wie im ungestörten System.)

II. Man kann nun das weitere Problem stellen, die Energiedichte als Operator auszurechnen. Dabei ist festzustellen, daß die Gesamtenergie nach (1) vermutlich endlich und positiv bleibt, sofern die Selbstenergie die Sache nicht zerstört. Für dieses zweite Problem sind die Überlegungen Deines Briefs über die $H_{\mu\nu}$ nötig, sofern man an der Differentialform der Erhaltungssätze festhält[d]. Ich muß gestehen, daß ich nicht ganz sicher bin, inwieweit man an diese Differentialform glauben soll. Vgl. meinen Brief von neulich![e] Aber jedenfalls ist Dein Schema eine konsequente Lösung.

Mit dieser Formulierung der Löchertheorie bin ich jetzt völlig zufrieden; ich glaube, es ist alles, was sich ohne Lösung der tiefer liegenden Probleme (Selbstenergie etc.) erreichen läßt. Daß die Ladungsdichte endlich bleibt, scheint mir nach (2) trivial, denn ich sehe nicht, wie durch Anwendung eines Operators, der durch die N_k und N_k' ausdrückbar ist, etwas Unendliches herauskommen sollte, solange nur endlich viele Teilchen N_k und Löcher N_k' vorhanden sind. Bei der Energiedichte steht es genau so, nur wird hier in zweiter Näherung die Selbstenergie alles zerstören. Das ist aber nicht zu vermeiden.

Wenn Du mit dieser ganzen Auffassung einverstanden bist, so wäre ich sehr dafür, daß die Löchertheorie so publiziert wird. Dabei ist es mir klar, daß Du die Hauptarbeit daran getan hast, also möchte ich Dich nochmal fragen, ob Du sie nicht allein publizieren willst. Eine Berechtigung für meine Teilnahme würde sich nur daraus konstruieren lassen, daß wir die Quantenelektrodynamik bisher gemeinsam publiziert haben. Also darüber bestimme bitte, mir ist beides gleich recht. Jedenfalls finde ich die Löchertheorie in dieser Fassung soviel besser als die Diracsche, daß man sie unbedingt veröffentlichen sollte[f].

Deine Kritik meiner Selbstenergie-Versuche war mir *sehr* wertvoll. Ich glaube zwar nach wie vor, daß der Grundgedanke meines Versuchs richtig ist – *auch* dann, wenn geladene Teilchen vorhanden sind – aber ich fühle sehr deutlich, daß man hier an das Problem $e^2/\hbar c$ rührt und vielleicht seine Lösung braucht, um das formale Programm, das ich mir gestellt habe, durchzuführen.

Die de Brogliesche Arbeit ist mir in der Tendenz sehr sympathisch; ich empfinde sie aber doch als eine Art unverdauten Aphorismus. Sehr viel kann ich noch nicht damit anfangen. (Übrigens kann man de Broglie formal wohl so verwerten: man ersetze in der Quantenelektrodynamik die ϕ_μ durch seine: $\psi B i \gamma_\nu \psi$. Dann ergibt die Quantenelektrodynamik *von selbst*, daß die Neutrinos stets in Paaren absorbiert und emittiert werden.)

Die Arbeit von Joliot und Curie finde ich herrlich: es wird Tag in der Kernphysik. Ich halte nun sowohl die Fermische Arbeit über den β-Zerfall, wie die Austauschkräfte der Neutronen und Protonen für ziemlich gesichert. Auch an das Const./r^5-Gesetz glaube ich so halb und halb[g]. – Fermi meint, es verhielte sich ähnlich wie im Atom: Durch die Wechselwirkung Elektron-Lichtquant bekommt man in zweiter Näherung Wechselwirkungskräfte mit $1/r$, die aber 10^4 bis 10^6 mal zu klein sind (magnetische Kräfte!)[h]. So könnte es neben den aus Fermi berechneten Kräften Const./r^5 noch andere stärkere geben, die aber wohl die gleiche Abhängigkeit von r haben.

Viele Grüße Dein W. Heisenberg

a) Vgl. [346]. – b) Siehe hierzu auch den Kommentar zu [350]. – c) Vgl. den Anhang zu Paulis Brief [343] und Heisenbergs Schreiben [350] vom 5. Februar. – d) Vgl. [351]. – e) Vgl. [344]. – f) Siehe hierzu den Kommentar zu [343]. – g) Siehe den Kommentar zu [338] und Paulis Bemerkung in [344]. – h) Vgl. Fermis Schreiben an Heisenberg vom 30. Januar 1934.

[354] Pauli an Heisenberg

Zürich, 10. Februar 1934

Lieber Heisenberg!

Dank für Deinen Brief vom 8. Leider ist es *nicht* so, daß die Gleichung (2) von selbst dafür sorgt, daß die Ladungsdichten endlich bleiben[a]. Vielmehr finde ich, daß sich in erster Näherung bei Entwicklung nach e aus (2) auf Grund von (1) unendlich große Ladungsdichten ergeben*. (Solltest Du mit Deiner Behauptung Recht haben, so würde das eine sehr große Entdeckung sein; schreib' mir also bitte genauer Deinen vermeintlichen Beweis für die Endlichkeit der Ladungsdichte. Ich kann es nicht glauben, daß ich mich so elementar geirrt haben sollte!) – Momentan versuchen Weisskopf und ich $R(P,P) - R^0(P,P)(\neq 0)$ so anzusetzen, daß die Ladungsdichten endlich bleiben. Es wird dies ein Problem ähnlicher Komplikation wie das von Dirac behandelte; immerhin kann es wohl mit durchsichtigeren Methoden behandelt werden. Ob ein Abgehen vom einfachen Ansatz $R = R^0$, bzw. von den Gleichungen (1), (2) Deines Briefes**, noch physikalisch sinnvoll ist (ohne Lösung tieferliegender

* Ganz analog wie in Diracs Rechnung am Solvay-Kongreß.[b]

** Diese sind, ganz ähnlich formuliert, auch in einem Manuskript von Oppenheimer enthalten.[c]

Probleme) ist mir allerdings äußerst fraglich. – Selbst wenn diese Gleichungen zu unendlichen Polarisations-Effekten Anlaß geben sollten, wäre ich eher geneigt, zu sagen, daß man da eben auch nichts machen kann und daß dies nicht schlimmer als die Selbstenergie ist. – Wie kommst Du nur zu Deiner merkwürdigen Behauptung vom endlichen Bleiben der Ladungsdichte (2) auf Grund von (1)? Führe doch die Störungsrechnung aus (es handelt sich natürlich um die Terme proportional e^2 in ρ) und Du wirst sofort das Gegenteil sehen***! – Über die Publikationsfrage können wir uns dann schon verständigen, wenn nur erst dieser Punkt geklärt ist!

Was die Selbstenergie betrifft, so scheint mir, daß die Einordnung der Gleichung $\operatorname{div}\vec{E}=\rho$ in Dein Schema, *auch schon rein formal*, unüberwindliche Schwierigkeiten macht.

Bei de Broglie ist die Schwierigkeit diese[d]: Setzt man in $\psi B i \gamma_\nu \psi$ für ψ die *allgemeine* Lösung der Wellengleichung des Neutrinos (mit Ruhmasse 0) ein, so genügt dieser Ausdruck *nicht* der Wellengleichung für das Maxwell-Feld (das Superpositionsprinzip gilt gar nicht:

$$e^{i\nu\left[t-\frac{1}{c}(\vec{n}\vec{x})\right]}\cdot e^{i\nu'\left[t-\frac{1}{c}(\vec{n}'\vec{x}')\right]}$$

ist kein mögliches Wellenfeld!). Dies ist vielmehr nur der Fall, wenn ψ nur aus Wellen *mit derselben Richtung* ($\vec{n}=\vec{n}'$) zusammengesetzt ist. – Daher liefert die Quantenelektrodynamik *nicht* von selbst, daß die beiden Neutrinos eines Paares *in derselben Richtung* emittiert werden!

Joliot schrieb mir, ein kontinuierliches Energiespektrum der radioaktiven Positronen sei auf Grund seiner Experimente in der Tat sehr wahrscheinlich[e]. Er hält aber immer noch an seiner Neutron-Masse 1,012 fest (was doch unwahrscheinlich ist, da das Neutron dann einen spontanen β-Zerfall haben müßte!)[f].

Herzlichst Dein W. Pauli

a) Vgl. [353]. – b) Siehe Anm. c zu [345]. – c) Es handelt sich wahrscheinlich um ein Manuskript der Publikation von W.H. Furry und J.R. Oppenheimer: On the Theory of the Electron and Positive. Phys. Rev. **45**, 245–262 (1934). Eingegangen am 1. Dezember 1933. – d) Siehe hierzu auch die Bemerkungen in [351]–[353]. – e) Pauli hatte Joliot im Januar geschrieben. (Vgl. [345].) Der entsprechende Briefwechsel liegt nicht vollständig vor. – f) Zu dieser Folgerung waren Joliot – Curie aufgrund einer Analyse angeregter Bor-Kerne gekommen, die man mit α-Strahlen bombardiert hatte. Siehe F. und I. Joliot: Rayonnement pénétrant des atomes. In: Structure et Propriétés des noyaux atomiques. 7. Solvay-Konferenz 1933. Paris 1934. Dort S. 121–156. Vgl. hierzu auch Paulis Schreiben [369] vom 17. April.

[355] Heisenberg an Pauli

Leipzig, Montag [13. Februar 1934][a]

Lieber Pauli!

Was ich über die Ladungsdichte schrieb, war zum großen Teil unrichtig. Ich

*** Z.B. kommt doch auch in der früheren Quantenelektrodynamik ohne Löcher die Selbstenergie als ∞ heraus, obwohl alle Operatoren durch die N_k ausdrückbar und nur endlich viele Teilchen vorhanden.

glaube aber, die Stimmung rechtfertigen zu können, unter der es geschrieben war: Entscheidend war mir zunächst die Feststellung, daß die Gesamtladung durch Einführung einer Störung nicht geändert werden kann, daß sie also sicher endlich bleibt. Daraus schien mir zu folgen, daß die Ladungsdichte schlimmstenfalls unbestimmt wird; das würde mich nicht stören, denn der Begriff „Ladungsdichte an einem bestimmten Punkt“ ist genau so dumm, wie der Begriff „Feld an einem bestimmten Punkt“. Ich hatte angenommen, daß man diesen Umstand so umgehen kann, wie bei der Energiedichte: man interessiere sich nur für die gesamte Ladung in einem Volumen mit verschmierten Wänden. Bei einer schlampigen Rechnung dieser Art schien zunächst alles so vernünftig, wie ich gehofft hatte: die obere Grenze P in Diracs Integral (10) im Solvaybericht (S. 10)[b] schien einfach durch die Wandverschmierung gegeben und die zusätzliche Dichte sozusagen durch die Meßapparate hereingebracht. Leider ist es aber nicht so einfach, man kann P nicht durch die Wandunschärfe begrenzen. Der Sachverhalt wird jedoch ganz klar, wenn man das mittlere Schwankungsquadrat der in einem solchen Volumen enthaltenen Ladung (im *leeren* Raum, also 0. Näherung) ausrechnet. Dieses Schwankungsquadrat divergiert genau so, wie die Zusatzdichte (10) von Dirac und zwar mathematisch in der gleichen Weise und aus dem gleichen Grund (vor dem Glied $\log \frac{2P}{mc}$ steht nur ein anderer Faktor). Das Resultat ist also wohl dieses: Man muß Meßapparate bauen, die automatisch den zu sehr großen P gehörigen Teil der Ladungsdichte nicht mitmessen (wahrscheinlich tun dies in einer richtigen Theorie alle vernünftigen Apparate, aber eine Wandverschmierung genügt nicht). Erst dann hat die Messung einen Sinn (d.h. das Schwankungsquadrat ist endlich) und dann wird auch die Ladungsdichte endlich. Die Behauptung meines letzten Briefs ist also dahin zu modifizieren, daß zwar die Ladungsdichte mathematisch divergiert, daß man aber auch physikalisch garnichts davon hätte, wenn sie konvergierte – denn wegen der unendlichen Schwankungen könnte man dies nie messen.

In einer Theorie, in der man die Selbstenergie endlich machen kann, verschwinden natürlich alle diese Übelstände von selbst; wenn Du z.B. meine modifizierte Hamiltonfunktion[c]

$$(H^2 - I_k^2)\,\psi = 0$$

anschaust, so wirst Du die zur Divergenz Anlaß gebenden Störungsglieder nicht finden – einfach, weil der leere Raum eine Lösung der Schrödinger-Gleichung ist. Bei der jetzigen Sachlage, d.h. vor Lösung der Selbstenergieschwierigkeiten, scheint mir also unsere Formulierung der Löchertheorie völlig befriedigend, alles weitere (à la Dirac) ist unnötiger Luxus.

Über die „tieferliegenden Fragen“ (de Broglie etc.) nächstens mehr. Heute wollt ich nur mit dieser leidigen Löchertheorie fertig werden.

Herzlichst W. Heisenberg

a) Der Inhalt der vorhergehenden Briefe [353], [354] und des folgenden Briefes [356] legt die Datierung, Montag, 13. Februar 1934 nahe, obwohl es unwarscheinlich erscheint, daß Pauli diesen Brief dann noch am gleichen Tag erhalten haben könnte. – b) Siehe den in Anm. c zu [345] genannten Beitrag, dort S. 211. – c) Vgl. [350].

[356] Pauli an Heisenberg

Zürich, 13. Februar 1934

Lieber Heisenberg!

Vielen Dank für Deinen interessanten Brief vom Montag – es interessierte mich *sehr* die Weise, wie Du das Schwankungsquadrat in 0. Näherung in die Diskussion hineingebracht hast. – Ich bin im wesentlichen einverstanden, möchte aber die Sache ein wenig anders auffassen (und bei dieser Gelegenheit auch Deine frühere Arbeit über die Energie-Schwankung[a] kritisieren). Es scheint mir nämlich, daß Du – bereits damals – durch das „Verschmieren der Wände" nicht das physikalisch Richtige getroffen hast. – Ganz analog wie bei Bohr-Rosenfelds Feldstärke-Messungen soll man vielmehr Mittelwerte über beliebig *scharf* begrenzte Raum-*Zeit*-Gebiete in die Theorie einführen. Und es scheint mir, daß alle Paradoxien sich lösen, wenn man nicht nur das Raumgebiet, sondern auch das Zeitgebiet, über das man mittelt, (zwar *scharf* begrenzt aber) *endlich* läßt. – Dies sollte sowohl auf die Frage der Meßbarkeit der Energiedichte (besser: Energie in einem begrenzten Volumen), als auch auf die der Messung der Ladung in einem begrenzten Volumen V angewandt werden.

In letzterem Fall wäre also nach der hier vertretenen Auffassung meßbar

$$\bar{e} = \bar{\bar{\rho}} = \frac{1}{V} \cdot \frac{1}{T} \int_V dV \int_T dt\, \rho(\vec{x}, t) = \frac{1}{T} \int_t^{t+T} e(V)\, dt.$$

Die Schwankungsparadoxien in 0ter Näherung werden auftreten, wenn man zum $\lim T \to 0$ übergeht.

Man kann zur Messung der Größe $\bar{e}$ direkt das Bohrsche Verfahren benützen, auf Grund der Gleichung

$$4\pi \bar{e} \oint E_n df\, dt.$$

{Bei (allerdings oberflächlicher) Überlegung scheint es mir, daß es nichts schadet, daß hierin nur ein Flächen- und kein Raumintegral steht, denn man kann auch flächenhaft ausgedehnte Probekörper verwenden, sofern diese nur normal zu ihrer Fläche bei der Impulsmessung beschleunigt werden (E_n). Es wird dann nämlich wieder der Impulsverlust bzw. Energieverlust durch Ausstrahlung während der Impulsmessung infolge Interferenz beliebig klein, wenn die Wellenlänge der emittierten Strahlung klein gegen die Querausdehnung der flächenhaften Teil-Probekörper ist.}

Könntest Du mir schreiben, was für die Schwankungsquadrate der Zeitmittelwerte (*nicht:* Zeitmittelwerte der instantanen Schwankungsquadrate) für Energie und Ladung in scharf begrenzten Raum Volumina (in 0ter Näherung, d.h. im leeren Raum) auf Grund Deiner alten Formeln herauskommt? Ich habe es momentan nicht aufgeschrieben.

Mit der Behauptung Deines Briefes, „daß man auch physikalisch gar nichts davon hätte, wenn die Ladungsdichte konvergierte" möchte ich allerdings etwas vorsichtiger umgehen.

Was die Gesamtladung betrifft, so ändert sie sich nie in *ladungsfreien* äußeren Feldern, wohl aber kommt bei Dirac heraus, daß alle Ladungen sich in nächster Näherung mit Faktoren multiplizieren (was kein *formaler* Widerspruch zur zeitlichen Konstanz der Gesamtladung ist).

Andrerseits teile ich *völlig* Deine Stimmung, daß das, was Dirac tut, vor Lösung der Selbstenergie-Schwierigkeit ein *unberechtigter* Luxus ist! – Es scheint mir jetzt auch, daß meine in einem früheren Brief erwähnten Versuche, die Gleichung $R-R^0=0$ abzuändern[b], lieber aufgegeben werden sollen. Denn wenn $R-R^0$ die Feldstärken enthält, wäre eigentlich E_k nicht mehr konjugiert zu ϕ_k, so daß nach dem kanonischen Schema die Vertauschungs-Relationen zwischen den Feldstärken abgeändert werden müßten, was mir aber andererseits beim gegenwärtigen Stand der Theorie (beliebige Werte von e^2/hc) auf Abwege zu führen scheint.

Ich bin sehr gespannt, was Du über die „tieferliegenden Fragen" berichten wirst.

Herzlich grüßt Dich Dein W. Pauli

a) Siehe [343], Anm. d. – b) Vgl. [354].

Wahrscheinlich hatte Pauli Bohr geschrieben, um ihm seinen im März bevorstehenden Besuch gemeinsam mit Franca und seinem Assistenten Weisskopf anzukündigen.[1] Bohr nahm dies zum Anlaß, um seinen neuesten Standpunkt zu den Fragen der Löchertheorie darzulegen. Eine Abschrift des folgenden Briefes [357] sandte er außerdem an Heisenberg und an Oskar Klein. „Ich fühle mich im Moment zu dumm, um festzustellen, wie sehr ich einig bin", antwortete ihm Heisenberg.[2] Pauli hingegen fand Bohrs „Anwendung der Quantenelektrodynamik im Gebiet der eigentlichen Atomtheorie ganz konfus" [360].

Der Inhalt des Schreibens deckt sich weitgehend mit der Darstellung in dem Solvay-Bericht, den Bohr soeben fertiggestellt hatte.[3] Eine Abschift seines Manuskriptes hatte er Anfang März an Pauli [364] und an Heisenberg geschickt.

[1] Vgl. [364].
[2] Vgl. Heisenberg an Bohr, 28. Februar 1934.
[3] Siehe Kommentar zu [348], Anm. 1.

[357] Bohr an Pauli

Kopenhagen, 15. Februar 1934

Kære Pauli,

Tak for Dit rare Brev, der kom som en meget velkommen Anledning til en lille Hjerteudgydelse. Jeg er nemlig i de sidste Dage med stor Begejstring vendt tilbage til mit gamle primitive Syn paa Elektronteoriens Problemer, efter at jeg i nogen Tid har været meget foruroliget over den af Dig med saa stor Styrke betonede Vanskelighed med Elektronernes uendelige Selvenergi. Det har nemlig slaaet mig, at den kvanteelektrodynamiske Formalisme ikke alene, saadan som Rosenfeld og jeg har prøvet at vise, er en fuldstændig konsekvent, af Atomteorien uafhængig Idealisation, men at enhver Anvendelse af den staar i et rent Udelukkelsesforhold til Elementarpartikelproblemerne. Enhver Feltmaaling indenfor Kvanteteoriens Omraade fordrer jo, som vi har vist, Prøvelegemer med en elektrisk Ladning $E \gg \sqrt{hc}$, og som er kontinuert fordelt over et Omraade, hvis lineære Udstrækning er $L \gg h/Mc$, hvor M er Prøvelegemets Masse. Det vil imidlertid sige, at Teoriens Anvendelsesomraade falder helt udenfor de egentlige Atomproblemer og er indskrænket til Problemer, hvor der i Modsætning til disse er en tilstrækkelig stor Kobling mellem de ladede Legemer og Feltet til at sikre det i Formalismen forudsatte komplementære Forhold mellem Felt- og Photonbegrebet. I de egentlige Atomproblemer, hvis karakteristiske Træk netop er den overordentlig ringe Kobling mellem Partiklerne og Straalingsfelterne, er Betingelserne for Feltbegrebets Anvendelse en helt anden. Netop den ringe Værdi af ε^2/hc og Elektronradiens deraf følgende ringe Størrelse i Forhold til h/mc betinger, dels at man i de egentlige kvantemekaniske Problemer inklusive Hulteorien med stor Tilnærmelse kan benytte Feltbegrebet paa ren klassisk Maade, dels at man i de egentlige Straalingsproblemer med tilsvarende Tilnærmelse kan indskrænke sig til de gamle beskedne Korrespondensargumenter paa konsekvent Maade.

Jeg er bange for, at en saadan Indstilling i første Øjeblik maaske vil forekomme Dig altfor reaktionær, men hvis jeg ikke tager rent fejl, er det virkelig det eneste nøgterne Syn paa Atomproblemerne, der for Øjeblikket er muligt. Pointen er nemlig, at ligesom den klassiske Elektronteori var en Idealisation, der gælder for alle Virkninger, der er store i Forhold til h, saaledes er Kvanteelektrodynamikken en Idealisation, der kun gælder, dersom alle Ladninger er store i Forhold til ε. Dette betyder jo ingenlunde, at den sidste Teori ikke kan finde Anvendelse ved Diskussionen af saadanne universelle Problemer som Varmestraalingsloven, men blot at Situationen indenfor Atomteorien ligger væsentlig anderledes end antaget i enhver af de nævnte Idealisationer.

At Feltbegrebet maa benyttes med saa stor Forsigtighed, er ogsaa en nærliggende Tanke, naar man erindrer, at alle Feltvirkninger til syvende og sidst kun kan iagttages ved deres Virkning paa Materien. Som Rosenfeld og jeg viste, er det saaledes sletikke muligt at afgøre, hvorvidt Feltfluctuationerne allerede er til Stede i det tomme Rum eller først skabes af Prøvelegemerne. Selv om Fluctuationerne er et uundgaaeligt Led af Kvanteelektrodynamikken, er man derfor berettiget til i Elektronteorien paa modsigelsesfri Maade ganske at se bort fra disse Fluctuationer og alle andre Konsekvenser af Feltkvantiseringen. Dette fremgaar jo ogsaa af Einsteins simple Udledning af Varmestraalingsloven paa korrespondensmæssigt Grundlag.

Denne Indstilling har navnlig været mig en stor Befrielse, hvad de relativistiske Maaleproblemer angaar. Som Du ved, har jeg længe ment, at man ikke ved Undersøgelse af disse Problemer kan finde noget som helst Argument mod at benytte Rum-Tidsbegreberne i Elektronteorien ogsaa indenfor Omraader, der er smaa i Forhold til h/mc. Jeg var dog alligevel begyndt at blive meget foruroliget ved Mistanken om, at Nødvendigheden af en Feltkvantisering kunde gøre saavel Behandlingen af Maaleproblemerne som Forsøgene paa den videre Udbygning af Hulteorien ganske illusorisk. Som Sagerne nu ligger, er der imidlertid efter min Mening ingensomhelst Anledning til at tro, at vi i Maaleproblemerne kan møde nogensomhelst Overraskelse, der ikke implicite er skjult i Hulteoriens matematiske Formulering, hvis blot denne opfylder de tilstrækkelige

Fordringer til Invarians. Den detaillerede Behandling af mulige Maaleanordninger er vel i Almindelighed meget kompliceret, men vi har jo ogsaa alle nu forstaaet, at de teoretiske Forudsigelser, som det ved saadanne Maalinger vil kunne dreje sig om at prøve, ogsaa oftest vil være af meget kompliceret Natur. Kun i det særlige Tilfælde hvor Problemet med tilstrækkelig Tilnærmelse kan betragtes som et 1-Partikelproblem, ligger Forholdene simplere, og her kan man, som jeg antydede i Bryssel, let bevise, at man ved at gøre tilstrækkelig mange Forsøg med tilstrækkelig varierede Straalingsbundter, kan prøve alle Teoriens principielt statistiske Forudsigelser, hvad Tæthedsfunktionerne angaar.

Jeg forsøger netop i disse Dage ved Rosenfelds Hjælp at udarbejde en Fremstilling af Korrespondensargumentets konsekvente Anvendelse i Atomteorien, og skulde derfor være Dig meget taknemmelig for, om Du med et Par Linier vil lade mig vide, om Du paa Forhaand er helt uenig i en saadan Indstilling som den, jeg her har antydet.

Med mange venlige Hilsener fra os alle, Din ældgamle Niels Bohr

Übersetzung von [357]

Lieber Pauli!

Dank für Deinen netten Brief, der als sehr willkommener Anlaß für einen kleinen Herzenserguß kam. Ich bin nämlich in den letzten Tagen mit großer Begeisterung zu meiner alten ursprünglichen Meinung über die Probleme der Elektronentheorie zurückgekehrt, nachdem ich einige Zeit über die von Dir so sehr betonte Schwierigkeit der unendlichen Selbstenergie der Elektronen sehr beunruhigt war. Es ist mir nämlich aufgefallen, daß der quantenelektrodynamische Formalismus nicht nur, so wie Rosenfeld und ich es zu zeigen versucht haben, eine vollständig konsequente, von der Atomtheorie unabhängige Idealisierung ist, sondern daß jede Anwendung davon in einem reinen Ausschließlichkeitsverhältnis zu den Problemen der Elementarteilchen steht. Jede Feldmessung innerhalb des Bereichs der Quantentheorie fordert ja, wie wir gezeigt haben, Probekörper mit einer elektrischen Ladung $E \gg \sqrt{hc}$, kontinuierlich über einen Bereich verteilt, dessen lineare Ausdehnung $L \gg h/Mc$ ist, wobei M die Masse des Probekörper sei. Dies will indessen besagen, daß der Anwendungsbereich der Theorie ganz außerhalb der eigentlichen Atomprobleme liegt und sich auf Probleme beschränkt, die im Gegensatz zu diesen eine hinreichend starke Kopplung zwischen den geladenen Körpern und dem Feld aufweisen, um das im Formalismus vorausgesetzte komplementäre Verhältnis zwischen Feld- und Photonbegriff zu sichern. In den eigentlichen Atomproblemen, deren charakteristische Eigenschaft gerade die außerordentlich schwache Kopplung zwischen den Partikeln und den Strahlungsfeldern ist, liegen ganz andere Bedingungen für die Anwendung des Feldbegriffs vor. Gerade der geringe Wert von ε^2/hc und die daraus folgende geringe Größe des Elektronenradius im Verhältnis zu h/mc bedingen, daß man teils in den eigentlichen quantenmechanischen Problemen einschließlich der Löchertheorie mit großer Annäherung den Feldbegriff auf rein klassische Weise anwenden kann, teils sich in den eigentlichen Strahlungsproblemen auf konsequente Weise mit entsprechender Näherung auf die alten bescheidenen Korrespondenzargumente beschränken muß. Ich fürchte, daß Dir eine solche Einstellung im ersten Augenblick vielleicht allzu reaktionär vorkommen wird, aber wenn ich mich nicht ganz irre, ist das wirklich die einzige nüchterne Sicht der Atomprobleme, die im Augenblick möglich ist. Die Pointe ist nämlich, daß so, wie die klassische Elektronentheorie eine Idealisierung war, die für alle Wirkungen gilt welche groß im Vergleich zu h sind, die Quantenelektrodynamik eine Idealisierung ist, die nur gilt, wenn alle Ladungen groß im Verhältnis zu ε sind. Das bedeutet aber keineswegs, daß die letztere Theorie keine Anwendung bei der Diskussion so allgemeiner Probleme wie das Wärmestrahlungsgesetz finden kann, sondern nur, daß die Situation innerhalb der Atomtheorie wesentlich anders liegt als in jeder der genannten Idealisierungen angenommen wird.

Daß man den Feldbegriff mit so großer Vorsicht benutzen muß, ist auch ein naheliegender Gedanke, wenn man sich daran erinnert, daß alle Feldwirkungen letztlich nur durch ihre Wirkung auf die Materie beobachtet werden können. Wie Rosenfeld und ich zeigten, ist es ja überhaupt nicht möglich zu entscheiden, in wieweit die Feldfluktuationen schon im leeren Raum vorhanden sind oder erst von den Probekörpern geschaffen werden. Wenn die Schwankungen ein unumgänglicher Bestandteil der Quantenelektrodynamik sind, so ist man deshalb auch dazu berechtigt, in der Elektronentheorie von diesen Schwankungen und allen weiteren Konsequenzen der Feldquantisierung auf widerspruchsfreie Weise ganz abzusehen. Das geht ja auch aus Einsteins einfacher Ableitung des Wärmestrahlungsgesetzes auf korrespondenzmäßiger Grundlage hervor.

Diese Einstellung war für mich eine große Befreiung, namentlich im Hinblick auf die relativistischen Meßproben. Wie Du weißt, habe ich lange gemeint, daß man durch Untersuchung dieser Probleme überhaupt kein Argument dagegen finden kann, die Raum-Zeitbegriffe in der Elektronentheorie auch innerhalb von Bereichen anzuwenden, die klein im Verhältnis zu h/mc sind. Ich hatte bereits begonnen, durch den Verdacht sehr beunruhigt zu werden, daß die Notwendigkeit einer Feldquantisierung sowohl die Behandlung der Meßprobleme als auch die Versuche zum weiteren Ausbau der Löchertheorie ganz illusorisch machen könnte. So wie die Dinge nun liegen, besteht indessen meiner Meinung nach keinerlei Anlaß zu dem Glauben, daß wir bei den Meßproblemen überhaupt keiner Überraschung begegnen können, die nicht implizite in der mathematischen Formulierung der Löchertheorie verborgen ist, wenn nur diese die hinreichenden Forderungen der Invarianz erfüllt. Die detaillierte Behandlung möglicher Meßanordnungen ist wohl im allgemeinen sehr kompliziert, aber wir haben ja auch jetzt alle verstanden, daß die theoretischen Voraussagen, um deren Prüfung es sich bei solchen Messungen handeln könnte, meist auch von sehr komplizierter Natur sein werden. Nur in dem besonderen Fall, wo das Problem mit hinreichender Näherung als ein Ein-Teilchenproblem angesehen werden kann, liegen die Verhältnisse einfacher; hier kann man, wie ich in Brüssel andeutete, leicht beweisen, daß man mit hinreichend vielen Versuchen mit hinreichend verschiedenen Strahlungsbündeln alle prinzipiell statistischen Voraussagen der Theorie, die die Dichtefunktionen betreffen, prüfen kann.

Ich versuche gerade in diesen Tagen mit Rosenfelds Hilfe eine Darstellung der konsequenten Anwendung des Korrespondenzarguments in der Atomtheorie auszuarbeiten,[a] und wäre Dir daher sehr dankbar, wenn Du mich mit ein paar

Zeilen wissen ließest, ob Du von vornherein ganz uneinig bist mit einer solchen Einstellung, wie ich sie hier angedeutet habe.

Mit vielen Grüßen von uns allen, Dein uralter Niels Bohr

a) Eine solche Publikation ist in Bohrs Schriftenverzeichnis nicht nachweisbar.

[358] Heisenberg an Pauli

Leipzig, 15. Februar 1934

Lieber Pauli!

Ich glaube, daß bei Berücksichtigung Deiner Zeitmittelung[a] nun alle Schwierigkeiten verschwinden und möchte Dir dies zu unserer beiderseitigen Beruhigung vorrechnen.

1. Das Schwankungsquadrat der Ladung im leeren Raum.

Der Operator der Ladungsdichte heißt nach der Löchertheorie

$$\rho = e[\sum a_n^* a_m \cdot u_n^* u_m + \sum a_n^* b_\alpha^* u_n^* u_\alpha + \sum b_\alpha a_n u_\alpha^* u_n - \sum b_\alpha^* b_\beta u_\beta^* u_\alpha]. \tag{1}$$

(Lateinische Indizes für positive Energie, griechische für Zustände negativer Energie.) Ich mittle nun über ein Raum-Zeitgebiet:

$$\bar{e}_V = \frac{1}{T}\int_0^T dt \int_V dV \rho = e\left[\sum a_n^* a_m \frac{e^{\frac{i}{\hbar}(E_n - E_m)T} - 1}{\frac{i}{\hbar}(E_n - E_m)T} \cdot \int_V dV u_n^* u_m + \dots\right]$$

$$= e\left[\sum a_n^* a_m \frac{e^{\frac{i}{\hbar}(E_n - E_m)T} - 1}{\frac{i}{\hbar}(E_n - E_m)T} \cdot c_n^*(\rho) c_m(\rho) \int_V e^{\frac{i}{\hbar}(\mathfrak{p}_n - \mathfrak{p}_m)\mathfrak{r}} + \dots\right]$$

$$= e\left[\sum a_n^* a_m \frac{e^{\frac{i}{\hbar}(E_n - E_m)T} - 1}{\frac{i}{\hbar}(E_n - E_m)T} \cdot c_n^*(\rho) c_m(\rho) \int_V f(\mathfrak{p}_n - \mathfrak{p}_m, V) + \dots\right]. \tag{2}$$

Im leeren Raum folgt daher für den Erwartungswert:

$$\overline{(\bar{e}_V^2)} = e^2 \sum_{n,\alpha} c_n^*(\rho) c_\alpha(\rho) \cdot c_\alpha^*(\rho') c_n(\rho') |f(\mathfrak{p}_n - \mathfrak{p}_\alpha, V)|^2 \cdot 4 \frac{\sin^2 \frac{1}{2\hbar}(E_n - E_\alpha)T}{\left[\frac{1}{\hbar}(E_n - E_\alpha)T\right]^2} \tag{3}$$

Die Ausrechnung der Summen über ρ und ρ' ergibt:

$$\overline{(\bar{e}_V)^2} = e^2 \sum_{n,\alpha} \frac{p_n^0 p_\alpha^0 - (\mathfrak{p}_n \mathfrak{p}_\alpha) - m^2 c^2}{4 p_n^0 p_\alpha^0} \cdot 4 \frac{\sin^2 \frac{c}{2\hbar}(p_n^0 + p_\alpha^0) T}{\left[\frac{c}{\hbar}(p_n^0 + p_\alpha^0) T\right]^2} |f(\mathfrak{p}_n - \mathfrak{p}_\alpha, V)|^2. \tag{4}$$

(Hierbei ist $p_n^0 = +\sqrt{(mc)^2 + \mathfrak{p}_n^2}$, ebenso $p_\alpha^0 = +\sqrt{(mc)^2 + \mathfrak{p}_\alpha^2}$ gesetzt.)

Da die $u_n(\mathfrak{r})$ auf das Volumen 1 normiert waren, wird die Summe in (4) ersetzt durch das Integral über $d\mathfrak{p}_n$, $d\mathfrak{p}_\alpha$, wobei vorher mit $1/h^6$ zu multiplizieren ist. Außerdem sei $\mathfrak{p} = \frac{\mathfrak{p}_n + \mathfrak{p}_\alpha}{2}$; $\mathfrak{p}' = \mathfrak{p}_n - \mathfrak{p}_\alpha$. Es folgt

$$\overline{(\bar{e}_V)^2} = e^2 \frac{1}{h^6} \int d\mathfrak{p} \int d\mathfrak{p}' \frac{\sqrt{+}\sqrt{-} - \mathfrak{p}^2 + \frac{\mathfrak{p}'^2}{4} - m^2 c^2}{\sqrt{(mc)^2 + \left(\mathfrak{p} + \frac{\mathfrak{p}'}{2}\right)^2} \sqrt{(mc)^2 + \left(\mathfrak{p} - \frac{\mathfrak{p}'}{2}\right)^2}} \cdot \frac{\sin^2 \frac{c}{2\hbar}(\ )T}{\frac{c^2 T^2}{\hbar^2}[\sqrt{+} + \sqrt{-}]^2} |f(\mathfrak{p}', V)|^2. \tag{5}$$

Das Glied $\sin^2 \frac{c}{2\hbar}(\ )T$ kann man für hinreichend große $T\left(T \gg \frac{\hbar}{mc^2}\right)$ durch 1/2 ersetzen. Ferner will ich das Integral über $\mathfrak{p}$ ausführen, indem ich annehme, die wichtigsten Beiträge rührten von kleinen $\mathfrak{p}'$ her ($\mathfrak{p}' \ll mc$). (Dem entspricht in der Diracschen Rechnung, daß man sich nur für das Glied mit $\log P$ interessiert.) (Die exakte Ausrechnung von (5) ist mir zu langweilig.)

In dieser Näherung ergibt sich, wenn ich richtig gerechnet habe:

$$\overline{(\bar{e}_V)^2} = \frac{e^2}{h^6} \int d\mathfrak{p}' \cdot |f(\mathfrak{p}', V)|^2 \cdot \mathfrak{p}'^2 \frac{7\pi}{256 mc} \frac{\frac{1}{2}\hbar^2}{c^2 T^2}. \tag{6}$$

Die Frage, ob dieses Integral konvergiert oder nicht, hängt jedenfalls nur noch von der Raummittelung ab – für verschmierte Wände konvergiert es sicher – und mir scheint aus einer schlampigen Dimensionsbetrachtung zu folgen, daß es stets konvergiert. Die von mir im letzten Brief behauptete Divergenz verschwindet also bei endlichen Zeiten – aber das Schwankungsquadrat wächst bei $T \to 0$ mit $1/T^2$, der wahrscheinliche Fehler mit $1/T$.

2. Der Erwartungswert der Ladung, wenn ein äußeres Feld $e\phi(\mathfrak{r})$ vorhanden ist.

Die Formel (2) für $\bar{e}_V$ bleibt jetzt ohne Änderung bestehen. Denn es werden zwar an Stelle der E_n Energien treten, die wegen der Störung durch $e\phi(\mathfrak{r})$ etwas verändert sind, diese Änderungen beeinflussen aber die Erwartungswerte von $\bar{e}_V$ erst in zweiter Näherung. Für das Matrixelement der Störung, welches zur

Entstehung eines Elektrons im Zustand n und eines Positrons im Zustand α gehört, erhält man:

$$H_{n\alpha}=\int u_n^* e\phi(\mathfrak{r})u_\alpha dV=c_n^*(\rho)c_\alpha(\rho)\int e\phi(\mathfrak{r})e^{\frac{i}{\hbar}(\mathfrak{p}_n-\mathfrak{p}_\alpha)}dV$$
$$=c_n^*(\rho)c_\alpha(\rho)\cdot g(\mathfrak{p}_n-\mathfrak{p}_\alpha). \tag{7}$$

Für den Erwartungswert der Ladung folgt also:

$$\overline{(\bar{e}_V)}=e\sum_{n,\alpha} c_n^*(\rho)c_\alpha(\rho)\frac{g(\mathfrak{p}_n-\mathfrak{p}_\alpha)}{E_n-E_\alpha}\cdot c_n(\rho')c_\alpha(\rho')f^*(\mathfrak{p}_n-\mathfrak{p}_\alpha, V)$$
$$\cdot\frac{e^{-\frac{i}{\hbar}(E_n-E_\alpha)T}-1}{-\frac{i}{\hbar}(E_n-E_\alpha)T}+\text{konj.}$$
$$=\frac{e}{h^6}\int d\mathfrak{p}\int d\mathfrak{p}'\,\frac{p_n^0p_\alpha^0-(\mathfrak{p}_n\mathfrak{p}_\alpha)-(mc)^2}{4p_n^0p_\alpha^0}\,\frac{g(\mathfrak{p}_n-\mathfrak{p}_\alpha)}{c(p_n^0+p_\alpha^0)}$$
$$\cdot f^*(\mathfrak{p}_n-\mathfrak{p}_\alpha, V)\frac{e^{-\frac{i}{\hbar}(p_n^0+p_\alpha^0)T}-1}{-\frac{icT}{\hbar}(p_n^0+p_\alpha^0)}+\text{konj.} \tag{8}$$

Wegen $\int d\mathfrak{p}' g^*(\mathfrak{p}')f(\mathfrak{p}', V)\mathfrak{p}'^2=\int g(\mathfrak{p}')f^*(\mathfrak{p}', V)\mathfrak{p}'^2 d\mathfrak{p}'$ kann man hier das periodische Glied nicht streichen, das andere gibt keinen Beitrag.

Nach einiger Rechnerei finde ich für große Werte von T:

$$\overline{(\bar{e}_V)}=\frac{e}{h^6}\int d\mathfrak{p}' g^*(\mathfrak{p}')f(\mathfrak{p}, V)\mathfrak{p}'^2\frac{\sqrt{\pi}}{16c}\left(\frac{\hbar}{2mc^2T}\right)^{5/2}$$
$$\cdot\left(\cos\frac{2mc^2T}{\hbar}-\sin\frac{2mc^2T}{\hbar}\right). \tag{9}$$

Der Integralausdruck hat nun eine einfache anschauliche Bedeutung. Wenn nämlich $\rho_0(\mathfrak{r})$ die Ladungsdichte bedeutet, die das Feld $e\phi(\mathfrak{r})$ erzeugt, so gilt (wie z.B. auch Dirac angegeben hat):

$$\int_V \rho_0(\mathfrak{r})\mathrm{dV}=\frac{1}{4\pi c h^3\hbar^2}\int d\mathfrak{p}' g^*(\mathfrak{p}')f(\mathfrak{p}', V)\mathfrak{p}'^2.$$

Also wird:

$$\overline{(\bar{e}_V)}=\overbrace{\int_V \rho_0(\mathfrak{r})dV}^{\text{„}e_V^0\text{“}}\cdot\frac{e^2}{\hbar c}\cdot\frac{1}{32\pi^{3/2}}\cdot\left(\frac{\hbar}{2mc^2T}\right)^{5/2}$$
$$\cdot\left(\cos\frac{2mc^2T}{\hbar}-\sin\frac{2mc^2T}{\hbar}\right). \tag{10}$$

Andererseits hängt der wahrscheinliche Fehler der Ladungsmessung mit der Lineardimension des Gebietes zusammen, über das gemittelt wird. Sei D der Durchmesser oder die Verwaschung (?) des Gebietes, so wird nach (6)

$$\Delta(\bar{e}_V)\sim e\sqrt{\frac{D}{\lambda_0}\frac{\hbar}{mc^2T}}. \qquad \left(\lambda_0=\frac{h}{mc}\right) \tag{11}$$

Ein ganz unmittelbarer Zusammenhang zwischen (10) und (11) scheint also nicht vorhanden zu sein. Vielleicht sollte man die Schwankungsrechnungen auch für den mit Ladung (ρ^0) erfüllten Raum ausführen und würde noch eine engere Verbindung bekommen. Jedenfalls scheint mir aber erwiesen: Mittelwerte der Ladungsdichte über endliche Raum-Zeitgebiete bleiben stets endlich – und mehr soll man nicht verlangen. Es ist an den Formeln (10) und (11) auch schön zu sehen, wie die unerwünschten Ladungen erst dort auftreten, wo man die Raum- bzw. Zeitintervalle kleiner macht als $\hbar/mc$ bzw. $\hbar/mc^2$.

Ich glaube also, wir können mit noch besserem Gewissen als bisher behaupten, daß die einfache Methode, die Löcher in die Quantenelektrodynamik einzubauen, die beste ist (also Oppenheimer[b], oder die Rechnungen vom letzten Jahr) und es gewährt mir – gegenüber so gelehrten Herren wie Peierls – eine gewisse Befriedigung, zu sehen, daß diese gelehrten Herren oft allzu gelehrt sind. Ich erinnere mich daran, daß Peierls in Brüssel meine Vermutung, diese einfache Methode sei vielleicht eichinvariant, mit Hohn zurückgewiesen hat[c]. „Und wenn schon" – sagt man in Sachsen. Übrigens sollte diese ganze Löchertheorie doch publiziert werden. Kannst Du hierzu nicht einen Plan festsetzen? Ich schrieb Dir ja schon: es ist mir sehr recht, wenn Du die Arbeit allein publizierst. Andererseits tu' ich auch gern mit und würde dann nach einem von Dir entworfenen Plan gern einige Abschnitte auch selbst schreiben.

Über die de Brogliesche Arbeit ärgere ich mich umso mehr, je mehr ich über sie nachdenke. Aber vielleicht ist das nützlich.

Einstweilen viele Grüße — Dein W. Heisenberg

a) Vgl. [356]. – b) Siehe Paulis Schreiben [354], Anm. c. – c) Vgl. hierzu den folgenden Brief [359]. – Peierls erinnerte sich später an diesen Solvaykongreß von 1933 und bemerkte, daß zu diesem Kongreß zum erstenmal auch jüngere, weniger berühmte Leute zugelassen waren. Wahrscheinlich hatte Heisenberg an Peierls eifriger Teilnahme an den Diskussionen Anstoß genommen. Vgl. R.H. Stuewer (Hrsg.): Nuclear Physics in Retrospect. Minneapolis 1977. Dort S. 59.

Bevor Weisskopf im Oktober 1933 zu Pauli nach Zürich gekommen war, hatte er in Cambridge bei Peierls den Gebrauch des „Handwerkzeugs der Feldtheorie", „Casimiroperatoren, Alphagymnastik und Diracgleichungen" gründlich kennengelernt. In die tiefer liegende Problematik der Feldtheorie sei er aber erst durch Pauli in Zürich eingeweiht worden, sagte Weisskopf später.[1] Hier in Zürich arbeitete Weisskopf eng mit Pauli zusammen. Das zeigt sich auch in den folgenden Briefen, die er z.T. gemeinsam mit Pauli abfaßte. Aus Weisskopfs geplantem Beitrag zur „Dreimännerarbeit" über die Löchertheorie, wovon im folgenden Brief [359] die Rede ist, dürfte die selbständige von ihm im März eingereichte „Untersuchung über die Selbstenergie des Elektrons" hervorgegangen sein.[2]

[1] Siehe hierzu das von T.S. Kuhn und J.L. Heilbron am 10. Juli 1963 in Carlsberg durchgeführte Interview (SHQP: Tape 81 b). Vgl. auch V.F. Weisskopf: My Life as a Physicist. Enthalten in Physics in the Twentieth Century. Selected Essays, Victor F. Weisskopf. Cambridge, Mass. 1972. Dort S. 1–21.

[2] Z. Phys. **89**, 27–39 (1934). Eingegangen am 13. März 1934.

[359] Pauli an Heisenberg

Zürich, 17. Februar 1934

Lieber Heisenberg!

Dank für Deinen letzten Brief mit der Rechnung über das Schwankungsquadrat. – Inzwischen habe ich zusammen mit Weisskopf noch allerlei über Polarisationseffekte in veränderlichen Feldern gerechnet.[a] Hauptsächlich aber sind wir uns darüber klar geworden, daß die Gleichungen (1) Deines Briefes vom 8. II.[b], nämlich

$$H=\sum_{+} E_k N_k - \sum_{-} E_k N_k' + M_e h\nu_e + (++) + (+-) - (--) \text{ etc.} \tag{1}$$

wirklich nicht eichinvariant sind, so daß Du über Peierls in Deinem letzten Brief zu Unrecht gehöhnt hast.

Es ist aber keine wirkliche Schwierigkeit an dieser Stelle; die Nicht-Eichinvarianz ist nur eine Art Paradoxie des Unendlichen und kommt beim Übergang von

$$\int R_k \, dV = \int \left(R_k^0 + \frac{ie}{hc} \phi_k \, R^0 \right) dV \tag{III}$$

zu (1) herein, da (1) eine besondere Weise involviert, den Limes von endlich viel besetzten Zuständen (wo R_k^0 und R^0 noch endlich sind) zu unendlich vielen zu vollziehen. Diesen Punkt haben Weisskopf und ich noch präzisiert und in Ordnung gebracht.

Daß *alle* Schwierigkeiten der unendlichen Ladungsdichte bei Einführung der von mir vorgeschlagenen Zeitmittelung verschwinden[c], wird man kaum behaupten können, da es Fälle gibt, wo der Erwartungswert der Ladungsdichte zeitlich konstant, aber doch unendlich wird. – Dagegen dürften die Schwankungsquadrate der Ladungsdichte (in nullter Näherung) nach der Zeitmittelung wohl endlich werden. (?) (Bin nicht mehr sicher.)

Ich möchte auch gar nicht behaupten, daß hier keine Schwierigkeit vorliegt. Wohl aber möchte ich behaupten, daß diese Frage der unendlichen Ladungsdichte so eng mit der der Selbstenergie verknüpft ist, daß es wohl kaum angeht, die eine Frage ohne die andere lösen zu wollen*. *Ich würde gerne noch von Dir hören, ob Du mit dieser Formulierung einverstanden bist.*

Was den weiteren Arbeitsplan betrifft, so möchte ich folgendes vorschlagen:

1. Da Weisskopf mir doch bei verschiedenen Rechnungen geholfen hat, sollen wir eine „Dreimänner-Arbeit" verfassen; Autoren: Du, Weisskopf und ich.

2. Um die Bezeichnungen einheitlich zu gestalten, verfassen wir *zunächst* ein (vorläufiges) Manuskript der *ganzen* Arbeit und schicken dieses *nachher* Dir zur Kritik, Ergänzung etc.[d]

3. Die Arbeit soll enthalten: Darstellung der allgemeinen Theorie (mit Abtrennung der Frage des Energie-Impuls-*Dichte*-Tensors als Sonder §**). Präzision der Grenzübergänge. – Ein § über Schwankungsquadrat der Ladungsdichte (mit Benützung Deines letzten Briefes). Ein weiterer über Polarisation des Va-

* Es müssen eben der leere Raum und der Fall *eines* Teilchens in einer vernünftigen Theorie strenge Lösungen sein.

** Besondere Berücksichtigung der Symmetrie $+e \rightarrow -e$.

kuums in einem zeitlich beliebig veränderlichen Feld (nach Weisskopf). – Es soll Diracs Auffassung bekämpft werden (besonders mittels Deines Argumentes, das das Schwankungsquadrat betrifft).

Bist Du mit diesem Plan einverstanden?

Laß über die „tieferliegenden Fragen" wieder von Dir hören.

Viele Grüße Dein W. Pauli

a) Offenbar entstand daraus die im Dezember 1934 durch Weisskopf publizierte Untersuchung über die Polarisation der Elektronen bei der Streuung an Kristallen. Z. Phys. **93**, 561–581 (1935). – b) Vgl. [353]. – c) Vgl. [356]. – d) Das im Anhang zu diesem Brief abgedruckte Manuskript dürfte eine solche vorläufige Fassung gewesen sein.

In dem vorangehenden Brief [359] stellte Pauli Heisenberg ein Manuskript über Löchertheorie in Aussicht, welches als Grundlage für die weitere Diskussion über die geplante „Dreimännerarbeit" dienen sollte. Aller Wahrscheinlichkeit nach handelt es sich hierbei um das folgende Schriftstück, welches sich unter Heisenbergs nachgelassenen Papieren befand. Eine Datierung oder Zuordnung ist auf dem Dokument nicht vermerkt. Dennoch läßt sich aufgrund verschiedener Hinweise in den Briefen seine Entstehungsgeschichte annähernd rekonstruieren.

Am 2. März hatte Pauli angekündigt [263], mit der Niederschrift seiner und Weisskopfs Resultate am nächsten Montag (dem 6. März) zu beginnen. Offenbar ergaben sich bei dieser Ausarbeitung unvorhergesehene Schwierigkeiten, die dann kurzfristig eine eigenständige Veröffentlichung der Ergebnisse von Weisskopf ratsam erscheinen ließen. Schon am 13. März war der betreffende Aufsatz von Weisskopf bei der Redaktion der Zeitschrift für Physik eingegangen. Da auch Pauli in dem Manuskript auf diesen Aufsatz verwies, mußte er es geschrieben haben, nachdem der Plan einer „Dreimännerarbeit" bereits aufgegeben war.

Wie es scheint, ließ Paulis Interesse an einer gemeinsamen Publikation mit Heisenberg schon Ende März nach. Offenbar hatte vorher in Zürich eine mündliche Unterredung mit Heisenberg stattgefunden [370], als dieser von seinem Oster-Skiurlaub aus Klosters zurückkam. Pauli übergab schließlich auch die weitere Korrespondenz mit Heisenberg über diese Angelegenheit ganz seinem Assistenten Weisskopf und ließ ausrichten, „er wende sich von derartiger Subtraktionsphysik degoutiert" ab [370c].

Anlage zu [359]

Beiträge zur Theorie der Elektronen und Positronen

§ 1. Einleitung

Während die Diracsche Idee, die Zustände negativer Energie, zu denen seine Wellengleichung führt, in Positronen umzudeuten, sehr natürlich erscheint, soweit sie das Verhalten dieser Zustände in äußeren elektromagnetischen Feldern betrifft, scheint diese Idee auf größere Schwierigkeiten zu stoßen, wenn man die Erzeugung elektromagnetischer Felder durch diese Zustände selbst betrachtet. Bekanntlich mußte nämlich Dirac in diesem Zusammenhang die besondere Annahme einführen, daß keine solchen Felder erzeugt werden, wenn alle Zustände negativer Energie besetzt sind und daß nur die Differenz der von den tatsächlich besetzten Zuständen negativer Energie und allen Zuständen negativer Energie hervorgerufenen Werte der Ladungs- und Stromdichte gemäß den Maxwellschen Gleichungen felderzeugend wirkt. Die unbesetzten Zustände negativer Energie wirken dann in ihrer Eigenschaft als „Löcher" in der Gesamtheit aller Zustände negativer Energie in der Tat wie positiv geladene Teilchen mit gleicher Masse und dem Betrage nach gleicher Ladung wie das Elektron und können mit den Positronen identifiziert werden. Obwohl diese „Löcheridee" in Verbindung mit dem Ausschließungsprinzip zu wenigstens qualitativ richtigen Aussagen über die Häufigkeit der Erzeugung von Paaren zu führen scheint, soll hier doch besonders auf die großen Schwierigkeiten hingewiesen werden, zu denen die der bisherigen Theorie fremd gegenüber stehende Annahme führt, daß die besetzten Zustände negativer Energie nicht felderzeugend wirken. Es handelt sich hierbei nicht nur darum, daß wegen der (auch in einem endlichen Hohlraum) unendlichen Anzahl der Zustände negativer Energie der Elektronen die Subtraktion zweier unendlicher Größen durch Angabe des auszuführenden Grenzüberganges erst exakt definiert werden muß, sondern auch um viel weitergehende Schwierigkeiten. So erweist sich das mittlere Schwankungsquadrat der Ladungsdichte und Stromdichte eines Hohlraumes bereits bei Abwesenheit äußerer Felder als unendlich groß[a]. (§). Da dieses Resultat bestehen bleibt, wenn man den Mittelwert des Schwankungsquadrates der über eine endliche Zeit T integrierten, innerhalb des endlichen Volumens V befindlichen Ladung oder des Stromes betrachtet, welche Größe sicher als beobachtbar angesehen werden darf, muß dieses Resultat als eine ernstliche Schwierigkeit der Theorie angesehen werden. Die Schwierigkeit mehrt sich, wenn man zum Fall des Vorhandenseins äußerer Felder übergeht, wo gemäß der Theorie im allgemeinen die Ladungsdichte und Stromdichte selbst einen unendlichen Erwartungswert besitzt.

Es muß hier ein neuerer Versuch von Dirac* erwähnt werden, die Theorie im Fall des Vorhandenseins eines äußeren Feldes so abzuändern, daß die Erwartungswerte der Ladungs- und Stromdichte stets endlich bleiben. Ganz abgesehen davon, daß dieser Ansatz die Schwierigkeit der unendlichen Schwankungsquadrate bei Abwesenheit äußerer Felder unverändert bestehen läßt, kann er wohl kaum als konsequent angesehen werden, da er in keinem natürlichen Zusammenhang mit der anderen Annahme steht, daß die Wellengleichung für das Elektron sowie die Maxwellschen Gleichungen (abgesehen von dem abgeänderten Ausdruck für Strom- und Ladungsdichte) unverändert gültig bleiben sollen.

Um die letztere Frage zu prüfen, wird im folgenden §2 zunächst allgemein untersucht, welche Ansätze für Strom und Dichte, unter der ausdrücklichen Voraussetzung der Gültigkeit dieser Feldgleichungen sowie der bisher angenommenen Vertauschungsrelationen (V.-R.) zwischen den materiellen und elektromagnetischen Feldgrößen $\psi, \psi^*, \vec{E}, \vec{H}$, mit dem allgemeinen Formalismus der Quantenelektrodynamik (Qu.E.) und der relativistischen Invarianz und Eichinvarianz der Theorie verträglich sind. Es zeigt sich, daß dann die zu subtrahierenden, dem Fall keiner Felderzeugung entsprechenden Beträge im Ausdruck für Strom- und Ladungsdichte als notwendig vom äußeren Feld explizite

* Proc. Roy. Soc.[b]

unabhängig angenommen werden müssen, was dann weiter die erwähnten Paradoxien nach sich zieht.

Es scheint also, daß eine Vermeidung dieser Paradoxien nur durch eine radikalere Abänderung der Beschreibung des Zusammenhanges zwischen materiellem Wellenfeld und elektromagnetischem Feld möglich sein dürfte; diese Abänderung der Theorie dürfte zugleich auch die Klärung des Problems der Fixierung des Wertes der Feinstrukturkonstante $e^2/\hbar c$ und des Problems der Selbstenergie * bringen.

§ 2. Löchertheorie und Quantenelektrodynamik

Wie in der Einleitung erwähnt, sollen in der vorliegenden Arbeit die Konsequenzen aus der Annahme gezogen werden, daß auch in der Löchertheorie, die Wellengleichungen für die materiellen Feldgrößen ψ_ρ und ψ_ρ^* ($\rho=1,\ldots,4$; $i,k=1,\ldots,4$; über doppelt vorkommende Indizes ist zu summieren; $\alpha_{\rho\sigma}^k$ und $\beta_{\rho\sigma}$ sind die wohlbekannten Diracschen Matrizen)

$$\frac{\hbar}{i}\frac{\partial\psi_\rho}{\partial t}-e\phi_0\psi_\rho+\alpha_{\rho\sigma}^k\left(\frac{\hbar}{i}\frac{\partial}{\partial x^k}+\frac{e}{c}\phi_k\right)\psi_\sigma+mc\beta_{\rho\sigma}\psi_\sigma=0, \tag{1}$$

ferner die Maxwellschen Gleichungen für die Potentiale ϕ_0, $\vec{\phi}$ und die Feldstärken $\vec{E}, \vec{H}$

$$H_{ik}=\frac{\partial\phi_i}{\partial x^k}-\frac{\partial\phi_k}{\partial x^i}, \qquad E_i=-\frac{\partial\phi_0}{\partial x^k}-\frac{1}{c}\frac{\partial\phi_i}{\partial t}, \tag{2}$$

sowie

$$\operatorname{rot}\vec{H}-\frac{1}{c}\frac{\partial\vec{E}}{\partial t}=\frac{1}{c}\vec{J}, \qquad \operatorname{div}\vec{E}=\rho \tag{3}$$

unverändert gültig bleiben sollen, wenn ρ und $\vec{J}$ Ladungs- und Stromdichte bedeuten. Ferner verlangen wir im Sinne der Quantelung der Wellenfelder die Gültigkeit der üblichen q-Zahlrelationen**

$$[E_i(\vec{x},t), E_k(\vec{x}',t)]_-=[H_{ik}(\vec{x},t), H_{l,m}(\vec{x}',t)]_-=0 \tag{4a}$$

$$[E_i(\vec{x},t), H_{kl}(\vec{x}'t)]_-=\frac{\hbar c}{i}\left(\delta_{il}\frac{\partial}{\partial x^k}-\delta_{ik}\frac{\partial}{\partial x^l}\right)\delta(\vec{x}-\vec{x}') \tag{4b}$$

$$[\psi_\rho^*(\vec{x},t), \psi_\sigma(\vec{x}'\,t)]_+=\delta_{\rho\sigma}\delta(\vec{x}-\vec{x}'), \tag{5a}$$

$$[\psi_\rho(\vec{x},t), \psi_\sigma(\vec{x}',t')]_+=[\psi_\rho^*(\vec{x},t), \psi_\sigma^*(\vec{x}',t')]_+=0 \tag{5b}$$

$$\begin{aligned}[\psi_\rho(\vec{x},t), E_i(\vec{x}',t)]_-&=[\psi_\rho(\vec{x},t), H_{kl}(\vec{x}',t)]_-=[\psi_\rho^*(\vec{x},t), E_i(\vec{x}',t)]_-\\&=[\psi_\rho^*(\vec{x},t), H_{kl}(\vec{x}',t)]_-=0.\end{aligned} \tag{6}$$

Man hat zu unterscheiden die nicht-eichinvarianten Feldgrößen

$$\psi_\rho, \psi_\rho^*, \phi_0, \phi_i \tag{7a}$$

von den eichinvarianten Größen

$$\psi_\rho^*\psi_\sigma, \psi_\rho^*\left(\frac{\partial\psi_\sigma}{\partial x^k}+\frac{ie}{\hbar c}\phi_k\psi_\sigma\right), E_i, H_{kl}. \tag{7b}$$

---

* Vgl. zu letzterem V. Weisskopf, ZS. f. Phys. [**89**, 27–39 (1934)].

** Wir bezeichnen mit $[a,b]_-$ den Ausdruck $ab-ba$, mit $[a,b]_+$ den Ausdruck $ab+ba$.

Man hat zu verlangen, daß eichinvariante Energie- und Impulsintegrale $\overline{H}$ und G_k existieren, derart daß für die eichinvarianten Größen (7b) stets gilt

$$\frac{\partial F}{\partial x^k} = -\frac{i}{\hbar}[G_k, F]_-, \qquad \frac{\partial F}{\partial t} = +\frac{i}{\hbar}[\overline{H}, F]_-. \tag{8}$$

Von der Erweiterung dieser Relationen für nicht-eichinvariante Größen in der Fermischen Fassung der Quanten-Elektrodynamik wird später die Rede sein.

Um der durch die Diracsche Löcheridee geforderten Abänderung der Theorie Rechnung zu tragen, wollen wir nun zulassen, daß die üblichen Ausdrücke für Ladungs- und Stromdichte einerseits, für Energie und Impuls andererseits durch gewisse, zu subtrahierende Größen abzuändern sind, die eben dem Fall der Besetzung der Zustände negativer Energie entsprechen werden. Vorerst brauchen wir aber auf die letztere Interpretation nicht einzugehen und wollen ansetzen

$$\frac{1}{c}j_k = (-e)\{\psi_\rho^* \alpha_{\rho\sigma}^k \psi_\sigma - a_k\}, \qquad \rho = (-e)\{\psi_\rho^* \psi_\rho - a_0\}, \tag{9}$$

$$G_k = \int dV \psi_\rho^* \left(\frac{\hbar}{i}\frac{\partial}{\partial x^k} + \frac{e}{c}\phi_k\right)\psi_\rho + \frac{1}{c}\int dV E_l H_{kl} - g_k \tag{10a}$$

$$\overline{H} = \int dV \psi_\rho^* \left\{\alpha_{\rho\sigma}^k \left(\frac{\hbar c}{i}\frac{\partial}{\partial x^k} + e\phi_k\right)\psi_\rho + mc^2 \beta_{\rho\sigma}\psi_\sigma\right\}$$
$$+\tfrac{1}{2}\int (E^2 + H^2)dV - cg_0. \tag{10b}$$

Damit die Theorie relativistisch invariant ist, müssen (a_k, ia_0) sowie (g_k, ig_0) einen Vierervektor bilden.

Damit die Theorie eichinvariant ist, müssen diese beiden Vierervektoren selbst eichinvariant sein. Gemäß (1), (2), (3) und (9) müssen Zusatzdichte a_0 und Zusatzstrom a_k für sich der Kontinuitätsgleichung genügen

$$\frac{1}{c}\frac{\partial a_0}{\partial t} + \frac{\partial a_k}{\partial x^k} = 0. \tag{11}$$

Wir haben nun zu prüfen, wann die Ansätze (10) für Energie und Impuls auf Grund der Fundamentalgleichungen (8) mit den Gleichungen (1), (2), (3) vereinbar sind. Man findet unter Berücksichtigung von (4), (5), (6), *daß g_0 und g_k mit allen eichinvarianten Größen* (7b) *außer mit E_i vertauschbar sein müssen* und daß gilt

$$[E_i, g_k]_- = \delta_{ik}\frac{-\hbar e}{i}a_0, \qquad [E_i, g_0]_- = \frac{-\hbar e}{i}a_i. \tag{12}$$

Da die g_k und g_0 eichinvariant sind (und außerdem mit den aus den ψ^* und ψ gebildeten eichinvarianten Größen vertauschbar sind), müssen sie auch mit $\operatorname{div}\vec{E}$ vertauschbar sein:

$$\left[\frac{\partial E_i}{\partial x^i}, g_k\right]_- = 0, \qquad \left[\frac{\partial E_i}{\partial x^i}, g_0\right]_- = 0. \tag{13}$$

Aus (12) und (13) folgt aber sofort

$$\frac{\partial a_0}{\partial x^i}=0, \quad \frac{\partial a_i}{\partial x^i}=0,$$

also nach (11) auch

$$\frac{\partial a_0}{\partial t}=0,$$

d.h. $a_0=\text{const.}$ und wegen der relativistischen Invarianz also auch $a_k=\text{const.}$ *Die zusätzlichen Terme im Dichte-Strom-Vektor sind also c-Zahlen, sie haben also auch dieselben Ausdrücke, ob ein äußeres Feld vorhanden ist oder nicht.*

Nun folgt aus (12) weiter

$$g_k=g_k^0+\frac{e}{c}a_0\int\phi_k dV, \qquad g_0=g_0^0+\sum_{k=1}^{3}a_k\frac{e}{c}\int\phi_k dV, \tag{14}$$

wobei g_k^0 und g_0^0 c-Zahlen sind.

Diese Größen sind in der Tat eichinvariant, da der Zusatz $\frac{\partial\lambda}{\partial x^k}$ im Vektorpotential nach Integration über das Volumen wieder fortfällt.

Man sieht also, daß eine Annahme von der Art, daß Zusatzstrom a_k und Zusatzdichte a_0 explizite vom äußeren Feld abhängen sollen, wie Dirac dies einzuführen versuchte, notwendig eine Abänderung der Maxwellschen Gleichungen oder der Wellengleichung für die materiellen ψ oder der V.-R. der physikalischen Größen (7) nach sich zieht. (Dies war auch in der Tat zu erwarten vom Standpunkt des allgemeinen Schemas der kanonischen Herleitung der V.-R. und der Wellengleichung aus einer Lagrange-Funktion.) Eine solche weitergehende Abänderung der Theorie dürfte aber nur dann gerechtfertigt sein, wenn zugleich das Problem der Selbstenergie und das des Wertes von $e^2/\hbar c$ gelöst werden könnte. Wir haben hier nur von der Frage des totalen Impulses und der totalen Energie gesprochen, nicht aber von der Möglichkeit, Energie*dichte* und Impuls*dichte* eichinvariant zu definieren. Da letztere in den wichtigeren physikalischen Anwendungen jedoch nicht vorkommen, dürfte es angesichts des provisorischen Charakters der Theorie zunächst nicht erforderlich sein, diese Fragen zu untersuchen.

Es sei hier noch die Fermische Form der Quantenelektrodynamik kurz erwähnt, bei der die Fundamental-Relationen (8), nicht nur für die eichinvarianten, sondern für alle physikalischen Größen gelten.

Man erreicht dies durch Einführung der weiteren Nebenbedingung

$$\frac{1}{c}\frac{\partial\phi_0}{\partial t}+\frac{\partial\phi_k}{\partial x^k}=0$$

neben

$$\operatorname{div}\vec{E}=\rho$$

und Umformung von $\bar{H}$ und G_k mit ihrer Hilfe durch partielle Integration in die Form

$$G_k'=\int\left\{\psi_\rho^*\frac{\hbar}{i}\frac{\partial\psi_\rho}{\partial x^k}-\frac{1}{c^2}\frac{\partial\phi_l}{\partial t}\frac{\partial\phi_l}{\partial x^k}+\frac{1}{c^2}\frac{\partial\phi_0}{\partial t}\frac{\partial\phi_0}{\partial x^k}\right\}dV$$
$$+\left(\int dV\frac{e}{c}\phi_k a_0-g_k\right), \tag{14}$$

$$\overline{H}=\int dV\left\{-e\phi_0\psi_\rho^*\psi_\rho+\psi_\rho^*\alpha_{\rho\sigma}^k\left(\frac{\hbar c}{i}+e\phi_k\right)\psi_\sigma+mc^2\psi_\rho^*\beta_{\rho\sigma}\psi_\sigma\right.$$
$$\left.+\frac{1}{2}\left[\left(\frac{\partial\phi_k}{\partial t}\right)^2+\sum_l\left(\frac{\partial\phi_k}{\partial x^l}\right)^2+\left(\frac{\partial\phi_0}{\partial t}\right)^2+\sum_l\left(\frac{\partial\phi_0}{\partial x^l}\right)^2\right]\right\}$$
$$+(\int dV e\phi_0 a_0-cg_0). \tag{15}$$

Die weiteren Schlußfolgerungen bleiben im wesentlichen dieselben.

Bis jetzt war noch gar nicht davon die Rede, wie die c-Zahlen a_0, a_k und g_0^0, g_k^0 zu deuten und zu bestimmen sind und welchen Zusammenhang sie mit der Löchertheorie haben. Um dieses zu erreichen genügt es, den kräftefreien Fall zu betrachten; es ist jedoch nötig, einen Grenzübergang zu vollführen, um die unbestimmte Subtraktion zweier unendlicher Größen zu vermeiden. Es seien

$$\psi_\rho^{(n)}(\vec{x},t)=a_\rho^{(n)}(\vec{p})e^{\frac{i}{\hbar}(\vec{p}\vec{x}-Et)}$$

die gemäß

$$\sum_\rho a_\rho^{(n)*}(\vec{p})a_\rho^{(n)}(\vec{p})=1$$

normierten Eigenfunktionen der kräftefreien Elektronen. Dann bilde man zunächst mit Abschneiden beim Impuls P die Matrizen

$$a_0^P=\int_P dp_1dp_2dp_3\sum_{n=1,2}\sum_\rho a_\rho^{(n)*}(\vec{p})a_\rho^{(n)}(\vec{p})$$
$$a_k^P=\int_P dp_1dp_2dp_3\sum_{n=1,2}\sum_{\rho,\sigma} a_\rho^{(n)*}(\vec{p})\alpha_{\rho\sigma}^k a_\sigma^{(n)}(\vec{p}),$$

worin für jeden Wert von p über die zwei Zustände negativer Energie zu summieren und im p-Raum über die Kugel mit dem Radius P zu integrieren ist. Ebenso bilde man

$$g_0^{0P}=-\int_P dp^{(3)}\sqrt{m_0^2c^2+\vec{p}^2}\cdot\sum_{n=1,2}\sum_\rho a_\rho^{(n)*}(\vec{p})a_\rho^{(n)}(\vec{p})$$
$$g_k^{0P}=\int_P dp^{(3)}p_k\sum_{n=1,2}\sum_\rho a_\rho^{(n)*}(\vec{p})a_\rho^{(n)}(\vec{p}).$$

Entsprechend berechne man nun auch die Erwartungswerte der Größen von der Art $\psi_\rho^*\psi_\sigma$ und $\psi_\rho^*\left(\frac{\partial\psi_\sigma}{\partial x^k}+\frac{ie}{\hbar c}\phi_k\psi_\sigma\right)$ in solcher Weise, daß man für $|\vec{p}|<P$ die Zustände in denen Positronen vorhanden (nicht vorhanden) sind, als unbesetzt (besetzt) annimmt, für $|\vec{p}|>P$ aber diese Umdeutung zunächst nicht vornimmt, sondern umgekehrt die Zustände in denen Positronen vorhanden sind als besetzt annimmt. Erst in allen Endresultaten gehe man zum $\lim P\to\infty$ über.

Eine andere Weise den Grenzübergang vorzunehmen, besteht darin, die Argumente von $\vec{x},t$ in den ψ_ρ^*, von denen in den ψ_ρ zunächst als verschieden anzunehmen; es seien etwa $\vec{x}',t'$ die ersteren, $\vec{x}'',t''$ die letzteren. Dann müssen auch für a_0, a_k; g_0^0, g_k^0 entsprechende, im folgenden (§) näher angegebene

Matrizen gebildet werden, deren Werte von den Differenzen

$$\vec{\xi}=\vec{x}'-\vec{x}'', \qquad \tau=t'-t''$$

abhängen werden. Dagegen ist es jetzt möglich, sogleich alle Integrationen bis $P=\infty$ zu erstrecken und die für die Löcheridee charakteristische Umbenennung der Besetzungszahlen der Zustände negativer Energie gleich in allen Zuständen negativer Energie vorzunehmen. Nachher hat man in den Resultaten den $\lim \xi\to 0$, $\tau \neq 0$ zu bilden. Diese Methode des Grenzüberganges wird von Dirac ausschließlich herangezogen. Es scheint, daß sie zu befriedigenderen Resultaten führt wie die erstgenannte Methode des Grenzüberganges.

a) In dem Brief [359] war Pauli lediglich unsicher, ob dieses Schwankungsquadrat endlich bleibt. Die Tatsache, daß diese Frage hier bereits geklärt ist, weist ebenfalls auf einen späteren Entstehungszeitpunkt des Manuskriptes hin. – b) Da beide Literaturangaben in dem vorliegenden Entwurf unvollständig sind, dürften Pauli zum Zeitpunkt der Niederschrift lediglich die Manuskripte der jeweiligen Arbeiten vorgelegen haben. (Vgl. [362]). So ist es zu verstehen, daß er davon ausging, Dirac würde seine Untersuchung in den Proceedings of the Royal Society publizieren, obwohl sie tatsächlich in den Proceedings of the Cambridge Philosophical Society erschien. (Siehe Anm. 8 im Kommentar zu [338].)

[360] Pauli an Heisenberg

[Zürich], 23. Februar [1934][a]
[Postkarte]

Lieber Heisenberg! Dank für Deine Karte. – Über die Löchertheorie bin ich nicht sehr glücklich, es ist doch eine sehr scheußliche Theorie. Aber rein mathematisch ist wohl alles klar und ich glaube auch gar nicht, daß sich die Theorie ohne ganz wesentliche neue Gedanken überhaupt verbessern läßt. – Weiß nicht, ob ich vor dem 1. März zum Schreiben der Arbeit komme.

Was Bohrs Brief an mich betrifft, so habe ich ihn ausführlich beantwortet.[b] Ich bin mit allen Aussagen Bohrs über *Messungen* völlig einverstanden, fand aber gerade den Satz über die Selbstenergie und über die Anwendung der Quantenelektrodynamik im Gebiet der eigentlichen Atomtheorie ganz konfus. Diese Aussagen der Quantenelektrodynamik scheinen mir nämlich *identisch* zu sein mit denen der *konsequenten* Anwendung der alten Korrespondenz-Argumente in der Strahlungstheorie. – Es muß möglich sein, die Selbstenergie auch ohne Quantenelektrodynamik abzuleiten (darüber hoffe ich, nächstens positiveres zu berichten) – allein korrespondenzmäßig à la Klein und ich bin deshalb umgekehrt bestärkt in [der] Behauptung, Selbstenergie und Polarisation hängen zusammen.

Herzlichst — Dein W. Pauli

a) Datum des Poststempels. – b) Siehe [357]. Die betreffenden Antwortschreiben Paulis konnten bisher nicht aufgefunden werden. Wie aus einem Schreiben Bohrs vom 19. Februar 1934 an Klein hervorgeht, hatte er auch ihm eine Kopie seines Schreibens an Pauli gesendet. Klein äußerte sich daraufhin in einem Brief an Bohr vom 6. März 1934.

[361] Bohr an Pauli

Kopenhagen, 24. Februar 1934
[Maschinenschrift]

Kære Pauli,

Mange Tak for Dine rare Breve med det saavel hurtige som indgaaende Svar paa min lille Hjerteudgydelse. Baade Rosenfeld og jeg har studeret Dine Breve meget nøje og er naturligvis enige med det meste deri, men jeg tror alligevel, at Du undervurderer Konsekvensen i det helt igennem paa den ringe Værdi af Finstrukturkonstanten baserede Korrespondensangreb paa Atomproblemerne. Med den forbigaaende Foruroligelse, som jeg hentydede til i mit Brev, tænkte jeg paa et forvildet (for ogsaa at benytte Din Sprogbrug) Forsøg ud fra Kvanteelektrodynamikken at finde en nedre Grænse for Finstrukturkonstanten, og med Befrielsen paa den af Naturen eller vel rettere Fornuften tilbudte gamle Redningsplanke fra det bundløse Dyb, som vi her ser ned i. Denne Sætning vil jo sikkert give Dig ny Anledning til at bruge Dine store Evner som Psykoanalytiker; men min Indstilling har alligevel ikke alene en psykisk, men ogsaa en meget teknisk Baggrund. Jo mere jeg fordyber mig i Maaleproblemet, ser jeg Finstrukturkonstanten dukke op paa alle Punkter, og Umuligheden af en i Kvanteelektrodynamikkens Aand rationel Behandling af Straalings- og Gravitationsproblemerne forekommer mig mere og mere indlysende. Hvad de første angaar, mener jeg, at Du ganske overdriver Betydningen af den formelle Forbindelse mellem Selvenergiparadokset og Behandlingen af Spektralliniebreddeproblemet, der finder en utvungen, omend maaske ikke elegant Forklaring ud fra Atommekanikkens simpleste Forudsætninger. Hvad Gravitationsproblemerne angaar, har Du vel allerede forstaaet, at Svaret paa de af Rosenfeld behandlede Paradoxier efter min Indstilling vil blive en lignende Henvisning til Forskellen mellem makro- og mikroskopiske Beskrivelsesmuligheder som i Elektronteorien. Jeg har netop i disse Dage faaet Korrektur fra Langevin om Diskussionen i Bryssel og er netop i Færd med at gøre mine egne Bemærkninger til Indførelse deri færdig. Om nogle faa Dage skal jeg skrive nærmere til Dig derom. I Dag vil jeg kun tilføje, at jeg nu, da Foraaret nærmer sig, som sædvanlig tænker paa Muligheden af et mere end velkomment lille Besøg af Dig her oppe, og at jeg derfor skulde være meget glad for at høre et Par Ord om Dine Planer for den nærmeste Tid. Din Niels Bohr

P.S. Hvis Du har en Kopi eller Korrektur af Dit og Heisenbergs nye Arbejde, vil vi alle her være meget interesserede i at se den.

Übersetzung von [361]

Lieber Pauli!

Vielen Dank für Deine netten Briefe mit der schnellen und ausführlichen Antwort auf meinen kleinen Herzenserguß. Sowohl Rosenfeld als auch ich haben Deine Briefe sehr genau studiert und sind natürlich mit dem meisten darin einverstanden, aber ich glaube doch, daß Du die Konsequenz in dem ganz und gar auf dem geringen Wert der Feinstrukturkonstanten beruhenden Korrespondenz-Angriff auf die Atomprobleme unterschätzt. Mit der vorübergehenden Beunruhigung, auf die ich in meinem Brief anspielte, dachte ich an einen verirrten (um auch Deinen Sprachgebrauch zu benutzen) Versuch, aus der Quantenelektrodynamik eine untere Grenze für die Feinstrukturkonstante zu finden, und mit Befreiung an die von der Natur – oder wohl richtiger der Vernunft – angebotene alte rettende Brücke aus der bodenlosen Tiefe, in die wir hier hinabsehen. Dieser Satz wird Dir sicher neuen Anlaß geben, Deine großen Fähigkeiten als Psychoanalytiker anzuwenden.

Aber meine Einstellung hat trotzdem nicht nur einen psychischen, sondern auch einen sehr technischen Hintergrund. Je mehr ich mich in das Meßproblem vertiefe, sehe ich die Feinstrukturkonstante an allen Punkten auftauchen, und die Unmöglichkeit einer – im Sinne der Quantenelektrodynamik – rationalen Behandlung der Strahlungs- und Gravitationsprobleme erscheint mir mehr und mehr einleuchtend. Was die erstere angeht, meine ich, daß Du die Bedeutung des formalen Zusammenhanges zwischen dem Selbstenergieparadoxon und der Behandlung des Problems der Spektrallinienbreite, die eine ungezwungene, obwohl vielleicht nicht elegante Erklärung aus den einfachsten Voraussetzungen der Atommechanik findet, ziemlich übertreibst. Was die Gravitationsprobleme betrifft, hast Du wohl schon verstanden, daß die Antwort auf die von Rosenfeld behandelten Paradoxa[a] nach meiner Einstellung ein ähnlicher Hinweis auf den Unterschied zwischen der marko- und mikroskopischen Beschreibungsmöglichkeit wie in der Elektronentheorie sein wird.

Ich habe gerade in diesen Tagen die Korrektur der Diskussion in Brüssel von Langevin bekommen[b] und bin eben dabei, meine eigenen Bemerkungen zur Einführung darin fertig zu machen. In wenigen Tagen werde ich Dir mehr darüber schreiben. Heute will ich nur hinzufügen, daß ich jetzt, da sich der Frühling nähert, wie gewöhnlich an die Möglichkeit eines mehr als willkommenen kurzen Besuchs von Dir[c] hier oben denke, und ich würde mich daher sehr freuen, ein paar Worte über Deine Pläne für die nächste Zeit zu hören.

Dein Niels Bohr

P.S. Falls Du eine Kopie oder Korrektur Deiner und Heisenbergs neuer Arbeit hast, würde es uns alle hier sehr interessieren, sie zu sehen.

a) Während eines Aufenthaltes bei Pauli in Zürich hatte Rosenfeld das von einem elektromagnetischen Feld erzeugte Gravitationsfeld quantisiert und dabei festgestellt, daß auch diese Gravitationsenergie divergiert. Siehe L. Rosenfeld: Über die Gravitationswirkungen des Lichtes. Z. Phys. **65**, 589–599 (1930). – b) Siehe Anm. 1 zum Kommentar von [348]. – c) Siehe hierzu den Kommentar zu [357].

[362] Pauli an Heisenberg

[Zürich], 26. Februar [1934]
[Postkarte]

Lieber Heisenberg!
Ich brauche momentan das Diracsche Manuskript nicht und schicke es Dir mit gleicher Post eingeschrieben.

Der Pferdefuß der Diracschen Arbeit[a] scheint mir in der Benützung der Gleichung (45), S. 22 zu liegen[b], wo f in f_1 und $(t-\alpha_s x_s)g$ gespalten wird. Diese Spaltung wird zunächst nur als technisches Mittel zur Integration einer Gleichung gebraucht, dann aber in willkürlicher Weise *mißbraucht* zur Spaltung der Dichtematrix R in R^a und R^c (welche Spaltung gar nicht eindeutig ist). – Im übrigen hilft das Ganze gar nichts gegen das unendliche Schwankungs*quadrat* der Dichte in nullter Näherung.[c]

Viele Grüße

Dein W. Pauli

Bohr hat mir einen 2. Brief [geschickt.]

a) Siehe Anm. 9 des Kommentars zu [338]. – b) Entspricht S. 160 der Publikation. – c) Siehe hierzu Paulis Bemerkungen in [359] und in der Anlage zu [359].

[363] Pauli an Heisenberg

[Zürich], 2. März [1934]

Lieber Heisenberg!

Dein Brief vom 1. läßt sich leicht beantworten: *Du hast ganz Recht.* Dirac hat es übersehen, seinen Ansatz für den feldfreien Raum zu kontrollieren (das ist mir auch schon aufgefallen).

Man kann es aber leicht in Ordnung bringen. Man setze

$$f=f_1+(t-\alpha_s x_s)g$$

sowohl für die wahren Größen f_1, g, als auch für die Diracschen.

Im kräftefreien Fall kennt man R^a, also (f_1^0) wahr, wobei hier und im Folgenden der Index 0 immer anzeigen soll, daß es sich um den kräftefreien Fall handelt. Nun *definiere* man

$$(f_1)_{\text{wahr}}=(f_1)_{\text{Dirac}}-(f_1^0)_{\text{Dirac}}+(f_1^0)_{\text{wahr}},$$

und definiere mit *diesem* $(f_1)_{\text{wahr}}$ die Trennung von R in R^a und R^b.

Natürlich ist dieser Ansatz zwar möglich, aber völlig willkürlich. Ich glaub' keine Silbe und die ganze Löchertheorie gefällt mir um so weniger, je mehr ich über sie nachdenke. – Montag beginne ich mit dem Zusammenschreiben von meinen und Weisskopfs Rechnungen.[a] Schreib' bitte Deine Adresse, falls Du von Leipzig verreist.[b]

Herzlichst

Dein W. Pauli

a) Siehe hierzu den Kommentar zu [359]. – b) Heisenberg verbrachte seinen Osterurlaub in Klosters. Wahrscheinlich hatte Weisskopf ihn dort aufgesucht. (Vgl. [371 a].

Die Lage der aus Deutschland emigrierten Physiker gestaltete sich in diesem Jahr besonders kritisch. In England liefen im Herbst 1934 die meisten vom Academic Assistance Council in London bewilligten Stipendien ab und konnten nicht erneuert werden. In Zürich hatte sich jedoch eine Notgemeinschaft konstituiert, die über aussichtsreiche Verbindungen in Rußland und Indien verfügte.[1] Niels Bohr, der ebenfalls ausgiebig mit dem Emigrantenproblem konfrontiert war, glaubte, in Rußland mehr zu erreichen, wenn er zusammen mit Rosenfeld mit den maßgeblichen Personen in Verbindung treten würde. Diesem Zwecke sollte die im folgenden Brief [364] erwähnte Rußlandreise dienen. Heisenberg war durch Planck von dieser Reise informiert und schrieb: „Sollte Dich dieser Brief noch auf der Reise in Rußland erreichen, so fände ich es herrlich, wenn Du den Rückweg über Leipzig nehmen und ein paar Tage hier bleiben könntest. In meinem Garten kann man Boccia spielen oder im Liegestuhl liegen, also für das nötige Ausruhen könnte ich garantieren.“ [2]

[1] Vgl. hierzu Borns Schreiben vom 8. März 1934 an Einstein.
[2] Heisenberg an Bohr, 17. Juni 1934.

[364] Bohr an Pauli

Kopenhagen, 3. März 1934
[Maschinenschrift]

Kære Pauli,
Tak for Dit sidste rare Brev. Jeg har netop sendt et Manuskript med Udarbejdelsen af mine Diskussionsbemærkninger fra Bryssel til Langevin og sender Dig indlagt en Genpart, hvorom jeg skulde være meget glad for at høre Din Mening, før jeg faar Korrektur. Bemærkningerne kommer som et Tillæg til Diskussionen og staar derfor helt for min egen Regning. Alligevel vil jeg gerne høre, om der er noget heri, som Du synes burde udelades ved denne Lejlighed, hvor der jo ikke saa godt kan blive Anledning til kritiske Gensvar. Baade Rosenfeld og jeg venter iøvrigt spændt paa den lovede Afhandling af Weisskopf. Jeg behøver jo ikke at sige, hvor glad jeg blev over at høre, at der er Mulighed for et Besøg af Dig her i Foraaret. Maaske kommer Heisenberg og Dirac ogsaa. Min Ruslandsrejse, som Du spørger om, finder temmelig sikkert Sted i Begyndelsen af Maj, og Margrethe og Rosenfeld tager med paa Rejsen, der vil vare ca. 3 Uger.

Med mange venlige Hilsener fra os alle, Din hengivne Niels Bohr

Übersetzung von [364]

Lieber Pauli!
Habe Dank für Deinen letzten netten Brief. Ich habe gerade ein Manuskript mit der Ausarbeitung meiner Diskussionsbemerkungen von Brüssel an Langevin abgesandt[a] und schicke Dir beiliegend eine Abschrift, über die ich sehr gerne Deine Meinung hören würde ehe ich die Korrektur erhalte. Die Bemerkungen kommen als ein Zusatz zur Diskussion und ich verantworte sie daher ganz allein. Trotzdem möchte ich gerne hören, ob etwas darinsteht, von dem Du meinst, daß es bei dieser Gelegenheit weggelassen werden sollte, da ja hier kaum Anlaß zu kritischen Entgegnungen sein kann.

Sowohl Rosenfeld als auch ich warten übrigens gespannt auf die versprochene Abhandlung von Weisskopf.[b] Ich brauche ja nicht zu sagen wie froh ich über die Nachricht war, daß die Möglichkeit Deines Besuches hier im Frühjahr besteht. Vielleicht kommen auch Heisenberg und Dirac. Meine Rußlandreise, nach der Du fragst, findet ziemlich sicher Anfang Mai statt, und Margrethe und Rosenfeld gehen mit auf die Reise, die ca. 3 Wochen dauern wird.

Mit vielen freundlichen Grüßen von uns allen, Dein ergebener Niels Bohr

a) Außer seinen 9 kürzeren Diskussionsbemerkungen reichte Bohr nachträglich einen 12 Seiten langen Zusatz für die Kongreßakten ein, in dem er die Möglichkeiten einer korrespondenzmäßigen Behandlung der Diracschen Theorie darlegte. (Siehe [366] und Anm. 1 im Kommentar zu [348].) – b) Siehe den Kommentar zu [359].

[365] Bohr an Pauli

Kopenhagen, 7. März 1934
[Maschinenschrift]

Kære Pauli,

Jeg sender blot et Par Linier for at sige, at jeg lige har set, at en Sætning i mine Brysseler Bemærkninger handlende om Liniebredden baade er dum og urigtig. Det er naturligvis Sætningen, der begynder: Comme on sait, la forme des lignes ..., der imidlertid sletikke er væsentlig for det Standpunkt, jeg prøver at forsvare, ja ikke engang harmonerer med det. Jeg tror, at jeg virkelig nu ved, hvordan Forholdet imellem den korrespondensmæssige Dispersionstheori og Liniebreddeproblemet ligger og skal en af de allerførste Dage skrive nærmere derom. Jeg er iøvrigt spændt paa at høre fra Dig om, hvordan Du ser paa den hele Indstilling, ud fra hvilken mine Bemærkninger er skrevet.

Din Niels Bohr

Übersetzung von [365]

Lieber Pauli!

Hier nur ein paar Zeilen um Dir zu sagen, daß ich gerade einen Satz, der von der Linienbreite handelt, in meinen Brüsseler Bemerkungen gesehen habe, der dumm und unrichtig ist. Es ist natürlich der Satz, der beginnt: Comme on sait, la forme des lignes ...,[a] der indessen gar nicht wesentlich für den Standpunkt ist, den ich zu vertreten versuche und nicht einmal damit harmoniert. Ich glaube, daß ich jetzt wirklich verstehe, wie das Verhältnis zwischen der korrespondenzmäßigen Dispersionstheorie und dem Problem der Linienbreite ist, und ich werde an einem der allernächsten Tage eingehender darüber schreiben. Ich bin übrigens gespannt zu hören, wie Du die ganze Einstellung beurteilst, aus der heraus meine Bemerkungen geschrieben sind. Dein Niels Bohr

a) Siehe den in der Anm. a) von [364] zitierten Zusatz Bohrs in dem Solvaybericht. Dort auf S. 223 befindet sich die hier von Bohr angesprochene Formulierung.

In dem folgenden Brief von Bohr [366] finden wir zum erstenmal eine Äußerung über Paulis Absicht zu heiraten. Franca Bertram, die Tochter aus einer Münchener Kaufmannsfamilie, lebte damals in Zürich. Pauli lernte sie hier im Jahre 1932 während eines Gartenfestes kennen. Während der Ostertage suchte Pauli gemeinsam mit ihr seinen Hamburger Freund und Kollegen Erich Hecke auf. Die Ehe wurde am 4. April in London geschlossen. Außerdem war ein kurzer Aufenthalt bei Bohr in Kopenhagen vorgesehen. Bohr war bereits in die vornehme neue Residenz umgezogen, die ihm der wohlhabende Begründer der Carlsberg-Brauereien als Wohnsitz zur Verfügung stellte, und konnte das junge Ehepaar gebührend empfangen.

Zugleich mit Paulis bisher nicht aufgefundenem Brief, in dem er sich zu Bohrs Bemerkungen für den Solvay-Bericht äußerte, war Weisskopfs Arbeit „Über die Selbstenergie des Elektrons" eingetroffen [366]. Unabhängig davon legte auch Heisenberg seine abweichende Einstellung zum Selbstenergieproblem in einem Schreiben an Bohr vom 12. März dar: „Meine Stimmung gegenüber dem Problem der unendlichen Selbstenergie [ist] etwas verschieden von dem, was Du darüber schreibst. Ich bin zwar ganz mit Dir darin einig, daß wir bisher keine Theorie besitzen, die über eine konsequente Anwendung des Korrespondenzprinzips auf die Maxwellsche Theorie wesentlich hinausgeht; daraus folgt auch, daß Punktladungen eine unendliche Selbstenergie haben müssen – aber ohne jeden Hinweis auf den Formalismus der Quantenelektrodynamik. Aber mir scheint, daß eine vernünftige Quantisierung des Feldes – über die Korrespondenz hinausgehend – diese unendliche Selbstenergie beseitigen müßte, und zwar genau in der Weise, wie Klein und Jordan den elektrostatischen Teil der Selbstenergie vermieden haben. Ich halte diesen „Trick" von Klein und Jordan keineswegs für einen oberflächlichen Kunstgriff, sondern für die folgerichtige Ausnützung eines bestimmten formalen Zuges in der Quantentheorie der Wellenfelder, den man in Zukunft noch allgemeiner ausnutzen muß. In der Quantentheorie der Wellenfelder scheint nämlich das Problem der *einzelnen* Punktladung analog zur Behandlung eines quantenmechanischen Systems im *tiefsten* Quantenzustand; ebenso wie nun alle Übergangswahrscheinlichkeiten vom tiefesten Quantenzustand eines Oszillators nach „abwärts" automatisch verschwinden müssen (das ist eine Forderung, die aus dem Korrespondenzprinzip nicht folgt, ihm aber auch nicht widerspricht und für die Anfänge der Quantenmechanik wichtig war), so muß man in der Quantenmechanik der Wellen fordern, daß die einzelne Punktladung eine triviale Lösung der Bewegungsgleichungen ist, d.h. daß alle Übergangswahrscheinlichkeiten, die zur Entstehung anderer Teilchen Anlaß geben, verschwinden. Diese Forderung widerspricht der Korrespondenz nicht, denn das Korrespondenzprinzip liefert nur Aussagen über Systeme, die viele Elektronen oder Lichtquanten enthalten. Ich glaube also, wenn man aus Korrespondenzargumenten auf die unendliche Selbstenergie schließt (so wie z.B. Pauli und ich dies in der Quantenelektrodynamik tun mußten), so ist das in Wirklichkeit genauso falsch, wie wenn man aus Korrespondenzgründen behaupten wollte, das Wasserstoffatom im Grundzustand müsse wegen der Bahnbewegung des Elektrons noch strahlen. Daß es in der Quantenelektrodynamik bisher nicht möglich war, die unendliche Selbstenergie zu beseitigen, bedeutet also wohl nur, daß wir eine falsche Hamiltonfunktion benutzen und wahrscheinlich kann man die richtige Hamiltonfunktion erst finden, wenn e^2/hc bestimmt ist und wenn die Löchertheorie ausgearbeitet ist. ... Paulis und meine Arbeit geht langsam vorwärts, vielleicht können wir Dir nächstens ein Manuskript schicken."

Eine Kopie dieses Briefes legte Bohr dem folgenden Schreiben [366] an Pauli bei. Eine besondere Freude für Pauli dürfte Bohrs Mitteilung gewesen sein, er halte jetzt die reale Existenz des Neutrinos für möglich.

[366] Bohr an Pauli

Kopenhagen, 15. März 1934
[Maschinenschrift]

Kære Pauli!

Dit Brev, som jeg lige har faaet, var i enhver Henseende Anledning til stor Glæde for mig. Først og fremmest sender min Kone og jeg Dig vore hjerteligste Lykønskninger til Dit forestaaende Giftermaal og glæder os meget til snart at skulle have Dig og Din tilkommende Kone paa et lille Besøg hos os. Ugen efter Paaske passer os udmærket, og jeg haaber, at I begge trods Søjlerne vil føle Jer hjemligt paa Carlsberg.

Dernæst var baade Rosenfeld og Klein, der for Øjeblikket er her paa Besøg, saavel som jeg meget interesserede i Dine Bemærkninger og skatter ikke alene Din Munterhed i Udtrykket, men ogsaa Din Saglighed i Indstillingen. Jeg skal naturligvis tage Dine Forslag til Forbedringer af Teksten i mine Bemærkninger under Overvejelse, naar Korrekturen kommer. Bemærkningerne er iøvrigt, som Du ogsaa forstod, kun at betragte som en Skitse til en mere indgaaende engelsk Afhandling over Korrespondenssynspunktets Karakter og Begrænsning, som jeg haaber snart at faa færdig. Jeg sendte dem blot af Sted til Langevin i den foreliggende Form for ikke yderligere at forsinke Trykningen af Solvay Reporten.

Vi var ogsaa alle interesserede i Weisskopfs smukke Arbejde og tror, at der hersker fuld Enighed i Sagen, selv om jeg ikke er klar over Heisenbergs Opfattelse og skulde være glad for at høre Din Mening om hans Bemærkninger i et Brev, som jeg lige har faaet, og hvoraf jeg sender en Kopi.

Trods al Enighed i Sagen vil jeg dog gerne foreslaa en ringe, men maaske ikke uvigtig Ændring i den didaktiske Fremstilling af Situationen. Som jeg antydede i det lille Brev, jeg sendte Dig for nogle Dage siden, har jeg, siden jeg sendte mine Bemærkninger af Sted, tænkt adskilligt over Liniebreddeproblemet og mener, at man tydeligere maa betone, hvad man forstaar ved dettes konsekvente korrespondensmæssige Behandling. Jeg ser nemlig ingen dybere Pointe i at gøre en Adskillelse mellem Kvanteelektrodynamikken og en saadan Brug af Feltbegrebet, som det drejer sig om i Weisskopfs Afhandling. Alle disse Metoder har man jo med større eller mindre Ret betegnet som korrespondensmæssige, medens jeg efter den dybere Indsigt, som den senere Udvikling har givet os, gerne vil benytte denne Betegnelse paa principielt mere indskrænket Maade.

Jeg er jo ganske klar over de Farer, som ligger i den mere naive Behandling af Liniebreddeproblemet, som man forsøgte i gamle Dage, hvor man for groft skilte mellem Atomtilstande og Straaling, og jeg forstaar fuldstændigt det Krav til en mere konsekvent Behandling, som gav sig Udtryk i Diracs Teori. Da den sidste Vej, som vi nu ser, imidlertid er ufarbar af principielle Grunde, tvinges vi efter min Mening til at betragte Liniebreddeproblemet som ikke nærmere analyserbart i lignende Forstand som de Interferensfænomener, der optræder ved Elektroner, der kan gaa igennem to Huller i en Skærm. Selvfølgelig er det sidste Problem af en helt anden Natur og den omhandlede Analogi derfor ren dialektisk, men jeg tror alligevel, at Indstillingen er saavel naturlig som konsekvent.

For en sædvanlig Absorptionslinies Vedkommende, hvor alle Forhold jo ligger klart eksperimentelt belyst, ser jeg saaledes ingen Vanskelighed ved at fuldstændiggøre den simple korrespondensmæssige Behandling af Dispersionsproblemet ved at benytte den klassiske Dispersionsformel med Straalingsdæmpning. Denne Formel danner jo under Hensyntagen til Energibevarelse og Superpositionsprincip et Hele, hvoraf intet Led konsekvent kan udskilles.

For en almindelig Absorptionslinie er vel overhovedet selve Liniebreddens Definition knyttet op til en Forsøgsanordning, der beror paa en Maaling af Dispersionen for streng monokromatisk Belysning. For Spektrallinier, der svarer til Overgange mellem to Tilstande med endelig Levetid, er den klassiske Analogi jo betydelig mere tvivlsom, og navnlig er de eksperimentelle Anordninger, som vilde tillade en entydig Definition af Liniebredden, langt mere kompliceret. Personlig tror jeg imidlertid, at det Resultat, som man efter Din Sprogbrug vel vilde sige, at man har svindlet sig til ved Hjælp af Diracs Teori, er tilstrækkelig simpelt til, at man kan anse det for rigtigt.

Jeg mener, at vi her som ved alle egentlige Korrespondensbetragtninger, indbefattet de Heisenbergske Grundligninger og Diracs Bølgeligning, foruden i Modsigelsesfriheden først og fremmest maa søge Argumentationen i Enkelheden. Man kunde overhovedet være tilbøjelig til som Fysikkens Grundlag at opstille det Postulat, at Naturen er saa lovbestemt, som det overhovedet er muligt at definere paa modsigelsesfri Maade, men jeg skal ikke gaa videre med denne løse Snak, før jeg har Lejlighed til at se Dit Minespil paa nærmere Hold.

Det glædede mig ogsaa, at Du forstod Grundstemningen i mine Slutbemærkninger om Energibevarelsen. Jeg er dog siden blevet mere skeptisk med Hensyn til det Haab, som implicit ligger i disse Bemærkninger, nemlig at benytte Gravitationsteorien til en Korrespondensudledning af Loven for β-Straaleemissionen. Tanken var den, at en Neutrino, for hvilken man antager en Hvilemasse 0, vel ikke kan være andet end en Gravitationsbølge med passende Kvantisering. Jeg har imidlertid overbevist mig om, at Gravitationskonstanten er altfor lille til at kunne berettige en saadan Opfattelse og [er] derfor fuldt forberedt paa, at vi her virkelig har et nyt Atomartræk for os, der kunde være ensbetydende med Neutrinoens reale Eksistens.

Jeg vil blot slutte med at sende de hjerteligste Hilsener og Lykønskninger fra os alle og især fra min Kone og mig, der glæder os meget til snart at se Jer heroppe.

Din Niels Bohr[a]

a) An das Ende des Briefes fügte Bohr den in der Übersetzung von [366] wiedergegebenen handschriftlichen Zusatz in deutscher Sprache, den wir zur Vermeidung von Wiederholungen hier weggelassen haben.

Übersetzung von [366]

Lieber Pauli!

Dein Brief, den ich gerade bekommen habe, war für mich in jeder Hinsicht ein Anlaß zu großer Freude. Vor allen Dingen senden meine Frau und ich

Dir unsere herzlichsten Glückwünsche zu Deiner bevorstehenden Heirat, und wir freuen uns sehr, Dich und Deine zukünftige Frau bald zu einem kurzen Besuch bei uns zu haben. Die Woche nach Ostern paßt uns ausgezeichnet[a] und ich hoffe, daß Ihr beide Euch trotz der Säulein in Carlsberg heimisch fühlen werdet.

Ferner waren sowohl Rosenfeld als auch Klein, der im Augenblick hier zu Besuch ist, und ich sehr an Deinen Bemerkungen interessiert, und wir schätzen nicht allein Deine fröhliche Ausdrucksweise, sondern auch Deine sachliche Einstellung.

Ich werde natürlich Deine Vorschläge zur Verbesserung des Textes in meinen Bemerkungen in Erwägung ziehen, sowie die Korrektur kommt.[b] Die Bemerkungen sind übrigens, wie Du auch gemerkt hast, nur als eine Skizze für eine eingehendere englische Abhandlung über Charakter und Begrenzung des Korrespondenzstandpunktes zu betrachten, die ich bald fertigzustellen hoffe.[c] Ich sandte sie nur in der vorliegenden Form an Langevin ab, um den Druck des Solvay-Berichtes nicht weiter zu verzögern.

Weisskopfs schöne Arbeit[d] hat uns alle interessiert und wir glauben, daß volle Einigkeit in der Sache herrscht, auch wenn ich mir nicht klar über Heisenbergs Auffassung bin und froh wäre, wenn ich Deine Meinung über seine Bemerkungen in einem Brief, den ich gerade bekommen habe und von dem ich Dir eine Kopie schicke, hören würde. Trotz aller Einigkeit in der Sache möchte ich doch gerne eine geringfügige, vielleicht aber nicht unwichtige Änderung in der didaktischen Darstellung der Lage vorschlagen. Wie ich in dem kleinen Brief andeutete, den ich Dir vor einigen Tagen schickte[e], habe ich – seitdem ich meine Bemerkungen absandte – allerhand über das Problem der Linienbreite nachgedacht und ich meine, man muß deutlicher betonen, was man unter seiner konsequenten korrespondenzmäßigen Behandlung versteht.[f] Ich sehe nämlich keinen tieferen Grund für eine Trennung zwischen der Quantenelektrodynamik und einem derartigen Gebrauch des Feldbegriffes, um den es sich in Weisskopfs Abhandlung dreht. Alle diese Methoden hat man ja mit mehr oder weniger Recht als korrespondenzmäßig bezeichnet, während ich nach der tieferen Einsicht, die uns die spätere Entwicklung gegeben hat, diese Bezeichnung gern in prinzipiell mehr eingeschränkter Weise benutzen will.

Ich bin mir übrigens ganz klar über die Gefahren, die in der naiveren Behandlung des Problems der Linienbreite liegen, die man früher versuchte, als man zu grob zwischen Atomzuständen und Strahlung unterschied, und ich verstehe vollständig die Forderung nach einer konsequenteren Behandlung, die in Diracs Theorie zum Ausdruck kam. Da, wie wir jetzt sehen, der letztere Weg inzwischen aus prinzipiellen Gründen ungangbar ist, sind wir meiner Meinung nach gezwungen, das Problem der Linienbreite als nicht näher analysierbar zu betrachten, in ähnlichem Sinne wie die Interferenzphänomene, die bei Elektronen auftreten, welche durch zwei Löcher in einem Schirm gehen können. Selbstverständlich ist das letztere Problem von ganz anderer Natur und die behandelte Analogie daher rein dialektisch, aber ich glaube trotzdem, daß diese Einstellung natürlich und konsequent ist.

Bei einer gewöhnlichen Absorptionslinie, bei der ja alle Verhältnisse experimentell klar überschaubar vorliegen, sehe ich deshalb keine Schwierigkeit, die einfache korrespondenzmäßige Behandlung des Dispersionsproblems unter Benutzung der klassischen Dispersionsformel mit Strahlungsdämpfung zu ergänzen. Diese Formel bildet ja unter Berücksichtigung von Energieerhaltung und des Superpositionsprinzips etwas Zusammenhängendes, von dem konsequent kein Glied abgetrennt werden kann.

Für eine gewöhnliche Absorptionslinie ist übrigens die Definition der Linienbreite selbst an eine Versuchsanordnung geknüpft, die auf einer Messung der Dispersion bei streng monochromatischer Beleuchtung beruht. Für Spektrallinien, die Übergängen zwischen zwei Zuständen mit endlicher Lebensdauer entsprechen, ist die klassische Analogie ja bedeutend zweifelhafter, und insbesondere die experimentellen Anordnungen, die eine eindeutige Definition der Linienbreite zulassen würden, sind wesentlich komplizierter.

Persönlich glaube ich indessen, daß das Resultat, zu dem man sich mit Hilfe von Diracs Theorie geschwindelt hat – wie man in Deiner Ausdrucksweise wohl sagen würde – einfach genug ist, um es als richtig ansehen zu können.

Ich meine, daß wir hier wie bei allen eigentlichen Korrespondenzbetrachtungen, einschließlich der Heisenbergschen Grundgleichungen und Diracs Wellengleichung, die Argumentation außer in der Widerspruchsfreiheit vor allen Dingen in der Einfachheit suchen müssen. Man könnte sogar geneigt sein als Grundlage der Physik das Postulat aufzustellen, daß die Natur so bestimmt ist, wie es überhaupt auf widerspruchsfreie Weise zu definieren möglich ist, aber ich will dieses lose Geschwätz nicht fortsetzen, bevor ich Gelegenheit habe, Dein Mienenspiel aus der Nähe zu betrachten.

Es freute mich auch, daß Du die Grundhaltung meiner Schlußbemerkungen zur Energieerhaltung verstanden hast. Ich bin seitdem jedoch im Hinblick auf die implizit in diesen Bemerkungen liegende Absicht, nämlich die Gravitationstheorie zu einer korrespondenzmäßigen Herleitung des Gesetzes der β-Strahlemission zu benutzen, skeptischer geworden.[g] Der Gedanke war, daß ein Neutrino, für das man eine Ruhemasse 0 annimmt, wohl nichts anderes sein kann als eine Gravitationswelle mit passender Quantisierung. Ich habe mich indessen davon überzeugt, daß die Gravitationskonstante allzu klein ist, um eine solche Auffassung zu rechtfertigen, und ich bin daher völlig darauf vorbereitet, daß wir hier einen wirklich neuen atomaren Sachverhalt vor uns haben, der mit der realen Existenz des Neutrinos gleichbedeutend sein könnte.

Ich will damit schließen, Euch die herzlichsten Grüße und Glückwünsche von uns allen und besonders von meiner Frau und mir zu schicken und wir freuen uns sehr, Euch bald hier oben zu sehen.

Dein Niels Bohr

P.S. Nachdem Klein und Rosenfeld sich Weisskopfs Abhandlung genauer angesehen haben, ist die Frage nach einem prinzipiellen Unterschied zwischen seinen Methoden und Ergebnissen mit den früheren Auffassungen sehr unklar. Vielleicht kannst Du uns darüber aufklären!

a) Der Ostersonntag fiel auf den 2. April. Da Pauli zur Heirat am 4. April in London war, dürfte er unmittelbar danach nach Kopenhagen gekommen sein. – b) Vgl. hierzu [364]. – c) Zu einer solchen englischen Publikation kam es vorerst nicht mehr. – d) Siehe [364], Anm. b. – e) Siehe [365]. – f) Weisskopf verwendete in seiner Untersuchung – ebenso wie zuvor Casimir bei der Berechnung der natürlichen Linienbreiten – das 1931 von Heisenberg eingeführte Verfahren, das anstelle der üblichen Feldquantisierung mit nicht-vertauschbaren Feldgrößen operiert. Obwohl sich dasselbe näher an die klassische Behandlungsweise anschließt, erwies es sich in jeder Hinsicht äquivalent zu dem Verfahren der Quantenelektrodynamik, wie Weisskopf in seiner Arbeit hervorhob. Auf dieses nur scheinbar korrespondenzmäßige Vorgehen beziehen sich die folgenden Bemerkungen Bohrs. – g) Siehe hierzu den Kommentar zu [348].

Inzwischen hatte Heisenberg seine eigene Ausarbeitung der Diracschen Löchertheorie im wesentlichen abgeschlossen. Auch er ging nach dem Vorgang von Dirac von einer Dichtematrix $\rho(x,x')$ aus, die aus den aus der Wellenfunktion ψ (an der Raumstelle x) und ihrer konjugiert komplexen ψ^* (an der Raumstelle x') gebildeten bilinearen Ausdrücken aufgebaut wird. Diese Dichtematrix bleibt auch bei der Summation über die unendlich vielen negativen „Lochzustände" endlich, solange $x \neq x'$ ist. Eine weitere Matrix $\rho_0(x,x')$ wird mit Hilfe des äußeren elektromagnetischen Feldes und unabhängig von dem Besetzungszustand des Niveaus so bestimmt, daß die durch den Grenzwert $\lim_{x'\to x} \{\rho(x,x')-\rho_0(x,x')\}$ definierte „wirkliche" Dichtefunktion ebenfalls endlich bleibt. Im feldfreien Fall ist $\rho_0(x,x')$ gleich der Dichtematrix des voll aufgefüllten Dirac-Sees zu setzen. Unter diesen Voraussetzungen konnte Heisenberg in eindeutiger Weise auch die Dichtematrix bei Anwesenheit eines beliebigen äußeren Feldes angeben. Als einfachste Anwendung behandelte er die Entstehung von Elektron-Positron-Paaren (Vakuumpolarisation) durch ein äußeres Feld. Inhaltlich deckt sich die in den beiden folgenden Briefen [367], [368] gegebene Darstellung der Löchertheorie weitgehend mit Heisenbergs späterer Veröffentlichung.[1] Ein dazugehöriges Schreiben vom 8. April (vgl. [369]) liegt uns leider nicht vor. Pauli antwortete auf Heisenbergs Briefe nach seiner Rückkunft in Zürich [369].

[1] W. Heisenberg: Bemerkungen zur Diracschen Theorie des Positrons. Z. Phys. **90**, 209–231 (1934). Eingegangen am 21. Juni 1934. (Berichtigung in Z. Phys. **92**, 692 (1934).)

[367] Heisenberg an Pauli und Weisskopf

Leipzig, 10. April 1934

Lieber Pauli und lieber Weisskopf!

Dieser Brief soll die Fortsetzung meines letzten Briefs nach Kopenhagen sein. Ich glaube jetzt die Löchertheorie in allen wesentlichen Punkten in Ordnung zu haben und will Euch darüber berichten. Wie ich schon schrieb, ist die abzuziehende Dichtematrix durch

$$B=\frac{1}{2}\left[R_F+u\left(\frac{t+\alpha_s x_s}{(t^2-r^2)^2}\right.\right.$$
$$\left.\left.+\frac{p_0+\frac{e}{8i\hbar}(2\alpha_s\alpha_r x_s F_{0r}\overset{(r\neq s)}{-}t\alpha_s\alpha_t F_{rt}-\alpha_s\alpha_r\alpha_t x_s F_{rt}\overset{(r\neq s\neq t)}{)}}{t^2-r^2}\right)+w\log(t^2-r^2)\right] \qquad (1)$$

gegeben, wobei natürlich additive reguläre Glieder willkürlich sind. Beim genaueren Studieren der Formel fand ich auch, daß alle Bedingungen (Energie-

Impulssatz, etc.) ebenso erfüllt waren, wenn man statt $F_{0r}(\xi)$ z.B. $\frac{1}{2}\left[F_{0r}\left(\xi-\frac{x}{2}\right)\right.$ $\left.+F_{0r}\left(\xi+\frac{x}{2}\right)\right]$ etc. einsetzt, was eine unerfreuliche Unbestimmtheit des ganzen Formalismus bewirken würde. Nun stellt sich aber heraus, und das ist wohl der wichtigste Punkt an dieser ganzen Rechnerei, daß das Zusatzglied zu p_0 bei irgendeinem dieser Ansätze in den Ausdrücken für Strom, Dichte, Energiedichte, etc. stets herausfällt; es liegt dies an den Multiplikationsregeln der α_i. Daraus folgt, daß man für physikalische Fragestellungen überhaupt mit

$$\frac{1}{2}\left[R_F+u\left(\frac{t+\alpha_s x_s}{(t^2-r^2)^2}+\frac{p_0}{t^2-r^2}\right)+w\log(t^2-r^2)\right] \tag{2}$$

durchkommt.

Dieses ganze Schema läßt sich nun ohne weiteres in die Quantentheorie der Wellen umschreiben; man kann sich leicht überzeugen, daß die Nichtvertauschbarkeit der F_{ik} keine Schwierigkeiten hervorruft, wie aus den folgenden Rechnungen zu sehen ist. Ich möchte zunächst bei fest vorgegebenen äußeren Feldern ein Rechenschema für die Quantelung der Materiewellen aufstellen.

Die Größe $\psi^*(P',\rho')\psi(P'',\rho'')$ will ich dann darstellen in der Form

$$\psi^*(P',\rho')\psi(P'',\rho'')=\sum a_n^* a_m u_n^*(P'\rho')u_m(P''\rho'')e^{\frac{ie}{\hbar}\int_{P''}^{P'} A_0dt-A_s dx_s}, \tag{3}$$

wobei die u_n die Diracfunktionen im potentialfreien Raum bedeuten. Die Dichtematrix wird dann im Ganzen

$$\left(\begin{matrix}P'\\ \rho'\end{matrix}\middle|r\middle|\begin{matrix}P''\\ \rho''\end{matrix}\right)=\sum a_n^* a_m u_n^*(P'\rho')u_m(P''\rho'')e^{\frac{ie}{\hbar}\int\cdots}-\left(\begin{matrix}P'\\ \rho'\end{matrix}\middle|B\middle|\begin{matrix}P''\\ \rho''\end{matrix}\right). \tag{4}$$

Nun nehme ich den üblichen Prozeß von Oppenheimer u.s.w. vor[a], d.h. ich ersetze links $a_n^* a_m$ durch $-a_m a_n^*$ dann, wenn n und m beide zu Zuständen negativer Energie gehören. Die so abgeänderte Summe heiße $\sum'$. Dann wird offenbar (im Folgenden wird noch $t=0$ gesetzt, d.h. P' und P'' beziehen sich auf die gleiche Zeit):

$$\left(\begin{matrix}P'\\ \rho'\end{matrix}\middle|r\middle|\begin{matrix}P''\\ \rho''\end{matrix}\right)=\sum{}' a_n^* a_m u_n^*(P'\rho')u_m(P''\rho'')e^{\frac{ie}{\hbar}\int\cdots}$$
$$+\tfrac{1}{2}(w_0 e^{\frac{ie}{\hbar}\int\cdots}-w)\log(-r^2)+\text{Glied.m.F.} \tag{4'}$$

Die weggelassenen Glieder mit F_{rs} sind, wie oben gesagt, später unwichtig; ebenso kann der Faktor $e^{\frac{ie}{\hbar}\int\cdots}$, wenn man r zur Berechnung von Strom- oder Ladungsdichte verwenden will, weggelassen werden, da er mit Gliedern multipliziert ist, die nur logarithmisch divergieren für $r\to 0$. Bildet man z.B. die Ladungsdichte, so braucht man die Diagonalsumme von $(P'\rho'|r|P''\rho'')$, und die wird, wenn ich in w_0 und w die Glieder 0. Ordnung (bei Entwicklung nach $\times$)

allein stehen lasse:

$$\lim_{x\to 0}\sum_{\rho'}(P'\rho'|r|P''\rho'')=\sum_{\rho'}\left(\xi+\frac{x}{2}\middle|r\middle|\xi-\frac{x}{2}\right)$$
$$=\lim_{x\to 0}\left[\sum{}' a_n^* a_m \sum_{\rho'} u_n^*\left(\xi+\frac{x}{2},\rho'\right)u_m\left(\xi-\frac{x}{2},\rho'\right)\right.$$
$$\left.+\frac{e}{12\hbar\pi^2}\frac{\partial F_{0s}}{\partial\xi_s}\log(-r^2)\right]. \tag{5}$$

Das Logarithmusglied, das hier rechts auftritt, ist früher als unendliche Polarisation des Vakuums aufgetreten, die jetzt aber wegfällt, da sie wieder abgezogen wird. Da die Maxwellsche Gleichung

$$\frac{\partial F_{0s}}{\partial\xi_s}=-4\pi e\sum_{\rho'}(P'\rho'|r|P'\rho') \tag{6}$$

gilt (das Vorzeichen ist hier vielleicht falsch, ich bin zu faul, mir das jetzt zu überlegen), folgt aus (5) und (6)

$$\text{Ladungsdichte}=e\sum_{\rho'}(P'\rho'|r|P'\rho')$$
$$=e\lim_{x\to 0}\frac{\sum{}' a_n^* a_m\sum_{\rho'} u_n^*\left(\xi+\frac{x}{2},\rho'\right)u_m\left(\xi-\frac{x}{2},\rho'\right)}{(1)+\frac{e^2}{3\hbar\pi}\log(-r^2)} \tag{7}$$

Wie man sieht, bleibt von einer Polarisation des Vakuums *nichts* mehr übrig!

Führt man eine ähnliche Berechnung der Gesamtenergie, also der Hamiltonfunktion durch, so zeigt sich wie oben, daß zu den Gliedern, die wir bisher berücksichtigt haben und die in der Form

$$\sum{}' a_n^* a_n E_n+\sum a_n^* a_m\int u_n^*\alpha_s u_m e A_s d\tau$$

geschrieben werden können, nur Terme hinzutreten, die mit w etwas zu tun haben. Setzt man insbesondere wieder $t=0$, so wird die Limesbildung sehr einfach und es folgt

$$H=\lim_{r\to 0}\int dV_\xi\left\{\left(\alpha_s\left[i\hbar\frac{\partial}{\partial x_s}-\frac{1}{2}e(A_s^+ + A_s^-)\right]+\alpha_4 m\right)\right.$$
$$\cdot\sum{}' a_n^* a_m u_n^*\left(\xi+\frac{x}{2}\right)u_m\left(\xi-\frac{x}{2}\right)e^{\frac{ie}{\hbar}\int\cdots}$$
$$\left.-\tfrac{1}{2}\log(-r^2)i\hbar\frac{\partial}{\partial t}\left(we^{-\frac{ie}{\hbar}\int\cdots}-w_0\right)+\frac{1}{8\pi}(\mathfrak{E}^2+\mathfrak{H}^2)\right\}.$$

Die erste Zeile ist im wesentlichen der früher übliche Ausdruck.

Das Glied $\frac{\partial}{\partial t}\left(we^{-\frac{ie}{\hbar}\int\cdots}-w_0\right)$ läßt sich mit einiger Mühe ausrechnen und gibt $\frac{e^2 i}{12\hbar^2\pi^2}(\mathfrak{E}^2+\mathfrak{H}^2)$! Im Ganzen wird also:

$$H=\lim_{x\to 0}\int dV_\xi\left\{\left(\alpha_s\left[i\hbar\frac{\partial}{\partial x_s}-\frac{e}{2}(A_s^+ + A_s^-)\right]+\alpha_4 m\right)\right.$$

$$\cdot\sum{}' a_n^* a_m u_n^*\left(\xi+\frac{x}{2}\right)u_m\left(\xi-\frac{x}{2}\right)e^{\frac{ie}{\hbar}\int\cdots}$$

$$\left.+\left(\frac{1}{8\pi}+\tfrac{1}{2}\log(-r^2)\frac{e^2}{12\hbar\pi^2}\right)(\mathfrak{E}^2+\mathfrak{H}^2)\right\}. \tag{8}$$

Die ganze Theorie wird also mathematisch nicht komplizierter, als bisher, aber es kommen am Schluß die beiden merkwürdigen Grenzübergänge mit $\log(-r^2)$ vor. Die Tatsache, daß in beiden Formeln (7) und (8) dieser Faktor $1+\frac{e^2}{3\hbar\pi}\log(-r^2)$ vorkommt, daß überhaupt allgemein, wie ich nachgerechnet habe, bei Stromdichte, Energiedichte, Impulsdichte etc. stets das Materiefeld den Beitrag des Maxwellschen Feldes mit dem Faktor $\frac{e^2}{3\hbar\pi}\log(-r^2)$ wiederholt, ist doch sicher ein erstes Zeichen von „tieferliegenden" Zusammenhängen von Materie- und Strahlungsfeld.

Am Endresultat (8) sieht man wohl auch sofort, daß die Quantelung des Maxwellfeldes nichts am Formalismus ändert; nur wird man bei $\mathfrak{E}^2+\mathfrak{H}^2$ wieder die Nullpunktsenergie abziehen müssen.

Viele Grüße Euer W. Heisenberg

a) Siehe die unter Anm. g von [343] zitierte Abhandlung.

[368] Heisenberg an Pauli und Weisskopf

Leipzig, 14. April 1934

Lieber Pauli und lieber Weisskopf!

In meinem letzten Brief war noch einiges unrichtig; ich möchte dies korrigieren, obwohl ich noch garnicht weiß, ob und wo Ihr etwa meine beiden vorhergehenden Briefe bekommen habt:

Die Darstellung

$$\psi^*(P')\psi(P'')=\sum a_n^* a_m u_n^*(P')u_m(P'')e^{\frac{ie}{\hbar}\int_{P''}^{P'}\cdots}$$

ist leider nicht möglich, weil dann falsche Vertauschungsrelationen für die Größen $\psi^*(P')\psi(P'')$ resultieren; sie ist nur möglich und korrekt, wenn kein Magnetfeld vorhanden ist. Das Resultat: keine Polarisation des Vakuums ist trotzdem richtig und übrigens trivial. Wählt man statt der obigen Darstellung die übliche:

$$\psi^*(P')\psi(P'')=\sum a_n^* a_m u_n'(P')u_m(P''),$$

so tritt an Stelle der $\sum'$ in meinem letzten Brief die Größe

$$\sum a_n^* a_m u_n(P'\rho')u_m(P''\rho'')-e^{\frac{ei}{\hbar}\int_{P''}^{P'}\cdots}B_0(P'\rho'P''\rho'').$$

Es ist jetzt leider nicht mehr möglich, das zweite Glied einfach durch Umstellung der Faktoren im ersten Glied zu berücksichtigen. Sonst ist aber der Formalismus derselbe, wie im letzten Brief beschrieben.

Viele Grüße Euer W. Heisenberg

In einem Schreiben vom 26. März lud Rutherford Heisenberg zu den Scott Lectures nach Cambridge ein, um in vier Vorträgen (am 23., 25., 27. und 30. April) über „Quantum Theory and the Constitution of the Atomic Nuclei“ zu sprechen [370]. Um Zeit für die Vorbereitung zu gewinnen, wollte Heisenberg möglichst bald seine Arbeiten zur Löchertheorie abschließen, zumal sie, wenn richtig, nach Paulis Dafürhalten das äußerste waren, was aus ihr herauszuholen ist [369]. „Bei der Vorbereitung meiner Vorträge über Kernphysik hab' ich festgestellt, daß ich eigentlich über die ganze Entwicklung der Kernphysik sehr froh bin“, schreibt Heisenberg am 17. April in einem seiner Briefe an Bohr.

Dennoch gab es auch hier zahlreiche Unstimmigkeiten, auf die Pauli in dem folgenden Antwortschreiben [369] eingeht. Noch immer war ungeklärt, wieso das magnetische Moment eines Protons (nach Frisch und Stern) beinahe dreimal größer war als es zufolge der Diracschen Theorie eigentlich sein sollte.[1] Niels Bohr führte diese Tatsache auf die Unanwendbarkeit der Diracschen Theorie auf Nukleonen zurück, weil der Radius dieser Teilchen von der gleichen Größenordnung sei, wie die Grenze für die Anwendbarkeit (h/Mc) dieser Theorie [357].[2] Gamow, z. Zt. bei Bohr in Kopenhagen, spekulierte bereits mit negativen Protonen – deren Vorhandensein Bohr und Pauli [394] aus anderen ganz allgemeinen Symmetriebetrachtungen vermuteten – um mit ihrer Hilfe „die Diskrepanz zwischen den theoretischen und experimentellen Stabilitätsgrenzen [des α- und β-Zerfalls der Kerne] zu beseitigen.“[3] Unbeantwortet war auch die in dem Solvaybericht vom letzten Herbst[4] von James Chadwick gestellte Frage, wieso eigentlich die Protonenmasse von der Masse des Neutrons abweiche. Auf welche Weise das Neutron als ein rotierendes neutrales Gebilde ein magnetisches Moment erzeugen könnte – wie es die neueren Experimente nahelegten – war ebensowenig zu verstehen. In seiner zweiten Abhandlung über den Kernbau hatte Heisenberg die Entstehung eines Neutronendipolmoments durch die virtuell vorhandenen Elektronen in den Neutronen in Betracht gezogen.[5] Daran anschließend berechnete der italienische Physiker Gian Carlo Wick das magnetische Moment des Protons auf der Grundlage der Fermischen Theorie der β-Strahlung.[6] Ein mit einer bestimmten Wahrscheinlichkeit in ein Proton, Elektron und Neutrino zerlegt gedachtes Neutron sollte dann ebenfalls ein magnetisches – dieser Teilchenkombination entsprechendes – Moment hervorrufen.[7]

[1] Siehe hierzu H. Schüler und T. Schmidt: Eine Bemerkung zur Theorie des Neutrons. Naturwiss. **22**, 418 (1934). Eingegangen am 30. April 1934. – A. Landé: The Magnetic Moment of the Neutron. Phys. Rev. **46**, 477 (1934).

[2] Vgl. Niels Bohrs Bemerkungen in dem Solvaybericht. (Siehe Anm. 1 zum Kommentar von [348], dort S. 225 und 227.)

[3] G. Gamow: Über den heutigen Stand (20. Mai 1934) der Theorie des β-Zerfalls. Physik. Z. **35**, 533–542 (1934). Dort S. 536. Siehe auch G. Gamow: Negative Protons and Nuclear Structure. Phys. Rev. **45**, 728 (1934).

[4] J. Chadwick: Diffusion anomale des particules α. Transmutation des éléments par des particules α. Les neutrons. In: Structure et Propriétés des Noyaux Atomiques. Paris 1934. Dort S. 81–112. Die Angelegenheit der Neutronenmasse wird auf den S. 100–103 behandelt.

[5] W. Heisenberg: Über den Bau der Atomkerne. II. Z. Phys. **78**, 156–164 (1932). Dort S. 162.

[6] G.C. Wick: Teoria dei raggi β e momento magnetico del protone. R.C. Accad. Lincei **21**, 170–173 (1935). Siehe hierzu auch Wicks Schreiben vom 16. April [1934] an Heisenberg.

[7] Vgl. C.F. von Weizsäcker: Die Atomkerne. Leipzig 1947, dort S. 195f. und Paulis Bemerkungen in [394].

[369] Pauli an Heisenberg

Zürich, 17. April 1934

Lieber Heisenberg!
Ich möchte Deine zusammengehörigen Briefe vom 8., 10. und 14. an Weisskopf und mich zunächst vorläufig beantworten. Der vorläufige Charakter der Antwort ist dadurch bedingt, daß wir die Diracsche Definition von *w*, auf die alles ankommt, nicht auswendig wissen und kein Manuskript mehr besitzen, wo sie drinsteht.[a] – Das Peierlssche Verfahren muß im wesentlichen darauf hinauslaufen, daß man $w = w_0$ setzt.[b]

Mit diesem Vorbehalt muß ich sagen, daß mir alles ganz vernünftig vorkommt, insbesondere die komplette Entbehrlichkeit von Diracs gelehrter Festlegung von *v* (bzw. *p*). – Daß bei Deinem Formalismus die Polarisation des Vakuums *genau* 0 herauskommt, glaube ich nicht ganz. Denn Diracs Rechnung vom Solvay-Kongreß ergab die Multiplikation der Ladungsdichten mit dem log-Faktor nur näherungsweise;[c] variieren die Felder bzw. Dichten und Ströme sehr schnell in Raum-Zeitbereichen der Dimension $\hbar/mc$ bzw. $\hbar/mc^2$, so kommt (auch bei sehr schwachen Feldern und in der zu *e* proportionalen Näherung) etwas anderes heraus. – Ich vermute, es wird in diesem allgemeinen Fall bei Deinem Formalismus eine endliche Änderung der raum-zeitlichen Ladungs- und Strom*verteilung* herauskommen, ohne daß sich *Gesamt*ladung und *Gesamt*strom mit einem Faktor multiplizieren.

Deine Resultate sind, wenn richtig, wohl das äußerste, was aus der Löcheridee herauszuholen ist. *Schön* wird das Ganze erst werden, wenn man $e^2/\hbar c$ festlegt.

Die von Dir angeschnittene Frage nach dem Wert der Neutron-Masse ist ebenso interessant wie schwierig und unentschieden. In Kopenhagen glaubt man, daß die Diskrepanzen – die sicher *keine* Versuchsfehler sind – vielleicht daher rühren könnten, daß die Endprodukt-Kerne bei verschiedenen Reaktionen unter Umständen in energetisch verschiedenen und doch stabilen (bzw. metastabilen, sehr langlebigen) Zuständen existieren können (wofür Gamow den Namen „Isomer" gerne gebraucht[d]). Daß der N_{13}-Kern je nach der vorangegangenen Reaktion mit *verschiedener* Lebensdauer unter Positronenemission radioaktiv zerfällt, scheint ja auch für „isomere" Zustände des N_{13} zu sprechen. – Ich habe eine dunkle Ahnung, daß das scheinbar zweideutige Verhalten des Neutrons hinsichtlich seines magnetischen Momentes („manchmal" ist dieses Null, „manchmal" entgegengesetzt dem des Protons) auch irgendwie damit zusammenhängt.

Bohr dachte viel über negative Protonen nach[e] und glaubt Anhaltspunkte dafür zu haben, daß sie in den Höhenstrahlen vorkommen. Es gibt sowohl theoretische als auch empirische (Sternscher Versuch) Gründe dafür, daß die relativistischen Diracschen Wellengleichungen auf schwere Teilchen gar nicht anwendbar sind und Bohr meint deshalb, daß die negativen Protonen *gar nicht mit der Löcheridee in Verbindung gebracht werden dürfen und deshalb sich mit den positiven Protonen nicht annihilieren werden!* – Das wäre ja immerhin eine Möglichkeit.

Können negative Protonen aus den Kernen herausgeschlagen werden? Spielen sie im Aufbau der Kerne eine Rolle? Haben sie etwas mit den „isomeren"

Zuständen der Kerne zu tun? – (Da sind auch noch die sonderbaren Versuche von Lea im Cavendish-Laboratorium betr. Reaktion $n + H^1 = \gamma$-Strahlen + ?).[f]

Alle diese Fragen kann ich nicht beantworten, aber sie stehen irgendwie *hinter* Deiner Frage betr. die Neutron-Masse.

Ich fühle so deutlich, daß in dem Bild der Kerne als aufgebaut aus Protonen und Neutronen auf Grund der Austauschkraft-Theorie von Dir und Majorana noch ein *fundamentaler* Zug fehlt, aber ich kann es nicht genügend deutlich sagen, *wie* man das Bild verbessern soll.

Weisskopf und ich sind in Zürich, da das Semester hier schon begonnen hat. Sobald wir Diracs w besser kennen, wirst Du mehr über den Löcherformalismus von uns hören.

Vorläufig viele Grüße von Weisskopf und Deinem W. Pauli

a) Siehe Diracs Abhandlung (Anm. 8 im Kommentar zu [338]), dort S. 161 und den folgenden Brief [370]. Heisenbergs Schreiben vom 8. April fehlt, wodurch das Verständnis der folgenden Briefe erschwert ist. – b) Vgl. R. Peierls: The Vacuum in Dirac's Theory of the Positive Electron. Proc. Roy. Soc. A **146**, 420–441 (1934). Eingegangen am 24. März 1934. – c) Vgl. Diracs Solvaybericht (Anm. c zu [345]), S. 211) und Heisenbergs Bemerkung in dem folgenden Brief [370]. – d) G. Gamow: Isomeric nuclei? Nature **133**, 833 (1934). – e) Siehe hierzu die in Anm. 1 und 3 genannten Publikationen und G. Gamow: The Negative Proton. Nature **135**, 858–861 (1935). – f) Wahrscheinlich waren es die von Chadwick und Lea unternommenen Ionisationsversuche zum Nachweis neutraler Teilchen (Neutrinos!), die Paulis Aufmerksamkeit erregt hatten. Vgl. J. Chadwick und D.E. Lea: An Attempt to detect a neutral particle of small mass. Proc. Cambr. Phil. Soc. **30**, 59–61 (1934).

[370] Heisenberg an Pauli

Leipzig, 19. April 1934

Lieber Pauli!

Die Diracsche Matrix w ist durch die Forderung, es solle

$$(x't'|B|x''t'') = u\frac{t+\alpha_s x_s}{(t^2-r^2)^2} + \frac{v}{t^2-r^2} + w\log(t^2-r^2)$$

sein, natürlich eindeutig festgelegt, es ist nicht wie v unbestimmt. Man sieht dies auch aus der Definition von R_F:

$$(x't'|R_F|x''t'') = u(t+\alpha_s x_s)\delta'(t^2-r^2) + v\delta(t^2-r^2) + w\gamma(t^2-r^2)$$

wobei

$$\gamma(z) = \begin{cases} 0 & z<0 \\ 1 & z>0. \end{cases}$$

R_F ist anschaulich = etwa im t'', x''-Raum ein Wellenpaket, das zur Zeit $t''=t'$ durch $\delta_{\rho\sigma}\,\delta(\mathrm{x}'-\mathrm{x}'')$ gegeben war. Dieses Wellenpaket hat erstens auf dem Lichtkegel Singularitäten; zweitens ist es aber auch im ganzen Vergangenheits- und Zukunftsraum von Null verschieden und ist eben dort durch die Größe w gegeben. – Ich habe w nach der Methode von Dirac stumpfsinnig ausgeixt bis inkl. zu den in t und x linearen Gliedern. Das ziemlich grausige Resultat ist folgendes:

$$
\begin{aligned}
4\hbar^2 w = & -\alpha_4 \frac{m^3 u i}{2\hbar} \\
& -\alpha_4 \frac{mue}{4}\Big[2\overset{(x=0)}{\alpha_r F_{0r}} - \alpha_s\alpha_t F_{st} \\
& + \frac{1}{12}\left(t\frac{\partial}{\partial\tau} + x_r \frac{\partial}{\partial\xi_r}\right)(2F_{0s}\alpha_s - \alpha_t\alpha_s F_{ts}) \\
& + \frac{1}{12}\left(\frac{\partial}{\partial\tau} + \alpha_r \frac{\partial}{\partial\xi_r}\right)(F_{0t}x_t + \alpha_t F_{0t} t - \alpha_s x_r F_{rs})\Big] \\
& + \frac{ue^2}{8}[t(-\tfrac{2}{3}F_{0s}F_{0s} + \tfrac{1}{3}F_{sl}F_{ls} - \tfrac{4}{3}F_{0l}\alpha_s F_{sl} + \overset{(s\neq r\neq t)}{\alpha_s\alpha_r\alpha_t} F_{0s}F_{rt}) \\
& + x_r(\tfrac{2}{3}\alpha_r F_{0s}F_{0s} + \tfrac{1}{3}\alpha_r F_{st}F_{ts} - \tfrac{4}{3}F_{0r}\alpha_l F_{0l} - \tfrac{4}{3}\alpha_t F_{rl}F_{lt} \\
& - \overset{(s\neq l\neq t)}{\alpha_s\alpha_l\alpha_t} F_{rs}F_{lt} - F_{0r}\alpha_s\alpha_t F_{st} - \tfrac{2}{3}F_{rs}F_{0s})] \\
& + \frac{ueim}{8\hbar}\left[1 + \frac{\hbar^2}{6m^2}\left(\frac{\partial^2}{\partial\tau^2} - \sum_r \frac{\partial^2}{\partial\xi^2}\right)\right](2\alpha_r\alpha_s x_r F_{0s} - t\alpha_s\alpha_l F_{sl} - \overset{r\neq s=l}{\alpha_r\alpha_s\alpha_l} x_r F_{sl}) \\
& - \frac{uei\hbar}{6}\left[-\frac{\partial F_{0s}}{\partial\xi_s} + \alpha_l\left(\frac{\partial F_{0l}}{\partial\tau} + \frac{\partial F_{rl}}{\partial\xi_r}\right)\right] - (t + \alpha_s x_s)\frac{m^4\cdot u}{8\hbar^2}.
\end{aligned}
$$

Du siehst, ich bin auch fleißig gewesen. Das Gesamtresultat ist ja schließlich sehr einfach: Man hat erstens die Größe $u\cdot B_0$ abzuziehen, wobei der Faktor u aus Eichinvarianzgründen trivial ist (vgl. unser Gespräch in Zürich)[a]. Zweitens hat man aber bei Bildung irgendeiner physikalischen Größe wie Ladungsdichte, Energiedichte etc. auch noch $(e^2/3\hbar c\pi)\log(-r^2)$ mal den Maxwellschen Anteil der betreffenden Größe abzuziehen.

Daß die Polarisation des Vakuums exakt Null ist, folgt einerseits aus der Gleichung (7) meines vorletzten Briefs[b], in der der $\log(-r^2)$ im Nenner steht und daher endliche Beträge des Zählers erschlägt, andererseits aus der Definition des Begriffs Ladung, die hier wegen der Gültigkeit der Maxwellschen Gleichungen anwendbar bleibt. Richtiger sollte man vielleicht sagen: es ist in dieser Theorie garnicht definierbar, was man mit dem Wort: Polarisation des Vakuums meinen könnte. – Das Diracsche Manuskript bitte ich noch ein wenig behalten zu dürfen[c], da ich in Cambridge mit Dirac diskutieren und über die Positronen vortragen will[d]. Wenn Du es brauchst, will ich es Dir Ende nächster Woche (da bin ich wieder zurück) gern schicken.

Die einzige Frage, die in der Löchertheorie noch zu klären ist, scheint mir die nach einem praktisch anwendbaren Störungsverfahren zu sein. Ob ein solches trotz der Selbstenergieschwierigkeiten existiert, weiß ich nicht; eigentlich ist der abzuziehende Term $(e^2/\hbar c)\log(-r^2)(\mathfrak{E}^2+\mathfrak{H}^2)$ genau derselbe, wie eine unendliche Selbstenergie.

Übermorgen abend fahre ich nach C[ambridge] und komme acht Tage später nach Leipzig zurück[d].

Viele Grüße Dein W. Heisenberg

a) Siehe hierzu den Kommentar der Anlage zu [359]. – b) Vgl. [367]. – c) Diracs Veröffentlichung wurde erst am 30. April ausgegeben. – d) Siehe hierzu den Kommentar zu [369]. – In Cambridge verbrachte Heisenberg einen „netten Mittag“ bei den Borns, die inzwischen hier ein neues Heim gefunden hatten. Heisenberg war auch der Meinung, daß Born wieder nach Göttingen zurückkehren könnte, wenn er das nur wünschte. „Seit ich wieder in Leipzig bin, verstehe ich von der Diracschen Theorie des Positrons immer weniger“, heißt es in einem Schreiben Heisenbergs vom 16. Mai 1934 an Born.

Innerhalb der letzten zehn Apriltage wandelte sich Paulis und Weisskopfs Einstellung zur Löchertheorie grundlegend, nachdem sie jetzt Heisenbergs Argumente eingehender überprüft hatten. Pauli bekundete sein Desinteresse an dem weiteren Fortgang dieser Arbeit, indem er vorerst die weitere Korrespondenz mit Heisenberg seinem Assistenten überließ, der sie mit kritischer Paulischer Schärfe fortführte ([370a–c] und [371a]).

[370a] Weisskopf an Heisenberg

Zürich, 27. April [1934]

Lieber Herr Professor!

Ich habe Ihre Briefe möglichst genau studiert[a], kann aber auf den Witz der Sache nicht kommen und zwar aus folgenden Gründen:

Sie schreiben

$$(x't'|r|x''t'')=(x't'|R|x''t'')-(x't'|B|x''t''). \qquad (1)$$

Es ist

$$2(x't'|R|x''t'')=\frac{u(t+\alpha_s x_s)}{(t^2-r^2)^2}+\frac{v}{(t^2-r^2)}+w\lg(t^2-r^2)+R_F. \qquad (2)$$

Die Größen u, w sind nach Dirac, Gleichung (38) und (46), gegeben[b], v ist bestimmt bis auf eine additive Funktion $\frac{g(t^2-r^2)}{2ik}$, wobei g regulär ist. Sie schreiben nun[c]

$$2(x't'|B|x''t'')=\frac{u(t+\alpha_s x_s)}{(t^2-r^2)^2}+\frac{v'}{(t^2-r^2)}+w\lg(t^2-r^2)+R_F, \qquad (3)$$

wobei u und w dieselben, wie in (2) sind. Wir erhalten dann

$$2(x't'|r|x''t'')=\frac{v-v'}{(t^2-r^2)}, \qquad (4)$$

das *regulär* sein muß. Ich behaupte nun, daß letztere Forderung es nicht zuläßt, in $p=v'/u$ die Glieder erster Ordnung in t und x beliebig zu wählen, trotzdem scheint es mir (ohne Garantie), daß die von Ihnen gewählten Glieder in (9) Ihres Briefes die richtigen sind.

Was ich aber gar nicht verstehe, ist folgendes: Sie brauchen, um die Energie-Impuls-Tensorbeziehungen zu erfüllen, das Verschwinden der Diagonalsumme von

$$\left(\xi+\frac{x}{2}\middle|F\middle|\xi-\frac{x}{2}\right)=\left\{i\hbar\left(\frac{\partial}{\partial\tau}+\alpha_s\frac{\partial}{\partial\xi_s}\right)\right.$$
$$\left.+e(A_0^+-A_0^-)-e\alpha_s(A_s^+-A_s^-)\right\}\cdot\left(\xi+\frac{x}{2}\middle|r\middle|\xi-\frac{x}{2}\right)$$

in nullter und erster Näherung in x und t.

Sie behaupten dies zeigen zu können, wenn Sie nur die Glieder erster Ordnung von p wissen.

Nach meiner Ansicht hängen aber die Glieder nullter und erster Ordnung $\left(\xi+\frac{x}{2}\middle|r\middle|\xi-\frac{x}{2}\right)$ erst von den Größen zweiter und höherer Ordnung von $v'=u\cdot p$ ab, da die Größen erster Ordnung von v' mit denen von v übereinstimmen müssen, und bei der Subtraktion (4) meines Briefes wegfallen, wenn $|r|$ regulär sein soll. Es ist mir daher nicht ersichtlich, wieso Sie mit den Größen erster Ordnung in p auskommen.

Weiter verstehe ich nicht, wie Sie zu der verschwindenden Polarisation gelangen:

Nach der Korrektur Ihres letzten Briefes[d] heißt die Polarisation: (Dichte)

$$e\sum_{P'}(P'\rho'|r|P'\rho')$$
$$=e\lim_{r=0}\frac{\sum a_n^* a_m \sum_{P'} u_n^*\left(\xi+\frac{x}{2},\rho'\right)u_m\left(\xi-\frac{x}{2},\rho'\right)-e^{\frac{ei}{\hbar}\int\cdots}B_0(P'\rho'P''\rho'')}{1+\frac{e^2}{3\hbar\pi}\lg(-r^2)}. \tag{5}$$

Ich behaupte nun, daß der Zähler für $x\to 0$ auch unendlich wird, u.s.w. logarithmisch. Es ist nämlich nichts anderes, als die Dichte R minus die feldfreie Dichte mit dem Faktor $e^{\frac{ei}{\hbar}\int\cdots}$. Dies ist aber das alte Rezept, das zu der logarithmisch divergierenden Polarisation führt. (Diracs Solvayvericht, Peierlsarbeit[e].) Ihre Polarisation müßte also, wenn ich mich nicht irre, endlich bleiben.

Ihr Resultat der verschwindenden Polarisation war ja auch schon wegen der doch existierenden Paarerzeugung verdächtig!?

Meine Zweifel gehen aber noch weiter! Ich glaube nämlich nicht, daß folgende Formel, auf der (5) beruht, richtig angewandt ist. (Formel (4) Ihres Briefes aufgrund des letzten Briefes konvergiert.)

$$(P'\rho'|r|P''\rho'')=\sum a_n^* a_m u_n^*(P'\rho')u_m(P''\rho'')-e^{\frac{ei}{\hbar}\int\cdots}B_0(P'\rho'P''\rho'')$$
$$+\tfrac{1}{2}\left(w_0 e^{\frac{i}{\hbar}\int\cdots}-w\right)\lg(t^2-r^2)+\text{Glieder mit }F.$$

In den „Gliedern mit F“[f] stehen aber, auch wenn wir uns auf die nullte Ordnung von $|r|$ beschränken, die Glieder 2. Ordnung von p, von denen Sie ohne weiteres nicht annehmen können, daß ihre Spur verschwindet, da sie weitgehend willkürlich sind. Somit erhält man noch einen regulären Zusatz, der recht willkürlich ist, aber genau der Willkür der Diracschen Methode entspricht.

Nach Paulis und meiner Ansicht könnten höchstens Ihre Energie-Impulstensorbeziehungen, also das Verschwinden der Diagonalsumme von $|F|$ einige einschränkende Bedingungen für die Willkürlichkeit der Diracschen Methode liefern, ein reguläres $|r|$ abzuspalten. Aber dies bekäme man nur durch die höchst komplizierte Umformung der Glieder zweiter und dritter Ordnung von $v' = u \cdot p$ in x und t.

Wir wären sehr gespannt, Ihre Meinung zu diesen „vernichtenden" Angriffen zu hören! Vielleicht habe ich alles falsch verstanden?

Mit freundlichem Gruß Ihr V. Weisskopf

a) Vgl. [367], [368] und [370]. Ein weiterer Brief vom 8. April (vgl. 369), auf den sich das vorliegende Schreiben teilweise bezieht, liegt nicht vor. – b) Siehe Dirac op. cit. (Anm. 9 zum Kommentar von [338]), S. 160f. – c) Vgl. [367]. – d) Offensichtlich das Schreiben [368] vom 14. April. – e) Gemeint sind die unter Anm. c von [345] und Anm. b von [369] genannten Veröffentlichungen. – f) Heisenberg hatte solche „Glieder mit F" in seiner Dichtematrix weggelassen, weil sie ihm unwichtig erschienen. (Vgl. [367]).

[370b] Weisskopf an Heisenberg

Zürich, 1. Mai 1934

Lieber Herr Professor!

Ich habe inzwischen versucht, das „Klosterssche Programm" einer Wellengleichung mit Inhomogenität von einer ganz anderen Seite anzufassen u.s.w. mit der unrelativistischen Schrödingergleichung: Es ist Naturtatsache, daß Licht ein paar positive und negative Elektronen erzeugt.

Die Wellenfunktion eines Paares ist bei Vernachlässigung der Wechselwirkung: (x'', x' sind die Orte der beiden Elektronen)

$$\phi(\vec{x}' \vec{x}'') = \varphi^+(\vec{x}')\varphi^-(\vec{x}'').$$

$\varphi^\pm(x)$ genügt der Schrödingergleichung für positive bzw. negative Elektronen im gleichen Potentialfeld. In der Schrödingergleichung

$$\frac{\hbar}{i}\frac{\partial}{\partial t}\phi(x'x'') = H\phi(x'x'') \tag{1}$$

füge ich nun noch eine Inhomogenität hinzu und zwar wird diese auf Grund der Erfahrung die einfachste Form haben: $CV(x')\delta(x'-x'')$. C ist eine Konstante, $V(x)$ das Potential. (Der Ansatz ist ähnlich wie in Fermis β-Strahlen Theorie.) Es gilt dann statt (1):

$$\frac{\hbar}{i}\frac{\partial}{\partial t}\phi(x'x'') = K\phi(x'x'') = H\phi(x'x'') + CV(x)\delta(x'-x'') \tag{2}$$

Nun quantisiere ich die Welle $\phi(x'x'')$, da es eine ganzzahlige Menge von Paaren gibt, indem ich setze:

$$\phi(x'x'') = (\sum_i a_i^+ \varphi_i^+(\vec{x}'))(\sum_k (a_k^- \varphi_k^-(\vec{x}'')), \tag{3}$$

wobei die $a^{\pm}$ die bekannten Vertauschungsrelationen erfüllen. Durch Multiplikation von (2) mit (3)* von links bekomme ich (unter Vernachlässigung der unwichtigen Wechselwirkung der Paare unter sich):

$$K=\sum_i E_i^+ N_i^+ +\sum_k N_k^- E_k^- +\sum_{ik} a_i^{*+} a_k^{*-} P_{ik}^* +\sum_{ik} a_i^- a_k^- P_{ik}. \tag{4}$$

Die E_i^+ enthalten die Ruhenergie mc^2. Das letzte Glied folgt durch Hermitisierung von K.

Es ist nach (2):

$$P_{ik}=\int V(\vec{x}')\psi_i^+(\vec{x}')\psi_k^-(\vec{x}'')\delta(\vec{x}'-\vec{x}'')d\vec{x}'d\vec{x}''. \tag{5}$$

So gewinne ich wieder eine *homogene* Gleichung für die Funktionen $c(\ldots N_i^+ \ldots N_k^+ \ldots)$ der Besetzungszahlen $N_i^{\pm}$ des i-ten Zustandes des positiven (negativen) Elektrons:

$$\frac{\hbar}{i}\frac{\partial}{\partial t}c(\ldots N_i^+ \ldots N_k^- \ldots)=Hc(\ldots N_i^+ \ldots N_k^- \ldots)$$
$$+\sum_{ik} c(\ldots N_i^+ +1 \ldots N_k^- +1 \ldots)P_{ik}^* +\sum_{ik} c(\ldots N_i^+ -1 \ldots N_k^- -1 \ldots)P_{ik}, \tag{6}$$

wo aber die Teilchenzahl nicht erhalten bleibt.

Daraus kann man sofort die Wahrscheinlichkeit der Paarerzeugung durch eine Lichtwelle berechnen. Es folgt sofort bei $V(\vec{x},t)=Ae^{i\vec{k}\cdot\vec{x}+ic|k|t}$, wenn $\hbar c|k|>2mc^2$, daß für die Anfangsbedingung: $c(\ldots N_i^+ \ldots N_k^- \ldots)=0$, nur $c(\ldots 000 \ldots)=1$. Alle $c(001_k^+ 001_k^- 00)$ prop. mit t wachsen, wenn $E_i^+ + E_k^- =\hbar c|k|$, und zwar ist die Übergangswahrscheinlichkeit:

$$|\text{const.}\int e^{i\vec{k}\cdot\vec{x}}\varphi_i^+(x)\varphi_k^-(x)dx|^2.$$

Dieses ist aber genau das Resultat der Löchertheorie, wenn man die unrelativistische Wellenfunktionen einsetzt.

Das ganze soll nur zeigen, daß man die einzig reellen Resultate der Löchertheorie auch ohne diese erhalten kann.

Mit herzlichen Grüßen Ihr V. Weisskopf

[370c] Weisskopf an Heisenberg

Zürich, 3. Mai 1934

Lieber Herr Professor!

Es tut mir leid, daß ich die Sache noch immer nicht verstehe. Die Gleichung zur Bestimmung von $(\ldots|r|\ldots)$ lautet bei Ihnen:

$$e\sum_{p'}(Pp'|r|P'p')=\lim_{r\to 0}\sum_{p'}\frac{\sum a_n^* a_m u_n^*(Pp')u_m(P'p')-e^{\frac{ie}{\hbar}\int\ldots}B_0}{1+\frac{e^2}{3\hbar\pi}\lg(-r^2)}. \tag{1}$$

Ich behaupte, daß diese Gleichung nichts über $|r|$ aussagt: Es ist:

$$\sum a_n^* a_m u_n^*(Pp')u_m(P'p') - e^{\frac{ie}{\hbar}\int\cdots} B_0$$
$$= (Pp'|R|P'p') - e^{\frac{ei}{\hbar}\int\cdots} B_0 = \frac{v-v'}{t^2-r^2} + (w_0 e^{\frac{ie}{\hbar}\int\cdots} - w)\cdot \lg(t^2-r^2).$$

$(v' = u p_0)$.

$\frac{v-v'}{t^2-r^2}$ ist endlich für $t=0$, $r=0$, wie Sie selbst angeben. Außerdem ist $w_0 e^{\frac{ie}{\hbar}\int\cdots} - w = \frac{e}{i2\hbar\pi^2}\frac{\partial F_{0s}}{\partial \xi_s}$ in nullter Ordnung. Im Limes kann man die endlichen Glieder des Zählers von (1) vernachlässigen und erhält dann aus (1):

$$e\sum_{p'}(Pp'|r|P'p') = e\lim_{r\to 0}\frac{\frac{e}{i2\pi^2}\frac{\partial F_{0s}}{\partial \xi_s}\lg(-r^2)}{1+\frac{e^2}{3t\pi}\lg(-r^2)},$$

oder

$$\sum_{p'}(Pp'|r|P'p') = \frac{1}{-4\pi e}\frac{\partial F_{0s}}{\partial \xi_s}, \tag{2}$$

was man schon wußte.

Gleichung (1) ist daher mit (2) identisch und kann daher nichts über den physikalischen Ablauf aussagen, entgegen dem, was Sie in Ihrem Brief sagen.

Da jedenfalls $(\ldots|r|\ldots)$ durch

$$(\ldots|r|\ldots) = \frac{v-v'}{t^2-r^2} \tag{3}$$

gegeben ist, so kommt man natürlich nicht um die Tatsache herum, daß für $|r|$ die Glieder zweiter Ordnung von $v-v^1$ bestimmt sind. Fallen diese aus der Gleichung (1) heraus, so war ja von vornherein zu erwarten, daß (1) eine Tautologie ist[a]. Das Unglück ist aber nun, daß somit $|r|$ *doch* nicht eindeutig gegeben ist, und von der Art des Grenzübergangs abhängt, weswegen ich an der relativistischen Invarianz Ihrer Theorie zweifle.

Außerdem sehe ich nicht die Identität mit Dirac, da Ihr $(\ldots|r|\ldots)$ zwar für $r=0$ und $t=0$ endlich, aber am Lichtkegel ja nicht regulär ist. (Sonst wäre ja der Grenzübergang zu $t=0$ und $r=0$ eindeutig.)

Ich wollte Ihnen übrigens auf höheren Befehl mitteilen, daß sich Pauli „von derartiger Subtraktionsphysik degoutiert abwendet"! („Mein Herr läßt Euch sagen, nicht ich, ich würd's nicht wagen". Don Juan, Friedhofszene.)

Mit herzlichen Grüßen Ihr V. Weisskopf

a) Siehe hierzu [371a].

[371] Pauli an Dirac

Zürich, 15. Mai [1934][a]
[Postkarte]

Dear Dirac!
I have an invitation to the Congress of the British Association in Aberdeen in September. – The purpose of the Congress seems to me rather obscure and I dont know, whether you or Mott or any other of the theoreticists, who we know, comes there. So I am not sure, whether I shall go to the Congress or not. (Besides I hear, that at the same time a conference shall be at Copenhagen.) I would be glad, if you could write to me, whether you will come to Aberdeen or you know something about the objects, who will be treated at the Congress.

Sincerly Your W. Pauli

In physics I had no success with my own considerations at the last time.

a) Jahresangabe nach dem Poststempel.

[371a) Weisskopf an Heisenberg

[Zürich], 16. Mai [1934]

Lieber Herr Professor!
Meine Behauptung, daß die bestrittene Gleichung eine Tautologie ist, ziehe ich hiermit zurück. Ich habe auf Grund Ihres letzten Briefes verstanden, was Sie meinen.

Was Pauli und ich nach langen Diskussionen noch auszusetzen haben, ist folgendes:

Der Nachweis für die relativistische Invarianz ist nicht erbracht und erscheint schwierig, wenn nicht unmöglich, weil der Aufbau Ihrer Theorie die Zeit so auszeichnet und weil die auf Grund Ihres Rezeptes gewonnene Dichte: $(\cdots|r|\cdots)=(\cdots|R|\cdots)-(\cdots|B|\cdots)$ nicht regulär ist im ganzen x, t-Raum, und daher ihr Wert für $x=0, t=0$ von der Reihenfolge der Grenzübergänge $x\to 0, t\to 0$ abhängt!

{Nebenfrage: Wieso sehen Sie, daß Ihr Resultat mit Diracs identisch ist?} Weiter scheinen doch die Schwierigkeiten, auf die Sie stießen, bei der genauen Durchführung der Energie-Impulstensorbeziehungen für die Willkürfreiheit des Ganzen doch sehr wichtig zu sein. Sollten sich nämlich die Beziehungen

$$\frac{\partial T_{\lambda\mu}}{\partial\xi_\mu}=\text{Diagonalsumme}\,\frac{e}{2}\,(\Gamma^{+}_{\lambda\mu}+\Gamma^{-}_{\lambda\mu})\;(\gamma_4\,\gamma_\mu\,(\cdots|r|\cdots))$$

nicht durchführen lassen, so fehlt ja der Beweis, daß gerade das von Ihnen gewählte B das richtige sei.

Ich glaube aber, daß wir in bezug auf die erwähnten Schwierigkeiten sowieso einer Meinung sind.

Pauli läßt Ihnen übrigens sagen, daß sich sein „Dégout" nur gegen die „Subtraktionsphysik" wendet und nicht gegen das Problem selbst. Wie man die

Sache allerdings anders anpacken soll, ist vorläufig unklar. Pauli hat sich da bischen etwas überlegt. Aber es ist besser, Sie erfahren darüber erst etwas später, wenn es aus dem Stadium der Phantasie ausgetreten ist.[a]

Was meinen Versuch anlangt, die Inhomogenität direkt in die Wellengleichung einzuführen, so möchte ich folgendes sagen: Relativistisch geht es sicher nicht, daß man auf diese Weise die negativen Energiezustände wegbekommt und somit die sicher vorhandene Beziehung der Probleme Positron → negative Zustände ignoriert.

Es schien mir nur vielleicht nicht uninteressant, die Annihilationsstrahlung anschaulich zu deuten, als eine Art Strahlung im klassischen Wellenbild im Gegensatz zu der gewöhnlichen Strahlung, die der Strahlung des klassischen Teilchenbildes entspricht. (Was Sie in Klosters hervorgehoben haben!) Eine ziemlich zwangsläufige Quantelung dieses Bildes führt eben zu den richtigen, allerdings unrelativistischen Paarerzeugungsformeln. Sehr tief ist dies natürlich nicht.

Mit herzlichen Grüßen Ihr V. Weisskopf

a) Offenbar handelt es sich um die von Pauli und Weisskopf aufgestellte relativistische Wellengleichung für Teilchen ohne Spin (1934a).

[371b] Pauli an Joliot

Zürich, 4. Juni 1934

Lieber Herr Joliot!

Ich habe, seit ich Ihren letzten Brief erhielt, noch viel über die Frage der Neutronmasse nachgedacht und habe mit Interesse Ihre Notiz in der Nature vom 12. Mai gelesen. Ich bin schließlich auf die Möglichkeit des folgenden Ausweges gekommen. Es gibt gewisse Gründe dafür, daß die Kerne oft in mehreren stabilen, d.h. langlebigen Zuständen existieren können, d.h. daß es – von der gewöhnlichen Theorie nicht vorausgesehene – isobare oder isomere Kerne geben könnte. (Hierauf weist auch Gamow hin – siehe Nature, Juni 2 – und versucht dies sehr hypothetisch mit dem negativen Proton in Verbindung zu bringen.)

Es ist mir nun wahrscheinlich, daß die Kerne ${}^{13}_{6}\mathrm{C}$ nach den beiden Reaktionen

$$ {}^{10}_{5}\mathrm{B} + {}^{4}_{2}\mathrm{He} = {}^{13}_{6}\mathrm{C} + {}^{1}_{1}\mathrm{H} $$
$$ {}^{10}_{5}\mathrm{B} + {}^{4}_{2}\mathrm{He} = {}^{13}_{6}\mathrm{C} + {}^{1}_{0}n + \varepsilon^{+} $$

zwar in isomeren (stabilen), aber nicht gleichen, also energetisch verschiedenen Zuständen sich befinden. – Ähnlich könnte es sein bei den analogen Reaktionen mit Al und Mg.

An eine Zweideutigkeit der Eigenschaften des *freien* Neutrons glaube ich nämlich *nicht;* andrerseits nehme ich sowohl Ihre als auch Chadwicks Messungen für zuverlässig an.

Die Hypothese isomerer Zustände des Endproduktes scheint mir einen Ausweg aus der Schwierigkeit zu bieten. Ja, ich halte es sogar für wahrscheinlich, daß in diesem Sinne auch der Unterschied Ihrer 3 (scheinbaren) Werte 1,0098; 1,0092; 1,0089 für die Neutronenmasse *reell,* d.h. *außerhalb* der Meßfehlergrenze wäre. – In Zukunft wäre, falls einmal die Neutronenmasse bekannt sein wird, aus Messungen wie die von Ihnen angegebenen überhaupt nicht direkt auf die Neutronmasse, sondern auf den Energieunterschied der (isobaren) Endprodukte der Reaktion zu schließen.

Ich würde sehr gerne von Ihnen hören, was Sie über diesen Erklärungsversuch denken. – Man braucht nicht so direkt wie Gamow von negativen Protonen innerhalb des Kernes zu sprechen, könnte aber doch annehmen, daß die Kerne im allgemeinen in *mehr* (stabilen) Zuständen existenzfähig wären, als es der Heisenberg-Majoranaschen Theorie entsprechen würde.

Mit besten Empfehlungen an Frau Curie-Joliot und vielen Grüßen an Sie selbst

Ihr stets sehr ergebener W. Pauli

[372] Heisenberg an Pauli und Weisskopf

Leipzig, 8. Juni 1934

Lieber Pauli und lieber Weisskopf!
Gleichzeitig mit diesem Brief schicke ich Euch das Manuskript eines ausführlichen Bekenntnisses über Positronen.[a] Es ist nicht meine Meinung, daß ich dieses Bekenntnis etwa ohne weiteres publizieren sollte; vielmehr könnte es, wenn wir uns über seinen Inhalt einigen, sehr gut als Teil oder Vorbereitung größerer gemeinsamer Unternehmungen dienen. Nach meiner Ansicht entwirft der Aufsatz zwar kein erfreuliches, aber ich glaube ein klares und eindeutiges Bild der gegenwärtigen Situation der Löchertheorie; ich glaube auch, daß im Lauf der Zeit noch ein paar interessante Anwendungen der Diracschen Theorie gemacht werden können. Natürlich ist die jetzige Theorie außerordentlich häßlich. Aber eben dieser Umstand deutet vielleicht darauf hin, daß der Weg von der Löchertheorie zu $e^2/\hbar c$ nicht allzuweit ist. Aber Ihr müßt mir jetzt schreiben, was Ihr zur ganzen Lage denkt.

Viele Grüße ans ganze Institut! W. Heisenberg

a) Gemeint ist die in Anm. 1 zum Kommentar von [367] genannte Arbeit zur Löchertheorie.

Jetzt, nachdem Heisenbergs Manuskript vorlag, nahm Pauli erneut Stellung zur Löchertheorie [373]. Nach Erledigung einiger formaler Angelegenheiten in Heisenbergs Manuskript wandte sich Pauli eingehender dem physikalischen Gehalt dieser Theorie zu. Die Theorie selbst schien ihm uninteressant, weil sie offensichtlich zu keinen neuen prüfbaren Ergebnissen führte, die man nicht schon mit elementareren Hilfsmitteln gewonnen hatte. „Wenn die Ergebnisse recht häßlich und negativ werden“, bemerkte Pauli tröstend, „so ist es ja ein objektiver Sachverhalt und nicht Deine (oder unsere) Schuld.“ Daß Heisenberg seine Theorie bereits durch Euler und Kockel auf die Streuung von Licht an Licht anwenden ließ, erfuhr Pauli erst aus dem folgenden Antwortschreiben [274].

Dann berichtete Pauli über seine eigenen Arbeiten. Er war, wie er meinte, auf ein Kuriosum gestoßen; eine relativistische Wellengleichung für spinlose Teilchen, in welcher die Schwierigkeiten der Diracschen Theorie nicht auftraten. Obwohl Pauli seiner „Anti-Dirac-Theorie" anfangs keine praktische Bedeutung beimaß, freute es ihn doch sehr, daß er seiner „alten Feindin – der Diracschen Theorie des Spinelektrons – wieder eins anhängen konnte" [373].

Ebenso interessant sind Paulis Anmerkungen über den Zusammenhang von Eichinvarianz und Ladungserhaltung und von Spin und Statistik am Ende des Briefes. Sie zeigen, wie nahe er seinen späteren Einsichten schon damals war.

[373] Pauli an Heisenberg

Zürich, 14. Juni 1934

Lieber Heisenberg!

Vielen Dank für Dein interessantes Manuskript, das Weisskopf und ich genau studiert haben.[a] Wir sind in allen wesentlichen Punkten völlig mit Dir einig, aber die Ergebnisse scheinen andrerseits meinem Degout vor Limes-Akrobatik und „Subtraktionsphysik" völlig Recht zu geben. In systematisch-logischer Hinsicht, so gebe ich durchaus zu, bringt Dein Manuskript einen Fortschritt, insofern nun deutlich wird, daß alle Unendlichkeiten erst durch die Feldquantisierung hereinkommen.

Der schwächste Punkt scheint mir die Eindeutigkeitsfrage des Ansatzes (14) für a und b.[b] Es bliebe genauer zu untersuchen, was man zu S_1 unter Wahrung der Erhaltungssätze und der Regularität (bzw. nicht zu starken Singularität)* von r noch addieren könnte und wie die Resultate hierdurch geändert würden. – Auf S. 7 steht diesbezüglich die etwas dunkle jesuitische reservatio mentalis „wenn man auf möglichst große Einfachheit bedacht ist" (man hätte wenigstens sagen können: auf möglichst geringe Komplikation bedacht ...).[c] Z. B. bin ich beinahe sicher, daß man durch geeignete Wahl von S_1 auch noch den Zusatz zu ρ, der zu $\Delta \rho_0$ proportional und durch (40) gegeben ist, zu Null machen kann.

Um das formale gleich zu erledigen, möchte ich noch bemerken, daß uns nicht ganz deutlich geworden ist, *wieso* die Gesamtmenge von Materie, die bei Ein- und Ausschalten von Feldern entsteht, schon ohne Kenntnis von S bei Anwesenheit von Feldern ermittelt werden kann (S. 5)[d] und noch weniger, wieso die Stetigkeit der Ableitungen der Feldstärken für die Durchführung der „adiabatischen" Störungsrechnung so wesentlich sein soll. Es gibt doch Funktionen $f(t)$ mit *überall stetigen* Ableitungen *beliebig* hoher Ordnung, die für $t<t_0$ und $t>t_1$ exakt Null sind (z. B. $f(t)=0$ für $t<t_0$; $f(t)=e^{-\frac{1}{(t-t_0)^2(t_1-t)^2}}$ für $t_0 \leqq t \leqq t_1$; $f(t)=0$ für $t>t_1$). Warum kann man die auf *S. 7 unten, S. 8 oben*[e] erwähnte Störungsrechnung nicht auch mit Hilfe von zu solchen $f(t)$ proportionalen Zusatz-Potentialen machen? Dann würde doch C *auch* wichtig werden, obwohl *keine* unstetige Änderungen höherer Differentialquotienten der Felder vorkommen? – Diese Punkte könntest Du noch etwas deutlicher machen, wenn Du die Arbeit publizieren wolltest.

* „Pädagogische" Bemerkung: Man sollte den Passus über die Singularitäten von r, der S. 10 hinter Gleichung (20) steht, lieber schon hinter (14) setzen. Auch Hermitizität von r und S_0, S_1 betonen!

In Physikalischer Hinsicht glaube ich allerdings kaum, daß diese Theorie zu irgend welchen prüfbaren Folgerungen führen kann, die nicht schon durch die elementaren Rechnungen über die Häufigkeit der Paar-Erzeugung vorliegen. *Und zwar nicht aus technischen Gründen, sondern aus prinzipiellen.* Z.B. kann ich Deine Zuversicht nicht teilen, daß die – bei Comptonwellenl[ängen] etwa ein Promille betragenden – aus der Theorie folgenden Korrekturen der Klein-Nishina-Formel, noch quantitativ mit der Wirklichkeit übereinzustimmen brauchen. *Denn die Vernachlässigung der Strahlungsreaktionskräfte ist eben in dieser Größenordnung nicht mehr legitim* (hierauf wies auch Bohr oft hin) und man kommt in ein Gebiet, wo Selbstenergie und ein Verständnis von $e^2/\hbar c$ wesentlich werden.[f]

Das gleiche ist wahrscheinlich auch der Fall für das Phänomen der kohärenten Streustrahlung. Auf grund *vorläufiger* Überlegungen von Weisskopf *vermute* ich, daß auch in Deiner Theorie diese Streuung, wenn man nicht abschneidet, unendlich groß werden wird. – Aber das sollte noch nachgerechnet werden.

Mit diesem Problem steht es so, daß Weisskopf es schon lange in Angriff genommen hätte, wenn nicht dadurch die Situation entstanden wäre, daß wir Delbrück hierdurch hinterrücks etwas weggenommen hätten.[g] – Andrerseits hat dieser (wir haben ihn im April in Kopenhagen gesprochen) erstens einen schlechten Ansatz gemacht und zweitens überhaupt bald die ganze Rechnung aufgegeben. Der schlechte Ansatz besteht darin, daß er mit ebenen Wellen angefangen und dann Bornsche Näherung gemacht hat. Man soll aber im Grundzustand mit (unrelativistischen) Wasserstoffeigenfunktionen und nur in Zwischen- und Endzuständen mit ebenen Wellen rechnen (wie Casimir bei der Streuung).[h] Es ist zwar etwas kompliziert, aber es sollte schon gehen. – Vielleicht kannst Du in Berlin Delbrück und Sauter zusammenspannen[i] (für ersteren allein ist es zu schwierig). Ich bin gerne bereit, um eine neue Flasche Moselwein zu wetten, daß diese kohärente Streuung in Deiner Theorie (wenn man nicht abschneidet) unendlich werden wird!

Alles in Allem schien es uns – trotz in physikalischer Hinsicht weitgehend negativer Ergebnisse – doch ganz wünschenswert, wenn Du Deine Arbeit (nach Verbesserung der erwähnten formalen Punkte) publizieren würdest. Es ist wohl – abgesehen von der Eindeutigkeitsfrage bei S_1 – alles ganz konsequent und es ist das Äußerste herausgeholt, was ohne Theorie von e^2/hc sich noch herausholen läßt. Wenn die Ergebnisse recht häßlich und negativ werden, so ist es ja ein objektiver Sachverhalt und nicht Deine (oder unsere) Schuld!

Meine eigene Physik ist inzwischen völlig negativ verlaufen (*nicht* wegen Faulheit). Immerhin bin ich auf eine Art Kuriosität gestoßen, die ich Dir gerne schreiben will. – Wenn man statt der Diracschen die alte skalare Klein-Gordonsche relativistische Wellengleichung zu Grunde legt, so hat sie folgende Eigenschaften:

1. Die Ladungsdichte

$$\rho = \psi^* \left(\frac{h}{i} \frac{\partial \psi}{\partial t} - e\,\phi_0\,\psi \right) - \left(\frac{h}{i} \frac{\partial \psi^*}{\partial t} + e\,\phi_0\,\psi^* \right) \psi$$

kann sowohl positiv wie negativ sein.

2. Die Energiedichte

$$\left|\frac{h}{i}\frac{\partial\psi}{\partial t}-e\phi_0\psi\right|^2+\sum_{k=1}^{3}\left|\frac{h}{i}\frac{\partial\psi}{\partial x_k}+e\phi_k\ \psi\right|^2$$

ist stets $\geqq 0$, kann *nie* negativ sein.

Das ist umgekehrt wie in der Dirac-Theorie und gerade das, was man physikalisch haben will. – Und ich habe dann leicht zeigen können: Die Anwendung unseres alten Formalismus der Feldquantelung auf *diese* Theorie führt *ohne jede weitere Hypothese** (ohne „Löcher"-Idee, ohne Limes-Akrobatik, ohne Subtraktionsphysik!) zur Existenz von Positronen und zu Prozessen der Paarerzeugung mit leicht berechenbarer Häufigkeit. Und zwar geht dies sowohl bei Einstein-Bose-Statistik wie bei Fermi-Statistik der Materiewellen. (Im ersteren Fall muß man eine Nullpunktsenergie der Materie wegstreichen, die zur Nullpunktsenergie der Strahlung analog ist.) – Jetzt lasse ich Weisskopf noch nachrechnen, ob eine (eventuell unendlich große) Polarisation des Vakuums in dieser Theorie herauskommt oder nicht.

Leider hat diese – entgegen Diracs Behauptungen – in formaler Hinsicht so sehr viel befriedigendere skalare Wellentheorie (daß wegen der 2. Differentialquotienten in der Wellengleichung besondere Widersprüche mit der Transformationstheorie auftreten sollen, ist reiner Quatsch und wird durch Anwendung unserer Feldquantelung widerlegt!**) wenig mit der Wirklichkeit zu tun, da sie dem Spin nicht in relativistisch-invarianter Weise Rechnung zu tragen erlaubt.[j]

Mit Spinoren müssen nämlich – aus Invarianzgründen – die angegebenen Ausdrücke für die Energiedichte (auch wenn man bei den Wellengleichungen 2. Ordnung bleibt) ersetzt werden durch

$$\left(\frac{h}{i}\frac{\partial\psi}{\partial t}^{*}+e\,\phi_0\,\psi^*\right)\cdot\beta\left(\frac{h}{i}\frac{\partial\psi}{\partial t}-e\,\phi_0\,\psi\right)+\ldots$$

und sind deshalb ebenso oft positiv wie negativ.

Praktisch kann man also mit dieser Kuriosität wohl nicht viel anfangen, aber es hat mich gefreut, daß ich meiner alten Feindin – der Diracschen Theorie des Spinelektrons – wieder eins anhängen konnte.

In letzter Zeit habe ich auch über die große Frage, was ist e^2/hc? nachgegrübelt. Ich möchte gerne die Bemerkung eines früheren Briefes wieder aufnehmen, daß der Ladungsbegriff in mehr fundamentaler Weise eingeführt werden soll, als es in den Ansätzen von de Broglie, Dir und Bloch geschieht. Mit der Frage des Ladungsbegriffes hängt nämlich die der Eichinvarianz sehr eng zusammen, indem ja die Eichinvarianz der Lagrangefunktion in ähnlicher Weise die Erhaltung der Ladung zur Folge hat, wie die Invarianz der Lagrangefunktion gegenüber einer Verschiebung des Nullpunktes der Zeit und der Koordinaten die Erhaltung von Energie und Impuls zur Folge hat. – Ich bin deshalb nicht damit

* Es gibt (nach Feldquantelung) von selbst nur positive Energie! Alles eichinvariant und relativistisch invariant!

** Die in einem beliebig begrenzten Volumen enthaltene Ladungszahl bekommt dann richtig die Eigenwerte $+N$, 0 und $-N$. (N ganz!)

einverstanden, daß die Eichinvarianz durch eine Art Normierung der Potentiale aufgehoben wird, wie dies in den Ansätzen von Dir und Bloch durch die Zusatzglieder 4. Ordnung (oder noch höherer Ordnung) in den Materiewellenfunktionen geschieht. Es wird dann zwar dem Erhaltungssatz der Ladung formal Rechnung getragen, aber sozusagen nicht automatisch. (Man *könnte* mit einem solchen Ansatz auch Prozesse einführen, bei denen Ladung entsteht.) – Wegen der Vermischung von ψ-Wellen und elektromagnetischen Feld weiß ich gar nicht, inwieweit in einer künftigen Theorie von elektromagnetischen Potentialen überhaupt noch wird gesprochen werden können. Wohl aber möchte ich postulieren: *Auch in einer künftigen Theorie soll dem Erhaltungssatz der Ladung eine Transformationsgruppe der Hamiltonfunktion entsprechen, und zwar eine solche, die als Verallgemeinerung der Eichgruppe der jetzigen Theorie aufgefaßt werden kann.*

Ich habe auch wieder daran gedacht, daß die Eichinvarianz in unserem Formalismus der Quantenelektrodynamik nicht schön zur Geltung kommt; und es sind ja oft solche Schönheitsfehler, die in die Zukunft weisen (auch wenn sie keinen inneren Widerspruch der bestehenden Theorie involvieren). – Ob es in der künftigen Theorie nicht doch so etwas wie eine q-Zahl-Eichinvarianz geben wird?

Es ist mir aber bis jetzt nicht gelungen, diese Idee fruchtbar zu machen und sie mit dem Ausschließungsprinzip und der Tatsache, daß physikalische Energien immer positiv sind, in Verbindung zu bringen. – Ich hoffe, daß eine stärkere Befreiung von Diracschen Ansätzen und Gedankengängen möglich sein wird. – Ob man nicht Spin und Ausschließungsprinzip *zugleich* einführen kann statt hintereinander? (Mit letzterem meine ich: erst „anschauliche"(??!) ψ-Wellen im gewöhnlichen Raum†, dann „nochmalige" Quantisierung dieser!) – Ich grüble oft über diese Fragen hin und her und fühle deutlich, wie mir dabei Dein Programm der quantisierten ψ-Wellen (von Brüssel und von Deinen Briefen am Anfang des Jahres) immer weniger und weniger gefällt. Aber ich kann's bis jetzt auch nicht besser machen!

Also mehr weiß ich leider nicht – ich habe selbst große Sehnsucht danach, mehr die Bejahung predigen zu können als die Verneinung – laß wieder von Dir hören (und publiziere eventuell!).

Herzlichst, Dein alter W. Pauli

P.S. Dank noch – auch von meiner Frau – für Deinen lieben Gratulationsbrief.[k]

a) Vgl. Anm. 1 im Kommentar zu [367]. – b) Die Formeln stehen auf S. 214 der Veröffentlichung. – c) In der endgültigen Fassung von Heisenbergs Publikation sind Paulis Anregungen alle berücksichtigt worden. – d) Entspricht S. 212 der Publikation. Vgl. hierzu auch Heisenbergs Bemerkungen in dem folgenden Brief [374]. – e) Entspricht S. 215 der Publikation. – f) Siehe z.B. N. Bohrs Vortrag auf dem Romkongreß im Oktober 1931 und seine schon mehrfach erwähnten Bemerkungen auf dem Solvaykongreß in Brüssel (vgl. Anm. a zu [364]). – In einem Schreiben vom 17. Juni bat Heisenberg Bohr um seine Meinung: „Pauli schrieb mir aber, Du hättest Dir mal überlegt, daß eine Berechnung dieser Abweichungen [von der Klein-Nishina-Formel] keinen Sinn mehr hätte, weil andere

† Ich glaube halt immer noch, daß klassische Lichtwellen anschaulich sind, nicht aber Quanten-ψ-wellen, auch wenn letztere im gewöhnlichen Raum verlaufen.

Einflüsse (Strahlungskräfte etc.) ähnliche Fehler verursachen. Könntest Du mir Deine Meinung hierzu kurz schreiben?" – g) Entsprechende Rechnungen publizierten später N. Kemmer und V. Weisskopf: Deviations from the Maxwell Equations resulting from the Theory of the Positron. Nature **137**, 659 (1936). – Max Delbrück befaßte sich neben seinen Aufgaben als Lise Meitners Assistent schon seit 1932 mit Problemen der Molekulargenetik. Während dieser Zeit am Kaiser-Wilhelm-Institut für Chemie in Berlin-Dahlem entstand in enger Zusammenarbeit mit Nikolai W. Timofeeff-Ressovsky und K.G. Zimmer auch die bahnbrechende Untersuchung „Über die Natur der Genmutation und der Genstruktur", die eine Verbindung zwischen den Bohrschen Ideen zur Komplementarität und der Biologie anstrebten. (Vgl. hierzu M. Delbrück: A Physicist Looks at Biology. Transactions of the Connecticut Academy of Arts and Sciences **38**, 173–190 (1949).) – h) Siehe hierzu den Kommentar zu [311]. – i) Fritz Sauter war schon in Göttingen und kam deshalb nicht mehr für eine Zusammenarbeit mit Delbrück in Frage. (Vgl. [374].) – j) Diese Auffassung hatte Dirac während der Leipziger Vortragswoche im Juni 1928 vertreten. Vgl. P.A.M. Dirac: Zur Quantentheorie des Elektrons. In H. Falkenhagen (Hrsg.): Quantentheorie und Chemie. Leipziger Vorträge 1928. Leipzig 1928. Dort S. 85–94. – k) Die Bemerkung bezieht sich auf Heisenbergs Gratulationsschreiben zu Paulis Heirat. Auch Hermann Weyl hatte in Spanien Paulis Heiratsanzeige erhalten, wie er am 25. Mai 1934 Schrödinger mitteilte.

Nach Erledigung der von Pauli [373] angesprochenen Probleme berichtete Heisenberg [374] über die erfreulichen Ergebnisse, die seine beiden Studenten Hans Euler und Bernhard Kockel bei der Anwendung der Löchertheorie auf das Problem der Streuung von Licht an Licht bisher erzielt hatten.[1] „Debye hatte die Idee, daß die Sonnenkorona durch diese Streuung von Licht entsteht; zu dieser These würde der obige Wert $[(e^2/\hbar c)^4\,(\hbar/mc)^2$ für den Wirkungsquerschnitt] ausgezeichnet passen. Aber, wie gesagt, man muß noch abwarten, ob alle Rechnungen in Ordnung sind."[2]

Großes Interesse erregte auch Paulis und Weisskopfs neue Theorie für Teilchen mit Spin Null, welche die Löchervorstellung zur Beschreibung der Antipartikel entbehrlich machte. Später zeigte sich jedoch, daß auch hier eine unendliche Vakuumpolarisation auftritt, die Subtraktionsvorschriften erforderte. Praktische Bedeutung gewann diese Arbeit erst nach der Entdeckung der sog. Yukawa-Teilchen in der Höhenstrahlung.

[1] Eine kurze Zusammenfassung ihrer Rechnungen Über die Streuung von Licht an Licht nach der Diracschen Theorie publizierten Euler und Kockel in Naturwiss. **23**, 246–247 (1935). Signiert 11. Februar 1935.

[2] Aus einem Schreiben Heisenbergs vom 17. Juni [1934] an Bohr.

[374] Heisenberg an Pauli

Leipzig, 16. Juni 1934

Lieber Pauli!

Vielen Dank für Deinen interessanten Brief. Zunächst möchte ich Deine speziellen Fragen beantworten: Die Tatsache, daß die Gesamtmenge von Materie, die beim Ein- und Ausschalten von Feldern entsteht, berechnet werden kann ohne die Kenntnis von S bei Anwesenheit von Feldern, beruht auf folgendem Umstand: Zur Zeit $t=0$ sei keine Materie vorhanden. Dann ist $R_s=S_0$ gegeben als Summe über alle Zustände negativer minus alle Zustände positiver Energie; es gilt außerdem $HR_s=0$. Nun werde ein Feld ein- und wieder ausgeschaltet, $t_1>t>t_0$; der Wert von R_s für $t>t_1$ kann dann, da *stets* (auch während $t_0<t<t_1$) $HR_s=0$ gilt, aus dieser Gleichung und aus dem Anfangszustand ($R_s=S_0$ für $t=t_0$) berechnet werden. Also ist für $t>t_1$ R_s bekannt; andrerseits herrscht nun kein Feld mehr, also ist für $t > t_1$ einfach $r = R_s - S_0$. Diese ganze Überlegung zeigt ziemlich genau den Umfang der Aussagen, die die primitive „Löcher"-theorie machen kann; darauf beruht ja auch die Richtigkeit aller bisherigen Rechnungen über Paarerzeugung etc.

Der Wert der Größe C würde zweifellos auch für die von Dir angegebenen Potentiale $F(t) \sim e^{-\frac{1}{(t-t_0)^2 (t-t_1)^2}}$ von Wichtigkeit sein. Es gilt aber auch für diese Potentiale die Gleichung $Hw = 0$ *nicht* mehr an der Stelle $t = t_0$ und $t = t_1$, weil da die Potentiale nicht mehr nach t entwickelt werden können; die allgemeinste Bedingung für die Gültigkeit von $Hw = 0$ und damit für die Unwichtigkeit von C ist wohl etwa die Entwickelbarkeit der Felder und Potentiale nach x_0, x_1 .... Im übrigen bedeutet eine andere Festsetzung von C ja doch nur eine andere Einteilung einer vorgegebenen Ladung in „wahre äußere" und „im Vakuum induzierte" Ladung. Daß man die Glieder mit $\Delta \rho$ noch wegschaffen könnte, indem man zu $\frac{\alpha}{|X^r X_r|}$ noch geeignete Ausdrücke der Form $\frac{\partial^3 F_{ik}}{\partial \xi_i \, \partial \xi_k \, \partial \xi_l} \cdot \alpha_l$ oder ähnlich hinzufügte, glaube ich auch. Aber ich wollte eben die Forderung „geringster Komplikation" beibehalten.

Ich werde Deinen Vorschlägen entsprechend die Arbeit verbessern und sie dann gelegentlich publizieren.[a] Über die praktischen Resultate kann ich Dir noch kurz berichten: Die Streuung von Licht an Licht ist inzwischen von Kockel und Euler hier durchgerechnet worden; es ergibt sich ein *endlicher* Wirkungsquerschnitt für den Zusammenstoß zweier Lichtquanten (4. Näherung) (bei dem übrigens die „Subtraktionsphysik" auch keine wesentliche Rolle zu spielen scheint, denn es werden nur endliche Glieder (H_4) abgezogen). Die Größenordnung des Wirkungsquerschnitts ist, wenn keine Rechenfelder mehr vorliegen, für $\lambda \gg h/mc$:

$$\left(\frac{e^2}{\hbar c}\right)^4 \left(\frac{\hbar}{mc}\right)^2,$$

dazu kommen noch sehr komplizierte Funktionen aller eingehenden Winkel. Dieser Wert scheint gut zu der Idee von Debye zu passen, daß die Sonnenkorona durch diese Streuung von Licht an Licht entsteht. – Über die Frage, wieweit die Strahlungskräfte bei der Korrektur der Klein-Nishinaformel eine Rolle spielen, will ich noch nachdenken.[b] – Delbrück war neulich hier und erzählte von seinen vergeblichen Versuchen, die kohärente Streuung zu rechnen. Er wäre sicher froh, wenn er die Arbeit gemeinsam mit einem anderen z.B. Weisskopf machen könnte (Sauter ist jetzt in Göttingen).

Deine Theorie mit der Klein-Gordon-Gleichung hat mich *sehr* interessiert. Vielleicht findet man durch diesen Umweg die richtige Methode der Feldquantelung. Ich bin ganz einig mit Dir darin, daß innerhalb der „anschaulichen" Materiewellentheorie nicht der leiseste Grund dafür vorliegt, für die Dichte $\psi^* \psi$ zu setzen. Dirac hat eben von den beiden möglichen Wegen den einen gewählt: er hat beim Einkörperproblem die Quantentheorie korrekt eingeführt und auf Behandlung des allgemeinen Problems verzichtet. Der Diracsche Ansatz ist richtig für das Einkörperproblem – für das ist eine Quantelung der Wellen überflüssig; und er ist bisher nicht gelungen beim allgemeinen Problem. Beim allgemeinen Problem könnte man also sehr gut einen anderen Weg gehen und mit dem Klein-Gordonschen Ansatz anfangen. *Allerdings müssen die Quantelungsvorschriften der Feldtheorie sicher abgeändert werden.* Man wird also jetzt nach Abänderungen suchen, die bei der Quantelung der Klein-Gordon-Gleichung die Einführung der Spinoren und der Fermistatistik erzwingen. Ich habe ganz allgemein seit meiner Beschäftigung mit der Löchertheorie das Gefühl, daß der Schritt von der bisherigen Quantenelektrodynamik zu $e^2/\hbar c$ nicht viel weiter ist, als der von Deiner früheren Spin-Theorie zur Diracschen.[c] Unsere Feldquantelung war sozusagen einfach eine gedankenlose Wiederholung des Bekannten und seine Anwendung auf Probleme, denen es nicht ganz angepaßt war. Es gehört jetzt ein neuer, formaler Gedanke dazu, um die Quantentheorie der Felder vernünftig zu machen – vielleicht sind gar keine neuen physikalischen Tatsachen dazu nötig.

Also die weitere Entwicklung Deiner spinlosen Theorie interessiert mich sehr, ich würde gerne auch Einzelheiten davon hören.

Schick' bitte mein Manuskript, wenn Du es nicht mehr brauchst gelegentlich an Dirac; dem hab' ich's versprochen.

Viele Grüße Dein W. Heisenberg

a) Heisenberg sendete seine (in der Anm. 1 zum Kommentar von [367] zitierte) Arbeit schon in der folgenden Woche zur Veröffentlichung ein. – b) Siehe hierzu [373], Anm. f. – c) Den gleichen Optimismus äußerte Heisenberg in seinem Schreiben vom 17. Juni an Bohr.

Die Entstehung der Anti-Dirac-Theorie, wie Pauli den neuen Formalismus zur Quantisierung von Wellenfeldern mit Einstein-Bose-Statistik gerne nannte, hat Victor Weisskopf in einem Interview geschildert:[1] "I could show that in the Klein-Gordon equation the wave intensity $|\psi|^2$ can change in the presence of electromagnetic fields. This looked like pair creation without a filled vacuum. I saw this, and I'm not sure whether it at that time was known. It was certainly known to Pauli, but I think it worried me more than it did him. Pauli's attitude was, 'It's not interesting, it's not very important.' But I said, 'There is something funny, isn't there? Because not only can I create these pairs, but I can also annihilate them, though only as an induced effect. In the presence of an electromagnetic field, positive-negative charge, can also disappear or can be created. Light has an influence on it. Isn't this analogous to pair creation and isn't this a way. ... ?' But I couldn't get it right. Why? Because I was not able to quantize both the radiation field and the matter-field. ... Pauli didn't want to hear anything about it; he was busy with other things ... Well, I tried to tell this to Pauli for about a half hour and he wouldn't listen. He said, 'It's silly, go away; I don't want to hear it; again it's one of those silly ideas; leave me in peace.' Then I got very annoyed and said, 'Let me tell you a quotation', and then I quoted ... ‚Ach, Meister, warum so viel Eifer, warum so wenig Ruh? Mich dünkte Euer Urteil wäre reifer, höret Ihr besser zu'. And he said to me, 'What is this?' I said, 'This is Meistersinger'. ‚Meistersinger?', he said, ‚Wagner mag ich überhaupt nicht'. And than the afternoon was gone; ... The next day I came to him again and said. 'Now listen, Pauli', and he said, 'Oh, is that what you mean; why didn't you tell me right away?' So it was difficult, but when he caught this idea he said, 'Clearly we can do this, we just have to quantize the matter-wave also and then we'll get everything.' He was very exited then, because he called this our 'anti-Dirac paper'; ... And with great enthusiasm he worked it out quickly, because it really comes out very simply once one quantizes the field. He asked me then to do the details: 'there is the formalism. Now you go and calculate exactly the pair creation and pair annihilation and you'll see how it differs from the electron.' Of course it doesn't differ from the electron very much except by typical spin terms. ... Pauli liked it very much so it was written; and if you read it now, you will see an introduction written by Pauli telling how he was arguing against Dirac. What it really is at present is a first quantization of boson systems."

Das vorläufige Manuskript[2] der Arbeit (1934a) schickte Pauli Heisenberg zur Begutachtung [375], bevor er es Ende Juli zur Publikation einreichte.

[1] Interview, durchgeführt in Kopenhagen von T.S. Kuhn und J. Heilbron am 10. Juli 1963. [SHQP: Tape No 81, 2].
[2] Die in Paulis Briefen [375] und [377] gegebenen Hinweise zeigen, daß das Manuskript bis zum Einsendungsdatum noch wesentlich verändert wurde.

[375] Pauli an Heisenberg

[Zürich], 28. Juni [1934]

Lieber Heisenberg!
Ich danke Dir noch sehr für Deinen Brief vom 16. und schicke Dir also beiliegend die Quantisierung der alten Klein-Gordon-Gleichung, der Du ein so unerwartet großes Interesse entgegengebracht hast. Wie Du zunächst bemerken wirst, ist Einstein-Bose-Statistik angenommen. Dann verläuft die Anwendung des Formalismus glatt. (Der Einfachheit halber wurden die elektromagnetischen Felder als *c*-Zahlen angesetzt; das ist natürlich nicht wesentlich.) – Es ist wesentlich, daß bis zur Gleichung (6) einschließlich weder eine Einteilung der Zustände in zwei Hälften, noch eine explizite Einführung des Betrages $|E_k|$ (sondern nur von E_k^2) vorgenommen wurde. Die relativistische und Eichinvarianz ist bei Verwendung der Variablen π und ψ (bzw. im Impulsraum p_k und α_k) und ihrer Konjugierten trivial, während sie andrerseits bei Verwendung der Variablen Q_k, Q'_k und ihrer Konjugierten nicht *direkt* ersichtlich ist. Diese letzteren Variablen dienen dazu, nun zugleich mit der Energie auch die Ladungsdichte (im Impulsraum) auf Diagonalform zu bringen.

Dabei stellt sich, wie dies zu erwarten war, die Existenz von Elektronen *und* Positronen und von Prozessen der Paarerzeugung heraus. Die Rechnungen von S. 4 an zeigen, daß die elektrische und magnetische Polarisierbarkeit des Vakuums in dieser Theorie genau so unendlich wird wie in der Diracschen Theorie vom Solvay-Kongreß (bei Abschneiden beim Impuls P von der Ordnung $\frac{e^2}{hc}\log\frac{P}{m_0 c}$).

Die Frage, ob sich bei dieser Theorie formal auch eine Quantelung der Materiewellen mit Ausschließungsprinzip durchführen läßt, bedurfte noch einer genaueren Untersuchung. (Deshalb habe ich auch mit der Beantwortung Deines Briefes bis heute gewartet; inzwischen hat sich eine dunkle Wolke von Vorzeichenfehlern gelichtet.) Das Ergebnis ist interessanterweise *negativ:* Es läßt sich bei Quantelung nach Ausschließungsprinzip der skalaren Wellengleichung *auf Grund des bisherigen Formalismus nicht* erreichen, daß *zugleich*

1. relativistische und Eichinvarianz besteht,
2. die Eigenwerte der Energie positiv sind (während bei Quantelung nach Bose-Statistik dies von selbst beides erfüllt ist).

In formaler Hinsicht ist dazu zu sagen, daß ja unser Formalismus zur Quantelung von Feldern keineswegs so allgemein (d.h. bei beliebiger Form der Langrange- und Hamilton-Funktion) nach Ausschließungsprinzip angewandt werden kann (mit $[\ldots]_+$) wie nach Einstein-Bose-Statistik (mit $[\ldots]_-$) und daß ersteres immer besonders probiert werden muß.

In physikalischer Hinsicht scheint es mir nur befriedigend, daß *ohne Spin* auch kein Ausschließungsprinzip (wenigstens nicht invariant und allein mit positiver Energie) erreichbar ist, da beides doch so eng verknüpft ist. – Eine vernünftige Abänderung der Quantelungsvorschriften der Feldtheorie zu finden, will mir nicht gelingen. Was meinst Du jetzt zu dem allen?

Viele Grüße Dein W. Pauli

Dein M[anu]s[kript] schicke ich in den nächsten Tagen an Dirac weiter.

Seitdem Johannes Stark am 13. Juni 1934 neben seiner Stellung eines Präsidenten der Physikalisch-Technischen Reichsanstalt auch noch das Amt als Präsident der Notgemeinschaft der deutschen Wissenschaft übernommen hatte, gab es mit den Vertretern der ihm verhaßten theoretischen Physik ständig Konflikte.[1] In seiner provozierenden Schrift Nationalsozialismus und Wissenschaft[2] konstruierte er einen Zusammenhang von Naturforschung und Rasse, und er sprach von der „Verjudung der deutschen Wissenschaft“, die „mehr und mehr das Gepräge des jüdischen Geistes mit dem Überwiegen der dogmatischen Theorie“ erhielt. Gemeint waren natürlich Einsteins Relativitätstheorie, Heisenbergs Matrizentheorie und Schrödingers Wellenmechanik.

Seine Sorgen über diese Entwicklung äußerte Heisenberg auch in einem Schreiben an Bohr[3]: „Ich hätte große Sehnsucht danach, einmal wieder mit Dir in aller Ruhe über Physik und über viele andere Probleme zu sprechen. ... Aber vielleicht werde ich im Herbst an einem Wehrsportlager teilnehmen und auch abgesehen davon kann viel dazwischenkommen; denn ich habe manchmal das Gefühl, als stehe der politische Horizont voll schwarzer Wolken. – Ich habe in der letzten Zeit oft mit Weizsäcker und Frl. Herrmann über die ‚allgemeinen Fragen‘ gesprochen, über die wir ja so viel von Dir gelernt haben. Ich glaube jetzt vieles besser zu verstehen, als früher – auch hilft die Vielfältigkeit der politischen Schicksale der Menschen, mit denen wir zu tun haben, dazu, nirgends einen einseitigen Standpunkt allzufest festzulegen. – In den letzten Wochen hab' ich manchmal zur Erholung von Physik und Organisation in Jacob Burckhardts ‚Weltgeschichtlichen Betrachtungen‘ gelesen.“

In seinem Brief an Pauli [376] machte Heisenberg nur vorsichtige Andeutungen über „viele andere interessante und merkwürdige Dinge“, die es „hier in Deutschland gibt“.

[1] Siehe hierzu A. Hermann: Wie die Wissenschaft ihre Unschuld verlor. Macht und Mißbrauch der Forscher. Stuttgart 1982. Dort S. 151ff.

[2] Es handelt sich um eine Zusammenfassung mehrerer Artikel, die im Laufe der Jahre in der Tagespresse erschienen waren und die nun im Zentralverlag der NSDAP in München (1934) veröffentlicht wurden.

[3] Aus einem Brief Heisenbergs an Bohr vom 17. Juni 1934.

[376] Heisenberg an Pauli

Leipzig, 11. Juli 1934

Lieber Pauli!
Entschuldige, daß ich Deinen Brief so lange nicht beantwortet habe. Das Resultat Deiner Rechnungen gefällt mir in jeder Beziehung sehr gut: Es ist vernünftig, daß man ohne Spin mit Bosestatistik operieren muß; auch wundert es mich nicht, daß die Polarisation des Vakuums unendlich wird. Ich bin auch überzeugt, daß Deine Theorie eine unendliche Selbstenergie der Lichtquanten liefern würde, hab' das aber noch nicht nachgerechnet (wenn Du das schon ausgerechnet hast, schreib' mir bitte).[a] Über die Frage, wie man jetzt weiterkommen soll, hab' ich nur ganz vage Vermutungen. (Ich hab' in der letzten Zeit auch sehr wenig Gelegenheit gehabt, Physik zu treiben.) Zunächst war doch in der Diractheorie des Elektrons der Hauptwitz, daß die Forderung, die Dichte solle $\psi^* \psi$ sein (Transformationstheorie?!), die Existenz des Spins erzwungen hat; was könnte dem hier entsprechen? Ich möchte glauben, die Forderung, daß ein *einzelnes* Teilchen (Elektron) eine triviale Lösung der Quantenelektrodynamik sein muß. Ich hoffe, daß diese Forderung Spin und Fermistatistik erzwingt, ähnlich wie damals bei Dirac, sehe aber bisher nur ganz nebelhafte Möglichkeiten dafür.[c] Vielleicht ist das beste Verfahren, jetzt weiterzukommen, folgendes: Man kümmere sich zunächst garnicht um Erfahrung und Korrespondenz, sondern frage: wie kann überhaupt eine gequantelte Wellentheorie aussehen, die folgenden Postulaten genügt:

1. Die Anzahl der Teilchen, die den Wellen entsprechen, soll in ihr nicht notwendig konstant sein.
2. Relativistische Invarianz (eventuell Eichinvarianz).
3. Ein einzelnes Teilchen soll als triviale Lösung der Grundgleichungen (ohne unendliche Selbstenergie) erscheinen.[b]
4. Energien sind stets positiv.

Mir scheint diese Art des Vorgehens vernünftig, weil der nächste Schritt doch wohl zu einer völlig einheitlichen Feldtheorie hinführen muß, die man erst nachträglich in Materie und Strahlung zerspalten kann, der man also zunächst keine Korrespondenz ansehen kann.

Ob mir vor dem Sommer noch irgend etwas vernünftiges einfallen wird, ist allerdings mehr als fraglich; es gibt hier in Deutschland so viele andere interessante und merkwürdige Dinge, mit denen man sich zeitweise beschäftigen muß. – Schreib mir bitte, wenn Du (oder Weisskopf) etwas neues herausgebracht hast.

Viele Grüße Dein W. Heisenberg

P.S. Du hast wohl gehört, daß Bohrs ältester Sohn beim Segeln ertrunken ist.[c] Wir waren hier alle sehr traurig darüber, daß in Bohrs Familie so ein Unglück geschehen ist; die arme Frau Bohr!

a) Dieses Ergebnis ist bereits in Paulis und Weisskopfs Veröffentlichung (1934a) enthalten. – b) Vgl. hierzu Paulis Bemerkungen in [377]. – c) Siehe hierzu auch Paulis Bemerkung am Schluß von [380].

[377] Pauli an Heisenberg

Zürich, 16. Juli 1934

Lieber Heisenberg!

Dank für Deinen Brief. – Weisskopf und ich wollen nun doch unsere Überlegungen über die Quantisierung der relativistischen skalaren Wellengleichung nach Bose-Statistik kurz publizieren und vielleicht noch etwas genauer die Häufigkeit der Paarerzeugung berechnen.[a] Daß die Selbstenergie der Lichtquanten in dieser Theorie ebenfalls sich als ∞ erweisen wird, daran zweifeln wir eigentlich nicht, aber wir wollen es – mehr zu unserem Privatvergnügen – gerne noch näher ansehen.

Wie man jetzt weiterkommen soll, ist offenbar keine einfache Frage. Ich vermute immer eine nahe Beziehung zwischen Spin und Ausschließungsprinzip, zumal eine *weitgehende formale Ähnlichkeit zwischen den Vertauschungs-Relationen der Spinmatrizen einerseits und denen des Jordan-Wigner-Formalismus für die Quantelung von Wellenamplituden nach Ausschließungsprinzip andrerseits* besteht. Es ist mir aber bis jetzt nicht gelungen, diese formale Analogie auch physikalisch auszunützen.

Von Deinen Forderungen für eine künftige einheitliche Feldtheorie scheint mir die Forderung 3. „Ein einzelnes Teilchen soll als triviale Lösung der Grundgleichungen erscheinen“ (von der ich wohl weiß, daß sie seit Monaten Deine Lieblingsforderung ist), recht bedenklich, da ein *geladenes* Teilchen nichts triviales ist (was sich z.B. darin äußert, daß es in großen Distanzen Coulombsche Kraftwirkungen ausübt).

Du solltest, glaube ich, vor den Ferien doch noch Deine Überlegungen zur Löchertheorie zur Publikation fertig machen.[b] Am meisten zweifelhaft erscheint mir allerdings dabei das Bestreben, die Polarisationseffekte endlich zu machen, während doch die Selbstenergien unendlich sind. Dieses von Dirac ausgehende Streben (das zu der unglückseligen „Subtraktionsphysik“ führte) ist basiert auf eine Unterscheidung zwischen Resultaten, die man mit und ohne Quantisierung der Wellen erhält. Es scheint mir aber, daß auch für die Herleitung der unendlichen Selbstenergie die Quantisierung der Wellen eine nur nebensächliche Rolle spielt (wie sich das z.B. im Fall der Coulombschen Selbstenergie besonders äußert). Im Gegenteil scheint mir eine weitgehende Analogie zwischen Ladungs- und Energiefragen zu bestehen. Statt Polarisation des Vakuums könnte man auch sagen: „Selbstladung“. Man sollte als Ersatz für Deine Forderung 3. verlangen, daß die Erwartungswerte von Ladungs- und Energiedichte stets endlich bleiben und daß keine Unterscheidung zwischen materieller und elektromagnetischer Energie eingeführt wird.

Was die anderen von Dir erwähnten interessanten und merkwürdigen Dinge betrifft, so verstehe ich Deine Stimmung sehr wohl. Es dürften aber in der Zukunft noch oft sich Resultate ergeben, bei denen einem nichts anderes übrig bleiben wird als: nachbereitet sein.[c] – Wie lange bleibst Du in Leipzig? Weisskopf kommt *vielleicht* auf der Durchreise nach Kopenhagen Anfang August durch.[d]

Herzlichst Dein W. Pauli

Von dem Unglück Christian Bohrs habe ich auch mit großer Bestürzung gehört!

a) Siehe Pauli und Weisskopf (1934a), dort § 4. – b) Vgl. hierzu [374], Anm. a. – c) Siehe hierzu den Kommentar zu [376]. – d) Wie aus dem Schreiben [383a] hervorgeht, war Weisskopf bei Heisenberg gewesen, bevor er zu seiner Vermählung nach Kopenhagen reiste. (Siehe hierzu [383b].)

[378] Pauli an Heisenberg

Zürich, 25. Juli 1934

Lieber Heisenberg!

Weisskopf und ich haben nun unsere Arbeit zusammengeschrieben und dabei auch erwähnt, daß die materielle Energie der Lichtquanten in unserer Theorie unendlich wird. Dies haben wir inzwischen nachgerechnet, haben das aber in unserem Manuskript nicht näher ausgeführt.[a] Wir möchten gerne wissen, ob und wo Du Deine Arbeit über Löchertheorie – Subtraktionsphysik publizierst, um sie zitieren zu können.[b]

Ich möchte heute Dir zum Kapitel Subtraktionsphysik ein bestimmtes Problem vorlegen. Eine nähere Bekanntschaft mit der ganzen Theorie führt mich immer mehr zur Überzeugung von der weitgehenden Analogie zwischen Polarisierbarkeit des Vakuums („Selbstladung") und der Selbstenergie (der materiellen Teilchen wie der Lichtquanten); ferner zur Überzeugung der Unfruchtbarkeit und Unzweckmäßigkeit, eine strenge Unterscheidung einzuführen zwischen Resultaten, die *mit* und solchen die *ohne* Quantisierung der Wellen abgeleitet werden. Deshalb habe ich folgende Vermutung: Daß bei Dir die Polarisierbarkeit endlich, die Selbstenergien aber unendlich werden, *könnte auf einer inkonsequenten Anwendung der Subtraktionsphysik* beruhen. Es ist mir wahrscheinlich, daß *auch die Selbstenergien* – wenigstens in der zu e^2 proportionalen Näherung – durch geeignete relativistische invariante Subtraktions-Ansätze endlich (oder Null) gemacht werden können. Denn es ist

$$\int\{\vec{E}(x')\,\vec{E}(x'')+\vec{H}(x')\,\vec{H}(x'')\}\,dV,$$

wenn $x'-x''$ nicht auf dem Lichtkegel liegt, stets *endlich.* Man könnte also versuchen, etwa durch Subtraktion von

$$a\log(r^2-c^2t^2) \quad \text{oder} \quad \frac{b}{|r-ct|}$$

$(r=x'-x'', t=t'-t'')$, die Selbstenergie wegzubringen. Dabei wäre a oder b für die Selbstenergie der materiellen Teilchen etwa zum Materieteil der Hamiltonfunktion, für die der Lichtquanten zur elektromagnetischen Energie und beides zu e^2 proportional.

Man müßte untersuchen, ob man unter Wahrung des Energiesatzes im $\lim r\to 0$ und der relativistischen Invarianz bei Einschlagen des *Störungsverfahrens der Entwicklung nach* e^2 auf diese Weise die Selbstenergie nicht auch fortbringen könnte. A priori sehe ich nicht ein, warum das nicht gehen sollte. (Es wäre übrigens eine Verallgemeinerung des Wentzelschen Verfahrens.[c])

Natürlich: selbst wenn es ginge, wäre die Theorie so a) sehr häßlich, b) wohl kaum eindeutig, c) ihre Resultate wären im Gebiet der Wellenlängen des klassischen Elektronenradius, obwohl endlich, doch kaum glaubwürdig.

Der wahre Fortschritt der Theorie ist jedenfalls nicht auf diesem Wege, sondern durch Festlegung von $e^2/\hbar c$ und Verschmelzung von elektromagnetischem Feld und Materiefeld zu suchen (wobei der korrespondenzmäßige Ansatz: „man ersetze p_ν durch $p_\nu - \frac{e}{c}\phi_\nu''$ grundsätzlich zu modifizieren wäre).

Was meinst Du dazu?

Herzlich grüßt Dich

Dein W. Pauli

a) Vgl. Pauli und Weisskopf (1934a), dort S. 713. – b) Siehe hierzu den Hinweis am Anfang des folgenden Briefes [379]. – c) G. Wentzel: Zur Frage der Äquivalenz von Lichtquanten und Korpuskelpaaren. Z. Phys. **92**, 337–358 (1934). Eingegangen am 15. Oktober 1934.

[379] Heisenberg an Pauli

Leipzig, 28. Juli 1934

Lieber Pauli!

Vielen Dank für Deinen Brief; ich hab' Dir die Korrekturen meiner Arbeit geschickt und außerdem Deine und Weisskopfs Theorie noch ausführlich studiert. Ich möchte zu Euern Rechnungen bemerken, daß das Unendlichwerden der Polarisation des Vakuums bei Euch eben auf den quantentheoretischen Teilen Eures Formalismus beruht, die ich für die Quelle alles Übels halte: es gibt bei Euch Glieder $(\bar{Q}_k\bar{Q}_l' - Q_l Q_k')$, die zwar klassisch dann verschwinden, wenn keine Materie vorhanden ist; die jedoch in der Quantentheorie verhindern, daß der leere Raum eine Lösung der Grundgleichungen ist. Ich empfinde das Einführen solcher Glieder in der Quantentheorie als eine unsinnige und falsche Übertreibung der Korrespondenz; z.B. könnte man rein formal, ohne die Korrespondenz zu verletzen, auch statt Q_k etwa die Größe $Q_k^{-1}\cdot\bar{Q}_k Q_k$ einführen, und schon würde die Polarisation des Vakuums verschwinden. Also ich meine: der wirkliche Formalismus wird sich vom bisherigen sozusagen nur bei „kleinen Quantenzahlen" zu unterscheiden brauchen.

An die von Dir vorgeschlagene Verbesserung der Subtraktionsphysik hatte ich auch schon gedacht; man kann mit Deinem Verfahren einen Teil der unendlichen Selbstenergie wegbringen, aber keineswegs alles. Jedenfalls liegt der wahre Fortschritt in einer ganz anderen Richtung. – Ich verspreche mir einiges von den immer noch nicht fertigen und im Resultat sich ändernden Rechnungen über die Streuung von Licht an Licht[a]. Es sieht jetzt sehr so aus, als ließe sich für $\lambda \gg h/mc$ die ganze Streuung von Licht an Licht formal ausdrücken durch einen Zusatz zur Lagrangefunktion des Maxwellfeldes von der Form

$$\frac{\hbar c}{e^2}\cdot\frac{1}{\mathfrak{E}_0^2}\left[\alpha(\mathfrak{E}^2-\mathfrak{H}^2)^2+\beta(\mathfrak{E}\mathfrak{H})(\mathfrak{E}^2-\mathfrak{H}^2)+\gamma(\mathfrak{E}\mathfrak{H})^2\right],$$

wobei α, β, γ Zahlen der Größenordnung 1 sind, und $\mathfrak{E}_0$ die Feldstärke am Rand des Elektrons $\mathfrak{E}_0 \sim \frac{m^2c^2}{e^3}$ bedeutet. Die Berechnung von α, β und γ ist aber noch nicht geleistet.

Es ist ganz interessant, diese Folgerung der Diractheorie zu vergleichen mit der (ja sehr willkürlichen) Theorie von Born und Infeld[b].

Bist Du Ende August noch in Zürich?

Viele Grüße, auch an Weisskopf Dein W. Heisenberg

a) Siehe die in Anm. 1 des Kommentars zu [374] genannte Veröffentlichung von Euler und Kockel. Aus dieser Untersuchung entstand später Hans Eulers Leipziger Dissertation „Über die Streuung von Licht an Licht nach der Diracschen Theorie". Ann. Phys. (5) **26**, 398–448 (1936). Eingegangen 28. Januar 1936. – b) M. Born und L. Infeld: On the Quantum Theory of the Electromagnetic Field. Proc. Roy. Soc. A **143**, 410–437 (1934). Eingegangen am 9. August 1933. – Diese Verwandtschaft mit den Feldgleichungen von Born und Infeld war jedoch nur äußerlich, wie Weisskopf später feststellte. Vgl. V.F. Weisskopf: Über die Elektrodynamik des Vakuums auf Grund der Quantentheorie des Elektrons. Det kgl. Danske Videnskabernes Selskab. Mathematisk-fysiske Meddelelser XIY, 6 (1936).

Offenbar schenkte Paulis ehemaliger Assistent Ralph Kronig ihm zu seiner Heirat das philosophische Werk „Ich und Du" von Martin Buber.[1] Pauli bedankte sich in dem folgenden Schreiben [380] und reflektierte über das Verhältnis, das zwischen Buber und seinen eigenen Ansichten über die „Subjekt-Objekt-Beziehung" besteht. Am Ende des Schreibens erwähnt er den tragischen Tod, den Niels Bohrs ältester Sohn bei einer Segelfahrt im Kattegat fand.[2]

[1] M. Buber: Ich und Du. Leipzig 1923.

[2] Siehe hierzu auch die Bemerkungen in [376], [377] und Bohrs Antwort [381] auf Paulis Beileidschreiben.

[380] Pauli an Kronig

[Zürich], 3. August [1934]

Lieber Kronig!

Ich wollte Ihnen und Ihrer Frau schon längst für Ihren Brief und das Buch von Buber danken, habe aber dann gewartet, bis ich dieses gelesen habe.

Mit Ihrer Kritik meiner Lebenshaltung haben Sie ganz Recht. Ich hatte große Angst vor allem Gefühlsmäßigen und habe daher dieses verdrängt. Dies bewirkte schließlich eine Anhäufung aller gefühlsmäßigen Ansprüche im Unbewußten und eine Revolte des letzteren gegen eine zu einseitig gewordene Einstellung des Bewußtseins, was sich in Verstimmung, Werteverlust und sonstigen neurotischen Erscheinungen geäußert hat. Nachdem ich so etwa im Winter 1931/32 zu einem ziemlichen Tiefpunkt gekommen war, ging es dann langsam wieder aufwärts. Dabei machte ich auch Bekanntschaft mit psychischen Dingen, die ich früher nicht kannte und die ich unter dem Namen *Eigentätigkeit der Seele* zusammenfassen will. Daß es hier Dinge gibt, die spontane Wachstumsprodukte gibt [sic] und als Symbole bezeichnet werden können, ein Objektiv-Psychisches, das nicht aus materiellen Ursachen erklärt werden kann und soll, steht für mich außer Zweifel. Ich bin sicher, es wird einmal alles wissenschaftliche

Psychologie* sein (aber wirklich wissenschaftliche, nicht eine solche, die alles auf materielle Ursachen oder auf „Triebe“ zurückführt). Vorläufig hat noch jeder Autor, der nicht im Rahmen der traditionellen konfessionellen Bekenntnisse bleibt, seine eigene Terminologie. So auch Buber. (Ich wußte seinen Namen als bekannten Autor, hatte aber noch nichts von ihm gelesen.) Seine Anknüpfung an die Subjekt-Objekt-Beziehung als fundamentaler Begriff schien mir begrüßenswert; denn diese Relation schon enthält die ganze logische Paradoxie der Welt, alle Schwierigkeiten menschlicher Begriffsbildung und auch – die Tragik und Komik des menschlichen Lebens. Wohl bekannt waren mir ferner die Mana-Vorstellung der Primitiven (ich habe einiges von dem französischen Autor Levy-Bruhl darüber gelesen[a]) und die zugehörigen Ausführungen über den Seelenzustand des Kindes. – Sein Gottesbegriff scheint nicht so wesentlich verschieden zu sein von dem, was ich oben Objektiv-Psychisches genannt habe. (Ich würde die letztere Bezeichnung vorziehen, um nicht in die Nachbarschaft der Herren zu geraten, die vorgeben, genau zu wissen, was Gott ist und um zu betonen, daß jenen objektiv-psychischen Inhalten *kein Bewußtsein* zugeordnet werden darf.) Mit der Ehe geht es jetzt recht gut. Also in Anerkennung der Ansprüche der Seele, des Gefühls und des Unbewußten – grüßt Sie und Ihre Frau herzlichst

Ihr alter und neuer W. Pauli

Haben Sie von dem gräßlichen Unglücksfall des jungen Christian Bohr gehört? Er ist bei einer Segelfahrt von einer Welle über Bord gespült worden und ertrunken!

Grüße unbekannterweise auch von meiner Frau. Über Physik wüßte ich auch einiges Neue, wenn auch nicht sehr wesentliches. Aber darüber ein anderes Mal. Kommen Sie doch wieder durch Zürich. Nochmals herzlichen Dank!

a) L. Lévy-Bruhl: La mentalité primitive. Paris 1922. (Deutsche Übersetzung: Die geistige Welt der Primitiven. München 1927.) – Auch Einstein beschäftigte sich im Sommer 1927 mit diesem Werk, wie aus einer Tagebuchnotiz Harry Graf Kesslers hervorgeht.

[381] Bohr an Pauli[a]

Tisvilde, 3. August 1934

Lieber Pauli!

Margrethe und ich danken Dir und Deiner Frau innig für Euer freundliches Mitgefühl. Auch ohne Deine verständnisvollen Worte, die mich tief rührten, wußte ich, daß Du der gleiche treue Freund in Freude und in Leid bist.

Dein Niels Bohr

a) Übersetzung aus dem Dänischen.

* Ich bevorzuge geistige Haltungen, die auf -logie enden; schlimmer sind die auf -sophie endenden und am schlimmsten die auf -ismus endenden. – „Logisch beweisbar“ sind ja übrigens physikalische Theorien auch nicht.

Paulis Skepsis gegenüber der sog. unitären Feldtheorie von Born und Infeld [337] hatte nicht nachgelassen, nachdem nun auch der erste Teil der quantisierten Form der Theorie vorlag.[1] Insbesondere störte es Pauli, daß in dieser Theorie neben den Feldgrößen auch noch die Koordinaten der Ladungen als unabhängige Variablen eingeführt wurden. Dadurch schien ihm der Anspruch, eine einheitliche Feldtheorie zu sein, ungerechtfertigt; denn als solche müßte das Verhalten der Ladungen allein aus den Feldgleichungen bestimmbar sein. Auch die Idee, materielle Teilchen als Feldsingularitäten darzustellen, erwies sich als undurchführbar, weil aus Lichtquanten (mit ganzzahligem Spin) keine Elektronen (mit halbzahligem Spin) gebildet werden konnten.

Offenbar beabsichtigte Born, den zweiten Teil der neuen Feldtheorie[2] in einer deutschsprachigen Zeitschrift zu veröffentlichen. Da aus politischen Gründen eine Zeitschrift innerhalb von Deutschland nicht in Frage kam, wandte er sich an Pauli.

[1] M. Born und L. Infeld: On the Quantization of the New Field Equations-I. Proc. Roy. Soc. A **147**, 522–546 (1934). Eingegangen am 19. Juli 1934. Siehe hierzu auch Paulis Bemerkung in [401].

[2] M. Born und L. Infeld: On the Quantization of the New Field Theory-II. Proc. Roy. Soc. A **150**, 141–166 (1935). Eingegangen am 21. Dezember 1934.

[382] Pauli an Born

Zürich, 14. September 1934

Lieber Herr Born!

Erst kürzlich von einer Ferienreise zurückgekehrt, fand ich hier Ihren Brief vom 6.d. vor. – Was Ihre Fragen betreffend Aufnahme einer Arbeit von Ihnen und Mitarbeitern in den Helvetica Physica Acta betrifft, so ist es am besten, Sie schreiben darüber direkt an den Redaktor dieser Zeitschrift: Prof. P[aul] Gruner, *Bern*, Lindenrain 3. Die Konjunktur ist wechselnd, es wird manchmal über zu viel, manchmal wieder über zu wenig eingehende Manuskripte geklagt; ich weiß nicht, wie es momentan steht, habe auch keinerlei Einfluß auf die Aufnahme von Arbeiten. Es ist mir aber sehr wahrscheinlich, daß die Redaktion entweder eine Arbeit oder eine Zusammenfassung in deutscher Sprache von Ihnen wohl annehmen wird. – Zur Sache selbst:

Daß nach Feld-Quantisierung schließlich jedes abgeschlossene System in Ihrer Theorie die richtigen Vertauschungs-Relationen für Ort, linearen Impuls und Drehimpuls bekommt, ist mir nicht überraschend. Besonders interessiert hat mich aber Ihre weitere Mitteilung, es sei Ihnen gelungen, den Spin hereinzubringen. Das ist gar nicht trivial, führt überdies von dem (mir verhaßten) ursprünglichen Ansatz mit der Quadratwurzel weg und könnte einen Fortschritt bedeuten. *Kann man zeigen, daß dann ein abgeschlossenes System sich (annähernd) so verhält, wie ein der Diracschen Wellengleichung genügendes Elektron?* – Das wäre doch schon etwas, selbst wenn die Atomistik der Ladung noch nicht aus der Theorie folgt.

In der Hoffnung auf weitere Fortschritte Ihrer Spin-Überlegungen grüßt herzlich (auch von Familie zu Familie)

Ihr W. Pauli

[383] Pauli an Heisenberg

[Zürich, 21. September 1934][a]

Lieber Heisenberg!
Ich danke Dir noch für Deinen letzten Brief. Ende August war ich auf Reisen, so daß ich Dich in Zürich leider versäumt habe. Die Analogie der Selbstenergie zur Polarisation des Vakuums und daher auch die Möglichkeit, die erstere durch einen geeigneten Subtraktionsansatz (wenigstens in der Näherung proportional e^2) wegzuschaffen, scheint mir entgegen der Ansicht Deines letzten Briefes[b] durchaus zu bestehen. Ich verspreche mir andrerseits nicht viel davon, selbst wenn es gelingen sollte. – Laß mich, bitte, über die Streuung von Licht an Licht das Resultat wissen, sobald es feststeht.[c] Sonst nichts Neues!

Herzlichst Dein W. Pauli

a) Die folgenden Zeilen fügte Pauli zu dem Schreiben [383a] seines Assistenten an Heisenberg hinzu. – b) Brief [379]. – c) Siehe [379], Anm. a.

[383a] Weisskopf an Heisenberg

Zürich, 21. September 1934

Lieber Herr Professor!
Ich habe mir hier das Problem näher überlegt, wie man eine Selbstenergiematrix des Elektrons bilden kann, - die analog zur Dichtematrix der Löchertheorie - nur an gewissen Stellen des x, t-Raumes singulär ist. Sie sagten mir letztens in Leipzig[a], daß die elektrodynamische Selbstenergie hierbei Schwierigkeiten macht. Ich kann aber keine solchen finden.

Ich halte mich im folgenden an die Formeln und Bezeichnungen meiner Arbeit in der Zeitschrift für Physik, **89**, 27 (1934) über die Selbstenergie. (Diese Arbeit enthält übrigens einen Rechenfehler auf der vorletzten Seite, nach dessen Elimination die Selbstenergie in der Löchertheorie doch nur logarithmisch divergiert[b].)

Ich habe dort die Selbstenergie in zwei Teile geteilt, der eine ist die elektrostatische $E_s=\frac{1}{2}\int \vec{\mathfrak{E}}_l^2\, dV$, wobei $\vec{\mathfrak{E}}_l$ der longitudinale* Teil des elektrischen Feldes ist, der andere ist die „elektrodynamische" Selbstenergie, die sich in der Form

$$E_D=-\tfrac{1}{2}\int \vec{i}\,\vec{\mathfrak{A}}_{tr}\, dV$$

darstellen läßt, wobei $\vec{i}$ die Stromdichte und $\vec{\mathfrak{A}}$ den transversalen** Teil des Vektorpotentials bedeutet.

Sie sagten mir, wenn ich Sie richtig verstanden habe, daß sich wohl die elektrostatische, nicht aber die elektrodynamische Selbstenergie in einer normalen Matrix darstellen läßt. Letzteres kann ich nicht finden. Ich setze

$$E_D(x)=-\tfrac{1}{2}\int \vec{i}\left(\xi+\frac{x}{2}\right)\vec{\mathfrak{A}}_{tr}\left(\xi-\frac{x}{2}\right)d\vec{\xi}$$

* rot-frei.

** div-frei.

und bekomme eine schöne endliche, am Lichtkegel singuläre Matrix, wie man sich auf Grund meiner Formeln (16)–(22) überzeugen kann, und zwar sieht sie etwa so aus:

$$E_D(x,t)=\int d\vec{k}\,F(\vec{k})\,e^{\frac{i}{h}(\vec{k}\vec{x})}\,e^{\frac{i}{h}[(E(p)-E(p+k)]t},$$

wobei $F(k)$ eine Funktion ist, die die Eigenschaft hat, daß $\int d\vec{k}\,F(\vec{k})$ logarithmisch divergiert, $E(p)=c\sqrt{p^2+m^2c^2}$ die Energie des betrachteten Elektrons ist, dessen Impuls p ist. (t ist die zu x entsprechende Zeitkomponente.) Die genaue Form von $F(k)$ ist übrigens***:

$$F(\vec{k})=\frac{e^2}{2\pi h}\frac{1}{|k|}\left[\frac{PP_+ +\frac{1}{k^2}(\vec{k}\vec{p})^2-(\vec{k}\vec{p})-m^2c^2}{PP_+(P-P_+-|k|)}+\frac{PP_+ -\frac{1}{k^1}(\vec{k}\vec{p})^2-(\vec{k}\vec{p})-m^2c^2}{PP_+(P+P_+ +|k|)}\right],$$

mit $P=\sqrt{p^2+m^2c^2}$ und $P_+=\sqrt{(\vec{p}+\vec{k})^2+m^2c^2}$.

Dies gilt für die *Löchertheorie.* In der gewöhnlichen Einelektronentheorie ist $F(k)$ anders. Die divergiert nach Waller $\int d\vec{k}\,F(k)$ in der Weise $\int |k|\,d|k|$, so daß in diesem Fall die Selbstenergiematrix auch außerhalb des Lichtkegels zu divergieren scheint.

Herzlichen Gruß
Ihr Weisskopf

a) Siehe hierzu [377], Anm. d. – b) Die Berichtigung zu Weisskopfs Arbeit: Über die Selbstenergie des Elektrons erschien in Z. Phys. **90**, 817–818 (1934). Vgl. hierzu auch das folgende Schreiben [383b].

[383b] Heisenberg an Weisskopf

Leipzig, 2. Oktober [1934]

Lieber Weisskopf!

Zunächst die herzlichsten Glückwünsche zu Ihrer Hochzeit![a] Dann aber will ich versuchen, Ihren Brief zu beantworten. Daß sich formal der Selbstenergieausdruck so erweitern läßt, daß die Erweiterung nur auf dem Lichtkegel singulär wird, glaub' ich Ihnen, Ihre Formeln sind völlig richtig. Ich glaube aber, daß sich diese Erweiterung nicht in einer halbwegs konsequenten Weise in den bisherigen Formalismus einordnen läßt.[b] Das Rechenschema der Subtraktionsphysik muß doch so lauten: In der n-ten Näherung des Störungsverfahrens bestimmt man die Matrix $S^{(n)}_{rs}$, indem man in der Gleichung

$$S^{(n)}H^{(0)}-H^{(0)}S^{(n)}+F^{(n)}(S^{(n-1)},H^{(0)},H^{(1)},\cdots,H^{(n)})=0 \qquad (1)$$

zuerst zum Limes $x\to 0$ (d.h. $P'=P''$) übergeht und dann die Matrixelemente von $S^{(n)}$ ausrechnet. Dies scheint mir konsequent, weil einerseits in Gleichung (1) die Matrizen $H^{(0)}, H^{(1)}, \ldots$ nur linear vorkommen und weil andererseits $S^{(n)}$

*** Wenn man über die Richtungen von k integriert, so erhält man asymptotisch für große $|k|$:

$$\int \sin\vartheta\, d\vartheta\, d\varphi\, F(\vec{k})=\frac{e^2}{hP}\left(m^2c^2-\tfrac{4}{3}p^2\right)\frac{1}{|k|}.$$

nur für $x \to 0$ einen vernünftigen Sinn hat. Berechnet man nun z.B. $W^{(2)}$, so enthält $W^{(2)}$ Ausdrücke der Form $H^{(1)}\,S^{(1)}$ und $S^{(1)}\,H^{(0)}\,S^{(1)} - S^{(1)}\,S^{(1)}\,H^{(0)}$.

Im Limes $x \to 0$ sind beide Ausdrücke gleich und auch *nur* im Lim $x=0$! Der erste hat für $x \neq 0$ die von Ihnen geforderten Eigenschaften und bleibt für $x \neq 0$ im allgemeinen endlich. Beim zweiten ist dies anders: Man kann ihn zerlegen in zwei Teile:

$$S^{(1)}_{rs}\,S^{(1)}_{sr}\,(H^{(0)}_r - H^{(0)}_s) = S^{(1)}_{rs}\,S^{(1)}_s\,(E^0_r - E^0_s + h\nu) = S^{(1)}_{rs}\,S^{(1)}_{sr}(E^0_r - E^0_s) + S^{(1)}_{rs}\,S^{(1)}_{sr}\,h\nu.$$

Der zweite hat wieder die von Ihnen gewünschte Eigenschaft, vor dem Grenzübergang $x \to 0$ in $H^{(0)}$ endlich zu bleiben. Der erste jedoch ist schon vor dem Grenzübergang unendlich, und der Grenzübergang ist hier überhaupt ohne Einfluß, da in dem Materiefeld der Hamiltonfunktion x in ganz anderer Weise eingeht, als in $\mathfrak{E}^2 + \mathfrak{H}^2$. Natürlich könnte man einwenden, daß dieses spezielle Schema, bei dem man die $S^{(n)}$ jeweils nur für $x=0$ definiert, nicht das einzig mögliche sei. Mir ist es aber nicht gelungen, ein anderes konsequentes Schema zu finden.

Das neue Resultat Ihrer Selbstenergierechnung ist mir äußerst befriedigend, insbesondere auch deshalb, weil jetzt die Selbstenergie der Lichtquanten und die der Elektronen in *gleicher* Weise divergiert. Auch ist die nur noch logarithmische Divergenz eine gute Basis für die Vermutung, daß solche Resultate, wie Streuung von Licht an Licht etc. aus der jetzigen Theorie schon richtig herauskommen müssen.

In Kopenhagen wurde fast ausschließlich über Kernphysik gesprochen – mit äußerst erfreulichen Resultaten.[c] Ich werde nächstens an Pauli schreiben. Einstweilen grüßen Sie Pauli bitte von mir und seien Sie selbst herzlich gegrüßt von

Ihrem W. Heisenberg

a) Siehe [377], Anm. d. – b) Siehe W. Heisenberg: Bemerkungen zur Diracschen Theorie des Positrons. Z. Phys. **90**, 209–231 (1934). In einer Berichtigung vom 5. November in Z. Phys. **92**, 692 (1934) wurde auf Weisskopfs Vorschlag hingewiesen. Vgl. auch [390]. – c) Schon im Juni hatte Heisenberg seinen Besuch in Kopenhagen angekündigt, sofern er nicht an einem Wehrsportlager teilnehmen müßte. Bohr lud daraufhin Heisenberg zu der üblichen Segeltour nach Svendborg ein. Während seines Aufenthaltes in Kopenhagen behandelte Heisenberg in einem Vortrag die neuesten Ergebnisse der Kernphysik, die er später in der Zeeman-Festschrift publizierte. Unter den Gästen am Bohr-Institut war damals auch der aus Deutschland emigrierte James Franck.

Die Auswirkungen des nationalsozialistischen Regimes auf den wissenschaftlichen Betrieb an den deutschen Hochschulen waren allenthalben spürbar. Auf dem Physiker- und Mathematikertag zu Pyrmont im September 1934 eröffnete der Vorsitzende der Deutschen Physikalischen Gesellschaft die Veranstaltung mit einer schwungvollen Rede, in der er sich der neuen Regierung mit Führerzitaten andiente und die Physik als eine Großmacht hinstellte, „die die nicht wissenschaftlichen Ansichten, vermeintlichen Erkenntnisse und Vorurteile zerbricht, die Hand in Hand mit der Technik und Chemie die Weltkenntnis dauernd weitet und die Schätze des Erdballs mobilisiert für einen Aufstieg der Menschheit, der in seinem Tempo beängstigend wirkt.“[1]

Die von der Regierung anbefohlene Praxisnähe und Gegenwartsbezogenheit der Forschung war auch bei den Vorträgen der anschließenden Naturforscherversammlung vom

16.–20. September in Hannover zu bemerken. Durch diese Zustände und durch die gegen die moderne Physik gerichteten Schriften Johannes Starks alarmiert, hielt Heisenberg während der Naturforscherversammlung in Hannover eine sorgfältig abgestimmte Rede über die „Wandlungen der Grundlagen der exakten Naturwissenschaft in jüngster Zeit".[2] Dabei hob er die grundlegende Bedeutung der bekämpften Relativitäts- und Quantentheorie für die allgemeine Erkenntnislehre und für die Anwendungen hervor. Starks Angriffen begegnete er in sehr geschickter Weise durch Aufzeigen historischer Parallelen. Wie diese Haltung auch im Ausland bewertet wurde, zeigen Paulis Bemerkungen am Schluß des folgenden Briefes [384].[3]

[1] Eröffnungsansprache des Vorsitzenden Dr. Karl Mey. Z. techn. Physik **15**, 401–404 (1934).

[2] Abgedruckt in Naturwiss. **22**, 669–675 (1934). (Berichtigung auf S. 700.) – Bemerkenswert ist die rasche Veröffentlichung des am 17. September gehaltenen Vortrags im ersten Oktoberheft der von Arnold Berliner herausgegebenen Zeitschrift.

[3] Offensichtlich sprach Heisenberg auch mit Bohr über den Inhalt seines Vortrags, als er ihn anschließend in Kopenhagen aufsuchte. Nach Leipzig zurückgekommen, bedankte sich Heisenberg am 9. Oktober dafür, „in dieser ernsteren Zeit [mit Bohr] zusammensein zu dürfen"; er versprach ihm, Sonderdrucke seines Vortrags zuzuschicken.

[384] Pauli an Heisenberg

Zürich, 13. Oktober 1934
[Maschinenschrift
mit handschriftlichem Zusatz]

Lieber Heisenberg!

Dein Brief vom 2. d. an Weisskopf hat zu einer gründlicheren Diskussion zwischen ihm und mir und zu anschließenden Rechnungen Weisskopfs Anlaß gegeben, deren Ergebnis im beiliegenden Brief zu finden ist.[a] Wir kommen – im Gegensatz zur Meinung Deines letzten Briefes und in Übereinstimmung mit meinem Brief von Ende Juli[b] zu folgender Auffassung:

1. Die elektrische Polarisierbarkeit des Vakuums („Selbstladung") und die Selbstenergie sind weitgehend *analog*. – Eine Theorie wie die im Teil II Deiner publizierten Arbeit[c] gegebene, bei der durch Subtraktionskunstgriffe die Polarisierbarkeit endlich gemacht wird, die Selbstenergie aber nicht, ist inkonsequent. (Die Inkonsequenz kommt psychologisch durch zu starke Verhaftung an den durch Dirac ungünstig beeinflußten Teil I der Arbeit zustande.)

2. Akzeptiert man den Störungsformalismus (Entwicklung nach e) der Subtraktionsphysik (d.h. Einführung des Mogel-x neben dem ξ) – wobei die Gleichung (1) Deines Briefes* *durchaus* so gehandhabt wird, wie Du es wünschest, nämlich S nur für $x=0$ – so wird bei geeigneter Wahl der Hamilton-Funktion die Selbstenergie für $x \neq 0$ (abgesehen vom Lichtkegel!) endlich und kann daher *in der Näherung* e^2 durch geeignete Subtraktion zu Null gemacht werden. Dies gilt für *alle* Selbstenergien:

a) die elektrostatische Selbstenergie der geladenen Teilchen,

b) die elektrodynamische Selbstenergie der geladenen Teilchen,

c) die materielle Selbstenergie der Lichtquanten.

* Vgl. beiliegende Abschrift desselben.

3. Die ganze Problematik der Subtraktionsphysik liegt im Ansatz der Entwickelbarkeit nach e und könnte eventuell in der von uns nicht untersuchten Näherung proportional zu e^4 zum Ausdruck kommen. (In dieser höheren Näherung gibt es einen Unterschied der Selbstenergie für freies Elektron und für Elektron im äußeren Feld, etc.)

Worauf ich bestehe ist die *These:* man kann *entweder* die ganze Subtraktionsphysik als unschön verdammen, *oder* man kann sie zum Wegschaffen der Polarisierbarkeit des Vakuums *und* der Selbstenergien verwenden. Zwischen diese beiden Möglichkeiten bist Du im Teil II Deiner Arbeit (unter Diracs Einfluß) ein wenig ungeschickt hineingefallen!

Bin sehr neugierig auf Deine Antwort und noch mehr auf den versprochenen Brief über Kernphysik![d]

Herzlichst Dein alter W. Pauli

Bitte schicke mir einen Sonderdruck Deiner beanstandeten Arbeit in der Zeitschrift für Physik.[e] Nachdem diese Beanstandung vorhergegangen ist, wird es nicht als übertriebene Schmeichelei, sondern als ehrliche Überzeugung wirken, wenn ich hinzufüge: Dein in den Naturwissenschaften publizierter Vortrag hat bei mir wie auch sonst – sowohl wegen der inhaltlichen als auch wegen der taktischen Seite – helle Begeisterung erweckt. Da kann man nur gratulieren!

a) Siehe [384a]. – b) Siehe [378]. – c) Siehe [383b], Anm. b. – d) Vgl. [383b], Anm. c. und [391].

[384a] Weisskopf an Heisenberg

Zürich, 13. Oktober 1934
[Maschinenschrift]

Lieber Herr Professor!

Ich danke Ihnen für Ihren Brief[a]. Ich verstehe diesmal Ihre Meinung vollkommen, vor allem die Forderung, daß die Transformationsmatrix S in

$$S^{-1}HS=0$$

nur an der Stelle $x=0$, $(P'=P'')$ definiert sein kann. Tatsächlich kann die Selbstenergie dann auch für $x \neq 0$ unendlich sein. Jedoch ist die Abhängigkeit der Größen H_0, H_1 von x nicht absolut eindeutig gegeben, und ich will nun eine Definition des Formalismus vorschlagen, bei der auch das bei Ihnen inkriminierte Glied der Selbstenergie für $x \neq 0$ endlich wird; es sei

$$\bar{H}(x)=\int d\vec{\xi}\left[\psi\left(\xi+\frac{x}{2}\right)H^m\psi\left(\xi-\frac{x}{2}\right)+\frac{e}{c}\psi^*\left(\xi+\frac{x}{2}\right)(\vec{\alpha},\vec{A}(\xi))\psi\left(\xi-\frac{x}{2}\right)\right.$$
$$\left.+\tfrac{1}{2}\vec{\mathfrak{E}}\left(\xi+\frac{x}{2}\right)\vec{\mathfrak{E}}\left(\xi-\frac{x}{2}\right)+\tfrac{1}{2}\vec{\mathfrak{H}}\left(\xi+\frac{x}{2}\right)\vec{\mathfrak{H}}\left(\xi-\frac{x}{2}\right)\right]. \quad (1)$$

Hierbei sind $\psi, A, \mathfrak{E}, \mathfrak{H}$, q-Zahlen, H^m ist der Materiehamiltonoperator: $\frac{hc}{i}\left(\vec{\alpha},\frac{\partial}{\partial\xi}\right)+\beta mc^2$.

Ich möchte speziell darauf hinweisen, daß sich (1) von dem Ausdruck (56) in Ihrer Löchertheorie-Arbeit in der Zeitschrift für Physik nicht nur durch die Änderung von $\mathfrak{E}^2+\mathfrak{H}^2$, sondern auch dadurch unterscheidet, daß bei mir $\vec{A}(\xi)$ statt $\frac{1}{2}\left[A\left(\xi+\frac{x}{2}\right)+A\left(\xi-\frac{x}{2}\right)\right]$ steht. Diese Änderung scheint mir in *Ihrer* Arbeit unwesentlich zu sein. Sie ändert, soweit ich sehe, nichts an der [Definition von Ladungs- und Stromdichte und an der]* Gültigkeit des Energie-Impuls-Kontinuitäts-Satzes auf Grund des Beweises (16)–(25)**. Im folgenden ist sie aber wesentlich.

Ich berechne nun

$$w_r^{(2)}(x)=\sum_s S_{rs}^{(1)} H_{sr}^{(1)}(x)-\tfrac{1}{2}\sum_s S_{rs}^{(1)} S_{sr}^{(1)}(H_{rr}^{(0)}(x)-H_{ss}^{(0)}(x)), \tag{2}$$

wobei

$$S_{rs}^{(1)}=\frac{H_{rs}^{(1)}(x=0)}{E_r-E_s-h\nu_s}, \qquad E_r=\pm c\sqrt{p_r^2+m^2c^2}.$$

r möge ein Zustand ohne Lichtquanten sein, in dem ein Elektron den Impuls p_r hat; s einer, in dem dieses Elektron den Impuls p_s hat, und ein Lichtquant $\vec{k}_s=(\vec{p}_r-\vec{p}_s)$ vorhanden ist, dessen Ausbreitungsvektor $|k_s|=h\nu_s/c$ ist. Weiter ist nach (1):

$$\begin{aligned}
H_{rs}^{(1)}(x)&=\frac{e}{c}\int\psi_0^*\left(\xi+\frac{x}{2}\right)(\vec{\alpha}\vec{A}(\xi))\psi_0\left(\xi-\frac{x}{2}\right)d\xi=H_{rs}^{(1)}(x=0)\cdot e^{\frac{i}{h}\frac{1}{2}(p_r+p_s,x)},\\
H_{rr}^{(0)}(x)&=E_r e^{\frac{i}{h}(p_r x)},\\
H_{ss}^{(0)}(x)&=E_s e^{\frac{i}{h}(p_s x)}+h\nu_s e^{\frac{i}{h}(k_s x)}.
\end{aligned} \tag{3}$$

Wir erhalten daher

$$\begin{aligned}
w_2^2(x)=&\sum_s\frac{H_{sr}^{(1)}(0)H_{rs}^{(1)}(0)}{E_r-E_s-h\nu_s}e^{\frac{i}{h}\frac{1}{2}(p_r+p_s,x)}\\
&-\tfrac{1}{2}\sum_s\frac{H_{sr}^{(1)}(0)H_{rs}^{(1)}(0)}{(E_r-E_s-h\nu_s)^2}E_r e^{\frac{i}{h}(p_r x)}\\
&+\tfrac{1}{2}\sum_s\frac{H_{sr}^{(1)}(0)H_{rs}^{(1)}(0)}{(E_r-E_s-h\nu_s)^2}(E_s e^{\frac{i}{h}(p_s x)}+h\nu_s e^{\frac{i}{h}(k_s x)}).
\end{aligned} \tag{4}$$

Auf Grund der (richtig gestellten) Formeln meiner Arbeit über die Selbstenergie[b] findet man nach Abzug der Selbstenergie des Vakuums, daß das erste und letzte Glied von (4) endlich wird, wegen des e-Potenz-Faktors, und das zweite auch ohne diesen, wegen der quadratischen Energie im Nenner. (E_r und p_r sind endlich und es wird nicht über sie summiert.)

Es ist nun leicht, die Singularitäten der Selbstenergiematrix zu finden. Sie sind von derselben Art, wie die der Ladungsdichte, nach Auffüllung der negativen Zustände. Im Gegensatz zu letzteren ist aber die Selbstenergiematrix

* [Zusatz von Pauli!]

** [Zusatz von Pauli:] „Wir möchten gerne zu diesem Punkt noch weitere Auskunft von Dir! P[auli]".

$w_r^{(2)}(x)$ in der hier erstrebten Näherung $\sim e^2/hc$ unabhängig von den äußeren Feldstärken, sondern nur abhängig von den Teilchenanzahlen, (was der Abhängigkeit Ihrer Dichte R_s von den Feldstärken entspricht). Ich kann daher stets den vollen Betrag der Selbstenergie subtrahieren, ohne in dieser Näherung den Energiesatz bei Vorhandensein von Feldern gestört zu haben.

Diese Behandlung läßt der divergierende Teil der materiellen Selbstenergie der Lichtquanten zu. Durch die Spaltung $\mathfrak{E}^2+\mathfrak{H}^2 \to \mathfrak{E}(x')\mathfrak{E}(x'')+\mathfrak{H}(x')\mathfrak{H}(x'')$ wird dieser endlich für $x=0$, und ist außerdem in der Näherung $\sim e^2/hc$ unabhängig von den äußeren Feldstärken. Er läßt sich somit ebenso wie die Teilchenselbstenergie subtrahieren[c].

Herzlichen Dank für die Gratulation[d] und viele Grüße Ihr V. Weisskopf

a) Brief [383b]. – b) Vgl. [383a], Anm. b. – c) Hierzu machte Heisenberg die Randbemerkung „falsch!" Siehe auch [386] und [387]. – d) Siehe [383b].

[385] Heisenberg an Pauli und Weisskopf

Leipzig, 23. Oktober 1934

Lieber Pauli und lieber Weisskopf!

Entschuldigt, daß ich Eure Briefe erst jetzt, nach der Rückkehr von einer Reise, beantworte[a]. Ich vermute jetzt sehr stark, daß Ihr völlig recht habt. Ich glaubte bisher stets, daß das zweite Glied der Gleichung (4) in Eurem (Weisskopfs) Brief unendlich wird[b]. Wenn Ihr recht habt – was ich noch nicht nachgerechnet habe – und wenn dieses Glied endlich ist, so bedeutet das, daß ich in meiner Arbeit einfach einen dummen Rechenfehler gemacht habe[c]. Es muß nämlich dann die Selbstenergie des Lichtquants in meiner Arbeit (Gleichung (68)) automatisch endlich bleiben (ohne irgendwelche Abänderung des Formalismus; der Ersatz von $\frac{1}{2}\left[A\left(\xi+\frac{x}{2}\right)+A\left(\xi-\frac{x}{2}\right)\right]$ durch $A(\xi)$ ist hierfür jedenfalls unwesentlich). Ich wäre Euch dankbar, wenn Ihr die Selbstenergie des Lichtquants einmal vorrechnen könntet; ich sehe noch nicht so recht, wo ich beim Übergang von Gleichung (68) nach Gleichung (69) einen Fehler gemacht habe. Wenn sich wirklich herausstellt, daß die Selbstenergie des Lichtquants endlich ist, so ist Euer Vorschlag der Ersetzung von $\mathfrak{E}^2+\mathfrak{H}^2$ jedenfalls völlig konsequent, und ich glaube, man soll dann diesen Weg ruhig zu Ende zu gehen versuchen, auch wenn er sicher nicht endgültig ist.

Ich will, bis zu Eurer Antwort, auch versuchen, die S[selbst]e[nergie] des Lichtquants nochmal anzusehen.

Allen Zürichern herzliche Grüße

Euer W. Heisenberg

a) Heisenberg war im November in die Schweiz gereist, wie aus einer Bemerkung in seinem Schreiben vom 9. Oktober 1934 an Bohr hervorgeht: „In den nächsten Tagen fahre ich nach Bern. Schreib' mir bitte an die folgende Adresse: Werner Heisenberg bei Herrn Minister von Weizsäcker, Bern, Brunnadernrain 31." – b) Vgl. Brief [384a]. – c) Vgl. [383b], Anm. b und [390].

[386] Pauli an Heisenberg

Zürich, 24. Oktober 1934

Lieber Heisenberg!

Dank für Deinen Brief. Wir haben heute leider eingesehen, daß alles, was wir über die materielle Selbstenergie der Lichtquanten in unserem letzten Brief behauptet haben, *unrichtig* war[a]. In Deiner Arbeit ist *kein* Fehler und diese Selbstenergie bleibt auch bei unserem Formalismus unverändert unendlich!

Anders ist es aber mit der Selbstenergie der geladenen Teilchen. Obwohl das zweite Glied der Gleichung (4) in Weisskopfs letztem Brief[a], nämlich

$$-\tfrac{1}{2}E_r e^{\frac{i}{h}(p_r x)} \sum_s \frac{H_{sr}^{(1)}(0) H_{rs}^{(1)}(0)}{(E_r - E_s - h\nu)^2}$$

zunächst ähnlich aussieht wie Dein Ausdruck für die mat[erielle] Selbstenergie der Lichtquanten, erweist es sich - wie Weisskopf in dem beiliegenden Brief näher ausführt[b] - doch als von verschiedenem Verhalten und - in Übereinstimmung mit der Behauptung von Weisskopfs letztem Brief - als *endlich**.

Jetzt ist also eine eigenartige Situation entstanden: Meine Vermutung der Analogie zwischen Polarisierbarkeit des Vakuums und Selbstenergie erweist sich als richtig[c], sofern man die Selbstenergie der geladenen Teilchen betrachtet*. Hingegen erweist sich die (zuerst von Dirac berechnete) materielle Selbstenergie der Lichtquanten als widerspenstig und unzugänglich gegenüber dem Formalismus der Subtraktionsphysik.

Über die physikalische Bedeutung dieses Resultates will ich noch nachdenken. Zunächst sieht man nur, daß es an der Quantelung des elektromagnetischen Feldes, nicht an der des Materiefeldes hängt.

Was meinst Du jetzt?

Viele Grüße

Dein W. Pauli

a) Brief [384a]. - b) Brief [387]. - c) Siehe hierzu Paulis Bemerkungen in [377], [378], [383] und [384].

[387] Weisskopf an Heisenberg

[Zürich, 24. Oktober 1934]

Lieber Herr Professor!

Die nochmalige Durchrechnung meiner Formeln im Brief vom 13.10., die ich mir vorgenommen hatte, ergaben, daß alles richtig ist bis auf den letzten Absatz Seite 3 über die materielle Selbstenergie der Lichtquanten, die für $x=0$ leider nicht endlich wird.

Die in ihrem Brief gezogenen Parallele zwischen Ihrem divergierenden Teil der Photonenselbstenergie (Formel (68)) und dem Ausdruck

$$J^e = \sum_s \frac{H_{rs}^{(1)} H_{sr}^{(1)}}{(E_r - E_s - h\nu)^2} \left(= \sum_s S_{rs}^{(1)} S_{sr}^{(1)}\right) \qquad (1)$$

* Hierfür ist die Einführung von $\vec{E}(x')\vec{E}(x'') + \vec{H}(x')\vec{H}(x'')$ wesentlich.

aus der materiellen Selbstenergie scheint mir aber nicht ganz zutreffend[a]. An sich sieht die Photonenenergie

$$J^{Ph} = \sum_s \frac{H^{(1)}_{rs} H^{(1)}_{sr}}{(E(\vec{p}_s) + E(\vec{p}_s + \vec{g}) - h\nu)^2} h\nu$$

($\vec{p}$ ist der Impuls des Lichtquants)

ähnlich aus; aber die Zwischenzustände s sind andere. Betrachten wir erst die Zwischenzustände im Ausdruck (1):

Da haben wir einerseits diejenigen, die von der Überführung des Elektrons in einen anderen Zustand unter Emission eines Quants herrühren. Diese geben:

$$J_1^e = \frac{e^2}{2\pi h} \int \frac{d\vec{p}}{g} \frac{PP_+ - \frac{1}{g^2}(\vec{g}\vec{p})^2 - (\vec{g}\vec{p}) - m^2c^2}{PP_+ (E(\vec{p}) - E(\vec{p}+\vec{g}) \mp cg)^2}; \quad \begin{array}{l} P^2 = p^2 + m^2c^2 \\ P_+^2 = (\vec{p}+\vec{g})^2 + m^2c^2. \end{array}$$

(!)

Weiter gibt es Zwischenzustände, die von der Erzeugung eines Paares (neben dem betrachteten Elektron) herrühren. Diese stellen aber im wesentlichen den entsprechenden Anteil in der zu subtrahierenden Vakuumselbstenergie dar, bis auf jene Paare, deren negatives Elektron den gleichen Zustand hat, wie das betrachtete.

Ich muß daher bei Betrachtung des zu der Teilchenzahl proportionalen Teils gerade diese letztgenannten Zwischenzustände subtrahieren. So erhalte ich:

$$J^e = J_1^e + J_2^e$$

$$J_2^e = \frac{e^2}{2\pi h} \int \frac{d\vec{p}}{g} \frac{PP_+ + \frac{1}{g^2}(\vec{g}\vec{p})^2 + (\vec{g}\vec{p}) + m^2c^2}{PP_+ (E(p) + E(\vec{p}+\vec{g}) + cg)^2}.$$

(!)

Diese Subtraktion macht J^e endlich! J_1^e und J_2^e divergieren einzeln! Bei dem Photonenteil J^{ph} hingegen gibt es infolge der *Bose*statistik der Lichtquanten keinen zu J_2^e entsprechenden Teil[b].

Herzlichen Gruß

Weisskopf

a) Vgl. Brief [385]. – b) Siehe hierzu [390].

[388] Heisenberg an Pauli und Weisskopf

Leipzig, 24. Oktober 1934

Lieber Pauli und lieber Weisskopf!

Nach meinem letzten Brief hab' ich die alten Rechnungen über die Selbstenergie der Lichtquanten nochmal angesehen; zunächst – ohne längeres Durchrechnen – konnte ich keinen Fehler finden[a] und ich halte es für denkbar, daß bei den Lichtquanten die Sache anders liegt als bei den Elektronen. Das betreffende Glied, das dem zweiten Glied in Eurer Formel (4) entspricht, lautet hier

$$h\nu\left(\sum\frac{H'_{sr}H'_{rs}}{(E_s-E_r-h\nu)^2}-\sum\frac{H'_{sr}H'_{rs}}{(E_s+E_r+h\nu)^2}\right)$$

und geht nach meinen Rechnungen über in einen Ausdruck der Form

$$\frac{e^2}{\hbar c}\int d\mathfrak{p}'\,\frac{p'_0p''_0+\mathfrak{p}'\mathfrak{p}''+\mu^2c^2-2(\mathfrak{p}'\cdot\mathfrak{e})(\mathfrak{p}''\cdot\mathfrak{e})}{p'_0p''_0}\cdot\frac{\mathfrak{k}\cdot(p'_0+p''_0)}{[(p'_0+p''_0)^2-\mathfrak{k}^2]^2},\quad(\mathfrak{p}'=\mathfrak{k}+\mathfrak{p}'')$$

wobei $\mathfrak{k}$ der Impulsvektor des Lichtquants ist, $\mathfrak{e}$ seine Polarisationsrichtung. Dieses Integral divergiert offenbar logarithmisch. – Also ich wäre Euch für eine genaue Durchrechnung des Problems dankbar!

Viele Grüße Euer W. Heisenberg

a) Heisenberg konnte natürlich die letzten beiden Briefe [386] und [387] noch nicht gesehen haben.

[389] Pauli an Heisenberg

[Zürich], 25. Oktober [1934]
[Postkarte]

Lieber Heisenberg!

Diesmal schreibe ich *nicht,* um etwas zu widerrufen. – Der Vollständigkeit halber wollte ich vielmehr noch berichten, daß der Subtraktionsformalismus mit x', x'' auch in der skalaren Theorie von W[eisskopf] und mir anwendbar ist und dort zum nämlichen Resultat für die Selbstenergie führt (obwohl ja dort die geladenen Teilchen Bose-Statistik haben):

Die Selbstenergie der mat[eriellen] Teilchen läßt sich wieder für $x_\lambda x^\lambda \neq 0$ endlich machen, die Selbstenergie des Lichtquants aber nicht. Ich glaube jetzt, daß dieses Resultat doch sehr im Wesen des Subtraktionsformalismus begründet ist. – Was meinst Du zu all dem in physikalischer Hinsicht?

W[eisskopf] hat noch – aus technischen, nicht aus prinzipiellen Gründen – eine Bitte an Dich. Er möchte gerne näher wissen, *wie* bei Deiner Rechnung (69) aus (6[8]) (in Deiner Arbeit) zu folgern i[st].[a] Einen Grund, bei Dir einen Fehler anzunehmen, haben wir aber keineswegs.

Viele Grüße Dein W. Pauli

a) Siehe die in [383b], Anm. b zitierte Arbeit, dort S. 230f.

[390] Weisskopf und Pauli an Heisenberg

[Zürich], 26. Oktober [1934]

Lieber Herr Professor!

Wir danken Ihnen für die expliziten Ausdrücke der Selbstenergie des Lichtquants[a]. Damit ist die Bitte von Paulis letzter Karte erfüllt[b].

Ich kam auf den richtigen Ausdruck

$$h\nu\left(\sum\frac{H'_{sr}H'_{rs}}{(E_s+E_r-h\nu)^2}-\sum\frac{H'_{sr}H'_{rs}}{(E_s+E_r+h\nu)^2}\right) \tag{1}$$

deshalb nicht recht hin, da, wie es mir nun scheint, Ihre Formel (68) nicht einwandfrei hingeschrieben ist[c]. Sie müßte nämlich heißen:

$$\sum_{p''\mathfrak{g}} \{|(1,Q|S_1|0p'')|^2-|(1,Q|S_1|2,p'')|^2\}\, g\cdot c,$$

wobei der Zustand Np'' jener ist, wo N Quanten $h\nu$ und ein Elektron p'' und ein Positron $(-p''+\mathfrak{g})$ da sind, und $1,0$ den Zustand des Lichtquants allein bedeutet. In Ihrer Schreibweise ist das Auftreten des Minuszeichens in (1) schwer verständlich.

Wie Sie aus meinen Formeln im vorigen Brief[d] inzwischen ja schon gesehen haben werden, konvergiert der analoge Ausdruck bei der Elektronenselbstenergie. Dies liegt nicht so sehr an der Bosestatistik wie ich unrichtigerweise im vorigen Brief angab, als eher an der etwas anderen Integration.

Damit scheinen alle formalen Streitpunkte aufgeklärt zu sein!

Herzlichen Gruß Weisskopf

[Zusatz von Pauli:]
Ich glaube auch, daß der formale Teil der Diskussion nun geschlossen werden kann. Kann man physikalisch etwas damit machen? Du bist mir übrigens noch den versprochenen Brief über Kernphysik schuldig[e]!

Herzlich Dein W. Pauli

a) Siehe den in [388] wiedergegebenen Ausdruck. – b) Vgl. [389]. – c) Siehe [383 b], Anm. b. – d) Siehe Brief [387]. – e) Heisenberg hatte Pauli einen Bericht über die neuesten Ergebnisse in der Kernphysik versprochen, die er während seines Besuches in Kopenhagen kennenlernte. Vgl. hierzu [383 b], Anm. c und den Kommentar zu folgendem Brief [391].

Zur großen Ernüchterung aller Beteiligten führten die langwierigen Diskussionen über Löchertheorie und Quantenelektrodynamik zu keinen konkreten Ergebnissen. Ein um so größeres Interesse erregten deshalb die neuen Entwicklungen in der Kernphysik. Im September hatte ein kleines, diesem Problemkreis gewidmetes Physikertreffen in Kopenhagen stattgefunden. Heisenberg übernahm bei dieser Gelegenheit ein theoretisches Übersichtsreferat, in dem er die Situation in der Kernphysik mit den Verhältnissen in der Atomhülle verglich.[1]

Danach sollte dem Auftreten von Lichtquanten in der Hülle die Entstehung der Neutrinos und der positiven und negativen Elektronen bei den Kernumwandlungen entsprechen. Das zu diesem Zweck von Tamm und Iwanenko vorgeschlagene Wellenfeld müßte dann ebenso für den Zusammenhalt des Atomkerns sorgen, wie dies durch das Maxwellsche Feld in der Hülle geschieht.[2] Bethe und Peierls erweiterten Fermis ursprünglichen Ansatz, indem sie bei der Berechnung der Wechselwirkungsenergie auch Ableitungen der darin eingehenden Wellenfunktionen zuließen. Dadurch konnten sie eine vernünftige Größenordnung für die Austauschkräfte zwischen den Kernbausteinen zustande bringen.[3]

Die gleiche Fermiwechselwirkung sollte aber auch zu magnetischen Zusatzmomenten für Protron und Neutron führen, die nur bei einem endlichen Nukleonenradius endliche Werte annehmen konnten.[4] Aus der Kenntnis der Wechselwirkung konnte man die Kernbindungsenergien berechnen und mit den empirischen Werten vergleichen. „Seit meiner Rückkehr [aus Kopenhagen] hab' ich versucht, die numerischen Rechnungen über die Massendefekte der Kerne neu aufzunehmen", schrieb Heisenberg am 9. Oktober an Bohr. Zu der von Bohr angeregten Zusammenarbeit mit Heisenberg sollte es aber nicht mehr kommen.

Anfang Oktober stand die Kernphysik nochmals im Mittelpunkt des großen Internationalen Physikerkongresses in London und Cambridge. Hier wurde erstmalig offenkundig, wie rückständig dieser Forschungszweig in Deutschland bereits geworden war. Ein Referent stellte bedauernd fest, daß sich unter den Vortragenden über Kernphysik kein einziger Vertreter des Deutschen Reiches befand.[5] Heisenbergs folgender Bericht [391] zeigt, daß er jetzt die Kernphysik nur noch als ein fruchtbares „Anwendungsgebiet der gewöhnlichen Quantentheorie" ansah. Doch Pauli betrachtete diese Physik der „unbestimmten Funktionen" mit großem Mißtrauen, und er glaubte, daß der Grund für diese Unbestimmtheiten in der Unkenntnis des Ursprungs der Größe e^2/hc liege [392].

[1] Heisenberg publizierte seine „Bemerkungen zur Theorie des Atomkerns" in der „Pieter Zeeman. 1865 – 25. Mai – 1935" gewidmeten Festschrift. Dort S. 108–116.

[2] Siehe hierzu den Kommentar zu [338] und das Schreiben [341]. – Erst später zeigte sich, daß die Wechselwirkung des Neutrinofeldes mit den Nukleonen viel zu schwach ist, um die starken Kernkräfte zu erzeugen.

[3] Die Ergebnisse dieser gemeinsamen Untersuchung teilte Bethe während der Kopenhagener September-Konferenz 1934 und in einer Diskussionsbemerkung zum Vortrag von C.D. Ellis auf der Internationalen Physikerkonferenz in London (siehe Anm. 5) mit. Siehe hierzu auch Heisenbergs Bemerkungen in [393].

[4] G.C. Wick: Teoria dei raggi β e momento magnetico del protone. R.C. Accad. Lincei **21**, 170–173 (1935).

[5] Siehe A. Smekal: Bericht über die International Conference on Physics in London und Cambridge vom 1. bis 6. Oktober 1934. Metallwirtschaft **14**, (3), 46–48 (1935).

[391] Heisenberg an Pauli[a]

Leipzig, 28. Oktober 1934

Lieber Pauli!

Mit dem Resultat unserer Selbstenergie-Diskussion kann ich nichts Gescheites anfangen. Die ganze Subtraktionsphysik ist halt Unsinn und sollte durch etwas besseres ersetzt werden. – Wann erscheint Eure Arbeit über die Bose-Elektronen?[b]

Heute will ich über Kernphysik erzählen, was ich in Kopenhagen gelernt hab'. An der Fermischen Theorie des β-Zerfalls war mir von jeher der Zusammenhang mit den Austauschkräften (siehe Iwanenko und Tamm) und mit dem Sternschen Moment des Protons sympathisch. Nur kamen bisher leider die Austauschkräfte etwa um den Faktor 10^{10} zu klein heraus.[c] Wenn man nämlich die Wechselwirkungsenergie nach Fermi etwa

$$g \int \psi_{\text{Neutron}}\, \phi_{\text{Proton}}\, \psi_{\text{Neutrino}}\, \varphi_{\text{Elektron}}\, dV$$

ansetzt, wird aus dem β-Zerfall $g \sim 10^{-49}$ erg·cm³ und die Austauschkraft

$$\frac{g^2}{hc}\frac{1}{r^5} \sim 10^{-16} \cdot \left(\frac{10^{-13}}{r}\right)^5 \text{ erg.}$$

Nun hatte Bethe aus der Form der kontinuierlichen β-Spektren geschlossen, daß der Fermische Ansatz für die Wechselwirkung durch einen anderen zu ersetzen sei[d]: Bethe schlägt z. B. vor

$$g \int \psi(\text{Neutron})\, \phi(\text{Proton})\, \frac{\partial \psi}{\partial x}(\text{Neutrino})\, \frac{\partial \varphi}{\partial x}(\text{Elektron})\, dV$$

(g hat jetzt die Dimension erg·cm⁵). Dieser Ansatz hat zur Folge, daß das β-Spektrum etwa so aussieht

während es bei Fermi so wird:

Benützt man den Betheschen Ansatz, so wird $g \sim 10^{-69}$ erg·cm⁵ und die Austauschkraft heißt

$$\frac{g^2}{hc} \cdot \frac{1}{r^9} \approx 10^{-4} \left(\frac{10^{-13}}{r}\right)^9 \text{ erg,}$$

bekommt also die *richtige* Größenordnung. Auch das Zusatzmoment des Protons bekommt jetzt die richtige Größenordnung.[e] Freilich braucht der Bethesche Ansatz noch nicht der richtige zu sein, aber man erkennt jedenfalls: es gibt einfache Änderungen der Fermischen Theorie, die vom Experiment nahegelegt werden, und die auch die Austauschkräfte vernünftig geben.

Ob diese neuen Annahmen auch einen vernünftigen Zusammenhang zwischen Lebensdauer und Zerfallsenergie ergeben (die Fermische Theorie stimmt bekanntlich bei den leichten Elementen gar nicht!), ist noch unsicher.

Auch abgesehen von diesem Zusammenhang mit der Fermischen Theorie bin ich jetzt wieder sehr davon überzeugt, daß man mit einer plausiblen Austauschkraft alle Massendefekte darstellen kann. Die neue Masse des Neutrons (1,0081) hat nämlich erstens zur Folge, daß das Kraftgesetz, das nach Wigner nötig ist, um die Massendefekte von $^2_1$H, $^3_1$H, $^4_2$He darzustellen, *langsamer* abfällt als bei Wigner;[f] ferner daß an Stelle des langsam abfallenden Gesetzes in meinem Solvaybericht[g], das aus den schweren Kernen à la Majorana bestimmt war, ein schnellerer Abfall tritt. Die beiden bisher so verschiedenen Gesetze dürften sich also wohl ziemlich genau in der Mitte treffen. – Ich hatte eigentlich die Absicht, mit einem einfachen Kraftansatz (ae^{-br}) einmal alle Massendefekte ($^2_1$H, $^3_1$H, $^4_2$He und die schweren Kerne) soweit möglich darzustellen; es scheint mir aber jetzt, daß selbst bei einer Genauigkeit von nur 10% der mathematische Aufwand schauderhaft wird; das ist sehr schade. Ich glaube, man muß versuchen, aus dem experimentellen Material der nächsten Zeit die richtige Wechselwirkungsenergie zu finden und muß erst dann versuchen, die Massendefekte darzustellen. – In nicht allzuferner Zeit dürfte also die Kernphysik ein anständiges Anwendungsgebiet der gewöhnlichen Quantentheorie sein.

Eigentlich müßte man die Theorie des Positrons und die Quantenelektrodynamik noch vor dieser ganzen Kernphysik in Ordnung bringen können; ich finde es einen Skandal, daß wir bisher zu dumm sind, den sicher einfachen Formalismus, der hinter unserer komplizierten Löchermathematik steckt, herauszuschälen.

Schreib' mal, was Du zur Kernphysik meinst!

Viele Grüße Dein W. Heisenberg

a) Am oberen Briefrand machte sich Pauli für die Beantwortung des Schreibens folgende Anmerkungen: „Kritik der willkürlichen Funktion. Proton-Moment. Unabhängigkeit der Quantenelektrodynamik?" – b) Siehe Paulis Bemerkung am Ende des folgenden Briefes [392]. – c) Siehe [341]. – d) Siehe Bethes Diskussionsbemerkung im Anschluß an C.D. Ellis' Vortrag auf dem Internationalen Physikerkongreß in London 1934. In: Papers and Discussions of the International Conference on Physics, London 1934. Vol. I: Nuclear Physics. Cambridge 1935. Dort S. 66. – Eine erweiterte Form dieses Ansatzes wurde später in der Theorie von Konopinski und Uhlenbeck verwendet. – e) Vgl. die von Heisenberg zitierte Abhandlung im Kommentar, Anm. 1, dort S. 114f. – f) Vgl. E.P. Wigner: On the Mass Defect of Helium. Phys. Rev. **43**, 252–257 (1933). – g) W. Heisenberg: Considerations théoriques générales sur la structure des Noyaux. Enthalten in den in Anm. 1 des Kommentars zu [323] zitierten Kongreßberichten.

Anfang Oktober 1934 sollte in Genf ein Kongreß über die Physik der Metalle stattfinden. Natürlich konnte eine solche Veranstaltung nur unter Sommerfelds Schirmherrschaft Erfolg haben. Sommerfeld benachrichtigte Bethe und erkundigte sich bei ihm nach weiteren interessierten Teilnehmern.[1] „Bezüglich der Einzuladenden", empfahl Bethe, „möchte ich noch einige Zusatzvorschläge machen, falls das finanziell geht. (Da Bloch nicht in Frage kommt, ist wohl 1 Platz frei. Außerdem könnte ich mir denken, daß Pauli absagt; er interessiert sich nicht mehr sehr für Metalle.) Nämlich 1. *Mott.* Er hat viel über Metalle nachgedacht, ... Mott ist glaube ich zur Zeit mit der Aktivste und Erfolgreichste unter den Metallikern. 2. *Wigner,* dessen Methode zur Berechnung von Eigenfunktionen der Metallelektronen ich ... eingehend besprochen habe. ... Wigner ist den Sommer über hier in Manchester, er ist sehr anregend. ... Im Oktober wird er wieder in Amerika sein." Am 9. Juni sagte Bethe seine Teilnahme zu: „der Oktober kann sehr schön und in Genf sehr warm sein, und freibekommen werden Peierls und ich ja ziemlich sicher, und Fowler wohl auch. – Peierls und ich werden also sehr gerne kommen. (Vorbehalt für den Fall, daß Peierls doch noch nach Indien gehen sollte, was ziemlich unwahrscheinlich ist, denn wir haben garnichts mehr von dort gehört. Weiterer Vorbehalt für den Fall, daß einer von uns anderweitig eine Stelle bekommen sollte, auf der es keinen Urlaub gibt – das ist noch unwahrscheinlicher.)"

Offensichtlich war Paulis Abneigung gegen die Metallphysik doch nicht so ausgeprägt wie Bethe meinte. Aus der Bemerkung in dem folgenden Schreiben [392] an Heisenberg geht hervor, daß Pauli damals in Genf gewesen ist und dort ausführlich mit Bethe über Kernphysik diskutierte. Der ungünstige Eindruck, den Heisenbergs Bericht [391] bei ihm hinterlassen hatte, konnte dadurch nicht zerstreut werden.

[1] Vgl. Bethes Antwort vom 7. Mai 1934.

[392] Pauli an Heisenberg

Zürich, 1. November 1934

Lieber Heisenberg!
Vielen Dank für Deinen Brief über Kernphysik. Sein Inhalt war mir leider etwas enttäuschend. Die jetzige Sachlage in der theoretischen Physik ist die, daß einer *Subtraktionsphysik der Elektronen und Positronen eine Kernphysik der unbestimmten* Funktionen gegenübersteht.

An der Theorie von Dir und Majorana war mir immer unsympathisch gewesen, daß unbestimmt gelassene Funktionen in ihr auftreten.[a] Es scheint nun, daß durch den Versuch, die Austauschkräfte als 2. Näherung aus der Theorie des β-Zerfalls zu erhalten, dieser Mangel der Theorie nicht behoben wird; *denn jetzt geht die unbestimmt gelassene Funktion eben dort hinaus* (ins Koppelungsglied zwischen Neutron, Proton, Neutrino und Elektron der Hamiltonfunktion). Man muß immer betonen, daß die Fermische Theorie des β-Zerfalls insofern einen ganz formalen Charakter hat, als die *Existenz* des entscheidenden Koppelungsterms der Hamiltonfunktion nicht aus einem allgemeinen theoretischen Postulat abgeleitet, d.h. nicht verstanden, sondern ad hoc aufgestellt wird. – Beim jetzigen Stand der Theorie sieht es so aus, als ob man – unbeschadet der Gültigkeit der allgemeinen theoretischen Prinzipien – dieses Koppelungsglied ebenso gut hätte gleich Null setzen können. Auf die bange Frage: wieso kommt es, daß es in der Natur überhaupt einen β-Zerfall und Neutrinos gibt, erhält man durch die Fermische Arbeit gar keine Antwort.

Erst schien es, als ob im in Rede stehenden Koppelungsterm nur eine *Konstante* willkürlich war (wenn es auch so schien, als sei sie nur deshalb von Null verschieden, damit die theoretischen Physiker es schwieriger haben). Nun haben Bethes Überlegungen[b] aber gezeigt, daß die unbestimmt gebliebene *Funktion,* die man bei einer anderen Tür hinausgeworfen zu haben glaubte, hier doch wieder zum Vorschein kommt. Ich sah Bethe vor etwa 3 Wochen bei einer Physik-Konferenz über Metalle in Genf[c] und er versicherte mir, daß man je nach Wahl dieser Funktion für die Austauschkräfte in 2. Näherung eine *weitgehend beliebige* Größenordnung erhalten kann. Es scheint also, daß es heute weder ein Argument pro noch ein Argument contra die Annahme eines Zusammenhanges zwischen β-Radioaktivität und Proton-Neutron-Austauschkräften gibt. – Du erwähnst noch einen möglichen Zusammenhang zwischen dem magnetischen Moment des Protons und der Fermischen Theorie. Worauf stützt sich die Hypothese eines solchen Zusammenhanges?[d] (Ich hörte nur gerüchtweise, daß Wigner etwas darüber überlegt haben soll.)

Ich glaube, daß der gemeinsame Grund für die Unbestimmtheiten der Kernphysik *und* für die Scheußlichkeiten der Subtraktionsphysik im Problem der

Fixierung von $e^2/\hbar c$ zu suchen ist, und daß eine Beseitigung beider Übel nicht möglich sein wird mit einem Formalismus, der $e^2/\hbar c$ unbestimmt läßt. – Wentzel hat eine, wie ich glaube, in formaler Hinsicht interessante Arbeit geschrieben über die Durchführung des de Broglieschen Programms der Spaltung des elektromagnetischen Feldes in ein Produkt von Spinoren – auch im Fall der Anwesenheit geladener Teilchen.[e] – Ich will das genauer studieren „in der fast wahnsinnigen Hoffnung", daß mir dabei über $e^2/\hbar c$ etwas einfallen wird.

Herzlichst grüßt Dich Dein W. Pauli

Wie steht die Berechnung der Streuung von Licht an Licht?[f] – Du erhältst gleichzeitig Sonderdrucke der Arbeit von Weisskopf und mir über Bose-Teilchen.[g]

a) In Heisenbergs und Majorans Theorie wurde die Wechselwirkung zwischen Neutronen und Protonen bekanntlich durch eine unbestimmt gelassene Funktion der Teilchenabstände angesetzt. Siehe hierzu auch Heisenbergs Stellungnahme in dem folgenden Schreiben [393]. – b) Siehe Anm. d des vorherstehenden Briefes [391]. – c) Siehe hierzu den Kommentar. – d) Siehe die im Kommentar zu [391], Anm. 4 zitierte Abhandlung von G.C. Wick und den Brief [412]. – e) G. Wentzel: Zur Frage der Äquivalenz von Lichtquanten und Korpuskelpaaren. Z. Phys. **92**, 337–358 (1934). Eingegangen am 15. Oktober 1934. – f) Siehe hierzu [383], Anm. c. – g) Pauli und Weisskopf (1934a).

[393] Heisenberg an Pauli[a]

Leipzig, 4. November 1934

Lieber Pauli!

Vielen Dank für die Separata und Deinen etwas auf's Miesmachen abgestellten Brief. Zunächst einige Fragen zu Eurer Arbeit: In welcher Weise wird bei Euch die Selbstenergie des Elektrons unendlich? Ich könnte mir nämlich denken, daß die Selbstenergie immer um eine Potenz höher unendlich würde als die „Selbstladung"; dann würde bei Euch die Selbstenergie $\sim\int\frac{dk}{k^2}$, die Selbstladung $\int\frac{dk}{k}$, während in der Löchertheorie die Selbstenergie $\int\frac{dk}{k}$ und die Ladung endlich wird. Da Ihr die verschiedenen Selbstenergien ausgerechnet habt, möchte ich die Arbeit nicht nochmal machen. Ferner würde ich gern genaueren Aufschluß haben über die Behauptung, daß Eure Theorie nur mit Bosestatistik durchgeführt werden kann. Aus den wenigen Sätzen auf S. 722 konnte ich nicht genug verstehen.

Die Streuung von Licht an Licht ist jetzt ziemlich fertig gerechnet[b]; das Resultat heißt: Man kann die Streuung ausdrücken durch Zusätze zur Lagrangefunktion der Maxwellschen Theorie, die im Ganzen dann etwa so lautet:

$$L=\frac{1}{8\pi}(\mathfrak{E}^2-\mathfrak{H}^2)+\frac{e^4\hbar}{m^4c^7}[\alpha_1(\mathfrak{E}^2-\mathfrak{H}^2)^2+\alpha_2(\mathfrak{E}\mathfrak{H})(\mathfrak{E}^2-\mathfrak{H}^2)+\alpha_3(\mathfrak{E}\mathfrak{H})^2]$$
$$+\frac{e^4\hbar}{m^4c^7}\left(\frac{\hbar}{mc}\right)^2\beta_1(\mathfrak{E}^2-\mathfrak{H}^2)\left(\frac{\partial\mathfrak{E}}{\partial x}\frac{\partial\mathfrak{H}}{\partial x}+\dots\right)+\dots.$$

Von den Zahlenkonstanten $\alpha_1, \alpha_2 \ldots$ ist bisher α_1 berechnet, es ist $\alpha_1 = 1/360\,\pi^2$; die beiden anderen Zahlen α_2 und α_3 werden in den nächsten Tagen fertig. Die höheren Glieder mit $\frac{\partial \mathfrak{E}}{\partial x}$ u.s.w. sind für die Streuung von Licht an Licht unwichtig, solange die Wellenlänge des Lichtes groß gegen $\hbar/mc$ ist.

Dagegen konvergiert das ganze Verfahren nicht, wenn man es auf das Delbrücksche Problem anwendet[c], da beim Coulombfeld die Glieder mit $\frac{\partial \mathfrak{E}}{\partial x}$ wichtiger sind als die mit $\mathfrak{E}$. Für das Delbrücksche Problem ergibt sich trotzdem ein endlicher und vernünftiger Wirkungsquerschnitt, wenn man exakt rechnet - jedenfalls sieht es so aus.

Die Zusatzglieder zur Lagrangefunktion sehen ähnlich aus, wie in der Theorie von Born und Infeld, sind aber etwa 20mal größer als jene bei Born und Infeld[d].

Nun noch einiges über Kernphysik. Mit Deinem Standpunkt bin ich garnicht einverstanden[e]. Wenn der Zusammenhang zwischen Bethe, Fermi und Austauschkraft schon richtig ist, so bedeutet das zunächst, daß man an Stelle eines Kontinuums möglicher Funktionen die Auswahl zwischen ein paar Ausdrücken für die Wechselwirkungsenergie hat, die durch Invarianzforderungen etc. übrig gelassen werden. Man wird wahrscheinlich aus der Form der kontinuierlichen β-Strahlspektren sehr bald die exakte Form der Wechselwirkungsenergie kennen. Ferner bedeutet diese Reduktion auf die Fermiwechselwirkung einen großen prinzipiellen Fortschritt. Z.B. steht es mit dem magnetischen Moment des Protons und Neutrons so[f]: Geht man in der Fermischen Theorie zur *zweiten* Näherung, so erhält man im Störungsverfahren auf dem Weg 1) Entstehen von Elektron + Neutrino, 2) Verschwinden von Elektron + Neutrino die Austauschkraft $\frac{g^2}{hc}\frac{1}{r^5}$ bei Fermi, $\frac{g^2}{hc}\frac{1}{r^9}$ bei Bethe, ferner eine Selbstenergie von $\frac{g^2}{hc}\frac{1}{r_0^5}$ bei Fermi, $\frac{g^2}{hc}\frac{1}{r_0^9}$ bei Bethe, wenn r_0 den Kernradius bedeutet, bei dem abgeschnitten wird. Geht man (für *ein* Proton oder Neutron im äußeren Feld) zur 3. Näherung, so erhält man auf dem Weg 1) Entstehen von Elektron + Neutrino, 2) Beeinflussung des Elektrons durch das äußere Feld, 3) Verschwinden von Elektron + Neutrino ein Zusatzglied zur Energie in der Wellengleichung des Protons, das die Form hat

$$c\gamma_\nu\left(P_\nu - \frac{e}{c}\phi_\nu\right) + iMc^2 + \begin{cases} \nearrow \ \alpha \dfrac{eg^2}{\hbar^2 c^2 r_0^3}\gamma_\nu\gamma_\mu F^{\nu\mu} & \text{bei Fermi} = 0 \\ \searrow \ \alpha \dfrac{eg^2}{\hbar^2 c^2 r_0^7}\gamma_\nu\gamma_\mu F^{\nu\mu} & \text{bei Bethe} = 0. \end{cases}$$

α ist ein Zahlfaktor der Größenordnung 1. Das diesem Glied entsprechende magnetische Zusatzmoment des Protons bzw. Neutrons hat also die Größenordnung des Kernmagnetons, da $g^2/\hbar c r_0^5 \sim Mc^2$. Da ferner für das Proton im

Zwischenzustand ein Positron, für das Neutron ein Negatron vorhanden ist, so wird in erster Näherung das Moment des Neutrons $-x$, wenn das Moment des Protons $1+x$ (im Ganzen) ist (die 1 rührt vom gewöhnlichen Diracmoment her). – Wegen der verschiedenen Masse von Neutron und Proton ist dies allerdings nicht genau richtig. Die Zusatzglieder w_3 haben ja ursprünglich die Form

$$w_3 = \sum_{l,m} \frac{H^1_{kl} H^1_{lm} H^1_{mk}}{(E_k - E_l)(E_k - E_m)}$$

und im Nenner tritt beim Proton die zum Zerlegen in Positron + Neutron nötige Energie

$$\begin{array}{r} 1{,}0080 \\ 0{,}00054 \\ \hline 854 \\ 1{,}0072 \end{array} \qquad \sim 13 \text{ Massen-Einheiten } (\sim 2{,}5\, mc^2)$$

auf, beim Neutron die Energie

$$\begin{array}{r} 1{,}00724 \\ 054 \\ \hline 778 \\ 1{,}0080 \end{array} \qquad \sim -0{,}3 \text{ Massen-Einheiten } (\sim -0{,}1\, mc^2).$$

Bedenkt man noch, daß die wichtigsten Beiträge zu w_3 von Elektronen + Neutrinoenergien in der Gegend $\sim 137\, mc^2$ herrühren werden, so wird man schätzen, daß das Moment des Protons ungefähr $\sim 1 + 0{,}98\, x$ ist, wenn das des Neutrons $-x$ wird. Das Moment des Deutons sollte „also" etwas kleiner als 1 sein[g]. Dies paßt doch sehr gut zum Sternschen Resultat[h].

Sonst gibts nichts Neues. Wirst Du in den Weihnachtsferien in Zürich sein?[i]

Viele Grüße Dein W. Heisenberg

a) Zu diesem Brief machte Pauli folgende Randbemerkungen: „$\alpha_2 = 0$? Negatives Proton; Nicht-Additivität; Schwere Kerne". – b) Eine kurze Mitteilung „Über die Streuung von Licht an Licht nach der Diracschen Theorie" reichten Euler und Kockel im Februar 1935 bei der Zeitschrift Die Naturwissenschaften **23**, 246–247 (1935) zur Veröffentlichung ein. – c) Siehe hierzu [317], Anm. e. Das Problem der Streuung von langwelligem Licht an räumlich langsam veränderlichen elektrostatischen Feldern wurde später von N. Kemmer und V.F. Weisskopf in einer Zuschrift an Nature **137**, 659 (1936) diskutiert und dann von N. Kemmer weitergeführt. – d) Siehe den Kommentar zu [382]. – e) Vgl. [392], Anm. e. – f) Weitere Einzelheiten zu diesem Fragenkomplex findet man in C.F. von Weizsäckers Buch über „Die Atomkerne", Leipzig 1937 und in Heisenbergs Beitrag zur Zeeman-Festschrift. (Vgl. Anm. 1 im Kommentar zu [391].) – g) Deuton ist die ältere Bezeichnung für Deuteron. – h) Siehe O. Stern, I. Estermann und R. Frisch: Magnetic Moment of the Proton. Nature **132**, 169 (1933). – i) Pauli verbrachte seine Weihnachtsferien in Zürs am Arlberg.

[394] Pauli an Heisenberg

Zürich, 7. November 1934

Lieber Heisenberg!

Ich möchte die in Deinem letzten Brief (vom 4. d.) aufgeworfenen Fragen gerne der Reihe nach beantworten.

Die Selbstenergie des Elektrons wird in unserer Theorie[a] *logarithmisch* unendlich, d.h. wie $\int \frac{dk}{|k|}$ und zwar sowohl die elektrostatische als auch die durch Störungsrechnung zu ermittelnde elektrodynamische. Die letztere wird z.B. (bis auf konstante Proportionalitätsfaktoren) ein Integral von Typus

$$\int \frac{dk_1 dk_2 dk_3}{|k|} \frac{\frac{1}{k^2}(\vec{r}\vec{p}_0)^2(E(k)+k)}{E_0 E(k)[(E(k)+k)^2 - E_0^2]} \quad \text{mit} \quad \begin{array}{l} E_0 = c\sqrt{p_0^2 + m_0^2 c^2} \\ E(k) = c\sqrt{(p_0+k)^2 + m^2 c^2}, \end{array}$$

was für große k vom Typus $\frac{1}{E_0}\int \frac{d(k)}{|k|}$ wird, nachdem man über die Richtungen von $\vec{k}$ gemittelt hat[b].

Die Selbstenergie wird also bei uns ebenso ∞ wie die Selbstladung. Da[s is]t auch in der Löchertheorie so, *bevor man einen Subtraktionskunstgriff eingeführt hat*, wo ja nach Diracs-Solvaybericht[c] auch die Selbstladung *nicht* endlich ist, sondern wie $\int \frac{dk}{k}\ \infty$ wird. (Andrerseits kann man auch in unserer Theorie nachträglich dieselben Subtraktionskunstgriffe einführen wie in der Löchertheorie.)

Ein wichtiger und interessanter Punkt ist die Tatsache, daß unsere Theorie nur mit Bosestatistik durchgeführt werden kann, weil hier ein zwangläufiger Zusammenhang zwischen Spin und Statistik aufzudämmern beginnt.

Es genügt, hierfür den kräftefreien Fall zu betrachten. Wir haben folgendes genauer untersucht:

Man behalte Hamilton-Funktion, Impuls, Ladung in den Variablen a_k, b_k bei - wie sie durch (29), (30), (31) (*nur* je die 2. Zeile dieser Formeln!) gegeben sind, ersetze aber die Vertauschungs-Relationen (III) durch

$$\begin{array}{l} [a_k, a_l^*]_+ = [b_k, b_l^*] = \delta_{kl} \\ [a_k, a_l]_+ = [b_k, b_l]_+ = [a_k, b_l]_+ = [a_k b_l^*]_+ = 0. \end{array} \qquad (\mathrm{III}_+)$$

Dies entspricht *physikalisch* den entsprechenden Resultaten für Fermi-Statistik.

Nun zeigt sich, wenn man dann mittels (27), (27*) bzw. (28a, b) zu den p_k, q_k zurückgeht, daß dann für p_k, q_k, p_k^*, q_k^* *nicht* zu (II) analoge Vertauschungs-Relationen gelten, sondern

$$[p_k, p_k^*]_+ = E_k, \qquad [q_k, q_k^*]_+ = \frac{1}{E_k}, \qquad [p_k, q_k]_+ = [p_k, q_k^*]_+ = 0.$$

Dies hat zur Folge, daß die so angesetzte Theorie *nicht relativistisch invariant* ist. - Insbesondere hat die genaue Durchrechnung ergeben, daß dann die durch die Kontinuitätsgleichung definierten Ausdrücke für Ladungsdichte und Viererstrom sich nicht mehr wie ein Vierervektor transformieren.

Es ist uns auch nicht gelungen, die obigen Relationen (III_+) so abzuändern, daß gleichzeitig Fermi-Statistik und relativistische Invarianz besteht. (Es treten immer entweder in den Vertauschungs-Relationen oder im Integranden des die Hamiltonfunktion darstellenden Volumintegrals $\sqrt{\Delta}$-artige Operatoren auf!) Andrerseits läßt sich die Theorie anscheinend unschwer verallgemeinern für

Teilchen mit Bose-Statistik und beliebigem *ganz*zahligen Spin (statt Spin Null)[d].

Die Resultate scheinen mir *befriedigend*, eben weil ja die Bose-Statistik zwangsläufig ganzzahligen Spin und umgekehrt nach sich ziehen soll.

Nun zu dem anderen Teil Deines Briefes. Zur Langrangefunktion bei der Streuung von Licht an Licht habe ich eine kleine invariantentheoretische Bemerkung: Ich glaube, daß der Koeffizient α_2 von $(\vec{E}\vec{H})(E^2-H^2)$ *verschwinden muß:*

$$\alpha_2=0.$$

Es ist nämlich $(\vec{E}\vec{H})$ nicht invariant gegenüber Spiegelungen ($x'_k=-x_k$ für $k=1,2,3$ und $t'=t$), ändert dabei vielmehr das Vorzeichen, da $\vec{E}$ dies tut, $\vec{H}$ aber nicht; andererseits sind E^2-H^2 sowie $(\vec{E}\vec{H})^2$ gegenüber Spiegelungen invariant. Da auch L invariant ist, muß $\alpha_2=0$ sein. Ich bin neugierig, ob sich dies bei der Rechnung Deiner Doktoranden bestätigen wird[e].

Deine Darlegungen über die magnetischen Kernmomente haben mich besonders interessiert, ich habe aber noch einige prinzipielle Einwände dazu zu machen, von denen ich gerne wissen möchte, wie Du Dich dazu stellst.

1. Magnetisches Moment des Neutrons und Symmetrie der Naturgesetze in Bezug auf das Vorzeichen der Ladung[f].

Nimmt man die letztere Symmetrie an, so gibt es zwei Möglichkeiten:

a) Das freie Neutron hat das magnetische Moment Null.

b) Es gibt zwei Sorten von Neutronen, die sich durch entgegengesetzte Lage des magnetischen Momentes (bei festgehaltener Lage des mechanischen Spinmoments) unterscheiden.

Bei Deiner Theorie äußert sich das so, daß zum Neutron nicht nur ein Zwischenzustand Proton + Elektron + Neutrino, sondern auch ein anderer, negatives Proton + Positron + Neutrino, gehören werden, deren Beiträge zum magnetischen Moment des Neutrons sich dann aufheben werden. *Mit welchem Recht läßt Du den Zwischenzustand mit dem negativen Proton fort?*

2. Magnetisches Moment des Protons. Du führst hier die neue (d.h. sonst in der Theorie nirgends benützte) Annahme ein, daß für die schweren Teilchen in irgend einer Näherung doch so etwas wie die Diracsche Gleichung gelten soll. (Nur dann kommt ja $1+x$ für das magnetische Moment des Protons heraus und nicht „irgend etwas $+x$".) Diese Annahme ist mir deshalb nicht sehr sympathisch, weil sich dann doch die alte Komödie mit den Zuständen negativer Energie bei den schweren Teilchen wiederholt.

3. Magnetisches Moment des Deutons (und der schweren Kerne). Ich sehe nicht, daß sich bei Deinem Ansatz, der doch eine 3. Näherung ist, das magnetische Moment des Deutons *additiv* aus dem des Neutrons und dem des Protons zusammensetzt[g].(?) (Bezweifle also die Konsequenz Deines Schlusses: Das Moment des Deutons sollte „also" etwas kleiner als 1 sein.) Wenn es *nicht* additiv ist, wäre mir das übrigens nur sympathisch, und ich möchte gerne von Dir wissen, was die *konsequente* Durchführung Deines Ansatzes für das magnetische Moment des Deutons und das der höheren Kerne ergibt. (Die Resultate von Landé u.a.[h] schienen [mi]r wenig überzeugend und ich glaube aus diesem Grunde *nicht* an eine Additivität des magnetischen Gesamtmomentes der Kerne aus denen seiner Bestandteile.) Aus diesem Grunde bin ich auch von vornherein *nicht* davon überzeugt, daß die Sternschen Werte[i] für die magnetischen Momente des Deutons und des Protons unvereinbar seien mit der obigen Möglichkeit a), daß das freie Neutron doch das magnetische Moment Null hätte!

Also was meinst Du dazu?

Viele Grüße

Dein W. Pauli

a) Pauli und Weisskopf (1934a). – b) Vgl. V. Weisskopf: Berichtigung zu der Arbeit: Über die Selbstenergie des Elektrons. Z. Phys. **90**, 817–818 (1934). Eingegangen am 20. Juli 1934. – c) Siehe [345], Anm. c. – d) Diese allgemeineren Probleme wurden von Pauli in (1936a) wieder aufgenommen und später in der bekannten Untersuchung über Spin und Statistik endgültig geklärt. – e) Vgl. hierzu den von Heisenberg in [393] angegebenen Ausdruck und Eulers Darstellung in seiner am 21. Juni 1935 eingereichten Leipziger Dissertationsschrift „Über die Streuung von Licht an Licht nach der Diracschen Theorie". Ann. Phys. (5) **26**, 398–448 (1936), dort S. 406. – f) Siehe hierzu den Kommentar zu [369]. – g) Die Nicht-Additivität der Kernmomente zeigte sich beim Vergleich mit den empirischen Daten. Erst später wurde sie theoretisch geklärt, nachdem man gewisse Gittermodelle der Kernstruktur verworfen hatte. (Vgl. z. B. H. Schüler und H. Westmeyer: Bemerkungen zu den magnetischen Momenten der Atomkerne. Naturwiss. **21**, 674–675 (1933).) – Vgl. hierzu auch [396]. – h) Siehe die in der Anm. 1 des Kommentars zu [369] zitierten Arbeiten. – i) Siehe [393], Anm. h.

Nach diesem Ausflug in die Kernphysik wendeten sich Pauli und Heisenberg wieder dem fundamentalen Problem der Feldtheorie zu. Schon in seiner Nobel Lecture vom 11. Dezember 1933 hatte Heisenberg darauf hingewiesen, daß die Vereinigung von Relativitäts- und Quantentheorie wahrscheinlich nur durch eine gleichzeitige Bestimmung der Sommerfeldschen Feinstrukturkonstante zu erreichen sei. „Die bisher unternommenen Versuche gehen alle von anschaulichen Vorstellungen aus, die denen der klassischen Physik so nahestehen, daß eine Bestimmung der Feinstrukturkonstante innerhalb dieser Begriffssysteme unmöglich scheint. Der Ausbau der hier zur Diskussion stehenden Begriffssysteme dürfte übrigens eng verknüpft sein mit der Weiterentwicklung der Quantentheorie der Wellenfelder, ...".[1] Seitdem hatte Heisenberg mehrere solche Versuche zur Bestimmung von e^2/hc unternommen, die aber alle nicht das gewünschte Ergebnis brachten.[2]

Auch Pauli glaubte, „der wahre Fortschritt der Theorie [sei] durch Festlegung von e^2/hc und Verschmelzung von elektromagnetischem Feld und Materiefeld zu suchen" [378]. „In der fast wahnsinnigen Hoffnung, daß [ihm] dabei über e^2/hc etwas einfallen wird" [392], studierte er eine Arbeit von Wentzel.

Diesem Ziele hoffte Heisenberg jetzt endlich nähergekommen zu sein. Durch die Einführung singulärer Dichtematrizen sollte das elektromagnetische Feld bestimmt und über die Vertauschungsrelationen auch e^2/hc festgelegt werden [395]. Voller Eifer stürzte sich Heisenberg auf die Rechnungen [396] und stellte alle anderen Arbeiten zurück. In einer ersten Mitteilung [395] an Pauli skizzierte er den Gedankengang. Pauli reagierte zurückhaltend. Nachdem er Heisenbergs Brief „24 Stunden bebrütet" hatte, gab er zu bedenken, daß der Vorschlag in keiner Weise den erwarteten Durchbruch zu einer neuen Theorie beinhalte, weil er „bis auf Substitution des Wertes von e^2/hc [alles] unverändert" lasse.

[1] W. Heisenberg: Die Entwicklung der Quantenmechanik. In: Die Moderne Atomtheorie. Die bei der Entgegennahme des Nobelpreises 1933 in Stockholm gehaltenen Vorträge von W. Heisenberg, E. Schrödinger, P.A.M. Dirac. Leipzig 1934. Dort S. 1–18.

[2] Siehe z. B. Heisenbergs Bemerkungen in seinem (im Kommentar zu [366] zitierten) Schreiben vom 12. März 1934 an Bohr, in seinem Brief [372] an Pauli und am Schluß seiner Veröffentlichung über die Löchertheorie.

[395] Heisenberg an Pauli[a]

Leipzig, 26. November 1934

Lieber Pauli!

Obwohl ich Deinen letzten Brief noch nicht beantwortet habe, will ich dies noch aufschieben und Dir heute über einige Versuche berichten, die ich in der letzten Zeit unternommen habe[b]. Diese Versuche sind vielleicht völliger Unsinn, aber auf jeden Fall will ich Deine Meinung darüber hören; sie zielen direkt auf die Bestimmung von $e^2/\hbar c$ ab.

In der Löchertheorie nach Dirac sind die Singularitäten der Dichtematrix durch das Feld bestimmt; daher ist es auch umgekehrt leicht möglich, die Potentiale und die Feldstärken aus Grenzprozessen aus der Dichtematrix zu berechnen. Sei $(\mathfrak{r}'k'|R_s|\mathfrak{r}''k'')$ die Dichtematrix, so findet man aus der Diracschen und meiner Arbeit „leicht" folgende Ausdrücke:

$$A^\rho(\mathfrak{r}')=\frac{hc}{e}\frac{3\,\pi^2}{2}\sum_{k'k''}\alpha^\rho_{k'k''}\int d\mathfrak{r}''|\mathfrak{r}'-\mathfrak{r}''|^2(\mathfrak{r}'k'|R_s|\mathfrak{r}''k'')\,\delta(\mathfrak{r}'-\mathfrak{r}''). \tag{1}$$

Die hier eingehende Funktion $\delta(\mathfrak{r}'-\mathfrak{r}'')$ ist gemeint als eine kugelsymmetrische Funktion von $(\mathfrak{r}'-\mathfrak{r}'')$, die schließlich im Grenzwert einer δ-Funktion entspricht. Zu integrieren ist in $\mathfrak{r}''$ über den ganzen Raum. Eigentlich müßte man auf der rechten Seite von (1) also etwa $\lim\limits_{\Delta\to\delta}\int\ldots$ schreiben.

Ebenso für die Feldstärken[c]:

$$F^{\rho\sigma}(\mathfrak{r}')=\frac{\hbar c}{e}\frac{3}{\pi^2}\sum_{k'k''}\sum_{\substack{\nu\neq\rho\\ \nu\neq\sigma}}{}_{k'}(\alpha_\sigma\alpha^\rho\alpha^\nu)_{k''}\int d\mathfrak{r}''(\mathfrak{r}''-\mathfrak{r}')_\nu(\mathfrak{r}'k'|R_s|\mathfrak{r}''k'')\,\delta(\mathfrak{r}'-\mathfrak{r}''). \tag{2}$$

Diese beiden Formeln sind unmittelbare Konsequenzen der Löchertheorie. Nun kann man fragen: Welches sind die Vertauschungs-Relationen von A^ρ und $F^{\rho\sigma}$? *Man erkennt, daß man diese Vertauschungs-Relationen ausrechnen kann aus den Vertauschungs-Relationen der Dichtematrix R_s, daß also die Vertauschungs-Relationen der Feldstärken und Potentiale nicht willkürlich und unabhängig von denen der R_s gewählt werden können.* Das hat man bisher völlig übersehen. Nun zeigt die Rechnung, daß man in der Tat die *richtigen* Vertauschungs-Relationen der Feldstärken und Potentiale bekommt, jedoch nur dann, wenn $e^2/\hbar c$ eine bestimmte Bedingung erfüllt. Der Gang der Rechnung ist etwa der folgende: Man bilde die Vertauschung von $A^\rho(\mathfrak{r})$ mit $\int\limits_V F^{\rho 0}(\mathfrak{r}')d\mathfrak{r}'$, wobei V den Punkt $\mathfrak{r}$ entweder enthält oder nicht enthält. Auf der rechten Seite benütze man die Relationen

$$\begin{aligned}[(\mathfrak{r}'k'|R_s|k''\mathfrak{r}'')(\mathfrak{r}'''k'''|R_s|k''''\mathfrak{r}'''')]_-=&\,\delta_{k'k''''}\delta(\mathfrak{r}'-\mathfrak{r}'''')(\mathfrak{r}'''k'''|R_s|k''\mathfrak{r}'')\\ &-\delta_{k''k'''}\delta(\mathfrak{r}''-\mathfrak{r}''')(\mathfrak{r}'k'|R_s|k''''\mathfrak{r}'''').\end{aligned}$$

Man bekommt dann die richtigen Vertauschungs-Relationen und die Relation

$$\begin{aligned}\frac{e^2}{\hbar c}=3\,\pi\int dV'\int dV''\int dV'''\,&\frac{(\mathfrak{r}-\mathfrak{r}')^2\cdot(\mathfrak{r}''-\mathfrak{r}''',\mathfrak{r}'-\mathfrak{r}'')}{|\mathfrak{r}'-\mathfrak{r}''|^4}\\ &\cdot\delta(\mathfrak{r}-\mathfrak{r}')\,\delta(\mathfrak{r}''-\mathfrak{r}''')\,\delta(\mathfrak{r}-\mathfrak{r}''').\end{aligned} \tag{3}$$

Bis hierher sieht also alles sehr erfreulich aus. Nun aber kommen die Schwierigkeiten: Der Wert der rechten Seite von (3) hängt leider von der Art ab, wie man die δ-Funktion approximiert, der gesuchte Grenzwert läßt sich also nicht etwa so berechnen, daß man z.B. Gaussfunktionen für die δ-Funktionen einsetzt und das Resultat berechnet; für andere als Gaussfunktionen bekommt man etwas anderes. Es fragt sich nun weiter, ob nicht physikalisch ein bestimmter Grenzübergang ausgezeichnet sei. Ich habe da folgendes versucht, bin aber noch nicht damit fertig. Man ersetze die δ-Funktion in (1) und (2) durch den Ausdruck $\psi^*(\mathfrak{r})\psi(\mathfrak{r}')+\psi(\mathfrak{r}')\psi^*(\mathfrak{r})$, benütze also nochmal die Vertauschungs-Relationen der ψ.

Dann erhält man für die A^ρ und entsprechend für die $F^{\rho\sigma}$ Ausdrücke die folgende Form:

$$A^\rho(\mathfrak{r}')=\frac{\hbar c}{e}\,\frac{3\pi^2}{2}\sum_{k'k''k'''}{}_{k'}\alpha^\rho_{k'''}\int dV''|\mathfrak{r}''-\mathfrak{r}'|^2$$

$$\cdot\,[\psi^*(\mathfrak{r}'k')\psi(\mathfrak{r}''k'')\psi^*(\mathfrak{r}''k'')\psi(\mathfrak{r}'k''')$$

$$-\psi(\mathfrak{r}''k'')\psi^*(\mathfrak{r}'k')\psi(\mathfrak{r}'k''')\psi^*(\mathfrak{r}''k'')], \qquad (4)$$

entsprechend für $F^{\rho\sigma}$.

Wenn man dann nur die Vertauschungs-Relationen für Volumintegrale (über beliebige endliche Volumina) über A^ρ *und* $F^{\rho\sigma}$ ausrechnet, so bekommt man einen wohldefinierten Zahlwert; die Integrale, die rechts auftreten, konvergieren dann in jeder Weise anständig. Leider ist die mathematische Berechnung dieses Zahlwerts so kompliziert, daß sie mir bisher nicht entfernt gelungen ist; aber ich werde diese Verhältnisse noch weiter studieren.

Berechnet man die Vertauschungs-Relationen der Feldstärken untereinander aus den Gleichungen (2), so *erhält man auch die richtigen Vertauschungs-Relationen und eine etwas anders aussehende Gleichung für* $e^2/\hbar c$; für bestimmte einfache Grenzübergänge ließ sich auch die Identität der beiden Grenzwerte nachweisen, jedoch nicht allgemein. Ob die nach der Gleichung (4) bestimmten Grenzwerte gleich werden, hab' ich noch nicht festgestellt.

Im Ganzen möchte ich glauben oder für möglich halten, daß die Vertauschungs-Relationen der R_s und die Relationen (4) bzw. (1) und (2) auch in einer endgültigen Theorie vorkommen werden. Daß in dieser Theorie Materie und Lichtfelder nicht mehr prinzipiell getrennt werden können, sieht man ohne weiteres. Die Gleichungen (1) und (2) sind gewissermaßen die einfache Ausführung des Programms, das ich damals – ebenso wie Bloch – für die Quantenelektrodynamik aufgestellt hatte. Auch die de Broglieschen Gedanken kommen zu ihrem Recht, wenn man mit (1) und (2) die Maxwellgleichungen anschreibt.

Doch will ich über diese Einzelheiten zunächst nicht mehr schreiben, solange die Frage nach dem Zahlwert für $e^2/\hbar c$ noch ungeklärt ist. Daß dieser Zahlwert schon in der Quantenelektrodynamik bestimmt wird (daß also z.B. die Formel von Lewis[d] wahrscheinlich falsch ist), halte ich jetzt für absolut sicher.

Was meinst Du zu diesem ganzen Zeug?[e]

Herzliche Grüße! Dein W. Heisenberg

a) Pauli machte am oberen Rande folgende Bemerkung: „1. Gleichung (1) ist eventuell nur Nebenbedingung. 2. In künftiger Theorie keine singuläre Matrix. 3. Selbstenergie". – b) Wegen seiner intensiven Beschäftigung mit seinen neuen Rechnungen und wohl auch aus anderen äußeren Gründen [400] hatte Heisenberg seine Korrespondenz mit Pauli liegengelassen. Die in Paulis letztem Brief [314] vom 7. November aufgeworfenen Fragen werden z.T. in [400] beantwortet. – c) in der folgenden Formel (2) wurde von Pauli der Term $(\mathfrak{r}''-\mathfrak{r}')_\nu$ gestrichen und $\delta(\mathfrak{r}'-\mathfrak{r}'')$ durch $1/2(\partial/\partial\mathfrak{r}'_\nu)(\mathfrak{r}''-\mathfrak{r}')^2\delta(\mathfrak{r}'-\mathfrak{r}'')$ ersetzt. – d) Angeregt durch Eddingtons Zahlenspekulationen [213] versuchten viele Physiker exakte Beziehungen zwischen den Naturkonstanten durch Raten zu entdecken. Insbesondere der amerikanische Physiko-Chemiker Gilbert N. Lewis zeigte großen Einfallsreichtum. Aber auch Heisenberg stand solchen Spekulationen nicht ganz ablehnend gegenüber, wie aus einem Schreiben vom 10. Januar 1935 an Bohr hervorgeht: „In der letzten Zeit habe ich viel über $e^2/\hbar c$ nachgedacht. ... Nur zum Spaß ... will ich Dir die Gleichung $e^2/\hbar c=\pi/2^4\cdot 3^3$ schreiben, die mir bei einigen Spielereien über $e^2/\hbar c$ einfiel; die anderen Versuche darüber sind aber ernsthafter." Siehe hierzu auch [400] und P. Jordans Aufsatz: Die physikalischen Weltkonstanten. Naturwiss. **25**, 513–517 (1937).

[396] Pauli an Heisenberg

[Zürich], 27. November [1934]
[Postkarte]

Lieber Heisenberg!
Aus dem Brief von Weizsäcker an Weisskopf entnahm ich, daß Du jetzt wieder an der Löchertheorie ixt. Es würde mich natürlich sehr interessieren, wenn irgend etwas herauskäme (Vermeidbarkeit der Subtraktionsphysik?). Ich selbst habe allerlei probiert, es ist mir aber nichts gelungen und ich sitze mit meiner Physik ganz auf dem Trockenen.

Zu meinem letzten Brief[a] möchte ich noch nachtragen, daß mich die Frage der magnetischen Kernmomente sehr interessiert. Es scheint mir in der Tat aus Deinem Ansatz keine Additivität des magnetischen Momentes aus dem der Kernbestandteile herauszukommen.[b] Und ich möchte sehr gerne von Dir wissen, ob bei Deinem Ansatz der empirische Wert des magnetischen Deutonmomentes mit einem Wert 0 des magnetischen Neutronmomentes verträglich wäre.

Also laß wieder von Dir hören und sei herzlich gegrüßt von
Deinem alten W. Pauli

a) Brief [394]. – b) Siehe [394], Anm. g.

[397] Pauli an Heisenberg

Zürich, 30. November [1934]

Lieber Heisenberg!
Deinen letzten von $e^2/\hbar c$ handelnden Brief zu beantworten ist nicht ganz leicht. Ich habe diesen erst 24 Stunden bebrütet, ehe ich nun an die Antwort gehe.

Vor allem muß betont werden, daß es sich nicht einfach darum handeln kann, den jetzigen Formalismus bis auf Substitution des Zahlwertes von $e^2/\hbar c$ unverändert zu lassen. Die Selbstenergien der Teilchen müssen ja in einer künftigen Theorie endlich sein. Und es scheint mir nun, daß man auch bei Benützung Deiner Ausdrücke für A^{ρ} und $F^{\rho\sigma}$ es nicht einfach durch Umstellung von Faktoren erreichen kann, daß der Fall *eines* Teilchens (Elektrons oder Lichtquants) einer strengen Lösung der Gleichungen entspricht (wie dies dem früheren Programm von Dir und Bloch entsprechen würde). Denn R_s verschwindet ja nicht im Vakuum und hat überhaupt keine direkte physikalische Bedeutung. – Selbst wenn Du also durch einen komplizierten Limes für $e^2/\hbar c$ irgend einen Zahlwert erhieltest, könnte man wohl *damit allein* nicht zu einem richtigen Formalismus kommen.

Überhaupt glaube ich nicht, daß eine *singuläre* Matrix R_s in einer künftigen Theorie noch explizite vorkommen wird. Kann man nicht versuchen, eine Theorie aufzubauen, bei der neben A^{ρ} und $F^{\rho\sigma}$ nur die physikalische Dichtematrix $r = R_s - S$ als Zustandsgröße verwendet wird?

Man hätte dann vor allem die *Vertauschungs-Relationen der r untereinander und des r mit den Potentialen und Feldstärken zu ermitteln* und dann aus der Hamiltonfunktion die inhomogene Wellengleichung für r aufzustellen. – Da r direkt mit der Ladungsdichte verknüpft ist, müssen diese Vertauschungs-Relationen auf jeden Fall in einer künftigen Theorie vorkommen und ich glaube auch, daß sie nicht zu kompliziert sein dürfen.

Es scheint mir nun ein schwerwiegender Mangel der jetzigen Fassung der Theorie, daß die Vertauschungs-Relationen für r nicht nur nicht explizite angegeben, sondern zunächst auch nicht indirekt berechenbar sind. Dies liegt daran, daß in Deinem Ausdruck für S, auch in dem hier interessierenden Fall $t' = t''$, die *zeitlichen* Ableitungen der Feldstärken, und zwar in der Form $\sum_{\nu=1}^{4} \frac{\partial F_{k\nu}}{\partial x^{\nu}}$ vorkommen. Hierfür müßte man aus den Maxwellschen Gleichungen wieder den Strom S_k, der durch $r = R_s - S$ bestimmt ist, einsetzen und man gelangt auf diese Weise nicht zu einer Bestimmung der Vertauschungs-Relationen der r.

Ob vielleicht etwas vernünftiges herauskommt, wenn man mittels Deiner Gleichungen (1), (2) bzw. (4) zu Vertauschungs-Relationen für r zu kommen versucht? Also ich glaube nicht an R_s, und es scheint mir, daß diese dumme singuläre Matrix unbedingt zu Gunsten von r hinausgeworfen werden sollte.

Noch eine *formale* Bemerkung: Für die Widerspruchsfreiheit der bisherigen Theorie bei einem *beliebigen* Zahlwert von $e^2/\hbar c$ würde es ausreichend sein, wenn Deine Gleichungen (1), (2) nicht als q-Zahlrelationen, sondern nur als Nebenbedingungen gelten würden[a] (analog zu $\operatorname{div} \vec{E} = 4\pi\rho_0$), wenn sie nur mit dem Hamiltonoperator vertauschbar wären. Dann würde Deine Deduktion von $e^2/\hbar c$ natürlich nicht mehr möglich sein. – Aber es ist Dir zuzugeben: man kann jedenfalls versuchen zu *fordern*, daß (1), (2) bzw. (4) auch als q-Zahlrelationen gelten sollen. – Also: gehe doch auf das r los, statt zu versuchen, den Grenzübergang eindeutig zu machen! – Hat man erst Vertauschungs-Relationen für r, so könnte man dann versuchen, durch Umstellung von Faktoren die Selbstenergie wegzubringen (à la Klein-Jordan-Heisenberg). – Wenn mir noch etwas dazu einfällt schreibe ich wieder.

Herzlichst Dein W. Pauli

a) Siehe hierzu Heisenbergs Bemerkungen in seinem Antwortschreiben [400].

[398] Pauli an Heisenberg

Zürich, 3. Dezember 1934

Lieber Heisenberg!
Ich möchte Dir heute nur noch schnell zwei Diskussionsbemerkungen über das Problem Löchertheorie und $e^2/\hbar c$ schreiben.

1. Es scheint mir gar nicht konsequent, die gewöhnlichen Vertauschungs-Relationen für die Feldstärken auch bei großen Feldstärken als in Strenge gültig zu fordern, wenn so ein Phänomen wie die Streuung von Licht an Licht existiert. Denn hat man irgend welche Zusatzterme in der Lagrangefunktion von dem Typus wie Born oder Deine ewigen Doktoranden Euler und Kockel[a], so wäre die elektrische Feldstärke nicht mehr die konjugierte Variable zum Potential. – Und ich glaube dann auch gar nicht, daß man – selbst bei Abwesenheit von Ladung – für Wellenlängen der Ordnung des Elektronenradius noch von Energieeigenwerten $Nh\nu$ des Hohlraums sprechen kann (eben wegen der Streuung von Licht an Licht – Analogie zum Kristall mit *anharmonischen* Oszillatoren).

2. Es wäre sehr wichtig, die Vertauschungs-Relationen für die wirkliche Ladungsdichte $r = R_s - S$ zu kennen (und es scheint mir nach wie vor sehr unschön, daß diese bei Deinem Ansatz für S wegen des Auftretens der zeitlichen Ableitungen der Feldstärken in demselben nicht direkt angebbar sind)[b]. In allen bisherigen Theorien erfüllt die Ladungsdichte $\rho(x)$ die folgenden zwei Bedingungen:

a) Die Ladungsdichten $\rho(x)$ in zwei verschiedenen Raumpunkten beim gleichen Zeitpunkt sind vertauschbar.
b) Die Eigenwerte von $\rho(x)$ sind $\delta(x-x')\cdot(\pm 1 \pm 1)$. (Die 2 Einsen stehen wegen des Spins mit allen Kombinationen.)

Die Bedingung a) drückt die Meßbarkeit einer Ladungsverteilung (Lokalisierbarkeit der Ladung) auch in Gebieten der Ordnung h/mc aus, während b) die richtigen Eigenwerte der in einem endlichen Volumen V enthaltenen Ladung ausdrückt (und an Stelle der Bedingung $r^2 = r$ von Dirac im Falle der c-Zahl ψ tritt).

Eine Verletzung dieser Bedingungen würde jedenfalls eine weitgehende Änderung des physikalischen Inhaltes der Theorie bedeuten.

Sie sind erfüllt in der ursprünglichen Form der Löchertheorie, wo

$$S = S_0 u \left(u = e^{i \int_{P'}^{P''} \phi_\nu dx_\nu} \right) (S_0 \text{ kräftefrei})$$

gesetzt ist und die Polarisierbarkeiten unendlich bleiben. Wie es mit diesen Bedingungen aber bei Deinem Ansatz für S steht, hat wegen Nichtangabe der Vertauschungs-Relationen für die Ladungsdichte bisher noch niemand angeben können. – Also auf zur Berechnung der Vertauschungs-Relationen für die Ladungsdichte!

Sonst weiß ich nichts Neues.
Viele Grüße

Dein W. Pauli

a) Siehe hierzu [393], Anm. d. – b) Siehe hierzu Paulis Argumente im vorhergehenden Brief [397].

[399] Pauli an Heisenberg

[Zürich], 11. Dezember [1934]
[Postkarte]

Lieber Heisenberg!
Ich warte immer noch gespannt auf Nachricht von Dir: a) wie es mit Deinen Versuchen zur Bestimmung von $e^2/\hbar c$ steht und was Du zu meinen letzten Bemerkungen dazu meinst; b) was Du zur Frage der magnetischen Kernmomente, insbesondere der des Neutrons und des Deutons meinst. (Vielleicht hast Du aber inzwischen schon einen Brief an mich abgeschickt, ehe diese Karte bei Dir eintrifft.)

Es scheint mir immer noch, daß die Einführung *singulärer* Dichtematrizen physikalisch nicht der richtige Weg sein kann, während andrerseits bei Deinem letzten Ansatz gerade die *Singularitäten* der Dichtematrizen wesentlich herangezogen werden, um das elektromagnetische Feld aus den ψ zu berechnen.

Ich selbst bin schon sehr in Ferienstimmung und glaube nicht, daß ich vor Weihnachten noch etwas Gescheites zu Stande bringen werde. Um eine frühere Anfrage von Dir zu beantworten: Ab 22. Dezember ist meine Adresse Hotel Arlberghaus, *Zürs* am Arlberg (Österreich). – Wenn Du mich in Zürich treffen wolltest, was mich besonders freuen würde, so käme das *Ende* der Weihnachtsferien hierfür in Betracht, ich komme voraussichtlich etwa 4. bis 6./I. hierher zurück.

Herzlichst

Dein W. Pauli

[400] Heisenberg an Pauli

Leipzig, 12. Dezember 1934

Lieber Pauli!
Leider komme ich erst heute zur Beantwortung Deiner Briefe[a], aus denen ich einiges gelernt habe. Ich hatte nur sehr wenig Zeit, Physik zu treiben.

Zunächst bin ich in einem Punkt ganz mit Dir einig: daß der zukünftige Formalismus ganz anders aussehen wird, als der bisherige und daß er keine komplizierten Limesbildungen etc. enthalten wird. Dagegen bin ich schon nicht mehr einig mit Deiner Meinung, es werde in diesem Formalismus nur die reguläre Matrix r, nicht eine singuläre Matrix R_s eine Rolle spielen. Meine ganze letzte Positronenarbeit war zwar zu Ehren der Matrix r geschrieben. Ich glaube aber jetzt nicht mehr ganz an die Bevorzugung dieser Matrix und zwar aus folgendem Grund: In einer zukünftigen Theorie dürfen Materie- und Lichtfelder nicht mehr als zwei verschiedene Feldsorten, sondern als verschiedene Eigenschaften ein und desselben Feldes erscheinen. Solange man nun die Matrix r einführt, scheint es mir unumgänglich, neben r die Feldgrößen F_{ik}, die ja nicht eindeutig durch die Dichte bestimmt sind, einzuführen. Dichte und Feld sind eben unabhängige Freiheitsgrade. Eine Vereinigung dieser beiden Größen ist nur möglich in einer Matrix, die *mehr* über das Feld enthält, und da bietet sich beinahe von selbst R_s dar. R_s ist nicht nur mathematisch (wegen der Vertauschungs-Relationen) in der bisherigen Theorie eine besonders einfache Größe, sie hängt auch mit den F_{ik} *eindeutig* nach den Gleichungen meines letzten Briefes zusammen. Man könnte nach diesen Gleichungen R_s ebensogut als Matrix des elektromagnetischen Feldes bezeichnen. Mir scheint es sehr natürlich, anzunehmen, daß in der zukünftigen Theorie eine Matrix vorkommen wird, aus der man durch zwei verschiedene mathematische Prozesse sowohl die F_{ik}, wie die Dichten bekommen kann. Dies alles spricht für die Bedeutung von R_s. Deine Forderung, man solle die Vertauschungs-Relationen von r untersuchen, wird zwar richtig sein für eine Analyse der bisherigen Theorie; ich bin aber nicht sicher, ob sie für die zukünftige Theorie viel beitragen wird.

Nun noch speziellere Fragen: Ich habe garnicht verstanden, wie man die Gleichungen (1), (2) bzw. (4) als „Nebenbedingungen" ansehen könnte. Ich kann mich doch begnügen mit den eichinvarianten Gleichungen

$$3\alpha_\sigma \alpha^\rho \int_{\sigma \neq \rho \neq \nu} d\mathfrak{r}''\,\delta(\mathfrak{r}'\mathfrak{r}'')\alpha^\nu x_\nu(\mathfrak{r}'|R_s|\mathfrak{r}'') = \frac{2e}{\pi^2 \hbar c}\cdot F^{\rho\sigma},$$

und aus diesem $\mathfrak{E}$ und $\mathfrak{H}$ berechnen. Für die Vertauschung mit anderen eichinvarianten Größen (nicht nur mit der Hamiltonfunktion) müssen diese Gleichungen als q-Zahlrelationen richtig sein. Also kann man z.B. $[\mathfrak{E}_x, \mathfrak{H}_y]_-$ ausrechnen und kommt auf die besprochene Bedingung für $e^2/\hbar c$. Daß die bisherige Theorie scheinbar für jeden Wert von $e^2/\hbar c$ möglich ist, drückt sich wohl nur darin aus, daß der betrachtete Limesprozeß nicht eindeutig ist und zunächst so eingerichtet werden kann, daß er zu jedem $e^2/\hbar c$ paßt. Ich vermute eben: an die Stelle der unbestimmten Grenzprozesse, die in den Gleichungen (1), (2) und (4) noch stecken (auch Gleichung (4) enthält noch Unbestimmtheiten) wird die zukünftige Theorie eine einfache Relation ohne Grenzprozeß, aber von ähnlichem Aussehen, setzen. Irgendeinen besonders einfachen Grenzprozeß, der gerade den richtigen Wert $e^2/\hbar c$ liefert, habe ich freilich bisher nicht gefunden. (Bei einigen Spielereien damit bin ich auf die verführerische Gleichung $e^2/\hbar c = \pi/2^4 3^3$ gestoßen; aber ich will nicht auf den Fußstapfen Fürths wandeln[b].)

Es ist ganz lehrreich, den ganzen Sachverhalt auch im Impulsraum einmal anzusehen. Es ist das Verhalten der Matrix $(\mathfrak{p}''k''|R_s|k'\mathfrak{p}')$ für große Impulse, das hier wichtig wird.

Aus Gleichung (33) meiner Arbeit folgt

$$\begin{aligned}(\mathfrak{p}''k''|R_s|k'\mathfrak{p}') = &-\frac{1}{2}\frac{\alpha^l \mathfrak{p}_l' + \beta mc}{p_0'}\cdot\delta(\mathfrak{p}'-\mathfrak{p}'') \\ &-\frac{1}{8}\left\{\left(1+\frac{\alpha^l \mathfrak{p}_l''+\beta mc}{p_0''}\right)\frac{\alpha^\rho \frac{e}{c}A^\rho(\mathfrak{p}'-\mathfrak{p}'')}{p_0'+p_0''}\left(1-\frac{\alpha^r \mathfrak{p}_r'+\beta mc}{p_0'}\right)\right. \\ &+\left(1-\frac{\alpha^l \mathfrak{p}_l''+\beta mc}{p_0''}\right)\frac{\alpha^\rho \frac{e}{c}A^\rho(\mathfrak{p}'-\mathfrak{p}'')}{p_0'+p_0''}\left(1+\frac{\alpha^r \mathfrak{p}_r'+\beta mc}{p_0'}\right) \\ &\left.+\text{herm. konj.}\right\} \\ &+\text{höhere Glieder.}\end{aligned} \qquad \text{(I)}$$

Die weggelassenen Glieder nehmen für $\mathfrak{p}'$ oder $\mathfrak{p}'' \to \infty$ schneller ab, als die angeschriebenen. Man kann also aus (I) durch Übergang zu großen $\mathfrak{p}$ wieder die $A^{\rho}(\mathfrak{p}' - \mathfrak{p}'')$ ermitteln.

Führt man z.B. eine Funktion $f(p, \varepsilon)$ ein mit der Eigenschaft, daß $f(p, \varepsilon)$ als Funktion von p für $p \to \infty$ umso langsamer abnimmt, je kleiner ε ist (z.B. $f(p, \varepsilon) = \varepsilon^2 e^{-\varepsilon p}$), derart daß $\int p\,dp\,f(p, \varepsilon) = 1$ ist, so gilt:

$$\frac{e}{c} A_l(\mathfrak{P}) = \lim_{\varepsilon \to 0} \frac{3}{16\pi} \int{}^{k'} \alpha_l^{k''} (\mathfrak{p}'' k'' | R_s | k', \mathfrak{p}'' + \mathfrak{P}) f(p'', \varepsilon) d\mathfrak{p}''$$

$$\frac{e}{c} \mathfrak{E}_l(\mathfrak{P}) = \lim_{\varepsilon \to 0} \frac{3}{8\pi i \hbar} \int{}^{k'} \alpha_l \alpha_{\substack{s \\ l \neq s}}^{k''} \mathfrak{p}_s'' (\mathfrak{p}'' k'' | R_s | k', \mathfrak{p}'' + \mathfrak{P}) f(p'', \varepsilon) d\mathfrak{p}'',$$

außerdem natürlich

$$\mathfrak{H}(\mathfrak{P}) = [\mathfrak{P}, \mathfrak{A}(\mathfrak{P})].$$

Es ergibt sich, wenn man die Vertauschung von $\mathfrak{E}$ und $\mathfrak{H}$ ausrechnet, wieder die Gleichung

$$\frac{e^2}{\hbar c} = \lim_{\varepsilon \to 0} \frac{3\pi}{2} \int_0^{\infty} dp\,p^3 f^2(\varepsilon, p), \tag{II}$$

die zu Gleichung (3) meines letzten Briefes analog ist.

Nun will ich noch auf die Bemerkung Deines Briefs eingehen, nach der die Vertauschungs-Relationen von $\mathfrak{E}$ und $\mathfrak{H}$ eventuell verändert werden müßten +wegen der Zusatzglieder von Euler und Kockel[c]. Ich möchte hierzu feststellen, daß diese Zusatzglieder jedenfalls in der bisherigen Theorie *keine* solche Änderung bedingen. Diese Zusatzglieder lassen sich nämlich stets durch die Vektorpotentiale allein (ohne die $\mathfrak{E}$) ausdrücken; nur für ein bestimmtes physikalisches Problem, z.B. Streuung von Licht an Licht, lassen sich diese Glieder dann ersetzen durch solche vom Typus $\mathfrak{E}^2 - \mathfrak{H}^2$. Das exakte Zusatzglied hat, wenn vier Lichtquanten mit den Impulsen $\mathfrak{p}_1, \mathfrak{p}_2, \mathfrak{p}_3, \mathfrak{p}_4$ eine Rolle spielen, die Form:

$$\int d\mathfrak{p}(\alpha, \mathfrak{A}(\mathfrak{p}_1)) f(\mathfrak{p}_1, \mathfrak{p}_2, \ldots \mathfrak{p}, \alpha \ldots)(\alpha, \mathfrak{A}(\mathfrak{p}_2)) \cdot \mathfrak{p}(\mathfrak{p}_1, \mathfrak{p}_2, \ldots \alpha, \mathfrak{p})(\alpha, \mathfrak{A}(\mathfrak{p}_3)) h(\mathfrak{p}_1 \ldots \mathfrak{p})(\alpha, \mathfrak{U}(\mathfrak{p}_4)).$$

Nach der Entwicklung kommen Ausdrücke der Form $p_1 \mathfrak{A}(\mathfrak{p}_1)$ vor, die man für den betrachteten Spezialfall durch $\mathfrak{E}(\mathfrak{p}_1)$ ersetzen kann. Aber schon Prozesse, wie Entstehung von drei Lichtquanten aus einem, würden durch die Glieder $\mathfrak{E}^2 - \mathfrak{H}^2$ nicht richtig gegeben. (Zum mindesten bekäme man für das Matrixelement das falsche Vorzeichen.) In der bisherigen Theorie ist also kein Anhaltspunkt dafür zu finden, daß die alten Vertauschungs-Relationen für $\mathfrak{E}$ und $\mathfrak{H}$ falsch sind. Anders ist dies natürlich in der Bornschen Theorie; aber wer weiß, ob die richtig ist[d].

Wenn ich mehr weiß, insbesondere über das Verhältnis von r und R_s, schreibe ich Dir wieder.

Einstweilen viele Grüße

Dein W. Heisenberg[e]

a) Die Briefe [396] bis [399]. – b) Siehe Paulis Bemerkungen über die Fürthschen Relationen in [237]. – c) Siehe [398]. – d) Siehe [398], Anm. a, [393], Anm. d und Paulis Bemerkung in dem folgenden Schreiben [401]. – e) Am Schluß des Briefes machte sich Pauli folgende Notizen: „1. Singularität von R_s. 2. Dirac-Gleichung von H.F. nicht ganz konsequent. 3. Daraus ϕ_μ und $F_{\mu\nu}$. – Vertauschungs-Relationen zwischen $F_{\rho\sigma}$ und R. Ist $E=1/2\int(E^2+H^2)dV$ *ohne* ... Energie möglich?"

[401] Pauli an Heisenberg

[Zürich], 16. Dezember [1934]

Lieber Heisenberg!

Vielen Dank für Deinen interessanten Brief vom 12. und Deine Karte vom 13. – Zunächst muß ich Dir in zwei mehr nebensächlichen Punkten durchaus Recht geben.

1. Selbst wenn man Deine Gleichungen für $F^{\rho\sigma}$ nur als Nebenbedingungen auffassen würde, so würde Deine Relation für $e^2/\hbar c$ doch aus ihnen folgen, da bei Vorhandensein mehrerer Nebenbedingungen diese nicht nur mit der Hamiltonfunktion, sondern auch untereinander vertauschbar sein müssen. Die Vereinbarkeit der bisherigen Theorie mit jedem Wert von $e^2/\hbar c$ liegt also in der Tat, wie Du schreibst, ausschließlich in der Unbestimmtheit der Grenzprozesse.

2. Deine Bemerkungen zeigen mir, daß die Existenz der Streuung von Licht an Licht mit der *strengen* Gültigkeit der bisherigen Vertauschungs-Relationen für die Potentiale und Feldstärken vereinbar ist. Es ist also vorläufig kein Grund vorhanden, diese abzuändern. (Auf die Bornsche Theorie pfeife ich sowieso.)

Nun kommt aber der Hauptpunkt, die Beziehung zwischen R_s und r; und da scheinen mir Deine Ausführungen doch ungenügend zu sein. Natürlich bin ich völlig Deiner Meinung, daß Dichte und Feld in einer zukünftigen Theorie nicht als unabhängige Freiheitsgrade fungieren sollen. – Was mir nun eben vorschwebte, als ich meinen letzten Brief an Dich schrieb, war folgende logische Möglichkeit: Die Vertauschungs-Relationen zwischen $(x|r|x')$ und $(x''|r|x''')$ möchten von solcher Art sein, *daß rechts nicht nur r selbst, sondern auch die Potentiale und Feldstärken auftreten – und zwar in solcher Weise, daß bei gegebenen Werten sowohl der r selbst, als auch der Klammerprodukte der r (alles zu einer bestimmten Zeit), die Potentiale und Feldstärken eindeutig berechenbar sein sollen.* – Wäre das so, so ließe sich Deine Forderung einer einheitlichen Feldtheorie erfüllen, auch wenn man R_s ganz hinauswirft.

Bei dem Versuch, dieses Programm innerhalb des Rahmens Deines bisherigen (publizierten) Formalismus durchzuführen, stieß ich dann auf jene zeitlichen Ableitungen der Feldstärken in Deinem Ausdruck für $R_s - r$, welche die Ausrechnung der Klammerprodukte der r zunächst vereiteln. Wobei ich einen leisen Verdacht nicht los werden kann, daß diese Schwierigkeit sehr eng mit der der Unbestimmtheit der Grenzprozesse in Deinem Ausdruck für $e^2/\hbar c$ zusammenhängen könnte.

Man könnte nun versuchen, ein Programm für einen künftigen Formalismus in folgender Weise in Angriff zu nehmen: Man halte sich nicht zu sklavisch an den Formalismus Deiner publizierten Arbeit, sondern versuche auf Grund irgend welcher physikalisch möglichst vernünftigen Postulate *direkt* Vertauschungs-Relationen für die r aufzustellen, welche die elektromagnetischen Feldgrößen in eindeutiger Weise enthalten.

Ich glaube, jetzt bin ich schon zu müde, aber nach den Weihnachtsferien will ich von Neuem darüber nachdenken. Ein solches Programm hätte den Vorzug, daß es von vornherein keine Grenzprozesse enthielte, während Du erst zu zeigen hast, wie Du die Grenzprozesse vermeiden kannst (was Du ja gemäß den ersten Sätzen Deines Briefes willst) und *trotzdem* die (bei Dirac neuerdings so zu Ehren gekommene) Matrix R_s beibehalten kannst.

Schließlich kann da natürlich nur der Erfolg entscheiden!

Was die magnetischen Kernmomente betrifft, so läuft die Frage der Additivität des Momentes des Deutons aus dem des Protons und des Neutrons auf die andere rein quantitative Frage hinaus, ob der Einfluß der Bindungsenergien wirklich so gering ist, wie Du in einem früheren Brief angegeben hast.[a] Das will ich noch mit Weisskopf durchdiskutieren und Dir eventuell nochmals darüber schreiben falls etwas dabei herauskommt. – Mit der Idee von zwei Neutronensorten, von denen die eine nur aus positiven, die andere nur aus negativen Protonen entstehen, bzw. in solche sich verwandeln kann, habe ich mich inzwischen etwas mehr angefreundet.

Bezüglich des Neutrons hatte neulich Wentzel eine gute Idee.[b] Man kann den Prozeß betrachten, daß ein gewöhnliches neutrales H-Atom sich in Neutron + Neutrino verwandelt (Zwischenzustand: Neutron + Positron + Atomelektron + Neutrino). Die Abschätzung seiner Häufigkeit ergibt, daß er gar nicht so schrecklich selten wäre, wäre er überhaupt energetisch möglich. Der Schluß aus der empirischen Stabilität des H-Atoms scheint berechtigt, daß er energetisch unmöglich sein muß, d.h. daß (unter der Voraussetzung verschwindender Ruhemasse des Neutrinos)

$$m_{\text{Neutron}} > m_{\text{Proton}} + m_{\text{Elektron}}. \tag{1}$$

(Aus der Stabilität des freien Protons ergibt sich nur die *schwächere* Ungleichung

$$m_{\text{Neutron}} + m_{\text{Elektron (Positron)}} > m_{\text{Proton}}$$

oder

$$m_{\text{Neutron}} > m_{\text{Proton}} - m_{\text{Elektron}}.)$$

Mit den bisherigen Experimenten – Chadwicks Photodissoziation des Deutons[c] – ist (1) wohl verträglich. Nun ist (1) aber gleichbedeutend damit, daß der spontane radioaktive Zerfall des freien Neutron energetisch möglich ist. – Ich bin beinahe sicher, daß ein solcher auch tatsächlich existiert; würden die Experimentalphysiker systematisch nach ihm suchen, so würden sie ihn wohl auch finden. Die bisher vorliegenden Experimente scheinen nicht ausreichend zu sein, um diese Frage zu entscheiden.

Bitte schreib' mir nach Zürs, ob und wann Du nach den Ferien durch Zürich kommst.[d] Ich möchte Dich *sehr* gerne sehen! Zunächst jedenfalls alles Gute zu Weihnachten und Neujahr und viele Grüße von

Deinem W. Pauli

a) Siehe [393]. – b) Siehe G. Wentzel: Zur Frage der Stabilität des Protons und des Neutrons. Naturwiss. **23**, 35–36 (1935). Signiert Zürich, den 12. Dezember 1934. – c) J. Chadwick und M. Goldhaber: A nuclear photo-effect; disintegration of the diplon by γ-rays. Nature **134**, 237–238 (1934). – d) Siehe auch den Schluß von [399].

VI. Das Jahr 1935

Die zweite Amerikareise

[402]	Heisenberg an Pauli	Leipzig	1. Februar	1935
[403]	Pauli an Heisenberg	Zürich	9. Februar	1935
[404]	Pauli an Sommerfeld	Zürich	12. Februar	1935
[405]	Heisenberg an Pauli	Leipzig	22. März	1935
[406]	Pauli an Kronig	Zürich	5. April	1935
[407]	Heisenberg an Pauli (mit Anlage)	Leipzig	25. April	1935
[408]	Heisenberg an Pauli	Leipzig	29. April	1935
[409]	Heisenberg an Pauli	Leipzig	12. Mai	1935
[410]	Heisenberg an Pauli	Leipzig	30. Mai	1935
[411]	Casimir an Pauli	Leiden	Mitte	1935
[411a]	Pauli an Peierls	Zürich	13. Juni	1935
[412]	Pauli an Heisenberg	Zürich	15. Juni	1935
[413]	Schrödinger an Pauli	Dublin	Anfang Juli	1935
[414]	Heisenberg an Pauli	Leipzig	2. Juli	1935
[415]	Pauli an Schrödinger	Zürich	9. Juli	1935
[416]	Pauli an Klein	Zürich	17. Juli	1935
[417]	Pauli an Klein	Zürich	18. Juli	1935
[418]	Pauli an Klein	Zürich	8. August	1935
[419]	Pauli an Klein	Zürich	20. August	1935
[420]	Pauli an Klein	Zürich	21. August	1935
[421]	Pauli an Klein	Zürich	7. September	1935
[422]	Pauli an Kronig	Princeton	20. November	1935
[423]	Heisenberg an Pauli	Leipzig	20. November	1935
[423a]	Pauli an Franck (PK)	New York	25. November	1935
[424]	Bethe an Pauli	Ithaca	7. Dezember	1935
[425]	Bethe an Pauli	Ithaca	13. Dezember	1935

Auch in diesem Jahre ist ein großer Teil der Korrespondenz zwischen Pauli und Heisenberg dem weiteren Ausbau der Löchertheorie gewidmet. Eine allgemeine Theorie zur Beschreibung wechselwirkender Elektronen, Positronen und Photonen war bisher noch nicht in Aussicht.[1]

Sobald man nämlich in der Wechselwirkung Glieder höherer Ordnung in $e^2/\hbar c$ berücksichtigte, traten in den Maxwellgleichungen die nichtlinearen Zusatzterme (in den Feldstärken und ihren Ableitungen) auf, welche gegen das Superpositionsprinzip der elektromagnetischen Felder verstießen. Die Streuung von Licht an Licht, eine ihrer typischen Konsequenzen, war unabhängig von Otto Halpern[2] und Max Delbrück[3] für die Streuung an einem elektrostatischen Feld vorhergesagt worden. Die Berechnung der entsprechenden Wirkungsquerschnitte (ohne Feynman-Graphen!) war äußerst mühsam. Die Untersuchung von Euler und Kockel[4] zeigte jedoch, daß die gleichen Ergebnisse ebenso mit Hilfe einer Lagrangefunktion erzielt werden konnten, in der man zusätzlich Terme 4. Ordnung in den Feldstärken einführte. Weiterführende Untersuchungen von Heisenberg und Euler[5] sowie von Weisskopf[6] führten schließlich auf einen geschlossenen Ausdruck für die Lagrangefunktion, der allerdings nur für große Wellenlängen ($\lambda \gg \hbar/mc$) gültig war. Zunächst versuchte Heisenberg, die von ihm schon im letzten Winter aufgenommenen Versuche [395] zur Bestimmung der Sommerfeldschen Feinstrukturkonstanten $e^2/\hbar c$ weiterzuführen [402]. Später glaubte er sogar, auf diesem Wege zu einer einheitlichen Theorie der Elementarteilchen zu gelangen, in der nur eine Sorte von Feldern vorkommt [405].

Pauli schien dieses „Programm" „sehr künstlich zu sein" [403]. Heisenbergs Vorschlag – durch Einführung einer Δ-Funktion (siehe Anlage zu [407]), welche den Meßapparat charakterisiert – die Subtraktionsphysik zu sanieren [408], fand er desto unbefriedigender, je länger er darüber nachdachte [412].

Die wissenschaftsfeindlichen Maßnahmen des nationalsozialistischen Staates übten weiterhin großen Druck besonders auf die theoretische Physik in Deutschland aus. „Die ‚Nature' [ist] seit einigen Monaten in Deutschland nicht zu haben. Wir wissen noch nicht, ob es sich dabei um Devisenschwierigkeiten oder um Schwierigkeiten anderer Art handelt", berichtete Heisenberg am 18. März 1935 an Born.

Eine weitere Zuspitzung der politischen Lage ergab sich bei den Verhandlungen um die Nachfolge von Sommerfeld, dessen Emeritierung im März 1935 bevorstand.[7] Diesbezügliche Äußerungen finden wir nur andeutungsweise in den Briefen, weil wegen einer möglichen Überwachung der Post Vorsicht geboten war und weil Pauli selbst kompromittierende Briefe im Kriege vor seiner Abreise nach Amerika vernichtet hat.[8]

[1] Siehe hierzu den Übersichtsartikel von G. Wentzel: Quantum Theory of Fields (until 1947). In: Theoretical Physics in the Twentieth Century. A Memorial Volume to Wolfgang Pauli. Edited bei M. Fierz und V.F. Weisskopf. New York 1960. Dort S. 48–77.

[2] O. Halpern: Scattering Processes Produced by Electrons in negative Energy States. Phys. Rev. **44**, 855–856 (1933). Signiert 29. Oktober 1933.

[3] M. Delbrück: Zusatz bei der Korrektur zu der Arbeit von L. Meitner und H. Kösters. Z. Phys. **84**, 144 (1933).

[4] H. Euler und B. Kockel: Über die Streuung von Licht an Licht nach der Diracschen Theorie. Naturwiss. **23**, 246–247 (1935). Signiert Leipzig, 11. Februar 1935.

[5] W. Heisenberg und H. Euler: Folgerungen aus der Diracschen Theorie des Positrons. Z. Phys. **98**, 714–732 (1936). Eingegangen am 22. Dezember 1935.

[6] V. Weisskopf: Über die Elektrodynamik des Vakuums aufgrund der Quantentheorie des Elektrons. Det Kgl. Danske Videnskabernes Selskab. Math.-fys. Meddelelser XIV, Nr. 6 (1936).

[7] Siehe hierzu den Kommentar zu [409].

[8] Nach einer Auskunft von Franca Pauli.

[402] Heisenberg an Pauli

Leipzig, 1. Februar 1935

Lieber Pauli!

In den letzten Wochen habe ich viel über $e^2/\hbar c$ nachgedacht und bin, glaube ich, in der Analyse des mathematischen Sachverhalts etwas weitergekommen; darüber möchte ich Dir heut' schreiben.

Ich gehe wieder aus von den Größen[a]

$$A_l(\mathfrak{P}, \varepsilon) = \frac{3c}{4e} \int d\mathfrak{p}(\mathfrak{p}, k''|R|k', \mathfrak{p}+\mathfrak{P})^{k'} \alpha_l^{k''} \cdot f(\mathfrak{p}, \varepsilon)$$
$$\mathfrak{E}_l(\mathfrak{P}, \varepsilon) = \frac{3c}{2ei\hbar} \int d\mathfrak{p}(\mathfrak{p} k''|R|k', \mathfrak{p}+\mathfrak{P})^{k'} (\alpha_l \alpha_s)^{k''} f(\mathfrak{p}, \varepsilon), \tag{1}$$

die im Limes $\varepsilon \to 0$ in Potentiale und Feldstärken übergehen müssen. (Es soll

$$\int p\, dp\, f(\varepsilon, \mathfrak{p}) = 1 \tag{2}$$

gelten.)

Ich denke mir nun in der bisherigen Löchertheorie die Schrödingergleichung durch Entwicklung nach Potenzen von $e^2/\hbar c$ gelöst. Für den Zustand z.B., wo nur ein Lichtquant vorhanden ist, bekommt man als Schrödingerfunktional in 0. Näherung:

$$\varphi(\underset{\substack{\text{Elektron}\\ \text{positiver}\\ \text{Energie}}}{0\ 0\ 0};\ \underset{\substack{\text{Elektron}\\ \text{negativer}\\ \text{Energie}}}{1\ 1\ 1};\ \underset{\substack{\text{Licht-}\\ \text{quanten}}}{1\ 0\ 0\ 0}) = 1, \qquad \text{alle anderen } \varphi = 0;$$

In *erster* Näherung treten auch φ vom Typus $\varphi(00\underline{1}0;\ 11\underline{0}1;\ 100\underline{1}00)$ auf. Rechnet man nun in dieser ersten Näherung das Matrixelement der Größen (1) aus, das z.B. zum Übergang vom Zustand Vakuum zum Zustand, wo ein Lichtquant vorhanden ist, gehört, so findet man, daß im limes $\varepsilon \to 0$ gerade das betreffende Matrixelement von Potential und Feldstärke herauskommt, wie es sein soll. Und zwar gilt dies für *jede* beliebige Funktion $f(p, \varepsilon)$, die der Bedingung (2) genügt. Dieses Resultat sieht nun in Hinblick auf die Vertauschungs-Relationen der Größen (1) sehr merkwürdig aus.

Ich bilde nun etwa das Diagonalelement der Matrix $\mathfrak{E}_l(\mathfrak{P})\mathfrak{U}_l(\mathfrak{P})$, das zum Zustand „Vakuum" gehört. Dieses Diagonalelement kann man so schreiben:

$$\begin{aligned}(r|\mathfrak{E}_l(\mathfrak{P})\mathfrak{U}_l(\mathfrak{P})|r) &= \sum_s (r|\mathfrak{E}_l(\mathfrak{P}, \varepsilon)|s)(s|\mathfrak{U}_l(\mathfrak{P}, \varepsilon)|r)\\ &= \sum_s (E_s - E_r)(r|\mathfrak{U}_l|s)(s|\mathfrak{U}_l|r)\\ &= \sum_s (E_s - E_r)|(r|\mathfrak{U}_l|s)|^2.\end{aligned} \tag{3}$$

(E_s, E_r Energien der stationären Zustände.)

Wenn r den Zustand „Vakuum" bedeutet, so kann s *erstens* ein Zustand mit einem Lichtquant vom Impuls $\mathfrak{P}$ sein, *zweitens* ein Zustand, bei dem ein Elektron und ein Positron vorhanden ist. (Die Übergänge zu diesen zweiten Zuständen verschwinden mit $\varepsilon \to 0$.)

Dementsprechend kann man einteilen:

$$\begin{aligned}(r|\mathfrak{E}_l(\mathfrak{P}, \varepsilon)\mathfrak{U}_l(\mathfrak{P}, \varepsilon)|r) &= (E_{s_1} - E_r)|(r|\mathfrak{U}_l(\mathfrak{P}, \varepsilon)|s_1)|^2\\ &\quad + \sum_{s_2} (E_{s_2} - E_r)|(r|\mathfrak{U}_l(\mathfrak{P}, \varepsilon)|s_2)|^2.\end{aligned} \tag{4}$$

Die ganze Summe (4) muß nach den Vertauschungs-Relationen für die Dichtematrix, die ja in der Löchertheorie vorausgesetzt sind, herauskommen zu

$$\frac{hc}{V}\cdot\frac{\hbar c}{e^2}\cdot\frac{3\pi}{2}\int dp p^3 f^2(\mathfrak{p},\varepsilon), \tag{5}$$

wenn das Volumen V für die Hohlraumquantelung verwendet wird (sonst steht da $\delta(\mathfrak{P},\mathfrak{P}'))$.

Man erhält also für endliche ε:

$$(E_{s_1}-E_r)|(r|\mathfrak{U}_l(\mathfrak{P},\varepsilon)|s_1)|^2+\sum_{s_2}(E_{s_2}-E_r)|(r|\mathfrak{U}_l(\mathfrak{P},\varepsilon)|s_2)|^2 = \frac{hc}{V}\frac{\hbar c}{e^2}\frac{3\pi}{2}\int dp p^3 f^2(\mathfrak{p},\varepsilon). \tag{6}$$

Nun geht aber das erste Glied der linken Seite für $\varepsilon\to 0$ über in das entsprechende Glied für $\mathfrak{U}_l(\mathfrak{P})$, dieses Glied wird also hc/V, und zwar für jede beliebige Funktion $f(p,\varepsilon)$, die der Gleichung (2) genügt.

Es folgt also für kleine ε:

$$\frac{hc}{V}+\sum_{s_2}(E_{s_2}-E_r)|(r|\mathfrak{U}_l(\mathfrak{P},\varepsilon)|s_2)|^2=\frac{hc}{V}\frac{\hbar c}{e^2}\frac{3\pi}{2}\int dp p^3 f^2(\mathfrak{p},\varepsilon). \tag{7}$$

Dies gilt für beliebige Funktionen $f(p,\varepsilon)$. Daraus folgt: Obwohl von der Summe über s_2 jedes einzelne Glied mit $\varepsilon\to 0$ gegen Null geht, *so enthält die ganze Summe doch einen Teil, der von ε unabhängig ist und der für die Differenz der übrigen Glieder von* (7) *verantwortlich ist.* Daß dies in der bisherigen Löchertheorie so ist, kann man leicht einsehen. Auch wenn man die linke Seite von (6) und (7) mit den Eigenfunktionen 0. Näherung ausrechnet, kommt schon der Ausdruck $\frac{hc}{V}\frac{\hbar c}{e^2}\frac{3\pi}{2}\int\ldots$ heraus, obwohl dann das erste Glied von (7) hc/V ganz verschwindet. Führt man für die Zustände, bei denen ein Elektron und ein Positron vorhanden ist, die Störungstheorie bis zur 2. Näherung durch, so ergibt sich also offenbar die Gleichung

$$\sum_{s_2}(E_{s_2}-E_r)|(r|\mathfrak{U}_l(\mathfrak{P},\varepsilon)|s_2|^2=\underset{\text{(0. Näherung)}}{\frac{hc}{V}\frac{\hbar c}{e^2}\frac{3\pi}{2}\int dp p^3 f^2(\mathfrak{p},\varepsilon)}-\underset{\text{(2. Näherung)}}{\frac{hc}{V}}. \tag{8}$$

Dieses letzte Resultat hab' ich nicht explizite durchgerechnet; ich bin aber überzeugt, daß die bisherige Löchertheorie das gibt, sofern nicht die Konvergenzschwierigkeiten der 2. Näherung wesentlich werden.

Obwohl nun (8) scheinbar für jede *beliebige* Funktion $f(p,\varepsilon)$ abgeleitet ist, so kann es doch nicht so allgemein gelten: Es muß nämlich vorausgesetzt werden, daß das zweite Glied der rechten Seite von (8) klein ist gegen das erste, d.h. $\frac{\hbar c}{e^2}\frac{3\pi}{2}\int\ldots\gg 1$. Setzt man das nicht voraus, so könnte es passieren, daß die rechte Seite von (8) negativ wird, während die linke immer positiv bleibt.

In der bisherigen Löchertheorie kann man die Situation also folgendermaßen beschreiben: Es gilt in ihr stets

$$\mathfrak{U}_l(\mathfrak{P}) = \lim_{\varepsilon \to 0} \mathfrak{U}_l(\mathfrak{P}, \varepsilon)$$

für *jede beliebige* Funktion $f(p, \varepsilon)$. Daraus folgt aber noch *nicht*, daß

$$\frac{e^2}{\hbar c} = \frac{3\pi}{2} \int dp\, p^3 f^2(p, \varepsilon).$$

Vielmehr kommen die Vertauschungs-Relationen der Potentiale und Feldstärken in der bisherigen Theorie von selbst in Ordnung (nach Gleichung 7 und 8), sofern nur $\frac{\hbar c}{e^2} \frac{3\pi}{2} \int dp\, p^3 f^2(p, \varepsilon) \gg 1$. Für andere Funktionen $f(p, \varepsilon)$ konvergiert das Verfahren nicht ohne weiteres.

Man kann aber nun eine bestimmte Funktion $f(p, \varepsilon)$ dadurch auszeichnen, daß für sie die Summe (8) verschwinden soll. Nach der bisherigen Löchertheorie sieht es so aus, als ob es eine solche Funktion geben müsse. Für diese bestimmte Funktion - die gleichzeitig wahrscheinlich die Konvergenzgrenze für die rechte Seite von (8) bedeutet - muß $\frac{e^2}{\hbar c} = \frac{3\pi}{2} \int dp\, p^3 f^2(p, \varepsilon)$ sein.

Ich stelle mir also den weiteren Gang der Untersuchung so vor: Wir müssen versuchen, diese ausgezeichnete Funktion $f(p, \varepsilon)$ in der bisherigen Löchertheorie zu bestimmen; diese Funktion hängt in der bisherigen Theorie wahrscheinlich noch vom Wert von $e^2/\hbar c$ ab; man kann aber hoffen, daß für den „richtigen Wert" die charakteristische Funktion $f(p, \varepsilon)$ besondere, einfache Eigenschaften hat oder daß im Lauf der Untersuchung bestimmte mathematische Forderungen an die Funktion $f(p, \varepsilon)$ notwendig werden, die das Problem bestimmt machen. Dabei ist offenbar die Funktion $f(p, \varepsilon)$ keine nur abstrakte mathematische Größe, sondern sie hängt eng mit der physikalischen Frage nach dem mittleren Schwankungsquadrat der Feldstärke im Vakuum (auf Grund der Paarerzeugung), überhaupt mit der Frage der Paarerzeugung zusammen.

Wie ist Eure Diskussion mit Jordan weitergegangen? Was Du neulich über Jordans Arbeit schriebst, lautete sehr plausibel[b].

Viele Grüße an alle

Dein W. Heisenberg

P.S. In einer Arbeit von Oppenheimer im Physical Review[c] steht manches von dem, was auch Weisskopf als Einwand gegen die bisherige Strahlungstheorie festgestellt hat. Was meint Weisskopf zur Arbeit von Oppenheimer[d]?

a) Vgl. die in [400] angegebenen Ausdrücke, die bis auf einen gemeinsamen Faktor mit diesen übereinstimmen. – b) Gemeint ist wahrscheinlich eine im Dezember 1934 von P. Jordan eingereichte Untersuchung „Zur Neutrinotheorie des Lichtes", Z. Phys. **93**, 464–472 (1935). Diese Arbeit beruhte z.T. auf Paulis Anregungen, wie einer Fußnote dort auf S. 465 zu entnehmen ist. Auf einen intensiven Briefwechsel zwischen Jordan und Pauli weisen verschiedene Andeutungen in anderen Briefen (wie z.B. in einem Schreiben von Franck an Born vom 18. April 1934). – c) J.R. Oppenheimer: Are the Formulae for the Absorption of High-Energy Radiation Valid? Phys. Rev. **47**, 44–52 (1935). Eingegangen am 12. November 1935. – d) Weisskopf schrieb daraufhin am 9. Februar 1935 einen längeren Brief an Oppenheimer, in dem er ihn auf die Unzulässigkeit seiner Annahmen über das Versagen des Superpositionsprinzips bei hohen Frequenzen des Strahlungsfeldes hinwies. (Vgl. Paulis Bemerkung in [403].)

[403] Pauli an Heisenberg

Zürich, 9. Februar 1935

Lieber Heisenberg!
Vielen Dank noch für Deinen letzten Brief (vom 1.II.). – Ich bewundere sehr die Geschicklichkeit, mit der Du gezeigt hast, daß in der bisherigen Löchertheorie doch *nicht* die Gleichung

$$\frac{e^2}{\hbar c}=\frac{3\pi}{2}\int dp\, p^3 f^2(p,\varepsilon)$$

folgt, daß vielmehr die Vertauschungs-Relationen der Feldstärken von selbst in Ordnung sind, sofern nur

$$\frac{e^2}{\hbar c}\ll\frac{3\pi}{2}\int dp\, p^3 f^2(p,\varepsilon).$$

(Im gegenteiligen Fall darf man die Störungstheorie nicht anwenden.)

Nun habe ich aber den starken Verdacht, daß mit dieser Feststellung der ganze Fall restlos erledigt ist und daß man eben durch Untersuchung der Vertauschungs-Relationen der Feldstärken innerhalb der bisherigen Löchertheorie $e^2/\hbar c$ gar nicht bestimmen kann. – Denn Dein weiteres Programm zur Bestimmung einer speziellen Funktion $f(p,\varepsilon)$ und aus dieser weiter zur Bestimmung von $e^2/\hbar c$ sche[int] mir – abweichend von Deiner ursprünglichen Idee – nun doch sehr künstlich zu sein.

Anbei die Abschrift eines Briefes von Weisskopf an Oppenheimer.[a] Sonst nichts Neues.

Viele Grüße Dein W. Pauli

a) In dem (in [402], Anm. d) erwähnten Schreiben vom 9. Februar kritisierte Weisskopf auch Oppenheimers „Note on the production of Pairs by charged particles“, Phys. Rev. **47**, 146–147 (1935), durch „internal conversion“: „Nach Ihrer Meinung sollte also eine Kugelwelle ohne Mitwirkung eines impulsaufnehmenden Feldes (Coulombfeld) ein Paar erzeugen können. Nun, dann wäre doch der umgekehrte Prozeß: Annihilation unter Emission *eines* Quants auch möglich! Zweitens ist der Impulssatz nicht erfüllt! Wohl sind die Erwartungswerte des Impulses im Anfangs- und Endzustand Null, aber z.B. die Wahrscheinlichkeit, den Totalimpuls $h\nu/c$ in einer Richtung zu finden, ist bei der Kugelwelle von Null verschieden, bei den Paaren aber Null! Dort könnte man höchstens kleinere Impulse finden. Der Erhaltungssatz gilt aber für die Operatoren und nicht nur für deren Erwartungswerte.“

[404] Pauli an Sommerfeld

Zürich, 12. Februar 1935

Lieber Herr Sommerfeld!
Dank für Ihren Brief. – Leider habe ich nichts Gedrucktes über das Neutrino. – Die Wellengleichung für ein neutrales Teilchen mit Spin und magnetischem Moment, über die ich in Ann Arbor referierte,[a] ist inzwischen wiedergefunden

und publiziert worden von W. *Elsasser,* Comptes rendues, Band **198**, S. 441, 1934.[b]

Es ist mir aber sehr fraglich, ob eine solche Wellengleichung das Verhalten des Neutrinos in einem äußeren elektromagnetischen Feld richtig wiedergibt, ja ob das Neutrino überhaupt ein magnetisches Moment besitzt. (*Elsasser* wollte die Wellengleichung eigentlich auf das *schwere* Neutron anwenden.)

Die einzige sachgemäße Anwendung des Neutrino scheint bisher die Fermische Theorie des β-Zerfalls zu sein und es ist wohl das einfachste anzunehmen, daß es die Ruhmasse 0 habe.[c] Daraufhin erscheint de Broglies Idee, daß das Lichtquant aus zwei Neutrinos zusammengesetzt sei, auf den ersten Blick sehr verlockend[d]. De Broglie hat seine diesbezüglichen Rechnungen und Überlegungen in der Broschüre „Une nouvelle conception de la lumière“ (Hermann und Cie, Paris 1934) zusammengefaßt. Ich habe diese sehr genau studiert, fand aber die Durchführung der Idee sehr viel weniger befriedigend als diese selbst.[e]

In letzter Zeit habe ich eine kleine mathematische Abhandlung über Dirac-Matrizen etc. an die Festschrift für Zeeman abgeschickt.[f] Sonst nichts Neues.

Viele Grüße Ihres getreuen W. Pauli

a) Offenbar hatte Sommerfeld während seines Amerikaaufenthaltes Paulis Vorträge im Sommer 1931 in Ann Arbor besucht und dort seine ersten öffentlichen Äußerungen über das Neutrino gehört. (Vgl. hierzu den Kommentar zu [279]). – b) W. Elsasser: Equations du mouvement d'un neutron. Comptes Rendus Acad. Sci. (Paris) **198**, 441–443 (1934). Vorgelegt auf der Sitzung vom 29. Januar 1934. – c) Siehe hierzu die im Kommentar zu [338] zitierten Untersuchungen Fermis. – d) Siehe die im Kommentar zu [342] genannten Abhandlungen de Broglies. – e) Siehe Paulis Bemerkungen in [352]. – f) Pauli (1935a).

Niels Bohr hatte eine Einladung Heisenbergs zu einer Skitour angenommen und reiste Ende Februar mit seinem Sohn Hans nach München. Dort erwartete ihn Hans Euler, um ihn am nächsten Tag (26. Februar) nach Bayrischzell zu begleiten. Heisenberg und von Weizsäcker holten sie dort vom Bahnhof ab, um gemeinsam zur Skihütte aufzusteigen.[1] Kurz zuvor (vom 15. bis 17. Februar) hatte Heisenberg noch an einem politischen Schulungskurs teilnehmen müssen.[2]

„In Deutschland ist alles so ruhig, daß Sie sich nicht die geringste Sorge machen brauchen“, konnte er dennoch beruhigend Frau Bohr mitteilen.[2] Auf der Skihütte war genügend Muße vorhanden, um über Fachliches und Persönliches zu sprechen. Die neuesten Ergebnisse der Löchertheorie nahmen bei diesen „Almbesprechungen“ weiterhin einen wichtigen Platz ein. In dem folgenden Schreiben [405] schilderte Heisenberg Pauli das Ergebnis dieser Gespräche und seine Hoffnung auf eine „einheitliche Theorie, in der nicht zwei verschiedene Sorten Felder vorkommen.“

[1] Vgl. Heisenbergs Brief vom 9. Februar 1935 an Bohr.
[2] Siehe Heisenbergs Schreiben vom 31. Januar 1935 an Frau Bohr.

[405] Heisenberg an Pauli

Leipzig, 22. März 1935

Lieber Pauli!

Um die eingeschlafene Korrespondenz wieder zu beleben und um meiner alten

Gewohnheit treu zu bleiben, unklare Gedanken durch Briefe an Dich zu verbessern, will ich Dir ausführlicher schreiben.

In den Ferien war ich acht Tage mit Bohr zusammen und sprach mit ihm ausführlich über die Löchertheorie und die Resultate von Euler und Kockel[a]. Das Ergebnis war etwa folgendes: In der bisherigen Theorie war es nie zu verstehen, warum in der Natur nicht ein beliebig kleiner Wert von $e^2/\hbar c$ realisiert ist; denn alle bisherigen Rechnungen funktionierten umso besser, je kleiner $e^2/\hbar c$ ist. Dies ist nach Euler-Kockel in der Löchertheorie etwas anders; denn es gibt jetzt zwei Abweichungen von der Maxwellschen Theorie, die verglichen werden können: erstens die durch die Paarerzeugung bedingte (Euler-Kockel), zweitens die mit der endlichen Selbstenergie verknüpfte Abweichung von der Linearität (qualitativ: Born-Infeld). Wäre $e^2/\hbar c$ beliebig klein, so wäre die erstere Abänderung der Maxwellschen Theorie beliebig *groß* gegen die zweite. Es scheint vernüftig, die beiden Abänderungen als prinzipiell identisch anzusehen, woraus die tatsächliche Größenordnung von $e^2/\hbar c$ verständlich wird. Verfolgt man diesen Gedanken weiter, so sieht es sehr so aus, als habe $e^2/\hbar c$ viel mit dem Problem der Selbstenergie zu tun; das würde wohl heißen, daß die Existenz *eines* Elektrons nicht, wie ich bisher glaubte, die *triviale* Lösung der künftigen Theorie sein wird.

Dazu hab' ich mir noch einiges andere überlegt: Man kann die bisherige Löchertheorie in einer eigenartigen Weise umformen, wenn man die mehrfach besprochene Gleichung[b]

$$\mathfrak{U}_l(\mathfrak{P}) = \lim_{\varepsilon \to 0} \frac{3c}{16\pi e} \int {}^{k'}\alpha_l^{k''}(\mathfrak{p}+\mathfrak{P}, k''|R|\mathfrak{p}', k') f(p'\varepsilon) d\mathfrak{p}' \qquad (1)$$

(und die entsprechende für die Feldstärken) benützt. Man kann nämlich in der Hamiltonfunktion die Potentiale und Feldstärken durch ihre Ausdrücke (1) ersetzen und hat dann eine Schrödingergleichung zu lösen, die nur die Elektronenanzahlen als Variabeln enthält, aber nicht mehr die Lichtquanten. - Ich habe mich davon überzeugt, daß, wenn man in der bisherigen Löchertheorie die Schrödingergleichung bis zur 1. Näherung in e (inkl.) durch Störungstheorie löst, die Anwendung der linken und rechten Seite von (1) als Operatoren auf die Schrödingerfunktion dasselbe ergeben. - Die Lösung dieser neuen Hamiltongleichung, die nur Elektronenvariable enthält, ergibt sich also einfach aus der früheren Schrödingerfunktion, indem man die zu einer bestimmten Lichtquantenanzahl ($M_{k\lambda}$ in der bisherigen Theorie; z.B. Anzahl Null) gehörigen Teile dieser Funktion herausgreift. Man kann also von der neuen gesuchten Schrödingerfunktion fordern, daß sie nicht nur die Schrödingergleichung befriedigt, sondern daß auch der Operator $\int(\mathfrak{E}^2+\mathfrak{H}^2)dV$ auf sie angewandt eine Konstante (z.B. die Nullpunktsenergie der Strahlung) ergibt. Kennt man die Schrödingerfunktion so für die Lichtquantenzahl 0 ($M_{k\lambda}=0$), so kann man sie vermittelst der Gleichung (1) sofort für alle anderen Werte der $M_{k\lambda}$ ausrechnen. Eine Lösung des neuen Problems läßt sich also stets zu einer Lösung des alten erweitern und umgekehrt. Interessant ist nun, wie sich in dieser neuen Sprache der Zustand ausdrückt, der der Existenz eines einzigen Lichtquants vom Impuls $\mathfrak{P}$ im sonst leeren Raum entspricht. Die Lösung der Schrödingergleichung lautet in erster Näherung so: Das Schrödingerfunktional verschwindet überall, außer an den Stellen, wo ein Paar der Impulssumme $\mathfrak{P}$ vorhanden ist. Und zwar ist (bis auf einen Faktor, der noch von den Polarisationen abhängt und zu dessen Ausrechnung ich jetzt zu faul bin) etwa

$$\phi(\underset{\mathfrak{p}}{\overset{\text{Elektronen}}{00\ldots10}};\ \underset{-\mathfrak{p}+\mathfrak{P}}{\overset{\text{Positronen}}{01\ldots0}}) \approx \frac{\text{const.}}{\sqrt{P}\,(p_0+|(\mathfrak{P}-\mathfrak{p})|_0+P)}.$$

Man kann sich leicht davon überzeugen, daß ein solcher Ausdruck die Schrödingergleichung befriedigt und zur Energie P_G und zum Impuls $\mathfrak{P}$ führt. Die so umgeschriebene Löchertheorie ist also sehr genau die Durchführung des de Broglie-Jordanschen Programms[c], nur mit dem Unterschied, daß man die Teilchen nicht Neutrinos sondern eher Elektronen nennen wird.

Diese Theorie ist insofern abscheulich, als die Hamiltonfunktion noch eine schrecklich komplizierte, indiskutable Form hat. Wenn man davon absieht, so öffnen sich doch auch einige erfreuliche Aussichten: Erstens sieht man die Möglichkeit einer prinzipiell einheitlichen Theorie, in der nicht zwei verschiedene Sorten Felder vorkommen. Man erkennt, daß eine Hamiltonfunktion, die nur *ein* Feld enthält, aber in dessen Dichtematrix quadratisch ist, prinzipiell *zwei* verschiedenartige Lösungstypen besitzt, die man als Elektron und Lichtquant interpretieren kann. Hier scheint mir auch die mögliche Begründung dafür, daß das einzelne Teilchen (Elektron oder Lichtquant) nicht eine triviale Lösung sein kann: Es müssen aus der Theorie ja *zwei* Teilchensorten (Elektron, Lichtquant) herauskommen; die können nicht *beide* triviale Lösungen sein; dann ist es wohl besser, daß keines eine triviale Lösung ist.

Eine Störungstheorie mit dieser Neuformulierung der Löchertheorie ist nicht genau der bisherigen Störungstheorie äquivalent. Denn da man beim Umschreiben der Hamiltonfunktion *exakte* Relationen (die Gleichung (1)) verwendet hat, werden die Näherungen anders aussehen als bisher. Dem entspricht auch, daß eine Entwicklung nach e in dieser Umformung kaum sinnvoll ist. e kommt nämlich in der Hamiltonfunktion garnicht mehr explizite vor. Ich will einmal untersuchen, wie die Frage nach der Selbstenergie des Elektrons in dieser Theorie aussieht.

Diese ganze Rechnerei hat mich doch wieder in dem Glauben bestärkt, es müsse eine einheitliche Feldtheorie geben, charakterisiert durch eine Hamiltonfunktion, die von einer Dichtematrix quadratisch abhängt; und in dieser Theorie müßten Elektron und Lichtquant verschiedenartige nichttriviale Lösungen der Gleichungen sein.

Hat eigentlich Weisskopf etwas Neues herausgebracht über den Skandal der relativistisch falschen Selbstenergie? Ich finde, man muß unbedingt untersuchen, warum die bisherige Theorie scheinbar eine relativistisch falsche Selbstenergie liefert[d].

Sonst weiß ich nichts Neues. Bei Oppenheimer soll eine erste Näherung zum Delbrückeffekt gerechnet worden sein. – Dann wird man ihn doch nochmal rechnen müssen[e].

Viele Grüße, auch an Deine Frau, und schreib' man wieder!

Dein W. Heisenberg

a) Siehe [393], Anm. b. – b) Vgl. [400] und [402]. – c) De Broglies Ideen zu einer Neutrinotheorie des Lichtes [342] wurden insbesondere von P. Jordan und R. de L. Kronig weiter ausgebaut. Vgl. die in [402], Anm. b gemachten Angaben. – d) Vgl. hierzu V. Weisskopf. Über die Elektrodynamik des Vakuums auf Grund der Quantentheorie des Elektrons. Kgl. Danske Vid. Selskab, Math.-fys. Meddelelser XIV, Nr. 6, (1936). – e) Siehe [412]. Eine gründliche Untersuchung des sog. Delbrückeffektes führte 1935/46 N. Kemmer im Institut von G. Wentzel durch. Vgl. N. Kemmer: Über die Lichtstreuung an elektrischen Feldern nach der Theorie des Positrons. Helv. Phys. Acta **10**, 112–122 (1937).

Die Physik in Europa war aus der Sicht vieler amerikanischer Besucher im Niedergang begriffen. Besonders kritisch wurde die Situation durch Goudsmit eingeschätzt[1]: „As can be seen clearly from the contents of Physical Review, physics in this country has advanced enormously in recent years and it is not difficult to find first class students of highly agreeable character to work with. In Europe, however, exept at a few isolated spots (around Rutherford, Bohr, Fermi and late Madame Curie) there is, I think, a decided downward trend. ... I visited of course some laboratories, but did not get very impressed by what they were doing. ... The only place were I got a feeling of a pleasant atmosphere was at the laboratory of the Philipps Lamp Works. They have the biggest and finest research laboratories I ever have seen, do intersting work and are a fine bunch of people. It so happened that on the steamer to Holland we traveled, without knowing it beforehand, with two friends of mine, who work there. Physicist always meet and on our return trip we were on the same steamer with Stern!“[2] Ähnlich urteilte Paschen über die Lage in Deutschland in einem Schreiben, das er am 1. Februar 1935 von Berlin aus an James Franck sandte: „Es steht nicht gut um die Experimental-Physik im Deutschen Reich, seitdem Sie und so manche andere der Führer fortgegangen sind. Nur Debye scheint noch einigen Einfluß neben den offiziellen Herren zu haben. ...“

Doch nicht jeder, der in den USA eine Stellung angenommen hatte, blieb definitiv dort. George Uhlenbeck beispielsweise ergriff die Gelegenheit zu einer Rückkehr nach Holland, als dort in Utrecht eine Professur frei wurde. Kronig hätte ebenfalls seine Stelle in Groningen gerne mit der Utrechter Professur vertauscht. Auf seinen Brief antwortete Pauli [406] und riet ihm, sein Glück in Amerika zu versuchen.

[1] Goudsmit an Randall, 10. Oktober 1934.
[2] Vgl. hierzu die Bemerkung Paulis im folgenden Brief [406].

[406] Pauli an Kronig

Zürich, 5. April 1935

Lieber Kronig!

Ich habe Ihren Brief erhalten, aus dem ich überhaupt zuerst von der Ernennung Uhlenbecks in Utrecht[a] Kenntnis erhielt und freute mich, daß Sie mich trotz meiner seinerzeitigen an Sie gerichteten Äußerung über die Spinfrage in Tübingen[b] noch eines Briefes würdigen. – Ganz abgesehen vom Spin ist es meine persönliche Meinung, daß Sie ein besserer Physiker sind* als Uhlenbeck und daß Ihnen durch Ihre Übergehung in Utrecht sicherlich ein gewisses Unrecht geschehen ist. Es wäre aber wohl kaum berechtigt, ausschließlich Kramers für

* Das einzige, was ich sehr negativ bei Ihnen bewerte, ist Ihre sogenannte Theorie der Supraleitung.[c] Aber so etwas kann schließlich jedem einmal passieren.

die Utrechter Berufung verantwortlich zu machen, da z. B. Ornstein in dieser Frage einen mindestens ebenso großen Einfluß hatte wie Kramers.

Wenn ich nun vor meinem Geiste die Zukunftsmöglichkeiten für Sie Revue passieren lasse, so scheint *eine* immer deutlicher vor mir stehen zu bleiben und das ist *Amerika*. – Ob Sie Ihren Abscheu vor diesem Land nicht doch lieber überwinden sollten? Erstens scheint in wirtschaftlicher Hinsicht dort eine wenn auch langsame Besserung einzutreten, zweitens ist das Amerika von heute sicherlich sehr verschieden von dem früheren, das Sie kennen (wann waren Sie zum letzten Mal dort?) – der etwas zu kindlich-fröhliche Optimismus dürfte infolge der Krise einer mehr ernsten Lebensauffassung gewichen sein – drittens lebt es sich in Amerika in verheiratetem und im unverheirateten Zustand sehr verschieden. – *Wie steht es nun mit Ihrer amerikanischen Staatsbürgerschaft?* – Wenn Sie sie noch hätten, würde das Ihr Fortkommen dort sehr erleichtern. – *Stern* z. B. sucht sehr einen theoretischen Assistenten (seine Adresse ist: Pittsburgh, Pa., Carnegie Institute of Technology). Mit der Zeit würde sich wohl schon eine Professur dort für Sie finden. *Fahren Sie hinüber und versuchen Sie es!* – Es wäre wohl auch die richtige Reaktion gegen Holland, nachdem man Sie dort übergangen hat.

Von Deutschland rate ich jedem Nicht-Deutschen sehr ab. Es herrscht dort ein großes Durcheinander der verschiedensten Richtungen (z. B. wissenschaftsfeindlicher und anderer) und ein allgemeiner Kampf um Ämter – kurz maximale Unsicherheit und Unberechenbarkeit.

Nun zur Physik. Die angekündigten Korrekturen Ihrer Neutrinoarbeit[d] werde ich mit großem Interesse lesen. Denn de Broglies[e] und Jordans Arbeiten[f] darüber habe ich genau studiert. Des ersteren Idee, das Neutrino mit dem Licht in Verbindung zu bringen, ist sehr bestechend, aber die bisherigen Versuche, diese Idee durchzuführen, fand ich alle schwach und unbefriedigend. Es kommt erstens darauf an, eine logische Verbindung herzustellen zwischen dem Aussenden von Neutrino*paaren* beim Licht und dem Aussenden einzelner Neutrinos beim β-Zerfall; zweitens auf eine Verbindung mit dem Ladungsbegriff und $e^2/\hbar c$. Alle bisherigen Ansätze übersehen diese zentralen Fragen und bleiben in formalen Äußerlichkeiten stecken. – Aber alle diese Probleme sind offen und unentschieden und ich lese daher sorgfältig jeden Beitrag dazu.

Viele Grüße Ihr alter W. Pauli

a) Bis zu seiner Berufung nach Utrecht im Sommer 1935 war Uhlenbeck an der University of Michigan in Ann Arbor tätig. – b) Siehe den Kommentar zu [80]. – c) R. de L. Kronig: Zur Theorie der Supraleitfähigkeit. Z. Phys. **78**, 744–750 (1932), **80**, 203–216 (1933). – d) R. de L. Kronig: Zur Neutrinotheorie des Lichtes. [I], II und III. Physica **2**, 491–498, 854–860, 968–980 (1935). Eingegangen am 21. März, 21. Juni und 9. August 1935. – e) Siehe [404] und die im Kommentar zu [342] genannten Abhandlungen. – f) Siehe [402], Anm. b.

Über die in seinem letzten Brief [405] an Pauli erwähnte „einheitliche Theorie von Materie und Feld“ hatte Heisenberg inzwischen weiter nachgedacht. Einen vorläufigen Entwurf[1] hatte er inzwischen für Bohr ausgearbeitet.[2] Eine Kopie schickte er außerdem an Pauli [407].

[1] Siehe Anlage zu Heisenbergs Brief [407].

[2] Siehe Heisenbergs Schreiben vom 22. März 1935 an Bohr.

[407] Heisenberg an Pauli

Leipzig, 25. April 1935

Lieber Pauli!
Obwohl Du mit Deiner Karte völlig recht hattest, war ich nicht sehr zufrieden mit ihr: Wir sind doch in Bezug auf die Quantenelektrodynamik noch in dem Stadium, in dem wir bezüglich der Quantenmechanik 1922 waren. Wir wissen, daß alles falsch ist. Aber um die Richtung zu finden, in der wir das bisherige verlassen sollen, müssen wir die Konsequenzen des bisherigen Formalismus viel besser kennen, als wir es tun.

Ich hab' mir noch einiges überlegt, was in dem beiliegenden Schreibmaschinenmanuskript zusammengefaßt ist. (Dies ist nicht etwa zur Publikation bestimmt; ich hatte nur dem Bohr versprochen, ihm zu schreiben, und wollte dann nicht zweimal das gleiche schreiben müssen.) Es wäre mir sehr lieb, wenn Du einmal ausführlich schreiben könntest, wie Du Dir eigentlich die Zukunft der Quantenelektrodynamik denkst. Der jetzige Zustand ist doch wirklich nicht befriedigend.

Also bitte schreib' mal wieder!

Viele Grüße Dein W. Heisenberg

Anlage zu Heisenbergs Brief [407][a]

[Maschinenschrift]

Gegen die bisherige Form der Quantenelektrodynamik können im Wesentlichen zwei Einwände vorgebracht werden:

1. Ihr Formalismus führt zu unendlichen Selbstenergien der Teilchen und enthält daher Widersprüche. Mit dieser bekannten und daher nicht weiter zu besprechenden Schwierigkeit hängt wahrscheinlich eine andere formale Unschönheit der bisherigen Theorie eng zusammen: Um in der Quantenelektrodynamik, die der Existenz der Positronen Rechnung trägt, vernünftige Resultate zu bekommen, muß man die physikalischen Größen durch komplizierte Grenzprozesse definieren („Subtraktionsphysik"). Diese Grenzprozesse sind zwar unbedingt notwendig, um die Konvergenz des Verfahrens wenigstens in den ersten Näherungen zu sichern, sie können aber das Unendlichwerden der Selbstenergie in 2. Ordnung nicht hindern, man wird daher aus diesen und aus formalen Gründen kaum annehmen, daß sie in der endgültigen Theorie eine Rolle spielen werden.

2. Der zweite Einwand richtet sich gegen die zu eng an die klassische Theorie angepaßte Form der bisherigen Quantenelektrodynamik. Solange in der Quantenelektrodynamik Licht und Materie als zwei verschiedene Arten von Feldern erscheinen, muß wohl die *Sommerfeldsche* Konstante $e^2/\hbar c$ unbestimmt bleiben. Es ist aber nicht wahrscheinlich, daß eine vernünftige Formulierung der Quantenelektrodynamik ohne Festlegung von $e^2/\hbar c$ möglich ist. Diese

Vermutung wird noch gestützt durch den Umstand, daß in der Löchertheorie eine vernünftige Trennung in Licht- und Materiefeld gar nicht möglich ist; ferner auch durch die Resultate von *Euler* und *Kockel*.

Nun läßt sich in der *Dirac*schen Theorie des Positrons - im Gegensatz zu allen früheren Formen der Quantenelektrodynamik - diese Vereinheitlichung von Materie- und Strahlungsfeld formal durchführen, wenn man die unter 1. kritisierten Grenzprozesse in der Formulierung der Theorie in noch größerem Umfang als bisher zuläßt. Diese Möglichkeit beruht auf einem merkwürdigen mathematischen Zusammenhang zwischen Materiefeld und Strahlungsfeld, der nur in der Löchertheorie auftritt und für den es ein anschauliches korrespondenzmäßiges Analogon kaum geben dürfte.

Sei

$$(\mathfrak{r}'k'|R|k''\mathfrak{r}'')=\tfrac{1}{2}[\psi^*(\mathfrak{r}'k')\psi(\mathfrak{r}''k'')-\psi(\mathfrak{r}''k'')\psi^*(\mathfrak{r}'k')] \tag{1}$$

die Diracsche Dichtematrix, und gilt wie üblich

$$\psi^*(\mathfrak{r}'k')\psi(\mathfrak{r}''k'')+\psi(\mathfrak{r}''k'')\psi^*(\mathfrak{r}'k')=\delta(\mathfrak{r}'-\mathfrak{r}'')\delta_{k'k''}, \tag{2}$$

so führt, wenn fast alle Zustände negativer Energie besetzt sind, die Diracgleichung:

$$\left\{i\hbar\frac{\partial}{\partial t'}+\frac{e}{c}A_0(\mathfrak{r}')+\alpha_s\left[i\hbar\frac{\partial}{\partial x'_s}-\frac{e}{c}A_s(\mathfrak{r}')\right]+\beta mc\right\}(\mathfrak{r}'k'|R|k''\mathfrak{r}'')=0 \tag{3}$$

zu folgender Relation:

$$\begin{aligned}A_l(\mathfrak{r}')&=\frac{3}{2}\frac{\hbar c}{e}\pi^2\lim_{\Delta\to\delta}\int\sum_{k'k''}{}_{k''}\alpha^l_{k'}(\mathfrak{r}'k'|R|\mathfrak{r}''k'')\Delta(\mathfrak{r}'-\mathfrak{r}'')|\mathfrak{r}'-\mathfrak{r}''|^2dV''\\ \mathfrak{E}_l(\mathfrak{r}')&=3\frac{\hbar c}{e}\pi^2\lim_{\Delta\to\delta}\int\sum_{\substack{k'k''\\ s\neq l}}{}_{k''}(\alpha^l\alpha^s)_{k'}(\mathfrak{r}'k'|R|\mathfrak{r}''k'')\\ &\quad\cdot\frac{\partial}{\partial x'_s}[\Delta(\mathfrak{r}'-\mathfrak{r}'')|\mathfrak{r}'-\mathfrak{r}''|^2dV''].\end{aligned} \tag{4}$$

Hierin bedeutet Δ eine steilabfallende Funktion von $|\mathfrak{r}'-\mathfrak{r}''|$, deren Volumintegral 1 ist: $\int\Delta|\mathfrak{r}'-\mathfrak{r}''|dV''=1$ und die im Limes $\Delta\to\delta$ in die Diracsche δ-Funktion übergeht.

Diese Gleichungen (4) gestatten - unabhängig von den Maxwellschen Gleichungen - die Berechnung des Strahlungsfeldes aus dem Materiefeld.

Die Existenz einer Beziehung der Art (4) in der Löchertheorie kann man sich plausibel machen, wenn man beachtet, daß schon der singuläre Teil der Diracschen Dichtematrix (der von den unendlich vielen besetzten Zuständen herrührt) durch jedes äußere Feld verändert wird, und zwar unabhängig von der Anzahl etwa vorhandener Teilchen; also kann umgekehrt aus diesem singulären Teil auf die elektromagnetischen Felder geschlossen werden.

Durch die Gleichung (4) kann man formal das Strahlungsfeld völlig aus den Gleichungen der Quantenelektrodynamik eliminieren. Man erhält dann eine Hamiltonfunktion, die nur von der Dichtematrix ('R'') - und zwar quadratisch - abhängt. Diese Hamiltonfunktion ist jedoch sehr kompliziert und unschön gebaut, es kommen in ihr an vielen Stellen Grenzprozesse vor, auf deren Reihenfolge außerdem noch geachtet werden muß. Man könnte aber hoffen, auf diesem Wege zu einer einfachen einheitlichen Theorie von Licht und Materie zu kommen, wenn es gelänge, die besprochenen Grenzprozesse ganz aus der Theorie zu beseitigen. Damit sind wir wieder bei der unter 1. genannten Schwierigkeit angekommen.

Zur Diskussion dieser Schwierigkeit soll zunächst an die Untersuchung von *Bohr* und *Rosenfeld*[b] erinnert werden, in der es sich herausgestellt hatte, daß nur für die Mittelwerte der Feldstärken über bestimmte Raum-Zeitgebiete einfache Unbestimmtheitsrelationen bestehen; ferner an meine eigenen Rechnungen über die Schwankungen von Energie und Ladung in einem abgegrenzten Volumen[c]. Das Resultat dieser Arbeit läßt sich für unseren Zweck kurz so zusammenfassen: Die Feldstärke (oder Wellenfunktion) an einem bestimmten Raum-Zeitpunkt ist überhaupt keine vernünftige physikalische Größe. Nur der raumzeitliche *Mittelwert* einer Feldstärke über ein durch *unscharfe* Grenzen definiertes Gebiet ist einer Messung zugänglich. Die Unschärfe in der Begrenzung des Gebiets ist für das Ergebnis der Messung der Feldstärken von entscheidender Wichtigkeit. Denn je schärfer die begrenzenden Wände sind, desto größer ist der zur Beobachtung nötige störende Eingriff, ein desto größerer Fehler wird also das Ergebnis der Messung fälschen. Dabei wird durch die begrenzenden Wände sowohl Energie wie Ladung (Paarerzeugung!) in das Feld hereingebracht.

Kehrt man nun zu den Singularitäten der Positronentheorie zurück, so erkennt man, daß diese Singularitäten sämtlich ihren Grund darin haben, daß bisher die Frage nach dem Wert einer Wellenfunktion oder einer Feldstärke *an einem bestimmten Raum-Zeitpunkt* gestellt wurde. Sobald jedoch nur die Mittelwerte solcher Feldgrößen über unscharf begrenzte Raum-Zeitgebiete betrachtet werden, so verschwinden alle Singularitäten. Dies erkennt man am einfachsten schon aus den Vertauschungs-Relationen der $\psi(\mathfrak{r}k)$. Sei wieder $\Delta(\mathfrak{r}'-\mathfrak{r}'')$ eine steil abfallende Funktion von $(\mathfrak{r}'-\mathfrak{r}'')$, die der Gleichung $\int \Delta\, dV''=1$ genügt, so wird

$$[\psi^*(\mathfrak{r}'k'),\psi(\mathfrak{r}''k'')]_+=\delta(\mathfrak{r}'-\mathfrak{r}'')\delta_{k'k''}$$

eine *singuläre* Funktion der Orte $\mathfrak{r}'$, $\mathfrak{r}''$, jedoch

$$\begin{aligned}&\left[\int \psi^*(\mathfrak{r}'k')\Delta(\mathfrak{r}_1-\mathfrak{r}')\,dV',\int \psi(\mathfrak{r}''k'')\Delta(\mathfrak{r}_2-\mathfrak{r}'')\,dV''\right]_+\\ &\quad=\delta_{k'k''}\int \Delta(\mathfrak{r}_1-\mathfrak{r}')\Delta(\mathfrak{r}_2-\mathfrak{r}')\,dV'\end{aligned}\tag{5}$$

eine reguläre Funktion von $\mathfrak{r}_1$, $\mathfrak{r}_2$. Ebenso wird die „gemittelte" Dichtematrix R:

$$\tilde{R}=\int\int \Delta(\mathfrak{r}_1-\mathfrak{r}')\Delta(\mathfrak{r}_2-\mathfrak{r}'')(\mathfrak{r}'k'|R|k''\mathfrak{r}'')\,dV'dV''\tag{6}$$

stets *endlich*, wie man aus den Untersuchungen von *Dirac* leicht nachrechnen kann. Hierzu genügt bereits die hier durchgeführte Raummittelung, die Zeitmittelung wird deshalb einstweilen weggelassen.

Dieses Ergebnis legt nun den Gedanken nahe, daß man auf die ganzen Regeln der Löchertheorie über das Subtrahieren und Limesbilden verzichten kann, wenn man von vornherein nur die Größen vom Typus (6) in die Theorie einführt. Es wird sich dann zwar herausstellen, daß bei der Berechnung der nach Analogie zu (6) definierten und aus (6) gebildeten Größen stets Glieder auftreten, die mit abnehmender Breite der Funktion Δ über jeden Wert hinaus wachsen. Dieses Verhalten wird man aber nicht wie bisher als Zeichen für das Versagen der Theorie deuten müssen, sondern vielleicht auffassen sollen als die physikalisch zu erwartende Wirkung der Apparate, mit denen das betreffende Feld mit der Genauigkeit Δ ausgemessen wird. Da auch der störende Eingriff mit abnehmender Breite der Funktion Δ wächst, so hat das Auftreten von Feldwerten, die mit abnehmender Breite von Δ unbegrenzt wachsen, nichts Befremdendes. – Da nicht von vornherein entschieden werden kann, wie weit eine solche physikalische Deutung der von der Breite von Δ abhängigen Teile in der Ladungsdichte, Energiedichte, usw. möglich ist, so soll diese Auffassung im folgenden noch genauer diskutiert werden:

Zunächst sei festgestellt, daß die Vorschriften der bisherigen Löchertheorie zu dieser Auffassung besser passen, als es im ersten Augenblick den Anschein hat. Bisher wurden ja von der Dichtematrix jene singulären Teile abgezogen, die im Limes $\mathfrak{r}' \rightarrow \mathfrak{r}''$ unendlich werden; also die Teile, die von der Breite der Funktion $\Delta(\mathfrak{r}' - \mathfrak{r}'')$ abhängen und deshalb nach der hier versuchten Deutung durch den störenden Einfluß der Beobachtungsmittel bedingt sind. Als physikalich real wurde nur der dann übrigbleibende, von der Breite der Funktion Δ praktisch unabhängige Rest angesehen. Dieser Rest ist auch nach der hier versuchten Auffassung der „von vornherein objektiv vorhandene“, von der Art der Beobachtung unabhängige Betrag von Ladungsdichte, Energiedichte, usw., der für viele Fragen allein von Interesse ist. In der Tat war die Abhängigkeit der Teile der Dichtematrix von $\mathfrak{r}' - \mathfrak{r}''$ das einzige wesentliche Kriterium für die Entscheidung der Frage, ob die betreffenden Teile abzuziehen oder beizubehalten seien. Das Abziehen der betreffenden Teile ist andererseits nach der hier versuchten Auffassung nicht berechtigt, denn z.B. auch die durch die Beobachtungsmittel hereingebrachte Ladung erzeugt Maxwellsche Felder, die mit den schon vorher vorhandenen zusammenwirken.

Wenn man die theoretische Behandlung eines Problems mit der „gemittelten“ Dichtematrix (6) beginnt, so schließt man damit von vornherein den Beitrag derjenigen Lichtquanten und Elektronen zur Ladungs- und Energiedichte aus, deren Wellenlänge wesentlich kleiner als die Breite der Funktion Δ ist. Dies scheint in der Tat auch der adäquate Ausdruck dessen, was in einer experimentellen Anordnung gemessen wird. Denn etwa die in einem bestimmten Volumen enthaltene gesamte Energie kann wohl kaum wesentlich anders bestimmt werden, als indem man dieses Volumen mit spiegelnden Wänden umgibt und dann etwa die Gesamtmasse dieses Kastens durch Wägung ermittelt. Es wird aber stets Lichtquanten und Elektronen geben (etwa die der Höhenstrahlung), die die Wände des Kastens ungehindert durchdringen und die daher bei einer Wägung prinzipiell nicht mit gemessen werden. In ähnlicher Weise wird man sich bei jeder experimentellen Anordnung entschließen müssen, die Wirkung von Teilchen, deren Energie höher ist als eine allerdings weitgehend willkürlich vorgebbare Grenze, unberücksichtigt zu lassen. Eben diese Vernachlässigung wird durch eine „gemittelte“ Dichtefunktion (6) richtig zum Ausdruck gebracht.

Bildet man aus der gemittelten Dichtematrix (6) Ausdrücke, die der Gesamtenergie oder dem Gesamtimpuls eines bestimmten Volumens in der früheren Theorie entsprechen, so werden diese Ausdrücke zeitlich nicht konstant. Dies ist aber kaum als Einwand zu betrachten, da eben prinzipiell die Möglichkeit nicht auszuschließen ist, daß einzelne sehr durchdringende Lichtquanten oder Elektronen das abgegrenzte Volumen betreten oder verlassen. Man wird im Gegenteil physikalisch eine gewisse zeitliche Schwankung der Energie und des Impulses eines abgegrenzten Volumens erwarten, die von diesen durchdringenden Teilchen herrührt und die auch im Formalismus der Theorie ihren adäquaten Ausdruck findet.

Diese Überlegungen scheinen mir im Ganzen ein starkes Argument dafür zu bilden, daß in der zukünftigen Quantenelektrodynamik die Diskussion des mit jeder Beobachtung verknüpften Eingriffs eine noch wichtigere Rolle spielen wird als in der Quantenmechanik und daß dieser Eingriff im Gegensatz zur Quantenmechanik *explizite* in der mathematischen Formulierung der Theorie vorkommen wird. Bei dem Versuch, dieses Programm durchzuführen, tauchten allerdings eine Reihe schwieriger Fragen auf:

Es ist wohl keineswegs zu vermuten, daß bei *jedem* Formalismus, der mit Ausdrücken der Art (6) beginnt, die von der Breite der Funktion Δ abhängigen Teile eines Resultats als die Wirkungen der bei einer Beobachtung notwendigen Eingriffe aufgefaßt werden können. Vielmehr wird diese Deutung einen bestimmten inneren Zusammenhang der Theorie voraussetzen, dessen formaler Ausdruck bisher nicht untersucht ist.

Ferner ist wohl kaum zu vermuten, daß man zu einer vernüftigen Feldtheorie kommt, wenn man den bisherigen Formalismus – ohne das Abziehen der bisher abgezogenen Glieder – nach Art des Ausdruckes (6) einfach umschreibt. Vielmehr wird wohl erst in der einheitlichen Theorie, in der Materie und Strahlung auf die gleiche Art von Feld zurückgeführt werden, das hier besprochene Programm durchgeführt werden können. Man könnte also daran denken, mit Gleichungen vom Typus (4) zu beginnen und an Stelle der Feldstärken und Potentiale der bisherigen Theorie Ausdrücke der Form

$$\tilde{A}_l(\mathfrak{r}_1)=\frac{3}{2}\frac{\hbar c}{e}\pi^2\iint\sum_{k'k''}{}_{k''}\alpha^l_{k'}(\mathfrak{r}'k'|R|k''\mathfrak{r}'') \cdot\Delta(\mathfrak{r}'-\mathfrak{r}_1)\Delta(\mathfrak{r}''-\mathfrak{r}_1)|\mathfrak{r}'-\mathfrak{r}''|^2dV'dV'' \tag{7}$$

zu setzen. Dieser Weg soll noch ein Stück weit verfolgt werden, obwohl kein Grund besteht, gerade diesen Weg schon für den richtigen zu halten.

Bildet man die Vertauschungsprodukte der gemittelten Potentiale und Feldstärken $[\tilde{A}_l(\mathfrak{r}_1), \tilde{\mathfrak{E}}_m(\mathfrak{r}_2)]_-$, so erweist sich, wie man erwartet, dieser Ausdruck als nur dann merklich von Null verschieden, wenn $l=m$ ist und der Abstand von $\mathfrak{r}_1$ und $\mathfrak{r}_2$ nicht wesentlich größer ist als die Breite der Funktion Δ. Trotzdem geht dieser Vertauschungsausdruck im Grenzfall einer unendlich steilen Funktion Δ im allgemeinen nicht in den nach der Quantenelektrodynamik zu erwartenden Wert $\lambda i\hbar c\delta(\mathfrak{r}_1-\mathfrak{r}_2)\delta_{lm}$ über, sondern unterscheidet sich von ihm durch einen von der Gestalt von Δ und vom Wert von $e^2/\hbar c$ abhängigen Faktor. Es liegt dies daran, daß – wenn man die Größen $\tilde{A}_l$, $\tilde{\mathfrak{E}}_m$ als

Matrizen auffaßt – das Produkt zweier Matrizen die Summation von unendlich vielen Zwischenzuständen bedeutet. Der durch diese unendliche Summe ausgedrückte Grenzprozeß ist im allgemeinen mit dem anderen Grenzprozeß $\Delta \to \delta$ nicht vertauschbar. Die Bedeutung dieses Umstandes für den Aufbau der Theorie ist mir einstweilen unklar.

Sieht man von Schwierigkeiten dieser Art ab, so kann man zur Aufstellung der Gesamtenergie und damit der Schrödingergleichung übergehen. Dabei ist zunächst die Beziehung der neuen Hamiltonfunktion zu der der bisherigen Theorie zu besprechen. In der bisherigen Theorie gelten als Variable die Anzahlen N_r der Elektronen in ihren Zuständen r, und die Anzahlen $M_{k\lambda}$ der Lichtquanten. Diese letzteren Variabeln fallen jetzt fort, wenn man alle Feldgrößen, die sich auf die Strahlung beziehen, nach (7) durch die Dichtematrix ausdrückt. Dies muß bedeuten, daß im Limes $\Delta \to \delta$ die neue Schrödingerfunktion in einen zu einer bestimmten Lichtquantenanzahl gehörigen Ausschnitt aus der alten Schrödingerfunktion übergeht. Teilt man die Energie in die drei Teile: Kinetische Energie der Materie, Energie des Strahlungsfeldes, Wechselwirkung zwischen Materie und Strahlung, so stellt für einen solchen zu einer festen Lichtquantenzahl gehörigen Ausschnitt der zweite Teil eine für alle Zustände gleiche Konstante dar; er kann folglich aus der Energie fortgelassen werden. Die Formel für die Energie in der neuzugewinnenden Theorie wird daher nur zwei Glieder enthalten, von denen das erste der kinetischen Energie der Materie, das zweite der Wechselwirkung entspricht. Man wird also etwa setzen:

$$\begin{aligned}\tilde{E} = \int dV \int dV' \int dV'' \, \Delta(\mathfrak{r}-\mathfrak{r}')\Delta(\mathfrak{r}-\mathfrak{r}'') \\ \cdot \left\{ \left[-ic\hbar\, {}_{k''}\alpha_{s k'} \frac{\partial}{\partial x'_s} - {}_{k''}\beta_{k'} mc \right] (\mathfrak{r}' k' | R | \mathfrak{r}'' k'') \right. \\ + \tfrac{3}{2} \hbar c \pi^2 \, {}_{k'''}\alpha^{\lambda}_{k'} (k' \mathfrak{r}' | R | \mathfrak{r} k''') \\ \left. \cdot \, {}_{k''}\alpha^{\lambda}_{k''''} (k'''' \mathfrak{r} | R | \mathfrak{r}'' k'') |\mathfrak{r}'' - \mathfrak{r}|^2 \right\}. \qquad (8)\end{aligned}$$

Dabei ist diese Gleichung (8) nur als Beispiel gedacht für den allgemeinen Typus von Mittelwerten, der auftreten kann; es ist ganz unwahrscheinlich, daß Gleichung (8) schon die richtige Gleichung darstellt.

Wichtiger als die spezielle Form der Hamiltonfunktion, deren Aufstellung doch nur vorläufig sein kann, scheint mir die allgemeine Feststellung, daß bei der Lösung einer Schrödingergleichung vom Typus (8) keine Singularitäten auftreten werden, daß also auch die Selbstenergien 2. Ordnung, die trotz der Grenzprozesse in der bisherigen Theorie unendlich werden, hier einen endlichen, allerdings von der Breite von Δ abhängigen Wert erhalten. Denn die Matrixelemente, die bisher die Divergenz dieser Selbstenergien verursachten, werden im allgemeinen hinreichend rasch verschwinden, wenn die den Übergängen zugeordneten Wellenlängen klein gegen die Breite von Δ werden. Dies hat zur Folge, daß man sich bei der Behandlung eines solchen Problems auf mathematisch festem Boden bewegen kann, ohne etwa bei der Berechnung eines Störungsgliedes der vierten Ordnung fürchten zu müssen, daß die Divergenz des Verfahrens in der zweiten Ordnung dieses Glied illusorisch mache. Es muß also z.B. möglich sein, die exakte Lösung einer Schrödingergleichung vom Typus (8) zu suchen, die etwa der Existenz eines Elektrons entspricht.

Unter „Schrödingergleichung" ist hier diejenige Wellengleichung verstanden, die gestattet, die Eigenwerte der Größe $\tilde{E}$ zu bestimmen. Auf den zeitlichen Ablauf des Geschehens kann aus der Lösung dieser Gleichung nicht ohne weiteres geschlossen werden; vielmehr kann $\tilde{E}$ der Gesamtenergie und damit der Operator $i\hbar\partial/\partial t$ nur in der Näherung gleichgesetzt werden, in der die von den durchdringenden Lichtquanten und Elektronen herrührenden Schwankungen vernachlässigt werden. Bei der genaueren Untersuchung dieses Punktes wäre es wohl vernünftig, von vornherein nicht nur räumliche, sondern auch zeitliche Mittelwerte der Feldgrößen wie bei *Bohr* und *Rosenfeld* zu betrachten, doch soll dieser Punkt jetzt nicht weiter verfolgt werden.

In einer einheitlichen Theorie vom Typus (8) würde weder die Existenz eines einzelnen Elektrons, noch die eines einzelnen Lichtquants eine triviale Lösung der Grundgleichungen darstellen. Dies ist aber vielleicht auch nicht zu erwarten. Denn wenn es schon zwei verschiedene Partikelsorten gibt, dann können nicht beide ganz triviale Lösungen der einheitlichen Grundgleichungen sein und es ist dann nicht unbefriedigend, wenn beide Partikelsorten in etwas komplizierterer Weise aus den Grundgleichungen folgen. Außerdem wird schon ein einzelnes Teilchen zusammen mit dem zu seiner Beobachtung dienenden Apparat relativ komplizierte Wirkungen hervorrufen, die auch im mathematischen Formalismus dargestellt werden müssen.

a) Das Manuskript trägt am oberen Rand die handschriftliche Datumangabe 25. April 1935. – b) N. Bohr und L. Rosenfeld: Zur Frage der Meßarbeit der elektromagnetischen Feldgrößen. Kong. Danske Videnskabernes Selskab. Math.-fys. Meddelelser XII, Nr. 8 (1933). – c) W. Heisenberg: Über die mit der Entstehung von Materie aus Strahlung verknüpften Ladungsschwankungen. Ber. Sächs. Akad. Wiss. **86**, 317–322 (1934).

Zu den folgenden Briefen Heisenbergs [408], [409] und [410] fehlen abermals Paulis Gegenstücke. Sie alle setzen sich mit Heisenbergs weiteren Bemühungen um eine einheitliche Feldtheorie auseinander.[1] Aus der Antwort kann man sich annähernd ein Bild über den Inhalt der fehlenden Briefe machen. Demzufolge scheint auch Pauli wieder eine alternative Theorie vorgeschlagen zu haben, die weitgehend mit „Jordans Formalismus" [408] übereinstimmte.[2]

[1] Siehe hierzu den Entwurf in der Anlage zu [407].
[2] Siehe hierzu [406], Anm. f.

[408] Heisenberg an Pauli

Leipzig, 29. April 1935

Lieber Pauli!
Bevor ich auf die schwierigeren Fragen Deines Briefes eingehe, möchte ich Deine letzte Frage beantworten, die mir – mit Verlaub gesagt – auf eine gewisse Denkfaulheit in Zürich hinzudeuten scheint. Die Gleichungen (4) meines

Manuskripts[a] bedeuten Relationen, die in der bisherigen Löchertheorie gelten; und zwar gelten sie *nicht* als quantenmechanische Gleichungen – denn die linke Seite operiert auf Lichtquantenzahlen, die rechte nur auf Elektronenzahlen – sondern als Nebenbedingungen (wie $\operatorname{div}\mathfrak{E}=4\pi\rho$). Der Sinn dieser Gleichungen ist also folgender: Jede Schrödingerfunktion, welche die bisherige Löchertheorie löst (die man also z.B. durch Entwickeln nach $e^2/\hbar c$ gewinnen kann) hat die Eigenschaft, daß die Anwendung der linken Seite von (4) auf sie dasselbe gibt, wie die Anwendung der rechten Seite. Nehmen wir nun an, daß von der Schrödingerfunktion

$$\phi(\overbrace{N_1, N_2, \ldots}^{\text{Elektronen}};\ \overbrace{M_1, M_2, \ldots}^{\text{Lichtquanten}})$$

nur der „Ausschnitt“ $\phi(N_1, N_2, \ldots; 0, 0, 0, \ldots)$ bekannt sei. Dann kann man durch Anwenden der *linken* Seite von (4) zu $\phi(N_1, N_2, \ldots; 1, 0, 0, \ldots)$ übergehen; die rechte Seite verändert aber *nur* die N_1, N_2; *d.h. Gleichung* (4) *gestattet, die anderen Zeilen* $\phi(N_1, N_2, \ldots; 1, 0, 0 \ldots)$ *u.s.w. auszurechnen, wenn* $\phi(N_1, N_2, \ldots; 0, 0, \ldots)$ *bekannt ist.* Daß die Gleichung (4) in dieser Form wirklich gilt, kann man kontrollieren, indem man das Schrödingerfunktional durch Entwickeln nach $e^2/\hbar c$ berechnet. Die Hamiltonfunktion[a] (8) enthält nun nur die Dichtematrix, es kommen also in ihr nur Operatoren vor, die die N_k verändern; sie führen ein Element $\phi(N_1, N_2, \ldots; 0, 0, 0, \ldots)$ immer wieder in ein Element der gleichen Art über. Also kann man Gleichung (8) auffassen als Hamiltongleichung für $\phi(N_1, N_2, \ldots; 0, 0, 0, 0, \ldots)$ (wobei man die Nullen dann auch streichen kann). Will man im Sinne der früheren Theorie auch die Elemente für $M_k \neq 0$ haben, so muß man Gleichung (4) anwenden und erhält sie aus $\phi(N_1, \ldots,; 0, 0, \ldots)$. Die Existenz eines Lichtquants vom Impuls $\mathfrak{P}$ drückt sich – näherungsweise – im Schrödingerfunktional so aus:

$$\phi(\overbrace{00100}^{\text{Elektron}};\overbrace{0100}^{\text{Positron}};\ \overbrace{0000}^{\text{Lichtquant}})$$

$$=\frac{\text{Const.}}{-|\mathfrak{P}|+\sqrt{m^2c^2+p^2}+\sqrt{m^2c^2+(\mathfrak{P}-\mathfrak{p})^2}}.$$

Die Lichtemission stellt sich also so dar: Zur Zeit $t=0$ ist etwa nur $\phi(100; 000; 000)$ merklich von Null verschieden. (Daß dies keine Lösung ist, ist im Augenblick nicht wichtig.) Nach einiger Zeit aber werden die ϕ auch dort von Null verschieden sein, wo Paare vom Impuls $\mathfrak{P}$ vorhanden sind: $\phi(100\overset{\mathfrak{p}}{1}; \overset{\mathfrak{P}-\mathfrak{p}}{0}010; 000)$. – Also hoffentlich ist dies jetzt klar; sonst kann ich auch noch ausführlicher schreiben.

Noch eine Bemerkung: es ist trivial, daß eine Theorie vom Typus (8), wenn sie richtig ist, immer $e^2/\hbar c$ festlegt. Denn e kommt in (8) garnicht vor; (8) führt also z.B. zu einer Abstoßung von Elektronen, die aus Dimensionsgründen nur die Form const. $\hbar c/r$ haben kann. Wenn sie mit der Coulombschen Abstoßung korrespondenzmäßig übereinstimmen soll, so folgt const. $\hbar c/r = e^2/r$, und $e^2/\hbar c$ ist festgelegt.

Nun zu den übrigen Bemerkungen und Fragen Deines Briefes. Über den Punkt 1. (Symmetrie in den Erhaltungssätzen) hab' ich keine bestimmte Meinung. In 2. – stärkere Annäherung an Deinen und Jordans Formalismus[b] – bin ich mit Dir ziemlich einig. Ich schrieb ja auch in meinem Manuskript, daß eigentlich Raum- *und* Zeitmittelung vorzunehmen seien. Bei einer solchen Formulierung würde auch die relativistische Invarianz klar herauskommen. Es würde zwar die Funktion Δ oder die ihr entsprechende Raum-Zeitfunktion immer ein Koordinatensystem auszeichnen, aber das würde nur der Tatsache entsprechen, daß ja ein Meßapparat auch ein Koordinatensystem auszeichnet. Die Willkür in der Wahl von Δ würde die Invarianz des Formalismus wiederherstellen. – Die sogenannte „zweite" Quantelung hab' ich von jeher – als Bezeichnung wie als Sache – für völlige Idiotie gehalten (vgl. mein Buch)[c]. Ich bin also hier mit Deiner Formulierung völlig einig, glaube aber, daß in diesem Punkt jeder Formalismus vom Typus (8) befriedigend wäre. – Mit dem, was Du unter Punkt 3. schreibst, bin ich ganz einverstanden.

Die Hauptfrage Deines Briefes ist wohl: „Welchen physikalischen Sinn bekommen die von Δ abgängigen Werte der Selbstenergien der Teilchen bei solchen Experimenten, bei welchen eine Beschränkung des zur Verfügung stehenden Raum-Zeitbereichs keine Rolle spielt." Meine Antwort muß natürlich lauten: „Da treten sie garnicht auf." Denn wenn keine raumzeitlichen Beschränkungen eine Rolle spielen, so muß es möglich sein, alles was geschieht, mit sehr verschmierten ψ-Funktionen zu beschreiben, und bei denen werden die Selbstenergien von selbst nicht auftreten. In dem Δ-Formalismus ist es ja so: sobald die Funktion Δ breiter wird als $\hbar/mc$ oder von dieser Ordnung, spielt die vom Feld herrührende Selbstenergie keine Rolle mehr {sie wird von der Ordnung $(e^2/\hbar c)\cdot mc^2$}. Nur wenn man die Selbstenergie bestimmt mit einer Anordnung, die eine sehr scharfe räumliche Festlegung ermöglicht (die Breite von $\Delta \ll \hbar/mc$), so wird die Selbstenergie im Formalismus auftreten und dies könnte sehr wohl als Wirkung des Meßapparates gedeutet werden*. Übrigens ist mir im Augenblick die Interpretation der übrigen Subtraktionsphysik wichtiger als gerade die Selbstenergie, die vielleicht durch den Effekt von Euler und Kockel noch entscheidend geändert werden kann. (Ich bin auf Weisskopfs Brief sehr gespannt[d].) Wenn Du willst, kannst Du also den Δ-Formalismus einstweilen auch als Erweiterung und Interpretation der Subtraktionsphysik auffassen, die aber jetzt (was Du früher einmal mit Weisskopf versuchtest und was an den Lichtquanten scheiterte) auch die Selbstenergie abzuziehen gestattet. Denn die Vorschrift: nur den von Δ unabhängigen Teil zu nehmen, ist natürlich dasselbe wie: alles von Δ abhängige abzuziehen. Die früher bei den Lichtquanten auftretende Schwierigkeit besteht jetzt nicht mehr, weil der Grenzprozeß $\Delta \to \delta$, $\vec{r}' \to \vec{r}'' \to 0$ überhaupt nicht ausgeführt wird.

Aber ich glaube natürlich nicht, daß in dieser Subtrahiererei das Heil zu suchen ist; sondern das Auftreten der von Δ abhängigen Glieder muß einen bestimmten Sinn haben – und der kann eigentlich nur der sein, daß Δ den Meßapparat charakterisiert. Wie im Einzelnen die von Δ abhängigen Glieder zu interpretieren sind, läßt sich natürlich erst beantworten, wenn der richtige Formalismus gefunden ist. Ähnlich wie die Quantenmechanik auf der Forde-

* Anschaulich: für schlechte Meßapparate, die nicht genauer als $\hbar/mc$ messen lassen, ist das Elektron auch so groß und hat dementsprechend keine nennenswerte Selbstenergie.

rung beruht: „das Resultat einer Beobachtung muß unabhängig von der Lage des Schnittes sein" – so fordert die genannte Interpretation der Δ-abhängigen Glieder einen bestimmten inneren Zusammenhang der Theorie, dessen formaler Ausdruck einstweilen unbekannt ist.

Es würde mich interessieren, insbesondere Deine Meinung über den ersten Teil dieses Briefs zu hören ($e^2/\hbar c$).

Viele Grüße! Dein W. Heisenberg

a) Siehe Anlage zu [407]. – b) Siehe [406], Anm. f. und P. Jordan: Zur Quantenelektrodynamik. I, II und III. Z. Phys. **95**, 202–209; **96**, 163–166; **97**, 535–537 (1935). – c) W. Heisenberg: Die physikalischen Prinzipien der Quantentheorie. Leipzig 1930. – d) Siehe hierzu Heisenbergs Bemerkung in [409].

Abermals sind es „unerfreuliche Ereignisse" [409], die Heisenberg am Arbeiten hinderten. Gemeint war der beginnende Streit um die Nachfolge Sommerfelds, der zum 31. März emeritiert worden war.

Im Gespräch waren Heisenberg und Debye, doch schon jetzt gab es am Ministerium und in der Presse Anzeichen des Widerstandes.[1] Am 16. April schilderte Peter Debye in einem Schreiben an Sommerfeld seine und Heisenbergs Lage: „Leipzig und insbesondere die Verhältnisse im Institut gefallen mir nicht. München liebe ich und Deine Stelle zusammen mit dem kleinen Laboratorium, in dem ich einige Ideen durch gute Leute experimentell bearbeiten lassen könnte, reizt mich in der Tat. So wie aber die Sachlage ist, muß ich treu zu Planck halten und hoffen, daß ich meine Kraft werde einsetzen können, so wie er es plant.[2] Wehmütig bin ich, wenn ich das sage. – Heisenberg möchte gerne nach München kommen, der neue Rektor hier hat ihn gebeten, die Dekanstelle zu übernehmen; ich glaube daher nicht, daß seine Wahl durch haltbare Bedenken verhindert werden kann. Wentzel wird wohl in der Tat unerreichbar sein. ... Mich stimmt es traurig, wenn ich sehen muß, daß fortan München ohne Sommerfeld sein wird."

Um diese Zeit begann Heisenberg sich erneut für Experimente über die Höhenstrahlung zu interessieren. Diese Experimente schienen ihm außerordentlich wichtig zu sein, um etwas Näheres über die Natur der Elementarteilchen zu erfahren. Auch in Kopenhagen schenkte man jetzt diesen Phänomenen größere Beachtung. In einem Schreiben Bohrs vom 8. Januar 1935 an Paul Ehrenfest jr., der jetzt sehr erfolgreich bei Pierre Auger arbeitete, heißt es: „Die Probleme der kosmischen Strahlen haben uns auch hier viel beschäftigt, und es soll mich sehr interessieren zu hören, was von den fortgesetzten Versuchen auf dem Jungfraujoch mit der schönen Methodik der selbstregulierten Wilsonkammer herauskommen wird." In den nächsten Jahren wurde sie Heisenbergs bevorzugtes Arbeitsgebiet, dem auch ein großer Anteil in der Korrespondenz mit Pauli gewidmet ist.

[1] Siehe hierzu A. Hermann: Werner Heisenberg. Hamburg 1976.

[2] Debye war ausersehen, der offizielle Nachfolger von Nernst und Direktor des zu erbauenden Kaiser-Wilhelm-Instituts für Physik in Berlin zu werden. Wie einst Einstein sollte auch er von der Vorlesungspflicht entbunden werden.

[409] Heisenberg an Pauli

Leipzig, 12. Mai 1935

Lieber Pauli!

Vielen Dank für Deinen Brief. Die letzten zehn Tage waren hier mit unerfreulichen Ereignissen, die sich zur brieflichen Weitergabe nicht eignen, so ausgefüllt, daß ich erst gestern wieder angefangen hab', über Physik nachzudenken.

Mit der Stimmung Deines letzten Briefs war ich um Größenordnungen einiger, als mit der des vorletzten. Ich bin im Grunde auch garnicht optimistisch in Bezug auf Energieausdrücke der Form (8). Wichtig sind mir nur die zwei Punkte: Die Δ-abhängigen Glieder sind *nicht* abzuziehen, sie haben vielmehr einen vernünftigen physikalischen Sinn und werden in der richtigen Theorie auch auftreten. Ferner: der Energieausdruck hängt nur von *einer* Feldsorte (gegeben etwa durch eine Dichtematrix) ab. – Daß ich der wirklichen Theorie schon nahe sei, glaube ich übrigens selbst garnicht; nur meine ich: wenn man überhaupt über Quantenelektrodynamik nachdenkt, soll man versuchen, in der besprochenen Richtung weiterzugehen. – Über Dein Beispiel des H-Atoms hatte ich, in etwas anderer Form, auch schon nachgedacht. Du schreibst: „Aus einem Ausdruck vom Typus (8) scheinen niemals die richtigen Termwerte des H-Atoms herauskommen zu können, wenn man Δ-Werte der Ordnung h/mc oder größer einsetzt." Ich möchte dazu sagen: Daß die Termwerte in der bisherigen Theorie *genauer* herauskommen, als dieser Verschmierung durch Δ entspricht, muß *auf jeden Fall* vom Standpunkt der bisherigen Theorie aus als Zufall betrachtet werden (ähnlich, wie seinerzeit die Balmerterme in der „klassischen" Quantentheorie); denn nach den Überlegungen, die etwa bei Bohr und Rosenfeld stehen[a], kann die Einsetzung des gewöhnlichen Coulombfeldes für Abstände $< h/mc$ innerhalb der Quantentheorie nie gerechtfertigt werden. Ich halte die so strenge Gültigkeit der Dirac-Sommerfeldformel also einstweilen für einen mathematischen Zufall, der beim Coulombgesetz auftritt, aber nicht einfach verstanden werden kann. Ich glaube, daß man sich eben um diesen Zufall nicht allzusehr kümmern soll.

Mit Weisskopfs Brief war ich ganz einverstanden; meine früheren Überlegungen über die höheren Näherungen war nicht sorgfältig und ich glaube, daß Weisskopf ganz recht hat. Die Frage nach der relativistischen Invarianz der Selbstenergie ist mir zwar noch nicht ganz klar; aber vielleicht kann man sich doch, wie Weisskopf, auf die höheren Näherungen berufen.

Ich hab' inzwischen versucht, nur um das Problem von allen Seiten kennen zu lernen, Konsequenzen aus einem Energieausdruck vom Typus (8) zu ziehen. Das Problem, das ich mir vorlegte, war die Berechnung des Zustandes *tiefster* Energie, bei dem die Gesamtladung 1 ist (dabei wendet man am besten eine Art Ritzsches Verfahren an; keine Störungstheorie); also des Zustandes, den man normalerweise „ein Elektron" nennen würde. Da scheint folgendes herauszukommen: Wählt man Δ breiter als h/mc, so wird im Wesentlichen nur

Elektron Positron Elektron Positron

$\phi(1\,0\,0,\ 0\,0\ldots)$ von Null verschieden; $\phi(1\,0\,0\,1\,0\,0;\ 0\,0\,1\,0)$ ist schon wesentlich kleiner, die höheren verschwinden praktisch. (Wenn jedoch Δ sehr *schmal* gegen h/mc ist, so sind $\phi(1\,0\,0\,0\,0)$; $\phi(1\,0\,1;\ 0\,1\,0)$ u.s.w. alle etwa von gleicher Größenordnung; die mittlere Anzahl von Paaren wird etwa durch das Verhältnis von h/mc zur Breite von Δ gegeben; erst die ϕ, die zu noch höheren Teilchenzahlen gehören, werden wieder kleiner. Dies kann man übrigens gerade aus der Weisskopfschen Rechnung über die Selbstenergie[b] plausibel machen. Ich glaube nun, daß dies eigentlich recht vernünftig ist; man denke insbesondere an die „Schauer" in der Höhenstrahlung, die von einem Lichtquant $h\nu \gg mc^2$ hervorgerufen werden[c]. – Ich will mir noch überlegen, was für ein Wert für $e^2/\hbar c$ aus Gleichung (8) folgen würde, obwohl ich nicht glaube, daß viel vernünftiges herauskommen wird.

Die neuen Kernmassen à la Bethe[d] und Aston[e] sind in jeder Beziehung erfreulich. – Was sagst Du eigentlich über die großen Wirkungsquerschnitte für langsame Neutronen?[f]

Viele Grüße, auch an Weisskopf Dein W. Heisenberg

a) Siehe [407], Anm. b. – b) V. Weisskopf: Über die Selbstenergie des Elektrons. Z. Phys. **89**, 27–39; **90**, 817–818 (1934). – c) Während nämlich nach der Quantenelektrodynamik ein Prozeß höherer Ordnung, der zu einem solchen „Schauer" führen würde, extrem unwahrscheinlich ist, bot die Fermische Theorie dafür viel günstigere Voraussetzungen. Eine genauere Analyse dieser Erscheinung publizierte Heisenberg erst im Sommer 1936. – d) H. A. Bethe: Masses of Light Atoms from Transmutation Data. Phys. Rev. **47**, 633–634 (1935). – e) F.W. Aston: Mass Spectra and Isotopes. London 1933. – f) Siehe hierzu F. Perrin und W.M. Elsasser: Théorie de la capture sélective des neutrons lents par certaines noyaux. Comptes Rendus Acad. Sci. (Paris) **200**, 450–452 (1935).

[410] Heisenberg an Pauli

Leipzig, 30. Mai [1935]

Lieber Pauli!

Da ich in der Quantenelektrodynamik nicht viel weitergekommen bin, hab' ich meine Antwort auf Deinen Brief immer wieder verschoben. Ich will heut' aber versuchen, wenigstens Deine Fragen, so gut ich kann, zu beantworten. Obwohl ich nicht genau weiß, wie Du zu Deinen Resultaten gekommen bist, scheint es mir sehr wahrscheinlich, daß die normalen Balmerterme um $\alpha^2 mc^2 = Rh$ verschoben werden, wenn man über ein Gebiet $\sim h/mc$ ausschmiert. Dies würde ich jedoch nicht als bedenklich ansehen, wenn es sich, wie ich glaube, herausstellt, daß die Verschiebung um Größen der Ordnung Rh für alle Balmerterme genau die gleiche ist. Es würde dann das Balmerspektrum (bis auf Terme $\alpha^2 Rh$) richtig bleiben, nur die Lage der ganzen Balmerterme (also etwa die Zerstrahlungsenergie von Positron und Elektron) wäre um Rh unsicher.

Abgesehen von dieser Frage hab' ich allerdings aus einigen Rechnungen gelernt, daß die Formel (8) jedenfalls noch sehr weit von der Wirklichkeit entfernt ist. Ich hab' zunächst die Schrödingergleichung zu lösen gesucht für den Zustand, der der Existenz eines Lichtquants vom Impuls $\mathfrak{P}$ entspricht. Korrespondenzmäßig sollte man hier eine Lösung vom Typus

$$\phi(0\,0\overset{\mathfrak{p}}{1}\,0;\,0\,0\overset{\mathfrak{P}-\mathfrak{p}}{1}\,0\ldots) = \text{const.}\sqrt{\frac{2\pi}{cP}}\,\frac{1}{\sqrt{V}}\,\frac{(\bar{\mathfrak{p}}|\alpha_k|\mathfrak{P}-\overset{+}{\mathfrak{p}})}{p_0+|\mathfrak{P}-\mathfrak{p}|_0-P}$$

erwarten. Es zeigt sich aber, daß jedenfalls die Terme, bei denen mehr als ein Paar vorhanden sind, von der gleichen Größenordnung sind, wie die eben genannten. Dies kann man auch ausdrücken, indem man sagt: $e^2/\hbar c$ hat in dieser Theorie einen Wert von der Größenordnung 1.

Wenn man mit der Theorie (8) die Wahrscheinlichkeit für den Comptoneffekt ausrechnet, so bekommt man zwar zunächst die üblichen Formeln, aber außerdem noch andere Glieder gleicher Größenordnung, die wieder, wenn man so will, von höheren Ordnungen in $e^2/\hbar c$ herkommen, aber nicht von den gewöhnlichen getrennt werden können.

Sonst weiß ich nichts Neues. Viele Grüße, auch an Weisskopf

Dein W. Heisenberg

Im März hatte Pauli einige Vorträge über die „Mathematische Theorie der Diracmatrizen" (1935b, c) gehalten [416]. Im Zusammenhang damit dürfte ihn eine gruppentheoretische Untersuchung interessiert haben, die sein ehemaliger Assistent Hendrik B.G. Casimir auf seine Anregung hin gemeinsam mit Barthel L. van der Waerden durchgeführt hatte.[1] „Das Thema dieser Arbeit wurde mir kurz nach meinem Eintreffen in Zürich von Pauli vorgeschlagen. Weyl habe ihm gesagt, es gäbe ein mathematisches Problem, das er bis jetzt nicht hätte lösen können, nämlich die volle Reduzibilität usw. rein algebraisch zu beweisen. Ich sollte das mal versuchen. Es gelang mir für die Drehungsgruppe den Beweis zu erbringen. Bei der Verallgemeinerung auf andere Gruppen blieb ich aber stecken: meine mathematische Kenntnisse waren eben nicht hinreichend. Ich schrieb sodann an van der Waerden, der den Beweis vervollständigte. Später hat R. Brauer den Beweis noch erheblich vereinfacht und verschönert, wobei die Rolle des Casimir-Operators noch deutlicher hervortritt. Seitdem betrachtete Pauli mich wohl einigermaßen als Sachverständiger auf dem Gebiet der Gruppentheorie, obwohl meine Kenntnisse ziemlich beschränkt waren."[2] Casimir schickte an Pauli einen Sonderdruck mit einem Begleitschreiben [411], das in Paulis Separatasammlung aufgefunden wurde. Am oberen Rand des Sonderdrucks steht die handschriftliche Widmung Casimirs: „Mit herzlichen Grüßen und der Bitte zu entschuldigen, daß man es dem Kind nicht ansehen kann, wer Pate war."[3]

[1] H. Casimir und B.L. van der Waerden: Algebraischer Beweis der vollständigen Reduzibilität der Darstellungen halbeinfacher Liescher Gruppen. Math. Ann. **111**, 1–12 (1935).

[2] Nach einer Mitteilung von H.B.G. Casimir an den Herausgeber.

[3] Das Original befindet sich in Paulis Separatasammlung bei CERN in Genf.

[411] Casimir an Pauli

[Leiden, Mitte 1935]

Lieber Prof. Pauli!

Mit gleicher Post sende ich Ihnen einen Sonderdruck. Es scheint mir im Augenblick zweifelhaft, ob die Form Q eine entscheidende Rolle spielen kann für das Problem der Darstellungstheorie. Es ist $Q = g^{\lambda\mu} M_\lambda M_\mu$ und $g_{\lambda\mu} = c_{\lambda\nu\ldots\rho}\, c_{\rho\mu\ldots\nu}$. Wählt man nun eine andere Basis

$$M'_k = A^\lambda_k M_\lambda,$$

dann wird

$$g'_{kl} = A^\lambda_k A^\mu_l g_{\lambda\mu}.$$

Man kann also immer die Basis so wählen, daß $g_{kl} = (\pm)\delta_{kl}$ und wenn man auch komplexe Basistransformationen zuläßt, so daß $g_{kl} = \delta_{kl}$. Die Linearfaktoren werden dann aber nur von der Anzahl n der inf[initesimalen] Transf[ormationen] abhängen, d.h. von der Ordnung der Gruppe.

Übrigens, was leistet eigentlich der „Spinorkalkül"? Die Matrizen σ_x, σ_y, σ_z bzw. $\alpha_0, \ldots, \alpha_3$ liefern eine Verknüpfung zwischen orthogonalen Transformationen und Spinortransf[ormationen]. Nun kann man in *diesem* Fall aus den Spinortransformationen sämtliche irreduzible Darstellungen in einfacher Weise gewinnen; im allgemeinen Fall ist das aber nicht so leicht. Für die *n*-dim[ensionalen] Drehungen wird man, glaube ich, mit Hilfe von $\mathfrak{h}$ die einfachsten zweideutigen Darstellungen erhalten können. Damit ist das Darstellungsproblem aber noch nicht vollständig gelöst. (Wählt man übrigens $g_{kl}=\delta_{kl}$, so folgt, daß c_{ikl} in allen drei Indizes schiefsymmetrisch ist.)

Während der letzten Tage habe ich selber auch über ein mathematisches Problem nachgedacht, von dem ich aber noch nicht weiß, inwiefern es überhaupt interessant ist. Es handelt sich um folgendes: Als Kugelfunktionen 1ster Ordnung kann man wählen $\{x, y, z\}$. Diese drei Funktionen sind a) *orthogonal,* b) sie entstehen durch *Drehung* aus einer Funktion.

Für die Kugelfunktion zweiter Ordnung gilt etwas ähnliches. Man kann z. B. ausgehen von

$$\frac{1}{r^2}\cdot xy.$$

Durch Drehung kann man daraus eine Basis konstruieren:

$$xy,\ xz,\ zy,\ x^2-y^2,\ y^2-z^2.$$

Die Frage ist, ob etwas ähnliches allgemein möglich ist. (Die Frage läßt sich natürlich sofort auf andere Gruppen ausdehnen.) Bis jetzt sehe ich aber noch nicht, wie man das Problem angreifen soll.

De Haas und meine Frau haben jetzt festgestellt, daß der Widerstand eines supraleitenden Drahtes jedenfalls kleiner ist als $10^{-16}\times$ den Widerstand bei 0 °C, was theoretisch vielleicht nicht besonders interessant ist, weil man ja sowieso glaubt, daß der Widerstand 0 ist, aber immerhin etwa $10^{-4}\times$ kleiner ist, als die von Kamerlingh Onnes angegebene Grenze.[a]

Ich weiß eigentlich nicht, inwiefern Kronig sehr enttäuscht war.[b] Daß Kronig ein besserer Physiker ist – bessere Arbeiten geschrieben hat jedenfalls – ist klar. Als Dozent hat er aber keinen sehr guten Ruf. Weiter wird aber wohl eine Rolle gespielt haben, daß Kronig kein Holländer ist; man achtet leider sehr darauf während der letzten Zeit. Eine wichtige Rolle hat aber vielleicht auch die Tatsache gespielt, daß Ornstein Kronig nicht ausstehen kann. Wenn Kronig trotzdem ernannt wäre, würde er kaum ein sehr angenehmes Leben gehabt haben.[c]

Mit herzlichen Grüßen Ihr St. Casimir

a) Siehe hierzu H.B.G. Casimir: Haphazard Reality. Half a Century of Science. New York 1983. Dort S. 339. – b) Siehe hierzu [406]. – c) Über Kamerling Onnes und das Leidener Kältelaboratorium berichtet H.B.G. Casimir auch in seiner oben genannten Autobiographie.

In einem Schreiben an Peierls vom 28. Januar 1935, das wir im folgenden wiedergeben, regte Heisenberg eine gemeinsame Note mit Bethe „über die Wechselwirkungskräfte der Fermi-Theorie" in Nature an.

„Haben Sie vielen Dank für Ihren Brief, dessen Inhalt ich mir im großen und ganzen mit Pauli zusammen auch schon überlegt hatte. Heute möchte ich nur schreiben, daß ich es eigentlich schön fände, wenn Sie mit Bethe zusammen etwa in ‚Nature' eine Note über die Wechselwirkungskräfte der Fermi-Theorie veröffentlichen würden. Ich finde nämlich das Resultat Ihrer Überlegung keineswegs so negativ wie Sie, sondern finde es einen sehr wichtigen Fortschritt, einzusehen, daß zwischen der Fermischen Theorie und der Größe der Austauschkräfte kein Widerspruch besteht. Es erscheinen ja auch immer wieder Arbeiten, in denen von diesem Widerspruch gesprochen wird oder falsche Versuche gemacht werden, ihn zu beseitigen. Auch Fermi und Wick, denen ich von Ihrer Überlegung brieflich erzählte, waren sehr davon befriedigt und würden es sicher für richtig halten, daß Sie und Bethe etwas darüber publizieren. Daß es einstweilen nicht möglich ist, die endgültige Form der Wechselwirkungsenergie anzugeben, scheint mir kein Einwand. Ich glaube, die experimentellen Ergebnisse werden über kurz oder lang zu einer Festlegung dieser Wechselwirkung schon führen.

Ihr Vorschlag, die Wechselwirkungsglieder sozusagen als 2. Näherung eines Störungsverfahrens aufzufassen, scheint mir sehr unplausibel. Schon in der Quantenelektrodynamik halte ich es für sicher, daß die Hamiltonfunktion der zukünftigen, jetzt noch nicht gefundenen Theorie Ausdrücke enthalten muß, die in der Dichtematrix quadratisch sind. (Die elektromagnetischen Potentiale werden dafür nicht vorkommen.) Mir scheint es deshalb auch natürlich, daß in der Fermischen Theorie Übergangselemente vorkommen, die den Übergängen von 4 Teilchen entsprechen. Das Verständnis dafür, daß die Fermischen Terme gerade die in der Natur vorkommende und von uns noch empirisch festzustellende Form haben, ist ein Problem von genau dem gleichen Schwierigkeitsgrad wie die Festlegung von $\frac{e^2}{\hbar c}$. Ich glaube also die wesentliche Aufgabe der Kernphysik ist zunächst die Festlegung der Fermischen Wechselwirkung, aus der alle wichtigen empirischen Tatsachen herleitbar sein müssen."

Heisenberg wußte offenbar nicht, daß Bethe und Peierls bereits eine Note publiziert hatten.[1] Jedoch Pauli lehnte diese „komische Note" ab, wie er in dem folgenden Brief [411 a] erwähnte.

[1] Daß Heisenberg diese Note nicht kannte, hängt wahrscheinlich mit den im Kommentar zu [402] erwähnten Lieferproblemen von ausländischen Zeitschriften zusammen.

[411 a] Pauli an Peierls

Zürich, 13. Juni 1935

Lieber Herr Peierls!

Da Sie mir Ihre etwas komische Note über die Neutrinotheorie des Lichtes[a] geschickt haben, möchte ich Ihnen doch kurz schreiben, was ich selbst zu dieser Theorie (nicht etwa: zu Ihrer Note!) überlegt habe und meine.

1. Ich habe niemals die beiden ersten Paragraphen der Jordanschen Arbeit[b] gelesen, sondern habe mit der Lektüre immer gleich bei § 3 angefangen. An

Jordans absurder „Ramaneffekt"-Idee bin ich also völlig unschuldig. Es interessierte mich aber die Fragestellung, ob und wie man aus $a(\mu)$ und $c(\nu)$, die Jordan's Gleichung (18) genügen, wirklich Wellen $b(\nu)$ bekommen kann, die (17) erfüllen. Es war mir nämlich schon lange vor der Jordanschen Arbeit das triviale Argument bekannt, daß man mit *kräftefreien* Neutrinos (ohne Wechselwirkung), die das Ausschließungsprinzip erfüllen, nie mehr als *ein* Paar (also *ein* Photon) auf eine Eigenschwingung des Hohlraums setzen kann, daher die Paare dann sicher nicht die Bose-Statistik erfüllen. Es muß also jeder Ansatz, der zu (17) führt – entgegen Jordans eigener Meinung – doch etwas einer Wechselwirkung der Neutrinos irgendwie physikalisch äquivalentes einführen (wozu auch Kronigs Feststellungen[c] passen!). Das sieht man auch in der Tat, wenn man von den $a(\nu)$, $c(\nu)$, $b(\nu)$ zu den entsprechenden $a(x)$, $c(\mathrm{x})$, $b(x)$ übergeht.

2. Was aber die spezielle Jordansche Formel (19) betrifft, so ist die Herleitung von (17), die Jordan gibt, mathematisch nicht einwandfrei, da das Resultat eigentlich zunächst $\infty - \infty$ ist und einem Ausdruck dieses Typus dann von Jordan *willkürlich* ein spezieller Wert erteilt wird. Weisskopf und ich haben deshalb versucht, in (19) zunächst eine abschneidende Gewichtsfunktion $g(\alpha)$ einzuführen und zum Schluß den $\lim g \to 1$ zu machen. Dann kam aber nicht das Jordansche Resultat (17) heraus, sondern vielmehr *Vertauschbarkeit* aller $b(\nu)$. Deshalb glaube ich, daß Jordans Ansatz (19) Quatsch ist.

3. Ich habe dann noch de Broglies[d] und Wentzels Arbeiten[e] studiert und diskutiert und ebenfalls einen sehr negativen Eindruck bekommen. Entweder es kommt Unsinn heraus oder aber man *verbietet* es irgendwie, *einzelne* Neutrinos zuzulassen, betrachtet *nur Paare* und schreibt hiermit die bisherige Elektrodynamik in unübersichtlicher und komplizierter Weise um. (Wozu war dann die ganze Mühe?)

Zusammenfassend möchte ich also meiner großen *Betrübnis* über den gegenwärtigen Stand der sogenannten ‚Neutrinotheorie des Lichtes' Ausdruck geben, möchte aber gerne bemerken, daß mich Ihre Note *nicht* noch betrübter gemacht hat!

Den Streit über die ersten 2 Paragraphen der Jordanschen Arbeit Ihnen und Jordan als Privatangelegenheit überlassend, grüßt Sie herzlich

Ihr W. Pauli

a) H. Bethe und R. Peierls. The „Neutrino". Nature **133**, 532, 689–690 (1934). Signiert Manchester, 20. Februar und 1. April 1934. – b) P. Jordan: Zur Neutrinotheorie des Lichtes. Z. Phys. **93**, 464–472 (1935). Die weiter unten von Pauli erwähnte „Ramaneffekt"-Idee steht auf S. 467. – c) Siehe [406], Anm. d. – d) Siehe [404], den Kommentar zu [342] und L. de Broglie: L'électron magnétique. Paris 1934. – e) G. Wentzel: Zur Frage der Äquivalenz von Lichtquanten und Korpuskelpaaren. Z. Phys. **92**, 337–358 (1934).

Schon mehrfach war in den letzten Jahren durch Schrödinger, Planck und die anderen „älteren Herren wie von Laue und Einstein" [412] Kritik an der sog. Kopenhagener Deutung der Quantenmechanik geübt worden.[1] Besonders Einstein beabsichtigte jetzt, eine Klärung in aller Öffentlichkeit zugunsten des von ihm verfochtenen Determinismus herbeizuführen. Abermals mit einem sinnreichen Gedankenexperiment, dem sog. Einstein-Podolski-Rosen-Paradoxon, wollte er das Widersprüchliche des Kopenhagener Standpunktes aufzeigen.[2] Die allgemeine Aufmerksamkeit, die er damit hervorrief, zeigte deutlich, daß von den meisten Physikern die dadurch angesprochenen Grundlagenfragen der Quantenmechanik keineswegs als schon gelöst angesehen wurden.

Niels Bohr [414][3] und Erwin Schrödinger [413][4] bezogen sogleich Stellung. Pauli regte an, Heisenberg solle ebenfalls „eine Erwiderung darauf ans Physical Review“ schikken [412], da „eine gewisse Gefahr einer Verwirrung der öffentlichen Meinung – namentlich in Amerika“ – bestehe.

[1] Siehe hierzu N. Bohr: Diskussion mit Einstein über erkenntnistheoretische Probleme der Atomphysik. Beitrag zu P.A. Schilpp (Hrsg.): Albert Einstein als Philosoph und Naturforscher. Stuttgart 1955. Auch Einstein hatte noch vor seinem Weggang aus Berlin einen 4 Seiten langen Aufsatz mit dem Titel: „Bestimmt Schrödingers Wellenmechanik die Bewegung eines Systems vollständig oder nur im Sinne der Statistik?“ bei der Preußischen Akademie der Wissenschaften zur Veröffentlichung eingereicht und dann zurückgezogen. Außerdem befand sich ein 10 Seiten umfassendes Manuskript von Einstein mit der Überschrift „Elementare Überlegungen zur Interpretation der Quantenmechanik“ unter Schrödingers hinterlassenen Papieren. (Vgl. SHQP: MF. 43,9).

[2] Siehe hierzu F. Selleri: Die Debatte um die Quantentheorie. Braunschweig 1983. Dort S. 83–98.

[3] N. Bohr: Can quantum-mechanical description of physical reality be considered complete? Phys. Rev. **48**, 696–702 (1935). Eingegangen am 13. Juli 1935.

[4] E. Schrödinger: Die gegenwärtige Situation in der Quantenmechanik. Naturwiss. **23**, 807–812, 823–828, 844–849 (1935).

[412] Pauli an Heisenberg

Zürich, 15. Juni 1935

Lieber Heisenberg!

Über Physik weiß ich nichts Neues. Weisskopf ist am Delbrückschen Problem und die dabei auftretenden Fragen der Subtraktionsphysik werden sehr unschön.[a] – Davon möchte ich aber heute nicht berichten, sondern von zwei *pädagogischen* Fragen, bei denen Du eventuell öffentlich eingreifen könntest.

1. *Einstein* hat sich wieder einmal zur Quantenmechanik öffentlich geäußert und zwar im Heft des Physical Review vom 15. Mai (gemeinsam mit Podolsky und Rosen – keine gute Kompanie übrigens).[b] Bekanntlich ist das jedes Mal eine Katastrophe, wenn es geschieht. „Weil, so schließt er messerscharf – nicht sein kann, was nicht sein darf“ (Morgenstern).[c]

Immerhin möchte ich ihm zugestehen, daß ich, wenn mir ein Student in jüngeren Semestern solche Einwände machen würde, diesen für ganz intelligent und hoffnungsvoll halten würde. – Da durch die Publikation eine gewisse Gefahr einer Verwirrung der öffentlichen Meinung – namentlich in Amerika – besteht, so wäre es vielleicht angezeigt, eine Erwiderung darauf ans Physical Review zu schicken, wozu ich *Dir* gerne zureden möchte.[d]

Vielleicht lohnt es sich also doch, wenn ich Papier und Tinte vergeude, um diejenigen durch die Quantenmechanik geforderten Tatbestände zu formulieren, die Einstein besonders geistige Beschwerden machen.

Er hat jetzt so viel verstanden, daß man zwei Größen, die nicht vertauschbaren Operatoren entsprechen, nicht gleichzeitig messen und ihnen nicht gleichzeitig Zahlwerte zusprechen kann. Aber woran er sich in Verbindung damit stößt, ist die Weise, wie in der Quantenmechanik zwei Systeme zu einem

Gesamtsystem zusammengesetzt werden. – Man sieht dies am folgenden Beispiel, das er (im wesentlichen) auch heranzieht.

Wir haben ein Gesamtsystem bestehend aus zwei Massenpunkten 1 und 2. Diese seien kräftefrei und mögen sich in sehr großer Entfernung von einander befinden. Nach der Quantenmechanik ist ein Zustand des Gesamtsystems möglich, bei welchem – wenigstens in einem bestimmten Zeitmoment t_0 – sowohl der Abstand x_2-x_1 der Teilchen, als auch der Schwerpunktsimpuls p_1+p_2 der Teilchen bestimmte Zahlwerte haben (da p_1+p_2 mit x_2-x_1 vertauschbar ist). Diese Zahlwerte seien P_0 und x_0.

$$\mathfrak{p}_1+\mathfrak{p}_2=P_0, \qquad x_2-x_1=x_0.$$

{Eigenfunktion $\psi(x_1,x_2)=e^{\frac{i}{\hbar}P_0\frac{x_1+x_2}{2}}\delta(x_2-x_1-x_0)$ (für $t=t_0$).}

Der Zustand sei durch irgendwelche Mechanismen – z.B. frühere Wechselwirkung von 1 und 2 oder sonstwie – hergestellt. Einstein betont nun den *zutreffenden* Umstand, daß Messungen am Teilchen 2 das Teilchen 1 sicher nicht stören können und weiter die Aussagen der Quantenmechanik:

A) Habe ich durch Messung an 2 den Wert x_2^0 für die Koordinate gefunden, so kann ich das Ergebnis der x_1-Messung an 1 mit Sicherheit voraussagen, nämlich den Wert $x_0-x_2^0$. Nach der Messung an 2 ist 1 im Zustand mit der Eigenfunktion $\delta[x_1-(x_0-x_2^0)]$.

B) Habe ich durch Messung an 2 andrerseits den Wert p_2^0 für den Impuls p_2 festgestellt, so kann ich das Ergebnis der $\mathfrak{p}_1$-Messung an 1 mit Sicherheit voraussagen, nämlich den Wert $P_0-p_2^0$. Nach der Messung an 2 ist 1 im Zustand mit der Eigenfunktion $e^{\frac{i}{\hbar}(P_0-p_2^0)x_1}$.*

Jetzt kommt das „tiefe Gefühl" und sagt weiter: „Da die Messungen an 2 das Teilchen 1 nicht stören können, muß es eine »physikalische Realität« genanntes Etwas geben, nämlich den Zustand des Teilchens 1 *an sich* – unabhängig davon, welche Messungen man an 2 gemacht hat. Es ist doch absurd, anzunehmen, daß das Teilchen 1 durch Messungen an 2 verwandelt, d.h. von einem Zustand in einen anderen übergeführt wird. In Wahrheit ist die quantenmechanische Beschreibung von 1 richtig, aber *unvollständig*. Eine vollständige Beschreibung müßte dem Zustand des Teilchens 1 Merkmale zuordnen, die auch alle diejenigen Eigenschaften von 1 schon enthalten, die – *nach* möglichen Messungen an 2, welche 1 nicht stören – mit Sicherheit vorausgesagt werden können."

Eine pädagogische Erwiderung auf den unter „..." gesetzten Gedankengang müßte, glaube ich, folgende Begriffe klären. Den Unterschied zwischen folgenden Aussagen:

a) Zwei Systeme 1 und 2 haben keine Wechselwirkung miteinander (= Fehlen von Wechselwirkungsenergie).

Definition. Dies ist dann der Fall, wenn nach Maximalbeobachtung an 1 die Erwartungswerte aller Größen von 1 *denselben zeitlichen Verlauf* haben, wie wenn 2 nicht vorhanden wäre. (NB. Für hinreichend kurze Zeiten spielt der Begriff der Wechselwirkung ohnehin keine Rolle.)

* Daß auch durch Messungen an 2 nicht etwa Werte von p_1 und x_1 für 1 *gleichzeitig* vorausgesagt werden können, ist Einstein bekannt und wird von ihm ganz zugegeben.

b) Das Gesamtsystem ist in einem Zustand, wo die Teilsysteme 1 und 2 *unabhängig* sind. (Zerfall der Eigenfunktion in ein Produkt.)

Definition. Das ist dann der Fall, wenn nach Ausführung einer Messung an 2 von einer beliebigen Größe F_2 mit *bekanntem* Ergebnis $F_2 = (F_2)_0$ (Zahl) die Erwartungswerte der Größen F_1 von 1 dieselben bleiben wie ohne Ausführung einer Messung an 2.

Ganz unabhängig von *Einstein* scheint es mir, daß man bei einer systematischen Begründung der Quantenmechanik mehr von der Komposition und Separation von Systemen *ausgehen* sollte, als es bisher (bei Dirac z.B.) geschieht. - Dies ist ja - wie Einstein *richtig* gefühlt hat - ein sehr fundamentaler Punkt in der Quantenmechanik, der überdies eine direkte Beziehung hat zu Deinen Überlegungen über den *Schnitt* und die Möglichkeit seiner Verlegung an eine beliebige Stelle. (*Vielleicht könntest Du diese einmal nicht populär - mit Formeln - kurz darstellen;* es gibt ähnliche von Neumann in seinem Buch[e], aber zu epsilontisch.) Man muß verschiedene Schichten der Realität unterscheiden: Eine R, die alle Informationen enthält, die man durch Messungen an 1 *und* 2 erfahren kann und eine (aus R deduzierbare) r, die nur die Informationen enthält, die man durch Messungen an 1 allein erhalten kann. Man muß dann zeigen, wie Bekanntgabe eines Messungsresultates an 2 diskontinuierliche Änderung von r ($r \rightarrow r_A$ oder $r \rightarrow r_B$ etc.) zur Folge hat (es sei denn, die Teilchensysteme waren unabhängig). Und daß man notwendig auf Widersprüche geführt wird, wollte man versuchen, diese Änderungen ohne Bezugnahme auf 2 - etwa als „verborgene Eigenschaften" von 1 klassisch oder halbklassisch zu beschreiben.

Überhaupt spukt bei älteren Herren wie *Laue*[f] und *Einstein* die Idee herum, die Quantenmechanik sei zwar *richtig*, aber *unvollständig*. Man könne sie *durch in ihr nicht enthaltene Aussagen ergänzen, ohne die in ihr enthaltenen Aussagen zu ändern.* (Eine Theorie mit einer solchen Eigenschaft nenne ich - im logischen Sinne - *unvollständig*. Beispiel: die kinetische Gastheorie.) Vielleicht könntest Du - bei Gelegenheit der Erwiderung an Einstein - einmal in autoritativer Weise klarstellen, daß eine solche Ergänzung bei der Quantenmechanik nicht möglich ist, ohne ihren Inhalt abzuändern.

NB. Vielleicht habe ich nur deshalb so viel Mühe auf diese Sachverhalte, die für uns Trivialitäten sind, verwendet, weil ich vor einiger Zeit eine Einladung nach Princeton für das nächste Wintersemester bekommen habe. Es wird mir viel Spaß machen, hinzugehen. Jedenfalls will ich das Morgenstern-Motto dort populär machen!

2. Eine zweite pädagogische Frage entsteht durch die nunmehr in den Rendiconti della Reale Accademia Nazionale dei Lincei erschienene Arbeit von Wick über das magnetische Moment des Protons.[g] Ich muß allerdings zugeben, daß ich wegen der italienischen Sprache vielleicht nicht alles verstanden habe, aber es scheint mir, daß er sämtliche Pointen verpatzt hat.

a) Daß nur ein von Null verschiedenes mittleres magnetisches Moment des Zwischenzustandes herauskommt, wenn man bezüglich des *schweren* Teilchens relativistisch rechnet (Einführung der Dirac-Matrizen für das schwere Teilchen), was rein logisch über die Fermischen Annahmen beim β-Zerfall weit hinausgeht.

b) Daß dann zunächst ∞ herauskommt, wenn man nicht abschneidet.

c) Daß Übergänge zu negativen Protonen ausgeschlossen werden müssen, um ein von 0 verschiedenes magnetisches Moment des Neutrons zu erhalten.

d) Daß in der relativistischen Wellengleichung erster Ordnung (Diracgleichung) für die schweren Teilchen Zusatzglieder vom Typus $\alpha\gamma^{\mu}\gamma^{\nu}F_{\mu\nu}\psi$ im äußeren Feld auftreten, wie sie schon mehrfach vermutet worden sind.

Vielleicht könntest Du zur Klarstellung Deine eigenen Rechnungen [da]rüber doch - über die Bemerkungen in der Zeemanfestschrift hinausgehend[h] - noch kurz in der Zeitschrift für Physik publizieren. Es ist nicht gut, wenn darüber eine Art Geheimwissenschaft entsteht.

Nun fürchte ich, habe ich Dich mit diesem Brief sehr gelangweilt. Aber über die Quantenelektrodynamik weiß ich nichts. Sie wird mir um so dunkler, je länger ich darüber nachdenke; und desto unbefriedigender erscheint mir auch Deine Idee, die eingeführten Δ als Einfluß des Meßapparates zu interpretieren.[i]

Viele Grüße Dein W. Pauli

a) Siehe hierzu den Kommentar zu [402]. – b) A. Einstein, B. Podolsky und N. Rosen: Can Quantum Mechanical Description of Physical Reality Be Considered Complete? Phys. Rev. **47**, 777–780 (1935). Eingegangen am 25. März 1935. – c) Letzter Vers aus Christian Morgensterns Gedicht „Die unmögliche Tatsache“. Enthalten in der Sammlung „Alle Galgenlieder“. Berlin 1932. Dort S. 163. – d) Wahrscheinlich war das im Anhang von [414] wiedergegebene Manuskript der Entwurf für eine solche Erwiderung. Dort ist auch die weiter unten von Pauli angeregte Darstellung des Heisenbergschen „Schnittes“ wiedergegeben. Wahrscheinlich hat Heisenberg später von einer Publikation Abstand genommen, weil ohnehin schon zahlreiche Stellungnahmen zu dem Problem vorlagen. – e) J.v. Neumann: Mathematische Grundlagen der Quantenmechanik. Berlin 1932. Dort insbesondere S. 121ff. – f) Max v. Laue hatte sich hierzu in einem Aufsatz mit der Überschrift „Materie und Raum in der neuen Physik“ in der Vossischen Zeitung Nr. 21 vom 25. Januar 1934 zu Wort gemeldet. Eine weitere Stellungnahme „Über Heisenbergs Ungenauigkeitsbeziehungen und ihre erkenntnistheoretische Bedeutung“ erfolgte in „Die Naturwissenschaften“ **32**, 439–441 (1934). – g) G.C. Wick: Teoria dei raggi β e momento magnetico del protone. Rendiconti Accad. Lincei **21**, 170–173 (1935). – h) Siehe die in Anm. 1 im Kommentar zu [391] genannte Veröffentlichung. (Auf S. 113 wird kurz auf Wicks Untersuchung hingewiesen. – Als Heisenberg im November einen Sonderdruck an Born verschickte, bemerkte er selbstkritisch: „Es stehen ja eigentlich ja nur ganz vage Gedanken drin und ich hab' in Holland sehr lachen müssen als ich hörte, daß die Jungen dort (Casimir etc.) die Arbeit mündlich stets als ‚Heisenbergs Traum‘ zitieren. Sie sehen also, wie unklar alles ist.“ (Aus einem Brief Heisenbergs vom 3. November 1936 an Born.) – i) Siehe hierzu [408].

Arnold Berliner, der langjährige Herausgeber der Zeitschrift „Die Naturwissenschaften“, sah in dieser Kontroverse um die Deutung der Quantentheorie eine ausgezeichnete Gelegenheit, um „alle theoretischen Physiker von Rang auf dem Plan erscheinen“ zu lassen. In einem Schreiben vom 1. Juli 1935 an Schrödinger bedankte er sich für dessen Beteiligung und ließ ihn wissen: „Auf etwas besonderes können wir uns von Freund Pauli gefaßt machen. Er scheint seine von Haus aus scharfe Zunge für diesen Zweck noch besonders zuzuspitzen. Auf meine an Weisskopf gelegentlich einer anderen Korrespondenz[1] gerichteten Frage, was Pauli zu dem Aufsatz[2] meinte, kam von Pauli selber eine Karte, in der er sich mit der ihm eigenen Schärfe gegen den Aufsatz ausspricht, Laues Stellung zur ganzen Quantenmechanik mit höchster Skepsis beurteilt, und von mir erwartet, daß ich auch Heisenberg in der Angelegenheit zu Rate ziehe. Besonders wendet er sich gegen Laues früheren Aufsatz in den Naturwissenschaften. Auf Pauli kann man eine schöne Fauststelle anwenden: ‚Wie schien mirs schwarz, und schwärzts noch gar, mirs immer doch nicht schwarz genug war.‘ Ersetzen Sie schwarz durch scharf, dann gilt das alles für Paulis Art und Weise, die Dinge anzusehen, mit denen er nicht ganz und gar übereinstimmt.“

Daraufhin wendete sich Schrödinger, der wohl gerade seinen Aufsatz für die Naturwissenschaften ausarbeitete, direkt an Pauli [413]. Pauli ließ mit seiner Antwort [415] nicht lange auf sich warten.

[1] V. Weisskopf: »Probleme der neueren Quantentheorie des Elektrons.« Naturwiss. **23**, 631–637, 647–653, 669–674 (1935).

[2] E. Schrödinger: »Die gegenwärtige Situation in der Quantenmechanik. Naturwiss. **23**, 807–812, 823–828, 844–849 (1935).

[413] Schrödinger an Pauli

[Dublin, Anfang Juli 1935]
[Maschinenschriftliche Durchschrift
mit handschriftlichem Zusatz]

Lieber Pauli!

Arnold Berliner hat mir geschrieben, daß Du auf die Dreimännerarbeit im Physical Review[a] sehr temperamentvoll reagiert hast (ohne mir genau zu schreiben wie, aber das kann ich mir dazu schon denken).

Nun gut. Mir war diese Note der Anlaß, mir den Fall (den wir ja alle im wesentlichen längst kennen) und anderes damit zusammenhängende wieder einmal sehr genau durchzuüberlegen, und zwar unter dem Gesichtspunkt, daß „wirklich einen Wert haben“, „wirklich so und so beschaffen sein“ und dgl. nicht sinnvolle Redewendungen sind. Einstein „verdoppelt“ noch. Er hat eine Abbildung dessen, was wirklich ist auf einen Plan mit Fähnchen. Jedem Wirklichkeitsding muß auf dem Plan ein Fähnchen entsprechen und vice versa.

Nun gut. Ich wüßte sehr gern, ob Du folgender Schilderung des evenements, hinter die ich beim besten Willen nicht zurückkann, zustimmen würdest.

Es gibt bekanntlich präparative Meßmethoden, durch die ich ein System in maximale Bekanntheit versetzen oder zu einem „reinen Fall“ machen kann. Ich behaupte: es gibt präparative Methoden bei denen es nach endgültiger Isolierung des zu präparierenden Systems noch in der Willkür des Experimentators liegt, die Methode so fortzusetzen, daß bestimmt ein reiner Fall vom Typus A resultiert, oder aber so fortzusetzen, daß bes[timmt] ein reiner Fall vom Typus „non A“ resultiert.

Soweit dürftest Du mir zustimmen. Ja? Da Du mir auch no[ch erlaubst], den reinen Fall als Zustand zu bezeichnen und zu sagen: es liegt also, nachdem das System schon isoliert ist, noch in der Willkür des Experimentators, zu bewirken oder zu verhindern, daß es in einen Zustand vom Typus A kommt?

Nun „Zustand“ ist ein Wort, daß zwar alle benutzen, sogar der heilige PAM[b], aber das macht es nicht inhaltsreicher. Man kann aber ziemlich leicht einsehen, daß und in welchem Sinne ein System, wenn se[ine] psi-Funktion sich ändert, *sich* wirklich ändert. Jede psi-Funktion verm[ittelt] nämlich *gleich viel* Wissen. Wenn sie sich ändert, ist das nie blos ein Zuwachs, sondern immer auch eine Einbuße an Wissen. Wissen kann man aber nur erwerben, nicht einbüßen (außer beim Vertrotteln, was hier außer Betracht bleibe). Einbuße an Wissen kann nur eintreten, wenn der Sachverhalt sich geändert hat. In diesem Sinne sage ich: verschiedene psi-Funktionen entsprechen bestimmt einem verschiedenen Sachverhalt – oder Zustand. Ich halte das nicht für eine illegitime Einschleppung des Realitätsdogmas. Aber ich wüßte sehr gern was Du dazu meinst. Und ob Du wirklich meinst, der Einsteinfall – nennen wir ihn so – restlos nichts zu denken gibt, sondern ganz klar und einfach und selbstverständlich ist. (So meinten bisher alle, mit denen ich zum ersten Mal darüber sprach, weil sie ihr Kopenhagener Credo in unum sanctum gut gelernt hatten. Drei Tage nachher kam meistens die Mitteilung: was ich neulich sagte war natürlich ganz unrichtig, viel zu kompliziert. Oder es hieß (Szilard)[c]: ich muß mir erst überlegen, *was* ich Ihnen verbieten muß. Aber klare Auskunft, warum alles so klar und einfach ist, bekam ich noch nicht. Einer meinte vollends: das ist doch fast genau so wie klassisch. Wenn ich von zwei Oszillatoren bloß die Energien, aber nicht die Phasen kenne, weiß ich doch nicht was herauskommt ..., und der ganze Einwand richtet sich nur gegen die Vollständigkeit!

Sei herzlichst gegrüßt, lieber Freund von Deinem alten [Schrödinger]

[Handschriftlicher Zusatz]

Ich bin mir bewußt, daß „reiner Fall" (oder bekannte ψ-Funktion) doch auch ein *Kollektiv* ist; ferner daß dieses Kollektiv jedes Mal zustande kommt durch *Auslese,* die *auf Grund* der Ablesung an dem (bereits abgetrennten) Meßapparat getroffen wird. Und in den beiden Fällen *auf Grund verschiedener* Ausleseprinzipien. Damit scheint alles verständlich.

Mir kommt aber vor, jedes Kollektiv der Quantenmechanik konstituiert sich aus lauter völlig gleich gelagerten Einzelfällen. Wird man mir Verschiedenheit der das quantenmechanische Kollektiv konstituierende Einzelfälle zugeben, so wird man damit allein schon die Unvollständigkeit der quantenmechanischen [„mechanischen] Beschreibung" zugeben. Unvollständig weil mir befohlen wird, Fälle als gleich anzusehen, obwohl ich weiß, daß sie es nicht sind; weil mir verboten wird, weiter zu fragen, obwohl ich weiß, daß es noch etwas zu fragen gibt.

a) Siehe [412], Anm. b. – b) PAM sind die Initialien von Paul Adrien Maurice Dirac. – c) Leo Szilard hatte 1922 bei von Laue mit einer Arbeit zur statistischen Mechanik promoviert und wirkte bis zu seiner Emigration 1933 nach England als Privatdozent an der Universität in Berlin. 1935 erhielt er eine Stellung am Clarendon Laboratory in Oxford. In den folgenden Jahren beschäftigte er sich vorwiegend mit kernphysikalischen Fragestellungen.

[414] Heisenberg an Pauli

Leipzig, 2. Juli 1935

Lieber Pauli!

Entschuldige, daß ich Deinen Brief erst so spät beantworte. Zunächst zur pädagogischen Frage: Aus Kopenhagen hörte ich, daß Bohr im Physical Review

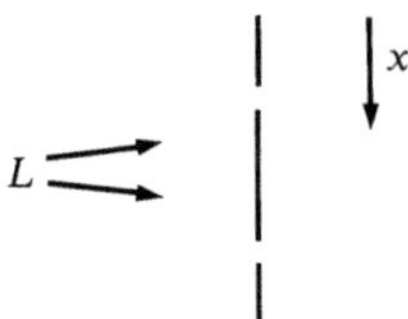

eine Erwiderung an Einstein publizieren wird.[a] Diese Erwiderung liegt bereits in einem Manuskript in Kopenhagen vor. Der wesentliche Punkt der Bohrschen Erwiderung ist etwa folgender: Es läßt sich zeigen, daß das Einsteinsche Gedankenexperiment prinzipiell identisch ist mit dem mehrfach besprochenen Schirm mit zwei Blenden. Der Abstand der Blenden fixiert $x_1 - x_2$ der Lichtquanten, die Impulsmessung am Schirm legt $p_{x_1} + p_{x_2}$ fest. Man wendet dann die üblichen Überlegungen an und zeigt, daß das gleichzeitige Bestehen von Interferenz und Erhaltungssätzen zu den Einsteinschen Paradoxien führt.

Da diese Erwiderung sehr verschieden ist von den Gedanken, die man etwa im Zusammenhang mit dem „Schnitt" äußern könnte, so hab' ich eigentlich immer noch Lust, Deinem Vorschlag entsprechend etwas über den Schnitt zu schreiben.[b] Insbesondere würde ich gern die Frage der Unvollständigkeit der Quantentheorie behandeln. Übrigens ist über diesen Punkt neulich eine halbphilosophische Abhandlung der Frl. Grete Hermann erschienen, die aus Diskussionen in Leipzig entstanden ist und die ich im Ganzen vernünftig finde (bis auf die philosophisch rationalistische Tendenz). (Titel: „Die naturphilosophischen Grundlagen der Quantenmechanik; Verlag „Öffentliches Leben". Inh. Erich Irmer, Berlin 1935.)[c]

In den Ferien will ich zunächst eine Arbeit über Kernphysik fertig machen, die die Frage, ob α-Teilchen in schweren Kernen vorhanden sind, näher behandelt.[d] Ich hab' da ein Verfahren ausgearbeitet, das wesentlich genauer ist als das Majoranasche und mit dem man diese Frage, glaube ich, völlig klären kann. Wenn ich die Arbeit fertig hab', will ich Dir einen Durchschlag schicken. Danach hab' ich für die Arbeit über den „Schnitt" Zeit. Allerdings soll ich auch noch für „Fysisk Tidskrift" zu Bohrs 50. Geburtstag einen Aufsatz schreiben.[e]

Die Arbeit von Wick ist zweifellos sehr lückenhaft.[f] Trotzdem glaube ich doch nicht, daß man die Rechnungen noch einmal publizieren soll. Vielleicht läßt sich eine Berichtigung der Wickschen Note im Rahmen einer Arbeit von Weizsäcker durchführen, der für eine Reihe möglicher Fermischer Wechselwirkungsansätze die Austauschkräfte und die zugehörigen Spin-Spinwechselwirkungen etc. ausgerechnet hat. Die Publikation dieser Arbeit wird allerdings noch einige Zeit dauern.[g]

Ende Juli will ich in die Schweiz fahren. Wenn Du etwa in der Zeit vom 20.–24. 7. in Zürich wärst, würde ich Dich gern in dieser Zeit einmal besuchen. Übrigens wird in diesen Tagen vermutlich auch Bethe in die Schweiz kommen.

Mit vielen Grüßen Dein W. Heisenberg

a) Siehe Anm. 3 des Kommentars zu [412]. – b) Siehe den Anhang zu [414]. – c) Ein Auszug erschien in Naturwiss. **42**, 718–721 (1935). – d) W. Heisenberg: Die Struktur der leichten Atomkerne. Z.

Phys. **96**, 473–484 (1935). Eingegangen am 27. Juli 1935. – e) W. Heisenberg: Udviklingen af Kwanteteoriens principielle Grundlag efter 1925. Fysisk Tidsskrift **33**, 96–101 (1935). Außerdem publizierte Heisenberg eine kurze Gratulation für „Niels Bohr zum fünfzigsten Geburtstage am 7. Oktober 1935" in Naturwiss. **23**, 679 (1935). – f) Siehe [412], Anm. g. – g) Es handelt sich um die Habilitationsschrift C.F. von Weizsäckers: Über die Spinabhängigkeit der Kernkräfte. Z. Phys. **102**, 572–602 (1936). Auf Wicks Arbeit wird dort auf S. 574 eingegangen.

Den folgenden Aufsatz über die Frage „Ist eine deterministische Ergänzung der Quantenmechanik möglich?" hatte Heisenberg offenbar während der Sommerferien geschrieben. Ein maschinengeschriebenes Manuskript verschickte er an die Kollegen zur Begutachtung. Am 28. August 1935 teilte er Bohr mit, daß er ihm gleichzeitig mit diesem Brief ... einen „Durchschlag eines Aufsatzes über Kausalität und Quantenmechanik" schicke, „der eventuell für die Naturwissenschaften bestimmt ist. Dieser Aufsatz war gedacht als Antwort auf v. Laue und Schrödinger – insbesondere da ich von Berliner hörte, daß demnächst noch ein ähnlicher Aufsatz von Schrödinger erscheinen soll. Dabei habe ich – um nicht das Gleiche zu schreiben, was Du schreibst, denn das kann ich doch nicht so gut – etwas mehr die formale und logische Seite des Problems betont. Wenn Du keine Bedenken hast, will ich den Aufsatz in etwa vierzehn Tagen an Berliner schicken, will jedoch vorher abwarten, was v. Laue dazu meint."

Da ein Abdruck nicht mehr erfolgte, scheint eine Wiedergabe dieses Manuskriptes wegen seiner unmittelbaren Beziehung zu dem Briefwechsel hier angezeigt.

Anhang zu [414]

Ist eine deterministische Ergänzung der Quantenmechanik möglich?

Die quantenmechanischen Gesetze enthalten in vielen Fällen Aussagen über die Wahrscheinlichkeit für den Eintritt eines bestimmten Ereignisses. Obwohl dieser statistische Charakter der Quantenmechanik unmittelbar mit den allgemeinen von Bohr* untersuchten Zügen der Naturbeschreibung zusammenhängt, die in der Atomphysik zutage getreten sind und die durch den Begriff „Komplementarität" bezeichnet werden, so wird doch in Diskussionen um die Atomtheorie immer wieder die Frage aufgeworfen, ob die Quantenmechanik nicht später durch neue physikalische Erfahrungen zu einer deterministischen Theorie ergänzt werden könne.** Es liegt nahe, die Quantenmechanik zunächst als eine unvollständige Beschreibung der Natur zu betrachten, denn aus ganz allgemeinen Prinzipien scheint zu folgen, daß überall dort, wo eine genaue Vorausberechnung dessen, was zukünftig geschieht, nicht gelungen ist, dieses Mißlingen als das Zeichen für das Vorhandensein eines noch ungelösten und in *Zukunft zu lösenden* Problems betrachtet werden müßte. Eine Überlegung dieser Art legt im allgemeinen in Anbetracht der experimentellen Erfolge der Quantenmechanik

* N. Bohr, Solvay Kongreß 1927; Naturwiss. **16**, 245 (1928); Atomtheorie und Naturbeschreibung. Berlin 1931; Faraday-lecture, Journ. of the Chem. Soc. 1932, S. 349; Lys og liv. Natur. Verden **17**, 49 (1932). Phys. Rev. Im Erscheinen.

** Z.B. M. v. Laue, Naturw. **20**, 115 (1932); Naturwiss. **22**, 439 (1934); E. Schrödinger, Naturwiss. **22**, 518 (1934); A. Einstein, Phys. Rev. **47**, 777 (1935).

die Voraussetzung zu Grunde, daß die Quantenmechanik eine *korrekte* Beschreibung der Natur darstellt. Sie verbindet diese Voraussetzung jedoch mit der Hoffnung, die spätere Forschung werde hinter den statistischen Zusammenhängen der Quantenmechanik ein bisher verborgenes Netz kausaler Zusammenhänge ans Licht bringen – ähnlich, wie sich etwa hinter dem Temperatur- und Entropiebegriff der Wärmelehre die klassische Mechanik verberge. Dabei sollen sich die kausalen Zusammenhänge keineswegs notwendig auf die anschaulichen klassischen Bestimmungsstücke physikalischer Systeme beziehen. Vielmehr wird aus der Gültigkeit der Unbestimmtheitsrelationen geschlossen, daß die klassischen Begriffe keine adäquate Beschreibung atomarer Phänomene ermöglichen; daß also neue Begriffe gebildet werden müssen, die vielleicht mit bisher unbekannten physikalischen Eigenschaften der atomaren Systeme verknüpft werden können: Zum Beispiel könnte etwa der Kern des Radiumatoms außer den physikalischen Eigenschaften, die mit der Feststellung seines stationären Zustandes erschöpfend angegeben werden, noch andere bisher unbekannte physikalische Eigenschaften besitzen, deren Kenntnis eine genaue Voraussage über die Zeit des radioaktiven Zerfalls ermöglichen würde. Die folgenden Überlegungen sollen unter sehr allgemeinen Voraussetzungen zeigen, daß eine derartige deterministische Ergänzung der Quantenmechanik unmöglich ist, daß man also die Hoffnung auf eine im bisherigen Sinne deterministische Beschreibung der Natur nur aufrecht erhalten könnte, wenn man die wichtigsten experimentellen Erfolge der Quantenmechanik für zufällig halten wollte. Der wesentliche Inhalt der folgenden Gedankengänge findet sich schon in den ersten Abhandlungen über die prinzipielle Deutung der Quantenmechanik*, seine erneute Darstellung wird jedoch vielleicht durch die in der Literatur der jüngsten Zeit mehrfach ausgesprochene Kritik der Quantenmechanik gerechtfertigt.

§ 1. Die Quantenmechanik charakterisiert ein physikalisches System durch eine Wellenfunktion in einem Konfigurationsraum, dessen Dimensionszahl durch die Anzahl der Freiheitsgrade des betreffenden Systems bestimmt ist. Das Quadrat des Absolutbetrages der Wellenfunktion an einem bestimmten Punkt dieses Raumes gibt die Wahrscheinlichkeit dafür an, daß die durch die Koordinaten des Raumes bezeichneten anschaulichen physikalischen Größen die dem Punkt entsprechenden bestimmten Werte annehmen, wenn das System auf diese Werte hin beobachtet wird. Dem Formalismus der Quantenmechanik liegt also die Annahme zu Grunde, daß ein physikalisches System durch klassisch-anschauliche Bestimmungsstücke charakterisiert werden kann und daß es, wie in der klassischen Theorie, einen vom Beobachtungsvorgang unabhängigen objektiven Sinn haben kann, von dem tatsächlichen Wert einer bestimmten physikalischen Größe, z.B. vom „Ort des Elektrons" zu sprechen.

Die quantenmechanische Art der Naturbeschreibung beginnt also mit einem merkwürdigen Zwiespalt: Einerseits geht sie von der Voraussetzung aus, daß Aufgabe der Physik die gesetzmäßige Beschreibung und Zusammenfassung anschaulicher objektiver Vorgänge in Raum und Zeit sei; andererseits verwendet

* N. Bohr, l.c.; W. Heisenberg, Z. Phys. **43**, 172 (1927). Vgl. auch W. Heisenberg: Die Physikalischen Prinzipien der Quantentheorie. Leipzig 1930; J. v. Neumann: Die mathematischen Grundlagen der Quantenmechanik. Berlin 1932; W. Pauli: Die allgemeinen Prinzipien der Wellenmechanik. Handbuch der Physik, Band **24**, 1. Teil. Berlin 1933.

sie zur mathematischen Darstellung physikalischer Vorgänge jene Wellenfunktion in mehrdimensionalen Konfigurationsräumen, die keineswegs in so einfacher Weise als Repräsentanten des objektiven Geschehens in Raum und Zeit angesehen werden können, wie etwa die Koordinaten eines Massenpunktes in der klassischen Mechanik. Dieser Zwiespalt äußert sich in einer Willkür bei der Anwendung der Quantenmechanik: Soll nur das zu beobachtende atomare System durch eine Wellenfunktion dargestellt und die zu dieser Beobachtung verwendeten Apparate nach den Gesetzen der klassischen Physik behandelt werden, oder sollen auch diese Apparate den Gesetzen der Quantenmechanik entsprechend durch Wellenfunktionen repräsentiert werden, wobei schließlich nur die Beobachtung des Meßapparats, also etwa die Beobachtung einer Linie auf einer photographischen Platte als klassisch-anschaulicher Vorgang hingenommen wird? An welcher Stelle soll der Schnitt zwischen der Beschreibung durch Wellenfunktionen und der klassisch-anschaulichen Beschreibung gezogen werden?

Die Antwort auf diese Frage lautet: *die quantenmechanischen Voraussagen über den Ausgang irgendeines Experiments sind unabhängig von der Lage des oben besprochenen Schnitts.* Da dieser Satz für den inneren Zusammenhang der Quantenmechanik von entscheidender Bedeutung ist, so soll mein Beweis hier ausführlich vorgetragen werden.

Es sei ein atomares System A gegeben, von dem durch die Meßapparate B, C usw. hindurch Kunde zum Beobachter gelangt. Die Systeme B, C sollen im Sinne der klassischen Physik als Meßapparate aufgefaßt werden können, d.h. es soll etwa aus einer bestimmten Reaktion des Systems C eindeutig auf eine Reaktion des Systems B und von dieser eindeutig auf ein bestimmtes Verhalten von A geschlossen werden können.

$$\text{Atomares System} \quad A \to B \to C \to \ldots \to \text{Beobachter}$$

Damit dies möglich ist, muß zwischen den Systemen A, B, C, u.s.w. eine bestimmte physikalische Wechselwirkung bestehen. Zum Beispiel könnte die Wechselwirkungsenergie zwischen A und B nur dann von Null verschieden sein, wenn die Koordinaten q_A des Systems A ganz bestimmte Werte q'_A besitzen. Aus dem Eintreten einer Reaktion in B könnte dann geschlossen werden, daß die Koordinaten von A etwa diese bestimmten Werte q'_A angenommen haben. Wir wollen diese spezielle Annahme über die Wechselwirkungsenergie zwischen A und B machen, da der wesentliche Inhalt des zu führenden Beweises schon an diesem Spezialfall klargemacht werden kann.

Ein physikalischer Vorgang, der sich im System A abspielt, kann erstens durch die zeitabhängige Wellenfunktion $\psi_A(q_A, t)$ des Systems A beschrieben werden. $|\psi_A(q'_A, t')|^2$ gibt dann die Wahrscheinlichkeit dafür an, daß zur Zeit $t = t'$ Koordinaten q_A die Werte q'_A annehmen. Man wird also (bis auf einen von der Empfindlichkeit der Meßinstrumente abhängigen konstanten Faktor) mit der Wahrscheinlichkeit $|\psi_A(q'_A, t')|^2$ vermuten, daß die Meßapparate reagieren, wenn die Wechselwirkung zwischen A und B zur Zeit t' in Wirksamkeit gesetzt wird. Auf die Meßinstrumente B, C u.s.w. werden bei dieser Behandlungsweise einfach die Gesetze der klassischen Physik angewendet.

Man kann aber zweitens auch das System B in den quantenmechanischen Formalismus einbeziehen, indem man mit einer Zahlenfunktion des Gesamtsystems $A+B$ beginnt. Aus dieser Wellenfunktion kann dann auf die Wahrscheinlichkeit dafür geschlossen werden, daß das System B reagiert, und es ist zu beweisen, daß diese Wahrscheinlichkeit bis auf einen konstanten Faktor wieder durch $|\psi_A(q'_A, t')|^2$ gegeben ist.

Vor dem Einschalten der Wechselwirkung zwischen A und B ist die Wellenfunktion des Systems $A+B$ gegeben durch das Produkt $\psi_A(q_A, t)\cdot\psi_B(q_B, t)$, wobei $\psi_B(q_B, t)$ den Zustand des Systems B vor dem Eintreten der Reaktion charakterisiert. Wir teilen nun die Hamiltonfunktion des Gesamtsystems $A+B$ ein in die drei Teile H_A, H_B und H_{AB}, von denen sich die ersten beiden auf die Systeme A und B beziehen, während H_{AB} die Wechselwirkung zwischen A und B bedeutet, die nur an der Stelle $q_A=q'_A$ von Null verschieden ist und erst von der Zeit $t=t'$ ab in Wirksamkeit tritt. Die Schrödingergleichung des Systems $A+B$ lautet dann

$$\left(\frac{h}{i}\frac{\partial}{\partial t}+H_A+H_B\right)\psi\,(q_A, q_B, t)=-H_{AB}\,\psi(q_A, q_B, t). \tag{1}$$

Wenn man sich nur für das Verhalten des Systems kurz nach dem Zeitpunkt $t=t'$ interessiert, kann man auf der rechten Seite dieser Gleichung für $\psi(q_A, q_B, t)$ den ‚ungestörten' Wert $\psi_A(q_A, t')\,\psi_B(q_B, t')$ einsetzen. Da ferner die Wechselwirkungsenergie H_{AB} nur an der Stelle $q_A=q'_A$ von Null verschieden ist, kann die rechte Seite durch $H_{AB}\,\psi_A(q'_A, t')\,\psi_B(q_B, t')$ ersetzt werden. Daraus geht hervor, daß die Lösung der Schrödingergleichung für Zeiten kurz nach $t=t'$ in der Form

$$\psi(q_A, q_B, t)=\psi_A(q_A, t)\,\psi_B(q_B, t)+\psi_A(q'_A, t')\,\varphi\,(q_A, q_B, t, t')$$

dargestellt werden kann, wobei die Funktion $\varphi(q_A, q_B, t, t')$ vom Verhalten des Systems A vor der Zeit t' nicht mehr abhängt. Die Wahrscheinlichkeit dafür, daß das System B eine Reaktion durchgemacht hat, daß es sich also nicht mehr in dem durch $\psi_B(q_B, t)$ charakterisierten Ausgangszustand befindet, ist durch die Abweichung der Wellenfunktion von $\psi_A(q_A, t)\,\psi_B(q_B, t)$ bestimmt und daher nach den Regeln der Quantenmechanik im wesentlichen durch

$$\begin{aligned}&\int dq_A\,dq_B|\psi_A(q'_A, t')\,\varphi\,(q_A, q_B, t, t')|^2\\&\quad=|\psi_A(q'_A, t')|^2\int dq_A\,dq_B|\,\varphi\,(q_A, q_B, t, t')|^2\end{aligned}$$

gegeben. Die Wahrscheinlichkeit wird also auch nach diesem zweiten Rechnungsverfahren proportional zu $|\psi_A(q'_A, t')|^2$, wobei der übrigbleibende konstante Faktor nur vom System B und seiner Wechselwirkung mit A, aber nicht von der Vorgeschichte des Systems A abhängt. In gleicher Weise könnte man auch das System C mit in den quantenmechanischen Formalismus einbeziehen und würde nach ganz ähnlichen Rechnungen zum gleichen Endresultat gelangen. Für die Vorhersage eines bestimmten physikalischen Ereignisses ist es also wirklich gleichgültig, an welcher Stelle der Schnitt zwischen der klassischen und der quantenmechanischen Behandlung gezogen wird.

Der Inhalt dieses Beweises läßt sich in etwas allgemeinerer Form folgendermaßen darstellen: Das System B soll als Meßapparat für die Koordinaten q_A

von A dienen. Dazu ist notwendig, daß beim Einschalten der Wechselwirkung zwischen A und B einem bestimmten Wert q'_A irgendeine bestimmte Reaktion in B, z.B. der Übergang der Koordinate q_B vom Wert q'_B in den Wert q''_B entspricht. In der Sprache der Wellenmechanik bedeutet das: Beim Einschalten der Wechselwirkung verändert sich die bestimmte Lösung der Schrödingergleichung, bei der die Wellenfunktion zunächst nur in der Umgebung von q'_A und q'_B von Null verschieden ist, so daß die Projektion des Wellenpakets in den Raum der q_B eine Bewegung von q'_B nach q''_B beschreibt. Dies ist (in diesem Beispiel) die Voraussetzung dafür, daß B ein Meßapparat ist. Nun ist die Wellenfunktion vor dem Einschalten, also solange die Systeme noch unabhängig sind, durch das Produkt der Wellenfunktionen der Teilsysteme gegeben. Die zeitliche Änderung der Gesamtwellenfunktionen kann man am einfachsten verfolgen, indem man sie durch Superposition aus den etwa beschriebenen Wellenpaketen zusammensetzt. Die Gesamtwellenfunktion erscheint dann (für kurze Zeit nach dem Einschalten der Wechselwirkung) als Produkt von zwei Faktoren, von denen der eine durch die Wellenfunktion des zu beobachtenden Systems A zur Zeit des Einschaltens der Wechselwirkung gegeben ist, während der andere die Reaktion des Meßapparates B darstellt. Hieraus folgt wieder das oben besprochene System. Dieser Beweis benützt als wesentlichste Eigenschaften der Quantenmechanik den Formalismus: erstens die Tatsache, daß jede Erweiterung des zu beschreibenden physikalischen Systems durch eine Vergrößerung der Dimensionszahl des Konfigurationsraumes dargestellt wird, zweitens die Möglichkeit, durch Superposition verschiedener Lösungen der Schrödingergleichung neue Lösungen zu gewinnen. Außerdem ist bei der quantenmechanischen Darstellung des Meßapparates der bestimmte Zusammenhang zwischen geometrischer Optik und Wellenoptik vorausgesetzt worden. Daraus folgt allerdings, daß die in den Meßapparaten benützten kausalen Zusammenhänge der klassischen Theorie nur mit dem Grad von Genauigkeit in der Quantenmechanik wiedergegeben werden, in dem die anschaulichen klassischen Bestimmungsstücke der Meßapparate im Wellenbild dargestellt werden können. Die in dieser Weise durch die Unbestimmtheitsrelationen verursachte prinzipielle Unbestimmtheit in der Formulierung jener kausalen Zusammenhänge ist jedoch in allen praktischen Fällen viel geringer als die praktische Unsicherheit, die bei jedem, auch dem besten, Meßapparat in Kauf genommen werden muß. Apparate, bei denen die genannte prinzipielle Unsicherheit eine größere Rolle spielt, würden nicht als Meßapparate im gewöhnlichen Sinn betrachtet und nach der klassischen Theorie behandelt werden können. An dieser Stelle muß auch auf eine dritte Kategorie von Meßapparaten hingewiesen werden, die aber im Einzelnen nicht nach der klassischen Theorie verfolgt werden können. Als Beispiel mögen die Apparate dienen, mit denen die Anwesenheit von Neutronen an einem bestimmten Ort durch die Erzeugung künstlicher Radioaktivität nachgewiesen wird. Die physikalischen Vorgänge, die sich zwischen der Einfangung des Neutrons und der Entstehung und Emission des Elektrons abspielen, können nicht im Rahmen der klassischen Theorie beschrieben werden. Trotzdem handelt es sich hier um einen Meßapparat, der eindeutige Schlüsse zuläßt und der z.B. die Stelle des Systems B im besprochenen Beweis einnehmen kann. Die vorhin aufgestellte Behauptung, es sei gleichgültig, an welcher Stelle der Schnitt zwischen dem quanten-mechanisch zu behandelnden Teilen des Systems und den klassischen Meßapparaten gezogen würde, ist also dahin zu präzisieren, daß dieser Schnitt zwar beliebig weit in der Richtung auf den Beobachter zu in das Gebiet verlegt werden darf, das sonst nach den Gesetzen der klassischen Physik beschrieben wird; daß dagegen dieser Schnitt nicht in der Richtung auf das atomare System zu beliebig verschoben werden kann. Vielmehr gibt es physikalische Systeme – und alle atomaren Systeme gehören dazu –, zu deren Beschreibung die klassischen Begriffe ungeeignet sind und deren Verhalten daher nur in der Sprache der Wellenfunktionen richtig ausgedrückt werden kann.

Die Wellenmechanik ist zur Wiedergabe klassischer kausaler Zusammenhänge in dem eben besprochenen Sinne nur deshalb fähig, weil ihr Formalismus – genau wie der der klassischen Mechanik – in sich eindeutig zusammenhängt; in ihrem Formalismus kann der zeitliche Ablauf der Wellenfunktion aus den Anfangswerten dieser Funktion eindeutig mit Hilfe der Schrödingergleichung erschlossen werden. Das statistische Element kommt in die Aussagen der Quantenmechanik nur durch den „Schnitt", an dem die mit jeder Beobachtung notwendig verknüpfte teilweise nur kontrollierbare Störung für das Auftreten statistischer Zusammenhänge verantwortlich gemacht werden kann.

§ 2. Nach diesen Vorbereitungen kehren wir zu der am Anfang gestellten Frage zurück, ob die statistischen Voraussagen der Quantenmechanik einer deterministischen Ergänzung fähig sind. Es soll also die Annahme untersucht werden, die physikalischen Systeme, über die die Quantenmechanik statistische Aussagen macht, seien Träger von bisher unbekannten physikalischen Eigenschaften, die das bisher nur statistisch bekannte Verhalten eindeutig determinieren. Zum Beispiel soll etwa der Kern des Radiumatoms außer den Eigenschaften, die durch die Kenntnis seines stationären Zustandes festgelegt sind, noch andere bisher unbekannte Eigenschaften besitzen, deren Kenntnis eine exakte Voraussage darüber ermöglicht, wann der Atomkern ein α-Teilchen emittieren wird. Und zwar nehmen wir speziell an: diese Aussage soll unabhängig von den Beobachtungsmitteln gelten, die zur Feststellung der α-Teilchen verwendet werden.

Man könnte zunächst versucht sein, diese letzte spezielle Annahme fallen zu lassen und damit zu rechnen, daß die radioaktive Emission auch durch die Eigenschaften des Beobachtungsmittels bedingt sein kann. Dieser Gewinn an Allgemeinheit ist aber nur scheinbar. Denn man könnte etwa die Zählerapparatur und die photographische Platte, mit der ihre Anschläge registriert werden, mit zu dem zu beobachtenden System rechnen. Dann tritt an die Stelle der Frage nach der Emission des α-Teilchens die Frage nach der Schwärzung der Platte. Und man ist an dieser Stelle wohl gezwungen anzunehmen, daß die Schwärzung der Platte erfolgt oder nicht erfolgt ganz unabhängig davon, wie sich der Beobachter die Platte später ansieht. Denn unsere Naturbeschreibung basiert letzten Endes auf der Annahme, daß es möglich ist, von objektiven Ereignissen in Raum und Zeit zu reden. Es wäre schlechterdings unmöglich, über die Richtigkeit der Voraussagen irgendeiner Theorie zu sprechen, wenn man nicht davon ausgeht, daß der Eintritt eines bestimmten Ereignisses ein objektives Faktum ist, das nicht von unserer Beobachtung dieses Ereignisses abhängt. Die klassische Physik grenzt den Beweis ab, innerhalb dessen eine solche Objektivierung unserer Wahrnehmungen ohne Bedenken möglich ist. – Wenn man die Schwärzung einer photographischen Platte in dieser Weise als eine objektive Tatsache ansieht, so besteht übrigens nachträglich kein Grund, nicht auch die Emission eines α-Teilchens als objektive Tatsache anzusehen; es sei denn, man vermutet zwischen den makroskopischen und den mikroskopischen Ereignissen an irgendeiner Stelle eine Diskontinuität, für die weder in der Erfahrung noch im quantenmechanischen Formalismus die geringsten Anzeichen vorhanden sind.

Wir haben demnach die spezielle Annahme zu besprechen, ein physikalisches System, bei dem die Quantenmechanik und die Wahrscheinlichkeit für den Eintritt eines bestimmten Ereignisses vorauszusagen gestattet, besitze noch andere bisher unbekannte Eigenschaften, deren Kenntnis genaue Aussagen über den Eintritt dieses Ereignisses ermöglichen würde – *unabhängig* davon, wie der Eintritt des Ereignisses beobachtet wird. Es soll nun gezeigt werden, daß diese Annahme in Widerspruch zu den Aussagen der Quantenmechanik gerät. Und zwar nicht nur zu den statistischen Aussagen der Quantenmechanik; dies wäre nicht verwunderlich, denn die Beobachtung der beiden unbekannten Eigenschaften könnte die Auswahl bestimmter Systeme aus einer quantenmechanischen Gesamtheit ermöglichen und man kann nicht erwarten, daß für nach bestimmten Gesichtspunkten ausgewählte Einzelsysteme die gleiche Statistik gilt wie für die Gesamtheit. Sondern die genannte Annahme gerät auch in Widerspruch zu den *bestimmten* Aussagen der Quantenmechanik.

Der Grund für diesen Widerspruch liegt in der schon besprochenen Tatsache, daß der Formalismus der Quantenmechanik an sich einen eindeutigen Zusammenhang der in ihm aufeinander bezogenen Größen vermittelt und daß die quantenmechanischen Aussagen ihren statistischen Charakter nur dadurch erhalten, daß an der Stelle, die den Beobachter mit seinen Apparaten von dem zu beobachtenden System trennt, eine prinzipielle unkontrollierbare Störung des Systems durch die Beobachtungsmittel das Verfolgen der kausalen Zusammenhänge hindert. Leben wir also in dem oben besprochenen Schema den Schnitt etwa zwischen das atomare System A und den Apparat B. Dann müßten dem System A bisher unbekannte Eigenschaften zugeschrieben werden, die die über A nach der Quantenmechanik zu machenden statistischen Aussagen durch bestimmte Aussagen ergänzen. Nun besteht aber im Schema der Quantenmechanik kein Grund, den Schnitt nicht auch zwischen die Systeme B und C statt zwischen A und B zu legen. Dann sind die Systeme A und B im Formalismus der Quantenmechanik eindeutig verknüpft und jede Aussage über A, die nicht schon in diesem eindeutigen Zusammenhang enthalten ist, kann zu den Konsequenzen dieses Zusammenhangs in Widerspruch geraten.

Im Einzelnen kommt der Widerspruch folgendermaßen zustande: Einerseits soll etwa aus der Kenntnis der bisher verborgenen physikalischen Eigenschaften des Systems A folgen, daß A bei der Wechselwirkung mit B irgendeinem physikalischen System, also insbesondere mit B, so reagiert, als habe die Koordinate q_A den Wert q'_A. Andererseits kann aber B so gewählt werden, daß seine Reaktion auf A nach der Quantenmechanik anders abläuft. Z.B. kann B (im Gegensatz zum oben besprochenen Beispiel) eine zu q_A komplementäre Eigenschaft von A messen. Dann beruht die Möglichkeit einer nach der Quantenmechanik bestimmten Reaktion des Systems B eben auf der über den Wert von q_A noch bestehenden Freiheit, B reagiert also auf A anders, als aus dem Wert q'_A der Koordinate q_A folgen würde. Der quantenmechanische Formalismus, der auf das Gesamtsystem $A+B$ angewendet wird, enthält keinerlei Freiheit und läßt keinen Platz für Zusatzannahmen, die sich auf die Wirkung von A auf B beziehen; ebensowenig, wie dies etwa das mathematische Schema der klassischen Mechanik tun würde. Für eine Ergänzung der quantenmechanischen Aussagen wäre nur Platz an der Stelle des Schnittes; aber diese Stelle kann nicht physikalisch festgelegt werden, vielmehr ist gerade die Willkür in der Wahl der Lage des Schnittes für die Anwendung der Quantenmechanik entscheidend. Irgendwelche bisher unbekannte physikalische Eigenschaften, die doch notwendig an ihr bestimmtes physikalisches System geknüpft wären, sind also zur Ergänzung der quantenmechanischen Aussagen prinzipiell ungeeignet.

Diesen Sachverhalt kann man am oben erwähnten Beispiel des radioaktiven Atomkerns einfach erläutern. Die α-Teilchen verlassen den Atomkern mit einer Energie, die bis auf Größen der Ordnung $\hbar/T$ genau festgelegt ist, wenn unter T die mittlere Zerfallszeit des Atomkerns verstanden wird. Man kann diese radioaktive α-Strahlung auf ein Beugungsgitter sehr hohen Auflösungsvermögens fallen lassen und kann nach den Gesetzen der Quantenmechanik sicher sein, daß (wenn die Zerfallszeit nicht zu kurz ist) die α-Strahlung nur in einer der außerordentlich scharf bestimmten Richtungen, die der de Brogliewellenlänge der α-Strahlen nach den Interferenzgesetzen entsprechen, von Gittern zurückgeworfen wird. Wenn es nun bisher unbekannte physikalische Eigenschaften des Atomkerns gäbe, die vorherzusagen gestatten, in welcher Richtung und in welchem Moment das α-Teilchen emittiert wird, so könnte man ausrechnen, welcher Teil des Beugungsgitters vom α-Teilchen getroffen wird und wann er getroffen wird. Die Reflexionsrichtung des α-Teilchens könnte dann (bis auf vernachlässigbar kleine Korrekturen) nur von den Eigenschaften des *getroffenen* Gitterteils zur Zeit des Treffens abhängen, denn für *jede* Art von Wechselwirkung sollte das α-Teilchen an der betreffenden vorhergegangenen Stelle gefunden werden – das war die oben gemachte Annahme – es kann also mit den entfernt liegenden Teilen des Gitters nicht in Wechselwirkung treten. Andererseits ist nach der Quantenmechanik die Reflexionsrichtung eben durch die entfernten Teile des Gitters entscheidend bestimmt. Es entsteht also ein Widerspruch. Daß dieser Widerspruch nicht nur in schwer kontrollierbaren Gedankenexperimenten auftritt, erkennt man sofort, wenn man im eben besprochenen Beispiel den radioaktiven Atomkern etwa durch ein Natriumatom ersetzt, das Licht der D-Linie emittiert. Eine bestimmte Vorhersage der Stelle, an der das Lichtquant auf das Beugungsgitter trifft, würde mit dem Auftreten einer scharfen Beugungserscheinung in Widerspruch stehen.

Die Beweiskraft dieser Beispiele beruht allerdings entscheidend auf der Annahme, daß die Lokalisation eines α-Teilchens oder Lichtquants für alle Arten von Wechselwirkung gültig ist, daß also vom Ort des α-Teilchens mit dem gleichen Recht gesprochen werden kann, wie vom Ort eines makroskopischen Gegenstandes. Wenn man dies nicht zugibt, so muß man die gleiche Schlußweise an einem System durchführen, bei dem über die Anwendbarkeit der klassischen anschaulichen Begriffe kein Zweifel bestehen kann, man muß dann also einen Teil des makroskopischen Meßapparates in das System einbeziehen.

Durch diese Überlegung kann man auch dem Einwand begegnen, die Schlüsse auf den statistischen Charakter der Atomphysik seien nicht bindend, weil die in ihr benützten Begriffe Korpuskel und Welle, Lichtquant und Feld eben zur Beschreibung des physikalischen Sachverhalts ungeeignet und daher später durch andere Begriffsbildungen zu ersetzen seien. In diesem Einwand wird übersehen, daß die Anwendung des quantenmechanischen Formalismus letzten Endes die Benützung dieser Begriffe gar nicht nötig macht, daß man also durch das Ausschalten dieser Begriffe auch nichts gewinnt. Denn die Quantenmechanik kann stets so gehandhabt werden, daß ein Teil der Meßapparate mit zu dem zu beobachtenden System gerechnet und durch Wellenfunktionen dargestellt wird. Dann enthalten die Resultate der quantenmechanischen Rechnung auch anschauliche Aussagen etwa über Zeigerstellungen, Schwärzung von Platten und dergl., bei denen nicht daran gezweifelt werden kann, daß zur Beschreibung des physikalischen Sachverhalts bereits die richtigen Begriffe verwendet werden. Es ist ein entscheidender Zug der Quantenmechanik, daß sie in ihrem Formalismus gestattet, die physikalischen Bereiche, die unserer Anschauung prinzipiell entzogen sind, organisch zu verbinden mit den makroskopischen anschaulichen Bereichen, derart, daß die Aussagen des Formalismus eindeutig durch anschauliche Begriffe ausgedrückt werden können.

Freilich setzt die Quantenmechanik – ebenso, wie die hier durchgeführte Argumentation – ausdrücklich voraus, daß es an irgendeiner Stelle schließlich möglich ist, unsere Wechselwirkungen zu objektivieren, d.h. von Dingen und Vorgängen zu sprechen. Daß dies in einem weiten Bereich möglich ist, beweist die klassische Physik, und die ganze experimentelle Naturforschung beruht auf dieser Möglichkeit.

§ 3. Die zu Anfang gestellte Frage, ob eine deterministische Ergänzung der Quantenmechanik möglich sei, ist demnach zu verneinen. Wenn man die dargelegten Gründe hierfür auf eine einfache Formel bringen will, so kann man nach *G. Hermann** sagen, daß eine deterministische Ergänzung der Quantenmechanik deswegen unmöglich ist, weil die Quantenmechanik die Ursachen für das Auftreten eines bestimmten Messungsergebnisses bereits vollständig anzugeben gestattet. Aus dieser Formulierung ergibt sich sofort die Frage, welcher – von der klassischen Physik offenbar übersehene – Zug der Natur eigentlich daran schuld ist, daß der in sich eindeutig zusammenhängende Formalismus der Quantenmechanik nicht zur Vorausberechnung aller Messungsergebnisse ausreicht, daß also an der Stelle des Schnitts statistische Zusammenhänge auftreten. Man erkennt diesen Zug am besten aus einem einfachen Beispiel: In der klassischen Theorie könnte man von einer Partikel aussagen, daß sie sich an einem bestimmten Ort mit einer bestimmten Geschwindigkeit bewegt. Will man diese Aussage (mit der hierbei unvermeidlichen Unschärfe) in die Quantentheorie übersetzen, so stellt man etwa fest, daß sich ein Wellenpaket im Konfigurationsraum an einem bestimmten Ort mit einer bestimmten Geschwindigkeit be-

* G. Hermann: Die naturphilosophischen Grundlagen der Quantenmechanik. Berlin 1935.

wegt. Damit ist der Zustand jedoch noch nicht eindeutig festgelegt. Vielmehr müssen zur eindeutigen Festlegung noch weitere Angaben über die Größe und die Gestalt des Wellenpakets folgen, *zu denen es in der klassischen Theorie schlechterdings kein Analogon gibt.* Die Quantenmechanik hat uns also hier eine neue Eigenschaft der Natur enthüllt, die der klassischen Physik unbekannt war.

Da die Kenntnis der quantenmechanischen Wellenfunktion aus einer dazu geeigneten Beobachtung des Systems gewonnen werden kann und dazu ausreicht, für spätere Zeiten diejenigen Beobachtungen am System festzulegen, deren Ergebnis nicht vorhergesagt werden kann, so kann man von einem durch die Kenntnis der Wellenfunktion charakteristischen *„Beobachtungszusammenhang"* sprechen. Das eben besprochene Beispiel zeigt, daß das gleiche anschauliche Geschehen zu verschiedenen Beobachtungszusammenhängen gehören kann – im Gegensatz zur klassischen Physik, in der es nur einen einzigen Beobachtungszusammenhang gibt. Die in der Quantenmechanik niedergelegte experimentelle Erfahrung hat weiterhin gezeigt, daß die Beobachtung eines Systems im allgemeinen unstetig von einem Beobachtungszusammenhang zu einem anderen überführt. Der kausale Ablauf kann nur innerhalb eines bestimmten Beobachtungszusammenhangs verfolgt werden, beim unstetigen Übergang von einem Beobachtungszusammenhang zu einem anderen (und dazu im *Bohrschen* Sinn „komplementären") sind nur statistische Vorhersagen möglich. Die der klassischen Theorie unbekannte Möglichkeit verschiedener komplementären Beobachtungszusammenhänge ist also für das Auftreten statistischer Gesetze verantwortlich.

Nachdem eingesehen werden kann, daß eine deterministische Ergänzung der Quantenmechanik zu Widersprüchen führen würde, kann die weitere Frage gestellt werden, ob nicht eine spätere Modifikation der Quantenmechanik die Möglichkeit für eine solche deterministische Ergänzung schaffen könnte. Beim Versuch, diese weitere Frage zu beantworten, kann man sich naturgemäß nur noch auf die experimentelle Erfahrung berufen. Man kann feststellen, daß die Schlüsse von § 2 im Grunde nur die Resultate der Quantenmechanik benützen, die experimentell vielfach geprüft worden sind; das wichtigste Beispiel bildet dort die experimentell sichergestellte Tatsache, daß die von einem Atom ausgesandte Strahlung Interferenzerscheinungen erzeugen kann, obwohl die gesamte Energie der Strahlung schließlich in einem bestimmten Punkt (als „Lichtquant") absorbiert wird. Ferner kann man darauf hinweisen, daß der natürliche Charakter der Quantenmechanik aufs engste mit dem formalen Umstand verknüpft ist, daß ihr mathematisches Schema von Wellenfunktionen im mehrdimensionalen Konfigurationsraum, nicht im gewöhnlichen Raum handelt, und daß eben dieser Zug der Quantenmechanik durch die korrekte Wiedergabe der komplizierteren Atomspektren eine genaue Bestätigung erfahren hat. Doch kann natürlich nie festgelegt werden, wann eine Summe von experimentellen Erfahrungen bündige Schlüsse auf ein Gesetz zuläßt.

Man wird sich hier zunächst mit der Feststellung begnügen müssen, daß weder die experimentellen Erfahrungen noch prinzipielle Erwägungen Anlaß bilden zu glauben, daß die zukünftige Naturbeschreibung sich in das enge klassische Schema einer anschaulichen und kausalen Beschreibung objektiver Vorgänge in Raum und Zeit einordnen lassen wird.

[415] Pauli an Schrödinger

Zürich, 9. Juli 1935

Lieber Schrödinger!

Dank für Deinen Brief. In der Beurteilung des „Einsteinfalles" sind wir uns im wesentlichen einig – wenigstens wenn ich Deine Worte immer richtig verstanden habe – immerhin mag die Nuancierung vielleicht in mancher Hinsicht ein wenig verschieden sein. Inzwischen hat mir Bohr das Manuskript einer Note geschickt[a], das als Erwiderung an Einstein nun ans Physical Review abgegangen ist. Vielleicht skizziere ich zuerst das Wichtigste des Inhaltes, der übrigens nichts mir Neues enthält. Ich glaube übrigens in der Tat, daß der „Einsteinfall" nichts enthält, als sehr elementare-direkte Konsequenzen der Unbestimmtheitsrelation.

Nun Bohr weist auf folgende Beispiele hin:

1. Man lasse ein Teilchen mit gegebenem Impuls in der z-Richtung durch

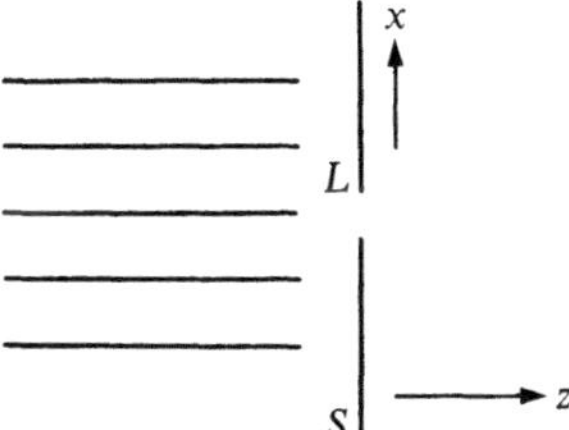

eine Öffnung L passieren, die sich in einem Schirm befindet, der als ganzes in der x-Richtung frei beweglich sei. Es sei ferner der Impuls p_x des Schirms in der x-Richtung, *bevor* das Teilchen L passiert hat, bekannt. *Nachdem* das Teilchen L passiert hat, habe ich nun noch die *freie Wahl* – beides Mal *ohne* das Teilchen mechanisch zu stören – entweder noch einmal p_x des Schirmes zu messen: dann kann ich den Impuls des Teilchens *nach* dem Durchgang durch L der Größe und Richtung nach mit Sicherheit voraussagen – *oder* ich kann nach dem Durchgang des Teilchens durch L den *Ort* x des Schirmes S messen; dann kann ich auch den Ort des Teilchens, wenigstens „beliebig kurze" Zeit nach der Ortsmessung von S voraussagen, da ja dieser dann mit dem von S zusammenfallen wird.

Man sieht leicht, daß nach der *einen* (p_x) *oder* der *anderen* (x) Messung an S, auf Grund *weiterer* Messungen an S der Ort x bzw. der Impuls des *Teilchens* nicht mehr vorausgesagt werden kann, da im ersten Fall der Schirm S eine unbestimmbare Verschiebung, im zweiten Fall eine unbestimmbare Impulsänderung erhalten hat.

2. Man kann nun einen Schirm mit *zwei* Öffnungen L, und L_2 betrachten und zwei Teilchen *gleichzeitig* durch L_1 und L_2 durchschicken, und vor- und nachher den Impuls von S in der x-Richtung messen. Dann kenne ich unmittelbar nach dem Durchgang *erstens* die *Differenz* der Ortskoordinaten $x_2 - x_1 = l$ (in einem bestimmten Zeitmoment!) der Teilchen, zweitens die *Summe* der Impulse $p_{x_1} + p_{x_2}$ der Teilchen. (In der Tat ist auch $x_2 - x_1$ mit $p_{x_1} + p_{x_2}$ vertauschbar!)

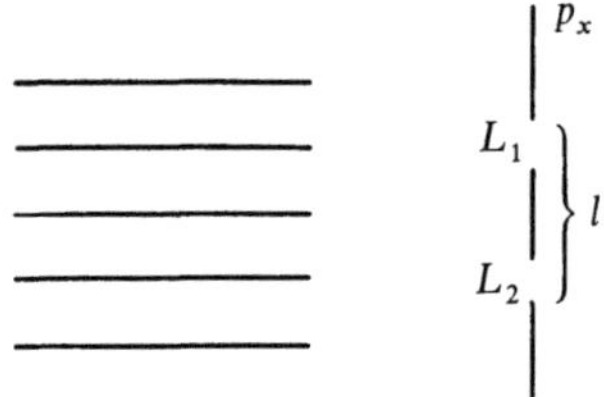

Das ist das Einsteinsche Beispiel. Nun habe ich noch die freie *Wahl, entweder* durch nachträgliche Messung von x_1 auf x_2 zu *schließen oder* durch nachträgliche Messung von p_{x_1} auf p_{x_2} zu *schließen* – ohne aber je auf x_2 und p_{x_2} simultan *schließen* zu können. Soweit Bohr.

Nun, ob man reiner Fall als *Zustand* bezeichnen soll? Schon Kramers hat in seinem Lehrbuch der Wellenmechanik[b] das Wort „Zustand“ immer durch das Wort „physikalische Situation“ ersetzt. Ein reiner Fall von A ist eine Gesamtsituation bei der die Resultate gewisser Messungen an A (im maximalen Umfange) mit Sicherheit voraussagbar sind. Nennt man das „Zustand“, so habe ich nichts dagegen – aber es *ist* dann eben so, daß eine Änderung des Zustandes von A – d.h. das über A Voraussagbare – auch anders als durch eine direkte Störung von A selbst – d.h. auch *nach* Isolierung von A – in der *freien Wahl* des Experimentators liegt.

Dieser durch die Quantenmechanik geforderte Sachverhalt scheint mir *unumgänglich,* um Widersprüche bei Gültigkeit sowohl der Erhaltungssätze als auch des Superpositionsprinzips zu vermeiden. (Natürlich handelt es sich hier gerade um einen *Unterschied* gegenüber dem *klassischen* Zustandsbegriff.) Nach meiner Meinung *liegt da eben gar kein Problem vor* – und man weiß den betreffenden Sachverhalt auch ohne das Einsteinsche Beispiel.*

Ich möchte nun noch auf die durch Deinen handschriftlichen Zusatz aufgeworfene allgemeine Frage – unabhängig vom Einsteinschen Beispiel – näher eingehen. Inwieweit ist die Zusatzannahme möglich, daß uns heute noch unbekannte, die Einzelfälle der quantenmech[anischen] Kollektive unterscheidende Merkmale existieren?

Ich möchte diese Frage gerne aus dem Niveau des Verbotes „du darfst nicht“ auf diejenige einer innerhalb der Quantenmechanik logisch entscheidbaren Aussage bringen: *Welcher Typus von zusätzlichen Annahmen ist möglich, ohne die statistischen Folgerungen aus der (=Aussagen der) Quantenmechanik selbst zu verändern?*

Diese Frage ist sehr wichtig, denn in den Köpfen der konservativen älteren Herren (Einstein, Laue, etc.) scheint hier unausrottbar eine unrichtige Analogie zur kinetischen Gastheorie (klassischen statistischen Mechanik) zu stecken.[d] Letztere *kann* man ja – ohne an der Richtigkeit ihrer statistischen Aussagen zu rütteln – durch deterministische Zusatzaxiome über den Mechanismus der Mikrovorgänge ergänzen. – Es handelt sich *nicht* darum, Ungläubige dazu zu zwingen, an die Quantenmechanik zu glauben; es handelt sich auch nicht darum

* Dies wollte ich etwas drastisch glossieren, als ich an Berliner zur Charakteristik der Einsteinschen Arbeit die aus einem Gedicht von *Morgenstern* stammenden Verse anführte: „Weil, so schließt er messerscharf – nicht sein *kann,* was nicht sein *darf!*“.[c]

allgemein zu leugnen, daß noch neue Freiheitsgrade entdeckt werden könnten.* – Aber: *wenn man die quantenmech[anischen] Kollektive in Teilkollektive zerlegt und in den letzteren mit größerer Genauigkeit zwei zu nicht vertauschbaren Operatoren gehörenden Größen A, B simultan Zahlwerte zuordnet als die Unsicherheitsrelation zuläßt, so kommt man mit statistischen Aussagen der Qu[anten]mechanik über das Gesamtkollektiv in Konflikt.*

Noch einmal mit anderen Worten: Eine Verschiedenheit der ein Kollektiv bildenden Einzelfälle wäre an sich möglich, aber folgendes ist *nicht* möglich: Wenn Du z.B. einen reinen Fall hast, der einem bestimmten Zahlwert des Impulses entspricht, so kannst Du ihn nicht in Einzelfälle gedanklich unterteilen, die verschiedenen Wertebereichen von q entsprechen. Der Erwartungswert irgendeiner Funktion von q allein oder von p allein – oder allgemeiner einer Summe $F_1(p)+F_2(q)$ – würde durch diese Unterteilung zwar nicht geändert, wohl aber die *Werteverteilung* von

$$F=F_1(p)+F_2(q)$$

bzw. der Erwartungswert des *Schwankungsquadrates* von F:

$$\overline{(F-\bar{F})^2}$$

bekommt im quantenmech[anischen] Gesamtkollektiv einen anderen Erwartungswert als in der Mischung von gedachten Teilkollektiven mit unterteilten q-Werten und festem p. (Z.B. der aus dem Fall des Oszillators bekannte Operator $F=p^2+\omega^2 q^2$ – oder der Drehimpuls $P_z=p_x y-p_y x$; man hat für vorgegebenes $p=p_0$ nach der gedachten Zerlegung eine kontin[uierliche] Verteilung von F oder P_z, nach der Qu[anten]mech[anik] aber eine diskrete.)

Allgemein darf das hypothetische unterscheidende Merkmal der Einzelfälle – auch wenn es nur ein gedachtes Merkmal ist – nicht selbst der Unsicherheitsrelation widersprechen.

Ich pflege auch oft das folgende Beispiel anzuführen: Wenn ich die Beugungsfigur an *zwei* Öffnungen studiere, ist es nicht die *Überlagerung* der Beugungsfiguren an je *einer* Öffnung. Wenn es *unbestimmt* ist, durch welche Öffnung das Lichtquant gegangen ist, ist es nicht dasselbe, als wenn ich weiß, es war nur *eines* der beiden Löcher offen, ich weiß aber aus irgendeinem Grunde nicht, *welches* der beiden Löcher offen war.

Man kann aber *nicht* – wie es die konservativen alten Herren möchten – die statistischen Aussagen der Quantenmechanik (Wellenmechanik) für *richtig* erklären und *trotzdem* einen verborgenen Kausalmechanismus *dahinter* setzen!

In diesem Sinne scheint mir das System der quantenmechanischen Gesetze logisch abgeschlossen (vollständig im Sinne der Axiomatik) – im Gegensatz zur kinetischen Gastheorie – offen dagegen sind die Probleme der *relativistischen* Quantentheorie (und da glaube ich gar nicht so sehr an den „heiligen PAM").[e]

In der unrelativistischen Wellenmechanik bleiben aber nach meiner Meinung nur pädagogische Fragen zurück.

---

* Z.B. kann man von einem Kern zuerst annehmen, er habe keinen Spin. Eine genauere Analyse zeigt aber, er hat doch einen. Dadurch erweisen sich Kollektive als Gemische, die man zunächst für reine Fälle gehalten hat. (Einführung von neuen Variablen $\xi_1, \xi_2, \dots$ in die ψ-Funktion, die mit allen früher bekannten Größen-Operationen vertauschbar sind.)

Nun, ich hoffe Dir ist mit dieser etwas ausführlich gewordenen Antwort auch gedient.

Herzlich grüßt Dich Dein W. Pauli

a) Siehe die im Kommentar zu [412] zitierte Publikation. – b) H.A. Kramers: Die Grundlagen der Quantentheorie. Leipzig 1933. – c) Siehe hierzu [412], Anm. c. – d) Vgl. Paulis Ausführungen in [412]. – e) Siehe [413], Anm. b.

Oskar Klein beschäftigte sich mit einer Verallgemeinerung der Diracschen relativistischen Wellengleichung und teilte Pauli seine Überlegungen in einem (verschollenen) Schreiben vom 13. Juli 1935 mit.[1] Pauli beantwortete den Brief sofort [416].

[1] O. Klein: Eine Verallgemeinerung der Diracschen relativistischen Wellengleichung. Archiv för Matematik, Astronomi och Fysik **25** A, Nr. 15 (1936).

[416] Pauli an Klein

Zürich, 17. Juli 1935

Lieber Klein!

Dank für Deinen Brief. Deine Überlegungen scheinen mir folgende Lücke zu enthalten. Wenn ψ^* nicht mehr d[as] hermitesch-konjugierte zu ψ ist, werden die Ausdrücke für ρ, $\bar{H}$ und $\vec{I}$ *keine hermiteschen Operatoren* (da ψ_2 nicht mehr konjugiert zu ψ_1); dies ist aber unbedingt zu verlangen in jeder physikalisch brauchbaren Theorie, da die Eigenwerte dieser Größen dann im allgemeinen nicht reell sind. – Soweit ich es durchgerechnet habe, hat in der Tat der Eigenwert von $\bar{H}$ bei Dir einen imaginären Teil. Allgemein muß in jeder brauchbaren Theorie zu jeder in ihr vorkommend[en] Größe ψ *auch die hermitesch-konjugierte* ψ^*, *sowie die Vertauschungs-Relationen von* ψ *und* ψ^* angegeben werden, sonst ist die Theorie unvollständig.

Allgemein habe ich die Frage nach der Möglichkeit der Fermi-Statistik bei spinlosen Teilchen in einem im März im Institut Poincaré gehaltenen Vortrag behandelt.[a] Er soll in den Annales dieses Instituts erscheinen und ich lege eine Kopie davon bei. Du findest die Dich interessierende Frage im § 3 dieser Arbeit dargestellt. Soviel ich sehe wird nur vorausgesetzt, daß es sich um nicht mehr als 2 Teilchen, beide mit *positiver* Energie (aber beliebigen Ladungen) handelt und daß $\rho(x)$ mit $\rho(x')$ vertauschbar ist. Dann folgt die Unmöglichkeit der Fermi-Statistik.

NB. Die Ermittelung der Eigenwerte von Energie, Ladung etc. wird immer einfacher im Impulsraum; nur für die relativistische Invarianz ist der x-Raum bequemer.

Sollte noch eine Unklarheit zurückgeblieben sein, so schreib' mir, bitte wieder!

Herzliche Grüße Dein W. Pauli

a) Pauli (1936c).

[417] Pauli an Klein

Zürich, 18. Juli 1935

Lieber Klein!

Ich möchte zu meinem gestrigen Brief noch einiges nachtragen.

1. Es geht natürlich nicht, daß die Energie kein hermitescher Operator ist. Aber man kann Deine Überlegungen sicher so fortsetzen, daß man neben ψ_1, ψ_2 noch ihre hermitesch konjugierten ψ_1^*, ψ_2^* einführt und zu Deinen Ausdrücken für Energie, Strom, Ladungsdichte noch den hermitesch-konjugierten Teil dazuaddiert. (Bildung des reellen Teiles.) Man erhält dann eine Theorie (mit Fermi-Statistik!), die doppelt so viele Freiheitsgrade hat als die von Weisskopf und mir[a] (man wird das wohl so interpretieren können, daß vier Teilchensorten, statt nur zwei vorhanden sind). Welche Ladungen diese Teilchen haben werden, dürfte aber davon abhängen, welche Vertauschungs-Relationen Du für ψ_1^*, ψ_2^* mit den übrigen Größen ansetzen willst. Beachte: es ist $\psi_i\,\psi_i^*+\psi_i^*\,\psi_i$ $(i=1, 2)$ reell, positiv und nicht identisch Null. (Du sollst das noch näher durchführen!)

2. Ich möchte noch einiges über die Frage des fünfdimensionalen (bzw. projektiven) Formalismus hinzufügen. Während mir die Formulierung mit homogenen Koordinaten befriedigend erscheint, so weit es die klassische Theorie betrifft, ist das nicht der Fall, was den Quantenteil anlangt. Der letztere enthielt die mir unsinnig scheinende Annahme, daß ψ von x_5 immer in der Form $e^{i\,\mathrm{Const.}\,x_5}$ abhängt. Und meine eigene Formulierung in den Annalen der Physik[b] enthält die mir jetzt ebenso unsinnig erscheinende (mit ersterer äquivalente) Annahme, daß ψ eine homogene Funktion der X^ν $(\nu=1, \ldots, 5)$ mit imaginärem Homogenitätsgrad sein soll. Diesbezüglich enthält meine Arbeit einen Irrtum, den ich gerne bei passender Gelegenheit auch öffentlich richtig stellen will. Auf S. 341 (in der Einleitung zu Teil II) steht dort, daß dieser Homogenitätsgrad

$$l=i\frac{e}{h}\frac{1}{\sqrt{2k}}$$

eine dimensionslose Zahl sei. Wie man leicht sieht und auch aus den späteren Formeln hervorgeht, *hat aber l die Dimension cm^{-1}!* Dadurch wirkt dieser Ansatz aber viel künstlicher!

Andrerseits kann ich micht nicht dazu entschließen, zu glauben, daß der ganze fünfdimensionale Formalismus zufällig und physikalisch bedeutungslos sein solle. Es kommt nun darauf an, wie sich dieser *fünfdimensionale Formalismus* mit der Quantisierung der Wellen (Überquantisierung), d.h. der *Theorie mit q-Zahl ψ* in Zusammenhang bringen läßt. (Ich sehe insbesondere aus Deinen Überlegungen mit dem Operator Λ, daß Du jetzt in die letztere Theorie sehr gut eingearbeitet bist!) *Wenn Du darüber etwas wissen solltest, wäre ich Dir sehr dankbar, wenn Du es mir gelegentlich schreiben würdest.* Ich selbst habe noch nicht darüber nachgedacht.

Im Wintersemester habe ich eine Einladung nach Princeton ans Flexner Institut. Das wird sicher sehr nett.

Viele Grüße

Dein W. Pauli

a) Pauli und Weisskopf (1934a). – b) Pauli (1933c, d).

[418] Pauli an Klein

[Am Bodensee][a], 8. August 1935

Lieber Klein!

Heute erhielt ich Deinen ausführlichen Brief vom 2. VIII., für den ich Dir sehr danke. Bevor ich auf diesen eingehe, noch einige provisorische Bemerkungen zu Deinem früheren Brief vom 22. 7. – Es scheint mir, daß die Differenz unserer Resultate *doch nicht* an meiner Hermitizitätsforderung liegen kann. Aus den Vertauschungs-Relationen für die von Dir mit b_1, b_1^+ und b_2, b_2^+ bezeichneten Größen folgt nämlich, daß man ohne wirkliche Beschränkung der Allgemeinheit annehmen kann, *daß* b_1^+, b_2^+ *die hermiteschen Konjugierten von* b_1 *bzw.* b_2 *sind.* Sollten sie es nämlich noch nicht sein, so kann man das immer durch eine Ähnlichkeitstransformation $b_1 \to S\, b_i\, S^{-1}$, $b_i^+ \to S\, b_i^+\, S^{-1}$ $(i=1, 2)$ (mit einer nicht unitären Matrix S) erreichen. – Durch diese Zusatzannahme wird nun der Zusammenhang mit dem § 3 meines Pariser Vortrages[b] hergestellt. – (Du wirst sehen, daß dann Deine mit a_i^+ bezeichneten Größen noch nicht die hermitesch-konjugierten Größen von den a_i sind, sondern sich von diesen durch den Faktor $E(p)$ unterscheiden.) – Nun muß man sehen, ob bei Dir noch irgend ein Vorzeichenfehler steckt, oder ob ich im Pariser Vortrag noch irgend eine Möglichkeit übersehen habe. Wie ich Dir auf meiner letzten Karte schrieb, kann ich das leider hier nicht feststellen, aber sobald ich in Zürich bin, werde ich das leicht entscheiden können.

Nun zum fünfdimensionalen Brief. Ich war über dessen Inhalt gewissermaßen enttäuscht, weil er mir keinen Aufschluß über meine Hauptprobleme gibt. Diese bestehen in folgendem: 1. Wie kann die Annahme, daß die Wellenfunktionen mit einem imaginären Homogenitätsgrad von den Koordinaten abhängen (bzw. in der Form $e^{i\, Const.\, x_0}$ von x_0 abhängen) durch eine physikalisch plausiblere ersetzt werden? 2. Die Vertauschungs-Relationen von Heisenberg und mir für Größen am gleichen Zeitpunkt an verschiedenen Raumpunkten haben eine rechte Seite, die von den letzteren „δ-artig" abhängt. Von der Differenz der x_0-Werte hängt sie aber exponentiell ab. Wie kann die rechte Seite so geschrieben werden, daß sie von den homogenen Koordinaten *gleichartig* abhängt?

Natürlich ist die erstere Frage die wichtigere. Da kommst Du mit Deiner alten Idee der *Periodizitätsforderung* in Bezug auf x_0 [c]. Das ist zwar a priori vernünftig, aber nicht a posteriori, da man ja auf diese Weise unendlich viele Größen bekommt, die in der Erfahrung nicht vorkommen. Nach meiner Meinung dürfen in einer brauchbaren Theorie die $\gamma_{\mu\nu}^{\tau}$ für $\tau \neq 0$, 1 oder -1 von vornherein nicht auftreten. Du bleibst also die Antwort auf die gestellte Frage 1. schuldig – ebenso übrigens auch auf die Frage 2.

Ferner hast du zu wenig eine eigentümliche Schwierigkeit beachtet, die der direkten Anwendung des Formalismus von Heisenberg und mir auf das g_{ik}-Feld zunächst entgegensteht. Wegen der allgemeinen Kovarianz bestehen nämlich zwischen den g_{ik} zu einem bestimmten Zeitpunkt und ihren konjugierten Impulsen gewisse vier Identitäten, deren linke Seiten nicht mit allen g_{ik} vertauschbar sind. Rosenfeld hat dies in einer in den Annalen der Physik erschienenen Arbeit (vor längerer Zeit) ausführlich behandelt.[d]

Leider habe ich Deinen Brief von S. 5 an, wo der Ansatz

$$\gamma_{rs}=\delta_{rs}+\gamma_r\,\gamma_s,\quad \gamma_{r0}=\gamma_r,\ \gamma_{00}=1,$$
$$\gamma_r=\sqrt{2\kappa}\begin{pmatrix} A_r & \psi_r\,e^{-2\pi i x_0/l_0} \\ \varphi_r\,e^{2\pi i x_0/l_0} & A_r \end{pmatrix}$$

gemacht wird, nicht mehr genau verstanden. Was bedeutet es, daß die γ_{rs} als zweireihige Matrizen (warum nicht mehrreihige) angesetzt werden (deren Elemente selbst wieder q-Zahlen sind)? Geschieht dies, um irgend welche Bedingungsgleichungen (welche?) zu befriedigen? Oder ist das eine neue Annahme? Und weiter (*Haupt*frage!): *werden die kanonischen Vertauschungs-Relationen für die A_r und $\partial A_r/\partial t$ und die für die ψ_r, φ_r und $\partial\psi_r/\partial t$, $\partial\varphi_r/\partial t$ durch solche für die γ_r und $\partial\gamma_r/\partial t$ richtig zusammengefaßt?* (Die A_r, $\partial A_r/\partial t$ haben symmetrische Quantelung; auch die ψ_r, φ_r und $\partial\psi_r/\partial t$, $\partial\varphi_r/\partial t$?) – Ferner: Du sagst es nicht explizite, aber gemäß dem ganzen Ansatz müssen die ψ_r, φ_r sich bei Lorentztransformationen wie ein *Viererverktor* (nicht wie ein Spinor) verhalten. Dann ist aber Deine Behauptung, daß die Terme mit $F_{rs}\,\psi_s$ in Deiner Formel (9) einem Spinmoment $\hbar/2$ entsprechen, *sicher falsch*, denn mit Vektoren bekommt man immer *ganz*zahlige Spinmomente und keine halbzahligen! Aus den angeschriebenen Formeln geht ja direkt überhaupt nur die Größe des magnetischen Momentes hervor und gar nicht die des mechanischen. Um letzteres zu erhalten, muß man die Drehimpulsintegrale explizite anschreiben!

Während ich bezüglich der Frage betreffend die Bedeutung des Ansatzes mit den zweireihigen Matrizen und die zugehörigen Vertauschungs-Relationen „darauf vorbereitet bin“, daß sich herausstellen wird, sie sei nur durch meine Dummheit hervorgerufen*, glaube ich bestimmt, mit der übrigen Kritik Deines Briefes über den fünfdimensionalen Formalismus definitiv Recht zu haben.

Wie die endgültige Beantwortung Deines früheren Briefes ausfallen wird – ob also die relativistisch invariante Theorie von spinlosen Teilchen mit Fermi-Statistik *doch* möglich ist – darauf bin ich jetzt selbst sehr neugierig. Sowie ich in Zürich bin und die Rechnungen durchgeführt habe, schreibe ich wieder.

Bis dahin viele herzliche Grüße von Deinem W. Pauli

a) Wie aus der Beschriftung einer Photographie hervorgeht, war Pauli um diese Zeit in einem Orte am Bodensee. – b) Pauli (1936c). – c) O. Klein: Quantentheorie und fünfdimensionale Relativitätstheorie. Z. Phys. **37**, 895–906 (1926). – d) L. Rosenfeld: Zur Quantelung der Wellenfelder. Ann. Phys. (5) **5**, 113–152 (1930). Dort S. 150.

[419] Pauli an Klein

Zürich, 20. August 1935

Lieber Klein!

Seit zwei Tagen in Zürich, bin ich sogleich an das Programm gegangen, Deine in den Briefen vom 13. und 22.7. skizzierte Theorie mit dem § 3 meines Pariser

* Mein Punkt ist: Wenn die Vertauschungs-Relationen für die $\gamma^{\tau}_{\mu\nu}$, $\tau=-1,+1,0$ sich *nicht* in solche für $\gamma_{\mu\nu}$ mit zweireihigen Matrizen zusammenfassen lassen, warum ist das dann überhaupt für die Wellengleichungen zu verlangen?

Vortrages[a] zu vergleichen. Das Resultat, zu dem ich gekommen bin, ist sehr merkwürdig und es scheint, daß keiner von uns beiden einen Rechenfehler gemacht hat. - Zuerst eine Bemerkung, um eine Konfusion unserer Bezeichnungen zu vermeiden. Ich habe im Pariser Vortrag (P.V.) die Spaltung der Wellenfunktion in Teile mit positiven und negativen Frequenzen mit $\psi=\psi_1+\psi_2$ bezeichnet. Da Du andrerseits ψ_1, ψ_2 benennst, was ich ψ, ψ^* genannt habe (wobei aber jetzt ψ^* nicht mehr hermitesch konjugiert ist zu ψ), so will ich in diesem Brief die erstere Spaltung mit

$$\psi(\equiv \text{Deinem } \psi_1)=(^+\psi)+(^-\psi)$$

setzen. Bedeuten nun b_1, b_2, b_1^+, b_2^+ dasselbe wie in Deinem Brief vom 22.7., so wird (nach Gleichung (12), (15) Deines Briefes vom 22.7.)

$$^+\psi=(2\pi h)^{-\frac{3}{2}}\int e^{\frac{i}{h}px}\, b_1(p)\, dp,$$

$$^-\psi=(2\pi h)^{-\frac{3}{2}}\int e^{\frac{i}{h}px}\, b_2^+(p)\, dp.$$

Also

$$\text{Dein } \psi_1={}^+\psi+{}^-\psi,$$

$$\text{Dein } \psi_2=(^+\psi)^+-(^-\psi)^+.$$

Ich will nun entsprechend dem Vorschlag meines letzten Briefes die (nach eventueller S-Transformation stets erfüllte) Annahme einführen, daß b_1^+ das hermitesch-konjugierte von b_1 und ebenso b_2^+ das hermitesch-konjugierte von b_2 sei. Dann ist auch $(^+\psi)^+$ bzw. $(^-\psi)^+$ das hermitesch-konjugierte von $(^+\psi)$ bzw. $(^-\psi)$. Ich schreibe daher statt der ersteren Größen von nun an $(^+\psi)^*$ und $(^-\psi)^*$, so daß man hat

$$\text{Dein } \psi_1=(^+\psi)+(^-\psi),$$

$$\text{Dein } \psi_2=(^+\psi)^*-(^-\psi)^*,$$

ferner

$$\text{Dein } (\psi_1)^+ = -ih\frac{\partial\psi_2}{\partial t}=ih\left\{\frac{\partial(^+\psi)^*}{\partial t}-\frac{\partial(^-\psi)^*}{\partial t}\right\},$$

$$\text{Dein } (\psi_2)^+ = +ih\frac{\partial\psi_1}{\partial t}= +ih\left\{\frac{\partial(^+\psi)}{\partial t}+\frac{\partial(^-\psi)}{\partial t}\right\}.$$

Die Ausrechnung ergibt nun für die Dichte $\rho(x)$:

$$\rho(x)=\psi_1^+\psi_1-\psi_2^+\psi_2=-ih\left\{\left[\frac{\partial(^+\psi)^*}{\partial t}(^+\psi)-(^+\psi)^*\frac{\partial(^+\psi)}{\partial t}\right]\right.$$

$$+\left[(^-\psi)\frac{\partial(^-\psi)^*}{\partial t}-\frac{\partial(^-\psi)}{\partial t}(^-\psi)^*\right]+\left[\frac{\partial(^+\psi)^*}{\partial t}(^-\psi)+\underline{(^-\psi)^*\frac{\partial(^+\psi)}{\partial t}}\right.$$

$$\left.\left.-\underline{\frac{\partial(^-\psi)^*}{\partial t}}(^+\psi)-(^+\psi)^*\frac{\partial(^-\psi)}{\partial t}\right]\right\}.$$

Im § 3 meines P.V. haben die unterstrichenen Terme in der dritten [...] das umgekehrte Vorzeichen relativ zu den anderen Termen dieser [...]. Diese umgekehrten Vorzeichen stellen die Bedingung $[\rho(x), \rho(x')] = 0$ wieder her. Aber diese umgekehrten Vorzeichen bewirken, *daß $\rho(x)$ als Operator betrachtet, nunmehr nicht hermitesch ist**. – Aus diesem Grunde habe ich eine solche Vorzeichenumkehr in meinem P.V. nicht in Betracht gezogen. Zugeben muß ich Dir wohl, daß 1. trotz des nicht hermiteschen Aussehens von $\rho(x)$ die Eigenwerte von $\rho(x)$ doch reell sind; 2. daß im kräftefreien Fall auch die Eigenwerte der Totalenergie reell sind. (Meine gegenteilige Behauptung in meinem letzten Brief beruhte auf einem Rechenfehler.)

Dennoch ist mir eine Theorie mit nichthermitesch geschriebenen Operatoren für die physikalischen Größen sehr unheimlich. Man muß dann immer besonders verifizieren, ob die Größen reelle Eigenwerte haben oder nicht; und wenn es der Fall ist, s[o] ist es nur ein glücklicher Zufall. *Ich vermute z.B., daß bei Vorhandensein eines äußeren elektromagnetischen Feldes* (mit den Potentialen ϕ_ν) *die in üblicher Weise ergänzte Totalenergie bei Dir im allgemeinen nicht mehr reelle Eigenwerte haben wird.* Vielleicht denken wir beide über diese letztere Frage noch nach.

Aus diesen Gründen möchte ich an der Forderung festhalten, daß die physikalischen Größen, insbesondere der Viererstrom S_ν, in einer brauchbaren Theorie so geschrieben sein müssen, daß die zugehörigen Operatoren von selbst hermitesch sind.

Fordert man das, so bleibt im Falle der relativistischen Theorie spinloser Teilchen *doch* die Bose-Statistik vor der Fermi-Statistik ausgezeichnet.

Schreib' wieder, auch über die zuletzt erwähnte, unterstrichene Frage** und sei bestens gegrüßt von Deinem W. Pauli

P.S. Grüß' Gordon von mir [b]. Warum publiziert er prinzipiell nichts mehr?

a) Pauli (1936c). Vgl. auch Paulis Bemerkung in [418]. – b) Walter Gordon emigrierte 1933 nach Schweden und starb am 24. Dezember 1939 in Stockholm an den Folgen einer Operation. Seine Bekanntschaft mit Pauli geht auf die Zeit zurück, als Gordon noch als Assistent von Koch am Physikalischen Staatslaboratorium in Hamburg wirkte.

[420] Pauli an Klein

Zürich, 21. August 1935

Lieber Klein!

Ich habe noch weiter über die nicht hermiteschen Operatoren nachgedacht und glaube jetzt zeigen zu können, daß solche für den Viererstrom bestimmt unzulässig sind. Zu diesem Zwecke muß man auf die Anwendung der Operatoren

* Die Totalladung $\bar{\rho} = \int \rho dV$ ist es noch, weil in dieser die kritischen Terme Null werden.

** Verwende Formeln vom Typus der Gleichung (52) und (53) der Arbeit von W[eisskopf] und mir in den Helvetica Acta.

auf die Schrödingerfunktionale $\varphi(\ldots N_k^+\ldots;\ \ldots N_k^-\ldots)$ zurückgehen. Hierin ist in der Bezeichnung Deines Briefes

$$N_k^+ = b_1^+(k)b_1(k); \qquad N_k^- = b_2^+(k)b_2(k).$$

Diese N_k^+ und N_k^- scheinen die natürlichsten Variablen für die Anwendung der Theorie zu sein und es beruhen alle Anwendungen der Theorie (Paarerzeugung etc.) in der Tat auf der Verwendung dieser Schrödingerfunktion. Für den Erwartungswert eines beliebigen Operators Ω in einem durch $\varphi(\ldots)$ gekennzeichneten Zustand gilt also

$$\bar{\Omega} = \sum_{N_k^+, N_k^-} \varphi^*(\ldots)(\Omega\varphi), \tag{1}$$

oder in Matrixform für Ω

$$\bar{\Omega} = \sum_{N_k^{+\prime}, N_k^{-\prime}; N_k^{+\prime\prime}, N_k^{-\prime\prime}} \varphi^*(\ldots N_k^{+\prime}\ldots;\ \ldots N_k^{-\prime}\ldots)(N_k^{+\prime}, N_k^{-\prime}|\Omega|N_k^{+\prime\prime}, N_k^{-\prime\prime}) \cdot \varphi(\ldots N_k^{+\prime\prime}\ldots;\ \ldots N_k^{-\prime\prime}\ldots). \tag{1a}$$

Für einen *beliebigen* Zustand $\varphi(\ldots)$ ist $\bar{\Omega}$ dann und *nur dann* reell, wenn die Matrix von Ω hermitesch ist.

Die Anwendungen der Theorie beruhen nun ferner alle darauf, daß für die b_1, b_2 und b_1^+, b_2^+ im Falle der Fermi-Statistik die bekannten, von Jordan-Wigner stammenden Operatoren bzw. Matrizen eingesetzt werden. (Für den Fall der Bose-Statistik vgl. Gleichung (54) der Helvetica Arbeit von Weisskopf und mir [a].) Hiebei ist aber b_1^+ bzw. b_2^+ von selbst die hermitesch-konjugierte Matrix zu b_1 bzw. b_2. – Es schien mir ganz verwirrend, diese Vorschrift ändern zu wollen. Wenn ich dann also für die Ladungsdichte ρ den aus Deinen Gleichungen folgenden, wie im letzten Brief g[e]zeigt, wegen der Vorzeichenumkehr *nicht* hermiteschen Ausdruck für ρ verwende, wird es Zustände $\varphi(\ldots)$ geben, *für welche der Erwartungswert der Ladungsdichte, gemäß* (1) *oder* (1a) *berechnet, nicht reell sein wird.* – Das gleiche gilt von der totalen Störungsenergie bei Anwesenheit eines äußeren elektromagnetischen (c-Zahl)-Potentialfeldes ϕ_μ. – Daß nun, wie Du bemerkst, die *Eigen*werte von ρ reelle sind, nützt nichts, bzw. ist ungenügend. *Denn die Vorschrift* (1), *die der Quantenmechanik zugrundeliegt, ist nicht invariant bei Ähn*[*lic*]*h*keitstransformation $\Omega \to S\Omega S^{-1}$ mit einer *nicht-unitären Matrix S.* – Deshalb ist jede Theorie unvollständig, die auf Angabe des Hermitizitätscharakters der Operatoren verzichtet und jede Theorie unrichtig, bei denen die physikalischen (beobachtbaren) Größen durch nicht-hermitesche Operatoren dargestellt werden. (Ein Umstand, den Du schon seit vielen Jahren nicht richtig verstanden hast.)

Damit ist wohl auch klar herausgestellt, was mir – wie ich in meinem letzten Brief sagte – „unheimlich" schien an den nicht-hermiteschen Operatoren. – Dein Gleichungssystem ist also, so wie es jetzt dasteht, unhaltbar und muß durch Verdoppelung der Zustandsgrößen ergänzt werden.

Viele Grüße

Dein W. Pauli

a) Pauli und Weisskopf (1934a).

[421] Pauli an Klein

Zürich, 7. September 1935

Lieber Klein!

Ich danke Dir sehr für Deinen ausführlichen Brief. Über die Frage der Fermi-Statistik in der Theorie von W[eisskopf] und mir[a] sind wir jetzt, glaube ich, einig. Der Fall der Bose-Statistik ist vor dem der Fermi-Statistik wirklich *ausgezeichnet,* indem erstere unter den *beiden* Voraussetzungen

1. $\rho(x)$ und $\boldsymbol{H}$ (auch im nicht-kräftefreien Fall) sind hermitesch,
2. $[\rho(x), \rho(x')]=0$,

durchführbar ist, letztere aber nur, wenn eine dieser beiden Voraussetzungen aufgegeben wird. Während es mir aber aussichtsreicher schiene, 2. aufzugeben und 1. beizubehalten, scheinst Du den umgekehrten Weg – 2. beizubehalten und 1. aufzugeben – zu bevorzugen. Mir scheint der letztere Weg ziemlich phantastisch, möchte Dich aber nicht davon abhalten, trotzdem die Konsequenzen dieser Voraussetzung näher zu verfolgen, falls es Dich interessiert.

Nun kommt ein Punkt, wo Du nach meiner Meinung einem Irrtum zum Opfer gefallen bist, der dringend Berichtigung erfordert. Es ist dies die Frage des Spinmomentes in einer Theorie mit einem Vierervektor ψ_ν, der nach Fermi-Statistik gequantelt ist. Ich halte durchaus meine These aufrecht, daß „das Auftreten von halbzahligem Spin in einer solchen Theorie von vornherein unmöglich und ausgeschlossen ist.“ – Dein Irrtum ist, daß die Matrizen Σ, welche die q-Zahlen ψ'_ν und ψ_ν bei Lorentztransformation gemäß

$$\psi'_\nu = \Sigma^{-1}\, \psi_\nu\, \Sigma$$

verknüpfen, irgend etwas zu tun haben mit den Matrizen S, welche die c-Zahl Spinoren ψ_ρ bei Lorentztransformationen gemäß

$$\psi'_\rho = S^{-1}\, \psi_\rho\, S$$

verknüpfen. Die ersteren, Σ, sind nämlich *unendlichreih[ig],* sie ändern alle Besetzungszahlen N_p bei der Lorentztransformation, die S dagegen sind *vierreihig.* – Über die ersteren, die man nur im Fall der infinitesimalen Lorentztransformationen explizite anschreiben kann, vgl. z. B. meinen Handbuchartikel.[b] – Ein interessanter Umstand, über den ich seinerzeit viel mit v. Neumann diskutiert habe, ist der, daß die Σ *unitäre* Matrizen sind ($\Sigma\Sigma^+ = 1$), während die S es nicht sind. (Es gibt *keine endliche* Darstellun[g] der Lorentzgruppe, die unitär ist; das rührt vom negativen Vorzeichen des Zeitquadrates im invarianten Längenquadrat her. – Die Meinung, man könne die Diracsche Gleichung – ohne ihren physikalischen Inhalt zu *ändern* – in Tensorform „umschreiben“, ist wohl ein längst widerlegter alter Unsinn.)

Dies wäre die Widerlegung Deines Argumentes, womit aber noch nicht meine (und Gordons) These bewiesen ist. Um letzteres zu tun, soll man gar nicht die Lorentztransformationen untersuchen, sondern direkt den Drehimpulsoperator. In der Literatur ist das noch nicht gemacht, aber ich lasse jetzt gerade ähnliche Rechnungen für die quantisierte Maxwellsche Theorie machen, die sich dann leicht – trotz Fermiquantelung – auf die Vierervektor-Theorie übertragen lassen dürften.[c] Aber das Ergebnis ist mir nicht zweifelhaft.

Über die überflüssigen $\gamma^{\tau}_{\mu\nu}$ will ich mich ebensowenig äußern wie über die Physik mit nicht-hermiteschen Operatoren, da ich bezüglich beider hoffnungslos ungläubig bin.

Was aber Deine *allgemeinen* Ansichten über die fünfdimensionale Theorie betrifft, so sind wir darüber ([w]ie Bohr immer so schön zu sagen pflegt) „mehr einig als Du glaubst." Es ist mir sehr plausibel, daß die fünfdimensionale Theorie dem Grenzfall verschwindenden elektrischen Elementarquantums irgendwie entsprechen muß. Andrerseits scheint mir aber vorläufig die quantentheoretische Formulierung der klassischen fünfdimensionalen Feldtheorie mißlungen zu sein. Und das hängt natürlich mit dem $e^2/\hbar c$-Problem zusammen. Ich habe aber immer eine vage Hoffnung, ob nicht die rein klassische fünfdimensionale Theorie für eine Quantentheorie von $e^2/\hbar c$ doch einen Fingerzeig geben könnte – vorausgesetzt, daß irgendwoher noch eine gute Idee kommt.

Das ist natürlich Zukunftsmusik. – Einzig die Frage des Spinmomentes liegt im Bereich mathematischer Entscheidbarkeit; und es dürfte gar nicht so schwer sein, da zu einer definitiven Entscheidung der Frage zu gelangen. Nach meiner Meinung ist die direkte Einführung von Spinor-ψ_e unerläßlich, um ein halbzahliges Spinmoment zu bekommen.

Nach Amerika fahren wir am 20. September, also sehr bald. Natürlich würden meine Frau und ich sehr gerne einmal nach Stockholm kommen, um Euch zu besuchen. Vielleicht einmal anläßlich einer Konferenz in Kopenhagen. Vor einem Jahr werde ich aber – infolge der Amerikareise – kaum kommen können.

Mit sehr vielen Grüßen an Dich und Frau sowie auch an Gordon

Dein alter W. Pauli

a) Pauli und Weisskopf (1934a). – b) Pauli [1933], dort S. 222f. – c) Vgl. hierzu das Manuskript von Weisskopf über „Die Bose-Hyperquantelung der Schrödinger-Gordon-Gleichung." (SHQP: ME. 45,3).

Zum Wintersemester 1935/36 war Pauli zum zweiten Mal in Amerika zu Gast. In Princeton am Institute for Advanced Study veranstaltete er ein Literaturseminar über den neuesten Stand in der Löchertheorie. Er selbst referierte über die Züricher Ergebnisse, die er unter dem Namen einer „Anti-Dirac-Theorie" vorstellte, und über die Beziehungen, die sich daraus zu den Arbeiten der Heisenberg-Gruppe und zu den auf Dirac aufbauenden Untersuchungen ergaben. Weitere Referate wurden von Maurice Pryce, Gregory Breit, Maurice Rose und John von Neumann übernommen. Die Ergebnisse wurden in einem vervielfältigten Manuskript niedergelegt.[1]

Paulis Äußerungen über amerikanische Lebensweise und Kultur zeigen, wie er auch hier frei von Vorurteilen die wirkliche Situation eines Landes schnell zu erfassen vermochte.

In den Gesprächen mit Einstein am Institute for Advanced Study dürfte die neu aufgerollte Interpretationsfrage in der Quantentheorie im Vordergrund gestanden haben. In dem folgenden Brief [422] nimmt Pauli erneut die Diskussion mit Kronig über dessen Neutrinotheorie des Lichtes[2] auf, der im Literaturseminar in Princeton ebenfalls eine Sitzung eingeräumt wurde.[3]

[1] „The Theory of the Positron and Related Topics." Report of a Seminar by W. Pauli. Notes by Dr. Banesh Hoffman. The Institute for Advanced Study 1935–1936.

[2] Siehe hierzu [406].
[3] Das Referat „On the Neutrino Theory of Light" wurde von M. Pryce gehalten. Behandelt wurden die Arbeiten von L. de Broglie, P. Jordan, R. de L. Kronig und O. Scherzer.

[422] Pauli an Kronig

Princeton, 20. November 1935

Lieber Kronig!
Wie Sie sehen bin ich in Princeton und ich soll bis 1. Mai hier bleiben; nachher fahre ich nach Zürich zurück. – Ich genieße es sehr, kein Kolleg lesen zu müssen und auch, daß gute junge Leute hier sind. – Obwohl es auch in Amerika, wie in jedem Land, viele Dinge gibt, die mir nicht sympathisch sind, so teile ich doch in keiner Weise Ihre „philosophischen" Vorurteile, da sie mir auf einer Überschätzung des Niveaus der europäischen Kultur zu beruhen scheinen. Man muß Amerika vergleichen mit anderen wirklich existierenden Ländern und nicht mit [unsern] idealistisch konstruierten Utopien.

Aber lassen wir die „Philosophie", die ich in so ziemlich jeder Form ablehne, in der sie mir entgegentritt, z.B. auch in der des „Realismus", den Einstein hier auf die Quantenmechanik anwendet.[a]

Eigentlich wollte ich Ihnen heute schreiben wegen Ihrer Arbeiten über Jordans Ansatz zu einer Neutrinotheorie[b], den Sie mir etwas kritiklos hinzunehmen scheinen. Vor einem Jahr fand ich einen Haken in Jordans Begründung[c] von

$$b_k b_l - b_l b_k = -\delta_{kl} \frac{l}{|l|} \tag{1}$$

mit

$$\sqrt{|k|}\, b_k = i \sum_{l=-\infty}^{+\infty} \alpha_l c_{k-l} \tag{2}$$

$$\begin{aligned} \alpha_k \alpha_l + \alpha_l \alpha_k &= \delta_{-k,l} \\ c_k c_l + c_l c_k &= \delta_{-k,l} \\ \alpha_k c_l + c_l \alpha_k &= 0. \end{aligned} \tag{3}$$

Jordans Rechnung enthält nämlich implizite eine besondere Bestimmung eines Ausdruckes von der Form $\infty - \infty$ und diese Bestimmung erschien mir *völlig willkürlich.* (Ich schrieb es damals auch an Jordan, er konnte aber nichts befriedigendes darüber sagen.) Ich machte deshalb mit Weisskopf zusammen folgende Rechnung. Wir bildeten zuerst mit einer Gewichtsfunktion g_l (c-Zahl!), die für große $|l|$ verschwindet (z.B. $g_l = e^{-\alpha l^2}$, $\alpha > 0$),

$$\sqrt{|k|}\, b_k = i \sum a_l c_{k-l} \cdot g_l .$$

Dann berechneten wir

$$b_i b_k - b_k b_i ,$$

worin jetzt alle Summen endlich sind. Und zum Schluß bildeten wir für das Resultat $\lim g_l \to 1$ (bzw. im obigen Beispiel $\lim \alpha \to 0$). Dies schien mir ein durchsichtiges Verfahren, welches eindeutig bestimmte Resultate gibt, im Gegensatz zur Jordanschen Rechnung. – Aber da bekamen wir das Resultat 0 heraus, statt des Jordanschen $-\delta_{-k,l}\, l/|l|$. Seitdem glaube ich nicht, daß eine stichhaltige Begründung von (1) existiert.

Das war auch der Grund, warum ich die Antwort auf Ihren letzten Brief immer wieder verschoben habe. Nun las ich soeben Ihre Arbeit III[d] und da dachte ich, ich muß Ihnen doch endlich schreiben. Ich wäre sehr froh, wenn Sie meine Bedenken entkräften könnten, denn der theoretischen Physik geht es momentan sehr schlecht und ich würde jeden Strohhalm ergreifen, der sich mir – dem im Heisenberg-Diracschen Löcherformalismus ertrinkenden – bietet.[e]

Natürlich ist das nächste Problem, falls die Jordansche Deduktion sich überhaupt in Ordnung bringen läßt, die Verallgemeinerung auf einen *drei*-dimensionalen *k*-Raum. Aber da bin ich auch sehr skeptisch und ich glaube jedenfalls nicht, daß Jordans spezieller Ansatz (2)[f] schon brauchbar ist.

Ferner glaube ich, daß, wenn ein solcher Ansatz überhaupt physikalisch sinnvoll sein soll, er eine Beziehung zu den Zuständen negativer Energie in der jetzigen Theorie – bzw. eine relativistisch invariante Erfüllung der Forderung nach positiv-definiter Energie – enthalten müßte.

Ihrer Antwort mit Spannung und mit einer schwachen, aber doch von Null verschiedenen Hoffnung entgegensehend grüßt Sie herzlich

Ihr alter W. Pauli

a) Siehe hierzu [413], Anm. a; und A.E. Ruark: Is the quantummechanical description of physical reality complete? Phys. Rev. **48**, 466–467 (1935). – b) R. de L. Kronig: Zur Neutrinotheorie des Lichtes. [I], II und III. Physica **2**, 491–498, 854–860, 968–980 (1935). – c) Siehe die in [406], Anm. f genannte Untersuchung Jordans. Die von Pauli kritisierte Ableitung entspricht den Formeln (17), (18) und (19) auf S. 469 der Jordanschen Veröffentlichung. – d) Siehe Anm. b. – e) Wahrscheinlich wurde diese Äußerung aufgrund der unbefriedigenden Referate während des Princetoner Seminars gemacht. – f) Siehe hierzu die unter c angeführte Untersuchung Jordans.

In einer gemeinsamen Untersuchung zur Löchertheorie mit Maurice Rose[1] war Pauli aufgefallen, daß die von Heisenberg abgeleitete Korrektur zur Klein-Nishina-Formel für die Streuung von Licht an freien Elektronen[2] nicht haltbar ist. Dieses Ergebnis hatte Pauli Heisenberg in einem Brief übermittelt. Auf diesen Fehler war auch Weisskopf gestoßen, wie Heisenberg hier in seinem Antwortschreiben [423] mitteilte. Während Paulis Abwesenheit mußte Weisskopf Paulis Vorlesungen an der ETH in Zürich übernehmen. „Es war für mich eine eigenartige Sache, so ganz plötzlich eine 4-stündige Vorlesung zu halten ...“, berichtete er am 25. Dezember aus Lech am Arlberg stolz an Franck. „Ich habe drei mal so viel Hörer als Pauli und bei dem jetzigen Stand der Theoretischen Physik ist es wirklich ein Genuß sich mit abgeschlossenen Gebieten zu beschäftigen. ‚Abgeschlossen‘ ist vielleicht auch übertrieben: ich lese: Statistische Mechanik und Quantentheorie“.

Um diese Zeit arbeitete Heisenberg gemeinsam mit Euler an einer Erweiterung der Diracschen Löchertheorie, die zum Jahresende zur Veröffentlichung gelangte[3] und auch in dem folgenden Brief [423] zur Sprache kam.

[1] Pauli und Rose (1936a).

[2] Vgl. hierzu die in Anm. 10 zum Kommentar von [338] genannte Veröffentlichung.

[3] W. Heisenberg und H. Euler: Folgerungen aus der Diracschen Theorie des Positrons. Z. Phys. **98**, 714–732 (1936). Eingegangen am 22. Dezember 1935.

[423] Heisenberg an Pauli

Leipzig, 20. November [1935]

Lieber Pauli!

Es war nett, wieder einmal von Dir zu hören. Mit Deiner Behauptung über die Klein-Nishinaformel, die mir übrigens Weisskopf praktisch zur gleichen Zeit mitteilte (gibt es Gedankenübertragung??), bin ich gerne einverstanden. Was ich in meiner Arbeit geschrieben hatte, war offenbar falsch. Bei der Arbeit von Ühling und Serber[a] fiel mir noch ein, daß die Ühling-Serberschen Zusatzglieder, ähnlich wie die Born-Euler-Kockelschen, die Frage der Selbstenergie entscheidend verändern können; ich hab' das aber noch nicht weiter durchgedacht. In der Hauptsache hab' ich mich (mit Euler) mit den Änderungen der Maxwellschen Theorie à la Euler-Kockel beschäftigt und die Lagrangefunktion in Abhängigkeit der Felder (unter Vernachlässigung der Glieder mit $\partial\mathfrak{E}/\partial x$, $\partial^2\mathfrak{E}/\partial x^2$, u.s.w.) für beliebig große Felder berechnet. Das Verfahren ist, wenn man's mal weiß, sehr einfach: Man setzt zwei konstante und parallele Felder $\mathfrak{E}$ und $\mathfrak{H}$ an und rechnet die Energiedichte der Diracschen See mit den exakten Eigenfunktionen aus. Das Resultat heißt etwa so: Die Lagrangefunktion wird eine Funktion der beiden Invarianten $\mathfrak{E}^2-\mathfrak{B}^2$ und $(\mathfrak{E}\mathfrak{B})^2$. Wenn $\mathfrak{E}$ und $\mathfrak{B}\ll\frac{e^2}{\hbar c}\cdot\frac{e}{(e^2/mc^2)^2}$, so erhält man wieder die Euler-Kockel Glieder und höhere Entwicklungsglieder, die nicht besonders interessant sind. Für den entgegengesetzten Grenzfall[b]

$$\mathfrak{B}\gg\frac{e^2}{\hbar c}\,\frac{e}{(e^2/mc^2)^2}=\mathfrak{B}_D \qquad \text{aber } \mathfrak{E}\ll\mathfrak{B}_D$$

erhält man

$$\begin{aligned}\mathfrak{L}=\frac{1}{8\pi}(\mathfrak{E}^2-\mathfrak{B}^2)+\frac{m^4c^5}{8h^2\hbar}&\left\{\left(\frac{\mathfrak{B}^2-\mathfrak{E}^2}{\mathfrak{B}_D^2}\right)\left(\frac{2}{3}\log\frac{\mathfrak{B}^2-\mathfrak{E}^2}{\mathfrak{B}^2}-3{,}06\right)\right.\\ &\left.+\frac{4\sqrt{\mathfrak{B}^2-\mathfrak{E}^2}}{\mathfrak{B}_D}\left(\frac{1}{2}\log\frac{\mathfrak{B}^2-\mathfrak{E}^2}{\mathfrak{B}_D^2}-0{,}145\right)+\log\frac{\mathfrak{L}^2-\mathfrak{E}^2}{\mathfrak{B}_D^2}+3{,}23\right\}\\ &+\frac{m^4c^5}{8\hbar^2h}\,\frac{(\mathfrak{B}\mathfrak{E})^2}{\mathfrak{B}_D}\cdot\{\text{Gl.}\,(\mathfrak{B}^2-\mathfrak{E}^2)\}.\end{aligned}$$

(Würde man diese Lagrangefunktion auf Selbstenergiefragen anwenden, so erhielte man keine endliche Selbstenergie.)

Den anderen Fall $\mathfrak{E}\gg\mathfrak{B}_D$ hab' ich nicht ausgerechnet, weil er physikalisch sinnlos ist: Für so große elektrische Felder entstehen sofort beliebig viele Paare. Das Gebiet mittlerer Felder kann man noch numerisch behandeln, das ist aber nicht sehr interessant. Im Ganzen sieht das ganze Resultat aber der Bornschen Theorie in mancher Hinsicht recht ähnlich[c].

Sonst weiß ich nicht viel Neues. Wenn das Manuskript der Arbeit fertig ist, will ich Dir einen Durchschlag schicken.

Dir und Deiner Frau herzliche Grüße! Dein W. Heisenberg

a) R. Serber: Linear Modifications in the Maxwell Field Equations. Phys. Rev. **48**, 49–54 (1935). – A.E. Uehling: Polarization Effects in the Positron Theory. Phys. Rev. **48**, 55–63 (1935). Beide Untersuchungen waren am 24. April 1935 bei der Redaktion eingegangen. – b) Siehe hierzu die im Kommentar unter Anm. 3 genannte Veröffentlichung. Dort S. 719. – c) Siehe hierzu [379], Anm. b.

Nach seinem vorübergehenden Aufenthalt bei Bohr in Kopenhagen hatte James Franck schließlich eine Professur an der John Hopkins Universität in Baltimore erhalten. Pauli kündigte kurzfristig seinen Besuch zum „thanksgiving" an [423a], um das neue Institut in Augenschein zu nehmen.

Auch mit anderen alten Bekannten, die inzwischen nach Amerika ausgewandert waren, kam Pauli jetzt wieder in Berührung. Zu diesen gehörte Hans Bethe, der Anfang 1935 an der Cornell University in Ithaca eine Assistenzprofessur angenommen hatte, die schließlich 1937 in eine ordentliche Professur umgewandelt wurde. Hier an der Cornell University entstand innerhalb von kürzester Frist eines der bedeutendsten Zentren der Kernphysik, dessen theoretisches Haupt nun Hans Bethe wurde.[1] Pauli hatte Bethe offenbar während seines Besuches bei Franck in Baltimore getroffen. Bethe genoß den Ruf eines großen Rechenkünstlers, und so wandte sich Pauli mit einem Integrationsproblem an ihn „als letzte Instanz" ([424] und [425]). Auch später scheint Pauli sich nochmals mit Bethe in New York getroffen zu haben, der ihm dort eine „lange Privatvorlesung" über Kernkräfte hielt [427].

[1] Weitere biographische Einzelheiten findet man bei J. Bernstein: Hans Bethe: Prophet of Energy. New York 1979.

[423a] Pauli an Franck

[Princeton], 25. November 1935
[Postkarte]

Lieber Herr Franck,
Ich habe gehört, Sie wohnen in einem wunderschönen Haus ohne Möbel und regieren ein wunderschönes Institut ohne Linsen. – Wir möchten das gerne persönlich sehen und kommen deshalb Donnerstag (thanksgiving)[a] nach Baltimore.

Auf frohes Wiedersehen — Ihr W. Pauli
Herzliche Grüße an Frau Franck und Sie, — Ihre F. Pauli

a) Der Donnerstag fiel auf den 28. November.

[424] Bethe an Pauli[a]

Ithaca, 7. Dezember 1935

Lieber Herr Pauli!
Das Integral scheint in der Tat recht bösartig zu sein. Ich führte, wie wir in Baltimore besprachen, elliptische Koordinaten mit f_1 und f_2 als Brennpunkten ein, und natürlich derart, daß ε_1 und ε_2 als „Koordinaten" gewählt werden, neben dem Azimutalwinkel φ. Der Ausdruck für ε wird dann sehr unangenehm, und die Integration über φ führt bereits auf elliptische Funktionen. (Sie haben vermutlich genau dasselbe getan.) Allerdings handelt es sich um vollständige

elliptische Funktionen, aber das macht die Sache nicht viel besser, und außerdem ist das Argument der elliptischen Funktion eine schreckliche Funktion von ε_1 und ε_2. Es scheint mir fast hoffnungslos, da weiterzukommen: Änderung der Integrationsreihenfolge, z.B. Integration über ε_1 und ε_2 *vor* φ, geht auch nicht, weil ε eine so komplizierte Funktion von ε_1 und ε_2 ist. Außerdem sind elliptische Integrale invariant gegen die Art und Weise der Ausführung der Rechnung: Es ist eigentlich nie möglich, sich um sie herumzuschwindeln.

Ich glaube daher, man wird auf die Berechnung des allgemeinen Falls verzichten müssen. Dagegen scheint es mir praktisch sicher, daß man den interessanten Grenzfall $h\nu \gg mc^2$, d.i. $f \gg 1$, wird behandeln können. Man kann sich dann wohl auf die Umgebung der Punkte $\vec{p} \approx -\vec{f}_1$ und $\vec{p} \approx -\vec{f}_2$ beschränken (daß dies möglich ist, dürfte leicht zu beweisen sein) und entsprechende Approximationen für cos (p, f_1) etc. machen.

Für allgemeines f sind natürlich die Fälle $\alpha = 0$, $\alpha = \pi/2$ (und benachbarte Werte) leicht behandelbar, und ich könnte mir vorstellen, daß man auf diese Weise ein ziemlich genaues Bild vom Verlauf des gesuchten Integrals bekommen wird.

Nebenbei bemerkt, divergiert das Integral, so wie es dasteht, für $p \to \infty$. Denn wenn $p \gg f$ und $p \gg 1$, wird $\varepsilon \approx \varepsilon_1 \approx \varepsilon_2 \approx p$ und das Integral $\int \frac{4\pi p^2 dp}{p^3}$, was logarithmisch divergiert. Ich nehme an, es gibt einen weiteren Term, der diese Divergenz aufhebt.

Sie muten mir etwas viel Verantwortung zu, indem Sie mich als „letzte Instanz" betrachten, aber es scheint mir wirklich, daß man nur die Grenzfälle $f \gg 1$, $f \ll 1$, sowie $\alpha = 0$, $\alpha = \pi/2$ mit endlichem Aufwand an Mühe behandeln kann.

Mit freundlichen Grüßen Ihr A. Bethe

a) Die Briefe [424] und [425] waren zusammen mit dem 50 Seiten umfassenden Manuskript der Dissertation von H. Euler „Über die Streuung von Licht an Licht nach der Diracschen Theorie" unter Paulis Papieren abgelegt.

[425] Bethe an Pauli

Ithaca, 13. Dezember 1935

Lieber Herr Pauli!
Auf Ihren Brief hin habe ich nochmal mit dem Integral für $f \gg 1$ gespielt und bin jetzt sehr hoffnungsvoll. Natürlich haben Sie recht, daß die Umgebungen von $\vec{p} = -\vec{f}_1$, und $\vec{p} = -\vec{f}_2$ nicht den Hauptteil beitragen. Wohl aber ist dies der Fall für die *Linien* vom Nullpunkt zu den Punkten $-\vec{f}_1$ und $-\vec{f}_2$. Nehmen Sie z.B. ein $\vec{p}$ das mit der Richtung $-\vec{f}_1$ einen sehr kleinen Winkel ϑ bildet. Dann ist ($f-p \gg 1$ und positiv)

$$\varepsilon_1 = \sqrt{p^2 - 2pf\cos\vartheta + f^2 + 1} = \sqrt{(f-p)^2 + 2pf(1-\cos\vartheta) + 1} \tag{1}$$

$$= f - p + \frac{pf(1-\cos\vartheta)}{f-p} + \frac{1}{2(f-p)} = f - p + \frac{f}{2p(f-p)}x + \frac{1}{2(f-p)}$$

mit $x=2p^2\,(1-\cos\vartheta)$. Weiter

$$\varepsilon+\varepsilon_1-f=p+\frac{1}{2p}+f-p+\frac{f}{2p(f-p)}x+\frac{1}{2(f-p)}-f=\frac{f}{2p(f-p)}(x+1) \qquad (2)$$

Für $x=0$, d.i. wenn p dieselbe Richtung hat wie f_1, wird das sehr klein; um so kleiner je größer f. Daher trägt die Umgebung der Verbindungslinie von 0 und $-f_1$ den Hauptteil zum Integral bei. Dort kann man dann, für die Berechnung von ε_2, die Richtung von $\vec{p}$ als konstant annehmen, sodaß

$$\varepsilon_2\approx\sqrt{p^2+f^2-2pf\cos\alpha},\ \alpha=\sphericalangle(f_1,f_2) \qquad (3)$$

nicht von x abhängt. Das Volumelement ist $2\pi\,p^2\,dp\,d(\cos\vartheta)=\pi\,dp\,dx$, man bekommt also das einfache Integral

$$\int\frac{\pi\,dp\,dx\,2p(f-p)}{p(x+1)f\,[\sqrt{p^2+f^2-2pf\cos\alpha}+p-f]} \qquad (4)$$

Die Integrationsgrenzen für x sind 0 und ungefähr $2\,p^2\,(1-\cos\alpha/2)$, für p sind die Grenzen 0 und f. Offensichtlich bekommt man den Logarithmus der oberen Grenze von x herein, d.i. im wesentlichen $\log f$. Das Resultat der ganzen Integration wird so etwas wie $g(\alpha)\log f+h(\alpha)$, wenn man Terme in $1/f$ vernachlässigt. Ich bin sicher, daß man $g(\alpha)$ ohne weiteres bestimmen kann, $h(\alpha)$ wird etwas komplizierter sein.

Für $p>f$, d.h. auf der Fortsetzung der „kritischen Linie" über $-f$ hinaus, passiert nichts Besonderes, man bekommt z.B. für $\vartheta=0$ für den Ausdruck $\varepsilon+\varepsilon_1-f$ den Wert $2(p-f)$, der bei festem p,f umso größer wird je größer f. Das Gebiet $p>f$ trägt deshalb nichts zum Term mit $\log f$ bei. Im speziellen Fall $\alpha=0$ ($\vec{f}_1=\vec{f}_2$) ist das Gebiet $p>f$ sogar ganz zu vernachlässigen. Für kleine α, für die das Gesamtintegral am größten wird, ist der Beitrag von $p>f$ sicher immer noch relativ sehr klein.

Es ist klar, daß man noch ziemlich viel tun muß, um die Integration anständig zu machen (d.h. anständig bis auf Glieder der Größenordnung $1/f$). Zunächst darf man natürlich (3) nicht mehr verwenden wenn ϑ von der Größenordnung $\alpha/2$ wird. Zweitens wird die Integration von (4) über p nicht ganz einfach sein weil nach Integration über x ein $\log p$ im Integrand steht. Drittens muß man den Beitrag des Gebiets $p>f$ abschätzen. Aber ich glaube, das kann man alles ziemlich genau machen. Besonders für den wichtigsten Fall kleiner α.

Für $\alpha=0$ habe ich die Integration ausgeführt; wenn ich mich nicht verrechnet habe, gibt sie $f^2/6$. In diesem Fall ist das Überwiegen des Beitrags der Verbindungslinie von 0 nach $-\vec{f}$ noch ausgesprochener, man bekommt $(x+1)^2$ im Nenner bei gleicher Definition. Bei kleinem, aber endlichem α fällt der Integrand natürlich auch wie x^2 ab sobald man um mehrere α von den Verbindungslinien $0-f_1$, $0-f_2$ weggeht.

Man kann jetzt schon sehen, daß der Effekt mit wachsendem f ansteigt.

Viel Glück zur weiteren Integration, und viele Grüße Ihr A. Bethe

VII. Das Jahr 1936

»Gitterwelt« und Theorie der kosmischen Strahlung

[426]	Heisenberg an Pauli	Leipzig	18. Februar 1936
[427]	Pauli an Wentzel	Princeton	24. Februar 1936
[428]	Heisenberg an Pauli	Leipzig	23. Mai 1936
[429]	Heisenberg an Pauli	Leipzig	26. Mai 1936
[430]	Heisenberg an Pauli	Leipzig	30. Mai 1936
[431]	Bohr an Pauli (dän.) (MSD)	Kopenhagen	6. Juni 1936
[432]	Pauli an Heisenberg	Zürich	9. Juni 1936
[433]	Heisenberg an Pauli	Leipzig	11. Juni 1936
[434]	Pauli an Kronig und Jordan (PK)	Zürich	14. September 1936
[435]	Pauli an Heisenberg	Zürich	26. Oktober 1936
[436]	Heisenberg an Pauli	Leipzig	29. Oktober 1936
[437]	Heisenberg an Pauli	Leipzig	31. Oktober 1936
[438]	Heisenberg an Pauli	Leipzig	1. November 1936
[439]	Pauli an Heisenberg (PK)	Zürich	4. November 1936
[440]	Heisenberg an Pauli	Leipzig	7. November 1936
[441]	Pauli an Heisenberg	Zürich	9. November 1936
[442]	Pauli an Heisenberg (PK)	Zürich	9. November 1936
[443]	Heisenberg an Pauli	Leipzig	12. November 1936
[444]	Pauli an Heisenberg (PK)	Zürich	14. November 1936
[445]	Pauli an Kemmer (PK)	Zürich	14. November 1936
[446]	Heisenberg an Pauli	Leipzig	16. November 1936
[447]	Pauli an Heisenberg (PK)	Zürich	18. November 1936
[448]	Pauli an Kemmer	Zürich	18. November 1936
[449]	Heisenberg an Pauli	Leipzig	19. November 1936
[450]	Pauli an Heisenberg (1. PK)	Zürich	20. November 1936
[451]	Pauli an Heisenberg (2. PK)	Zürich	20. November 1936
[452]	Pauli an Kemmer	Zürich	20. November 1936
[453]	Heisenberg an Pauli (PK)	Leipzig	22. November 1936
[454]	Pauli an Heisenberg	Zürich	24. November 1936
[455]	Heisenberg an Pauli	Leipzig	26. November 1936
[456]	Pauli an Heisenberg	Zürich	6. Dezember 1936
[457]	Pauli an Sommerfeld	Zürich	6. Dezember 1936
[458]	Heisenberg an Pauli	Leipzig	7. Dezember 1936
[459]	Pauli an Heisenberg	Zürich	13. Dezember 1936
[460]	Pauli an Kemmer (PK)	Zürich	15. Dezember 1936
[461]	Heisenberg an Pauli	Leipzig	18. Dezember 1936
[462]	Pauli an Heisenberg (PK)	Zürich	21. Dezember 1936

Bis zum 1. Mai wollte Pauli in Princeton bleiben, wie er Kronig geschrieben hatte [422]. Die Rückreise trat er im Mai gemeinsam mit Franca auf dem französischen Liniendampfer „Lafayette“ an.

Währenddessen hatte ihn sein Assistent Weisskopf bei den Vorlesungen in Zürich vertreten. Auch die wissenschaftliche Arbeit ruhte nicht. Gemeinsam mit dem bei Wentzel an der Universität Zürich arbeitenden Nicholas Kemmer zeigte Weisskopf, daß die Ergebnisse der Untersuchung von Euler und Kockel über Streuung von Licht an Licht in einem Spezialfall auch ohne den leidigen Subtraktionsformalismus abgeleitet werden konnten [426].

Weisskopf glaubte, lange genug bei Pauli in Zürich gewesen zu sein, und er sehnte sich nach einer festen Position [427]. In seinem Brief (vom 25. Dezember 1935) an James Franck heißt es: „Wenn Pauli zurückkommt (Mai 1936), gehe ich wieder zu Bohr. Ich habe ja in der Schweiz gar keine Aussichten, und es ist doch nicht sehr angenehm allzulange bei Pauli zu sein. Ich habe ja *sehr* viel bei ihm gelernt, vielleicht das Wesentliche überhaupt. Vorher wandelte ich bei meinen Arbeiten über unbekannte Abgründe, in die ich jetzt hineinsehe, mit Paulis Hilfe. Aber ich habe das deutliche Gefühl, daß die Wechselwirkung zwischen Pauli und mir auf die Dauer nicht mehr produktiv sein würde."

Die Nachrichten, die von Deutschland nach Amerika drangen, waren beunruhigend. Durch weitere Durchführungsverordnungen zu den Nürnberger Gesetzen vom November 1935 wurden die jüdischen Bürger immer mehr drangsaliert. Selbst jüdische Kriegsteilnehmer, die bisher von den Maßnahmen ausgenommen waren, wurden aus dem aktiven Beamtenverhältnis in den Ruhestand versetzt. „Heute will ich versuchen, Dir keine Politik zu schreiben, obwohl wir kaum was anderes sprechen und denken", heißt es in einem Schreiben Otto Oldenbergs an James Franck. „Ich bin überzeugt, daß das Reden und Drohen und Rüsten noch viele Jahre weiter geht, bevor es wieder los geht. Auf unsere Hilfe wird ja in Deutschland sowieso nicht reflektiert." [1]

Auch Heisenberg bekam die brutalere Gangart der Nationalsozialisten zu spüren. Johannes Stark publizierte am 29. Januar einen Aufsatz über „Deutsche und jüdische Physik" im „Völkischen Beobachter", der schärfste Angriffe gegen Heisenberg und die von ihm vertretene theoretische Physik enthielt.[2] Nur in Andeutungen ist davon in Heisenbergs Briefen die Rede. Bei mündlichen Unterredungen dürfte viel und intensiv darüber gesprochen worden sein.

Viele Physiker im Ausland kündigten ihre Mitgliedschaft bei der Deutschen Physikalischen Gesellschaft, weil diese sich nicht gegen die Übergriffe der Nationalsozialisten zur Wehr gesetzt hatte. „I am disappointed in that the Gesellschaft has never protested as a whole against the bitter attacks upon some of its outstanding members ...", schrieb Goudsmit erbittert an Walther Schottky. Als er im Juni 1936 in einem Schreiben an Walther Gerlach von einem Stillstand der Physik in Deutschland sprach, während sie „in anderen Ländern wie in Italien und Amerika ... große Fortschritte macht", protestierte Gerlach[3]: „Sie meinen, daß die Physik bei uns etwas stehen geblieben sei. Ich bin doch nicht ganz der Meinung – aber sie hat sich etwas anderen Problemen zugewendet. Und dann haben wir doch jahrelang sehr unter Knappheit der Mittel und unter Mangel an Ruhe gelitten. Jetzt wird beschleunigt mehr für die Forschung getan. Es sind aber doch auch auf den modernen Gebieten allerlei gute Sachen hier gemacht worden. Regener hat doch schon erstaunliches mit seinen Registrierballons fertig gebracht, und Bothes, Hahn-Meitners, u.a. Arbeiten sind schon gut. – Es ist richtig, daß man bei uns bestrebt ist, die theoretische Richtung in etwas mehr experimentelle Richtung umzulenken. Mir persönlich ist das nicht unsympathisch. Es ist schon so, daß ein starkes Vorherrschen der theoretischen Richtung wieder einmal abgelöst werden muß durch ausschließlich experimentelle Arbeit. Und vielleicht kommt bald eine besondere Eigenart der deutschen Physik darin zur Geltung, daß Präzisionsmessungen wieder vorherrschen. Auf unserem Gebiet der Metallphysik ‚weiß' man theoretisch ‚alles' – aber nicht einen einzigen elementaren Effekt, ganz und gar nicht Erscheinungen und Legierungen kann man damit quantitativ beherrschen. Hierin liegt keine Mißachtung der Theorie. Sie werden das bei mir nicht annehmen! Es ist vielmehr eine Art ‚Selbstbesinnung', die wir unseren Schülern anerziehen wollen. Daß eine Umstellung dieser Art eine Zeitlang die Produktion vermindert und vor allem Abhandlungen liefert, welche andere Wege gehen, ist selbstverständlich. Aber Sie können mir glauben, daß das wissenschaftliche Leben bei uns absolut nicht tot ist, sondern gerade sehr wächst. – Schwankungen sind thermodynamisch!"

[1] Aus einem Schreiben vom 5. und vom 6. April an Franck. (Franck Papers, Joseph Regenstein Library, University of Chicago.)

[2] Heisenberg schrieb eine Erwiderung „Zum Artikel ‚Deutsche und jüdische Physik'" im Völkischen Beobachter **49** vom 28. Februar 1936.

[3] In einem Schreiben vom 7. November 1936 an Goudsmit. (Goudsmit Nachlaß, American Institute of Physics, New York.)

[426] Heisenberg an Pauli

Leipzig, 18. Februar [1936]

Lieber Pauli!

Vielen Dank für Deinen Brief. Leider kann ich Deinen Wunsch, die Alternative A energisch zu verteidigen, nicht erfüllen. Ich hab' im Augenblick keine bestimmte Meinung darüber, wie die Theorie später aussehen wird; nur alle möglichen angefangenen Versuche, aus denen bisher nichts geworden ist. Ich glaube, es bleibt uns einstweilen noch nichts anderes, als Konsequenzen der bisherigen Theorie zu untersuchen, um daraus für die Zukunft zu lernen. Wenn Du mit der Alternative B etwas anfangen kannst, dann umso besser. (Mein früherer Vorschlag einer Gitterwelt hatte ja mit B zu tun, ließ sich aber nicht relativistisch vernünftig formulieren.)[a]

Weisskopf schrieb mir, er könne die Euler-Kockelglieder im elektrostatischen Grenzfall ohne Subtraktionsphysik herleiten;[b] das wäre eine ganz schöne Stütze für die Eindeutigkeit der subtrahierten Glieder.

Ich hab' mich in den letzten Tagen mit einer ganz witzigen Schwierigkeit beschäftigt, die in Kockels D[okto]r-Arbeit[c] aufgetreten war, die aber auch an vielen anderen Stellen, wie mir Bloch und Wentzel mitteilten, zu finden ist.[d] Ihre einfachste Formulierung ist die: In der Theorie des kontinuierlichen Röntgenbremsspektrums (Sommerfeld)[e] ergibt sich, daß die Intensität der Bremsstrahlung ($I_\nu \, d\nu$) für $\nu \to 0$ endlich bleibt (I_0 endlich); d.h. daß die Anzahl der emittierten Lichtquanten wie $d\nu/\nu$ divergiert. Dies wäre an sich kein Unglück. Rechnet man aber den Wirkungsquerschnitt für eine endliche Ablenkung des Elektrons unter Emission gleichviel welcher Lichtquanten nach den üblichen Methoden aus, so divergiert dieser Wirkungsquerschnitt auch wie $d\nu/\nu$. Es liegt dies offensichtlich daran, daß für dieses Problem die übliche Entwicklung nach e^2/hc unzulässig ist – ohne daß irgendwelche prinzipielle Fragen eine Rolle spielen können. Vielleicht ist es doch ganz lehrreich, diese Sache in Ordnung zu bringen; auch Bloch will das in seinem Fall (β-Emission mit Bremsstrahlung) tun.[f]

Im Sommer will ich nach Amerika fahren; vielleicht treffen wir uns noch drüben.[g]

Viele herzliche Grüße

Dein W. Heisenberg

a) Heisenberg bezieht sich auf seine Untersuchungen aus dem Jahre 1930. Siehe hierzu insbesondere den Kommentar zu [245] und die dort in Anm. 14 zitierte Abhandlung Heisenbergs. – b) Siehe hierzu N. Kemmer und V. Weisskopf: Deviations from the Maxwell Equations resulting from the Theory of the Positron. Nature **137**, 659 (1936). Signiert Zürich, 12. Februar 1936. – c) Eine gekürzte Fassung der Dissertation wurde veröffentlicht. B. Kockel: Über einige Mehrfachprozesse zwischen Elektronen, Positronen und Lichtquanten. Z. Phys. **107**, 153–176 (1937). Eingegangen am 17. Juli 1937. – d) Siehe hierzu ein unveröffentlichtes Manuskript von Heisenberg „Über eine scheinbare Schwierigkeit der Strahlungstheorie". (SHQP: MF. 45,12). – e) A. Sommerfeld: Über die Beugung und Bremsung der Elektronen. Ann. Phys. (5) **11**, 257–330 (1931). – f) Das Problem wurde schließlich von Bloch und Nordsieck gelöst. Vgl. hierzu F. Bloch: On the Coninuous γ-Radiation Accompanying the β-Decay Phys. Rev. **50**, 272–278 (1936). Eingegangen am 22. Mai 1936 – F. Bloch und A. Nordsieck: Note on the radiation field of the electron. Phys. Rev. **52**, 54–59 (1937). – g) Später mußte Heisenberg die geplante Reise zu den Sommerkursen in Ann Arbor aufgeben. (Vgl. hierzu [428].)

Pauli hatte Sorgen mit der Besetzung seiner Assistentenstelle. Er wußte, daß Weisskopf ihn „aus ‚carrieristischen' Gründen oder ‚Privatdozentitis'" verlassen wollte. Als Nachfolger kamen Nicholas Kemmer und Guido Ludwig infrage;[1] Pauli bevorzugte Kemmer [427]. Nachfolger wurde schließlich Markus Fierz, der zur Zeit noch bei Heisenberg in Leipzig arbeitete [428].

Das aufregendste in Amerika waren die neuen Neutron-Proton- und Proton-Proton-Streuexperimente von Merle Tuve und Lawrence R. Hafstad, welche die Ladungsunabhängigkeit der Kernkräfte nachwiesen.[2] Nach Rechnungen von Breit sollte danach das Anziehungspotential zwischen zwei Protonen von der gleichen Größenordnung sein wie das der Wechselwirkung beim Deuteron zugrunde gelegte.[3]

[1] Nicholas Kemmer und Guido Ludwig arbeiteten damals bei Wentzel an der Universität Zürich. Ludwig hatte 1934 bei Sommerfeld in München promoviert. Kemmer war gebürtiger Russe; er hatte in Göttingen und Zürich studiert und ging nach seiner Züricher Promotion 1936 nach England.
[2] M.A. Tuve und L.R. Hafstad: The Scattering of Neutrons by Protons. Phys. Rev. **50**, 490–491 (1936). Eingegangen am 3. August 1936. – M.A. Tuve, N.P. Heydenburg und L.R. Hafstad: The Scattering of Protons by Protons. Phys. Rev. **50**, 806–825 (1936). Eingegangen am 11. August 1936.
[3] Siehe hierzu G. Breit und E. Feenberg: The possibility of the same form of specific interactions for all nuclear particles. Phys. Rev. **50**, 850–856 (1936). Eingegangen am 19. August 1936.

[427] Pauli an Wentzel

Princeton, 24. Februar 1936

Lieber Gregor!
Wie Du weißt, habe ich für das nächste Semester Assistenten-Sorgen. Von Weisskopf habe ich den Eindruck, daß er selbst nicht sehr gerne länger in Zürich bliebe (aus „carrieristischen" Gründen oder „Privat-Dozentitis"). Und dann sind die beiden Herren Kemmer und Ludwig als konkurrierende Kandidaten vorhanden. Ich hatte sehr stark den Eindruck, daß Kemmer viel besser als Ludwig ist, nur kenne ich Ludwigs letzte Entwicklung nicht und möchte deshalb gerne von Dir hören, ob Du – z.B. im theoretischen Seminar – Gelegenheit hattest, Ludwig weiter zu beobachten. Könntest Du ferner Kemmer eventuell fragen, ob er überhaupt bereit wäre, im Sommer-Semester die Assistenten-

stelle zu übernehmen? – Ich glaube, falls Ludwig inzwischen nicht wesentlich besser geworden ist, würde ich mich von mir aus für Kemmer entscheiden. Damit dürfte auch Scherrer zufrieden sein, der von vornherein noch mehr gegen Ludwig gestimmt war als ich. Falls Du herausbringen könntest, was Scherrer wirklich will in dieser Sache, wäre ich sehr dankbar, denn mir scheint er im Moment nicht gerne zu schreiben. (Ich denke nicht, daß das sehr tief ist und vielleicht hat er es inzwischen sogar schon getan. Aber er hat das Bestreben in allen Worten und Taten seines Lebens den kompletten *Zufall* zu representieren – was ihm aber leider weniger und weniger zu gelingen scheint.) – Nun, wer unzufrieden wäre, wenn Kemmer mein Assistent würde, wäre a) Ludwig, b) die Menschen- und Geistes-Autarkie-Leute in der Schweiz. Aber auf die sollte man nicht zu viel Rücksicht nehmen. (Wenn es nötig wäre, noch vor meiner Rückkehr – die kaum vor dem 1. Mai erfolgen dürfte – einen Antrag an Rohn[a] zu schreiben, so brauchte ich auch Kemmers Geburtsdaten (x_1 bis x_4) für die Bürokraten.)

Ich komme eben vom New-York-Physical-Meeting[b] zurück, wo wir uns nicht nur sehr gut amüsiert haben, sondern wo ich auch viel Physik gelernt habe. Da waren vor allem *Tuves* neue Experimente über die Proton-Proton-Streuung; die ersten, die zuverlässig sind. Er benützt nämlich Zähler statt der Wilson Kammer zum Nachweis der Protonen und infolgedessen sind die statistischen Schwankungsfehler (die in den publizierten Versuchen von *White* alles irregulär und unsicher gemacht haben)[c] eliminiert. Das Resultat ist: *man braucht zusätzliche Anziehungskräfte zwischen zwei Protonen, die von derselben Größenordnung sind wie die Kräfte zwischen Proton und Neutron.* Das ist jetzt vollkommen sichergestellt. Aus den Massendefekten der leichten Kerne kann man dann schließen, daß ebensolche Kräfte zwischen zwei Neutronen vorhanden sein müssen. (Über die betreffenden Rechnungen hat mir *Bethe* eine lange Privat-Vorlesung in New York gehalten, so daß ich wieder ganz up to date bin.) – Von den Experimenten über langsame Neutronen haben nun *Breit* und *Wigner* definitiv bewiesen,[d] daß sie für Theoretiker gänzlich uninteressant sind und Bethe stimmte zu. – Bitte sage Weisskopf, er soll seine Note im Physical Review nur publizieren, wenn er das Physikalische Institut der E.T.H. in Zürich unbedingt blamieren will. – Bitte zeige diesen Brief auch Scherrer und entschuldige, falls ich Dir in der Assistentensache Mühe mache.

Herzlichst Wolfgang

P.S. Hast Du Rufe nach Deutschland?[e]

a) Arthur Rohn war als Schweizer Schulratspräsident für die Ernennungen der Universitätsangestellten zuständig. (Vgl. hierzu den Kommentar zu [173a].) – b) Es handelte sich um das Meeting of the American Physical Society, das vom 21. bis 22. Februar 1936 in New York stattfand. Ein Bericht erschien im Phys. Rev. **49**, 637–651 (1936). – c) Milton G. White: Scattering of High Energy Protons in Hydrogen. Phys. Rev. **49**, 309–316 (1936). Eingegangen am 13. Dezember 1935. – d) G. Breit und E. Wigner: Capture of Slow Neutrons. Phys. Rev. **49**, 519–531 (1936). Eingegangen am 24. Februar 1936. Eine Zusammenfassung der Ergebnisse wurde auch auf dem New Yorker Meeting vorgestellt (vgl. Anm. b, dort S. 642). Der in dieser Arbeit hergeleitete Ausdruck für den Wirkungsquerschnitt wird in der Literatur üblicherweise als Breit-Wigner-Formel bezeichnet. – e) Möglicherweise spielt Pauli hier auf die Nachfolge von Sommerfeld in München an, für die Wentzel als alter Sommerfeldschüler ebenfalls in Frage kam.

Im Februar 1936 war Bohr zu Vorträgen über Kernphysik in London und Cambridge gewesen. Ein Manuskript seiner neuen Arbeit über Neutroneneinfang von Kernen für Nature sandte er am 8. Februar Heisenberg zur Begutachtung. Darin wurde das für die weitere Forschung so wichtige Tröpfchenmodell des Atomkerns entwickelt. Heisenberg fand sie „im wesentlichen richtig, aber auch nicht sehr aufregend", wie er Pauli schrieb [428].

Um diese Zeit begann Heisenberg sich mit seiner nichtlinearen Theorie der Elementarteilchen zu beschäftigen [429]. Bohr, der darüber mit Møller und Weisskopf diskutierte, fand die darin auftretenden Schauer höchst bedeutungsvoll, wie er am 29. Mai Heisenberg wissen ließ.

[428] Heisenberg an Pauli

[Leipzig], 23. Mai [1936]

Lieber Pauli!

Deine Ansichten über die Kerne teile ich im Ganzen durchaus. Die einzige etwas interessantere Gegend der Kernphysik ist die von Uhlenbeck-Konopinski.[a] Leider ist aber gerade bei den kontinuierlichen β-Spektren das empirische Material recht schlecht. Ich hab' hier einen Chinesen, der sich überlegen soll, ob man die Uhlenbeck-Konopinski Wechselwirkung überhaupt relativistisch invariant formulieren kann. Es ist nämlich, bei Annahme der Uhlenbeck-Konopinski Wechselwirkung, nicht mehr ψ und ψ^* kanonisch konjugiert, so daß ähnliche Schwierigkeiten auftreten können, wie bei Dir und Weisskopf.[b] Uhlenbeck-Konopinski haben diesen Punkt fröhlich ignoriert. Aber viel wird da auch nicht herauskommen.

Eine andere Frage der Kernphysik, die zu behandeln sich doch wohl lohnen würde, wäre: Wie kann man das Modell der Flüssigkeit quantentheoretisch anständiger als nach Hartree bzw. Thomas-Fermi behandeln.[c] Mir schwebt so etwas vor, daß man die Debyesche Funktion $G(\mathfrak{r}-\mathfrak{r}')$ (Wahrscheinlichkeit, ein Atom in $\mathfrak{r}$ zu finden, wenn man weiß, daß eines in $\mathfrak{r}'$ sitzt) explizite einführen soll.

Bohrs Aufsatz schien mir im Wesentlichen richtig, aber auch nicht sehr aufregend.[d]

Zu den erfreulichsten physikalischen Ereignissen gehört wohl, daß die Arbeit von Shankland[e] inzwischen durch Bothe abgesägt ist.[f] Bothe hat die theoretischen Koinzidenzen richtig gefunden. Auch der von Dirac in Nature publizierte Blödsinn, der ja nur durch die begreifliche Verzweiflung an aller Quantenelektrodynamik zu entschuldigen war, ist damit erledigt.[g]

In Bezug auf die Quantenelektrodynamik bin ich übrigens jetzt, im Gegensatz zu früher, überzeugt, daß die schweren und die leichten Massen nicht getrennt behandelt werden können, was Du ja auch mal meintest; daß ferner eine Theorie für den Limes $m \to 0$ existieren sollte, in der überhaupt keine Naturkonstanten mit Dimensionen (außer c) vorkommen. Das einfachste Modell einer solchen nichtlinearen Wellentheorie ohne Naturkonstanten wäre im Anschluß an Deine und Weisskopfs Arbeit die Gleichung

$$\Box \psi = \lambda\, \psi\, \psi^*\, \psi .$$

$$[\pi_p\, \psi_{p'}]_- = i\, \delta_{pp'} .$$

(ψ hat die Dimension cm^{-1}; $\pi\ \text{cm}^{-2}$.) λ ist hier eine reine Zahl, die den Typus der Lösungen entscheidend bestimmt und die durch keine Ähnlichkeitstransformation weggebracht werden kann. Es taucht hier natürlich die Frage auf, ob es etwa einen bestimmten Zahlwert von λ gibt, für den die Lösungen besonders einfach werden. Leider hat die oben angeschriebene Gleichung wegen der Selbstenergie-Schwierigkeiten keinen vernünftigen Sinn. Geht man aber wieder zur wirklichen Theorie mit den Elektronen u.s.w. über, so kann man schließen: angenommen, es gäbe eine Theorie für Elektronen + Strahlung, ohne Protonen, Neutronen, Neutrinos etc. etc. und es sei in der oben skizzierten Weise $e^2/\hbar c = \lambda$ bestimmt, so würde das Hinzufügen neuer Teilchen, die mit den alten wechselwirken, alles zerstören, weil sie den Lösungstypus wieder verändern würden. Also muß in der Theorie für $m \to 0$ der ganze Teilchensalat (Elektronen, Neutrinos, Neutronen, Protonen, Lichtquanten) enthalten sein. Man kann dieses Argument auf die einfache Form bringen: Die Theorie der Elementarteilchen ist *nicht* linear; man kann also nicht Lösungen superponieren, daher auch nicht zuerst eine Theorie für Elektronen, dann für Neutronen machen und schließlich zusammensetzen. In der endgültigen Theorie muß also $e^2/\hbar c$ und Fermis Konstante g auf einmal bestimmt werden. Dagegen wäre eine Festlegung des Massenverhältnisses erst eine spätere Sorge, mit der man sich zu beschäftigen hat, wenn man den Limes $m = 0$ wieder verläßt. Man könnte bei dieser Sachlage daran denken, daß die Natur vielleicht die Selbstenergieschwierigkeit in folgender raffinierten Weise überwunden hat: Bei einer Theorie: Elektron + Strahlung divergiert die Selbstenergie wie $\int dk$; fügt man die Positronen hinzu, so divergiert sie nur noch wie $\int \frac{dk}{k}$, fügt man nun auch die Neutrinos u.s.w. dazu, so konvergiert sie wie $\int \frac{dk}{k^2}$ (???). Aber natürlich sind dies Phantasien.

Im Gegensatz zu Dirac möchte ich aber zusammenfassend behaupten: Das Problem der Elementarteilchen ist ein mathematisches, nämlich einfach die Frage, wie man eine nichtlineare, relativistisch invariante und quantisierte Wellengleichung ohne irgendwelche Naturkonstanten konstruieren kann. Es scheint mir nach dem obigen Argument über die Selbstenergie nicht unplausibel, daß man schon ein ziemlich reichhaltiges Teilchensortiment braucht, um alle Bedingungen einer solchen Theorie zu befriedigen.

Das Manuskript über die Divergenz $d\nu/\nu$ schicke ich Dir, sobald ich durch die Rechnungen von Fierz[h] sehe, daß nicht noch unvorhergesehene Schwierigkeiten auftreten. Fierz scheint mir recht tüchtig, obwohl er bisher stets mehr Schwierigkeiten als Lösungen derselben findet; er kann trotzdem ziemlich viel. Wie lang' er hier bleiben will, weiß ich selbst nicht. Ich will Dir im nächsten Brief mehr über die Frage Fierz schreiben.[i]

Ob ich nach Kopenhagen fahre, ist noch unsicher,[j] ebenso ob ich an Eurem Kernkongreß teilnehmen kann.[k] Einerseits bin ich kongreßmüde und hab' nicht viel Lust, Physik in größerem Kreis zu diskutieren, andererseits werde ich vielleicht schon vom 1. 7. ab als Rekrut in Reichenhall einrücken. Aus diesem Grund hab' ich die Sommer-Session in Ann Arbor aufgegeben[l] und werde vielleicht auch die Teilnahme an der Harvardfeier absagen.[m] Vielleicht treffen wir uns aber sonst mal, was ich netter fände, als Kongresse, deren Überschrift naturgemäß jetzt lauten muß: Nichts gewisses weiß man nicht. Ich würde wirklich gern eingehend mit Dir über Physik reden.

Viele herzliche Grüße, auch an Deine Frau Dein W. Heisenberg

a) E.J. Konopinski und G.E. Uhlenbeck: On the Fermi Theory of β-Radioactivity. Phys. Rev. **48**, 7–12 (1935). Eingegangen am 3. Mai 1935. – b) Pauli und Weisskopf (1934a). – c) Vgl. F.S. Wang: Über die erweiterte Thomas-Fermimethode bei Atomkernen. Z. Phys. **100**, 734–741 (1936). Eingegangen am 18. April 1936. – d) Siehe hierzu Bohrs Aufsatz: Neutroneneinfang und Bau der Atomkerne. Naturwiss. **24**, 241–245 (1936). Es handelte sich dabei um einen Vortrag, in dem Bohr am 27. Januar 1936 in der Kopenhagener Akademie sein Kernflüssigkeitsmodell vorgestellt hatte. – Bethe war sehr beeindruckt, wie er am 6. Juni 1936 Goudsmit schrieb: „Bohrs Arbeit in Nature ist wirklich eine Revolution" ... – e) Robert S. Shankland: An Apparent Failure of the Photon Theory of Scattering. Phys. Rev. **49**, 8–13 (1936). Eingegangen am 1. November 1935. – f) W. Bothe und H. Maier-Leibnitz: Eine neue experimentelle Prüfung der Photonenvorstellung. Z. Phys. **102**, 143–155 (1936). Eingegangen am 19. Januar 1936. – g) P.A.M. Dirac: Does Conservation of Energy Hold in Atomic Processes? Nature **137**, 298–299 (1936). – h) Siehe M. Fierz: Über die künstliche Umwandlung des Protons in ein Neutron. Helv. Phys. Acta **9**, 245–264 (1936). Eingegangen am 18. Februar 1936. – i) Offenbar hatte sich Pauli bei Heisenberg nach Fierz im Hinblick auf die freiwerdende Assistentenstelle in Zürich erkundigt. – j) Es handelte sich um die Internationale Physikerkonferenz in Kopenhagen vom 17.–20. Juni 1936. Anschließend sollte vom 21.–26. Juni ein Philosophenkongreß tagen. Die Kongreßberichte erschienen in Angew. Chemie **49**, 691–693 (1936). – k) Vom 30. Juni bis zum 4. Juli 1936 sollte diesmal eine physikalische Vortragswoche über Kernphysik an der ETH stattfinden. – l) Siehe hierzu [426]. – Heisenberg wurde ab 25. August für zwei Monate als Rekrut zum Militärdienst eingezogen. (Vgl. hierzu Heisenbergs Schreiben vom 14. August 1936 an Debye und vom 3. November 1936 an Born.) – m) Im September 1936 wurde die Tercentenary Conference of Arts and Sciences at Harvard University gefeiert. Ein Report erschien in Science **84**, 263 (1936).

In dem folgenden Schreiben [429] an Pauli skizziert Heisenberg seine neue „Explosionstheorie" zur Erklärung der Höhenstrahlung.[1] Während nach der Kaskadentheorie von Bethe und Heitler die Höhenstrahlungsteilchen durch Paarerzeugungsprozesse und Bremsstrahlung entstehen sollten[2], wollte Heisenberg in seiner Theorie Prozesse höherer Ordnung zulassen, bei denen eine große Anzahl von Partikelpaaren entstehen. Die Wahrscheinlichkeit für Prozesse, bei denen n Teilchenpaare entstehen, war gemäß der Quantenelektrodynamik proportional $(e^2/hc)^n$, also verschwindend klein. Heisenberg konnte jedoch zeigen, daß solche Vielteilchenprozesse in der Fermischen Theorie des β-Zerfalls ebenso wahrscheinlich werden wie ein einziger Elementarprozeß. Sogar die Anzahl der entstehenden Teilchen und ihre mittlere Energie ließen sich aus den Konstanten der Fermi-Theorie abschätzen. Besondere Bedeutung maß Heisenberg der Tatsache bei, daß in Fermis Theorie eine universelle Naturkonstante auftritt, wodurch schon rein qualitativ etwas Neuartiges zu erwarten sei [430].

Heisenbergs Theorie der Schauer wurde ausgiebig mit Bohr und Pauli während der Kopenhagener Konferenz im Juni diskutiert.[3]

[1] Siehe W. Heisenberg: Über die „Schauer" in der kosmischen Strahlung. Forsch. und Fortschr. **12**, 341–342 (1936). –: Zur Theorie der „Schauer" in der Höhenstrahlung. Z. Phys. **101**, 533–540 (1936). Eingegangen am 8. Juni 1936.

[2] H. Bethe und W. Heitler: On the stopping of fast particles and on the creation of positive electrons. Proc. Roy. Soc. A **146**, 83–112 (1934).

[3] Siehe W. Heisenberg: Theorie der Schauer. Angew. Chemie **49**, 693 (1936).

[429] Heisenberg an Pauli

Leipzig, 26. Mai [1936]

Lieber Pauli!

Seit meinem letzten Brief, in dem ja nicht viel stand, bin ich auf einen sehr merkwürdigen Zusammenhang gestoßen, den ich, alter Gewohnheit entsprechend, Dir zur Kritik gleich schreibe.

Ich beginne mit einem typischen Unterschied der Quantenelektrodynamik von der Fermischen β-Zerfallstheorie.[a] Führt man durch Wegschaffen unnötiger Dimensionen Feldfunktionen ein, deren Vertauschungs-Relationen nur die δ-Funktion ergeben, also statt $\mathfrak{A}$ und $\mathfrak{E}$ $\varphi=\mathfrak{A}/\sqrt{\hbar c}$ und $\pi=\mathfrak{E}/\sqrt{\hbar c}$, ferner statt der Energie $\varepsilon=E/\hbar c$, so bekommt ε die Dimension cm^{-1} und die Hamiltonfunktion der Quantenelektrodynamik wird ungefähr:

$$\varepsilon=\int\left(\psi^*\,\alpha_i\,\frac{\partial}{\partial x_i}\,\psi+\frac{mc}{\hbar}\,\psi^*\,\beta\psi+\sqrt{\frac{e^2}{\hbar c}}\,\psi^*\,\alpha_i\,\psi\,\varphi_i+\tfrac{1}{2}(\pi^2+\varphi^2)\right)dV.$$

$$[\pi_p\,\varphi_{p'}]_-=\delta_{pp'}\,;\;[\psi_p^*\,\psi_{p'}]_+=\delta_{pp'}\,.$$

Man kann in einer solchen Theorie ohne Schwierigkeiten auch $m=0$ setzen, sich also für große Energien interessieren. Ein Störungsverfahren bleibt dabei stets eine Entwicklung nach $e^2/\hbar c$. Dem entspricht es, daß z.B. in der Theorie der Paarerzeugung die Wahrscheinlichkeit für die Erzeugung von n Paaren stets um den Faktor $(e^2/\hbar c)^{n-1}$ unwahrscheinlicher ist, als die von einem Paar. Dies gilt ganz unabhängig von der Energie der Teilchen.

Ganz anders in der Fermischen β-Theorie. Wenn man dort etwa nach Uhlenbeck-Konopinski[b] ansetzt

$$\varepsilon=\int\left(\psi^*\,\alpha_i\,\frac{\partial}{x_i}\psi+\ldots+\frac{g}{\hbar c}\psi^*_{\text{Proton}}\,\psi_{\text{Neutron}}\,\psi^*_{\text{Elektron}}\,\frac{\partial}{\partial x}\psi_{\text{Neutrino}}\right)dV,$$

so behält die Konstante $g'=g/\hbar c$ die Dimension cm^3. Dies bedeutet bei großen Energien, wo man die Ruhmassen der Teilchen streichen kann: Jedes Störungsverfahren ist eine Entwicklung nach g'/λ^3, wobei λ die Wellenlänge der beteiligten Teilchen bedeutet. Daraus folgt nun: Für große Energien wird das Wechselwirkungsglied *entscheidend*; insbesondere werden Prozesse, bei denen sehr viele Teilchen auf einmal emittiert werden, keineswegs viel unwahrscheinlicher als Prozesse, bei denen nur ein oder zwei Teilchen emittiert werden; von Wellenlängen $\lambda=\sqrt[3]{g'}$ ab sind also „Schauer" von Teilchen zu erwarten. *Es scheint mir also, daß man die Existenz der Höhenstrahlungsschauer unmittelbar aus der Fermischen β-Theorie verstehen kann.* Ich bin überzeugt, daß die mathematische Durchführung ergeben wird, daß Partikel außerordentlich großer Energie sich bei Zusammenstößen im allgemeinen in viele Teilchen kleinerer Energien spalten, wobei die mittlere Energie des einzelnen Schauerteilchens $\hbar c/\sqrt[3]{g'}$ ist. Numerisch wird diese Energie $\hbar c/\sqrt[3]{g'}$, wenn man die β-Zerfallswahrscheinlichkeiten zugrunde legt, etwas reichlich groß: $g\sim 10^{-60}\ \mathrm{erg}\cdot\mathrm{cm}^4$, also $\hbar c/\sqrt[3]{g'/\hbar c}\approx 6\,mc^2$. Nimmt man statt dessen einen Wert von g, der die Austauschintegrale richtig liefert, so kommt man etwa eine Zehnerpotenz tiefer und damit nahe an die Wirklichkeit. Das gleiche kann man dadurch erreichen, daß man noch mehr

Ableitungen in die Wechselwirkungsenergie schreibt. Wichtig ist hieran im Augenblick wohl nur der qualitative Zusammenhang: Die mittlere Energie der Schauerteilchen ist durch die Konstante g gegeben.

Ich habe an den Wirkungsquerschnitten schon etwas herumgeixt und folgende Größenordnung der Wirkungsquerschnitte gefunden: Ein Proton fliegt an einem Kern vorbei (Ladung Z) und verwandelt sich in

1. Neutron + Positron + Neutrino

$$Q \sim \left(\frac{Ze^2}{\hbar c}\right)^2 \left(\frac{g}{\hbar c}\right)^2 \frac{1}{\lambda^4}$$

2. Proton + Elektron + Neutrino + Positron + Neutrino

$$Q \sim \left(\frac{Ze^2}{\hbar c}\right)^2 \left(\frac{g}{\hbar c}\right)^4 \frac{1}{\lambda^{10}}$$

3. Neutron + zwei Positronen + Elektron + drei Neutrinos

$$Q \sim \left(\frac{Ze^2}{\hbar c}\right)^2 \left(\frac{g}{\hbar c}\right)^6 \frac{1}{\lambda^{16}}$$

4. Neutron und n Positronen, $(n-1)$ Elektronen, $(2n-1)$ Neutrinos:

$$Q \sim \left(\frac{Ze^2}{\hbar c}\right)^2 \left(\frac{g}{\hbar c}\right)^{2(n+1)} \frac{1}{\lambda^{4+6n}}.$$

λ bedeutet stets die mittlere Wellenlänge der ausgeschleuderten Teilchen.

Nun möchte ich wissen, was Du zu dieser Theorie der Schauer meinst!

Viele Grüße Dein W. Heisenberg

a) Siehe die im Kommentar zu [338] angeführten Literaturangaben. – b) Siehe [428], Anm. a.

[430] Heisenberg an Pauli

[Leipzig], 30. Mai [1936]

Lieber Pauli!

Mit Deinem letzten Brief bin ich nicht sehr einverstanden. Insbesondere nicht mit der Behauptung, daß die Situation in der Quantenelektrodynamik und der Fermischen Theorie prinzipiell dieselbe sei. Eine Theorie, die eine universelle Naturkonstante enthält – wie Fermis Theorie – hat, so ähnlich sie bei oberflächlicher Betrachtung zu einer anderen ohne solche Konstante aussehen mag, eine völlig andere Struktur wie diese. In der ersteren (Fermi) ist nämlich von vornherein zu erwarten, daß die Theorie für gewisse Erfahrungsbereiche (hier: hohe Energien) qualitativ völlig andere Ergebnisse liefert, als für die normalen Bereiche; in der letzteren nicht. Daher ist die Nichtkonvergenz der Selbstenergie bei hohen Impulsen in der Fermischen Theorie überhaupt kein Argument gegen diese Theorie, sondern – solange man keine neuen mathematischen Verfahren ausgebildet hat, um die Gebiete hoher Energien zu behandeln – nur ein Argument für das mathematische Unverständnis des rechnenden Physikers*. Damit soll nicht behauptet werden, daß ich schon sicher wüßte, daß alle Selbstenergieschwierigkeiten in Zukunft verschwinden. Aber es soll behauptet werden, daß alle bisherigen Argumente über unendliche Energien in der Fermitheorie Unsinn waren und daß es jetzt die wichtigste Aufgabe ist, einmal nachzusehen, wie sich so eine Theorie wie die Fermische bei hohen Energien qualitativ benimmt. Dies in der Quantenelektrodynamik nachzusehen, wäre aber müßige Arbeit, denn man weiß aus Dimensionsgründen ($e^2/\hbar c$), daß bei hohen Energien nichts anderes kommt als bei niedrigen. Freilich halte ich es auch für durchaus denkbar, daß man den Formalismus der Wellenquantelung bei der Einführung des Fermischen g abändern muß, ebenso wie man die frühere Physik bei Einführung der universellen Dimensionskonstanten c und h abgeändert hat.

Aber ich könnte mir denken, daß diese Änderungen, ähnlich wie bei der Einführung von c, nicht so sehr den Formalismus, wie seine Interpretation betreffen. Jedenfalls aber kann man den Formalismus nicht ändern, bevor man seine qualitativen Konsequenzen kennt und bevor man weiß, wo er etwa versagt. Die Tatsache, daß es sich um ein System von unendlich vielen Freiheitsgraden handelt, scheint mir dabei der unwichtigste Zug der Theorie. – Von der Fermischen Theorie scheint mir nun, ganz unabhängig von den bisherigen falschen Rechnungen, daß die Schauerbildung ihre wichtigste qualitative Konsequenz ist, die in irgendeiner mir noch nicht klaren Weise auch der zukünftigen Mathematik dieser Theorie zu Grunde gelegt werden müßte. Hinsichtlich der Übereinstimmung der Theorie mit der Erfahrung kann man wohl ganz zuversichtlich sein: Als Wirkungsquerschnitt für die Schauerbildung würde sich, ziemlich unabhängig von der Anzahl der Schauerteilchen, immer größenordnungsmäßig das Quadrat der Wellenlänge der normalen Schauerteilchen ergeben, also etwa 10^{-26} bis 10^{-27} cm^2. Die Größe eines Schauers würde sich nach der Anfangsenergie des Primärteilchens richten, die Häufigkeit der Schauer hängt also von der Häufigkeit der Primärteilchen ab. Ich glaube jetzt auch, daß die nichtionisierenden Komponenten der Höhenstrahlung zu einem erheblichen Teil aus Neutrinos (von der Energie ein paar hundert mc^2) bestehen, deren Wirkungsquerschnitt für Zusammenstöße auch etwa von der Ordnung 10^{-26} bis 10^{-27} cm^2 sein müßte.

Du siehst also, ich tue so, als ob die Tante schon mit 80 km/Stunde über die physikalischen Landstraßen fegte. Ich glaube aber wirklich, daß der Zusammenhang der Schauerbildung mit der Fermitheorie ein sehr zentraler Punkt der Theorie der Materie ist.[a]

Viele Grüße Dein W. Heisenberg

a) Am Ende des Schreibens machte Pauli sich die Notiz: „Gründe für Meinung, daß prinzipielle Änderung des Formalismus nötig.“

---

* Die Nichtkonvergenz einer Entwicklung nach g scheint mir garkein Unglück, wenn diese Nichtkonvergenz von hohen Energien herrührt – ebensowenig, wie man sich etwa über ein Versagen der Bornschen Stoßtheorie bei $Ze^2/\hbar v \gg 1$ aufregt.

Im Juni 1936 gab es zwei große internationale Kongresse in Kopenhagen. Der Kernphysikerkongreß fand in der dritten Juniwoche (vom 17.–20. Juni) statt. Zahlreiche Gäste aus dem Ausland waren gekommen. Pauli war über Berlin angereist, wo er sich mit Heisenberg getroffen hatte [432]. Eine Photographie zeigt im Auditorium etwa 50 Teilnehmer; in der vordersten Reihe sind Pauli, Jordan, Heisenberg, Born, Meitner, Stern und Franck zu sehen. Von Weizsäcker sitzt hinter Heisenberg, Paulis künftiger Forschungsassistent Markus Fierz neben dem indischen Physiker Bhabha in der vierten Reihe.

Bei dieser Gelegenheit soll Pauli Fierz die im Mai freigewordene Assistentenstelle angeboten haben. Später berichtete Fierz darüber[1]: „Es war unerhört feucht und heiß in Kopenhagen. Beim Mittagessen in einem Praktikumsraum mit einem Glasdach, einem wahren Gewächshaus, fragte mich Pauli, ob ich sein Assistent werden wolle. Ich erschrak ziemlich, zumal, da Pauli mir sagte: ‚Ich weiß, Sie sind nicht so erfahren wie Casimir oder Weisskopf, aber ich will es mit Ihnen versuchen'."

Heisenberg referierte über seine „Theorie der Schauer"[2], die er kurz zuvor zur Publikation eingereicht hatte,[3] und über die auch schon in den Briefen mit Pauli diskutiert wurde.

Einige der Teilnehmer waren ziemlich enttäuscht. „Die Konferenz war die erbärmlichste Veranstaltung, die ich seit langem gesehen habe", berichtete Placzek am 9. Juli an Bethe. „Alles war auf drei Tage zusammengedrückt, davon ging das meiste auf Würmer, Bornsche Elektrodynamik und analoges Zeug. Kernphysik gab es überhaupt nur einen Tag, der zum größten Teil mit allgemeinem Gerede angefüllt wurde."

Im Anschluß an den Kernphysikerkongreß tagte in Kopenhagen der Zweite Internationale Kongreß für Einheit der Wissenschaft. Als Thema hatte man das Kausalproblem gewählt. Bohr eröffnete die physikalische Abteilung mit seinem großen Vortrag über „Kausalität und Komplementarität"[4], in dem er sich gegen die Kritik wandte, die in letzter Zeit an seiner erkenntnistheoretischen Einstellung geübt worden war.

[1] M. Fierz: Physik in den dreißiger Jahren – ein Rückblick. Phys. Bl. **36**, 133–136 (1980).
[2] Siehe das Kurzreferat in Angew. Chemie **49**, 693 (1936).
[3] W. Heisenberg: Zur Theorie der „Schauer" in der Höhenstrahlung. Z. Phys. **101**, 533–540 (1936).
[4] N. Bohr: Kausalität und Komplementarität. Erkenntnis **6**, 293–303 (1937).

[431] Bohr an Pauli

[Kopenhagen], 6. Juni 1936
[Maschinenschriftlicher Durchschlag]

Kære Pauli!

Selv om jeg gennem Weisskopf sommetider hører om Dine stadig lige energiske og temperamentsfulde Bestræbelser for at holde Fysikken paa rette Vej og modvirke Fysikernes moralske Forfald, længes jeg alligevel meget efter snart at se Dig igen og optage vore gamle Fægtninger til gensidig Glæde og Opbyggelse. Jeg haaber derfor meget, at Du til Trods for Vanskeligheder alligevel kan komme herop til vor lille informelle Konferens sammen med saa mange af Dine gamle Venner og Modstandere, som Heisenberg, Kramers og Klein, og som sædvanlig bringe nyt Salt til vore efter Din Mening ellers altfor høflige Diskussioner. Paa Grund af de Vanskeligheder som mange af de andre ogsaa maa overvinde for at komme, har vi besluttet at forkorte Konferensen noget og udskyde den til Dagene fra 17. til 20. Juni inklusive, især fordi vi haaber, at saa mange af Deltagerne som muligt ogsaa kan overvære de første Dage af den mere almindelige filosofiske Kongres om Kausalitetsproblemerne i Fysik, Biologi og Psykologi, der afholdes i København i Dagene fra 22. til 26. Juni. Man har bedt mig om at indlede Diskussionerne, og jeg haaber, at der denne Gang kan opnaas en Forstaaelse mellem alle virkelig interesserede, selv om et saadant Haab kunde synes altfor optimistisk midt under den almindelige Faneflugt indenfor Fysikernes egen Lejr, hvori Du heldigvis ikke deltager, men alligevel efter forskellige af de Ytringer, der tillægges Dig, udviser en forbavsende Mildhed og Overbærenhed. For at Du kan forstaa, at jeg selv stadig er paa Krigsstien, vedlægger jeg et Eksemplar af en lille Note til Nature, som jeg lige har afsendt, og hvorom jeg gerne snarest muligt vilde høre Din skarpe Kritik, saa at jeg eventuelt kan tage Hensyn til den ved Korrekturen.

Som sagt, haaber vi alle meget, at det vil være muligt for Dig at komme til Konferensen. Min Kone og jeg er kede af, at vi ikke denne Gang kan have Dig boende hos os, men Du vil være Instituttets Gæst, der vil sørge for Din Anbringelse i et Hotel sammen med et Antal andre Deltagere, og som ogsaa gerne vil bidrage væsentligt til Dine Rejseudgifter.

Med mange venlige Hilsener, ogsaa til Din Kone,

Din [Niels Bohr]

Übersetzung von [431]

Kopenhagen, 6. Juni 1936

Lieber Pauli!

Auch wenn ich gelegentlich durch Weisskopf von Deinen stets gleich bleibenden energischen und temperamentvollen Bemühungen höre, die Physik auf dem richtigen Weg zu halten und dem moralischen Verfall der Physiker entgegenzuwirken, sehne ich mich trotzdem nach einem baldigen Wiedersehen, um mit Dir unser altes Gefecht zur gegenseitigen Freude und Erbauung wieder aufzunehmen. Ich hoffe deshalb sehr, daß Du trotz der Schwierigkeiten dennoch zu unserer kleinen informellen Konferenz mit Deinen zahlreichen alten Freunden und Gegnern wie Heisenberg, Kramers und Klein heraufkommen kannst, um wie gewöhnlich neues Salz in unsere Deiner Meinung nach sonst allzu höflichen Diskussionen bringen zu können. Es wurde beschlossen, die Konferenz etwas zu verkürzen und auf die Tage vom 17. bis zum 20. Juni einschließlich zu verlegen wegen der Schwierigkeiten, die von vielen anderen, die kommen möchten, ebenfalls überwunden werden müssen; das um so mehr, weil wir hoffen, daß dann möglichst viele Teilnehmer an den ersten Tagen auch an dem allgemeineren philosophischen Kongreß über Kausalitätsprobleme in der Physik, Biologie und Psychologie beiwohnen können, der vom 22. bis zum 26. Juni in Kopenhagen stattfindet. Ich wurde gebeten, die Diskussion einzuleiten; ich hoffe, daß man dieses Mal eine Verständigung zwischen allen wirklich Interessierten erreichen kann, auch wenn eine solche Hoffnung allzu optimistisch erscheinen könnte mitten in der allgemeinen Fahnenflucht der Physiker aus dem eigenen Lager, an der Du Dich glücklicherweise nicht beteiligst, der Du aber dennoch infolge verschiedener Dir zugeschriebener Äußerungen eine erstaunliche Milde und Nachsicht zukommen läßt. Um Dir zu zeigen, daß ich selbst weiterhin auf dem Kriegspfad bin, lege ich ein Exemplar einer kleinen Note an Nature[a] bei, die ich soeben abgeschickt habe, worüber ich gerne baldmöglichst Deine scharfe Kritik hören möchte, so daß ich sie eventuell bei der Korrektur berücksichtigen kann.

Wie gesagt, wir hoffen alle sehr, daß es Dir möglich ist, zur Konferenz zu kommen. Meiner Frau und mir tut es leid, daß wir Dich dieses Mal nicht bei uns beherbergen können; aber Du wirst Gast des Instituts sein, welches für Deine Unterkunft gemeinsam mit einigen anderen Teilnehmern in einem Hotel sorgen und ebenso gerne wesentlich zu Deinen Reisekosten beitragen wird.

Mit vielen freundlichen Grüßen, auch an Deine Frau Dein [Niels Bohr]

a) N. Bohr: Conservation laws in quantum theory. Nature **138**, 25–26 (1936). Signiert 6. Juni 1936. Siehe hierzu Paulis Bemerkung im folgenden Brief [432].

[432] Pauli an Heisenberg

Zürich, 9. Juni 1936

Lieber Heisenberg!

Ich danke Dir sehr für Deinen Brief vom 30. 5.[a] und Dein Manuskript.[b] Statt mit Dir weiter zu streiten über die mathematische Frage, ob eine Theorie vom Typus der Fermischen noch prinzipielle Unendlichkeitsschwierigkeiten enthält oder nicht, möchte ich Dir – auf Grund meiner Princetoner Erfahrungen – sogleich bestimmte Vorschläge machen, diese Frage mathematisch anzugreifen, um „das mathematische Unverständnis des rechnenden Physikers“ wenigstens zu mildern. – (Ich bin nämlich soweit mit Dir ganz einverstanden, daß eine Potenzreihenentwicklung nach g nicht *genügt,* um die Frage zu klären).

Zunächst schlage ich vor, einmal den *umgekehrten Grenzfall* $fk^2 \gg 1$ zu untersuchen und die „ungestörte“ Energie ganz fortzulassen. D.h. man betrachte (bei ungeänderten Vertauschungs-Relationen) die Hamiltonfunktion

$$\Omega = \int dV f \{\psi^*_{\text{Elektron}}\, \alpha_\lambda\, \psi_{\text{Neutrino}}\, \psi^*_{\text{Proton}}\, \alpha_\lambda\, \psi_{\text{Neutron}} + \text{Konj.}\} \tag{1}$$

allein. – Besitzt dieser Operator für endliche Erwartungswerte der Teilchenzahlen endliche Eigenwerte, so kann behauptet werden, daß die Selbstenergien in Wahrheit endlich sind und nur die Ungeschicklichkeit der Störungstheorie (der Entwicklung nach f) an allem Schuld war. Besitzt aber Ω keine endlichen Eigenwerte, so nützt es auch nichts, einen anderen Operator mit endlichen Eigenwerten zu addieren (nämlich die „ungestörte“ Energie H_0).

Nun mache ich es mir etwas bequemer und untersuche die Eigenwerte von

$$\Omega' = f' \int \left(\psi^* + \psi^* \frac{\partial^s \psi}{\partial x^s} \right) dV \; * \tag{2}$$

mit *einer* Teilchenart – und zwar dürfte es genügen, den eindimensionalen Fall statt des dreidimensionalen zu betrachten (dx statt dV).

Dabei kann man dann einen Trick verwenden, nämlich zuerst einen „Gitterraum" mit diskreten Werten der Koordinaten einführen. *In diesem existieren die Eigenwerte von Ω' bestimmt und sind endlich.* Nach meinen bisherigen Erfahrungen ist es aber so, daß dann beim limes Gitterkonstante $\to 0$ sich herausstellt, daß die Eigenwerte von Ω' unendlich werden. (*Deshalb* sagte ich, daß die *unendliche Zahl der Freiheitsgrade* am Unglück schuld sei.)[c]

Hast Du Bedenken, daß ich nach den Eigenwerten, d.h. nach den *stationären* Lösungen frage? Es scheint mir aber einfacher, als die zeitabhängigen Lösungen zu untersuchen. (Es ist möglich, daß die Selbstenergieschwierigkeiten damit zusammenhängen, daß es unerlaubt ist, von einer Lösung mit endlich vielen Teilchen als nullter Näherung auszugehen, aber das wird sich herausstellen.)

Ich habe die Rechnung speziell mit dem durch (2) gegebenen Operator Ω' noch nicht angefangen, bin aber sofort bereit, das zu tun; *zuerst möchte ich aber von Dir hören, ob Dir die Methode* (Weglassen der „ungestörten" Energie und eventuell Einführung Deiner früheren Gitterwelt als Trick) *sinnvoll erscheint.* – Es scheint mir die mathematische Frage, um die es sich handelt, durchaus nicht so hoffnungslos zu sein. Aber ich habe stark das Gefühl, daß ich mit der Behauptung, es müsse etwas pathologisches herauskommen, so manche Flasche Moselwein verdienen könnte. – Ich habe aber *auch* das Gefühl, daß wir hier ein Beispiel haben, wo die Unendlichkeiten der quantisierten Feldtheorien dem physikalischen Verständnis näher gerückt und die ganze Frage aus dem Stadium des Ratens und „Nachbereitet Seins" herauskommen könnte.

Es war ein guter Trick, die Schauer qualitativ mit halbklassischen Wellengleichungen zu diskutieren. Diese enthalten nämlich die Unendlichkeiten noch nicht, die bei der Quantisierung der Feldtheorien hereinkommen und dürften deshalb der Wirklichkeit vielleicht näher kommen als die „strenge" (q-Zahl)Theorie. (Vgl. jedoch Anm.* auf voriger Seite.)

Wenn die „Schauer-Neutrinos" beobachtbar würden, wäre es natürlich sehr schön.

Bitte schreib' mir bald und teile mir auch mit, ob und wann Du nach Kopenhagen fährts. – Bohr hat mir einen beschwörenden Brief geschrieben, ich solle kommen und sandte mir zugleich eine kleine Note, die er an die Nature geschickt hat und worin er sich – gegen Dirac polemisierend – zum Energiesatz und zum Neutrino(!) bekennt!![e]

* Hier ist im Text Deines Manuskripts[b] eine Unklarheit. So wie Ω' da steht, ist es mit der Teilchenzahl $\int \psi^* \psi \, dV$ vertauschbar, wenn $[\psi^*, \psi] = \delta$ wie üblich. Also würden da überhaupt keine Schauer entstehen. Auch bei c-Zahltheorie ist dann mit $N = \int \psi^* \psi \, dV$ stets $dN/dt = 0$. Hattest Du irgend eine Modifikation im Sinne der Löchertheorie im Auge? Man sollte wohl lieber $\Omega' = \int \psi^* \psi \psi \frac{\partial \psi}{\partial x^s} dV$ (statt $\int \psi^* \psi \psi^* \frac{\partial \psi}{\partial x^s} dV$) schreiben. – Oder? (Bitte um Auskunft.)[d]

Falls ich hier abkommen kann und nach Kopenhagen fahre, könnte ich Dich eventuell in Berlin treffen und wir könnten dann zusammen weiterfahren.

Also: ich glaube nicht, daß die Mathematik der Fermischen Theorie schon in Ordnung ist, aber ich glaube, daß der Sinn der Unordnung bei dieser besser verstanden werden kann als bei der Quantenelektrodynamik.

Viele Grüße Dein W. Pauli

a) Brief [430]. – b) Siehe die im Kommentar zu [429], Anm. 1 zitierte Untersuchung Heisenbergs. – c) Vgl. [430]. – d) Siehe [433]. – e) Siehe [431], Anm. a.

[433] Heisenberg an Pauli

[Leipzig], 11. Juni 1936

Lieber Pauli!

Vielen Dank für Deinen Brief, mit dessen Inhalt ich diesmal restlos einverstanden bin. Ich finde Deinen Plan, die mathematischen Fragen durch einen Grenzübergang von der Gitterwelt her anzupacken, sehr gut. Ich hatte selbst an ein ähnliches Schema, bei dem ich von meinem Δ-Formalismus ausgegangen war, gedacht, aber Dein Vorschlag ist wohl noch besser. Ich bin auch darin mit Dir einig, daß mir die Konvergenz der q-Zahlphysik auch im Fermif[eld] recht zweifelhaft scheint. Trotzdem wird man auf jeden Fall aus der von Dir vorgeschlagenen Rechnung viel lernen können. Ich fände es also sehr schön, wenn Du Dich mit diesen Fragen abgibst.

Bei meiner Wechselwirkung Ω' hatte ich, wie Du richtig annimmst, an die Löchertheorie gedacht, da ich ja mit der Spintheorie rechnete;[a] dann ist die Vertauschbarkeit mit $\int \psi^* \psi \, dV$ keine Schwierigkeit. Wenn man eine skalare Theorie studieren will, würde ich

$$H=\tfrac{1}{2}\,[|\pi|^2+|\text{grad}\;\varphi|^2+f\,\varphi^*\,\varphi(\pi^*\,\pi-\text{grad}\;\varphi^*\;\text{grad}\;\varphi)]$$

vorschlagen. Eine solche Theorie würde nach Deinen und Weisskopfs Rechnungen sicher auch Schauerbildung liefern.

Ich fände es sehr nett, wenn Du auch nach Kopenhagen kämst; ich selbst werde wohl am Dienstag hinfahren.[b] Es wäre nett, zusammen von Berlin abzureisen. Allerdings möchte ich eventuell – nämlich dann, wenn mir der Heuschnupfen zu viel zu schaffen macht – mit dem Flugzeug reisen. Hättest Du dazu auch Lust?? Also: bei Regenwetter Bahn, bei schönem Wetter Flugzeug.

Daß der von Dirac publizierte Unsinn nun durch Bohr ein Begräbnis erster Klasse erhalten soll, ist ja sehr amüsant.[c] An der Bekehrung Bohrs zu den Neutrinos glaube ich ein kleines Verdienst mit zu besitzen – das Hauptverdienst liegt aber natürlich bei den experimentellen Tatsachen.

Bethe hat wieder ein dickes, und wie mir scheint sehr gutes Buch über Kernphysik in den Reviews geschrieben.[d] Wie der nur die Zeit dazu aufbringt!? – Hier hat ein Herr Volz über den Kern ${}^6_3$Li gerechnet, an dem man die Güte bzw. Ungenauigkeit der verschiedenen Methoden (Hartree, α-Teilchen-Modell u.s.w.) gut studieren kann.[e]

Alles andere mündlich! Auf Wiedersehen. Dein W. Heisenberg

a) Siehe die Fußnote in [432]. – b) Der Dienstag fiel auf den 16. Juni. – c) Vgl. [431], Anm. a. – d) H.A. Bethes und R.F. Bachers berühmter Übersichtsartikel über die Kernphysik war in der April Nummer des Review of Modern Physics **8**, 82–229 (1936) erschienen. – e) Siehe H. Volz: Über die Größe der Kernkräfte. Z. Phys. **105**, 537–552 (1937). Eingegangen am 16. März 1937.

Vom 30. Juni bis zum 4. Juli 1936 fand in Zürich ein weiterer Kongreß über Kernphysik, der sog. „Scherrer-Kongreß", statt.[1] Anwesend waren u.a. Arnold Sommerfeld, Hans Geiger, Walther Bothe, Homi Bhabha, Lise Meitner, Otto Frisch und Erwin Schrödinger.[2] Mehrere Vorträge waren der kosmischen Strahlung gewidmet. Pauli übernahm kein Referat, da ihn offenbar „Grundsätzliches zur Abschneidephysik" [434] beschäftigte.

[1] Die Vorträge wurden von Egon Bretscher in Buchform herausgegeben. Siehe E. Bretscher (Hrsg.): Kernphysik. Vorträge gehalten am physikalischen Institut der Eidgenössischen Technischen Hochschule Zürich im Sommer 1936. Berlin 1936. – Siehe auch G. Herzog und W. Scherrer: Tagung über Kernphysik an der Technischen Hochschule Zürich, 30. Juni bis 4. Juli 1936. Naturwiss. **24**, 718–720 (1936).

[2] Auf der Rückseite einer Postkarte, die offenbar während eines gemeinsamen Ausflugs nach Rapperswil von den Teilnehmern unterzeichnet wurde, befinden sich über vierzig Unterschriften, darunter die obengenannten Namen. (Die Karte befindet sich im Schrödinger-Nachlaß in Alpbach.)

[434] Pauli an Kronig und Jordan[a]

[Zürich], 14. September [1936]
[Postkarte]

Lieber Kronig!
(bzw. lieber Jordan)!
Vielen Dank für Eure Karte, die mich vor ein unlösbares Rätsel stellt – insofern nämlich, als ich niemals in den Proceedings of the Royal Society publiziert habe.

Bei dieser Gelegenheit möchte ich eine kleine Anfrage an Sie beide richten. Eure Arbeiten[b] pflegen mit dunklen Andeutungen darüber zu schließen, Ihr hättet besondere Gesichtspunkte, die eine Modifikation der Theorie der β-Radioaktivität verlangen. – Eine Präzision, wie beschaffen der Hamiltonoperator dieser Theorie nach Euren Ideen sein solle oder dürfte, wäre vielen Lesern außerordentlich erwünscht. Namentlich eine solche Formulierung, die von Hypothesen über die *Photonen* (ich und andere stehen ja der Theorie des gleichgeschalteten Neutrinos mit viel Skepsis gegenüber) möglichst *unabhängig* ist. (Ich vermute, die Frage hängt mit der Unterscheidung von Neutrinos und Antineutrinos zusammen.[c])

Momentan arbeite ich in besonderer Weise über Grundsätzliches zur Abschneidephysik. Doch davon später einmal.

Viele Grüße, auch an die Frauen

Ihr W. Pauli

a) Die Karte ist an die Universität Groningen adressiert, wo Kronig als Lektor tätig war. Wie Kronig in seinem Gästebuch feststellen konnte, war Jordan vom 8.–11. September 1936 bei ihm zu Besuch. – b) Siehe R. de L. Kronig: Zur Neutrinotheorie des Lichtes. I, II und III. Physica **2**, 491–498, 854–860, 968–980 (1935). –: Le neutrino. Ann. L'Institut Henri Poincaré **6**, 213–247 (1936). – P. Jordan: Zur Neutrinotheorie des Lichtes. Z. Phys. **93**, 464–472 (1935). – c) Markus Fierz bearbeitete damals bei Pauli die Fermische Theorie des β-Zerfalls.

Heisenbergs neue Theorie der Schauer in der kosmischen Strahlung erregte in zunehmendem Maße Paulis Interesse. Die Tatsache, daß bei einer solchen Schauerbildung gemäß der Fermischen Theorie des β-Zerfalls neben Proton, Neutron und Elektron vor allem die Paulischen Neutrinos eine wesentliche Rolle spielen sollten, ließ diese Theorie besonders geeignet erscheinen, die Existenz der Neutrinos empirisch nachzuweisen.

Sobald nämlich die Energie des stoßenden Teilchens einen bestimmten Betrag überschreitet, sollte es nach Heisenbergs Rechnung zu einer Schauerbildung kommen, wobei die mittlere Energie und damit die mittlere de Broglie-Wellenlänge der Schauerteilchen durch die Fermi-Konstante festgelegt war. Die größte de Brogliesche Wellenlänge des Primärteilchens legte nach Heisenberg eine charakteristische Länge fest, die in der neuen Theorie eine fundamentale Rolle spielen sollte. Er glaubte, daß sie die äußerste Grenze für eine genaue Längenmessung bedeute, „da jeder Versuch einer noch genaueren Ausblendung von Strahlen durch die einsetzende Schauerbildung vereitelt wird.“[1] Weiter glaubte Heisenberg, daß eine solche charakteristische Länge – ähnlich wie einst die fundamentalen Naturkonstanten c und h – eine grundlegende Umgestaltung der ganzen Theorie erfordern würde. Dafür sprach, daß eigentlich erst durch drei universelle Konstanten verschiedener Dimensionen das physikalische Geschehen festgelegt ist. Auf diese Weise sollte sich auch die Masse der Elementarteilchen aus der künftigen Theorie berechnen lassen.

So attraktiv dieses Programm auch schien, die Ausführung erwies sich als ungemein schwierig.

Pauli beteiligte sich mit eigenen Rechnungen, wie im Juni in Kopenhagen verabredet worden war. Zunächst wollte er zeigen, daß die Fermische Theorie in der vorliegenden Form nicht die von Heisenberg gewünschten Bedingungen erfüllt [435]. Überhaupt hegte er große „Aversion gegen das Ausklügeln komplizierter Hamiltonfunktionen“ [435]. Statt dessen wollte er lieber über eine Idee nachdenken, die John von Neumann während des Seminars in Princeton über Systeme mit unendlich vielen Freiheitsgraden geäußert hatte, bei denen eine „Maximalbeobachtung“ grundsätzlich ausgeschlossen ist.[2]

Paulis kritische Bemerkungen wurden von Heisenberg „als eine Art Befreiung empfunden“, weil ihm damit die Voraussetzung für einen theoretischen Neuanfang gegeben schien, ähnlich der Situation des Jahres 1923 vor dem Durchbruch zur Quantenmechanik [436].

[1] W. Heisenberg: Über die Schauer in der kosmischen Strahlung. Forsch. und Fortschr. **12**, 341–342 (1936).

[2] J. v. Neumann: Quantum Mechanics of Infinite Systems“. Enthalten in „The Theory of the Positron and Related Topics“. Report of a Seminar by W. Pauli. Princeton 1935/36. Ein Manuskript dieses Vortrags schickte Pauli Heisenberg im November zu [439] und [441].

[435] Pauli an Heisenberg

Zürich, 26. Oktober 1936

Lieber Heisenberg!

Ich höre, Du bist wieder in Leipzig[a] und möchte gleich die Gelegenheit benützen, Dir zu schreiben, was ich über die Energie-Eigenwerte in der Fermischen Theorie bisher geixt habe. Ich glaube zeigen zu können, daß sie *wirklich* unendlich sind, daß dies also nicht etwa nur die Folge eines ungeeigneten Störungsverfahrens ist (dieses ist *außerdem* auch tatsächlich ungeeignet). Mein

Schluß ist vielleicht für einen Epsilontiker nicht ganz streng, aber mir schien er genügend überzeugend. Im ersten Teil dieses Briefes will ich also schildern, wie ich zu dieser Ansicht gekommen bin und möchte von Dir hören, ob Du noch etwas dagegen einzuwenden hast. Im zweiten (mehr vagen) Teil werde ich diskutieren, was man weiter tun soll. Darüber bin ich mir natürlich keineswegs definitiv klar und es wird mich besonders interessieren, was Du darüber meinst.

I

1. *Das Modell.*

Folgender Ansatz hat sich mir zur Diskussion als zweckmäßig erwiesen. Man führe der Einfachheit halber nicht schwere Teilchen extra ein, sondern nur eine Teilchenart, aber mit Spin und positiver und negativer Energie (über Löchertheorie siehe unten). Es sei also die Energie

$$\bar{H}=\int\left[\frac{1}{i}\psi_\rho^*\vec{\alpha}_{\rho\sigma}\frac{\partial\psi}{\partial\vec{x}}+f\psi_\rho^*\psi_\sigma^*([\rho,\sigma]|C|[\rho',\sigma'])\psi_{\rho'}\psi_{\sigma'}\right]dV. \tag{1}$$

$(\ldots|C|\ldots)$ ist eine Transformationsmatrix mit Elementen der Größenordnung 1, die etwa aus den Quadraten von Invarianten wie $(\psi^*\beta\psi)^2$ oder $\sum_\nu(\psi^*\alpha^\nu\psi)^2$ $(\alpha^4=i\cdot I)$ etc. berechnet werden kann. Ich habe aber stets die ψ^* beide links von den ψ gestellt aus bestimmten formalen Gründen.

Die Teilchen mögen das Ausschließungsprinzip erfüllen, so daß also die Vertauschungs-Relationen

$$\psi_\rho^*(x)\psi_\sigma(x')+\psi_\sigma(x')\psi_\rho^*(x')=\delta_{\rho\sigma}\delta(x-x') \tag{I}$$

gelten mögen. Die Matrix $(\ldots|C|\ldots)$ ist dann *schief* in den Indizes ρ,σ und ρ',σ' anzunehmen.

Die Energie ist stets bereits durch $\hbar c$ dividiert gedacht, also von der Dimension cm^{-1} und f von der Dimension cm^2, da $[\psi]=cm^{-3/2}$. - Dagegen ist für das entsprechende eindimensionale Problem, das ich eingehender untersucht habe, $[\psi]=cm^{-1/2}$ und f dimensionslos. - Den Raum denke ich mir stets durch einen Würfel $V=L^3$ begrenzt und eine Periodizitätsbedingung eingeführt.

2. *Das Eigenwertproblem im Gitterraum.*

Nun gehen wir dazu über, das Kontinuum der $\vec{x}$ durch ein Diskontinuum zu ersetzen, wobei x_1, x_2, x_3 nur die Werte $d\cdot n_1$, $d\cdot n_2$, $d\cdot n_3$ annehmen kann, worin n_1, n_2, n_3 ganz sind und d die Gitterkonstante bedeutet. Ist $L=d\cdot Z$, so sind die n_i definitionsgemäß immer mod. Z zu verstehen. Sind $a_\rho(n)$ dimensionslose Operatoren mit den Vertauschungs-Relationen

$$a_\rho^*(n)a_\sigma(n')+a_\sigma(n')a_\rho^*(n)=\delta_{\rho\sigma}\delta_{nn'},^* \tag{II}$$

so ist der Grenzübergang

$$\frac{1}{d^{3/2}}a_\rho(n)\to\psi_\rho(\vec{x})$$

* n für n_1, n_2, n_3; $\delta_{nn'}$ für $\delta_{n_1n_1'}\delta_{n_2n_2'}\delta_{n_3n_3'}$.

bzw. im eindimensionalen Fall

$$\frac{1}{d^{1/2}} a_\rho(n) \to \psi_\rho(x) \tag{I'}$$

zu machen, damit (I) stimmt und damit auch

$$\sum_n a_\rho^*(n) a_\sigma(n) \to \int \psi_\rho^*(x) \psi_\sigma(x) dV.$$

Die Hamiltonfunktion im Gitterraum wird nun

$$\bar{H} = \bar{H}_0 + \bar{\Omega},$$

$$\bar{H}_0 = \sum_{n_\iota=1}^{Z} \frac{1}{i} a_\rho^*(n) \alpha_{\rho\sigma}^k \frac{1}{2d} [a_\sigma(\dots n_k+1\dots) - a_\sigma(\dots n_k-1\dots)].$$

(Der Differenzenquotient ist so gewählt, daß $\bar{H}_0$ hermitesch ist.)

$$\bar{\Omega} = \frac{f}{d^3} \sum_{n_\iota} a_\rho^*(n) a_\sigma^*(n) ([\rho, \sigma] | C | [\rho', \sigma']) a_{\rho'}(n) a_{\sigma'}(n).$$

Das f/d^3 ist wesentlich und rührt von (I') her. – Im eindimensionalen Fall gilt f/d.

Zusatzbemerkung:

a) Solange noch keine der Löchertheorie entsprechende Umformung gemacht wird, ist die Teilchenzahl

$$\sum_{n_\iota} a_\rho^*(n) a_\rho(n) \to \int \psi_\rho^*(x) \psi_\rho(x) dV$$

ein Integral (zeitlich konstant). – Im Gitterraum haben wir aber nur *endlich* viele Zustände eines Teilchens in unserem Würfel $V = L^3 = (Zd)^3$, daher haben wir einfach zu definieren: Das Vakuum ist der Zustand kleinster Energie, *ein* Teilchen der nächsthöhere, etc. Diese Energiewerte sind für endliches d stets endlich. Wegen des Ausschließungsprinzips ist stets $N \leqq (4Z)^3$ (eindimensional $N = 4Z$); der physikalisch interessante Fall des Vakuums ist $N = (2Z)^3$, etc.

b) Hätten wir ein a links von einem a^* gestellt, so hätten sich bei der Umstellung in a^*a quadratische Zusatzterme ergeben, die einer zusätzlichen Ruhmasse der Teilchen entsprechen, die für $d \to \infty$ zwar unendlich wird, für endliches d aber endlich bleibt.

c) Im Gitterraum gibt es weder eine Lorentzgruppe, noch gibt es neben dem Energieintegral ein Impulsintegral.

Im Konfigurationsraum gibt die angeschriebene Hamiltonfunktion des Gitters für N „Teilchen" ($N \leqq (4Z)^3$) Anlaß zum Eigenwertproblem

$$\begin{aligned} E \cdot F(n_1, \rho_1; n_2, \rho_2; \dots; n_p, \rho_p; \dots n_N, \rho_N) \\ = \frac{1}{i} \frac{1}{2d} \sum_k \sum_{p=1}^{N} \alpha_{\rho,\sigma}^{(p),k} [F(\dots; n_p^k+1, \sigma; \dots) - F(\dots; n_p^k-1, \sigma; \dots)] \\ + \frac{f}{d^3} \sum_{\substack{(p<q) \\ (\text{alle Paare})}} \delta n_p, n_q (\rho_p, \rho_q | C | \rho_p', \rho_q') F(\dots n_p, \rho_p' \dots n_q, \rho_q' \dots). \end{aligned}$$

F ist antisymmetrisch in den (n_p, ρ_p) und periodisch in jedem $n \operatorname{mod}. Z$. Es handelt sich um *endlich viele* Gleichungen mit *endlich vielen* Unbekannten und die E *müssen* endlich sein.

3. *Das Resultat.*

Es kommt nun alles darauf an, über die E etwas auszusagen *ohne* ein Störungsverfahren zu verwenden, bei dem nach f entwickelt wird. Leider ist es mir nicht gelungen, das angeschriebene Eigenwertproblem streng zu lösen. (Nur im eindimensionalen Fall und auch da nur für $N=2$ bin ich noch *exakt* durchgekommen, physikalisch interessant ist aber $N=2Z$ und $N=2Z\pm 1$.) Aber ich behaupte, daß dies auch gar nicht nötig ist (wirst Du an dieser Stelle Widerspruch erheben?), da wir uns nämlich nur für den Limes $d \to 0$ interessieren. Und in diesem Fall ist es erlaubt, in erster Näherung H_0 ganz wegzulassen und mit Ω allein zu rechnen. (Im oben erwähnten Spezialfall $N=2$ kann man das übrigens sogar exakt verifizieren). Du siehst es ist gerade umgekehrt, als man es in der gewöhnlichen Störungstheorie macht. Das Eigenwertproblem für Ω allein ist aber trivial, da $\Omega = \sum_n \Omega(n)$ und die $\Omega(n)$ untereinander vertauschbar sind. Man findet dann immer für das „Vakuum" eine „Nullpunktsenergie" der Ordnung

$$E_0 = -\frac{f}{d^3} Z$$

und die Energie eines Teilchens (= Differenz des tiefsten Eigenwertes für $N = 2Z \pm 1$ und desjenigen des Vakuums $N = 2Z$)

$$E = a\,\frac{f}{d^3} \quad \text{(Im eindimensionalen Fall } f/d\text{).}$$

(a dimensionsloser Zahlfaktor von der Ordnung 1.)

Die Möglichkeit H_0 wirklich wegzulassen habe ich zwar nicht epsilontisch bewiesen, aber sowohl dies als auch das Resultat selbst ist mir so plausibel, daß ich an dieser Stelle nicht weitergeixt habe. *Schluß: Im Limes* $d \to 0$ *wird* E *unendlich und zwar so, daß* $\lim E d^3$ *endlich bleibt.* Dieser Sachverhalt beruht *nicht* auf einer durch die gewöhnliche Reihenentwicklung der Störungstheorie veranlaßten Täuschung.

Für das Folgende ist es angebracht zu betonen, daß der *additive Zerfall der Hamiltonfunktion in zwei Teile* für die Gültigkeit des Resultates wesentlich war.

4. *Zusammenhang mit der Schauertheorie.*

Man kann die bisherige Überlegung auch so auffassen, daß das wesentliche an ihr eine Dimensionalbetrachtung ist und daß die Gittertheorie nur darum herum geschrieben ist, um sie exakt zu machen. Zerfällt die Hamiltonfunktion gemäß $\bar{H} = \bar{H}_0 + f\bar{\Omega}$, so scheint es immer so zu sein, daß *sobald wir ein Anwachsen der Schauerprozesse für große k haben, auch die Eigenwerte des Hamiltonoperators stets unendlich werden* (die Umkehrung dieser Aussage braucht nicht richtig zu sein).

Man kann dies, ohne Gittertheorie, an dem Modell demonstrieren, wo die Hamiltonfunktion (1) ersetzt wird durch

$$\bar{\Omega} = f \int dV \int dV' \psi_\rho^*(x) \psi_\sigma^*(x') (\rho, \sigma | C | \rho', \sigma') \psi_{\rho'}(x) \psi_{\sigma'}(x') D(x - x'),$$

wo nun $D(\vec{\xi})$ eine gemäß $\int D(\vec{\xi})d^3\xi=1$ normierte Funktion bedeutet, die bei Fermi in die δ-Funktion übergeht. Sie bestimmt gemäß $\int \vec{\xi}^2 D(\vec{\xi})d^3\xi=d^2$ eine Länge. Diese spielt dann die Rolle, welche oben die Gitterkonstante gespielt hat. Die Energiewerte bleiben endlich von der Ordnung f/d^3. *Aber es gibt auch kein Anwachsen der Häufigkeit der Schauerprozesse für großes k mehr*, indem die n-te Näherung sich von der ersten durch den Faktor fk_0^2 (statt fk^2) unterscheidet, worin $k_0 \equiv 1/d$ und fest ist. Aber auch hier geht für endliches d die Lorentzinvarianz verloren.

II

Nun folgen ganz vage, hypothetische Ideen. - Was soll man aus dem schließen? - Es wäre natürlich sehr naheliegend, entsprechend unserem Kopenhagener Gespräch nun weiter zu folgern, daß der spezielle additive Ansatz $H = H_0 + \Omega$ für die Hamiltonfunktion an dem ganzen Unglück schuld wäre. Man wird dann dazu geführt, nach allgemeineren Ansätzen für H zu suchen. - Doch kamen mir kürzlich ständig wachsende Bedenken gegen diesen Weg. Man muß ja bedenken, daß das *Ausschließungsprinzip* viel weitergehende *Einschränkungen für die Hamiltonfunktion* mit sich bringt als der zur Bose-Statistik führende Korrespondenz-Ansatz zur klassischen Feldtheorie (ich will das mit Fierz zusammen noch etwas genauer untersuchen)[b]. Und es scheint mir im Moment, daß bei Verlassen des Ansatzes $H_0 + \Omega$ für H die *Vertauschungs-Relationen* (I) *sich nicht mehr rechtfertigen lassen.* Dann würde man aber zu sehr in der Luft schweben. - Die Existenz gleichartiger Individuen ist etwas viel elementareres als der Raum-Zeit-Begriff.

Es könnte doch sein, daß es auch *physikalisch dasselbe wäre*, daß a) die Schauerprozesse für große k anwachsen und b) der Hamiltonoperator unendliche Eigenwerte bekommt. Ob nicht der ganze Spuk doch daran liegt, daß man Zustände betrachtet, über die man eigentlich nichts wissen kann. - Ich denke in letzter Zeit wieder mehr an die *Neumannsche* Idee[c], daß man bei Systemen mit unendlich vielen Freiheitsgraden nur solche *Gemische* betrachten soll, bei denen man nur über endlich viele Zustände etwas weiß, während bei „fast allen" vollständige Unkenntnis anzunehmen ist. Dabei soll vollständige Unkenntnis Gleichwahrscheinlichkeit aller Zustände heißen. (Z.B. für $k > k_0$ sei die Wahrscheinlichkeit, daß *kein* und daß *ein* Teilchen vorhanden ist gleich groß: $w(0_k) = w(1_k) = 1/2$; dies ist eigentlich physikalisch viel vernünftiger als zu sagen: für $k > k_0$ ist $w(0_k) = 1$, $w(1_k) = 0$ bzw. umgekehrt im Dirac-See.) Eine „Maximal-Beobachtung" wäre dann eben unmöglich und alle reinen Fälle bekommen die Wahrscheinlichkeit Null. Es gibt dann kein „Schrödinger-Funktional" $F(\ldots)$ für das Gesamtsystem, sondern nur die Dichtematrix P - die „fast" gleich ist der Einheitsmatrix (natürlich ist die Normierung Spur $P=1$ nicht mehr sinnvoll). Es hätten dann nur solche Observable A einen Sinn, bei denen Spur (PA) existiert.

Ich bin mir aber darüber klar, daß diese Idee *allein* nicht genügt, um das Problem zu lösen. Vor allem müßte man sehen, *welche* Variable dann an die Stelle der Energie kämen.

Aber das ganze erinnert mich etwas an die Situation der Divergenz der Störungstheorie beim He-Atom nach der *klassischen* Mechanik (alte Quantentheorie) wegen der kleinen Nenner. Es war dort doch nicht nur das Störungsverfahren ungeschickt gewählt, sondern die $\int pdq$-Theorie war viel tiefer falsch. Und das damalige Suchen nach immer neuen mechanischen Modellen entspräche hier dem Suchen nach immer neuen Hamiltonoperatoren (*innerhalb* der Wellenmechanik). Wie wäre es, wenn Du – wieder einmal von Helgoland zurückkommend – erklären würdest, daß bei einem System mit unendlich vielen Freiheitsgraden die Eigenwerte des Hamiltonoperators doch „prinzipiell nicht beobachtbar" sind (ebensowenig wie die klassischen Umlaufsfrequenzen in der „Bahn" in der älteren Quantentheorie) und daß man dies an den Schauern doch ziemlich direkt sehen könne?

Denn die Einführung der Gitterkonstante oder der D-Funktion ist doch eine Art Fahnenflucht und die Theorie mit $d=0$ dürfte *physikalisch wahrer* sein (vgl. Lorentzinvarianz, Häufigkeit der Schauer, etc.) als die mit endlichem d trotz ihrer Unendlichkeiten.

Nun, das führt zu sehr in vage Spekulationen und ich will auch noch weiter darüber nachdenken. Ich wollte nur begründen, warum bei mir eine gewisse Aversion gegen das Ausklügeln komplizierter Hamiltonfunktionen besteht.

Also was meinst Du? In welcher Richtung soll man weitergehen?

Viele Grüße

Dein W. Pauli

a) Heisenberg war im August und September zu einer militärischen Übung eingezogen. Wie er Born am 3. November mitteilte, hatte er sich dabei ausgezeichnet erholt. – Siehe auch [428], Anm. j und [436]. – b) M. Fierz: Zur Fermischen Theorie des β-Zerfalls. Z. Phys. **104**, 553–565 (1937). Eingegangen am 7. Dezember 1936. (Im ersten Abschnitt dieser Arbeit werden invariante Ansätze für das Matrixelement des β-Zerfalls diskutiert. Dieser Abschnitt stammte von Pauli, wie Fierz in einer Fußnote anmerkte. – c) Siehe hierzu die im Kommentar, Anm. 2 angegebene Literaturstelle.

[436] Heisenberg an Pauli

Leipzig, 29. Oktober 1936

Lieber Pauli!

Hab' vielen Dank für Deinen Brief, ich hatte schon seit meiner Rückkehr gehofft, über Deine Ergebnisse so bald wie möglich zu hören. Der erste Teil Deines Briefes hat mich – zusammen mit einigen ähnlichen Rechnungen, die ich seit meiner Rückkehr angestellt hatte – ganz davon überzeugt, daß das Unendlichwerden der Energiewerte unvermeidlich ist; insbesondere hat mir gefallen, aus Deinen Rechnungen zu lernen, daß dieses Unendlichwerden mit der Möglichkeit der Schauerbildung eng zusammenhängt. Die Situation scheint also wirklich ganz ähnlich, wie im Jahre 1923 beim Helium; die ganze Quantentheorie der Wellenfelder ist prinzipiell falsch.[a] Eigentlich empfinde ich diese Feststellung nachträglich als eine Art Befreiung, weil man, ganz wie in Deinem Brief, jetzt energisch die Frage stellen muß: was nun?

Meine Stimmung über dies, was man jetzt anfangen soll, deckt sich ziemlich genau mit der Deinigen. Ich habe auch den Eindruck, daß man in der Quantentheorie der Wellen bisher viel zu viel wissen will, daß man mit vielen „unbeobachtbaren" Größen arbeitet. Was Du über Neumanns Vorschlag schreibst[b], ist mir also in der Tendenz sehr sympathisch; z.B. stimmt zu dieser Tendenz auch die Tatsache recht gut, daß man mit einer „halbklassischen“ Wellentheorie bei den Schauern vernünftige Resultate bekommt; diese Tatsache schien mir seit der Schauerrechnung immer wieder merkwürdig und für die künftige Theorie wichtig. Ich will also die Neumannsche Mathematik in den nächsten Tagen lernen. Allerdings muß man gleich den Vorbehalt machen, daß man aus der Neumannschen Theorie nur die allgemeinen Begriffe entnehmen soll („Dichtematrix“ etc.), die in der weniger bestimmten Theorie vorkommen, daß man dann aber mathematische Beziehungen suchen soll, die grundlegend *anders* sind, als die bisherigen. Wie dies zu machen ist, davon hab' ich keine Ahnung. Sobald ich die Neumannschen Gedanken genau verstanden hab', will ich Dir nochmal schreiben. Im Ganzen find' ich den gegenwärtigen Zustand der Physik herrlich; er gleicht einer Seefahrt im Nebel, bei der erste schwache Anzeichen darauf hindeuten, daß man sich dem Land nähert, bei der man aber noch garnicht weiß, wie und wo es auftaucht. Aber ich will Dir schreiben, sobald ich bestimmtere Meinungen hab'. Einstweilen viele Grüße!

Dein W. Heisenberg

a) Vergleiche hierzu Heisenbergs vergleichbaren Stimmungsumschwung im Frühjahr 1923, als die Untersuchungen zeigten, daß alle Heliummodelle „ebenso falsch sind, wie die ganze Atomphysik“ [34]. – b) Siehe die im Kommentar zu [435], Anm. 2 genannte Untersuchung.

[437] Heisenberg an Pauli

[Leipzig], 31. Oktober 1936

Lieber Pauli!

Inzwischen hab' ich die Neumannsche Mathematik verstanden und versucht, den von Dir erwähnten Gedanken Neumanns einen bestimmten Sinn zu geben. Da mir noch vieles unklar ist, schreib' ich Dir und hoff', dabei oder nachher aus Deiner Antwort etwas zu lernen. Als Musterbeispiel hab' ich mir zunächst den Fall eines Elektrons in einem Kraftfeld überlegt, bei dem man sich für die Spinrichtung nicht interessiert, bei dem also die Wahrscheinlichkeit für Rechts- oder Linksspin je 1/2 ist. Es scheint mir in diesem Fall vernünftig, statt $P(q'k'|q''k'')$ (k Spinindex) die Spur von P über die Spinindizes

$$\bar{P}_{q'q''} = \sum_{k'} P(q'k'|q''k'')$$

zu betrachten. Für diese neue Matrix gilt wieder Spur $\bar{P}=1$; im Gegensatz zu Deinem Brief möchte ich diese Relation auf jeden Fall retten, denn ich glaube nicht, daß man ohne diese Relation irgendeine konvergente Mathematik zur Mittelwertbildung erfinden kann. Ferner gilt, solange H nicht vom Spinindex k abhängt,

$$\frac{\hbar}{i}\dot{\bar{P}} = -(\bar{P}H - H\bar{P}).$$

Wenn H vom Spinindex abhängt, so kann man natürlich nicht verlangen, daß die Matrix $\bar{P}$ zur Beschreibung des Systems ausreicht, denn durch H wird im Lauf der Zeit eine Polarisation des Elektronenstrahls eintreten. In erster Näherung (sehr geringe Polarisation) gilt auch dann noch

$$\dot{\bar{P}} = -(\bar{P}\bar{H} - \bar{H}\bar{P}),$$

wobei $\bar{H}$ den Mittelwert von H in Bezug auf den Spinindex darstellt.

Wendet man dies auf die Feldtheorie an, so scheint mir, daß man vielleicht hoffen darf, daß der Zustand des Systems durch eine Matrix $\bar{P}$ dargestellt wird, die nur von *endlich* vielen Freiheitsgraden abhängt und für die: Spur $\bar{P} = 1$ gilt. Für dieses müßte es dann eine Gleichung vom Typus

$$\dot{\bar{P}} = -(\bar{P}H - H\bar{P})$$

geben, die ihre zeitliche Änderung bestimmt und die insbesondere auch für die Erhöhung oder Verringerung der Anzahl der Freiheitsgrade sorgt, wenn die Teilchenzahl sich vergrößert oder verringert. Es scheint mir nicht unsinnig, so etwas zu hoffen. Die Mathematik, die man dann erhielte, würde der alten von Landau und Peierls[a] verwandt sein.

Gegen diese Hoffnung bestehen aber viele Bedenken. Erstens ist es bei näherem Zusehen klar, daß man innerhalb der bisherigen Theorie damit über keine der bekannten Schwierigkeiten wegkommt. Denn die Wechselwirkung zwischen Teilchen normaler Energie und solchen beliebig hoher Energie wird wie bisher alles zerstören. Zweitens scheint es mir unerlaubt, so einfache Annahmen wie etwa: für $k > k_0$ $w(0_k) = w(1_k) = 1/2$ zu machen; denn dann hieße das, daß der Raum beliebig dicht mit Elektronen und Positronen besetzt ist und zwar mit echten realen Teilchen, die man auch durch Subtraktionsphysik nicht mehr wegbekommen kann.

Bevor man hier weiterkommt, wird man jedenfalls die fundamentale Länge der Schauertheorie in einer *neuen* Weise in den Formalismus einbauen müssen.

Es würde mich interessieren, zu wissen, ob Du Dir den Ausbau der Neumannschen Gedanken wesentlich anders vorstellst; bist Du mit dem Gedanken, daß man stets mit *endlich* vielen Freiheitsgraden arbeiten soll, einverstanden? Somit weiß ich nichts Neues!

Viele Grüße Dein W. Heisenberg

a) Siehe hierzu die im Kommentar zu [245], Anm. 13 genannte Untersuchung dieser beiden Autoren.

In einem Schreiben vom 3. November 1936 an Max Born charakterisierte Heisenberg die Zusammenarbeit mit Pauli: „Die Schauer beschäftigen Pauli und mich noch sehr, ich bin sehr gespannt, wie die Arbeit da weitergehen wird. Pauli bemüht sich immer zu beweisen, daß die Wellenquantelung auch *mit* einer universellen Länge immer divergiert; ich glaube zwar im Stillen auch, daß Pauli recht hat, behaupte aber einstweilen das Gegenteil, und dabei lernen wir die mathematischen Eigenschaften einer nichtlinearen Quantenfeldtheorie, die höchst interessant sind, ganz gut kennen.“

Etwa um die gleiche Zeit schrieb er Pauli den folgenden Brief [438], worin er mitteilte, er habe einen fundamentalen Fehler in Paulis Beweis I [435] gefunden.

[438] Heisenberg an Pauli

Leipzig, 1. November 1936

Lieber Pauli!

Entschuldige, daß ich soviel schreibe! Aber in meinen beiden letzten Briefen hatte ich einen Punkt übersehen, der mir jetzt wichtig vorkommt. Ich finde z. B. Deinen Beweis I für die Unendlichkeit der Eigenwerte garnicht mehr zwingend. Dein Beweis setzt nämlich, soviel ich sehen kann, voraus, daß die tiefsten Eigenwerte von $a^*_\rho(n)\, a^*_\sigma(n)\, (\rho^\sigma | C | \rho' \sigma')\, a'_\rho(n)\, a'_\sigma(n)$ nicht Null sind. Nun ist es aber leicht, Wechselwirkungen Ω anzugeben, bei denen nicht nur der tiefste Eigenwert verschwindet – also in der von Dir betrachteten Näherung die Selbstenergie des Vakuums verschwindet – sondern bei der auch der nächste Eigenwert, der „einem Teilchen" entspricht, noch Null ist (also der Eigenwert 0 entartet ist). Z. B. gilt dies, wenn ich richtig gerechnet habe, für

$$\Omega = (\psi^* \beta \psi)^2$$ (hier verschwindet die Selbstenergie des Vakuums)

und

$$\Omega = 2(\psi^* \beta \psi)^2 - \sum_{i=1}^{4} (\psi^* \alpha_i \psi)^2$$ (hier verschwindet die Selbstenergie des Vakuums und die *eines* Teilchens).

(Übrigens habe ich dabei nicht verstanden, weshalb Du die gesternten Größen links setzt und $(|C|)$ als schief in den Indizes $\rho\sigma | \rho'\sigma'$ forderst; doch ist das vielleicht nicht so wichtig.)

Fängt man nun mit einer der genannten Formen für Ω an, so kommt man nicht umhin, auch die gewöhnlichen Terme zu betrachten und deren Einfluß etwa als kleine Störung an einem entarteten System anzusehen. Es sieht dann zunächst so aus, als gebe es eine Entwicklung der Eigenwerte von der Form

$$E = \frac{f}{d^3} \left(a_0 + \frac{d^2}{f} a_1 + \frac{d^4}{f^2} a_2 + \dots \right),$$

wobei für die tiefsten Eigenwerte $a_0 = 0$ ist und bei a_1 das gleiche Unglück passiert, wie bisher bei a_0. Man kann dessen aber nicht sicher sein und es wäre ja auch denkbar, daß das erste Glied der Entwicklung $\frac{f}{d^3}\left(\frac{d^2}{f}\right)^{3/2} a_{3/2}$ lautete, wie man es gerne möchte.

Ich glaube also, man soll dieser Frage doch noch weiter nachgehen. Das Endresultat wird zwar so sein, wie Du vermutest; aber wenn die bisherige Theorie *so* falsch wäre, wie es nach Deinen bisherigen Rechnungen aussah, kann ich mir schwer vorstellen, wie eine „korrespondierende" bessere Theorie aussehen soll. Für diese wird man umgekehrt aus den weiteren Rechnungen zu Deinem Beweis viel lernen können. Also schreib' bald!

Viele Grüße

Dein W. Heisenberg

[439] Pauli an Heisenberg

[Zürich], 4. November 1936
[Postkarte]

Lieber Heisenberg!
Vielen Dank für Deine drei Briefe! Ich antworte heute nur vorläufig. Den Entartungsfall will ich gerne noch näher untersuchen, bin aber überzeugt, daß da auch ein Unglück passieren wird und daß man so nicht zu einer brauchbaren Theorie kommen kann. Ich hoffe in einigen Tagen auf diese Frage im Detail zurückkommen zu können.

Ferner werde ich Dir nächstens eine Kopie eines (unpublizierten) Vortrages von Neumann[a] schicken, den er voriges Jahr in einem Seminar in Princeton gehalten hat und worin die Dichtematrix-Mathematik speziell im Hinblick auf den Grenzübergang der Zusammensetzung von unendlich vielen unabhängigen Systemen (=Eigenschwingungen) näher ausgeführt wird. Natürlich ist es sehr zweifelhaft, ob man so schon etwas physikalisch brauchbares bekommt. (Dies meinte er auch selbst *nicht.*) Wohl aber ist es möglich, daß man aus Neumanns besonderer Weise, den Grenzübergang zu unendlich vielen Freiheitsgraden zu vollführen, etwas lernen kann. – Allerdings dürfte die Besetzung des Raumes mit Teilchen bei ihm zur Folge haben, daß es überhaupt keine zeitlich konstanten *P's* mehr geben würde.[b] Also nächstens mehr!

Herzlichst

Dein W. Pauli[c]

a) Siehe den Kommentar zu [435], Anm. 2. – b) Mit *P* ist hier die Neumannsche Dichtematrix gemeint (vgl. [436], [497]). – c) Am oberen Rand der Karte bemerkte Pauli: „Je öfter Du mir schreibst, desto leichter ist es mir.“

Im folgenden Schreiben [440] versuchte Heisenberg den Formalismus der von Pauli in seinem Schreiben [435] vom Oktober skizzierten Gitterwelt mathematisch auszugestalten. Hiermit glaubte er ein korrespondenzmäßiges Analogon zur „endgültigen Theorie“ gefunden zu haben [440].

[440] Heisenberg an Pauli

Leipzig, 7. November 1936

Lieber Pauli!
Auf den Vortrag von Neumann bin ich gespannt.[a] – Ich möchte Dir einstweilen über die Ergebnisse berichten, die sich bei der weiteren Untersuchung der mathematischen Eigenschaften Deiner Gitterwelt mit $W=\overline{H}_0+\overline{\Omega}$,

$$\overline{\Omega}=\int\left(2(\psi^*\,\beta\,\psi)^2+\sum_{i=0}^{3}(\psi^*\,\alpha_i\,\psi)^2\right)dV$$

herausgestellt haben. Zunächst hab' ich für die genauen Eigenwerte von Ω_n folgendes erhalten: Wenn man die Matrix

$$\beta=\rho_3=\begin{vmatrix}0 & 1\\ 1 & 0\end{vmatrix} \text{ und } \rho_1=\begin{vmatrix}1 & 0\\ 0 & -1\end{vmatrix}$$

ansetzt[b] und die Zustände des Systems charakterisiert, daß man angibt, ob die je zu einem Dirac-Index gehörigen Plätze besetzt sind oder nicht, erhält man für die 16 Zustände folgende Eigenwerte von $\Omega_n\, d^3/f$:

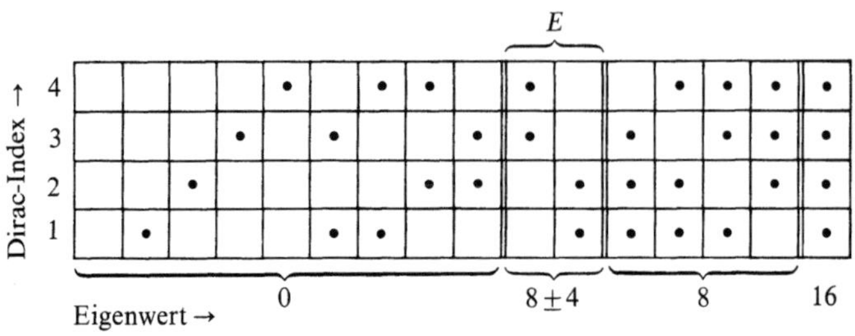

(⊡ bedeutet „besetzt", □ bedeutet „unbesetzt".)

Dabei sind die beiden mit E bezeichneten Zustände in „Resonanz" derart, daß die Summe der Zustände zum Eigenwert 4, die Differenz zum Eigenwert 12 gehört. Die obigen Zustände sind alle stationär im üblichen Sinne. Der Zustand des Gesamtsystems, bei dem für jedes Ω_n alle vier N verschwinden, hat die Energie Null und behält sie auch, wenn $\bar{H}_0$ mitgenommen wird.

Der nächste Zustand sei dadurch festgelegt, daß für alle Ω_n die vier $N=0$, nur für *ein* Ω_n *ein* Teilchen vorhanden ist. Dieser Zustand hat zunächst ebenfalls verschwindende Energie; rechnet man aber $\bar{H}_0$ mit, so bewirkt $\bar{H}_0$ Übergänge zwischen verschiedenen Zuständen dieser Art. Da man aber hier durch $\bar{H}_0$ nicht in einen Zustand geraten kann, der für $\bar{\Omega}$ eine höhere Energie ergibt, wird das Ergebnis das Gleiche sein, wie wenn $\bar{H}_0$ allein berücksichtigt wird: also wir erhalten Teilchen der Ruhmasse 0 mit allen Eigenschaften der Neutrinos. Wenn nun *zwei* solche Neutrinos vorhanden sind, so wird die Sache komplizierter; denn dann besteht, wenn die Neutrinos benachbart sind, die Möglichkeit, durch $\bar{H}_0$ in einen Zustand des Typus zu geraten, bei dem $\Omega_n=(f/d^3)\cdot 12$ bzw. $(f/d^3)\cdot 4$ ist. Dies bedeutet aber, in die Partikelsprache übertragen, einfach, daß zwischen den beiden Neutrinos mit den Koordinaten $\mathfrak{r}$ und $\mathfrak{r}'$ im Limes $d\to 0$ eine Wechselwirkung vom Typus $f\delta(\mathfrak{r},\mathfrak{r}')$ besteht. Eine solche Wechselwirkung führt bekanntlich *nicht* zu irgendwelchen unangenehmen Singularitäten.

Bis hierher führt die Gitterwelt mit $\bar{H}_0+\bar{\Omega}$ also *nicht* zu Schwierigkeiten. Nun kann man aber feststellen, daß die bisherigen Zustände nicht die der tiefsten Energie sind. Denn man kann jedenfalls zunächst durch Einführung neuer Neutrinos mit negativer Energie die Gesamtenergie (trotz der Abstoßung der Neutrinos) noch erheblich herunterdrücken. Ich dachte nun zuerst, der tiefste Zustand des Gesamtsystems sei wahrscheinlich der, wo für jedes Ω_n zwei Teilchen anwesend sind mit verschiedenem ρ-Index, (also eine der vier Möglichkeiten:). Berücksichtigt man hier $\bar{\Omega}$ allein, so wird die Gesamtenergie 0. Die Übergangselemente von $\bar{H}_0$ führen nun im allgemeinen zu Zuständen positiver Energie, aber der zeitliche Mittelwert von $\bar{H}_0$ über die ungestörte Bewegung verschwindet; es bleibt daher eine Störung zweiter Ordnung durch H_0 übrig, die *negativ* und von der Größenordnung d/f pro Teilchen ist; die Energie pro ccm würde also $\sim\frac{d}{f}\,\frac{1}{d^3}\sim\frac{1}{d^2 f}$ und *divergieren* für $d\to 0$. Auch dies ist aber noch nicht der Zustand tiefster Energie. Denn man kann in dieser Diracschen See ein „Loch" anbringen, für dessen Bewegung wieder H_0 praktisch allein maßgebend ist; das Loch stellt also wieder eine Partikel dar, die eventuell eine Ruhemasse der Ordnung d/f hat, die aber jedenfalls positive und negative Energien haben kann. Man kann also die Energie durch Hereinbringen weiterer Löcher weiter erniedrigen. Wo genau das Minimum liegt, hab' ich nicht herausgebracht. Ungenaue Rechnungen deuten darauf hin, daß das Minimum bei einer Teilchendichte von $\sim 1/df$ erreicht wird und daß dort die mittlere Energie pro ccm etwa $\sim -1/d^2 f$ wird (also sich nur um einen Zahlfaktor von der bei der Dichte $1/d^3$ unterscheidet). Ich vermute danach, daß die Nullpunktsenergie des Vakuums im Limes $d\to 0$ divergiert. Dagegen vermute ich, daß die Ruhemasse der „Teilchen" (erste Abweichung vom „Vakuum") im Limes $d\to 0$ verschwindet oder eventuell endlich bleibt $(1/\sqrt{f})$; denn sie tut dies erstens im Grenzfall

		•						

zweitens im Grenzfall

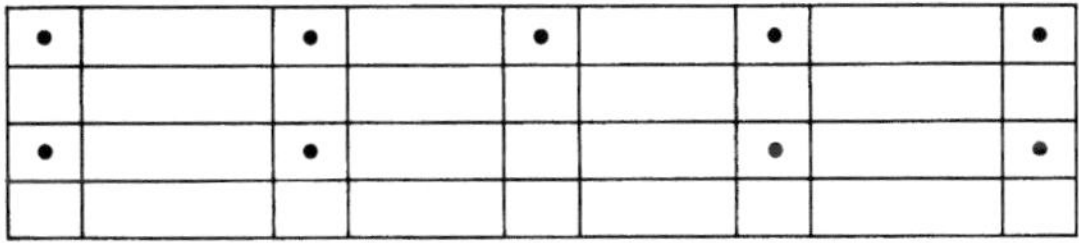

im letzteren wird sie $\sim d/f$.

Ich glaube, daß sich auch die weitere Untersuchung dieses Modells noch lohnen wird. Insbesondere interessiert mich die Frage, ob so ein Modell gleichzeitig zwei Teilchensorten liefern kann (eine mit, eine ohne Ruhemasse). Ich glaube auch immer noch, daß unsere jetzigen Rechnungen als korrespondenzmäßige Analogien zur endgültigen Theorie gut zu brauchen sind.

Viele Grüße Dein W. Heisenberg

a) Siehe [439]. – b) Am Rande machte Pauli sich die Notiz „Handbuch. S. 226", womit er natürlich die entsprechende Stelle in seinem Handbuchartikel [1933] meinte. Oberhalb des Ausdruckes für ρ_1 steht „γ^5", „$\alpha_2=\rho_1\,\sigma_k$".

[441] Pauli an Heisenberg

Zürich, 9. November 1936

Lieber Heisenberg!

Vielen Dank für Deinen Brief vom 7. Die Kopie des Neumannschen Vortrages wirst Du inzwischen bekommen haben[a]. Ich bin neugierig, ob Du meinst, daß man daraus etwas lernen kann. Das Entscheidende ist dabei natürlich, welche Bedingungen er den „Observablen" für den $\lim N \to \infty$ (N Zahl der Freiheitsgrade) auferlegt.

Leider war ich inzwischen (infolge anderer Rechnungen für meine Vorlesung[b]) noch nicht zur Diskussion des von Dir betrachteten Entartungsfalles gekommen. Eben heute Nachmittag wollte ich mit dem Ixen beginnen, da fand ich Deinen Brief vor. Auf Grund meiner *alten* Rechnungen möchte ich zunächst noch einiges bemerken.

1. Beim Herüberschieben der beiden ψ^* nach links bleibt ein Term der Form $\text{const}\cdot\sum_\rho (\psi_\rho^* \psi_\rho)$ neben dem anderen $\psi_\rho^* \psi_\sigma^* (\rho, \sigma | C | \rho', \sigma') \psi_{\rho'} \psi_{\sigma'}$ übrig. In *letzterem* muß man C in ρ, σ und in ρ', σ' *schief* annehmen, da $\psi_\rho^* \psi_\sigma^* = -\psi_\sigma^* \psi_\rho^*$, etc. In meinem Brief an Dich hatte ich den Zusatz $\sum_\rho \psi_\rho^* \psi_\rho$ nicht weiter erwähnt, *den Fall* $\bar{\Omega} = (\psi^* \beta \psi)^2$ *hatte ich aber durchgerechnet.* Daß die „Nullpunktsenergie des Vakuums" dann Null wird, schien mir nicht so interessant; die Energie *eines* Teilchens (oder Loches) wird ja wieder f/d^3.

Nur den Fall der Entartung, wo bei Weglassen von H_0 sowohl die Vakuumenergie *als auch* die eines Teilchens Null werden – es kommt übrigens nur darauf an, ob sie zusammenfallen; ob sie 0 sind, ist ja gleichgültig – *diesen* Fall hatte ich leider übersehen.

2. Es gibt immer (d.h. unabhängig vom speziellen Ansatz für Ω) solche Lösungen, bei denen die Wellenfunktion für Zusammenfallen des Ortes zweier Teilchen stets Null ist. (Z.B. bei zwei vorh[andenen] Teilchen solche, die in den Ortskoordinaten zweier Teilchen antisymmetrisch sind.) Für diese bestimmt H_0 allein die Energie. Ω gibt Null. – Diese Lösungen scheinen mir aber physikalisch nicht interessant, da sie auch zu keinerlei Schauern Anlaß geben. – Das Problem war mit stets dieses: *Ist eine Theorie möglich, die gleichzeitig zu „Schauern" und zu endlicher Gesamtenergie führt?*

Von dieser Art sind die Fälle, die im ersten Teil Deines Briefes behandelt sind, wo für *ein* Ω_n *ein* Teilchen vorhanden ist, für den anderen n aber die vier $N=0$ sind. – Der Fall *zweier* Neutrinos läßt sich für $H_0 + \Omega$ *streng* behandeln* (wie ich früher schon schrieb[c]). Man kommt nämlich hier mit dem Ansatz durch

$$f(n_1, \rho_1; n_2, \rho_2) = a_{\rho_1, \rho_2} e^{i\frac{2\pi}{Z}(r_1 n_1 + r_2 n_2)} + b_{\rho_1, \rho_2} e^{i\frac{2\pi}{Z}(r_2 n_1 + r_1 n_2)}$$

$$\text{für } n_2 > n_1;$$

für $n_2 < n_1$ gilt dasselbe mit anderen Konstanten a'_{ρ_1, ρ_2}, b'_{ρ_1, ρ_2}, die aber $a'_{\rho_1, \rho_2} + b'_{\rho_1, \rho_2} = a_{\rho_1, \rho_2} + b_{\rho_1, \rho_2}$ erfüllen sollen, so daß für $n_1 = n_2$ beide Ausdrücke gelten. Es ist $r_1 + r_2 =$ ganze Zahl, r_1 und r_2 einzeln sind aber nicht ganz (können sogar konjugiert komplex sein). Die Periodizitätsbedingung und die Wellengleichung für $n_1 = n_2$ genügen zur Bestimmung der freien Konstanten und des Energiewertes.

---

* Allerdings nur im eindimensionalen Fall. In 3 Dimensionen stört die Anisotropie des Gitters. – Im $\lim d \to 0$ ist die Wellenfunktion aber eine Kugelwelle in den *Relativ*koordinaten der Teilchen.

3. Die ganze wirkliche Problematik scheint mir im zweiten Teil Deines Briefes enthalten, wo vom Zustand tiefster Energie und dem nächst höheren die Rede ist und dieses war mir auch neu. – Es ist mir wohl plausibel, daß die Nullpunktsenergie des Vakuums dann $-1/d^2 f$ pro Volumeneinheit ist (auch darüber will ich noch nachdenken). Dagegen, ob auch die Ruhemasse der Teilchen für $d \to 0$ endlich bleibt, das bezweifle ich. Darüber will ich mir also noch etwas den Kopf zerbrechen bzw. darüber ixen (wenn ich jetzt nur mehr Zeit hätte; aber immerhin etwas Zeit habe ich schon). – Wenn es wahr ist, bleibt natürlich die Frage zu diskutieren, ob man *diese* Lösungen nicht durch einen Formalismus bekommen kann (eventuell mit „Subtraktionsphysik" für das Vakuum), bei dem das „Gitter" wieder ganz hinausgeworfen ist.

Also, ich hoffe bald wieder zu schreiben. Gehe mit Deinen eigenen Rechnungen nur weiter, wie es Dir paßt.

Herzlichst Dein W. Pauli

a) Siehe hierzu [439] und [440]. – b) Pauli hielt im Wintersemester eine Vorlesung über Optik und Elektronentheorie und über ausgewählte Kapitel aus der mathematischen Physik. – Wie sein ehemaliger Assistent Fierz berichtet, soll Pauli damals seine Vorlesungen selten vorbereitet haben. „Er besorgte den Unterricht allein, ich hatte damit nichts zu tun. Als ich ihn fragte, ob ich diese Vorlesung besuchen dürfte, winkte er ab: ‚Das ist nichts für Sie'. Ich habe später herausgefunden, warum. Es kam nämlich vor, daß er mich vor seiner Vorlesung zu sich bestellte, um irgendetwas zu besprechen. Und dann kam der Moment wo er sagte: ‚Nun muß ich aber bald lesen und will noch nachsehen, was ich zu sagen habe! Danach ergriff er eines jener in schwarzes Wachstuch gebundenen Kollegheft, in das er seine Notizen eingetragen hatte. Er hatte dies offenbar schon vor vielen Jahren getan, und zwar immer nur auf der einen Seite jedes Blattes. Auf der anderen Seite und auch zwischen schon geschriebenen Zeilen hatte er mannigfaltige Ergänzungen eingetragen. Das ganze machte mir, wenn ich so neben ihm stehend in das Heft sah, einen verwirrenden Eindruck. Auch Pauli blickte kopfschüttelnd in sein Heft: ‚Ich begreife garnicht, was ich mir da überlegt habe; na, es wird schon gehen' – und er enteilte in die Vorlesung". – (Siehe den in Anm. 1 zum Kommentar von [431] zitierten Aufsatz.) Der Zustand der noch erhaltenen Kollegheft macht allerdings nicht einen ganz so verwirrenden Eindruck, wie Fierz hier aus der Erinnerung schildert. – c) Vgl. [435].

[442] Pauli an Heisenberg

[Zürich], 9. November [1936]
[Postkarte]

Lieber Heisenberg!
Ich lasse mir eben Deinen Brief und Deinen Entartungsfall nochmals durch's Gemüt ziehen. – Meine Zweifel an der physikalischen Vernünftigkeit des Modells verdichten sich allmählich zu folgender „Gegenvermutung" (gegen die Deine der Endlichkeit der Ruhemasse der „Teilchen"):

„Betrachtet man nur solche Wellenpakete, die aus Zuständen aufgebaut sind, deren Energiedifferenzen im lim $d \to 0$ endlich bleiben (womit Deine Nullpunktsenergie des Vakuums $\sim 1/d^2 f$ pro cm^3 als harmlos zugelassen ist), so kommt man in diesem lim zu keiner Theorie, die Schauerbildung zuläßt." – Ich behaupte also nicht, eine Theorie mit endlichen Ruhemassen für $d \to 0$ sei überhaupt unmöglich; ich behaupte (bzw. vermute) nur, daß eine Theorie der Schauerbildung und Endlichkeit der Werte der Totalenergie (immer der Differenzen gegen den kleinsten Wert) einander ausschließen. – Bitte überlege also wie es in dem von Dir nun untersuchten Spezialfall eigentlich mit der Schauerbildung steht (darin bist Du mehr geübt als ich). – Sollte sich da nämlich nichts vernünftiges ergeben, so hätte es keinen Zweck, sich in zu viel Details betreffend dieses spezielle Modell zu verlieren.

Also schreib bald wieder. Ich schreibe, sobald ich etwas herausbringe.

Viele Grüße Dein W. Pauli

Die δ-artige Wechselwirkung zwischen Neutrinos dürfte übrigens im Falle von *mehr als zwei Teilchen* für $d \to 0$ *doch* zu Unendlichkeiten führen. Bereits bei 3 Teilchen dürfte es so sein!

[443] Heisenberg an Pauli

[Leipzig], 12. November 1936

Lieber Pauli!

Über die Eigenschaften unseres besprochenen Modells weiß ich zwar noch nichts wirklich sicheres; ich glaube aber, gute Plausibilitätsgründe gegen die Vermutungen Deiner Karte zu haben und möchte sie Dir schreiben.

Zunächst glaube ich garnicht, daß die δ-artige Wechselwirkung zwischen den Neutrinos für den Fall mehrerer Teilchen zu Schwierigkeiten führt. Z.B. kann ich doch (für $d=0$) in die Schrödingergleichung für drei Teilchen die Wechselwirkung $f[\delta(\mathfrak{r}'-\mathfrak{r}'')+\delta(\mathfrak{r}''-\mathfrak{r}''')+\delta(\mathfrak{r}'-\mathfrak{r}''')]$ einführen; aus der zugehörigen Variationsaufgabe $E=$ Min. erkennt man (da E garnicht singulär wird), daß keinerlei Schwierigkeiten entstehen. Ich vermute übrigens, daß sich der Fall dreier Teilchen für endliche d ähnlich durchrechnen läßt, wie Du es für zwei Teilchen in Deinem Brief[a] getan hast; Deine Lösung dort war sehr hübsch. – Ich nehme also jetzt an, zwischen je zwei Neutrinos bestünde stets die Wechselwirkung $f\delta(\mathfrak{r}'-\mathfrak{r}'')$. Ich will jetzt eine Art Thomas-Fermimethode für den Zustand tiefster Energie versuchen.[b]

Die tiefste Energie eines freien Neutrinos wird, wie man leicht ausrechnen kann (bis auf den Faktor $\hbar c$) $-\sqrt{3}/d$; sie gehört zur Wellenlänge $4d$ in jeder der drei Raumrichtungen. Entwickelt man nach Abweichungen von diesem Zustand, so erhält man, wenn man den Wellenvektor $k_i = 1/4d + k_i'$ setzt, für die Energie

$$-\frac{\sqrt{3}}{d}+\frac{d\pi^2}{\sqrt{3}}(k_1'^2+k_2'^2+k_3'^2).$$

Das zweite Glied wird also für $d \to 0$ unwichtig. Nennt man nun die Dichte der Neutrinos ρ, so erhält man für die Gesamtenergie pro ccm die Formel

$$\varepsilon = -\frac{\sqrt{3}}{d}\rho + \frac{1}{2} f \rho^2.$$

Das zweite Glied rührt von der Wechselwirkung her. Das Minimum liegt bei $\rho=\sqrt{3}/df$, in Übereinstimmung mit dem, was ich im letzten Brief schrieb. Fügt man zu diesem Grundzustand der Dichte $\sqrt{3}/df$ noch ein Teilchen dazu oder nimmt eines weg, so wird sich die Energie dabei (wegen des Minimumcharakters des Normalzustandes) beliebig wenig ändern; also muß man auf ein Teilchen der Ruhemasse *Null* schließen. Diese Teilchen haben aber auch untereinander die Wechselwirkung $f\delta(\mathfrak{r}'-\mathfrak{r}'')$. Denn für $\rho=\sqrt{3}/fd+\Delta\rho$ wird

$$\varepsilon=-\frac{3}{2\mathrm{d}^2 f}+\frac{1}{2}f(\Delta\rho)^2.$$

Aus dieser Wechselwirkung scheint mir nun auch die Entstehung von Schauern zu folgen. An sich hat ja schon ein *einzelnes* Teilchen mit allen Teilchen der „Dirac-See" diese Wechselwirkung; aber die kann sich nicht auswirken, da der Energie-Impulssatz die Zerlegung eines Teilchens in einen Schauer unmöglich macht (alle Teilchen haben Ruhemasse Null). Wenn jedoch zwei Teilchen hoher Energie zusammenstoßen, so wird sich deren Energie über die Dirac-See verbreiten (vermöge der Wechselwirkung $f\delta$), d.h. ein Schauer entstehen.

In diesen ganzen Überlegungen ist allerdings eine höchst hypothetische Voraussetzung enthalten; nämlich, daß die beschriebene Lösung sich für $d=0$ relativistisch invariant verhält. Dieser Punkt scheint mir sehr problematisch und ich könnte mir gut denken, daß an dieser Stelle alles schief geht. Um dies zu entscheiden, muß man aber die besprochene Lösung noch genauer studieren. Ich weiß aber noch nicht, wie man das mathematisch macht. – Sonst gibt's nichts Neues.

Viele Grüße Dein W. Heisenberg

a) Siehe Brief [441]. – b) Siehe hierzu Heisenbergs folgenden Brief [446].

[444] Pauli an Heisenberg

[Zürich], 14. November [1936]
[Postkarte]

Lieber Heisenberg!

Dank für Deinen Brief vom 12. – In meiner Meinung, daß eine δ-artige Wechselwirkung zwischen Neutrinos bei mehr als zwei Teilchen zu Unendlichkeiten führen könnte, war ich durch die Arbeit von Thomas (Phys. Rev. **47**, 903 (1935))[a] beeinflußt, die auch in Bethes Kernbericht (Kap. IV, § 19) referiert ist.[b] Inzwischen sah ich, daß diese Überlegungen nicht direkt auf unseren Fall anwendbar sind, weil 1. die Ruhemasse 0 ist und 2. keine *Bindungs*energie betrachtet wird, man also im kont[inuierlichen] Energiespektrum ist. – Die strenge Lösung für endliche d läßt sich übrigens leider *nicht* für mehrere Teilchen verallgemeinern, damit habe ich mich im September sehr geplagt.

Inzwischen will ich versuchen, die δ-artigen Wechselwirkungen möglichst unabhängig von der Gitterwelt zu untersuchen. Daß sie zu Schauerbildung führen, glaube ich gerne; es fragt sich nur, ob die Energien wirklich endlich bleiben – auch bei genauerer Rechnung.

Was meinst Du zum Neumannschen Vortrag (Ich habe das M[anuskript] vor einiger Zeit Dir ins Institut geschickt; ist es angekommen?)[c]

Herzlichst Dein W. Pauli

a) L.H. Thomas: The Interaction Between a Neutron and a Proton and the Structure of H^3. Phys. Rev. **47**, 903–909 (1935). – b) H.A. Bethe und R.F. Bacher: Nuclear Physics. A. Stationary States of Nuclei. Rev. Mod. Phys. **8**, 82–229 (1936). Der erwähnte Paragraph auf S. 134 lautet „Thomas' Proof of the Finite Range of Nuclear Forces". – c) Siehe hierzu die Bemerkung am Anfang von [441].

Nicholas Kemmer hatte zum Jahresende ein Beit-Stipendium am Imperial College of Science and Technology in London erhalten. Kemmer hatte bei Pauli eine schwierige Untersuchung „Über die Lichtstreuung an elektrischen Feldern nach der Theorie des Positrons" (die sog. Delbrückstreuung) durchgeführt, die er erst im Januar 1937 abschloß und einreichte.[1] Pauli hatte ihn außerdem bei einer weiteren Untersuchung „Zur Theorie der Neutron-Proton-Wechselwirkung"[2] beraten, in der er δ-artige Wechselwirkungspotentiale untersuchte. Pauli erkundigte sich in dem folgenden Schreiben [445] bei Kemmer, ob seine Ergebnisse für die Neutrino-Neutrino Wechselwirkung der Gitterwelt von Bedeutung sein würden.

[1] Die Arbeit erschien in zwei Teilen in Helv. Phys. Acta **10**, 112–122, 182–184 (1937).
[2] Veröffentlicht in Helv. Phys. Acta **10**, 47–67 (1937). Eingegangen am 16. Dezember 1936.

[445] Pauli an Kemmer

[Zürich], 14. November [1936]
[Postkarte]

Sehr geehrter Herr Kemmer!
Im Laufe einer Diskussion mit Heisenberg über die Energiewerte in der Gitterwelt ist folgende (zunächst rein akademische) Frage aufgetaucht: Man habe ein Modell für Neutrinos (Ruhemasse Null) mit δ-artiger Wechselwirkung zwischen diesen (die letztere ist genau von dem Typus, den Sie in Ihren Rechnungen auch verwendet haben). Die Frage ist, ob dann a) zunächst für *zwei* Neutrinos, b) für mehrere irgend ein Unglück passiert. – Der Unterschied gegenüber ihrer Untersuchung ist der, daß erstens die Ruhemasse Null ist, zweitens daß wir keinen Wert auf *Bindungs*energie zwischen den Teilchen legen, also im kontinuierlichen Spektrum bleiben. – Was folgt für ein solches Modell aus Ihren Rechnungen? – Zu b): Die Überlegungen von Thomas[a] scheinen hier doch nicht direkt anwendbar – besonders wenn man im kontin[uierlichen] Energiespektrum ist.

Mit den besten Grüßen Ihr ergebener W. Pauli

P.S. Wann wird Ihre Arbeit fertig?[b]

a) Siehe [444], Anm. a. – b) Siehe Kommentar, Anm. 2.

[446] Heisenberg an Pauli

[Leipzig], 16. November [1936]

Lieber Pauli!

Das Neumannsche Manuskript hab' ich mit großem Interesse gelesen.[a] Mein Eindruck ist allerdings der, daß man sich zwar beim Suchen nach neuen Formulierungen der Qu[anten] Well[en]theor[ie] stets an die Neumannsche Idee erinnern soll, daß diese Idee allein aber noch wenig mit der wirklichen Physik zu tun hat. Ich bin doch ziemlich überzeugt, daß die richtige Well[en] Qu[anten]-th[eorie] erst nach Einführung einer universellen Länge zu finden ist, und zunächst ist dafür bei Neumann kein anderer Platz, als in jeder anderen Theorie. Natürlich ist es dumm, daß die bisherige Theorie stets von unendlich vielen Freiheitsgraden redet und ich glaube bestimmt, daß die spätere das nicht tut. Aber zunächst muß man herausbringen, was qualitativ physikalisch aus der universellen Länge folgt.

Zu unserem Modell muß ich noch schreiben, daß in meinem letzten Brief[b] viel Falsches stand. Der von mir à la Thomas-Fermi beschriebene Zustand ist nämlich noch nicht der tiefste. Wegen der δ-Abstoßung der Neutrinos (bei δ-Anziehung würde, wie Du richtig schreibst, alles singulär) ist es nämlich energetisch günstiger, bei einer Dichte ρ jedes Neutrino in ein Wellenpaket des Durchmessers $\sim 1/\sqrt[3]{\rho}$ zu setzen, so daß die Wellenpakete nicht überlappen. Die mittlere Wellenzahl eines Neutrinos wird dann $\bar{k} = 1/4d \pm \sqrt[3]{\rho}$ und die Energie pro ccm:

$$\varepsilon \approx -\frac{\rho\sqrt{3}}{d} \cos\,(2\,\pi\, d \sqrt[3]{\rho}).$$

Das Minimum liegt bei $\sqrt[3]{\rho} \sim 2/g d$.

Die Energie pro ccm wird also bei $d \to 0$ singulär wie $\varepsilon \sim -1/d^4$ und hängt nicht von f ab. Bei genauerer Rechnung würde sich natürlich ein gewisses Überlappen der Wellenpakete einstellen und die Wechselwirkung der Teilchen auch einen Beitrag zur Gesamtenergie von gleicher Größenordnung ($\sim 1/d^4$) stellen; d.h. es würde im Kubikzentimeter etwa an $1/fd$ Stellen vorkommen, daß ein Raumpunkt doppelt bestzt ist. Jedenfalls aber liegt die Energie bei $\sim -1/d^4$ und nicht, wie ich das letzte Mal glaubte, bei $-1/d^2 f$. Das übrige, was ich schrieb (über Wechselwirkung, Ruhemasse und Schauerbildung) bleibt aber wohl ungeändert. – Daß Du die δ-Wechselwirkung unabhängig von der Gitterwelt untersuchen willst, ist sehr schön. Insbesondere interessieren mich dabei die Invarianzfragen.[c] Sonst nichts Neues; das Neumann-Manuskript möchte ich noch ein paar Tage behalten, dann schick' ich Dir's wieder.

Viele Grüße, auch an Deine Frau

Dein W. Heisenberg

a) Siehe das Schreiben [444]. – b) Brief [443]. – c) Siehe hierzu die in Anm. 2 zum Kommentar von [445] genannte Untersuchung Kemmers.

[447] Pauli an Heisenberg

[Zürich], 18. November [1936]
[Postkarte]

Lieber Heisenberg!
Dank' für Deinen Brief vom 16. – Das Neumannsche Manuskript kannst Du gerne *für immer* behalten, ich habe noch eine Kopie davon hier. – Deiner Meinung darüber stimme ich ganz zu; auch ich glaube an die Bedeutung der universellen Länge (die eine sehr direkte numerische Beziehung zu $\hbar/Mc$ haben dürfte).

Was das Modell betrifft, so neige ich immer mehr zur Meinung, daß die Energie eines Teilchens *doch* unendlich werden wird; allerdings kann ich es noch nicht beweisen.

Mit der δ-artigen Wechselwirkung habe ich zunächst angefangen, den Stoßquerschnitt zu rechnen. Davon nächstens mehr.

Bei Deinen Wellenpaketen stört mich zunächst, daß sie auch für $f=0$ (ohne Wechselwirkung) nicht stationär sind.*

Viele Grüße (auch von meiner Frau) stets Dein W. Pauli

[448] Pauli an Kemmer

[Zürich], 18. November 1936

Sehr geehrter Herr Kemmer!
Ich schreibe Ihnen nochmals wegen der Angelegenheit der Neutrinos (Teilchen mit Ruhemasse 0) mit $\delta(x-x')$-artiger Wechselwirkung, da ich *dringend* einige Formeln von Ihnen brauche.[a] Ich interessiere mich nämlich für den *Stoßquerschnitt* von zwei solchen Teilchen. Bei Bornscher Näherung wird alles einfach, aber die strenge Rechnung scheint zu merkwürdigen Schwierigkeiten zu führen bei großen Azimutalquantenzahlen.

Man setze zuerst einen Potentialtopf $V(r)=b$** für $r<a$, $V(r)=0$ für $r>a$ an; dann setze man

$$\frac{4\pi}{3}a^3\,b=f \tag{1}$$

und lasse bei festem f das $a\to 0$ gehen. Die Bornsche Näherung führt dann einfach (bis auf einen numerischen Faktor) zum Stoßquerschnitt (im Schwerpunktssystem)

$$Q=\text{const.}(f^2\,k^2)$$

(und überdies zu isotroper Winkelverteilung). Man wird erwarten, daß diese Näherung gut ist für $fk^2\ll 1$ (k ist natürlich die Wellenzahl der ursprünglich aufeinander zu laufenden Teilchen).

Die genauere Rechnung, bei der nach Kugelfunktionen $P_l(\cos\theta)$ entwickelt wird, habe ich nur etwas schlampig à la Margenau[b] gemacht, d.h. mit Vernachlässigung des Spins und mit einer „Wigner-Kraft"

$$V(r)\,\psi_{\rho_I,\,\rho_{II}}(x^I,x^{II}),\quad \text{wobei } r=|\vec{x}^I-\vec{x}^{II}|.$$

* Allerdings sind sie für $H^0=0$ bei Ω allein stationär.

** Ich denke mir alle Energien in der Einheit $\hbar c$ gemessen, so daß $[b]=\text{cm}^{-1}$, $[f]=\text{cm}^{+2}$ wird.

Der Wirkungsquerschnitt ergibt sich dann in bekannter Weise in der Form

$$Q=\frac{4\pi}{k^2}\sum_l (2\,l+1)\sin^2\delta_l,$$

wo δ_l die Phasendifferenz der zum Drehimpuls l gehörigen Eigenfunktion im Unendlichen gegenüber dem kräftefreien Fall bedeutet. Für diese sind die Zylinderfunktionen mit halbzahligem Index an der Sprungstelle maßgebend.

Wenn ich mich nicht geirrt habe, tritt eine Schwierigkeit bei großem l ein, indem der Limes $a\to 0$ und der Limes $l\to\infty$ (Ausführung der Summe) nicht vertauscht werden dürfen. Nur wenn man zuerst bei festem a die Summe ausführt, scheint etwas Vernünftiges herauszukommen.

Nun möchte ich von Ihnen wissen, wie die genaue Formel für Q und die darin auftretenden Phasen δ_l (bzw. bei Ihnen δ_j) lautet, wenn man mit den exakten Dirac-Gleichungen rechnet, wie Sie es ja getan haben. Aus Ihren bisherigen Rechnungen muß das sofort folgen. Bitte schreiben Sie es mir möglichst bald. (Welche der 5 Invarianten[c] Sie wählen, ist mir übrigens nicht wichtig; wählen Sie eine, bei der die Formeln möglichst einfach werden.)

Mit der (unangenehmen) Ausführung der Summation über die Drehimpulsquantenzahl will ich mich dann selber plagen. Ich brauche nur die Formel für Q und für die Phasen (aus den Randbedingungen).

Das Energiespektrum in diesem Fall scheint einfach kont[inuierlich] von $-\infty$ bis $+\infty$ laufend zu bleiben und die Eigenfunktionen selbst werden für $a\to 0$ (f fest) auch nicht singulär.

Mit den besten Grüßen Ihr sehr ergebener W. Pauli

a) Siehe hierzu Paulis Bemerkung im vorhergehenden Schreiben [447]. – b) H. Margenau: Relativity and Nuclear Forces. Phys. Rev. **50**, 342 (1936). – c) Siehe hierzu die in Anm. 2 zum Kommentar von [445] zitierte Untersuchung Kemmers. Dort S. 48.

[449] Heisenberg an Pauli

[Leipzig], 19. November 1936

Lieber Pauli!

Seit gestern ist es mir sehr wahrscheinlich, daß Deine Vermutung über die Nichtexistenz von Schauern für unser Modell doch zutrifft[a]. Die δ-Wechselwirkung ist nämlich bei genauerer Betrachtung garkeine anständige Wechselwirkung. Man kann das am einfachsten so einsehen: Die Streuung eines Teilchens an einem anderen, an dem es elastisch reflektiert wird

$$\left(V(r)=\begin{cases}0 \text{ für } r>r_0\\ \infty \text{ für } r<r_0\end{cases}\right),$$

führt bekanntlich zu einem Wirkungsquerschnitt $4\pi\,r_0^2$, also im Limes der δ-Funktion $r_0\to 0$ zum Wirkungsquerschnitt *Null.*[b] D.h. die Wellenfunktion nimmt in unmittelbarer Nähe der Stelle $r=0$ sehr schnell zu Null ab, wird aber sonst garnicht gestört. Dieses Verhalten der δ-Wechselwirkung ist übrigens für den dreidimensionalen Fall charakteristisch, im eindimensionalen ist alles anders. Solange man also endlich viele Teilchen hat, kann man diese δ-Wechselwirkung stets einfach streichen. In der Gitterwelt bedeutet dies, daß man zunächst von der Wechselwirkung ganz absehen kann und schließlich das Schrödingerfunktional an all den Stellen, wo zwei Teilchen am gleichen Ort vorkommen, willkürlich Null setzt.

Der Fehler, den man dabei macht, ist von der Ordnung des größeren von d^2/f und d/λ, wenn λ die Wellenlänge der Teilchen bedeutet. Für den tiefsten Zustand des Gesamtsystems ist die Wechselwirkung aber doch wichtig, die Rechnungen meines letzten Briefs scheinen mir hier richtig[c]; das liegt an der großen Teilchendichte. Aber auch dort setzt man die Schrödingerfunktion an den doppelt besetzten Stellen gleich Null. Wenn man die Gesamtenergie des tiefsten Zustandes aufschreibt, erhält man also in erster Näherung etwas von f unabhängiges, dann Glieder, die nach Potenzen von d^2/f fortschreiten:

$$E=\frac{1}{d^4}f(d^3\rho)+\frac{1}{d^2 f}g(d^3\rho)+\ldots$$

Solange eine solche Entwicklung richtig ist, scheint mir, daß im Limes $d \ll f$ niemals eine Wechselwirkung (d.h. nur eine vom δ-Typus) und auch keine Schauerbildung eintreten kann. Ganz anders wäre die Situation, wenn sich ein Modell finden ließe, bei dem die Entwicklung nach $d/\sqrt{f}$ fortschreitet und ich will noch darüber nachdenken, wie etwa ein solches Modell aussehen könnte.

Über die Arbeiten der Amerikaner über Kernkräfte bin ich ziemlich begeistert;[d] daß die Proton-Protonkraft genau gleich der Proton-Neutronkraft sein soll, finde ich eine sehr schöne einfache Möglichkeit; auch daß ihre Reichweite mit der Wellenlänge der Schauerteilchen übereinstimmt, ist erfreulich.

Viele Grüße Dein W. Heisenberg

a) Siehe Brief [444]. – b) An dieser Stelle machte Pauli zwei dicke Fragezeichen am Rande. Siehe hierzu auch die beiden folgenden Postkarten [442] und [443]. – c) Brief [446]. – d) Wahrscheinlich hatte Heisenberg gerade das November-Heft des Physical Review erhalten, in dem die folgenden bedeutenden Arbeiten über Kernkräfte enthalten waren: G. Breit, E.U. Condon und R.D. Present: Theory of Scattering of Protons by Protons. Phys. Rev. **50**, 825–845 (1936). – B. Cassen und E.U. Condon: On Nuclear Forces. Phys. Rev. **50**, 846–849 (1936). – G. Breit und E. Feenberg: The possibility of the same form of specific interaction for all nuclear particles. Phys. Rev. **50**, 850–856 (1936). – Siehe hierzu Paulis Bemerkungen in [454].

[450] Pauli an Heisenberg

[Zürich], 20. November [1936]
[1. Postkarte]

Lieber Heisenberg!

Eben erhalte ich Deinen Brief vom 19., der mir *haarsträubenden Unsinn* zu enthalten scheint.[a] Rechnet man mit einem Topf

$$V(r)=\begin{cases}0 \text{ für } r>a\\ b \text{ für } r<a\end{cases}$$

und läßt bei festem $\int_0^a V(r)\, 4\pi\, r^2\, dr = \frac{4\pi}{3}\, a^3 b = f\, a \to 0$ gehen, so liefert die Bornsche Näherung für den Wirkungsquerschnitt (bis auf einen numerischen Faktor) $f^2\, k^2$ und das ist ja gerade das, was man bei Schauerbildung erwarten sollte. (Man darf natürlich den lim *nicht* so machen, daß man zuerst bei endlichen a mit dem b gegen ∞ geht! Natürlich muß man ferner relativistisch rechnen mit Ruhemasse Null.) Das Ergebnis $Q \sim f^2\, k^2$ ist schon bei endlichen a, b richtig, sofern $k a \ll 1$. Eine gewisse Problematik enthält der Lim bei strenger Rechnung (ohne Born-Näherung). Dann sind die *großen Azimutalquantenzahlen* wesentlich. Über das Verhalten der Wellenfunktion und Details darüber nächstens mehr.

Sei herzlich gegrüßt und sag nicht mehr „bekanntlich"! W. Pauli

a) Siehe hierzu den Widerruf in der folgenden Karte [451].

[451] Pauli an Heisenberg

[Zürich], 20. November [1936]
[2. Postkarte]

Lieber Heisenberg!

Ich muß gleich noch eine zweite Karte schicken, um meine erste zu widerrufen. In meiner Rechnung für höhere Azimutalquantenzahlen l war ein Fehler und ich finde nun auch, daß die Wellenfunktionen (für alle l) sich so verhalten wie Du schreibst. Daß also der Stoßquerschnitt $Q \to 0$ wenn $a \to 0$ bei festem $\frac{4\pi}{3}\, a^3 b = f$ (auch wenn man *nicht* zuerst mit $b \to \infty$ geht bei $a \neq 0$, was unerlaubt ist).

Merkwürdig, daß ich da mit der Bornschen Näherung so hereingefallen bin. Da war kein Fehler, die führt *wirklich* zu $Q = \text{const} \cdot f^2\, k^2$. Ich sehe eigentlich noch nicht, warum die so falsch ist. Aber die exakte Rechnung scheint Dir doch Recht zu geben.

Deine zur Nullpunktsenergie $\sim 1/d^4$ pro cm^3 führende Rechnung scheint mir durchaus richtig.[a]

Nach alldem ist es doch wahrscheinlich, daß man Schauer nur bekommt, wenn die Eigenwerte von Ω mit $\text{const} \cdot f/d^3$ anfangen und die Energie *eines* Teilchens auch $\sim f/d^3$ wird.[b] D.h. daß *doch* jede Schauertheorie zu unendlichen Energiewerten führt. Was nun? Sag' also ruhig weiter: „bekanntlich"!

Herzlichst Dein W. Pauli

Im eindimensionalen Fall ist f dimensionslos. Es gibt da keine universelle Länge und *nie* Schauerbildung.

a) Siehe Brief [446]. – b) Siehe hierzu Heisenbergs Entwicklung in [438].

[452] Pauli an Kemmer

Zürich, 20. November 1936

Sehr geehrter Herr Kemmer!
Haben Sie vielen Dank für Ihren Brief. In meiner Rechnung für große Azimutalquantenzahlen war ein sehr dummer Fehler[a] und ich bekomme jetzt auch für δ-artige Wechselwirkung ($V\rho^3 = \text{const.}$) – es sei denn, daß zufällige Phasenbeziehungen bestehen – $\Lambda_2 \to 0$, was *verschwindenden* Stoßquerschnitt nach sich zieht. Das war für unser Gittermodell sehr wichtig.

Über diese hatte ich nämlich inzwischen eine lange briefliche Diskussion mit Heisenberg. Er hat einen besonderen Fall herausgefunden, in welchem die Singularitäten der Energie eines Teilchens im lim $d \to 0$ verschwinden. Aber da war er doch *zu* schlau: denn jetzt zeigt sich, daß in seinem Fall das Modell auch gar keine Schauer gibt. Momentan glaub' ich, daß jede Schauertheorie notwendig Energiewerte hat, die im lim $d \to 0$ unendlich sein müssen.

Um auf die Frage des Stoßquerschnittes zurückzukommen: was ich über die Bornsche Näherung schrieb – nämlich, daß sie zu $Q \sim f^2 k^2$ führt, für $V\rho^3 = f$ – ist wahr geblieben. Es ist doch sehr merkwürdig, daß die Bornsche Näherung für solche Wechselwirkungen so unsinnige Resultate gibt.[b] (Wissen Sie, woran das liegt? Ich fühle mich da im Moment etwas gefoppt!) Aber in Wirklichkeit scheint in der Tat $Q \sim 0$ zu sein.

So weiß ich im Moment alles von Ihnen, was ich wissen wollte und erwarte bald Ihre Arbeit.

Besten Dank und viele Grüße Stets Ihr W. Pauli

a) Siehe hierzu die vorhergehende Karte [451]. – b) Siehe hierzu Brief [454], § 2.

[453] Heisenberg an Pauli

[Leipzig], 22. November [1936]
[Postkarte]

Lieber Pauli!
Vielen Dank für Deine beiden sich kompensierenden Karten. Inzwischen stecke ich einstweilen in üblen mathematischen Schwierigkeiten. Meine Beschreibung des tiefsten Zustandes („Vakuum") ist wohl qualitativ korrekt.[a] Aber wie der Zustand „ein Teilchen" aussieht, kann ich garnicht herausbekommen. Einige Anzeichen sprechen mir im Augenblick wieder eher *für* die Möglichkeit der Schauerbildung. Die Tatsache des Wirkungsquerschnittes Null im Limes $d \to 0$ beim Stoß zweier Teilchen hängt nämlich ausdrücklich mit der Erhaltung der Teilchenzahl beim Stoß zusammen, braucht also in einer Löchertheorie nicht mehr zu gelten. Ich würde also im Augenblick doch glauben, daß, wenn man einmal weiß, was „ein Teilchen" heißt, auch Schauer herauskommen. Freilich ist mir die Frage nach der relativistischen Invarianz höchst problematisch; ich könnte mir z.B. denken, daß die Schauerbildung mit der charakteristischen

Länge d (und nicht $\sqrt{f}$!) einsetzt. Aber, wie gesagt, ich hab' keine Ahnung, wie man dies mathematisch angreifen soll.

Was sagst Du zu den amerikanischen Arbeiten?[b]

Viele Grüße Dein W. Heisenberg

a) Siehe [448] und [449]. – b) Siehe [449], Anm. d und [454].

In dem folgenden Schreiben [454] faßte Pauli nochmals die bisherigen Ergebnisse seiner und Heisenbergs Modellrechnungen zur Gitterwelt zusammen. Das überraschende Ergebnis der Bornschen Näherung bei der Anwendung auf Stöße von Teilchen mit δ-artiger Wechselwirkung ([451] und [452]) ließ ihn vermuten, daß dadurch auch Fermis „ingenious theory" des β-Zerfalls infrage gestellt werden könnte. „Aber wir sind doch schließlich keine halb-experimentellen Opportunisten wie Fermi", bemerkte Pauli im Hinblick auf die Verwendung dieses Näherungsverfahrens [454].

Der erste Schritt zur Überwindung der Schwierigkeiten schien ihm die Formulierung einer „vernünftigen" Theorie des β-Zerfalls zu sein, gemäß dem von Heisenberg in seiner Schauertheorie praktizierten Verfahren, aus Invarianz- und Dimensionsbetrachtungen die Gestalt der zulässigen physikalischen Größen auszusondern. Diese Methode wurde auch bei den Untersuchungen von Kemmer und Fierz herangezogen.

Die neuen „soliden" Arbeiten der Amerikaner zeigten bei der Streuung schneller Protonen an Wasserstoffatomen starke Abweichungen von der Rutherford-Mottschen Streuformel, die auf die Existenz einer nicht elektromagnetischen Kraft zwischen zwei Protonen hinwies. Die theoretische Analyse dieser Versuche durch Breit, Condon und Present deutete darauf hin, daß zwischen Nukleonen die Kräfte generell ladungsunabhängig sind. Hieraus ergaben sich neue Fragestellungen, die man auch in Zürich und Leipzig [455] weiterverfolgte.

[454] Pauli an Heisenberg

Zürich, 24. November 1936

Lieber Heisenberg!

Dank' für Deine Karte vom 22. – Ich weiß zwar über unser Modell nichts Neues, habe aber sonst einiges am Herzen, was ich bei dieser Gelegenheit gerne schreiben möchte. Zunächst nur rekapitulierend:

§ 1. Über das Modell scheint der Fall wohl klar zu liegen, wenn das f negativ ist (Anziehung). Dann verhält es sich so, wie ich es in meinem ursprünglichen Brief geschrieben habe.[a] Für positives f (Abstoßung) ist Deine Betrachtung über den Normalzustand richtig, die zu einer Energie $-\text{const.}/d^4$ pro ccm führt.[b] Auch über den numerischen Faktor lassen sich auf Grund Deiner bisherigen Rechnungen schon gewisse Aussagen machen. Man kann nämlich Dein Verfahren als eine Art Ritz-Methode zur Konstruktion des Normalzustandes ansehen derart, daß die so erhaltenen Energiewerte sicher *obere* Schranken für den (in Wahrheit bestimmt *nicht größeren*) Energiewert des Normalzustandes geben.[c] {*Theorem:* Der Erwartungswert des Energiewertes in einem beliebigen (nicht stationären) Zustand ist sicher *größer* als der tiefste Eigenwert der Energie.}

Richtig ist ferner das Resultat, daß der tatsächliche Effekt einer δ-artigen Wechselwirkung zwischen einer *endlichen* Zahl von Teilchen (im Limes) gleich

Null ist (sowohl für die Energiewerte als für die Wirkungsquerschnitte beim Stoß).

Offen ist noch die Frage nach der Energie „eines Teilchens" bei dem Modell, da dessen Wechselwirkung mit den Seeteilchen schwierig zu behandeln ist. Weder bewiesen *noch widerlegt* ist die These meiner früheren Karte[d], daß Schauerbildung immer mit (im lim $d \to 0$) *unendlichen* Energiewerten verbunden ist. Diese These liegt mir sehr am Herzen und ich möchte gerne daran glauben.

Ich glaube, da lasse ich Dich zunächst einmal weiterixen. Denn bevor ich mich auch damit plage, möchte ich gerne wissen, was Du zu meinen nun zu erläuternden Sorgen meinst.

§ 2. Kritische Betrachtungen über „Fermi's ingenious theory" der Beta-Radioaktivität.

Der Umstand, daß ich mit der Bornschen Näherung bei Stößen zwischen Teilchen mit δ-artiger Wechselwirkung (ich wiederhole: sie führt hier zu einem Wirkungsquerschnitt const. $f^2 k^2$) so hineingefallen bin,[e] hat mich einerseits ernüchtert, andrerseits aber dazu angeregt, weitere Konsequenzen zu ziehen. Die Weise, wie man seit Fermi den β-Zerfall rechnet, ist nämlich meiner unrichtigen Rechnung des Stoßquerschnittes mit δ-artiger Wechselwirkung weitgehend analog. Man kann ja (wie auch Stückelberg[f] mir gegenüber öfters betont hat) durch Einführung eines Neutrinos negativer Energie im Anfangszustand den Prozeß als Stoßprozeß darstellen, wobei also die Teilchenzahl erhalten bleibt.[g] (Die *Unendlichkeit* des Neutrinosees scheint mir diesmal keine wesentliche Rolle zu spielen, da der Energiesatz ja von selbst bewirkt, daß nur ein endlicher Teil desselben in Aktion treten kann.) Also anfangs ein schweres und ein leichtes Teilchen, sie stoßen zusammen und am Ende ist wieder ein schweres und ein leichtes Teilchen da, denen man nur andere Namen gegeben hat (die Ladung kommt ja explizite in der Theorie gar nicht vor). Das δ-artige der Wechselwirkung besteht beim Fermischen Ansatz „bekanntlich"[h] darin, daß die Teilchen nur aufeinander wirken, wenn sie am gleichen Ort sind und läßt sich wie bei unserem Stoßproblem als Limes einer allgemeineren Zentralkraft auffassen. Deshalb scheint mir die Schlußfolgerung einigermaßen unabweisbar: *die „ingenious theory" führt in Wirklichkeit zur Wahrscheinlichkeit Null für den β-Zerfall. Daß Fermi (und seine späteren Nachahmer mit Ableitungen)[i] etwas von Null verschiedenes herausgebracht haben, liegt nur an einer unberechtigten Anwendung der Störungstheorie („Bornschen Näherung").*

Ich sehe im Moment nicht, daß man irgend etwas Zufriedenheit-Spendendes gegen diese Konsequenz aus unseren Rechnungen vorbringen kann, außer etwa einer willkürlichen axiomatischen Festsetzung, daß beim β-Zerfall eben die Störungstheorie als gültig angenommen werden *soll.* (Aber wir sind doch schließlich keine halb-experimentellen Opportunisten wie Fermi.)

Doch selbst von jenem opportunistischen Standpunkt aus steht es recht schlimm um die ingenious theory. Fermis ursprünglicher Ansatz widerspricht ja der Erfahrung* und der Uhlenbeck-K[onopinski]sche Rettungsversuch[j] scheint (von den theoretischen Schwierigkeiten betreffend die Feldquantisierung,

---

* Daß man auch mit einer beliebigen Linearkombination der 5 möglichen relativistischen Invarianten die Übereinstimmung mit der Erfahrung nicht wesentlich verbessern kann, wird u.a. in einer bald erscheinenden Arbeit von *Fierz* gezeigt (auf die ich noch zurückkomme).

die er involviert, ganz zu schweigen) in der Nähe der oberen Energiegrenze des β-Spektrums ebenfalls empirisch nicht zu stimmen. Ich vermute, daß die Berührung der x-Aches dort von 2. und nicht von 4. Ordnung sein muß und daß alle nach Uhlenbeck-Konopinski extrapolierten Energiegrenzen zu hoch sind. (Siehe dazu eine Notiz von *Lyman* in Physical Review.[k])

Die dringende Frage entsteht: kann man nicht eine vernünftige und relativistisch invariante Theorie des β-Zerfalls machen, die von der Fermischen *wesentlich* verschieden ist.[l] – Es ist mir bisher nicht gelungen, einen solchen Ansatz zu finden (er muß sich entsprechend dem Ausschließungsprinzip quanteln lassen!) – aber das würde doch noch nicht beweisen, daß kein solcher existiert. Deine Schauertheorie z. B. ist ja viel allgemeiner, weil nur auf einer Dimensionsbetrachtung (Existenz der universellen Länge) beruhend. – *Was meinst Du dazu?*

§ 3. Weniger ingenious, aber wesentlich solider sind die neueren Arbeiten der Amerikaner über Kernkräfte[m], die sich ja auf dem einigermaßen sicheren und von Unendlichkeiten freien Boden der unrelativistischen Wellenmechanik bewegen. Ob die Rechnungen über die Massendefekte der leichten Kerne schon einigermaßen gute Approximationen sind, möchte ich allerdings nicht zu behaupten wagen. Aber, daß alle nicht-elektrodynamischen Kräfte zwischen schweren Teilchen gleich sind (unabhängig von der Art der Teilchen) wäre in der Tat eine „versprechende" Möglichkeit! Was die schweren Kerne betrifft, so ist die Thomas-Fermi-Methode[n] wohl definitiv Unsinn!

In der Fierzschen Arbeit wird auch das von Weizsäcker in seiner (Leipziger!) Habilitationsschrift behandelte Problem der magnetischen Momente der schweren Teilchen nochmals (und allgemeiner) gerechnet.[o] Es hat sich nämlich bei näherem Studium gezeigt, daß die Anzahl der richtigen Formeln in dieser Schrift vernachlässigt werden kann.[p] (Es handelt sich nicht etwa nur um uninteressante Zahlfaktoren, sondern gewöhnlich findet W[eizsäcker] für die Spuren, die $\neq 0$ sind, gerade 0 und umgekehrt!) W[eizsäcker] hat dies auch im wesentlichen zugegeben, scheint aber eine gewisse moralische Erhabenheit über diesen Sachverhalt an den Tag zu legen (die mir weder durch sein Alter, noch durch seine bisherigen Leistungen gerechtfertigt erscheint). Da ich bisher stets große Stücke auf Weizsäcker gehalten habe, hat mein Vertrauen in ihn nunmehr eine gewisse Erschütterung erfahren, die er nur durch neue positive Leistungen wird kompensieren können.[q] Schließlich hat er ja Zeit genug gehabt, um seine Arbeit etwas sorgfältiger durchzugehen.**

Also schreib', bitte, bald, insbesondere über den § 2 dieses Briefes.

Herzlichst

Dein W. Pauli

a) Siehe Brief [435]. – b) Siehe Brief [446]. – c) Siehe hierzu die Briefe [449] und [453]. – d) Siehe die Karte [442]. – e) Siehe [450] und [451]. – f) Ernst Stückelberg hatte in München bei Sommerfeld studiert und sein Studium 1927 mit einer Promotion in Basel abgeschlossen. Nach einem zweijährigen Aufenthalt in Amerika (Princeton) habilitierte er sich und erhielt 1935 eine Professur an der Universität in Genf. Im Mai 1936 veröffentlichte er eine Untersuchung über „Austauschkräfte zwischen Elementarteilchen und Fermische Theorie des β-Zerfalls als Konsequenz einer möglichen Feldtheorie der Materie." Helv. Phys. Acta **9**, 389–404 (1936). – g) Die Idee des Antineutrinos wurde schon 1934 von G.C. Wick in die Theorie eingeführt und bei Konopinski und Uhlenbeck benutzt. – Vgl.

** Ich gehe schon seit etwa einem Monat damit um, Dir das gelegentlich einmal doch zu sagen, habe es aber bisher stets verschoben, um auch sicher zu sein!

hierzu auch Paulis Bemerkung in [434]. – h) Anspielung auf Heisenbergs häufige Benutzung dieser Redewendung. (Vgl. [450] und [451]). – i) Pauli bezieht sich insbesondere auf die Ansätze von Bethe [391], die von E.J. Konopinski und G.E. Uhlenbeck (siehe Anm. j) weiter ausgearbeitet wurden, um den unsymmetrischen Verlauf der empirischen β-Spektren genauer darzustellen. Paulis Skepsis gegen diese Theorien war wohl durch das negative Ergebnis der Rechnungen von Fierz bestimmt. – j) E.J. Konopinski und G.E. Uhlenbeck: On the Fermi Theory of β-Radioactivity. Phys. Rev. **48**, 7–12 (1935). –: Higher Order Derivatives in the Interaction „Ansatz" of the Fermi Theory. Phys. Rev. **48**, 107–108 (1935). – k) E.M. Lyman: The Beta-Ray Spectra of Radium E and Radioactive Phosphorus. Phys. Rev. **51**, 1–7 (1937). Eingegangen am 27. Oktober 1936. Das von Pauli erwähnte Abstrakt „The Shape of the β-Ray Spectrum of P^{32}" war in Phys. Rev. **50**, 385 (1936) erschienen. – l) Diesem Ziele diente die (in Anm. o zitierte) Untersuchung von Fierz, die einen von Pauli beigesteuerten Absatz über verschiedene invariante Ansätze für das Matrixelement des β-Zerfalls enthält. – m) Siehe hierzu die im Kommentar zu [449], Anm. d zitierten Abhandlungen. – n) Die Thomas-Fermi-Methode wurde ursprünglich von Majorana in die Kernphysik eingeführt. Eine Erweiterung dieser Methode hatte daraufhin von Weizsäcker zur Beschreibung von Oberflächeneffekten der Kerne angewandt. – o) M. Fierz: Zur Fermischen Theorie des β-Zerfalls. Z. Phys. **104**, 553–565 (1937). Eingegangen am 7. Dezember 1937. – C.F. von Weizsäcker: Über die Spinabhängigkeit der Kernkräfte. Z. Phys. **102**, 572–602 (1936). Eingegangen am 27. Juli 1936. – p) Im Anhang seiner Arbeit (vgl. o) veröffentlichte Fierz „Berichtigungen zur v. Weizsäckerschen Arbeit". – q) Auf die Wirkung, die dieser Brief gehabt hat, ist C.F. von Weizsäcker in seinem Nachruf auf Pauli eingegangen: „Menschliche Kritik, die er offen aussprach, konnte dem, den sie traf, sehr heilsam sein. Ich habe das an mir selbst erfahren." Siehe C.F. von Weizsäcker: Erinnerungen an Wolfgang Pauli. Z. f. Naturf. **14a**, 439f. (1959).

[455] Heisenberg an Pauli

Leipzig, 26. November 1936

Lieber Pauli!

Zu den Überlegungen Deines Briefes, die ich für ganz richtig halte, möchte ich noch ein paar Zusätze machen: Der tatsächliche Effekt einer δ-artigen Wechselwirkung ist bei endlich vielen Teilchen nur bei *Abstoßung* Null; bei Anziehung ist er unendlich und alles divergiert. – Deine Vermutung über die Fermische Theorie ist keineswegs unplausibel; aber die Erhaltung der Teilchenzahl spielt in dieser Frage eine viel größere Rolle, als Du meinst. Das liegt an folgendem: Eine δ-Wechselwirkung im besprochenen Sinn gibt es doch offenbar nur zwischen *punkt*förmigen Teilchen. Die Rechnungen über die Selbstenergie zeigen, daß die „Gestalt" des Elektrons in der Quantenelektrodynamik im wesentlichen durch die Eigenschaften der Dichtematrix repräsentiert wird. In der unrelativistischen Klein-Jordantheorie erhält man z.B. für die Selbstenergie

$$\frac{1}{r_{pp'}} \sum_n \overbrace{\psi_n^*(P)\,\psi_n(P')}^{\delta pp'!} = \infty .$$

In der Löchertheorie tritt an die Stelle der $\sum_n \psi_n^*(P)\,\psi_n(P')$ die Diracsche Dichtematrix und man kann etwa sagen: Das Elektron hat nicht mehr die Ladungsdichte $e\delta(\mathfrak{r}-\mathfrak{r}_0)$, sondern $e\frac{(\alpha, \mathfrak{r}-\mathfrak{r}_0)}{(\mathfrak{r}-\mathfrak{r}_0)^4}$, und *daher* wird die Selbst-Energie nur logarithmisch unendlich. In ähnlicher Weise wird man dann an die Stelle der δ-artigen Wechselwirkung $f\delta(\mathfrak{r}-\mathfrak{r}')$ in der Löchertheorie eine vom

Typus $f\frac{(\alpha, \mathfrak{r}-\mathfrak{r}')}{(\mathfrak{r}-\mathfrak{r}')^4}$ setzen müssen, die sicher endliche Stoßquerschnitte liefert. Aus diesem Grund möchte ich glauben, daß z.B. für die Bornsche Quantenelektrodynamik bei den Lichtquanten Schauerbildung eintritt, daß also auch die gequantelte Bornsche Theorie endliche Stoßquerschnitt der Lichtquanten gibt. Ferner kann eben deshalb auch die Fermische Theorie etwas endliches liefern. – Übrigens hab' ich die Fermische Theorie niemals allzu ernst genommen; noch weniger Uhlenbeck-Konopinski.[a] Es hätte aber vielleicht einen gewissen Sinn, die Fermische Theorie ähnlich halbklassisch zu interpretieren, wie ich es in meiner Schauerarbeit[b] gemacht habe, und zu vermuten, daß die Fehler der bisherigen Theorie erst beim Übergang zur exakten Quantentheorie liegen. – Könntest Du Dir nicht überlegen, ob in Deiner und Weisskopfs Bose-Statistiktheorie[c] für die Streuung zweier Teilchen ein endlicher Wirkungsquerschnitt herauskommt (bei Annahme geeigneter nichtlinearer Zusatzglieder; z.B.

$$H=\left[\left|\frac{\partial\psi}{\partial t}\right|^2+\sum_i\left|\frac{\partial\psi}{\partial \mathrm{Xi}}\right|^2\right]\left[1+f\,\psi^*\,\psi\right].\Big)$$

Das wäre doch sehr lehrreich und wohl leichter zu beantworten, als in Fermis Theorie.

Die Idee der Amerikaner, daß die Kräfte zwischen allen schweren Teilchen genau gleich sind, finde ich sehr witzig.[d] Sie hat auch höchst interessante experimentelle Konsequenzen, z.B. die, daß die Massendefekte isobarer Kerne sich als angeregte Zustände des stabilsten von ihnen wiederfinden lassen müssen (bis auf die Coulombkräfte). Z.B. müßte ${}^{12}_{6}C$ einen angeregten Zustand besitzen, der (bis auf Coulomb Kräfte) den Massendefekt von ${}^{12}_{5}\mathrm{B}$ hat u.s.w. Man kann die „ρ"-Koordinate einführen[e] ($\rho_\xi = +1$ Neutron $= -1$ Proton) und feststellen, daß die Energien nur vom gesamten „ρ-Spin" abhängen, nicht aber von der Richtung im ρ-Raum. Durch β-Emission können Übergänge des ρ-Wertes hervorgerufen werden nach bestimmten Auswahlregeln u.s.w.

Deine Kritik der Weizsäckerschen Arbeit[f] ist leider wohl ganz berechtigt und trifft mich auch, denn ich hätte die Rechnungen besser kontrollieren sollen. Da sich gleichzeitig auch in der Arbeit von Dolch[g] Fehler gezeigt haben, bin ich etwas unglücklich darüber, denn ich sehe, daß ich besser auf meine Schüler aufpassen muß. Im ersten Teil dieses Jahres war mir auch alle Arbeit etwas über den Kopf gewachsen und es ging mir bis zur Militärzeit miserabel. Doch ist dies natürlich keine Entschuldigung; ich werde versuchen, in Zukunft besser aufzupassen, obwohl es mir auch selbst nicht leicht fällt, korrekt zu rechnen.

Euler hat für die schweren Kerne (für die unendliche Kernflüssigkeit ohne Coulombkräfte) versucht, die Hartreemethode nach dem ganz normalen Störungsverfahren zu verbessern.[h] Schon der erste Schritt, der anschaulich einer Tendenz zur Bildung von α-Teilchen entspricht, liefert eine bedeutende Verbesserung des Energiewertes. Während die gewöhnliche Hartree-(= Thomas-Fermi) Methode bei gegebener Reichweite ae^{-br^2} eine Kraftkonstante (a) liefert, die etwa doppelt so groß ist, wie die aus den leichten Kernen gerechnete, reduziert sich der Faktor nach dem ersten Schritt von 2 auf etwa 1,4. Euler will diese Rechnungen jetzt noch mit den neuen amerikanischen Kräften wiederholen; die bisherigen Resultate scheinen mir ganz hoffnungsvoll.

Stark ist als Präsident der Notgemeinschaft zurückgetreten worden; er hat Deutschlands Goldversorgung durch Ausnutzung der Moore sicherstellen wollen und das ist nicht völlig geglückt.[i] Leider wird die Notgemeinschaft nicht so leicht wieder aufzubauen sein, wie sie zerstört wurde.

Viele herzliche Grüße Dein W. Heisenberg

a) Siehe [454], Anm. j. – b) Siehe [432], Anm. b. – c) Pauli und Weisskopf (1934a). – d) Siehe den Kommentar zu [454]. – e) Es handelt sich hier um die Isospinkoordinate, die Heisenberg in vorausschauender Weise schon 1932 als ρ-Spin in die Kernphysik einführte. – Siehe hierzu G. Rasche: Zur Geschichte des Begriffes „Isospin". Arch. Hist. Exact Sci. **7**, 257–276 (1971). – f) Siehe [454], Anm. p. – g) H. Dolch: Zur Theorie der leichtesten Kerne. Z. Phys. **100**, 401–439 (1936). Eingegangen am 26. Februar 1936. Berichtigungen erschienen in Z. Phys. **101**, 404 (1936) und **104**, 473 (1937). – h) Siehe H. Euler: Über die Art der Wechselwirkung in den schweren Kernen. Z. Phys. **105**, 522–536 (1937). Eingegangen am 16. März 1937. –: Über die Wechselwirkung in den schweren Atomkernen. Naturwiss. **25**, 201 (1937). Signiert Leipzig, 30. Januar 1937. – i) Starks Projekt, Gold aus einem Moor zu gewinnen, war fehlgeschlagen und drohte zu einem öffentlichen Skandal auszuarten. Am 19. November erfolgte sein Rücktritt als Präsident der Notgemeinschaft. Siehe hierzu A.D. Beyerchen: Wissenschaftler unter Hitler. Berlin 1982. Dort S. 169–170. – K. Zierold: Forschungsförderung in drei Epochen. Deutsche Forschungsgemeinschaft. Geschichte. Arbeitsweise. Kommentar. Wiesbaden 1968.

[456] Pauli an Heisenberg

Zürich, 6. Dezember 1936

Lieber Heisenberg!

Ich habe heute eigentlich gar nichts besonderes zu berichten*, möchte aber Deinen Brief vom 26. 11. dochnicht ganz unbeantwortet lassen. – Momentan habe ich stark das Gefühl, nichts Gescheites weiter mit dem Modell anfangen zu können. Insbesondere habe ich momentan keine Methode, um die von Dir aufgeworfene Frage über die Streuung zweier Teilchen in der Theorie von Weisskopf und mir anzugreifen.[b] – Denn die *übliche* Methode der Entwicklung nach dem Parameter f soll ja gerade *nicht* angewendet werden. (Wendet man sie an, so ändert ja die Löchervorstellung am Ergebnis nichts, was die erste Näherung betrifft und die β-Radioaktivität bleibt so elementar wie etwa die Theorie der Paarerzeugung.) Und eine andere Methode gibt es vorläufig nicht, bzw. dann *muß man eben wirklich zuerst explizite das Gitter einführen.*

Ich habe aus Deinem Brief nicht klar entnehmen können, ob Du meinst, das vermeiden zu können. – Andrerseits ist nach allen unseren bisherigen Erfahrungen der Formalismus der Theorie von Weisskopf und mir so weitgehend ähnlich dem der Löchertheorie, daß deren Diskussion im Allgemeinen weder Vor- noch Nachteile bringt.

Meine Vermutung, daß die explizite Einführung des Gitters zur Diskussion der Stoßfrage (wenn man sich mit der Störungstheorie nicht begnügen will) wesentlich sei, scheint mir auch gestützt zu werden durch den Fall der δ-artigen Wechselwirkung bei *Anziehung*. Am Anfang Deines Briefes sagst Du, daß nur

* In letzter Zeit habe ich mich nämlich im Zusammenhang mit meiner Vorlesung mehr mit anderer (klassischer) Physik beschäftigt. Aber das scheint nun im wesentlichen fertig.[a]

bei Abstoßung der Effekt derselben Null sei. Dies scheint mir nicht ganz wahr. – Ich betrachte zuerst A) den Grenzübergang im gewöhnlichen Raum (*kein* Gitter!) von dem Stoß *zweier* (oder allgemeiner: endlich vieler) Teilchen mit beliebigem Zentralkraftpotential $V(r)$ her. Dann ist aus der strengen Lösung des Stoßproblems zweier Teilchen ohne weiteres zu sehen, daß im Limes, ganz *unabhängig vom Vorzeichen* von $V(r)$ der *Stoßquerschnitt* nach *Null* geht. (Bei Ruhemasse $\neq 0$ könnte das Energiegebiet zwischen $+m_0c^2$ und $-m_0c^2$ allerdings gewisse Komplikationen machen; für $m_0=0$ hat man aber jedenfalls immer das kontinuierliche Energiegebiet zwischen $-\infty$ und $+\infty$ und hat den Limes bei festgehaltener endlicher Gesamtenergie zu machen.) Ganz anders ist der Fall, wenn man B) von der Gitterwelt ausgeht, wobei dann von vornherein δ-artige Wechselwirkung eingeführt werden kann. Denn dann ist ja ohne Wechselwirkung das Energiespektrum nach unten begrenzt und mit Wechselwirkung bekommt man gleich viel tiefere Energien, wenn man möglichst viel Teilchen an dieselbe Stelle setzt. Weshalb im lim $d\to 0$ die Teilchenzahl automatisch gegen ∞ geht.

Weißt Du irgend etwas Neues über den Fall „eines Teilchens" bei unserem Modell? – Fierz hat jetzt seine Arbeit an die Zeitschrift für Physik geschickt.[c] Hoffentlich ist sie richtig, ich habe natürlich auch nicht alles nachgerechnet.[d] – Er wird übrigens nächstens das Manuskript einer *anderen* Note betreffend die Quantisierung der Uhlenbeck-Konopinski-Theorie an Euler schicken.[e] Ich möchte nämlich gerne wissen, ob Ihr etwa meint, bei dem „Unmöglichkeitsbeweis" sei doch noch eine Möglichkeit übersehen worden. – Meinen Glückwunsch an die deutsche Physik zum Rücktritt des Fortissimo![f]

Viele herzliche Grüße Dein W. Pauli

(Kommst Du Weihnachten in die Schweiz?)

a) Siehe hierzu [457]. – b) Siehe [455], Anm. c. – c) Seite [454], Anm. o. – d) Vgl. M. Fierz: Berichtigung zu der Arbeit „Über die Quantisierung von Theorien des β-Zerfalls". Helv. Phys. Acta **10**, 284 (1937). Eingegangen am 4. Mai 1937. – e) Vgl. M. Fierz: Über die Quantisierung von Theorien des β-Zerfalls. Helv Phys. Acta **10**, 123–129 (1937). Eingegangen am 28. Januar 1937. – f) Siehe [455], Anm. i.

Neben den Kursvorlesungen hielt Pauli zuweilen noch Spezialvorlesungen, in denen „seine mathematischen Interessen stark zur Geltung" kamen.[1] So hatte er während des Wintersemesters Sommerfelds Lieblingsproblem der Beugung an der Halbebene (mit senkrechter Inzidenz aus dem Unendlichen)[2] aufgegriffen und eine allgemeinere Lösung gefunden. Um Sommerfeld eine kleine Freude zu seinem 68. Geburtstag zu bereiten, überreichte er ihm das Ergebnis zum „Nikolaustag" [457]. Später arbeitete er seine Darstellung noch weiter aus und widmete sie seinem verehrten Lehrer zum 70. Geburtstag.[3] Besonders freute es Pauli, Sommerfeld während seines Besuches der Jubliäumstagung der physikalischen Gesellschaft im Januar in Zürich zu sehen, die von Sommerfeld durch einen Beitrag über den metallischen Zustand bereichert wurde.[4]

[1] Siehe hierzu den Bericht von M. Fierz in seinem anläßlich der Verleihung der Max Planck Medaille verfaßten Aufsatz „Physik in den dreißiger Jahren – ein Rückblick." Phys. Bl. **36**, 133–136 (1980).

[2] Siehe hierzu die ausführlichen Darstellungen bei A. Sommerfeld: Optik. Leipzig 1959. Dort S. 226–

242. Sommerfeld hatte dieses Problem mit Hilfe von Riemannschen Flächen auch in seiner Habilitationsschrift von 1896 behandelt.
[3] Pauli (1938b).
[4] Siehe den Tagungsbericht von G. Busch: Der feste Körper. Naturwiss. **25**, 535–539 (1937).

[457] Pauli an Sommerfeld

[Zürich], 6. Dezember 1936

Sehr verehrter, lieber Prof. Sommerfeld!
Weil heute Nikolaustag ist, möchte ich Ihnen heute diesen Brief schreiben, nicht über Kerne, sondern über gute alte klassische Physik; und zwar handelt es sich um Ihre Beug[un]gstheorie. Ich halte dieses Semester ein Spezialkolleg, worin ich u.a. auch diese Theorie bringe. Sie machte mir viel Vergnügen und ich glaube überdies Ihre Resultate in einem Punkt ergänzen zu können. Es handelt sich um die von Ihnen in Ihrer Arbeit in Crelles Journal[a] angeschnittene, aber noch nicht ganz erledigte Frage, das Verhalten Ihrer Funktionen für beliebige n* für große Werte von kr auch in der Nähe der Schattengrenze $\varphi = \pm\pi$ zu ermitteln.

Ich konnte zeigen, daß für alle diese Funktionen für große semikonvergente Entwicklungen von folgendem Typus existieren, die auch an der Schattengrenze ihre Gültigkeit behalten. Es gilt

$$U = e^{-i\rho}[A_0(\varphi)\, V_0 + A_1(\varphi)\, V_1 + A_2(\varphi)\, V_2 + \ldots].$$

Dabei sind A_0, A_1 langsam veränderliche Funktionen des Winkels φ, die für $\varphi = \pm\pi$ regulär bleiben, während die $V_m (m = 0, 1, 2\ldots)$ durch

$$V_m(\rho, \varphi) = \int_0^\infty \frac{x^{2m}}{x^2 - a} e^{i\rho x^2}\, dx \quad \left(\text{mit } \rho = kr,\ a = 1 + \cos\varphi = 2\cos^2\frac{\varphi}{2}\right) \tag{1}$$

gegeben sind. Man sieht leicht, daß gilt

$$V_{m+1} = \frac{d}{i d\rho} V_m \tag{2}$$

und überdies

$$V_m = \text{const.}\, e^{i\rho a} \int_\rho^\infty \frac{e^{-iZa}}{(iZ)^{m+1/2}}\, dz. \tag{3}$$

Man sieht, daß V_0 (d.h. $m = 0$) bis auf einen Faktor const. $e^{i\rho a}/\sqrt{a}$ das Fresnelsche Integral mit dem Argument $\rho\sqrt{a} = 2\, kr \cos\frac{\varphi}{2}$ ist. (Dabei muß man unter Berücksichtigung des Residuums im Pol besonders verifizieren, daß die für $m = 0$ erhaltenen Ausdrücke $A_0(\varphi)\, V_0$ sich für $\varphi = \pi$ stetig aneinander schließen.)

Für größere Entfernung des Winkels φ von der Schattengrenze kann in (1) im Nenner x^2 vernachlässigt werden (was der gewöhnlichen Handhabung

* Ich werde im Folgenden nur $n > 1$, nicht aber n als notwendig ganzzahlig voraussetzen. Die Zeichnungen sind diejenigen Ihres Artikels im Weber-Riemann.[b]

der Sattelpunktmethode entspricht, nach der ja das Verhalten des Integranden von (1) für $x=0$ für große ρ den Ausschlag gibt) und man sieht, daß dort (genauer: für $\rho a \gg 1$)

$$V_m = \text{const.}/\rho^{m+1/2} \quad \text{für} \quad \rho a \gg 1$$

wird. Andrerseits hat V_m ein Maximum für $a=0$ und man sieht, daß

$$V_m = \text{const.}/\rho^{m-1/2} \quad \text{für} \quad m \geqq 1 \quad \text{und} \quad \rho \gg 1 \quad \text{aber} \quad \rho a < 1$$
(insbesondere $a=0$).

In der Nähe der Schattengrenze erhöht sich also die Größenordnung von $A_m(\varphi)\, V_m$ *um eine Potenz von* ρ. (Der langsam veränderliche Faktor $A_m(\varphi)$ bewirkt, daß das Maximum von $A_m\, V_m$ nicht etwa genau für $\varphi=\pi$ angenommen wird – im Gegenteil verschwindet $A_m(\varphi)$ für $\varphi=\pi$ – sondern etwas daneben.)

Praktisch ist sicher $A_2(\varphi)\, V_2$ bereits unbeobachtbar und es ist mir sogar fraglich, ob $A_1(\varphi)\, V_1$ noch etwas ausmacht. Theoretisch ist zu sagen, daß die Funktionen V_m ebenso leicht numerisch beherrschbar sein dürften wie das in ihnen als Spezialfall enthaltene Fresnelsche Integral. – Eine allzu rigorose Handhabung der Sattelpunktmethode in der Nähe der Schattengrenze scheint sich praktisch nicht zu bewähren und es erweist sich als wichtiger, daß der *Integrand* eine bequem zu handhab[en]de Form bekommt als daß man den Integrations*weg* besonders günstig wählt; es genügt, ihn in (1) längs der Geraden $x=|x|e^{i\pi/4}$ zu erstrecken.

Der Fall $n=2$ ist dadurch ausgezeichnet, daß – in Übereinstimmung mit Ihrer Umformung in diesem Fall – die semikonvergente Reihe bereits mit dem Term $m=0$ abbricht. (Für n ganz und >2 lassen sich wohl gewisse Zusammenhänge mit unbestimmten Integralen über Zylinderfunktionen herstellen, doch scheint mir dies unnötig und künstlich.) Interessant ist, daß auch für die klassische Kirchhoffsche Lösung – wenn man sie als *strenge* Lösung der Gleichung $\Delta u + k^2 u = 0$, aber mit unphysikalischen Randbedingungen am Schirm auffaßt, alle Richtungskosinusse etc. unter dem Integral beibehält und dieses nach Rubinowicz[c] in ein Linienintegral über die Schirmkante transformiert – eine solche semikonvergente Reihe existiert, die aber *nicht* abbricht. Ihr Fall $n=2$ ist in der Tat analytisch besonders einfach.

Ich möchte endlich noch eine zusätzliche Bemerkung über den Gültigkeitsbereich der Reihen machen. Nur für *eine* Schattengrenze $\theta = \pm\pi$ ist die Unendlichkeit dadurch behoben, nicht aber für die den *anderen* Polen $\beta = -\varphi + 2\pi nm$ ($m=0, \pm 1, \pm 2, \ldots$; n nicht notwendig ganz) entsprechenden Schattengrenzen** (mögen sie im physikalischen oder im nicht physikalischen Raum liegen). *Dort* werden dann meine $A_m(\varphi)$ unendlich und jedesmal, wenn einer der Pole den Integrationsweg passiert gelten wieder *andere* Reihen. – Bei dieser Gelegenheit möchte ich einen Einwand gegen Ihre (wie es mir scheint nur im Sonderfall $n=2$ korrekte) Darstellung im Weber-Riemann[b] vorbringen, wonach $-\pi < \varphi < \pi$, $\pi < \varphi < 3\pi, \ldots$ sukzessive den belichteten und beschatteten Intervallen entspricht. Es handelt sich ja darum, ob ein Pol auf der kritischen Strecke zwischen $-\pi$ und $+\pi$ liegt. Nun sind die Pole bei $\beta = -\varphi + 2\pi nm$.

** Diese sind dort, wo die Pole auf die Punkte $-\pi$ oder $+\pi$ fallen, d.h. bei $\varphi = \pm\pi + 2\pi nm$. (Für $m \neq 0$ werden dann meine $A_m(\varphi)$ unendlich.)

Es liegt also *kein* Pol im kritischen Intervall für

$$\pi < \varphi < \pi + 2\,\pi(n-1), \quad 2\pi + 2\pi(n-1) < \varphi < 2\,\pi\,2(n-1), \text{ etc.}$$

Es wechseln also „belichtete" Intervalle der Länge 2π *mit „beschatteten" Intervallen der davon verschiedenen Länge* $2\pi(n-1)$. (NB. für $\varphi = \pi + 2\pi(n-1)$ rückt der Pol $-\varphi + 2\pi\, n$ von rechts in das Intervall $(-\pi, +\pi)$ den Punkt π erreichend etc.). Dabei ist $n > 1$ vorausgesetzt (für $n \leqq 1$ liegt *immer* (mindestens) ein Pol im Intervall $(-\pi, \pi)$).

Es können auch *zwei* Schattengrenzen der Lösung im *physikalischen* Raum liegen, dann z.B., wenn beide Flächen eines Keiles vom einfallenden Licht beleuchtet sind. In der Nähe *jeder* der beiden Schattengrenzen muß dann also eine *verschiedene* semikonvergente Entwicklung benutzt werden.

Ich freue mich sehr, daß Sie im Januar nach Zürich kommen und hoffe Sie dann – möglichst unabhängig von dem mich nicht sehr interessierenden Kongreß über den „Festkörper" – sehen und „ausquetschen" zu können. Vielleicht lohnt es sich, die hier besprochenen Reihen einem Diplomanden zur näheren Ausführung zu geben.

Frohe Weihnachten und viele Grüße! Stets Ihr getreuer W. Pauli

a) A. Sommerfeld: Asymptotische Darstellung von Formeln aus der Beugungstheorie des Lichtes. [Crelles] Journal für reine und angewandte Mathematik **158**, 199–208 (1927/28). Dieser Schrift ist auch eine sehr schöne historische Einführung in das Problem vorangestellt. – b) Sommerfeld hatte das Kapitel 20 (S. 808–875) im Band 2 des 1935 neu durch Philipp Frank und Richard von Mises herausgegebenen Lehrbuches von Riemann und Weber über „Die Partiellen Differentialgleichungen der Mathematischen Physik" verfaßt. – Sommerfeld machte sich neben Paulis Formel 3 die Anmerkung: „vgl. meine Umrechnung für $m=2$, R[iemann-] W[eber] p. 848." – c) Vgl. A. Rubinowicz: Die Beugungswelle in der Kirchhoffschen Theorie der Beugungserscheinungen. Ann. Phys. **53**, 257 (1917).

[458] Heisenberg an Pauli

Leipzig, 7. Dezember 1936

Lieber Pauli!

Seit meinem letzten Brief ist wieder einige Zeit vergangen, die ich hauptsächlich mit der Erledigung einer Grippe zugebracht habe; seitdem hab' ich aber wieder über unser Modell nachgedacht. Dabei scheint es mir nun ziemlich wahrscheinlich, daß die Energie eines Teilchens (wenn man den besprochenen Zustand der Energie/cm$^3 \sim -1/d^4$ als Vakuum definiert)[a] etwa d/λ^2 wird, wenn λ die Wellenlänge des Teilchens bedeutet. Dies würde heißen, daß von relativistischer Invarianz keine Rede ist, daß das Teilchen sich vielmehr so bewegt, als habe es eine Ruhemasse $\sim 1/d$, wobei es diese Ruhemasse aber tatsächlich nicht hat. Auch für die Wechselwirkung vermute ich dann und nur dann Schauerbildung, wenn λ von der Größenordnung d wird. Ich glaube also: durch die Gitterwelt wird eben eine Länge d ausgezeichnet und mit der außerdem auftretenden Länge f fängt das System nichts gescheites an. Ich bin also jetzt wieder ganz überzeugt davon, daß die Quantelungsvorschrift reformbedürftig ist; dabei ist mir allerdings unser bisherige Modell noch zu kompliziert und ich will mich energischer mit Deiner und Weisskopfs Theorie[b] befassen.

Was meinst Du z.B. zu einer Lagrangefunktion vom Typus[c]

$$L=\frac{1}{2}(|\dot{\psi}|^2-|\mathrm{grad}^2\,\psi|)\;(1+f\,\psi^*\,\psi)$$

$$H=\frac{1}{2}\left[\frac{\pi^*\,\pi}{1+f\,\psi^*\,\psi}+\mathrm{grad}\,\psi^*\,\mathrm{grad}\,\psi\,(1+f\,\psi^*\,\psi)\right]?$$

Ein solches „Modell" hat den Vorzug, daß man *ohne* Quantelung seine Eigenschaften übersehen kann, was beim anderen wegen Löchertheorie und Spin nicht leicht möglich ist.

In der Kerntheorie hab' ich mich noch etwas mit den amerikanischen Kräften zwischen allen Teilchen beschäftigt.[d] Es hat sich herausgestellt, daß man mit Majorana + gewöhnliche Austauschkraft allein *nicht* auskommt, wenn diese zwischen allen Teilchen gleich wirken sollen. Vielmehr muß man eine Wignersche gewöhnliche Anziehung[e] dazunehmen, die dafür sorgt, daß die schweren Kerne nicht durch nichtabsättigende Abstoßungen zu geringe Dichten erhalten. Damit wird leider auch der amerikanische Ansatz recht kompliziert.[f] – Sonst weiß ich nichts Neues.

Viele Grüße Dein W. Heisenberg

a) Siehe hierzu [446] und [454]. – b) Pauli und Weisskopf (1934a). – c) Vgl. hierzu [455] und Paulis Erwiderung [459]. – d) Siehe die unter Anm. d zu [449] zitierten Untersuchungen. – e) Wigner hatte 1933 (in seiner Untersuchung des Massendefektes beim Helium) eine Erklärung für die starke Bindung der Nukleonen in einem α-Teilchen gegenüber dem Deuteron aufgrund der kurzen Reichweite der Kernkräfte gegeben. Eine allgemeinere Darstellung „On the Saturation of Exchange Forces" publizierte er in Proc. Nat. Acad. Sci. **22**, 662–666 (1936). – Siehe hierzu auch [314] und Paulis Bemerkungen in [448]. – f) Siehe hierzu die Rechnungen am Heisenbergschen Institut von H. Volz (Brief [433], Anm. e) und H. Euler: Über die Art der Wechselwirkung in den schweren Atomkernen. Z. Phys. **105**, 553–575 (1937).

In seiner Arbeit zur Löchertheorie von 1934 [374] hatte Heisenberg eine sog. „anschauliche" Theorie der Materiewellen entwickelt, die davon ausgeht, daß „die typisch quantentheoretischen unanschaulichen Züge des Geschehens" erst durch die Wechselwirkung der Elektronen hereinkommen. Die von Dirac in die Löchertheorie eingeführte Dichtematrix – in der von der Wechselwirkung der Elektronen abgesehen wird – erfüllt diese Voraussetzung der Anschaulichkeit. Den Wert einer solchen Theorie verglich Heisenberg mit demjenigen der halbempirischen Quantenbedingungen in der älteren Quantentheorie. Pauli griff jetzt diesen Gedanken als heuristisches Hilfsmittel zur „Reform der Quantelungsvorschrift" durch eine nicht gequantelte Theorie auf, da ihm eine solche Reform als das wichtigste Problem der jetzigen Physik erschien [459].

[459] Pauli an Heisenberg

Zürich, 13. Dezember 1936

Lieber Heisenberg!

Vielen Dank für Deinen Brief vom 7. – Dein Ergebnis über einen Wert der Größenordnung d/λ^2 (λ = Wellenlänge des Teilchens) für die Energie *eines* Teilchens und Schauerbildung wenn $\lambda \sim d$ ist mir außerordentlich plausibel. Vielleicht teile mir gelegentlich einmal auch die Begründung des Ergebnisses mit.

Was die Lagrangefunktion

$$L=\frac{1}{2}(|\dot{\psi}|^2-|\text{grad}\,\psi|^2)\,(1+f\,\psi^*\,\psi)$$

und die Hamiltonfunktion

$$H=\frac{1}{2}\left[\frac{\pi^*\,\pi}{1+f\,\psi^*\,\psi}+|\text{grad}\,\psi|^2\,(1+f|\psi|^2)\right]$$

betrifft, so hatte ich sie im September kurz in Betracht gezogen,[a] ohne sie aber sehr genau zu untersuchen. Ich stimme ganz mit Dir überein, daß die Bose-Statistik-Theorie den Vorzug hat, den Vergleich mit der nicht-quantisierten („anschaulichen") Feldtheorie zu erleichtern; und daß ja in der Tat die Ergebnisse aus der nicht gequantelten Theorie einen heuristischen Hinweis für die Reform der Quantelungsvorschrift liefern muß. Diese Reform erscheint mir seit langer Zeit als das wichtigste Problem der jetzigen Physik (während sowohl die Bornsche[b] als die Jordan-Kronigsche Arbeitsrichtung[c] sich da irgendwie herumdrücken will). Und es kommt alles darauf an, sowohl die Deiner „Schauertheorie"[d] zugrunde liegende Idee der universellen Länge als auch die approximative qualitative Gültigkeit der „anschaulichen" Theorie für das Auffinden der richtigen Reform zu verwerten. (Es war ja übrigens auch bei der Wellen- bzw. Matrizenmechanik so, daß sie oft der klassischen Mechanik *ähnlichere* Resultate lieferte als die frühere $\int p\,dq$ Quantentheorie.[e])

Was speziell die in Rede stehende Hamiltonfunktion betrifft, so nur einige (ziemlich triviale) Bemerkungen:

1. Da $\psi^*\,\psi$ mit $\pi^*\,\pi$ nicht vertauschbar ist, so muß man sich noch über die Reihenfolge der Faktoren $1/(1+f\,\psi^*\,\psi)$ und $\pi^*\,\pi$ entscheiden.

2. Die Ladungsdichte bleibt $i(\pi^*\,\psi-\psi^*\,\pi)$ ohne weiteren Zusatz.

3. Für $f<0$ wird H für $|f|\psi^*\,\psi=1$ *singulär*. Dies könnte die Theorie sehr unschön machen.

4. Für $f>0$ wird mit

$$\psi(x)\rightarrow\frac{1}{\sqrt{d}}\psi(n),\quad \pi(x)=\frac{1}{\sqrt{d}}\pi(n)$$

für kleine d der erste Term $\pi^*\pi/(1+f\,\psi^*\,\psi)$ *klein* von der Ordnung d, während

$$\sum_n\frac{f}{d}\,\psi^*(n)\,|\,\psi(n+1)-\psi(n)|^2\frac{1}{d^2}$$

der Hauptterm wird. Es wird daher energetisch günstig sein $\psi^*(n)\,\psi(n)$ möglichst klein* (bzw. Null) zu machen.

Ich vermute, daß die Resultate denen beim „Fermi-Modell" im Fall der Abstoßung außerordentlich ähnlich sein werden; insbesondere dürfte die relativistische Invarianz durch die Gitterwelt auch hier völlig zerstört werden.

Ich glaube, daß ich vor Weihnachten nicht mehr viel zum Arbeiten kommen

* Achtung: $\psi^*\,\psi$ hat *kontinuierliche* Eigenwerte, da ψ^* mit ψ vertauschbar.

werde, möchte aber gerne nach den Ferien diesen ganzen Gegenstand wieder aufnehmen. Es wäre doch sehr schön, wenn Du zu Weihnachten in die Schweiz kämest;[f] dann könnten wir uns treffen und über das weitere Arbeitsprogramm sprechen. Ich hoffe, daß wir von der Diskussion spezieller Modelle etwas loskommen und mehr direkt die prinzipielle Frage der Reform der Quantelungsvorschrift untersuchen können. Also schreib, bitte, über Deine Ferienpläne.

Nun noch zwei Bemerkungen zur Kerntheorie.

1. Fierz fand aus der 2. Näherung der Fermi-Theorie die formale Möglichkeit einer Kraft, deren Potential dem Produkt der Komponenten der beiden Spins in der Richtung der Verbindungslinie der beiden Teilchen proportional ist

$$V\psi \sim \tau(r)\,(\vec{\sigma}^{\mathrm{I}}, \vec{x}^{\mathrm{I}}-\vec{x}^{\mathrm{II}})\,(\vec{\sigma}^{\mathrm{II}}, \vec{x}^{\mathrm{I}}-\vec{x}^{\mathrm{II}})\,\psi\,(x^{\mathrm{II}}, x^{\mathrm{I}}).$$ [g]

Eine solche Kraft wäre von anderem Typus als die bisher betrachteten Kräfte. Glaubst Du, daß sie für die Theorie der schweren Kerne von Nutzen sein könnte? (NB. Aber ich traue den ganzen Approximationsmethoden für die schweren Kerne bisher nicht.)

2. Bei aller Skepsis gegen die „ingenious theorie“[h] könnte an dem allgemeinen Gedanken, daß das „Neutrinofeld“ die Kernkräfte vermittelt, doch etwas Wahres sein. Dann möchte man aber doch eine größere Symmetrie des Ansatzes der Hamiltonfunktion bezüglich Proton-Proton und Proton-Neutron-Kräften haben; d.h. auch für die Theorie des β-Zerfalls sollte es doch ganz gleichgültig sein, ob die Teilchen geladen sind oder nicht (sofern nur die Gesamtladung erhalten bleibt). Wenn also die Amerikaner wirklich recht haben,[i] so sollte es doch auch Terme in der Hamiltonfunktion von der Form

$f(\psi^* \gamma^\nu \psi)$	$(\psi^* \gamma^\nu \psi)$
Neutron-Neutron	Loch-Elektron
oder: Proton-Proton	oder: Antineutrino-Neutrino

von derselben Größenordnung wie die dem β-Zerfall entsprechenden Terme geben. D.h. *daß angeregte Kerne entweder ein Paar Elektron-Positron oder ein Paar von zwei Neutrinos spontan emittieren könnten.* (Diese Idee hat hier insbesondere *Wentzel* oft hervorgehoben.[j]) – Warum ist diese Paar-Emission nie beobachtet worden? – Wenn es nicht nur ein experimenteller Zufall ist, daß sie fehlt, dann hätten die Amerikaner mit ihrer Irrelevanz der Ladung der Teilchen bei nicht-elektromagnetischen Effekten doch nur etwas recht Zufälliges gefunden. Es wäre doch dann kaum einzusehen, warum die Ladungsänderung *immer* zur Hälfte bei den schweren und zur anderen Hälfte bei den leichten Teilchen stattfinden soll. – Es kann aber auch sein, daß diese Paar-Erzeugung (Neutrinos sieht man ja leider nicht) durchaus stattfindet und bisher eben immer als internal conversion von γ-Quanten gedeutet wurde. (Die Abhängigkeit der Häufigkeit dieses Effekts von der Kernladung wäre allerdings anders; vielleicht könnte man eine zu f^2 proportionale Paar-Erzeugung dadurch erkennen.) – *Was meinst Du dazu?*

Also komm' womöglich in den Ferien in Sichtbarkeitsnähe – meine Frau läßt grüßen und würde sich auch sehr freuen, Dich wieder zu sehen – und schreib' jedenfalls noch vorher.

Viele Grüße

Dein W. Pauli

a) Vgl. hierzu Paulis Erkundigung [434] über die Neutrinotheorie des Lichtes bei Kronig und Jordan. – b) Siehe hierzu die in den Anmerkungen zu [337] genannten Arbeiten von Born und seinem Mitarbeiter Infeld. – c) Siehe [434], Anm. b. – d) Siehe [455], Anm. b. – e) Wahrscheinlich dachte Pauli hier insbesondere an seine frühere quantentheoretische Ableitung der paramagnetischen Suszeptibilität, die einen von der Langevinschen Formel abweichenden Faktor ergab und der erst durch die neue Quantenmechanik wieder richtiggestellt wurde. Siehe hierzu K. v. Meyenn: Die Geschichte des Magnetismus von Maxwell bis zur Entdeckung des Elektronenspins. J. Magnetism and Magnetic Materials **9**, 229–238 (1978). – f) Vgl. [456] und Heisenbergs Antwort in [461]. – g) Vgl. M. Fierz: Zur Fermischen Theorie des β-Zerfalls. Z. Phys. **104**, 553–565 (1937). Eingegangen am 7. Dezember 1936. Am Ende von Abschnitt 3 gab Fierz die verschiedenen in seiner Theorie enthaltenen Fälle von spinabhängigen Austauschkräften an. – h) Vgl. hierzu Paulis Äußerungen über Fermis Theorie in [454]. – i) Siehe hierzu den Kommentar zu [454]. – j) Vgl. G. Wentzel: Zur Frage der β-Wechselwirkung. Helv. Phys. Acta **10**, 107–111 (1937). Eingegangen am 25. Januar 1937.

[460] Pauli an Kemmer

[Zürich], 15. Dezember [1936]
[Postkarte][a]

Sehr geehrter Herr Kemmer!
Dank für Brief und Manuskript. Mit diesem bin ich soweit einverstanden und habe es heute an die Redaktion der Helvetica Physica Acta geschickt.[b]

Die genaue Wirkungsquerschnitt-Formel könnte mir doch eventuell von Nutzen sein, schicken Sie sie mir doch, bitte, gelegentlich.

Was Ihre weitere Arbeit betrifft, so legt Wentzel Wert darauf, nun das Manuskript Ihrer Note zum Delbrück-Effekt[c] bald zu erhalten.

Auf die Frage, was Sie dann weiter ixen sollen, kommen wir vielleicht nach Weihnachten zurück. Sehen Sie sich doch die neuen amerikanischen Arbeiten über Kernkräfte im Physical Review vom 1. November genauer an.[d] Die dort diskutierte Möglichkeit, daß alle nicht-elektromagnetischen Kernkräfte von der Ladung unabhängig sein sollen (für Proton-Neutron und Proton-Proton ganz gleich) hat eine gewisse innere Vernunft in sich. Es könnte wohl sein, daß sich da vernünftige Probleme zum Rechnen ergeben.[e]

Bleiben Sie zu Weihnachten in London? Jedenfalls gute Feiertage und frohes Neujahr. Grüße auch von Fierz.

Stets Ihr W. Pauli

Bargmann hat Aussicht, eine Stelle in Rostow am Don zu bekommen.[f]

a) Die Karte wurde von London nach Zürich zurückgeschickt. – b) N. Kemmer: Zur Theorie der Neutron-Proton-Wechselwirkung. Helv. Phys. Acta **10**, 47–67 (1937). Eingegangen am 16. Dezember 1936. – c) N. Kemmer: Über die Lichtstreuung an elektrischen Feldern nach der Theorie des Positrons. Helv. Phys. Acta **10**, 112–122 (1937). Diese Arbeit wurde 1935/36 im Institut von Wentzel ausgeführt, wie Kemmer am Schluß seiner Arbeit vermerkte. – d) Siehe hierzu die in [449], Anm. d erwähnte Literatur. – e) Diesem Rat Paulis folgte Kemmer. Im Juli reichte er eine Untersuchung zur „Field Theory of Nuclear Interaction“ beim Phys. Rev. **52**, 906–910 (1937) ein. Auch seine folgenden Arbeiten befaßten sich mit dem Problem der Kernkräfte. – f) Valentin Bargmann war gebürtiger Russe und hatte nach längerem Studium seine Dissertation bei Wentzel in Zürich abgeschlossen. Fierz berichtet, er habe seine Arbeit absichtlich verzögert, weil sonst sein Status als Student und damit seine Aufenthaltsgenehmigung in der Schweiz beendet worden wäre. Ab 1937 arbeitete Bargmann zusammen mit Einstein in Princeton am Institute for Advanced Study.

Die „gegenwärtige Situation der Feldtheorie" [461] beurteilte Pauli ähnlich wie Heisenberg. In der Beurteilung der „universellen Länge" freilich gab es gewisse Unterschiede.

Doch auch Pauli wußte vorerst kein Rezept, wie man zu einer solchen Theorie gelangen könnte. Ein Gebiet, das zu konkreteren Ergebnissen führte, war dagegen die Kernphysik. Eine weitere Ablenkung von dem fundamentalen Problem boten die neuen Messungen aus Ungarn von Jenö Barnóthy und Magdalene Forró.[1] Diese hatten eine durchdringende Strahlung neutraler Teilchen in Bergwerken nachgewiesen, die sie für die von Heisenberg gesuchten „langsamen" Neutrinos (vgl. [463] und [464]) hielten, welche in Heisenbergs Schauertheorie auftreten sollten. Die theoretische Aufarbeitung dieser Resultate wurde ein zentrales Thema in den folgenden Jahren.

[1] J. Barnóthy und M. Forró: Messung der Ultrastrahlung in Bergwerken mit Koinzidenzmethode. Z. Phys. **104**, 744–761 (1937). Eingegangen am 21. Dezember 1936.

[461] Heisenberg an Pauli

Leipzig, 18. Dezember 1936

Lieber Pauli!

Die gegenwärtige Situation der Feldtheorie läßt sich wohl so beschreiben: Wir besitzen eine korrespondenzmäßige Theorie, die etwa ebensogut und so schlecht ist, wie die Bohrsche Theorie seinerzeit. In der Theorie dieser Näherung (die „halbklassische") wird die universelle Länge schon *richtig* berücksichtigt, wenn man sie als Faktor zu einem nichtlinearen Wechselwirkungsterm in die Hamiltonfunktion schreibt. Dagegen fehlt der Schritt von dort zu einer in sich geschlossenen Theorie. Die neue Theorie wird sich in zweierlei Weise von der bisherigen falschen Wellenquantentheorie unterscheiden. Sie wird erstens von den Partikeln etwas *weniger* verlangen als die bisherige: die Partikel der zukünftigen Theorie werden nicht kleiner als die universelle Länge sein, es wird überhaupt nicht möglich sein, mit einer über die universellen Länge hinausgehenden Genauigkeit von einer Nahewirkungstheorie zu sprechen (ich sehe z.B. keinen Grund für die Existenz einer Differentialgleichung für ψ[a]); dafür wird sie zweitens die Divergenzen der bisherigen Theorie vermeiden. – Der nächste Schritt auf dieses Ziel hin kann wohl nicht so leicht systematisch getan werden, man muß einfach Glück haben, das richtige zu finden.

Ich will daher nur noch einiges zur Kerntheorie schreiben:

Die Wirkung der Kräfte vom Typus

$$\tau(r_{12})\frac{(\sigma_1 \mathfrak{r}_{12})(\sigma_2 \mathfrak{r}_{12})}{r_{12}^2}\begin{bmatrix} P_{12} \\ 1 \end{bmatrix},$$

die ja auch bei Weizsäcker auftreten,[b] hab' ich vor einiger Zeit durch einen Polen hier untersuchen lassen. Sie verhalten sich eher ähnlich wie meine alten Austauschkräfte[c]

$$\tau(r_{12})\frac{1}{2}(1+\sigma_1\sigma_2)P_{12}.$$

Beim Deuteron kann man wieder *streng* Singlett- und Triplettsystem trennen. Für das Singlettsystem kann man

$$\frac{(\sigma_1 \mathfrak{r}_{12})(\sigma_2 \mathfrak{r}_{12})}{r_{12}^2} = -1$$

setzen. Beim Triplettsystem ist es nicht allgemein möglich, von jedem Term den Wert von l (Bahnimpuls) anzugeben. Es gibt *eine* Sorte von Termen, für die dies doch möglich ist, nämlich zu jedem $j \geqq 1$ (Gesamtdrehimpuls) einen Term mit $l=j$. Für diesen kann man (dies weiß ich im Augenblick nicht sicher auswendig)

$$\frac{(\sigma_1 \mathfrak{r}_{12})\,(\sigma_2 \mathfrak{r}_{12})}{r_{12}^2} = \frac{j(j+2)}{(j+1)\,(2j+3)}$$

setzen. Ferner gibt es zu jedem $j \geqq 1$ zwei Terme, die aus den Werten $l=j+1$ und $l=j-1$ „gemischt" sind und für die man zwei simultane Schrödingergleichungen zu lösen hat. Für $j=0$ gibt es nur *einen* Term (im Triplettsystem) mit $l=1$. Irgendetwas Interessantes scheint mir aus diesen Kräften (gegenüber dem bisherigen) nicht herauszukommen. – Die Zusatzterme zur Fermiwechselwirkung, die Du mit Wentzel[d] diskutiert hast, halte ich auch für eine unmittelbare Konsequenz der amerikanischen Kräfte. (Meine neulich zitierten „Auswahlregeln" für den „ρ-Spin" beim β-Zerfall[e] gelten nur unter dieser Voraussetzung); aber es scheint mir nicht wahrscheinlich, daß man die zugehörigen Prozesse experimentell finden kann. Im allgemeinen ist doch sicher die Übergangswahrscheinlichkeit durch γ-Emission *viel* größer. Höchstens wenn die Hypothese der isomeren Kerne[f] richtig ist, was ich einstweilen bezweifle, so könnte es einmal Übergänge mit Paarerzeugung, wohl meist garnicht mit gleichzeitigem β-Zerfall geben. Ich glaube also nicht, daß die bisher beobachtete Paarerzeugung anders als durch internal conversion gedeutet werden kann. Die Übergangswahrscheinlichkeit pro sec für den neuen Effekt wäre von der Ordnung 1/10 ($\sec^{-1}$), die für γ-Emission ist aber normaler Weise 10^{16}($\sec^{-1}$). Es müssen schon viele glückliche Umstände zusammentreffen, um die 17 Zehnerpotenzen zu überbrükken.

Von Barnóthy und Forró in Budapest bekam ich eine Arbeit über Höhenstrahlung[g] zugeschickt, in der die Schauerbildung in sehr großer Tiefe (730 m Wasseräquivalente) untersucht wird. Dort wird experimentell gezeigt, daß es eine nichtionisierende schauerauslösende Strahlung vom Absorptionskoeffizient $\mu = 2{,}1 \cdot 10^{-5}\ \mathrm{cm}^2/gr$ gibt (entsprechend einem Wirkungsquerschnitt von $\sim 10^{-28}\ \mathrm{cm}^2$). Lichtquanten können eine solche Durchdringungsfähigkeit wohl kaum mehr haben (nach Bethe[h] sicher nicht), Neutronen sicher auch nicht, also schließen Barnóthy und Forró, daß es sich hier um Neutrinos handeln muß. Das scheint mir recht überzeugend.

Deine freundliche Aufforderung, nach Zürich zu kommen, würde ich an sich gerne annehmen. Es sieht aber bisher nicht so aus, als könnte ich auch diesmal in die Schweiz fahren. Wir müssen also wohl unsere mündliche Besprechung noch etwas verschieben; ich hoffe, im Frühjahr wieder zu einer Schiunternehmung in der Schweiz zu kommen.

Dir und Deiner Frau die besten Wünsche zu Weihnachten!

Dein W. Heisenberg

a) Am Rande vermerkte Pauli: „Lorentz-Gruppe". – b) Siehe die in Anm. o zu [454] zitierte Arbeit v. Weizsäckers. – c) Siehe hierzu [314], Anm. d und Heisenbergs Solvay-Report 1933. – d) Siehe [459], Anm. j. – e) Siehe hierzu [455], Anm. e. – f) Das Auftreten von gleichen Kernen, die in zwei „isomeren" Formen auftreten, ohne sich ineinander umzuwandeln, war damals noch unverstanden. Man glaubte, daß entweder unterschiedliche strukturelle Anordnungen der Kernbausteine oder Zustände mit verschiedenen Drehimpulsen dafür verantwortlich seien. Vgl. hierzu den Bericht von R. Fleischmann und W. Bothe: Langsame Neutronen. Erg. exakt. Naturwiss. **16**, 1–46 (1937). – g) Siehe die Anm. 1 im Kommentar. – h) H. Bethe und W. Heitler: On the Stopping of Fast Particles and on the Creation of Positive Electrons. Proc. Roy. Soc. **146** A, 83–112 (1934).

[462] Pauli an Heisenberg

[Zürich], 21. Dezember [1936]
[Postkarte]

Lieber Heisenberg!
Vielen Dank für Deinen Brief. Sehr schade, daß Du diesmal nicht kommst. – Nach Weihnachten will ich das der Theorie von Weisskopf und mir nachgebildete Modell in der Gitterwelt noch näher untersuchen.[a] Was Du über die Kräfte vom Typus

$$\tau(r_{12}) \frac{(\vec{\sigma}_1 \vec{r}_{12})\ (\vec{\sigma}_2 \vec{r}_{12})}{r_{12}^2} \begin{bmatrix} P_{12} \\ 1 \end{bmatrix}$$

schriebst, hatte Fierz hier inzwischen auch ausgerechnet.[b] – Auch über die Paarerzeugung gemäß den Zusatztermen zur Fermiwechselwirkung hat mir Wentzel kürzlich genau das Gleiche gesagt; daß diese Paarerzeugung gegenüber derjenigen durch internal conversion der γ-Quanten *stets* vernachlässigbar ist.

Sehr interessiert hat mich Deine Mitteilung über die experimentelle Arbeit von Barnóthy und Forró.[c] Ich und Scherrer würden uns für diese Arbeit sehr interessieren (es sind ja schon früher Höhenstrahlungsmessungen in dieser Tiefe gemacht worden; es ist daher wichtig, wie die nicht-ionisierende, Schauer auslösende Strahlung nachgewiesen wird [und ob das] alles [sicher] ist, etc.). Könntest Du mir gelegentlich diese Arbeit schicken? – Es hat aber gut Zeit bis nach Weihnachten und bis dahin ist sie vielleicht schon erschienen.

Also wenn Du nicht jetzt kommst, so hoffen wir sicher, Du kommst im Frühjahr.

Frohe Weihnachten und Prosit Neujahr wünschen Dir meine Frau und
W. Pauli

a) Siehe Brief [458]. – b) Siehe die in Anm. g zu [459] zitierte Untersuchung von Fierz. – c) Siehe Anm. 1 im Kommentar zu [461].

VIII. Das Jahr 1937

Kosmische Strahlung

[463]	Heisenberg an Pauli	Leipzig	16. Januar	1937
[464]	Pauli an Heisenberg	Zürich	19. Januar	1937
[465]	Heisenberg an Pauli (mit Anhang)	Leipzig	21. Januar	1937
[466]	Heisenberg an Pauli (PK)	Leipzig	27. Januar	1937
[467]	Pauli an Heisenberg	Zürich	30. Januar	1937
[468]	Heisenberg an Pauli	Leipzig	2. Februar	1937
[469]	Heisenberg an Pauli (PK)	Leipzig	4. Februar	1937
[470]	Pauli an Heisenberg	Zürich	5. Februar	1937
[471]	Heisenberg an Pauli	Leipzig	14. Februar	1937
[472]	Pauli an Heisenberg	Zürich	10. März	1937
[473]	Heisenberg an Pauli	Leipzig	26. April	1937
[474]	Pauli an Heisenberg	Zürich	2. Mai	1937
[475]	Pauli an Uhlenbeck (PK)	Zürich	4. Juni	1937
[476]	Pauli an Heisenberg	Zürich	10. Juni	1937
[477]	Heisenberg an Pauli	Leipzig	12. Juni	1937
[478]	Pauli an Heisenberg	Zürich	14. Juni	1937
[479]	Heisenberg an Pauli	Leipzig	17. Juni	1937
[480]	Pauli an Weisskopf	Zürich	20. Juli	1937
[481]	Pauli an Weisskopf	Zürich	3. August	1937
[481 a]	Pauli an Klein	Zürich	9. August	1937
[482]	Pauli an Bohr	Zürich	31. August	1937
[483]	Peierls an Pauli (MSD)	Birmingham	12. Oktober	1937
[484]	Pauli an Peierls	Zürich	15. Oktober	1937
[485]	Pauli an Peierls	Zürich	25. November	1937
[486]	Pauli an Peierls (PK)	Zürich	7. Dezember	1937
[487]	Pauli an Epstein	Zürich	10. Dezember	1937

Anfang 1937 verfügte man über zwei grundsätzlich verschiedene Ansätze zur Erklärung der in der Höhenstrahlung auftretenden Schauer: die Kaskadentheorie und die Explosionstheorie.[1] Nach der ersteren sollten die Schauer durch Ionisation, Bremsstrahlung und Paarbildungsprozesse hervorgerufen werden [464]. Die Schauer würden bei diesem Vorgang durch Energiezweiteilung entstehen.[2] Die Kaskadentheorie eignete sich insbesondere zur Erklärung der sog. „weichen Komponente" in der Höhenstrahlung [465]. Bei der von Heisenberg vertretenen Explosionshypothese hingegen sollten die „echten Schauer" [465], d.h. die „harte Komponente", in einem einzigen Elementarakt erzeugt werden.[3] Das Vorkommen solcher explosionsartiger Vorgänge versuchte Heisenberg auf der Grundlage der Fermi-Theorie des β-Zerfalls zu erklären. Solche Mehrfachprozesse sollten auftreten, sobald die Energie des stoßenden Teilchens so groß wird, daß die ihm zugeordnete Wellenlänge die universelle Länge unterschreitet. Eine Möglichkeit zur Bestätigung seiner Auffassung sah Heisenberg in der Beobachtung von Kernzertrümmerungen (sog. Sterne) durch die österreichischen Physikerinnen Marietta Blau und Hertha Wambacher.[4]

Ein experimentum crucis zur Entscheidung zwischen Explosions- und Kaskadentheorie schlägt Heisenberg in seinem Schreiben an Bhabha (siehe Anhang zu [465]) vor.

Die Tatsache, daß ab eines gewissen Energieschwellenwertes von $3 \cdot 10^8$ Volt die Bremsstrahlung praktisch aussetzte, führte zu weiteren Meinungsverschiedenheiten unter den Physikern. Die englischen Forscher Blackett und Wilson[5] glaubten, daß die Strahlungstheorie oberhalb einer bestimmten Energie versagt. Die Amerikaner Neddermeyer und Anderson[6] hingegen vermuteten, daß bei dieser Energie eine neue Teilchenart („Schwere Elektronen") im Spiele sei, deren Masse wesentlich größer als die Elektronenmasse sein müßte ([476] und [477]). Später verdichteten sich die Tatsachen zugunsten dieser zweiten Alternative. Die neuen Teilchen eröffneten das neue Kapitel der Mesonenphysik.[7]

Auch die Diskussion zwischen Heisenberg und Pauli über das „Hauptproblem, die Quantelung der Wellen" setzt sich fort. Aus der in dem folgenden Brief [463] skizzierten Theorie entwickelte Heisenberg in der Diskussion mit Pauli allmählich die Ideen, die seiner späteren Untersuchung über „Die Grenzen der Anwendbarkeit der bisherigen Quantentheorie"[8] zugrunde liegen.

[1] Sie hierzu H. Euler: Theoretische Gesichtspunkte zur Untersuchung der Ultrastrahlung. Z. techn. Physik **18**, 943–951 (1937). Eingegangen am 14. Oktober 1937. – Einen historischen Bericht verfaßte D.C. Cassidy: Cosmic ray showers, high energy physics and quantum field theories: programmatic interactions in the 1930s. Hist. Stud. Phys. Sci. **12**, 1–39 (1981), R. Steinmaurer: Fünfzig Jahre kosmische Strahlung. Phys. Bl. **18**, 363–369 (1862).

[2] J.F. Carlson und J.R. Oppenheimer: On Multiplicative Showers. Phys. Rev. **51**, 220–231 (1937). Eingegangen am 8. Dezember 1936. – H.J. Bhabha und W. Heitler: The Passage of Fast Electrons and the Theory of Cosmic Showers. Proc. Roy. Soc. A **159**, 432–458 (1937). Eingegangen am 11. Dezember 1936.

[3] W. Heisenberg: Zur Theorie der „Schauer" in der Höhenstrahlung. Z. Phys. **101**, 533–540 (1936).

[4] M. Blau und H. Wambacher: Disintegration Process by Cosmic Rays with the Simultaneous Emission of Several Heavy Particles. Nature **140**, 585 (1937). Signiert 25. August 1937.

[5] P.M.S. Blackett und J.G. Wilson: The energy loss of cosmic ray particles in metal plates. Proc. Roy. Soc. A **160**, 304–323 (1937). Eingegangen am 23. April 1937.

[6] S.H. Neddermeyer und C.D. Anderson: Note on The Nature of Cosmic-Ray Particles. Phys. Rev. **51**, 884–886 (1937). Eingegangen am 30. März 1937.

[7] Siehe hierzu den historischen Übersichtsartikel von Viśvapriya Mukherji: A history of the meson theory of nuclear forces from 1935 to 1952. Arch. hist. exact Sci. **13**, 27–102 (1974).

[8] Z. Phys. **110**, 251–266 (1938).

[463] Heisenberg an Pauli

Leipzig, 16. Januar 1937

Lieber Pauli!

Die Abhandlung von Barnóthy hast Du nun wohl bekommen[a], ich hab' mit dem Abschicken so lange gewartet, weil ich einen Brief Barnóthys abwarten wollte; in dem stand aber nicht viel Neues drin. Nach den letzten Ergebnissen von Anderson über die Strahlung der Elektronen[b] (Bethe-Heitler) möchte ich übrigens glauben, daß für Elektronen die echte Schauerbildung verhältnismäßig selten ist (vgl. auch die Note von Oppenheimer im letzten Heft der Physical Review), daß vielmehr durch „Kaskadensprünge" so etwas ähnliches wie

Schauer entsteht.[c] Wenn man in dieser Weise die bisherigen Theorien (inklusive Fermi) ernst nimmt, kommt man zu folgender Übersicht über die mittleren Reichweiten der Teilchen in Pb in cm (alle Zahlen sind nur bis auf einen Faktor der Ordnung 1 richtig):

	±Elektronen	Lichtquanten	Protonen	Neutronen	Neutrinos
$10\,mc^2$	0,2 (Bremsung)	4 Paar-erzeugung	0,01 (Bremsung)	10 (Stöße)	$\sim 10^8$ (Schauer)
$1000\,mc^2$	2 (Strahlung)	5 Paar-erzeugung	20 (Bremsung)	100 (Schauer)	100 (Schauer)
∞	100 (Schauer)	6 Paar-erzeugung	100 (Schauer)	100 (Schauer)	100 (Schauer)

(Die Wahrscheinlichkeit der Schauerbildung ist zu $Q \sim 10^{-27}\,\text{cm}^2$ geschätzt.) Aus dieser Zusammenstellung ist wohl, wenn sie richtig ist, mit Sicherheit zu schließen, daß die Durchdringungsfähigkeit der Höhenstrahlung im Wesentlichen den langsameren Neutrinos zu verdanken ist. Bei Regener fand ich noch die Angabe, die Höhenstrahlung sei in 750 m Wassertiefe etwa viermal so schwach, wie in 250 m Tiefe[d]. Das paßt gut zu dem Gesetz Intensität $\sim 1/$Höhe[e], das bei Mittelung über die langsamen Neutrinos herauskommen würde.

Doch nun möchte ich Dir noch ausführlich über unser Hauptproblem, die Quantelung der Wellen, schreiben. Die folgenden Überlegungen beziehen sich auf das „Modell“:[f]

$$L = -\sum_\nu \left|\frac{\partial\psi}{\partial X_\nu}\right|^2 - f(\psi^*\psi)^3, \qquad H = \overbrace{\pi^*\pi + \frac{\partial\psi^*}{\partial X_k}\frac{\partial\psi}{\partial X_k}}^{H_0} + \overbrace{f(\psi^*\psi)^3}^{H_1}, \tag{1}$$

sie sind aber nicht an diese spezielle Form gebunden (Einheiten: $c=1$, $\hbar=1$). Ich möchte zunächst die Lorentz-Invarianz der Wellenquantelung etwas direkter formulieren als bisher. Nach Deiner und Weisskopfs Arbeit setze ich

$$\psi = \sum_k \frac{-i}{\sqrt{2Vk}}(-a_k + b_k^*)e^{i(k\mathfrak{r})}; \qquad \pi = \sum \sqrt{\frac{k}{2V}}(a_k^* + b_k)e^{-ik\mathfrak{r}}. \tag{2}$$

Das Schrödingerfunktional soll abhängen von den $N_k = a_k^* a_k$, $M_k = b_k^* b_k$.

$$\Phi(N_1, N_2 \ldots; M_1, M_2 \ldots; t); \qquad i\frac{\partial\Phi}{\partial t} = \bar{H}\Phi. \qquad (\bar{H} = \textstyle\int H\,dV) \tag{3}$$

Nun setze ich

$$\Phi(N_1 \ldots; M_1 \ldots; t) = e^{-i\sum_k (N_k + M_k)kt}\,\varphi(N_1 \ldots; M_1 \ldots; t), \tag{4}$$

und entsprechend

$$a_k^* = N_k^{1/2}\Delta_k^- e^{ikt}; \qquad a_k = \Delta_k^+ N_k^{1/2} e^{-ikt}. \tag{5}$$

Dann gilt für φ die neue Schrödingergleichung

$$i\frac{\partial\varphi}{\partial t} = \bar{H}_1\varphi. \tag{6}$$

φ ist natürlich ohne Wechselwirkung zeitlich konstant. Ferner ist

$$H_1 = f\left[\sum_{k,l} \frac{1}{\sqrt{2Vk}}(-\Delta_k^+ N_k^{1/2} e^{i(k\mathfrak{r}-kt)} + M_k^{1/2} \Delta_k^- e^{i(k\mathfrak{r}+kt)}) \right.$$
$$\left. \cdot \frac{1}{\sqrt{2Vl}}(-N_l^{1/2} \Delta_l^- e^{-i(l\mathfrak{r}-lt)} + \Delta_l^+ M_l^{1/2} e^{-i(l\mathfrak{r}+lt)})\right]^3. \tag{7}$$

Dieser Ausdruck ist, wie man ihm leicht ansieht, relativistisch invariant: Die N und M sind invariant, sie erhalten nur andere Nenner bei einer Lorentztransformation $N_{k(k)} \to N_{k'(k')}$ (wobei $k' = (k - \beta k)/\sqrt{1-\beta^2}$ u.s.w.); ebenso die Operatoren Δ. Die Ausdrücke $\sqrt{Vk}$ sind ebenfalls relativistisch invariant, denn V bedeutet im Wesentlichen die Anzahl der stationären Zustände pro Intervall $dk_x dk_y dk_z$. Man kann dann leicht ausrechnen, daß $Vk = V'k'$. Und der Rest ist ebenfalls invariant, also auch der Operator H_1. Es ist aber zu beachten, daß H_1 die Zeit explizite enthält. Nun gilt nach (6)

$$\varphi(t+dt) = (1 - i\bar{H}_1\, dt)\,\varphi(t) = e^{-i[\int H_1\, dV]\, dt}$$
$$\varphi(t+2dt) = (1 - i\bar{H}_1(t+dt)\,dt)(1 - i\bar{H}_1(t)\,dt)\,\varphi(t)$$
$$= e^{-i\,dt \int H_1(t+dt)\,dV} e^{-i\,dt\int H_1(t)\,dV} \varphi(t) \text{ u.s.w.} \tag{8}$$

Dabei ist wieder zu beachten, daß die e-Funktionen nicht zu *einer* e-Funktion zusammengezogen werden dürfen, weil die Exponenten, die zu verschiedenen t gehören, nicht vertauschbar sind. Die zu späteren Zeiten gehörigen Faktoren müssen stets links von den früheren stehen. Dagegen darf man natürlich schreiben

$$e^{-i\,dt \int H_1\, dV} = \prod_V e^{-i\,dt\, H_1\, dV},$$

wobei sich das Produkt auf alle Raumelemente dV bezieht. Allgemein kann man daher statt Gleichung (8) schreiben

$$\varphi(t_1) = \prod_\Omega (e^{-i H_1\, dt\, dx\, dy\, dz})\,\varphi(t_0) = \prod_\Omega (e^{-i H_1\, d\omega})\,\varphi(t_0), \tag{9}$$

dabei bedeutet $d\omega$ das vierdimensionale Volumelement, und Ω das zwischen die Flächen $t = t_0$ und $t = t_1$ eingeschlossene vierdimensionale Volumen. Gleichung (9) setzt nun die relativistische Invarianz des ganzen Schemas unmittelbar in Evidenz. Man kann Gleichung (9) auch dahin erweitern, daß der Zeitpunkt t_1 im bewegten System gemessen wird ($t' = t_1$). Dann gilt (9) auch noch und Ω bedeutet das Volumen zwischen $t = t_0$ und $t' = t_1$.

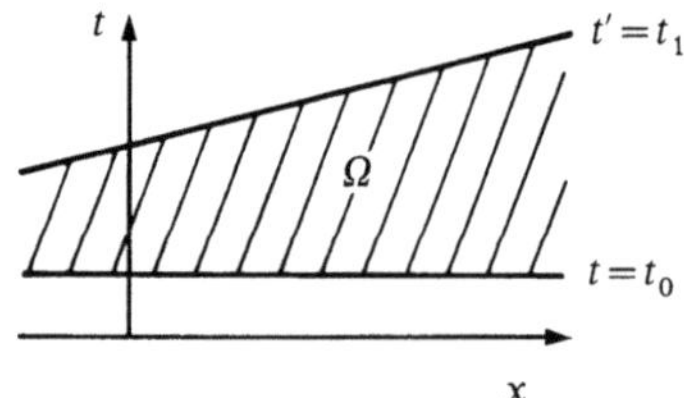

Bis hierher ist alles nur Umformung der bisherigen Quantentheorie der Wellen.

Nun möchte ich unter Beibehaltung der Gleichung (9) den Ausdruck (7) so abändern, daß die Gleichung (9) zu konvergenten Resultaten führt. Eine Möglichkeit schien mir folgendes: Zunächst ist es vielleicht zweckmäßig, um möglichst symmetrische Formeln zu erhalten, zu setzen $\mathfrak{g} = -k$, $g = k$,

$$M_k^{1/2} \Delta_k^- e^{i(k\mathfrak{r}+kt)} = M_g^{1/2} \Delta_g^- e^{-i(\mathfrak{g}\mathfrak{r}-gt)}.$$

Dann kann man den Ausdruck (7) aufteilen in einzelne Summanden, deren jeder einen Faktor der Form $e^{i\sum\limits_{\nu=1}^{4}(k_\nu^{(1)}+k_\nu^{(2)}+\ldots+k_\nu^{(6)},\mathfrak{r}_\nu)}$ enthält. k_ν, $\mathfrak{r}_\nu$ seien die Vierervektoren $\mathfrak{r}_\nu = (xyz, it)$, $k_\nu = (k_x, k_y, k_z, it)$; in manchen Gliedern steht statt einem k ein $\mathfrak{g}$. Nun ersetze ich diesen Faktor durch den neuen:

$$e^{i\sum\limits_{\nu}(k_\nu^{(1)}+\ldots+k_\nu^{(6)},\mathfrak{r}^\nu)+\alpha f\sum\limits_{\nu=1}^{4}(k_\nu^{(1)}+\ldots k_\nu^{(6)})^2}, \tag{10}$$

ferner stelle ich alle Glieder mit Stern (a^*, b^*) *links* von den Gliedern ohne Stern.

Das ist im Wesentlichen das alte (scheußliche) Abschneideverfahren bei Born[g], Wataghin[h], u.s.w. (α sei irgendeine Zahl). Ich behaupte aber, es führt hier zu einer widerspruchsfreien, in sich geschlossenen Theorie. Zunächst ist die relativistische Invarianz nicht mehr trivial, denn man muß erst beweisen, daß das neue H_1 in verschiedenen *Raumpu*nkten vertauschbar ist. Dies scheint mir aber der Fall zu sein (könntest Du diesen Punkt kontrollieren?). Dann muß man nachschauen, welche Resultate für die Selbstenergie u.s.w. herauskommen. Man kann dazu von den Gleichungen (7)+(10) zum Operator H und zu Gleichung (3) zurückkehren. Man findet dann, daß bei einer Störungsrechnung die Glieder zunächst anwachsen, aber alle endlich sind*, und ich habe den Eindruck, daß zwar H_1 nicht als kleine Störung aufgefaßt werden kann, daß aber sonst das Verfahren konvergiert. Weiter habe ich die Möglichkeit (10) noch nicht untersucht und ich möchte gerne wissen, was Du dazu meinst.

Ich selbst glaube etwa folgendes darüber: Das spezielle Abschneideverfahren (10) finde ich dumm, weil es ganz willkürlich ist. Ich kann mir auch kaum denken, daß man auf beliebig viele Arten konvergente Theorien machen kann, auch möchte ich die universelle Länge lieber durch den Faktor von H_1 als durch eine Abschneidevorschrift einführen. Dagegen scheint mir an dem genannten Vorschlag vernünftig, daß man den Begriff „Wellenfunktion an einem bestimmten Ort" aufgibt und nur den Begriff „Teilchen mit bestimmten Impuls" einführt[i]; denn der Impuls kann stets genau gemessen werden. Ich möchte also versuchsweise behaupten: Auch die zukünftige exakte Theorie kann dargestellt werden durch einen Operator H_1, der für kleine Impulse in einen von Typus (7) übergeht und der mit φ durch die Gleichung (6) und (9) verbunden ist.

---

* Ich hab' das inzwischen nochmal nachgerechnet. Es scheint mir jetzt, daß für $k \gg 1/\sqrt{\alpha f}$ die Störungsrechnung gut konvergiert, wenn gleichzeitig $k \ll \alpha^{3/2}/\sqrt{f}$. Dieser Spezialfall ließe sich realisieren, wenn $\alpha \gg 1$. Doch ich will mir dies weiter überlegen.

Zunächst müssen wir aber wohl die Hauptfrage klären: ob überhaupt relativistische und konvergente Theorien nach diesem Schema möglich sind. Also was meinst Du dazu?[j]

Viele herzliche Grüße, auch an Deine Frau und an das Institut

Dein W. Heisenberg

a) Siehe Kommentar zu [461], Anm. 1. – b) C.D. Anderson und S.H. Neddermeyer: Cloud Chamber Observations of Cosmic Rays at 4300 Meter Elevation and Near Sea-Level. Phys. Rev. **50**, 263–271 (1936). Eingegangen am 9. Juni 1936. – c) J.F. Carlson und J.R. Oppenheimer: On Multiplicative Showers. Phys. Rev. **51**, 220–231 (1937). Eingegangen am 8. Dezember 1936. (Heft vom 15. Februar 1937). – Die von Heisenberg erwähnte Note „On the Elementary Interpretation of Showers and Bursts" war schon vorher im Phys. Rev. **50**, 389 (1936) erschienen. – d) E. Regener: Über Ultrastrahlungsmessungen in großen Wassertiefen und über die Radioaktivität von Trockenbatterien, Z. Phys. **100**, 286–292 (1936). – e) Siehe hierzu Paulis Bemerkung in dem folgenden Brief [464]. – f) Siehe hierzu Heisenbergs Brief [455] und Paulis Karte [462], in der er vorschlägt, „das der Theorie von Weisskopf und mir nachgebildete Modell in der Gitterwelt noch näher [zu] untersuchen." – g) Ein solches Abschneideverfahren verwendeten Born und Infeld auch in ihrer „Neuen Feldtheorie". – h) G. Wathagin: Bemerkungen über die Selbstenergie der Elektronen. Z. Physik **88**, 92–98 (1934). –: Über die relativistische Quantenelektrodynamik und die Ausstrahlung bei Stößen sehr energiereicher Elektronen. Z. Phys. **92**, 547–560 (1934). Siehe auch [464]. – i) Siehe hierzu Paulis Bemerkungen im folgenden Brief [464]. – j) Siehe hierzu Paulis Antwort [464].

Während Heisenberg versuchte, die Theorie der Schauer mehr oder weniger im Alleingang zu bewältigen, war Pauli aufgeschlossener für anderweitige Entwicklungen. Walter Heitler berichtete, er erinnere sich noch an Paulis „eindeutige Zustimmung mit unserer (Arbeit mit Bhabha) Theorie der Kaskadenschauer, als Blackett noch Kernexplosionen sehen wollte."[1]

Der wissenschaftliche Verkehr mit dem Auslande wurde vom nationalsozialistischen Staat überwacht und die Zulieferung von wissenschaftlicher Literatur behindert. Beispielsweise fällt auf, daß Heisenberg die Publikationen aus dem Auslande öfters sehr verspätet erhielt (vgl. [465]).

[1] Briefliche Mitteilung vom 26. Februar 1981 an den Herausgeber.

[464] Pauli an Heisenberg

Zürich, 19. Januar 1937

Lieber Heisenberg!

Ich will Deinen letzten Brief (vom 16. d.) zunächst nur vorläufig beantworten.

1. Höhenstrahlung.

Darüber sind mir zwei Nachrichten zugegangen. Erstens schrieb mit Weisskopf, daß Bhabha und Heitler (in einer bald in den Proceedings of the Royal Society erscheinenden Arbeit)[a] zeigen konnten, daß man auf Grund der jetzigen Löchertheorie alle Schauerexperimente durch „Kaskaden" von radiative stopping und pair-creation-Prozessen erklären kann. (Was ja mit der Vermutung Deines Briefes übereinstimmt.) Du hast wohl in Deiner Arbeit in der

Zeitschrift für Physik[b] die Häufigkeit der echten Mehrfachprozesse gemäß der Fermi-Theorie durch Einführung der höheren Ableitungen* (oh Graus!) zu hoch geschätzt.

Ferner berichtete mir Debye, der kürzlich in Zürich war und Anderson im Dezember in Stockholm gesprochen hat, daß dieser nunmehr die Bremsformel von Bethe-Heitler[d] für rasche Elektronen empirisch richtig befunden habe, soweit er überhaupt darüber zuverlässige Messungen besitze – also bis zu noch höheren Energien, als er ursprünglich gemeint hat.[e] (Ich weiß nicht genau bis zu *wie hohen* Energien.)

Ob man zur Erklärung der emprischen Durchdringungsfähigkeit der Höhenstrahlen die Neutrinos braucht oder nicht hängt wesentlich davon ab, *bis zu welchen Energien der Elektronen man die Heitler-Bethe-Formel als gültig annimmt.*[f] – Was ist Deine Meinung bzw. Annahme über diesen Punkt?

Selbst wenn man die Heitler-Bethe Bremsformel bis zu beliebig hohen Energien als gültig annimmt und auch an die aus der Fermitheorie gezogenen Schlüsse in Deiner Reichweitentabelle[g] glaubt, ist mir nicht klar geworden, wie Du Dir den Mechanismus des Funktionierens der langsameren (? – *wie* langsamen? – die ganz langsamen dürften ja wohl überhaupt keine beobachtbaren Effekte mehr erzeugen) Neutrinos[h] denkst.

Jedenfalls möchte ich annehmen, daß die aus dem Vakuum die Atmosphäre treffenden Primärstrahlen nur aus *geladenen* Teilchen und hauptsächlich (vielleicht ausschließlich) aus Elektronen und Positronen bestehen (also *keine* Neutrinos enthalten). – Vgl. hierzu z.B. die von A.H. Compton im Heft vom 15. Dezember des Physical Review[i] zusammengestellten Argumente (aus dem Breiteneffekt[j], etc.). Aus diesen entstehen dann eventuell Neutrinos nach der Fermitheorie in der Atmosphäre. – Was nimmst Du weiter bei Deinen Überlegungen über die doch auf ziemlich komplizierte Weise zustande kommende *Energie*verteilung dieser sekundären Neutrinos und ihre Abhängigkeit von der Höhe an? (Diejenigen Neutrinos, die in großer Höhe bestimmte Energien hatten, werden natürlich *nicht* exponentiell abnehmende Intensität beim Eindringen in die Atmosphäre haben, weil sie bei weiteren Schauerprozessen unter Umständen nur einen Teil ihrer Energien verlieren werden etc.) Zunächst wird die (nicht direkt beobachtbare) Intensität der Neutrinos mit der Eindringungstiefe natürlich zunehmen (außerhalb der Atmosphäre ist sie ja Null!). Und ich sehe nicht von vornherein, wie tief dieser „Übergangseffekt" (angesichts des enormen Durchdringungsvermögens der langsamen Neutrinos) reichen wird.[k] Beim Übergang zum Wasser wird ein weiterer Übergangseffekt auftreten etc.

Es ist mir ferner nicht klar, ob Du mit der Durchdringungsfähigkeit der Höhenstrahlen die (Neutrinos enthaltende) *Shower producing* radiation oder die eigentlichen $\pm$Elektronen allein meinst. Jedenfalls scheint es mir nicht berechtigt, anzunehmen, daß einmal vorhandene Neutrinos bestimmter Energie eine exponentiell abnehmende Intensität mit der Höhe haben, da aus ihnen wieder Neutrinos kleinerer Energie entstehen etc.. Außerdem werden ja überhaupt immer wieder Neutrinos aus Elektronen und Positronen durch Schauer *entstehen* (wahrscheinlich wird das Gleichgewicht zwischen beiden gar nie erreicht). –

* Was meinst Du bzw. Euler zur Note von Fierz[c] darüber? Wir warten mit deren Publikation nur noch auf eine Nachricht von Euch.

Momentan erscheint mit das alles schrecklich kompliziert und ich vermute, daß sich ein Gesetz Intensität $\sim 1/$Höhe, wenn überhaupt, so nur durch gröbsten Schwindel ableiten läßt**.

Für die Zusendung der Arbeit von Barnóthy und Forró[1] vielen Dank; sie wird jetzt von den Experimentalphysikern studiert.

2. Quantisierung der Wellen.

Deine Gleichung (9):

$$\psi(t_1)=\prod_{\Omega}(e^{-iH_1 d\omega})\,\varphi(t_0)$$

finde ich sehr hübsch. Über den Faktor $e^{\alpha f \sum_{\nu=1}^{4}(k_\nu^1+\ldots+k_\nu^{(6)})^2}$ will ich später noch einmal schreiben; ich will nämlich die Arbeit von Wataghin[m] noch einmal lesen, bevor ich auf die Frage der Vertauschbarkeit des neuen H an verschiedenen Raumpunkten*** und auf die Konvergenzfrage eingehe. Verdächtig ist es mir allerdings. - Seinerzeit habe ich die Arbeit von Wataghin genau gelesen und glaubte sie ablehnen zu müssen, weil sie in einem elektromagnetischen Feld *nicht eichinvariant* war. Ersetzte man aber bei Wataghin (im Abschneidefaktor) die P_ν durch die $\pi_\nu=p_\nu+\frac{a}{c}\varphi_\nu$, so kam man wegen der Nichtvertauschbarkeit der π's miteinander dort in große Schwierigkeiten. Die Lorentz-Invarianz war bei Wataghin allerdings in Ordnung, aber ich will erst sehen, ob Sie es auch einschl[ießlich] Deines Zusatzterms $f(\psi^*\psi)^3$ ist. Es scheint mir wohl der Fall. Aber die Konvergenzfragen könnten unangenehm werden†.

Gar nicht einverstanden bin ich mit der physikalischen Auffassung, daß der Begriff „Teilchen mit bestimmtem Impuls" physikalisch besser sei als der Begriff „Wellenfunktion an einem bestimmten Ort". Denn die Problematik des erstgenannten Begriffes liegt darin, daß der Impuls des Teilchens *zu einer ganz bestimmten Zeit t* verlangt wird (während eine sehr genaue Impulsmessung nie in beliebig kurzer Zeit ausgeführt werden kann). Nur im kräftefreien Fall, wo die Impulse zeitlich konstant sind, schadet es nichts; sowie man aber Wechselwirkungsglieder hat, kommt der Pferdefuß bei $\varphi(N_k, M_k, t)$ genau so heraus wie bei $\varphi(x,t)$[n].

Über Deine speziellen mit dem besonderen Abschneideverfahren zusammenhängenden Fragen möchte ich also später noch schreiben. - Zum Schluß aber noch eine gewisse Kritik Deiner Bemerkung in Deinem letzten Brief vor Weihnachten[o], man könne nicht sicher sein, ob in einer künftigen Theorie überhaupt Wellenfunktionen vorkämen, die einer Differentialgleichung genügen. (Das Gegenteil ist z.B. in der Gitterwelt der Fall.) Es ist aber schwer zu sehen, wie die Lorentzinvarianz herauskommen soll, wenn man das aufgibt.

** Wie gehst Du bei gegebener Intensität und Energieverteilung von Neutrinos zur beobachtbaren Anzahl der erzeugten Schauer (Ionisation?) über?

*** P.S. Es scheint mir zuzutreffen.

† Schadet es nichts, daß $\sum_\nu (k_\nu^{(1)}+\ldots k_\nu^{(6)})^2$ speziell für parallele $k_\nu^{(1)}, k_\nu^{(2)}, \ldots k_\nu^{(6)}$ verschwindet?

Wie ja überhaupt die Hauptschwierigkeit darin liegt, die Lorentzinvarianz und die Existenz einer universellen Länge in Einklang zu bringen.

Also für heute viele herzliche Grüße von

Deinem W. Pauli

a) Siehe die in Anm. 2 des Kommentars zu [463] zitierte Veröffentlichung. – b) Siehe die im Kommentar zu [463] in Anm. 3 genannte Arbeit. Siehe hierzu auch Paulis Widerruf [475]. – c) Siehe hierzu Heisenbergs Bemerkung in [465]. – d) Siehe hierzu die in [461], Anm. h genannte Veröffentlichung. – e) Vgl. hierzu die im Kommentar zu [463] genannte Publikation von Neddermeyer und Anderson. – Carl David Anderson hatte im Dezember 1936 zusammen mit Victor Franz Hess in Stockholm den Nobelpreis für ihre Entdeckungen auf dem Gebiet der kosmischen Strahlung entgegengenommen. Debye war ebenfalls mit dem Nobelpreis für Chemie für seine Strukturuntersuchungen von molekularen Gebilden ausgezeichnet worden. – f) Bethe und Heitler hatten in ihrer Arbeit d einen Ausdruck für die Wahrscheinlichkeit hergeleitet, mit welcher ein Elektron der Anfangsenergie E_0 durch Bremsstrahlungsverluste im Energieintervall E_l, E_l+dE_l liegt, wenn es eine Strecke l durchlaufen hat. Oberhalb von $2\cdot10^8$ eV ergaben sich nach Anderson und Neddermeyer Abweichungen von dieser Formel. (Vgl. hierzu den Kommentar zu [463] und Heisenbergs Bemerkungen in [465]. – g) Siehe [463] und [475]. – h) Die Idee der „energiearmen Neutrinos“ hatte Heisenberg in seiner „Schauerarbeit“ eingeführt und dabei auf eine mögliche experimentelle Nachweisbarkeit hingewiesen. Barnóthy und Forró wurden bei ihren Experimenten in unterirdischen Stollen durch diese Vorstellung geleitet. – i) A.H. Compton: Cosmic Rays as Electrical Particles. Phys. Rev. **50**, 1119–113 (1936). Eingegangen am 12. Oktober 1936. – j) Als Breiteneffekt bezeichnet man die Intensitätsabhängigkeit der Höhenstrahlung von der geographischen Breite. Siehe hierzu den Vortrag auf der Naturforscherversammlung 1936 in Dresden von E. Regener: Die kosmische Ultrastrahlung. Naturwiss. **25**, 1–11 (1937). – k) Ein Intensitätsanstieg der Strahlung hinter zwischengeschalteten Materieschichten (Blei, Eisen) bezeichnete man nach Steinke und Schindler als Übergangseffekt. Vgl. hierzu den unter j genannten Vortrag von E. Regener und die zusammenfassenden Darstellungen von Erwin Mielnickel: Höhenstrahlung (Ultrastrahlung). Dresden und Leipzig 1938 und H. Geiger: Die Sekundär-Effekte der Kosmischen Ultrastrahlung. Erg. exakt. Naturwiss. **14**, 42–78 (1935). – l) Siehe hierzu die Bemerkungen in den vorhergehenden Briefen [461] und [463]. – m) Siehe [463], Anm. h. – n) Siehe hierzu Heisenbergs Erwiderung in [465]. – o) Siehe Brief [461].

[465] Heisenberg an Pauli

Leipzig, 21, Januar 1937

Lieber Pauli!

Vielen Dank für Deinen Brief! Ich habe inzwischen die Arbeit von Bhabha und Heitler bekommen[a], die mir sehr gut scheint. Danach sieht es so aus, als ob praktisch alle Prozesse über dem Meeresniveau mit der elektromagnetischen Theorie allein gedeutet werden können. Dies stimmt aber auch durchaus zu den Zahlen meiner Arbeit[b]. Ich habe für den Wirkungsquerschnitt für echte Schauerbildung als Maximum (bei sehr energiereichen Teilchen) 10^{-26} bis $10^{-28}\,\mathrm{cm}^2$ angegeben. Da der Wirkungsquerschnitt für Ausstrahlung nach Bethe-Heitler $\sim 10^{-24}\,\mathrm{cm}^2$, also ca. tausendmal größer ist, so werden die echten Schauer sehr selten sein im Vergleich zu den Kaskaden. Ob dieser Rest von echter Schauerbildung beobachtet werden kann, weiß ich nicht. (Dabei möchte ich annehmen, daß die Bethe-Heitlerformel bis zu beliebigen Energien stimmt; dies war die Voraussetzung für meine Reichweitentabelle.) Ein wesentlicher Unterschied zwischen Bhabhas Auffassung und meiner ergäbe sich jedoch hinsichtlich der Höhenstrahlung in großer Tiefe. Für diese äußerst durchdringende Strahlung müßte Bhabha (wenn er die Neutrinos ganz wegläßt) die Protonen (und Neutronen) verantwortlich machen, die praktisch nicht strahlen. Die Höhenstrahlung würde also mit wachsender Tiefe immer energie*reicher*. Meiner Ansicht nach würden jedoch energiereiche Teilchen gleichviel welcher Art wegen des Wirkungsquerschnitts für Schauerbildung von $10^{-27}\,\mathrm{cm}^2$ nicht über ein paar Meter Blei ($\sim$20–30 m Wasser) hinauskommen. Ich stelle mir die Höhenstrahlung in großer Tiefe vielmehr so vor: In den Schauern an der Erdoberfläche oder in der Atmosphäre entstehen Neutrinos, deren Energie- und Winkelverteilung etwa an der Oberfläche durch $I(\varepsilon,\theta)\sin\theta\, d\theta\, d\varepsilon$ gegeben sei. Der Wirkungsquerschnitt für Schauerbildung hängt nun sehr stark von der Energie ab; bei großen Energien wird er $\sim 10^{-27}\,\mathrm{cm}^2$, bei kleinen wird er sehr schnell verschwinden. Ich setze etwa

$$Q(\varepsilon)=\begin{cases} c\varepsilon^n & \text{für } 0<\varepsilon<\varepsilon_0 \\ 10^{-27}\,\mathrm{cm}^2 & \text{für } \varepsilon_0<\varepsilon, \end{cases}$$

wobei n groß ist. Dann wird der Absorptionskoeffizient der Neutrinos $\mu(\varepsilon)=a\varepsilon^n$ für $\varepsilon<\varepsilon_0$. Ich nehme ferner an, daß ein Neutrino, das einen Schauer produziert hat, sich nicht weiter bemerkbar macht; denn die sekundären Neutrinos, die es erzeugt, werden im allgemeinen eine erheblich kleinere Energie haben und praktisch überhaupt nicht mehr in Erscheinung treten. Dann wird die Intensität in der Tiefe x:

$$I(\varepsilon,\theta)\sin\theta\, d\theta\, d\varepsilon\, e^{-\frac{x}{\cos\theta}a\varepsilon^n};$$

die Anzahl der in dx erzeugten Schauer wird

$$I(\varepsilon,\theta)\sin\theta\, d\theta\, d\varepsilon\, \frac{a\varepsilon^n}{\cos\theta}\, e^{-\frac{x}{\cos\theta}a\varepsilon^n}.$$

Da der Faktor von $I(\varepsilon,\theta)$ ein sehr steiles Maximum als Funktion von ε (an der Stelle $\varepsilon=\varepsilon'$) hat, kann man $I(\varepsilon,\theta)$ als praktisch konstant ansehen $I(\varepsilon,\theta)=I(\varepsilon',\theta)$ und erhält für die Intensität*

$$I(\varepsilon',\theta)\frac{1}{x}\left(\frac{ax}{\cos\theta}\right)^{-\frac{1}{n}}\Gamma\left(\frac{1}{n}\right)\sim\frac{\text{const.}}{x}.$$

Natürlich handelt es sich auch hier um „gröbsten Schwindel“[c]. Bei genauerer Rechnung müßte man die möglichen Sekundärprozesse der Neutrinos getrennt untersuchen und dann die Experimente einzeln diskutieren. Das wichtigste Experiment wäre aber die Untersuchung der Elektronenenergien in großer Tiefe (etwa mit Wilsonkammer). Nach meiner Ansicht sollte diese Energie im Mittel kleiner sein als an der Oberfläche, nach der Protonentheorie[d] sollte sie größer sein. – Wenn die Protonentheorie recht behielte, so würde es bedeuten,

* Die Energieverteilung der Neutrinos ist für das, was in großer Tiefe passiert, also ziemlich gleichgültig, da nur ein kleiner Ausschnitt aus ihr wirksam wird: die energiereichen kommen nicht in große Tiefen, die energiearmen bilden keine Schauer mehr.

daß die (qualitative) Extrapolation der Sargentkurve[e] bis zu Energien der Ordnung $1000\,mc^2$ unerlaubt ist; mir kommt das unwahrscheinlich vor. – Würdest Du es vernünftig finden, hierüber eine Note in die Naturwissenschaften zu schreiben, damit die Experimentatoren zur Untersuchung ermuntert werden?[f]

Inzwischen sehe ich übrigens im letzten Brief von Barnóthy doch eine wichtige Angabe über diese Frage (vielleicht steht sie auch in seiner Arbeit): Er schreibt: „der Absorptionskoeffizient der Schauerteilchen (also der $\pm$Elektronen) ist im Stollen $5{,}3 \cdot 10^{-2}\,cm^2/gr$, und Obertag $2{,}1 \cdot 10^{-2}\,cm^2/gr$". Die Reichweite der Schauerelektronen ist im Stollen also sicher erheblich geringer (ca. 2 cm Pb) als oben (ca. 5 cm Pb), was gut zur Neutrinohypothese paßt.

Mit der Arbeit von Fierz[g] ist hier leider ein Malheur passiert, was auch der Grund ist, daß ich nicht eher darüber schrieb. Ich hatte gedacht, ich hätte sie Euler gegeben, der aber glaubte, sie sei bei mir, und wir haben trotz sehr aufmerksamen Suchens keine Spur der Arbeit finden können. Dies tut mir sehr leid und ich bitte Fierz, doch seine Arbeit gleich an die Zeitschrift zu schicken und mir, wenn er noch einen Durchschlag hat, auch noch einen Durchschlag zu senden. Denn jedenfalls würde ich nur geringfügige Änderungsvorschläge zu machen haben, die sich leicht in der Korrektur behandeln ließen. Hoffentlich entschuldigt Fierz unsere Schlamperei. – Fierz' Korrektur der Weizsäckerschen Arbeit[h] hab' ich gesehen, sie scheint mit sehr vernünftig.

Über die Quantelung der Wellen weiß ich nicht viel Neues. Ich bin übrigens völlig mit Dir einig, daß man nur von einem genau bestimmten Impuls bei *freien* Teilchen, wo man zur Messung beliebig lange Zeit hat, sprechen kann. Meine Überlegungen über $\prod_{\omega} e^{-iH_1 d\omega}$ gingen sogar eigentlich von dem Wunsch aus, diesen „Differential"operator durch einen Integralen zu ersetzen, aus dem man dann nur Wirkungsquerschnitte für den Übergang von freien Teilchen zu anderen freien Teilchen erschließen kann. Eine vernünftige Verallgemeinerung ist mir dabei aber noch nicht eingefallen.

Zu Deiner Fußnote: Der Fall paralleler Vierervektoren k_ν wird durch den Impulssatz, der ja durch die Raumintegration erzwungen wird, unmöglich gemacht.

Die Arbeit von Wataghin[i] ist wohl nicht viel wert, der Wataghin kann nicht klar denken. – Ich lege noch einen Durchschlag meines Briefs an Bhabha bei.[j] – Sonst nichts Neues!

Viele Grüße

Dein W. Heisenberg

a) Siehe die Anm. 2 im Kommentar zu [463]. – b) Vgl. die in Anm. 3 zum Kommentar von [463] zitierte Veröffentlichung Heisenbergs. – c) Heisenberg bestätigt hiermit die von Pauli [464] geäußerten Bedenken. – d) Die Protonenhypothese (unter Voraussetzung der Existenz negativer Protonen) wurde insbesondere von Williams vertreten. Siehe E.J. Williams: General Survey of theory and experiment for high energy electrons. Enthalten in E. Bretscher (Hrsg): Kernphysik. Berlin 1936. Dort insbesondere S. 139–141. – e) B.W. Sargeant: The Maximum Energy of the β-Rays from Uranium X and other Bodies. Proc. Roy. Soc. A **139**, 659–673 (1933). – f) Siehe hierzu Paulis Antwort [467]. – g) Siehe [456], Anm. e. – h) Siehe hierzu Paulis Bemerkungen am Ende von [454]. – i) Siehe [463], Anm. h. – j) Siehe den Anhang zu [465]. Bhabha hielt sich z.Z. in Kopenhagen auf.

Anhang zu [465]
Heisenberg an Bhabha

21. Januar 1937
[Maschinenschriftlicher Durchschlag]

Lieber Herr Bhabha!

Haben Sie vielen Dank für Ihren Brief, den ich gleich beantworte, da ich mir in der letzten Zeit auch Einiges über die Höhenstrahlung überlegt habe, was ich Ihnen gern schreiben möchte. Ich bin ganz einig mit Ihnen darin, daß man wahrscheinlich die Bethe-Heitlersche Formel für die Ausstrahlung schneller Elektronen bis zu beliebigen Energien glauben soll. Andererseits sehe ich aber auch keinen Grund, an der qualitativen Richtigkeit der Fermischen Theorie hinsichtlich der Erzeugung von Schauern zu zweifeln. Daraus würde sich etwa folgendes Bild ergeben:

Sehr schnelle Elektronen werden mit einem Wirkungsquerschnitt von 10^{-27} cm^2 Fermische Schauer machen, dagegen mit einem Wirkungsquerschnitt von 10^{-24} cm^2 ausstrahlen. Die letztere Wahrscheinlichkeit ist also etwa 1000 mal größer als die erste. Der erste Fall wird also sehr selten zu beobachten sein. Das gleiche gilt für Lichtquanten. Für eine sehr hohe Durchdringungsfähigkeit bleiben also zunächst nur Protonen, Neutronen und Neutrinos übrig. Aber auch diese Teilchen werden, wenn man der Fermischen Theorie glauben kann, bei sehr hohen Energien mit einem Wirkungsquerschnitt von 10^{-27} cm^2 Schauer auslösen, werden also etwa nur durch 10 m Wasser hindurchgehen können.

Für eine hohe Durchdringungsfähigkeit kommen also allein die langsameren Neutrinos in Betracht, die durch umso dickere Schichten hindurchgehen können, je weniger Energie sie enthalten. Ich würde also vermuten, daß die in sehr großer Wassertiefe beobachtete Höhenstrahlung ausschließlich durch langsamere Neutrinos bedingt ist, die kleine Schauer auslösen. Im Gegensatz zu Ihren Anschauungen würde sich also ergeben, daß man in großer Wassertiefe nur noch relativ energiearme Teilchen vorfindet. Ich würde die Nachprüfung dieses Sachverhalts für sehr wichtig halten, und wie mir scheint, auch nicht für sehr schwierig. Der Unterschied zwischen Ihren Anschauungen und den meinen würde sich also experimentell an zwei Stellen deutlich äußern. Einerseits würde nach meiner Ansicht von, sagen wir, 1000 sehr energiereichen Elektronen im Mittel eins mit einem Schlage einen großen Schauer erzeugen können, bei dem alle Sekundärteilchen von gleichem Punkt ausgehen, während dieser Prozeß nach Ihrer Auffassung wohl viel seltener sein müßte. Ich kann mir aber vorstellen, daß es empirisch sehr schwer sein wird, einem Schauer anzusehen, ob er genau von einem Punkt ausgeht oder durch Kaskadenbildung entsteht. Die zweite, aber sicherste Entscheidungsmöglichkeit würde bei der Untersuchung der Höhenstrahlung in großen Tiefen bestehen. Welche von beiden Auffassungen richtig ist, kann natürlich nur das Experiment entscheiden. Ich gebe zu, daß die Anwendung der Fermischen Theorie auf die Stöße sehr energiereicher Elektronen eine weite Extrapolation vom β-Zerfall darstellt. Andererseits ist es eine ebenso unsolide Hypothese für die Diskussion der Höhenstrahlung, so zu tun, als ob es keinen β-Zerfall gäbe. Vielleicht wäre es gut, wenn man die Experimentalphysiker auf diese Unterscheidungsmöglichkeit hinweisen könnte, und ich habe mir überlegt, ob ich nicht eine kleine Note in den „Naturwissenschaften“ deswegen schreiben soll. Es würde mich sehr interessieren, vorher Ihre Meinung über den ganzen Fragenkomplex zu hören.

Mit vielen Grüßen von Institut zu Institut Ihr Heisenberg

[466] Heisenberg an Pauli

[Leipzig], 27. Januar [1937]
[Postkarte]

Lieber Pauli!
Was ich neulich über das Abschneideverfahren schrieb, war – Gott sei Dank – Unsinn.[a] Ein solcher Formalismus ist, wie ich inzwischen gemerkt habe, doch *nicht* relativistisch invariant, und zwar liegt das eben daran, daß H_1 an verschiedenen Raumpunkten doch nicht vertauschbar ist, wie ich schon befürchtet hatte. Eigentlich bin ich aber davon sehr befriedigt, denn es wäre schauderhaft gewesen, wenn man konvergente Theorien in beliebiger Menge ohne neue Idee hätte herstellen können. Trotzdem erhoffe ich mir von der Formulierung mit $\Pi e^{iH_1 d\omega}$ noch einiges Neue. Das Richtige scheint mir, die bisherige Theorie in eine Form zu bringen, in der sie neue Relationen zwischen Wirkungsquerschnitten für beliebige Prozesse enthält. Denn die müssen auch in Zukunft sinnvoll sein.

Was meinst Du über die Höhenstrahlung?

Viele Grüße Dein W. Heisenberg

a) Siehe Brief [463].

[467] Pauli an Heisenberg

Zürich, 30. Januar 1937

Lieber Heisenberg!
Heute will ich also über die Höhenstrahlung diskutieren. Dabei möchte ich großen Nachdruck auf die Frage legen, ob die Gültigkeit der Bethe-Heitler Formel[a] für Elektronenenergien bis zu $\sim 1\,000\ mc^2$ wirklich mit den empirischen Fakten in Einklang gebracht werden kann. (Ich gebe gerne zu: *theoretisch* wäre diese Gültigkeit wohl ganz willkommen.) Denn diese Frage ist vielleicht doch nicht so einfach wie es Dir und Bhabha zu sein scheint.

Ganz sicher ist, daß es geladene Teilchen gibt, die durch mindestens 14 cm Pb hindurchgehen. Dies geht direkt aus den Koinzidenzversuchen von Rossi (Zeitschrift für Physik 1933)[b] und den Wilsonkammer-Versuchen bei 15000 Gauss Magnetfeld von Leprince hervor. (Vgl. dessen zusammenfassenden Bericht in den französischen Annales de Physique, Januar 1937; ferner auch Comptes Rendus, Januar 1937.)[c] Diese Tatsache ist ganz unabhängig davon, was man über die Vorgänge in der Atmosphäre annimmt.

Dies ist natürlich noch mit der Annahme der Gültigkeit der Bethe-Heitler-Formel für Elektronen gültig, wenn die betreffenden Teilchen *Protonen* wären.[d] Ich gebe zu: es ist ja *möglich*. Es sind aber zwei weitere Fakta zu berücksichtigen.

1. In der zitierten Arbeit von Leprince in den Comptes Rendus wird die Beobachtung einer Spur eines sehr harten Teilchens ($E \sim 10^9$ eV) in der unterhalb 14 cm Pb befindlichen Wilsonkammer mitgeteilt, welches Teilchen im Gas der Wilsonkammer ein Sekundärelektron auslöste. Die zugehörige Energie-Impulsbilanz *spricht eher für ein Elektron.* Mehr Gewicht lege ich auf

2. eine ausführliche Untersuchung von Montgomery (Phys. Rev. 1936)[e] über Inspektion der Enden der Reichweiten der Wilsonspuren (wo man ja Protonen und Elektronen unterscheiden kann). Dieser Verfasser kommt zum Schluß, daß die harte Komponente der primären Höhenstrahlung höchstens 12% Protonen enthalten kann, da sonst eine genügend große Chance vorhanden gewesen wäre, unter den Wilsonspuren mit Ende in der Kammer Protonen zu finden. Selbst wenn die Zahl 12% zu niedrig gegriffen wäre, kann ich mir schwer denken, daß man mit Protonen allein als Primärteilchen auskommen könnte.

Es ist mir sehr wichtig, zu wissen, was Du über diese Arbeit denkst. Denn nur wenn die Annahme der Gültigkeit der Bethe-Heitler Formel sich mit den Tatsachen in Einklang bringen läßt, lohnt es sich, eine Note an die Naturwissenschaften zu schicken.[f] – *An sich wäre es auch wünschenswert, die Experimentatoren auf die Wichtigkeit der Untersuchung der Höhenstrahlung in großer Tiefe (speziell deren Energie dort) hinzuweisen.*

Übrigens ist experimentell (aus Koinzidenzversuchen vieler Autoren) einigermaßen gut bekannt die Abhängigkeit der *relativen* Häufigkeit $I_{\text{shower}}/I_{\text{primär}}$ von der Tiefe h. Sie sieht etwa so aus

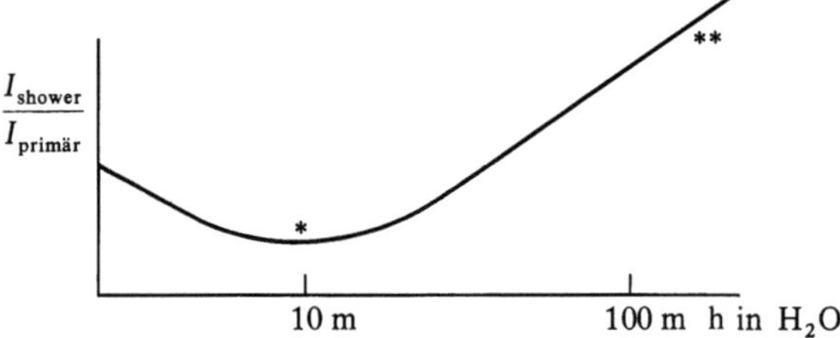

Diese Kurve läßt sich aber vielleicht nicht so direkt zur Entscheidung zwischen Deiner und Bhabhas Auffassung benützen.

Die Angabe von Barnóthy über Absorptionskoeffizienten der Schauerteilchen im Stollen und Obertag steht übrigens auch in seiner Arbeit (Tab. IV, p. 11).[g]

Könnte man übrigens nicht Deine Auffassung auch dadurch prüfen, daß man wirklich Koinzidenzversuche unterhalb 1 m Pb macht? (Die Jolysche Pb-Kugel steht doch in München.)[h]

Die theoretische Extrapolation der sogenannten „Sargentkurve“[i] (die in Wahrheit aus einzelnen Punkten besteht, die ziemlich regellos über einen weiten Bereich der Ebene gestreut sind) bis zu Energien $\sim 1000\,mc^2$ steht allerdings auf schwachen Füßen. Insbesondere halte ich die Einführung von Ableitungen in die Theorie für willkürlich. Tut man dies aber nicht, so wird der Wirkungsquerschnitt für die Schauer beträchtlich kleiner.

---

* Nach Auger[j] soll für $h = 10$ m die Showerintensität fast 0 sein.

** Nach Barnóthy ist bei $h = 1\,500$ m H_2O $\frac{I_{\text{shower}}}{I_{\text{primär}}}$ 3–10 mal größer als für $h = 0$.

Außerdem scheint es mir an der jetzigen Theorie prinzipiell unbefriedigend, daß sie gar so unabhängig von jeglicher logischen Beziehung zum Elektromagnetismus ist.

Es wäre daher wohl vertrauenserweckender, wenn sich der Wirkungsquerschnitt der (echten) Schauerbildung von Protonen *experimentell* bestimmen ließe.

Also schreib' gelegentlich über die Bethe-Heitler Formel.

Viele Grüße

Dein W. Pauli

a) Die Bethe-Heitler-Formel lag der Untersuchung von Bhabha und Heitler (siehe Anm. 2 im Kommentar zu [463]) zugrunde. – b) B. Rossi: Über die Eigenschaften der durchdringenden Korpuskularstrahlung im Meeresniveau. Z. Phys. **82**, 151–178 (1933). – c) Louis Leprince-Ringuet: Recherches sur l'interaction avec la matière des particules de très grande énergie: Électrons d'origine diverses et particules du rayonnement cosmique. Ann. de Physique **7**, 5–70 (1937). – et Jean Crussard: Étude des particules de grand énergie du rayonnement cosmique dans le champ magnétique de l'électroaimant de Bellevue. Compt. Rend. **204**, 112–115 (1937). Sitzung vom 11. Januar 1937. – d) Siehe hierzu [465], Anm. d. – e) C.G. Montgomery, D.D. Montgomery, W.E. Ramsey und W.F.G. Swann: A Search for Protons in the Primary Cosmic-Ray Beam. Phys. Rev. **50**, 403–407 (1936). Eingegangen am 1. Juli 1936. – f) Siehe [465] und den Anhang zu [465]. – g) Offenbar bezieht sich Pauli hier auf ein Manuskript, das dem Herausgeber nicht vorliegt. – h) Philipp von Jolly hatte mit dieser Bleikugel einst Dichtebestimmungen der Erde vorgenommen. (Vgl. Ph. v. Jolly: Die Anwendung der Waage auf Probleme der Gravitation. Ann. Phys. **14**, 331–355 (1881).) Diese Bleikugeln wurden im Münchener Institut aufbewahrt, wo auch Pauli sie während seiner Studienzeit gesehen hatte. Auf größere Mengen von Blei (5065 kg), die in Halle lagerten, machte G. Hoffmann Debye in einem Schreiben vom 12. April 1937 aufmerksam. – i) Siehe [465], Anm. e. – j) Siehe P. Auger: Analyse de quelques propriétés de portions dure et molle de rayonnements cosmiques. Referat während der Züricher Vortragswoche vom 30. Juni–4. Juli 1936. Enthalten in E. Bretscher (op. cit. in Anm. d zu [465]), dort S. 95–107.

[468] Heisenberg an Pauli

[Leipzig], 2. Februar 1937

Lieber Pauli!

Hab' vielen Dank für Deinen Brief. Ich muß Dir zugeben, daß die Frage der Höhenstrahlung noch sehr kompliziert ist. Auch Heitler glaubt, daß die Bethe-Heitlerformel für sehr energiereiche Elektronen nicht mehr gilt.[a] Ich selbst kenne leider die Experimente bisher zu wenig, um eine bestimmte Meinung vertreten zu können. Auf jeden Fall ist es sehr wichtig, daß in großer Tiefe Koinzidenzversuche durch größere Bleischichten gemacht werden. Ich hab' darüber an Barnóthy geschrieben und glaube, daß er die Messungen machen wird. Dann wird man ja weiter sehen. Wenn meine Vermutung über die Schauer ($\sim 10^{-27}\,\mathrm{cm}^2$) richtig ist, würde die Strahlung in großer Tiefe ja *unabhängig* von Bethe-Heitler aus Neutrinos bestehen sollen. Aber Du hast auch damit Recht, daß die direkte Extrapolation der Sargentkurve ein gewagtes Unternehmen ist. Also warten wir ab, was weiter gemessen wird.

Inzwischen wollte ich Dir über eine neue Formulierung der Quantentheorie der Wellen schreiben, die ich wesentlich ernster nehme, als das Abschneideverfahren von neulich[b]. Ich will zunächst wieder die übliche Theorie umformen, bis sie eine Gestalt annimmt, in der sie, wie ich glaube, erweitert und verändert werden kann.

Die Formel

$$\psi(t)=\prod_{\Omega} e^{iH_{(1)}d\omega}\psi(t_0)$$

läßt sich zunächst, wenn man $d\omega$ in $d\tau\, dt$ zerlegt, so schreiben:

$$\psi(t)=\Big[1+\Big(i\int d\tau \int_{t_0}^{t} dt_1 H_{(1)}\Big)+\Big(i\int d\tau \int_{t_0}^{t} dt_1 H_{(1)}\Big)\Big(i\int d\tau \int_{t_0}^{t_1} dt_2 H_{(1)}\Big)$$

$$+\Big(i\int d\tau \int_{t_0}^{t} dt_1 H_{(1)}\Big)\Big(i\int_{t_0}^{t_1} dt_2 \int d\tau H_{(1)}\Big)\Big(i\int_{t_0}^{t_2} dt_3 \int d\tau H_{(1)}\Big)+\ldots\Big]\psi(t_0). \qquad (1)$$

Jeder Summand verhält sich, wie man leicht einsieht, relativistisch richtig. Man könnte die Integrationen auch in der Form

$$\int_{\Omega_1} d\omega_1 \int_{\Omega_2} d\omega_2 \int_{\Omega_3} d\omega_3 \ldots$$

$$(\Omega_1 > \Omega_2 > \Omega_3 > \ldots)$$

usw. schreiben, wobei das Zeichen $>$ in $\Omega_1 > \Omega_2$ u.s.w. bedeutet, daß die Punkte in Ω_1 zeitlich *nach* denen von Ω_2 liegen sollen.

Ich nehme nun der Einfachheit halber an, daß die Wechselwirkungsenergie H_1 nur *einen* „elementaren" Übergang (und dessen Umkehrung) vermitteln soll. (Z.B. Entstehung eines Paares unter gleichzeitiger Impulsänderung eines schon vorhandenen Teilchens.) Wenn die zu diesem Elementarprozeß gehörige Impuls- und Energieänderung $\mathfrak{G}$ und E ist, enthält also das betreffende Element in H_1 den Zeit und Raumfaktor $e^{i(\mathfrak{G}\mathfrak{r}-Et)}$, das zum Umkehrprozeß gehörige Element den Faktor $e^{-i(\mathfrak{G}\mathfrak{r}-Et)}$. Eine andere Abhängigkeit von $\mathfrak{r}$ und t ist nicht vorhanden. (Gleichung (1) ist übrigens eine ziemlich triviale Umformung der Diracschen Störungstheorie.)[c]

Wenn man nun aus (1) den Wirkungsquerschnitt berechnen will, der zum Übergang aus dem durch $\psi(t_0)$ charakterisierten Zustand zu einem neuen Zustand gehört, so muß man in üblicher Weise die Funktion $\psi(t)$ nach den verschiedenen Zuständen analysieren und *die* Komponente von $\psi(t)$ studieren, die zu dem neuen gewünschten Zustand gehört. Mit anderen Worten: es kommt auf das Matrixelement des Operators $\pi e^{iH_1 d\omega}$ an, der zum Übergang vom Anfangszustand (a) zum Endzustand (e) gehört. Dieses Matrixelement, so behaupte ich nun, läßt sich nach (1) ganz allgemein einfach in der Form

$$\int d\tau \int_{t_0}^{t} dt\, O_{ae} = e^{i[(\mathfrak{G}_a-\mathfrak{G}_e)\mathfrak{r}-(E_a-E_e)t]}$$

darstellen, wobei O_{ae} von $\mathfrak{r}$ und t unabhängig ist und sich relativistisch wie die Matrixelemente von $H_{(1)}$ verhält. Für die Raumintegration ist dies selbstverständlich, weil der Impulssatz für jeden einzelnen Schritt gilt, also auch im Ganzen. Bei der Zeitintegration ist die Behauptung nicht ohne weiteres richtig. Wenn man z.B. einen Prozeß $a \rightarrow e$ betrachtet, zu dessen Verwirklichung mindestens drei Elementar-Schritte erforderlich sind (Entstehung von drei Paaren im obigen Beispiel), so treten in den Integralen der Klammer von (1) auch stets andere zeitliche Abhängigkeiten als $e^{-i(E_a-E_e)t}$ auf. Man kann aber einsehen, daß alle diese anderen Beiträge auf das Konto der „Schüttelwirkung“[c] gesetzt werden können (sie hängen von t_0 ab) und bei geeigneten Annahmen (z.B. adiabatisches Einschalten der Wechselwirkung oder: große Wellenpakete, die z.Z. t_0 noch nicht überlappen etc.) beliebig klein gemacht werden können. Für das Matrixelement erhält man daher folgende Darstellung[d]

$$\int d\tau \int_{t_0}^{t} dt\, O_{ae} e^{i[(\mathfrak{g}_a-\mathfrak{g}_e)\mathfrak{r}-(E_a-E_e)t]}$$

$$=\Sigma \left(i\int d\tau \int_{t_0}^{t} dt_1\, H_{(1)}^{ak}\right)\left(i\int d\tau \int_{t_0}^{t_1} dt_2\, H_{(1)}^{kl}\right)\ldots\left(i\int d\tau \int_{t_0}^{t_{n-1}} dt_n\, H_{(1)}^{re}\right)$$

$$\cdot\,(\text{- „Schüttelglieder})\tag{2}$$

wobei die Summe über *sämtliche* (auch beliebig komplizierte) Wege zu erstrecken ist, die durch Elementarprozesse vom Anfangs- zum Endzustand führen. (Diese Summe wird bei den bisherigen Wellenquantelungen stets divergieren, nur bei unrelativistischen konvergieren; doch das soll uns einstweilen nicht kümmern.)

Die Größen O_{ae} sind direkt physikalisch beobachtbar, denn ihre Quadrate bestimmen den Wirkungsquerschnitt des betreffenden Prozesses. Insbesondere wird es ein Matrixelement O_{ae} für den durch den Elementarakt gegebenen Übergangsprozeß geben. Für den Elementarprozeß will ich definieren

$$O_{ae}^{El}\, e^{i[(\mathfrak{g}_a-\mathfrak{g}_e)\mathfrak{r}-(E_a-E_e)t]}=i H_0^{ae}.\tag{3}$$

(Es gibt dann in „1.“ Näherung $H_0^{ie}=H_{(1)}^{ie}$, in „2.“ Näherung $H_0^{ie}=H_{(1)}^{ie}-\sum_l \frac{H_{(1)}^{il}H_{(1)}^{le}}{E_i-E_e}$ u.s.w.).

Die H_0^{ae} sind also ebenfalls direkt physikalisch beobachtbar. Nun behaupte ich: Aus (2) und (3) folgt für beliebige Prozesse $a\to e$:

$$\int d\tau \int_{t_0}^{t} dt\, O_{ae} e^{i[(\mathfrak{g}_a-\mathfrak{g}_e)\mathfrak{r}-(E_a-E_e)t]}$$

$$=\Sigma' \left(i\int d\tau \int_{t_0}^{t} dt_1\, H_0^{ak}\right)\left(i\int d\tau \int_{t_0}^{t_1} dt_2\, H_0^{kl}\right)\ldots\left(i\int d\tau \int_{t_0}^{t_{n-1}} dt_n\, H_0^{re}\right),\tag{4}$$

wobei die Summe Σ' hier nur über die (endlich vielen) Wege zu erstrecken ist, die in der *geringsten* Anzahl von Elementarschritten von Anfangs- zum Endzustand führen. Der Beweis ergibt sich daraus, daß beim Einsetzen von (3) in (4) die Summe Σ' sich von selbst erweitert in die Summe Σ über *alle* möglichen Wege. (An dieser Stelle würde der Sachverhalt komplizierter, wenn $H_{(1)}$ zu mehreren verschiedenen Elementarprozessen Anlaß gäbe; daher die Annahme nur eines solchen Prozesses.)

Nun kommt die entscheidende Abänderung der bisherigen Theorie. Die Gleichung (4) enthält nur noch Beziehungen zwischen beobachtbaren Größen (Du hörst hier die alte Leier); daher möchte ich Gleichung (4) auch dort beibehalten, wo die Gleichungen (1) bis (3) versagen, weil sie zu Divergenzen führen. Ich möchte also die zukünftige Theorie durch H_0^{ae} charakterisieren, statt durch die Hamiltonfunktion, und möchte (4) als streng gültig ansehen. Das so entstehende mathematische Schema ist, wie man sofort sieht, stets relativistisch invariant und konvergent (weil gar keine unendlichen Summen vorkommen), außerdem viel einfacher als die bisherige Theorie. Allerdings weiß ich noch nicht, wie in dieser Theorie Energie- und Impulsintegral aussehen, denn es gibt keine Hamiltonfunktion. Sicher scheint mir, daß die so geplante Theorie so nahe an der „halbklassischen“ Theorie liegt, als dies überhaupt möglich ist, jedenfalls näher als die Wellenquantelung bisheriger Art (vgl. unsere Korrespondenz vor Weihnachten).

Ich bin sehr gespannt darauf, was Du zu diesem Vorschlag meinst; ich habe auch seiner physikalischen Bedeutung nach viel mehr Zutrauen zu ihm als zu dem ungeschickten „Abschneide“versuch von neulich. – In der Höhenstrahlung will ich noch Literatur studieren und Dir dann schreiben.

Viele herzliche Grüße

Dein W. Heisenberg

a) Siehe hierzu W. Heitler: Zur Theorie der Höhenstrahlen. Bulletin de l'Académie des Sciences de l'URSS. 1937. Dort S. 611–621. – b) Siehe Brief [466]. – c) Siehe hierzu Pauli [1933], S. 159 und den Brief [470]. – d) Am unteren Blattende der zweiten Briefseite machte Pauli sich folgende Notizen: „1. ‚Elementarer Übergang‘ und ‚nicht elementarer Übergang‘. 2. $E=E_0$ verlangt für Beobachtbarkeit? 3. $\sum_k$ etc. in (4) ist [eine] unendliche Summe?“ Die hier angeführten Fragestellungen werden in Paulis folgendem Brief [470] näher erläutert.

[469] Heisenberg an Pauli

[Leipzig], 4. Februar 1937
[Postkarte]

Lieber Pauli!
Meinem gestrigen Briefe wollte ich nur hinzufügen, daß ich die Arbeit von Fierz[a] bekommen habe und nichts einzuwenden finde. Der Beweis kommt mir ganz bündig vor; er bedeutet aber natürlich nur, daß die Uhlenbeck-Konopinski Rechnung *innerhalb der bisherigen Theorie* nicht in Ordnung ist. Es ist aber anzunehmen, daß sie auf jeden Fall nicht viel mit der endgültigen Theorie zu tun haben wird. Sonst weiß ich nichts Neues.

Viele Grüße Dein W. Heisenberg

a) Siehe [465], Anm. 8 und [475].

[470] Pauli an Heisenberg

Zürich, 5. Februar 1937

Lieber Heisenberg!
Vielen Dank für Deinen Brief vom 2., dessen Inhalt mich sehr interessiert hat. Die Tendenz Deines Abänderungsvorschlages der Theorie ist mir sehr *sympathisch*. Im einzelnen hierzu zunächst folgende Bemerkungen.

1. Was den Energie-Impulssatz betrifft, so scheint mir das wesentliche an ihm darin zum Ausdruck zu kommen, daß der berühmte Resonanznenner $1/E_a - E_e$ in der Wellenfunktion des Endzustandes auftritt, der bewirkt, daß nur für $E_a \sim E_e$ ein lineares Anwachsen der Wahrscheinlichkeit des Endzustandes mit der Zeit, d.h. ein beobachtbarer Prozeß stattfindet.[a] *Deshalb* sind ja auch die von Dir als „Schüttelwirkung" bezeichneten Terme, die eine *andere* Zeitabhängigkeit als $e^{\frac{i}{\hbar}(E_i - E_e)t}$ haben, *belanglos*. (Die Ausdrucksweise Deines Briefes, die Größen O_{ae} seien *direkt* physikalisch beobachtbar, scheint mir nicht genau richtig, da mir dies nur im Sonderfall $E_a = E_e$ zuzutreffen scheint. Dennoch dürfte es berechtigt sein, die O_{ae} auch im allgemeinen Fall $E_a \neq E_e$ als „prinzipiell" beobachtbare Größen beizubehalten, da man sie braucht, um aus ihnen mittels Matrixmultiplikation die beobachtbaren Größen komplizierter Prozesse zu berechnen.)

Ich bin ganz sicher, daß die künftige Theorie keine Operatoren enthalten wird, die in einem *scharf* definierten Zeit*punkt* definiert sind. Daher auch Energie- und Impulssatz nicht einfach durch solche Operatoren zu definieren sein werden, deren Erwartungswerte in jedem Zeitpunkt definierbar und exakt dieselben sind. Die Formulierung mit den Resonanznennern drückt natürlich den schwächeren Sachverhalt aus, daß die Energie erhalten bleibt, wenn man in Raum-Zeitgebieten, in denen die Teilchen praktisch ohne Wechselwirkung sind, zeitliche Mittelwerte untersucht.

2. Was die entscheidende Gleichung (4) betrifft, so habe ich noch einige Fragen. Ich würde gerne den Unterschied zwischen „elementarem" und „nicht elementarem" Übergang allgemeiner und exakter definiert haben.[b] Damit hängt zusammen die Frage der *Endlichkeit des Ausdruckes (4)*. Denn wohl erstreckt sich die Σ' nur über endlich viele Wege, aber für *jeden* dieser Wege besteht die Summation über die Variablen $k, l, \ldots$ der Zwischenzustände, die de facto Integrationen über Impulsräume von Teilchen sind. In praxi war es wohl in der Tat immer so, daß diese Summen bzw. Integrale endlich (konvergent) sind (vgl. z.B. Euler-Kockel, etc.). Aber inwieweit kann man *allgemein* beweisen bzw. einsehen, daß dies der Fall sein *muß?*[c]

Zum Formalismus der Störungstheorie* möchte ich Dich noch auf eine Arbeit von *Stückelberg* (Annalen der Physik **21**, 367, 1934)[d] aufmerksam machen. Die Arbeit ist nicht sehr gut geschrieben, aber die zu Grunde liegende Idee (die auf *Wentzel* zurückgeht) scheint mir vernünftig; sie besteht darin, die relativistische Invarianz dadurch in Evidenz zu setzen, daß man Raum und Zeit ganz aus der Theorie entfernt und die Koeffizienten der *vier*dimensionalen Fourier-Entwicklung der Wellenfunktion direkt untersucht. Daß zwischen den Wellen- und Schwingungszahlen spezielle Bindungen der Form $\nu^2 - k^2 = m_0^2$ (bzw. $= 0$) bestehen, gilt dann exakt nur im kräftefreien Fall.

Also viele Grüße Stets Dein W. Pauli

P.S. Den Durchschlag der Fierzschen Arbeit[f] hast Du wohl bekommen. Bist Du mit dem Inhalt einverstanden?

---

* Vgl. auch meinen Handbuch-Artikel[e], insbesondere S. 159. – Der *zweite* Term der [...] in Gleichung (241_2) scheint vom Typus der „Schüttelwirkung" zu sein. (Ich habe dort $t_0 = 0$ gesetzt.)[b]

Noch eine Bemerkung: Für die relativistische Invarianz der Theorie ist es nicht *notwendig*, daß H_1 an verschiedenen Raumpunkten vertauschbar ist.[g]

a) Siehe hierzu auch Pauli [1933], S. 159. – b) Siehe hierzu [468], Anm. d. – c) Paulis Anmerkung: „Das ist elementar. Paarerzeugung und Emission oder Absorption eines Lichtquants; *nicht* elementar: Streuung von Licht an Licht.“ – d) E.C.G. Stückelberg: Relativistisch invariante Störungstheorie und Bremsstrahlung. Ann. Phys. (5) **21**, 367–389, 744 (Berichtigung) (1934). – e) Pauli [1933]. – f) Siehe [465], Anm. g. – g) Der letzte Satz wurde nachträglich am oberen Briefrand hinzugefügt.

[471] Heisenberg an Pauli

[Leipzig], 14. Februar 1937

Lieber Pauli!
Über den Änderungsvorschlag, von dem ich Dir neulich schrieb, hab' ich im Zusammenhang mit Deinen Fragen noch viel nachgedacht. Einiges von dem, was ich im letzten Brief schrieb, erwies sich als unrichtig; aber ich habe durch das Herumprobieren trotzdem viel Zutrauen zu diesem neuen Versuch bekommen. Es fehlen aber sicher noch einige wesentliche Gedanken, um zu einem geschlossenen mathematischen Schema zu kommen.

Es hat sich herausgestellt, daß Gleichung (4) meines letzten Briefes[a] leider in der bisherigen Theorie höchstens in Spezialfällen gilt. Es liegt dies daran, daß durch die Forderung, der Endzustand solle durch die geringste Anzahl von Schritten erreicht werden, eine Einschränkung für die Zwischenzustände gegeben wird. Deshalb erweitert sich die Summe Σ' in Gleichung (4) nicht ohne Weiteres in die allgemeine Summe der Gleichung (2).

Trotzdem glaube ich, daß man bei einer Theorie, die eine universelle Länge enthält, Gleichung (4) fordern darf, ohne in Widerspruch zu den notwendigen physikalischen Forderungen zu kommen. Erstens nämlich bewirkt Gleichung (4) eine sehr nahe Übereinstimmung mit der „halbklassischen“ Theorie, sodaß ich von der Seite des Korrespondenzprinzips keine Schwierigkeit sehe. Zweitens könnte man zunächst an folgende Schwierigkeit denken: Man berechne

$$\psi(t_1) = \left(1 + \int_{t_0}^{t_1} dt\,d\tau\,H_0 + \ldots\right)\psi(t_0)$$

$$\psi(t_2) = \left(1 + \int_{t_1}^{t_2} H_0\,dt\,d\tau + \ldots\right)\psi(t_1).$$

Das gibt nicht ohne weiteres das Gleiche wie

$$\psi(t_2) = \left(1 + \int_{t_0}^{t_2} H_0\,dt\,d\tau + \ldots\right)\psi(t_0),$$

weil eben in der besprochenen Gleichung (4) einige Glieder der Summe weggelassen sind. Man kann nämlich eventuell zu einem gewissen Endzustand auch auf einem Umweg kommen, der über Zwischenzustände führt, die mit Energie- und Impulserhaltung möglich sind. In diesem Falle bekommt man bei der Rechnung $\psi(t_0) \rightarrow \psi(t_1) \rightarrow \psi(t_2)$ Zusatzglieder, die beim direkten Weg $\psi(t_0) \rightarrow \psi(t_2)$

fehlen. Man kann aber, wie mir scheint, nachrechnen, daß diese Glieder von der Größenordnung der Schüttelwirkungsglieder bleiben, also in einer Theorie der hier versuchten Art nicht stören. Es scheint mir also unter ausdrücklicher Vernachlässigung der Schüttelwirkungsglieder ein Schema mit Gleichung (4) physikalisch möglich und soweit widerspruchsfrei.

Freilich muß man jetzt noch einen Zusammenhang von dieser Forderung (4) zu der Größe der Ruhemasse und zu der Frage der stationären Zustände finden. Einen solchen Zusammenhang habe ich bis jetzt noch nicht, nur einige Ansätze, bei denen ich nicht weiß, ob etwas draus wird. Wenn ich mehr drüber weiß, schreib' ich Dir wieder.

Von Heitler erhielt ich den beiliegenden Durchschlag.[b] Schick' ihn mir bitte gelegentlich wieder.

Viele Grüße! Dein W. Heisenberg

a) Siehe Brief [468]. – b) Möglicherweise handelte es sich um das Manuskript zu W. Heitler: On the Analysis of Cosmic Rays. Proc. Roy. Soc. A **161**, 261–283 (1937). Eingegangen am 7. April 1937.

Am 1. Februar schrieb Heisenberg an den in Japan weilenden Bohr von seiner Skihütte am Brünnstein: „Aus der Postkarte siehst Du, daß wir wieder hier oben sind und dabei noch oft an Euch denken. Inzwischen ist noch etwas Neues zu melden: ich habe mich verlobt und will im April heiraten. Meine Braut ist, wie Du siehst (aus der Unterschrift) mit auf der Hütte. Wir haben den herrlichsten Sonnenschein und für den Abend drei Flaschen Portwein.“ Die Braut unterzeichnete mit „Grüße, Elisabeth Schumacher“ und Hans Euler, der auch dabei war, fügte hinzu: „So schade, daß Sie diesmal nicht mit oben sind, bei so erfreulichen Ereignissen und solch schönem Sommer.“ Ergänzend berichtete Heisenberg am 18. März, daß er Ende April heiraten wolle. „Meine zukünftige Frau ist die Tochter eines Professors der Nationalökonomie in Berlin ... Sie ist noch sehr jung, erst zweiundzwanzig Jahre alt, aber unsere Stellung zu den wesentlichen Fragen ist so gemeinsam, daß alles wohl sehr gut gehen wird. Ich hab' manchmal etwas Angst, wie sich eine Ehe mit der Arbeit in der Physik vereinigen läßt, aber Dein Beispiel hat mir dabei mehr als vieles andere Mut gemacht. Ich glaube auch sicher, daß Euch meine zukünftige Frau gut gefallen wird, und das ist mir auch sehr wichtig. Denn nach all den Erlebnissen der vergangenen Jahre ist mir die Beziehung zu Dir und Deiner Familie die wichtigste Beziehung zu anderen Menschen, die ich noch habe.“

Ebenso erwähnte Heisenberg in dem gleichen Schreiben, es scheine nun auch sicher, daß er „im Laufe dieses Jahres nach München übersiedeln soll. Das ist schön, weil ich nun das Gefühl haben kann, etwas Endgültiges aufzubauen, das so lange dauert, wie ich überhaupt arbeiten kann.“ Diese Hoffnung ging leider nicht in Erfüllung, weil sie von den Vertretern der sog. „Deutschen Physik“ hintertrieben wurde.[1]

Pauli war bereits durch Sommerfeld und Euler von Heisenbergs Heiratsplänen unterrichtet worden, und er sandte daraufhin Heisenberg seine Glückwünsche [472].

Während seines Besuches in Zürich war Euler auch bei Pauli und Wentzel gewesen. In den Gesprächen wurden vor allem die Kernkräfte und β-Zerfälle besprochen. Am 13. März berichtete Euler Heisenberg über den Inhalt:

„1. Die ladungsunabhängigen Kräfte der Amerikaner sind folgendermaßen herleitbar:

a) solche Fermi-Wechselwirkungen, bei denen ein Elektron oder ein Positron emittiert wird,

b) solche Wechselwirkungen, die zur Emission von zwei Neutrinos oder einem Paar führen; Wentzel meint, nur b führt zu den vier Kräften der Amerikaner.

2. Zusammenhang zwischen Kernkräften und β-Zerfall.

3. Dieser Zusammenhang wäre nach Pauli ganz schön.

4. Wentzel bekommt auf diese Weise die vier amerikanischen Kräfte (als anziehende nur die Wignerkraft).

5. Volzsche Verhältnisse nur zulässig, wenn Abschneidemaßnahmen vorgeschrieben werden. Wentzel hat ähnliche Ansichten wie Volz entwickelt. (Volz soll später in einer Fußnote darauf hinweisen.)"

Am Ende des Briefes richtet Euler „viele Grüße an Heisenberg und Fräulein Schumacher [aus], wenn sie mal zu Besuch aus Berlin da ist."

[1] Siehe hierzu A. Hermann: Die Jahrhundertwissenschaft: Werner Heisenberg und die Physik seiner Zeit. Stuttgart 1977. Dort S. 143ff.

[472] Pauli an Heisenberg

[Zürich], 10. März 1937

Lieber Heisenberg!
Zuerst hörte ich die frohe Kunde Deiner Verlobung von Sommerfeld (der vor einigen Tagen durch Zürich kam), dann kam die gedruckte Anzeige und dann erschien noch Herr Euler. Erleichtert atmen Deine Freunde auf und einer sagt dem anderen dasselbe Wort: „Endlich!"

Als Du mir einmal schriebst, es sei Dir vorigen Frühling nicht gut gegangen (wohl infolge Überarbeitung), da hatte ich mir fest vorgenommen, sobald ich Dich wiedersehe, Dir zu sagen, daß in manchen Situationen am besten eine Frau helfen könne. Ich freue mich, daß es durch die inzwischen eingetretenen Ereignisse überflüssig geworden ist, daß ich das näher ausführe.

Meine Frau und ich wünschen Dir und Deiner Braut das Allerbeste für die Zukunft; zunächst eine baldige Heirat und dann, daß bald München Euer ständiges Domizil sein möge. (Erfreulicherweise hat Sommerfelds Bericht Anlaß zu begründeten Hoffnungen gegeben, was den letzten Wunsch betrifft.)

Also nochmals die herzlichsten Glückwünsche und viele Grüße von uns. Wir hoffen auch, Dich und Deine künftige Frau bald einmal zu sehen.

Dein stets getreuer W. Pauli

[473] Heisenberg an Pauli

[Leipzig], 26. April [1937]

Lieber Pauli!
Dein netter Brief vom März liegt immer noch unbeantwortet und ich wollte Dir längst gern schreiben. Also zunächst vielen Dank für Deine und Deiner Frau Glückwünsche! Ich werde nun in wenigen Tagen heiraten[a] und ich habe auch das Gefühl, daß damit eine Sicherheit in das persönliche Leben kommt, die für alle Arbeit nur förderlich sein kann. Es kommt mir so vor, als könnte ich jetzt gewissermaßen das Leben noch einmal von vorn anfangen.

Doch damit Du siehst, daß ich wirklich die Physik nicht vernachlässigen will, möchte ich noch etwas über Physik schreiben. Den Versuch zu einer konvergenten Wellenquantelung, von dem ich Dir neulich schrieb, hab' ich noch ein Stück weiter verfolgt. Es stellte sich dabei heraus, daß bei einer konsequenten Erweiterung des damaligen Schemas auf die Berechnung der Energiewerte immer noch Unendlichkeiten auftraten, die wieder ohne Verlust der relativistischen Invarianz nicht vermieden werden konnten; also Du hattest recht damit, daß meine Versuche einstweilen nicht funktionieren. Aber ich erwerbe dabei ein Gefühl für die formalen Möglichkeiten, die in der Wellenquantisierung stecken und bin immer noch ziemlich optimistisch.

In der Höhenstrahlung bin ich jetzt auch viel optimistischer bezüglich des Auffindens der Fermiprozesse. Durch einen Vergleich der französischen Arbeiten[b] mit denen von Clay[c] und Barnóthy[d] scheint sicher zu folgen, daß die Protonenintensität nach unten *schneller* abnimmt, als die Schauer – was stark für die Neutrinoentstehung der Schauer sprechen würde. Ferner gibt es eine Note von Watase und Kikuchi[e] in Nature, und von einem Chinesen bei Blackett eine Arbeit in den Proceedings[f], in denen die Anzahl der Schauer als Funktion der Schichtdicke untersucht ist in folgenden Anordnungen:

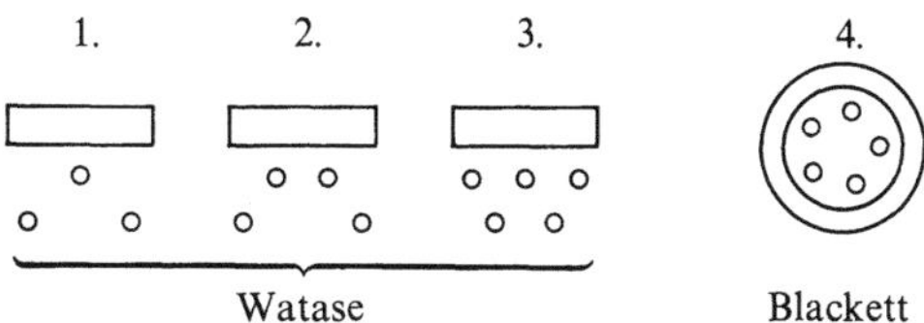

Es wird dort behauptet, daß die Koinzidenzhäufigkeit bei Anordnung 1. etwa quadratisch mit der Schichtdicke ansteigt, daß aber bei den anderen Anordnungen 2. bis 4. der Anstieg deutlich linear sei.

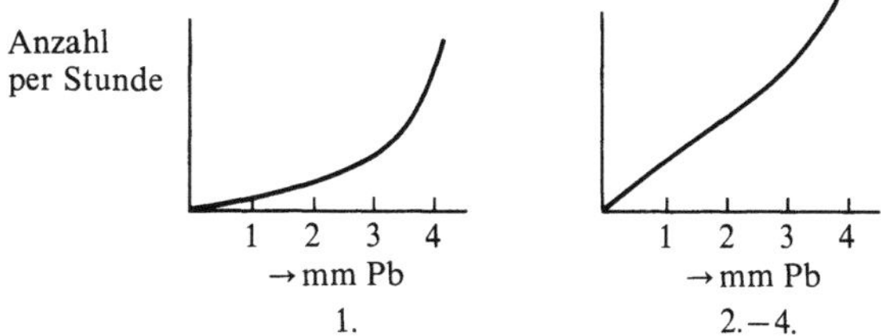

Nach Bhabha-Heitler[g] sollte 2. bis 4. mit waagrechter Tangente anfangen:

Wenn man aber einen kleinen Anteil Fermi-Schauer annimmt, so kann der in 1. praktisch zu vernachlässigen sein, dagegen in 2. bis 4. den zusätzlichen linearen Anstieg bewirken. Diesen Schluß zieht auch Blackett. Es gibt auch in der Literatur zwei Photographien (eine bei Blackett[h], eine bei Anderson[i]), wo aus einer Schicht von etwa 3 mm Pb ein Schauer von ca. 20 Teilchen entsteht. Ich bin nicht sicher, ob dies innerhalb der statistischen Schwankungen nach Bhabha-Heitler zu erklären ist.

Jedenfalls hab' ich jetzt die Hoffnung, daß man in sehr kurzer Zeit sehr bestimmtes experimentelles Material zur Frage der Fermi-Schauer haben wird.

Euler erzählte sehr begeistert von seinem Besuch in Zürich. Über die Frage der ρ-invarianten Formulierung der β-Kräfte hat er sich wohl inzwischen mit Fierz geeinigt.[j]

Sonst weiß ich nicht viel über Physik. – Dir und Deiner Frau nochmal vielen Dank und viele herzliche Grüße Dein W. Heisenberg[k]

a) Die Eheschließung fand am 29. April 1937 statt. – b) Heisenberg bezieht sich wahrscheinlich vor allem auf die Arbeiten von Pierre Auger und Louis Leprince-Ringuet. Siehe die unter [467], Anm. c und j zitierten Abhandlungen. – c) Jacob Clay, A. van Gemert and J.T. Wiersma: Decrease of Primaries, Showers and Ionization of Cosmic Rays under Layers of Lead and Iron. Physica **3**, 627–640 (1936). Siehe auch den Übersichtsartikel von J. Clay: The Intensity of Cosmic Radiation Under Thick Layers. Rev. Mod. Phys. **11**, 128–135 (1939). – d) J. Barnóthy und M. Forró: Messung der Ultrastrahlung im Bergwerk mit Koinzidenzmethode. Z. Phys. **104**, 744–761 (1937). – e) Y. Watase: Cosmic Ray Showers. Nature **139**, 671–672 (1937). Ausgegeben am 17. April 1937. (Diese Arbeit war unter der Anleitung von J. Kikuchi entstanden.) – f) Siehe Hu Chien Shan: Studies of Cosmic Ray Showers by Quintuple Coincidences. Proc. Roy. Soc. A **158**, 581–590 (1937). Eingegangen am 18. August 1936. – g) Siehe die im Kommentar zu [463], Anm. 2 zitierte Arbeit. – h) P.M.S. Blackett und G.P.S. Occhialini: Some Photographs of the Tracks of Penetrating Radiation. Proc. Roy. Soc. A **139**, 699–727 (1933). Die Abb. 21 zeigt 23 Spuren (bei 4 mm Pb). Siehe auch P.M.S. Blackett: La Radiation Cosmique. Paris 1935. – i) C.D. Anderson und S.H. Neddermeyer: Cloud Chamber Observations of Cosmic Rays at 4300 Meters Elevation and Near Sea-Level. Phys. Rev. **50**, 263–271 (1936). Dort in Fig. 3 ist ein Prozeß mit Beteiligung von 24 Elektronen abgebildet. – j) Euler kam im März durch Zürich und berichtete Heisenberg in einem Schreiben vom 13. März über seine Gespräche mit Pauli, Fierz und Wentzel: „Bei der Durchreise durch Zürich war ich einen Abend mit Fierz zusammen. Er sagte mir, daß ich Prof. Pauli besuchen solle, wo ich am nächsten Nachmittag war und auch Prof. Wentzel kennenlernte. Wir sprachen von den Kernkräften und β-Zerfall und ich hörte einige Dinge, die Sie sicher interessieren werden." Siehe auch das Schreiben von Euler an Fierz, 30. März 1937. (Archiv der ETH-Bibliothek in Zürich.) – k) Am Briefrand machte Pauli folgende Anmerkungen: „Keine charakteristische Länge? Strahlungstheorie (Weisskopf, höhere Näherungen). Kernzertrümmerungsschauer."

Das folgende Schreiben [474] signalisiert Paulis Abkehr von Heisenbergs Idee der universellen Länge. Der Einfluß des indischen Physikers Homi Bhabha, der während der Osterferien von Kopenhagen nach Zürich gekommen war, mehr aber noch Paulis eigene theoretische Bedenken waren ausschlaggebend für diese Wende. Heisenberg fand den Gedanken, „man solle die Explosionen ganz aufgeben, für eine üble Miesmacherei" [477]. Später waren Pauli wieder Zweifel gekommen, ob man die Ruhemassen der Elementarteilchen auch ohne eine solche universelle Länge erklären könnte [478].

Mit seinem Assistenten Markus Fierz wandte er sich nun anderen Problemen zu. Eines dieser Probleme war eine bisher ungelöst gebliebene Frage aus der statistischen Mechanik[1], die Pauli offenbar zur Ablenkung von „*dem* fundamentalen Problem der heutigen Physik" verhelfen sollte.

Das andere Problem war die sog. „Ultrarotkatastrophe". Diese trat im Formalismus der Quantenelektrodynamik bei der Behandlung der Bremsvorgänge geladener Teilchen auf, die unter Emission langwelliger Lichtquanten erfolgen. Im Grenzfall unendlich langer Wellen sollten die Ergebnisse der klassischen Theorie mit denen der Quantenmechanik übereinstimmen. Die quantentheoretische Rechnung ergab jedoch für diesen Grenzfall eine unendliche Zahl von Lichtquanten, die bei dem Bremsvorgang emittiert werden. Unabhängig von Pauli und Fierz (1938a) waren die damit zusammenhängenden Fragen von Felix Bloch und Arnold Nordsieck[2] behandelt worden ([476], [480] und [481]).

[1] Pauli und Fierz (1937).
[2] F. Bloch und A. Nordsieck: Note on the Radiation Field of the Electron. Phys. Rev. **52**, 54–59 (1937). Eingegangen am 14. Mai 1937. – A. Nordsieck: The Low Frequency Radiation of a Scattered Electron. Phys. Rev. **52**, 59–62 (1937). Eingegangen am 24. Mai 1937.

[474] Pauli an Heisenberg

Zürich, 2. Mai 1937

Lieber Heisenberg!
Vielen Dank für Deinen Brief. Vielleicht bist Du schon verheiratet, wenn dieser Brief eintrifft und nimm also nochmals die herzlichsten Glückwünsche von mir und meiner Frau entgegen. Ich zweifle gar nicht daran, daß die neue Lebensform Deiner Arbeit nur förderlich sein wird.

Ich selbst bin in letzter Zeit nicht sehr vorwärts gekommen. In diesen Tagen haben Fierz und ich uns mit der alten Frage des *H*-Theorems und Ergodensatzes etwas herumgeschlagen; es ist wohl eine rein pädagogische Frage, aber wir wollten sie einmal definitiv erledigen. Wir hoffen aber, sehr bald das alte Problem der Bremsstrahlung bei langen Wellen wieder aufzunehmen.[a] Von diesem glaube ich, daß es zwar im Rahmen der jetzigen Theorie bestimmt lösbar sein muß, daß Deine Methode es zu behandeln aber unrichtig war.[b]

Heute möchte ich aber einige andere Punkte gerne zur Diskussion stellen, die sehr eng mit den in Deinem Brief berührten Fragen zusammenhängen. Seit ich Dir zum letzten Mal geschrieben habe, habe ich nämlich meine Ansichten über diese Fragen teilweise geändert, so daß sie jetzt von den Deinen teilweise abweichen.

Nach wie vor halte ich das Problem der Wellenquantelung für *das* fundamentale Problem der heutigen Physik. Ich bin aber geneigt, die Idee von der Existenz einer universellen Länge fallen zu lassen – ja, es scheint mir gerade das vielleicht das Resultat unserer Rechnungen mit der Gitterwelt vom Wintersemester zu sein, daß Theorien *mit* einer solchen universellen Länge vernünftiger Weise in einer quantisierten Wellentheorie *nicht* zu endlichen Energiewerten führen können. – Hier muß ich vielleicht präzisieren: natürlich können aus den Ruhemassen m bzw. M die Längen $\hbar/mc$ bzw. $\hbar/Mc$ in *jeder* Theorie gebildet werden. Ich nenne aber „Theorien *ohne* universelle Längen“ solche, in denen bei hohen Teilchenenergien die Ruhemassen vernachlässigt ($=0$ gesetzt) werden können, und bei denen gerade bei hohen Teilchenenergien die Hamiltonfunktion der Wechselwirkung keine Konstante von der Dimension einer Länge enthält – so daß dann auch die Prozesse mit Bildung von vielen Teilchen in ihrer Häufigkeit relativ zu denen mit wenigen Teilchen bei hohen Energien *nicht* beliebig anwachsen. – Ich glaube nämlich, im gegenteiligen Fall kann man keine vernünftig-endlichen Energiewerte bei irgend einer relativistisch-invarianten Feldquantisierung erwarten. Die „universelle Länge“ macht ja auch bei der relativistischen Invarianz besondere Schwierigkeiten und scheint mir auch durch die Erfahrung nicht mehr gestützt (siehe unten). – *Ich möchte also gerne sämtliche Ideen aufgeben, die Deiner letzten Arbeit (der über die „Schauer“) zu Grunde liegen.*[c]

Was aber die Wellenquantisierung betrifft, so war es ja durchaus *nicht* möglich zu zeigen, daß relativistisch-invariante, nach der jetzigen Methode gequantelte Feldtheorien (mit Wechselwirkung *ohne* universelle Länge) überhaupt unmöglich seien. *Insbesondere würde ich sehr gerne wissen, was die gewöhnliche Diracsche Löcherstrahlungstheorie nach unserer Methode der Gitterwelt (ohne Störungstheorie nach* $e^2/\hbar c$*) behandelt, ergeben würde.* – Hier liegen die Verhältnisse schon rein dimensionell ganz anders und es würde mich auch deshalb sehr interessieren, was herauskäme, weil man bei dieser Theorie (im Gegensatz zur Fermischen Theorie des β-Zerfalls) sicher sein kann, daß sie wenigstens approximativ in einem gewissen Gebiet der Wirklichkeit entspricht. Das Problem ist aber mathematisch sehr schwierig und ich hatte bisher nicht genug Mut, es anzugreifen. Vielleicht kannst *Du* mir aber zu diesem Mut verhelfen. Selbst wenn aber im lim $d \to 0$ wieder ∞ für die Energiewerte herauskäme, müßte erst gezeigt werden, ob nicht nach geeigneter Subtraktion die Theorie *doch* streng konvergent und relativistisch-invariant gemacht werden kann. (Falls es *nicht* so ist, so würde ich gerne *genau* sehen, *warum* nicht!) *So könnte man jedenfalls sehr viel über die Wellenquantisierung lernen.* – Was denkst Du hierüber?

Betreffend die Theorie des β-Zerfalls ist zu sagen, daß keine logisch haltbare Theorie mit der Erfahrung übereinstimmt und *daß es vielleicht gerade die (in der Konstante f enthaltene) universelle Länge ist, die nicht der Wirklichkeit entspricht.*

Hiermit komme ich auf meine obige Behauptung zurück, daß die universelle Länge auch durch die Erfahrung nicht notwendig gefordert wird und komme damit auch zu dem sich auf die Höhenstrahlung beziehenden Teil Deines Briefes. Während der Ferien war Bhabha zu Besuch hier in Zürich und vielleicht bin ich zu sehr durch ihn beeinflußt; aber es sind mehr meine theoretischen Bedenken gegen die universelle Länge bei mir ausschlaggebend als Bhabhas spezielleren Ideen.

Also: darüber scheinen sich alle einig zu sein, daß man mit der Diracschen Theorie nur einen Teil der Höhenstrahlungsphänomene erklären kann. Insbesondere scheint weiter Einigkeit darüber zu bestehen, daß es zwei verschiedene Sorten von Schauern gibt, die schon rein äußerlich verschieden aussehen (vgl. dazu die Einleitung der Arbeit von Oppenheimer und Carlson im Physical Review)[d]. – Es fragt sich aber, wie die „Schauer zweiter Art“ zu deuten sind und ob es „Fermi-Schauer“ sind – d.h. ob sie wirklich etwas mit der Theorie des β-Zerfalls direkt zu tun haben – ist mir noch sehr die Frage. Bhabha zieht die Möglichkeit in Betracht, daß es *durch Protonen ausgelöste Kernzertrümmerungsprozesse* sind, bei denen *viele* Teilchen aus einem Kern des zwischengeschalteten Materials (z.B. Blei) in *einem* Prozeß entstehen. – Ob diese Deutung, die ja natürlich auch erst eine detaillierte Theorie erfordern würde, schon die richtige ist, weiß ich nicht; es scheint mir aber kein a priori Grund gegen *„Kern-*

zertrümmerungs-Schauer" bei so hohen Energien des schweren! Primärteilchens zu bestehen; vielleicht paßt es sogar zum Bohrschen Bild des intermediären Zustandes mit angelagertem Primärteilchen ganz gut. – Jedenfalls kann man das in Deinem Brief angeführte und ähnliches Versuchs-Material auch *so* zu deuten versuchen. – Und ich denke, „wir müssen darauf vorbereitet sein", daß die universelle Länge der β-Zerfalls-Theorie sich als unrichtig erweisen wird und daher die zugehörigen Mehrfach-Prozesse bei den Höhenstrahlen überhaupt keine nennenswerte Rolle spielen.

Selbst wenn ich einige Korrektionsfaktoren anbringe wegen a priori bestehender Abneigung gegen „Fermis ingenious theory",[e] so läßt sich doch wohl objektiv folgendes vertreten: Wenn eine Annahme theoretisch nur zu Schwierigkeiten Anlaß gibt und durch die Erfahrung auch nicht notwendig gemacht ist, so hat es doch entschieden etwas für sich, sie lieber gar nicht erst einzuführen!

In der Hoffnung, daß diese Kritik Dir mehr Anregung zum neu beginnenden Leben als Unbehagen verursachen wird, grüßt Dich sehr herzlich

Dein stets getreuer W. Pauli

a) Siehe hierzu Pauli und Fierz (1938a). – b) Siehe hierzu G. Wentzel: Quantum Theory of Fields (Until 1947). In Pauli Memorial Volume, S. 48–77. Dort insbesondere S. 55f. – c) Siehe Kommentar aus [463], Anm. 3. – d) Siehe [463], Anm. c. – e) Diese Bezeichnung für Fermis Theorie benutzte Pauli zuerst in [454].

[475] Pauli an Uhlenbeck

[Zürich], 4. Juni 1937
[Postkarte][a]

Lieber Uhlenbeck!

Ich schreibe Ihnen heute, um eine Art Gang nach Canossa anzutreten: In der publizierten Arbeit von Fierz über die Quantisierung der Theorie von Ihnen und Konopinski ist leider ein ganz dummer Rechenfehler (und zwar auf S. 128 oben bei der Ausführung der Transformation S_0).[b] Die Richtigstellung ergibt, daß die Quantisierung Ihrer Theorie nach Ausschließungsprinzip *ganz glatt geht* (wenigstens was Größen 1. Ordnung in g betrifft)!

Die Theorie von Ihnen und Konopinski ist also keinen anderen Einwänden ausgesetzt als die ursprüngliche Theorie von Fermi (unendliche Selbstenergie, Konvergenzfragen der Entwicklung nach g, etc.).

Was die Übereinstimmung mit der Erfahrung bei der Form der β-Spektren betrifft, so dürfte sie sich durch geeignete Linearkombinationen der Ansätze von Fermi und Ihnen sicher erzielen lassen.

Ich möchte gerne wieder einmal nach Holland kommen.

Viele Grüße stets Ihr W. Pauli

Natürlich wird bald eine Berichtigung von Fierz publiziert!

a) Die nach Utrecht adressierte Karte wurde an die University of Michigan in Ann Arbor weitergeschickt, wo Uhlenbeck an der Summer school of theoretical physics teilnahm. – b) Diese Tatsache war schon ein Monat zuvor bekannt, als Fierz seine „Berichtigung zu der Arbeit ‚Über die Quantisierung von Theorien des β-Zerfalls'" einreichte. Helv. Phys. Acta **10**, 204 (1937). Eingegangen am 4. Mai 1937.

[476] Pauli an Heisenberg

Zürich, 10. Juni 1937

Lieber Heisenberg!
Heute bekamen wir die Briefe von Fano[a] und Euler und ich möchte die Gelegenheit benützen, Dir wieder einmal zu schreiben.

1. Es scheint, daß auch *ich* auf meine Schüler besser aufpassen muß. Die Quantisierung der Uhlenbeck-Konopinski-Theorie nach Ausschließungsprinzip bietet in Wahrheit keine Schwierigkeiten.[b] Ich fasse dieses Resultat so auf, daß gegen die Uhlenbeck-Konopinski-Theorie keine *anderen* Einwände bestehen als gegen die ursprüngliche Theorie von Fermi: nämlich die allgemeinen Konvergenzeinwände gegen quantisierte Feldtheorien; womit die Sache also wieder bei diesem Hauptproblem stehen bleibt. Hast Du etwas Neues darüber?

2. Was das Strahlungsproblem bei langen Wellen betrifft, so geht die Lösung von Bloch-Nordsieck[c] offenbar in ähnlicher Richtung wie diejenige, die wir hier versucht (aber noch nicht zu Ende gerechnet) haben. – Zunächst haben wir nämlich auch – unter Vernachlässigung der oszillatorischen Ortsveränderungen des Elektrons unter dem Einfluß der Strahlung – die Thomson-Streuung exakt zu berücksichtigen versucht durch geeignete Wahl des Anfangszustandes im Strahlungsfeld. – Ob das *genau* mit dem Verfahren von Bloch-Nordsieck übereinstimmt oder nur ungefähr, kann ich wegen verschiedener Unklarheiten des Fanoschen Briefes noch nicht sagen. Den zweiten Teil (Berücksichtigung des Coulombfeldes oder eines anderen äußeren Kraftfeldes) haben wir noch nicht gemacht. – Wir werden wohl daraufhin das Problem nicht weiter behandeln und ich bin ganz froh, daß die Bloch-Nordsiecksche Arbeit gekommen ist, bevor wir allzu viel Zeit verloren haben. Aber ich wäre ganz froh, *wenn wir das Bloch-Nordsiecksche Manuskript gelegentlich leihweise bekommen könnten* (es muß ja nicht gleich sein und auch nur auf beschränkte Zeit), da ein Briefwechsel mit Fano sehr mühsam zu werden droht. Die Theorie des Bremsspektrums in der Nähe der Grenze $h\nu = eV$ wäre übrigens besonders im Hinblick auf die Du Mondsche h-Bestimmung[d] von großem Interesse.

3. Viel aufregender als alles dieses ist aber die Arbeit von Anderson und Neddermeyer im Physical Review vom 15. Mai über Teilchen mit Masse *zwischen* Elektron und Proton (Paare mit Ladung $+e$ und $-e$).[e] Daß das schon definitiv erwiesen ist, wage ich nicht zu behaupten, aber es ist *nicht* so, daß man die Sache von vornherein als vagen Unsinn abtun könnte! – Das würde natürlich die ganze Diskussion der kosmischen Strahlung (und vielleicht noch vieles andere auch!) auf eine neue Basis stellen. Was meinst Du dazu?

Ich wäre sehr froh, gelegentlich wieder von Dir zu hören und nehme an, es geht Dir gut!

Herzlichst Dein W. Pauli

a) Ugo Fano war ein Schüler von Fermi und arbeitete z.Z. am Leipziger Institut bei Heisenberg. – b) Siehe hierzu den vorhergehenden Brief [475] Paulis an Uhlenbeck. – c) Siehe die im Kommentar zu [474], Anm. 2 zitierte Arbeit. – d) Siehe J.W.M. Du Mond und V.L. Bollman: A Determination of h/e from the short Wave-length Limit of the Continuous X-Ray Spectrum. Phys. Rev. **51**, 400–429 (1936). – Jesse Du Monds Messungen von h/e durch Bestimmung der Grenze des kurzwelligen kontinuierlichen Röntgenspektrums sollte helfen, die damals herrschenden Unstimmigkeiten zwischen den Werten der Naturkonstanten zu beseitigen. Vgl. J.W.M. Du Mond: Pilgrims Progress in Search of the Fundamental Constants. Phys. Today Oktober 1965, S. 26–43. – e) Siehe hierzu den Kommentar zu [463].

[477] Heisenberg an Pauli

[Leipzig], 12. Juni 1937

Lieber Pauli!

Es wird Zeit, daß ich Dir auf Deine beiden physikalischen Briefe antworte.[a] Das Manuskript der Bloch-Nordsieckschen Arbeit[b] schick' ich Dir mit der gleichen Post. Die Lösung des Problems ist dort wirklich überraschend einfach und ich schäme mich, daß ich sie nicht selbst gefunden habe. Die Tendenz, mit der Ihr in Zürich die Frage behandeln wolltet, stimmt wohl ziemlich mit der Bloch-Nordsieckschen Arbeit überein. Es wäre vielleicht auch lohnend, das Ende des Spektrums auszurechnen – was ja Bloch-Nordsieck noch nicht getan haben – aber sicher auch recht umständlich. Willst Du das rechnen lassen? Fano wird wohl sicher nichts mehr über $d\nu/\nu$ rechnen wollen.[c] Vielleicht müßte man Bloch-Nordsieck fragen, ob sie selbst es nicht machen wollen, aber ich finde es jedenfalls wichtig, daß das Problem überhaupt angepackt wird.

Die Arbeiten von Anderson und Neddermeyer[d] und Blackett[e] scheinen mir tatsächlich starke Argumente für Teilchen größerer Masse als die der Elektronen zu enthalten.[f] Mir scheint dies auch garnicht so absurd, vielmehr paßt es mir in mancher Beziehung recht gut in das Bild einer künftigen Theorie der Elementarteilchen[g], das mir so vorschwebt. Ich kann mir nämlich schwer vorstellen, daß eine Theorie gerade nur zwei Teilchensorten mit so verschiedener Ruhemasse wie Elektron und Proton liefern soll. Es kommt mir viel vernünftiger vor, daß es sehr viele verschiedene Massen – wie sehr viele verschiedene Energiewerte – gibt. Nur sind ganz wenige davon stabil.

Für die praktischen Fragen der Höhenstrahlung würde ich auch mit Bhabha daraus die Konsequenz ziehen, daß die Bethe-Heitlerformel[h] für alle Energien richtig sein dürfte. Dabei halte ich es aber gleichzeitig für sicher, daß die sehr großen Stöße (z.B. ca. 400 Teilchen aus 26 cm Kohle + 7 mm Fe nach Messerschmidt)[i] *nicht* nach Bhabha-Heitler allein erklärt werden können.[j] Auch Bhabha scheint mir, daß er annähme, daß die „schweren" Elektronen manchmal kleine Schauer in *einem* Akt auslösen müßten. Bhabha stellt sich also die Entstehung eines großen Stoßes jetzt so vor: zuerst eine „Explosion", dann Kaskadenbildung. Damit bin ich sehr einverstanden, wobei ich nach wie vor glaube, daß sämtliche Teilchen oberhalb einer gewissen Energie solche Explosionen machen werden. – Ich halte also den Gedanken Deines vorletzten Briefes, man solle die Explosionen ganz aufgeben, für eine üble Miesmacherei; im Gegenteil bin ich mehr denn je überzeugt, daß da eigentlich der Schlüssel zur Wellenquantelung zu suchen ist.

Die ganzen Einzelheiten der Fermischen β-Theorie wird man dabei aufgeben müssen. Die Tatsache, daß Uhlenbeck-Konopinski jetzt doch durchführbar sein soll, macht mir auch nicht allzuviel Eindruck.[k] Ich könnte mir denken, daß man solche Ansätze, wie die Wentzels,[l] mit den neuen Teilchen in Verbindung bringen soll. Aber auch dies wird erst vernünftig gelingen, wenn man den Grenzfall hoher Energien in Ordnung hat.

Sonst weiß ich nicht viel Neues; entschuldige die miserable Schrift, aber ich schreibe diesen Brief im Bett, in das ich durch eine leichte Grippe für ein paar Tage verbannt bin. – Im Oktober soll ich in Genf einen Vortrag halten, da komme ich jedenfalls wohl durch Zürich.[m]

Mit vielen Grüßen von Haus zu Haus Dein W. Heisenberg

a) Brief [474] und [476]. – b) Siehe [476], Anm. c. – c) Fano wendete sich nun der Berechnung der elektrischen Kernquadrupolmomente zu, wie Heisenberg in einem Schreiben vom 29. Juni Kramers mitteilte. Vgl. U. Fano: Zur Deutung der elektrischen Quadrupolmomente der Atomkerne. Naturwiss. **25**, 602 (1937). Signiert Leipzig, 1. Juli 1937. – d) Siehe [473], Anm. i. – e) Siehe hierzu den Kommentar zu [463]. – f) Siehe hierzu den Kommentar zu [463] und den Brief [479]. – In seinem Schreiben an Bohr vom 5. Juli schrieb Heisenberg, er wisse nicht, ob er an die „instabilen, schweren Elektronen" glauben soll, die Anderson gefunden habe. Weiter bemerkte er: „Blackett jedenfalls hat starke Argumente *gegen* die Annahme, die ‚durchdringenden' Strahlen seien alle ‚schwere' Elektronen; ... er glaubt daher an ein Versagen der Bethe-Heitlerformel bei großen Energien, wobei die Grenzenergie für die verschiedenen Elemente verschieden ist. Ich habe über diese Frage, die allein vom Experiment entschieden werden kann, keine bestimmte Meinung." – g) Heisenberg hat bis zu seinem Lebensende wiederholt versucht, eine solche Theorie der Elementarteilchen aufzustellen. Ein erster Versuch, das Problem näher zu definieren, ist sein Aufsatz für die Planck-Festschrift: Über die in der Theorie der Elementarteilchen auftretende universelle Länge. Ann. Phys. (5) **32**, 20–33 (1938). – h) Siehe [461], Anm. h. – Heisenbergs damaliger Standpunkt ist in einer kurzen Notiz über „theoretische Untersuchungen zur Ultrastrahlung" in den Verh. D.P.G. **18**, 50 (1937) enthalten. – i) W. Messerschmidt: Untersuchungen über Ultrastrahlungsstöße. Z. Phys. **103**, 27–56 (1936). – j) Dieses Argument äußerte Heisenberg auch in einem Schreiben vom 5. Juli an Bohr: „Die Häufigkeit der ganz großen Stöße scheint mir z.B. ein ganz direkter Beweis für die Explosionen (z.B. findet Messerschmidt bei 20 cm C+0,7 cm Fe, d.h. nach Bhabha-Heitler 1∼1,5 Stöße bis zu ca. 300 Teilchen)." – k) Siehe [475] und [476]. – l) Siehe G. Wentzel: Zur Theorie der β-Umwandlung und der Kernkräfte. I und II. Z. Phys. **104**, 34–47; **105**, 738–746 (1937). Eingegangen am 12. Oktober 1936 und am 7. April 1937. – m) Pauli war zu diesem Zeitpunkt auf dem Moskauer Kernphysikkongreß (vgl. [478]).

[478] Pauli an Heisenberg

Zürich, 14. Juni 1937

Lieber Heisenberg!

Ich möchte mich gleich bedanken für Deinen trotz Grippe geschriebenen Brief sowie auch für das Bloch-Nordsiecksche Manuskript. Der erste Teil desselben ist in der Tat fast identisch mit dem, was wir gemacht haben;[a] nur haben wir die Theorie gleich unrelativistisch angesetzt mit der Hamiltonfunktion

$$H = \underset{\text{Strahlung}}{H_0} + \frac{1}{2m}\left(\vec{p} + \frac{e}{c}\vec{A}(q)\right)^2,$$

und haben dann bei gegebener c-Zahl p auch noch den (zur Thomson-Streuung Anlaß gebenden) Term $(e^2/2mc^2)\,A^2$ streng mitberücksichtigt. Vielleicht ist das aber auch überflüssig. – Nun studieren wir also das Kap. III der Bloch-Nordsieck-Arbeit (Elektron im äußeren Kraftfeld) und wollen eventuell auch über die spektrale Verteilung der Bremsstrahlung in der Nähe der kurzwelligen Grenze etwas rechnen. – Ich hoffe darüber bald näheres berichten zu können.

Nun noch eine Bemerkung zu unserer Kontroverse von früher über die Notwendigkeit einer universellen Länge.[b] Es ist mir noch immer fraglich, ob die nötig ist, z.B. enthält *die Wentzelsche Theorie*[c] *nur eine dimensionslose* Konstante. Auch dürften „Explosionen" auch in einer Theorie ohne universelle Länge vorkommen, nur würden sie dann bei hohen Energien die Prozesse mit wenigen Teilchen nicht an Häufigkeit überwiegen. Nur letzteres ist mir zweifelhaft, ich hatte aber niemals Einwände gegen das Vorkommen von Explosionen überhaupt.* (Explosionen = [echte] Mehrfachprozesse.)

An der Wentzelschen Theorie gefiel mir nicht, daß es sich um Bose-Teilchen handeln soll; ich möchte auch lieber, daß die Andersonschen Teilchen dem Ausschließungsprinzip gehorchen sollen. Hältst Du überhaupt die Existenz von (nicht komplexen) Bose-Teilchen für wahrscheinlich?[d]

Es ist möglich, daß ich Ende September und Anfang Oktober in Moskau bin, wo ich zu einem Kern-Kongreß eingeladen wurde;[e] dann würde ich Dich leider versäumen. Aber sicher ist es noch nicht und andernfalls würde meine Frau und ich uns sehr freuen, Euch zu sehen. Auch würde ich vielleicht ein paar Tage selbst nach Genf kommen.

Ich hoffe, daß Du bald wieder ganz gesund sein wirst. Viele Grüße (unbekannterweise auch an Deine Frau von uns beiden) und nochmals vielen Dank.

Stets Dein W. Pauli

a) Siehe Pauli und Fierz (1938a). – b) Siehe [474] und [477]. – c) Siehe die in [477], Anm. 1 zitierten Abhandlungen. – d) Siehe hierzu J.F. Carlson: Energy Losses of Pauli-Weisskopf Particles. Phys. Rev. **53**, 330 (1938). – Siehe auch [479]. – e) Siehe hierzu [480].

[479] Heisenberg an Pauli

[Leipzig,] 17. Juni 1937

Lieber Pauli!

Vielen Dank für Deinen Brief. Inzwischen hat mir Blackett geschrieben und ich habe aus seinem Brief gelernt, daß doch an der Behauptung Andersons, die durchdringende Komponente der Höhenstrahlen bestehe aus „schweren" Elektronen, etwas noch nicht stimmt: Blackett hat seine Versuche jetzt mit Cu wiederholt und gefunden, daß der Energieverlust der Teilchen bis ca. 10^9 *e*-Volt in Cu bei gleicher Plattendicke etwa ebenso groß, eher größer als in Pb ist.[a] D.h. er ist in Cu etwa so groß, wie die Theorie von Bethe-Heitler fordert. Ferner bilden sich bei diesen Energien in Cu ziemlich häufig Kaskadenschauer von ein paar Teilchen, auch etwa so oft, wie Bhabha-Heitler verlangen. Wenn dies wahr ist, muß es aber wohl bedeuten, daß Blacketts Teilchen Elektronen sind und daß die Bethe-Heitlerformel bei Energien bis 10^9 *e*-Volt in Cu gilt,

---

* Andrerseits kann man natürlich sagen, daß die Existenz der Ruhemassen an sich gewissermaßen *für* eine universelle Länge in der Theorie spricht, denn die Ruhemassen müssen doch auch irgendwo herkommen, ohne vom Himmel zu fallen.

aber in Pb nicht, daß sie ferner bei höheren Energien weder in Cu noch Pb gilt. – Davon unabhängig rechnet Blackett mit der Möglichkeit, daß es außerdem schwere Teilchen gäbe.[b]

An Teilchen mit Ladung und Bosestatistik glaube ich nicht besonders gern, aber man muß hier eben abwarten.

Was die Explosionen betrifft, so war meine Argumentation etwa die: Wenn es überhaupt Explosionen mit sagen wir 100 Teilchen mit meßbarer Häufigkeit gibt, so muß dies bedeuten, daß in diesem Energiegebiet das Matrixelement für den Einzelprozeß (in den entsprechenden Einheiten) nahezu gleich 1 ist. Wenn nun die Theorie keine universelle Länge enthält, so würde dies dann für alle Energien gelten. Es müßte also schon ein Elektron von 10^7 *e*-Volt normalerweise in ca. 10 bis 20 Teilchen zerfallen, sofern die betreffenden Kräfte (Kernkräfte) überhaupt ins Spiel kommen. Nur wenn die Theorie eine universelle Länge enthält, kann die Häufigkeit von der Energie abhängen. Nun ist zwar das erstere durch die Experimente vielleicht nicht ausgeschlossen, aber das zweite scheint mir wahrscheinlicher.

Alles in allem: es müssen noch viele Experimente gemacht werden, bevor vernünftig Theorie getrieben werden kann.

Daß Du im September zu unserer Konkurrenz fahren willst, ist ja sehr interessant;[c] ich bin neugierig, was Du nachher erzählen wirst. Vielleicht treffen wir uns Ende Oktober doch noch in der Schweiz.

Mit vielen Grüßen von Haus zu Haus Dein W. Heisenberg

a) Siehe hierzu [477], Anm. f und J.G. Wilson: The energy loss of penetrating cosmic-ray particles in copper. Proc. Roy. Soc. A **166**, 482–501 (1938). Eingegangen am 10. Februar 1938. – b) Siehe hierzu auch P.M.S. Blackett: The nature of the penetrating component of cosmic rays. Proc. Roy. Soc. A **165**, 11–31 (1938). – c) Heisenberg bezieht sich auf Paulis geplante Rußlandreise. (Siehe hierzu [480].)

Vom 20. bis zum 26. September 1937 fand der zweite Allunionskongreß über Kernphysik in Moskau statt. Pauli wurde eingeladen und er beabsichtigte, die Veranstaltung diesmal in Begleitung seiner Frau zu besuchen [481 a]. Die Nachrichten über die politischen Prozesse in der Sowjetunion [487] waren sehr beunruhigend.[1] Pauli erkundigte sich bei seinem ehemaligen Assistenten Weisskopf über technische Einzelheiten der Reise [480]. Weisskopf hatte 1932 neun erlebnisreiche Monate in der Sowjetunion verbracht und war 1936 nochmals dort gewesen. In einem Schreiben vom 24. Januar 1937 gab Born Weisskopfs Eindrücke an Einstein weiter: „Er [Weisskopf] schrieb, daß dort eine große Angst vor deutschen ‚Spionen' herrscht."

Diese Rußlandreise wollte Pauli mit einem Besuch in Kopenhagen verbinden, wo Anfang September ebenfalls eine kleine Kernphysikerkonferenz durch Bohr angekündigt war [482].

Bohr war damals mit seinem „Regentropfenmodell" des Kerns beschäftigt. Ein solches Tröpfchenmodell wurde schon vor der Entdeckung des Neutrons von Gamow diskutiert. Wegen der Absättigung der (kurzreichweitigen) Kernkräfte war ein solches Modell besonders gut zur phänomenologischen Beschreibung schwerer Kerne geeignet. Durch die späteren Verfeinerungen erwies sich dieses Modell als ein ausgezeichneter Leitfaden zur Erschließung der Kernstruktur. Bohr hatte im Vorjahr auf dieser Grundlage eine Theorie der Kernumwandlungen entwickelt,[2] die er nun gemeinsam mit Fritz Kalckar weiter ausgestaltete.[3]

Doch konnte Pauli an einer Physik, die im wesentlichen auf Näherungsrechnungen angewiesen war, und die er deshalb als „schmutzige Physik" bezeichnete, keinen großen Geschmack finden [482].

[1] Siehe hierzu K.v. Meyenn: Theoretische Physik in den dreißiger Jahren. Die Entwicklung einer Wissenschaft unter ideologischen Zwangsbedingungen. Gesnerus **39**, 417–435 (1982).
[2] N. Bohr: Neutroneneinfang und Bau der Atomkerne. Naturwiss. **24**, 241–243 (1936).
[3] Siehe N. Bohr und F. Kalckar: On the Transmutation of Atomic Nuclei by Impact of Material Particles. Det Kgl. Danske Videnskabernes Selskab. Math.-fys. Meddelelser. XIV, 10 (1937).

[480] Pauli an Weisskopf

Zürich, 20. Juli 1937

Lieber Herr Weisskopf!
Vielen Dank für Ihre Karte. Diesmal haben meine Frau und ich ernstlich die Absicht, zu kommen, um dann nach Rußland weiterzufahren. Meine Finanzlage ist momentan etwas knapp, aber die Russen haben versprochen, sowohl den Aufenthalt in Rußland als auch die Rückfahrkarten nach Zürich für uns zu bezahlen und wenn das Kopenhagener Institut noch einen Beitrag zur Reise dorthin bezahlt, sollte es schon gehen.

Darf ich Sie bei dieser Gelegenheit bitten, mir über die Reise von Kopenhagen nach Leningrad einige Auskünfte zu geben (es ist ja dieselbe, die Sie selbst gemacht haben). Wie lange etwa fährt man, wo mit dem Schiff, wo fährt man nachts (dort ist wohl eventuell Schlafwagen nötig) und wieviel *etwa* kostet die Reise II. Klasse pro Person? (Hier sagte man uns etwa 110 Schweizer-Franken.) Ist für Finnland (bei österreichischem Paß) ein Durchreisevisum nötig? (In Schweden, soviel ich weiß, nicht.) Ich hörte, es gäbe als andere Alternative noch die Schiffsreise von Kopenhagen über Helsingfors nach Leningrad. Da ist die Verpflegung in dem Fahrpreis eingerechnet und sie kommt daher eher billiger. Wissen Sie, wie lange die dauert, ob es schwedische oder dänische Schiffe sind und ob das empfehlenswert ist? Wir haben etwas Angst vor der Seekrankheit, denn wir haben noch die Fahrt von England nach Dänemark von früher in schlimmer Erinnerung (ganz im Gegensatz zu den Amerikareisen, wo wir nie seekrank wurden, da die Schiffe viel größer sind).

In Kopenhagen hat es wohl eine Sowjetbotschaft, wo man die russischen Einreisevisa abholen kann?

Ich frage Sie all dies nur*, weil in Zürich die Reisebüros momentan sehr überfüllt sind und man nur sehr unwillig Auskünfte bekommt, wenn man nicht gleich Geld auf den Tisch legt; und weil Sie ja dieselbe Reise schon gemacht haben. Ich weiß übrigens wohl, daß das rechtzeitige Eintreffen der russischen Visa immer ein großer Unsicherheitsfaktor ist.

Nun möchte ich weiter fragen, wer alles zur Konferenz in Kopenhagen kommen wird[b] und was ihr ungefähres Programm sein wird. Das Bohrsche

* eventuell beantworten Sie es erst, wenn Sie wieder in Kopenhagen sind.[a]

„Regentropfen-Modell" für den Kern interessiert mich nämlich überhaupt nicht (ich habe also nichts dagegen, wenn er täglich von 7–9 Uhr früh darüber vortragen wird[c]). Es ist das immer so: wenn man die Formeln allgemein aufschreibt, enthalten sie 17 Konstanten, die man nicht kennt; wenn man die dann mit Näherungsannahmen spezialisiert, stimmt es aber hinten und vorne nicht mehr mit der Erfahrung. Überhaupt ist die *Theorie* der Kerne momentan kaum der Mühe wert, sich mit ihr zu beschäftigen. Man soll da lieber abwarten, bis einige *experimentelle* Tatsachen geklärt sind, vor allem die noch immer von den Herren Experimentatoren nicht durchgeführten Versuche über Stöße leichter Kerne (zur näheren Ermittlung des Kraftgesetzes) und die nähere Untersuchung der sog. durchdringenden Komponente der Höhenstrahlung (ob und welche neuen Teilchen existieren?). NB. Ich *möchte gerne*, daß neue Teilchen existieren sollen, bin aber mit Bohr darin einig, daß das bisher vorliegende experimentelle Material (von Anderson u.a.) noch nicht beweisend ist.

Bezüglich *Theorie* habe ich also nur Interesse an der Abteilung ‚Nicht-Kernphysik' und kündige einen Bericht an über „Die Emission langwelliger Lichtquanten in der Strahlungstheorie"[d]. Dies ist ja ein Problem, an welchem Sie in Zürich eine Zeitlang gehangen sind und es wird Sie daher sicher interessieren, darüber zu hören. Auch wird mich sehr interessieren, was Bohr dazu sagt, da ich eigentlich die Sache physikalisch noch besser durchschauen möchte. Ein großer Fortschritt ist übrigens, während unsere Arbeit noch im Gange war, von *Bloch* und *Nordsieck*[e] bei diesem Problem erzielt worden. Andrerseits haben diese Verfasser die Formeln nicht so weit diskutiert, daß man sehen kann, wo die bisherige Theorie etwas falsches gibt.

Ich will Ihnen gleich das Resultat schreiben für den folgenden einfachen Fall: Ein ausgedehnter geladener Körper (dessen elektromagnetische Masse gegen seine mechanische Masse vernachlässigbar sei) fliegt durch ein äußeres Kraftfeld mit dem Potential $V(q)$. Die Geschwindigkeit des Körpers sei stets klein gegen die Lichtgeschwindigkeit, so daß *unrelativistisch* gerechnet werden kann. Gefragt ist *1)* nach der Wahrscheinlichkeit, den Körper um einen gegebenen Winkel** abgelenkt zu finden, wenn gleichzeitig sein Energie*verlust* E durch Strahlung $E=E_0-E_0'$ zwischen E und $E+dE$ liegt. *2)* nach der Spektralverteilung des emittierten Spektrums*** bei geg[ebenem] Ablenkungswinkel des Elektrons.

Ich will hier nur den Fall betrachten, daß das Kraftfeld so schwach ist, daß die *Bornsche Näherung* in Bezug auf $V(q)$ erlaubt ist. (Das schließt übrigens den *klassischen* Grenzfall auch aus!) (Wir versuchen jetzt, uns von dieser Voraussetzung zu befreien. In den letzten Tagen habe ich eben die 2te Bornsche Näherung nach der exakten Theorie gerechnet. Es scheint, daß nur am Quantitativen sich hierbei etwas ändert, während qualitativ der Unterschied der beiden Theorien derselbe bleibt wie im folgenden beschrieben.) In dieser Bornschen Näherung gibt die bisherige Theorie folgende Antworten (siehe z.B. das Heitlersche Buch[f]):

Antwort auf 1):

** exakter: ϑ im Intervall $(\vartheta, \vartheta+d\vartheta)$; $d\Omega=\sin\vartheta\, d\vartheta\, d\varphi$.

*** mittlere pro Zeiteinheit ausgestr[ahlte] Energie im Frequenzbereich $(\nu, \nu+d\nu)$.

a) elastische Ablenkung, $E=0$:
W[irkungs]querschn[itt]:

$$q=\frac{d\Omega}{4\pi^2\hbar^4}m^2|(p'_0|V|p_0)|^2.$$

(Matrixelement mit ebenen Wellen; p'_0 und p_0 = End- und Anfangsimpuls; m = Masse des Körpers.)

b) scharf davon getrennt:
unelastische Ablenkung (begleitet von Emission *eines* Quants) $E=\hbar\omega$.

$$dq=\frac{d\Omega}{4\pi^2\hbar^4}\frac{|p'_0|}{|p_0|}\frac{dE}{E}\frac{e^2}{\hbar\pi c^3}\int(\vec{p}_0-\vec{p}'_0)^2|(p'_0|V|p_0)|^2\underbrace{\int\frac{d\Omega_s}{4\pi}\sin^2\alpha}_{=2/3}$$

($d\Omega_3$ = Ablenkung des Lichtquants.) α = Winkel zwischen Lichtquant und Richtung.)

Bekanntlich ist das Integral von dq über alle E bei $E=0$ logarithmisch divergent. Die neue Theorie interpretiert das folgendermaßen um: Es gibt *keine* Prozesse mit vollkommen elastischer Streuung ($E=0$), sondern nur viele Prozesse mit sehr kleinem E. Bei jedem Prozeß werden (eventuell neben *einem* größeren $\hbar\omega$ unendlich viele *kleine* Quanten (deren Gesamtenergie aber klein ist) emittiert. Dies haben schon Bloch und Nordsieck geschlossen. Noch nicht aber steht bei diesen Autoren die folgende Formel für dq;

$$dq=\frac{d\Omega}{4\pi^2\hbar^4}\left|\frac{p'_0}{p_0}\right|\frac{dE}{E}\left(\frac{E}{\hbar\omega_1}\right)^{\frac{e^2}{\hbar c}\frac{2}{3\pi}\frac{(\vec{p}_0-\vec{p}'_0)^2}{m^2c^2}}\cdot\frac{2}{3\pi}\frac{e^2}{\hbar c^3}(\vec{p}_0-\vec{p}'_0)^2|(p'_0|V|p_0)|^2. \qquad \text{(I)}$$

Hierbei ist angenommen, daß der Exponent von $(E/\hbar\omega_1)$ eine sehr kleine Zahl ist*; $\omega_1=2\pi c/d$ ist die Abschneidefrequenz; d = Körperdimension.

Bezeichnet man den Exponent einen Augenblick mit C, so ist für $E\gg\hbar\omega_1 e^{-1/C}$ der Faktor $(E/\hbar\omega_1)$ merklich ~ 1. Dagegen nimmt er mit $E\to 0$ im kleinen Übergangsgebiet $E\sim(\hbar\omega_1 e^{-1/C}, 0)$ steil zu Null ab.

Der Exponent bewirkt, daß das $\int_0^E dq$ *nun endlich wird* und zwar wird es – wenn erstreckt über ein Intervall, in welchem noch $|p'_0|=|p_0|$ gesetzt werden kann (dann ist $(\vec{p}'_0-\vec{p}_0)^2=|p_0|^2 2\cdot(1-\cos\vartheta)$ – gerade gleich

$$\int_0^E dq=\frac{d\Omega}{4\pi^2\hbar^4}m^2|(p'_0|V|p_0)|^2\cdot\underbrace{\left(\frac{E}{\hbar\omega_1}\right)^{\frac{e^2}{\hbar c}\frac{2}{3\pi}\frac{|p_0|^2}{m^2c^2}2\cdot(1-\cos\vartheta)}}_{\text{(wird rasch}=1\text{ für nicht ganz kleine }E.)}$$

konform mit dem Resultat der alten Theorie für die *elastische* Streuung. (Beachte: der Faktor e^2 wird bei der Integration aufgefressen!)

---

* Dies ist der Fall, wenn $e^2/\hbar c$ klein ist (e = Ladung des *Körpers*!) Im rel[ativistischen] Gebiet steht statt $(\vec{p}_0-\vec{p}'_0)^2/m^2c^2$ etwas, was für große Energien [nur] wie $\log E_0/mc^2$ anwächst (konform mit Heitler-Bethe).

Das Überraschende dabei ist nun dieses: *bei allen Fragen auf welche die alte Theorie keine richtige Antwort gäbe, kommt doch die Abschneidefrequenz* ω_1, *wesentlich herein, obwohl es sich um lange Wellen (kleine Quanten) handelt.* Dies ist der Punkt, über den ich gerne Bohrs Meinung hören würde. Ich bin aber dieses Resultates *völlig sicher*, es wird auch nicht wesentlich verändert, wenn man hier vernachlässigte Effekte mitberücksichtigt (z.B. wurde die Strahlung der unrel[ativistischen] Theorie entsprechend als Dipolstrahlung behandelt; Berücksichtigung der Retardierung ändert *nichts* an dem Umstand, daß für $\omega_1 \to \infty$ alle Wirk[ungs]querschn[itte] 0 werden.) Ich glaube auch, daß die hier besprochene Theorie für endliche Probekörper im Quanten-Gebiet der Wirklichkeit entspricht:* Könnte einer sehr kleine Energieverluste eines geladenen Körpers sehr genau bestimmen (was technisch schwierig, aber prinzipiell möglich ist), so könnte er aus der Theorie die Größe des Körpers bestimmen.

Das Auftreten der Abschneidefrequenz ω_1 im Resultat (obwohl die ganze Selbstenergie sowieso schon weggelassen wurde!) ist auch formal verständlich durch folgende Erwägung: Entwickelt man *formal* die Funktion $(E/\hbar\omega_1)^C$ nach Potenzen von C (d.h. von e^2) gemäß

$$\left(\frac{E}{\hbar\omega_1}\right)^C = \exp\cdot\left\{C\log\left(\frac{E}{\hbar\omega_1}\right)\right\} = 1 + C\log\left(\frac{E}{\hbar\omega_1}\right) + \frac{1}{2}C^2\left(\log\frac{E}{\hbar\omega_1}\right)^2,$$

so kommt man auf sukzessive Näherungen der gewöhnlichen Strahlungstheorie zurück. Es ist aber bekannt, daß die Terme proportional e^4 dann bei punktförmigen Körpern divergieren.

Was die Antwort auf die obige Frage 2) nach der spektralen Energieverteilung der emittierten Strahlung betrifft, so kann ich mich viel kürzer fassen: es ergibt sich, daß die Formeln der alten Theorie für die pro Zeiteinheit (bei gleichzeitiger Ablenkung des Elektrons in einen Winkelbereich $d\Omega$ mit welcher Energie auch immer) im Frequenzintervall $d\omega$ emittierte Strahlung in der neuen Theorie nur mit einem Faktor

$\left(\frac{\omega_0-\omega}{\omega_1}\right)^{\frac{e^2}{\hbar c}\frac{2}{3\pi}\frac{(\vec{p}_0-\vec{p}_0')^2}{m^2c^2}}$ multipliziert wird, wobei $\omega_0 = E_0/\hbar$ die Kante des Bremsspektrums und ω_1 wieder die Abschneidefrequenz bedeutet ($\omega_1 \gg \omega_0$). Dieser Faktor ist nur in unmittelbarer Nähe der Kante merklich von 1 verschieden, während er dort in einen schmalen Bereich zu 0 abfällt. (Dort ist allerdings auch die Bornsche Näherung ganz schlecht!)

Dies kommt physikalisch so zu Stande: nach der neuen Theorie ist der geladene Körper immer gezwungen, neben dem großen Quant $\hbar\omega$ in einem Prozeß unendlich viele kleine Quanten (deren Gesamt*energie* aber sehr klein bleibt) zu emittieren. Ist aber ω in der Nähe der Kante, so bleibt für die kleinen Quanten schließlich nicht mehr genügend Energie zur Verfügung, weshalb die Lichtemission dort gezwungen wird, überhaupt klein zu werden.

Nun, es bleibt noch viel zu sagen und auch zu ixen; ich hoffe noch mehr darüber zu wissen, wenn ich nach Kopenhagen komme. Dort will ich auch erzählen, wie die Resultate abgeleitet werden. Vielleicht besprechen Sie aber

* Wie es bei wirklichen Elektronen ist, wissen die Götter!

diesen Brief mit Bohr, wenn Sie ihn wiedersehen. Es ist doch gut, wenn er schon vorher weiß, worum es sich handelt.[g] Fierz kommt voraussichtlich auch nach Kopenhagen (ihm braucht Bohr nichts zu zahlen, sein Vater verdient genug Geld).

Meine Frau läßt grüßen und will Ihrer Frau demnächst separat schreiben. – Ich hoffe die Post wird Sie in dem bißchen Alt-Aussee schon finden und es wird Ihnen Spaß machen, an einem der zahlreichen Regentage diesen Brief zu lesen.

Viele Grüße und hoffentlich auf Wiedersehen in Kopenhagen!

Stets Ihr W. Pauli

a) Weisskopf hielt sich z.Z. in einem Sommerhaus der Familie in Alt-Aussee bei Bad Ischl auf. – b) U.a. kamen Heisenberg mit seiner jungen Frau und Peierls [483] nach Kopenhagen und, wie wir weiter unten erfahren, auch Pauli mit seinem Assistenten Fierz. – c) Pauli war bekanntlich kein Frühaufsteher. – d) Pauli trug in Kopenhagen über seine gemeinsam mit Fierz durchgeführten Untersuchungen „Zur Theorie der Emission langwelliger Lichtquanten" vor. Ein drei Seiten umfassendes Schreibmaschinenmanuskript befand sich im Niels Bohr Institut in Kopenhagen. Siehe Anlage zu [480]. – e) Siehe die in Anm. 2 zum Kommentar von [474] zitierte Abhandlung. – f) W. Heitler: The Quantum Theory of Radiation. Oxford 1936. – g) Vgl. hierzu Pauli und Fierz (1938a).

Anlage zu [480][a]

Zur Theorie der Emission langwelliger Lichtquanten

W. Pauli (Zürich)

Neben den bekannten Schwierigkeiten der Quantenelektrodynamik, welche die unendliche Selbstenergie eines geladenen Teilchens betreffen, gibt es bekanntlich auch ein divergentes Resultat dieser Theorie, welches die Emission von Lichtquanten sehr kleiner Frequenz betrifft. Die Wahrscheinlichkeit, ein geladenes Teilchen beim Durchgang durch ein Kraftfeld in einer bestimmten Richtung abgelenkt zu finden, wobei es zugleich einen im Intervall $(E, E+dE)$ liegenden Energieverlust erleidet, ergibt sich nämlich nach dieser Theorie als für kleine E proportional zu dE/E. Integration dieser Wahrscheinlichkeit über ein endliches Intervall ergibt daher eine bei $E=0$ logarithmische Unendlichkeit.

Andrerseits ist es bekannt, daß für Probekörper endlicher Ausdehnung die Quantenelektrodynamik stets endliche Resultate ergibt, und es schien deshalb aussichtsreich, das in Rede stehende Problem für geladene Körper mit der endlichen Dimension a und der zugehörigen „Abschneidefrequenz" $\omega_1 = 2\pi c/a$ genauer zu untersuchen. Ein wichtiger Fortschritt in dieser Richtung ist bereits von Bloch und Nordsieck* erzielt worden, die das Problem unter der Voraussetzung, daß

$$\frac{e^2\omega_1}{mc^3} \ll 1 \quad \text{und} \quad \frac{h\omega_1}{mc^2} \ll 1 \tag{1}$$

(worin e[b] und m Ladung und Ruhemasse des Körpers bedeuten) wesentlich vereinfachen konnten. Sie zeigten nämlich, daß in diesem Fall das kräftefreie

* Phys. Rev. **52**, 54–59, 1937.

Problem sich durch eine geeignete kanonische Transformation mit genügender Näherung lösen läßt. Das Strahlungsfeld kann dann durch Angabe der bei Abwesenheit von Kräften zeitlich konstanten Anzahl von „freien“ Lichtquanten beschrieben werden. Durchläuft sodann der Körper ein Kraftfeld, so tritt stets die Emission unendlich vieler freier Lichtquanten ein, von denen fast alle sehr kleinen Frequenzen entsprechen, da die gesamte emittierte Strahlungsenergie endlich ist. Hingegen treten vollkommen strahlungslose Ablenkungen des Teilchens nicht mehr auf.

Um die Gültigkeitsgrenzen der bisherigen Theorie genauer zu untersuchen, ist es jedoch nötig, den Energiesatz genauer zu berücksichtigen, als es von den genannten Autoren geschehen ist und im Falle, wo die Geschwindigkeit v des Teilchens klein gegen die Lichtgeschwindigkeit c ist und überdies gilt

$$\frac{e^2}{\hbar c} \cdot \frac{v^2}{C^2} \ll 1, \tag{2}$$

haben wir folgende Resultate erhalten:

Der aus der alten Theorie folgende Ausdruck für die Wahrscheinlichkeit, das Teilchen mit einem Energieverlust im Intervall $(E, E+dE)$ in gegebener Richtung abgelenkt zu finden, multipliziert sich mit dem Faktor

$$\left(\frac{E}{\hbar\omega}\right)^{\frac{2}{3\pi}\frac{e^2}{\hbar c}\frac{(\vec{v}-\vec{v}')^2}{c^2}} \tag{3}$$

worin $\vec{v}$ und $\vec{v}'$ den Geschwindigkeitsvektor des Teilchens im Anfangs- bzw. Endzustand bedeuten. Dies hat zur Folge, daß dieser Ausdruck nunmehr bei $E=0$ integrierbar wird; und zwar folgt für die Gesamtwahrscheinlichkeit, das Teilchen mit einem Energieverlust im endlichen Intervall $(0, E)$ in gegebener Richtung abgelenkt zu finden ein Betrag, der sobald nur E klein gegen die Anfangsenergie $E_0 = \hbar\omega_0$ des Teilchens, aber groß gegen $\hbar\omega_1 \, exp\left(-\frac{2}{3\pi}\frac{e^2}{\hbar c}\cdot\frac{(\vec{v}-\vec{v}')^2}{c^2}\right)$ ist, sehr nahe übereinstimmt mit dem Resultat der alten Theorie für strahlungslose Übergänge. Mit dem gleichen Faktor (3) multipliziert sich der Ausdruck der bisherigen Theorie für die pro Zeiteinheit im Frequenzintervall $(\omega, \omega+d\omega)$ ermittierte Energie, wenn für $E=\hbar(\omega-\omega_0)$ ($\omega_0 =$ Frequenz der kurzwelligen Kante des Bremsspektrums) substituiert wird. Dies hat jedoch nur in unmittelbarer Nähe dieser Kante eine Modifikation des Spektrums zur Folge.

Es ist bemerkenswert, daß für diejenigen Fragen, auf welche die bisherige Theorie eine inkorrekte Antwort gibt, die Abschneidefrequenz ω_1 eine wesentliche Rolle spielt, obwohl es sich hier um Effekte handelt, bei denen die Lichtwellenlängen groß gegen die Dimensionen des geladenen Körpers sind. Daher dürfte eine Verbesserung der Theorie für Punktladungen bzw. wirkliche Elektronen auch bei dem hier betrachteten Problem nicht ohne Eingehen auf die fundamentalen Selbstenergieschwierigkeiten der Quantenelektrodynamik möglich sein.

a) Eine Kopie des Manuskriptes wurde uns freundlicherweise von Erik Rüdinger zur Verfügung gestellt. – b) Im Manuskript steht versehentlich an Stelle von e eine 2.

[481] Pauli an Weisskopf

Zürich, 3. August 1937

Lieber Herr Weisskopf!

Haben Sie vielen Dank für Ihren Brief mit den für uns sehr wertvollen Angaben über die Rußlandreise. Inzwischen hatte ich bereits wegen Übersendung der Visa nach Kopenhagen an die Russen geschrieben, was mir auch von diesen bestätigt wurde. Man kann ja eventuell einen Tag später fahren als Frau Peierls.[a]

Bohrs Interesse für halbempirische Kernmodelle beängstigt mich und läßt mich für die Kopenhagener Konferenz nichts Gutes ahnen. (Wird übrigens Heitler kommen? Es wäre wünschenswert wegen der Höhenstrahlungsdiskussion.)

Was die „Ultrarotkatastrophe" betrifft, so glaube ich Ihre Einwände das Auftreten der Abschneidefrequenz betreffend entkräften zu können. Ich habe von meinem ausgedehnten geladenen Probekörper (Ladung e, mech[anische] Ruhemasse m, Radius a, Abschneidefrequenz $\omega_1 = 2\pi c/a$) immer angenommen, daß $a \gg e^2/mc^2$, d.h. $e^2\omega_1/mc^3 \ll 1$, was durch Vergrößerung der Masse m des Körpers (bei gegebener Anfangsgeschwindigkeit) stets erzielt werden kann. (NB. Ich habe auch der Bequemlichkeit halber die mit der Linienbreite bzw. Dämpfung zusammenhängenden Terme der relativen Ordnung $e^2\,\omega/mc^3$ zunächst weggelassen; wir wollen sie aber noch ausrechnen.) Ich glaube, daß eben dies auch die Voraussetzung dafür ist, daß die Elektrodynamik einen Sinn hat. Dann zeigt sich, daß noch andere Terme der relativen Ordnung $e^2/\hbar c \log(\omega/\omega_1)$ stehen bleiben; diese geben in höheren Näherungen der gewöhnlichen Strahlungstheorie* auch zu Divergenzen Anlaß und sind dadurch gekennzeichnet, daß sie nur logarithmisch divergieren und nicht wie $\int dk$ und daß eine Vergrößerung der mech[anischen] Masse nicht hilft, um sie (bei gegebenem ω_1) relativ klein zu machen. Sie scheinen übrigens eng mit der berüchtigten Termverschiebung[b] zusammenzuhängen, die neben der Dämpfung in der gewöhnlichen Strahlungstheorie immer auftritt.

Ich weiß jetzt noch nicht, ob es mir technisch möglich sein wird, vor der Konferenz noch weitere Rechnungen zu schicken.[c] Die Verallgemeinerung der Resultate geht übrigens gut vorwärts.

Beiliegend ein Auszug aus meiner Princeton-Vorlesung,[d] aus dem Sie, glaube ich, das gewünschte entnehmen können und den ich *nicht* zurück brauche.

Mit vielen Grüßen, auch von Frau zu Frau und auch an Bohr

Stets Ihr W. Pauli

a) Pauli zog vor lieber getrennt zu reisen, weil Frau Peierls ihm zu laut war. – b) Diese Bemerkung zeigt, daß offenbar schon damals das Problem des Lamb-shifts diskutiert wurde. – c) Siehe [480], Anm. d. – d) In dem „Report of a Seminar" (1935b) der Princetoner Veranstaltung vom Wintersemester 1935/36 war auf S. 84–88 ein Referat von Pauli „On the Failure of Quantum Mechanics for High Energies" enthalten, welches wohl den Ausgangspunkt für Paulis Untersuchungen über die Ultrarotkatastrophe bildete. Siehe auch [502] und [503].

---

* *eben* in den Mehrfachprozessen, wobei dann in den Zwischenzuständen natürlich der Energiesatz nicht mehr gilt.

[481a] Pauli an Klein

Zürich, 9. August 1937

Lieber Klein!
Diesmal besteht eine gewisse Chance, daß meine Frau und ich durch Stockholm kommen werden. Ich habe nämlich eine Einladung zu einem Kongreß nach Moskau (20. September), wo wir anschließend an die Kopenhagener Konferenz (wirst Du dort sein?) hinfahren wollen – vorausgesetzt, daß das russische Visum rechtzeitig eintrifft. Es „möchte" doch sehr schön sein, „ob" wir bei dieser Gelegenheit ein oder zwei Tage Stockholm sehen könnten (etwa 14.–16. September) und – „nicht um zu stören" – würden wir uns freuen, Euch und Eure inzwischen groß gewordenen Kinder zu sehen (ist das Älteste schon größer als Du?).

In Kopenhagen will ich etwas über die in den engeren Fachkreisen als „Ultrarotkatastrophe" bezeichnete Tatsache sprechen, die in Folgendem besteht: Betrachtet man die Lichtemission eines geladenen, durch ein Kraftfeld fliegenden Teilchens (Bremsspektrum), so ist gemäß der üblichen Theorie die Wahrscheinlichkeit, das Teilchen in einem gegebenen Winkel mit einem Energieverlust $h\nu$ (mit dem Spielraum $d\nu$) abgelenkt zu finden für kleine ν prop. zu $d\nu/\nu$, was für $\nu=0$ logarithmisch divergiert, wenn über ν integriert wird. Ich kann nun zeigen, daß für geladene Probekörper endlicher Ausdehnung (a) eine Verbesserung der Theorie mit Behebung der Divergenz möglich ist, daß aber die Stelle, wo die bisherige Theorie falsch wird, wesentlich von der Größe dieser Ausdehnung (bzw. der entsprechenden „Abschneidefrequenz" $\nu_1=c/a$) abhängt. Dies war überraschend, da es sich doch – anders als bei der Selbstenergie – um *lange* Wellen handelt. Dennoch läßt sich für punktförmige Körper diese Divergenz ebensowenig (in relativistisch-invarianter Weise) beheben wie die Selbstenergie.

Mit der Kernphysik habe ich bisher wenig anfangen können, auch konnte ich Bohrs diesbezüglichen Überlegungen wenig Geschmack abgewinnen. Bist Du immer noch ‚more bohrian than Bohr himself'? (Das habe ich stets für Deine unangenehmste Eigenschaft gehalten.)

Also, schreib, bitte, ob irgendein Hindernis besteht, Dich um die angegebene Zeit in Stockholm zu sehen. Viele Grüße, auch an Deine Frau und unbekannter Weise auch von meiner

Dein alter W. Pauli

P.S. Dieser Tage waren Colbys hier and we had a very good time together.

[482] Pauli an Bohr

Zürich, 31. August 1937

Lieber Bohr!
Infolge Nachricht vom russischen Konsulat in Kopenhagen ist unser Einreisevisum nach Rußland in Ordnung. Meine Frau und ich werden also gerne zur Konferenz nach Kopenhagen kommen. Ich wäre daher dankbar, wenn ich bald von Dir näheres über die zeitliche, wissenschaftliche und finanzielle Organisation

der Konferenz erfahren könnte. Bleibt es bei 9. September als Anfangsdatum? Wer wird kommen? Heisenberg schrieb mir, daß er dort sein wird und schien auch großes Interesse für meine Resultate über die „Ultrarot-Katastrophe“ zu haben. Da alle sie zunächst unplausibel finden, scheinen sie doch nicht trivial zu sein. Dennoch „müßt Ihr darauf vorbereitet sein“, daß sie sich doch als richtig erweisen werden.

Was die Kernphysik betrifft, so „muß ich sagen“, daß Du zwar oft die Fähigkeit gehabt hast, in mir Begeisterung für etwas hervorzurufen – aber diesmal habe ich doch große Zweifel, ob es Dir wieder gelingen wird. (Hast Du gesehen, daß Bethe das Datum Deiner Publikation in der dänischen Akademie ins Jahr 19*39* verlegt hat?)[a]

Solltest Du oder jemand vom Institut mir inzwischen bereits über die Konferenz geschrieben haben, so sind meine Fragen natürlich hinfällig.

Herzlichst Dein Pauli

Viele Grüße auch von Frau zu Frau, sowie an die Weisskopfs!

a) M.S. Livingston und H.A. Bethe hatten in dem letzten experimentellen Teil der großen Übersichtsreferate über Kernphysik im Review of Modern Physics versehentlich die Untersuchung von Bohr und Kalckar in das Jahr 1939 verlegt. (Vgl. Rev. Mod. Phys. **9**, 382 (1937).)

Wie lange Pauli nach der Konferenz in Moskau noch in der Sowjetunion blieb [487], ist nicht genau festzustellen.[1] Aus Peierls Bemerkung am Schluß des folgenden Briefes [483] ist zu schließen, daß Pauli sich noch in der zweiten Oktoberwoche in Moskau aufhielt. Unmittelbar darauf muß er aber zur Zweihundertjahrfeier des Geburtstages von Luigi Galvani nach Bologna gefahren sein, weil er dort einen Vortrag zu halten hatte.[2]

[1] Pauli hielt in Moskau zwei Vorträge, die von Igor Tamm ins Russische übersetzt und veröffentlicht wurden (Pauli (1938 c/d)). Außerdem beteiligte er sich an der Diskussion über kosmische Strahlung, über den β-Zerfall und über die Kernkräfte. (Siehe Pauli (1938e).)

[2] Vgl. Pauli und Fierz (1938a). – Die Veranstaltung fand vom 18.–21. Oktober statt. Niels Bohr und Heisenberg waren ebenfalls zu Vorträgen eingeladen. Bohr sprach bei dieser Gelegenheit über „Biology and Atomic physics“.

[483] Peierls an Pauli

[Birmingham], 12. Oktober 1937
[Maschinenschriftliche Durchschrift]

Lieber Herr Pauli!

Nach näherer Untersuchung Ihres komischen Faktors in der Ausstrahlungsformel (oder genauer gesagt in der Streuformel) scheint es mir, daß er doch reell ist, und weder auf der Vernachlässigung der Retardierung, noch der relativistischen Effekte beruht. Man kann nämlich die Existenz eines solchen Faktors fast ohne jede Rechnung einsehen.[a]

Um das zu zeigen, will ich den Fall der Bornschen Näherung betrachten, d.h. ich will annehmen, daß das streuende Kraftfeld schwach ist, während aber über die Wechselwirkung zwischen dem Teilchen und dem Strahlungsfeld nichts vorausgesetzt werden soll. Unter Vernachlässigung des streuenden Feldes kann man die Zustände dann wie bei Ihnen durch den Impuls p des Teilchens und die Lichtquantenzahlen N beschreiben. Und zwar will ich annehmen, daß ich die strengen Lösungen des Problems hätte, d.h. ohne Vernachlässigung von Retardierung oder Relativität.

Wenn man nun das streuende Potentialfeld einführt, so geben dessen verschiedene Fourierkomponenten zu verschiedenen Übergängen Anlaß. Da sie unabhängig voneinander sind, darf man sie als getrennt betrachten. Es handelt sich also [darum], die Matrixelemente von einer einzigen Fourierkomponente, z.B. von e^{ikx}, zu finden. Die Matrixelemente lassen sich in der Diracschen Bezeichnungsweise so aufschreiben:

$$(p,\, N e^{ikx}\, p',\, N').$$

Nun ist das Absolutquadrat des Operators e^{ikx} offenbar gleich Eins, und das bedeutet für die Matrix, daß

$$(p,\, N,\, e^{ikx}\, p'\, N')^2 = 1.$$

Also: die Quadratsumme der Matrixelemente vom Anfangszustand zu einem beliebigen Endzustand hat denselben Wert wie ohne Strahlung.

Nun ist aber das Quadrat des Matrixelements nicht mit der Übergangswahrscheinlichkeit identisch. Um diese zu bekommen, hat man noch die Dichte der Endzustände pro Energieintervall einzuführen. Für diejenigen Endzustände, in denen $N'=0$, in denen also kein freies Lichtquant auftritt, ist dieser Faktor derselbe wie ohne Strahlung, für die anderen Zustände ist er aber kleiner. Insbesondere für die Zustände, in denen ein Lichtquant vorhanden ist, dessen Energie größer ist als $(p^2-(p-hk)^2)/2$ m, wird dieser Faktor Null. Diese Endzustände geben also keinen Beitrag zur Übergangswahrscheinlichkeit; aber da sie einen Beitrag zu der obigen Summe geben, so bedeutet dies, daß die übrigen Matrixelemente und daher auch die Übergangswahrscheinlichkeit entsprechend kleiner wird. Also *muß* die Gesamtwahrscheinlichkeit irgendeiner Ablenkung (mit oder ohne Ausstrahlung) kleiner werden als wenn man die Wechselwirkung mit der Strahlung vernachlässigt.

Diese Überlegung ist natürlich im wesentlichen mit dem äquivalent, was Sie gerechnet haben, und was Sie in Kopenhagen hätten erzählen sollen[b], aber sie zeigt etwas mehr, nämlich daß das Resultat nicht von den Vernachlässigungen herkommen kann. Denn wenn die Berücksichtigung der Retardierung das Resultat ändern sollte, so müßte dies nach dem obigen bedeuten, daß alle diejenigen Matrixelemente $(p,\, N\, e^{ikx}\, p',\, N')$ verschwinden, in denen die Energie $N'h$ größer ist, als die maximal bei einer Ablenkung um k ausgestrahlte Energie. Mit anderen Worten, die Übergänge, für die der Energiesatz nicht erfüllt ist, sollten dann doppelt verboten sein, erstens wegen dem Energiesatz, und zweitens soll außerdem noch das zugehörige Matrixelement verschwinden. Es ist evident daß dies bei Berücksichtigung der Retardierung sicher nicht herauskommt.

Eine andere Frage ist natürlich, ob dieses Resultat etwas mit der Wirklichkeit zu tun hat, und es wäre sehr lustig, wenn sich diese Frage experimentell entscheiden ließe. Dieser Faktor würde eine Korrektion von etwa 6% in der Rutherfordstreuung schneller Elektronen unter großen Winkeln bedeuten (wenn man bei e^2/m^2 abschneidet), und das liegt nicht unbedingt innerhalb der Meßfehler. Bedauerlicherweise gibt es gerade bei der Rutherfordstreuung schneller Elektronen, abgesehen von Abschirmungsfragen, noch alle möglichen Komplikationen die von der Löchertheorie herrühren, sodaß man ein Experiment nicht so leicht interpretieren könnte.

Es tut mir leid, mich in Moskau nicht von Ihnen verabschieden zu können und insbesondere Ihrer Frau für Ihre Freundlichkeit mit dem Kleid zu danken, aber ich konnte Sie abends nicht mehr finden.

Mit bestem Gruß Ihr [Peierls]

a) Siehe hierzu Pauli und Fierz (1938a). Diese Arbeit wurde erst Ende November von Pauli zusammengeschrieben [485]. – b) Peierls hatte ebenfalls an der Kopenhagener Konferenz Anfang September teilgenommen und dort Paulis Vortrag beigewohnt. Vgl. hierzu den Kommentar zu [480]. Offenbar hatte es dort heftige Diskussionen über Paulis „komischen Faktor" gegeben.

[484] Pauli an Peierls

Zürich, 15. Oktober 1937

Lieber Herr Peierls!

Ich habe Ihren Brief erhalten und möchte dazu Folgendes sagen: So sehr mir das Resultat Ihrer Überlegung sympathisch ist, scheint mir diese doch in zweierlei Hinsicht unvollständig zu sein.

1. Ihre Behauptung, man könne die strengen stationären Zustände des Systems bei Abwesenheit äußerer Kräfte, aber bei Berücksichtigung von Relativität und insbesondere der *Retardierung*, immer noch durch Größen p und N charakterisieren (die dann als Teilchenimpuls und als freie Lichtquantenzahlen zu deuten wären), scheint mir durchaus nicht so trivial zu sein. Z. B. kann man dann wohl kaum mehr erwarten, daß die Energiewerte des Hohlraums in Strenge von der Form $E=\frac{p^2}{2m}+\Sigma\, N_\nu\, h\nu$ sein werden. Ich habe noch gar keine bestimmte Vorstellung darüber, wie diese strengen stationären Zustände aussehen werden und wie groß ihre Dichte pro Energieintervall sein wird.

2. Selbst die fragliche Behauptung zugestanden, liefert Ihre Überlegung zu wenig: nämlich nur, daß das Strahlungsfeld die Gesamtwahrscheinlichkeit irgendeiner Ablenkung (gegenüber der strahlungslosen Theorie) vermindert. *Ihre Überlegung zeigt aber nicht, ob und wie dieser hinzutretende Faktor* (<1) *vom Radius a des geladenen Körpers abhängt.* Und meine Gegner nehmen nur daran Anstoß, daß dieser Faktor $\left(\text{auch im Fall } \omega_0<\omega_1, \text{ d.h. } \frac{1}{2}\frac{mV_0^2}{\hbar}<2\pi\frac{c}{a}\right)$ von a abhängt. Mit Hilfe Ihrer Überlegung läßt sich z.B. nicht die Möglichkeit ausschließen, daß – bei strenger Berücksichtigung der Retardierung – sich herausstellen könnte, daß in meinem Korrektionsfaktor $\left(\frac{E}{\hbar\omega_1}\right)^{\frac{e^2}{\hbar c}\frac{(\vec{p}-\vec{p}')^2}{c^2}}$ die Größe $\hbar\omega_1$ durch m_0c^2 zu ersetzen wäre.

Ich selbst glaube allerdings gar nicht an diese Möglichkeit, denn es scheint mir plausibel, daß die Streuformel für kleine Werte von $\frac{\hbar\,\omega_1}{m_0\,c^2}$ eine gewöhnliche Potenzreihenentwicklung nach diesem Parameter gestatten muß, deren ‚nulltes' Glied durch meine Formel richtig wiedergegeben wird.

Es würde mich also interessieren, ob sich Ihre Überlegung hinsichtlich der Einwände 1. und 2. verfeinern läßt.

Bloch ist inzwischen hier aufgetaucht[a] (er wird den ganzen Winter hier sein) und ich bemühe mich, ihn davon zu überzeugen, daß seine Behandlung der Retardierung unrichtig ist.

Für gelegentliche Mitteilung über die bei Ihnen gemachte Arbeit über die Diracgleichung für Teilchen mit beliebigem Spin[b] wäre ich wegen meines Diplomanden dankbar[c].

Mit besten Grüßen Ihr W. Pauli

a) Siehe hierzu den Kommentar zu [486]. – b) Siehe hierzu auch Pauli und Fierz (1939b/c). – c) Der Diplomand ist Paulis späterer Assistent Josef Maria Jauch.

[485] Pauli an Peierls

Zürich, 25. November 1937

Lieber Herr Peierls!

Ich möchte heute nochmals auf das zur Diskussion stehende Strahlungsproblem zurückkommen – und zwar nicht so sehr, um nochmals über Ihre letzten Briefe zu diskutieren, sondern um Ihre Meinung über die folgenden beiden Punkte zu hören. (Ich schreibe nämlich für die Italiener jetzt die Arbeit ausführlich zusammen und möchte doch möglichst sicher sein, nichts Unrichtiges zu sagen.)

1. Bloch* hat mir ungeheuer die Hölle heiß gemacht wegen der *Gültigkeitsgrenzen der Bornschen Näherung.*[a] Er vermutete insbesondere, daß diese beim Strahlungsproblem wesentlich vom Verhältnis der klassisch-mechanischen Stoßzeit l/v (l = Dimension des Kraftfelds) zur „Lichtzeit $1/\omega_1$, ($\omega_1 = 2\pi c/a$ = Abschneidefrequenz, a = Dimension des geladenen Körpers) abhängen. Nach seiner Meinung sollte auch bei schwachem Kraftfeld die Bornsche Näherung (wenigstens bei Oszillatoren mit großem ω) nur richtig sein bei kurzer Stoßzeit, d.h. wenn $l/v \ll 1/\omega_1$.

Ich konnte trotz eifrigem Suchen nach einem solchen Effekt bisher nichts derartiges finden. Im Gegenteil stellte sich immer heraus, daß die klassische Stoßzeit *nichts* mit den Gültigkeitsbedingungen der Bornschen Näherung zu tun zu haben scheint. *Diese scheinen mir vielmehr beim Strahlungsproblem dieselben zu sein wie beim strahlungslosen Problem,* und zwar was immer der Wert von e^2/hc sein möge. *Sind Sie auch dieser Meinung?* Wir haben z.B. beim Kraftfeld $V(x) = \frac{\hbar^2}{2m} A \frac{e^{-\alpha r}}{r}$ (Dimension von $A = cm^{-1}$) die *nächste* Näherung der Störungstheorie nachgerechnet (und zwar in den *beiden* Grenzfällen $\frac{e^2}{hc}, \frac{v_0^2}{c^2} \ll 1$

* Er ist momentan in Wien.

und $\frac{e^2}{hc} \cdot \frac{v_0^2}{c^2} \gg 1$; für Werte dazwischen ist es mathematisch etwas kompliziert) und *fanden*, daß die Bedingung

$$A \ll \alpha$$

in diesem Fall vollkommen hinreichend ist, um die relative Kleinheit dieser nächsten Näherung zu garantieren. Irgendeine „Stoßzeit" kommt dabei gar nicht vor.

2. Ich kann Ihre frühere (mündliche) Frage, was bei Bornscher Näherung für das Kraftfeld, aber $\frac{e^2}{hc} \frac{v_0^2}{c^2} \gg 1$ herauskomme, sehr einfach beantworten. {Dabei ist zu beachten, daß aus dieser Ungleichung zusammen mit der oft erwähnten Voraussetzung $\frac{e^2 \omega_1}{mc^3} \ll 1$ stets folgt $\omega_1 \ll \omega_0 \left(= \frac{1}{2} m v_0^2 / \hbar \right)$, d.h. die Abschneidefrequenz liegt weit *vor* der Kante.} Es folgt nun, daß bei gegebener Winkelablenkung des Teilchens dessen Energieverlust *stets*

$$E = \frac{2}{3} \frac{e^2}{c^3} (v_0 - v_0')^2 \frac{\omega_1}{\pi} \sim \frac{2}{3} \frac{e^2}{c^3} v_0^2 \, 2(1 - \cos \vartheta) \frac{\omega_1}{\pi}$$

(ϑ = Ablenkungswinkel des Teilchens)

beträgt, während das emittierte Spektrum nur durch den Abschneidefaktor $G(\omega)$ von ω abhängt und durch

$$\text{const.} \frac{2}{3} \frac{e^2}{c^3} v_0^2 \, 2(1 - \cos \vartheta) \, G(\omega) \frac{1}{\pi} \, d\omega$$

gegeben ist.[b] (Die Wahrscheinlichkeit, daß überhaupt die vorgegebene Winkelablenkung eintritt, ist dieselbe wie in der strahlungslosen Bornschen Näherung.)

Die „anschauliche" Bedeutung des Resultates ist die, daß dieses elektrodynamische Verhalten des geladenen Körpers genau dasselbe ist wie in der klassischen Elektrodynamik, wenn man eine „plötzliche" Änderung der Geschwindigkeitsrichtung des Körpers von v_0 nach v_0' annimmt – d.h. daß diese Änderung (für den Körper als Ganzes) in einer Zeit erfolgt, die *kurz ist gegen* $1/\omega_1$.

Nun, hier haben wir keine klassisch mechanische Bewegung, höchstens eine zeitliche Änderung von Materiewellenpaketen bei der Streuung. Aber es ist doch bemerkenswert, *daß in diesem Falle der Bornschen Näherung das Resultat an keine Annahme über die Stoßzeit bzw. „Plötzlichkeit" der Ablenkung gebunden zu sein scheint.* – Ich kann jedenfalls mathematisch nicht sehen, wo hier eine solche Annahme hineinkommen soll. (Jedenfalls gibt es ja keine *klassisch*-mechanische Stoßzeit.) – Diese Frage hängt natürlich sehr eng zusammen mit der früheren nach den Gültigkeitsbedingungen der Bornschen Näherung beim Strahlungsproblem. – Können Sie eine „anschauliche elementare Überlegung" finden bei der diese Gültigkeitsbedingungen so wie das hier geschilderte Resultat deutlich werden – zur Beschwichtigung unruhiger Gemüter?

Zu Ihren früheren Briefen will ich nur kurz bemerken, daß ich bei Mitnahme der Retardierung eine allgemeine Charakterisierung der stationären Zustände des gel[adenen] Körpers + Strahlungsfeld (bei Abwesenheit von äußeren Kräften) durch Teilchenimpuls p und *Anzahlen n von freien Lichtquanten nicht* für möglich halte. Man kann hier höchstens noch bei gegebenem *Total*impuls des Systems (Teilchen + Strahlung) den Zustand kleinster Energie als den ohne „freie" Strahlung definieren. Deshalb glaube ich doch nicht, daß die Überlegungen Ihrer Briefe wirklich *allgemeiner* sind als meine. – Andrerseits bin ich aber (sogar Bloch ist es) ziemlich beruhigt darüber, daß die Retardierung unter den von mir gemachten Voraussetzungen nichts schaden kann.

In der Hoffnung, daß die ganzen Diskussionen über das Strahlungsproblem* bald vollständig erledigt sein werden

grüßt Sie bestens Ihr W. Pauli

a) Siehe hierzu den folgenden Kommentar zu [486]. – b) Siehe den Kommentar zu [483], Anm. 2. – c) Siehe Pauli und Fierz (1938a). Dort S. 17f.

Felix Bloch war im Winter 1937/38 aus Stanford nach Europa zu Besuch gekommen ([484] und [485]). Während dieser Zeit besuchte er des öfteren Pauli in seinem Züricher Institut. In einem Brief vom 21. Dezember berichtete er Bohr von den Diskussionen mit Pauli über die strittige Frage des Strahlungsproblems. „In den letzten Wochen hatte ich noch viele heftige Diskussionen mit Pauli über das merkwürdige Resultat, das er in Bologna vorgetragen hat. Ich mußte aber schließlich zugeben, daß er recht hat, und daß nicht, wie ich glaubte, nur irgend ein technischer Punkt übersehen wurde. Es fällt einem wohl nur deshalb so schwer, daran zu glauben, weil die von ihm betonte Schwierigkeit in der klassischen Theorie nicht auftritt, sondern wesentlich mit der Beugung der Elektronenwelle im ablenkenden Kraftfeld zusammenhängt. Wenn die Ablenkung in der Bornschen Näherung behandelt werden kann und infolgedessen die Beugung entscheidend wird, dann spielt auch die Dimension des Kraftfeldes keine wesentliche Rolle mehr und das aus der klassischen Theorie stammende Argument, daß die hohen Frequenzen des Strahlungsfeldes nicht im Resultat für den totalen Ablenkungsquerschnitt auftreten sollen, sobald nur die Frequenz groß ist gegen die reziproke Stoßzeit, verliert seine Kraft. Ich sehe jetzt eigentlich keine a priori Gründe mehr, die gegen das Paulische Resultat sprechen und glaube nun auch, man muß es so auffassen, daß neben den von der klassischen Theorie bekannten Zügen die Endlichkeit des Elektronenradius in der Quantentheorie auch noch an anderen Stellen zum Vorschein kommen kann, und daß Paulis Resultat dafür eine Illustration ist."

[486] Pauli an Peierls

[Zürich], 7. Dezember [1937]
[Postkarte]

Lieber Herr Peierls!
Ich kann mich diesmal sehr kurz fassen, da ich im wesentlichen mit allem in Ihrem Brief Gesagten einverstanden bin. – Der Deutlichkeit halber möchte ich nochmals betonen: Bornsche Näherung und *große* Ladung gibt ein Spektrum wie es klassisch bei *plötzlicher* Geschwindigkeitsänderung folgen würde. Klas-

* Bohr äußerte in Bologna darüber verschiedene Meinungen, mit denen ich nicht einverstanden bin.[c]

sisch läßt sich ja die Lichtemission nur berechnen, wenn der *zeitliche Verlauf* der Bewegung bekannt ist. Hier gibt es ja aber *keine* klassisch-mechanische Bahn. – Für die Mitteilung über die Diracgleichungen vielen Dank.[a]

Bloch ist wieder zurück[b] und hat mir schließlich doch Recht gegeben! Über die Diffusionsgleichung im Schwerefeld sollte die Literatur wohl ziemlich vollständig in Frank-Mises (vormals ‚Weber-Riemann') zu finden sein, insbesondere Bd. II, Kap. XIV. (Vgl. speziell § 2, N° 5.)[c]

Mit vielen Grüßen Ihr W. Pauli

a) Siehe hierzu die Bemerkung am Ende von [484]. – b) Bloch war in Wien gewesen [485]. – c) Ph. Frank und R. von Mises: Die Differential- und Integralgleichungen der Mechanik und Physik. Band II. Physikalischer Teil. Braunschweig ²1935.

[487] Pauli an Epstein

Zürich, 10. Dezember 1937

Lieber Herr Epstein!

Ich möchte Ihnen noch vielmals danken für Ihr Thermodynamik-Buch,[a] von dem ich inzwischen einige Kapitel sehr genau (und alle wenigstens ungenau) studiert habe. Im allgemeinen fand ich Ihre Darstellungsart sehr glücklich und spezielles Interesse hatte ich für die historischen Ausführungen zum ersten Hauptsatz und die ausführliche Analyse des Nernstschen Theorems (Kap. XV).

Für das Weitere muß ich zu meiner Entschuldigung bemerken, daß meine eigene Beschäftigung mit Thermodynamik eine Komödie in mehreren Akten ist und daß ich gegen kein Gebiet der theoretischen Physik so große Resistenzen hatte wie gegen dieses (mich auch hierin als echter Schüler Sommerfelds erweisend). Einzelheiten darüber kann Ihnen Otto Stern berichten, denn meine Unbeholfenheit in dieser Disziplin hat stets zu seinem berechtigten Hohn Anlaß gegeben. Der letzte Akt der Komödie war die Notwendigkeit, über Thermodynamik Vorlesungen zu halten, denn da war es mir nun nicht mehr möglich, alle Überlegungen einfach durch molekular-statistische zu ersetzen* (in der statistischen Mechanik fühlte ich mich nämlich immer sehr zu Hause). So sandte ich im Lauf des Semesters, in dem ich zum ersten Mal in Zürich die Vorlesungen über Thermodynamik zu halten hatte,[b] einen langen Brief an Stern, der voll von Einwänden gegen die üblichen Darstellungen der Thermodynamik war. Einer von diesen, der mir damals von den maßgebenden Autoritäten zugegeben wurde und auf den ich besonderen Wert legte, scheint mir auch die Darstellung in Ihrem Buch zu treffen. Er betrifft die Theorie der chemischen Gleichgewichte und zwar die Existenz bzw. Definition der thermodynamischen Funktionen in den Zuständen, die dem Gleichgewichtszustand benachbart, aber selbst keine Gleichgewichtszustände sind.[c] Einerseits können nämlich diese Zustände nur eine endliche Zeitlang bestehen (wenigstens im allgemeinen und sofern sie nicht durch „Dekatalysatoren", die aber gar nicht allgemein existieren, künstlich konserviert werden), andererseits braucht man zur Messung ihrer Entropie unend-

* Wie ich das sonst für den Hausgebrauch zu tun pflegte.

lich lange Zeit, da dies ja schon im Begriff der „unendlich langsamen“ Prozesse liegt, die in der üblichen Thermodynamik in der Entropiedefinition $S_2 - S_1 = \int_1^2 dQ/T$ benützt werden. *Allgemein gestattet die strengphänomenologische Thermodynamik nicht, solchen Zuständen, die nur während begrenzter Zeit realisierbar sind, definierte Werte der thermodynamischen Funktionen zuzuordnen.* Bei den van't Hoffschen Kreisprozessen kommt dieser Pferdefuß* sofort heraus, während er bei Gibbs hinter die mathematische Eleganz der Variationen δS etc. cachiert ist. – Ich glaube, daß dieser Einwand in Wahrheit nur durch molekularstatistische Entropie-(oder freie Energie-)definitionen behoben werden kann, bei denen die Schwankungen wesentlich mitberücksichtigt werden (und die im wesentlichen auf das Boltzmannsche Entropie-Wahrscheinlichkeitstheorem oder auf die Gibbssche kanonische Gesamtheit hinauslaufen). Ich persönlich wenigstens glaube nur an die Richtigkeit der thermodynamischen Variationsmethoden, weil ich weiß, daß sie sich alle darauf zurückführen lassen, daß der Zustand aufgesucht wird, dessen Häufigkeit (Wahrscheinlichkeit) ein überwiegendes Maximum ist. – Ich sehe nun aus den Zitaten Ihres Buches, daß Sie sich historisch mit Gibbs beschäftigt haben (wo und wie kann man praktisch Ihre Kommentare zu Gibbs gesammelte Schriften zu lesen bekommen? Sie würden mich nämlich sehr interessieren). Da möchte ich Sie gerne fragen: War es historisch so, daß Gibbs bei Aufstellung seiner thermodynamischen Variationsmethoden Hintergedanken an seine statistischen kanonischen Gesamtheiten geleitet haben?** Ich habe stets vermutet, daß es so gewesen sein muß – denn seine Zeitgenossen haben sicher die Benützung von phänomenologisch in Strenge undefinierbaren Funktionswerten eher geschluckt als statistische Deutungen der Wärmephänomene.

Einen ganz ähnlichen Einwand muß ich gegen die Herleitung der bekannten Relation (20.49) für die thermo-elektrischen Phänomene geltend machen. Die betrachteten Effekte lassen sich vom Standpunkt der Thermodynamik aus gar nicht von den sie stets begleitenden irreversiblen Prozessen der Wärmeleitung und der Jouleschen Wärmeerzeugung trennen, was die Durchführbarkeit des Kreisprozesses verunmöglicht. Dieser Einwand ist gar nicht neu, wurde vielmehr schon von Boltzmann*** – in, wie mir scheint, endgültiger Weise – besprochen. – Nachdem es aber *H.A. Lorentz* auf Grund molekularstatistischer Überlegung gelungen war, die Relation zunächst auf Grund spezieller Modelle abzuleiten, gelang es *Onsager,* sie sehr allgemein und unanfechtbar (statistisch) zu begründen, wenn die Schwankungsphänomene mitberücksichtigt werden.

Mein allgemeiner Eindruck war und ist stets der, daß die meisten interessanten Resultate der Thermodynamik auf unbeweisbaren Zusatzannahmen oder auf Verallgemeinerungen ihrer Begriffe in Gebiete jenseits ihres ursprünglichen Definitionsbereiches beruhen. (Bei diesem Urteil pflegte Stern allerdings bedenklich den Kopf zu schütteln.)

Nur nebenbei möchte ich bemerken, daß Sie in der Theorie der chemischen Konstante nicht erwähnt haben, daß die Definition der *Symmetriezahl* σ und

* in Gestalt der hier in den Lehrbüchern der physikalischen Chemie als deus ex machina auftauchenden „Dekatalysatoren“.

** Was von beiden hat er früher publiziert?

*** *L. Boltzmann,* Wiener Akad.-ber., Bd. 96, p. 1258, (1887).

ihre Einführung in die Formel für die chemische Konstante zuerst von *Ehrenfest und Trkal** gegeben worden ist.[e] Dort geschieht die Definition auch gleich für beliebige mehratomige Moleküle und es scheint mir, daß die spätere Wellenmechanik daran gar nichts ändern kann. (Haben Sie vielleicht Bedenken gegen den letzten Punkt?)

Nun nochmals vielen Dank für Ihr schönes Buch, von dem sicherlich im Lauf der Zeit noch viele Details mich erfreuen und mir nützlich sein werden.

Im September war ich bei einem Kern-Kongreß in Moskau und habe schreckliche Eindrücke von diesem Land bekommen.[f] So etwas von Terror habe ich überhaupt noch nicht gesehen. Niemand wagt offen zu reden und die jungen Leute hatten Angst, mich allein im Hotel aufzusuchen, da man ihnen deshalb eventuell den Vorwurf der Beihilfe zu Spionage machen könnte (ein Ausländer ist von vornherein mit Spion gleichbedeutend). Eine Anzahl von Physikern sind verhaftet (ohne Grund) – wie *z.B.* Frederichs[g], Bursian[h] und Krutkow[i]. (Das war äußerst schwierig in Erfahrung zu bringen, nur zwei Leute haben es gewagt, mir das zu sagen, aber deren Angaben stimmten überein.) Andere haben ihre Posten verloren wie Leipunski[j], Mandelstamm[k] und Landsberg[l]. – Ich habe gehört, daß *Du-Mond*[m] aus Pasadena nach mir in Rußland war und würde mich sehr interessieren, ob er auch von den Verhaftungen gehört hat, insbesondere über das Institut in Charkow. Wenn einmal einer verhaftet ist, wagt kein Russe mehr, seine Arbeiten zu zitieren. Außerdem werden alle Nicht-Russen, die dort Stellen hatten, gekündigt (ich meine Physiker) und des Landes verwiesen.

Viele Grüße an Sie und alle Freunde, besonders die Tolmans[n] und die Wardts[o], sowie auch viele Empfehlungen an Ihre Frau, auch von meiner.

Stets Ihr W. Pauli

P.S. Was machen Andersons neue Teilchen?[p] Aus theoretischen Gründen möchte ich gerne an sie glauben, nur die experimentelle Evidenz war bis jetzt etwas mager. Ich verspreche mir einiges von der Untersuchung der cosmic rays in großen Tiefen (Bergwerken), vielleicht haben die Neutrinos dort sichtbare Wirkungen (Schauer).

a) P.S. Epstein: Text-book of thermodynamics. New York-London 1937. Vergl. hierzu auch Paulis Bemerkungen in seinem Schreiben vom 26. August 1950 an Fierz. – b) Pauli hielt seine erste Vorlesung über Thermodynamik an der ETH im Sommersemester 1929. – c) Siehe hierzu auch M. Fierz: Statistische Mechanik. Pauli Memorial Volume, S. 161–186. – d) Pauli (1933e). – e) P. Ehrenfest und V. Trkal: Ableitung des Dissoziationsgleichgewichtes aus der Quantentheorie und darauf beruhende Berechnung der chemischen Konstanten. Ann. Phys. **65**, 609–628 (1921). – f) Siehe den Kommentar zu [483]. – Siehe hierzu auch [524] und die (wahrscheinlich auf Fritz Houtermans zurückgehende) Darstellung bei F. Beck und W. Godin: Russian Purge and the Extraction of Confession. London 1951. – (Die Lebensdaten der folgenden russischen Physiker stellte freundlicherweise V.J. Frenkel zur Verfügung. Einige weitere Angaben findet man auch in A.F. Joffe: Begegnungen mit Physikern. Basel 1967. – g) Wsewolod Konstantinowitsch Frederichs (1885–1943). – h) Victor Robertovich Bursian (1886–1945). – i) Yury Alexandrovich Krutkow (1890–1957). – j) Alexander Il'ich Leipunski (1903–1972). – k) Leonid Isaakovich Mandelstamm (1879–1944). – l) Grigoriy Samnilovich Landsberg (1890–1957). – m) Jesse Du-Mond. Vgl. auch [524]. – n) Richard und Ruth Tolman. – o) Morgan Ward. – p) Siehe den Kommentar zu [463].

* Ann. d. Phys. **65**, 609, 1921. – Ich habe diese Arbeit auch in meinem Nachruf auf Ehrenfest[d] erwähnt. Darf ich mir erlauben, einen Sonderdruck des letzteren beizulegen? Vielleicht interessiert er Sie im allgemeinen.

IX. Das Jahr 1938

Kernkräfte und »Yukonen«

[487a]	Pauli an Weisskopf	Zürich	13. Januar	1938
[488]	Pauli an Bohr	Zürich	11. Februar	1938
[489]	Pauli an Heisenberg (PK)	Zürich	22. Februar	1938
[490]	Pauli an Kemmer	Zürich	28. Februar	1938
[491]	Pauli an Kemmer	Zürich	5. März	1938
[492]	Pauli an Heisenberg	Zürich	10. März	1938
[493]	Heisenberg an Pauli	Leipzig	12. März	1938
[494]	Pauli an Heisenberg	Cambridge	15. März	1938
[495]	Pauli an Peierls	Cambridge	19. März	1938
[496]	Peierls an Pauli (MSD)	Birmingham	24. März	1938
[497]	Heisenberg an Pauli (MS)	Leipzig	5. April	1938
[498]	Pauli an Heisenberg	Zürich	11. April	1938
[499]	Heisenberg an Pauli (MS)	Leipzig	14. April	1938
[500]	Pauli an Peierls	Zürich	18. April	1938
[501]	Pauli an Heisenberg	Zürich	21. April	1938
[502]	Peierls an Pauli (MSD)	Birmingham	23. April	1938
[503]	Pauli an Peierls	Zürich	27. April	1938
[504]	Heisenberg an Pauli	Leipzig	4. Mai	1938
[505]	Pauli an Heisenberg	Zürich	10. Mai	1938
[506]	Heisenberg an Pauli	Leipzig	14. Mai	1938
[507]	Peierls an Pauli (MSD)	Birmingham	14. Mai	1938
[508]	Pauli an Peierls (PK)	Zürich	21. Mai	1938
[509]	Pauli an Sommerfeld	Zürich	22. Mai	1938
[510]	Heisenberg an Pauli	Leipzig	23. Mai	1938
[511]	Pauli an Peierls	Zürich	25. Mai	1938
[512]	Pauli an Heisenberg	Zollikon-Zürich	28. Mai	1938
[513]	Peierls an Pauli (MSD)	Birmingham	3. Juni	1938
[514]	Pauli an Peierls	Zürich	9. Juni	1938
[515]	Pauli an Uhlenbeck	Zürich	9. Juli	1938
[516]	Heisenberg an Pauli	Fischen i.Allgäu	15. Juli	1938
[517]	Pauli an Peierls	Zürich	18. Juli	1938
[518]	Pauli an Rubinowicz	Zürich	22. Juli	1938
[519]	Peierls an Pauli (MSD)	z.Z. Milton Farm	24. Juli	1938
[520]	Uhlenbeck an Pauli	Utrecht	Juli	1938
[521]	Pauli an Uhlenbeck	Zürich	27. Juli	1938
[522]	Pauli an Heisenberg	Zollikon-Zürich	15. August	1938
[523]	Pauli an Wentzel	Zürich	18. August	1938
[524]	Pauli an Epstein	Zollikon-Zürich	21. August	1938
[525]	Pauli an Rubinowicz	Zürich	31. August	1938
[526]	Peierls an Pauli	Birmingham	31. August	1938
[527]	Pauli an Einstein	Zürich	6. September	1938
[528]	Pauli an Hecke	Zollikon-Zürich	7. September	1938

[529]	Pauli an Peierls (PK)	Zürich	10. September 1938
[530]	Einstein an Pauli (MSD)	Princeton	September 1938
[531]	Heisenberg an Pauli (MS)	Fischen i. Allgäu	14. September 1938
[532]	Pauli an Heisenberg	Zollikon-Zürich	19. September 1938
[533]	Pauli an Kemmer	Zürich	14. Oktober 1938
[534]	Pauli an Hecke	Zollikon-Zürich	20. Oktober 1938
[535]	Pauli an Dirac (engl.)	Zürich	11. November 1938
[536]	Pauli an Dirac (engl.)	Zürich	17. November 1938
[537]	Pauli an Dirac (engl.) (MS)	Zürich	26. November 1938
[537a]	Pauli an Sommerfeld	Zollikon-Zürich	2. Dezember 1938

Für die von Carl D. Anderson und Seth Neddermeyer postulierten „schweren Elektronen" zur Erklärung der durchdringenden Komponente der Höhenstrahlung (mit Energien über $2\cdot 10^8$ *e* Volt) lag inzwischen eine Reihe von Beobachtungen vor.[1] Weitere Argumente, welche für die Existenz solcher schwerer Elektronen sprachen, lieferte die Theorie der Kernkräfte. Eine Nahewirkung (mit verschwindender Reichweite der Kräfte) mußte aus theoretischen Gründen ausgeschlossen werden. Es stellte sich also die Frage, wie das nukleare Feld beschaffen sein sollte, damit es die Kraftwirkungen zwischen den Kernbausteinen hervorbringen kann.

Die einst von Tamm und Iwanenko vorgeschlagene Neutrinotheorie der Kernkräfte war unzureichend, weil sie nur unter sehr künstlichen Annahmen die richtige Größenordnung für diese Kräfte zu begründen vermochte.[2]

Yukawa hatte dagegen eine Kernkraft vorgeschlagen, die nicht durch ein Partikelpaar wie in der Neutrinotheorie, sondern durch eine einzige Bose-Partikel, dem Yukawa-Teilchen oder Yukon, übermittelt wurde.[3] Der Vorschlag Yukawas aus dem Jahre 1934 war lange Zeit unbeachtet geblieben. Doch das änderte sich angesichts der sich häufenden Anzeichen, die auf die Existenz der „schweren Elektronen" hindeuteten. Pauli erwähnte zum erstenmal die „Yukonentheorie" Ende Februar [489]. Am 9. März erhielt Wentzel einen ausführlichen Bericht von Kemmer aus London über die Yukawa-Theorie.

Das „Yukawa-Teilchen" sollte eine Masse haben, die etwa von der gleichen Größenordnung war, wie die der „schweren Elektronen". Außerdem mußte es aus Spinerhaltungsgründen einen ganzzahligen Spin besitzen, also der Bose-Statistik gehorchen. Die Quantentheorie eines Feldes für Teilchen mit dem Spin Null hatten Pauli und Weisskopf (1934a) aber schon ausgearbeitet.

Für Teilchen mit Spin 1 hatten Paul Dirac[4] und Alexander Proca[5] [490] ebenfalls die Feldgleichungen bereits angegeben. Allgemeinere Felder mit anderen Spineigenwerten wurden von Fröhlich, Heitler und Kemmer[6] und von Bhabha[7] untersucht.

[1] P. Ehrenfest jr.: Sur deux clichés de rayons cosmiques pénétrants obtenus dans le champ magnétique de Bellevue et l'existence d'une particule lourde. Comptes Rendus Acad. Sci. Paris **206**, 428 (1938). – P. Auger: Sur les nouvelles particules lourdes du rayonnement cosmique. Comptes Rendus Acad. Sci. Paris **206**, 346–348 (1938).

[2] Siehe hierzu den Übersichtsartikel von P. Jordan über „Kernkräfte" in Naturwiss. **25**, 273–279 (1937).

[3] H. Yukawa: On the Interaction of Elementary Particles. I. Proc. Phys.-Math. Soc. Japan **17**, 48–57 (1935). Vorgelegt am 17. November 1934. – Nach Vorschlägen von Anderson und Bhabha sollte man diese neuen Teilchen als Mesotronen oder Mesonen bezeichnen. (Vgl. H. Bhabha, Nature **143**, 276 (1939). – Eine Theorie der Kernkräfte, die durch spinlose Teilchen größerer Masse vermittelt wird, hatte Wentzel vorgeschlagen. Doch die daraus gezogenen Schlüsse waren nicht in Übereinstimmung mit der Erfahrung.

[4] P.A.M. Dirac: Relativistic wave equations. Proc. Roy. Soc. A **155**, 447–459 (1936).
[5] A. Proca: Sur la théorie ondulatoire de électrons positifs et négatifs. J. Phys. et Radium **7**, 347–353 (1936). Eingegangen am 28. Mai 1936. N. Kemmer: Nature of the Nuclear Field. Nature **141**, 116 (1938). Signiert London, 8. Dezember 1937. –: Quantum theory of Einstein-Bose particles and nuclear interaction. Proc. Roy. Soc. A **166**, 127–153 (1938). Eingegangen am 9. Februar 1938.
[6] H. Fröhlich, W. Heitler und N. Kemmer: On the nuclear forces and the magnetic moments of the neutron and the proton. Proc. Roy. Soc. A **166**, 154–177 (1938). Eingegangen am 1. Februar 1938.
[7] H. Bhabha: Nuclear forces, heavy electrons and the β-decay. Nature **141**, 117–118 (1938). Signiert Edinburgh, 13. Dezember 1937. –: On the theory of heavy electrons and nuclear forces. Proc. Roy. Soc. A **166**, 501–528 (1938). Eingegangen am 28. Februar 1938.

[487a] Pauli an Weisskopf[a]

Zürich, 13. Januar 1938

Lieber Weisskopf!
Es ist heute eben der Brief Ihrer Frau bei uns eingetroffen und ich möchte die Gelegenheit benutzen, Ihnen einmal zu schreiben. Sie können doch von Glück sagen, daß Sie damals nicht nach Kiew gegangen sind, denn im *besten* Falle wären Sie dann jetzt gekündigt und hätten Rußland doch wieder verlassen müssen. In diesem Land herrscht jetzt ein ganz beispielloser Terror, der sich sogar in Massenverhaftungen unschuldiger Wissenschaftler äußert. Ich habe kürzlich an Franck nach Baltimore eine Liste von in Rußland verhafteten Physikern geschickt, soweit mir solches bekannt ist. Hier will ich nur als Beispiel einen sehr gravierenden Fall, nämlich die Verhaftung von Schubnikow in Charkow erwähnen. (Dieser ist ja auch außerhalb Rußlands durch seine Arbeiten über Supraleitung bekannt geworden; ich habe wohl de Haas in Leyden, der Schubnikow gut kennt, von der Sache verständigen lassen, aber ich fürchte, er wird auch nichts ausrichten können.) Ist einmal so ein unglücklicher Mensch verhaftet, so wagt in Rußland niemand mehr, seine Arbeiten zu zitieren oder sie überhaupt zu erwähnen.

Leider hat sich auch der Fall Houtermans, den Ihre Frau in ihrem Brief ausführlicher erwähnt hat, teilweise sehr traurig inzwischen weiterentwickelt. Ich habe darüber kürzlich einen ausführlichen brieflichen Bericht von Rosenfeld erhalten (der eben von Kopenhagen wie üblich nach Lüttich gereist ist). Es ist Schnax und den Kindern unter großen Schwierigkeiten gelungen, nach Kopenhagen zu reisen, wo sie sich seit etwa 25. Dezember aufhalten und hoffen, eine Einreiseerlaubnis nach England zu bekommen. Das Schlimme ist aber, daß Houtermans selbst in Rußland in Haft ist* (unter irgend einem nichtigen Vorwand) ohne Paß und ohne daß die Möglichkeit besteht, ihm Nachrichten zukommen zu lassen. (Vielleicht weiß er nicht einmal, daß Schnax ausreisen konnte.) Bestenfalls kann er durch eine längere diplomatische Aktion herausgebracht werden, die von England oder Frankreich ausgehen muß. Es muß durch eine dieser beiden Gesandtschaften in Moskau ein Identitätsdokument samt Einreiseerlaubnis für ihn überreicht werden. Und es fragt sich, ob eine dieser

* Man soll das, so lange er drüben ist, nicht zuviel herumerzählen wegen Gefahr der Rückdiffusion der Nachricht.

Regierungen sich dazu bereit erklärt und, wenn ja, ob die Russen ihn daraufhin herauslassen. – Jedenfalls eine längere, mühsame Sache, die Bohr in die Hand genommen hat. Bohr hat schon sehr viel Zeit auf diese ganze Angelegenheit verwendet und hat sich dabei, wie stets, sowohl rührend als auch (bis jetzt) sehr geschickt verhalten. – Vielleicht wäre es ganz nett, wenn Sie oder Ihre Frau gelegentlich an Schnax schreiben würden (an die Kopenhagener Instituts-Adresse, von wo es event. weitergeschickt wird). Man muß ihr etwas Mut machen, sie scheint wegen Houtermans ziemlich verzweifelt zu sein! – Im erwähnten Brief von Rosenfeld stand außerdem folgende Trauernachricht: Kalckar ist kürzlich plötzlich an einem Herzschlag gestorben! Ich selbst habe ihn ja nicht näher gekannt.

Nun zur Physik. Über die „Ultrarotkatastrophe" haben Fierz und ich nun eine ausführliche Arbeit in Druck gegeben (im ‚Nuovo Cimento' im Anschluß an den Bologna-Kongreß), da mein ursprünglicher Standpunkt zu dieser Frage, den ich schon in Kopenhagen vertreten habe – und wonach es sich doch um eine *prinzipielle* Schwierigkeit dabei handelt – sich als richtig erwiesen hat. Wenigstens konnte ich alle mir bekannten Einwände entkräften und sowohl Peierls als auch (nach sehr viel Mühe) Bloch haben mir schließlich zugestimmt. (Bohrs Meinung darüber scheint noch nicht festzustehen, er ist sehr „aufgenommen" in letzter Zeit und ich habe das Manuskript der Arbeit von Fierz und mir erst kürzlich an Rosenfeld geschickt.)

Letzte Woche waren Bhabha und Kemmer hier und wir hatten hier (unter wesentlicher Beteiligung von Wentzel) mit diesen eine Art theoretische Konferenz über Höhenstrahlung. Diese beiden Herren sowie auch Heitler haben nämlich die Absicht, in nächster Zeit die „Nature" und die „Proceedings of the Royal Society" mit ihren geistigen Produkten zu überschwemmen, welche die sogenannte „Yukawatheorie" der Kernkräfte betreffen. Diese besteht darin, daß man in den Hamiltonoperator einen Term (oder mehrere) einführt, welche Prozessen der Erzeugung oder Vernichtung eines „schweren Elektrons" (nennen wir es ε-Teilchen) mit Bose-Statistik unter gleichzeitiger Umwandlung von Proton in Neutron oder umgekehrt entsprechen, z.B. Proton $\rightarrow \varepsilon^{+}$ + Neutron, Neutron $\rightarrow \varepsilon^{-}$ + Proton (natürlich verlaufen diese Prozesse wegen Energiesatz nicht spontan). Man bekommt dann nämlich in zweiter Näherung Kernkräfte zwischen Neutron und Proton mit potentieller Energie vom Typus $e^{-\lambda r}/r$, worin $1/\lambda$ die Compton-Wellenlänge $h/\mu c$ des ε-Teilchens ist. – Dabei ist über die Wechselwirkung der ε-Teilchen mit den leichten Teilchen noch gar nichts angenommen, also die Theorie der Kernkräfte von der des β-Zerfalls unabhängig gemacht. {In 4. Näherung bekommt man auch (endliche und nicht kleine) Proton-Protonkräfte. Wenn einem das nicht paßt, kann man auch weitere elektrisch neutrale „ν-Teilchen" mit Bose-Statistik erfinden.} Mittels genügender Gelehrsamkeit* kann man ferner beliebige Spinabhängigkeiten und das richtige Vorzeichen der Kernkräfte herausbekommen. Zum Unterschied von der 2. Näherung der Fermischen Theorie des β-Zerfalls bleiben hier ferner wegen der nur sehr schwachen und harmlosen Singularität wie $1/r$ der potentiellen Energie für $r=0$ alle Stoßquerschnitte und die Bindungsenergie des Deuterons endlich.

---

* Indem man z.B. die ε-Teilchen durch ein Vektorfeld statt eines Skalarfeldes beschreibt.

Natürlich bleibt aber nicht nur das Problem der Theorie des β-Zerfalls hierbei ganz offen, sondern auch die Selbstenergien und magnetischen Momente der Teilchen werden unendlich – übrigens etwas stärker als in der Elektrodynamik. (Heitler hat über das magnetische Proton- und Neutronmoment bei solchen Theorien Rechnungen gemacht, die teils auf unberechtigten Vernachlässigungen, teils auf wilden Abschneidekünsten beruhen.) – Und da stehen wir nun natürlich wieder dort, wo wir seit 1930 immer stecken bleiben, nämlich bei den Unendlichkeiten der quantisierten Feldtheorien. Seit dieser Zeit bin ich eben mit meiner eigenen Physik auch stecken geblieben und es scheint mir auch stets sehr naiv von den jüngeren Leuten, wenn sie meinen, wirklich weiterkommen zu können, ohne dieses wesentliche Problem anzugreifen.* Ich vermute aber – ebenso wie Heisenberg – daß die mit den cosmic rays direkt verknüpften Phänomene, wenn sie einmal experimentell etwas besser erforscht sein werden, den Schlüssel zur Lösung dieser Hauptfrage enthalten müssen. Aber zunächst muß man als Theoretiker noch abwarten. Von den „Heisenbergschauern", d.h. echten Mehrfachprozessen vermute ich jetzt übrigens, daß sie existieren, aber – entgegen Heisenbergs ursprünglicher Theorie – *nur* mit schweren Schauer-Teilchen!

Nun bleibt mir wieder das schwierige Problem zu lösen, womit ich mich physikalisch beschäftigen soll. Es ist möglich, daß ich mich wieder dem festen Körper zuwenden werde.

Mit der allgemeinen Kritik des amerikanischen Lebens haben Sie und Ihre Frau natürlich ganz recht. Aber man findet in einem so guten Land schließlich alle Menschentypen. Sehr gut habe ich mich z.B. mit *Carlsson* verstanden; er trinkt z.B. auf europäische Weise und man kann mit ihm über alles unformal reden. Er ist nur sehr gehemmt und geht anfangs nicht leicht aus sich heraus. Wenn Sie ihn auf einem Kongreß sehen, grüßen Sie ihn schön von mir. Vielleicht kann er Sie auch mit dem Musiker *Ritter* und seiner Frau bekannt machen, die in New York wohnen und mit denen er sehr befreundet ist. Es sind außerordentlich kultivierte Leute. – Ich mochte auch Rabi und seinen Kreis immer ganz gerne.

Bei der Reise nach Kalifornien steht Ihnen auch viel Schönes bevor, Sie werden erst dadurch einen richtigen Eindruck vom Land bekommen. (Ob es allerdings sehr klug war, daß Sie sich den Placzek dabei aufgeladen haben, müssen Sie selbst beurteilen.) – In Pasadena gibt es auch sehr nette Leute, z.B. Tolman und seine Frau, namentlich unter den Astronomen und Mathematikern. Man ist dort im Westen ungezwungener, der Minderwertigkeitskomplex gegenüber Europäern ist wesentlich schwächer und man ist auch leichter zugänglich, weniger verschlossen. Dort wird Sie ja dann Oppenheimer mit vielen bekannt machen.

Die sicherlich berechtigte Kritik des american social life und sonstiger Americanismen höre ich jetzt wiederholt von Bloch in verstärkter Form. Die Verstärkung rührt bei ihm her von bestimmten Erfahrungen, die er als persönliche Kränkung empfunden hat und [die] mit einer nicht zu Stande gekommenen Heirat zusammenhängen. Ich bin darüber nicht im Einzelnen informiert, aber es ist bei Bloch als Folge davon eine gewisse Unruhe und Nervosität bemerkbar,

* Daher übrigens auch meine Aversion gegen das „Bohr-Weisskopfsche Kernmodell".

die früher nicht vorhanden war. Ich vertrage mich aber doch ganz gut mit ihm; z.B. ist er jetzt in Sachen Kommunismus völlig zur Vernunft gekommen, so daß da (vgl. seine früheren Ideen von meinem „schlechten Einfluß" auf Sie) keine wesentlichen Differenzen mehr zwischen uns vorhanden sind. Im Ganzen habe ich den Eindruck, daß er sich momentan in einer Periode der Umstellung und des Übergangs befindet.

Um ganz offen zu sein, muß ich auch hinzufügen, daß in meiner Einstellung zu Amerika gerade der umgekehrte Effekt wie bei Bloch eingetreten ist. Meine Erfahrungen mit amerikanischen Frauen sind sehr positiv verlaufen, vielleicht gerade deshalb, weil sie nicht das Gebiet der Liebe berührt haben, sondern in der Sphäre rein menschlicher, individueller Freundschaft geblieben sind. Es sind aber teilweise Freundschaften, die mir sehr wertvoll sind, und von Dauer zu sein versprechen. Mag sein, daß mich das milde stimmt gegen die Schwächen dieses Landes!

Also viele Grüße und alles Gute im neuen Jahr von uns beiden an Sie und Ihre Frau. Laßt wieder einmal von Euch hören!

Herzlichst Ihr W. Pauli

a) Am oberen Briefkopf machte Pauli die Bemerkung: „Das Separatum der Statistik-Arbeit geht gleichzeitig an Sie ab. – Viele Grüße an Max D[elbrück], wenn Sie ihn sehen."

[488] Pauli an Bohr

Zürich, 11. Februar 1938

Lieber Bohr!

Bloch gab mir Deinen Brief[a] und die Note über den Kernphotoeffekt[b] zu lesen und ich will gerne Deiner Aufforderung nachkommen, darüber kurz meine Meinung zu sagen. Die Hauptsache scheint mir in dem Satz (S. 1 unten) zu liegen, der mit „This apparent contradiction ..." beginnt und mit „singular radiation properties" (S. 2 oben) endet.[c] Es scheint mir nun, daß dieser Satz zwar lang, *aber doch zu kurz* ist! Denn für das modellmäßige Verständnis scheint es mir ganz wesentlich zu sein, daß der Begriff „special vibratory motions" erstens genauer präzisiert und zweitens mehr detailliert aus einem Modell deduziert wird. Was aus einem Flüssigkeits- oder Tröpfchenmodell folgt, kann ich z.B. überhaupt nicht übersehen.[d]

Für den *festen* Körper und seine Schwingungen ist es allerdings wahr, daß weitgehende Analogien zu dem von Dir geforderten Mechanismus bei der Absorption ultraroten Lichtes tatsächlich vorhanden sind.[e] Ich erinnerte mich nämlich gleich alter Zeiten, wo ich noch jung, ein kompetenter Gelehrter und sehr boshaft gewesen bin und eine Formel für die Dämpfung der sogenannten Reststrahlen infolge der Anharmonizität der Schwingungen abgeleitet habe.* Diese Dämpfung entspricht genau Deiner conversion-probability Γ_c, während auch dort die natürliche Strahlungsdämpfung Γ_R völlig gegen Γ_c vernachlässigt werden kann. Der Mechanismus ist der, daß z.B. im NaCl nur diejenigen speziellen

* Verhandlungen der Deutschen Physikalischen Gesellschaft **6**, 10 (1925).

Schwingungen Licht absorbieren, bei denen die Na-Atome alle untereinander synchron schwingen und ebenso die Cl-Atome untereinander.* (Beim Kern allerdings wird man neben den Dipolmomenten auch die Quadrupolmomente in Betracht ziehen müssen!). – Die Theorie ist dann sehr ausführlich von *Born* und *Blackman* (Zeitschrift für Physik **82**, 551, 1933) und *Blackman* (Zeitschrift für Physik **86**, 421, 1933) entwickelt worden. {Das Hauptresultat war, daß in der Formel für σ (S. 2 unten) in diesem Fall Γ_c stark frequenzabhängig wird.}[f]

Beim Kern ist aber natürlich alles viel verwickelter als beim festen Körper, wo der Platzwechsel der Atome vernachlässigt werden kann. Daher mein Bedürfnis nach genauerer modellmäßiger Erläuterung. Auch muß ich die Beurteilung der Güte der Experimente und der Sicherheit der aus ihnen ableitbaren Schlüsse den kompetenten Fachgelehrten überlassen.

Ich danke auch noch sehr für die Mitteilungen über Houtermans und habe großes Interesse wieder etwas über ihn zu hören, sobald sich etwas Neues ereignet. Es ist ja wirklich rührend von Dir, wie sehr Du Dich seines Falles angenommen hast![g]

Viele herzliche Grüße, auch von Haus zu Haus Stets Dein W. Pauli

a) Felix Bloch antwortete Bohr am 15. Februar: „Vielen herzlichen Dank für Ihren letzten Brief und die Zusendung des Manuskriptes über den Kernphotoeffekt. Ich hatte mich natürlich ... sehr dafür interessiert und hatte auch jetzt mehrere Diskussionen darüber mit Wentzel und Pauli. Von Anfang an lag für uns die größte Schwierigkeit darin, zu wissen, was wir uns unter den ‚special vibratory motions with singular radiation properties' eigentlich vorstellen sollen, und Pauli hat Ihnen ja im beiliegenden Brief sein Herz darüber ausgeschüttet." – b) N. Bohr: Nuclear Photo-Effects. Nature **141**, 326–327 (1938). Signiert 31. Januar 1938. Bohr geht von den Experimenten von Bothe und Gentner (Z. Phys. **106**, 236–248 (1937) aus, denen es gelungen war, Neutronen mit γ-Strahlen aus schweren Kernen abzulösen. – c) Offensichtlich handelte es sich um ein Manuskript der unter b genannten Note. Die von Pauli zitierte Stelle beginnt dort auf S. 326. – d) Siehe hierzu den Kommentar zu [480]. – e) W. Wefelmeier hatte 1937 ein derartiges Kristallmodell des Atomkerns entwickelt, das aus α-Teilchen aufgebaut war. Dieses Modell wurde damals viel in der Literatur diskutiert. Vgl. C.F. von Weizsäcker: Neuere Modellvorstellungen über den Bau der Atomkerne. Naturwiss. **26**, 211–217, 225–230 (1938). – f) M. Born und M. Blackman: Über die Feinstruktur der Reststrahlen. Z. Phys. **82**, 551–558 (1933). – M. Blackman: Die Feinstruktur der Reststrahlen. Z. Phys. **86**, 421–447 (1933). – g) Fritz Houtermans, der 1933 nach Rußland emigrierte, war wegen Spionageverdacht von der russischen Geheimpolizei gefangen und gefoltert worden. Niels Bohr setzte sich bei den russischen Behörden für eine Freigabe von Houtermans ein. Felix Bloch schrieb am 24. Januar: „Es tut mir so leid, daß neben dem Schmerz um den Verlust eines Ihrer nächsten Mitarbeiter [Kalckar] nun auch noch die Sorge um Houtermans und seine Angehörigen auf Ihnen lastet." – Siehe hierzu auch [524].

[489] Pauli an Heisenberg

[Zürich], 22. Februar 1938
[Postkarte]

Lieber Heisenberg!
Von mir und meiner Frau die allerherzlichsten Glückwünsche an Euch zur Paarerzeugung![a] Die Kunde hiervon hat mir Bloch übermittelt.

* Die Anharmonizität der Oszillatoren bewirkt dann, daß die Energie allmählich von der auf Licht reagierenden Schwingung auf die anderen Schwingungen übergeht.

Was machen die Höhenstrahlen? Hast Du immer noch Hoffnung, daß man die Neutrinos in großen Tiefen wird nachweisen können? Barnóthy und Forró sind übrigens wieder hinabgestiegen.[b]

Die langen Wellen haben mir noch allerlei Mühe gemacht, aber nun ist die ausführliche Arbeit von Fierz und mir im Bologneser Kongreßbericht im Druck[c] und es ist ganz sicher – ich habe auch Bloch und Peierls überzeugt – daß die Abschneidefrequenz im Resultat wesentlich stehen bleibt. (Du wirst vielleicht wieder sagen: „Miesmacherei“;[d] aber hierdurch wird's nicht anders.)

Im März gehe ich auf ein kurzes „Gastspiel“ nach Cambridge und Holland.[e] Außerdem werden wir dann in unser nun (beinahe) fertiges neues Haus[f] einziehen, worauf wir uns schon sehr freuen.

Die „Yukonentheorie“ der Kernkräfte[g] scheint mir an denselben Unendlichkeiten zu kranken wie die früheren Theorien!

Alles Gute von uns beiden an Dich und Familie!

Herzlichst Dein W. Pauli

a) Bei Heisenbergs war das Zwillingspärchen Wolfgang und Maria zur Welt gekommen. – b) Siehe hierzu J. Barnóthy und M. Forró: Cosmic Ray Particles at Great Depth. Phys. Rev. **55**, 870–872 (1939). Eingegangen am 13. März 1939. – c) Pauli und Fierz (1938a). – d) Siehe hierzu [477]. – e) Pauli war durch Fowler zu Vorlesungen am Cavendish Laboratory eingeladen worden. Am 15., 16. und 18. März trug er über „Contributions to the Theory of Field Quantization“ vor. (Siehe Nature **141**, 486 (1938)). Anschließend reiste Pauli zu Kramers nach Leiden und Utrecht. Dort blieb er vom 22. bis 30. März. Siehe hierzu auch die folgenden Briefe [490]–[494]. – f) Es ist das schöne Haus in Zollikon, Bergstraße 35, das Franca während Paulis Abwesenheit einrichten sollte [492]. – g) Siehe hierzu den Kommentar zu [488].

[490] Pauli an Kemmer

Zürich, 28. Februar 1938

Lieber Herr Kemmer!

Die Antwort auf Ihren Brief vom 14. d. an Fierz will ich gerne selbst übernehmen, auch um Ihnen mitzuteilen, daß ich 15., 17. und 19. März in Cambridge 3 Vorlesungen halten soll über „Contributions to the Theory of Field Quantisation“[a]. Ich will erstens über die Ultrarotkatastrophe[b] und zweitens über die Quantisierung der Feldgleichungen für Teilchen mit höherem Spin[c] dort etwas erzählen. Dabei will ich mir noch einige Spezialbosheiten gegen Dirac ausdenken. Könnten Sie eventuell nach Cambridge hinkommen? Bitte schreiben Sie mir auch, wo man Sie in London erreichen kann (Privatadresse, Telefonnummer etc.). Ich werde Sonntag den 13. oder Montag den 14. nach London kommen. Wissen Sie ein ruhiges, nicht zu teures und nicht zu schlechtes Hotel in London?

Bei den Diracschen Gleichungen für Teilchen mit höherem Spin[d] gibt es noch allerlei Symmetrie-Lücken und -Witze. Hier will ich nur eine kurze Bemerkung machen über den Fall $l=1/2$, $k=1$, der nämlich, so wie er bei Dirac angesetzt ist, falls keine weitere Realitätsbedingung der Diracschen Spinoren hinzugefügt wird, noch nicht ganz mit der reellen Proca-Theorie[e] identisch ist, sondern etwas zwischen [der komplexen] und der reellen Proca-Theorie darstellt. Die Feldgleichungen sind dann nämlich äquivalent dem folgenden System:

$$F_{\mu\nu}=\frac{\partial\phi_\mu}{\partial x^\nu}-\frac{\partial\phi_\nu}{\partial x^\mu}+\frac{\partial\psi_{\mu\nu\rho}}{\partial x^\rho}.$$

Nebenbedingung:

$$\frac{\partial\phi_\mu}{\partial x^\mu}=0;\qquad \frac{\partial\psi_{\mu\nu\rho}}{\partial x^\sigma}+\frac{\partial\psi_{\sigma\mu\nu}}{\partial x^\rho}+\frac{\partial\psi_{\nu\rho\sigma}}{\partial x^\mu}=0;$$

$$\frac{\partial F_{\mu\nu}}{\partial x^\nu}=\text{const.}\cdot\phi_\mu;\qquad \frac{\partial F_{\mu\nu}}{\partial x^\rho}+\frac{\partial F_{\rho\mu}}{\partial x^\nu}+\frac{\partial F_{\nu\rho}}{\partial x^\mu}=\text{const.}\cdot\psi_{\mu\nu\rho}.$$

Hierin ist $F_{\mu\nu}$ ein reeller (d.h. genauer: abgesehen vom i des x_4 reeller) schiefer Tensor, ϕ_μ ein reeller Vektor, $\psi_{\mu\nu\rho}$ ein reeller Pseudovektor, schief in allen Indizes. Mit einem komplexen selbstdualen Tensor $b_{\mu\nu}=-b_{\nu\mu}$ und einem *komplexen* Vektor ϕ_μ läßt sich dasselbe System auch schreiben

$$b_{\mu\nu}=\frac{\partial\phi_\mu}{\partial x^\nu}-\frac{\partial\phi_\nu}{\partial x^\mu}+\frac{1}{2}\varepsilon^{\mu\nu\rho\sigma}\left(\frac{\partial\phi_\rho}{\partial x^\sigma}-\frac{\partial\phi_\sigma}{\partial x^\rho}\right);$$

$$\frac{\partial\phi_\mu}{\partial x^\mu}=0;\qquad \frac{\partial b_{\mu\nu}}{\partial x^\nu}=\text{const.}\cdot\phi_\mu.$$

Erst das Adjungieren der Nebenbedingung $\phi_\mu=\phi_\mu^*$ führt zur reellen Proca-Theorie. Dagegen ist der Unterschied von der komplexen Proca-Theorie der, daß man hier nur *einen* selbstdualen bzw. reellen schiefen Tensor hat.

Nun zur Beantwortung Ihrer Frage über den $\lim a^3=\text{const.}$, $\to\pm\infty$, $a\to 0$. Man kann behaupten: Betrachtet man eine Eigenfunktion *gegebener* Energie $>mc^2$, so geht [beim lim] die Eigenfunktion in die kräftefreie ebene Welle über. Daher [geht der elastische] Streuquerschnitt stets $\to\infty$. Dagegen geht im Falle des anziehenden Potentials $V<0$ die Bindungsenergie eines gegebenen Zustandes des diskreten Spektrums nach $-\infty$. Dieser bleibt dann *neben* der kräftefreien Eigenfunktion im Limes bestehen. Für abstoßendes Potential passiert das natürlich nicht. Yukawa sandte mir einen Sonderdruck einer neuen Arbeit[f], worin er die $P-P$ Kraft in 4. Näherung ausrechnet, zunächst für die skalare Theorie. Er verspricht für eine spätere Arbeit dieselbe Rechnung für Vektortheorien[g] etc.

Also hoffentlich auf frohes Wiedersehen. Beste Grüße auch von Fierz und Wentzel

Ihr W. Pauli

a) Siehe [489], Anm. e. – b) Mit diesem Problem beschäftigte sich auch Fierz in seiner Habilitationsschrift: Über die relativistische Theorie kräftefreier Teilchen mit beliebigem Spin. Helv. Phys. Acta **12**, 3–37 (1939). Eingegangen am 3. September 1938. – c) Siehe hierzu auch Pauli und Fierz (1939b). – d) Siehe den Kommentar zu [488], Anm. 4. – e) Siehe den Kommentar zu [488], Anm. 5. – f) H. Yukawa und S. Sakata: On the Interaction of Elementary Particles. II. Proc. Phys. Math. Soc. Japan (3) **19**, 1084–1093 (1937). Vorgelegt am 25. September 1937. Dort auf S. 1085 wird die Wechselwirkung zwischen gleichen Nukleonen als Effekt 4. Ordnung behandelt. – g) Siehe H. Yukawa, S. Sakata und M. Taketani: Interactions of elementary particles. Part III. Proc. Phys.-Math. Soc. Japan **20**, 319–340 (1938). Vorgelegt am 25. Sepember 1937 und 22. Januar 1938.

[491] Pauli an Kemmer

Zürich, 5. März 1938

Lieber Herr Kemmer!
Vielen Dank für Ihren Brief. Mit Ihren gelehrten Ausführungen über Spiegelinvarianz etc. haben Sie wahrscheinlich recht. Inzwischen war ich bereits selbst von der von mir vorgeschlagenen Formulierung der Theorie abgekommen, da man aus Größen $\frac{\partial\phi_\mu}{\partial x^\nu}-\frac{\partial\phi_\nu}{\partial x^\mu}+\frac{\partial\psi_{\mu\nu\rho}}{\partial x^\rho}$ und den ϕ_μ, $\psi_{\mu\nu\rho}$ selbst keinen vernünftigen symmetrischen Energietensor aufbauen kann.

Ich möchte aber die Gelegenheit benutzen, Ihnen gleich eine andere gelehrte Frage vorzulegen, hinter der aber die physikalische Frage steckt, ob die Yukonen ein *magnetisches* Spinmoment haben (wenn sie durch ein Vektorfeld beschrieben werden)[a]. Es ist also die Frage, *wie* man die elektromagnetischen Potentiale in die Proca-Theorie einführen soll. Leider kann ich nicht mehr ganz rekonstruieren, wie *Sie* es gemacht haben, da Wentzel einen Ihrer alten Briefe an Stückelberg weitergeschickt hat. Also die eine Möglichkeit, die mir momentan die sympathischste ist, ist folgende. Sei φ_μ das elektromagnetische Potential

$$f_{\mu\nu}=\frac{\partial\varphi_\nu}{\partial x^\mu}-\frac{\partial\varphi_\mu}{\partial x^\nu},$$

$$\pi_\mu=\frac{\partial}{\partial x^\mu}+i\varphi_\mu,\qquad \pi_\mu\pi_\nu-\pi_\nu\pi_\mu=if_{\mu\nu}.$$

Es sei ferner A_μ der die Yukonen beschreibende komplexe Vierervektor. Ich verlange Eichinvarianz bei den Transformationen

$$A_\mu\to A_\mu e^{i\lambda},\qquad \varphi_\mu\to\varphi_\mu-\frac{\partial\lambda}{\partial x^\mu}; \tag{I}$$

λ beliebige Funktion. Ferner soll bei Abwesenheit des elektromagnetischen Feldes die Theorie in die hier als bekannt vorausgesetzte kräftefreie Proca-Theorie übergehen. Ich sehe dann im Moment nicht, wie es vermieden werden kann, die folgenden Gleichungen aufzustellen

$$B_{\mu\nu}=\pi_\mu A_\nu-\pi_\nu A_\mu \tag{1}$$

$$-\pi_\nu B_{\mu\nu}=m^2A_\mu. \tag{2}$$

Aus (2) folgt durch Anwendung von π_μ die Nebenbedingung

$$\pi_\mu A_\mu=-\frac{1}{m^2}\cdot\frac{i}{2}f_{\mu\nu}B_{\mu\nu}; \tag{3}$$

ferner aus (1)

$$\pi_\lambda B_{\mu\nu}+\pi_\mu B_{\nu\lambda}+\pi_\nu B_{\lambda\mu}=i(f_{\lambda\mu}A_\nu+f_{\mu\nu}A_\lambda+f_{\nu\lambda}A_\mu). \tag{4}$$

Nach Einsetzen von (1) und (2) folgt die Wellengleichung 2. Ordnung für die A_μ verschiedenen, die $f_{\mu\nu}$ enthaltenden Zusatzglieder. Die Gleichungen (2) folgen durch Variation aus der Lagrangefunktion

$$L=m^2A^*_\alpha A_\alpha+\tfrac{1}{2}B^*_{\alpha\beta}B_{\alpha\beta}, \tag{5}$$

wenn die Gleichungen (1) als Nebenbedingungen vorausgesetzt werden. Der Ladungs-Stromvektor ist

$$\frac{\partial L}{\partial \varphi_\mu} = S_\mu = i(B_{\mu\nu} A_\nu^* - B_{\mu\nu}^* A_\nu), \tag{6}$$

mit $\frac{\partial S_\mu}{\partial x^\mu} = 0$ wegen (1) und (2).

Ich habe einen alten Brief von Ihnen an Wentzel (vom 7. XII. 37) vor mir, worin Sie Dirac mit Recht kritisieren, weil er die Zusatzglieder mit $f_{\mu\nu}$ in (3) und (4) fortgelassen hat. Sie diskutieren dort aber nicht die Möglichkeit, daß diese Zusatzglieder der Wirklichkeit entsprechen könnten.

Natürlich haben so beschriebene Teilchen ein magnetisches Spinmoment; wenn sie aber schon ein mechanisches haben, warum [nicht] auch ein magnetisches?

Wie in der Diracschen Theorie des Elektrons besteht die Möglichkeit, ein Zusatzglied

$$k \cdot \tfrac{1}{2} f_{\mu\nu} i(H_\mu^* A_\nu - H_\mu A_\nu^*)$$

[mit beliebigem Wert] der Konstante k in der Lagrangefunktion anzubringen und dadurch den Betrag des magnetischen Yukonenmomentes beliebig zu machen. Es folgt dann in (2) ein Zusatzterm $kf_{\mu\nu}A_\nu$, woraus Sie die Zusatzterme in (3) leicht ausrechnen können. Im Stromvektor (6) gibt es einen Zusatzterm

$$ki \frac{\partial}{\partial x^\nu} (A_\mu^* A_\nu - A_\mu A_\nu^*).$$

Es besteht die Frage, ob es möglich ist, eine Theorie zu machen, bei der die Yukonen einen mechanischen, aber keinen magnetischen Spin haben (außer durch künstliche Wahl der Konstante k). Ich sehe nur noch folgende logische Möglichkeit. Man führe gar keine Größen $B_{\mu\nu}$ [ein], sondern verlange von den A_μ die Wellengleichung zweiter Ordnung ohne Zusatzglieder

$$\sum_\alpha (\pi_\alpha^2) \cdot A_\mu = m^2 A_\mu, \tag{1'}$$

und die Nebenbedingung

$$\pi_\mu A_\mu = 0. \tag{2'}$$

Es folgt (1′) aus der Lagrangefunktion

$$L = m^2 A_\alpha^* A_\alpha + (\pi_\beta^* A_\alpha^*)(\pi_\beta A_\alpha), \tag{3'}$$

wobei (2′) besonders adjungiert werden muß. Der Strom wird

$$\frac{\partial L}{\partial \varphi_\mu} = S_\mu = i \left(A_\alpha^* \frac{\partial A_\alpha}{\partial x^\mu} - A_\alpha \frac{\partial A_\alpha^*}{\partial x^\mu} \right) \tag{4'}$$

und

$$\frac{\partial S_\mu}{\partial x^\mu} = 0.$$

Aber ein solcher Ansatz kommt mir außerordentlich künstlich vor. Dann wäre ich schon lieber für die Skalartheorie, wo auch der mechanische Spin 0 ist.

Bitte schreiben Sie kurz, was Sie angesetzt haben. War bei Ihnen die Eichinvarianz (I) erfüllt?

Die Frage der Quantisierung verschiebe ich, bis wir uns sehen[b]. Für verschwindendes elektromagnetisches Feld bin ich jedenfalls mit Ihrem Zusatz zur Quantelung der Proca-Theorie völlig einverstanden.

Über die Verallgemeinerung dieser Theorie für Teilchen mit höherem Spin habe ich sehr nachgedacht (mit Fierz' Hilfe)[c]. Praktisch kann ich es, aber ich habe mit der Quantelung wegen der Nebenbedingungen noch formale Schwierigkeiten. Ich hoffe, sie lösen zu können, bis ich in Cambridge bin und will dort etwas darüber erzählen. Mit Ihrer Diskussionsbemerkung 3) zu Dirac bin ich *nicht* einverstanden, da ich die Symmetriebedingungen der Spinoren für einen wesentlichen Bestandteil der Theorie halte.

Ich komme Sonntag den 13. oder Montag [den] 14. nach London, will dort aber vielleicht noch jemanden besuchen. Spätestens Montag [den] 14. werde ich Ihnen telefonieren, vielleicht schreibe ich aber noch vorher. Montag-Abend fahre ich voraussichtlich nach Cambridge. Über weitere Hotel-Auskünfte wäre ich dankbar.

Mit bestem Dank und vielen Grüßen Ihr ergebener W. Pauli

a) Siehe hierzu H. Fröhlich, W. Heitler und N. Kemmer: On the nuclear forces and the magnetic moments of the neutron and the proton. Proc. Roy. Soc. A **166**, 154–177 (1938). Eingegangen am 1. Februar 1938. – b) Siehe hierzu [490]. – c) Siehe [490], Anm. b.

[492] Pauli an Heisenberg

[Zürich], 10. März 1938

Lieber Heisenberg!

Vielen Dank für Deinen Brief und die Arbeit.[a] Diese habe ich auch mit Wentzel und Fierz durchbesprochen und wird sind mit folgendem Hauptpunkt sehr unzufrieden: Ist r_0 die Reichweite der Kernkräfte, μ die Masse der Yukawa-Teilchen, so ist nach der Yukawaschen Theorie $r_0 \sim \hbar/\mu c$; gleichzeitig ist für die Geschwindigkeit v der schweren Teilchen (=Proton und Neutron) (Masse M) im Kern $v/c \sim \mu/M$.

Es scheint uns sicher, daß eine Ortsmessung der Protonen und Neutronen im Kern *mit wesentlich größerer Genauigkeit möglich ist als der Reichweite der Kernkräfte r_0 entspricht,* nämlich wahrscheinlich mit der Genauigkeit $\hbar/Mc \sim (\mu/M) r_0$. Die Ausführungen auf S. 12[b] unten über Explosionen und Ortsmessung scheinen uns deshalb schlampig zu sein. (Man muß übrigens auch berücksichtigen, daß der Ort eines schnell bewegten Protons oder Neutrons mit noch wesentlich größerer Genauigkeit als $\hbar/Mc$ gemessen werden kann, da der Faktor $1/\sqrt{1-v^2/c^2}$ hinzutritt. Vgl. z.B. meinen Handbuch-Artikel.)[c]

Es scheint wesentlich der Bohrsche Gesichtspunkt[d] zu fehlen, daß die Begrenzung der Ortsmessung dadurch bedingt sein muß, daß man von der atomistischen Struktur des Meßkörpers (γ-Mikroskop) nicht mehr absehen kann, bzw.

daß die betreffenden γ-Strahlmikroskope schließlich prinzipiell nicht mehr existieren. Setzt Du sie aber andrerseits als existierend voraus, so ist kaum einzusehen, daß die Explosionen mehr als eine technische Komplikation bei den Ortsmessungen machen sollten. Ich bin auch ganz sicher, daß monochromatische γ-Strahlen mit Wellenlängen der Ordnung 10^{-13} cm an Kernen Interferenzfiguren geben würden ähnlich wie Röntgenstrahlen in Flüssigkeiten. Erst bei $\lambda\!\!\!^{-} \sim \hbar/Mc \sim 10^{-14}$ cm würde die Sache aufhören. Der Zusammenhang zwischen *Explosionen und Ortsmessungen* scheint uns also schief und schlampig dargestellt zu sein.

Andrerseits zeigt die nähere Untersuchung der Yukawa-Theorie der Kernkräfte[e] Resultate, die für Deine Gesichtspunkte günstiger sind als Du es im Kap. III darstellst. Beschreibt man nämlich die „schweren Elektronen" durch ein Vektorfeld statt ein Skalarfeld, so ergeben die höheren Näherungen stets Mehrfach-Prozesse (Explosionen), deren Häufigkeit um den Faktor $(E/\mu c^2)^n$ größer ist als die der Einfachprozesse; d.h. daß $\hbar/\mu c$ von selbst als charakteristische Länge erscheint. Diese Konsequenz läßt sich *nicht* vermeiden im Fall der Vektortheorie, wie eine Diskussion mit Bhabha und Kemmer[f] im Januar hier in Zürich ergeben hat. Man muß, um dies nachzuweisen, die Vertauschungs-Relationen der Theorie und den zugehörigen Hamilton-Operator richtig aufschreiben (was wegen der „Nebenbedingungen" nicht ganz trivial ist). Dies bewirkt auch, daß hier die Selbstenergien *stärker* divergent werden als in der Quantenelektrodynamik (wo $\mu=0$ ist; dies ist aber insofern ein singulärer Fall, als dann (*nur* dann!) die „Potentiale" nur bis auf einen additiven Gradienten physikalisch bestimmt sind). Die Analogie mit der Strahlungstheorie ist eigentlich nicht zutreffend!

Interessant ist auch, daß über die Stärke der Koppelung der „Yukonen" mit den leichten Teilchen (Elektronen etc.) zunächst noch keine Annahmen gemacht zu werden brauchen; die Theorie des β-Zerfalls wird von der Theorie der Kernkräfte wieder abgetrennt, was wegen der empirischen Größenordnungen sympathisch ist. *Ich halte es daher für möglich (sogar für wahrscheinlich), daß die Explosionen praktisch nur schwere Teilchen enthalten, also gar keine Elektronen.* Also eben *umgekehrt,* als Du es in Deiner früheren Schauerarbeit in der Zeitschrift für Physik[g] dargestellt hast. (Die Elektronen würden nur hinterher aus den „Yukonen" durch Lichtquanten-Emission und Kaskadenbildung entstehen.)

Die schlechte Konvergenz der ganzen „Theorie" wegen $g^2/\hbar c \sim 1$ besteht außerdem auch und wir alle stimmen natürlich mit Deiner diesbezüglichen Kritik überein. Das ganze formale Schema hat zunächst nur qualitativen und mehr symbolischen Wert.

Das Hauptproblem bleibt aber nach wie vor, was eine „universelle Länge" in einer *relativistisch invarianten* Theorie eigentlich physikalisch bedeuten kann und ich kann nicht behaupten, daß es mir nach Lektüre Deiner Arbeit klarer geworden.[h] Eine von mir schon lange ins Auge gefaßte Seite der Sache ist auch die, daß die Ruhemassen der Elementarteilchen nach oben begrenzt zu sein scheinen. Dies dürfte mehr direkt mit der *Existenz* von Mikroskopen, Blenden, Beugungsgittern, etc. bei kleinen Längen zusammenhängen und meines Erachtens ist *dies* der Angelpunkt, an dem die Diskussion über eventuelle Grenzen der Längenmessung einsetzen muß.

Samstag fahre ich nach Cambridge (Adresse: Cavendish Laboratory), wo ich ca. eine Woche bleibe und 3 Vorlesungen[h] halte. Ich habe mir in letzter Zeit die formale Frage überlegt, ob eine quantisierbare relativistisch invariante Theorie für Elementarteilchen mit höherem (beliebigem) Spin (und Ruhemasse $\neq 0$) möglich ist. Es scheint mir nun, daß das in der Tat der Fall ist. (Mit dem Fall halbzahliger Spin und Ausschließungsprinzip bin ich mit der Ixerei noch nicht ganz fertig, aber ich vermute, es wird gehen.) Es ist zwar eine rein formale Frage, aber doch nicht ohne Witz und nicht so trivial, wie man zuerst meinen würde. – In Cambridge bleibe ich etwa eine Woche, dann gehe ich noch nach Holland. Ende des Monats bin ich wieder hier und werde dann meine Frau im neuen Haus vorfinden.

Wir freuen uns, daß es Euch und den Kleinen gut geht und grüßen alle sehr herzlich! Stets Dein W. Pauli

a) W. Heisenberg: Über die in der Theorie der Elementarteilchen auftretende universelle Länge. Ann. Phys. (5) **32**, 20–33 (1938). Eingegangen am 13. Januar 1938. (Beitrag zur Planckfestschrift.) Siehe hierzu Paulis Kritik in [505]. – b) S. 12 des Manuskriptes entspricht S. 31 der Veröffentlichung. – c) Pauli [1933]. Dort S. 90ff. – d) Vgl. N. Bohr und L. Rosenfeld: Zur Frage der Meßbarkeit der elektromagnetischen Feldgrößen. Det Kgl. Danske Videnskab Selskab Math.-fys. Meddelelser **12**, Nr. 8 (1933). – e) Siehe Kommentar [488], Anm. 3 und [490], Anm. f und g. – f) Vgl. hierzu auch H.J. Bhabha: On the theory of heavy electrons and nuclear forces. Proc. Roy. Soc. A **166**, 501–528 (1938). Eingegangen am 28. Februar 1938. – g) W. Heisenberg: Zur Theorie der „Schauer" in der Höhenstrahlung. Z. Phys. **101**, 533–540 (1936). – h) Siehe [489], Anm. e.

[493] Heisenberg an Pauli

Leipzig, 12. März 1938

Lieber Pauli!

Gegenüber den Einwänden Deines Briefes hab' ich zum Teil kein allzu schlechtes Gewissen. Ich will Deine Einwände der Reihe nach durchgehen. – Die Möglichkeit, die Kerne nach der Quantenmechanik zu rechnen, deutet natürlich darauf hin, daß man die Teilchen genauer als $\hbar/\mu c$ lokalisieren kann. Aber ich glaube, daß jeder konkrete Vorschlag, wie diese genauere Lokalisation durchzuführen wäre, sehr schnell widerlegt werden kann. Zum mindesten möchte ich folgende Behauptung verteidigen: Die Behauptung, die Ortsgenauigkeit sei nie besser als $\sim\hbar/\mu c$, gilt ebenso, wie die andere, daß $\Delta p\, \Delta q \gtrsim h$ sei. Auch im letzteren Fall sieht man zwar später ein, daß die exakte Relation $\Delta p\, \Delta q \geqq \hbar/2$ heißt; aber vor der Kenntnis der exakten Gesetze hätte es nicht viel Sinn gehabt, sich den Kopf über den Zahlenfaktor bei h zu zerbrechen. Insbesondere meine ich also: es wird keine zusammenhängende Theorie geben, in der dieser Zahlenfaktor bei $\hbar/\mu c$ unbestimmt bleibt und *als klein gegen 1 betrachtet werden kann*. Auch glaube ich nicht an die Möglichkeit einer Theorie, bei der $\mu \ll M$ angenommen werden kann; eine Entwicklung nach μ/M scheint mir sinnlos. Ich glaube, daß im nächsten Schritt der Theorie die Ruhemassen selbst festgelegt werden müssen.

Nur zur Ortsmessung im Einzelnen: Die Überlegung Deines Handbuchartikels[a] mit der Genauigkeit $(\hbar/Mc)\sqrt{1-\beta^2}$ verliert ja ihre Gültigkeit, wenn statt des Comptoneffekts die Explosionen die Regel sind; Deinen Hinweis darauf verstand ich nicht recht. – Die Frage der Interferenzen an Kernen dagegen wird, wie eine genauere Überlegung zeigt, von den Explosionen garnicht berührt. Wenn man diese Kerninterferenzen zunächst nach der üblichen Theorie durchrechnet (z.B. Ergebnisse der technischen Röntgenkunde Bd. III, S. 26)[b], so erhält man für eine Fermi-Gaskugel vom Radius R und vom Grenzimpuls P $\left(\frac{1}{2M} P^2 \sim 23 \text{ MeV}\right)$ bei monochromatischer γ-Strahlung folgendes Interferenz bild:

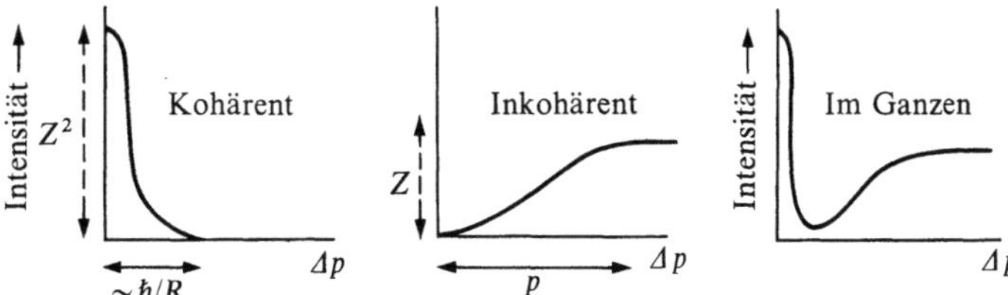

Wenn die Bildung von α-Teilchen (Wefelmeyer)[c] noch zu Interferenzen führt, so wird daraus:

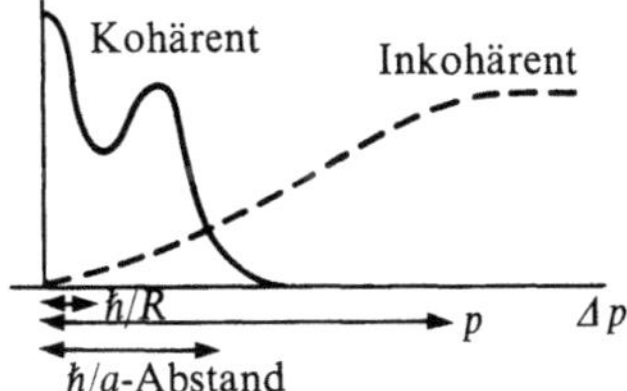

Als Abszisse ist hier der auf das Lichtquant übertragene Impuls Δp, also im wesentlichen $\frac{h\nu}{c} \sin\theta$ aufgetragen.

Ich glaube nun, diese Bilder werden richtig bleiben, auch bei beliebigen Energien der einfallenden γ-Strahlung (*auch für* $\lambda \ll 10^{-15}$ cm!), nur wird der Winkelbereich, in dem sich die Interferenzen abspielen, immer kleiner (wegen $\Delta p = \frac{h\nu}{c} \sin\theta$). Diese Rechnung wird nämlich auch durch die Explosionen garnicht verändert. Denn die Explosionen werden ja erst eintreten, *wenn* $\Delta p \gg P$ *ist;* d.h. die Explosionen verändern nur den inkohärenten Teil des Streulichts – dieser wird zum größten Teil aus Yukonen bestehen, wenn $h\nu \gg \mu c^2$ ist. Aber im Gebiet der Kohärenz: $\Delta p < P$ können die Explosionen nichts ändern. Ich glaube also im Gegensatz zu Deinem Brief, daß die Theorie der γ-Strahl-Interferenzen ein interessantes Beispiel für die Anwendung der Hypothese der Explosionen ist und eines, bei dem ich von der experimentellen Richtigkeit der Rechnung überzeugt bin.

Was Du über die vektorielle Yukonentheorie schreibst, war mir *sehr* interessant und ich möchte darüber gerne Einzelheiten hören. Mit Deiner Ansicht, daß meine Diskussion der Meßmöglichkeiten schlampig sei und daß der Bohrsche Gesichtspunkt eine größere Rolle spielen müsse, bin ich einverstanden; das habe ich auch geschrieben, glaube dabei aber gleichzeitig, daß jedenfalls ich selbst nicht in der Lage sein würde, so eine Diskussion anständig zu machen, *bevor* die exakte Form der Gesetze gefunden ist. – Einen wesentlichen Unterschied unserer Ansichten sehe ich nur noch in der Frage, inwieweit eine Zerteilung des Gesamtproblems in Einzelprobleme möglich sei. Was Du über die leichten Teilchen schreibst, bedeutet natürlich wieder, daß Du einen Limes $g'^2/\hbar c \ll 1$ (g' ist die Wechselwirkung mit den leichten Teilchen) für sinnvoll hältst. Ich bin eigentlich gegen solche Unterteilungen des Problems und glaube, man wird jetzt um die Festlegung dieser Zahlen nicht mehr herumkommen. Ich glaube deshalb auch nicht, daß die Existenz einer *größten* Ruhemasse besonders wichtig ist, sondern das Entscheidende erscheint mir die Existenz bestimmter Ruhemassen überhaupt, die natürlich dann alle von „gleicher" Größenordnung sind (der Gebrauch des Wortes „gleicher" scheint mir hier sinngemäß, trotz der Zehnerpotenzen).

Dein Hauptproblem, was eine universelle Länge r_0 in einer relativistisch invarianten Theorie bedeuten soll, beantworte ich also dahin: es bedeutet bestimmte Ruhemassen der Ordnung $\hbar c/r_0$, Reichweiten der Ordnung r_0 und Explosionen bei Energien $\hbar c/r_0$ im Schwerpunktsystem. Was verlangst Du eigentlich darüber hinaus?

Am 24. soll ich in Manchester sein.[d] Ich kann eventuell am 22. vorher in Cambridge sein (also Dienstag in einer Woche). Es wäre sehr nett, wenn wir uns dort noch sehen könnten, ich würde gern über die Physik mit Dir sprechen. Wenn Du bis 22. bleiben kannst, werde ich 22. abends dort ankommen. Bitte schreib' mir umgehend Deine Reisepläne.

Viele Grüße! Dein W. Heisenberg

a) Pauli [1933]. – b) W. Heisenberg: Über die Streuung von Röntgenstrahlen an Molekülen und Kristallen. Ergebn. tech. Röntgenkunde **3**, 26–31 (1933). – c) W. Wefelmeyer: Ein geometrisches Modell des Atomkerns. Naturwiss. **25**, 525 (1937). – d) Heisenberg war durch Blackett und Hartree zu Vorträgen über Kernphysik und kosmische Schauer eingeladen. Siehe hierzu auch [494] und [497].

Auf dem Rückweg von England nach Zürich wollte Pauli einige Tage Kramers in Holland besuchen. Am 23. März war er zu einem Vortrag in Leiden und anschließend in Utrecht [509] bei Uhlenbeck [515].

Am 30. März berichtete Kramers an Bohr, Pauli sei gerade nach Zürich zurückgekehrt. Pauli könne aus zwei Gründen leider nicht zur Konferenz nach Kopenhagen kommen: 1. er habe keine Zeit; 2. er möchte vermeiden, mit seinem österreichischen Paß durch Deutschland zu reisen. Pauli reiste über Frankreich und Belgien nach Cambridge und Holland. Nach dem sogenannten „Anschluß" Österreichs an das Deutsche Reich wollte Pauli Schweizer Staatsbürger werden.

[494] Pauli an Heisenberg

Cambridge, 15. März 1938

Lieber Heisenberg!
Heute bekam ich Deinen Brief vom 12. – Darüber, ob es erlaubt ist, einen Faktor 1/137 ebenso wie einen Faktor 1/2 einfach als von der Größenordnung 1 zu betrachten, läßt sich schwer streiten, da es Geschmacksache ist. Interessant war mir aber, was Du über die Kerninterferenzen schriebst.

Leider kann ich nicht bis 22. hier bleiben, da ich am 23. in Leyden vortragen muß. Wenn Du mich aber treffen willst, kann das in Holland geschehen, das ja auf Deinem Weg liegt. Sonntag oder Montag Morgen könnte ich eventuell hier abreisen und Montag 21. oder Dienstag 22. Dich irgendwo in Holland treffen (den Haag z. B. oder Leyden). Falls es Dir möglich ist, schicke bitte ein Telegramm, damit ich rechtzeitig Bescheid weiß.

Herzlichst Dein W. Pauli

[495] Pauli an Peierls

[Cambridge], 19. März 1938

Lieber Herr Peierls!
Ich möchte heute über eine Frage an Sie schreiben, die im Zusammenhang mit der Arbeit von Hoyle* über die Wellengleichung für Teilchen mit höherem Spin aufgetaucht ist.[a] – Für meine Cambridger Vorlesungen habe ich den Fall *ganz*zahliger Spins näher untersucht. Hier läßt sich der Spinorkalkül ganz vermeiden und man kann – unabhängig von Diracs früherer Arbeit[b] – das ganze mit Tensoren geeigneter Symmetrie darstellen. Was die Quantelung betrifft, so verläuft sie bei *nicht*-verschwindender Ruhemasse etwas anders als bei Hoyle und in der Elektrodynamik, da dann alle Nebenbedingungen als q-Zahlrelationen aufgefaßt werden müssen (d. h. mit *allen* Größen vertauschbar sind).

Ebenso wie bei Hoyle kann man bei meiner Schreibweise der Gleichungen leicht sehen, daß die Energie*dichte* zwar bei Spin 0 oder 1 positiv definit ist, bei ganzen Spins >1 aber nicht. Andrerseits konnte ich leicht zeigen, daß die totale Energie (d. h. die über das Volumen integrierte Energie) bei Abwesenheit von Kräften in *allen* diesen Fällen positiv ist (wegen der Nebenbedingungen).

Und nun entsteht die physikalische Frage, ob das Postulat einer positiv definiten Energie*dichte* notwendig ist. Exakter: ob es im Falle von Boseteilchen notwendig ist. Denn man muß beachten, daß in der Löchertheorie keine positiv definite Energie*dichte* existiert. Dies folgt sehr elementar aus einer Diskussion der Werte von

$$W = i \sum_{\rho} \psi_{\rho}^{*} \frac{\partial \psi_{\rho}}{\partial t} - \psi_{\rho} \frac{\partial \psi_{\rho}^{*}}{\partial t}$$

* Dirac gab mir hier Hoyles Manuskript zu lesen. Am meisten interessierte mich eine Behauptung, daß halbzahlige Spins $> {}^{1}/_{2}$ zu Widersprüchen führen, wenn man nach Ausschließungsprinzip quantelt. Ich hatte noch nicht Zeit, diesen Fall zu untersuchen.

für Wellenpakete, die Lösungen der kräftefreien Diracschen Gleichungen, *die nur negative Frequenzen (positive Energien) enthalten.* Während dann W an einer bestimmten Raumstelle sowohl positive wie negative Werte haben kann, ist $\int W dV$ stets positiv. Soviel ich weiß, entstehen daraus keinerlei physikalische Schwierigkeiten.

Nun möchte ich gerne wissen, ob aus einem analogen Verhalten für Boseteilchen doch physikalische Schwierigkeiten entstehen, worüber ich mir noch nicht klar bin. Es ist möglich, denn hier kann man den Limes zu einer klassischen Feldtheorie machen. Man müßte die möglichen Messungen der Energie in einem Teilvolumen (siehe eine ältere Arbeit von Heisenberg[c]) näher diskutieren. Da diese Frage entscheidend dafür zu sein scheint, ob Elementarteilchen mit ganzzahligem Spin >1 a priori möglich sind, schien sie mir doch einer näheren Untersuchung wert. In Hoyles Arbeit scheint sie etwas unter den Tisch gefallen zu sein.

Antworten Sie mir, bitte, gelegentlich nach Zürich. Hier sind die Meinungen darüber geteilt. Es ist schade, daß weder Sie noch Hoyle hier waren.[d]

Mit den besten Grüßen Ihr W. Pauli

P.S. Ich habe vorläufig noch nicht die Absicht, etwas über diesen Gegenstand zu publizieren; vielleicht ist das überflüssig.

Wissen Sie von Blochs Verlobung, die er dann plötzlich wieder gelöst hat, nachdem schon das Aufgebot in der Zeitung gestanden ist?[d] Es tat mir leid für ihn; es war doch eine etwas peinliche Sache, auch für das Mädchen. Nun ist er also unbeweibt wieder in Amerika.

a) Fred Hoyle bearbeitete in seiner unter Peierls Anleitung ausgeführten Doktorarbeit die Quantisierung von Wellengleichungen für Teilchen mit höherem Spin. Die Arbeit wurde kurz vor dem Druck zurückgezogen. (Siehe [511], [513], [514] und [415].) – b) Siehe die im Kommentar [488], Anm. 4 genannte Veröffentlichung von Dirac. – c) W. Heisenberg: Über die mit der Entstehung von Materie aus Strahlung verknüpften Ladungsschwankungen. Ber. Sächs. Akad. der Wiss. **86**, 317–322 (1934). – d) Siehe [496].

[496] Peierls an Pauli

[Birmingham], 24. März 1938
[Maschinenschriftliche Durchschrift]

Lieber Herr Pauli!
Es tat mir leid, daß ich nicht zu Ihren Vorträgen nach Cambridge kommen konnte, aber die letzte Woche im Term gibt es hier immer viel Betrieb, und diesmal hatte ich noch dazu einige wichtige Sitzungen, von denen ich mich nicht drücken konnte.

Hoyle hat kein Argument dafür, daß a priori die Energiedichte positiv definit sein muß. Sein Schluß war vielmehr der folgende: Bei ihm enthält die Energiedichte nur die Wellenfunktionen selbst, nicht ihre Ableitungen. Wenn es also keine Nebenbedingungen geben würde, so wäre die Bedingung, daß die Gesamtenergie positiv definit ist, trivialerweise mit der Bedingung positiver Dichte identisch, da die Werte der Wellenfunktionen an verschiedenen Orten voneinander unabhängig sind. Nun gibt es allerdings die Nebenbedingungen, die Beziehungen zwischen den Werten an verschiedenen Orten bedeuten, aber da sie linear und von der ersten Ordnung in den Ableitungen sind, so kann man sehen, daß sie nicht dazu helfen können, einen nicht positiv definiten Ausdruck in den Wellenfunktionen definit zu machen.

Soweit ich sehe, ist dies kein Widerspruch mit Ihrem Resultat, denn bei Ihnen enthält die Energiedichte auch die Ableitungen, und dann liegt die Sache natürlich anders. Der Unterschied zwischen Ihrer und Hoyles Behandlungsweise liegt nicht so sehr daran, daß Sie die Wellenfunktionen als Tensoren schreiben – denn jeder Spinor gerader Stufe kann natürlich als Tensor geschrieben werden – sondern daß Sie eine endliche Ruhemasse annehmen, während Hoyle die Masse = 0 setzte. Wenn ich Pryces Bericht über Ihre Rechnung[a] richtig verstanden habe, so lassen sich Ihre Gleichungen nicht auf den Fall $m = 0$ extrapolieren, sondern werden dann singulär. Es besteht dann also kein Widerspruch zwischen den beiden Rechnungen, die sich auf verschiedene Fälle beziehen. Ich wäre Ihnen sehr dankbar, wenn Sie mir dies bestätigen würden.

Eine andere Frage ist es natürlich, ob es einen Grund gibt, Gleichungen mit einer nicht definiten Energiedichte zu verbieten. Hierüber weiß ich im Augenblick nichts, aber ich halte es für möglich, daß es solche Gründe gibt. Es ist zwar richtig, daß die schlimmste Schwierigkeit, die z.B. in der Diracschen Theorie ohne Löcher auftritt, nämlich daß die Eigenwerte keine untere Schranke haben, bereits dadurch ausgeschlossen wird, daß man die Gesamtenergie positiv macht. Aber es kann immer noch passieren, daß die *Anzahl* der niedrigen Eigenwerte zu groß wird, z.B. daß es schon für ein endliches Volumen unendlich viele Eigenwerte in einem endlichen Energiegebiet gibt, die zu größeren und größeren Schwankungen der Feldgrößen gehören. Ich glaube, daß die Lösung dieser Frage sich aus der Untersuchung der Verteilung der Eigenwerte ergeben muß. Wenn diese vernünftig ist, so sehe ich keinen Grund ein, eine derartige Theorie auszuschließen.

Von dem Blochschen Mißgeschick habe ich schon gehört. Er könnte dem Bethe doch wirklich bessere Sachen nachmachen!

Mit besten Grüßen Ihr [Peierls]

a) Maurice Pryce war derzeit in Cambridge tätig und hatte offenbar dort Paulis Vorträgen beigewohnt.

[497] Heisenberg an Pauli

Leipzig, 5. April 1938
[Maschinenschrift]

Lieber Pauli!

Entschuldige, daß ich Dir so lange nicht geschrieben habe. Auch jetzt bin ich immer noch etwas in Eile. Es hat mir leid getan, daß ich Dich nicht in England treffen konnte.[a] Ich habe aber inzwischen alles Wesentliche von Bhabha und Heitler erfahren. Es ist mir jetzt völlig klar, warum auch in der Yukawa-Theorie Explosionen auftreten.[b] Interessant war mir aber, daß sowohl Bhabha wie Heitler für die Kraft zwischen Neutron und Proton ein Glied von der Form $\delta(|\mathfrak{r}_1 - \mathfrak{r}_2|)$ erhalten. Ein solches Glied bedeutet natürlich, daß der Massendefekt des Neutrons unendlich wird, oder richtiger, daß er von der Art des Abschneidens bei hohen Frequenzen abhängt. Dieses Resultat ist mir sehr sympathisch, weil es wieder zeigt, daß man ohne Eingehen auf die universelle Länge nicht weiter kommt.[c]

Bei der Interpretation der Höhenstrahlungsexperimente mit Hilfe der Yukawa-Theorie sind übrigens noch einige, vielleicht unwesentliche Schwierigkeiten aufgetreten. Wenn man die Zerfallskonstante des Yukawa-Teilchens sehr klein macht, sodaß es unwahrscheinlich wird, diesen Zerfall jemals zu beobachten, so erhält man zu kleine Wert für die β-Zerfallskonstante der radioaktiven Elemente. Wenn man die β-Zerfallskonstante richtig darstellen will, erhält man eine erhebliche Wahrscheinlichkeit dafür, daß ein schweres Elektron schon im Laufe seiner Bahn durch die Wilsonkammer zerfällt, was bisher nie beobachtet worden ist.[d] Da die ganze Yukawa-Theorie nur qualitativ richtig sein kann, ist es wohl schwer zu beurteilen, ob es sich hier um eine ernstliche Schwierigkeit handelt.

Es ist richtig, wie Du schreibst, daß mir von der Columbia University in New York eine Stellung angeboten worden ist.[e] Wenn ich, wie ich immer noch hoffe, mit Herrn Stark hier fertig werde, so werde ich in Deutschland bleiben.[f] Ich will aber in nicht allzu ferner Zeit für einige Monate nach New York gehen.

Mit vielen herzlichen Grüßen Dein W. Heisenberg

a) Siehe [493], Anm. d: – b) Siehe hierzu die im Kommentar zu [488], Anm. 7 genannte Untersuchung Bhabhas. – c) Siehe die im Kommentar zu [488], Anm. 6 genannte Untersuchung und den folgenden Brief [498]. Siehe auch H. Bhabha: The fundamental length introduced by the theory of the Mesotron (Meson). Nature **143**, 276–277 (1939). Signiert Cambridge 17. Dezember 1938. – d) Die Zerfallszeit der schweren Elektronen wurde zu $\tau = (2 \pm 1) \cdot 10^{-6}$ sec abgeschätzt. Siehe hierzu den folgenden Brief [498] und W. Heisenberg: Das schwere Elektron (Mesotron) und seine Rolle in der Höhenstrahlung. Physikalisches Colloquium Hamburg am 1. Dezember 1938. Angew. Chemie **52**, 41–42 (1939). – e) Siehe hierzu E. Heisenberg: Das politische Leben eines Unpolitischen. Erinnerungen an Werner Heisenberg. München/Zürich 1980. Dort S. 77f. – f) Heisenbergs Auseinandersetzungen mit Johannes Stark und den anderen Vertretern der „Deutschen Physik“ werden dargestellt bei A. Hermann: Die Jahrhundertwissenschaft. Werner Heisenberg und die Physik seiner Zeit. Stuttgart 1977. Dort S. 144ff. – A.D. Beyerchen: Scientists under Hitler. New Haven und London 1977. Dort S. 156–167. – Um diese Zeit zog Heisenberg seinen Rücktritt von der Leipziger Professur in Erwägung, wenn ihm Himmlers Schutz vor den Angriffen in dem „Schwarzen Korps“ versagt bliebe, wie er in einem Schreiben vom 14. April und vom 15. Juli 1938 an Sommerfeld erwähnte.

[498] Pauli an Heisenberg

Zürich, 11. April 1938

Lieber Heisenberg!

Vielen Dank für Deinen Brief vom 5. d. – Ich habe zwei Bemerkungen zu dessen physikalischem Teil.

1. Das Glied $\delta(\vec{x}_1 - \vec{x}_2)$ für das Kräftepotential zwischen Neutron und Proton existiert in der Tat. Herr Kemmer versicherte mir aber, daß dessen Vorzei-

chen so ist, daß es zu einer *Abstoßung* Anlaß gibt.[a] Für die Bindungsenergie des Deuterons ist dessen Wirkung dann Null. Was Du mit „Massendefekt des Neutrons" meinst, konnten wir nicht ganz herausbringen (Unterschied von Neutron- und Protonmasse? Aber der ist ja übrigens positiv ...).

2. Wentzel sagte mir, daß nach seinen Rechnungen aus dem empirischen β-Zerfall und der Yukawa-Theorie eine Lebensdauer des Yukons von 10^{-6} sec (gegenüber spontanem Zerfall) folgt,[b] so daß es praktisch *nicht* in einer Wilsonkammer zerfällt. Vielleicht könnt Ihr Euch bei diesem Handel auf einer mittleren Linie einigen!

Eine andere Sache ist aber, daß diese „Yukawa-Theorie des β-Zerfalls" zum selben Energie*spektrum* der β-Elektronen führt wie die Fermi-Theorie,[c] also *nicht* im Einklang mit der Erfahrung!

Möge Dein Optimismus bezüglich Herrn Stark sich als berechtigt erweisen! (Ich bezweifele das allerdings sehr.)

Viele Grüße, auch von Frau zu Frau, stets Dein W. Pauli

a) Siehe hierzu die letzte der im Kommentar zu [488], Anm. 5 genannten Untersuchungen. – b) In seinem Bericht „Schwere Elektronen und Theorien der Kernvorgänge", Naturwiss. **26**, 273–279 (1938) gab Wentzel eine Lebensdauer „von schätzungsweise mindestens 10^{-7} sec" für das freie „ε-Teilchen im Ruhzustand" an. – c) Diese Tatsache war schon in Bhabhas Nature-Note vom Dezember 1937 (vgl. die in Anm. 7 zum Kommentar von [488] genannte Veröffentlichung) hervorgehoben worden.

Vom 30. Mai bis zum 3. Juni 1938 fand eine große internationale Physikerkonferenz in Warschau statt.[1] Unter den Teilnehmern waren Bohr, Klein, Kramers, Brillouin, Eddington, Langevin, Gamow, von Neumann, Darwin, Goudsmit und Milne. Aus politischen Gründen kam niemand aus Deutschland[2]. Goudsmit, der aus den U.S.A. angereist war, um sich nach dem Stand der Forschung umzusehen, berichtete seinem amerikanischen Kollegen am 14. August aus Holland: „May I take this opportunity to express to you my extreme satisfaction with Warsow meeting. I was sent to Europe for the special purpose of studying the most recent development of modern theoretical physics. Months of travel did not yield as much valuable information as the one week at Warsow. It looked as if the meeting was called together especially for me."[3]

Heisenberg, der ursprünglich die Veranstaltung besuchen wollte, wurde daran durch die Schikanen von Stark und von der Gestapo gehindert [515]. Er reichte deshalb ein Referat über die Grenzen der Quantenmechanik ein, aus dem Rosenfeld in französischer Sprache die Hauptpunkte verlas.[4] Auch Pauli konnte nicht kommen, weil er Schwierigkeiten mit seinem österreichischen Paß befürchtete ([501] und [525]).[5]

[1] Die Kongreßberichte wurden in „New Theories in Physics, Conference organized in Collaboration with the international Union of Physics and the Polish Intellectual Co-Operation Commitee", Paris 1939 publiziert. Ein von C.G. Darwin abgefaßter Tagungsbericht erschien in Nature **142**, 143 (1938).

[2] Der Anschluß Österreichs war im März 1938 erfolgt und löste im Ausland große Empörung aus.

[3] Goudsmit an Establier, 14. August 1938. (Goudsmit-Collection, American Institute of Physics.)

[4] Siehe Bohrs Brief vom 13. Juni an Heisenberg. Aus politischen Gründen wollte Heisenberg nicht, daß sein Aufsatz in den Kongreßberichten aufgenommen werde. (Vgl. Heisenbergs Schreiben vom 14. Juni 1938.) Deshalb entschloß man sich, lediglich den Inhalt von Heisenbergs Mitteilung in dem Diskussionsteil der Konferenzberichte (S. 99–117) aufzunehmen.

[5] Bohr hatte ursprünglich gehofft, daß er Pauli in Warschau antreffen würde, wie er am 10. Mai Kramers schrieb.

[499] Heisenberg an Pauli

Leipzig, 14. April 1938
[Maschinenschrift]

Lieber Pauli!
Auch Kemmer schrieb mir inzwischen, daß die δ-Kraft in seiner Theorie abstoßend ist, wenigstens für die S-Terme; für die P- oder F-Terme dagegen ist sie anziehend. Das Weglassen der δ-Kraft bedeutet also, daß man unendlich tiefe P- oder F-Terme streicht (mit dem Massendefekt des Neutrons in meinem letzten Brief meinte ich in Wirklichkeit den des Deuterons). Man muß in der Yukawa-Theorie also offenbar nicht nur bei einem bestimmten Impuls abschneiden, sondern auch noch Subtraktionsphysik treiben, wobei fraglich bleibt, ob dies in relativistisch-invarianter Weise möglich ist. Es scheint mir also recht fraglich, ob man mit dem Yukawaschen Potential in der Kernphysik wesentlich bessere Ergebnisse erzielen wird als mit irgendeinem anderen Potential.[a]

Die Zerfallszeit von $4 \cdot 10^6$ sec^{-1} hatte ich mir auch schon abgeschätzt. Sie bedeutet zwar, daß man den Zerfall kaum in der Wilson-Kammer beobachten wird. Für Strahlen von etwa 200 Millionen Volt ergeben sich aber Reichweiten von nur einigen hundert Metern, was für die Diskussion der Höhenstrahlung außerordentlich wichtig wäre. Aber vielleicht widerspricht das den Experimenten nicht.[b] Blackett möchte gern einen Prozeß haben, bei dem die schweren Elektronen gerade dann, wenn sie eine bestimmte Energie von etwa 150 Millionen Volt haben, durch Zusammenstöße immer zerfallen.[c] Ein solcher Prozeß scheint notwendig, um die Verteilung der leichten Elektronen zwischen 50 und 300 Millionen Volt auf Meeresniveau zu verstehen. Über solche Prozesse aber kann man wohl einstweilen theoretisch nichts sagen.

Die ursprüngliche Meinung von Bhabha, daß in den Explosionen keine leichten Teilchen auftreten könnte,[d] scheint mir unrichtig; denn es gibt stets Übergangselemente, bei denen die schweren Elektronen Lichtquanten erzeugen, und von den Lichtquanten kann man wieder zu den leichten Teilchen kommen. Die leichten Teilchen werden höchstens um den Faktor $e^2/\hbar c$ seltener sein als die schweren, und es scheint mir gut möglich, daß zu diesem Faktor noch irgendein Logarithmus als Faktor tritt,[e] sodaß der tatsächliche Prozentsatz von Elektronen ziemlich groß wird. Empirisch sieht es so aus, als ob in den Explosionen, insbesondere in den ganz großen Stößen, eine erhebliche Anzahl von Elektronen vorkäme. Z.B. hat Anderson einmal einen Stoß von 300 Teilchen photographiert,[f] der eigentlich nur in der Wand der Wilson-Kammer als Explosion entstanden sein kann und der viele Elektronen enthält. Auch müssen umgekehrt Elektronen imstande sein, Explosionen zu erzeugen, denn jedenfalls muß wohl die durchdringende Komponente der Höhenstrahlung als Sekundärwirkung der Elektronen aufgefaßt werden.

Mit vielen herzlichen Grüßen Dein W. Heisenberg

P.S. Kommst Du zu dem Kongreß in Warschau? Ich soll dort vortragen,[f] weiß aber noch garnicht, ob die anderen Eingeladenen kommen (Bohr, Schrödinger, Einstein u.a.).

a) Siehe Paulis Erwiderung [501]. – b) Siehe hierzu das Übersichtsreferat von H. Euler und W. Heisenberg: Theoretische Gesichtspunkte zur Deutung der kosmischen Strahlung. Ergebnisse der exakten Naturwissenschaften **17**, 1–69 (1938). (Dort § 14: Zerfall der schweren Elektronen. – c) Heisenberg war während seines Englandbesuches auch bei Blackett gewesen (vgl. Heisenbergs Schreiben an Sommerfeld vom 14. April 1938). – P.M.S. Blackett: Further evidence for the radioactive decay of mesotrons. Nature **142**, 992 (1938). – d) Siehe [492] und das unter a genannte Übersichtsreferat von Euler und Heisenberg (dort S. 27f.). – e) Siehe hierzu Heisenberg: Die Grenze der Anwendbarkeit der bisherigen Quantentheorie. Z. Phys. **110**, 251–266 (1938). Eingegangen am 24. Juni 1938. Dort S. 265. – f) C.D. Anderson und S. Neddermeyer: Cloud Chamber Observations of Cosmic Rays at 4300 meters Elevation and Near Sea Level. Phys. Rev. **50**, 263–271 (1936). Dort S. 265 Abb. 5. (Die Abbildung ist auch bei Euler-Heisenberg (Anm. a) wiedergegeben.)

[500] Pauli an Peierls

Zürich, 18. April 1938

Lieber Herr Peierls!

Ich danke Ihnen für Ihren Brief vom 24. III.[a], bin aber nicht mit den darin enthaltenen Betrachtungen über die Totalenergie einverstanden. Erstens scheint es mir, daß Hoyles Ausdruck für den Energietensor (wenn ich mich richtig erinnere) mit unserem identisch sein muß, wenn die verwendeten Größen einander passend zugeordnet werden; insbesondere enthält unser Ausdruck für die Energiedichte auch *nicht* die Ableitungen (s. unten)[b] *.

{*Erläuterung:* wir führen im Falle ganzzahligen Spins s erstens einen symmetrischen Tensor mit s Indizes $A_{\underbrace{ik\ldots r}_{\text{Anzahl } s}}$ ein, der der Bedingung genügt, daß die Spur über irgendein Indexpaar 0 ist: $\sum_{i=1}^{4} A_{iil\ldots r}=0$. Man findet, daß dieser $(s+1)^2$ unabhängige Komponenten hat. Weiter einen Tensor $B_{\underbrace{ik\ldots p}_{\text{Anzahl } s-1}}[qr]$, der in den ersten $s-1$ Indizes symmetrisch, im eingeklammerten Indexpaar schief ist und die Bedingungen

$$\sum_i B_{ii\ldots p[qr]}=0, \qquad \sum_q B_{ik\ldots q[qr]}=0,$$

$$B_{ik\ldots p[qr]}+B_{ik\ldots r[pq]}+B_{ik\ldots q[rp]}=0$$

erfüllt. Man findet, daß dieser Tensor $2s(s+2)$ unabhängige Komponenten hat. Der Energietensor ist eine quadratische Form der Komponenten von A und B, bzw. wenn A und B nicht als reell angenommen werden, eine Bilinear-form in A^*B^* und AB. Bei expliziter Einführung der A und B kommen die Ableitungen im Energietensor nicht vor.

Auf die Differentialgleichungen bzw. Nebenbedingungen, denen unsere Größen genügen, brauche ich hier nicht einzugehen. Die Beziehung zu den bei Dirac eingeführten Größen[c] ist folgende. Dirac führt zwei Spinoren ψ_A bzw. ψ_B ein mit je $(2k+1)2l$ bzw. $(2l+1)2k$ Komponenten. Wir betrachten nun speziell den *Fall* $k=l-1/2$ und setzen $2k=s$, $2l=s+1$, so daß Diracs ψ_A $(s+1)^2$, Diracs ψ_B $s(s+2)$-Komponenten bekommt. Es hängt nun unser A eineindeutig und linear mit Diracs ψ_A zusammen, während unser B zunächst doppelt soviele Komponenten besitzt wie Diracs ψ_B und zunächst nur letzteres eindeutig und linear aus ersterem folgt. Die genauere Untersuchung zeigt in der Tat, daß nur der

* Wünscht man die B zu eliminieren, kommen natürlich die 1. Ableitungen der A vor.

zu unserem B gehörige *selbst-duale* Tensor mit Komponenten $B_{\dots[12]}+iB_{\dots[34]}$ etc. eindeutig aus Diracs ψ_B folgt. Dieser kleine Unterschied tritt aber schon in der Proca-Theorie ($k=1/2$, $l=3/2$) auf; die Einführung des selbstdualen Tensors erweist sich aber nicht als zweckmäßig.

Dies aller läßt sich verallgemeinern für einen beliebigen halbzahligen Wert von $k-l$, wobei der Spin nur von $k+l$ abhängt gemäß $s=k+l-1/2$. Auch die Aussagen über Vorzeichen der Gesamtenergie gelten ebenso im allgemeinen Fall.}

Für $m=0$ werden nur die Vertauschungs-Relationen singulär, *in der c-Zahltheorie lassen sich unsere Formeln ohne weiteres für $m=0$ extrapolieren* und die Frage des Vorzeichens der Totalenergie ist allein eine Frage der *c*-Zahltheorie. Im Fall $m=0$ kann man den Energietensor durch die Größen B allein (ohne ihre Ableitungen) ausdrücken (die im Falle des Photons $m=0$, $k=1/2$, $l=3/2$ in die Feldstärken übergehen – während die A in die Potentiale übergehen) und man kann die ganze Theorie durch lineare partielle Differentialgleichungen erster Ordnung zwischen den B allein ausdrücken. *Die Nebenbedingungen* (die linear und von erster Ordnung in den Ableitungen sind) *genügen in der Tat, um zu verhindern, daß das Volumintegral eines nicht positiv-definiten Ausdruckes in den Wellenfunktionen negativ wird!* Nur den Integrand – die Energiedichte – kann in einem gegebenen Raumpunkt negativ werden. Ich bin sicher, daß beim Hoyleschen Ausdruck für die Energie (den ich nicht mehr auswendig weiß) – immer im Fall *ganz*zahligen Spins – dasselbe gelten muß. – Eine kleine Ergänzung zu meinem letzten Brief[b] für den Sonderfall $m=0$ muß ich hier allerdings machen: für $m=0$ kann es eben noch passieren, daß die (niemals negative) Totalenergie *verschwindet*, ohne daß das Feld $B_{ik\dots p[qr]}$ verschwindet, während für $m\neq 0$ aus dem Verschwinden der Totalenergie vermöge der Feldgleichungen das Verschwinden aller Komponenten von $A\dots$ und $B\dots$ folgt. Es scheint mir vernünftig, für $m=0$ eine „Eichgruppe“ einzuführen, der gegenüber die Totalenergie – nicht die Energiedichte! – invariant bleibt. Dann wären die Felder mit verschwindender Totalenergie wegtransformierbar. – Aber dieses Detail ist eine Frage der physikalischen Interpretation und der Fall $m=0$ gefällt mit physikalisch überhaupt nicht besonders.

Über die physikalische Frage der Möglichkeit negativer Energiedichten bei Teilchen mit Bosestatistik weiß ich nichts Neues. Dagegen haben Fierz und ich nach meiner Rückkehr nach Zürich[d] mit der Untersuchung des Falles halbzahligen Spins begonnen. Bis jetzt fanden wir für $m\neq 0$ keine Schwierigkeit für halbzahligen Spin $>1/2$ nach Ausschließungsprinzip zu quanteln und eine Löchertheorie zu machen. Wenn also Hoyle richtig gerechnet hat, so dürfte sein Mißerfolg hier auf der unglücklichen Annahme $m=0$ beruhen. Ich will darauf später noch zurückkommen, wenn unsere Rechnungen über diesen Fall etwas weiter gediehen sein werden.

Ich wäre sehr dankbar, wenn wir gelegentlich ein Manuskript oder Korrekturen der Hoyleschen Arbeit bekommen könnten[e]. Ich habe es ja nur einmal ganz flüchtig, bei Dirac gelesen.

Mit besten Grüßen Ihr W. Pauli

a) Brief [496]. – b) Pauli bezieht sich auf seine gemeinsam mit Fierz ausgeführten Untersuchungen über die relativistische Theorie von Teilchen mit beliebigem Spin. – c) Siehe Kommentar [488], Anm. 4. – d) Siehe [489], Anm. d. – e) Siehe hierzu [502] und [507].

[501] Pauli an Heisenberg

Zürich, 21. April 1938

Lieber Heisenberg!

Vielen Dank für Deinen Brief vom 14.d. Mit Deiner Kritik an der δ-Kraft, die aus der Yukawa-Theorie folgt, bin ich völlig einverstanden und ich selbst nehme diese Theorie keineswegs all zu wörtlich oder zu ernst. Das Hauptproblem bleibt nach wie vor, wie die Divergenzen beseitigt werden können und da braucht es offenbar eine ganz neue physikalische Idee.

Blacketts experimentelle Behauptung, daß die schweren Elektronen gerade bei der bestimmten Energie 150 Millionen Volt zerfallen sollen, glaube ich vorläufig gar nicht.[a] Sie scheint überdies Resultaten von Williams[b] zu widersprechen, der auch schwere Elektronen kleinerer Energie nachgewiesen hat.

Bhabha war Anfang der Woche auf der Durchreise hier und ich zeigte ihm auch Deinen Brief. Er war völlig einverstanden mit der Schlußfolgerung, daß in den Explosionen die leichten Teilchen um den Faktor $e^2/\hbar c$ seltener sein müssen als die schweren und das war ihm auch bekannt. Er hatte große Zweifel, ob Elektronen imstande sind, Explosionen zu erzeugen.[c]

Von dem Kongreß in Warschau[d] weiß ich, daß Bohr und Kramers wirklich hinkommen werden. Ich selbst würde sehr gerne hinfahren, fürchte aber, daß Paß- bzw. Visum-Schwierigkeiten mich daran hindern werden. Von Schrödinger hörte ich, er wolle zur Planckfeier nach Berlin fahren, wenn Du ihn dort sehen solltest, grüße ihn sehr von mir.[e]

Mit vielen herzlichen Grüßen, auch von Frau zu Frau, Dein W. Pauli

a) Siehe [499], Anm. c. – b) E.J. Williams und E. Pickup: Heavy electrons and cosmic rays. Nature **141**, 684–685 (1938). Signiert 28. März 1938. – c) Siehe [499], Anm. b. – d) Siehe den Kommentar zu [599] und den Brief [525]. – e) Am 23. April wurde im Harnack-Haus in Berlin-Dahlem zu Plancks 80. Geburtstag eine große Festsitzung der Deutschen Physikalischen Gesellschaft veranstaltet. Inländische und ausländische Gelehrte waren gekommen, um den berühmten Jubilar zu diesem Anlaß zu beglückwünschen. – Schrödinger hatte 1936 eine Professur in Graz übernommen. Nach dem „Wiener Wirrwarr" [515] im März 1938 mußte Schrödinger abermals den nationalsozialistischen Machtbereich verlassen. (Vgl. hierzu [504].) Nach seiner Entlassung am 1. September 1938 [532] richtete man ihm ein eigenes Institut in Dublin ein.

[502] Peierls an Pauli

[Birmingham] 23. April 1938
[Maschinenschriftliche Durchschrift]

Lieber Herr Pauli!

Vielen Dank für Ihren Brief.[a] Ich möchte auf die Frage, die Sie dort diskutieren, etwas später eingehen, wenn ich Zeit gehabt habe, mir sie etwas genauer zu überlegen. Leider existiert im Augenblick von der Hoyleschen Arbeit nur ein Manuskript, aber ich werde sehen, daß er möglichst bald noch eine Kopie machen läßt und Ihnen diese schickt.

Ich war über Ostern in Kopenhagen,[b] wo wir u.a. auf die Ultrarotkatastrophe zu sprechen kamen.[c] Dabei war ich sehr erstaunt zu sehen, daß alle Leute, insbesondere Bohr sowie Kramers und Kronig, die die Sache ganz kürzlich von Ihnen selbst gehört hatten, sich in einem völligen Mißverständnis über die Sachlage befanden, indem sie nämlich der Meinung waren, daß die *Verteilung* der Energieverluste bei gegebener Ablenkung vom Elektronenradius abhängig wird, und daß insbesondere der Radius besonderen Einfluß auf die *langen Wellen* hat. Ich hatte eigentlich die ganze Zeit den Eindruck, daß wir uns in Moskau, und in der darauf folgenden Korrespondenz darüber geeinigt hätten, daß in Wirklichkeit nur die Wahrscheinlichkeit der Ablenkung (also im Fall eines Coulombfeldes die Rutherfordsche Streuformel) um einen Faktor sehr nahe an Eins geändert wird, daß aber die Wahrscheinlichkeit, daß ein Teilchen, von dem bekannt ist, daß es eine bestimmte Ablenkung erfahren hat, einen Energieverlust in einem Intervall dE hat, vom Teilchenradius *unabhängig* ist. (Diese Wahrscheinlichkeit könnte auf keinen Fall um einen konstanten Faktor geändert werden, da ja ihr Integral über dE Eins ergeben muß.)

Ich schrieb damals an Bohr eine Erklärung der Sachlage, aber leider scheint er damals meinen Brief nicht gelesen zu haben. Ich habe ihn jetzt davon überzeugt, daß die Sache so liegt, wie ich es behauptete, und er war sehr erleichtert, und nannte die ganze Geschichte „des Kaisers neue Kleider" indem er und Kramers, und wohl auch andere, sich sehr über ein Problem beunruhigt haben, das gar nicht existiert.

Ich glaube, daß Sie über diese Fakten mit mir einig sind (jedenfalls glaubte ich das aus unserer damaligen Korrespondenz zu entnehmen) und daß Bohr, Kramers und Kronig Sie mißverstanden haben. Um weitere Mißverständnisse zu vermeiden, füge ich jetzt eine Kopie meines damaligen Briefes an Bohr bei.[d] Er enthält u.a. meine Behauptung, daß der Einfluß des Elektronenradius auf die *Stoßwahrscheinlichkeit* unabhängig von den Einzelheiten der theoretischen Behandlung ist. Ich weiß, daß Sie damit nicht ganz einverstanden sind, aber ich würde nun gern wissen, ob Sie mit der Beschreibung der Tatsachen auf Seite 2 bis 6 einverstanden sind.

Wenn ja, so wird Bohr Sie sehr beschimpfen, daß Sie sich unverständlich ausgedrückt haben; wenn nein, so werden Sie von mir weiteres hören.

Mit besten Grüßen Ihr [Peierls]

a) Brief [500]. – b) Am 5. April sollte in Kopenhagen das neuerrichtete Institut eröffnet werden. Bohr lud zu diesem Anlaß die ehemaligen Mitarbeiter und Kollegen ein. U.a. kamen Kramers, Klein, Kronig und Peierls. – c) Siehe hierzu [482] und folgende Briefe. – d) Vgl. Peierls Brief vom 28. Oktober 1937 an Bohr. (Niels Bohr Collection, Kopenhagen.)

[503] Pauli an Peierls

Zürich, 27. April 1938

Lieber Herr Peierls!

In Beantwortung Ihres Briefes vom 23. hoffe ich das Thema „Ultrarotkatastrophe" mit folgenden kurzen Bemerkungen abzuschließen:

1. In der Arbeit von Fierz und mir[a] wurde die Voraussetzung $e^2/hc \ll 1$ nicht von vornherein gemacht. Ihr Brief an Bohr beschreibt nur *den* Teil

unserer Resultate, der unter dieser besonderen (etwas banalisierenden) Voraussetzung gilt.

2. Der Radius des geladenen Teilchens geht in das Resultat (für Energieverlust $E \ll h\omega_1$) in Form eines Faktors ω_1^{-c} ein, mit $C = \frac{2}{3\pi}\frac{e^2}{\hbar c}\frac{(\vec{p}_0 - \vec{p}'_0)^2}{m^2c^2}$. (Hierbei ist übrigens die Voraussetzung der Bornschen Näherung wesentlich, sonst würde ω_1 viel komplizierter eingehen.) Dies ist ein *konstanter* Faktor bei festem $p_0^2 + p_0'^2 - 2p_0 p_0' \cos\theta$, es ist *kein* konstanter $\left(\text{von } E = \frac{1}{2m}(p_0^2 - p_0'^2) \text{ unabhängiger}\right)$ Faktor bei gegebenem Ablenkungswinkel θ. Letzteres ist nur annähernd der Fall für Energieverluste E, die klein sind gegen die ursprüngliche Energie $E_0 = \frac{p_0^2}{2m}$ des Teilchens.

Unter den spezialisierenden Annahmen $e^2/hc \ll 1$ und $E \ll E_0$ ist allerdings Ihre Bemerkung ganz richtig, daß bei gegebenem Ablenkungswinkel des Teilchens die Verteilung der Energieverluste vom Teilchenradius unabhängig wird und dieser nur die *gesamte* Wahrscheinlichkeit einer gegebenen Ablenkung um einen Faktor <1, der für kleines e^2/hc sehr nahe an 1 liegt, vermindert.

Über diesen Punkt haben wir uns in der Tat in Moskau geeignigt und er ist inzwischen nicht anders geworden.

In Cambridge hat mir Pryce[b] eine Transformation angegeben, mit deren Hilfe man den Strahlungsimpuls in erster Näherung (in $\hbar\omega_1/mc^2$) noch mitberücksichtigen kann. Etwas physikalisch Interessantes kommt aber dabei nicht heraus.

Über die mit der Hoyleschen Arbeit zusammenhängenden Fragen hoffe ich also noch von Ihnen zu hören.

Mit den besten Grüßen Ihr W. Pauli

a) Pauli an Fierz (1938a). – b) Siehe [496], Anm. a.

[504] Heisenberg an Pauli

Leipzig, 4. Mai 1938

Lieber Pauli!

Inzwischen hast Du wohl auch die Arbeit von Yukawa bekommen, in der die δ-Kraft-Schwierigkeit völlig befriedigend gelöst ist.[a] Die Yukawasche Hamiltonfunktion ist sicher vernünftiger als die von Kemmer oder Bhabha; sie liefert sonst (bis auf die δ-Kraft) in den wesentlichen Punkten das Gleiche.

Die β-Labilität des Yukons ist inzwischen von Euler näher untersucht worden.[b] Euler findet aus den Experimenten eine Zerfallswahrscheinlichkeit, die zehnmal kleiner ist, als die theoretische von Yukawa. Aber vielleicht ist dieser Faktor 10 nicht so schlimm, und man soll sich eher über die Übereinstimmung der Größenordnung freuen.

Inzwischen habe ich noch eine kurze Arbeit über die Grenzen der Quantenmechanik[c] geschrieben, die ich Dir gleichzeitig mit diesem Brief zur Kritik schicke; ob ich sie publiziere, weiß ich noch nicht. Ich habe doch den größten Wert auf die relativistische Invarianz aller Aussagen gelegt und ich möchte gern wissen, wieweit Du damit zufrieden bist. Zum Teil handelt es sich dabei um Anwendungen, die Du schon kennst.

Bei der Planckfeier traf ich Schrödinger, dem es scheinbar ganz gut ging. Hoffentlich wird er in Graz und Wien im Amt bleiben können.[d]

Mit vielen herzlichen Grüßen Dein W. Heisenberg

Viel Glück zum Einzug ins neue Haus![e]

a) Siehe [490], Anm. f und g. – b) Siehe H. Euler: Zur Diskussion der Hoffmannschen Stöße und der durchdringenden Komponente in der Höhenstrahlung. Naturwiss. **26**, 382–383 (1938). Signiert Leipzig, 17. Mai 1938. – c) W. Heisenberg: Die Grenzen der Anwendbarkeit der bisherigen Quantentheorie. Z. Phys. **110**, 251–266 (1938). Eingegangen am 24. Juni 1938. Es handelte sich um das Referat, das Heisenberg in Warschau halten wollte. (Siehe hierzu den Kommentar zu [499].) Gleichzeitig schickte Heisenberg ein Manuskript an Bohr. – d) Siehe hierzu [501], Anm. e. – e) Anmerkungen Paulis am Ende des Briefes: „Schauer-Längenmessung kein direkter Zusammenhang. Meßapparate. $r_0 = \hbar/Mc$ definieren. S. 18 [des Manuskriptes:] Potentiale."

Heisenbergs neue Untersuchung über die Grenzen der Anwendbarkeit der bisherigen Quantentheorie wurde von Pauli [505] viel günstiger aufgenommen als seine vorhergehende Veröffentlichung, in der er die universelle Länge als Grundlage einer neuen Theorie der Elementarteilchen einzuführen suchte.[1]

Ziel der neuen Arbeit Heisenbergs war eine Eingrenzung der Fragestellungen in einer Quantentheorie der Wellenfelder, die aufgrund relativistischer Invarianzforderungen beantwortbar sind. Auch hierbei sollte nach Heisenbergs Meinung die universelle Länge eine wichtige Rolle spielen, indem sie „die Grenzen der Anwendbarkeit der bisherigen Theorien in ähnlicher Weise bezeichnet, wie etwa *h* und *c* die Grenzen der Anwendbarkeit der klassischen Physik festlegen."

Arnold Sommerfeld wurde am 5. Dezember 70 Jahre alt. Die geplante Festschrift sollte zugleich zu einer Solidaritätserklärung der zahlreichen Schüler für ihren verehrten Lehrer werden, der durch die Vertreter der „Deutschen Physik" wiederholten Angriffen ausgesetzt gewesen war. Zugleich waren aber auch den deutschen Zeitschriften durch gewisse „politische Nebenbedingungen" enge Grenzen gezogen worden ([517], [518], [522] und [524]). In der Sommerfeldfestschrift sollten beispielsweise nur „arische Forscher" zu Wort kommen [516]. Viele ausländische Gelehrte nahmen daraufhin von einem Beitrag Abstand. „Pauli in Zürich soll sich ebenfalls aufgeregt haben", schrieb Debye am 18. Oktober an den Mathematiker Ludwig Hopf.

„Was die von den Verlegern aufgestellten nichtwissenschaftlichen Nebenbedingungen für Autoren betrifft", schrieb Pauli, „so hoffe ich, daß die Zeitschriften ... von einer zunehmenden Anzahl von Autoren nicht mehr zu Publikationen benützt werden mögen, gleichgültig, ob die Autoren zur weißen oder zur schwarzen Klasse von Theoretikern gezählt werden" [522]. Pauli ersuchte auf Anraten von Wentzel und Laporte einige Kollegen, Beiträge zu einer Sommerfeldfestgabe in einem Sonderheft des Physical Review einzusenden ([517], [523] und [524].)

[1] Siehe [492], Anm. a.

[505] Pauli an Heisenberg

Zürich, 10. Mai 1938

Lieber Heisenberg!

Vielen Dank für Brief und Manuskript. Letzteres gefiel mir bedeutend besser als Deine Arbeit im Planck-Heft[a] und ich möchte Dir sogar raten, ersteres – mit einigen sogleich näher erläuterten Abänderungsvorschlägen – zu publizieren (bei der Annalen-Arbeit hätte ich einen solchen Rat nicht erteilt, wenn Du mich gefragt hättest).

Nach wie vor scheint mir die Stelle Deiner Annalen-Arbeit, wo von der Längenmessung die Rede ist, ganz unlogisch zu sein.[b] Denn die Existenz von Schauern brauchte die Längenmessung ja gar nicht zu stören, man könnte sich ja (mit Geduld) die (wenn auch relativ seltenen) Fälle heraussuchen, wo gerade *kein* neues Teilchen entstanden ist. Der Grund für das Versagen der Längenmessung kann nur darin liegen, daß *auch in jenen Fällen* die Theorie nicht mehr gültig ist, falls Impulsänderungen größer als $\hbar/\lambda_0$ eintreten. Und dies muß wieder zusammenhängen mit der Nicht-Existenz von γ-Strahlmikroskopen für $\lambda < r_0$; die atomistische Konstitution der Meßapparate muß dann wesentlich werden.

Indem ich nun zum Inhalt des neuen Manuskriptes übergehe, habe ich – eben aus solchen Erwägungen heraus – das Gefühl, daß die dort gezogenen Schlüsse quantitativ viel besser mit der Wirklichkeit stimmen würden, wenn man gleich auf der ersten Seite

$$r_0 = (1 \text{ bis } 2)\cdot 10^{-14}\ \text{cm} \sim \frac{\hbar}{Mc} \quad (M = \text{Protonmasse})$$

statt des klassischen Elektronenradius angenommen hätte. Während dann die ganzen Überlegungen von § 1 unverändert bleiben können, werden die Schlüsse über die Anwendbarkeit der Quantenmechanik auf die Kerne in § 2 dann viel vernünftiger. Die Abschätzungen, so wie sie dastehen, scheinen mir nämlich viel zu ungünstig zu sein, namentlich in § 2a und § 3 Schluß. – Ich glaube, daß die Kraftgesetze für die Proton-Neutron-Wechselwirkung für $r > \hbar/Mc$, die Matrixelemente also für $p < Mc$ sinnvoll bleiben.

Die Diskussion auf S. 18[c] scheint mir übrigens auf jeden Fall (was immer r_0 sei) der Korrektur bedürftig, insofern man durch Rechnungen über Massendefekte etc. *jedenfalls* versuchen kann, zu ermitteln, wie das Potential für *große* r abfällt (ob wie $e^{-a^2 r^2}$ oder wie e^{-ar} oder wie eine Potenz r^{-n}) und in dieser Hinsicht Kastenpotential und das durch Gleichung (14) gegebene $\tau(r)$ *nicht* gleichwertig sind.

Unabhängig vom Zahlwert von r_0 – Du müßtest bei Publikation auf jeden Fall betonen, daß *Du bei Deinen Argumenten zwischen Elektronenradius und* $\hbar/Mc$ *nicht zu unterscheiden imstande bist* – scheint mir aber der § 1 pädagogisch sehr nützlich und der Publikation wert zu sein.

Die Yukawa-Arbeit habe ich inzwischen gelesen und bin damit zufrieden, soweit die Theorie nicht divergiert (wie z.B. beim magnetischen Moment des Neutrons). – Bei dieser Gelegenheit möchte ich anfragen: *Wird zu Sommerfelds 70. Geburtstag im Dezember irgend eine Festschrift gemacht?* Wenn ja, möchte ich gerne etwas für sie schreiben.

Viele Grüße von Haus zu Haus stets Dein W. Pauli

a) Siehe [492], Anm. a. – b) Siehe hierzu Paulis Bemerkungen zu Heisenbergs Brief [504], Anm. e. – c) Die Seitenzahlen beziehen sich auf Heisenbergs Manuskript. S. 18 entspricht S. 266 der Veröffentlichung.

[506] Heisenberg an Pauli

Leipzig, 14. Mai 1938

Lieber Pauli!

Hab' vielen Dank für die hilfreiche Kritik meines Manuskripts. Mit dem, was Du über den Zahlwert der universellen Länge schreibst, bin ich ganz einverstanden, und ich will gleich am Anfang betonen, daß der klassische Elektronenradius eher eine obere Grenze bedeutet und daß man in den Formeln auch mit einer zehnmal kleineren Länge rechnen kann.[a] Dagegen war ich nicht ganz einverstanden mit Deiner Behauptung, man könne aus Massendefektmessungen etc. den Verlauf des Potentials zwischen Neutron und Proton bei großen Abständen ermitteln. Ich glaube, daß dies nicht möglich ist. Es ist dabei erstens zu bemerken, daß es nicht so geht wie in der klassischen Theorie, d.h. nicht etwa aus Messungen der Ablenkung bei der Streuung von Neutron-Wellenpaketen an Proton-Wellenpaketen. Denn die durch die Beugung hervorgerufene Streuung ist bei schnellem Abfall der Kraft stets größer, als die Streuung durch die ablenkende Kraft. Man befindet sich also prinzipiell in dem „wellenartigen" Gebiet, in dem man Bornsche Methode treiben kann. In diesem Gebiet aber kann man, glaube ich, nicht unterscheiden zwischen den Effekten, die vom Verlauf des Potentials in großem Abstand herrühren und denen, die durch das Versagen der Quantenmechanik bei $p \sim \hbar/r_0$ bedingt sind. Es kann sein, daß ich hier irgendeine Möglichkeit übersehen habe, aber ich hatte nach einer längeren Diskussion dieser Fragen den Eindruck, daß der Verlauf des Potentials in großen Abständen nicht bestimmbar ist. Ich wäre Dir dankbar, wenn Du mir über diesen Punkt Deine endgültige Meinung noch schreiben könntest. Mir schien es auch prinzipiell befriedigend, anzunehmen, daß ein so spezielles Kraftgesetz $\frac{e^{-Kr}}{r}$, das gewonnen wird durch die Behandlung von Prozessen, die sicher außerhalb des quantenmechanischen Schemas liegen, nicht mehr an Hand der Quantenmechanik nachgeprüft werden kann: Es sollte sich mit der Nachprüfung von $\frac{e^{-Kr}}{r}$ also ähnlich verhalten wie mit der klassisch-mechanischen Nachprüfung des Elektronenspins. (Du erinnerst Dich wohl an Bohrs alte Argumente.)

Über eine Sommerfeld-Festschrift habe ich bis jetzt nichts gehört; ich werde aber bei der nächsten Gelegenheit mit Debye über diese Frage sprechen.[b]

Viele Grüße, auch von meiner Frau Dein W. Heisenberg

a) Diese Veränderung ist in der Veröffentlichung auf S. 252 vorgenommen. – b) Die Annalen der Physik widmeten Sommerfeld schließlich ein Sonderheft (vgl. [516]), in dem Beiträge von Hönl, Heisenberg, Unsöld, Debye, Lenz, Kossel, Gerlach, Sauter, Meixner u.a. aufgenommen wurden. Ein Festakt in München fand am 4. Dezember unter dem Vorsitz E. von Angerers im Beisein von Max Planck statt.

[507] Peierls an Pauli

[Birmingham], 14. Mai 1938
[Maschinenschriftliche Durchschrift]

Lieber Herr Pauli!
Ich habe jetzt die Frage der Wellengleichung mit Spin größer als 1 mit Hoyle ausführlich diskutiert. Es scheint mir jetzt in der Tat, daß sein Argument, wonach die Nebenbedingungen die Positivität der Gesamtenergie nicht retten können, nicht zwingend war. Um mich aber endgültig davon zu überzeugen, daß das Gegenteil der Fall ist, würde ich gern einen expliziten Ausdruck der Energiedichte in der von Ihnen angegebenen Form sehen, wenn das möglich ist.

Hoyle hat gestern seine Arbeit an Sie abgeschickt, und Sie werden inzwischen sein Argument über den halbzahligen Spin gesehen haben, das mir noch immer richtig zu sein scheint. Insbesondere kommt es bei diesem Argument nicht darauf an, ob die Masse verschwindet oder nicht. Der wesentliche Punkt ist vielmehr dieser: Wenn der Spin größer als 1/2 ist, so kann man noch immer in der üblichen Weise aus der Lagrangefunktion konjugierte Impulse zu den Feldgrößen definieren. Sind Q_i die Feldgrößen, P_i die Impulse, so gilt dann

$$P_i Q_k - Q_k P_i = c_{ik},$$

wo c eine (unwesentliche) Konstante ist. Wenn man nun aber die zu Q_i konjugiert komplexe Größe Q_i^* betrachtet, so ist sie aber nicht mit P_i identisch. Statt dessen ist Q_i^* eine Linearkombination sämtlicher P. Wenn man daher den Ausdruck

$$Q_i Q_i^* - Q_i^* Q_i$$

bildet, so wird er gleich $c f_{ii}$, wo f_{ii} ein konstanter Koeffizient ist. Hoyles Argument besteht nun darin, zu zeigen, daß man es nicht so einrichten kann, daß alle f_{ii} (und die entsprechenden Koeffizienten, die man erhält, wenn man statt der Q_i beliebige Linearkombinationen benutzt) sämtlich positiv sind. Ein negatives f_{ii} bedeutet aber einen Widerspruch, da die Diagonalelemente von $Q Q^* - Q^* Q$ notwendig positiv sind. Es liegt also nicht daran, daß man keine algebraisch widerspruchsfreien Vertauschungsrelationen anschreiben kann, sondern sie haben keine Lösung, die mit den Realitätsbedingungen im Einklang ist.

Es würde mich sehr interessieren zu hören, ob Sie beweisen können, daß die von Ihnen aufgestellten Vertauschungsrelationen Lösungen haben, und gegen welchen Teil des Hoyleschen Beweises Sie einen Einwand haben.

Vielen Dank noch für Ihren Brief über die Ultrarotkatastrophe.[a] Wir sind darüber also jetzt völlig einig, und Kramers, Kronig und Bohr müssen Sie also völlig mißverstanden haben.

Mit besten Grüßen Ihr [Peierls]

a) Siehe [503].

[508] Pauli an Peierls

[Zürich], 21. Mai 1938
[Postkarte]

Lieber Herr Peierls!
Vielen Dank für den Brief und Hoyles Manuskript. Die Widerspruchsfreiheit des Falles Spin 3/2 bei *nicht* verschwindender Ruhemasse beruht wesentlich darauf, daß die Vertauschungs-Relationen *nicht* kanonisch sind. Dies ist auch in einer Theorie mit Nebenbedingungen von vornherein zu erwarten. Herr Fierz wird in einigen Tagen seine ganze (übrigens ziemlich einfache) Rechnung für diesen Fall Ihnen schreiben[a] und dann auch Hoyles Manuskript zurückschicken. Übrigens sind bei $m \neq 0$ alle Nebenbedingungen q-Zahlrelationen, d.h. mit allen Größen vertauschbar. Dabei ist es sehr vorteilhaft, die Methode von Jordan und mir zur Quantelung[b] zu verwenden, da man dann der relativistischen Invarianz von vornherein sicher ist.

Inzwischen studieren wir noch, ob sich der Fall $m=0$ (Spin 3/2) in Ordnung bringen läßt (auch für Ausschließungsprinzip). Ich hoffe bald etwas Abschließendes darüber zu wissen. Dieser von Hoyle betrachtete Fall ist insofern singulär, als es (bei gegebener Schwingungs- und Wellenzahl) eine Wellenart gibt, deren Energie (und Impuls) verschwindet. Ich will mir also noch überlegen, was man vernünftigerweise mit deren Quantisierung anfangen kann.

Inzwischen beste Grüße an Sie und Hoyle Ihr W. Pauli

a) Siehe M. Fierz: Über die relativistische Theorie kräftefreier Teilchen mit beliebigem Spin. Helv. Phys. Acta **12**, 3–37 (1939). Eingegangen am 3. September 1938. – b) Jordan und Pauli (1928b).

[509] Pauli an Sommerfeld

Zürich, 22. Mai 1938

Lieber Prof. Sommerfeld!
Vielen Dank für Ihren Brief. Scherrer hat diesmal nicht die Absicht, noch in diesem Sommersemester eine Physiker-Tagung in Zürich zu veranstalten – wohl hauptsächlich, weil er momentan sehr viel zu tun hat (z.B. baut das Institut ein Zyklotron, es sind eben die nötigen Gelder hiefür beisammen). – Es besteht aber die Möglichkeit, daß im Oktober dieses Jahres hier eine Physiker-Tagung abgehalten wird und wir wollen in diesem Fall auf die Vorschläge Ihres Briefes zurückkommen. – Nächstes Jahr ist übrigens hier eine Landesausstellung und, wie ich höre, will dann ohnehin die Züricher physikalische Gesellschaft wieder einen Kongreß über den festen Körper veranstalten.[a]

Wir verschieben also zunächst Ihre Vorschläge, behalten sie aber weiter im Auge. Sonst geht es gut. Ich halte übrigens jetzt eine Vorlesung über „Theorie des festen Körpers“, die mir viel Spaß macht. Fierz quantisiert die Diracschen Gleichungen von 1936 für Teilchen mit beliebigem Spin – ein Problem, das seine Tücken hat, aber ganz lösbar ist.[b]

Diese Semesterferien hatte ich eine schöne Reise nach England und Holland gemacht, in Cambridge, Leyden und Utrecht vorgetragen, während inzwischen meine Frau den Umzug in unser neues Haus in Zollikon vollzogen hat. In diesem gefällt es uns sehr gut, allmählich wird es auch innen eingerichtet und wir hoffen, daß Sie es bald einmal sehen werden.

Weiß man etwas über Ihre Nachfolge? Laporte erzählte mir, daß Sie im Wintersemester auf keinen Fall mehr lesen wollen.[c]

Viele Grüße (auch von Scherrer) Ihres getreuen W. Pauli

a) Zum 50-jährigen Bestehen der Physikalischen Gesellschaft Zürich hatte im Januar 1937 eine wissenschaftliche Tagung über den festen Körper stattgefunden. Sommerfeld hatte bei dieser Gelegenheit „Über den metallischen Zustand, seine spezifische Wärme und Leitfähigkeit" vorgetragen. Siehe R. Sänger (Hrsg.): Der feste Körper. Leipzig 1938. – b) Siehe [508], Anm. a. – c) Sommerfelds Nachfolger wurde schließlich Wilhelm Müller, ein Vertreter der sog. „Deutschen Physik". Sommerfeld wurde daraufhin sogar das Betreten der Institutsräume untersagt. (Vgl. U. Benz: Arnold Sommerfeld. Stuttgart 1975. Dort S. 184.)

Johannes Stark war von der Redaktion der Zeitschrift Nature gebeten worden, seinen erkenntnistheoretischen Standpunkt für die Leser darzulegen. So erschien im letzten Aprilheft Starks Aufsatz mit der Überschrift „The Pragmatic and the Dogmatic Spirit in Physics".[1] Damit wurde erstmalig ein Versuch unternommen, die von den Anhängern der „Deutschen Physik" vertretenen Auffassungen im Ausland bekannt zu machen.

Wiederholt hatte Stark Kritik an einer „dogmatischen Atomtheorie" geübt, die „nicht mehr nach klassischen Analogien verstanden werden" kann. Die ganze Quantentheorie schien ihm ein „auf unbewiesenen oder willkürlichen Voraussetzungen" beruhendes „Gebäude von mathematischen Formeln". Und er behauptete, die Deutung, „welche Born, Jordan, Heisenberg, Sommerfeld u.a. der Wellenfunktion Schrödingers geben, indem sie eine Art Wimmelbewegung des Elektrons im einzelnen Atom einführen und vertreten", widerspräche den Grundgesetzen der Dynamik.[2] „‚Gedankenexperimente', wie sie Heisenberg in ziemlicher Zahl auf dem Papier in seinen Veröffentlichungen ausführt, sind kein Ersatz für wirkliche Experimente."

In dem gleichen Aufsatz ließ er sich über einen „Jünger der dogmatischen Theorie" aus, „der vor mehreren Jahren in der Doktorprüfung ein sehr gutes Prädikat von dem Vertreter der theoretischen Physik [Sommerfeld], ein sehr schlechtes von dem Vertreter der Experimentalphysik [Wien], erhielt. Nach wenigen Jahren wurde er [Heisenberg] auf einen Lehrstuhl für theoretische Physik berufen."

Mit derartigen Angriffen versuchte der Präsident der Physikalisch-Technischen Reichsanstalt seinen Gegner Heisenberg zu diskreditieren.

In seinem Artikel in Nature wandte sich Stark insbesondere gegen die Juden, die als Hauptvertreter und Propagandisten des „dogmatischen Geistes" schuld an dieser Entwicklung seien, und behauptete, daß die echte Naturforschung seit jeher von arischen Forschern getragen werden.

Heisenberg hatte lange unter Starks Angriffen gelitten und hoffte nun, daß man im Ausland Stark „unpolitisch, aber sachlich energisch" antworten würde [501].

Pauli meinte jedoch, Starks Ideen seien überhaupt zu dumm, um eine Erwiderung zu erfordern [512]; dennoch ging er auf Heisenbergs Anregung ein und suchte einige Kollegen zu einer Stellungnahme zu bewegen ([515], [517], [519], [521], [526], [529] und [530]).[3]

[1] Nature **141**, 770–772 (1938). Heft vom 30. April 1938.

[2] J. Stark: Physikalische Wirklichkeit und dogmatische Atomtheorien? Physik. Z. **39**, 189–192 (1938). Eingegangen im August 1937.

[3] In dem gleichen Heft von Nature **141** wurde auf S. 778 unter News and Views eine allgemeine Stellungnahme der Redaktion mit der Überschrift „The ‚Jewish' Spirit in Science" abgedruckt. Im November publizierte A.S. Eve eine längere Erwiderung: „Foundations of Physics". Nature **12**, 857–862 (1938). U.a. beinhaltet auch Max Borns bekannter Aufsatz: „Experiment and Theory in Physics", Cambridge 1943, eine Antwort auf Starks Artikel.

[510] Heisenberg an Pauli

Leipzig, 23. Mai [1938]

Lieber Pauli!

In meinem Brief über die Unmöglichkeit, das Kraftgesetz $\frac{e^{-Kr}}{r}$ in großen Abständen zu messen,[a] meinte ich einen sehr einfachen Sachverhalt: Es ist zwar richtig, daß man bei der Streuung von Neutronen an Protonen etwa aus dem Wirkungsquerschnitt für die Ablenkung langsamerer Neutronen Schlüsse ziehen kann auf das Kraftgesetz. Man wird z.B. durch Messung feststellen, daß der Wirkungsquerschnitt bei $(\Delta p \ll \hbar K)$ für die Impulsänderung Δp etwa wie Const./$(\Delta p^2 + \hbar^2 k^2)^2$ oder wie Const./$(\Delta p^4 + \hbar^4 K^4)^2$ verläuft und wird dadurch rückwärts schließen, das Kraftgesetz sei $\frac{e^{-Kr}}{r}$ oder anders gewesen. Dieser Schluß wäre aber nur dann berechtigt, wenn die Quantenmechanik in diesem Bereich *streng* gälte.[b] In Wirklichkeit haben wir aber allen Grund anzunehmen, daß sie nur gilt (oder richtiger: daß ihre Begriffe nur vernünftig sind) mit einer Genauigkeit $\Delta p/\hbar K$. Wenn man aber Unsicherheiten der Ordnung $\Delta p/\hbar K$ in Betracht zieht, so kann man zwischen den beiden Gesetzen $1/(\Delta p^2 + \hbar^2 K^2)$ bzw. $1/(\Delta p^4 + \hbar^4 K^4)$ nicht mehr unterscheiden; d.h. man kann nicht mehr wissen, ob der andere Verlauf des Wirkungsquerschnitts durch ein anderes Kraftgesetz, oder durch Abweichungen von der Quantenmechanik bedingt ist.

Dieser Sachverhalt kann, glaube ich, auch nicht dadurch gebessert werden, daß man Wellenpakete baut und nun die Ablenkung der Wellenpakete beim Vorbeifliegen in großen Abständen untersucht. Denn erstens ist dann die Zerstreuung der Wellenpakete stets größer als die Ablenkung und zweitens lassen sich über die Begrenzung der Wellenpakete (d.h. über die Abnahme der Intensität in weitem Abstand vom Mittelpunkt des Pakets) keine sicheren Aussagen machen, wenn man mit Abweichungen von der Wellenmechanik rechnen muß.

Sonst gibt's nichts Neues. Hast Du Starks Aufsatz in der Nature gelesen? Ich finde es ganz erfreulich, daß dieser Blödsinn jetzt einer internationalen Kritik unterbreitet wird und hoffe, daß unpolitische, aber sachlich energische Antworten erscheinen werden (insbesondere von Experimentalphysikern).

Viele Grüße von Haus zu Haus

Dein W. Heisenberg

a) Siehe [506]. – b) Siehe Heisenbergs Publikation ([504], Anm. c), dort S. 266.

[511] Pauli an Peierls

Zürich, 25. Mai 1938

Lieber Herr Peierls!

Die beiliegenden Rechnungen von Fierz betreffen *erstens* die Durchrechnung des Falles Spin 3/2 für $m \neq 0$, *zweitens* die Durchführung des (schon in einem früheren Brief von mir erwähnten) Programms der Eichgruppe für $m=0$ und Spin 3/2 (NB. es läßt sich leicht für $m=0$ und beliebigen Spin – auch *ganzen* – verallgemeinern), *drittens* den Nachweis, daß die Totalenergie bei ganzem Spin positiv (bzw. für $m=0$ höchstens 0, aber nie negativ) ist.[a]

Wenn man die Wellengleichung für $m=0$ überhaupt physikalisch interpretieren will, scheint es mir unbedingt nötig, die Idee der Eichgruppe, die alle Felder mit Totalenergie (und Impuls) Null wegtransformierbar macht, einzuführen und *nur eichinvariante Vertauschungs-Relationen* aufzustellen.* Dann verschwinden alle Vorzeichenschwierigkeiten für Fermistatistik und halbzahligen Spin, auch wenn $m=0$. Die Degeneration bei hohem Spin ist für $m=0$ allerdings eine sehr hohe, indem von allen Eigenschwingungen mit gegebenem Faktor $e^{i(kx-\omega t)}$ (oder $e^{i(kx+\omega t)}$) nur je eine *einzige* eine von Null verschiedene Energie bekommt.

Für $m \neq 0$ besteht diese Komplikation *nicht,* es gelten dann auch für *alle* Größen f die Relationen $\dot{f}=i[\bar{H},f]$. Die kanonische Form der Vertauschungs-Relationen allerdings versagt, aber das ist bei einer Theorie mit Nebenbedingungen nicht anders zu erwarten.

Wie von der Hoyleschen Arbeit etwas gerettet werden kann, sehe ich leider nicht. Die letzten beiden Absätzes seines Summary sind das Gegenteil der Wahrheit und auch im zweiten Absatz würde ich „complicated" statt „simplified" sagen. Im Falle Hoyle die Arbeit doch publizieren sollte, könnte man *M. Abraham* zitieren, der – in einer Entgegnung auf eine beim Münchner Mathematiker Lindemann gemachte Dissertation – festgestellt hat, daß „die Schuld am Mißlingen der Arbeit weniger dem Doktoranden als den *unglückseligen Gestirnen* zuzuschreiben sei, unter denen die Arbeit das Licht der Welt erblickt hat!"[b]

In diesem Sinne grüßt Sie bestens Ihr W. Pauli

a) Siehe hierzu Pauli und Fierz (1939b) und Fierz und Pauli (1939c). – b) Wahrscheinlich wurde dieses Zitat Max Abrahams durch Sommerfeld weitergegeben. Bei dem Mathematiker Ferdinand Lindemann machte Pauli seine Doktorprüfung. (Siehe Band I, S. 32.)

Der folgende Brief [512] an Heisenberg trägt zum ersten Mal den Aufdruck Zollikon-Zürich, Bergstraße 35; ein sichtbares Zeichen, daß Pauli nun in die schöne neue, oberhalb des Züricher Sees gelegene Wohnung eingezogen war. „Unser Häuschen ist sehr nett geworden und wir sind damit sehr zufrieden", schrieb er im Juli [515].

* Diese genügen, um die Eigenwerte von Totalenergie- und Impuls festzulegen.

[512] Pauli an Heisenberg

Zollikon-Zürich, 28. Mai 1938

Lieber Heisenberg!
Dank für Deinen letzten Brief (vom 23.), der die Frage der Entscheidbarkeit zwischen verschiedenen Kraftgesetzen bei der Proton-Neutronstreuung doch klarer macht. Ich glaube, wir können uns nun leicht einigen. Ist p der Betrag der vektoriellen Impulsänderung *eines* Teilchens im Schwerpunktsystem, so kann das Matrixelement nur so weit benützt werden, als man p durch $p(1 \pm p r_0/\hbar)$ ersetzen kann. Physikalisch kommt es nun allerdings wieder sehr darauf an, wie groß r_0 ist verglichen mit der Reichweite der Proton-Neutronkraft. Ich glaube ja, man soll r_0 etwa 50 bis 100 mal kleiner ansetzen als diese und dann könnte man durch Stoßversuche schon einiges über den Verlauf des Kraftgesetzes erfahren. Wäre r_0 so groß wie die Reichweite der Kräfte, dann ginge es natürlich nicht mehr. – Daß man mit Wellenpaketen nicht wesentlich weiter kommen kann als mit ebenen Wellen will ich gerne glauben.

Fierz soll sich nun habilitieren.[a] Er hat eine längere Arbeit gemacht über die relativistischen Wellengleichungen für Teilchen mit *beliebigem* Spin und ihre Quantisierung. Es ist doch interessant, daß von selbst der ganze Spin nach Einstein-Bose, der halbzahlige nach Fermi-Dirac gequantelt werden muß (letzteres wie beim Elektron, damit die Gesamtenergie immer positiv ist), denn das ist doch nicht hineingesteckt. Sonst geht alles, ohne daß physikalische oder mathematische Schwierigkeiten auftreten (gegenteilige Behauptungen von *Hoyle* sind unrichtig). Es scheint mir auch logisch befriedigend, daß in einer Theorie, wo die Ruhemassen der Teilchen willkürlich sind, auch ihr Spin willkürlich ist.

Von Starks Aufsatz in der Nature habe ich nur den Titel gesehen, weiter haben mich seine Ideen nicht interessiert. Wahrscheinlich wird es auch den meisten Physikern überhaupt zu dumm sein, eine Erwiderung darauf zu schreiben; wenn Du es aber für gut hältst, könnte man ja die Aufmerksamkeit von englischen oder amerikanischen Experimentalphysikern darauf richten.

Viele Grüße von Haus zu Haus stets Dein W. Pauli

a) Als Habilitationsschrift diente die unter [508], Anm. a, genannte Abhandlung.

[513] Peierls an Pauli

[Birmingham], 3. Juni 1938
[Maschinenschriftliche Durchschrift]

Lieber Herr Pauli!
Vielen Dank für Karte und Brief und für das Manuskript von Fierz. Was zunächst den Fall des ganzzahligen Spins betrifft, so haben Sie offenbar recht, und Hoyles Resultat beruht auf einem Fehlschluß.[a] Ich glaube jetzt auch, daß *kein* physikalischer Einwand gegen eine nicht positiv-definite *Energiedichte* besteht.

Im Falle halbzahligen Spins hat Hoyle (auf meine Veranlassung) nur die Möglichkeit betrachtet, daß die Vertauschungsrelation die Funktion der Raumkoordinaten enthält, dagegen nicht ihre Ableitungen. Unter dieser Voraussetzung ist seine Behauptung korrekt. Es scheint mir zunächst selbstverständlich, daß diese Voraussetzung unvermeidlich ist, aber das muß man natürlich beweisen. Es ist richtig, daß die Theorie von Fierz und Ihnen[b] widerspruchsfrei ist, aber damit ist noch nicht bewiesen, daß sie physikalisch möglich ist. Die Frage, die noch zu untersuchen bleibt, scheint mir die folgende: Die Vertauschungsrelationen in der Form, in der Fierz sie aufgeschrieben hat, setzen (analog zu denen von Ihnen und Jordan) voraus, daß die Wellenfunktionen der kräftefreien Wellengleichung genügen, und schließen daher sowohl Potentialfelder wie Emission oder Absorption von Teilchen aus. Um eine Theorie einschließlich Wechselwirkungen zu haben, muß man Größen zu konstanter Zeit hinschreiben, und deren Vertauschungsrelationen aufstellen. Dabei muß man natürlich alle zeitlichen Ableitungen eliminieren.

Die Frage ist dann, ob sich die so aufgestellten Vertauschungsrelationen bei beliebigen Wechselwirkungen beibehalten lassen, und ob sie auch dann noch immer relativistisch invariant sind. Für Vertauschungsrelationen der kanonischen Form folgt das aus der allgemeinen Theorie von Ihnen und Heisenberg, dagegen muß es für den jetzt in Frage stehenden Typ von Relationen neu bewiesen werden. Es ist natürlich verdächtig, daß Ihre Relationen die Masse explizit enthalten, denn die Masse ist ja im wesentlichen aus der Hamiltonfunktion definiert; es ist also zu vermuten, daß die Relationen nicht für eine beliebige Hamiltonfunktion gelten.

Ich behaupte natürlich nicht, daß die Theorie nicht in Ordnung ist, sondern nur, daß es nicht bewiesen ist, daß sie in Ordnung ist. In jedem Fall haben natürlich Hoyle und ich nichts über diese Frage bewiesen.

Ich sehe natürlich ein, daß Sie ungern meinen Übergriff in Ihr Spezialgebiet zulassen – es war sonst Ihr Privileg, jeden Ihrer Schüler (mindestens) je eine falsche Arbeit schreiben zu lassen!

Mit besten Grüßen Ihnen und Fierz Ihr [Peierls]

a) Siehe [511]. – b) Siehe [508], Anm. a.

[514] Pauli an Peierls

Zürich, 9. Juni 1938

Lieber Herr Peierls!

Zu Ihrem Brief vom 3. d. möchte ich folgendes sagen:

1. Der Umstand, daß die Vertauschungs-Relationen für $t=t'$ auch die räumlichen Ableitungen der δ-Funktion enthalten, gilt nicht nur für halbzahligen Spin, sondern ebenso für ganzzahligen – und zwar „unvermeidlich"! – (sofern $m \neq 0$). In *dieser* Hinsicht ist gar kein Unterschied zwischen diesen beiden Fällen. Es ist sogar schon in der Procatheorie der Fall, wo

$$\frac{\partial A_\mu}{\partial x^\mu}=0, \qquad \Box A_\mu = m^2 A_\mu$$

$$[A_\mu(x,t), A_\nu(x',t')] = \left(\delta_{\mu\nu} - \frac{1}{m^2}\frac{\partial^2}{\partial x_\mu \partial x_\nu}\right)\cdot D.$$

Für $t=t'$ enthalten dann die Vertauschungs-Relationen von A_0 und A_i ($i=1,2,3$) die erste räumliche Ableitung. – Dieser Umstand ist auch schon in den Arbeiten von Kemmer, Bhabha etc. enthalten und wird nur etwas verdeckt dadurch, daß man dort eben A_0 von der Gültigkeit der kanonischen Vertauschungs-Relationen ausschließt. Für höheren ganzen Spin kann man aber nicht mehr gewisse Komponenten von $A_{\mu\nu\ldots}$ abtrennen, für welche die kanonischen Vertauschungs-Relationen noch gelten, da durch die Spurbedingung $\sum_\nu A_{\nu\nu\rho\sigma\ldots}=0$ die Komponenten mit Indizes 0 und die mit Indizes 1, 2, 3 verknüpft werden.[a]

2. Sowohl für halb- wie für ganzzahligen Spin besteht in der Tat das in Ihrem Brief formulierte Problem der Vertauschungs-Relationen bei Vorhandensein von äußeren elektromagnetischen Feldern oder sonstigen Wechselwirkungen (z.B. mit Protonen). – Ich verspreche mir sehr viel von der *mehrzeitigen Methode* zur Lösung dieser Frage (etwa so wie sie im Diracschen Buch[b] dargestellt ist) – wobei dann die betrachteten Teilchen vom Spin S, das elektromagnetische Feld und eventuell die Protonen oder Neutronen zunächst je eine Zeit für sich bekommen. Dies hat den Vorteil, daß man dann zunächst doch nicht $t=t'$ setzen muß und die relativistische Invarianz der Vertauschungs-Relationen trivial wird. Wenn man nachträglich $t=t'$ setzt und alle Zeiten identifiziert, wird man aber *Zusatzglieder* in den Vertauschungs-Relationen erhalten. *Ich habe eigentlich keinen Zweifel, daß das glatt gehen wird*, aber weder ich noch Fierz (der jetzt seine schon stark angeschwollenen Rechnungen für eine Publikation zusammenschreibt) haben Lust, weiter darüber zu rechnen. Das wäre ein ganz dankbares Feld für eine Arbeit von Hoyle, wenn er nun etwas rechnen will, was aller Voraussicht nach gehen muß. Es wird sehr ähnlich werden, wie sich das A_0 in der Yukontheorie mit Wechselwirkung verhält. (Die mehrzeitige Methode ist übrigens auch sehr bequem, wenn man in der Yukontheorie die Proton-Neutronkräfte ausrechnen will.)

Mit den besten Wünschen für das Gedeihen von Hoyles weiteren Rechnungen und Grüßen an Sie selbst

Ihr W. Pauli

a) Siehe die im Kommentar zu [488] genannten Publikationen. – b) P.A.M. Dirac: The Principles of Quantum Mechanics. Oxford 1930.

Pauli und Uhlenbeck hatten sich Ende März in Holland getroffen.[1] Bei dieser Gelegenheit wurde die Dissertation von Boris Kahn über Zustandsgleichungen und Kondensationstheorie diskutiert.[2] Uhlenbeck zeigte Pauli die schon durchgeführten Berechnungen. Pauli bemerkte nach Durchsicht der ersten Seiten „trivial“. Ein wenig später sagte er dann, „das kann man sich schon denken“, und schließlich, als Uhlenbeck ihm das Ergebnis zeigte, „das muß man lesen.“[3]

Offensichtlich hatte Pauli inzwischen einen Brief von Uhlenbeck mit einem Manuskript der Untersuchung zur Theorie der Kondensation erhalten. In seiner Antwort [515] geht Pauli auf diese Arbeit, auf die allgemeine politische Situation und auf die großen Schwierigkeiten seiner Wiener Bekannten ein.

1 Siehe den Kommentar zu [494].
2 B. Kahn: On the theory of the equation of state. Amsterdam 1938. – Siehe auch B. Kahn und G.E. Uhlenbeck: On the theory of condensation. Physica **5**, 399–416 (1938). Eingegangen am 28. Mai 1938.
3 Persönliche Mitteilung von G.E. Uhlenbeck an den Herausgeber.

[515] Pauli an Uhlenbeck

Zürich, 9. Juli 1938

Lieber Uhlenbeck!
Also Sie haben mir doch selbst geschrieben, das war nett. Die Sache ist mir leider immer noch nicht physikalisch klar, aber ich schlage vor, ein spezielles Beispiel zu diskutieren und zwar die gute, alte van der Waalssche Zustandsgleichung. Ich war nämlich von der Idee ausgegangen, diese (*nicht* das Einstein-Bose-Gas mit seiner ganz andersartigen Singularität) sollte doch wohl *typisch* sein für eine Substanz mit Flüssigkeits- und Gasphase. Dabei brauchen wir uns ja nicht darum zu kümmern, wie die Kräfte zwischen den Atomen sein müssen, damit diese Zustandsgleichung herauskommt; zumal ich nur eine spezielle Isotherme (unterhalb des kritischen Punktes) betrachte und über die Temperaturabhängigkeit gar nichts aussage. Ich nehme nur an, für eine spezielle Temperatur $T=T_0$ möge irgend ein Modell gerade auf dasjenige System der β_ν geführt haben, das aus

$$y \equiv \frac{p}{kT} = \psi(x) = \frac{x}{1-bx} - \alpha x^2 \qquad \left(\alpha = \frac{a}{kT};\ x = \frac{1}{V}\right) \tag{1}$$

folgt, d.h.

$$\frac{n}{n+1}\beta_n = -b^n \qquad \text{für } n \geqq 2, \tag{2}$$

$$\tfrac{1}{2}\beta_1 = -b+\alpha.$$

Ich sehe nicht ein, warum diese Werte der β_n a priori unmöglich sein sollten. Es wird dann

$$\varphi(x) = \log(1-bx) - \frac{bx}{1-bx} + 2\alpha x, \tag{3}$$

wobei wieder

$$\psi(x) = x - \int_0^x x\varphi'(x)\,dx.$$

Es konvergieren hier also die Reihen $\sum_n \beta_n \xi^n$ und $\sum_n \frac{n}{n+1}\beta_n \xi^n$ für $|\xi| < 1/b$ $(|v| > b)$.

Nun ist das aber der ganze physikalisch interessante Bereich; die Singularität von $\varphi(x)$ bei $x=1/b$ ist unwesentlich, insofern sie größer ist als die x-Werte, die bei der Kondensation in Frage kommen (und ist obendrein nur durch die spezielle Annahme harter Kugeln bei van der Waals hineingekommen). – Es schien mir daher eine vernünftige *physikalische* Annahme zu sein, daß beim *wirklichen* Gas und bei der wirklichen Flüssigkeit die Reihen $\sum \beta_n x^n$ und $\sum \frac{n}{n+1} \beta_n x^n$ überall konvergieren werden. Das folgt gar nicht aus einer formalen Betrachtung, sondern bedeutet eine physikalische Hypothese, die Sie auch so formulieren können: *Die thermodynamischen Eigenschaften des wirklichen Gases und der zugehörigen Flüssigkeit sollen „van der Waalsartig" sein.*

Im betrachteten Beispiel ist nun weiter

$$z = x e^{-\varphi(x)} = \frac{x}{1-bx} \cdot \exp\left(\frac{bx}{1-bx} - 2\alpha x\right) \tag{4}$$

zu setzen. Die (reelle) Kurve $y=\varphi(x)$ als Funktion von z sieht et[wa] so aus (für sehr kleine y ist $z \sim y$):

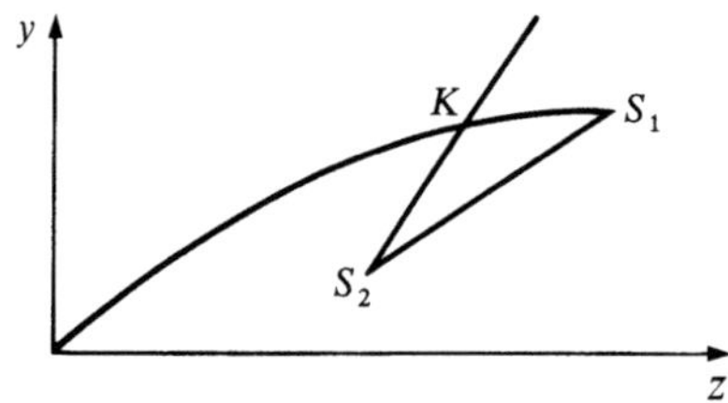

Der Doppelpunkt K ist nach der Thermodynamik der Kondensationspunkt. An diesem Doppelpunkt, der zwei verschiedenen Werten von x entspricht, *ist* $dy/dx \neq 0$, $dz/dx \neq 0$ *und* $\varphi(x)$ *und* $\psi(x)$ *vollkommen regulär.* Die Funktion $y = X(z)$ besteht aus verschiedenen Zweigen; am Kondensationspunkt stimmen die Werte zweier Zweige überein $\chi_1(\bar{z}) = \chi_2(\bar{z})$. Die Potenzreihe $\chi_I(z) = \sum_{l=1}^{\infty} b_l z^l (b_1 = 1)$ stellt denjenigen Zweig dar, der für $z=0$ verschwindet. Nun ist aber der Kondensationspunkt K *überhaupt kein singulärer Punkt der Funktion* $\chi_I(z)$, auch kein Verzweigungspunkt. (Laufe ich in der komplexen Ebene um den betreffenden Punkt herum, so komme ich wieder zum Ausgangswert zurück.) Dasselbe gilt von der Umkehrfunktion $z = W(y)$ von $\chi_I(z)$, da ja dort $\chi_I(z) \neq 0$. – *Es scheint mir jetzt also, daß schon Ihre Annahme b ganz ungenau formuliert ist!*

Eine *singuläre* Stelle von $\chi_I(z) = \sum_{l=1}^{\infty} b_l z^l$ ist erst diejenige, wo $\psi'(x)=0$ ist, was der Spitze S_1 entspricht, nur dort und bei S_2 hat $\chi(z)$ Verzweigungsstellen in der komplexen Ebene (immer im van der Waalsschen Beispiel).

Es stört mich also, daß im Beispiel, das durch die Gleichungen (1) bis (4) charakterisiert ist, *der thermodynamische Kondensationspunkt überhaupt nicht als Konvergenzgrenze der Reihe* $\sum_l b_l z^l$ *erscheint.* Würde man also den Formalismus des §6 der Dissertation von Kahn auf die van der Waalssche Zustandsgleichung anwenden, so würde man aus

$$F(x)=\frac{v\xi_0}{1-v\xi_0}; \qquad x=\xi_0 e^{-v\psi(\xi_0)-\varphi(\xi_0)}$$

nur die singuläre Stelle x_s, wo für das ξ_0 gilt: $\psi'(\xi_0)=0$, finden können, niemals aber die Stelle, wo der Doppelpunkt der reellen Kurve z als F[unktion] von y liegt.

Nun hoffe ich also, das ungenügende der Behandlungsweise in der komplexen Ebene klar gemacht zu haben: Die Reihe $\sum_l b_l z^l$ stellt nur *einen Zweig* einer algebraischen Funktion dar und *dieser* hat am Kondensationspunkt nicht notwendig eine Singularität. Daher ist die Annahme b) hinfällig und es kann $\bar{z}<r$ sein! Die Annahme b) führt nämlich im Falle der Werte (2) der β_n – von denen man doch nicht behaupten kann, sie seien a priori nicht möglich! – nicht zu demjenigen Kondensationspunkt, der von der Thermodynamik verlangt wird.

Also vergessen Sie Ihr Einstein-Bose-Gas, das so wenig mit der Flüssigkeitsbildung zu tun hat, und diskutieren Sie mit mir einmal das van der Waalssche Beispiel. Selbst wenn Sie nicht mit mir annehmen wollten, es sei für *alle* Gase und Flüssigkeiten typisch, zeigt es doch schon, daß die Überlegungen von Kahn und Ihnen (außer für die Gasphase) nicht in Ordnung sind. – Ich habe das Gefühl, wenn ich das van der Waalssche Beispiel verstanden habe, so habe ich alles verstanden. Die Bemerkung auf S. 50 der Dissertation von Kahn über den Doppel-Limes ist sehr vernünftig – ja sogar um eine ganze Größenordnung vernünftiger als der gelehrte § 6. (Daß über letzterem das Wort „rigorous" steht, ist außerordentlich komisch. Da könnte man eher zitieren: „Naturam expellas furca (§ 6), tamen usque recurret (§ 7).")[a]

Zum Abschnitt 2 Ihres Briefes möchte ich noch die mehr logische als physikalische Bemerkung machen, daß es schon passieren kann, daß $G(x)$ für $x=\bar{x}$ singulär ist, $\frac{G'(x)}{G(x)}\cdot x$ aber *regulär*. Beispiel: $G(x)=Ax^a$ mit irgend einem nicht notwendig ganzen Exponenten a für $\bar{x}=0$. Aber diese Ausnahmen sind wohl unwesentlich.

Ich habe kürzlich von einer holländischen Organisation der Studenten der technologischen (?) Fakultäten eine Einladung bekommen (unterzeichnet von einem Sekretär van der Broek) im Februar 1939 in Holland „über meine Arbeiten" vorzutragen. Aus dem Brief war gar nicht hervorgegangen, um was für eine Art von Vorträgen es sich handeln soll – ob populär oder wissenschaftlich, ob für Hörer aller Fakultäten oder für Physiker. Ich habe also zunächst um weitere Informationen gebeten. Wissen Sie vielleicht, um was es sich bei dieser Organisation handelt?[b]

Es wäre ja sehr nett, nächstes Jahr wieder nach Holland zu gehen (hoffentlich diesmal mit meiner Frau), an die Tage bei Ihnen in Utrecht denke ich noch oft mit Vergnügen zurück. Mein österreichischer Paß wird noch ein Jahr gültig sein, wenn ich mich also genügend lange mit der Sammlung von Visa beschäftige, sollte es uns vielleicht möglich sein, auch nächstes Jahr nach Holland zu kommen.

Einfacher wäre es, wenn Sie mit Ihrer Frau einmal in die Schweiz kämen und uns hier besuchen würden. Unser Häuschen ist sehr nett geworden und wir sind damit sehr zufrieden.

Heisenberg hat mir sagen lassen, daß er von Stark und der Gestapo sehr schikaniert wird, er hat z.B. kein Visum für den Kongreß in Warschau bekommen. Er hat mir auch außerdem geschrieben, er hoffe, daß von ausländischen Physikern (bes. Experimentalphysikern) „unpolitische, aber sachlich energische" Erwiderungen auf den Artikel erscheinen werden, den Stark in der Nature vom 30. April über „pragmatische und dogmatische Physik" publiziert hat. Es würde das sicher Heisenbergs Position gegenüber Stark verbessern. Die Aufgabe ist gewiß undankbar, aber vielleicht würde sich z.B. de Haas dazu bereit finden. Ich will auch nach England schreiben deswegen.[c]

Von dem Wiener Wirrwarr ist speziell noch zu berichten, daß sowohl Thirring[d] als auch Kottler[e] pensioniert sind und eine Stelle suchen. Letzterer ist Jude, ersterer nicht und wohl aus politischen Gründen entlassen. Für beide käme auch eine Industriestelle in Betracht (für Radio, Gleichrichter oder Fernsehen z.B.). England oder Amerika ist ja nahe liegender, oder meinen Sie, daß auch Philipps in Frage käme? – Mark[f] war kürzlich hier, es geht ihm sehr gut, er hat ein Stipendium in Oxford und außerdem ist es ihm durch Bestechung von Gestapo-Beamten in Wien gelungen, sein Vermögen und auch sein Auto herauszubringen.

Fierz hat hier inzwischen eine lange Arbeit verfaßt (die als seine Habilitations-Schrift verwendet werden soll) über die Quantisierung der relativistischen Wellengleichungen für Teilchen mit beliebig (halb- oder ganzzahlig) vorgegebenem Spin, zunächst bei Abwesenheit von Kräften[g]. Es geht alles ganz glatt und wie erwartet. Hoyles Überlegungen (die ich in Leyden kurz erwähnt habe) waren ganz falsch und er mußte seine Arbeit noch eben vor dem Druck zurückziehen[h] (eine Blamage mehr für Peierls als für Hoyle).

Sonst weiß ich nichts Neues. Es ist schade, daß das Problem der Divergenz der quantisierten Feldtheorien (bei Teilchen mit Wechselwirkung) gar nicht weiterkommt.

Viele Grüße, auch an Ihre Frau sowie alle Freunde in Holland (speziell auch an Herrn Kahn) von Ihrem W. Pauli

a) Nach Horaz, Episteln I, 10,4: „Treib' sie mit einer Forke aus, sie läuft doch wieder rein ins Haus". Dieses Zitat wurde gerne von Schopenhauer benutzt, den Pauli sehr verehrte. (Z.B. in „Die Welt als Wille und Vorstellung". Anhang zu Kapitel 44.) – b) Siehe hierzu [521]. – c) Siehe den Kommentar zu [510]. – d) Hans Thirring wurde von den neuen Machthabern „Pazifismus und persönlicher Verkehr mit Albert Einstein und Sigmund Freud" vorgeworfen. In den Akten der Universität Wien befinden sich Solidaritätserklärungen eines Universitätsbuchbinders Franz Regentik (vom 13. März 1938) und einer Inge Wersin-Leutschner, die Thirring auf Wunsch dem Dekan zustellte. Selbst ein Gutachten des Ingenieurs Albert Göring, eines Bruders des Reichsmarschalls, konnte Thirrings Zwangspensionierung nicht verhindern. Das Pensionierungsdekret für Thirring wurde am 10. November 1938 durch den komissarischen Rektor Kern ausgestellt. In der nun kommenden Mußezeit schrieb Thirring daraufhin sein zweibändiges pazifistisches Werk „Homo sapiens" (1948), das er dem Andenken Berta Suttners widmete. – e) Siehe hierzu [527]. – f) Hermann Mark hatte von 1912 bis 1926 am Kaiser-Wilhelm-Institut für Faserstoffchemie in Berlin-Dahlem gearbeitet und war dann Wissenschaftlicher Leiter bei I.G. Farben in Ludwighafen gewesen. 1932 wurde er zum ord. Professor für Chemie nach Wien berufen. Nach seiner Entlassung fand er eine Stellung bei der Industrie in Canada. – g) Siehe [508], Anm. a. – h) Siehe [495], Anm. a.

[516] Heisenberg an Pauli

z. Z. Fischen im Allgäu,
Haus Nr. 21, bei Anton Müller,
15. Juli 1938

Lieber Pauli!
Vor einigen Tagen hörte ich von Scherzer, daß keine eigentliche Festschrift für Sommerfeld geplant ist, daß aber der Verlag ein Heft der Annalen den Schülern Sommerfelds zur Verfügung stellen will.[a] Leider ist aber der Kreis derer, die sich beteiligen sollen, durch politische Nebenbedingungen vom Verlag eingeschränkt worden. Der Verlag lehnt die Beteiligung ‚nichtarischer' Forscher ab; ich brauche Dir hierzu wohl keinen Kommentar zu schreiben. Auch nicht über die Gründe, die den Verlag dazu veranlassen.

Euler und ich haben einen Artikel über Höhenstrahlung für die „Ergebnisse" eben fertigbekommen.[b] Am meisten Spaß gemacht hat mir die Bestimmung der Zerfallszeit des Yukons aus den empirischen Tatsachen. Es ergibt sich übereinstimmend aus der Blackettschen Verteilungskurve,[c] der Anzahl der Sekundärelektronen und den Ehmertschen Bodenseemessungen[d] $2{,}5(\pm 0{,}5)\cdot 10^{-6}$ sec als mittlere Lebensdauer des Yukons. Dieses Ergebnis schließt jede Theorie à la Uhlenbeck-Konopinski aus, nur die Fermische paßt in der Größenordnung. Ich würde deshalb die β-Spektren am liebsten als zusammengesetzte Spektren (Sandsackmodell) deuten, weiß aber noch nicht, ob das geht.[e]

Gute Ferien und viele Grüße! Dein W. Heisenberg

a) Siehe hierzu den Kommentar zu [505]. Otto Scherzer (1909–1982) hatte bei Sommerfeld 1931 promoviert und 1934 seine Habilitation in München gemacht. Seit 1936 war er Direktor des Instituts für theoretische Physik an der TH Darmstadt. Ihm war es auch mit zu verdanken, daß nach den sog. „Münchener Religionsgesprächen" von 1940 wieder Relativitätstheorie und Quantenmechanik an den deutschen Hochschulen gelehrt werden durfte. Scherzer verfaßte eine eigene Festschrift „Zu Arnold Sommerfelds 70. Geburtstag" in der Z. für den phys. u. chem. Unterricht **51**, 217–222 (1938). – b) Siehe [499], Anm. b. – c) Siehe P.M.S. Blackett: Further Measurements of the Cosmic Ray Energy Spectrum. Proc. Roy. Soc. A **159**, 1–18 (1937) und die in [499], Anm. c genannte Veröffentlichung. – d) A. Ehmert: Die Absorptionskurve der harten Komponente der kosmischen Ultrastrahlung. Z. Phys. **106**, 751–773 (1937). – e) Das „Sandsackmodell" stammte von Bohr und sollte bildlich die Verteilung der Energie eines in den Kern eindringenden Neutrons auf die umgebenden Nukleonen beschreiben. Vgl. N. Bohr: Transmutations of Atomic Nuclei. Science **86**, 161–165 (1937). Siehe hierzu auch Paulis Antwort [522].

[517] Pauli an Peierls

Zürich, 18. Juli 1938

Lieber Herr Peierls!
Heute schreibe ich zunächst wegen einer organisatorischen Frage betreffend eine Unternehmung zu Sommerfelds 70. Geburtstag, der am 5. Dezember dieses Jahres stattfinden wird.[a] In Deutschland will man ein Heft der Annalen der Physik mit einem Bild von Sommerfeld und Arbeiten seiner Schüler herausgeben.[b] Der allgemeine Druck ist dort aber bereits so weit fortgeschritten, daß die Verleger es nicht mehr wagen, die Arbeiten nichtarischer Autoren zu druk-

ken; überdies fürchtet man, daß dies erneute Zeitungsangriffe gegen Sommerfeld von seiten der Stark-Gruppe zur Folge haben würde.

Unter diesen Umständen haben Wentzel und Laporte mir vorgeschlagen, daß die außerhalb Deutschlands wohnenden Schüler Sommerfelds im Heft vom 1. Dezember des *Physical Review* zusammen einige Arbeiten publizieren sollen, worin auf Sommerfelds Geburtstag und eventuell auf spezielle Arbeiten von ihm Bezug genommen werden soll (etwa ähnlich wie das Planck-Heft der Physica).[c] Die Redaktion würde Laporte übernehmen (seine Adresse ist bis etwa 1. September c/o d'Hengelière, Würzburg, Eppstr. 87, später: *Ann Arbor* (Mich.), the University of Michigan, Physics Dept. – Manuskripte sind an ihn zu senden). Er hat sich wegen der Sache bereits mit der Redaktion des Physical Review in Verbindung gesetzt. Die Arbeiten sollen natürlich nicht zu lang sein, wie dies bei einer solchen Gelegenheit üblich ist. – *Wären Sie in der Lage, eventuell einen Beitrag dazu zu liefern?* Es ist geplant u.a. auch Houston, Eckart, Bethe und Rubinowicz dazu aufzufordern.[d]

Nun noch eine andere Frage ähnlicher Art. Heisenberg hat mir geschrieben und mir dann nochmals durch einen auf der Reise befindlichen Physiker sagen lassen, es würde seine Position in Deutschland sehr stärken (was sie offenbar recht nötig hat), wenn ausländische Physiker, besonders Experimentalphysiker, unpolitische aber sachlich energische Erwiderungen auf den Artikel von Stark in der Nature über „Pragmatism and Dogmatism" schreiben würden. Eine solche Aufgabe ist natürlich weder dankbar noch interessant.[e] Aber glauben Sie, daß Sie vielleicht Oliphant (oder einen anderen englischen Experimentalphysiker) dazu überreden könnten, eben um Heisenberg zu helfen?[f]

Was die Physik betrifft, so hat Fierz nun seine Arbeit über die relativistischen Wellengleichungen für Teilchen mit beliebigem Spin (halb- *und* ganzzahlig) und ihre Quantisierung bei Abwesenheit von Wechselwirkungen fertig gestellt. Bei Vorhandensein von Kräften ist es *nicht* die Quantisierung, die mir Sorgen macht, aber ich habe gesehen, daß *schon in der c-Zahltheorie* Besonderheiten auftreten, da die Gleichungen nicht verträglich bleiben, wenn man einfach p_ν durch $p_\nu + \frac{e}{c}\phi_\nu$ ersetzen würde. Wir haben eben jetzt angefangen, diese Frage näher zu untersuchen und werden Ihnen berichten, wenn wir näheres darüber wissen.[g]

Mit den besten Grüßen Ihr W. Pauli

a) Siehe hierzu den Kommentar zu [505]. – b) Siehe [506], Anm. b. – c) Das Planck-Heft der holländischen Zeitschrift Physica **5** (1938) war im April zu Plancks 80. Geburtstag erschienen. – d) Es erschienen im Phys. Rev. **54** (1938) u.a. Beiträge von C. Eckart, H.A. Bethe und A. Rubinowicz. Außerdem arbeitete Pauli seine im Dezember 1936 Sommerfeld zum Nikolaustag gewidmete optische Untersuchung [457] für die Festschrift aus. Siehe Pauli (1938b). – Siehe auch Peierls Antwort [519]. – e) Siehe den Kommentar zu [510]. – f) Der Artikel wurde schließlich von A.S. Eve geschrieben. Siehe Anm. 3 zum Kommentar von [510]. – g) Siehe hierzu Pauli und Fierz (1939b).

[518] Pauli an Rubinowicz[a]

Zürich, 22. Juli 1938

Sehr geehrter Herr Rubinowicz!
Ich schreibe Ihnen heute wegen einer Unternehmung anläßlich Sommerfelds 70. Geburtstag am 5. Dezember dieses Jahres.[b] Wie ich höre, soll in Deutschland

zwar keine Festschrift, wohl aber ein Heft der Annalen der Physik mit einem Bildnis Sommerfelds und Arbeiten seiner Schüler herauskommen. Inzwischen ist aber der Druck der Nazipartei in Deutschland so angewachsen, daß die Verleger sich nicht mehr trauen, Arbeiten „nicht arischer“ Autoren zu drucken und man befürchtet überdies in so einem Falle Zeitungsangriffe von Stark und seiner Gruppe gegen Sommerfeld.

Unter diesen Umständen haben die Herren Wentzel und Laporte mir vorgeschlagen, daß nicht in Deutschland wohnende Schüler Sommerfelds im Heft des Physical Review vom 1. Dezember kürzere Arbeiten veröffentlichen sollen, die auf Sommerfelds Geburtstag oder auf irgend welche spezielle Arbeiten von ihm Bezug nehmen. Herr Laporte hat deswegen bereits an Herrn Tate von der Redaktion des Physical Review geschrieben; um Zeit zu gewinnen, frage ich [Sie] aber schon jetzt, bevor die Antwort von Tate gekommen ist, ob Sie bereit wären, einen Beitrag für dieses Heft des Physical Review zu schreiben und rechtzeitig fertigzustellen. Manuskripte können entweder direkt ans Physical Review oder an Herrn O. Laporte geschickt werden. Dessen Adresse ist bis etwa 1. September c/o d'Hengelière, Eppstraße 87, *Würzburg, nachher: Ann Arbor* (Michigan), The University of Michigan, Department of Physics, U.S.A.

In der Hoffnung auf eine zusagende Antwort verbleibe ich mit den besten Grüßen

Ihr ergebener W. Pauli

a) Adalbert Rubinowicz hatte seit 1922 eine Professur für Physik an der Technischen Hochschule in Lwow inne. (Siehe auch den Kommentar zu [191a), Anm. 5.) – b) Siehe den Kommentar zu [505].

[519] Peierls an Pauli

z. Zt. Milton Farm, 24. Juli 1938
(Morwenstow, North Cornwall)
[Maschinenschriftliche Durchschrift]

Lieber Herr Pauli!

Vielen Dank für Ihren Brief. Ich weiß noch nicht, ob ich rechtzeitig eine geeignete Arbeit für die Sommerfeldnummer haben werde; ich habe verschiedene halbfertige Sachen, aber noch nichts schreibbares. Ich werde aber jedenfalls an Laporte schreiben, um herauszufinden, bis wann er das Manuskript haben muß.[a]

Wegen einer Antwort auf den Starkschen Aufsatz schreibe ich an Blackett.[b] Oliphant scheint mir nicht ganz geeignet, er ist in diesen Dingen sehr ungewandt.[c] Ich will versuchen, vielleicht auch Chadwick dafür zu bekommen. Die Schwierigkeit ist, die Antwort unpolitisch zu halten.

Daß schon in den c-Zahlgleichungen Schwierigkeiten bei Anwesenheit eines Feldes auftreten, ist sehr interessant, es möchte mir allerdings scheinen, daß sich diese Schwierigkeiten durch geeignete Zusatzterme beheben lassen sollten.

Mit besten Grüßen

Ihr [Peierls]

a) Rudolph Peierls verfaßte für die Festausgabe eine Untersuchung „On a Minimum Property of the Free Energy.“ Phys. Rev. **54**, 918–919 (1938). – b) Siehe hierzu [521]. – c) Markus Oliphant war Rutherfords letzter Mitarbeiter gewesen. Zum Jahresende wollte er nach Ann Arbor reisen, wie Goudsmit bei einer Sitzung in Cambridge erfuhr. (Goudsmit an Randall, 3. September 1938.)

[520] Uhlenbeck an Pauli

Utrecht, [Juli 1938]

Lieber Pauli!

Vielen Dank für Ihren Brief[a]. Kahn und ich sind nicht einig mit Ihnen, aber durch Ihre Kritik hat sich doch wieder, glaube ich, ein Punkt geklärt.

1. Wir verstehen nicht, weshalb Sie unsere unglückselige Annahme d) so scharf angreifen![b] Natürlich haben Sie recht, wenn Sie sagen, daß wir die Kondensation nicht bewiesen haben. Aber das haben wir auch nicht behauptet; wir sagen nur, daß, wenn die analytische Funktion $\chi(t_0)$ die Eigenschaften a)–e) hat, daß dann die $p-v$ Kurve ein Knick hat. Das wirkliche Problem ist damit natürlich nur verschoben, weil man jetzt diese Eigenschaften zu beweisen hat. Weshalb aber scheint Ihnen z.B. b) und c) einleuchtender als d?

2. Wir sind jetzt selbst der Ansicht, daß die Annahme d) überflüssig ist. Born hat das immer behauptet, und er hat, glauben wir, recht[c]. Wir gehen aus von folgendem Satz:

Wenn die Funktion $w=f(z)$ in $z=z_0$ analytisch ist, und $f'(z_0)\neq 0$, dann ist die Umkehrfunktion $x=F(w)$ in $w=w_0=f(z_0)$ auch analytisch.

Wenn man also *weiß*, daß $F(w)$ in w_0 singulär ist, dann kann $f(z)$ *nur* in z_0 regulär sein, wenn $f'(z_0)=0$ ist. Kann man zeigen, daß $f'(z_0)\neq 0$ ist, dann muß $f(z)$ in z_0 auch singulär sein.

Geben Sie dies zu, dann kann man die Singularität von $F(x)$ im Punkt x korrespondierend mit $t_0=\bar{z}$ zeigen. Man hat:

$$x=t_0 e^{-v\chi(t_0)}=f(t_0).$$

Man weiß (Annahme b), daß $\chi(t_0)$ für $t_0=\bar{z}$ singulär ist; wenn v willkürlich ist, dann wird $f(t_0)$ für $t_0=\bar{z}$ auch wohl singulär sein. (Hier sind wir nicht ganz sicher!) Weiter ist:

$$\frac{dx}{dt_0}=f'(t_0)=[1-t_0 v\chi'(t_0)]\frac{x}{t_0}.$$

Nach Annahme c) korrespondiert mit $t_0=\bar{z}$ ein $x=\bar{x}$ das endlich ist, und $f'(t_0)$ wird für $t_0=\bar{z}$ nicht null sein. Deshalb wird die Umkehrfunktion von $x=f(t_0)$, sagen wir $t_0=G(x)$, für $x=\bar{x}$ singulär sein. Man rechnet leicht nach, daß

$$1+F(x)=x\frac{G'(x)}{G(x)},$$

woraus folgt, daß $f(x)$ für $x=\bar{x}$ auch singulär sein muß.

Haben wir hier irgendwo geschwindelt? Wir würden Ihnen wirklich sehr dankbar sein, wenn Sie es nachprüfen würden. Wenn es wahr ist, dann würden also die Annahmen b) und c) die essentiellen sein, und das scheint mir eigentlich auch vernünftig.

3. Sie haben ganz recht, daß die ganze Betrachtung verdächtig ist, weil die Flüssigkeit nicht dabei herauskommt. Wir haben auch dieses Gefühl, wissen nur nicht, wo man die Sache angreifen soll. Aber die Ursache der Schwierigkeit *muß* doch wohl in der Volumenabhängigkeit von b_l liegen! Was sagen Sie zu der Bemerkung am Ende von p. 50 in Kahns Dissertation?[d]

4. Wir verstehen überhaupt nicht, weshalb Sie glauben, daß die Reihen $\sum \beta_\nu \xi^\nu$ und $\sum \frac{\nu}{\nu+1} \frac{\beta_\nu}{v^\nu}$ überall konvergieren sollten. Es ist klar, daß man statt mit den b_l immer mit den β_ν operieren kann. Born und Fuchs machen das auch[e]. Es ist aber doch klar, daß dabei niemals etwas Neues herauskommen kann, weil eben die Einführung der β_ν rein formal ist. Born zeigt mit der Methode von Kahn (wenn man setzt $\chi(t) = \sum b_l t^l$, $\varphi(x) = \sum \beta_\nu x^\nu$), daß $\chi(t)$ singulär ist in $t = t_0$, wenn entweder $\varphi(x)$ singulär ist im korrespondierenden Punkt x_0, oder $1 - x_0 \varphi'(x_0) = 0$ ist. Im zweiten Falle ist es wirklich etwas merkwürdig, daß $\varphi(x)$ fortsetzbar ist, während $\chi(t)$ singulär ist und der Druck deshalb konstant bleibt. Die Isotherme geht dann mit einer horizontalen Tangente im geradlinigen Stück über. Wenn dies nicht der Fall ist, dann ist sicher $\varphi(x)$ in x_0 singulär.

Dies alles kann man natürlich auch auf Ihre Weise sehen. Sie bekommen:

$$F(x) = \frac{v\xi_0}{1 - v\xi_0},$$

wo

$$x = \xi_0 e^{-v\psi(\xi_0) - \varphi(\xi_0)}$$

und

$$\psi(x) = x - \int_0^x x \varphi'(x) dx.$$

$F(x)$ ist singulär, wenn:

a) $\xi_0 = 1/v$; dies gibt die Gasphase;

b) für solche x_0, wo das korrespondierende ξ_0 eine Singularität von φ ist;

c) wenn $\psi'(\xi_0) = 1 - \xi_0 \varphi'(\xi_0) = 0$ ist, denn dann ist $dx/d\xi_0 = 0$; dies ist der zweite Fall von oben. Wenn b) oder c) eintrifft, bekommt man wieder das horizontale Stück. Aber nochmals, ich sehe nicht, wie man auf diese Weise etwas Neues bekommen kann!

Hoffentlich haben wir hiermit all Ihre Fragen genügend beantwortet. Wir sind *sehr* neugierig was Sie darüber denken!

Mit recht vielen Grüßen Ihr G.E. Uhlenbeck

a) Siehe [515]. – b) Siehe hierzu die im Kommentar zu [515], Anm. 2 genannte Untersuchung zur Kondensationstheorie, auf die sich auch die folgenden Bemerkungen Paulis beziehen. – c) Siehe hierzu M. Born: The statistical Mechanics of condensing systems. Physica **4**, 1034–1044 (1937). Diese Untersuchung wurde von Born auf der van der Waals-Jahrhundertfeier im November 1937 in Amsterdam vorgelegt. Uhlenbeck korrespondierte über das gleiche Problem auch mit Max Born. – d) Siehe den Kommentar zu [515], Anm. 2. – e) M. Born und K. Fuchs: The statistical mechanics of condensing systems. Proc. Roy. Soc. A **166**, 391–413 (1938). Eingegangen am 1. März 1938. (Korrektur in Proc. Roy. Soc. A **172**, 465–466 (1939).)

[521] Pauli an Uhlenbeck

Zürich, 27. Juli 1938

Lieber Uhlenbeck!

Dank für Ihren Brief. – Sie haben leider gar nicht auf meine Bemerkung geachtet, wonach ich dem § 7 von Kahn *zustimme,* nämlich der Idee, daß der logische

Fehler im Lim zu $V \to \infty$ liegen muß (ein Lim, der weder in der gewöhnlichen kanonischen Gesamtheit, noch in der Gibbsschen großen kanonischen Gesamtheit mit unbestimmter Teilchenzahl vorkommt).[a] Die ganze Überlegung von mir war nur gegen die Benützung der Reihe

$$\frac{p}{kT} = \sum b_l(\infty)\, Z^l \qquad (1)$$

statt

$$\frac{p}{kT} = \sum b_l(V)\, Z^l \qquad (2)$$

gerichtet. Sie können nämlich *nicht* erwarten, daß bei einem so blödsinnigen Resultat wie der horizontalen Isotherme bis $V=0$ die *Lage* des Kondensationspunktes noch richtig aus der Rechnung folgen kann. – Auf Grund der Überlegung meines letzten Briefes scheint es mir überdies plausibel, daß man aus der Reihe (1) stets ein Stück der labilen Isotherme mitbekommt bis zum Punkt, wo die Tangente horizontal ist.

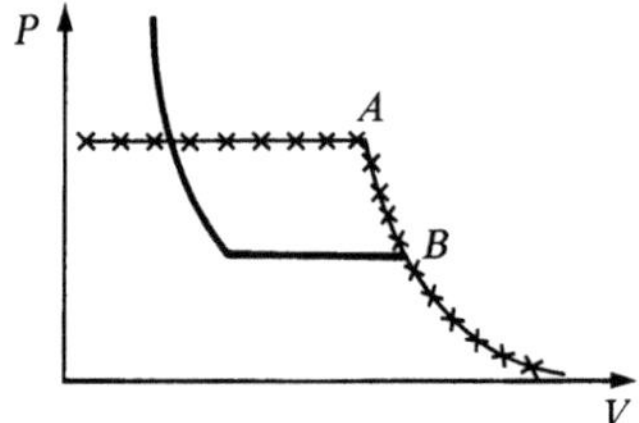

× × × bedeutet Kurve aus (1); —— richtige Kurve (beide gemeinsam bis B).

Ein weiterer Fortschritt kann nur erzielt werden, wenn man die Abhängigkeit der b_l von V für große l näher untersucht, wobei man wohl allgemeine Annahmen über das Kraftgesetz wird einführen müssen. Also, meinen Eindruck von dem Meyer-Born-Fuchs-Uhlenbeck-Kahnschen Bluff[b] resumierend, möchte ich folgendes sagen: Ich teile Ihre Erwartung, daß aus dem Zustandsintegral *bei endlichem V* die richtige Isotherme mit dem horizontalen Stück (mit ein klein wenig kontinuierlich verschmierten Ecken bei *B* und *C*) folgen muß, *halte aber die aus der Reihe (1) folgende singuläre Stelle nicht für den wahren Kondensationspunkt,* sondern für die von diesem verschiedene Stelle *A* der Figur (Stelle $\partial p/\partial V=0$ des labilen Teils der Dampfisotherme).

Darf ich Sie noch um eine kleine Gefälligkeit bitten? Ich lege einen Brief bei mit der Bitte um Auskunft über die betreffende Organisation und um Wieder-Rücksendung des Briefes. Ich möchte gerne von Ihnen einen Rat haben, ob ich diese Einladung annehmen soll. Ich fürchte, dabei in eine Falle zu gehen, indem die Leute mich überall herumschleifen werden in der Absicht, von mir populäre Vorträge über das Ein mal Eins zu hören. Vielleicht könnten Sie Herrn van den Broek direkt fragen und mir dann Ihren Eindruck schreiben (bzw. das durch Herrn Kahn besorgen lassen)? Ich wäre Ihnen sehr dankbar.[c]

Wenn Kahn nach Zürich käme, würde es mich außerordentlich freuen; ich leide ohnehin immer an Mangel jüngerer Leute. – Was die Antwort an Stark betrifft, so ist es mir natürlich ebenso recht, wenn Clay mit Coster zusammen etwas schreiben würde und wäre sehr froh, wenn Sie diese fragen würden.[d] An Bragg hatte ich schon geschrieben, habe aber noch keine Antwort, an Blackett habe ich weniger gedacht, weil er als Kommunist (oder wenigstens mit diesen stark sympathisierend) gilt.[e]

Bin froh, daß Raman nicht nach Amsterdam kommt und gratuliere Ihnen herzlich zum Ruf nach dem Ziel Ihrer Sehnsucht (=Ann Arbor) für Herbst 1939.[f]

Mit vielen Grüßen, auch an Ihre Frau Ihr W. Pauli

P.S. Betreffend die Stelle in Amsterdam. – Falls Goudsmit ablehnt und ein Nicht-Holländer in Frage kommt, würde ich die Berufung von *K.W. Meissner* sachlich für das Richtige halten.[g] (Er ist „arisch", aber in Frankfurt entlassen, weil seine Frau Jüdin ist.) Glauben Sie, daß es einen Sinn hat, deshalb an Zeeman oder an Goudsmit zu schreiben?

Vielen Dank im Voraus für Ihre Mühe.

a) Siehe die im Kommentar zu [515], Anm. 2 genannte Untersuchung von Kahn und Uhlenbeck, S. 414f. – b) Borns und Fuchs' Untersuchung (vgl. [520], Anm. c, d) stützten sich ihrerseits auf Vorarbeiten von Borns ehemaligem Mitarbeiter Joseph E. Mayer. Vgl. hierzu auch J.E. Mayer und M.G. Mayer: Statistical Mechanics, S. 265–315 (1940). – c) Siehe hierzu [515]. – d) Siehe hierzu [529]. – e) Blacketts Name wurde auch in einer in Nature **141**, 679 (1938) veröffentlichten Liste der Mitglieder des Clubs „Social Background of the Rise of Science" genannt. – f) Goudsmit hatte einen Ruf als Nachfolger von Zeeman in Amsterdam erhalten; schließlich aber lehnte er ab, obwohl es eine sehr große Ehre war, „to be asked to succeed a man like Zeeman", wie Randall am 17. August 1938 bemerkte. „I talked with Kramers after his return from America", berichtete Goudsmit am 14. Dezember 1938 Bohr. „He also frankly admitted, that it would be better for both Uhlenbeck and me to work in America. ... I have not made a final decision yet. It will much depend upon Uhlenbecks attitude." Am 26. Januar 1939 heißt es dann in einem Brief an van Vleck: „There is some danger that a war might come at the wrong time and prevent his [Uhlenbecks] return to the United States, but as a Hollander with an objective outlook on international affairs, I still bet 6 to 1, that there will be no war in 1939. ..." – g) Am 25. Mai 1937 schrieb Sommerfeld an Fajans: „Der vorzügliche Spektroskopiker K.W. Meissner, Frankfurt, sucht eine Auslandsstelle. Sprechen Sie bitte mit Randall davon; er kennt ihn vielleicht noch von Tübingen her als einen der besten Schüler von Paschen. Seine Frau ist Russin."

[522] Pauli an Heisenberg

Zollikon-Zürich, 15. August 1938

Lieber Heisenberg!

Ich habe noch Deinen Brief vom 15. 7. zu beantworten. Zunächst zwei organisatorische Fragen: 1. Ich habe mich verschiedentlich bemüht zu erreichen, daß das durch das Nature-Heft vom 30. April aufgeworfene Fortissimo-Problem in dem in einem früheren Brief von Dir vorgeschlagenen Sinne erledigt wird. Ich habe Hoffnung, daß nun etwas erfolgen wird.[a] 2. Was die von Verlegern aufgestellten nicht-wissenschaftlichen Nebenbedingungen für Autoren betrifft, so hoffe ich, daß die Zeitschriften solcher Verleger von einer zunehmenden Anzahl von Autoren nicht mehr zu Publikationen benützt werden mögen, gleichgültig, ob die Autoren zur weißen oder zur schwarzen Klasse von Theoretikern gezählt werden. – Im vorliegenden Fall von Sommerfelds 70. Geburtstag ist diese Konsequenz (ganz ohne mein Zutun) schon eingetreten und es werden verschiedene Autoren, die Schüler Sommerfelds sind, im Physical Review vom

1. Dezember Arbeiten publizieren (etwa ähnlich in der Form wie das Planck-Heft der Physica, aber nicht auf in Amerika wohnende beschränkt).[b]

Auf Deinen Höhenstrahlungs-Bericht in den ‚Ergebnissen'[c] bin ich sehr gespannt. Was Du mit dem ‚Sandsackmodell' für die β-Spektren eigentlich meinst, haben wir hier alle nicht ganz verstanden – zumal es viele Fälle gibt, wo (außer der schwachen Bremsstrahlung) keine γ-Strahlung beobachtbar ist.[d] – Wentzel hat jetzt versucht, bei der Streuung und Schauerbildung von schnellen Yukonen bei Stößen mit Protonen die Bedingung

$$(\Delta E)^2-(\Delta p)^2\, c^2<\mu c^2 \qquad (\mu \text{ Yukonmasse})$$

allein auf die Energie- und Impulsänderung des *Protons* bei diesen Prozessen anzuwenden.[e] Dann wäre die Quantenfeldtheorie bei Emission oder Streuung von Yukonen unter kleinen Winkeln noch gültig, für größere Winkel werden aber die betreffenden Prozesse „abgeschnitten". Natürlich ist eine solche Annahme zunächst theoretisch willkürlich. Auf keinen Fall kommt aber aus der üblichen Yukon-Theorie heraus, daß schnelle Yukonen so durchdringungsfähig sind wie tatsächlich beobachtet ist. Wentzel hat seine spezielle Annahme eingeführt, um die Versuche von Bothe und Schmeiser[f] damit zu deuten.

Von den relativistischen Wellengleichungen Diracs für Teilchen mit höherem Spin[g] glaube ich jetzt, daß sie bei Einführung von Wechselwirkungen mit Photonen oder schweren Teilchen zu Konsequenzen führen, die physikalisch unsinnig sind (außer in den Fällen Spin $=0$, $1/2$ oder 1) und deshalb verworfen werden müssen (obwohl im kräftefreien Fall alles glatt geht).[h] Aber die Begründung für diese Behauptung will ich nicht mehr in den Rahmen dieses Briefes pressen.

Viele Grüße, auch von Frau zu Frau, und gute Ferien!

Stets Dein W. Pauli

a) Siehe hierzu insbesondere den Kommentar zu [510]. – b) Siehe den Kommentar zu [505]. – c) Siehe [499], Anm. b. – d) Siehe [516], Anm. e. – e) G. Wentzel: The angular spread of hard cosmic-ray showers. Phys. Rev. **54**, 869–872 (1938). Eingegangen am 27. September 1938. Es handelt sich um Wentzels Beitrag zur Sommerfeldfestschrift. – f) K. Schmeiser und W. Bothe: Die harten Ultrastrahlschauer. Ann. Phys. **32**, 161–177 (1938). Eingegangen am 17. Dezember 1937. –: Die Entstehung der harten Ultrastrahlschauer. Naturwiss. **25**, 833 (1937). Signiert 10. Dezember 1937. – g) P.A.M. Dirac: Relativistic Wave Equations. Proc. Roy. Soc. A **155**, 447–459 (1936). – h) Siehe hierzu den Schluß von [517].

Gregor Wentzel war Paulis Kollege an der Universität Zürich. Die Universität lag in enger Nachbarschaft zur Eidgenössischen Technischen Hochschule. Deshalb trafen beide oft zusammen, insbesondere bei gemeinsamen Seminarveranstaltungen.

Spuren ihrer Zusammenarbeit sind kaum in dem vorliegenden Briefwechsel wahrzunehmen. Die folgende Mitteilung [513] dürfte Pauli an Wentzel geschrieben haben, als dieser von Zürich abwesend war.

[523] Pauli an Wentzel

Zürich, 18. August 1938

Lieber Gregor!

Ich bekam einen Brief von Laporte, wonach Tate sich mit dem Plan des Sommerfeld-Heftes vom Physical Review einverstanden erklärt und als Einsendedatum den 1. Oktober nennt[a]. Über den zur Verfügung stehenden Raum schreibt Laporte nichts. Vielleicht kannst Du also die von Dir übernommenen Leute davon verständigen. Ich habe daraufhin begonnen, die Optik-Arbeit zusammenzuschreiben[b].

Dann habe ich noch die Differentialgleichung vom Typus

$$\frac{d^2u}{dr^2}+Eu-\frac{A}{r^3}u=0$$

angesehen und habe gefunden, daß das W.K.B.-Verfahren formal die richtige Singularität der Lösung bei $r=0$ gibt. Die beiden Lösungen verhalten sich so:

$$u_{\pm}=e^{\pm 2\sqrt{A/r}}\cdot r^{\frac{3}{4}}\cdot P_{\pm}(\sqrt{r}),$$

worin P Potenzreihen sind, die nach Potenzen von $\sqrt{r}$ fortschreiten. Bei dem System von simultanen Differentialgleichungen ist das Resultat ganz ähnlich. Ich glaube also nicht, daß dieses ohne Abschneiden gebraucht werden kann.

Viele Grüße, auch von Frau zu Frau und gute Ferien!

Herzlichst Wolfgang

a) Siehe den Kommentar zu [505]. - b) Pauli (1938b).

[524] Pauli an Epstein

Zollikon-Zürich, 21. August 1938

Lieber Herr Epstein,
Ich möchte Sie heute informieren, daß der Plan entstanden ist, daß einige Schüler von Sommerfeld im Heft vom 1. Dezember des Physical Review anläßlich des 70. Geburtstages von Sommerfeld am 5. Dezember dieses Jahres Arbeiten publizieren sollen – die womöglich auf Sommerfelds frühere Arbeiten irgendwie Bezug nehmen sollen.[a] Eigentlich hat Herr Laporte (Ann Arbor) die Redaktion dieses Heftes übernommen, aber er bat mich und Herrn Wentzel, einige dieser Briefe zu schreiben, da er selbst nicht alles bewältigen kann. Erst jetzt kam eine Antwort von *Tate*,[b] wonach er mit dem Plan einverstanden ist und er nennt den 1. Oktober als letztes Einsendedatum für die Manuskripte (vielleicht geht es auch noch bis 8. Oktober). Leider ist nicht mehr viel Zeit, aber wir würden uns freuen, wenn auch Sie einen Beitrag zu diesem Heft senden würden. (Es kann ja auch eine kurze Note sein.)

Der Plan ist deshalb entstanden, weil zwar auch in Deutschland ein Heft der Annalen der Physik zu Ehren Sommerfelds herausgegeben wird,[c] aber der Verleger aus allgemeiner Angst die Mitarbeit „nicht arischer Forscher" ablehnte. Das ist neu und war bisher noch nicht der Fall. Ich hoffe, daß möglichst viele Physiker ihre Mitarbeit bei Zeitschriften verweigern werden, die von Verlegern herausgegeben werden, die solche unwissenschaftlichen Nebenbedingungen für ihre Autoren stellen. Einige haben das schon getan, z.B. Wentzel in Zürich, der nun auch einen Beitrag ans Physical Review senden wird. Ich selbst schreibe etwas zur Sommerfeldschen Beugungstheorie,[d] was Sie vielleicht interessieren wird.

Zu meinem letzten Brief will ich noch nachtragen, daß ich inzwischen durch Kramers über Du Mond und seine Rußlandreise gehört habe.[e] Kein Wunder, daß man ihn in Charkow nicht ins Institut gelassen hat! Dort sind die Hälfte der Mitglieder verhaftet, u.a. Schubnikow,[f] Rosenkiewicz, Houtermans. Zu den sonst in Rußland verhafteten gehört neuerdings auch der Mathematiker F. Noether, den Sie vielleicht von früher kennen; außerdem Krutkow, Bursian, Frederichs, Bronstein und der Astronom Gerasimovitsch.[g]

Viele Grüße (auch von Frau zu Frau) Ihr stets ergebener W. Pauli

a) Siehe den Kommentar zu [505]. – b) John T. Tate war der Herausgeber des Physical Review. – c) Siehe [506], Anm. b. – d) Pauli (1938b). – e) Siehe Brief [487]. – f) L.V. Schubnikov (1901–1945) arbeitete zeitweise auch bei Ehrenfest in Leiden. – g) Über L.V. Rosenkievicz (1905–1943), M.P. Bronstein (1906–1938) und Gerasimowitsch waren keine weiteren Angaben in der Literatur zu finden. Über Fritz Noether wurde bereits in Anm. 5 zum Kommentar von [191a] berichtet. Die anderen Personen hatte Pauli in seinem vorhergehenden Schreiben an Epstein [487] schon genannt. Siehe hierzu auch A. Vucinich: Soviet Physicists and Philosophers in the 1930s: Dynamics of a Conflict. Isis **71**, 236–250 (1980).

[525] Pauli an Rubinowicz

Zürich, 31. August 1938

Lieber Herr Rubinowicz!
Vielen Dank für Ihren Brief vom 24. VIII. – Inzwischen habe ich Ihnen schon auf einer Karte geschrieben, daß Tate sich inzwischen einverstanden erklärt hat und die Manuskripte (natürlich in englischer Sprache) bis *1. Oktober* haben will. Hoffentlich können Sie bis dahin etwas fertigstellen. Schicken Sie Ihr Manuskript, bitte, entweder an Laporte (Ann Arbor) oder direkt an Tate.

Zur Tagung in Warschau wäre ich gerne gekommen, aber leider muß ich mit einem österreichischen Paß reisen und da hätte ich über Italien, Jugoslawien, Ungarn kommen müssen, was mir dann zu umständlich war.[a] Es dürfte wesentlich leichter für Sie sein, einmal nach Zürich zu kommen, als umgekehrt für mich nach Polen.

Von einer Zusammenkunft in Kopenhagen im Oktober habe ich bis jetzt nichts gehört.[b]

Vielen Dank noch für das Bild von S[ommerfeld] und herzliche Grüße an Sie und Frau von Ihrem W. Pauli

a) Siehe den Kommentar zu [499]. – b) Bohr verschob die angekündigte Konferenz wegen der unruhigen politischen Lage bis zum nächsten Sommer. (Vgl. Bohr an Heisenberg, 14. September 1938.)

[526] Peierls an Pauli

[Birmingham], 31. August 1938
[Maschinenschriftliche Durchschrift]

Lieber Herr Pauli!
Ich schreibe gerade meine Arbeit für das Sommerfeld-Heft.[a] Soweit ich es verstanden habe, wird dies kein ganzes Heft der Physical Review, sondern nur

eine Gruppe von Arbeiten. Wird dann jemand eine geeignete Widmung an den Anfang schreiben, oder soll man in jeder einzelnen Arbeit noch etwas über Sommerfeld sagen?

Die Angelegenheit mit dem Starkschen Artikel verfolge ich weiter.[b] Es ist aber nicht ganz einfach, da eine Reihe von Leuten so etwas nicht schreiben wollen. Außerdem ist der Herausgeber der Nature jetzt in den Ferien und schwer erreichbar. Ich hoffe aber noch immer, daß es sich einrichten läßt, und daß ich Chadwick dazu bewegen kann, etwas zu schreiben.

Mit besten Grüßen Ihr [Peierls]

a) Siehe [519], Anm. a. – b) Siehe den Kommentar zu [510].

Der Anschluß Österreichs und die Einführung der Rassengesetze durch Mussolini in Italien führten abermals zur Entlassung zahlreicher qualifizierter Wissenschaftler und Fachkräfte.[1] Hilfesuchend wandten sich diese an ihre Freunde und Bekannten im Auslande.

Zu den Verfolgten gehörte nun auch Lise Meitner in Berlin. Am 1. August berichtete Goudsmit dem amerikanischen Kollegen Randall: „Coster smuggled Lise Meitner out of Germany. They try to prevent scientists to leave Germany, because they become too valuable to democratic countries. If Italy follows the German example, some valuable men might become available. First of all the excellent cosmic ray expert and pioneer Rossi, a very fine young man. Than there is Segré, the famous older mathematician Levi-Cività, and if they go as far as Germania, finally also Fermi. But I doubt it."

Schon im Dezember heißt es in einem Schreiben von Segré: „I understand that on January 4th Fermi will arrive at New York. Physics is being liquidated in Italy."

Am 30. September kam ein weiterer Hilferuf von Ugo Fano aus Verona: „As a consequence of the new race-policy I can't more prosecute my physical work in Italy. ... I have worked with Fermi since 1934 and I have also been two semesters with Heisenberg."

Einige wie Rossi und Segré fanden vorerst nur eine vorläufige Bleibe; für andere, schon berühmtere Wissenschaftler wie Fermi war es dagegen leichter, in Amerika Fuß zu fassen.

Schwer hatten es insbesondere ältere oder im Ausland ganz unbekannte Gelehrte. Für diese war es entscheidend, daß ein angesehener Bekannter in Amerika eine Bürgschaftserklärung für sie abgab, ein sogenanntes „affidavit". Laura Fermi, die sich nach ihrer Einreise in Amerika um das Schicksal vieler in Italien Zurückgebliebener sorgte, gab Goudsmit im Februar 1939 genaue Anweisungen, wie man solche „affidavits" anzufertigen hatte: „I enclose two blanks for ‚affidavit' ... what you have to do is this: Get a certificate from the University of your position and salary. Get a statement from your bank of the amount of your savings (confidentially, we have made affidavits with only the first certificate, without mentioning other ownings). Fill the blanks. It is not necessary to be an American citizien provided one has a permanent position in the States. Sign the blank before a public notary. Send them with the certificates to the person they concern, not to the consul."

Besonders Einstein wurde mit solchen Hilfegesuchen von allen Seiten bestürmt [530]. Diesmal spielte Pauli den Vermittler für Kottler [527]. Wenig später war es der Verwandte Felix Pauli. Um ihm zu helfen, bat Pauli Dirac, ihm bei der Beschaffung eines Einreisevisums für England behilflich zu sein ([535], [536] und [537]).

[1] Gemäß eines Beschlusses des italienischen Ministerrates vom 2. September 1938 mußten Juden innerhalb eines halben Jahres italienisches Staatsgebiet verlassen.

[527] Pauli an Einstein

Zürich, 6. September 1938

Lieber Herr Einstein!

Auf Anraten von Herrn Ladenburg, mit dem ich soeben über die Angelegenheit gesprochen habe, möchte ich so frei sein, Ihnen heute wegen des Herrn F. Kottler, Wien, zu schreiben.[a] Wie Sie wissen, hat er früher über Relativitätstheorie gearbeitet, hat sich aber auch mit technischen Fragen (Radio, Gleichrichter etc.) befaßt. Als Jude hat er gleich nach dem Märzumsturz in Wien seine Stelle verloren und hat sich dann an mich gewandt, da er dringend eine Stelle im Ausland sucht (sowohl eine Professur als auch eine Anstellung in der Industrie kämen in Frage). Er würde das englische Sprachgebiet bevorzugen, aber grundsätzlich käme auch Latein-Amerika in Betracht, obwohl er spanisch erst lernen müßte. Bis jetzt ist es mir nicht gelungen, für ihn etwas zu finden und so wende ich mich nun an Sie, vielleicht ergibt sich irgend eine günstige Gelegenheit. Er kann natürlich nur ausreisen, wenn er sich verpflichtet, nicht wieder zurück zu kommen, d.h. nur wenn er schon eine Stelle hat.

Herr Bargmann[b] war kürzlich hier und hat von Ihrer Arbeit über das geschlossene 5-dimensionale Kontinuum[c] berichtet. Das ist ja eine alte Idee von *O. Klein,* auch der Umstand, daß die ψ-Funktion der Wellenmechanik einen Faktor e^{ix_5} bekommt und daß die Änderung des Nullpunktes von x_5 der sog. Eichgruppe entspricht, wurde von ihm immer betont. Abgesehen von den alten mehr prinzipiellen Differenzen unserer Auffassungen, schien mir aber der von Ihnen gewählte Ansatz zu speziell zu sein, da wohl kaum die ψ-Funktion notwendig ein symmetrischer Tensor sein muß.

Ich hoffe, daß Ihnen Herr Bargmann noch nützlich sein wird. Er ist ein guter Mathematiker, kann übrigens auch gut und klar vortragen. Seine Schwierigkeit war immer die, daß er kein richtiges Gefühl dafür hatte, wie man ein physikalisches Problem mathematisch anzusetzen hat – also eben das, was den Mathematiker vom theoretischen Physiker unterscheiden soll, fiel ihm schwer. Und in dieser Verbindung möchte ich nun mit einer kleinen Bosheit schließen: Bei der Art Ihrer jetzigen Beschäftigung mit theoretischer Physik dürfte Ihnen das kaum sehr unangenehm auffallen.

Mit vielen Grüßen und in der Hoffnung, Sie gelegentlich wiederzusehen

Ihr W. Pauli

Beilagen: 1 Lebenslauf und 1 Publikationsverzeichnis von Herrn F. Kottler.

a) Friedrich Kottler (1886–1965) war seit 1923 Professor in Wien. Nach seiner Entlassung 1938 erhielt er eine Stellung am Eastmankodak Research Labor in Rochester, New Jersey. (Vgl. auch seinen Briefwechsel mit Pauli, als dieser noch an seinem Relativitätsartikel [1921] arbeitete.) – b) Siehe [460], Anm. f. Vgl. auch E. Lieb, B. Simon und A.S. Wightman: Studies in Mathematical Physics: Essays in Honor of Valentine Bargmann. Princeton 1976. – c) Siehe A. Einstein und P. Bergmann: Generalization of Kaluza's theory of electricity. Ann. Math. (2) **39**, 683–701 (1938).

Der Mathematiker Erich Hecke gehörte seit der Hamburger Zeit zu den engsten Freunden von Pauli. Pauli selbst hat sich hierzu geäußert, als Hecke 1947 in Kopenhagen starb: „Es war eine menschliche Beziehung, die über das gemeinsame geistige und wissenschaftliche Interesse weit hinausging. Etwas gemeinsames war vorhanden in der gefühlsmäßigen Einstellung zu Menschen und zum Leben. Mit der ganzen Wahrheit war ich ja damals nie zurückhaltend. (Das war auch unnötig, wie er zu sagen pflegte.) In vorgerückter Stunde, die wir oft bei Moselwein und Musik, manchmal sogar bis zum Sonnenaufgang spazierengehend verbrachten, da war dann von intimeren Dingen die Rede, welche sogar noch die religiöse Sphäre berührten." [1]

Die beiden folgenden Briefe ([528] und [534]) sind leider das Einzige, was aus der Korrespondenz dieser beiden Gelehrten erhalten ist.

[1] Aus einem Entwurf für ein Beileidsschreiben.

[528] Pauli an Hecke

Zollikon-Zürich, 7. September 1938

Lieber Herr Hecke!

Ihre Reise ist inzwischen hoffentlich, in für Sie befriedigender Weise, zu Ende gegangen.[a] Auch mit Berücksichtigung Ihrer Versicherung, daß Sie Briefe ganz gerne haben, möchte ich Ihnen heute schreiben, und zwar hauptsächlich über Bücher. Inzwischen habe ich das von Ihnen empfohlene „Sparkenbroke" von C. Morgan gelesen (auf englisch).[b] Die zu Grunde liegende religiöse Auffassung hat mich in der Tat sehr interessiert. Sie schien mir gnostische und ostasiatische Ideen fortzusetzen. Lebhaft erinnerte ich mich an einen Text, in dem vorkam, daß beim Tod ein Licht angezündet wird, das bei der Geburt ausgelöscht wurde sowie an einen syrischen Hymnus von der Seele*. Ferner stimmt die Auffassung, daß der Tod das „Meisterstück" des Lebens sei, überein mit derjenigen des Tibetanischen Totenbuches, nach welcher im Augenblick des Todes der höchste Grad des Bewußtseins erreicht wird oder wenigstens erreicht werden kann. So ist es auch beim Tod des Helden der Erzählung, der verglichen wird mit einem Vorgang, wie wenn die Sonne in eine Kerze hineinkäme. (Eine Lichterscheinung findet sich bei vielen Mystikern als Begleitung ihrer ekstatischen Erlebnisse.)

Der konkrete Inhalt der Erzählung schien mir aber, namentlich im zweiten Teil, weniger befriedigend. Es schien mir nämlich nicht plausibel gemacht, warum der Held mit der Frau, die er liebt, nicht schon früher eine intime Beziehung anfängt und so lange damit wartet, daß er vorher stirbt. Da ist mir zu viel Puritanismus impliziert. (Oder habe ich da etwas mißverstanden?)

Dann möchte ich Sie noch gerne fragen, welche Briefe von Jacob Burckhardt (*an wen gerichtet?*) Sie meinten bei Ihrer Empfehlung derselben.[d] Es gibt nämlich beinahe unzählige Bücher, die Briefe von Burckhardt enthalten, die hier alle leicht zu haben sind, aber ich kann unmöglich alle lesen: embarras de richesse.

B. war neulich hier, diesmal ganz fröhlich.[e] An A. habe ich einen recht langen Brief geschrieben (mich dabei auf Sie berufend), der ihm hoffentlich nachgeschickt wird.[f]

* Beide las ich in dem Buch von *Schuls,* Dokumente der Gnosis (Verlag Diederichs, Jena)[c] in der hiesigen Zentralbibliothek. Leider ist das Buch vergriffen und ich habe mich bisher vergeblich bemüht, es zu bekommen. Sollten Sie es zufällig einmal bei einem Antiquar zu Gesicht bekommen, so wäre ich Ihnen dankbar, wenn Sie es mir kommen ließen.

Kann man von Princeton die übliche Ausarbeitung Ihrer Vorlesung für 1 Dollar beziehen?[g] Momentan habe ich reine Mathematik gerade wieder ganz gerne. – Jonny N.[h] war hier und ist im Begriff, sich wieder zu verheiraten; er trat mit den Worten ein: „Wissen Sie das Neueste? Es ist alles wahr!"

Ich schreibe wieder, wenn mir etwas einfällt. Inzwischen viele Grüße von mir und meiner Frau, die auch sehr froh war, Sie wiederzusehen.

Stets Ihr W. Pauli

a) Hecke war im Frühjahr 1938 in Princeton zu Gastvorträgen eingeladen gewesen. – b) C. Morgan: Sparkenbroke. London 1936. – c) W. Schultz: Dokumente der Gnosis. Jena 1910. – d) J. Burckhardt: Briefe an seinen Freund Friedrich von Preen. Stuttgart 1922. (Siehe [534].) – e) Möglicherweise ist V. Bargmann gemeint, der, wie wir wissen [527], kurz vorher in Zürich gewesen war. – f) Mit A. meinte Pauli wahrscheinlich Albert Einstein, dessen Namen in einem Brief zu nennen, nicht ratsam war. Einstein dürfte um diese Jahreszeit im Urlaub gewesen sein. – g) E. Hecke: Dirichlet series, modular functions and quadratic forms. Princeton, Institute for Advanced Study 1938. Es handelt sich um eine Ausarbeitung der im Frühjahr 1938 in Princeton gehaltenen Vorträge. – h) Offenbar John von Neumann, der 1938 zum zweiten Mal heiratete. Siehe z.B. S.M. Ulam: Adventures of a Mathematician. New York 1976. Dort S. 110.

[529] Pauli an Peierls

[Zürich], 10. September 1938
[Postkarte]

Lieber Herr Peierls!
Ob die Redaktion des Physical Review am Anfang eine Widmung schreiben will, weiß ich nicht genau, es ist jedenfalls sicherer, wenn man selbst etwas über Sommerfeld sagt.[a]

Eben erhielt ich einen Brief von Bragg, daß Eve einen Anti-Stark-Artikel in der Nature im Druck hat,[b] ferner schrieb mir Coster, daß er bereit ist, etwas zu schreiben.

Mit besten Grüßen Ihr W. Pauli

a) Siehe den Kommentar zu [505]. – b) Siehe die in Anm. 3 des Kommentars zu [510] genannte Veröffentlichung.

[530] Einstein an Pauli

[Princeton], September 1938
[Maschinenschriftliche Durchschrift]

Lieber Herr Pauli!
Ich habe schon mehrere Briefe wegen Herrn Kottler bekommen.[a] Sie können sich denken, daß bei der beispiellosen Härte des gegenwärtigen jüdischen Schicksals meine Bereitwilligkeit zu helfen eine unbedingte ist. Einen solchen Mann ins Land zu bringen dürfte auf keine unüberwindlichen Schwierigkeiten stoßen. Aber was dann?

Keine Fakultät beruft einen Mann über 50, wenn er nicht Überragendes geleistet hat – und natürlich einen Juden erst recht nicht. Die Bevorzugung junger Leute in allen Berufen ist in Amerika noch viel ausgesprochener als in Europa (Altersgrenze 40). Was könnte aber Herr Kottler anderes tun als lehren? Das beste wäre ein großzügiger Versuch, unsere Vertriebenen über 50 in einem billigen Lande in einer Art „Konzentrations-Lager" zu versorgen. Aber auch dies wird ein frommer Wunsch bleiben. Und nun wächst dank England die Lawine ins Unbegrenzte;[b] der Versuch wirklicher Hilfeleistung wird ins Utopische entrückt. Es ist zum Verzweifeln.

Ihre Bosheit ist wohlbegründet und könnte leicht mit einer ähnlichen beantwortet werden.[c] Die neue Arbeit hat aber mit der Kleins nur eine äußerliche Ähnlichkeit. Es ist einfach eine logische Verbesserung der Kaluzaschen Idee, die ernst genommen und genau geprüft zu werden verdient.

Bestens grüßt Sie [Einstein]

a) Siehe [527], Anm. a. – b) Wahrscheinlich meinte Einstein die nachgiebige Haltung Englands zu der Sudetenfrage, die schließlich mit dem Münchener Abkommen am 1. Oktober zur Einverleibung des Sudetenlandes in das Reich führte. Siehe hierzu auch die Äußerung von Pauli [533]. – c) Vgl. [527]. Einstein spielte hiermit natürlich auf Paulis Arbeit (1933c, d) an, die (wie sich später zeigte) äquivalent zu Kaluzas Theorie war.

[531] Heisenberg an Pauli

z. Zt. Fischen im Allgäu
14. September 1938
[Maschinenschrift]

Lieber Pauli!
Es wäre sehr schön, wenn die Nature eine vernünftige Antwort auf den Artikel Starks bringen könnte.*[a] Über die Nebenbedingungen bei der Sommerfeld-Festschrift sind wir alle sehr traurig;[c] die Schuld trägt aber weder der Verleger noch der Herausgeber. Es ist aber sehr schön, daß die Physical Review hier in die Bresche springen will.

Über die Unsymmetrie der β-Strahlen-Spektren würde ich gerne ausführlich (vielleicht in Kopenhagen?) mit Dir sprechen. Es schien mir nicht ganz ausgeschlossen, daß die Unsymmetrie der Spektren mit hoher Energie (^{8}Li, ^{12}Bo, u.s.w.) durch Überlagerung mehrerer Spektren erklärt werden könnte (in diesem Falle sind ja wohl auch meistens γ-Strahlen beobachtet), daß aber bei den Spektren geringerer Energie (Ra E u.s.w.) die Verschiedenheit der Ruhemassen von Elektronen und Neutrinos und die Coulombsche Anziehung genügt. Ich würde gerne wissen, was Du dazu meinst.[d] Wenn Du nach Kopenhagen kommst, gibt es viel über Physik zu diskutieren.[e]

Mit vielen Grüßen von Haus zu Haus Dein W. Heisenberg

a) Siehe den Kommentar zu [510]. – b) Heisenberg war bei den Gebirgsjägern in Sonthofen. Siehe hierzu E. Heisenberg: Das politische Leben eines Unpolitischen. München 1980. Dort S. 90. – c) Siehe den Kommentar zu [505]. – d) Siehe Paulis Antwort [532]. – e) Siehe Brief [532]. Die Konferenz wurde jedoch auf den nächsten Sommer verlegt. Siehe [525], Anm. b.

* Ich bin z.Z. im Militärdienst[b] und habe daher seit 6 Wochen keine Zeitschrift mehr gelesen, weiß also auch nicht, ob inzwischen die Frage Starks aufgegriffen worden ist.

[532] Pauli an Heisenberg

Zollikon-Zürich, 19. September 1938

Lieber Heisenberg!

Dank für Deinen Brief vom 14. – Über die Frage der β-Spektren lege ich einen Zettel bei mit einer Zusammenstellung von Literatur, die Fierz nach Besprechung mit Preiswerk gemacht hat.[a] Die Arbeit von *Bayley* und *Crane*[b] scheint mir vollkommen beweisend *gegen* Deine Hypothese. Eigentlich glaube ich dasselbe vom radioaktiven P^{30}, nur Preiswerk ist so besonders vorsichtig. Wentzel sagte mir, er hätte dieselbe Hypothese früher auch schon probiert und sei ganz davon abgekommen.

Wirst Du Dein letztes Manuskript über den Gültigkeitsbereich der Wellenmechanik publizieren?[c] Wataghin hat in letzter Zeit in den Comptes rendus und in der Nature ähnliche Ideen publiziert,[d] aber reichlich unklar.

Von Kopenhagen habe ich keinerlei Einladung oder Mitteilung, daß eine Konferenz stattfinden soll, habe aber nun bei Bohr angefragt. Wenn es mit meinen Paßvisa klappt (was diesmal zu hoffen ist), komme ich wahrscheinlich hin.[e]

Gehst Du in nächster Zeit nach der Columbia-University, wie Du mir im Frühjahr schriebst?[f]

Noch eine Frage: weißt Du, ob der Wellenmechaniker, den Du bei der Planck-Feier in Berlin getroffen hast, noch im Amte ist?[g] Es laufen hier gegenteilige Gerüchte darüber um.

Über andere Fragen können wir uns hoffentlich bald mündlich unterhalten.

Mit vielen Grüßen von Haus zu Haus Dein W. Pauli

a) Der Experimentalphysiker Peter Preiswerk hatte 1933 in Basel promoviert und war jetzt Assistent an der ETH in Zürich. – Durch diese neueren Messungen von β-Spektren wurde die Uhlenbeck-Konopinski Theorie infrage gestellt. – b) D.S. Bayley und H.R. Crane: The Beta-Ray Spectra of Li^8 und B^{12}. Phys. Rev. **52**, 604–609 (1937). Eingegangen am 15. Juli 1937. – c) Siehe [499], Anm. e. – d) G. Wataghin: Sur l'indétermination dans l'espace des moments et l'origine des gerbes à explosion. Comptes Rendus **207**, 358–360 (1938). Vorgelegt in der Sitzung vom 8. August 1938. –: Sur une généralisation des transformations relativistes. Comptes Rendus **207**, 421–423 (1938). –: Quantum Theory and Relativity. Nature **142**, 393–394 (1938). Signiert São Paulo, 30. April 1938. – e) Siehe [531], Anm. e. – f) Heisenberg konnte erst im Sommer 1939 kommen. Am 17. Juli 1939 schrieb ihm Goudsmit aus Ann Arbor: „I hope that you can fulfill your promise to visit us this coming week-end. There are several people here who are very anxious to discuss a few problems with you. Fermi would be very disappointed, if he did not have a chance to see you. ... Colby is away, but his piano is at your disposal.“ – g) Siehe hierzu die Angaben über Schrödinger in [501], Anm. e.

Nach der Vorstellung von Yukawa sollte das instabile Yukon in ein Elektron und ein Neutrino zerfallen. Die Lebensdauer des Yukons ergab sich aus der Theorie zu 10^{-6} s.

Als ein besonderer Erfolg der Theorie wertete man die Tatsache, daß sich für die (insbesondere von Paul Ehrenfest jr. und Pierre Auger experimentell bestimmte) Lebensdauer der von Anderson und Neddermeyer in der Höhenstrahlung nachgewiesenen Mesotronen die gleiche Größenordnung ergab. Durch Differenzmessungen wurde die Intensität eines bestimmten Energiebereiches der harten Komponente der Höhenstrahlung in verschiedenen Höhen (auf dem Jungfraujoch und in Paris) bestimmt. Aus der bekannten Geschwindigkeit der Mesotronen und dem Intensitätsunterschied ergab sich ihre Lebensdauer zu $3{,}4 \cdot 10^{-6}$ s.[1] Damit schien der Beweis erbracht, daß Yukon und Mesotron tatsächlich identische Teilchen sind.[2] Pauli bewertete dieses Ergebnis als einen beträchtlichen Fortschritt [533].

[1] Eine Korrektur infolge der Zeitdilatation im Ruhesystem des Beobachters verringerte diesen Wert für die Lebensdauer auf $3 \cdot 10^{-6}$ s. Siehe hierzu W. Heisenberg: Das schwere Elektron (Mesotron) und seine Rolle in der Höhenstrahlung. Angew. Chemie **52**, 41–42 (1939).

[2] Die einheitliche Bezeichnung Meson für dieses Teilchen setzte sich erst in den folgenden Jahren durch. Anfangs sprach man noch von „schweren Elektronen", „Yukonen", „Baritronen", „Penetronen" und „Mesotronen".

[533] Pauli an Kemmer

Zürich, 14. Oktober 1938

Lieber Herr Kemmer!

Vielen Dank für Ihren Brief. Es ist sehr schön, daß Sie nun Ihre Stellung haben.[a] Auch würde ich Ihnen sehr raten, so lange (*mindestens!*) in England zu bleiben, bis Sie die englische Staatsbürgerschaft erworben haben. Denn das „auf den Hund kommen" in geistiger, moralischer und politischer Hinsicht ist leider eine allgemeine Erscheinung unserer Zeit und kaum auf England beschränkt. Amerikas Zukunft ist äußerst dunkel, besonders, wenn Roosevelt einmal nicht mehr Präsident sein wird und Sie können gar nicht wissen, was sozial dort noch alles passieren wird. Auch dürfen Sie nie vergessen, daß die „öffentliche Meinung" stets eine große Hure war und bleiben wird und wer heute in Gunst ist, kann morgen in Ungunst sein. Ebensowenig können Sie wissen, was Chamberlain später tun wird und ob Hitlers nächste Attacke nach dem Westen oder nach dem Osten gerichtet sein wird. Die „Begeisterung" wird ohnehin sehr bald nüchterneren Stimmungen weichen, da jedenfalls ein im Tempo gesteigertes Rüsten einsetzen wird, das von allen – aber besonders in England – stets schwerere materielle Opfer verlangen wird. Überschätzen Sie also nicht die anderen Länder und bleiben Sie ruhig in England!

Nun die Physik: Mit Ihrer Diskussion des Stromausdruckes bin ich völlig einverstanden,[b] ich hatte mir das inzwischen auch überlegt. Ebenso bin ich zufrieden mit Ihrer Verifikation der Bhabhaschen Rechnung für den Proton-Neutron Wirkungsquerschnitt und seiner Endlichkeit.[c]

Die Vollständigkeit eines Funktionensystems zu diskutieren ist immer eine heikle Sache, aber anschaulich physikalisch scheinen mir die Lösungen mit $e^{-|l|/\sqrt{r}}$ kaum auszuschließen zu sein. Sie entsprechen der *Abstoßung* und bedeuten, daß das Teilchen eben an die kritische Stelle $r=0$ praktisch nicht hingelangt. Es ist dann auch egal, ob man dort das Potential noch etwas abschneidet oder nicht, wenn nur dort ein genügend hoher Potentialberg ist. Hängt man dann noch ein *anziehendes* Potential $-c_2(r)/r^2$ oder $-c_1(r)/r$ an (c_1 und c_2 endlich für $r=0$), so kann man unter Umständen wohl vernünftige diskrete Eigenwerte bekommen.

In letzter Zeit haben wir den Höhenstrahl-Bericht von Heisenberg und Euler in den „Ergebnissen"[d] hier genauer studiert und diskutiert und er scheint uns doch ein beträchtlicher Fortschritt zu sein, was die Deutung des empirischen

Materials betrifft. Insbesondere die Diskussion der durchdringenden Komponente und die empirische Bestimmung der Lebensdauer des Yukons zu 10^{-6} sec sind hübsch. Auch die Diskussion der Hoffmann-Stöße von Euler (Zeitschrift für Physik)[e] scheint gut.

Wenn wir etwas Neues wissen, schreibe ich wieder.

Viele Grüße, auch von Wentzel und Fierz Ihr W. Pauli

a) Bisher war Nicholas Kemmer (geb. 1911) Forschungsstipendiat am Imperial College of Science and Technology in London gewesen. Zum Wintersemester 1938/39 erhielt er dort selbst eine Anstellung als Demonstrator. – b) Siehe hierzu N. Kemmer: The particle aspect of meson theory. Proc. Roy. Soc. A **173**, 91–116 (1939). Eingegangen am 22. Juni 1939. – c) H. Bhabha: On the Theory of heavy electrons and nuclear forces. Proc. Roy. Soc. A **166**, 501–528 (1938). – d) Siehe [522], Anm. c. – e) H. Euler: Die Erzeugung Hoffmannscher Stöße durch Multiplikation. Z. Phys. **110**, 450–472 (1938). Eingegangen am 1. Juli 1938.

[534] Pauli an Hecke

Zollikon-Zürich, 20. Oktober 1938

Lieber Herr Hecke!

Vielen Dank für Ihren Brief sowie auch besonders für die vielen Photographien, die mich und auch meine Frau sehr erfreut haben. Und unter diesen ist es wieder die auf *Diagonalform* gebrachte Frau H. W., die einen besonderen Reiz auf mich ausübte. Es entspricht vielleicht gut ihrem Wesen, wenn das Bild mit horizontaler Kante aufgehängt wird, was dann weiter zur Bemerkung Anlaß gibt, sie von nun an die *Einheitsmatrix* (unseres Ringes) zu nennen. – Pólya[a] läßt grüßen und wünscht sich *sehr* das Bild, das in Engelberg[b] aufgenommen wurde.

Das Hauptthema Ihres Briefes läßt sich im Rahmen unserer Korrespondenz kaum erschöpfen, da es ja weit über die Existenz von Jung hinaus ins Philosophische geht. Immerhin wage ich hierzu einige Diskussionsbemerkungen (mehr soll und will es nicht sein).

1. Gegen den Absolutismus des Geistes. Im Laufe meines längeren Umganges mit Ihnen hat sich bei mir, als eine Art Opposition gegen Sie, die Überzeugung gefestigt, daß der „Geist" bei Ihnen und auch sonst eine Rolle zu spielen beginnt, die als *illegitim* angesehen werden sollte. Und es entstand bei mir die Einsicht der Notwendigkeit eines Agens, das schon lange vorhanden sein müsse, bevor es „Geist" gibt und von dem der Geist nur ein letzter ferner Ausläufer ist. Dazu kam ich gar nicht durch Jung, sondern von dem Bestreben ausgehend, den Menschen als kontinuierlich an die Tierreihe anschließend zu begreifen. Deshalb empfand ich es als einen großen Fortschritt, daß Schopenhauer den objektiven Aspekt der Welt „Wille" genannt hat[c] (obwohl diese Bezeichnung nicht sehr glücklich ist, da sie sich eines sonst anders gebrauchten Wortes bedient und sich daher auch nicht eingebürgert hat). Das Verdienst dabei ist eben das, daß Schopenhauer *nicht* „Geist" gesagt hat. – Ferner schien es mir durch so elementare Phänomene wie die jährlichen Flüge der Zugvögel oder die Wanderung der Aale (die Arbeiten des dänischen Zoologen Schmidt[d] über die letzteren habe ich durch Niels Bohr kennengelernt) nahegelegt, das gesuchte Agens als unabhängig von Raum und Zeit wirksam zu denken. (Diese Lebewesen haben doch sicherlich nicht „Geist".)

Der Konflikt mit den Anhängern des „Geistes" hat sich noch dadurch weiter verschärft, daß diese ihn – anders als in der Apostelgeschichte – mehr und mehr als dem Bewußtsein unterstellt voraussetzen, d.h. als etwas, das einen nicht befällt, sondern das man willkürlich handhaben kann. Als ich dann viel später von Jungs „kollektivem Unbewußten"[e] hörte (das sozusagen Wasser auf meine Anti-„Geist"-Mühle war), da meinte ich zwar nicht, daß dies schon ein auch nur annähernd endgültiger Begriff sei, aber ich hoffte doch, wenigstens dem „Geist" endgültig entronnen zu sein.

2. Archetypen und Evidenzgefühl. Ich möchte also das sicherlich auch nicht individuelle *logische Denken* als späteres Folgeprodukt, die „Archetypen des kollektiven Unbewußten" von Jung als etwas viel primäreres ansehen. Letztere liegen dem *Vorstellen* zu Grunde, ersteres richtet sich nach den *Ideen.* Vielleicht sind *Platos* „Eidola" – *Vorbilder,* nach denen die Ideen sich richten – ein Begriff, der zwischen den „Archetypen" und der Idee, z.B. der Euklidischen Graden, vermitteln könnte. (Es kommt hier überhaupt die ganze Ideenlehre Platos in Betracht und seine Auffassung: Erkenntnis = „Erinnerung".)

Ferner erinnere ich mich wohl, wie mir mit 12 Jahren das Euklidische Parallelen-Axiom „in der Anschauung" unmittelbar und zweifelsfrei gewiß war – sicher nicht auf Grund irgend welcher Meßerfahrungen. Jenes „Evidenzgefühl" (das wohl eine gewisse Rolle bei Kants Begriff des „synthetischen Urteils a priori" spielt – einem recht unklaren Begriffe übrigens) beruht psychologisch sicher auf einer „Projektion unbewußter Inhalte", also auf „Instinkten der Vorstellungen", die automatisch eingreifen. Aber die sind *vor* dem Denken da, die bewußte Ausarbeitung von Ideen kommt später – und ganz zuletzt kommt dann sogar der Zweifel an dem, was einst so „evident" gewesen.[f]

Ebenso glaube ich, daß man bei der Unterscheidung von „wahr" und „falsch" und bei der Erkenntnis überhaupt zwischen dem rationalen Ende des Erkenntnis-Vorganges und dessen irrationalem Anfang unterscheiden muß. Auf diese Weise hoffe ich, daß eine Versöhnung des klassifikatorisch-formalen und des mystischen Erkenntnisbegriffes (Epistheme und Ennoia) zustande kommt, indem beide Ende und Anfang *desselben* längeren Vorganges sind.

3. Über „Bekanntes" und „schon da Gewesenes". Ich glaube *auch nicht,* daß man Jungs Terminologie (von deren provisorischem Charakter ich ebenso durchdrungen bin wie Sie) „mittels konstruktiver Definitionen auf Bekanntes zurückführen kann." Beim Lesen Ihres Briefes kam mir aber der Gedanke, daß sich wohl auch vom größten Teil der wissenschaftlichen Literatur *vergangener* Jahrhunderte dasselbe sagen läßt. Wenn ich z.B. an des Paracelsus „obere Sterne" und „untere Sterne" denke, welche die Krankheiten verursachen und beeinflussen (mit „Stern" oder „Gestirn" sind bei ihm nicht etwa die konkreten Sterne am Himmel gemeint, sondern etwas ganz Abstraktes) – oder an Keplers Begriff der „anima terrae", welche je nach den Sternkonfigurationen reagiert und in seiner Theorie der Astrologie benützt wird, als Vermittlerin eines „unbewußten Erinnerungsbildes" an den Moment der Geburt. – Das alles ist sicher vergessen und nicht bekannt und wohl kaum in dieser Form schon auch nur annähernd „richtig" – aber die naive Sicherheit meiner früheren Hamburger Zeit, mit der ich einfach erklären konnte, „das ist eben alles Unsinn", ist mir inzwischen ziemlich abhanden gekommen.

4. Nochmals zu „Sparkenbroke".[g] Wir sind uns darin ganz einig, daß es wesentlich ist, daß der Dichter mit dem Buch Erlebnisse vermittelt, während es sekundär ist, daß sich ähnliche Auffassungen schon an verschiedenen Orten historisch finden. Denn es ist wichtig, daß gerade *diese* Auffassungen sich nun *neu zu beleben* scheinen und *dafür* wollte ich in meinem letzten Brief Morgans Buch als Zeugnis anführen. – Wie andere Bücher auch will es uns überdies den *Mythos* wieder näher bringen.

Ich habe inzwischen noch weiter über den Helden des Buches als Charakter nachgedacht und bin nicht mehr sicher, ob die Deutung seines geradezu lebenslänglichen Zögerns als „puritanisch" notwendig ist. Man kann auch sagen, daß der Held eine merkwürdige *Kreuzung aus Tristan und Hamlet* ist – und als solche einmalig.

In einer englischen Zeitung habe ich übrigens gelesen, daß Morgan nun ein Stück geschrieben hat, das jetzt in London aufgeführt wurde.[h] Es hat eine Liebesgeschichte zum Gegenstand, in welcher kurioserweise die Held*in* Mathematikerin(!) ist. Ich fürchte, mit letzterem bewegt sich der Autor auf einem ihm fremden Gebiet.

Den Santayana[i] habe ich nicht gelesen, habe nur davon gehört. Burckhardts Briefe an v. Preen habe ich mir inzwischen besorgt (Deutsche Verlags Anstalt, Stuttgart 1922)[j] und mir war der Brief vom 26. April 1872 auch sehr aufgefallen.

Für den Sonderdruck Ihres Osloer Berichtes[k] noch vielen Dank; auf die Mathematik hoffe ich noch in einem anderen Brief zurückzukommen.

Viele herzliche Grüße von meiner Frau und Ihrem W. Pauli

a) Der ungarische Mathematiker George Pólya wirkte seit 1914 an der ETH in Zürich. – b) Engelberg ist ein kleiner Ferienort in der Umgebung von Luzern. – c) Vgl. A. Schopenhauer: Die Welt als Wille und Vorstellung. Leipzig 1819. – d) Der dänische Zoologe Johannes Schmidt untersuchte die Wanderungen der Aale. 1926 führte er eine Reise nach Australien, Neu Seeland und Tahiti durch. 1928–1930 konnte er mit der Unterstützung des Carlsberg-Fonds in Kopenhagen eine Erdumsegelung mit dem dänischen Schiff „Dana" machen, um die Laichverhältnisse der Süßwasseraale zu erforschen. Vgl. hierzu den Bericht in Naturwiss. **19**, 231–233 (1931). – Die hier von Pauli angesprochenen Phänomene werden heute systematisch in der Verhaltensforschung untersucht. – e) Siehe hierzu C.G. Jung: Über die Archetypen des kollektiven Unbewußten. Zürich 1935. – f) Pauli hat später seine Ansichten über die Rolle des Unbewußten beim naturwissenschaftlichen Erkenntnisprozeß in verschiedenen Aufsätzen näher ausgeführt. Siehe W. Pauli: Aufsätze und Vorträge über Physik und Erkenntnistheorie. Braunschweig 1961. – g) Siehe [528], Anm. b. – h) C. Morgan: The flushing Stream. Uraufführung am 1. September 1938 in London. – i) George Santayanas Hauptwerk ist „The life of reason or the phases of human progress. 5 Bände. 1905/1906. – j) Siehe [528], Anm. d. – k) E. Hecke: Neuere Fortschritte in der Theorie der elliptischen Modulfunktionen. C.R. Congr. int. Math. Oslo 1936. **1**, 140–156 (1937).

Die internationalen politischen Spannungen veranlaßten immer mehr Wissenschaftler, nicht mehr in deutschen Zeitschriften zu publizieren. Pauli veröffentlichte zum letzten Mal im Juni 1937 einen Aufsatz in der Zeitschrift für Physik. Auch die deutsche Sprache wurde jetzt im Auslande weniger benutzt.

Mit Dirac hatte Pauli schon vor seiner Amerikareise 1931 in englischer Sprache korrespondiert.

[535] Pauli an Dirac

Zürich, 11. November 1938

Dear Dirac!

I would like to ask you, if you could give me your help in the following urgent case concerning a jewish relative of mine. Believe me, please, that I hate to trouble you. The person in question is a young cousin of mine: Felix Pauli, born the 4th IV. 1911, a very harmless and good young fellow, which I can recommend with very good conscience.[a] He had to leave his home country, Austria, for racial reasons, entered Switzerland without visum and shall be *expelled* from Switzerland on November 30 (although relatives grant here his support). If the young man is driven back to Austria he would be brought in a concentration camp immediately because he signed never to return.

An English business house applied for his employment in England, but his entrance to England was refused. Now a relative of my cousin, Mrs. M. Heister (21 Ferncroft Avenue, London-Hampstead, N.W. 3) applied a second time for his entrance to England and she also gave a guarantee for his support. But this Mrs. Heister being a foreigner, she is afraid that her petition might be also rejected and that is the reason, why they implore me to ask some prominent Englishmen to give his support to this petition to the Home Office.

Therefore I ask you, whether you have any indirect connection to the Home Office, that you might possibly use. And in any case, could you be so kind to write a few lines to the Home Office as a recommandation of the current petition for Felix Pauli?

Now I have something to tell you about the more recent investigations of Fierz and myself about your equations from '36 for the particles with an arbitrary spin.[b] Fierz has a long paper in press,[c] where he can show, that no difficulties arise by the quantisation of this equations, so long as no interaction between the particles (or with other particles or electromagnetic fields) is taken into account.* In the last time, however, we investigated more closely the question of this interaction and came to quite different results. Firstly it turned out, that your statement, that one has simply to substitute P_μ by $P_\mu - \frac{e}{c}\varphi_\mu$ in order to take care of the electromagnetic field, is not correct; one can namely prove, that by such a procedure the equations cease to be compatible with each other, if the spin of the particle is greater than 1. Further, it turned out, that one gets in the presence of the external electromagnetic field only compatible equations, if one abandones the wave equation in the force-free case, so that the equations describe at least two different particles with (in general) different values of the spin and the rest-masses, which can make transmutations in each other. Finally it turned out, that in all cases we investigated, at least one kind of particles has a negative energy. (This is true in the case of *whole-number spin; in the case of half-number spin a similar* difficulty of signe in the expression for the electric charge arises with the consequence, that it is not more possible to apply the exclusion principle in the second quantisation.)

* [The] Argument of Hoyle were not correct.[d]

In detail many systems of compatible wave-equations are possible, but all of them seem to have these described properties. So we came to the conclusion, that *no elementary particles* (at least with non vanishing zero rest-mass) *with a spin greater than 1 can exist.*

Now I have to write down all this calculations for a publication [and] I would like to ask you, if it would be possible for me and Fierz to publish this work in the Proceedings of the Royal Society?[e] Of course we could also publish it in the „Helvetica Physica Acta", where Fierz' mentioned paper will appear, but I think, more people would read it, if it would appear in the Proceedings. (I hope, we shall find in Zürich some persons for control of our english.) What do you think about it?

In the mean time, I read your paper about the theory of the electron[f] (the same you showed me in Cambridge) more closely. If one believes, that the electron-mass is not of an electromagnetic origin, than your conclusions seem to me as completely stringent. On the other hand, the logical possibility still remains, that the electron-mass is of an electromagnetic origin, whereas the masses of the heavy particles is not so. So the question is still open. I would be very much astonished, if you would have been able to make a progress in the problem of the quantisation of your theory in the mean time.

From Fierz' paper we shall send you proofs as soon as we get someones. – My last visit in Cambridge I enjoyed very much.[g] I heard, that you got no licence to enter Russia this summer. Is there anything new from Kapitza?[h] It is true that the „Physikalische Zeitschrift of the Sowjetunion" does not appear more?[i]

Many thanks and the kindest regards to you and Mrs. Dirac

Yours sincerely W. Pauli

P.S. Many regards also from Mrs. Pauli to Mrs. Dirac. Our new home turned out very good and nice. We hope, that you will come sometime and visit us.

a) Siehe den Kommentar zu [527]. – b) Fierz und Pauli (1939c). – c) Siehe auch [517]. – d) Siehe hierzu [511]. – e) Es handelt sich um die unter b genannte Untersuchung, die durch Dirac bei den Proceedings of the Royal Society vorgelegt wurde. Siehe hierzu [540]. Dort wird auch die Ursache für die verzögerte Einreichung angegeben. – f) P.A.M. Dirac: The classical theory of radiating electrons. Proc. Roy. Soc. A **167**, 148–169 (1938). Eingegangen am 15. März 1938. – g) Siehe [489]. – h) Pjotr Kapitza wurde 1934 während einer Urlaubsreise in die Sowjetunion dort zurückgehalten. Rutherford schickte ihm daraufhin seine gesamte Laboratoriumsausrüstung für Hochdruckversuche zu. Bei der Überführung war Dirac behilflich. – i) In der Physikalischen Zeitschrift der Sowjetunion, die seit 1931 in Charkow erschien, wurden vor allem fremdsprachige Aufsätze abgedruckt.

[536] Pauli an Dirac

Zürich, 17. November 1938

Dear Dirac!

Many thanks for your very kind letter and I am also very grateful to you, that you are willing to write to the Home Office in the case of my cousin Felix Pauli.

Now the answer to your questions: 1. In the current petition of Heister (21 Ferncroft Avenue, London-Hampstead NW 3) is applied to send the visum for him to the British Consulate *in Zürich*. 2. The name of the english firm in question is LACHOWSKY Ltd., Firnsbury Court, Firnsbury Pavement, London E.C. 2. (The petition of this firm to give to my cousin an employment was rejected. But they were, of course, still ready to offer him this employment.)

I am glad, that it is possible for me to publish a paper in the Proceedings of the Society and I shall send you the manuscript in the manner you have indicated. But it will need some time (perhaps it will be in January), until it will be ready. – From Fierz' paper I shall send you a copy and beg you to show it later also to Pryce[a] and Hoyle.[b]

Many thanks again and the best wishes to you and Mrs. Dirac.

Yours sincerely W. Pauli

a) M.H.L. Pryce hatte – an Diracs Arbeit anknüpfend – am 30. Juni 1938 eine Untersuchung eingereicht: „The electromagnetic energy of a point charge". Proc. Roy. Soc. A **168**, 389–401 (1938). – b) Fred Hoyle ist später vorwiegend durch seine kosmologischen Arbeiten und durch seine populärwissenschaftlichen Schriften bekannt geworden.

[537] Pauli an Dirac

Zürich, 26. November 1938
[Maschinenschrift]

Dear Dirac!

I thank you very much, indeed, for all your help in the case of my cousin and hope that you haven't lost too much of your time with it.

I just had a phone call that the visum for my cousin is permitted, but at every event I want to give you all informations you asked for in your letter of 24th and your telegramm from yesterday.

1. The previous occupation of my cousin was: technical and business correspondent in foreign languages in the Molybdenum Comp." in Reutte (Tirol). He was employed there for two years until April of this year. (In Switzerland no professional occupation is allowed for him, he is living here with relatives.)

2. The date, when he applied for a visa is: 18th August 1938.

3. His present address is: Felix Pauli, c/o. O. Pascheles, Zürich 6, Ottikerstraße 14.

I am glad according to the latest news to be able to give you a rather definite answer concerning the prospects of my cousins future. Dr. Schwarzkopf, American Cutting Alloys, 500 Fifth Avenue, New York, is willing to give an Affidavit[a] to my cousin for his entrance to the United States, but he will give it only *under the condition of my cousins presence in England*. The reason for this condition is that this gentleman is afraid to give the Affidavit to my cousin while the later is in Switzerland where he is threatened to be expelled and in case of expulsion the Affidavit would be lost, that is exactly blockaded to help another person with it.

Fortunately my cousin applied already in May for an American Visum so that one can expect that he will get it about January next year if he can prove to get the Affidavit. (As reference for further information about this matter I can give the „Molybdenum Comp.", 35 Bakerstreet, London.) Further Felix Pauli authorised me to declare to the Home Office that in case of any unforseen difficulty concerning his imigration to the States, he would apply for imigration to an English Colony.

With all my apologies for troubling you and my very best regards to Mrs. Dirac, yours sincerely, W. Pauli

a) Siehe hierzu den Kommentar zu [530]. Vgl. auch das Schreiben Bessos vom 29. September 1938 an Einstein. (Enthalten in Albert Einstein-Michele Besso. Correspondance 1903–1955. Paris 1972.)

[537a] Pauli an Sommerfeld

Zollikon-Zürich, 2. Dezember 1938

Lieber Herr Sommerfeld!

Als ich Ihnen vor einem Jahr einen Nikolausbrief zum 6. Dezember schrieb, haben Sie mir geantwortet: „Hätten Sie den Brief einen Tag früher geschrieben, so wäre er ein Geburtstagsbrief gewesen." Schon damals kam mir der Gedanke: hätte ich ihn ein Jahr später geschrieben, so wäre er ja ein Brief zum 70. Geburtstag! So schreibe ich also dieses Jahr wieder einen Brief und zwar schon einige Tage vor dem 5., damit er nicht erst am Nikolaustag ankommt. Als Sie mich dann später fragten, ob ich meine Rechnungen zur Beugungstheorie schon publiziert habe, antwortete ich mit einem bestimmten Hintergedanken „noch nicht", konnte aber daraufhin nur jenes *strenge Stirnrunzeln* bei Ihnen wahrnehmen, das mir seit dem Jahr 1918, in welchem Jahr ich Sie ja zum ersten Mal gesehen habe, stets soviel Respekt eingeflößt hat.

Nun über das weitere Schicksal dieser Rechnungen schreibe ich jetzt nichts, ich hoffe darüber wird Ihnen mein Freund Wentzel bald mündlich etwas berichten, es möge genügen zu bemerken, daß ich wenigstens in dieser Hinsicht Ihr Stirnrunzeln nicht weiter zu fürchten brauche. Ein tieferes Geheimnis ist es natürlich, wieso es gerade Ihnen möglich war, mir Respekt einzuflößen – das hätten sicher manchmal schon gerne viele genauer von Ihnen erfahren wollen, besonders alle meine späteren Chefs, auch Herr Bohr; aber ich glaube, das werden Sie auch bei Ihrem 70. Geburtstag nicht erzählen können, denn die tieferen Geheimnisse sind die, welche sich selbst bewahren.

Meine Gedanken sind nun wieder im Jahr 1918, als der Hörsaal geschmückt war zu Ihrem 53. Geburtstag und wie der Ellipsenverein und das $\int p\,dq$ damals die Gemüter bewegt hat. Welcher Gegensatz schien damals zwischen dem $\int p\,dq$ und dem Korrespondenzprinzip vorhanden und doch schimmerte die Möglichkeit einer künftigen Synthese schon damals zwischen durch. Mögen auch andere Gegensätze sich schließlich so lösen: „Hier stock' ich schon, wer hilft mir weiter fort?", schrieben Sie damals über das He-Atom – da waren jene schlimmen Kommensurabilitäten der Schwingungsfrequenzen und die „kleinen

Nenner", die alle Reihen der Mechanik an der Konvergenz verhindert haben. Jetzt stocken wir wieder, diesmal bei den Divergenzen der Quantenelektrodynamik, aber wo die Schwierigkeiten sind, dort sind auch die Möglichkeiten neuer Erkenntnisse und mit einer unerwarteten Wendung geht es dann oft plötzlich weiter fort.

Und dann erinnere [ich] mich auch an viele ganze Zahlen, die ich mit weniger Liebe als Sie und sogar nicht ohne Spott in jenen fröhlichen Studententagen betrachtet habe. Deshalb haben sie sich auch an mir gerächt und die Reihe 2,8,18,32 ... kam sogar so lange wieder, bis es mir endlich gelang, sie durch Verbote dort festzuhalten, wo sie hingehört.

Wenn ich also heute eine kleine bescheidene Theorie machen soll zur ganzen Zahl 70, so ist es die, daß man erst später recht versteht, was eine bestimmte Zeit bedeutet und daß für mich die Jahre 1918 bis 21 in München, die Sie mir gegeben haben, noch lange nicht ausgeschöpft sind!

Darum ein Hoch auf den Jubilanten, seine liebe Familie und – last not least – auf seine ganzen Zahlen! Ihr stets getreuer W. Pauli

X. Das Jahr 1939

Die Theorie der Mesonenfelder

[538]	Sommerfeld an Pauli	München	1. Januar	1939
[539]	E. Sommerfeld an Pauli	München	1. Januar	1939
[540]	Pauli an Dirac (engl.)	Zürich	15. Februar	1939
[541]	Kemmer an Pauli	London	6. April	1939
[542]	Pauli an Kemmer	Zürich	9. April	1939
[543]	Kemmer an Pauli	London	12. April	1939
[544]	Pauli an Kemmer	Zürich	15. April	1939
[545]	Pauli an Kemmer (PK)	Zürich-Zollikon	16. April	1939
[546]	Heisenberg an Pauli	Leipzig	20. April	1939
[547]	Kemmer an Pauli	London	20. April	1939
[548]	Pauli an Kemmer	Zürich	23. April	1939
[549]	Heisenberg an Pauli	Leipzig	23. April	1939
[550]	Pauli an Wentzel	Zürich	24. April	1939
[551]	Pauli an Heisenberg	Zürich	27. April	1939
[552]	Heisenberg an Pauli	Leipzig	1. Mai	1939
[553]	Kemmer an Pauli	London	2. Mai	1939
[554]	Pauli an Bhabha	Zürich	4. Mai	1939
[555]	Pauli an Kemmer	Zürich	5. Mai	1939
[556]	Pauli an Kemmer (PK)	Zürich	8. Mai	1939
[557]	Kemmer an Pauli	London	8. Mai	1939
[558]	Pauli an Kemmer	Zürich	9. Mai	1939
[559]	Kemmer an Pauli	London	9. Mai	1939
[560]	Kemmer an Pauli (PK)	London	9. Mai	1939
[561]	Pauli an Kemmer (PK)	Zürich	10. Mai	1939
[562]	Pauli an Heisenberg	Zürich	11. Mai	1939
[563]	Kemmer an Pauli	London	11. Mai	1939
[564]	Pauli an Dirac (engl.)	Zürich	12. Mai	1939
[565]	Pauli an Kemmer	Zürich	13. Mai	1939
[566]	Kemmer an Pauli	London	17. Mai	1939
[567]	Heisenberg an Pauli	Leipzig	19. Mai	1939
[568]	Pauli an Jauch	Zürich	28. Mai	1939
[569]	Heisenberg an Pauli	Leipzig	8. Juni	1939
[570]	Pauli an Heisenberg (mit Anlage)	Zollikon-Zürich	10. Juni	1939
[571]	Heisenberg an Pauli	Leipzig	12. Juni	1939
[572]	Pauli an Kemmer	Zürich	13. Juni	1939
[573]	Pauli an Kemmer	Zollikon-Zürich	27. Juni	1939
[574]	Kemmer an Pauli	London	2. Juli	1939
[575]	Pauli an Dirac (engl.)	Zürich	18. Juli	1939
[576]	Pauli an Jauch	Zürich	18. Juli	1939
[577]	Pauli an Heisenberg	Zürich	7. August	1939
[578]	Heisenberg an Pauli	Urfeld	14. August	1939
[579]	Heisenberg an Pauli (PK)	Urfeld	24. August	1939

[580]	Pauli an Heisenberg (PK)	Zürich	29. August	1939
[581]	Pauli an Kemmer (PK)	Zürich	29. August	1939
[582]	Pauli an Sommerfeld (PK)	Zürich	29. August	1939
[583]	Pauli an Schrödinger	Zollikon-Zürich	4. Oktober	1939
[584]	Pauli an Jauch	Zollikon-Zürich	1. November	1939
[585]	Pauli an Kemmer (engl.)	Zollikon-Zürich	24. November	1939
[586]	Stueckelberg an Pauli (MS)	Genf	17. Dezember	1939
[587]	Pauli an Born (engl.)	Zollikon-Zürich	24. Dezember	1939

Seit mehreren Jahren hatte man sich nun schon vergeblich bemüht, eine „exakte“ relativistische Theorie der Elementarteilchen aufzustellen. Bisher war es jedoch nicht gelungen, das Auftreten unendlicher Selbstenergien und anderer Divergenzen in einer derartigen Theorie zu umgehen.

Erfolgreicher war man beim Studium der möglichen Strukturen einer solchen Theorie, die in Übereinstimmung mit den allgemeinen theoretischen Prinzipien der Physik waren. Hierzu gehörten insbesondere die schon mehrfach erwähnten Untersuchungen von Pauli, Wentzel, Fierz, Kemmer und Bhabha, die zeigten, wie sich die charakteristischen Teilcheneigenschaften als Folge einer Quantentheorie der Wellen einstellen, wenn die Wellenamplituden entsprechende Vertauschungs- (oder Antivertauschungs-) Relationen erfüllen. Dabei zeigte sich, daß bei Teilchen mit einem beliebigen Spin S stets $N=2\,S+1$ Polarisationszustände des entsprechenden Wellenfeldes auftreten. Teilchen mit ganzzahligem Spin mußten der Bosestatistik gehorchen, Teilchen mit halbzahligem Spin der Fermistatistik.

Ein weiteres Ergebnis dieser Untersuchungen war die Feststellung, daß zu jedem Teilchen der Ladung e auch ein Teilchen der Ladung $-e$ gehört. Von besonderem Interesse war in diesem Zusammenhang eine systematische Untersuchung der Theorien, die für die neu entdeckten „Mesotronen“ in Frage kamen. Solche Teilchen mit ganzzahligem Spin begannen in zunehmendem Maße in der Kernphysik[1] und in der Theorie der Höhenstrahlung[2] eine wichtige Rolle zu spielen.

Gewöhnliche Elektronen mit halbzahligem Spin sollten aus Gründen der Spinerhaltung nicht ursächlich für die Austauschkräfte zwischen Neutron und Proton sein. Anders war es mit den von Anderson und Neddermeyer in der Höhenstrahlung entdeckten „schweren Elektronen“, die man in der Literatur vielfach noch als Mesotronen bezeichnete.

Die Vorstellung einer Kernkraft, die durch solche Bose-Elektronen vermittelt wird, findet sich schon in Heisenbergs erster Arbeit zur Kerntheorie von 1932. Die mathematische Durchführung verdankte man aber dem japanischen Physiker Hideki Yukawa. Er stattete sein Boseteilchen mit Eigenschaften aus, wie sie zur Wiedergabe der richtigen Stärke und Reichweite der Kernkraft erforderlich waren. Die Masse dieser „Yukonen“ entsprach etwa derjenigen der Mesotronen. Man konnte also vermuten, es handle sich in beiden Fällen um ein und dasselbe Teilchen. (Es dauerte mehr als zehn weitere Jahre, bis dieser Irrtum aufgedeckt wurde.)

Yukawa hatte in seiner Theorie zuerst nur Teilchen mit dem Spin 0 betrachtet. Sie werden durch die Pauli-Weisskopf-Theorie wiedergegeben, erzeugen aber lediglich die sog. „Heisenbergkraft“ (Ladungsaustausch ohne Änderung der Spinrichtung der beteiligten Partikel). Um den Fall der allgemeineren „Majoranakraft“ (mit Ladungs- und Spinaustausch) zu erhalten, mußte man auch Teilchen mit höherem Spin ($=1$) zulassen. Zur Erfassung der Proton-Proton- und Neutron-Neutron-Kräfte berücksichtigte man außerdem negative, positive und neutrale Teilchen.

Wellengleichungen für solche Teilchen (mit endlicher Masse) waren im Anschluß an die Vorarbeiten von Dirac und Proca besonders durch Nicholas Kemmer aufgestellt und untersucht worden.[3] Die Ergebnisse waren z.T. in guter Übereinstimmung mit den damaligen Erfahrungen der Kernphysik.

Von dieser Seite her ergaben sich also ganz neuartige Perspektiven für die Elementarteilchenforschung. Man begann, nach weiteren Teilchen Ausschau zu halten, deren Existenz nun nicht mehr ausgeschlossen werden konnte.

Besonders dieser allgemeine Aspekt der Theorie erweckte Paulis lebhaftes Interesse. In den zahlreichen Briefen, die er in diesem Jahre mit Kemmer austauschte, wurden verschiedene Möglichkeiten durchgespielt, um zu einer „symmetrischen Theorie" der Kernkräfte zu gelangen, in der alle drei Mesonenfelder (für positive, negative und neutrale Teilchen) gleichberechtigt eingehen ([541] und die folgenden Briefe). Dabei kam sein großes mathematisches Talent zur Geltung. Scherzhaft sprach man von „β-Gymnastik" und meinte damit den Umgang mit den Algebren mehrdimensionaler β-Matrizen [541].

Sommerfelds folgender Brief [538] beantwortet Paulis vorangehendes Gratulationsschreiben zum 70. Geburtstag am 5. Dezember 1938. Die politischen Ereignisse des letzten Jahres lassen Sommerfeld noch Schlimmeres befürchten für das Jahr 1939, „das uns allen gnädig sein möge!"

[1] Einen allgemeinen Überblick aus späterer Sicht findet man bei G. Wentzel: Quantum Theory of Fields (until 1947). Enthalten im Pauli-Memorial-Volume. Dort S. 48–77. Siehe auch G. Wentzel: Probleme der Kraftwirkungen im Atomkern. In „Neue Wege exakter Naturerkenntnis." Fünf Wiener Vorträge. Wien 1939. Dort S. 14–25.

[2] Siehe hierzu W. Bothe: Schnelle und langsame Mesotronen in der kosmischen Ultrastrahlung. Naturwiss. **27**, 305–312 (1939). – H. Thirrung: Der gegenwärtige Stand unserer Kenntnisse von der kosmischen Strahlung. Enthalten in der unter 1 genannten Vortragsreihe. Dort S. 26–62.

[3] Siehe hierzu N. Kemmer: Die Anfänge der Mesonentheorie und des verallgemeinerten Isospins. Phys. Bl. **39**, 170–175 (1983).

[538] Sommerfeld an Pauli

München, 1. Januar 1939

Lieber Pauli!

Die liebsten Briefe werden zuletzt beantwortet, Ihrer erst im Jahre 39, das uns allen gnädig sein möge!

Sie haben in Ihrem Briefe so feingestimmte Töne angeschlagen, daß ich Sie lebhaft vor mir sehe, nachdenklich und zugleich schalkhaft – ich meinerseits ganz ohne „ernstes Stirnrunzeln". Hinter Ihrem Brief steht wohl auch der Gedanke, daß über die intellektuellen Bande doch noch die charakterliche Verbundenheit geht und daß dies ein Geheimnis ist, das „sich selbst bewahrt".

Sie haben inzwischen vielleicht in dem Planck-Heft der Annalen gesehn, daß ich mich seit Kurzem auch für die nicht-ganzen Quantenzahlen und die künstlichen Randbedingungen interessiere.[a] (Der Sicherheit halber werde ich Ihnen ein Separatum zuschicken, obwohl ich nicht besonders stolz darauf bin.) Aber schöner waren doch unsere ganzen Zahlen und als Höhepunkt derselben Ihr „Verbot".

Es war ein lieber Gedanke von Ihnen, daß *Sie* auf meine premières amoures zurückgekommen sind.[b] Ihre Funktionen $S_m(W)$ und deren Zusammenhang mit den konfluenten hypergeometrischen sind ein sauberes Stück Arbeit. Mein vereinzelt dastehendes Resultat für $n=2$ wird dadurch in sehr befriedigender Weise verallgemeinert.

Bezüglich der Zukunft unserer Wissenschaft bin ich nach Anleitung meines Lehrers Klein ein überzeugter Optimist. Daher glaube ich, daß man in absehbarer Zeit die Elementarteilchen, das Pauli-Verbot und auch die störenden Divergenzen verstehen wird. Vor 1914 war ich auch Optimist bezüglich des allgemeinen kulturellen Fortschritts. Daran hat sich heute manches geändert. Vielleicht liegt die Zukunft der Kultur nicht „auf dem Wasser", sondern jenseits des großen Wassers.

Ich hoffe trotz aller Barrieren in diesem Jahre wieder nach Zürich zu kommen, z.B. für einen Vortrag von Welker über Supraleitung,[c] worüber ich mit Wentzel sprach. Bestellen Sie diesem bitte bei Gelegenheit, daß Löb mir sofort in ziemlich verheißungsvollem Tone geantwortet hat.[d]

Gruß an die liebe Frau! Treulich Ihr alter A. Sommerfeld

a) A. Sommerfeld und H. Welker: Künstliche Grenzbedingungen beim Keplerproblem. Ann. Phys. **32**, 56–65 (1938). – b) Siehe hierzu den Kommentar zu [457] und die dort angeführte Literatur. – c) Sommerfelds damaliger wissenschaftlicher Assistent Heinrich Welker (1912–1982) beschäftigte sich intensiv mit der Theorie der Supraleiter, die noch immer zu den „ungelösten Problemen" der damaligen Physik gehörte. Siehe z.B. H. Welkers Vortrag auf dem Physikertag in Baden-Baden vom 11.–16. September 1938 „Über ein elektronentheoretisches Modell des Supraleiters." Physik. Z. **39**, 920–924 (1938), in dem er als erster die Vorstellung der Energielücke einführte. –: Supraleitung und magnetische Austauschwechselwirkung. Z. Phys. **114**, 525–551 (1939). – d) Wahrscheinlich handelt es sich um den amerikanischen Physiker Leonard Loeb von der University of California in Berkeley.

Die folgenden Zeilen fügte Sommerfelds Sohn dem Schreiben des Vaters bei.

[539] Ernst Sommerfeld an Pauli

[München, 1. Januar 1939]

Lieber Herr Pauli!
Der Vater drückte mir eben diesen Brief in die Hand und ich will die Gelegenheit benützen um Ihnen im Andenken an unsere gemeinsame Radtour vor 15 oder mehr Jahren einen Gruß zu schicken. Vorigen Sommer habe ich die Gegend von damals wieder unsicher gemacht, allerdings nicht in sportlicher Weise auf 2 Rädern mittels Muskelantrieb, sondern sehr viel fauler auf 4 Rädern und einem zeitgemäßen Benzin-Antrieb. Das ist für eine Fahrt mit den Eltern bedeutend vorzuziehen. Im übrigen ist nur zu erzählen, daß ich dem „Sport" nicht ganz untreu geworden bin, daß aber mein Beruf sich recht erheblich von der väterlichen Linie entfernt hat. Ich bin Patentanwalt geworden und die technisch-wissenschaftliche Erbmasse hat nur dazu geführt, daß ich bei Telefunken in Berlin arbeite und nicht rein juristisch.

Herzliche Grüße Ihr Ernst Sommerfeld

[540] Pauli an Dirac

Zürich, 15. Februar 1939

Dear Dirac!
Now, at least, the paper of Fierz and myself about the particles with arbitrary spin is ready.[a] We send it first to Pryce, who is so kind to take care for the

english translation and will send the manuscript to you together with the three requested copies of a summary. I hope you will agree with the content of the paper and communicate it to the Royal Society.

The content is very different from what I wrote in my last letter, because it turned out that we had overlooked an important possibility and a consistent theory of particles with an arbitrary spin in an electromagnetic field is possible! (This is also the reason for the great relaxation, with which we accomplished the paper.)

I heard from your lectures in the Poincaré Institut in Paris.[b] I am glad, that I shall be able to be present in Paris just during this time and to meet you there. Did you make some progress with the quantisation of your last theory of the electron[c] in the mean time?

I hope, that you didn't have too much truble with the case of my cousin[d] and thank you again very much for your help.

With best wishes, also to Mrs. Dirac Yours sincerely W. Pauli

a) Siehe hierzu [535]. Maurice Pryce, Max Borns späterer Schwiegersohn, arbeitete damals in Cambridge. Siehe auch [536]. – b) P.A.M. Dirac: La théorie de l'électron et du champ éléctromagnétique. Ann. Inst. Henri Poincaré **9**, 13–49 (1939). – c) P.A.M. Dirac: Classical theory of radiating electrons. Proc. Roy. Soc. A **167**, 148–169 (1938). – d) Siehe Briefe [535]–[537].

[541] Kemmer an Pauli

London, 6. April 1939

Lieber Herr Professor!

Was halten Sie von dem nachfolgenden Formalismus?[a] Er gibt *nichts* grundsätzlich Neues, klärt aber meiner Meinung nach manche Zusammenhänge und ist sehr bequem für viele Rechnungen. In den üblichen Formulierungen der Bose-Theorien wird allgemein die *Feld*seite gegenüber der *Partikel*seite sehr unterstrichen. Das Folgende soll zeigen, daß dies *nicht* notwendig als in der Natur der Sache liegend betrachtet werden muß.

Ich betrachte die Wellengleichung

$$\partial_\mu \beta_\mu \psi + \kappa \psi = 0, \qquad \left(\partial_\mu = \frac{\partial}{\partial x_\mu},\ \kappa = \frac{mc}{\hbar}\right), \tag{1}$$

wo die β-Operatoren den Vertauschungs-Relationen genügen:

$$\beta_\mu \beta_\nu \beta_\rho + \beta_\rho \beta_\nu \beta_\mu = \delta_{\mu\nu} \beta_\rho + \delta_{\rho\nu} \beta_\mu . \tag{2}$$

Wenn $\psi^+ = i\psi^*(2\beta_4^2 - 1)$ gesetzt wird, gilt

$$\partial_\mu \psi^+ \beta_\mu - \kappa \psi^+ = 0. \tag{3}$$

Nebenbedingungen gibt es nicht, dagegen folgt

$$\partial_\mu \partial_\rho \beta_\mu \beta_\nu \beta_\rho \psi = -\kappa \partial_\mu \beta_\mu \beta_\nu \psi,$$

also

$$\partial_\nu \partial_\mu \beta_\mu \psi = -\kappa \partial_\mu \beta_\mu \beta_\nu \psi,$$

$$\partial_\nu \psi = \partial_\mu \beta_\mu \beta_\nu \psi, \tag{4}$$

und analog

$$\partial_\nu \psi^+ = \partial_\mu \psi^+ \beta_\nu \beta_\mu . \tag{5}$$

Aus (1) und (4) folgt sofort

$$\partial_\nu \partial_\nu \psi = \kappa^2 \psi \tag{4'}$$

und ebenso

$$\partial_\nu \partial_\nu \psi^+ = \kappa'^2 \psi^+ . \tag{5'}$$

Das Benehmen bei Lorentztransformationen wird sich später von selbst ergeben; (1) und (4) sind *einzeln* invariant. Übrigens ist (1), (2) von Duffin, Physical Review 15. Dezember, zuerst angegeben[b].

Aus (1) und (3) folgt natürlich sofort

$$\partial_\mu s_\mu = 0, \qquad s_\mu = \psi^+ \beta_\mu \psi . \tag{6}$$

$\frac{1}{i}\psi^+ \beta_4 \psi$ ist somit die Teilchendichte, und man wird versuchen physikalischen Größen Operatoren ω so zuzuordnen, daß[c]

$$\bar{\omega} = \frac{1}{i}\int dV \psi^+ \beta_4 \,\omega\, \psi \tag{7}$$

die betreffenden Erwartungswerte sind, die man feldtheoretisch ableitet. (Wenn ω mit β_4 nicht vertauschbar ist, wird man (7) symmetrisieren.) Nun hat β_4 keine Reziproke, so daß die Möglichkeit der Darstellung (7) nicht trivial ist. Es wird aber bewiesen werden, daß für die wichtigsten Größen, die im Partikelbild anschauliche Bedeutung haben, eine Darstellung (7) gefunden werden kann.

Beispielsweise wird man den Energie-Impuls Vektor als

$$\bar{p}_\mu = \frac{1}{i}\int dV \psi^+ \beta_4 \frac{1}{i}\partial_\mu \psi$$

zu definieren versuchen, bzw. den Energie-Impuls Tensor als

$$T_{\mu\nu} = \frac{1}{2i}(\psi^+ \beta_\nu \partial_\mu \psi - \partial_\mu \psi^+ \beta_\nu \psi). \tag{8}$$

($\hbar$ und e werden der Kürze halber immer fortgelassen.)

Die Gleichung

$$\frac{\partial T_{\mu\nu}}{\partial x_\nu} = 0 \tag{9}$$

ist leicht bewiesen, so daß die Definition (8) möglich ist. Man wird dann analog zu Tetrode zu symmetrisieren versuchen[c].

$$T_{\mu\nu} = \frac{1}{2i}(\psi^+ \beta_\nu \delta_{\rho\mu} \partial_\rho \psi - \partial_\rho \psi \psi^+ \beta_\nu \delta_{\rho\mu} \psi),$$

nach (2)

$$= \frac{1}{2i}\{\psi^+ (\beta_\nu \beta_\mu \beta_\rho + \beta_\rho \beta_\mu \beta_\nu)\partial_\rho \psi - \partial_\rho \psi^+ (\beta_\rho \beta_\mu \beta_\nu + \beta_\nu \beta_\mu \beta_\rho)\psi$$
$$- \delta_{\mu\nu} \psi^+ \beta_\rho \partial_\rho \psi + \delta_{\mu\nu} \partial_\rho \psi \beta_\rho \psi\};$$

also wegen (1)

$$= -\frac{x}{i}\{\psi^+(\beta_{\nu\mu}+\beta_{\mu\nu})\psi - \delta_{\mu\nu}\psi^+\psi\} - \frac{1}{2i}\frac{d}{dx_\rho}\{\psi^+(\beta_\nu\beta_\mu\beta_\rho - \beta_\rho\beta_\mu\beta_\nu)\}.$$

Somit ist auch $\frac{\partial\theta_{\mu\nu}}{\partial x_\nu}=0$, wo

$$\theta_{\mu\nu} = -\frac{x}{i}[\psi^+(\beta_\nu\beta_\mu+\beta_\mu\beta_\nu)\psi - \delta_{\mu\nu}\psi^+\psi], \tag{10}$$

und $\theta_{\mu\nu}$ ist symmetrisch.

Unter Beachtung der Definition von ψ^+ ist aber

$$\theta_{44} = -x\psi^*\psi, \tag{11}$$

also die Energiedichte in dieser Darstellung positiv definitiv.

$\theta_{\mu\nu}$ ist aber *nicht* $\frac{1}{2}(T_{\mu\nu}+T_{\nu\mu})$!

Nun ist allerdings im kraftfreien Fall auch die Relation $\frac{\partial}{\partial x_\nu}T_{\nu\mu}=0$ ableitbar, so daß auch $\theta'_{\mu\nu}=\frac{1}{2}(T_{\mu\nu}+T_{\nu\mu})$ als Energie-Impuls Tensor in Frage kommt, aber dann ist die Energiedichte $-T_{44}$ nicht notwendig positiv!

Wenn nun

$$P_{ik} = \frac{1}{i}\int dV(x_i\theta_{k4} - x_k\theta_{i4})$$

als Drehimpuls definiert wird, ist mit ein wenig „β-Gymnastik" gezeigt, daß

$$P_{ik} = +\frac{1}{i}\int\psi^+\beta_4\left(x_i\frac{\partial_k}{i} - x_k\frac{\partial_i}{i}\right)\psi\,dV - \int\psi^+\beta_4(\beta_i\beta_k - \beta_k\beta_i)\psi\,dV. \tag{12}$$

Somit ist der (mit β_4 vertauschbare) Operator $-i(\beta_i\beta_k-\beta_k\beta_i)$ als *Spin* zu definieren!

Nun hat man allerdings noch die Freiheit, statt $\theta_{\mu\nu}$ auch $\theta'_{\mu\nu}$ bei der Definition des Drehimpulses zu benutzen. Man findet so einen anderen Ausdruck

$$P''_{ik} = \frac{1}{i}\int\psi^+\beta_4\left(x_i\frac{\partial_k}{i} - x_k\frac{\partial_i}{i}\right)\psi\,dV + \frac{1}{2}\int\psi^+\beta_i\beta_4\beta_k\psi\,dV$$

$$\left(P'_{ik} = \frac{P_{ik}+P''_{ik}}{2}\right).$$

Dieser letztere „Spin" liefert aber keinen „Operator" nach unserer Definition.

Weiter kann man auch die Gordonsche Stromaufspaltung[d] vornehmen:

$$s_\mu = \psi^+\beta_\mu\psi = \frac{1}{2\kappa}[\partial_\nu\psi^+\beta_\nu\beta_\mu\psi - \psi^+\beta_\mu\beta_\nu\partial_\nu\psi]$$

$$= \frac{1}{2\kappa}\left[\frac{d}{dx_\nu}\{\psi^+(\beta_\nu\beta_\mu - \beta_\mu\beta_\nu)\psi\} - \psi^+\beta_\nu\beta_\mu\partial_\nu\psi + \partial_\nu\psi^+\beta_\mu\beta_\nu\psi\right],$$

also nach (4) und (5)

$$s_\mu = \frac{1}{2\kappa}[\partial_\mu \psi^+ \psi - \psi^+ \partial_\mu \psi] + \frac{1}{2\kappa}\frac{d}{dx_\nu}\psi^+(\beta_\nu\beta_\mu - \beta_\mu\beta_\nu).$$

Somit für das magnetische Moment:

$$M_{ik} = \frac{1}{2\kappa}\left[\frac{1}{i}\int \psi^+ \left(x_i \frac{\partial_k}{i} - x_k \frac{\partial_i}{i}\right)\psi\, dV - \int \psi^+(\beta_i\beta_k - \beta_k\beta_i)\psi\, dV\right];$$

also fällt das anomale Verhältnis 1/2 im Spinterm bei dieser Theorie weg, sonst ist alles wie bei Dirac. *Aber das magnetische Moment* besitzt keinen *Operator im Teilchenbilde!* Es ist ja wohl auch anschaulich, daß das magnetische Moment nicht so unmittelbar mit der Wahrscheinlichkeitsdichte der Partikel zusammenzuhängen braucht wie das mechanische Moment. So weit der feldfreie Fall; wenn nun ein elektromagnetisches Feld eingeführt wird, so ist es *widerspruchsfrei* und *invariant*, es in (1) durch $\partial_\mu \to \partial_\mu^- = \partial_\mu - iA_\mu$, in (3) durch $\partial_\mu \to \partial_\mu^+ = \partial_\mu + iA_\mu$ einzuführen; statt (4) hat man dann nur

$$\partial_\nu^- \psi = \partial_\mu^- \beta_\mu\beta_\nu\psi + \frac{i}{2\kappa}F_{\mu\rho}(\beta_\rho\beta_\nu\beta_\mu - \delta_{\rho\nu}\beta_\mu)\psi, \tag{4a}$$

und statt (5):

$$\partial_\nu^+ \psi^+ = \partial_\mu^+ \psi^+ \beta_\nu\beta_\mu + \frac{i}{2\kappa}F_{\mu\rho}(\beta_\mu\beta_\nu\beta_\rho - \beta_\mu\delta_{\nu\rho}), \tag{5a}$$

und statt (4′), (5′)

$$\partial_\nu^- \partial_\nu^- \psi = \kappa^2\psi + iF_{\mu\nu}\psi + \frac{i}{2\kappa}\partial_\nu^- F_{\mu\rho}(\beta_\rho\beta_\nu\beta_\mu - \delta_{\rho\nu}\beta_\mu)\psi$$

$$\partial_\nu^+ \partial_\nu^+ \psi^+ = \kappa^2\psi^+ - iF_{\mu\nu}\psi^+ \beta_\nu\beta_\mu + \frac{i}{2\kappa}\partial_\nu^+ F_{\mu\rho}\psi^+(\beta_\mu\beta_\nu\beta_\rho - \beta_\mu\delta_{\nu\rho}). \tag{4′a}$$

Es gibt also eine Feldwechselwirkung des elektrischen und magnetischen Moments wie in der Diracschen Theorie + einen eigenartigen Zusatz.

Weiter kann bei Anwesenheit von Feldern $T_{\mu\nu}$ wie bisher (nur mit ∂^+ und ∂^-) definiert werden und $\theta_{\mu\nu}$ bleibt sich ganz gleich; nur ist $\theta'_{\mu\nu} = \frac{1}{2}(T_{\mu\nu} + T_{\nu\mu})$ nicht mehr ein zulässiger Tensor, da $\frac{\partial\theta'_{\mu\nu}}{\partial x_\nu} \neq F_{\mu\nu}s_\nu$ ist, während für $T_{\mu\nu}$ und $\theta_{\mu\nu}$ die Gleichung wahr ist.

Somit ist wieder Eindeutigkeit hergestellt, und für den Drehimpuls *muß* die Form

$$P_{ik} = +\frac{1}{i}\int \psi^+ \beta_4 \left(x_i \frac{\partial_k^-}{i} + x_k \frac{\partial_i^-}{i}\right)\psi\, dV - \int \psi^+ \beta_4(\beta_i\beta_k - \beta_k\beta_i)\psi\, dV$$

gewählt werden.

Interessant wird aber jetzt die Gordonsche Aufspaltung, indem diese jetzt lautet:

$$s_\mu = \frac{1}{2\kappa}[\partial_\mu^+ \psi^+ \psi - \psi^+ \partial_\mu^- \psi] + \frac{1}{2\kappa}\frac{d}{dx_\nu}[\psi^+(\beta_\nu\beta_\mu - \beta_\mu\beta_\nu)]$$

$$+ \frac{i}{2\kappa^2}F_{\nu\rho}\psi^+(\beta_\rho\beta_\mu\beta_\nu)\psi.$$

Das Auftreten dieses letzten Termes steht offenbar in engem Zusammenhang mit den Zusatztermen in (4'a, 5'a), eine einfache Deutung sehe ich für ihn nicht. Es ergibt sich somit auch für $\overline{M}_{ik}$ ein Zusatz

$$M_{ik}=\frac{1}{2ki}\int\psi^{+}\left(x_i\frac{\partial_k^{-}}{i}-x_k\frac{\partial_i^{-}}{i}\right)\psi\,dV$$
$$-\frac{1}{2k}\int\psi^{+}(\beta_i\beta_k-\beta_k\beta_i)\psi\,dV$$
$$+\frac{1}{4\kappa^2}\int dV F_{\mu\nu}\psi^{+}(\beta_\nu\beta_k\beta_\mu x_i-\beta_\nu\beta_i\beta_\mu x_k).$$

Nun, was halten Sie von all diesem? Für die β_i kenne ich die folgenden Darstellungen: $\beta_i=\frac{\gamma_i+\gamma_i'}{2}$, wo die γ_i Diracmatrizen sind und γ_i' ebensolche auf einen anderen Index wirkende. Diese Darstellung ist reduzibel (siehe meine alte Helvetica physica acta Arbeit)[e] und zwar zerfällt sie in eine 10-reihige, eine 5-reihige und eine triviale einreihige irreduzible Darstellung. Die 10-reihige Darstellung ins obige eingesetzt ergibt die Procatheorie. Die 5-reihige die (linear geschriebene) relativistische Schrödingergleichung (im letzteren Fall ist nämlich $\beta_\mu\beta_\nu\beta_\rho=0$, $\mu\neq\nu\neq\rho$) bzw. die gespiegelten Theorien, und zwar ist es so, da bei konsequenter Definition des Spiegelungscharakters *vor der Reduktion*, die Procatheorie mit der *Pseudo*skalaren verknüpft ist, wie es Møller möchte![f] (Siehe auch Belinfante, Nature vor ca. 2–3 Monaten.)[g]

Man überzeugt sich leicht, daß die Vertauschungs-Relationen bei Hyperquantelung als

$$[\psi_\alpha^{+}\beta_{4\alpha\beta}\psi_\gamma]_{-}=i\delta(x-x')(\beta_4)^2_{\beta\gamma},$$

oder

$$[\psi_\alpha^{+}\beta_{4\beta\gamma}\psi_\gamma]=i\delta(x-x')(\beta_4)^2_{\alpha\beta}$$

geschrieben werden können und daß der unrelativistische Grenzfall abzuleiten ist aus den Relationen

$$\beta_4\partial_4\psi+\kappa\psi+\beta_k\partial_k\psi=0$$
$$i(\beta_4^2-1)\partial_4\psi+\partial_k\beta_k\beta_4\psi=0,$$

wenn man β_4 diagonal macht. Die „Großen Komponenten" sind in den zwei Darstellungen natürlich ein Vektor bzw. ein Skalar (in 3 Dimensionen).

Diese Darstellung ist von der Diracschen mit seiner Hamiltonfunktion wesentlich verschieden, und zwar kann man den Unterschied so charakterisieren, daß Dirac von der α-Form, ich von der γ-Form der Gleichungen ausgehe, die hier nicht so unmittelbar ineinander übergeführt werden können. Die γ-Form ist, wie gesagt, schon bei Duffin kurz angegeben, er hat aber nichts weiter damit gemacht, wie er mir schrieb. Ich finde es aber zu mindestens lustig, daß alles so analog ist und die β-Gymnastik macht mir Spaß. Auch hat die Darstellung vielleicht pädagogisches Interesse, da sie den β-Operatorkalkül an einem Beispiel erläutert, das auch ebensogut in Tensorform geschrieben werden kann und somit von vielen eher verstanden werden kann als die Diracgleichung. Wichtigere Dinge habe ich in letzter Zeit nicht machen können, da ich sehr mit Unterricht überlastet war.

Ihnen, Ihrer Gattin und *allen Zürchern* beste Grüße und frohe Ostern

Ihr ergebener N. Kemmer

Ich bitte, diesen Brief an Wentzel weiterzuleiten.

a) Die folgende Darstellung ist Gegenstand der am 22. Juni 1939 von Kemmer eingereichten Publikation: The particle aspect of meson theory. Proc. Roy. Soc. A **173**, 91–116 (1939). – Siehe hierzu auch W. Pauli: Relativistic Field Theories of Elementary Particles. Rev. Mod. Phys. **13**, 203–232 (1941). Dort S. 227ff. – b) R.J. Duffin: On the characteristic Matrices of covariant systems. Phys. Rev. **54**, 1114 (1938). – c) H. Tetrode: Der Impuls-Energiesatz in der Diracschen Quantentheorie des Elektrons. Z. Phys. **49**, 858–864 (1928). – d) Siehe W. Gordon: Der Strom der Diracschen Elektronentheorie. Z. Phys. **50**, 630–632 (1928). – e) N. Kemmer: Zur Theorie der Neutron-Proton Wechselwirkung. Helv. Phys. Acta **10**, 47–67 (1937). Dort S. 50. – f) C. Møller und L. Rosenfeld: Theory of Mesons and Nuclear Forces. Nature **143**, 241–242 (1939). Signiert Kopenhagen, 6. Januar 1939. – g) F.J. Belinfante: A New Form of the Baryteron Equation and Some Related Questions. Nature **143**, 201 (1939). Signiert 22. Dezember 1938.

[542] Pauli an Kemmer

Zürich, 9. April 1939

Lieber Herr Kemmer!

Dank für Ihren Brief. Ich möchte gerne näheres über die rein *algebraischen Eigenschaften* der Relationen

$$\beta_\mu \beta_\nu \beta_\rho + \beta_\rho \beta_\nu \beta_\mu = \delta_{\mu\nu} \beta_\rho + \delta_{\rho\nu} \beta_\mu \tag{I}$$

wissen[a]. Ich habe wohl gesehen, daß $\beta_2 \beta_1 \beta_2 = 0$, $\beta_\nu^3 = \beta_\nu$ die Eigenschaften der β, also 0 und 1 sind, ferner folgen aus dem in μ, ν schiefen Teil von (I) die „richtigen" (d.h. die für die Darstellung der Lorentzgruppe notwendigen) Vertauschungs-Relationen zwischen $S_{\mu\nu} = i(\beta_\mu \beta_\nu - \beta_\nu \beta_\mu)$ und β_ρ, daraus auch Spur $\beta_\rho = 0$.

Es wäre interessant, *alle* irreduziblen Darstellungen von (I) zu ermitteln. Dazu müßte man wissen:

1. Wieviel linear unabhängige Größen gibt es unter allen aus den β_μ gebildeten ganzen, rationalen Funktionen bzw. unter allen Ausdrücken $\beta_\mu \ldots \beta_\nu^2 \ldots \beta_\mu \ldots \beta_\rho \beta_\sigma \ldots$ etc.? Die Abzählung wird schon recht kompliziert, z.B. sind $\beta_1 \beta_2$ und $\beta_2 \beta_1$ (linear) unabhängig, ebenso $\beta_1^2, \ldots$.

2. Wieviel linear unabhängige Größen gibt es, die mit allen β_μ vertauschbar sind?

(NB. Ich habe mir nur für den einfacheren *zwei*dimensionalen Fall, d.h. es sollen nur *zwei* Größen β_1, β_2 existieren, die Antworten auf diese Fragen überlegt: ad 1. Es gibt 10 linear unabhängige Größen I, β_1, β_2, $\beta_1\beta_2$, $\beta_2\beta_1$, β_1^2, β_2^2, $\beta_1^2\beta_2^2$, $\beta_1^2\beta_2$, $\beta_2^2\beta_1$; ad 2. es gibt 2 linear unabhängige Größen, die mit β_1 und β_2 kommutieren, nämlich außer I noch $\beta_1^2 + \beta_2^2 - \beta_1^2\beta_2^2$. Ich war aber auch in diesem Fall zu faul, *alle* irreduziblen Darstellungen zu suchen.)

Folgende Feststellung über den Spin-Operator $S_{\mu\nu}$ scheint mir wichtig: Es ist für jedes Wertepaar $\mu\nu$ (mit $\mu \neq \nu$)

$$S_{\mu\nu}^4 = S_{\mu\nu}^2 \qquad (\text{nämlich} = \beta_\mu^2 + \beta_\nu^2 - 2\beta_\mu^2\beta_\nu^2)$$

als Folge von (I). Also hat $S_{\mu\nu}$* sicher nur die Eigenwerte 0, +1, −1. *Also bestehen die ψ durchweg aus Skalaren, Vektoren, Pseudovektoren und eventuell selbstdualen schiefen Tensoren* (denn die sind bei *räumlichen* Drehungen ja auch Vektoren). Wahrscheinlich sind also die von Ihnen erwähnten bereits die allgemeinsten *irreduziblen* Darstellungen der β_μ.

Es befriedigt mich zu sehen, daß wieder bei positiv definiter Energiedichte *keine* höheren Spins als 1 vorkommen können. Besteht ein Zusammenhang der β-Formulierung mit de Broglies sogenannter „Photonen"-Theorie?[b]

Also schreiben Sie mir, bitte, gelegentlich eine rein algebraische Fortsetzung Ihrer Überlegungen, damit man (I) besser versteht.

Das Problem, die höheren Spins ohne Spinorkalkül zu formulieren, ist immer noch ungelöst. Aber unsere Spin-Arbeit[c] ist endlich fertig und soll in den Proceedings of the Royal Society erscheinen.

Viele Grüße stets Ihr W. Pauli

a) In seiner Veröffentlichung ([541], Anm. a) weist Kemmer auf S. 102 auf Paulis Anregung hin. – b) L. de Broglie: Une nouvelle conception de la lumière. Paris 1934. c) Fierz und Pauli (1939c).

[543] Kemmer an Pauli

London, 12. April 1939

Lieber Herr Professor!

Vielen Dank für den Brief. Die algebraischen Tatsachen kann ich Ihnen sofort liefern, die *genaue* Theorie dieser Dinge habe ich aber nicht studiert, wäre Ihnen daher sehr dankbar, wenn Sie mir kurz den Beweis, daß die bekannten Darstellungen die einzigen irreduziblen sind, schreiben würden. Der unabhängigen Größen gibt es 126, nämlich

$$I(1),\quad \beta_\nu(4),\quad \beta_\mu\beta_\nu(12),\quad \beta_\mu^2(4),\quad \beta_\mu\beta_\nu\beta_\rho(12),$$
$$\beta_\mu^2\beta_\nu(12),\quad \beta_\mu\beta_\nu\beta_\rho\beta_\sigma(6),\quad \beta_\mu^2\beta_\nu\beta_\rho(24),\quad \beta_\mu^2\beta_\nu^2(6),$$
$$\beta_\mu^2\beta_\nu\beta_\rho\beta_\sigma(12),\quad \beta_\mu^2\beta_\nu^2\beta_\rho(12),\quad \beta_\mu^2\beta_\nu^2\beta_\rho\beta_\sigma(12),\quad \beta_\mu^2\beta_\nu^2\beta_\rho^2(4),$$
$$\beta_\mu^2\beta_\nu^2\beta_\rho^2\beta_\sigma(4) \quad \text{and} \quad \beta_1^2\beta_2^2\beta_3^2\beta_4^2(1).$$

Bekannt sind bereits die 10-reihige, die 5-reihige und die triviale einreihige Darstellung ($\beta_\mu = 0$; $I = 1$). Da $10^2 + 5^2 + 1^2 = 126$, sollten das wohl alle sein, aber den *genauen* Satz (insbesondere da β_μ^{-1} nicht existiert) kenne ich nicht.

Um mit allen β_μ vertauschbare Matrizen zu finden, definiere ich

$$\eta_\mu = 2\beta_\mu^2 - 1$$

(η_4 war schon bei $\psi^* \to \psi^+$ definiert.)

* Dieses bestimmt natürlich das Verhalten der ψ bei infinitesimalen Koordinatendrehungen.

Es gilt

$$\begin{matrix} \eta_\mu\eta_\nu - \eta_\nu\eta_\mu = 0 \\ \eta_\mu^2 = 1 \end{matrix} \quad \text{und} \quad \beta_\mu\eta_\nu + \eta_\nu\beta_\mu = \begin{cases} 0, & \mu \neq \nu \\ 2\beta_\mu, & \mu = \nu. \end{cases}$$

Wenn dann $M = \sum_\mu \eta_\mu - \sum_{\mu<\nu} \eta_\mu\eta_\nu$ gesetzt wird, ist $M\beta_\mu - \beta_\mu M = 0$ und natürlich $M^2\beta_\mu - \beta_\mu M^2 = 0$. M^2 ist von M linear unabhängig, da es einen Term $T = \eta_1\eta_2\eta_3\eta_4 - \eta_1\eta_2\eta_3 - \eta_1\eta_2\eta_4 - \eta_1\eta_3\eta_4 - \eta_2\eta_3\eta_4$ enthält; $(M^2 = 10 - 6M + 6T)$. Sonst dürfte es keine mit allen β_μ vertauschbaren Matrizen geben. Ich glaube, daß damit alles Material zum Beweis gegeben ist und würde gern Ihr Urteil hören.

Viele Grüße

Ihr ergebener N. Kemmer

De Broglies „Photon"gleichung ist *dasselbe* bei Verwendung der Darstellung $\beta_\mu = \frac{1}{2}(\gamma_\mu + \gamma'_\mu)$.

[544] Pauli an Kemmer

Zürich, 15. April 1939

Lieber Herr Kemmer!

Vielen Dank für Ihren Brief vom 12. d., dessen Angaben mich sehr interessiert haben. - Bezüglich der allgemeinen Sätze über hyperkomplexe Zahlsysteme muß ich etwas weiter ausholen. Erstens möchte ich Sie auf das Buch [von] van der Waerden, Moderne Algebra[a], Bd. II, Kap. XVI verweisen (in der gelben Sammlung). Dort wird für „halbeinfache" (ein schreckliches Wort!) Systeme allgemein bewiesen: 1. Die Anzahl der nicht äquivalenten irreduziblen Darstellungen des hyperkomplexen Zahlsystems ist gleich der Anzahl der Basiselemente (=der Anzahl der linear unabhängigen Elemente) des Zentrums (Zentrum =Menge derjenigen Elemente, die mit allen Elementen des Systems vertauschbar sind). 2. Die Grade $f_1, f_2, \ldots, f_n$ dieser irreduziblen Darstellungen erfüllen die Gleichung $f_1^2 + f_2^2 + \ldots + f_k^2 = n$, wo n die Anzahl der linear unabhängigen Elemente des ganzen Systems ist. 3. Jede reduzible Darstellung „zerfällt" durch S-Transformation. NB. Beide Sätze treffen auf unser β-System zu; allerdings sollten Sie noch genau nachprüfen, daß es außer I, M, M^2 wirklich keine (linear unabhängigen) weiteren Elemente gibt, die mit allen β vertauschbar sind. Dann wäre bewiesen, daß Sie wirklich alle irreduziblen Darstellungen in Händen haben, *wenn* man sich besonders vergewissert, daß die Voraussetzung der „Halb-Einfachheit" zutrifft. Dieser Frage dient der folgende Kommentar.

Die Eigenschaft „halbeinfach" eines hyperkomplexen Zahlsystems ist bei van der Waerden (l.c. §114) basiert auf dem Begriff des „Radikals". Ein Element a des Systems gehört zum „Radikal", wenn *für alle* x des Systems eine Potenz k von (ax) existiert, die verschwindet, $(ax)^k = 0$. Halbeinfach ist ein System ohne Radikal, d.h. in einem solchen gibt es zu jedem $a \neq 0$ ein x, so daß $(ax)^k \neq 0$ für alle $k = 0, 1, 2, \ldots, n, \ldots$.

Diese Definition ist zunächst äußerst unpraktisch, denn bei einem vorgegebenen System kann man kaum direkt nachprüfen, ob diese Eigenschaft vorhanden ist oder nicht. Man erhält aber ein praktisches Kriterium für Halbeinfachheit, wenn man die „reguläre Darstellung“ (die im allgemeinen reduzibel ist) des Systems heranzieht. (Das steht nicht im Buch von van der Waerden, aber ich entnehme das aus einem alten Kollegheft einer Vorlesung von *Artin*, die ich im Wintersemester 27/28 bei ihm gehört habe[b]. Der Grad der Matrizen dieser Darstellung ist $=\eta$ (im „β System“ also 126) und man bekommt sie so: Seien $\varepsilon_1 \dots \varepsilon_n$ die linear unabhängigen und sonst willkürlichen n „Einheiten“ des Systems $x_1\varepsilon_1 + \dots + x_n\varepsilon_n$ ($x_1, \dots, x_n$ beliebige gewöhnliche Zahlen), unter diesen die „Haupteinheit“ I definiert durch $I\varepsilon_i = \varepsilon_i I = \varepsilon_i$; die ε_i befolgen ein Multiplikationsgesetz $\varepsilon_i\varepsilon_k = c_{ik}\varepsilon_\nu$ (über zweimal vorkommende Indizes ist zu summieren), welches das assoziative Gesetz $(\varepsilon_i\varepsilon_k)\varepsilon_l = \varepsilon_i(\varepsilon_k\varepsilon_l)$ erfüllen soll.

Ist nun $a\varepsilon_k = \sum_i \varepsilon_i A_{ik}$, so ist die Zuordnung $a \to (A)$ der Matrix A mit den Elementen A_{ik} zu a die reguläre Darstellung des Systems. Wegen des Assoziativgesetzes ist es wirklich eine Darstellung. Insbesondere ist zu ε_i die Matrix mit den Elementen $E^{(i)}_{\rho\sigma} = c^{\rho}_{i\sigma}$ zugeordnet. Wir wenden nun unsere Aufmerksamkeit den *Spuren* $Sp(A) = \sum_\rho A_{\rho\rho} = \sum_\nu \sum_\rho a_\nu c^{\rho}_{\nu\rho}$ dieser Matrices der regulären Darstellung zu. Offenbar ist $(ax)^k = 0$ gleichbedeutend mit der Bedingung $(AX)^k = 0$ für die zugehörige Matrix. Nun ist aber leicht zu sehen, daß eine (spezielle) Potenz C^m einer Matrix C dann und nur dann verschwinden kann, wenn die Eigenwerte von C Null sind, d.h. wenn die Spuren *aller* Potenzen von C Null sind:

$$C^m = 0 \rightleftarrows Sp(C^k) = 0 \qquad \text{für } k = 1, 2, \dots, l, \dots .$$

NB. 1. Es genügt rechts bis zur Potenz l zu gehen, wo l der Rang der Matrix ist, die Gleichungen für die höheren Potenzen folgen dann. 2. Wenn $Sp(C^k) = 0$ für $k = 1, 2, \dots, l$, so folgt auch zurück $C^l = 0$, wenn l wieder der Rang der Matrix ist.

Nun können wir also sagen: a gehört dann und nur dann zum „Radikal“, wenn für alle x des Systems

$$Sp(AX)^m = 0 \quad \text{mit} \quad m = 1, 2, \dots, n.$$

Nun ist aber leicht zu sehen, daß in *dieser* Bedingung es genügt das $m = 1$ zu nehmen:

$$Sp(AX) = 0 \qquad \text{für } \textit{alle } X.$$

Denn die $(AX)^m$ sind unter den $(AX)^1$ enthalten, wenn $X^1 = X(AX)^{m-1}$ gewählt wird. Offenbar ist dies ferner für alle X erfüllt, wenn es für die ε_k erfüllt ist; A *gehört dann und* nur dann zum „Radikal“ wenn

$$Sp(A\varepsilon_k) = 0 \qquad \text{für } k = 1, 2, \dots, n.$$

Das System ist nun „halbeinfach“, wenn aus diesen Gleichungen notwendig $A = 0$ folgt. Setze nun $A = \sum_i a_i\varepsilon_i$, und $g_{ik} = g_{ki} = \mathrm{Spur}(\varepsilon_i\varepsilon_k)$, so sieht man: *Das System ist dann und nur dann halbeinfach, wenn die Determinante der* g_{ik} *von Null verschieden ist:*

$$g \equiv \mathrm{Det}\,\|g_{ik}\| \neq 0. \tag{$*$}$$

Diese Definition ist nun der praktischen Verifikation fähig. Gewöhnlich ist es nämlich gar nicht schwer, die Einheiten $\varepsilon_1, \dots, \varepsilon_n$ durch Aussuchen geeigneter

Linearkombinationen so zu wählen, daß die Matrix g_{ik} auf Diagonalform kommt; und *dann* hat man nur zu verifizieren, daß in der Diagonale keine Nullen stehen. Überdies ist die Spur jedes Elementes 0, das als Kommutator dargestellt werden kann.

Ich habe das „kleinere" System mit *zwei* Größen β_1, β_2 und den 10 Einheiten $I, \beta_1, \beta_2, \beta_1\beta_2+\beta_2\beta_1, \beta_1\beta_2-\beta_2\beta_1, \eta_1, \eta_2, \eta_1\eta_2, \eta_1\beta_2, \eta_2\beta_1$ kontrolliert und gefunden, daß es wirklich „halbeinfach" ist. (Übrigens ist allgemein $Sp(\beta_\mu)=0$, $Sp(\beta_\mu\beta_\nu)=0$, $Sp(\beta_\mu\eta_\mu)=0$, $\mu \neq \nu$.) Natürlich $Sp(I)=10$ im „kleinen" System.

Man hat hier 2 Zentrums-Basiselemente und zwei inäquivalente irreduzible Darstellungen: Die einreihige triviale und die 3-reihige

$$\beta_1=\begin{pmatrix}0&0&0\\0&0&1\\0&1&0\end{pmatrix}, \quad \beta_2=\begin{pmatrix}0&0&1\\0&0&0\\1&0&0\end{pmatrix}.$$

Es gilt überdies richtig $10=3^2+1^2$. Der allgemeine Satz garantiert, daß man so schon *alle* irreduziblen Darstellungen hat (und daß jede reduzible Darstellung durch S-Transformation zum „Zerfallen" gebracht werden kann).

Es wäre sehr schön, wenn Sie für das „große" β-System mit 4 Größen (*und n* $=126$) *auch noch den Nachweis erbringen könnten, daß die Determinante der* g_{ik} *nicht 0 ist.* Ich glaube nicht, daß es schwer ist, denn so eine Determinante pflegt rasch in kleine Faktoren zu zerfallen.

Zur allgemeinen Theorie noch folgende Bemerkungen. Die Bedingung (*) Det $\|g_{ik}\| \neq 0$ *ist der Ersatz für die Existenz der Reziproken* bei *endlichen* Gruppen. Man kann in letzterem Fall in der Tat leicht sehen, daß die Determinanten-Bedingung trivialerweise erfüllt ist. Ferner kann man, statt auf die abstrakten Existenz-Beweise (siehe van der Waerden l.c.) zu rekurrieren, mit Hilfe der Bedingung (*) auch die ganze Schursche Darstellungstheorie der Gruppen auf die „halbeinfachen" hyperkomplexen Zahlsysteme direkt übertragen. (Vgl. hiezu auch meine Matrixarbeit in der Zeemanfestschrift (Physica), wo ich u.a. die Schursche Arbeit zitiert habe.)[c]

Dies geht so: seien A und B zwei Darstellungen und mit den Graden f und g, $E^{(i)}$, $H^{(i)}$ die bei diesen Darstellungen den Einheiten ε_i zugeordneten Matrizen. Sei X eine beliebige (eventuell rechteckige) Matrix mit f Zeilen und g Kolonnen und sei $g^{\mu\nu}$ mit den Indizes oben die (dank * existierende) zu $g_{\mu\nu}$ reziproke Matrix. Dann zeigt man, daß

$$F=\sum_i \sum_k g^{ik} E^{(i)} X H^{(k)}$$

die Eigenschaft hat

$$FH_l=E_l F \qquad (l=1,\ldots,n).$$

Mit Hilfe des sogenannten „Schurschen Lemmas" betreffend Systeme irreduzibler Matrices folgen dann hieraus die Orthogonalitätsrelationen (vgl. hiezu auch meine zitierte Arbeit in der „Physica"):

$$\sum_i \sum_k g^{ik} E^{(i)}_{pr} H^{(k)}_{sq}=0 \begin{pmatrix}p,r=1,\ldots,f\\ s,q=1,\ldots,f\end{pmatrix}$$

für zwei inäquivalente irreduzible Darstellungen und

$$\sum_i \sum_k g^{ik} E_{pq}^{(i)} E_{rs}^{(k)} = \frac{1}{f} \delta_{ps} \delta_{qr}$$

für den Spezialfall *einer irreduziblen* Darstellung $H^{(i)} = E^{(i)}$.

Die weiteren Schlüsse zum Beweise der allgemeinen Theoreme (auf der ersten Seite dieses Briefes) verlaufen dann genau nach demselben Schema wie für endliche Gruppen nach *Schur*. (Auch dies habe ich aus dem genannten Artinschen Kolleg.)

Mir persönlich ist die Schursche Methode lieber als die Methode der abstrakten Algebraiker, weil bei letzteren gewöhnlich Voraussetzungen eingeführt werden, die bei speziellen Beispielen außerordentlich schwer zu verifizieren sind.

Wenn Sie also noch die Determinanten-Bedingung verifizieren, ist für das β-System aller Wünschenswerte bewiesen.

Bei de Broglie (ich bekomme nämlich stets zahlreiche Arbeiten seiner Schüler zugeschickt; besonders von einem – übrigens sehr netten – jungen Mann namens Géhéniau[d], was ich mit „höllisch" übersetzt habe) hat mich, außer dem Umstand, daß das Ganze nichts mit den Photonen zu tun hat, gestört, daß er (hinsichtlich Lorentztransformationen) reduzible $\psi_{\alpha\beta}$ einführt. Wenn Sie etwas publizieren, könnten Sie vielleicht auch eine Bemerkung darüber machen, was aus seinen Gleichungen wird, wenn man statt seiner Matrices irreduzible Darstellungen der β_μ einführt.

Herr Wentzel war verreist, ist aber jetzt wieder zurück, und ich werde ihm nächstens Ihren Brief zeigen. Nächste Woche erwarten wir Bhabha, der uns über seine neue Arbeit über „Explosionen"[e] berichten wird.

Viele Grüße stets Ihr W. Pauli

a) B.L. van der Waerden: Moderne Algebra. Leipzig 1936. – b) E. Artin: Darstellungstheorie halbeinfacher Systeme. Eine 44 Seiten umfassende Mitschrift dieser Vorlesung befindet sich im Pauli-Nachlaß bei CERN in Genf. – c) Pauli (1935a). – d) Vgl. hierzu J. Géhéniau: Sur la mécanique ondulatoire de l'electron lourd. Comptes Rendus Acad. Sci. Paris **207**, 1173–1175 (1938). – e) Siehe hierzu H.J. Bhabha: Fundamental length introduced by the theory of the mesotron. Nature **143**, 276–277 (1939). – H. Carmichael und C.N. Chou: Production of bursts and the spin of the meson. Proc. Ind. Acad. Sci. **10** A, 221 (1939).

[545] Pauli an Kemmer

[Zürich-Zollikon], 16. April [1939]
[Postkarte]

Lieber Herr Kemmer!

Ein kleiner Nachtrag zu meinem letzten Brief. – Ich habe nochmals den van der Waerden, Moderne Algebra, Band II, genauer durchgelesen und fand, daß Hilfssatz 3, § 115, S. 157 eine gewisse *praktische* Bedeutung besitzt für die Entscheidung der Frage, ob ein hyperkomplexes Zahlsystem „halbeinfach" = ohne „Radikal" ist. Man kann nämlich sich darauf beschränken, zu untersuchen, ob das Gleichungssystem (*): $(x\varepsilon_i)(x\varepsilon_k)=0$ mit $i,k=1, \ldots, n$ (es sind hier sowohl $i=k$ als auch $i \neq k$ einbegriffen – überdies ist eines der ε_i gleich I) für *ein* $x=\sum_k x_k \varepsilon_k \neq 0$ und *ein* i,k-Wert Lösungen besitzt. Zwar sind die Lösungen dieser Gleichungen nicht das ganze Radikal, sondern im allgemeinen nur ein Teil desselben. Aber aus dem zitierten Satz geht hervor, *daß das ganze Radikal 0 ist, wenn das angeschriebene Gleichungssystem die einzige Lösung $x=0$ besitzt.* (NB. Ebensogut hätte man das Gleichungssystem $(\varepsilon_i x)(\varepsilon_k x)=0$ betrachten können.) – Mit ein wenig β-Gymnastik läßt sich vielleicht nachrechnen, daß notwendig $X=0$ aus (*) folgt bei dem β-System mit $n=126$. Halten Sie diesen Weg oder die Methode der *Spur* meines Briefes für praktisch?

Viele Grüße Ihr W. Pauli

Das Auftreten der sog. „harten" Schauer[1] in der Höhenstrahlung sollte nach Heisenbergs Vorstellung durch ein Überwiegen der höheren Näherungen gegenüber den niedrigeren in dem Formalismus der Quantentheorie der Wellenfelder zum Ausdruck kommen.[2] Zugleich glaubte Heisenberg, man sei bei der Beschreibung solcher Mehrfachprozesse bereits an die Grenze der Anwendbarkeit der bisherigen Quantentheorie gestoßen, wobei diese Grenze für Energien $E \gg hc/l$ gegeben sein sollte. ($l=h/mc$ ist die von Heisenberg eingeführte universelle Länge, m die Masse des Teilchens.)[3]

Ursprünglich hatte Heisenberg in seiner ersten Schauertheorie[2] die Explosionen in der Höhenstrahlung auf der Grundlage der Fermischen Theorie des β-Zerfalls diskutiert. Die Entdeckung der Mesotronen erforderte nun aber auch eine ähnliche Betrachtung im Rahmen der Yukawa Theorie. Diese Theorie war inzwischen von Bhabha, Heitler und Yukawa ausgearbeitet worden.[4] Doch im Gegensatz zu Heisenberg wollte Bhabha nicht anerkennen, daß ein Auftreten der Masse des neuen Teilchens in dem Ausdruck für die universelle Länge zugleich zu einer Aussage über die Grenzen der Anwendbarkeit der Theorie führen würde [554].[5]

In seiner zweiten Schauertheorie suchte Heisenberg Bhabhas Einwände zu entkräften, indem er zeigte, „daß die üblichen quantentheoretischen Störungsrechnungen für die Streuung des Mesotrons an Protonen vollständig falsche Ergebnisse liefern".[6] Ein Manuskript seiner neuen Untersuchung schickte Heisenberg Pauli mit der Bitte um Kritik [546].

Die Einladungen für den geplanten 8. Solvay-Kongreß waren inzwischen herausgegangen. Als Thema wurde die Theorie der Elementarteilchen gewählt. Die Manuskripte der Vorträge sollten bis zum 1. Juni fertig sein [549]. Darüber hinaus war für den Herbst eine Physikertagung in Zürich angesetzt [546]. Beide Veranstaltungen mußten jedoch wegen des Kriegsausbruches suspendiert werden. Kurz zuvor war Heisenberg noch von einer Höhenstrahlungskonferenz in Chicago zurückgekehrt [549].

[1] K. Schmeiser und W. Bothe: Die Entstehung der harten Ultrastrahlschauer. Naturwiss. **25**, 833 (1937).

[2] W. Heisenberg: Zur Theorie der Schauer in der Höhenstrahlung. Z. Phys. **101**, 533–540 (1936).

[3] W. Heisenberg: Die Grenzen der Anwendbarkeit der bisherigen Quantentheorie. Z. Phys. **110**, 251–266 (1938). – Siehe hierzu auch Paulis Bemerkung in [551].

[4] H.J. Bhabha: On the theory of heavy electrons and nuclear forces. Proc. Roy. Soc. A **166**, 501–528 (1938). – W. Heitler: Showers produced by the penetrating cosmic radiation. Proc. Roy. Soc. A **166**, 529–543 (1938).

[5] H. Bhabha: The fundamental length introduced by the theory of the mesotron (meson). Nature **143**, 276–277 (1939). Signiert Cambridge, 17. Dezember 1938.

[6] W. Heisenberg: Zur Theorie der explosionsartigen Schauer in der kosmischen Strahlung. II. Z. Phys. **113**, 61–86 (1939). Eingegangen am 5. Mai 1939.

[546] Heisenberg an Pauli

Leipzig, 20. April 1939

Lieber Pauli!

Einem alten Brauch entsprechend, schicke ich Dir mit der gleichen Post das Manuskript einer Arbeit über die Explosionen,[a] zu der ich gerne Deine Kritik haben würde. Ich habe dem Fierz bei seinem Besuch schon einiges davon erzählt; die Arbeit ist einerseits eine Korrektur der Bhabhaschen Note, die ich für falsch hielt. (Du auch, wie ich von Fierz hörte). Andererseits enthält sie einiges von meinen Plänen für eine zukünftige Theorie, über die ich gern Deine Meinung wüßte.

Ich schicke das Manuskript gleichzeitig an Bhabha, der mich darum gebeten hatte und warte jedenfalls mit dem Abschicken auf Deine Antwort. – Außerdem hab' ich noch eine Frage: Das Solvaykomitee hat mich aufgefordert, für den diesjährigen Kongreß einen Bericht über „allgemeine Fragen, Grenzen der bisherigen Theorie, Begriff der Elementarteilchen“ zu schreiben. Was soll man da eigentlich schreiben?

Im Juli will ich kurz nach Amerika, im September komme ich nach Zürich.

Viele herzliche Grüße Dein W. Heisenberg

a) Siehe auch [544].

[547] Kemmer an Pauli

London, 20. April [1939]

Lieber Herr Professor!

Vielen Dank für Ihren ausführlichen Brief[a], den ich mit viel Interesse und Sorgfalt studierte und noch studiere. Ohne noch zu sehen, ob ich die beste Methode habe, habe ich das Gewünschte immerhin schon bewiesen, wie folgt:

Ich wähle als Einheiten ε_i, wie Sie es bereits tun, die β_μ, η_μ und ihre geeignet symmetrisierten Produkte, d.h. die β_μ^2 werden stets durch die η_μ ausgedrückt. Es existiert dann insbesondere als Teilsystem die *Abelsche Gruppe* mit den 16 Elementen I, $\eta_1\eta_2\eta_3\eta_4$, η_μ, $\eta_\mu\eta_\nu$, $\eta_\mu\eta_\nu\eta_\rho$, und jede der 126 Einheiten ist mit jeder dieser 16 $\pm$ vertauschbar.

Ich klassifiziere die übrigen Einheiten durch Bildung der „Restklassen“ nach dieser Untergruppe zu den Elementen I, β_μ, $\beta_\mu\beta_\nu$, $\beta_\mu\beta_\nu\beta_\rho$, $\beta_\mu\beta_\nu\beta_\rho\beta_\sigma$. Man sieht leicht, daß Spur $(\varepsilon_i\varepsilon_k)$ nur $\neq 0$ sein kann, wenn Folgendes vorliegt:

1. $\varepsilon_i\varepsilon_k$ gehören *beide* derselben Restklasse an, und zwar einer der Restklassen von I, β_μ, $\beta_\mu\beta_\nu\beta_\rho$.
2. ε_i gehört zu einer Restklasse von $\beta_\mu\beta_\nu$, ε_k zur Restklasse $\beta_\nu\beta_\mu$.
3. ε_i gehört zu einer Restklasse $\beta_\mu\beta_\nu\beta_\rho\beta_\sigma$, ε_k zur Restklasse $\beta_\sigma\beta_\rho\beta_\nu\beta_\mu$.

Mit anderen Worten, nur wenn $\varepsilon_i\varepsilon_k$ von den η_ν (ohne die β_ν) allein abhängt, gibt es eine Spur $\neq 0$. Um das zu sehen, muß man etwas jonglieren, z.B.:

$$0 = Sp(\beta_\mu^2\beta_\nu\beta_\rho\beta_\sigma + \beta_\nu\beta_\mu^2\beta_\rho\beta_\sigma - \beta_\nu\beta_\rho\beta_\sigma) = Sp(2\beta_\mu^2\beta_\nu\beta_\rho\beta_\sigma - \beta_\nu\beta_\rho\beta_\sigma);$$

andererseits

$$0 = Sp(\beta_\mu\beta_\nu\beta_\mu\beta_\sigma\beta_\rho) = -Sp(\beta_\mu\beta_\nu\beta_\rho\beta_\sigma\beta_\mu) = -Sp(\beta_\mu^2\beta_\nu\beta_\rho\beta_\sigma),$$

so daß sowohl $Sp(\beta_\nu\beta_\rho\beta_\sigma)=0$ als auch $Sp(\beta_\mu^2\beta_\nu\beta_\rho\beta_\sigma)=0$ u.s.w. Hat man das gezeigt, so zerfällt die fragliche Determinante in ein Produkt von kleineren, wenn man die Elemente in der oben gegebenen Weise anordnet. Die schlimmste darunter ist die der Restklasse von I, m.a.W. die $Sp(\varepsilon_i\varepsilon_k)$ einer Darstellung der *Gruppe*. Ich Esel habe auch diese Determinante ziemlich stumpfsinnig ausgeixt, (sie zerfällt bei naheliegender Symmetrisierung in ein Produkt von zwei 8-reihigen Determinanten, und dann kann man Zeile von Zeile subtrahieren usw.), wo ihr Nichtverschwinden doch wohl selbstverständlich ist. Auch die anderen kleinen Determinanten sind aber alle brav $\neq 0$, und das System ist in der Tat halbeinfach. (Der Ausdruck halbkompliziert wäre mir lieber.) Dann wollte ich noch zeigen, daß es außer I, M, M^2, keine Elemente im Zentrum gibt. Nun, an sich könnte man ja auch umgekehrt schließen; da wir schon 3 irreduzible Darstellungen haben mit $1^2+5^2+10^2=126$, und es nur 126 ε_i gibt, ist für eine weitere irreduzible Darstellung kein Platz. Also gibt es auch kein weiteres Element im Zentrum. Vorausgesetzt ist dabei allerdings, daß die uns vorliegenden Darstellungen wirklich irreduzible sind. Das weiß man ja eigentlich, denn weder die Procagleichungen noch die Klein-Gordon-Gleichung zerfallen, aber ich gebe zu, daß ein Beweis im Rahmen der algebraischen Überlegungen befriedigender wäre. Leider weiß ich nichts besseres als probieren.

Es sei $N=\sum n(\varepsilon_i)\varepsilon_i$ ein Element des Zentrums $\{n_i(\varepsilon_i)$ sind Zahlkoeffizienten$\}$, dann muß $n_i(\beta_\mu)=0$ sein, da sonst $(N\beta_\nu-\beta_\nu N)\neq 0$ für $\nu\neq\mu$. (Man konnte zunächst an einen Term der Form $\beta_\mu-\eta_\nu\beta_\mu$ denken, aber der zweite Term ist mit β_μ nicht vertauschbar.) Es folgt ähnliches für die $n(\varepsilon_i)$ der ganzen Restklasse von β_μ. Ferner ist zwar $\beta_\mu\beta_\nu-\beta_\nu\beta_\mu$ mit β_σ vertauschbar, aber nicht mit β_μ oder β_ν. Die $n(\varepsilon_i)$ jener Restklassen können also auch nur 0 sein. Drittens ist $\beta_1\beta_2\beta_3+\beta_3\beta_1\beta_2+\beta_2\beta_3\beta_1=R$ zwar mit β_i vertauschbar, wenn $i\neq 4$, nicht aber mit β_4 und $R-\eta_4 R$ ist mit β_i nicht vertauschbar. Schließlich sind die $\beta_\mu\beta_\nu\beta_\rho\beta_\sigma$ mit keinem η_μ vertauschbar. Also fallen alle Restklassen außer der von I für die Bildung eines N fort. Weiter schließe ich dann:

Hat N z.B. η_1 als Summanden, so muß es, um mit β_2 zu kommutieren, auch $-\eta_1\eta_2$ enthalten, um mit β_1 zu kommutieren, dann auch $+\beta_2$, u.s.w. ..., und man findet $N=M$; enthält N einen Term $\eta_1\eta_2\eta_3$, so kann man durch einen analogen Schluß die andere Größe bekommen, die ich T nannte[b] ($M^2=10-6M+6T$), und es existieren keine linear unabhängigen weiteren Möglichkeiten. Damit ist also alles fertig.

Zur Ergänzung noch folgende Daten: die nicht verschwindenden Spuren haben folgende Werte: reguläre Darstellung (direkt ermittelt aus der Definition $a\varepsilon_i=\sum A_{ik}\varepsilon_k$: $Sp\,I=126$, $Sp\,\eta_\mu=+14$, $Sp(\eta_\mu\eta_\nu)=-14$, $Sp(\eta_\mu\eta_\nu\eta_\rho)=-6$, $Sp(\eta_1\eta_2\eta_3\eta_4)=+6$. Für die 3 irreduziblen Darstellungen lauten die betreffenden Werte (10, 2, -2, -2, 2) bzw. (5, -1, 1, 3, -3), bzw. (1, -1, 1, -1, 1). Man verifiziert leicht eine Relation der Form

$$\sum_{pq}\sum_i E_{pp}^{(i)}H_{qq}^{(i)}=0 \quad ,$$

bzw.

$$\sum_{pq}\sum_{i} E^{(i)}_{pp} E^{(i)}_{qq} = 16f,$$

was nicht ganz mit den von Ihnen angegebenen Orthogonalitätsrelationen[c] identisch ist, aber offenbar damit zusammenhängen muß. (Die 16 kommt offenbar von den 16η-Größen her.)

Weiter ist mir aufgefallen, daß die Darstellung der η-Gruppe, die durch den (de Broglieschen) Ansatz $\beta_\mu = \frac{1}{2}(\gamma_\mu + \gamma'_\mu)$ vermittelt wird[d], mit der *regulären* Darstellung dieser Abelschen Gruppe identisch ist.

Interessant ist noch, außer dem von Ihnen betrachteten „kleinen" System, ein mittleres mit 3 β_μ Größen zu untersuchen. Man findet $n=35$ und $\sum f^2 = 1^2 + 3^2 + 3^2 + 4^2$. Es gibt im Zentrum außer I, $M = \sum \eta_\mu - \sum_{\mu<\nu} \eta_\mu \eta_\nu$, $T = \eta_1 \eta_2 \eta_3$ noch $R = \beta_1\beta_2\beta_3 + \beta_2\beta_3\beta_1 + \beta_3\beta_1\beta_2$. {Die zwei nicht äquivalenten dreidimensionalen Darstellungen geben zu Differentialgleichungen der Form $\operatorname{rot} a = i\kappa a$, bzw. $\operatorname{rot} a = -i\kappa a$, (nicht spiegelungsinvariant!) Anlaß!} Ich glaube, ich bin am Schluß meiner Weisheit, möchte Sie also fragen, ob noch etwas gemacht werden kann bzw. sollte. Diese ganze algebraische Untersuchung geht nun weit über die Grenzen dessen, was ich sonst wollte und wäre auch in einer Publikation kaum mit dem Inhalt meines ersten Briefes[e] zu vereinigen, da die beiden Fragenkreise im allgemeinen ganz verschiedene Leser haben werden. Außerdem war mein Anteil an der Algebra ja nur Handwerk. Ich schreibe also jetzt die Dinge betreffend die Wellengleichung zusammen mit nur kurzem Hinweis auf den Beweis, daß es keine weiteren irreduziblen Darstellungen gibt. Was mit dem Rest gemacht werden soll, überlasse ich gänzlich Ihnen. Vielleicht sollte es nicht Gerüchtephysik bleiben?

Nun noch eine Frage: glauben Sie, daß ähnliche Matrixformulierungen auch für höhere Spins möglich (und einfach) sind? Es gibt ja nicht sehr viele Typen von Vertauschungs-Relationen, aus denen automatisch die relativistische Invarianz einer linearen Wellengleichung folgt (wie mir scheint). Vielleicht übersehen Sie es schon auf Grund Ihrer kommenden englischen Arbeit[f]. Von letzterer ist mir übrigens das Resultat immer noch vorenthalten worden, gibt es die Teilchen nun oder nicht? Als ich zuletzt in Zürich war, schienen sie gerade wieder aufzuleben[g].

Ich bekam kürzlich von Heitler (der für $\frac{1}{2}$ Jahr in Cambridge ist[h]) zu hören, daß seiner Meinung nach der (σ grad)$\cdot$(σ grad) Term (mit Abschneiden, natürlich) zu einem Deuteron Quadrupolmoment „Pfannkuchen" statt „Wurst" Anlaß gibt[i]. Nun (Sie werden staunen), der Heitler hat's gesagt, aber ich meine, vielleicht kann man *doch* etwas dagegen sagen, und heute las ich im Bulletin of the American Physical Society, daß der Bethe das umgekehrte findet[j]. Ganz abgesehen von Abschneiden bin ich der Meinung, daß man unbedingt auch (Breitsche) relativistische Terme[k] mitnehmen müßte, wenn man überhaupt etwas machen will, und, weiß der Kuckuck, was jene machen. Die Heitlersche Autorität ist auch anzuzweifeln in Bezug auf die bald erscheinende Arbeit von Fröhlich, Heitler und Kahn (FHK_2)[l], nach der die virtuelle Anwesenheit von Mesonen das Coulombpotential (z.B. Wasserstoffatom) so abändern, daß bei kleinen Distanzen eine heftige *Abstoßung* stattfindet. Physikalisch ist mir dies gänzlich unklar, so daß man es wohl am besten auf Konto der Abschneidephysik schreibt.

Viele Grüße an alle Ihr ergebener N. Kemmer

a) Briefe [544] und [545]. – b) Brief [543]. – c) Vgl. den Brief [544]. – d) Siehe hierzu den Brief [542] und den Zusatz zu [543]. – e) Brief [541]. – f) Fierz und Pauli (1939c). – g) Wahrscheinlich handelt es sich um die schweren Elementarteilchen, die damals besonders von Wentzel in Zürich diskutiert wurden. Siehe G. Wentzel: Zur Theorie der β-Umwandlung und der Kernkräfte. I und II. Z. Phys. **104**, 34–47 (1936); **105**, 738–746 (1937). – h) Heitler arbeitete vorübergehend am Royal Society Mond Laboratory in Cambridge. – i) Siehe hierzu U. Fano: Zur Deutung der elektrischen Quadrupolmomente der Atomkerne. Naturwiss. **25**, 602 (1937). – H. Fröhlich und W. Heitler: Magnetic moments of the proton and the neutron. Nature **141**, 37 (1938). Signiert Bristol, 24. November 1937. – W. Heitler: Mesons and the magnetic moments of proton and neutron. Nature **145**, 29–30 (1940). Signiert 28. November 1939. – H. Fröhlich, W. Heitler und B. Kahn: The photodisintegration of the deuteron in the meson theory. Proc. Roy. Soc. A **174**, 85–102 (1940). Eingegangen am 14. August 1939. In dieser letzten Arbeit wird das Quadrupolmoment des Deuterons aus der Voraussetzung abgeleitet, daß der Grundzustand aus einer Mischung von ^3S und $^3D_1$-Zuständen besteht. Entsprechende Experimente veröffentlichten J.M.B. Kellog, I.I. Rabi, N.F. Ramsay und J.R. Zacharias: An electrical quadrupole moment of the deuteron. Phys. Rev. **55**, 318–319 (1939). – j) Siehe H.A. Bethe: The Meson theory of nuclear forces and the quadrupole moment of the Deuteron. Phys. Rev. **55**, 1130 (1939). –: Meson theory of nuclear forces. Part II. – k) Siehe G. Breit: Approximately relativistic equations. Phys. Rev. **53**, 153–173 (1938). Eingegangen am 9. November 1937. – l) H. Fröhlich, W. Heitler und B. Kahn: Deviations from the Coulomb Law for the proton. Proc. Roy. Soc. **171**, 269–280 (1939). Eingegangen am 13. Februar 1939. Diese Arbeit wurde – zur Unterscheidung von einer früheren Untersuchung (FHK_1) von Fröhlich, Heitler und Kemmer – als FHK_2 bezeichnet. – Siehe hierzu auch Paulis Bemerkung im folgenden Brief [548].

[548] Pauli an Kemmer

Zürich, 23. April [1939]

Lieber Herr Kemmer!

Vielen Dank für Ihren Brief mit seinen so befriedigenden Ergebnissen. Das Einzige, was Sie noch machen sollten, ist der Nachweis, daß die Darstellungen, die Sie haben, wirklich irreduzibel sind. Das ist aber sicher beinahe trivial; man muß sich nur davon überzeugen, daß die durch die Matrizen $E_{pq}^{(i)}$ $(p,q=1,\dots,f)$ vermittelten Abbildungen des f-dimensionalen Vektorraumes keinen Teilraum invariant lassen. (D.h., daß man ausgehend von $r<f$ *willkürlichen* linear unabhängigen Vektoren mit den Komponenten $\xi_1^{(\alpha)}\dots\xi_f^{(\alpha)}$, $\alpha=1,\dots,$ unter den Vektoren $\xi_p^{(i),(\alpha)}=\sum_{q=1}^{f} E_{pq}^{(i)}\xi_q^{(\alpha)}$ sicher mehr als r linear unabhängige bekommt. Oder daß aus *einem* willkürlichen $\xi_1,\dots,\xi_f$ durch *wiederholte* Anwendung der $E_{pq}^{(i)}$ schließlich f linear unabhängige Vektoren erhalten werden können.)

Ich vermute, daß das sofort zu sehen sein wird ohne viel Rechnung. (Vgl. hierzu auch den Irreduzibilitätsbeweis für die Darstellungen der Drehgruppe bei *van der Waerden*, Gruppentheoretische Methode in der Quantenmechanik, §17.)[a]

Das Nicht-Verschwinden der Determinante der $g_{ik}=Sp(\varepsilon_i\varepsilon_k)$ bei einer *Gruppe* zeigt man natürlich so, daß bei Ordnung der Gruppenelemente in der Reihenfolge $\varepsilon_1,\dots,\varepsilon_n$ in den Zeilen, die Kolonnen der Determinante in eine andere Reihenfolge gebracht werden, und zwar in diejenige, *die zu den Reziproken* $\varepsilon_1^{-1}, \varepsilon_2^{-1}, \ldots, \varepsilon_n^{-1}$ *gehört*. Dann geht die Matrix der g_{ik} in f-mal die Einheitsmatrix über.

Was die Frage der Publikation betrifft, so glaube ich auch nicht, daß es großes Interesse hätte, für ein ganz spezielles hyperkomplexes Zahlsystem ausführliche Beweise zu drucken. Man begnüge sich also mit Angabe der *Resultate (ohne Beweise)*: daß das System „halbeinfach" ist, daß die vorliegenden irreduziblen Darstellungen *alle* sind und Angabe der 3 Zentrumselemente.

Von einem gewissen Interesse wäre wohl die Determinantenbedingung für die „Halb-einfachheit" eines hyperkomplexen Zahlsystems. Die steht nirgends und ich habe sie, wie gesagt, von *Artin*. Überlegen Sie sich einmal, ob Sie die kurz erwähnen wollen in Ihrer Arbeit oder nicht.

Das Resultat der englischen Arbeit [b] (in der wir uns allerdings vorläufig auf die *c-Zahl*-Theorie in äußeren Feldern beschränkt haben) ist, daß die Teilchen mit höherem Spin in der Tat theoretisch möglich sind. – Es wäre *sehr schön*, wenn Sie über Matrixformulierungen für *höhere Spins* nachdenken würden. Besonders interessiert mich da der Fall *halb*zahligen Spins $>\frac{1}{2}$, da mir an der Elimination des Spinorkalküls viel gelegen wäre. Mir ist es nicht gelungen, eine solche Matrixformulierung zu finden, aber ich habe das Gefühl es sollte eine existieren!

Die Frage „Pfannkuchen" oder „Wurst" beim Deuteron interessiert mich, aber ich habe beschlossen, abzuwarten, was die Gelehrten schließlich darüber feststellen werden. – Die Sache *Fröhlich, Heitler und Kahn* hatte bereits Wentzels besonderen Verdacht erregt.

Viele Grüße stets Ihr W. Pauli

a) Siehe [544], Anm. a. – b) Fierz und Pauli (1939c).

Im Oktober sollte der 8. Solvaykongreß in Brüssel stattfinden. Zu den geladenen Gästen gehörten Bohr, Heisenberg und Pauli. Außerdem wollten auch Felix Bloch und Merle Tuve aus Kalifornien kommen. In einem Schreiben Blochs vom 30. Juli an Bohr heißt es: „We are among the many visitors which are crowding Berkeley during the summer and the other day we are talking about the coming Solvay Congress. We both are looking forward with great pleasure to the meeting in Brüssels." Sie schlugen vor, man möge auch Rabi einladen, der über Kernmomente berichten sollte.

Heisenberg war von dem Solvay-Komitee aufgefordert worden, ein Übersichtsreferat vorzubereiten. Ursprünglich war diese Aufgabe Bohr und Heisenberg zugedacht gewesen. Da Bohr sich aber bis zum Juni in Amerika aufhielt, wollte er selbst keinen Vortrag übernehmen.

Inzwischen hatte Heisenberg einen Entwurf des ihm gestellten Themas „Über die allgemeinen Eigenschaften der Elementarteilchen" ausgearbeitet und machte Pauli davon Mitteilung [549]. Auf seinen Vorschlag hin sollte Pauli sich beteiligen und den ersten Teil bearbeiten.

Pauli sagte zu und machte sich an die Arbeit [551], die er bis zum Juli abzuschließen versprach ([551] und [562]). Schon im Juni konnte Heisenberg sein Manuskript an Pauli schicken [569]; er hoffte, Bohr würde noch einen dritten Teil hinzufügen [569].

Da der Kongreß schließlich wegen des Kriegsausbruchs vertagt werden mußte, blieben die Manuskripte zunächst liegen. Später während des Krieges arbeitete Pauli in Princeton seinen Beitrag weiter aus und veröffentlichte ihn schließlich (in zwei Teile zerlegt) im Physical Review und im Review of Modern Physics.

Mitte Juni wollte Heisenberg in die U.S.A. reisen, um an einem Symposium über kosmische Strahlung in Chicago (vom 27.–30. Juni) teilzunehmen. Weitere Vorträge waren (vom 1.–22. Juli) an der Purdue University in Lafayette und (vom 23. Juli–2. August) an der Columbia University in New York eingeplant. Am 8. August wollte Heisenberg wieder in Leipzig sein [577].

Es war vereinbart, daß Pauli sich in der Zeit von Heisenbergs Abwesenheit direkt an Bohr wenden sollte.

Im September wollte man sich nochmals bei einer Tagung in Zürich treffen;[1] auch Bohr [570], Kemmer und Yukawa [572] hatten ihren Besuch zugesagt.

[1] Siehe hierzu die Ankündigung der „Internationalen Tagung für Physik 4.–16. September 1939 in Zürich" in der Physik. Z. **40**, 356 (1939). In der Sektion Kernphysik wollten Bohr, Chadwick, Euler, Hahn, Heisenberg, Joliot, Millikan und Rasetti Vorträge übernehmen. Außerdem war eine Sektion Festkörperphysik, Technische Physik und Fernsehen vorgesehen.

[549] Heisenberg an Pauli

Leipzig, 23. April 1939

Lieber Pauli!

Nach meinem Brief von vorgestern hab' ich angefangen, über den Inhalt meines Solvayberichts genauer nachzudenken. Dabei habe ich festgestellt, daß ein erheblicher Teil sich mit Fragen befaßt, die Du genauer kennst als ich. Ich möchte Dich deshalb fragen, ob Du Zeit und Lust hättest, diesen Teil zu übernehmen. Das Solvaykomitée wäre sicher damit einverstanden, da Du ja sowieso eingeladen bist. Ich würde der Form halber natürlich dort noch anfragen. Um meine Bitte genauer zu formulieren, will ich Dir die geplante vorläufige Disposition schreiben. Sie soll etwa so lauten:

1. Allgemeine Eigenschaften der Elementarteilchen

a) Die Forderungen der Relativitätstheorie und Quantentheorie. Invarianzeigenschaften. Innerhalb dieses Rahmens noch nicht oder nur teilweise bestimmt: Masse, Ladung, Spin, Statistik der Teilchen.

b) Allgemeines Schema für die Wellengleichungen ohne Wechselwirkung bei den möglichen Werten dieser Größen (vgl. Klein-Gordon, Dirac, Pauli-Weisskopf, Proca, Majorana etc.) Beispiele aus der Erfahrung.

c) Möglichkeiten für die Wechselwirkung unter Berücksichtigung der Invarianzforderungen. Quantelung bei welcher Statistik möglich?

2. Die speziellen empirischen Formen der Wechselwirkung und ihre Folgen

a) Korrespondenzmäßige Bedeutung irgendwelcher Wechselwirkungsansätze, Divergenzschwierigkeit. Dimension der Wechselwirkungskonstanten.

b) Wechselwirkung zwischen Elektronen und Lichtquanten. Theorie des Positrons. Subtraktionsphysik. Konsequenzen: Dirac, Furry, Serber, Uehling; Streuung Licht an Licht.

c) Yukawa Theorie im Gegensatz zu b). Die gegenseitige Streuung der Mesotronen.

3. Die Grenzen der bisherigen Theorie

a) Die Selbstenergie und die Subtraktionsphysik.

b) Die Divergenzen in der Yukawatheorie; Unzulänglichkeit der Störungstheorie; korrespondenzmäßiges Verfahren. Frage nach den Massen nicht mehr aufschiebbar.

c) Die universelle Länge: Was bedeutet die Behauptung:

$$\Delta\,\varphi^2 - \Delta\,E^2 \ll (\mu c)^2.$$

d) Was sind die einfachen Größen der zukünftigen Theorie, welches ihre Verknüpfungen.

Du siehst aus diesem Programm, das ich Dir gerne den Abschnitt 1. überlassen möchte, von dem Du sehr viel mehr verstehst als ich und den ich nur mühsam bei Dir und Fierz abschreiben könnte. Ich wäre sehr froh, wenn Du Lust hättest, ihn zu übernehmen. Das ganze Manuskript muß bis 1. Juni fertig sein; denn Langevin hat mich gebeten, mit Bohr zusammen zu arbeiten. Das geht, da Bohr bis Juni in Amerika ist, nur in der Form, daß wir das Manuskript bis zum 1.6. fertig an Bohr schicken, der dann daran ändern kann. Am 1.7. ist letzter Einlieferungstermin in Brüssel.

Was Fierz neulich über die Gravitationsquanten mit dem Spin 2 erzählte, hat mich sehr interessiert. Auch das solltest Du in den Teil 1. aufnehmen.[a] – Mitte Juni werde ich wahrscheinlich (d.h. wenn nichts dazwischenkommt) nach Amerika zur Höhenstrahlungskonferenz in Chicago fahren. Ich will aber schon Anfang August wieder hier sein.

Viele Grüße, auch an Deine Frau Dein W. Heisenberg

a) Vgl. Pauli und Fierz (1939b). – Siehe hierzu auch den Entwurf von Paulis Solvayreport, Kapitel II, § 5: „Bemerkungen über Gravitationswellen und Gravitationsquanten (Spin 2).“ Ein Maschinenskript befindet sich im Pauli-Archiv bei CERN in Genf.

[550] Pauli an Wentzel[a]

Zürich, 24. April 1939

Lieber Gregor!

Die Sache mit den Vertauschungs-Relationen in der „Mesotrontheorie des Vakuums“[b] ist so: In Analogie zur Vakuum-Elektrodynamik würde man zunächst diese Relationen in der Form ansetzen

$$\left.\begin{aligned} [\phi_0(x,t),\phi_0(x',t')] &= -D(x-x',t-t') \\ [\phi_k(x,t),\phi_l(x',t')] &= +\delta_{kl}D(x-x',t-t') \\ [\phi_0(x,t),\phi_k(x',t')] &= 0 \end{aligned}\right\}(k,l=1,2,3), \qquad \text{(I)}$$

wobei aber D jetzt der Gleichung mit der Ruhmasse $(\Box - K^2)D = 0$ genügt.

Eine Nebenbedingung

$$\left(\frac{\partial \phi_0}{\partial t} + \operatorname{div} \vec{\phi}\right)_F = 0 \quad (F \text{ Funktional}) \tag{Ia}$$

gibt dann aber zu folgendem Widerspruch Anlaß:

Man bilde

$$\left[\left(\frac{\partial \phi_0}{\partial t} + \operatorname{div} \vec{\phi}\right)_{(x,t)}, \left(\frac{\partial \phi_0}{\partial t} + \operatorname{div} \vec{\phi}\right)_{(x',t')}\right].$$

Auf Grund von (I) wird diese Klammer $= \Box D$, also *nicht* 0, sondern $= K^2 D$ wenn $K \neq 0$. Nur für $K = 0$ ist das in Ordnung.

Der Widerspruch wird behoben durch den Ansatz

$$[\phi_\mu(x,t), \phi_\nu(x',t')] = \left(\delta_{\mu\nu} - \frac{1}{K^2} \frac{\partial^2}{\partial x_\mu \partial x_\nu}\right) \cdot D(x-x', t-t'). \tag{II}$$

$$(\mu, \nu = 1, \ldots, 4;\ \phi_4 = i\phi_0)$$

Dieser Ansatz ist vereinbar mit

$$\frac{\partial \phi_\mu}{\partial x_\mu}_{(ohne\ F)} \equiv 0, \tag{IIa}$$

da aus (II)

$$\left[\phi_\mu(x,t), \left(\frac{\partial \phi_\nu}{\partial x_\nu}\right)_{(x',t')}\right] = 0$$

folgt, auf Grund von

$$\frac{\partial}{\partial x_\nu}\left(1 - \frac{1}{K^2}\Box\right) D = 0.$$

Offenbar ist aber (II) *singulär für* $K = 0$, in welchem Fall man zu (I), (Ia) zurückkehren muß.

Dieser ganze Sachverhalt steht übrigens ausführlich (und sogar in einer beinahe klaren Weise) in einer Arbeit von *Stückelberg*, der ja immer die Mesotrontheorie mehrseitig formuliert hat[c].

Herzlichen Gruß Wolfgang

a) Wahrscheinlich war Wentzel noch in Paris, wo er sich gemeinsam mit Pauli Diracs Vorträge am Institut Henri Poincaré angehört hatte. Siehe [540], Anm. b und [551]. – b) Siehe hierzu Fierz und Pauli (1939c) und Heisenbergs 2. Arbeit über die Schauertheorie (Kommentar zu [546], Anm. 6); dort S. 79 weitere Bemerkungen über die Definition von D. – c) Ernst C.G. Stückelberg: Die Wechselwirkungskräfte in der Elektrodynamik und in der Feldtheorie der Kernkräfte. Teil I, II und III. Helv. Phys. Acta **11**, 225–244, 299–328 (1938). – Vgl. hierzu auch G. Wentzel: Zum Problem des statischen Mesonenfeldes. Helv. Phys. Acta **13**, 269–308 (1940).

[551] Pauli an Heisenberg

Zürich, 27. April 1939

Lieber Heisenberg!

Vielen Dank für Brief und Manuskript.[a] Ich möchte zunächst speziell näher eingehen auf die Frage der *Streuung von Mesotronen an Protonen*. Mit dieser

Frage haben wir uns hier gerade näher beschäftigt, weil Bhabha vor etwa 10 Tagen hier war und uns ausführlich über seine klassischen Rechnungen zur Mesotronenstreuung[b] berichtet hat. Er hat dabei die Selbstenergie (klassisch!) nach Dirac (1938) weggeschafft, wobei es dann möglich ist, eine beliebige Konstante für die Ruhemasse des Protons einzuführen. Dabei hat er zunächst nur die zu g_1 proportionalen Wechselwirkungen mitgenommen, außerdem hat er aber – was einschneidender ist – die Mesotronen als neutral (*reelles* Feld!) vorausgesetzt. Dann findet er natürlich einen Streuquerschnitt der Mesotronen der mit $M_{\text{proton}} \to \infty$ verschwindet. Dies ist in seinem Fall trivial, weil dann auch die quantentheoretische Störungsrechnung dasselbe liefern würde. {Nämlich: für $M \to \infty$ kommt *dann* Querschnitt $\to 0$ heraus nach der Störungstheorie, *wenn* es zwei Wege vom Anfangszustand

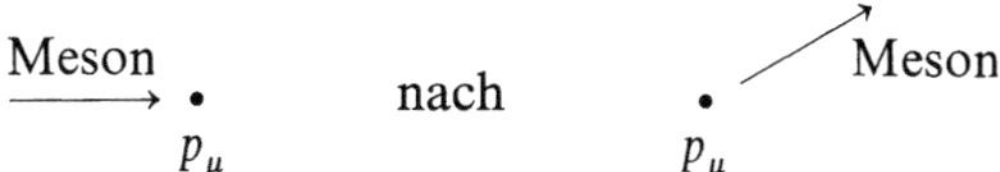

gibt, deren Beiträge sich bei Vernachlässigung der Rückstoßenergie des Protons kompensieren. Dies ist für neutrale Mesonen der Fall, da dann die beiden Zwischenzustände

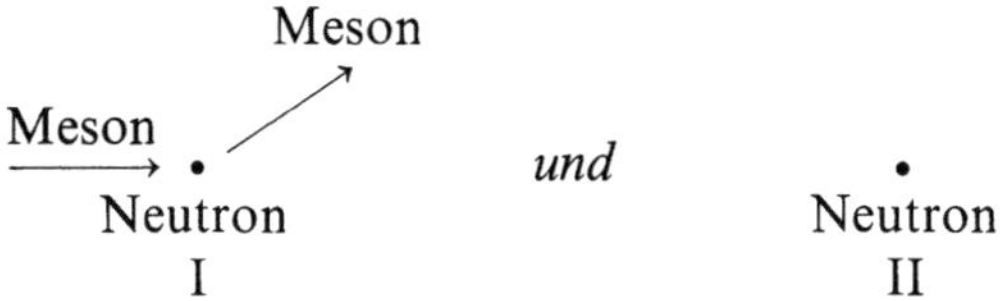

in Betracht kommen (analog zur Lichtstreuung der Elektrodynamik). Anders bei geladenen Mesonen; beim Anfangszustand

$\xrightarrow{\text{Meson}^+} \underset{p_\mu}{\bullet^+}$ gibt es nur den *einen* Zwischenzustand $\xrightarrow{\text{Meson}^+} \underset{N}{\bullet} \nearrow \text{Meson}^+$

beim Anfangszustand

Meson$^-$ $\underset{p_\mu}{\bullet^+}$ nur den *einen* Zwischenzustand $\underset{N}{\bullet}$ (ohne Meson).

Ähnlich ist es bei Übergängen, die notwendig mit dem Umklappen des Proton*spins* verbunden sind.}

Es ist schon richtig, daß die entsprechenden halbklassischen Modelle für Spin-Protonen (g_2) bzw. geladene Mesonen (g_1) die Einführung einer willkürlichen Konstante K der Dimension cm^{-1} als Maß des Trägheitsmomentes des σ bzw. τ-Freiheitsgrades zulassen. Ich glaube aber zunächst, daß ihnen keine höhere Größenordnung als $m_{\text{Meson}} \cdot c/\hbar$ (und sicher *nicht* $M_{\text{Proton}} \cdot c/\hbar$!) zugesprochen werden kann. *Denn die entsprechenden Teile der Kern-Kräfte, insbesondere der Energieunterschied vom Singulett- und Triplett-Grundzustand des Deuterons, müßten bei Deinem Modell doch ebenso verkleinert werden wie der Wirkungsquerschnitt der Streuung des Mesotrons am Proton.* (Bei der zu g_1^4 proportionalen

Streuung würde Dein Vorschlag ebenso alle Austauschkräfte zwischen Neutron und Proton herabdrücken.) Das klassische Analogon dieses Energieunterschiedes ist doch gerade eine Frequenz der Spins der schweren Teilchen im Deuteron.[c]

Es scheint also nur eine Annahme $K \sim \frac{m_{\text{Meson}} \cdot c}{\hbar}$ diskutabel, die das quantentheoretische Resultat nur um einen Faktor der Ordnung 1 alteriert. Dieser Faktor kann aber wiederum – wenigstens für kleinere Mesotron-Energien – durch eine Änderung des Zahlwertes von g_2 quantentheoretisch gegen g_2 klassisch kompensiert werden, derart daß für Mesotronenenergien $\ll m_{\text{Meson}} \cdot c^2$ eine Übereinstimmung des quantentheoretischen und des halbklassischen Wertes des Streuquerschnittes stattfindet. Ich frage mich also, ob nicht *in der Quantentheorie* überhaupt die Annahme $K=0$ am vernünftigsten ist. Das kann man nicht beweisen, aber Deine Annahme $K \sim \frac{M_{\text{Proton}} \cdot c}{\hbar}$ (bei ungeändertem Zahlwert von g_2!) kann man sicher empirisch durch die Kernkräfte widerlegen.

Wenn $K \neq 0$, so möchte ich aber weiter die Frage aufwerfen, *warum dann nicht auch beim Elektron im elektromagnetischen Feld so ein neuer Trägheitswiderstand des Spins, herrührend vom Eigen-Vektorpotential $\vec{\phi}(0)$ des Elektrons, eingeführt werden muß?* Ich fürchte, man käme dann in Konflikt mit der Erfahrung. Spekulative Leute könnten eine solche Modifikation der Theorie aber auch benützen zu einem Versuch, das empirische Fehlen von Polarisation der Elektronen bei Reflexion an Atomen sowie empirische Abweichungen der *H*-Feinstruktur von der theoretischen (siehe Williams, Physical Review)[d] damit in Verbindung zu bringen. Ich möchte nur konditional behaupten: *Wenn man beim Proton im Mesonfeld einen zusätzlichen Trägheitswiderstand $K \neq 0$ des Proton-Spins einführt, muß man auch analoges für den Elektron-Spin im elektromagnetischen Feld tun. Was meinst Du nun zu diesen Thesen?*

Im allgemeinen möchte ich noch einwenden – obwohl ich die Rechnungen über die gegenseitige Streuung der Mesotronen analog zum „Euler-Kockel-Effekt" hübsch und wichtig finde – daß mir bei Dir die Betonung des Dimensions-Argumentes etwas übertrieben scheint. Ich glaube, für die Gültigkeitsgrenze der jetzigen Quantentheorie ist es weniger wichtig, ob die Wechselwirkungsenergie eine Konstante von der Dimension einer Länge oder eine dimensionslose Konstante enthält, als vielmehr die numerische Größe dieser Koppelungskonstanten ($g_1^2/\hbar c \gg e^2/\hbar c$). Man kann doch nicht wissen, ob die Divergenzen der jetzigen Theorien so direkt mit den Werten der Ruhemassen zusammenhängen, wie Du annimmst.

Da dürfte sich schwer etwas sicheres beweisen lassen und jeder wird bei seinem Glauben bleiben. Die Argumente der Bhabhaschen Nature-Note schienen mir auch unrichtig, so weit sie auf dem Limes $M_{\text{Meson}} \to 0$ beruhen.[e]

Nun zu Deinem Brief vom 23. d. über den Solvay-Bericht.[f] So sehr es meiner Faulheit widerstrebt, selbst einen solchen Bericht zu verfassen, glaube ich doch aus sachlichen Gründen Deinen Vorschlag, ich solle den Abschnitt 1 übernehmen, nicht prinzipiell ablehnen zu können. Dabei möchte ich aber den Gegenvorschlag machen, daß ich im Abschnitt 1.c) *nicht* auf die *Wechselwirkung* eingehe (die dem Abschnitt 2. vorbehalten bleiben soll) und den ganzen Abschnitt 1. nenne „Relativistische Wellengleichungen *kräftefreier* Teilchen und ihre Quantisierung". Ich würde dann auch den Zusammenhang von Spin und Statistik und (wenn Du willst) die Gravitationsquanten vom Spin 2 behandeln. Ferner könnte ich einiges weniger Bekannte über die de Broglieschen Gleichungen sagen (zumal er auch einen Bericht darüber schreiben wird) und betonen, daß sie weder Teilchen, die aus 2 Neutrinos zusammengesetzt sind, noch Photonen, sondern – wenn richtig interpretiert – spezielle Sorten von Mesotronen beschreiben.

Über die Zusammenarbeit mit Bohr möchte ich lieber vorschlagen, daß unser Manuskript unabhängig an Bohr und nach Brüssel geschickt wird. Denn ich habe nicht Lust, einen Bericht zu schreiben, der dann beliebig lang ungelesen auf Bohrs Schreibtisch bleibt. Setze Dich, also, bitte einerseits mit dem Solvaykomitee (Langevin) andrerseits mit Bohr über die Sache in Verbindung. Bis zum 1. 7. könnte ich schon fertig werden, ob schon bis 1. 6. ist fraglich.

In Paris haben Wentzel und ich Diracs Vorträge über Subtraktionskunststücke gehört.[g] Der quantentheoretische Teil derselben ging nicht wesentlich über eine alte Arbeit von *Wentzel* hinaus, war recht mager und wenig überzeugend. Seinen Optimismus, auf diesem rein formalen Wege weiter zu kommen, konnten wir nicht teilen.

Viele Grüße von Haus zu Haus

Stets Dein W. Pauli

a) Siehe hierzu [546]. – b) H.J. Bhabha: Classical theory of mesons. Proc. Roy. Soc. A **172**, 384–404 (1939). Eingegangen am 29. Juni 1939. Siehe auch [554]. – c) Siehe hierzu die in [547], Anm. i angegebene Literatur. – d) R.C. Williams: The fine structures of H_α and D_α under varying discharge conditions. Phys. Rev. **54**, 558 (1938). – e) Siehe den Kommentar zu [546], Anm. 5. – f) Siehe den Kommentar zu [549]. – g) Siehe hierzu den vorhergehenden Brief [550], Anm. a und [540], Anm. b.

[552] Heisenberg an Pauli

Leipzig, 1. Mai 1939

Lieber Pauli!

Hab' vielen Dank für Deinen Brief, aus dem ich viel gelernt habe, und für die Zusage des Berichtes.

Zunächst zur Physik: Daß Bhabha bei seinen Annahmen einen [zu] kleinen Streuquerschnitt Meson-Proton bekommt, ist wohl, wie Du schreibst, trivial. - Mit Deiner Kritik der Annahme, daß die Trägheit der Selbstenergie der Spinbewegung von der Ordnung $M_{\text{Proton}} \cdot c/\hbar$ sein solle, war ich nicht ganz einverstanden. Ich glaube nämlich, zeigen zu können, daß 1. die Experimente über die Absorption der Mesotronen einen Streuquerschnitt fordern, der *sehr viel* kleiner ist, als der Bhabha-Heitlersche $\frac{2}{3\pi} \cdot \frac{l^4 k^4}{k_0^2}$; daß 2. an den Kernkräften durch die zusätzliche Trägheit *nichts* geändert wird.

Punkt 1. ist ziemlich trivial. Für $k \approx k_0 = 5 \cdot 10^8$ eV findet man nach der obigen Formel $Q \approx 2 \cdot 10^{-25}$ cm^2; also hätten Mesotronen der Energie $5 \cdot 10^8$ eV eine Reichweite von nur 7 mm Pb, was nicht entfernt stimmt. Dagegen besteht allerdings bei *geringeren* Mesotronenenergien die Möglichkeit dafür, daß die Formel $Q=\frac{2}{3\pi}\frac{l^4k^4}{k_0^2}$ zutrifft[a].

Punkt 2. beruht nach meiner Ansicht darauf, daß die Gültigkeit der Formel (37) meiner Arbeit auf größere Frequenzen beschränkt ist, daß aber bei sehr langsamen Frequenzen die andere Formel $Q=\frac{2}{3\pi}\frac{l^4k^4}{k_0^2}$ zu Recht besteht. Um diese Frage ganz klarzustellen (die Betrachtung mit dem Faktor η in meiner Arbeit ist dazu zu schlampig), habe ich die Gleichungen (27) und (29) meiner Arbeit exakt integriert. Ich will Dir die Rechnung kurz skizzieren:

Es sei $\mathfrak{a}\|\mathfrak{s}\|$ z-Achse; $\mathfrak{k}\|x$-Achse. Dann setze man versuchsweise $\mathfrak{s}=\mathfrak{s}_0+\mathfrak{e}e^{-ik_0\tau}$, wobei $\mathfrak{e}\perp\mathfrak{s}_0$ und $|\mathfrak{e}|\ll 1$. Die inhomogene Gleichung (29) wird dann gelöst durch

$$\mathfrak{Z}=\mathfrak{Z}_0+\mathfrak{Z}_1;\quad \mathfrak{Z}_0=\mathfrak{s}_0 l\int\frac{D(\mathfrak{r}')e^{-\kappa r_{p'p}}}{4\pi r_{p'p}}d\mathfrak{r}',\tag{1}$$

$$\mathfrak{Z}_1=\mathfrak{e}le^{-ik_0\tau}\int\frac{D(\mathfrak{r}')e^{+ikr_{p'p}}}{4\pi r_{p'p}}d\mathfrak{r}'.\tag{2}$$

Ferner ist es zweckmäßig, ein Feld $\mathfrak{Z}_1^{(\kappa)}$ durch

$$\mathfrak{Z}_1^{(\kappa)}=\mathfrak{e}le^{-ik_0\tau}\int\frac{D(\mathfrak{r}')e^{-\kappa r_{pp'}}}{4\pi r_{pp'}}d\mathfrak{r}'\tag{3}$$

einzuführen[b]. Außerdem gilt $\mathfrak{g}=\operatorname{rot}\operatorname{rot}\mathfrak{Z}$; dazu kommt aber noch die einfallende ebene Welle; also im Ganzen

$$\mathfrak{g}=\mathfrak{g}_{\text{eb.w.}}+\mathfrak{g}_0+\mathfrak{g}_1.$$

Aus (27) wird[c]

$$\begin{aligned}\mathfrak{s}&=2l[\bar{\mathfrak{g}}_{\text{eb.w.}}+\bar{\mathfrak{g}}_0+\bar{\mathfrak{g}}_1,\mathfrak{s}]\\&=2l[\bar{\mathfrak{g}}_{\text{eb.w.}}+\bar{\mathfrak{g}}_0+\bar{\mathfrak{g}}_1^{(\kappa)}-\bar{\mathfrak{g}}_1^{(\kappa)}+\bar{\mathfrak{g}}_1,\mathfrak{s}]\\&=2l[\bar{\mathfrak{g}}_{\text{eb.w.}}+\bar{\mathfrak{g}}_1-\bar{\mathfrak{g}}_1^{(\kappa)},\mathfrak{s}]\\&\approx 2l[\bar{\mathfrak{g}}_{\text{eb.w.}}+\bar{\mathfrak{g}}_1-\bar{\mathfrak{g}}_1^{(\kappa)},\mathfrak{s}_0].\end{aligned}\tag{4}$$

Dabei ist

$$\begin{aligned}\bar{\mathfrak{g}}_1&=\int D(\mathfrak{r})d\mathfrak{r}\operatorname{rot}\operatorname{rot}\mathfrak{e}le^{-ik_0\tau}\int\frac{D(\mathfrak{r}')e^{ikr_{p'p}}}{4\pi r_{p'p}}d\mathfrak{r}'\\&=-\tfrac{2}{3}\mathfrak{e}le^{-ik_0\tau}\int D(\mathfrak{r})d\mathfrak{r}\,\Delta\int\frac{D(\mathfrak{r}')e^{ikr_{p'p}}}{4\pi r_{p'p}}d\mathfrak{r}'.\end{aligned}$$

Analog

$$\begin{aligned}\bar{\mathfrak{g}}_1^{(\kappa)}&=-\frac{2}{3}\mathfrak{e}le^{-ik_0\tau}\int D(\mathfrak{r})d\mathfrak{r}\,\Delta\int\frac{D(\mathfrak{r}')e^{-\kappa r_{p'p}}}{4\pi r_{p'p}}d\mathfrak{r}'\\&=\mathfrak{e}e^{-ik_0\tau}|\bar{\mathfrak{g}}_0|.\end{aligned}\tag{5}$$

Man schreibt dies bequem mit der Bezeichnung:

$$\bar{\mathfrak{g}}_1^{(\kappa)}=\mathfrak{e}e^{-ik_0\tau}\bar{\mathfrak{g}}_0(\kappa);\quad \bar{\mathfrak{g}}_1=\mathfrak{e}e^{-ik_0\tau}\bar{\mathfrak{g}}_0(-ik).\tag{6}$$

Dann folgt aus (4)

$$-ik_0\mathfrak{e}=2l[i[\mathfrak{k}\mathfrak{a}]+\mathfrak{e}(\bar{g}_0(-ik)-\bar{g}_0(\kappa),\mathfrak{s}_0]. \qquad (7)$$

Die Lösung lautet

$$\mathfrak{e}_x=-\frac{2lk_xk_0\mathfrak{a}_z}{4l^2(\bar{g}_0(-ik)-\bar{g}_0(\kappa))^2-k_0^2}; \qquad \mathfrak{e}_y=\frac{4il^2k_x\mathfrak{a}_z\cdot(\bar{g}_0(-ik)-\bar{g}_0(\kappa))}{4l^2(\bar{g}_0(-ik)-\bar{g}_0(\kappa))^2-k_0^2}.$$

Man erkennt hieraus: Wenn $2l(\bar{g}_0(-ik)-g_0(\kappa))\gg k_0$ ist, so kommt man zu einer Formel vom Typus (36) meiner Arbeit (mit etwas anderen Zahlenfaktoren). Wenn dagegen $2l(\bar{g}_0(-ik)-\bar{g}_0(\kappa))\ll k_0$ ist, so kommt man zur Bhabha-Heitlerschen Formel zurück. Bei sehr langsamen Frequenzen ($k_0\ll\kappa$), die als ebene Wellen nicht mehr möglich sind, wohl aber (als exponentiell abfallende Felder) im Kern auftreten, wird $k=\sqrt{k_0^2-\kappa^2}$ imaginär, $-ik$ ist durch $\sqrt{\kappa^2-k_0^2}$ zu ersetzen. Dann wird

$$-ik\sim\kappa-\frac{k_0^2}{2\kappa}, \qquad \bar{g}_0(-ik)-\bar{g}_0(\kappa)\approx-\bar{g}_0'(\kappa)\cdot\frac{k_0^2}{2\kappa}.$$

Bei hinreichend kleinen Frequenzen gelten also die Bhabha-Heitlerschen Formeln, an den Kernkräften wird *nichts* geändert. Bei hohen Frequenzen dagegen ($k_0\gg\kappa$) wird

$$Q=\frac{l^2k^4}{6\pi|\bar{g}_0(\kappa)-\bar{g}_0(-ik)|^2},$$

der Wirkungsquerschnitt wird also erheblich kleiner als bei Bhabha-Heitler. Dieses Resultat scheint mir auch durchaus verständlich: Bei langsam veränderlichen Feldern muß der Spin adiabatisch mitgehen, die Trägheit spielt dort keine Rolle, bei schnell veränderlichen Feldern dagegen wird die Trägheit merklich. Ich sehe also kein Argument dagegen, die Trägheit mit der Protonenmasse in Verbindung zu bringen.

Sehr interessiert hat mich Deine Bemerkung über den *Elektronen*spin[d]. Auch hier würde sich an der Feinstruktur wohl nichts ändern, da die Frequenzen zu klein sind. Wohl aber sind die Stoßzeiten in den Streu-Experimenten von Dymond[e] vergleichbar mit $\hbar/mc^2$. Es könnte also sein, wie Du andeutest, daß diese Spinträgheit die bekannte Diskrepanz erklärt. Für die Feinstruktur von H_α sollte sie aber nichts ändern.

An Langevin und Bohr werde ich schreiben. Könntest Du so freundlich sein und mir eine etwas ausführlichere Disposition Deines Abschnitts, so wie er geplant ist, schicken[f]. Das würde mir für meinen Anteil helfen. Wir schicken unseren Bericht dann gleichzeitig an Bohr und nach Brüssel.

Nochmals vielen Dank und viele Grüße! Dein Werner Heisenberg

a) Siehe Heisenbergs zweite Schauertheorie (Kommentar zu [546], Anm. 2), dort S. 80ff. – b) Paulis Randbemerkung: „Pol durch $\vec{a}=\vec{a}e^{-\kappa r}$". – c) Paulis Randbemerkung: „$[\vec{g}_0+\vec{g}_1^{(\kappa)},\vec{s}]=0$". – d) Siehe [551], Anm. c. – e) H. Carmichael und E.G. Dymond: High altitude cosmic radiation measurements near the geomagnetic pole. Proc. Roc. Roy. Soc. A **171**, 321–344 (1939). – : Ballon Experiments in High Latitudes. Nature **144**, 294–295 (1939). – f) Siehe Brief [562].

[553] Kemmer an Pauli

London, 2. Mai 1939

Lieber Herr Professor!

Entschuldigen Sie bitte die verzögerte Antwort auf den letzten Brief; leider habe ich jetzt wieder mit Elementarvorlesungen und Übungen viel zu tun. Es war nicht mehr viel zu beweisen. Die Irreduzibilität der 10-er und der 5-er Darstellung folgt z.B. so, daß man in beiden Fällen jede Matrix:

0 0 0 0 0
0 0 0 1 0
0........
....

mit nur *einer* 1, sonst Nullen, darstellen kann als lineare Kombination der 126 ε_i (mit Koeffizienten ± 1, $\pm i$). Dies läßt sich nämlich leicht an Hand der explizit angeschriebenen Matrizen verifizieren. Es ist dann klar, daß man aus *einem* beliebigen ξ-Vektor durch Anwendung der $\varepsilon_i f$ linear unabhängige erhalten kann.

Meine explizite Ausrechnung der Det g_{ik} für die η-Gruppe war übrigens nicht überflüssig. Denn das Nichtverschwinden dieser Determinante für Gruppen ist *nur* für die zugehörige reguläre Darstellung garantiert (für die „identische“ Darstellung ist z.B. sicher Det $=0$). Unsere Darstellung war aber für die *Unter*gruppe nicht die reguläre.

Sonst habe ich im Moment nichts Neues.

Viele Grüße an alle Ihr sehr ergebener N. Kemmer

Nach der Physikalischen Zeitschrift ist Stückelberg Ordinarius in Genf.[a] Ich lasse ihn grüßen und gratulieren! Was ist aber mit Bern?

a) In der Physik. Z. **40**, 320 (1939) steht folgende Mitteilung: „Ernannt der a.o. Professor an der Universität Genf, Dr. E.C.G. Stückelberg von Breidenbach zum ord. Professor der theoretischen Physik an derselben Hochschule.“

[554] Pauli an Bhabha

Zürich, 4. Mai 1939

Lieber Herr Bhabha!

Inzwischen habe ich noch genauer über Ihren Vortrag in Zürich, und zwar speziell über die Streuung von Mesonen durch Protonen, nachgedacht[a]. Teilweise beziehe ich mich dabei auf ein Manuskript von Heisenberg, von dem er mir mitteilte, er habe es auch an Sie geschickt[b]. Inzwischen fand auch ein Briefwechsel zwischen mir und Heisenberg statt, in welchem einiges klarer wurde, als es in Heisenbergs Manuskript steht.

1. Bemerkung über die Streuung neutraler Mesonen durch Protonen, Wechselwirkungsterme g_1.

Dies ist der Fall, der durch das halbklassische Modell von Ihnen berechnet wurde mit dem Resultat, daß im Limes $M_p \to \infty$ ($M_p =$ Protonmasse) die Streuung verschwindet. Es ist wichtig, zu betonen, daß für *diese* Hamiltonfunktion *auch die quantentheoretische Störungstheorie zum selben Resultat führen würde.* Man hat hier nämlich wie in der Elektrodynamik beim Anfangszustand

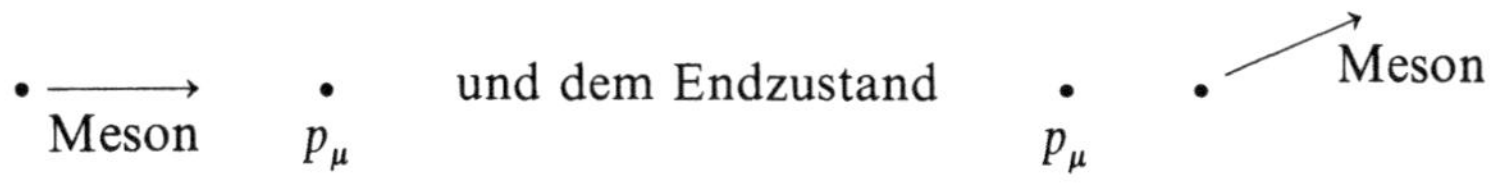

$\bullet \xrightarrow{\text{Meson}} \quad \underset{p_\mu}{\bullet}$ und dem Endzustand $\underset{p_\mu}{\bullet} \quad \bullet \nearrow$ Meson

zwei Zwischenzustände

a) $\bullet \xrightarrow{\text{Meson}} \quad \underset{\text{Neutron}}{\bullet} \nearrow$ Meson

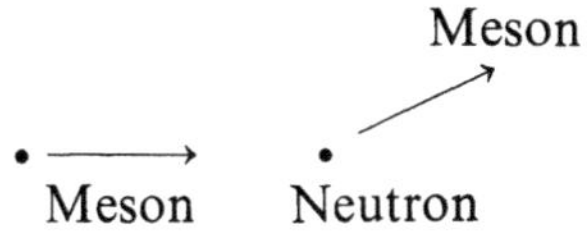

b) $\bullet$ (ohne Meson)

Bei Durchführung der Störungsrechnung ist leicht zu sehen, daß die Beiträge der beiden Zwischenzustände wegen entgegengesetzten Vorzeichen der Energienenner sich im Lim $M_p \to \infty$ gerade aufheben. (Vgl. hierzu Elektrodynamik, Dirac 1927, Diskussion des Terms $(\vec{p}\vec{A})$[c].) Es wird hier also quantentheoretisch genau so wie in Ihrem halbklassischen Modell im Lim $M_p \to \infty$ die Streuung 0. Daher können aus Ihrem bisherigen Resultat auch keine Schlüsse auf Versagen der Quantentheorie gezogen werden.

Anders ist es für *geladene* Mesonen. Denn hier hat man für Anfangszustand

$\xrightarrow{\text{Meson}^+} \quad \underset{p_\mu}{\bullet}$ und Endzustand $\underset{p_\mu}{\bullet} \quad \nearrow$ Meson^+

nur den einen Zwischenzustand a); für die Streuung negativ geladener Mesonen nur den *einen* Zwischenzustand b). Daher bleibt im Lim $M_p \to \infty$ hier eine Streuung übrig.

Ähnlich ist es bei Prozessen, bei welchen im Zwischenzustand der Spin des Protons umklappt (Wechselwirkung g_2).

2. *Über die Streuung neutraler Mesonen mit Spin-Umklappen des Protons, Wechselwirkungsterm* g_2.

Für diesen Fall hat nun Heisenberg versucht, ein halbklassisches Modell aufzustellen. Das Resultat ist etwas verschleiert durch den Faktor η, den er (ausschließlich aus Faulheit) in Gleichung (34) eingeführt hat[d]. Es ist aber nicht schwer, die Gleichung (28) bzw. (29) bei gegebenem $D(\vec{x})$ auch bei Berücksichtigung des Eigenfeldes für eine monochromatische Welle zu integrieren. Wie mir Heisenberg brieflich mitteilte, ist das Resultat beim Ansatz (30) für die einfallende Welle im Spezialfall $\vec{a}$ parallel $\vec{s}_0$ folgendes:
Mit

$$\vec{Z} = \vec{Z}_0 + \vec{Z}_1, \qquad \vec{s} = \vec{s}_0 + \vec{e}\, e^{-ik_0\tau}; \qquad \vec{e} \perp \vec{s}_0 \quad \text{und} \quad |\vec{e}| \ll 1,$$

$$\vec{Z}_0 = l\vec{s}_0 \int \frac{D(\vec{x}')e^{-\kappa r_{pp'}}}{4\pi r_{pp'}} d^3x_{p'}; \qquad \vec{Z}_1 = \vec{e}\, l e^{-ik_0\tau} \int \frac{D(\vec{x}')e^{ikr_{pp'}}}{4\pi r_{pp'}} d^3x_{p'}$$

folgt schließlich für $\vec{e}$ die Gleichung ($\vec{a}$ aus Heisenbergs Gleichung (30) ist [die] Amplitude der einfallenden Welle $\vec{u}$)

$$-ik_0\vec{e}=2li[[\vec{k}\vec{a}],\vec{s}_0]+2l(\bar{g}_0(-ik)-\bar{g}_0(\kappa)[\vec{e}\vec{s}_0], \tag{I}$$

wobei $\bar{g}_0(-ik)$ und $g_0(\kappa)$ gegeben sind durch

$$\bar{g}_0(-ik)=-\frac{2}{3}l\int D(\vec{x})d^3x\Delta\int\frac{D(\vec{x}')e^{ikr_{pp'}}}{4\pi r_{pp'}}d^3x_{p'} \tag{1a}$$

$$\bar{g}_0(\kappa)=-\frac{2}{3}l\int D(\vec{x})d^3x\Delta\int\frac{D(\vec{x})e^{-\kappa r_{pp'}}}{4\pi r_{pp'}}d^3x_{p'}. \tag{1b}$$

Mit der Abkürzung

$$\bar{g}_0(-ik)-\bar{g}_0(\kappa)=l\Gamma(k_0), \qquad (k_0^2=\kappa^2+k^2)$$

wird der Wirkungsquerschnitt

$$Q=\frac{2}{3\pi}\frac{l^4k^4}{k_0^2+4l^4|\Gamma(k_0)|^2}.$$

Für $\Gamma(k_0)$ ergibt sich aus (1a), (1b)

$$\Gamma(k_0)=+\frac{2}{3}\int D(\vec{x})d^3x\int\frac{D(\vec{x}')d^3x'}{4\pi r_{pp'}}(k^2e^{ikr_{pp'}}+\kappa^2e^{-\kappa r_{pp'}}). \tag{2}$$

Für sehr kleine k_0 ist k rein imaginär und $ik\sim-\kappa$ und $\Gamma(k_0)$ wird proportional *zu* k_0^2. Eine Entwicklung von $\Gamma(k_0)$ nach Potenzen von k_0^2 entspricht Zusatztermen auf der rechten Seite der Differentialgleichung für $\dot{\vec{s}}=2l[g^{\text{äuss}},\vec{s}]$ proportional zu $\ddot{\vec{s}},\dddot{\vec{s}},\ldots$ etc.*.

Dies ist soweit konsequent für eine räumlich ausgedehnte Spinverteilung des Protons. Gibt a den „Spinradius" des Protons, so wird $\bar{g}(-ik)$ und $\bar{g}(\kappa)$ einzeln $\sim1/a^3$, aber ihre Differenz wird immer noch für $a\to0$ singulär wie $1/a$, d.h. $\Gamma(k_r)\sim1/a$.

Ich möchte nun sehr gerne von Ihnen wissen, was die Cambridger Kunststück-Subtraktionsmethoden[e] des Überganges zum „Punkt-Spin" in diesem Fall ergeben. Wahrscheinlich $\Gamma(k_0)=\Gamma_2\cdot k_0^2+\Gamma_4k_0^4$ (*ohne höhe[re] Potenzen von* k_0?), worin Γ_2 eine neue *willkürliche* Konstante ist (die sich kaum auf die Protonmasse zurückführen lassen dürfte), während Γ_4 berechenbar sein sollte (unter Verwendung von Energie-Impuls-Drehimpulssatz). *Oder wird es noch anders?*

3. *Anwendungen auf das Spinelektron***

Warum ich ein besonderes Interesse an dieser Frage (Berechnung der „Dämpfungsterme" in der Bewegungsgleichung für $\dot{\vec{s}}$ für „Punktspin" nach der Subtraktionsmethode) habe, ist speziell die Anwendung auf das Spin*elektron* im

* Ich möchte diese Terme deshalb als *Dämpfungs*terme, nicht als „Trägheitsterme" bezeichnen.

** Über die klassischen Modelle des Spin-Elektrons vgl. *Kramers*, Grundlagen der Quantentheorie, Teil II,[g] *Thomas*, Phil. Mag. **3**, 1, 1927[h] und speziell *Frenkel*, Z. Phys. **37**, 243, 1926.[i] Zum oben erwähnten Polarisationseffekt von *Mott*, auch *F. Sauter*, Ann. Phys. **18**, 61, 1933.[j]

äußeren elektromagnetischen Feld. Bis auf relativistische Zusätze bleibt das klassische Modell dasselbe wie das oben diskutierte, nur daß $\kappa=0$ und $l=\frac{1}{2}\frac{e}{\sqrt{\hbar c}}\frac{\hbar}{mc}$ (m Elektronenmasse) zu setzen ist.

Es ist mir nun sehr wahrscheinlich, *daß das empirische Fehlen des Mottschen Polarisationseffektes*[f] *bei der Streuung von β-Teilchen an den Atomkernen der Metallflächen auf die Wirkung der hier diskutierten Dämpfungsterme zurückzuführen ist.* Die Stoßzeiten bei den betreffenden Experimenten sind wohl schon mit l/c vergleichbar und jedenfalls wäre es schön, wenn man die Theorie des Mottschen Polarisationseffektes durch Berücksichtigung der Dämpfungsterme verbessern könnte. Diese werden jedenfalls die Polarisation *herabsetzen*, sowie sie auch die Streuung der Mesonen an Protonen herabsetzen (und zwar beträchtlich, sobald die Frequenzen mit c/l vergleichbar werden).

Nun kommt alles darauf an, ob man die Theorie einigermaßen willkürfrei durchführen kann, ohne (außer den Ruhemassen) neue willkürliche Konstanten einzuführen.

Ich möchte nun gerne wissen, was Sie darüber meinen. – Im Streit zwischen Heisenberg und Ihnen über Existenz oder Nicht-Existenz der Explosionen wollen wir in Zürich ein Non-Intervention-Committee gründen.

Herzliche Grüße stets Ihr W. Pauli

a) Siehe hierzu [551]. – b) Siehe [546]. – c) P.A.M. Dirac: The quantum theory of the emission and absorption of radiation. Proc. Roy. Soc. A **114**, 243–265 (1927). – d) Siehe Heisenbergs Brief [552]. In der Veröffentlichung ist η durch die exakte Rechnung ersetzt. – e) Anspielung auf Diracs formalistische Betrachtungsweise. – f) Vgl. N.F. Mott: The scattering of fast electrons by atomic nuclei. Proc. Roy. Soc. A **124**, 425–442 (1929). – g) H.A. Kramers: Quantentheorie des Elektrons und der Strahlung. Leipzig 1938. – h) L.H. Thomas: The kinematics of an electron with an axis. Phil. Mag. **3**, 1–22 (1927). – i) J. Frenkel: Die Elektrodynamik des rotierenden Elektrons. Z. Phys. **37**, 243–262 (1926). – j) F. Sauter: Über den Mottschen Polarisationseffekt bei der Streuung von Elektronen an Atomen. Ann. Phys. **18**, 61–80 (1933).

[555] Pauli an Kemmer

Zürich, 5. Mai 1939

Lieber Herr Kemmer!

Dank für Ihren Brief vom 2. – Soweit ist nun alles erledigt. Das Problem einer vernünftigen Schreibweise der Gleichungen für höheren halbzahligen Spin (ohne Spinorkalkül) bleibt bestehen.

Ich habe nun einen kurzen ergänzenden Bericht für den Solvay-Kongreß über „Relativistische Wellengleichung kräftefreier Teilchen und ihre Quantisierung" übernommen[a]. Da werde ich mich auch mit de Broglie auseinandersetzen müssen. Deshalb noch schnell folgende Frage: De Broglies Theorie[b] verlangt neben der Gleichung

$$\frac{1}{2}(\gamma_\mu I' + I \cdot \gamma'_\mu)\frac{\partial}{\partial x^\mu}\psi + \kappa\psi = 0 \qquad \text{(I)}$$

noch die Nebenbedingung

$$\frac{1}{2}(\gamma_4\gamma_\mu\cdot I' - I\cdot\gamma_4'\gamma_\mu')\frac{\partial}{\partial x^\mu}\psi + \kappa(\gamma_4 I' - I\gamma_4')\psi = 0. \tag{II}$$

{NB. De Broglie schreibt übrigens statt (I)

$$I\cdot I'\frac{\partial}{\partial x^4}\psi = \frac{1}{2}\sum_{k=1}^{3}(\gamma_4\gamma_k\cdot I' + I\cdot\gamma_4'\gamma_k') + \kappa(\gamma_4\cdot I' + I\cdot\gamma_4')\psi = 0.\} \tag{Ia}$$

Könnten Sie so gut sein und mir noch kurz mitteilen, ob auch die Nebenbedingung (II) aus

$$\partial_\mu\beta_\mu\psi + \kappa\psi = 0 \tag{III}$$

folgt, wenn für β_μ speziell $\frac{1}{2}(\gamma_\mu\cdot I' + \gamma_\mu'\cdot I)$ substituiert wird?* Ferner: *wie kann man am schnellsten* (III) *nach $\partial\psi/\partial t$ auflösen*, mit Rücksicht darauf, daß β_4 kein Reziprokes hat? (Um die Äquivalenz mit de Broglie zu beweisen, muß man das können!) – Könnten Sie mir endlich noch die 5-reihige und die 10-reihige Darstellung für die β explizite schreiben? Ich möchte das gerne in meinen Bericht verwenden[c]. Besten Dank im voraus!

In Bern haben sie etwas ganz Dummes gemacht: Herr A. Mercier (von dem wir in Zürich glauben, daß er gar nichts versteht!) hat dort ein Extraordinariat bekommen. Das sind natürlich irgend welche lokalen Protektions-Einflüsse gewesen.

Viele Grüße stets Ihr W. Pauli

a) Siehe den Kommentar zu [549]. – b) Siehe L. de Broglie: Une nouvelle conception de la lumière. Paris 1934. – c) Pauli merkte dort (auf s. 67 des Manuskriptes) an, daß diese Zerfällung im Einzelnen explizit von J. Gehemiau: L'électron et photon. Paris 1938, durchgerechnet worden sei. – Siehe auch folgende Karte [556] und Kemmers Antwort [557].

[556] Pauli an Kemmer

[Zürich,] 8. Mai 1939
[Postkarte]

Lieber Herr Kemmer!

Ich habe inzwischen die de Broglieschen Gleichungen genauer studiert und die Frage der Äquivalenz seiner Gleichungen mit den Ihren {für $\beta_\mu = \frac{1}{2}(\gamma_\mu\cdot I' + I\gamma_\mu')$} auf folgende algebraische Frage reduziert: Es sei von einer Größe χ bekannt, daß $(\beta_\mu^2 - 1)\chi = 0$ für *alle* $\mu = 1, 2, \ldots, 4$ (oder $\eta_\mu\chi = \chi$ mit $\eta_\mu = 2\beta_\mu^2 - 1$); folgt dann $\chi = 0$? Ich bin beinahe sicher, habe aber jetzt viel anderes zu tun und möchte deshalb gerne Ihnen diese Frage vorlegen. Wäre die Frage bejahend zu beantworten, so würden auch de Broglies Nebenbedingungen aus Ihren Grundgleichungen folgen.

Beste Grüße Ihr W. Pauli

---

* Ich vermute: *ja*. Aber Sie können es mir gewiß sofort sagen, so daß ich mich nicht damit plagen muß. – Wie schreibe ich (Ia) mit den β_μ?

[557] Kemmer an Pauli

London, 8. Mai 1939

Lieber Herr Professor!

Wenn man von

$$\beta_\mu \frac{\partial}{\partial x_\mu} \psi + \kappa\psi = 0 \tag{I}$$

ausgeht, *folgt*, vermöge der Vertauschungs-Relationen

$$\frac{\partial}{\partial x_\mu} \psi = \frac{\partial}{\partial x_\nu} \beta_\nu \beta_\mu \psi, \tag{II}$$

also z.B.

$$\frac{\partial}{\partial x_4}(1-\beta_4^2)\psi = \frac{\partial}{\partial x_k} \beta_k \beta_4 \psi. \tag{a}$$

Ferner multipliziere ich (I) mit β_4, und bekomme

$$\beta_4^2 \frac{\partial}{\partial x_4} \psi = -\beta_4 \beta_k \frac{\partial}{\partial x_k} \psi - \kappa \beta_4 \psi, \tag{b}$$

also addiert:

$$\frac{\partial}{\partial x_4} \psi = \frac{\partial}{\partial x_k} (\beta_k \beta_4 - \beta_4 \beta_k)\psi - \kappa \beta_4 \psi. \tag{III}$$

Dies ist die de Brogliesche Ausgangsgleichung. Sie enthält aber nicht alles, aus (I) bekommt man nämlich noch durch Multiplikation mit $(1-\beta_4^2)$

$$\frac{\partial}{\partial x_k} \beta_k \beta_4^2 \psi + (1-\beta_4^2)\kappa\psi = 0. \tag{IV}$$

Dies ist die de Brogliesche Nebenbedingung. Wenn man von (III) ausgeht ist also eine *Nebenbedingung* notwendig, wenn man aber (I) postuliert, gibt es lediglich noch die *Folgegleichungen* (II). (III) ist übrigens auch identisch mit der „Hamiltonian" der Diracschen Arbeit; diese ist nicht *ganz* so unphysikalisch wie man denken könnte, denn $\int \psi^+ \beta_4 H \psi \, dV$ ist *wohl* die Energie.

Am Donnerstag trage ich über diese Dinge in Cambridge vor. Die expliziten Matrizen anbei.

Viele Grüße

Ihr sehr ergebener N. Kemmer

Die nachfolgende spezielle Form der β ist die, welche direkt aus der Tensorschreibweise mit rot, div, grad, ... entnommen werden kann:

Fünfer-Darstellung

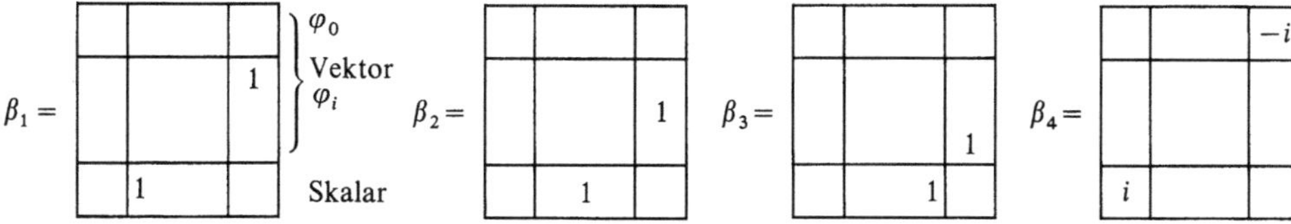

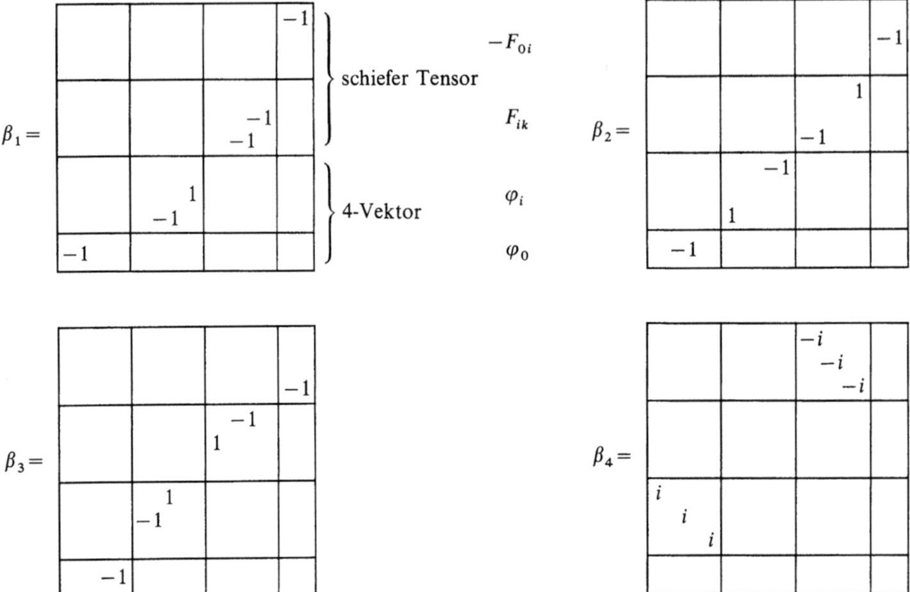

Für den Übergang zur nicht-relativistischen Spin-Theorie muß man β_4 diagonalisieren.

[558] Pauli an Kemmer

Zürich, 9. Mai 1939

Lieber Herr Kemmer!

Dank für Ihren Brief und die Mitteilung der Matrixelemente für die β. – Ein Punkt ist in Ihrem Brief allerdings etwas ungenau und zwar gerade der, welcher mir ein gewisses Kopfzerbrechen gemacht hat. Es ist allerdings wahr, daß aus den Gleichungen

$$\frac{1}{2}(\gamma_\mu \cdot I' + I \cdot \gamma'_\mu)\frac{\partial \psi}{\partial x_\mu} + \kappa\psi = 0 \tag{I}$$

alle anderen Gleichungen von de Broglie folgen. Insbesondere folgt die Nebenbedingung

$$\chi \equiv \frac{1}{2}(\gamma_\mu \cdot I' - I \cdot \gamma'_\mu)\frac{\partial \psi}{\partial x_\mu} = 0. \tag{II}$$

(NB. dies ist nicht ganz de Broglies Form der Nebenbedingung, die bei ihm frei von $\partial/\partial t$ ist, aber dafür das κ enthält) durch Multiplikation von (I) mit $(\gamma_\nu \cdot I' - I\gamma'_\nu)\frac{\partial}{\partial x_\nu}$, was den ersten Term von (I) annuliert. (Aus (I)+(II) folgt leicht *alles* weitere.)

Ihre Gleichungen $\beta_\lambda \beta_\mu \frac{\partial \psi}{\partial x_\lambda} = \frac{\partial \psi}{\partial x_\mu}$ geben aber bei Substitution von $\beta_\mu = \frac{1}{2}(\gamma_\mu \cdot I' + I \cdot \gamma'_\mu)$ Gleichungen, die mit

$$(\beta_\mu^2 - 1)\chi = 0 \qquad \text{(II')}$$

äquivalent sind. Dies ist etwas weniger als (II), da $\beta_\mu^2 - 1$ kein Reziprokes hat. (Ich glaube nicht, daß rein algebraisch aus (II') auf $\chi = 0$ geschlossen werden kann.)

Ebenso folgt aus der Gleichung (IV) Ihres Briefes (nämlich

$$\sum_{k=1}^{3} \frac{\partial}{\partial x_k} \beta_k \beta_4^2 \psi + (1 - \beta_4^2) \kappa \psi = 0)$$

eine Gleichung der Form $(1 - \beta_4^2) Y = 0$, wo $Y = 0$ de Broglies Form der von $\partial/\partial t$ freien Nebenbedingung ist.

Diese zunächst etwas schwächere Form der Nebenbedingungen liegt daran, daß sich die Operatoren $I \cdot \gamma'_\mu - \gamma_\mu \cdot I'$ nicht direkt durch die β_4 ausdrücken lassen.

Aber die ganze Frage ist vielleicht nicht so wichtig, da aus (I) $\left(\text{nämlich } \beta_\mu \frac{\partial}{\partial x_\mu} \psi + \kappa \psi = 0\right)$ nach Substitution $\beta_\mu = \frac{1}{2}(\gamma'_\mu \cdot I + I' \cdot \gamma_\mu)$ jedenfalls *alle* de Broglieschen Bedingungen folgen.

Nun aber eine mir wesentlich wichtigere Frage – betreffend die Verallgemeinerung des β-Systems für höhere Spin. Ich habe gestern etwas darüber nachgedacht. Für Spin 3/2 könnte man versuchen, Größen

$$B_\nu = (\gamma_\nu + \gamma'_\nu + \gamma''_\nu) \qquad (1)$$

einzuführen und algebraische Relationen zwischen den Produkten aus *4* Faktoren vom Typ $B_\kappa B_\lambda B_\mu B_\nu$, dessen Permutation (und Produkten aus weniger als 4 Faktoren) zu suchen. Nachher soll man das betreffende hyperkomplexe Zahlsystem für sich betrachten und sich vom Ansatz (1) ganz emanzipieren. Wenn man allerdings versucht, das Produkt der $4B$-Faktoren bei Zugrundelegung von (1) stumpfsinnig auszuführen, ertrinkt man zunächst. – Ich will versuchen, es noch etwas geschickter zu machen und die richtigen algebraischen Relationen für die B_ν zu erraten. Wahrscheinlich finden Sie sie schneller als ich und ich wäre nur froh, wenn Sie mir diese Arbeit abnehmen würden. – Nachher findet man aus der irreduziblen Darstellung der B vom *höchsten* Grad die Gleichung für Teilchen vom Spin 3/2. – Ob aber immer noch alle Nebenbedingungen aus einem System $B_\mu \frac{\partial \psi}{\partial x_\mu} + \kappa \psi = 0$ *folgen* werden, ist nicht ganz sicher. (Nach der Formulierung der letzten Arbeit von Fierz und mir ist es aber *möglich!*) – Vielleicht setzen wir unseren Briefwechsel nun erst dann fort, wenn einer von uns etwas Näheres über die B_ν weiß! (Denn ich will Sie nicht immer mit Briefen plagen.)

Vielen Dank nochmals und herzliche Grüße! Stets Ihr W. Pauli

[559] Kemmer an Pauli

London, 9. Mai 1939

Lieber Herr Professor!
Mein gestriger Brief war etwas voreilig und ein Punkt war nicht ganz richtig. Ich bitte um Entschuldigung.

Die de Brogliesche Nebenbedingung geht in die von mir angegebene über, wenn man sie mit $\Gamma' \gamma_4 - \Gamma \gamma'_4$ multipliziert. Davon *unabhängig* ist die *weitere* Bedingung die [man] daraus durch Multiplikation mit $\Gamma' \gamma_4 + \Gamma \gamma'_4 = 2\beta_4$ bekommt. Die so erhaltene Gleichung enthält weder κ, noch ∂_4. Sie läßt sich *nicht* allgemein mit Hilfe der β_μ schreiben und läßt sich nicht mit den β_μ gleichzeitig ausreduzieren. Wenn man aber die Eigenschaften der *speziellen* de Broglie-Darstellung benutzt und nachsieht, wie dann diese Relation lautet, findet man, daß sie nur die folgenden Gleichungen in sich schließt:

Für das 10-er System die Gleichung, die in Analogie zur Maxwelltheorie als

$$\operatorname{div} H = 0 \ (\text{wo } h = \operatorname{rot} \phi) \tag{a}$$

geschrieben werden kann. Im fünfer-System:

$$\operatorname{rot} F = 0 \ (\text{wo } F = \operatorname{grad} \varphi). \tag{b}$$

Bei der trivialen 16. Komponente

$$\operatorname{grad} \psi = 0. \tag{c}$$

(a), (b) und (c) sind nun *anderswo* bereits in meinem β-Schema *mitenthalten,* nämlich in den Relationen:

$$\partial_k \psi = \partial_\mu \beta_\mu \beta_k \psi,$$

oder als Folge davon:

$$(1 - \beta_4^2)\, \partial_k \psi = \partial_i \beta_i \beta_4^2 \beta_k \psi. \tag{*}$$

Wenn man von der Wellengleichung

$$\partial_4 \psi = \partial_k (\beta_k \beta_4 - \beta_4 \beta_k)\, \psi - \kappa \psi$$

ausgeht und nur noch

$$\partial_k \beta_k \beta_4^2 \psi + (1 - \beta_4^2)\, \kappa \psi = 0$$

als Nebenbedingung fordert, *folgt* (*) durch Anwendung des Operators $\partial_i - \partial_l \beta_l \beta_i$ auf die Nebenbedingung (falls $\kappa \neq 0$).

(Nebenbei bemerkt, gibt es eine symmetrischere Darstellung von Wellengleichung + Nebenbedingung, nämlich in Form der 4 Gleichungen

$$\partial_\mu \psi = \partial_\nu (\beta_\nu \beta_\mu - \beta_\mu \beta_\nu)\, \psi - \kappa \beta_\mu \psi,$$

von denen die 4. die de Broglie-Wellengleichung darstellt und die anderen 3 als Nebenbedingungen postuliert werden könnten. Gegenüber der Form $\partial_\mu \psi = \partial_\nu \beta_\nu \beta_\mu \psi$ der Nebenbedingung hat die obige den Vorteil, daß bei passender Unterbringung der $\sqrt{-1}$ nur hermitesche Matrizen vorkommen. Diese Darstellung entspricht derjenigen von Dirac für beliebigen Spin. Alle diese Varianten *folgen* aber aus $\partial_\mu \beta_\mu \psi + \kappa \psi = 0$ und den Vertauschungs-Relationen allein und andererseits ist *nur* die letzte Form zulässig, wenn man das elektromagnetische Feld durch $\partial_\mu \to \partial_\mu - ie\,\phi_\mu$ einführen will. In *allen* sonstigen Gleichungen gibt es Zusatzterme.)

Die de Brogliesche Nebenbedingung läßt sich also *nicht* formal mit Hilfe der β_μ allein schreiben, gibt aber inhaltlich nichts, was nicht schon in den ursprünglichen Gleichungen steckt; d.h. bei spezieller Beachtung der Eigenschaften der de Broglie-*Darstellung* stellt sie sich als identisch erfüllt heraus, wenn *entweder* $\partial_\mu \beta_\mu \psi + \kappa \psi = 0$ *allein* gefordert wird, *oder* die *de Broglie*-Wellengleichung *und* meine Nebenbedingung

$$\partial_k \beta_k \beta_4^2 \psi + (1 - \beta_4^2)\psi = 0 \tag{IV}$$

in irgend einer ihrer Varianten.

Ich hoffe, daß nun alles geklärt ist, die Frage der höheren Spins hoffe ich später zu untersuchen, komme aber sicher in nächster Zeit nicht dazu.

Viele Grüße an alle

Ihr sehr ergebener N. Kemmer

[560] Kemmer an Pauli

[London], 9. Mai [1939]
[Postkarte]

Lieber Herr Professor!

Sofort nach Abgang meines 2. Briefes kam Ihre Karte. Ihre Annahme, daß $(\beta_\mu^2 - 1)\chi = 0$, $\chi = 0$ bedingt, ist *nicht* erfüllt. Denn wenn Sie sich die von mir nun abgesandte explizite Matrixdarstellung ansehen, verschwindet der *letzte* Eigenwert von $\beta_\mu^2 - 1$ im 5-er System für alle 4 Werte von μ! Also kann jedenfalls jene Komponente von $\chi \neq 0$ sein. Ich sehe also keinen besseren Weg des Beweises als den meines 2. Briefes.

Viele Grüße

N. Kemmer

[561] Pauli an Kemmer

[Zürich,] 10. Mai [1939]
[Postkarte]

Lieber Herr Kemmer!

Soeben erhalte ich Ihren Brief vom 9. und Ihre Karte vom selben Tag. Was die de Brogliesche Theorie betrifft, so glaube ich dasselbe wie Sie in meinem gestrigen Brief auf einfachere Weise gezeigt haben. (Siehe nächste Seite*.) – Ihr Brief erwähnt noch das Gleichungssystem

$$\partial_\mu \psi = \partial_\nu (\beta_\nu \beta_\mu - \beta_\mu \beta_\nu)\psi - \kappa \beta_\mu \psi. \tag{A}$$

* Um es zu wiederholen: Man substituiere erst in (*I*): $\beta_\mu = \frac{1}{2}(\gamma_\mu + \gamma'_\mu)$ und multipliziere dann mit $(\gamma_\nu - \gamma'_\nu)\dfrac{\partial}{\partial x_\nu}$, woraus alles gewünschte folgt.

Dieses hatte ich auch einmal untersucht. Es folgt aus ihm *nicht*

$$\partial_\mu \beta_\mu \psi + \kappa \psi = 0, \qquad \text{(I)}$$

sondern nur die schwächere Gleichung $\beta_\nu \cdot (I) = 0$ für $\nu = 1, \ldots, 4$. Auch folgt aus (A) allein nicht die Wellengleichung 2. Ordnung. Z. B. hat (A) eine Lösung $\psi = \text{const.}$, mit $\beta_\mu \psi = 0$. – Ich überlasse es aber gerne Ihnen, diese Möglichkeit weiter zu verfolgen.

Auf zum höheren Spin!

Herzliche Grüße

Ihr W. Pauli

[562] Pauli an Heisenberg

Zürich, 11. Mai 1939

Lieber Heisenberg!

Dein Brief vom 1.d.[a] hat ja tatsächlich einen wichtigen Punkt aufgeklärt, nämlich die Frequenzabhängigkeit der Zusatzterme in der Gleichung

$$\dot{\mathfrak{s}} = 2l[\vec{\mathfrak{g}}, \mathfrak{s}].$$

Auf Grund Deines Resultates, daß sie für kleine Frequenzen ν wie ν^2 gehen, also zu $\dddot{\mathfrak{s}}$ proportional sind, möchte ich sie als *Dämpfungs*terme und nicht als Trägheitsterme auffassen. Dadurch erscheint mir die ganze Betrachtung in der Tat viel glaubwürdiger, die Schwierigkeit mit den Kräften fällt ganz weg, und es ist mir jetzt auch wahrscheinlich, daß sie zur Herabsetzung des Mottschen Polarisationseffektes beim Spinelektron merklich beitragen könnten[b]. Wir wollen hier noch etwas darüber rechnen.

Ich habe mir auf Grund Deiner Formeln noch weiter überlegt, daß die Differenz $\bar{g}_0(-ik) - g_0(\kappa)$ für kleine Dimensionen a des Protons sich wie $\frac{2}{3}\frac{lk_0^2}{a}$ (+Terme, die für $a \to 0$ endlich bleiben) verhält. Dies ist ein Unterschied gegenüber der Dämpfungskraft $\frac{2}{3}\frac{e^2}{c^3}\dddot{\vec{r}}$ des Punktelektrons, die ja für $a \to 0$ endlich bleibt. Dieser Unterschied rührt daher, daß die Größen $\bar{g}_0(-ik)$ und $\bar{g}_0(\kappa)$ *einzeln* sogar von der Ordnung $1/a^3$ sind.

Man möchte natürlich gerne den Lim zum Punkt-Proton-Spin machen; ich weiß aber nicht, ob die Cambridger-Subtraktionsmethoden unter Benützung der Erhaltungssätze hier weiter führen werden, ob sie nicht vielmehr *neue* unbestimmt gelassene Konstante[n] (der Dimension cm^{-1}) in die Theorie hinein bringen werden[c].

Nun zum Solvay-Bericht. Soeben erhielt ich von Langevin seine Zustimmung zu unserem Plan[d]. Die Disposition meines Anteils denke ich mir etwa so:[e]

1. Spin 1/2. Diracsche Löchertheorie 2. Spin 0 und 1. Skalare und Vektortheorie	Energie-Impuls-Tensor; Stromvektor; Quantisierung; Fourierzerlegung.

3. Allgemeinste Theorie für Teilchen vom Spin 0 und 1. (Duale Fälle; Pseudoskalar und Pseudovektor.) Formulierungen besonderer Art. (Belinfante, de Broglie, Kemmer.)
4. Reduktion der Theorien durch Realitätsforderungen. (Neutrale Teilchen.) (Für Spin 1/2 durch Majorana durchgeführt.)
5. Höherer Spin; Quantisierung und Statistik.

Bei der Quantisierung will ich etwas ausführlicher die Methode von Jordan und mir[f] bringen und weniger den kanonischen Formalismus. Denn erstere eignet sich besser zur Verallgemeinerung für höheren Spin (übrigens auch schon für Spin 1) und läßt sich in Verbindung mit dem mehrzeitigen Formalismus auch für den (von mir nicht behandelten) Fall der Wechselwirkung brauchen.

Ich hätte es gerne, wenn wir (es wird auch der Heitlersche Bericht Nr. 3 - Mesotron[g] hier in Betracht kommen) uns über die Bezeichnungen einigen könnten. Wie bezeichnet man jetzt Elektron-, Meson- und Protonmasse? $(m, \mu, M?)$ Und wie bezeichnet man die Feldgrößen in der Proca-Theorie? Ich bezeichne gerne den Vektor mit A_μ und dann $B_{\mu\nu}=\frac{\partial A_\nu}{\partial x_\mu}-\frac{\partial A_\mu}{\partial x_\nu}$. Dann müßte man wohl den Skalar auch mit C statt mit ψ bezeichnen und eventuell a_ρ statt ψ_ρ in der Dirac-Theorie? Manche schreiben aber auch U_μ oder dergleichen? - Ich hoffe, daß wir und Heitler uns darüber einigen werden und erwarte Deine Vorschläge. - Auch bin ich sehr für die *imaginäre* Zeitkoordinate $x_4=ict$.

Viele Grüße von Haus zu Haus Stets Dein W. Pauli

a) Brief [552]. - b) Siehe hierzu auch [554]. - c) Siehe hierzu auch Paulis Bemerkungen in [554]. - d) Siehe den Kommentar zu [459]. - e) Siehe Paulis endgültige Einteilung in [570]. - f) Jordan und Pauli (1928b). - g) Heitlers Bericht sollte lauten: „The Neutron from the theoretical point of view." Eine Absprache über die Bezeichnungen mit Heitler, mit dem Pauli darüber korrespondierte, war nicht mehr möglich [570].

[563] Kemmer an Pauli

London, 11. Mai 1939

Lieber Herr Professor!

Die Briefflut nimmt kein Ende. Ich hoffe Sie entschuldigen. Über die de Brogliesche Nebenbedingung sind wir uns ja wohl einig. Ihr Brief sagt ja wohl genau dasselbe, wie der fast gleichzeitig von mir abgesandte.

Ich habe *auch* genau denselben Versuch mit $B_\mu=\frac{1}{2}(\gamma_\mu+\gamma'_\mu+\gamma''_\mu)$ begonnen, aber bisher nur flüchtig. Man braucht es nicht ganz stumpfsinnig zu machen, etwas Analogie + Probiererei hilft auch. Z.B. weiß man, daß B_μ die Eigenwerte ± 1, ± 3 haben wird, also muß $(B_\mu^2-1)(B_\mu^2-9)=0$ ein Spezialfall der gesuchten Vertauschungs-Relation sein. Fener sollte eine mit allen β_μ, $\mu \neq \nu$ vertauschbare verallgemeinerte η_ν-Matrix existieren. Daraus kann man vielleicht schon einen Ansatz erraten. Ich habe noch nicht genug damit herumgespielt. Was mir aber bei der Sache als *ernstliche Schwierigkeit* vorkommt, ist Folgendes. Sie bemerkten seiner Zeit sofort, daß aus meinen β_μ-Vertauschungs-Relationen die „richtigen“ Vertauschungs-Relationen zwischen β_μ und $S_{\mu\nu}=\beta_\mu\beta_\nu-\beta_\nu\beta_\mu$ folgen.[a] Irgend eine Verallgemeinerung davon muß gefordert werden. Bei den B_μ wird aber die Vertauschungs-Relation Terme mit $4\ B_\mu$ als Faktoren enthalten. Wie daraus eine für die infinitesimale Drehung passende Vertauschungs-Relation folgen soll, verstehe ich noch nicht.

Wenn ich Zeit habe, und etwas positives hierüber finde, schreibe ich natürlich sofort.

Bis dahin viele Grüße Ihr sehr ergebener N. Kemmer

a) Brief [542].

[564] Pauli an Dirac

Zürich, 12. Mai 1939

Dear Dirac!

With the same mail I am sending the copy of a new paper of Weisskopf* concerning the self-energy of the electron.[a] I hope it will be useful for your own calculations in this field, particularly for the discussion of the logarithmic infinities in the theory of holes. There can be no doubt, that this type of infinities *does* exist in the present form of the hole-theory and I want also to remember in this connection Heisenberg's result (Zeitschrift für Physik 1934)[c] about a self energy of the *photon* of the same type in the hole-theory.

There is one point in Weisskopf's paper, that I am not sure whether he is correct, namely his statement that the singularity of the nth approximation in the hole-theory for the self-energy of the electron is not stronger than the nth power of $\log P$. His proof that this amount should vanish for $\lim m \to 0$ seems to me not entirely rigorous, but it may be that nevertheless his result is correct. In any case one can prove without artifice, that the energy in question is not sronger singular than $P(\log P)^n$, (for $n>1$).

Perhaps you will be so kind and send the copy back to me later on, but it has no hurry with it. In any case I shall be glad to hear by some occasion from you again your opinion about the logarithmic divergences in the hole-theory.

What the paper of Fierz and myself concerns I have not yet got a message from Pryce, at what time he will be ready with the translation, but I hope it will be soon.[d]

Best regards, also to Mrs. Dirac from both of us.

Very sincerely yours W. Pauli

a) V.F. Weisskopf: On the self-energy and the electromagnetic field of the electron. Phys. Rev. **56**, 72–85 (1939). Eingegangen am 12. April 1939. – b) Siehe [540] und [551]. – c) W. Heisenberg. Bemerkungen zur Diracschen Theorie des Positrons. Z. Phys. **90**, 209–231 (1934). – d) Siehe hierzu [540].

---

* He has send it to me just now quite independent of our discussion in Paris.[b]

[565] Pauli an Kemmer

Zürich, 13. Mai 1939

Lieber Herr Kemmer!

Die Eisheiligen äußern sich durch furchtbar schlechtes Wetter und so bin ich heute bei Regen zu Hause gesessen und habe den Fall $B_\mu = \frac{1}{2}(\gamma_\mu + \gamma'_\mu + \gamma''_\mu) = \beta_\mu + \frac{1}{2}\gamma_\mu$ durchgeixt. Die letztere Schreibweise ist sehr nützlich, weil sie zum Schluß von n auf $n+1$ benützt werden kann. Mit der Bezeichnung

$$S_{\mu\nu} \equiv S_{\nu\mu} = (B_\mu B_\nu - B_\nu B_\mu)$$

folgt hieraus sogleich

$$S_{\mu\nu} = (\beta_\mu \beta_\nu - \beta_\nu \beta_\mu) + \tfrac{1}{4}(\gamma_\mu \gamma_\nu - \gamma_\nu \gamma_\mu)$$

und so gelten daher die gewünschten Relationen

$$B_\lambda S_{\mu\nu} - S_{\mu\nu} B_\lambda = \delta_{\lambda\mu} B_\nu - \delta_{\lambda\nu} B_\mu. \tag{I}$$

Diese Relationen werde ich im Folgenden gar nicht ableiten, sondern voraussetzen. *Ich behaupte nun, es genügt zu* (I) *einen Ausdruck für die symmetrische Funktion des Produktes* $B_k B_\lambda B_\mu B_\nu + \ldots$ Permutation von $k\lambda\mu\nu$ (im ganzen $4! = 24$ Terme) zu adjungieren, um die B vollständig zu charakterisieren.

{NB. Bei den β geht das auch so: Denn es ist symmetrische Funktion der $\beta_\lambda \beta_\mu \beta_\nu = 2(\delta_{\lambda\mu}\beta_\nu + \delta_{\lambda\nu}\beta_\mu + \delta_{\mu\nu}\beta_\lambda)$, und aus dieser Relation zusammen mit den $\beta_\lambda S_{\mu\nu} - S_{\mu\nu}\beta_\lambda = \delta_{\lambda\mu}\beta_\nu - \delta_{\lambda\nu}\beta_\mu$, wobei $S_{\mu\nu} \equiv \beta_\mu\beta_\nu - \beta_\nu\beta_\mu$, folgen Ihre Relationen $\beta_\lambda\beta_\mu\beta_\nu + \beta_\nu\beta_\mu\beta_\lambda = \delta_{\lambda\mu}\beta_\nu + \delta_{\mu\nu}\beta_\lambda$ ziemlich leicht.} (Bei Spin 1/2 ist der Ansatz trivialerweise richtig!)

Auf Grund des Ansatzes $B_\mu = \beta_\mu + \frac{1}{2}\gamma_\mu$ habe ich nun die symmetrische Funktion von $B_k B_\lambda B_\mu B_\nu$ direkt ausgerechnet und fand folgendes Resultat:

$$\begin{aligned}\sum_{P(k\lambda\mu\nu)} B_k B_\lambda B_\mu B_\nu = 5[&(B_k B_\lambda + B_\lambda B_k)\delta_{\mu\nu} + (B_k B_\mu + B_\mu B_k)\delta_{\lambda\nu} \\ &+ (B_k B_\nu + B_\nu B_k)\delta_{\lambda\mu} + (B_\lambda B_\mu + B_\mu B_\lambda)\delta_{k\nu} \\ &+ (B_\lambda B_\nu + B_\nu B_\lambda)\delta_{k\mu} + (B_\mu B_\nu + B_\nu B_\mu)\delta_{k\lambda}] \\ &- \tfrac{9}{2}(\delta_{k\lambda}\delta_{\mu\nu} + \delta_{k\mu}\delta_{\lambda\nu} + \delta_{k\nu}\delta_{\lambda\mu}).\end{aligned} \tag{II}$$

(I) und (II) sind die definierenden Relationen des Zahlensystems B. Die Zahlkoeffizienten 5 und 9/2 dürften richtig sein. Denn für $k = \lambda = \mu = \nu$ folgt aus (II)

$$24 B_\mu^4 - 60 B_\mu^2 + \tfrac{9}{2} \cdot 3 = 0$$

oder

$$(B_\mu^2 - \tfrac{9}{4})(B_\mu^2 - \tfrac{1}{4}) = 0,$$

was zu den gewünschten Eigenwerten $\pm 3/2$, $\pm 1/2$ (bei meiner Normierung richtig!) der B_μ führt. *Alles andere soll also aus* (I) *und* (II) *folgen.* Eine nützliche, aus (I) allein folgende Relation ist

$$\begin{aligned}&B_k B_\lambda B_\mu B_\nu + B_\lambda B_\mu B_\nu B_k + B_\mu B_\nu B_k B_\lambda + B_\nu B_k B_\lambda B_\mu \\ &+ B_k B_\nu B_\mu B_\lambda + B_\lambda B_k B_\nu B_\mu + B_\mu B_\lambda B_k B_\nu + B_\nu B_\mu B_\lambda B_k \\ &= \tfrac{1}{3} \text{ symmetrische Funktion von } (B_k B_\lambda B_\mu B_\nu) \\ &+ \tfrac{1}{3}(\delta_{\lambda\mu} B_{(k\nu)} + \delta_{\mu\nu} B_{(k\lambda)} + \delta_{k\lambda} B_{(\mu\nu)} + \delta_{k\nu} B_{(\lambda\mu)} - 2\delta_{\lambda\nu} B_{(k\mu)} - 2\delta_{k\mu} B_{(\lambda\nu)})\end{aligned} \tag{III}$$

mit der Abkürzung $B_{(\mu\nu)} \equiv B_\mu B_\nu + B_\nu B_\mu$. Natürlich könnte hierin rechts (I) eingesetzt werden.

Der Ansatz läßt sich sicher auf Spin s verallgemeinern durch Schluß von N auf $N+1$ ($N=2s+1$), $B_\nu^{(N+1)} = B_\nu^{(N)} + \frac{1}{2}\gamma_\nu$, symmetrische Funktion von N Faktoren $B_{\nu_1}^{(N)} \ldots B_{\nu_N}^{(N)}$ wäre auszurechnen.

Die richtige Definition der η_ν (und damit von ψ^+) steht auf beiliegendem Blatt. Wieviel linear unabhängige Zentrumselemente gibt es? Grade der irreversiblen Darstellungen? – Eine nachträgliche Frage zu Ihren Vertauschungs-Relationen (im 1. Brief von Ihnen)[a] für $[\psi_\alpha^+, \beta_4 \psi_\beta]$ beim Spin 1: Ich habe Angst, daß sie mit der Nebenbedingung $\sum_{k=1}^{3} \frac{\partial}{\partial x_k} \beta_k \beta_4^2 \psi + (1-\beta_4^2)\kappa\psi = 0$ in Konflikt sind. *Wie ist das?*

Herzliche Grüße, Fortsetzung folgt Ihr W. Pauli

a) Brief [557].

Anhang zu [565]

Kritische Bemerkung zur Wellengleichung:

$$B_\mu \frac{\partial \psi}{\partial x_\mu} + \kappa\psi = 0. \tag{I}$$

Dieses System ist zwar lorentzinvariant und hat einen Erhaltungssatz $\partial S_\mu / \partial x_\mu = 0$ für den Strom $S_\mu = \psi^* \eta_4 B_\mu \psi$ zur Folge. Aber aus dem System (I) *folgt nicht die Wellengleichung 2. Ordnung!* Nach den Erfahrungen von Fierz und mir beschreibt das System (I) vielmehr – falls man für die B_μ die irreduzible Darstellung vom höchsten Grad benützt – zusammen Teilchen vom Spin 3/2 und solche vom Spin 1/2 mit verschiedener Ruhmasse. Überdies ist S_4 und sogar $\int S_4 dV$ nicht definit und wenn die Ladung der einen Teilchensorte positiv ist, ist die der anderen negativ. Dies hat – wie eine nähere Diskussion zeigt – zur Folge, daß das System (I) sich nicht gemäß Ausschließungsprinzip quantisieren läßt. Im kräftefreien Fall läßt sich zwar (I) durch Zusatzgleichungen ergänzen, welche diese Übelstände beheben, aber im elektromagnetischen Feld war es zunächst äußerst schwer, die Zusatzgleichungen widerspruchsfrei zu machen.

Anfangs dachten wir, daß dies überhaupt nicht möglich wäre, später konnten wir das aber durch einen Extratrick [erreichen]. Dieser bestand darin, daß man auch die Zusatzgleichungen [aus] ein- und demselben Variationsprinzip ableitete wie die ursprünglichen Gleichungen, daß man aber zur Lagrangefunktion $\left(\text{hier ist } L = \psi^* \eta_4 B_\mu \frac{\partial \psi}{\partial x_\mu}\right)$ noch besondere Zusatzglieder mit speziellen Zahlkoeffizienten hinzufügte, für welche bei der Schreibweise im Spinorkalkül neue Hilfsgrößen erforderlich waren. – Wie das hier geht, weiß ich noch nicht, dazu müßte ich erst wissen, welche irreduziblen Darstellungen der B_μ es gibt. *Das ist die nächste Frage.* – Ich bin jedenfalls froh, daß dieser gräßliche

Spinorkalkül sich eliminieren läßt*. Die Hauptschwierigkeit des Problems beim Spin >1 liegt aber nicht in der Algebra, sondern in den Wellengleichungen.

Fortsetzung folgt!

Ermittlung der η_μ.

Man setze in (II) $B_k = B_\lambda = B_\mu$, $\nu \neq \mu$. Dann ergibt sich

$$6(B_\mu^3 B_\nu + B_\mu^2 B_\nu B_\mu + B_\mu B_\nu B_\mu^2 + B_\nu B_\mu^3) = 5 \cdot 3(B_\mu B_\nu + B_\nu B_\mu),$$

oder

$$B_\mu^3 B_\nu + B_\mu^2 B_\nu B_\mu + B_\mu B_\nu B_\mu^2 + B_\nu B_\mu^3 - \tfrac{5}{2}(B_\mu B_\nu + B_\nu B_\mu) = 0. \tag{a}$$

Aus (I) folgt für $\lambda = \mu$, $\nu \neq \mu$:

$$B_\mu^2 B_\nu - 2 B_\mu B_\nu B_\mu + B_\nu B_\mu^2 - B_\nu = 0. \tag{b}$$

Durch Bildung von $B_\mu \cdot (b) + (b) \cdot B_\mu$ folgt

$$B_\mu^3 B_\nu - B_\mu^2 B_\nu B_\mu - B_\mu B_\nu B_\mu + B_\nu B_\mu^3 - B_\mu B_\nu - B_\nu B_\mu = 0.$$

Zu (a) addiert gibt

$$(2 B_\mu^3 - \tfrac{7}{2} B_\mu) B_\nu + B_\nu (2 B_\mu^3 - \tfrac{7}{2} B_\mu) = 0 \qquad \text{für } \mu \neq \nu. \tag{c}$$

Setzen wir also

$$\eta_\mu = c(4 B_\mu^3 - 7 B_\mu) \tag{d}$$

mit einem noch zu bestimmenden Normierungsfaktor c, so gibt

$$\eta_\mu B_\nu + B_\nu \eta_\mu = 0 \qquad \text{für } \mu \neq \nu. \tag{A}$$

Daraus folgt sofort weiter

$$\eta_\mu \eta_\nu + \eta_\nu \eta_\mu = 0 \qquad \text{für } \mu \neq \nu \tag{A'}$$

(Dieses + Zeichen ist charakteristisch für *halb*zahligen Spin.) Auf Grund von $16 B_\mu^4 - 40 B_\mu^2 + 9 = 0$ folgt mit $c = 1/3$,

$$\eta_\mu = \tfrac{1}{3}(4 B_\mu^3 - 7 B_\mu), \tag{a'}$$

$$\eta_\mu B_\mu = B_\mu \eta_\mu = B_\mu^2 - \tfrac{3}{4}; \qquad \eta_\mu^2 = 1. \tag{B}$$

Die η_μ bilden also ein Diracsches Teilsystem.

[566] Kemmer an Pauli

London, 17. Mai 1939

Lieber Herr Professor!

Die letzte Fortsetzung war besonders spannend, der Roman nähert sich seinem Höhepunkt! Also recht vielen Dank für den letzten Brief. Leider werde ich in

* Das ist Ihr [Verdienst.]

den nächsten 2–3 Wochen kaum Zeit haben, mich in diese Dinge zu vertiefen – außer morgens beim Rasieren – und bin schon froh, wenn ich das Frühere fertig schreiben kann.

Ich finde es *sehr* schön, daß man mit der Vertauschungs-Relation für die $S_{\mu\nu}$ (I) und dem Ausdruck für die symmetrische Funktion (II) auskommt. Vielleicht ist es gar nicht einmal nötig $B_\mu^{N-1}+\frac{1}{2}\gamma_\mu=B_\mu^N$ zu benutzen, um den Ausdruck (II) abzuleiten. Denn vermutlich ist es widerspruchsfrei (aber sicher *eindeutig*) zu *postulieren*, daß die symmetrische Funktion sich als symmetrische Linearkombination aus niederen symmetrischen Funktionen $(N-2, N-4, \ldots)$ mal δ-Funktionen ausdrücken läßt. Die Zahlkoeffizienten bestimmen sich nämlich dann sofort aus der *Ford*erung

$$0=(B_\mu^2-s^2)(B_\mu^2-(s-1)^2) \qquad \left\{\begin{array}{ll} (B_\mu^2-\frac{1}{4}) & \text{halbzahliger Spin} \\ B_\mu & \text{ganzzahliger Spin} \end{array}\right.$$

Ihre Methode der η_μ-Bestimmung wird sich, wie mir scheint, auch unschwer für beliebigen Spin verallgemeinern [lassen]. Eine, zwar sofort evidente, Eigenart der B_μ^N ist, daß sie für *halb*zahligen Spin Reziproke besitzen, z.B. für $s=3/2$

$$B_\mu^{-1}=\tfrac{4}{3}(B_\mu-\eta_\mu).$$

Darum kann man die Wellengleichung auch schreiben als

$$\frac{\partial}{\partial t}\psi-\frac{1}{i}B_4^{-1}B_\mu\frac{\partial}{\partial x_\mu}\psi-\frac{\kappa}{i}B_4^{-1}\psi=0, \qquad (*)$$

d.h. in „Hamiltonscher" Form, *ohne* Benutzung von irgendwelchen Folgebedingungen.

Die Rolle der Folgegleichungen, wenn solche existieren, ist also anders als im ganzzahligen Fall!

Die zeitliche Variation *aller* Komponenten von ψ ist jedenfalls durch die Wellengleichung schon bestimmt und wenn, wie Sie sagen, weitere Gleichungen postuliert werden müssen, um die Wellengleichung 2. Ordnung zu bekommen, so wird das sicher auch hier Hilfsgrößen involvieren, die vielleicht *nicht* so einfach durch die B ausdrückbar sind.

(Übrigens gefällt mir die Bezeichnung B_μ nicht – Fierz benutzt $B_{[\mu\nu]}$ für etwas ganz anderes. Also warum nicht $\beta^{(N)}$, oder kurz wieder β?)

Die von mir seiner Zeit gegebene Vertauschungs-Relation muß ein wenig umgeschrieben werden, nämlich als

$$[(\psi^+\beta_4^2)_\alpha,(\beta_4\psi)_\beta]_-=\delta_{\alpha\beta}\delta(x-x'),$$

dann ist alles in Ordnung, denn die Nebenbedingung ist

$$(1-\beta_4^2)\psi=-\frac{1}{\kappa}\partial_k\beta_k\beta_4^2\psi,$$

also als Definition *der* Komponenten von ψ aufzufassen, für die β_4 den Eigenwert 0 hat. Die Vertauschungs-Relation verfügt hingegen nur über die Komponenten, für die β_4 die Eigenwerte ± 1 hat.

Ich war letzthin in Cambridge. Ich habe *endlich* verstanden, was es mit der Bhabhaschen klassischen Rechnung auf sich hat[a]. Es scheint *wesentlich*, daß er mit neutralen Mesonen rechnet. Dann gibt aber die übliche Störungstheorie genau dasselbe. Die Korrespondenzmethode versagt aber beim „geladenen Feld“ und *erst dort* gibt auch die Störungsrechnung die Resultate, die für hohe Energien so falsch scheinen. Das Hauptproblem scheint mir also nun zu sein, eine vernünftige Theorie des „geladenen Feldes“ zu finden, wobei das Korrespondenzprinzip überhaupt nichts nützt.

Diese Theorie sollte Schauer geben, aber bevor die elektrische Ladung ans Feld geklebt wird, ist die korrespondenzmäßige Rechnung richtig und die Theorie schauerfrei, d.h. nicht „schlimmer“ als die elektromagnetische Theorie.

Herzliche Grüße bis zum nächsten Mal. Ihr ergebener N. Kemmer

a) Siehe die in [551], Anm. b genannte Untersuchung von Bhabha.

[567] Heisenberg an Pauli

Leipzig, 19. Mai 1939

Lieber Pauli!

Mit Deiner Deutung der Spinträgheit als „Dämpfung“ bin ich ganz einverstanden; bei einer Trägheit im eigentlichen Sinne wäre die Frequenzabhängigkeit wohl nicht verständlich. Die Formel

$$\bar{g}_0(-ik)-\bar{g}_0(\kappa)\sim k_0^2\frac{l}{a}$$

hatte ich auch schon in die Arbeit hineingeschrieben[a]; dabei habe ich noch $a\sim\sqrt[3]{l^2/K}$ angenommen, was herauskommt, wenn man die Selbstenergie mit der Protonenmasse gleichsetzt. – Die Cambridger Subtraktionsmethoden kann ich garnicht leiden und ich hoffe, daß sie nicht geeignet sind, den besprochenen Effekt wegzudiskutieren[b].

Mit Deiner Disposition bin ich sehr einverstanden[c]. Unter Teil 5. wirst Du doch die Gravitation auch erwähnen. Es interessiert mich überhaupt die Frage: sind alle einfacheren durch Invarianzforderungen u.s.w. zulässigen Teilchen in der Natur realisiert? Oder hat die Natur noch eine bestimmte Vorliebe für gewisse Formalismen?

Daß wir uns in der Bezeichnung (auch mit Heitler) einigen, ist sicher vernünftig[d]. Ich habe mich bisher immer an die Yukawasche Bezeichnung gehalten; habe also den Vektor mit U und den Tensor mit $\mathfrak{F}$ und $\mathfrak{G}$ bezeichnet. Relativistisch müßte man dann wohl U_μ und $G_{\mu\nu}$ schreiben (da $F_{\mu\nu}$ schon für's Maxwellfeld verbraucht ist). A_μ ist ja gewöhnlich das Maxwellpotential; ich weiß also nicht, ob man es allgemeiner verwenden soll. Vielleicht ist es richtiger, zwei Bezeichnungen einzuführen: eine systematische A_μ, $B_{\mu\nu}$, a_ρ u.s.w., bei der noch nicht entschieden wird, ob es sich um Elektronen, Lichtquanten, Mesotronen etc. handeln soll. Und eine zweite für die einzelnen Fälle: Maxwell: A_μ, $F_{\mu\nu}$; Yukawa: U_μ, $G_{\mu\nu}$; Dirac ψ_ρ.

Vielleicht fragst Du einmal den Heitler, was der macht. Ich bin mit allem einverstanden. Die Massen heißen wohl m, μ, M. $x_4 = ict$ ist mir Recht, allerdings werde ich meist die Zeitkoordinate getrennt schreiben.

Nun nochmal vielen Dank und viele Grüße! Dein W. Heisenberg

a) Siehe den Kommentar zu [546], Anm. 2. – b) Siehe [562], Anm. c. – c) Siehe den Kommentar zu [549] und [562]. – d) Siehe hierzu [562], Anm. g. Pauli veröffentlichte solche Vorschläge zu einer einheitlichen Bezeichnung in seiner bekannten Abhandlung über „The connection between spin and statistics." Phys. Rev. **58**, 716–722 (1940).

Inzwischen stand wieder ein Assistentenwechsel bei Pauli an. Markus Fierz sollte sich zum Jahresende habilitieren[1] und verhandelte bereits mit dem Basler Regierungsrat wegen einer Ernennung an der Universität Basel. Als Fierz' Nachfolger wünschte sich Pauli Josef Maria Jauch. Jauch hatte seine Diplomarbeit in Zürich gemacht[2] und war anschließend mit einem Stipendium zur Promotion zu Edward L. Hill an die University of Minnesota gegangen. Pauli drängte nun auf den Abschluß der Dissertation, damit Jauch in die Schweiz zurückkehren und die im April 1940 bei ihm freiwerdende Assistentenstelle übernehmen könnte [568].

[1] Als Habilitationsschrift diente ihm die schon mehrfach genannte Untersuchung „Über die relativistische Theorie kräftefreier Teilchen mit beliebigem Spin", die in Helv. Phys. Acta **12**, 3–37 (1939) abgedruckt wurde.

[2] J.M. Jauch: Über die Energie-Impuls-Tensoren und die Stromvektoren in der Theorie von Dirac für Teilchen mit Spin größer als $h/2$. Helv. Phys. Acta **11**, 375–377 (1938).

[568] Pauli an Jauch

Zürich, 28. Mai 1939

Lieber Herr Jauch!

Ich freue mich immer, von Ihnen brieflich aus Amerika zu hören und besonders darüber, daß Sie sich dort wohl fühlen. Auch verfolge ich Ihre wissenschaftliche Entwicklung mit großem Interesse. Gerne würde ich von Ihnen hören, *wann* Sie Ihren Doktor fertig haben werden. Denn die Situation ist hier doch die, daß Fierz in absehbarer Zeit von Zürich weggehen wird und dann möchte ich gerne mit Ihnen als sein Nachfolger einen Versuch machen. Offen gestanden, weiß ich nicht genau, *wieviel* Physik Sie können, aber ich möchte Ihnen eine Chance geben.

Die Situation von Fierz ist jetzt die, daß zwar Bern und Genf definitiv *nicht* für ihn in Betracht kommen,[a] daß aber seinetwegen Verhandlungen mit *Basel* stattfinden. Es handelt sich dort zwar zunächst nur um eine Assistentenstelle, aber mit Zusicherung eines Extraordinariates für etwas später.[b] Die Verhandlungen mit dem Basler Regierungsrat über den letzteren Punkt laufen noch und ich kann Ihnen deshalb noch nichts Definitives zusagen oder versprechen. Deshalb war es auch richtig für Sie, das Stipendium zunächst noch für ein weiteres Jahr anzunehmen.

Andrerseits halte ich es für *möglich* (noch nicht für gewiß), daß Fierz im Sommersemester 1940 schon fort sein wird. Werden Sie bis dahin Ihren Doktor fertig haben? (Ich nahm bisher niemals Leute als Assistenten, die noch nicht den Doktor gemacht haben.) Und könnten Sie eventuell zu diesem Zeitpunkt als Assistent zu mir nach Zürich kommen? (Leider ist das aber noch kein ganz definitives Angebot, denn es ist nicht völlig ausgeschlossen, daß die Basler Sache von Fierz sich doch noch zerschlagen wird.)

Was die Physik betrifft, so haben Fierz und ich gemeinsam eine Fortsetzung seiner Arbeit – betreffend die Wellengleichungen für Teilchen mit beliebigem Spin *in äußeren elektromagnetischen Feldern* (zunächst ohne zweite Quantisierung) – in den Proceedings of the Royal Society im Druck.[c] Da waren sehr große Schwierigkeiten zu überwinden und wir dachten eine Zeit lang, daß solche Theorien überhaupt nicht möglich seien. Erst als wir unsere negativen Resultate aufschreiben wollten, bemerkte Fierz im letzten Moment noch eine letzte, bis dahin übersehene positive M[ö]glichkeit.[d]

Was mir an diesem Stand der Sachlage noch nicht gefällt, ist der Umstand, daß man diesen ... (setzen Sie hier einen kräftigen Fluch ein!) Spinorkalkül nicht entbehren konnte. (Sie kennen ihn ja aus Ihrer Diplomarbeit[e] und wissen, ich kann ihn nicht leiden.) Ich habe aber jetzt Hoffnung, ihn hinauswerfen zu können. Da ist nämlich im Physical Review vom 15. Dezember eine interessante Notiz von *Duffin*[f] erschienen, über ein gewisses hyperkomplexes Zahlsystem β_ν. (Kennen Sie diesen Herrn, wer ist das? Er hat da jedenfalls eine gute I[d]ee gehabt!) Ich habe mir überlegt, daß sich dieses System auch für höheren Spin verallgemeinern läßt (das Diracsche System gilt für Spin 1/2, das Duffinsche für Spin 0 und 1; das nächste für Spin 1/2 und 3/2, das folgende für Spin 0, 1 und 2 etc.). – Momentan muß ich einen Bericht für den Solvay-Kongreß schreiben, aber in einigen Wochen hoffe ich, die Arbeit an dieser Sache wieder aufnehmen zu können.

Von der Arbeit in den Annals de l'Institut Henri Poincaré,[g] von der Sie in Ihrem Brief vom 11. IV. schrieben, ist leider kein Sonderdruck mehr da, die andere haben wir Ihnen geschickt. – Was die europäische Politik betrifft, so ist sie zwar sicher nicht schön, aber vielleicht steht ein Krieg doch nicht so unmittelbar bevor, wie es von drüben aussieht. – Wie war es in Washington?

Mit den besten Grüßen, auch an Prof. Hill, Ihr ergebener W. Pauli

a) Die Stelle in Genf war durch Ernst Stückelberg [553] und die Stelle in Bern durch André Mercier [555] besetzt worden. – b) Am 19. 12. 1939 wurde Fierz Privatdozent an der ETH-Zürich. Zum 1. April 1940 trat er seine neue Stellung – zunächst auch als Privatdozent – in Basel an. 1944 wurde er schließlich zum a.o. Professor ernannt. – c) Fierz und Pauli (1939c). – d) Siehe hierzu Paulis Schreiben [540] an Dirac. – e) Siehe Anm. 2 im Kommentar. – f) R.J. Duffin: On the characteristic matrices of covariant systems. Phys. Rev. **54**, 1114 (1938). – Siehe auch [541]. – Duffin arbeitete am Department of Mathematics an der Purdue University. – g) Pauli (1936b, c).

[569] Heisenberg an Pauli

Leipzig, 8. Juni 1939

Lieber Pauli!

Meinen Anteil am Bericht[a] habe ich jetzt fertig und ich schick' ihn Dir in zwei Exemplaren: Das eine bitte ich Dich, zusammen mit Deinem ersten Teil, an Bohr weiterzugeben. Das andere ist, ebenfalls zusammen mit Deinem Abschnitt, für Brüssel bestimmt. Leider können wir über den Inhalt kaum mehr ausführlich korrespondieren, da ich in acht Tagen nach Chicago abreise.[b] Aber wir können uns über viele Fragen natürlich im September in Zürich[a] besprechen. In meinem Bericht hab' ich mich an die von Dir vorgeschlagenen Bezeichnungen gehalten. Wenn Du kleinere Abänderungen für nötig hältst, so stehen sie Dir natürlich völlig frei.

Im Programm des Solvay-Kongresses würde ich vorschlagen, daß unser Bericht in dieser Form erscheint:

Bericht über die allgemeinen Eigenschaften der Elementarteilchen.

W. Pauli I. ...

W. Heisenberg II. ...

III. ...

Bist Du damit einverstanden?

Ferner möchte ich Dich bitten, die nötige Korrespondenz mit Langevin und Bohr zu führen. Sollte ich Bohr noch in U.S.A. treffen, so könnte ich natürlich direkt mit Bohr verhandeln. Aber ich habe bisher nicht herausgebracht, wo er jetzt steckt.

Meine eigene Adresse ist: Bis 14.6. Leipzig; 22.–26.6. New York, Washingtonsquare 29; 27.6.–1.7. Chicago, Physics Department of the University; 1.7.–22.7. Purdue University, Lafayette, Indiana; 23.7.–1.8. New York, Washingtonsquare 29; ab 8.8.39 Leipzig.

Viele Grüße von Haus zu Haus! Dein W. Heisenberg

a) Siehe den Kommentar zu [549]. Heisenbergs Berichte „Über die Wechselwirkung der Elementarteilchen" und „Grenzen der bisherigen Theorie" gelangten nicht mehr zur Publikation. – Siehe hierzu auch [571]. – b) Die Berichte über das „Symposium on Cosmic Rays" wurden im Juli-Oktober-Heft des Review of Modern Physics abgedruckt, darunter eine kurze Zusammenfassung über Heisenbergs Vortrag „On the theory of explosion showers in cosmic rays" (Rev. Mod. Phys. **11**, 241 (1939)). – U.a. wollte man gerne Heisenberg auch in Michigan hören. Am 17. Juli schrieb ihm Goudsmit: „I hope that you can fullfill your promise to visit us this coming week-end. There are several people here who are very anxious to discuss a few problems with you. Fermi would be very disappointed if he did not have a chance to see you."

[570] Pauli an Heisenberg

Zollikon-Zürich, 10. Juni 1939

Lieber Heisenberg!

Vielen Dank für Deinen Brief vom 8. – Ich antworte gleich, schon bevor ich Dein Manuskript erhalten habe, damit Dich dieser Brief noch vor Deiner Abreise erreicht. Mein Teil des Solvayberichtes ist etwas länger geworden als ich ursprünglich beabsichtigt hatte, aber ich glaube, das schadet ja nichts. Ich muß nur noch den letzten § über Gravitationsquanten[a] schreiben, das andere ist fertig und dann muß das Ganze noch getypt werden. (Über Gravitationsquanten schreibe ich übrigens nur wegen Deines speziellen Wunsches.)

Anbei das Inhaltsverzeichnis meines Anteiles.[b] Das wichtigste ist der § 3 von Kap. I. Die dort stehenden Beweise dürften in dieser Form neu sein. In

Kap. II habe ich ein gewisses Gewicht gelegt auf die unelektrischen (und unmagnetischen) Teilchen und habe auch die diesbezügliche Majoranasche Theorie (direkt anknüpfend an Deine alte Arbeit von 1934)[c] ausführlich dargestellt.

Anknüpfend an die Frage Deines früheren Briefes,[d] ob die Natur Vorliebe für spezielle Formalismen habe, möchte ich nämlich sagen, daß ich es schön fände, wenn man mit Kemmers Vorschlag (Proceedings of the Cambridge Philosophical Society 1938)[e] durchkäme, beim neutralen Teilchen vom Spin 1 „Teilchen“ und „Antiteilchen“ zu identifizieren. Nimmt man dann das Prinzip der „Irrelevanz der Ladung“ hinzu, so kommt man zu Formeln, die eine hübsche Symmetrie im „σ-Spin“ und im „τ-Spin“ aufweisen.[f] – Kap. II, § 4 enthält eine Auseinandersetzung mit de Broglies „Theorie des Photons“.[g]

Daß wir uns über die Bezeichnungen einigen konnten, freut mich sehr – um so mehr, als das mit *Heitler* (mit dem ich darüber korrespondiert habe) nicht mehr möglich war.[h] Sonst werde ich alles so arrangieren, wie Du es in Deinem Brief vorschlägst (möglichst wenig ändern, aber eventuell Zitate und Hinweise hinzufügen) und auch gerne die Korrespondenz mit Bohr und Langevin übernehmen. *Bohr ist übrigens vor kurzem nach Kopenhagen zurückgekommen*[i] und hat mir von dort geschrieben. In U.S.A. wirst Du ihn also nicht treffen, wohl aber wird Bohr auch im September in Zürich sein und dann können wir alles miteinander diskutieren.

Nun noch zur Physik: Ich habe inzwischen noch genauer nachgedacht über Deine Dämpfungsterme bei der Streuung von Mesotronen an Protonen und glaube jetzt, daß ich die Analogie dieses Falles mit dem Spinelektron übertrieben habe.[j] Z.B. gibt es ja beim Spinelektron nach der Diracschen Theorie im lim $m_0 \to \infty$ keine Lichtstreuung (noch gibt es Schauer in Deinem Sinne) in diesem Fall. Der Grund ist, daß in der relativistischen Form der Theorie hier keine Länge in der Wechselwirkungsenergie auftritt. Beim Übergang zur unrelativistischen Fassung wird diese zwar ähnlich wie in dem von Dir betrachteten Fall der Mesotron-Proton-Wechselwirkung, aber diese Ähnlichkeit beruht nur auf einer für den vorliegenden Zweck unrichtigen Vernachlässigung der „Zitterbewegung“. *Ich glaube begründen zu können, daß beim Spinelektron diejenigen Deiner Dämpfungsterme, die bei verschwindenden Elektronen[dimensionen] wie $1/a$ unendlich werden, nicht auftreten können* (im Gegensatz zum Mesotron-Proton-Fall). Solche, die für $a \to \infty$ endlich bleiben, könnten kommen. Das will ich noch untersuchen, aber ich zweifle jetzt, ob sie quantitativ für den Mottschen Polarisationseffekt genügend viel ausmachen werden.

Also nun noch alles Gute Dir und Deiner Frau für die Reise. (Sie fährt wohl mit?) Meine Frau läßt Euch beide noch speziell grüßen. Grüße alle gemeinsamen Bekannten in Amerika von mir (in Chicago speziell die Eckarts, mit denen wir besonders befreundet sind; und in New York, Fermi und Rabi).

Herzlichst

Dein W. Pauli

a) Siehe hierzu [549], Anm. a. – b) Siehe Anlage zu [570]. – c) W. Heisenberg: Bemerkungen zur Diracschen Theorie des Positrons. Z. Phys. **90**, 209–231 (1934). – d) Brief [567]. – e) N. Kemmer: The charge-dependence of nuclear forces. Proc. Cambr. Phil. Soc. **34**, 354–364 (1938). – f) Siehe hierzu den Aufsatz von G. Rasche: Zur Geschichte des Begriffes „Isospin“. Arch. Hist. Exact Sci. **7**, 257–276 (1971). Dort insbesondere S. 273f. – g) Siehe auch [555], Anm. b. – h) Siehe hierzu [562], Anm. g. – i) Bohr war Anfang Juni aus Amerika zurückgekehrt. Am 23. Juni nahm er an einer Sitzung in der Royal Society teil und berichtete über die Entdeckung der Uranspaltung durch Hahn und Straßmann. (Vgl. Nature **144**, 46 (1939)). Darüber hatte er auch schon in Amerika vorgetragen, wie aus einem Schreiben Uhlenbecks vom August 1939 an Goudsmit hervorgeht. „Ich hörte via Bohr von den neuen Uran-Experimenten von Hahn. Es scheint, daß der U-Kern bei Neutronenbeschuß manchmal in zwei gleiche Stücke zerfällt. Fermi will das testen." – j) Siehe Brief [562].

Anlage zu [570]

Kap. I. Allgemeine Überlegungen

§ 1. *Bezeichnungen.*

§ 2. *Variationsprinzip und Energie-Impulstensor. Eichtransformation und Stromvektor.*
- a) Abwesenheit äußerer Felder.
- b) Vorhandensein äußerer elektromagnetischer Felder.

§ 3. *Allgemeine Folgerungen aus der relativistischen Invarianz.*
- a) Irreduzible Tensoren. Definition des Spins.
- b) Beweis des indefiniten Charakters der Ladung bei ganzzahligem Spin, der Energie bei halbzahligem Spin.
- c) Quantisierung der Felder bei Abwesenheit von Wechselwirkungen. Zusammenhang von Spin und Statistik.

Kap. II. Betrachtung spezieller Felder

§ 1. *Wellenfelder von Teilchen ohne Spin.*
- a) Wellengleichung. Stromvektor und Energie-Impulstensor.
- b) Eigenschwingungen im Impulsraum. Ladungskonjugierte Lösungen.
- c) Quantisierung.
- d) Reelles Feld.

§ 2. *Wellenfelder für Teilchen vom Spin 1.*
- a) Die c-Zahltheorie bei Abwesenheit äußerer Kräfte.
- b) Eigenschwingungen im Impulsraum.
- c) Quantisierung.
- d) Die c-Zahltheorie im äußeren elektromagnetischen Feld.
- e) Bemerkungen über reelle Felder und den Sonderfall verschwindender Ruhmasse.

§ 3. *Diracs Theorie des Positrons (Spin 1/2).*
- a) Die c-Zahltheorie.
- b) Die Quantisierung gemäß dem Ausschließungsprinzip.
- c) Zerlegung nach ladungskonjugierten Funktionen. Fall eines unelektrischen Teilchens vom Spin 1/2.

§ 4. *Spezielle Zusammenfassungen der Theorien für Spin 1 und Spin 0.*

§ 5. *Bemerkungen über Gravitationswellen und Gravitationsquanten* (Spin 2).

[571] Heisenberg an Pauli

Leipzig, 12. Juni 1939

Lieber Pauli!
Vielen Dank für Brief und Disposition! Auf die Lektüre Deines Berichtes freue ich mich sehr. Ich werde sicher vieles daraus lernen können, was sonst teils garnicht, teils unübersichtlich publiziert oder nur in Theoretikergesprächen formuliert war. Auch für die Gravitationsquanten bin ich Dir, zur Abrundung des ganzen Bildes, dankbar.

Da Du schreibst, Bohr sei wieder in Europa, habe ich meinen Bericht auch direkt mit einem Brief an Bohr geschickt. Du kannst also ein Exemplar meines Berichtes behalten.[a]

Am Donnerstag reise ich hier ab. Meine Frau bleibt leider hier, sie muß Kinder hüten. Übrigens sei bei dieser Gelegenheit mitgeteilt, daß wir vor einigen Wochen noch einen Sohn bekommen haben. Es geht allen gut. Von Anfang August ab wollen wir zusammen in die bayrischen Berge reisen.

Euch beiden viele herzliche Grüße, auch von meiner Frau

Dein W. Heisenberg

a) Siehe hierzu den Brief [569].

[572] Pauli an Kemmer

Zürich, 13. Juni 1939

Lieber Herr Kemmer!
Dies ist noch keine Fortsetzung des Romans, denn in den letzten Wochen habe ich einen längeren Bericht für den Solvay-Kongreß über allgemeine Eigenschaften der Elementarteilchen geschrieben, u.a. auch über den Zusammenhang zwischen Spin und Statistik*.[a] Nun bin ich aber damit fertig und will die Arbeit an unseren hyperkomplexen Zahlensystemen wieder aufnehmen. Gerne würde ich eigentlich diese Arbeit gemeinsam mit Ihnen fortsetzen. Wie steht es mit Ihrer Zeiteinteilung? Könnten Sie eventuell vor oder nach dem Züricher Kongreß[c] noch etwas hier bleiben, damit wir über diese Sache ruhig reden könnten? Oder auch im Juli? (Vom 12.–15. Juli bin ich voraussichtlich in Genf, sonst bin ich hier.)

Nun will ich also an die Frage herangehen, wieviel Darstellungen es für die $\beta^{(4)}$ gibt (mit Ihren Abänderungsvorschlägen zur Bezeichnungsfrage bin ich einverstanden)[d] und was die Zentrumselemente sind. – Die Vertauschungs-Relationen werden viel einfacher, wenn man die „Jordan-Pauli-Methode“ anwendet[e] (was ich in meinem Solvay-Artikel durchweg getan habe), wo nicht die Zeit vor dem Raum ausgezeichnet ist.

Nun noch eine Bemerkung zu einer in Ihrem letzten Brief (vom 17.V.) aufgeworfene Frage. Ich möchte wissen, ob man ohne längere Rechnung ohne weite-

* Der Artikel enthält einen §, worin ich Ihre Ergebnisse über das $\beta^{(3)}$-System teilweise benützt habe unter ausdrücklicher Zitierung Ihrer im Erscheinen begriffenen Arbeit.[b] Sie sind wohl einverstanden? Der Solvay-Artikel wird sicher viel später erscheinen als Ihre Arbeit. *Wo* kommt diese heraus?

res einsehen kann, ob die Anwendung der Quantentheorie (übliche Störungsrechnung) auf die Streuung *neutraler* Mesotronen, und bei Weglassung der zu g_2 proportionalen Spinwechselwirkungsterme, zu Wirkungsquerschnitten führt, die auch für die Longitudinalwellen mit hoher Mesotronenergie *nicht* anwachsen (was also bedeutet, daß diese Theorie im Heisenbergschen Sinne „schauerfrei" ist). Heitler schrieb mir, es sei so[f] und es ist mir auch plausibel. Ich habe mir auch überlegt, daß in diesem Fall richtig für lim Protonmasse $\to\infty$ die Streuung verschwindet. Für endliche Protonmasse konnte ich aber das von Ihnen im letzten Brief erwähnte Resultat nicht sofort sehen. Könnten Sie ohne längere Rechnung noch etwas Erläuterndes darüber sagen, wie es herauskommt?

Die Arbeit von Heitler, Kahn und Fröhlich[g] haben wir hier nun genauer im Seminar besprochen und ich werde Heitler demnächst meine Meinung darüber ausführlicher schreiben. Ich halte sie mathematisch (in der betreffenden Näherung der *Störungstheorie*) *für richtig, aber physikalisch scheint mir das* Resultat außerhalb des Gültigkeitsbereiches der jetzigen Theorie zu liegen.

Ihr Vortrag für Zürich ist angemeldet.[c] Yukawa hat zugesagt und wird auch über Probleme der Mesotron-Theorie sprechen,[h] wahrscheinlich kommt dann Ihr Vortrag in derselben Sitzung.

Also viele Grüße stets Ihr W. Pauli

a) Siehe hierzu den Kommentar zu [549] und den Brief [570]. Die Untersuchung über Spin und Statistik publizierte Pauli später im Phys. Rev. **58**, 716–722 (1940). – b) Siehe [541], Anm. a. – c) Siehe den Kommentar zu [549]. – d) Siehe hierzu [570], Anm. c. – e) Vgl. Paulis Bemerkungen in [562]. – f) Briefe aus der Korrespondenz mit Heitler liegen nicht vor. – g) Siehe [547], Anm. 1 und Paulis Bemerkung in [548]. – h) Im Jahre 1939 trat Yukawa seine erste Auslandsreise an, die er dann aber wegen Ausbruchs des Weltkrieges abbrechen mußte. Siehe hierzu L.M. Browns Einleitung zu „Hideki Yukawa, ‚Tabibito'." World Scientific Publishing Co. o.O. 1982. Dort S. 31.

[573] Pauli an Kemmer

Zollikon-Zürich, 27. Juni 1939

Lieber Herr Kemmer!

Dieser Brief soll eine „Fortsetzung des Romans" sein[a], allerdings scheint sie mir nicht recht befriedigend. Ich betrachte also das hyperkomplexe Zahlsystem $\beta_i^{(4)}$ oder kurz β_i $(i=1,\ldots,4)$, das durch

$$\sum_{\substack{\text{Permutation}\\ \text{der } klmn}} \beta_k\beta_l\beta_m\beta_n = 5[\underbrace{(\beta_k\beta_l+\beta_l\beta_k)\delta_{mn}+\ldots}_{6\text{ Terme}}] - \tfrac{9}{2}(\delta_{kl}\delta_{mn}+\delta_{km}\delta_{ln}+\delta_{kn}\delta_{lm}) \qquad \text{(I)}$$

definiert war. Eine spezielle irreduzible Darstellung des Systems ist $\beta_k=\frac{1}{2}\gamma_k$, wo γ_k Diracsche Matrices sind $(\gamma_k\gamma_l+\gamma_l\gamma_k=2\delta_{kl})$; eine reduzible Darstellung des Systems ist

$$\beta_k=\tfrac{1}{2}(\gamma_k+\gamma_k'+\gamma_k'')$$

mit unabhängigen und vertauschbaren Diracschen γ_k, γ'_k, γ''_k. Aus letzteren kann man sich zwei weitere irreduzible Darstellungen verschaffen und zwar eine 16-reihige und eine *zwanzig*reih[ig]e. Die 16-reihige gehört im Spinorkalkül zu Spinoren

$$a_{\rho\sigma,\dot{t}},\, b_\tau;\ \text{und unabh[ängigen] gespiegelten}\ a_{\dot{\rho}\dot{\sigma},\tau},\, b_{\dot{t}}$$

$$a_{\rho\sigma,\dot{t}}\ \textit{symmetrisch}\ \text{in}\ \rho, \sigma.$$

(mit $a_{\rho\sigma,\dot{t}} = a_{\sigma\rho,\dot{t}}$ etc.).

Die zugehörigen Wellengleichungen

$$\beta_k \frac{\partial}{\partial x_k} \psi + \frac{3}{2} \kappa \psi = 0$$

werden

$$\left.\begin{aligned} \tfrac{5}{2} p^{\rho\dot{\sigma}} a_{\tau\rho,\dot{\sigma}} + \tfrac{3}{2} p_\tau{}^{\dot{t}} b_{\dot{t}} - \kappa b_\tau = 0 \\ -p_\rho{}^{\dot{\rho}} a_{\dot{\rho}\dot{t},\sigma} - p_\sigma{}^{\dot{\rho}} a_{\dot{\rho}\dot{t},\rho} + b_k a_{\rho\sigma,\dot{t}} + p_{\rho\dot{t}} b_\sigma + p_{\rho\dot{\sigma}} b_\tau = 0 \end{aligned}\right\}, \tag{B}$$

und entsprechende gespiegelte Gleichungen (ich hoffe, daß bei den Zahlkoeffizienten keine Rechenfehler unterlaufen sind).

Die 20-reihige Darstellung gehört zu einem symmetrischen Spinor $U_{\rho\sigma\tau}$, einem in $\rho\sigma$ symmetrischen Spinor $U_{\rho\sigma,\dot{t}}$ und den (unabhängigen) gespiegelten Spinoren $U_{\dot{\rho}\dot{\sigma}\dot{t}}$, $U_{\dot{\rho}\dot{\sigma},\tau}$. Die Gleichungen $\beta_k \frac{\partial \psi}{\partial x_k} + \kappa \psi = 0$ werden

$$\left.\begin{aligned} p_\rho{}^{\dot{\rho}} U_{\dot{\rho}\sigma\tau} + p_\sigma{}^{\dot{\rho}} U_{\dot{\rho}\tau\sigma} + p_\tau{}^{\dot{\rho}} U_{\dot{\rho}\rho\sigma} + \kappa U_{\rho\sigma\tau} = 0 \\ p_\rho{}^{\dot{\rho}} U_{\sigma\dot{\rho}\dot{t}} + p_\sigma{}^{\dot{\rho}} U_{\rho\dot{\sigma}\dot{t}} + p_{\dot{t}}{}^{\tau} U_{\rho\sigma\tau} + \kappa U_{\rho\sigma\dot{t}} = 0 \end{aligned}\right\}, \tag{A}$$

und die entsprechenden gespiegelten Gleichungen.

(NB. Geht man von den Gleichungen $\frac{1}{2}(\gamma_k + \gamma'_k + \gamma''_k) \frac{\partial \psi}{\partial x_k} + \frac{3}{2} \kappa \psi = 0$ aus, so zerfallen sie in: zweimal die Gleichung (B), einmal die Gleichung (A) und 3mal die Diracsche Darstellung $\beta_k = \frac{1}{2}\gamma_k$ mit den Diracschen Gleichungen für die Ruhmasse $3k$. In der Tat im Ganzen $20 + 2 \cdot 16 + 3 \cdot 4 = 64$ Komponenten.)

Ich habe noch nicht entschieden, ob es außer dieser 4-reihigen, 14-reihigen und 20-reihigen Darstellung der β_i noch andere gibt, noch kann ich bisher die Zentrumselemente des Systems explizite angeben.

Wie ich schon in einem früheren Brief[b] betont habe, führen aber diese Gleichungen nicht zu einer brauchbaren Theorie: Es gelten keine Wellengleichungen 2. Ordnung, das System (A) beschreibt simultan 3 Teilchen, 2 vom Spin 3/2 mit den Ruhemassen κ und 3κ, eines vom Spin 1/2 mit der Ruhemasse κ; das System (B) ein Teilchen vom Spin 3/2 mit Masse 3κ und zwei vom Spin 1/2 mit Masse κ und 3κ. Die Ladung ist nicht definit und die Gleichungen lassen sich nicht nach Ausschließungsprinzip quantisieren.

Es ist aber ja auch zu betonen, daß der Ansatz $(\gamma_k + \gamma'_k + \gamma''_k) \frac{\partial \psi}{\partial x_k} + 3\kappa\psi = 0$ physikalisch ganz willkürlich ist, ebenso sind es daher die Zahlkoeffizienten z.B. in (B), soweit sie nicht durch Symmetrie und Lorentz-Invarianz bestimmt sind.

Fierz und ich waren (in der englischen Arbeit[c]) zu folgendem speziellen Gleichungssystem gekommen:

$$\left.\begin{aligned} &p^{\rho\dot{\sigma}} a_{\tau\rho,\dot{\sigma}} - 3 p_{\tau}{}^{\dot{t}} b_{\dot{t}} + 6\kappa b_{\tau} = 0 \\ &p^{\dot{\rho}}{}_{\rho} a_{\dot{\rho}\dot{t},\sigma} + p^{\dot{\rho}}{}_{\sigma} a_{\dot{\rho}\dot{t},\rho} + p_{\rho\dot{t}} b_{\sigma} + p_{\sigma\dot{t}} b_{\tau} + 2\kappa a_{\rho\tau,\dot{t}} = 0, \end{aligned}\right\} \qquad \text{(C)}$$

und die entsprechenden gespiegelten Gleichungen. Die Zahlkoeffizienten in (C) sind speziell so gewählt, daß aus (C) *folgt:*

$$b_{\tau} = b_{\dot{t}} = 0, \qquad p^{\rho\dot{\sigma}} a_{\tau\rho,\dot{\sigma}} = 0.$$

Dann ist alles in Ordnung: man hat nur *ein* Teilchen vom Spin 3/2, die Totalladung wird positiv definit, es folgt die Wellengleichung 2. Ordnung, andrerseits folgt (C) aus einem Variationsprinzip und läßt sich im elektromagnetischen Feld direkt verallgemeinern, indem man die p durch die π ersetzt.

Es fragt sich nun, ob man auch (C) in der Form $\beta_k \frac{\partial \psi}{\partial x_k} + \kappa \psi = 0$ durch algebraische Vertauschungs-Relationen der β_k charakterisieren kann. *Das weiß ich nicht. Diese β* wären aber *verschieden* von den oben durch (I) definierten.

Heitler hat mir also inzwischen näheres über die „Neutretto"-Streuung geschrieben[d]. Sein Resultat, daß die „Neutretto"-Theorie (mit alleiniger g_1-Wechselwirkung und $g_2 = 0$) „schauerfrei" sei, ist aber auf die unrelativistische Näherung in Bezug auf das Proton beschränkt. Werden höhere Potenzen von ε/M nicht vernachlässigt (ε Neutrettoenergie), so gibt auch diese Theorie (natürlich durch die Longitudinalwellen) zu Wirkungsquerschnitten Anlaß, die mit ε beliebig anwachsen. (Dies hat Fierz gezeigt, er wird es noch quantitativ rechnen und dann das Resultat an Heitler schreiben.) Die Vektortheorie ist daher – im Gegensatz zur Skalartheorie – *nie* im Heisenbergschen Sinne „schauerfrei". Ich halte es doch für sehr wichtig, daß hier keine Verwirrung gestiftet wird. Der Unterschied zwischen geladenem und ungeladenem Meson liegt nicht im Fehlen der Heisenberg-Explosionen, sondern (wie ich Ihnen schon früher schrieb[e]) darin, daß bei den geladenen Mesonen der Wirkungsquerschnitt für M (Protonmasse)$\to\infty$ endlich bleibt, während er für ungeladene (im Fall $g_2 = 0$) gegen Null geht. Was ferner die Beziehung zu den Bhabhaschen Rechnungen betrifft, so hat die Erzeugung von Proton-Paaren in den Zwischenzuständen in Bhabhas klassischer Theorie[f] kein Analogon und es ist mir deshalb nicht so verwunderlich, daß aus der Quantentheorie etwas anderes herauskommt. Dagegen ist es befriedigend, daß Heitlers (in bezug auf das Proton) unrelativistische Näherung für $g_2 = 0$ ein ähnliches Resultat liefert (für die Neutretto-Streuung) als Bhabhas klassische Rechnung.

Vielleicht sind Sie so gut und teilen Sie das auch Bhabha mit, wenn Sie ihn sehen. Vom 12.–15. Juli bin ich also in Genf, sonst hier. Wann sieht man Sie?

Herzliche Grüße Ihr W. Pauli

a) Siehe die Briefe [566] und [572]. – b) Siehe den Anhang zu [565]. – c) Fierz und Pauli (1939c). – Vgl. auch M. Fierz: Über den Drehimpuls von Teilchen mit Ruhemasse Null und beliebigem Spin. Helv. Phys. Acta, **13**, 45–60 (1939). Eingegangen am 30. November 1939. – d) Siehe hierzu N. Arley und W. Heitler: Neutral particles in cosmic radiation. Nature **142**, 158 (1938). – e) Siehe Brief [572]. – f) Siehe [551], Anm. b.

[574] Kemmer an Pauli

London, 2. Juli 1939

Lieber Herr Professor!

Vielen Dank für die verschiedenen Briefe, und ich bitte vielmals um Entschuldigung, daß ich so lange nichts von mir hören ließ. Ich hatte sehr viel mit der Korrektur von Examensarbeiten zu tun, und außerdem habe ich endlich vor kurzem die $\beta^{(3)}$-Arbeit fertig geschrieben und an die *Proceedings Royal Society* eingesandt[a]. Für die $\beta^{(4)}$-Theorie hatte ich bisher absolut keine Zeit, und werde wohl erst in Zürich wieder dazu kommen. Wann ich dort ankomme, ist noch eine Funktion mehrerer Unbekannten. Ich möchte zuerst hier mein Niederlassungsgesuch durchbekommen, was mir für nächste Woche versprochen wurde. Bekanntlich bedeuten aber solche Versprechungen nichts. Zweitens komme ich nur dann früh (kurz nach dem 15. Juli) in Zürich an, wenn meine Mutter sich zur Hinreise entschließt, was natürlich von der politischen Lage mit abhängt. Andernfalls würde ich erst im August kommen; *nach* dem Kongreß[b] muß ich leider sofort wieder zu einem neuen Examenstermin am College sein. Einen Teil des August mindestens würde ich natürlich in den Bergen verbringen, wo, ist noch unbestimmt.

In der Neutretto-Meson Frage[c] kann ich Ihnen nichts Neues sagen, meine Weisheit war aus zweiter Hand (Heitler, Bhabha) erworben. Ich finde aber den folgenden Gesichtspunkt ganz nett, der an sich mit Schauerfreiheit nichts zu tun hat: Man hat bekanntlich die beiden Grenzfälle klassische Teilchen ($\hbar \to 0$, $m = \text{const.}$) und klassisches Feld ($\hbar = 0$, $\kappa = \text{const.}$). Die Mesontheorie scheint beide zu gestatten. *Aber:* Bhabhas Rechnungen zeigen, daß es für das *geladene* Meson mit dem Feldgrenzfall nichts ist, da es eben kein klassisches „geladenes Feld" gibt. *Umgekehrt aber* gestattet zwar die Neutrettotheorie den Feldgrenzfall, aber für *reelle* Eigenfunktionen gibt es keinen Teilchengrenzfall. Denn: 1. gibt es keine Dichte (d.h. Ladungsdichte, aber im unrelativistischen Gebiet *Teilchen*dichte!) und 2. ist die unrelativistische Schrödingergleichung kein Grenzfall der Theorie. Das Neutretto kann man nicht als Teilchen lokalisieren. Es ist genau wie beim Photon. (NB. bei komplexen Maxwellgleichungen gäbe es eine Photondichte, die allerdings nicht eichinvariant wäre: $i(\varphi_0^* F_{0i} - \varphi_0 F_{0i}^*)$.)

Das Majorana-Neutrino $m \neq 0$[a] verhält sich übrigens auch ähnlich. Ganz abgesehen von seiner Fermi-Statistik, die den Feldgrenzfall natürlich ausschließt, ist auch der klassische Teilchengrenzfall dadurch ausgeschlossen, daß wiederum die unrelativistische Schrödingergleichung nicht gilt und hier nun die *Energiedichte* als c-Zahl identisch 0 ist! Es gilt also eindeutig:

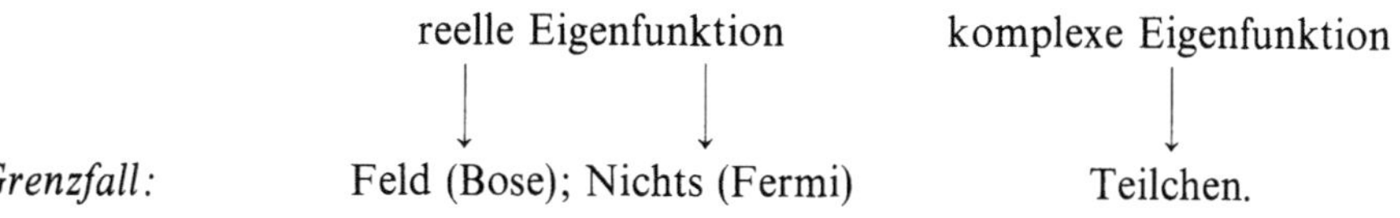

Ich finde es schön, daß das Neutrino somit etwas ganz unklassisches ist.

Ich habe inzwischen von A.H. Wilson[d] die Frage gestellt bekommen, wie man die $\beta^{(3)}$-Gymnastik zur praktischen Rechnung (Bremsstrahlung des Mesons) verwenden kann. Ich glaube sie gelöst zu haben. Man muß alle Operatoren so schreiben, daß die Komponenten von ψ für die $\beta_4\psi=0$, herausgeworfen sind. Die Energie wird z.B.

$$H=\frac{1}{\kappa}\psi^+\beta_4^2(\kappa^2+(p\beta)^2)\beta_4^2\psi,$$

und in dieser Form darf man die p durch die π ersetzen. Ferner gelten folgende Orthogonalitätsrelationen: wenn (im Procafall; der skalare Fall ist zwar trivial, aber kann auch so geschrieben werden) u_ρ^k die 6 Komponenten $(\beta_4 u^k)_\rho \neq 0$ der Eigenfunktionen darstellen und k von 1 bis 6 läuft, so ist

$$u_\rho^{*k}\beta_{4\rho\sigma}u_\sigma^l=\begin{cases}+\delta_{kl} & k=1,2,3\\ -\delta_{kl} & k=4,5,6\end{cases}=\rho_{kl},$$

und

$$u_\rho^{*k}\rho^{kl}u_\rho^l=\beta_{4\rho\sigma}.$$

Daraus folgt die Möglichkeit alle Störungsrechnungen auf Spurbildungen zurückzuführen, wobei als Vernichtungsoperatoren die Größen

$$D^\pm=\frac{1}{2E\kappa}(\kappa^2+(p\beta)^2\pm\beta_4\kappa E)\beta_4^2$$

fungieren. Ich habe einen jungen Mann hier dazu verleitet, die Spuren von der Form $(x_1\beta)\,(x_2\beta)\,(x_3\beta)\,(x_4\beta)\ldots$ usw. auszuixen und bis zu 8 Faktoren kann er es schon. Man wird also wohl einiges so berechnen können.

Nun zum Interessantesten, Ihrem Roman. Es ist schade, daß die von Ihnen gefundenen $\beta^{(4)}$-Vertauschungs-Relationen nicht die „richtige" 3/2-Theorie geben. Ich fürchte, es wird nicht so einfach sein die Algebra der richtigen Theorie zu finden. Man muß wohl so vorgehen: Man schreibe sich die $S_{\mu\nu}$-Matrizen auf, die die infinitesimale Transformation der ψ bestimmen und sucht diese durch die in der Wellengleichung vorkommenden β'_μ $(\neq\beta_\mu^{(4)})$ auszudrücken. Vielleicht versuche ich das, aber ich fürchte, ich komme im *Moment* noch nicht dazu.

Recht vielen Dank nochmals für die langen Briefe und viele Grüße

Ihr ergebener N. Kemmer

a) Siehe [541], An. a. – b) Siehe hierzu [572], Anm. c. – c) Vgl. [573], Anm. d. – Siehe hierzu auch V. Mukherji: A History of the Meson theory of nuclear forces from 1935 to 1952. Arch. Hist. Exact Sci. **13**, 27–102 (1974). Dort insbesondere S. 43. – d) E. Majorana: Teoria simmetrica dell' elettrone e del positrone. Nuov. Cim. **14**, 171–184 (1937).

[575] Pauli an Dirac

Zürich, 18. Juli 1939

Dear Dirac!

Thanks for your letter from 29.6. and the returning of Weisskopf's paper.[a] – I dont think that difficulties of the type in question can be removed by mathematical tricks alone without new physical ideas and I am on the contrary inclined, to draw from your results again the conclusion that the quantum-mechanical formalism, when applied to classical theories with an infinite number of degrees of freedom, leads to infinities, even if the corresponding classical model is finite (free from singularities).[b]

What Stückelberg concerns I am sorry that I have to tell you that he has a serious nervous breakdown.[c] His telegram to you and other physicists was at least premature, he had only some vague hopes and not yet anything definitely proved.

Yours sincerely W. Pauli

Best regards to Mrs. Dirac from us both.

a) Siehe [564], Anm. a. – b) Siehe hierzu P.A.M. Dirac: Classical theory of radiating electrons. Proc. Roy. Soc. **167** A, 148–169 (1938). – c) Siehe hierzu auch [585].

[576] Pauli an Jauch

Zürich, 18. Juli 1939

Lieber Herr Jauch!

Dank für Ihren Brief vom 15.VI. – Das war eine sehr gute Idee, in die Sommer School nach Ann Arbor zu gehen,[a] da können Sie viel Physik lernen. Grüßen Sie alle Herren sehr von mir, besonders Laporte und Fermi, auch Williams.

Es wäre sehr gut, wenn Sie Ihr final examination im Dezember machen würden, wie Sie es geplant haben, damit Sie auf alle Fälle für den Frühjahr 1940 bereit sind.[b] Die Verhandlungen von Fierz in Basel ziehen sich hin, sehen aber für ihn recht positiv aus. Teilen Sie mir, bitte, auf alle Fälle mit, wann Sie Ihre Thesis und Ihr Examen fertig haben.

In der Physik weiß ich inzwischen nichts Neues. Mein Artikel für den Solvay-Kongreß[c] ist glücklich fertig und jetzt mache ich Ferien.

Viele Grüße, auch von Fierz Ihr W. Pauli

a) Die Non Resident-Lecturers der diesjährigen Summer-School waren E. Fermi (Columbia-University), E.J. Williams (Wales), J.A. Wheeler (Princeton) und G.B.B.M. Sutherland (Cambridge). – b) Siehe den Kommentar zu [568]. – c) Siehe den Kommentar zu [549].

[577] Pauli an Heisenberg

Zürich, 7. August 1939*

Lieber Heisenberg!

In Deinem letzten Brief stand, Du würdest am 8. August in Leipzig zurück sein, deshalb sende ich Dir heute mit gleicher Post eine Kopie meiner 2 Kapitel des Solvay-Berichtes[a]. Diese sind zusammen mit Deinen schon vor längerer Zeit an Stahel geschickt worden.[b] In Deinem Beitrag habe ich nur einige ganz kleine technische Änderungen vorgenommen, wie Kürzungen des Abschnittes über die natürlichen Einheiten, da ich diese bereits im I. Kap. eingeführt habe und Einführung des Index 4 für die imaginäre Zeitkoordinate x_4 (statt 0, der der reellen Zeitkoordinate reserviert war).

* Bitte benütze in den Ferien lieber meine Privatadresse:
Zollikon, Bergstr. 35.

Mein Beitrag ist etwas lang geworden,[c] aber ich glaube das schadet nichts. Der vorletzte § ist als eine Art Korreferat zu de Broglies Bericht über „Theorie des Photons“ gemeint. De Broglie hat die fixe Idee (die ja schon in seiner ersten Arbeit über Wellenmechanik auftrat), daß das Photon eine von Null verschiedene Ruhmasse haben solle. Da bin ich ganz dagegen, da diese Annahme einerseits gegen die bekannten Divergenzschwierigkeiten der Quantenelektrodynamik gar nichts hilft, andrerseits die Eichgruppe unmöglich machen würde. – Sonst ist rein mathematisch gegen de Broglies Formeln nichts einzuwenden.

Den formalen Unterschied der Vertauschungs-Relationen für Felder von Teilchen mit Ruhmasse 0 und solchen mit Ruhmasse $\neq 0$, habe ich auch stark betont in meinem Kap. II.[d] – Ich weiß nicht ganz genau, wie Du über die Frage einer von Null verschiedenen Ruhmasse des Photons denkst; denn Deine Gesichtspunkte über universelle Länge etc. scheinen mir nicht so weit entwickelt, daß man mit ihrer Hilfe logisch einsehen könnte, daß die Ruhmasse der Photonen 0 sein müsse. Dies hängt damit zusammen, daß meiner Meinung nach bei Deiner Auffassung die Wichtigkeit der elektrischen Ladung gegenüber der der berühmten Länge unterschätzt wird. Ich hoffe, mich mit Dir darüber bald streiten zu können.

Das Schwergewicht meines Berichtes liegt natürlich in meinem Kap. I, wo ich die Beweise für den Zusammenhang zwischen Spin und Statistik bringe, die in dieser Allgemeinheit neu sein dürften.[e]

Wie war es in Amerika? Ich habe gehört, daß man dort auf die Arbeit von *Bethe* im Physical Review vom 15. Juli,[f] wo er nur eine Wechselwirkung zwischen den *neutralen* Mesotronen und den schweren Teilchen haben will, so großen Wert legt. Mir kommt diese Annahme aber höchst unsinnig vor und auch sein Resultat, wonach es gar keine Majorana-Kräfte zwischen Proton-Neutron geben sollte (statt dessen nur die Spinabhängigkeit) ist mir äußerst verdächtig.

Also auf frohes Wiedersehen in Zürich, gute Ferien und beste Grüße von Haus zu Haus!

Wie stets Dein W. Pauli

a) Siehe den Kommentar zu [549] und [570]. – b) E. Stahel war Professor an der Universität Brüssel und Mitglied des wissenschaftlichen Solvay-Komitees. – c) Heisenbergs Schreibmaschinen-Manuskript enthielt 21 Seiten, Paulis dagegen 74 Seiten. – d) Siehe die Einteilung des Berichtes in der Anlage zu [570]. – e) Siehe [572], Anm. a. – f) H.A. Bethe: The meson theory of nuclear forces. Phys. Rev. **55**, 1261–1263 (1939). Eingegangen am 13. Mai 1939. (Die Arbeit erschien bereits im Juni-Heft und nicht im Juli, wie Pauli angab.)

[578] Heisenberg an Pauli

Urfeld am Walchensee,
14. August 1939

Lieber Pauli!

Hab' vielen Dank für Deinen Brief und die Abschrift Deines sehr schönen und inhaltsreichen Berichtes.[a] Ich hab' den Bericht erst einige Tage studiert, hab' viel daraus gelernt, fand allerdings auch, daß er nicht ganz leicht zu lesen war. Z.B. hat mir der Abschnitt 3a, da ich die Gruppentheorie wieder vergessen habe, Schwierigkeiten gemacht.[b] Vielleicht könntest Du beim mündlichen Vortrag die Grundlagen dieses Abschnitts kurz wiederholen. Die Tatsache, daß es garnicht so ganz einfach ist, den Spin einer Teilchensorte zu definieren, hat mich sehr interessiert. Mit Deiner Kritik an der „Photonentheorie" de Broglies war ich vollständig einverstanden; mir ist diese Theorie immer schrecklich unnötig vorgekommen und ich finde es befriedigend, daß sie nichts mit Photonen zu tun hat. Die Gravitationsquanten vom Spin 2 haben mir Spaß gemacht.

In Amerika hab' ich viel Freude an der dortigen Physik gehabt;[c] es gibt eine Menge zu lernen. – Die Bethesche Arbeit über das Deuteron und die neutralen Mesonen[d] glaube ich abgesägt zu haben. Bethe hat in Lafayette darüber vorgetragen. Sein Resultat, daß die neutralen Mesonen geeigneter sind als z.B. die Kemmerschen Kräfte,[e] um das Quadrupolmoment des Deuterons zu erklären, ist ausschließlich durch seine unvernünftige Art des „Abschneidens" bedingt. Wenn man die Relation zwischen Tensorkraft und Yukawapotential beibehält, nach der die Tensorkraft im Wesentlichen $(\sigma_1 \nabla_1)(\sigma_2 \nabla_2) V(r_{12})$ ist und dann für $V(r_{12})$ etwas von der Art einer Gausskurve setzt, kommt wahrscheinlich das Gegenteil heraus wie bei Bethe. Bethe hat das auch zugegeben und wird weiter darüber rechnen.[f] – Schön fand ich die Arbeit von Primakoff und Holstein über die Mehrkörperkräfte.[g] – Also in Zürich gibt es wieder viel zu diskutieren. Dir und Deiner Frau herzliche Grüße von uns allen Dein W. Heisenberg

a) Siehe den vorhergehenden Brief [577]. – b) Siehe die Disposition des Berichtes in der Anlage zu [570]. – c) Siehe [569], Anm. b. – d) H.A. Bethe: The meson theory of nuclear forces and the quadrupole moment of the deuteron. Phys. Rev. **55**, 1130 (1939). Siehe auch die in [577], Anm. f zitierte Arbeit. – e) Siehe H. Fröhlich, W. Heitler, und N. Kemmer: On the nuclear forces and the magnetic moments of the neutron and the proton. Proc. Roy. Soc. A **166**, 154–177 (1938). – Vgl. auch [547]. – f) Vgl. H.A. Bethe: The meson theory of nuclear forces. I und II. Phys. Rev. **57**, 260–272, 390–413 (1940). Eingegangen am 20. November 1939. Dort auf S. 409 weist Bethe auf Heisenbergs Einwand hin. – g) H. Primakoff und T. Holstein: Many body interactions in atomic and nuclear systems. Phys. Rev. **55**, 1218 (1939).

Die internationale politische Lage begann sich zunehmend zu verschärfen. Am 23. August wurde der Deutsch-Sowjetische Nichtangriffspakt unterzeichnet. Obwohl man in Zürich nicht an einen unmittelbar bevorstehenden Krieg glaubte [581], wurde die zum 4. September anberaumte Physikertagung am 29. August kurzerhand aufgeschoben ([580],–[582]).

[579] Heisenberg an Pauli

Z.Z. Urfeld am Walchensee,
24. August 1939

Lieber Pauli!
Leider habe ich das Programm der Züricher Tagung[a] in Leipzig gelassen und weiß deshalb nicht mehr genau, was in Zürich vorgehen wird. Könntest Du so freundlich sein und mir das Programm der Tagung noch einmal hierherschik-

ken? Auch hab' ich noch eine andere Bitte: Scherrer war so freundlich und schrieb mir, ich würde etwas Geld für meinen Vortrag bekommen. Könntest Du wohl veranlassen, daß das gleich in dem für mich vorgesehenen Hotel (City Excelsior) zur Verfügung steht, da ich wahrscheinlich ohne Geld nach Zürich kommen werde. (Letztere Bitte gilt natürlich nur, wenn sie nicht mit den Bestimmungen des Kongresses in Widerspruch steht.) – Also hoffen wir, daß nichts dazwischenkommt.

Auf baldiges Wiedersehen Dein W. Heisenberg

a) Siehe den Kommentar zu [549], Anm. 1.

[580] Pauli an Heisenberg

[Zürich], 29. August [1939]
[Postkarte]

Lieber Heisenberg!
Dank für Deine Karte; wann Dich diese erreicht, ist wohl ganz unbestimmt. Wir haben soeben beschlossen, unseren Kongreß zu *verschieben*. Der neue Termin soll später bekannt gegeben werden. Momentan funktionieren u.a. die Verkehrsmittel zu schlecht.

Es ist sehr schade, ich hätte so gerne wieder einmal ausführlich über Physik geredet mit Dir und anderen.

Alles Gute! Dein W. Pauli

[581] Pauli an Kemmer

[Zürich], 29. August [1939]
[Postkarte]

Lieber Herr Kemmer!
Ich weiß nicht, wann diese Karte Sie erreichen wird, aber ich will Ihnen jedenfalls schreiben, daß wir heute beschlossen haben, unseren Züricher Kongreß zu verschieben*. Der neue Termin wird erst später festgesetzt. – Persönlich glaube ich nicht an Krieg, sondern an eine Fortsetzung der politischen *Händel* (wobei dieser Ausdruck wörtlich zu verstehen ist) mit wachsenden Störungen des normalen Lebens durch verschiedene Sondermaßnahmen der einzelnen Länder.

Ich habe vorläufig viel Zeit und bin gut erholt und würde eigentlich gerne unsere briefliche Diskussion über die Verallgemeinerung Ihrer β-Zahlen für Spin 3/2 und höheren Spin wieder aufnehmen[a] bevor Ihr College beginnt. Hiebei standen wir bei der Hauptfrage, ob sich die Gleichungen von Fierz und mir, die ich Ihnen mitgeteilt habe, auch mit β's mit vernünftigen *Eigenschaften* schreiben lassen.

---

* Jetzt käme ja doch kein Mensch!

Wie geht es Ihnen? Werden Sie nur nicht nervös und hören Sie womöglich keinen Radio, glauben Sie auch nicht zu viel. – Hoffentlich haben Sie etwas Zeit für Physik (ich habe viel Zeit).

Herzliche Grüße

Ihr Pauli

a) Siehe Brief [573].

[582] Pauli an Sommerfeld

[Zürich], 29. August [1939]
[Postkarte]

Lieber Herr Sommerfeld!

Heute haben wir beschlossen, unseren Züricher Kongreß zu verschieben. Der neue Termin soll später bekannt gegeben werden. – Unabhängig von irgend welchen Prognosen war dieser Aufschub deshalb nötig, weil die Mehrzahl der Eingeladenen im jetzigen Moment nicht hätten kommen können oder wollen.

Ob wir uns jetzt trotzdem hier sehen werden, weiß ich nicht, aber es ist jedenfalls sehr schade.

Alles Gute Ihnen und Ihrer Familie von

Ihrem getreuen W. Pauli

Pauli rechnete, daß mit dem Ausbruch des Krieges nun große Veränderungen in der Wissenschaft eintreten würden. Der Besuch seiner Vorlesung blieb dennoch – trotz „Mobilisation“ in der Schweiz – erstaunlich konstant [584].

Insbesondere versuchte Pauli, den Kontakt mit denjenigen seiner Freunde und Kollegen aufrechtzuerhalten, die voraussichtlich auch in einem längeren Kriege würden wissenschaftlich weiterarbeiten können.

Aus der Korrespondenz mit Schrödinger fehlen zahlreiche Briefe, wie wir aus dem folgenden Schreiben entnehmen [583]. Außerdem erfahren wir hier, daß Pauli sich neben seiner Mitarbeit an den aktuellen Problemen der Teilchenphysik auch mit mehr abseits gelegenen Gebieten wie Kosmologie [585] und anderen mathematischen Problemen [586] auseinandersetzte.

[583] Pauli an Schrödinger

Zollikon-Zürich, 4. Oktober 1939

Lieber Erwin!

Ich hoffe, mein letzter Brief hat Dich zusammen mit der ihn teilweise kompensierenden Postkarte erreicht, denn der Inhalt des ersteren war durch einen dummen Fehler von mir sehr entstellt. (Man kann es in Wahrheit zur Integration des Gleichungssystems $\frac{\partial\psi}{\partial\omega} - \alpha\psi = 0$ für nichtkonstantes α *nicht* ausnützen, wenn die Matrix α die Eigenschaft $\alpha^2 = kI$ hat.) Dagegen hat sich das Programm meiner Postkarte, die Maxwellgleichungen in den von Dir zunächst benützten

Ringkoordinaten zu integrieren, *ohne daß man die Potentiale einführt*, glatt durchführen lassen. Wahrscheinlich hast Du das alles inzwischen selbst gefunden[a].

Der letzte Sonntag war sehr verregnet und da hatte ich Zeit, das Gleichungssystem weiter zu behandeln. Vielleicht sind Dir die Formeln nützlich und nur deshalb schreibe ich sie Dir, ganz ohne Ansprüche. Im übrigen hoffe ich, bald das Manuskript einer Arbeit von Dir zu bekommen, in der die Maxwellgleichungen im statischen gekrümmten Raum auch noch in anderen Koordinaten und überdies auch noch im expanding universe behandelt werden.

Nun die Formeln: Es sei $f_{ik} = -f_{ki}$ der komplexe Tensor mit der Eigenschaft

$$f^{12} = \frac{i}{\sqrt{|g|}} f_{34}, \quad f^{31} = \frac{i}{\sqrt{|g|}} f_{24}, \quad f^{23} = \frac{i}{\sqrt{|g|}} f_{14}.$$

Der Realteil desselben, der die physikalischen Feldstärken darstellt, hat 6 linear unabhängige Komponenten, während er selbst 3 unabhängige komplexe Komponenten hat. In Ringkoordinaten (Dein Linienelement $ds^2 = -(d\omega^2 + \sin^2\omega\, d\varphi^2 + \cos^2\omega\, d\varphi^2) + dt^2$; ich setze einfachheitshalber $R=1$ und schreibe im Folgenden also v statt $v \cdot R$) ist

$$f^{14} = -f_{14}, \quad f^{24} = -\frac{1}{\sin^2\omega} f_{24}, \quad f^{34} = -\frac{1}{\cos^2\omega} f_{34},$$

[ ] $= \sin\omega\cos\omega$ und die [Maxwellgleichungen] werden - mit Deinem Ansatz, daß alle Komponenten des *komplexen* Tensors proportional zu $e^{i(vt+n\varphi+m\psi)}$ sein sollen:

$$-nf_{34} + mf_{24} - ivf_{14}\sin\omega\cos\omega = 0$$

$$-i\frac{df_{34}}{d\omega} - mf_{14} - iv\frac{\cos\omega}{\sin\omega} f_{24} = 0$$

$$i\frac{df_{24}}{d\omega} + nf_{14} - iv\frac{\sin\omega}{\cos\omega} f_{34} = 0$$

$$\frac{d}{d\omega}(f_{14}\sin\omega\cos\omega) + in\frac{\cos\omega}{\sin\omega} f_{24} + im\frac{\sin\omega}{\omega s\omega} f_{34} = 0.$$

Die erste Gleichung ist besonders nützlich, da sie es erlaubt, f_{14} durch f_{24} und f_{34} auszudrücken; die 4. Gleichung ist eine Folge der 3 ersten. Man setze f_{14} in die 2. und die 3. Gleichung aus der ersten Gleichung ein und führe das Variablenpaar ein:

$$f \equiv f_{34} + f_{24}, \quad g \equiv f_{34} - f_{24}.$$

Mit $x = \cos^2\omega$ ergibt sich für dieses das Gleichungssystem

$$-2vx(1-x)\frac{df}{dx} + v^2 xf + \tfrac{1}{2}(n^2 - v^2 - m^2)f + \tfrac{1}{2}(n^2 - v^2 + m^2)g + nmg = 0$$

$$-2vx(1-x)\frac{dg}{dx} - v^2 xg - \tfrac{1}{2}(n^2 - v^2 + m^2)f - \tfrac{1}{2}(n^2 - v^2 - m^2)g + nmf = 0.$$

Für f allein gilt eine Differentialgleichung 2. Ordnung, die nach Abspaltung des Faktors $x^{m/2}(1+x)^{n/2}$ in die hypergeometrische übergeht. Die Lösung wird schließlich:[b]

$$f = \cos^m \omega \sin^n \omega \, F(\alpha, \beta, \gamma; \cos^2 \omega)$$

$$g = \cos^m \omega \sin^n \omega \cdot \alpha(\gamma - \beta) F(\alpha+1, \beta-1, \gamma; \cos^2 \omega)$$

(F hypergeometrische Funktion.)

mit $\alpha = \frac{1}{2}(m+n+\nu)$, $\beta = \frac{1}{2}(m+n+2-\nu)$, $\gamma = m+1$ (ein *gemeinsamer* konstanter Faktor in f und g ist natürlich willkürlich). Die Eigenwerte von ν bestimmen sich aus der Bedingung, daß α *oder* β eine nicht negative ganze Zahl sein muß. (Diese Eigenwerte sind etwas verschieden von den entsprechenden der *skalaren* Wellengleichung in diesen Koordinaten; letztere führt auch auf Lösungen dieses Typus mit der hypergeometrischen Funktion, aber mit etwas anderen Werten von α und β.)

Die Abzählung aller Lösungen habe ich nicht weiter diskutiert. Für negatives m oder n ist es erlaubt, in den Formeln für f und für α, β, γ m, n durch deren *Beträge* zu ersetzen; die Formel für g wird dann aber etwas anders.

Ich glaube, diesmal kommt kein Nachtrag. Nochmals alles Gute und herzliche Grüße von Haus zu Haus.

Wie stets Wolfgang

a) Siehe E. Schrödinger: Maxwell's and Dirac's equations in the expanding universe. Proc. Roy. Irish Acad. **46**, 25–44 (1940). Vorgelegt am 12. Februar 1940. – Diese Untersuchung war die Fortsetzung von „Eigenschwingungen des sphärischen Raumes", Commentationes Pontificiae Academiae Scientiarum **2**, 321–364 (1938) und „The proper vibrations of the expanding universe", Physica **6**, 899–912 (1939). – b) Schrödingers Anmerkung: „Fehler; eher so wie $(\gamma-\beta)/\alpha$".

[584] Pauli an Jauch

Zollikon-Zürich, 1. November 1939

Sehr geehrter Herr Jauch!

Ihr Brief vom 10. September ist immerhin am 19. Oktober hier eingetroffen. Es ist sehr schön, daß Sie im Sommersemester 1940 trotz Krieg zu mir nach Zürich kommen wollen.[a] Daß Fierz ab nächstes Semester in Basel sein wird, ist nun so gut wie sicher und Ihre Anstellung wäre [ab] 1. April 1940 möglich. Dies alles gilt unter der Voraussetzung, daß keine Verschärfung der Kriegslage für die Schweiz im Frühjahr eintritt. So wie die Dinge *jetzt* liegen, sollte es möglich sein, Sie vom Hilfsdienst freizubekommen (wenn Sie auch nicht militärdienstpflichtig sind, wären Sie doch hilfsdienstpflichtig). Bei Fierz, dessen Fall genau so ist wie Ihrer, war dies ohne weiteres möglich und im allgemeinen wer[de]n Assistenten der E.T.H. vom Hilfsdienst dispensiert, wenn sie keinen regulären Militärdienst machen müssen. Ich werde über diese Frage auch noch mit dem Präsidenten Rohn reden und Ihnen dann über das Ergebnis berichten.

Was die Fahrt über den Ozean betrifft, so würde ich Ihnen raten, ein *italienisches* Boot zu nehmen (italienisches Visum ist jetzt auch für Schweizer notwendig, dürfte aber zu bekommen sein). Sonst würde der europäische Teil Ihrer Reise etwas beschwerlich werden, während die Verbindung Italien-Schweiz (solange wenigstens keine Änderung der Kriegslage eintritt) gut und regulär funktioniert. (Lassen Sie womöglich auch Ihre Briefe nach der Schweiz mit italienischen Schiffen befördern; in Frankreich bleiben sie unter Umständen lange bei der Zensur liegen!) – Es sieht so aus, als ob Italien zunächst für längere Zeit neutral bliebe.

Es freut mich, daß es Ihnen in Ann Arbor gut gefallen hat.[b] Ich nehme also an, daß Sie etwa bis Neujahr Ihre Thesis fertiggestellt und Ihr Examen absolviert haben werden. Was die Physik betrifft, so arbeite ich immer noch auf dem Gebiet der Theorie für Teilchen mit beliebigem Spin, das Ihnen ja aus Ihrer Diplomarbeit bekannt ist. Im Lauf des Winters wird eine weitere Arbeit von Fierz und mir in den Proceedings of the Royal Society (London) herauskommen.[c] Vielleicht sehen Sie sich diese genauer an, sobald sie erscheint, ebenso eine Arbeit von *Kemmer* über das Duffinsche Zahlsystem, die gleichfalls in dieser Zeitschrift herauskommen wird.[d] – Ferner könnten Sie die Meson-Theorie studieren; lesen Sie z. B. die 3 Arbeiten von *Belinfante,* die im Oktoberheft der (holländischen) „Physica“ soeben erschienen sind.[e]

Näheres darüber, was wir machen werden, kann ich Ihnen erst später schreiben, weil es auch davon abhängen wird, welche Probleme als Reste übrig bleiben werden und welche ich noch im Winter erledigen kann, bevor Fierz weggeht.

Trotz Mobilisation sind etwa 15 Leute in meiner großen Vorlesung. (Ihre Ausarbeitung der Vorlesung über statistische Mechanik[f] ist mir jetzt sehr angenehm, da ich sie einigen Studenten zur Verfügung stellen kann, die im Januar aus dem Militärdienst entlassen werden und den Anfang dieser Vorlesung – die ich eben jetzt wieder halte – nicht hören können.) Von den Assistenten von Prof. Scherrer sind Braun und Preiswerk eingerückt bzw. im Hilfsdienst; Huber, Busch, Amsler sind wieder entlassen. Prof. Scherrer ist sehr mit dem Zyklotron beschäftigt[g] (es gibt da übrigens auch Sachen zu rechnen), das diesen Winter fertig aufgestellt werden soll.

An den Krieg hatte ich bis zum letzten Moment nicht geglaubt, aber nun halte ich es auch für wahrscheinlich, daß er *lange* dauern wird. – Hoffentlich bleibt hier in der Schweiz alles unversehrt!

Viele Grüße Ihr W. Pauli

Grüße an Prof. Hill!

a) Siehe hierzu den Kommentar zu [568]. – b) Siehe [576], Anm. a. – c) Fierz und Pauli (1939c). – d) Siehe [541], Anm. a. – e) F.J. Belinfante: Theory of heavy quanta, S-Gravenhage 1939. Diese Arbeit erschien gleichzeitig, in drei Teile zerlegt, in Physica **6**, 849–898 (1939). Eingegangen am 29. September 1939. – Gemeinsam mit Frederik Josef Belinfante reichte Pauli zum Jahresende eine allgemeine Untersuchung über das statistische Verhalten bekannter und unbekannter Elementarteilchen ein, die in brieflichem Austausch zustande kam [585]. – f) Eine spätere (gekürzte) Fassung von Paulis Vorlesung über statistische Mechanik, die von R. Schafroth ausgearbeitet wurde, gab der Verein der Mathematiker und Physiker an der E.T.H. Zürich 1951 heraus. – g) Die erste Cockroft-Walton-Anlage in der Schweiz wurde an der E.T.H. bei Scherrer von Baldinger, Huber und Staub aufgebaut.

Die beiden folgenden Briefe [585] und [586] Paulis sind wegen der Zensur in englischer Sprache abgefaßt.

[585] Pauli an Kemmer

Zollikon-Zürich, 24. November 1939

Dear Kemmer!

Now it is long time since I wrote you my last prewar-postcard announcing you the postponement of the Zürich-congress.[a] I didn't believe in this war until to the last moment (so many people did in this country), but when the matter was finally decided and the war started, there could not [be] any doubt for me personally that I hope the victory will be on that side, which fights for the restitution of freedom in Europe.

I read about the particular tribunals in England and have no doubt to what category of aliens they will count you, because your sentiments and convictions are known to so many friends in England.

The only question is, what is your position on the Imperial College?

But it is not the purpose of this letter to discuss this matter at all, but merely to start again the discussion of some purely scientific questions. I don't think that any harm can come from such a correspondence with a neutral country to you, but if you have a different opinion, please say it quite frankly. (What the technical side of it concerns, I know that [it] is not more so bad at all with the time letters need to come from England to Switzerland.)

I think it is *my* job to take care for the continuation of the spiritual life in a time like the present one. I had some correspondence with Schrödinger, who is safe and happy in Dublin and with Belinfante (Leiden)[b]. The Solvay reports shall be published in a volume[c] although the congress didn't take place and Géhéniau wrote me a letter about this matter. But he is in the Belgian military service. Proca wrote me once from the French army a kind letter and I didn't hide before him my opinions in my answer.

On the other hand our famous collegue H[eisenberg] in Germany, with whom I had a regular exchange of letters about physics until to the End of August wrote a letter to Wentzel, that seemed to indicate that he doesn't venture more to write me, though he would like to do so very much himself. It gave rise to certain hopes for the future for me, that one starts in Germany with such a stupid degree of terror!

Well, let's talk about physics. The idea to write you came to me as I just read your paper in the Proceedings of the Royal Society.[d] It seems to me very well written and I agree completely with you about the particle point of view and the wave point of view. I am now inclined to think that just the alternative of yours, that the particles with higher spin – at least the charged ones – will not exist in reality, because there is not a possibility for a similar formulation than yours for the meson – that *this* alternative, I said, may be the truth. Algebraically my proposition from this spring *about the generalisation of Duffin's β's for higher spin seems to me still* the only reasonable one. On the other hand I didn't succeed until now to formulate the extra-conditions $\left(\text{like } \frac{\partial A_{ik}}{\partial X_k}=0\right.$ for spin 2 for instance$\left.\right)$ or the equations of Fierz and myself in the paper in the Proceedings of the Royal Society[e] (it will appear soon, the proofs are ready with the friendly help of Pryce*) with those general $\beta^{(N)}$'s. *What do you think about it?*

Further, I got the following new result about these charged particles with spin >1 in an electromagnetic field. If one develops the theory in powers of the charge e one sees that for finite e the matrix of the electric density (for all states occupied) will become different from zero for $t>t'$ and $\vec{x}\neq\vec{x}'$ (that means for a space-like direction between two points) and therefore in the q-number-theory the brackets for two physical quantities will not more vanish in this case: The spatial derivations of the δ-function become higher and higher with every step in the development in the power series of e, in the quantised theory in the external electromagnetic field for spin >1 – whereas that is not so in the meson-theory. I would not say that this is a *proof* for the non-existence of charged particles with spin >1, but it seems to me at least remarkable. – Fierz (who is not yet in the Swiss army, but may perhaps enter [for] later) sends his regards also.

As always P[auli]

P.S. I met Bhabha in Geneva in July[f] (he seems to stay in India now?) and we had a nice time together. He convinced me, that the theory for neutrettos (with $g_2=0$) is really ‚free from showers'. Then he had some results about the classical subtraction physics for a spin-electron,[g] that seemed [to] me suspicious.

Stückelberg was very ill this summer,[h] but he is much better now. His old illness, you know, seems to be periodical, too bad!

Many regards to all friends in England (Dirac, Fowler, Cockcroft, etc.)

a) Siehe [581]. – b) Siehe [584], Anm. e. – c) Zu einer solchen Veröffentlichung ist es nicht mehr gekommen. Vgl. hierzu den Kommentar zu [549]. – d) Siehe [541], Anm. a. – e) Fierz und Pauli (1939c). – f) Siehe hierzu den Schluß von [573] und [574], Anm. c. – g) H.J. Bhabha: Classical theory of electrons. Proc. Ind. Acad. Sci. A **10**, 324–332 (1939). – h) Siehe die Bemerkung in [575].

[586] Stueckelberg an Pauli[a]

Genf, 17. Dezember 1939
[Maschinenschrift]

Lieber Herr Pauli!

Ihr Brief vom 12.12. hat mich mitten im Studium der im Seminar aufgeworfenen Frage getroffen. Ihr Ergebnis stimmt vollkommen mit meinem überein, d.h. Ihre D_1-Funktion genügt tatsächlich der homogenen Gleichung, wenn man ihre Integrale durch die Hauptwerte definiert.

Man kann dieses Ergebnis sehr nett durch die Sommerfeldsche Methode beweisen:

Ein Ereignis sei durch die vier Koordinaten x_i $(i=1,2,3,4)$ definiert. $x_1 x_2$ und x_3 seien reelle Raumkoordinaten und $x_4=u+it$ *die komplexe Zeitkoordinate.* Dann untersuchen wir zuerst, für welche vierdimensionalen Gebiete W

* He can send you some ones, if you ask him.

(definiert durch ein räumliches Volumen V und einen komplexen Integrationsweg T) die Größe

$$Q(x') = (2\pi)^{-1} \iiiint dx''^4 \, v(x' - x'') \, \rho(x'') \tag{1}$$

der inhomogenen Differentialgleichung

$$(\Box - l^2) Q = -\rho \tag{2}$$

genügt. Dabei sei v eine nur von R abhängige Funktion $\left(R^2 = \sum_1^4 (x_i' - x_i'')^2\right)$, welche für $R=0$ wie R^{-2} unendlich wird und für alle R (außer $R=0$) der homogenen Gleichung (2) genügt. Die explizite Darstellung dieser Funktion finden Sie in beiliegendem Separatum[b] (Besselfunktion für imaginäres Argument). Das räumliche Volumen zerlegen wir in ein kleines Volumen V', welches die unmittelbare Nachbarschaft von x' umfaßt und den Rest des Raumes V''. Entsprechend sei der komplexe Integrationsweg in der $x_4 = u + it$-Ebene in die 3 Teile $T = T_l'' + T' + T_r''$ zerlegt. Dabei sei T' der Teil dieses Integrationsweges der in unmittelbarer Nachbarschaft und durch den Punkt $x_4' = 0 + it'$ verläuft. T_l'' und T_r'' sind der Rest des Integrationsweges links resp. rechts des Punktes x_4' in der x_4-Ebene (vgl. Fig. 1 und Fig. 2).

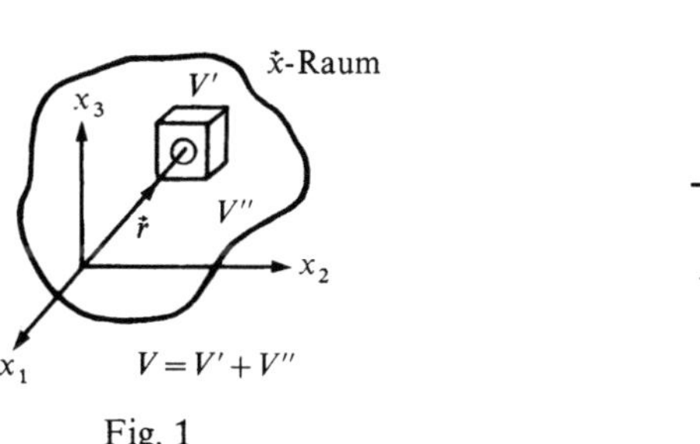

Fig. 1

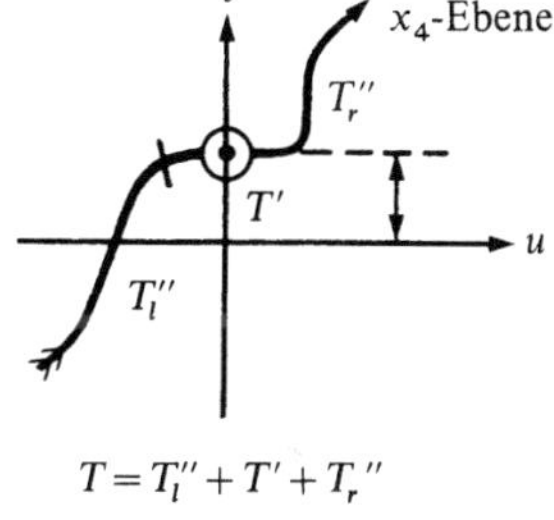

Fig. 2

Dann hat das Integral (1) einen endlichen Wert wenn:

1) ρ im ganzen Volumen V endlich ist und sein Volumintegral ebenfalls endlich bleibt (für alle Zeiten t);

2) der Integrand auf dem ganzen Wege T (außer der durch $1/R^2$ bedingten Singularität in T') singularitätenfrei ist und im ∞ hinreichend rasch verschwindet.

3) Das bedingt u.a., daß T die t-Axe in Fig. 2 *nur* am Orte t' schneidet, d.h. also, daß T_l ganz links und T_r ganz rechts der t-Axe liegt. Ferner daß die Singularitäten der Funktion ρ (für alle $\vec{x}$) rechts oder links des Weges T zu liegen kommen.

Jetzt definieren wir den Bereich W durch die Summe

$$W = VT = W' + W'' \qquad \text{mit } W' = V'T' \tag{3}$$

und entsprechend in (1)

$$Q(x') = (2\pi)^{-1} \left(\iiiint_{W'} + \iiiint_{W''} \right). \tag{4}$$

Da $v(R)$, außer für den in W' enthaltenen Aufpunkt $x''=x'$, d.h. $R=0$, der homogenen Gleichung (2) genügt, so genügt $\iiiint\limits_{W''}$ der homogenen Gleichung. $\iiiint\limits_{W'}$ ist das Volumintegral über die reelle $x_1x_2x_3x_4$-Umgebung des Aufpunktes $x_1'x_2'x_3't'$.

Für dieses reelle Volumen erhält man nach dem Gaußschen Satze:

$$(\square' - l^2)Q(x') \to (2\pi)^{-1} \iiint d\sum_i{}'' \rho(x'') \frac{\delta v}{\delta x_i''}$$

$$\to (2\pi)^{-1} \int d\psi R^3 \frac{\delta}{\delta R} R^{-2} \rho(x') = -\rho(x'')$$

$(d\sum\limits_i =$ Oberflächenelement im vierdimensionalen reellen Raum$)$

wo $d\psi$ das Raumwinkelelement im vierdimensionalen euklidischen Raume bedeutet, dessen Integral $2\pi^2$ beträgt. Damit ist eigentlich alles erledigt.

Da physikalisch nur ρ auf der t-Axe (und in ihrer unmittelbaren Nachbarschaft) definiert ist, und physikalisch sinnvolle Grenzen nur $t''=+\infty$ und $=-\infty$ sind, so genügen folgende drei Wege den physikalischen und den mathematischen Bedingungen (I, II und III):

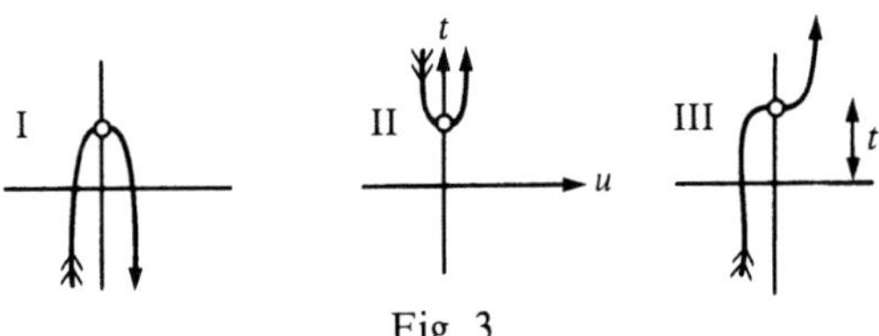

Fig. 3

Durch Sommerfelds Methode (vgl. beiliegendes Separatum) kann man zeigen, daß $Q^{\mathrm{I}}=Q^{\mathrm{ret}}$ das retardierte und $Q^{\mathrm{II}}=Q^{\mathrm{av}}$ [das avanzierte] Potential darstellen, da sie resp. durch ρ für vergangene resp. zukünftige Zeiten t'' definiert sind.

Q^{III} bedarf einer speziellen Untersuchung: Da der Integrand in unmittelbarer Nähe der t-Axe keine Singularitäten enthalten soll, kann Q^{III} beliebig in die Wege IV oder V deformiert werden

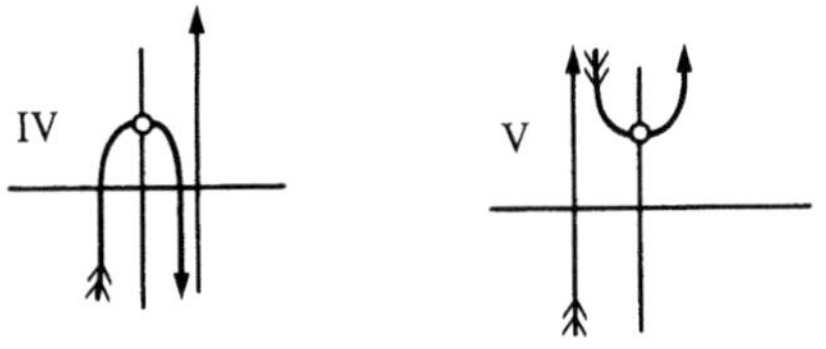

Fig. 4

woraus die Beziehungen

$$Q^{\mathrm{III}} = Q^{\mathrm{IV}} = Q^{\mathrm{V}} = Q^{\mathrm{ret}} + Q^r = Q^{\mathrm{av}} + Q^l \tag{5}$$

(r und l sind Wege, die von $-\infty$ bis $+\infty$ $\parallel$ der t-Axe laufen.)

Da Q^{IV}, Q^{V}, Q^{ret} und Q^{av} jedes allein der inhomogenen Gleichung (2) genügt, folgt interessanterweise, daß Q^l und Q^r beide der homogenen Gleichung (2) genügen.

Insbesondere sind reell für auf der t-Axe reelles ρ

$$Q^r - Q^l = Q^{\mathrm{av}} - Q^{\mathrm{ret}} = (4\pi)^{-1} \iiiint_{-\infty}^{+\infty} dx^3\, dt''\, D(r, t''-t')\, \rho(x', t'') \tag{6}$$

$$(2i)^{-1}(Q^l + Q^r) = (4\pi)^{-1} \iiiint_{-\infty}^{+\infty} dx''^3\, dt''\, D_1(R)\, \rho(x'', t''). \tag{7}$$

Die zweiten Gleichsetzungen sind rein formaler Natur. Es bedeuten r und R die positiven Quadratwurzeln von

$$r^2 = \sum_1^3 (x_i'' - x_i)^2, \qquad R^2 = r^2 - (t'' - t')^2. \tag{8}$$

Dann ist $D(r,t)$ durch Gleichung (8) (letzte Gleichung) des Separatums definiert. $D_1(R) = (2\pi i)^{-1}\, v(R)$, wo $v(R)$ (irrtümlich als $v(r)$ gedruckt) durch Gleichung (6) im Separatum definiert, führt wegen der auf der t-Axe vorkommenden Singularitäten auf unbestimmte Ausdrücke. Da aber die Wege durch die linke Seite der Gleichung (7) definiert sind, heißt das, wie Sie in Ihrem Brief definieren, daß die Integrale durch ihre Hauptwerte zu ersetzen sind. Das gilt auch für alle Fourierdarstellungen, so daß insbesondere $\int dx \cos x/x$ gleich 0 zu setzen ist.

Mathematisch sind D und D_1 am besten durch die linken Seiten der Gleichung (6) und (7) definiert. Da sie für beliebige ρ (welche den Regularitätsbedingungen genügen) gelten, so kann man sagen, D und D_1 genügen überall, inklusive $x'' = x'$ der homogenen Wellengleichung.

Falls nichts dazwischen kommt, bin ich also am 15.1.40 in Zürich zum Seminar. Falls nicht wegen irgend [einer] Verhinderung [abgehalten], telephoniere ich zur Zeit, damit eventuell das Seminar verschoben werden kann.

Herzliche Grüße und Weihnachts- und Neujahrswünsche von Haus zu Haus

Ihr sig. E.C.G. St[ueckelberg]

PS: Eine Kopie sende ich an Herrn Prof. Sommerfeld.

a) Die Vorlage war eine Doppelausfertigung des Briefes an Pauli, die Stueckelberg Sommerfeld sandte. (Sommerfeld-Nachlaß, Deutsches Museum München.) – Siehe hierzu auch Paulis Schreiben [550] an Wentzel. – b) E.C.G. Stueckelberg: Sur l'intégration de l'équation $(\Sigma\, \partial^2/\partial x_i^2 - l^2) = \rho$ en utilisant la méthode de Sommerfeld. Comptes Rendus Soc. Phys. Hist. Nat. Genève **56**, 43–45 (1939).

Mit einer gewissen Übertreibung konnte Max Born in einem Schreiben vom 10. April 1940 an Einstein erklären, sein Department in Edinburgh sei der einzige Fleck in Großbritannien, wo noch theoretische Forschung betrieben werde.

Borns neueste Arbeiten galten der Reziprozitätsidee, womit er eine Vereinigung von Wellenmechanik und Relativitätstheorie herbeizuführen hoffte. Pauli soll ihm gegenüber geäußert haben: „I think, you are one on the right track". Ähnlich hieß es auch in einem Schreiben Paulis vom 15. Oktober 1940 an Landé, der in einer ähnlichen Richtung arbeitete: „Manchmal habe ich das Gefühl (das hatte ich auch schon bei den Arbeiten von Born), es ist etwas Wahres daran, das ich noch nicht verstanden habe."

Doch bevor Pauli sich zu diesen Fragen äußerte, wollte er Borns weitere Publikationen abwarten [586]. In dem Brief beschäftigte er sich aber hauptsächlich mit der Lösung eines Integrals, das Born ihm offenbar vorgelegt hatte.

[587] Pauli an Born

Zollikon-Zürich, 24. Dezember 1939

Dear Born!

Thanks for your letter from Dec. 12. With the discussion of your reciprocity-idea it seems to me better to wait on your more definite papers[a].

In the meantime *I* have just played a bit with your integral and *I* am quite certain, that it is *not* another Bessel-function. The complication comes from the denominator $a\cos\vartheta-b$ in the integrand and therefore *I* propose to put your integral

$$I=\int_0^1 I(u)\,du$$

$$I(u)=\int_0^\pi \cos[u(a\cos\vartheta-b)]\,I_n(a\sin\vartheta)\cdot P_l^n(\cos\vartheta)\sin\vartheta\,d\vartheta$$

$$(n=k+1;\,n\leqq l);\text{ one uses }\int_0^1 \cos[u(a\cos\vartheta-b)]\,du=\frac{\sin(a\cos\vartheta-b)}{a\cos\vartheta-b}.$$

For the integral $I(u)$ there exist a general formula. (See *Watson*, Besselfunctions, p. 379*)

$$\int_0^\pi \cos(z\cos\psi\cos\vartheta)\,I_n(z\sin\psi\sin\vartheta)\,P_l^n(\cos\vartheta)\sin\vartheta\,d\vartheta$$

$$=(-1)^{\frac{l-n}{2}}\sqrt{\frac{2\pi}{z}}\,P_l^n(\cos\psi)\cdot I_{l+\frac{1}{2}}(z).$$

(That is true for $l-n$ even; for $l-n$ odd the Integral is zero. Similar for $l-n$ odd; for $l-n$ even the integral is zero.)

$$\int_0^\pi \sin(z\cos\psi\cos\vartheta)\,I_n(z\sin\psi\sin\vartheta)\,P_l^n(\cos\vartheta)\sin\vartheta\,d\vartheta$$

$$=(-1)^{\frac{l-n-1}{2}}\,P_l^n(\cos\psi)\sqrt{\frac{2\pi}{z}}\,I_{l+\frac{1}{2}}(z).$$

One has to put now

$$na=z\cos\psi,\qquad a=z\sin\psi,$$

hence

$$z=a\sqrt{1+u^2},\qquad \cot\psi=u,\qquad \cos\psi=\frac{u}{\sqrt{1+u^2}},\qquad \sin\psi=\frac{1}{\sqrt{1+u^2}}.$$

---

* One uses there the "Gegenbauer-polynoms" defined by $\sum_l C_l^\nu(t)x^l=(1-2xt+t^2)^{-\nu}$; there is $P_l^n(\cos\vartheta)=(\sin\vartheta)^n[1\cdot 3\ldots(2n-1)]\,C_{l-n}^{n+\frac{1}{2}}(\cos\vartheta)$.

$$I(u)=\sqrt{\frac{2\pi}{a}\sin\psi}\, I_{l+\frac{1}{2}}\left(\frac{a}{\sin\psi}\right)\cdot P_l^n(\cos\psi)$$

$$\cdot\begin{cases}(-1)^{\frac{l-n}{2}}\cos(\operatorname{cotg}\psi b) & \text{for } l-n \text{ even}\\ (-1)^{\frac{l-n-1}{2}}\sin(\operatorname{cotg}\psi b) & \text{for } l-n \text{ odd.}\end{cases}$$

$\sqrt{\frac{2\pi}{a}\sin\psi}\, I_{l+\frac{1}{2}}$ is an elementary trigonometric function of $(\sin\psi)^{-1}$ or $\sqrt{1+u^2}$ and of that argument itself. ($\{\ldots\}$ is also $\cos ub$ respectively $\sin ub$.)

Unfortunately it seems to me hopeless to evaluate the integral $\int_0^1 I(u)\,du$ in a closed form because of the limits 0 or 1 (which correspond to $\psi=0$ and $\psi=\pi/4$). In the most simple case $n=l=0$ one gets already

$$\int_0^1 I(u)\,du=2\int_0^1 \frac{\sin a\sqrt{1+u^2}}{a\sqrt{1+u^2}}\cos bu\,du.$$

With limits $u=0$ and $u=\infty$ ($\psi=0$ and $\psi=\pi/2$) the thing would be easy, but it seems to me impossible to establish a connection between the integral from 0 to 1 and the integral from 1 to ∞.

Your statement about a third quantum number of angular momentum seems to me incorrect because of the negative sign of $(dt)^2$ in the square of the line-element in the Lorentz-group. It would be correct only for a space with four real dimensions and a positive-definite quadratic form. In the representations of the infinitesimal Lorentz-transformations (see van der Waerden, group theory and quantum mechanics, § 20, Nr. 4) one has two quantum-integers and one *continuous* eigen-value (for $\vec{N}'^2$ for instance), if one postulates, that the physical quantities shall be represented by *hermitian* matrices or operators as one does it usually. I can't find a sense in introducing purely imaginary eigen-values of $t\vec{p}-\vec{x}p_0$ ($p_0\sim$ energy-operator or $i\partial/\partial t$ is real, respectively hermitian.)

I am also a bit afraid for the next year. Nevertheless my best wishes for the new year to you and your family from both of us.

Sincerely yours W. Pauli

a) Siehe M. Born: Reciprocity and the number 137. Proc. Roy. Soc. Edinburgh **59**, 219–223 (1939), – und K. Fuchs: "Reciprocity: Scalar wave function" und "Reciprocal wave function". Proc. Roy. Soc. Edinburgh **60**, 100–116, 141–146 (1940).

XI. Nachtrag zu Band I, 1919–1929

[7a]	Pauli an Thirring (Fragment)	München	30. Juni	1920
[23a]	Pauli an Schlick (PK)	Hamburg	21. August	1922
[23b]	Pauli an Epstein	Hamburg	1. September	1922
[118a]	Sommerfeld an Pauli (MSD)	München	3. Februar	1926
[173a]	Pauli an Rohn (Telegramm)	Hamburg	11. November	1927
[175a]	Pauli an Scherrer	Hamburg	26. November	1927
[176a]	Pauli an Rohn	Hamburg	6. Dezember	1927
[180a]	Pauli an Rohn	Hamburg	28. Januar	1928
[182a]	Pauli an Rohn	Hamburg	2. Februar	1928
[191a]	Debye an Pauli (Rundschreiben)	Leipzig	23. April	1928
[202a]	Pauli an Debye (PK)	Zürich	30. Juni	1928
[203a]	Pauli an Debye	Zürich	14. Juli	1928
[203b]	Debye an Pauli	Leipzig	16. Juli	1928
[216a]	Pauli an Bohr (Telegramm)	Zürich	1. März	1929
[217a]	Pauli an Bohr (Telegramm)	Zürich	März	1929
[218a]	Pauli an Bonhoeffer (PK)	Wien	25. März	1929

Hans Thirring (1888–1976) ist wahrscheinlich einer der ersten theoretischen Physiker, die von Paulis früher Begabung Kenntnis erhielten. Thirring hatte in Wien studiert und machte dort 1911 seinen Doktor. Fritz Hasenöhrl (1874–1915) sagte von ihm, daß er »ebenso tüchtig wie Schrödinger« sei.[1] Doch erst im Mai 1921 erhielt er das langersehnte Wiener Extraordinariat für theoretische Physik. 1938 wurde er von den Nationalsozialisten wegen Pazifismus und persönlichen Verkehrs mit Albert Einstein und Siegmund Freud (durch ein Dekret vom 10. November 1938) zwangspensioniert.

In einer öffentlichen Rundfunkansprache[2] berichtete Thirring später, daß ihn »so um 1915 oder 1916« ein jüngerer Fachkollege von der Schule zum ersten Mal auf die außergewöhnliche Begabung des jungen Pauli aufmerksam machte: „Stellen Sie sich vor, Herr Dozent“, sagte derselbe, „da haben wir in der V. Klasse einen Schüler, der eine so phänomenale Begabung für Mathematik und Physik zeigt, daß da ein neuer Gauß oder Boltzmann heranzuwachsen verspricht.“

„Gelegentlich eines Ferienaufenthalts Paulis in Wien“, fährt Thirring dann in seiner Ansprache fort, „hatte ich auch Gelegenheit, den jungen Mann persönlich kennenzulernen ... Ich hatte im Jahr 1918 im Zusammenhang mit der neuen Gravitationstheorie Einsteins eine Arbeit über den Einfluß der Eigenrotation der Sonne auf die Bewegung der Planetenbahnen publiziert, die Paulis besonderes Interesse erweckte.[3] Er kam zu mir, nicht als Fragender sondern mit einem konkreten Vorschlag zur Weiterführung einiger damit im Zusammenhang stehender recht verzwickter Rechnungen, an die ich noch nicht recht anbeißen wollte, und meinte, das müsse man doch sofort angehen. Wir setzten uns jeder für sich an einen Tisch und rechneten darauflos, daß uns die Köpfe rauchten. Wir kamen auch zum gleichen Ergebnis, nur mit dem Unterschied, daß er viel eleganter und geschickter anpackte und dementsprechend auch viel früher fertig war als ich. Selten ist mir die geniale Überlegenheit eines Fachkollegen so deutlich geworden wie bei der Begegnung mit dem damals 20jährigen Studenten Pauli."

Das von Thirring untersuchte Problem war aber auch von großer prinzipieller Bedeutung für die Allgemeine Relativitätstheorie. Ersetzt man nämlich die Massen der Fixsterne näherungsweise durch eine konzentrisch zur Erde gedachte Hohlkugel gleicher Masse, so müßten vom Standpunkt der Theorie die auf der (mit der Winkelgeschwindigkeit $\vec{\omega}$ rotierenden) Erde wahrnehmbaren Trägheitseffekte (Zentrifugal- und Corioliskraft) ebenso durch eine alleinige Rotation der Hohlkugel entstehen. Einstein hatte eine Näherungslösung seiner allgemeinen Gravitationsgleichungen bereits angegeben,[4] so daß Thirring diese nur durch geeignete Spezialisierung auf seinen Fall anzuwenden brauchte. Das Ergebnis zeigte, daß in der Tat im Inneren der rotierenden Hohlkugel auf ein im Abstand $\vec{r}$ von der Drehachse mit Geschwindigkeit $\vec{v}$ bewegtes Masseteilchen die gewünschten Beschleunigungen $2\,\vec{\omega}\times\vec{v}+\omega^2\vec{r}$ wirken und daß die weiteren Zusatzterme in der Praxis unmeßbar klein bleiben. Damit schien aber auch die zuerst von Ernst Mach geforderte Äquivalenz der beiden Rotationsbewegungen, welche das sog. Machsche Prinzip beinhalten,[5] durch die Einsteinsche Theorie erfüllt.[6]

Thirrings Schilderung seiner Begegnung mit Pauli wird sehr schön durch das folgende Brieffragment [7a] belegt.[7] Wahrscheinlich hatte Pauli während der Niederschrift des entsprechenden Abschnittes seines »Relativitätsartikels«[8] Thirrings Ergebnisse nochmals überprüft und dabei die hier mitgeteilten Mängel entdeckt. Thirring, der auf die gleichen Fehler auch durch Max von Laue hingewiesen wurde,[9] veröffentlichte daraufhin eine Berichtigung.[10] Die in dem Brief [7a] verwendeten Bezeichnungen und Formeln werden in Thirrings Arbeit[3] definiert.

[1] Vgl. das Habilitationsgesuch vom 30. Mai 1914 und die Personalakte Thirrings im Archiv der Universität Wien. U.a. befindet sich dort auch eine Feldpostkarte Hasenöhrls vom 6. Oktober 1914 an E. Hanler, in welcher er nochmals Thirrings Habilitation empfiehlt. Franz Gall stellte diese Unterlagen freundlicherweise zur Verfügung.

[2] „Professor Hans Thirring spricht über: Erinnerungen an Wolfgang Pauli." Österreichischer Rundfunk, II. Programm, 19. Dezember 1958, $13^{h}20$. Eine Kopie des Vortragsmanuskriptes befindet sich in der Pauli Letter Collection (PLC) bei CERN in Genf.

[3] H. Thirring: Über die Wirkung rotierender Massen in der Einsteinschen Gravitationstheorie. Physik. Z. **19**, 33–39 (1918).

[4] A. Einstein: Eine näherungsweise Integration der Feldgleichungen der Gravitation. Sitzungsberichte der Preußischen Akademie der Wissenschaften 1916, S. 688–696.

[5] Vgl. E. Mach: Die Mechanik in ihrer Entwicklung, historisch-kritisch dargestellt. Leipzig ^{8}1921. Dort S. 225ff.

[6] Neuere Untersuchungen von Helmut Hönl, Heinz Dehnen und Feisa Gürsey haben gezeigt, daß das Machsche Prinzip nur durch eine bestimmte Klasse von Lösungen der Einsteinschen Gleichungen erfüllt wird. Siehe hierzu z.B. Hubert Goenner: Mach's Principle and Einstein's Theory of Gravitation. Boston Studies in the Philosophy of Science **6**, 200–215 (1970) und Helmut Hönl: Albert Einstein und Ernst Mach. Phys. Bl. **35**, 485–494 (1979).

[7] Der Nachlaß von Hans Thirring wurde kürzlich der Zentralbibliothek für Physik in Wien übergeben. Wolfgang Kerber stellte freundlicherweise Kopien zur Verfügung.

[8] Vgl. Pauli [1921], dort insbesondere § 60.

[9] Siehe hierzu v. Laues Schreiben vom 18. Juni und 14. Juli an Thirring, welche sich ebenfalls im Thirring-Nachlaß befinden (vgl. Anmerkung 7).

[10] H. Thirring: Berichtigung zu meiner Arbeit: „Über die Wirkung rotierender ferner Massen in der Einsteinschen Gravitationstheorie. Physik. Z. **22**, 29–30 (1921). Signiert Wien, 15. Oktober 1920.

[7a] Pauli an Thirring

München, 30. Juni 1920

Lieber Dr. Thirring!

Vielen Dank für Ihren freundlichen Brief. Die Sache mit Ihrer Gravitationsarbeit[a] verhält sich meiner Meinung nach so: In Gleichung (3) ist zu schreiben $\gamma'_{\mu\nu} = -\frac{k}{2\pi}\int \frac{T_{\mu\nu}(x, y, z, t-r)}{R} dV$ statt dV_0 bei Ihnen. (Gleichung (7) ist an sich richtig.) Dies kommt darauf hinaus, daß in (10) ein Faktor $i\,dx_4/ds$ zu tilgen ist. Eine weitere Inkorrektheit besteht aber dann beim Übergang (13). Es ist $\int \rho_0 a^2 da \int_0^{2\pi} d\varphi \int_0^{\pi} d\vartheta \sin\vartheta \neq M$ (M = Ruhmasse), (denn das wäre gleichbedeutend mit $\int \rho_0 dV = M$). Es ist aber $\int \rho_0 dV_0 = M$ oder $\int \rho_0 i \frac{dx_4}{ds} dV = M$. Der Kürze wegen haben wir damals die *zweite* Streichung auch in Gleichung (10) statt in (13) vorgenommen. Im ganzen ist in der Tat $(dx_4/ds)^2$ zu streichen, es war *nicht* bloß eine Schlamperei von Ihnen[b]. – Den „revoltierenden" jüngeren Physikern wünsche ich von ganzem Herzen den besten Erfolg.

Herrn Rellas Arbeit[c] begrüße ich lebhaft, denn ich empfand es auch stets als dringendes Bedürfnis die Potentiale naturgemäßer abzuleiten. Zu diesem Zweck müßte man wohl die allgemeinsten Kugelfunktionen in *kartesischen Koordinaten* entwickeln und dann auf Grund der besonderen Symmetriegruppen spezialisieren. Auf die Methode von Herrn Rella bin ich neugierig. Noch neugieriger bin ich darauf, ob die de Costerschen Ringe[d] überhaupt dynamisch möglich sind. Müssen Sie voraussetzen, daß die beiden Elektronen auf *demselben* Ring umlaufen? Ich halte das für unwahrscheinlich. Hoffentlich publizieren Sie bald Ihre Diamantrechnungen[e]. – Heute traf eben das Heft der Physikalischen Zeitschrift vom 1. Juni ein, welches Ihre schöne Arbeit über „Atombau und Kristallsymmetrie" enthält[f], über die Sie uns auch vorgetragen haben[g]. Ich hege jetzt die Vermutung, daß die Hemiedrie der höheren Alkalihalogenide von den inneren Elektronen verursacht wird. Die rein elektrostatischen Kräfte derselben können – wie ich durch eine ganz grobe Abschätzung, die ich nur mit allem Vorbehalt wiedergeben…[h].

a) Siehe Anmerkung 3. – b) Vgl. hierzu die im Kommentar wiedergegebenen Ausführungen Thirrings. – c) Tonio Rella (1888–1945), ein Schüler des Mathematikers Philipp Furtwängler, war damals noch Assistent am Mathematischen Seminar der Universität Wien. 1922 erhielt er einen Ruf nach Graz. Die hier von Pauli angesprochene Untersuchung Rellas: „Über das elektrostatische Potential räumlicher Atommodelle" erschien in der Z. Phys. **3**, 157–168 (1920). Dort werden allgemeine Ausdrücke für die elektrostatische Energie für Atome mit Würfel- und Tetraedersymmetrie angegeben, die Thirring für seine Berechnungen des Diamantengitters (siehe Fußnote e) verwendete. – d) In der älteren Quantentheorie versuchte man die Bindungskräfte durch Elektronenringe zu erklären, die sich zwischen je zwei Atomen ausbilden sollten. Dirk Coster hatte gerade in der Amsterdamer Akademie eine Arbeit eingereicht, in der er die Verträglichkeit solcher doppeltbesetzter Zwischenringe für die Kohlenstoffbindung beim Diamantgitter mit den Ergebnissen der Röntgenanalyse von Debye und Scherrer herausstellte. (Vgl. D. Coster: Ringen van bindingselektronen in Bragg's Kristalmodel van diamant. Proceedings d. Koninklijke Akademie van Wetenschappen te Amsterdam **28** (1920)). Auf Costers Ergebnisse stützte sich die Thirringsche Arbeit. – e) H. Thirring: Über die Kohäsionskräfte des Diamanten. Z. Phys. **4**, 1–25 (1921). Eingegangen am 17. August 1920. Die Arbeit trägt in einer Fußnote den Vermerk: Aus äußeren Gründen verspätet erschienen. Thirrings Ergebnisse waren bald durch eine entsprechende Untersuchung von Alfred Landé: Über die Kohäsionskraft im Diamanten, Z. Phys. **4**, 410–423; **6**, 10–11 (1921) überholt. – Es ist auch interessant, daß offensichtlich schon damals das Problem zweier Elektronen auf einer Bahn Pauli beschäftigte, welches er schließlich durch sein Ausschließungsprinzip gelöst hat. – f) H. Thirring: Atombau und Kristallsymmetrie. Physik. Z. **21**, 281–288 (1920). Eingegangen am 23. Dezember 1919. – g) Im Münchener physikalischen Mittwochskolloquium bei Sommerfeld. – Mit kristallographischen Fragen war Pauli auch durch den Besuch der Vorlesungen Ewalds im Wintersemester 1919/20 vertraut (vgl. Kommentar zu [4]). – h) Der Rest des Schreibens ist nicht erhalten.

Eine erste erkenntnistheoretische Auseinandersetzung mit der Unanschaulichkeit und Abstraktheit vieler physikalischer Begriffe der modernen Relativitäts- und Quantentheorie[1] fand im Neopositivismus des frühen 20. Jahrhunderts statt. In Wien formierte sich damals um Moritz Schlick[2] der sog. „Wiener Kreis". Sein Ziel war es, die einst von Ernst Mach begründete Erkenntnislehre weiterzubilden und systematisch zu einer wissenschaftlichen Weltauffassung auszugestalten.

Vielleicht am treffendsten hat Edgar Zilsel mit folgenden Worten die wesentlichen Züge dieser Wissenschaftslehre in einem Nachruf[3] skizziert: »Überall und in allen Theorien hat der Physiker den anschaulichen Beobachtungen ein Zahlennetz zuzuordnen, ein theoretisches Netz, das so geartet ist, daß mit seiner Hilfe Naturgesetze, die sich experimentell bewähren, formuliert werden können. Ein Gesetz ist aber bewährt, wenn es gestattet, sämtliche in der Anschauung auftretende Beobachtungen vorauszurechnen. Gleichnisweise ausgedrückt: theoretisches Netz und anschauliche Beobachtung verhalten sich zueinander wie zwei Sprachen, die zwar voneinander verschieden sind, zwischen denen aber jeder Satz sich eindeutig hinüber und herüber übersetzen läßt. Deutlich kommt in dieser Wissenschaftsauffassung sowohl die rationale Seite der Erkenntnis (das theoretische Netz ist verknüpft durch logisch-mathematische Konsequenz) als die empirische (es ist an jeder Stelle in Beobachtungen übersetzbar) zu ihrem Recht.«

Die Maximen dieser Schule sind in einer Programmschrift aus dem Jahre 1929 niedergelegt.[4] Seit 1930 verfügte sie sogar mit der Zeitschrift „Erkenntnis" über ein eigenes Publikationsorgan. Herausgeber waren Rudolf Carnap und Hans Reichenbach.

Während bei Mach physikalische Gesetze lediglich eine rationelle Zusammenfassung – unter Ausmerzung überflüssiger, nicht verifizierbarer Annahmen – von Sinnesempfindungen sein sollten, forderten die Neopositivisten zusätzlich, daß bei den dabei benutzten Voraussetzungen und der Methode der Ableitungen streng nach den Regeln der formalen Logik vorgegangen werden müsse. Physik ist für sie dementsprechend ein System von Symbolrelationen (wie z.B. die Maxwellgleichungen), deren Folgerungen empirisch überprüfbar sein müssen. Der altherkömmliche Realitätsanspruch physikalischer Theorien war damit in Frage gestellt.[5]

Diese Beziehung zwischen Positivismus und Naturwissenschaft ist natürlich nicht nur der Philosophie zugute gekommen. Der Einfluß positivistischer Gedanken auf Einsteins frühe Arbeiten wurde schon mehrfach beleuchtet,[6] obwohl er sich später immer mehr vom Positivismus distanziert hat.[7]

Auch die Bereitschaft einiger Physiker, bewährte physikalische Grundlagen aufzugeben, ist in diesem Zusammenhang zu sehen.[8]

Weniger analysiert ist dieser Aspekt bisher bei den Schöpfern der modernen Quantentheorie.[9] Heisenbergs Zurückgehen auf beobachtbare Größen bei der Formulierung seiner Quantenmechanik weist deutlich auf das methodische Verfahren der Positivisten hin. Obwohl Heisenberg damals wahrscheinlich nicht mit den Anhängern dieser Schule in nähere Berührung gekommen war, so könnte hier jedoch seine enge Beziehung zu Pauli von Bedeutung gewesen sein.

Paulis Vater Wolfgang Josef (1869–1955) war seit seiner Prager Studienzeit als Student der Medizin mit Ernst Mach befreundet. Auch nach seiner Übersiedlung nach Wien und Heirat mit der Wiener Bürgerstochter Berta Schütz (1878–1928) am 12. Mai 1899 blieb er weiterhin mit dem von ihm verehrten Lehrer und Freund in Kontakt. Mach übernahm die Patenschaft des erstgeborenen Kindes Wolfgang und später auch die wissenschaftliche Betreuung des frühreifen Physikers. So schenkte er dem 13jährigen ein Exemplar seiner berühmten „Mechanik“.[10]

Offenbar hatte die Lektüre dieses Machschen Werkes bei Pauli einen nachhaltigen Eindruck hinterlassen. Später hat er den Einfluß seines Paten folgendermaßen charakterisiert: „Er war wohl eine stärkere Persönlichkeit als der katholische Geistliche, und das Resultat scheint zu sein, daß ich auf diese Weise antimetaphysisch statt katholisch getauft bin.“[11]

Die vorliegende Postkarte [23a] und die weiteren Schreiben [248 und 264] von Pauli an Schlick geben weitere Hinweise auf die positivistische Einstellung des jungen Pauli.

[1] Vgl. A. Sommerfeld: „Über Anschaulichkeit in der modernen Physik“. Unterrichtsblätter für Mathematik und Naturwissenschaften **36**, 161–167 (1930).

[2] Moritz Schlick (1882–1936) hatte 1904 in Berlin sein Physikstudium bei Max Planck mit einer Dissertation „Über die Reflexion des Lichtes in einer inhomogenen Schicht“ abgeschlossen und sich dann philosophischen Fragestellungen zugewandt. Während dieser Jahre hatte er auch Gelegenheit, eine nähere Verbindung zu Einstein herzustellen. Als Einstein zur Jubiläumsfeier der Universität nach Rostock kam, fand eine Begegnung statt. Einstein berichtete darüber am 9. Dezember 1919 an Born: »Ich war einige Tage bei Schlick in Rostock ... Schlick ist ein feiner Kopf; wir müssen sehen, ihm eine Professur zu verschaffen, zumal er's bei der Entwertung der Vermögen auch bitter nötig hat. Es wird aber schwer halten, weil er nicht der philosophischen Landeskirche der Kantianer angehört.« Nach zehnjähriger Lehrtätigkeit in Rostock folgte 1921 ein Ruf nach Kiel und im Sommer 1922 die ehrenvolle Berufung zum Nachfolger von Mach und Boltzmann auf die Lehrkanzel für induktive Philosophie an der Universität Wien. Hier ist dann aus seinen Seminarveranstaltungen die Idee zur Gründung des Wiener Kreises hervorgegangen. Schlick wurde am 22. Juni 1936 von einem geistesgestörten ehemaligen Hörer im Treppenhaus seines Wiener Instituts erschossen. Sein späterer Nachfolger Victor Kraft hat eine Geschichte des Wiener Kreises verfaßt.

[3] Vgl. E. Zilsel: Moritz Schlick. Naturwiss. **25**, 161–167 (1937).

[4] „Wissenschaftliche Weltauffassung. – Der Wiener Kreis. – Veröffentlichungen des Vereins Ernst Mach.“ Wien: Verlag A. Wolf 1929. Unter den Mitgliedern des Wiener Kreises finden wir viele bekannte Namen: den Prager Physiker Philipp Frank (1884–1966), den Mathematiker Kurt Gödel (geb. 1906), Edgar Zilsel (1891–1944), damals noch an der Volkshochschule in Wien tätig, den Ökonomen Ludwig von Mises, den Soziologen und Volkswirt Otto Neurath (1882–1945) und etwas später auch den Erkenntnistheoretiker Rudolf Carnap (1891–1970). Auch der Philosoph Karl R. Popper (geb. 1902), der Dichter Hermann Broch (1886–1951) und in Berlin der Physiker Hans Reichenbach (1891–1953) und der Mathematiker Richard von Mises (1883–1953) standen dem Kreise nahe. Der Wiener Kreis löste sich 1938 nach der Besetzung Österreichs auf. Viele seiner Mitglieder gingen ins Ausland und setzten dort ihre Tätigkeit fort. – Eine Besprechung der ersten Hefte der neu begründeten Zeitschrift „Erkenntnis“ durch Kurt Grelling findet man in Naturwiss. **19**, 41 (1931).

[5] Vgl. hierzu den Vortrag von Philipp Frank zur Eröffnung des deutschen Physiker- und Mathematikertages in Prag am 16. September 1929: Was bedeuten die gegenwärtigen physikalischen Theorien für die allgemeine Erkenntnislehre? Naturwiss. **17**, 970–977, 987–994 (1929). Franks Ausführungen riefen einen scharfen Protest von Sommerfeld hervor, der es nicht duldete, daß man die neuen physikalischen Erkenntnisse zu einer „Verknüpfung von Beobachtungsdaten“ degradieren wollte. Vgl. Unterrichtsblätter für Mathematik und Naturwissenschaften **35**, 393 (1929). In seinem Wiener Gastvortrag vom 28. Januar 1930 schwächte Sommerfeld seine temperamentvolle Stellungnahme auf der Prager Veranstaltung ab. Wie Sommerfeld sahen auch viele andere Physiker, darunter Albert Einstein und Max Planck, in der neuen philosophischen Zeitströmung eine Gefahr für ihre Wissenschaft. Vgl. hierzu Sommerfelds Ausführungen in einem Vortrag auf dem internationalen Ferienkurs in München am 30. Juli 1948: Philosophie und Physik seit 1900. Naturwiss. Rundschau, Stuttgart **1**, 97–100 (1948).

[6] Vgl. hierzu J. Petzoldt: Das Verhältnis der Machschen Gedankenwelt zur Relativitätstheorie. Anhang zur 8. Auflage von E. Mach: „Die Mechanik in ihrer Entwicklung, historisch-kritisch dargestellt.“ Leipzig: F.A. Brockhaus 1921. Dort S. 490–517. – Eine neuere Untersuchung dieser Frage lieferte G. Holton: Mach, Einstein, and the Search for Reality. Daedalus 1968, S. 636–673.

[7] Vgl. Ph. Frank: Albert Einstein. Sein Leben und seine Zeit. [2]Braunschweig/Wiesbaden: Friedr. Vieweg u. Sohn 1979. Dort insbesondere S. 349ff. – Noch vor dem Entstehen der neuen Quantentheorie hatte Albert Einstein in einem Brief vom 13. Mai 1917 an Besso den Wert des Machschen Positivismus folgendermaßen charakterisiert: „Über das Machsche Rößlein schimpfe ich nicht ... Aber es kann nichts lebendiges gebären, sondern nur schädliches Gewürm ausrotten“.

[8] Es hat in den 20er und 30er Jahren bekanntlich mehrere Versuche gegeben, Probleme durch Aufgabe des Energieprinzips im atomaren Bereich zu lösen.

[9] Den Einfluß des besonderen kulturellen Klimas der Weimarer Zeit auf die Bildung naturwissenschaftlicher Erkenntnisse hat Paul Forman in einer ausführlichen Untersuchung aufzuzeigen versucht: Weimarer Culture, Causality, and Quantum Theory, 1918–1927: Adaptation by German Physicists and Mathematicians to a Hostile Intellectual Environment. Hist. Stud. Phys. Sci. **3**, 1–115 (1971).

[10] Es handelt sich um die 7. Auflage aus dem Jahre 1912 des Machschen Werkes. Das betreffende Exemplar befindet sich in Paulis Bibliothek, die bei CERN in Genf aufbewahrt wird und enthält die folgende Widmung von Mach: „Meinem lieben Patenkinde Wolf in freundlichem Gedenken. München-Vaterstetten, 17. Oktober 1913.“

Es versteht sich, daß der Vater mit seiner Verehrung für Mach auch mit dessen erkenntnistheoretischem Standpunkt vertraut war. Mach berief sich seinerseits sowohl auf die Forschungsergebnisse des erfolgreichen Kolloidchemikers, und dieser half ihm beim Korrekturlesen seiner Werke (z.B. bei der 4. Auflage von Analyse der Empfindungen).

[11] Eine Abschrift dieses Schreibens vom 31. März 1953 wird in einer Vitrine in der „Salle Pauli“ bei CERN in Genf aufbewahrt.

[23a] Pauli an Schlick*

[Hamburg], 21. August [1922]
[Postkarte]

Sehr verehrter Herr Professor!
Recht herzlichen Dank für das Geschenk Ihres Buches[a], mit dem ich mich sehr gefreut habe, vielen Dank auch für Ihre lieben Zeilen. Leider ist es mir nicht mehr mit der Zeit ausgegangen, Sie in Kiel zu besuchen,[b] aber in Leipzig werden wir uns ja gewiß sehen. Ich freue mich schon sehr auf Ihren Vortrag[c], denn für Erkenntnistheorie und Naturphilosophie habe ich ein großes Interesse, obwohl ich mich da durchaus als Laie fühle.

Ich habe mir inzwischen Petzolds „Weltproblem“ gekauft und es mit großem Interesse gelesen.[d] Ich habe mir Ihre Einwände gegen den Positivismus dabei nochmals sehr sorgfältig überlegt und kann sie *nicht mehr* als stichhaltig anerkennen.[e] Ich halte jetzt den Positivismus für eine vollkommen einwandfreie und widerspruchsfreie Weltansicht. Natürlich ist sie aber nicht die einzig mögliche.

Mit bestem Gruß und auf Wiedersehen in Leipzig.

Ihr Sie sehr verehrender Pauli

a) Wahrscheinlich handelt es sich um Schlicks Hauptwerk, die „Allgemeine Erkenntnislehre“. Berlin: Julius Springer 1918. [2]1925. Neuauflage Frankfurt a.M.: Suhrkamp 1979. – b) Vgl. hierzu den voranstehenden Kommentar. – c) Im September fand in Leipzig die zweite Naturforscherversammlung

* Der vorliegende Briefwechsel von Pauli mit Schlick wurde freundlicherweise von dem Herausgeber des Lorentz-Briefwechsels Dr. A. Kox aus Amsterdam für diese Edition zugänglich gemacht.

nach dem Kriege statt. Schlick sprach dort im Anschluß an einen Vortrag von Max von Laue über „Die Relativitätstheorie in der Philosophie". Verhandlungen deutscher Naturforscher. 87. Versammlung zu Leipzig vom 17. bis zum 24. September 1922. Leipzig: Verlag von F.C.W. Vogel 1923. Dort S. 58–69. – d) Es handelte sich um eine Schrift des extremen Machianers Josef Petzoldt: „Das Weltproblem vom Standpunkt des relativistischen Positivismus aus historisch kritisch dargestellt. Leipzig und Berlin: B.G. Teubner 1906. [2]1912. [3]1921. Im März 1922 hatte Petzoldt durch seine Polemik mit dem Physiker Hans Thirring die allgemeine Aufmerksamkeit auf sich gelenkt, indem er in einer Note über „Mach und die Atomistik" (Naturwiss. **10**, 230–231 (1922)) Machs Ablehnung der Atome zu rechtfertigen suchte. – e) Schlick erwähnte in seinem Leipziger Vortrag einen „sehr scharfsinnigen und hochzuschätzenden Verkünder des relativistischen Positivismus", welcher aus dem bekannten Uhrenparadoxon der Relativitätstheorie unzulässige Folgerungen gezogen habe. Daß er damit Petzoldt gemeint habe, machte er auf S. 241 der Neuauflage (siehe Fußnote a) der 2. Auflage seiner „Erkenntnislehre" deutlich. Wir können also annehmen, daß es sich bei den von Pauli erwähnten Einwänden gegen den Positivismus um Schlicks Kritik der von Petzoldt vertretenen positivistischen Immanenzlehre handelt, „nach welcher alle Objekte nicht Wirklichkeiten sind, sondern reine Hilfsbegriffe, das Brot nicht anders als das Molekül." Gerade dieses Problem dürfte Pauli sehr interessiert haben, da es ja in enger Beziehung zu der damals viel diskutierten Frage nach der Realität von Elektronenbahnen in der Atomtheorie stand (vgl. z.B. [74]). Möglicherweise haben Paulis Einwände Schlick dazu bewogen, in der neuen Auflage seines Buches (S. 233ff. der Neuauflage von 1979) näher auf diesen Punkt einzugehen.

Nach Abschluß seines Studiums in Moskau bei Lebedev[1] war der 1883 in Warschau geborene Paul Sophus Epstein in den Westen gereist, um sich hier nach einer geeigneten Position umzusehen. »Eigentlich hatte ich die Absicht nach Zürich zu Einstein zu gehen«; schrieb er Anfang Dezember 1910 aus München seinem damals noch in Rußland weilenden Freund und Studienkameraden Paul Ehrenfest, »nun hat er aber einen Ruf nach Prag, dem er folgen will, und es fehlt nichts als die Bestätigung vom Kaiser ...«[2]

Nachdem sich für Epstein die Möglichkeit ergab, bei Sommerfeld in München zu bleiben, erwarb er dort 1914 den deutschen Doktorgrad. Dann wandte er sich erfolgreich der theoretischen Bearbeitung des Starkeffektes gemäß der Bohr-Sommerfeldschen Quantentheorie zu.

Während des Ersten Weltkrieges wurde Epstein zeitweilig als Ausländer interniert. Im Sommer 1919 habilitierte er sich in Zürich. Hier weilte auch sein späterer Kollege in Pasadena Fritz Zwicky[3], der damals bei Debye an seiner Dissertation arbeitete. Auch Edith Einstein half er bei der Anfertigung ihrer Doktordissertation und klagte Albert Einstein gegenüber, daß sie »die Sache nicht gerade forciert.«[4]

Max Borns Wunsch, Epstein als Nachfolger für seinen freigewordenen Frankfurter Lehrstuhl zu gewinnen, war schließlich am Widerstand der Fakultät gescheitert. Antisemitische Ressentiments waren, wie Born berichtet, ausschlaggebend gewesen, daß schließlich Erwin Madelung diese Stelle erhielt und nicht Epstein oder Stern.[5] Im Wintersemester 1919/1920 während eines Aufenthaltes in München machte Epstein die Bekanntschaft mit Pauli. Später war Epstein dann für kurze Zeit in Leiden Assistent bei Lorentz.[6]

Durch Einsteins und Lorentz' Vermittlung erhielt er im Herbst 1921 von Millikan ein ehrenvolles Angebot, zunächst die Gastvorlesungen fortzusetzen, die vordem H.A. Lorentz für drei Monate in Kalifornien am Institute of Technology von Pasadena gehalten hatte.[7] Dort blieb er dann schließlich bis zu seiner Emeritierung im Jahre 1955.

Epstein hatte mit seinen frühen Arbeiten zur Quantentheorie und ihrer Erweiterung durch die Störungsmethoden entscheidend zur Durchsetzung des Bohrschen Atommodells beigetragen. Um so schmerzlicher empfand er seine Zurücksetzung bei der Frankfurter Berufungsangelegenheit. Als nun Born und Pauli in ihrer Arbeit (1922a) zur Störungstheorie an verschiedenen Stellen auf die »wesentlich abweichende Methode« von Epstein hinwiesen, reagierte er sehr empfindlich und machte Born Vorwürfe.[8]

Durch seine Zusammenarbeit mit Born in Göttingen während des Wintersemesters 1922/23 war auch Pauli über den unglücklichen Ausgang der genannten Berufungsverhandlungen genaustens unterrichtet. Wahrscheinlich im Auftrage von Born antwortete Pauli noch kurz vor seiner Abreise nach Kopenhagen von Hamburg aus [23b].

Im weiteren Verlauf seines Schreibens erläuterte Pauli seine Vorstellungen über das Heliumproblem, welches nach dem Wasserstoffmolekülion bekanntlich ein weiteres überzeugendes Beispiel für das Versagen der älteren Quantentheorie bei Systemen mit mehr als einem Elektron lieferte. Seine umfangreichen Rechnungen, die Pauli zum reinen Vergnügen machte, wie er Bohr versicherte, hat Pauli später nicht publiziert, um Kramers »nicht in die Quere zu kommen«.[9]

Interessant ist auch Paulis Bemerkung über die magneto-mechanische Anomalie des Elektrons am Ende des Briefes, die er schon jetzt als die größte Sensation bezeichnete, die die *neue* Bohrsche Arbeit gebracht hat.[10]

Paulis Beziehungen zu Epstein blieben weiterhin ungetrübt. Während einer Europareise des letzteren im Sommer 1923 trafen sich beide in Hamburg.[11] Später begegnete Pauli ihm wieder in Pasadena, wo Pauli im Juni 1931 zum erstenmal öffentlich seine Neutrinoidee vortrug.

[1] Pyotr Nikolaijevich Lebedev (1866–1912) studierte in Straßburg und Berlin. Nach seiner Rückkehr nach Rußland wurde er 1900 Professor für Physik an der Universität Moskau. Während der Studentenunruhen 1911 verzichtete er zusammen mit anderen Professoren auf seine Stellung. [Siehe Physik. Z. **12**, 224 (1911). Lebedev ist durch seine Messungen des Lichtdruckes bekannt geworden.

[2] Brief von P.S. Epstein an P. Ehrenfest vom 1. Dezember 1910. Das Original des Schreibens befindet sich in der Ehrenfest-Sammlung des Boerhaave-Museums in Leiden.

[3] In diesem Falle war es Hermann Weyl, der F. Zwicky (1898–1974) den Weg nach Amerika bahnte. Am 27. August 1924 schrieb er an Epstein: »Herr Dr. Zwicky, Assistent am Phyikalischen Institut der ETH Zürich, theoretische Physik – Sie werden wahrscheinlich ein paar Arbeiten von ihm in der Physikalischen Zeitschrift kennen – möchte gerne zu seiner weiteren Ausbildung und Anregung nach Pasadena.« Zwicky wurde 1925 zum Professor für theoretische Physik am Caltech in Pasadena ernannt.

[4] Vgl. E. Einstein: Zur Theorie des Radiometers. Ann. Phys. **69**, 241–254 (1922). Die Anregung zu dieser Arbeit hatte Albert Einstein gegeben und begutachtet wurde sie von Erwin Schrödinger.

[5] Hedwig Born, zuweilen ihrem Mann bei der Korrespondenz behilflich, schrieb am 31. Juli 1920 an Einstein: „Ihr Urteil ist ihm [Max] besonders wichtig, da Wachsmuth aus antisemitischen Gründen gegen Stern agiert. Epstein, als Jude und Pole [sic], wird also noch mehr Ablehnung erfahren." Auf die Berufungsliste kamen schließlich 1. Madelung, 2. Stern und 3. Kossel. (Vgl. hierzu die Briefe [19] und [28] des Born-Einstein-Briefwechsels.)

[6] Über seine Tätigkeit in Leiden berichtete Epstein selbst: „In the Dutch University, in Leiden, the difference was that it was the most brilliant group of students that I ever saw; they had really an exceptional sort of training there. I had four students who made a name for themselves: Goudsmit, Uhlenbeck, Dieke, and I can't think now of the fourth. I was not formally Privatdozent at Leiden. I was assistent to Lorentz, but Ehrenfest took a few month off, and gave his courses to me, so I lectured. – Lorentz was then an old man – he came to Leiden just one day a week, so my assistantship was not very ordinary. In fact my main job was managing the library there. – Apart from that I could work for myself." (Vgl. Interview mit P.S. Epstein vom 25. und 26. Mai 1962. SHQP, tape 14b.)

[7] Der Stellenmangel für theoretische Physiker war nach dem 1. Weltkrieg spürbar. Anläßlich eines Besuches im Januar 1919 in Zürich äußerte Einstein: „Hier wimmelt es von (hungrigen) Theoretikern. Abraham ist da, Laue kommt bald her, auch Debye wollte kommen. Alle freuen sich auf Epstein." (Einstein-Sommerfeld-Briefwechsel, Brief [17].) Besonders Einstein nutzte seinen wachsenden Einfluß im Auslande, um den bedrängten Kollegen beizustehen. In einem seiner Briefe aus dem Jahre 1922 an Born heißt es: „Es ist jetzt ungeheuer schwer, Theoretikern eine Stelle zu verschaffen. Holland leidet an Überproduktion. Daß man dort für Epstein etwas thun konnte, beruht auf der außerordentlichen Bedeutung seiner Leistungen." (Vgl. den Brief [42] des Born-Einstein-Briefwechsels.) – Vgl.

hierzu auch The Autobiography of Robert A. Millikan. New York 1950. Dort S. 221 und eine Anzeige in der Physikalischen Zeitschrift **12**, 592 (1921).

[8] In Amerika erreichte Sommerfeld ein Schreiben Borns vom 5. Januar 1923 mit folgenden Bemerkungen: „Wenn Sie Epstein in Pasadena sprechen und er etwa auf mich schimpft, so sagen Sie ihm, er solle Ihnen den recht unfreundlichen Brief zeigen, den er mir geschrieben hat, weil er sich durch Paulis und meine Störungsarbeit in seinem Erstgeburtsrecht benachteiligt glaubte. Sagen Sie ihm ferner, daß ich solche Briefe nicht beantworte, ihm aber seine Unhöflichkeit (eine milde Bezeichnung) nicht nachtrage, ... Übrigens sind wir in den Fragen der Störungsquantelung doch weiter als er."

[9] Siehe hierzu Fußnote 7 zum Kommentar von Brief [22]. – Wenig später berichtete auch Epstein in einem Brief vom 23. Dezember 1922 an Bohr über seine erfolglosen He-Rechnungen: „Nur wird es Sie vielleicht interessieren, daß ich die Ionisierungsspannung des symmetrischen Heliummodells vor einiger Zeit berechnet habe. Mein Ergebnis ist leider zu niedrig: 21 Volt. Ich hatte gewisse Zweifel, denn die Berechnung nach meiner Methode gestaltete sich ganz überraschend kurz. Allein vor ein paar Wochen hatte ich Gelegenheit mit Prof. Brown darüber zu sprechen, und er meinte, daß, wenn die Störung erster und zweiter Ordnung praktisch das Gleiche liefern (wie es in meinem Fall ist), die Wahrscheinlichkeit, ein richtiges Resultat zu haben, erheblich ist. Später kam die Arbeit von van Vleck [siehe [30], Fußnote a] welcher nach einer ganz anderen Methode das gleiche Resultat findet. Ich glaube, daß es meine [Methode] erlauben würde, auch den allgemeinen asymmetrischen Fall zu behandeln, weiß aber nicht, ob es sich lohnt ... Es wäre mir sehr interessant zu erfahren, ob die Resultate der Herren Kramers und Pauli mit den meinigen übereinstimmen. Von einer Veröffentlichung sehe ich vorläufig ab, ... Ich bitte den Herren Pauli, Coster und Hansen meine herzlichen Grüße zu übergeben." Auch Born, der zusammen mit Heisenberg detaillierte He-Rechnungen durchführte, erkundigte sich in einem Schreiben vom 4. März 1923 bei Bohr, ob er es für sinnvoll halte, zu publizieren: „Die Rechnung ist ja eine genaue Fortsetzung von Überlegungen, die Sie [Bohr] und Pauli (mit mir zusammen) über das Ortho-He angestellt haben." In einigen offenbar verlorenen Briefen an Heisenberg hatte Pauli mehrfach auf Fehler in den Göttinger Rechnungen hingewiesen. Am 17. April 1923 antwortete Born daraufhin an Bohr: „wir halten das für recht unwahrscheinlich, möchten aber doch gern Paulis Zustimmung gewinnen. Sie werden gewiß so gut sein, ihm das beiliegende Manuskript zu zeigen."

[10] Möglicherweise war Pauli auf dieses Problem durch seinen Münchener Lehrer Karl F. Herzfeld aufmerksam geworden, der sich seit 1920 bemühte, den von Emil Beck neu bestimmten Faktor 1/2 beim Einstein-de Haas-Effekt theoretisch zu begründen. Vgl. hierzu die zwischen Einstein und Sommerfeld ausgetauschten Briefe vom 18., 20., 29. Dezember 1920 und vom 4. Januar, 9., 14. März, 4., 13. Juli 1921. (Briefe [27] – [34] des Einstein-Sommerfeld-Briefwechsels.)

[11] Vgl. Paulis Brief [38] an Hansen.

[23b] PAULI AN EPSTEIN

Hamburg, [1.] September 1922

Sehr geehrter Professor Epstein!

Ich wollte Ihnen schon lange schreiben, aber stets kam mir etwas dazwischen. Nun ist inzwischen leider Ihr Brief an Born angekommen, der sich auf Borns und meine gemeinsame Arbeit bezieht.[a] Den Ton dieses Briefes bedauere ich lebhaft. Wenn Sie ihn nochmals durchlesen, werden Sie gewiß selbst einsehen, wie er wirken mußte. Ich weiß recht gut, daß Sie in der langen Zeit Ihrer Zurücksetzung viel durchmachen mußten und kann deshalb eine gewisse allgemeine Reizbarkeit bei Ihnen verstehen. Aber Sie sollten doch, glaube ich, Ihr Mißtrauen nicht dort geltend machen, wo dazu gar kein Anlaß vorhanden ist. Prof. Born wird selbst auf Ihren Brief nicht weiter antworten; er läßt Ihnen sagen, er sei gern bereit, mit Ihnen in aller Freundschaft weiter zu verkehren, wenn Sie ihm in solchem Tone schreiben, daß er nicht glauben muß, Sie hielten ihn für einen boshaften Schädiger seines wissenschaftlichen Ansehens und außerdem für einen Ignoranten.

Ich möchte zunächst auseinandersetzen, wie unsere Arbeit zustande kam. Die Absicht dabei war keine polemische. Ihre Anfänge gehen auf den Sommer 1921 zurück,[b] wo wir die wesentlichen formalen Teile der Arbeit bereits fertig hatten. Die Publikation hat sich dann verzögert, da ich zuerst meine Arbeit über das H_2^+ fertigstellen mußte, von der ich Ihnen gleichzeitig einen Sonderabdruck sende und mit der Sie hoffentlich einverstanden sein werden.[c] Dann wollten wir die Arbeit erst zusammen mit der Anwendung der Methode auf das Orthohelium veröffentlichen. Diesbezüglich haben wir sehr ins einzelne gehende Rechnungen gemacht, auf die ich sogleich noch zu sprechen kommen werde. Gelegentlich von Vorträgen, die Bohr im Juni in Göttingen gehalten hat, trug er seine Resultate über das He vor und es zeigte sich, daß sie mit den unsrigen vollkommen identisch waren.[d] Da wir jedoch keine Übereinstimmung mit der Erfahrung erzielt hatten, beschlossen wir, den allgemeinen Teil unserer Methode nun doch zu publizieren (dies war vor Bohrs Vorträgen). Inzwischen waren Ihre 3 Abhandlungen in der ZS. f. Phys. erschienen und wir mußten selbstverständlich in unserer Arbeit zu ihnen Stellung nehmen. Wenn Sie von einer Kritik einer noch nicht veröffentlichten Abhandlung sprechen, so ist der Sachverhalt dadurch sehr entstellt wiedergegeben. Ich hoffe, daß Sie einsehen werden, daß wir keineswegs unsere Arbeit mit der a priorischen Absicht geschrieben haben, Sie anzugreifen, sondern daß wir *nur der sachlichen Klärung halber* genötigt waren, unsere Meinung in den Punkten zu präzisieren, wo sie von der Ihrigen abweicht.

Was den Unterschied der beiden Fälle in unserer Methode anlangt, so haben wir uns genau überlegt, daß Libration bei hinreichend kleinem Parameter nur eintreten kann, wenn in dem betreffenden Term die Periode $\Sigma\, \tau_k\, \nu_k$ sehr klein wird (Kommensurabilitätsstelle). Ich möchte übrigens betonen, daß unsere Methode im 2. Band der Methodes nouvelles von Poincaré[e] im wesentlichen bereits entwickelt wird, was uns leider entgangen ist. Was die Konvergenz des Verfahrens anlangt, so haben wir in unserer Arbeit besonders betont, daß Reihen vom Typus der (sowohl von uns wie von Ihnen) benutzten, sicher nicht konvergent sein können wegen des grundsätzlichen Auftretens der kleinen Nenner. Wenn sich nämlich *die Librationsbereiche verschiedener Koordinaten überschneiden,* was bei hinreichend großen τ_k und kleinen $\Sigma\, \tau_k\, \nu_k$ stets der Fall sein wird, hat die Bewegung einen verwickelteren Charakter und läßt sich nicht mehr in scharfe, diskrete harmonische Komponenten zerlegen. Auch die Nicht-Konvergenz der Delaunayschen Methode aus diesem Grund hat Poincaré im einzelnen bewiesen. Wir glauben jedoch, daß unsere Methode trotzdem im Prinzip richtig ist und gestatten wird, die Spektrallinien z.B. des He Atoms mit hinreichender Genauigkeit zu berechnen, wie in unserer Arbeit ausgeführt ist.

Der Standpunkt, dem wir hier den Vorzug geben, ist nicht der einzig mögliche, sondern es sind noch zwei andere denkbar. 1) Daß man die Quantenbahnen unter den speziellen Bahnen suchen muß, die sich *streng* in eine mehrfache Fourierreihe entwickeln lassen. Denn wenn auch die allgemeinste mechanische Bahn im He Atom dies nicht streng gestatten wird, so wird dies doch vorkommen und zwar werden diese harmonischen Bahnen sogar beliebig dicht liegen. Denn letzteres gilt sogar, wie Poincaré mit aller Strenge bewiesen hat, für die *rein* periodischen Bahnen. Ich glaube jedoch nicht an diese Möglichkeit, weil diese Bahnen im Meer der anderen Bahnen so liegen werden wie Punkte mit rationalen Koordinaten in der Ebene und keine stetig zusammenhängende Klasse bilden werden. Letzteres ist aber notwendig, wenn man das Korrespondenzprinzip für die Frequenzen in Anwendung bringen will. 2) Die gewöhnliche Mechanik gilt bei den Atomen mit mehr als einem Elektron auch *in* den Quantenbahnen nicht mehr. Sie gilt vielmehr nur, solange es sich um die Berücksichtigung der *säkularen* Störungen handelt. Wie ich aus einer kurzen Bemerkung in einer Ihrer Abhandlungen ersehe, nehmen auch Sie diesen Standpunkt ein.[f] Bohr hält ebenfalls diese Frage für noch offen, ohne sich aber bestimmt festzulegen. Die erwähnte Bemerkung Ihrer Arbeit ist die, wo Sie die Analogie der kurzperiodischen Störungen im Dreikörperfall mit dem Fall der *Dispersionstheorie,* der Einwirkung eines gegebenen Wechselfeldes z. B. auf das H-Atom, hervorheben. Sie führen dann das interessante Argument an, daß wir ja der Ungültigkeit der Mechanik im letzteren Fall gewiß sind und deshalb auch im ersten Fall dasselbe vermuten dürfen. Es ist wohl möglich, daß es so ist, aber als zwingend kann ich diese Argumentation nicht anerkennen. Die beiden Fälle unterscheiden sich nämlich doch sehr wesentlich voneinander, da die Art der Wechselwirkung zwischen den beiden Systemen in den beiden Fällen eine gänzlich verschiedene ist. Im Fall der Dispersionstheorie ist der Abstand der das Wechselfeld erzeugenden Elektronen vom Atom groß gegenüber der Wellenlänge des Lichtes, im He dagegen ist der Abstand der Elektronen klein gegenüber der Wellenlänge des Lichtes. Deshalb ist auch im zweiten Fall die nach der klassischen Elektrodynamik berechnete Kraft der Elektronen aufeinander im wesentlichen die Coulombsche, im ersten Fall aber stammt sie im wesentlichen aus dem Strahlungsfeld. *Es ist aber eine notwendige Voraussetzung für die Anwendbarkeit der gewöhnlichen Quantenbedingungen, daß an den Orten der Elektronen das klassisch berechnete Strahlungsfeld klein ist gegenüber dem Coulombschen.* Der von Ihnen verwendete Grenzübergang ist also unerlaubt, da man in Wirklichkeit nicht Abstände der beiden Systeme von der Ordnung der Wellenlänge des Lichtes ohne weiteres passieren darf! Daß die beiden Fälle sich trotzdem analog verhalten, ist natürlich möglich; aber beweisen kann man es a priori nicht.

Was die praktische Brauchbarkeit Ihrer Methode anlangt, so haben wir nochmals durchüberlegt, daß man nach dieser Methode im Falle des schwach unharmonischen Resonatorensystems nicht in einer endlichen Zahl von Schritten zum Ziel kommt. Bezüglich des kombinierten Stark- und Zeemanneffektes beim H-Atom bei verschiedener Richtung der Felder, halten wir zunächst an unserer Ansicht fest und sehen der Veröffentlichung Ihrer Abhandlung entgegen.[g]

Nun einiges zum He-Problem. Der Gang unserer Rechnung war folgender. Zunächst haben wir die Störungsfunktion (Wechselwirkungsenergie zwischen zwei Keplerellipsen, *nicht* inneres System von vornherein als Kreis angenommen wie bei Landé[h]) gemittelt über den Umlauf des inneren Elektrons (säkuläre Störungen). Die große Achse der inneren Ellipse ist dann zeitlich konstant und die Energie des inneren Systems in der bekannten Weise zu quanteln. Sodann haben wir uns auf den komplanaren Fall (Orthohelium, Dublettlinien) beschränkt, haben die Störungsfunktion nach Kugelfunktionen entwickelt und haben *nur das Dipolglied beibehalten.* (Zweiter Gesichtspunkt der Approximation.) Die übrigen 3 Freiheitsgrade lassen sich dann separieren. Man gelangt auf diese Weise zu Bahnen, wo das innere Elektron eine Ellipse mit *konstanter* Exzentrizität beschreibt, und zwar derart, *daß die große Achse dieser Ellipse stets genau auf das äußere Elektron zeigt*. (Periode der Periheldrehung der inneren Ellipse also gleich Umlaufsperiode des äußeren Elektrons.) Das äußere Elektron beschreibt ebenfalls eine Ellipse mit Periheldrehung, die im speziellen in einen Kreis ausarten kann, während letzteres beim inneren Elektron niemals eintritt. Jedoch wird die Exzentrizität der inneren Ellipse um so geringer, je weiter das äußere Elektron entfernt ist. Die resultierende Serienformel ist vom Rydbergschen Typ: $\nu = R/(n' + \alpha_k)^2$ (α von n' unabhängig). Die Größe der Terme stimmt mit der Erfahrung jedoch gar nicht überein. Außerdem muß man aus dem Vergleich der berechneten und der empirischen Terme entnehmen, daß nur der *gleichsinnige* Umlauf beider Elektronen in Wirklichkeit vorkommt, ohne daß man imstande ist, dafür eine mechanische Erklärung zu geben. Auch fehlt jede Möglichkeit einer Erklärung der Zweifachheit der Terme. Ich glaube jetzt, daß bei der Approximation (namentlich die *zweite* Vernachlässigung erscheint bedenklich) irgendwie eine Hauptsache weggestrichen wurde und daß die ganze Rechnung falsch ist.

Momentan rechne ich am Modell für den Normalzustand des He, das Bohr angegeben hat. Eine prinzipielle Schwierigkeit (kleine Nenner) tritt hier *nicht* auf. Denn abgesehen von der Periode des Knotenumlaufes, die einem zyklischen Freiheitsgrad entspricht und von der deshalb in *Strenge* keine Oberschwingungen vorhanden sind, ist hier nur die *einzige* Periode des Elektronenumlaufes vorhanden. Die Reihen konvergieren sicher und das Ganze ist nur eine Frage der Geduld. Man setzt die Kernladung zunächst unbestimmt gleich Ze und entwickelt nach fallenden Potenzen von Z, indem man $1/Z$ als Parameter benutzt; zum Schluß setzt man dann wieder $Z = 2$.

Ich zweifle kaum, daß dieses (achsensymmetrische) Modell zur richtigen Ionisierungsspannung führen wird. Es wäre dies aus folgendem Grund von ganz fundamentaler Bedeutung. Das Impulsmoment bei diesem Modell ist $1 \cdot h/2\pi$ (im Gegensatz zum alten Ringmodell, wo es $2 \cdot h/2\pi$ war) und doch ist He diamagnetisch! Es wäre dann das Versagen der klassischen Elektronentheorie des Magnetismus handgreiflich bewiesen. Auch anderes spricht für ein solches Versagen, z.B. der anomale Zeemanneffekt und der Faktor 1/2 in den empirischen Resultaten beim Einstein-de Haaseffekt. Magnetisches und mechanisches Moment der Elektronen sind eben in Wirklichkeit nicht notwendig einander proportional! Es ist dies wohl die größte Sensation, die *die neue* Bohrsche Arbeit[i] gebracht hat.

Mir selbst geht es gut und ich führe ein richtiges Wanderleben. Im Sommersemester war ich nicht mehr in Göttingen, sondern Assistent bei Lenz in Hamburg. Für den Winter holt mich Bohr als privaten Assistent nach Kopenhagen, worauf ich mich schon sehr freue. Koch und Lenz lassen Sie schön grüßen. Falls Sie Sommerfeld sehen, der ja in Amerika ist,[j] grüßen Sie ihn bitte recht herzlich von mir. Wenn Sie mir nach Kopenhagen* antworten, würde es mich freuen.

Ihr sehr ergebener Pauli

* Universitetets Institut for teoretisk fysik, Blegdamsvej 15.

a) M. Born und W. Pauli (1922b). – b) Pauli bezieht sich auf Epsteins dreiteilige Publikation zur quantentheoretischen Störungstheorie. P.S. Epstein: Die Störungsrechnung im Dienste der Quantentheorie. I., II. und III. Z. Phys. **8**, 211–228, 305–320, **9**, 92–110 (1922). Eingegangen (Teil I und II am 9. November und (Teil III) am 18. Dezember 1921. Zwei weitere angekündigte Fortsetzungsteile sind nicht mehr in der Zeitschrift für Physik erschienen. – c) W. Pauli (1922a). – d) Während der Göttinger „Bohr-Festspiele“ im Juni 1922 trug Bohr u.a. seine Vorstellungen über den Aufbau der Elemente und insbesondere das Helium vor. (Vgl. Niels Bohr, Collected Works, Band IV, S. 343–350.) – e) H. Poincaré: Méthodes nouvelles de la mécanique céleste. Band I–III, Paris: Gauthier-Villars 1892–1899. – f) Siehe Abhandlung III (Fußnote b), S. 95. Die hiermit zusammenhängende Problematik war für den geplanten Teil V vorbehalten. – g) Siehe Abhandlung II (Fußnote b), S. 319. Die Wirkung eines überlagerten elektrischen und magnetischen Feldes auf ein wasserstoffähnliches Atom wollte Epstein in dem geplanten Teil IV abhandeln. Vgl. hierzu den Kommentar zu [38]. – h) A. Landé: Störungstheorie des He-Atoms. Physik. Z. **21**, 114–122 (1920). – i) Vgl. hierzu H. Kragh: Niels Bohr's Second Atomic Theory. Hist. Stud. Phys. Sci. **10**, 123–186 (1979). – j) Vgl. den Kommentar zu [28].

Das vorliegende Telegramm [173a] weist darauf hin, daß Pauli schon Anfang November 1927 mit dem neuen schweizerischen Schulratspräsidenten Arthur Rohn, der dieses Amt von 1926 bis 1948 bekleidete, wegen der Berufung auf die ordentliche Professur für theoretische Physik an der Eidgenössischen Technischen Hochschule in Zürich verhandelte. Paul Scherrer setzte sich neben Hermann Weyl wohl am energischsten für diese Besetzung ein. Am gleichen Tage sandte er dem Präsidenten eine Photographie, auf der Pauli zusammen mit Schrödinger, Fues, Mendenhall und Sommerfeld abgebildet war.[1]

Rohn selbst suchte daraufhin Pauli im Hamburger Institut in der Jungiusstraße auf [175a]. Die Vorbesprechung [176a] verlief offenbar für beide zufriedenstellend, so daß Scherrer am 24. November dem Schulrat folgende Mitteilung machen konnte: „Herr Pauli hat mir einen ausführlichen Brief geschrieben, in dem er mir mitteilt, daß er sehr gerne nach Zürich kommen möchte, und in welchem er sich ausführlich über seine Vorlesungspflichten erkundigt. Aus diesem Brief geht auch hervor, daß ihm sehr viel daran liegt, einen tüchtigen Assistenten zur wissenschaftlichen Mitarbeit zu erhalten. Ich habe ihm natürlich sofort ganz ausführlich geantwortet, und ich hoffe sehr, daß es nun gelingt, Herrn Prof. Pauli als theoretischen Physiker an unsere Schule zu bekommen.“

Zur Lösung der Assistentenfrage schlug Scherrer vor, die demnächst freiwerdende volle Assistentenstelle der „A-Klasse“ von Erich Hückel in zwei Assistentenstellen der „B-Klasse“ umzuwandeln und eine derselben Pauli zur Verfügung zu stellen.

[1] Vgl. P. Scherrers Schreiben vom 11. November 1927 an den Schulratspräsidenten. Das Dokument befindet sich zusammen mit den hier publizierten Unterlagen im Schulrats-Archiv der ETH Zürich. Diese Materialien wurden uns freundlicherweise durch Herrn Beat Glaus zugänglich gemacht. – Es ist denkbar, daß auch Arnold Sommerfeld bei dieser Berufung mitgewirkt hat. Auf der Rückfahrt von einem Ferienaufenthalt in Ragusa traf Sommerfeld mit Scherrer zusammen. Beide hatten auf dem Hauptbahnhof Zürich ein „nettes Plauderstündchen“, wie Sommerfeld am 27. März 1927 an Laue berichtete. Natürlich wurden bei solchen Anlässen vor allem Institutsinterna und Berufungsangelegenheiten ausführlich besprochen.

[118a] Sommerfeld an Pauli

München, 3. Februar 1926.
[Maschinenschriftliche Durchschrift]

Lieber Pauli!

Die beiliegende Arbeit[a] wird Ihnen vermutlich bei Ihrer Bearbeitung der Wasserstoffeinstruktur nützlich sein. An einer Stelle, Anfang von § 3 habe ich ausdrücklich bemerkt, daß unsere Hamburger Gespräche diese Arbeit beeinflußt haben.[b] Hoffentlich haben Sie inzwischen nicht schon ganz dasselbe gemacht. Sie zeigen das Manuskript natürlich auch Wentzel.[c] Es geht gleichzeitig an Scheel ab.

Hier ist ein Manuskript von Schrödinger für die Annalen eingelaufen.[d] Schrödinger scheint ganz dieselben Resultate zu finden, wie Heisenberg und Sie, aber auf einem ganz anderen, total verrückten, Wege, keine Matrixalgebra, sondern Randwertaufgaben. Sicher wird aus alle dem bald in irgend einer Form etwas vernünftiges und definitives entstehen.

Seien Sie mir nicht böse, daß ich Ihnen für Ihr Manuskript über Termstruktur[e] noch nicht direkt gedankt habe; ich habe die Sache liegen lassen müssen und werde wohl erst nach meiner englischen Reise[f] darauf zurückkommen können.

Mit freundlichen Grüßen, auch an Koch, Wentzel, etc. Ihr [Sommerfeld]

a) Siehe die in Paulis Antwortschreiben [120] vom 9. Februar genannte Untersuchung von Sommerfeld und Unsöld. – b) In einer Fußnote auf S. 969 der veröffentlichten Fassung. – c) Im Sommersemester 1925 hatte Pauli die Vorlesungen und die Übungen des an einem Nervenleiden erkrankten Hamburger Ordinarius Wilhelm Lenz übernommen: „Da diese Vertretung sich auf das Abhalten der von Professor Lenz angekündigten Vorlesungen und Übungen, die Tätigkeit im Seminar und Kolloquium sowie die Verwaltung des Instituts für theoretische Physik erstreckt, hält die Fakultät eine Remuneration von eintausend Mark für entsprechend. Sie geht dabei von dem Gesichtspunkt aus, daß die Vertretung Herrn Dr. Pauli keine Zeit zu eigener wissenschaftlicher Tätigkeit läßt, und daß der Verlust eines Semesters gerade für einen Privatdozenten, der wissenschaftliche Leistungen bieten muß, um weiterzukommen, ein besonders großes Opfer bedeutet." (Aus einem Schreiben vom 19. Juni 1925 an die Hochschulbehörde der Hamburgischen Universität. Personalakte W. Lenz. Hamburgisches Staatsarchiv.) Die Genesung von Lenz zog sich weiter in die Länge. Pauli aber wollte die Vertretung nicht für ein weiteres Semester übernehmen. Deshalb trat stellvertretend P.P. Koch mit Sommerfeld in Verbindung und bat, ihm Wentzel für die Vertretung im Wintersemester 1925/26 nach Hamburg zu entsenden. Am 9. Januar 1926 schrieb Koch aus Hamburg: „Pauli kam dieser Tage von Wien zurück und berichtete, daß Lenz als geheilt anzusehen ist. Er soll Omnivore geworden sein und sogar Zwiebeln mit Appetit vertilgen. – Wentzel hat seine Vorlesung mit Erfolg in Gang gebracht und ganz Hamburg ist voll Dank dafür, daß Sie uns so glänzend ausgeholfen haben." (Sommerfeld-Nachlaß, Deutsches Museum München.) Während dieser Zeit hatte auch Pauli in Wentzel einen ausgezeichneten Diskussionspartner. – d) Es handelt sich um Schrödingers erste Mitteilung Quantisierung als Eigenwertproblem. (Vgl. [120], Anm. g.) – e) Pauli veröffentlichte seine Ergebnisse nicht mehr, da sie wegen der neu aufgekommenen Spinhypothese grundlegend abgeändert werden mußten. (Vgl. hierzu auch Pauli [1926], S. 128.) – f) Sommerfeld reiste im Frühjahr 1926 nach England und hielt Vorträge in Oxford, Cambridge, Edinburgh, Manchester und London.

[173a] Pauli an den Präsidenten der ETH-Zürich Rohn

Hamburg, 11. November 1927
[Telegramm]

Bin Montag 12 bis 2 und 5 bis 7 Uhr Physikalisches Institut Hamburg, Jungiusstraße 9 zu sprechen. Pauli

[175a] Pauli an Scherrer

Hamburg, 26. November 1927

Lieber Herr Scherrer!

Haben Sie vielen Dank für Ihren freundlichen, ausführlichen Brief. Über den Lehrbetrieb weiß ich ja jetzt ziemlich Bescheid. Wenn alles klappt, würde ich gerne das Kurskolleg nächstes Semester mit Elektrodynamik (Maxwellscher Theorie) beginnen (die habe ich schon einmal gelesen).[a] Soll es mit Übungen sein?

Bevor ich endgültig meine Bedingungen (konform unserer Besprechung in Hamburg) an Präsident Rohn schreibe, möchte ich Sie aber gerne noch etwas betreffend den Assistentenposten fragen. Wie mir Präsident Rohn sagte, beträgt der Gehalt des Assistenten etwa 300 Franken und das ist doch ein bischen wenig. Wäre es nun möglich, *das Einkommen* des Assistenten durch einen bezahlten Lehrauftrag (oder sonstwie) *zu erhöhen?* (Ich denke zunächst an Dr. Kronig, der momentan in Kopenhagen ist, weiß aber noch nicht, ob ich ihn bekommen kann). – Wird Hückel im Sommersemester noch in Zürich sein oder wollen Sie auch einen neuen Assistenten?[b]

Sonst will ich Sie momentan nicht mit weiteren Fragen behelligen. Stern läßt Sie vielmals grüßen, er will zu Weihnachten wieder in St. Moritz sein, im gleichen Hotel wie voriges Jahr und läßt Sie fragen, ob Sie zu Weihnachten irgendwo in der Nähe sein werden.

Viele Grüße auch von unserem Freund Baade.[c] Ich hoffe also ziemlich bestimmt, im Sommersemester in Zürich in Ihrem Institut zu arbeiten und freue mich schon sehr darauf, mit Ihnen zusammenzusein. Bis dahin nochmals herzlichen Dank und viele Grüße

von Ihrem W. Pauli

a) Zum Sommersemester 1928 kündigte Pauli eine dreistündige Vorlesung über Elektrodynamik mit Übungen und eine zweistündige Vorlesung über Quantentheorie an. Außerdem leitete er gemeinsam mit Paul Scherrer und Franz Tank das physikalische Kolloquium. – Paulis 16 Seiten umfassende Aufzeichnungen über „Probleme der Quantentheorie" für diese Vorlesungen sind in seinem Nachlaß erhalten. – b) Vgl. hierzu den Kommentar zu [173a] und dort insbesondere die Fußnoten 2 und 3. – In den Vorlesungsverzeichnissen zum Wintersemester 1928/29 wird E. Hückel noch als Assistent für Physik aufgeführt. Paulis Vorschlag, das Gehalt des Assistenten durch einen bezahlten Lehrauftrag aufzubessern, beruhte wahrscheinlich auf seinen Hamburger Erfahrungen. Zu seinem ursprünglichen Assistentengehalt von rund 400 Mark monatlich wurde ihm nach Ablehnung des Leipziger Rufes 1926 weitere 200 Mark Kolleggeldgarantie durch die Hamburgische Hochschulbehörde bewilligt. – c) Der Astrophysiker Walter Baade (1893–1960) war nach seiner Göttinger Promotion bei J. Hartmann 1919 an die Hamburger Sternwarte in Bergedorf gekommen. In diesen Jahren bahnte sich die Freundschaft mit Pauli an, die später, nachdem Baade 1932 nach Pasadena gegangen war, in einem Briefwechsel fortgesetzt wurde. Gemeinsam publizierten sie eine Arbeit über die Wirkung des Strahlungsdruckes auf Kometenschweife (1927c). Baades Leistungen wurden von P. ten Burggencate in einem Nachruf im Göttinger Jahrbuch der Akademie der Wissenschaften, Übergangsband für die Jahre 1944–1960, S. 192–198, gewürdigt.

Nachdem die wesentlichsten Punkte der Berufungsvereinbarung, die Pauli noch einmal in einem Schreiben [176a] an den Schulratspräsidenten zusammenfaßte, geklärt waren, fertigte der Schweizerische Bundesrat am 20. Januar 1928 die Ernennungsurkunde auf 10 Jahre aus. Die Lehrverpflichtung betrug maximal 8 Stunden Vorlesungen wöchentlich (inklusive der Repetitorien und Übungen).

Pauli, der wegen der Besetzung der ihm in Aussicht gestellten Assistentenstelle schon mit Ralph Kronig verhandelte ([175], [176], [182], [184], [185] und [186]), wollte jedoch nicht auf den Vorschlag eingehen, an dessen Stelle Erich Hückel zu übernehmen [180a].

[176a] Pauli an den Präsidenten der ETH–Zürich Rohn

Hamburg, 6. Dezember 1927

Sehr geehrter Herr Präsident!
Nachdem ich mich inzwischen bei den Herren Professoren Kuhn[a] und Scherrer über die Verhältnisse in Zürich näher erkundigt habe, möchte ich Ihnen nunmehr mitteilen, daß ich unter den folgenden Bedingungen, bei denen ich mich im Wesentlichen an die Formulierung bei unserer Vorbesprechung in Hamburg halte, bereit wäre, vom April 1928 an die ordentliche Professur für theoretische Physik am eidgenössischen Polytechnikum in Zürich zu übernehmen.

1. Die Bewilligung eines Assistentenposten. Da das Einkommen des Assistenten von etwa 300 Franken monatlich nicht sehr beträchtlich ist, knüpfe ich daran die Hoffnung, es würde eventuell möglich sein, dem Assistenten noch einen bezahlten Lehrauftrag oder ein zusätzliches Einkommen ähnlicher Art zu verschaffen. Darüber hatte ich bereits an Prof. Scherrer geschrieben. Über die nähere Ausführung würde ich mich, wenn die Sache aktuell wird, gerne noch mit Ihnen, Herr Präsident, ins Einvernehmen setzen.

2. Meine Lehrverpflichtungen wären entsprechend unserer Unterredung in Hamburg und den Mitteilungen von Prof. Scherrer die folgenden. Ich hätte zu lesen a) jedes Semester ein Kurskolleg über klassische theoretische Physik sowie ein Spezialkolleg über Atomfragen. (Ich bin auch bereit, gelegentlich statt des Spezialkollegs oder neben diesem ein Seminar über ähnliche Fragen abzuhalten, falls dies im Interesse der Studierenden erwünscht ist.) b) Gelegentlich noch ein besonderes Kolleg für Elektrotechniker und Maschinenbauer. Hier wäre vielleicht die Möglichkeit, daß das letztere Kolleg von meinem Assistenten gelesen würde, falls dieser sich habilitiert. Ich würde gerne hören, wie Sie sich grundsätzlich zu dieser Möglichkeit stellen würden. Natürlich ist aber dieser Vorschlag stets abhängig von der Person des Assistenten und könnte nur in einem bestimmten individuellen Fall definitiv entschieden werden.

3. Mein eigenes Einkommen würde, wie bei unserer Vorbesprechung vereinbart wurde, jährlich 15.000 Franken plus 1000 Franken Kolleggeld betragen (wovon Steuern und der Beitrag für die Bundeskasse noch abgezogen werden).

Sowohl auf Grund unserer Vorbesprechung in Hamburg als auch auf Grund der Mitteilungen von Prof. Scherrer hoffe ich, daß meine Bedingungen zu keinen besonderen Schwierigkeiten Anlaß geben werden und ich würde mich sehr freuen, wenn ich im Sommersemester 1928 meine Stellung in Zürich antreten könnte. Ihrem Wunsche gemäß lege ich diesem Brief noch ein curriculum vitae bei.

Mit den besten Grüßen an die Herren Kuhn, Scherrer und Weyl
in ergebenster Hochachtung Ihr W. Pauli

a) Richard Kuhn (1900–1967) war Paulis Klassenkamerad am Döblinger Gymnasium in Wien gewesen. Auch er studierte (bei Willstätter) in München und leitete seit 1926 die chemischen Laboratorien an der ETH in Zürich, bis er 1929 einem Ruf nach Heidelberg folgte. 1938 erhielt Kuhn den Nobelpreis für Chemie.

[180a] Pauli an den Präsidenten der ETH–Zürich Rohn

Hamburg, 28. Januar 1928

Sehr geehrter Herr Präsident!
Ich bestätige mit Dank die Übersendung der Urkunde meiner Ernennung sowie den Empfang Ihres freundlichen Schreibens vom 24. d., zu welchem Sie sich bereit erklären, mir einen Assistenten der Kategorie a zu bewilligen und diesem von Anfang an eine jährliche Besoldung von 6000 Franken zu gewähren.[a] Zwar sind meine eigenen Wünsche durch dieses freundliche Entgegenkommen zunächst vollkommen befriedigt, aber leider höre ich von Herrn Prof. Scherrer, daß Sie hiermit die Streichung einer von seinen Assistentenstellen verbinden wollen, die aber für den Institutsbetrieb, wie er mir mitteilt, durchaus notwendig ist. Ich möchte deshalb mit der formellen Erklärung der Annahme meiner Wahl gerne so lange warten, bis die ganze Angelegenheit auch zur Zufriedenheit von Herrn Prof. Scherrer erledigt ist.

Über die Personenfrage bei der Besetzung meiner Assistentenstelle hoffe ich Ihnen bald nähere Vorschläge machen zu können. Ich möchte in dieser Verbindung jedoch noch hinzufügen, daß, wie Ihnen Prof. Scherrer bestätigen wird, eine Besetzung dieser Stelle mit Herrn Dr. Hückel schon deshalb nicht in Betracht gezogen werden kann, weil ich einen Assistenten benötige, der sich mit moderner Quantentheorie beschäftigt, während das Arbeitsgebiet von Herrn Dr. Hückel sich auf ganz andere Teile der Physik erstreckt, die mehr in die Richtung der physikalischen Chemie weisen.

Mit vorzüglicher Hochachtung Ihr sehr ergebener W. Pauli

a) Vgl. den Kommentar zu [173a].

[182a] Pauli an den Präsidenten der ETH–Zürich Rohn

2. Februar 1928

Sehr geehrter Herr Präsident!
Ich möchte Ihr wertes Schreiben vom 31. I. gleich beantworten. Vor allem will ich sofort endgültig erklären, daß ich meine Wahl durch den schweizerischen Bundesrat gerne und mit Freude endgültig annehme. Sodann möchte ich Ihnen herzlich danken für Ihre jetzt in Aussicht genommene Regelung der Assistentenfragen am physikalischen Institut, die nach einer neuerlichen Mitteilung von Herrn Prof. Scherrer auch ihn voll zufriedenstellt.

Ferner möchte ich Sie noch bitten, die kleine Verzögerung in der Annahme meiner Wahl weder mir noch Herrn Prof. Scherrer weiter übelzunehmen. Es tut mir sehr leid, daß Sie die betreffende Bemerkung in meinem letzten Brief als Zeichen persönlichen Mißtrauens aufgefaßt haben. Ich möchte die Gelegenheit gerne benutzen, Ihnen nochmals die Versicherung meines vollen Vertrauens zu geben und ich bin sicher, daß in Zukunft stets volles Einvernehmen zwischen uns bestehen wird. Es ist nur immer etwas schwierig, von der Ferne aus zu verhandeln und wenn ich erst einmal in Zürich bin, wird alles sehr leicht gehen.

Ich freue mich schon sehr auf meine dortige Lehrtätigkeit sowie auch auf den persönlichen Kontakt mit den Kollegen von der Hochschule, von denen ich ja, wie Sie wissen, einige von früher her gut kenne.

Wegen der Besetzung meiner Assistentenstelle werde ich mir erlauben, Ihnen demnächst wieder zu schreiben, ich muß selbst diesbezüglich noch einige Nachrichten abwarten.

Nochmals herzlichst dankend für Ihr jederzeit freundliches Entgegenkommen

Mit vorzüglicher Hochachtung Ihr sehr ergebener W. Pauli

Einem alten Brauch zufolge sollte der 60. Geburtstag von Arnold Sommerfeld am 5. Dezember 1928 durch eine Festschrift mit Beiträgen seiner Schüler gefeiert werden. Die Anregung kam von Ewald und Pauli, die Redaktion übernahm sein ehemaliger Schüler und Mitarbeiter Peter Debye, der 1906 als junger Student seinem Lehrer von Aachen nach München gefolgt war.[1] Seit einem Jahr hatte Debye nun den Leipziger Lehrstuhl für Experimentalphysik inne, während Heisenberg hier die theoretische Physik (vgl. [149]) vertrat. 1929 kam noch Friedrich Hund hinzu.

In kürzester Zeit wurde das Leipziger Institut zu einem weltbekannten Forschungszentrum, welches viele junge Talente anzog.[2] Schon im Juni 1928 fanden hier zum erstenmal die »Leipziger Vorträge« statt.[3]

Das folgende Rundschreiben [191a] wurde auf Debyes Veranlassung an mindestens 34 ehemalige Sommerfeldschüler verschickt, wie aus der beigefügten Liste hervorgeht. 26 davon lieferten Beiträge, die gemeinsam mit vier weiteren zu einem Sammelband vereinigt beim Hirzel-Verlag in Leipzig publiziert wurden.[4]

Die meisten in der Liste genannten Personen bekleideten bereits zu diesem Zeitpunkt wichtige akademische Positionen.[5] Auf diese Weise trugen sie zu der ungewöhnlich ausgedehnten Wirkung der Sommerfeldschule bei, welche die Entwicklung der theoretischen Physik für das nächste Jahrzehnt bestimmte.

Über Paulis Beitrag zur Festschrift und Heisenbergs Kommentar wurde schon in [200], [201], [203] und [204] berichtet. Niels Bohr veröffentlichte außerdem zu diesem Anlaß einen Aufsatz in den Naturwissenschaften (vgl. [205]).

Sommerfeld befand sich im Winter 1928/1929 auf einer Weltreise. In Pasadena erreichte ihn ein Schreiben Heisenbergs vom 6. Februar 1929: „Zu Ihrem 60. hab' ich Ihnen leider nicht schreiben können, da ich wirklich nicht wußte, in welchem Weltteil Sie den 5. Dezember feiern wollten; hoffentlich hat wenigstens die Festschrift den Weg zu Ihnen gefunden. Aber jetzt hörte ich, seien Sie in Pasadena und da will ich zunächst einmal von Herzen die Glückwünsche zum 60. Geburtstag nachholen; hoffentlich haben Sie noch lange ein Erziehungsheim für physikalische Babys wie für Pauli und mich seinerzeit!"

Die neuen „physikalischen Babys" waren schon unterwegs: Hans Bethe hatte 1928 seine Doktorarbeit bei Sommerfeld abgeschlossen und wurde während Sommerfelds Abwesenheit von Madelung in Frankfurt und Ewald in Stuttgart für eine Assistentenstelle angefordert. Herbert Fröhlich war zu diesem Zeitpunkt noch mit dem Studium beschäftigt. Er promovierte 1930 nach Sommerfelds Rückkehr mit einer Untersuchung „Zum Photoeffekt an Metallen".

1 Peter Joseph Wilhelm Debye (1884–1966) aus Maastrich studierte seit 1903 an der Technischen Hochschule Aachen Elektrotechnik. Gefesselt durch Sommerfelds Vorlesungen entschloß er sich für die akademische Laufbahn, zumal ihm dieser 1905 eine Assistentenstelle anbieten konnte. Er und sein Kommilitone Walter Rogowski (1881–1947), der nach verschiedenen Positionen schließlich 1920 als Professor für theoretische Elektrotechnik nach Aachen zurückkehrte, sind Sommerfelds

älteste Schüler und Freunde. Vgl. hierzu U. Benz: Arnold Sommerfeld. Stuttgart 1975. Dort insbesondere S. 43f.

[2] Aus dem Leipziger Institut ist eine beachtliche Zahl großer Theoretiker hervorgegangen. Vorübergehend oder für eine längere Periode haben hier als Assistent gewirkt: Felix Bloch (1927–1928), Rudolf Peierls (1928–1929), Carl Friedrich von Weizsäcker (1929–1936), Guido Beck (1928–1931), Viktor F. Weisskopf (1931–1932) und Hans Euler (1935–1940). Unter den ausländischen Gästen finden wir Enrico Fermi (1928), Carl Eckart (1928), Isidor Rabi (1928), John C. Slater (1929), John van Vleck (1930), Ugo Fano (1937), Gian Carlo Wick (1931), Lazlo Tiza (1930), Ettore Majorana (1933), David R. Inglis (1932/33), Robert S. Mulliken (1930/1931) u.v.a. Vgl. hierzu auch F. Hund: Göttingen, Kopenhagen, Leipzig im Rückblick. In: Werner Heisenberg und die Physik unserer Zeit. Braunschweig 1961. Dort S. 1–7.

[3] Ebenso wie die Züricher Vortragswochen sollten die Leipziger Vorträge alljährlich abgehalten werden. Die erste Reihe von Vorträgen fand in der Woche vom 18.–23. Juni 1928 statt. Zum letzten Mal wurden die „Leipziger Vorträge" im Sommer 1933 veranstaltet, weil die sächsische Regierung nicht bereit war, weiterhin die Kosten zu übernehmen.

[4] P. Debye (Herausgeber): Probleme der modernen Physik. Arnold Sommerfeld zum 60. Geburtstag gewidmet von seinen Schülern. Verlag S. Hirzel in Leipzig 1929.

[5] Besonders aufschlußreich sind die Lebensdaten dieser Sommerfeldschüler. Da die meisten von ihnen gleichzeitig auch Paulis Bekannte sind, wollen wir sie hier in der gleichen Reihenfolge kurz zusammenstellen:

1. Otto Blumenthal (1876–1944) war eigentlich Mathematiker und ein Schüler von David Hilbert. Er lernte Sommerfeld in Göttingen kennen und wurde später sein Kollege in Aachen. Als langjähriger Herausgeber der Annalen der Mathematik stand er auch später weiterhin in Kontakt mit Sommerfeld. 1933 wurde Blumenthal seines Amtes enthoben. 1939 wanderte er nach Holland aus und wurde nach der Okkupation durch die Deutschen nach Theresienstadt in Böhmen deportiert, wo er starb.
2. Walter Rogowski (1881–1947). Vgl. hierzu Fußnote 1.
3. Max von Laue (1879–1960) war von 1909 bis 1912 Privatdozent in München, wo man sich sehr intensiv mit Röntgenstrahlen befaßte. Nach einer glänzenden Karriere wurde er schließlich 1919 an die Universität Berlin berufen. Hier blieb er bis zu seinem Lebensende.
4. Ludwig Hopf (1889–1939) promovierte 1909 bei Sommerfeld mit einer hydrodynamischen Arbeit. Später wurde er Einsteins Assistent in Zürich, und 1923 erfolgte die Ernennung zum Professor an der Technischen Hochschule in Aachen. 1934 folgte die Entlassung.
5. Demetrios Hondros, ein griechischer Stipendiat, war von 1908 bis 1911 im Münchener Institut. Zusammen mit Debye publizierte er eine Arbeit über die Ausbreitung elektromagnetischer Wellen in Dielektrika. 1909 promovierte er bei Sommerfeld.
6. Fritz Noether (1884–1938?) hatte 1909 bei Sommerfeld promoviert und half bei dem vierten Teil des Werkes „Über die Theorie des Kreisels", das Sommerfeld zusammen mit Felix Klein herausgab. 1922 wurde Noether Mathematikprofessor an der Technischen Hochschule in Breslau. Nach der Machtübernahme durch die Nationalsozialisten verließ er Deutschland und nahm 1934 eine Professur in Tomsk an. Dort wurde er wegen Landeshochverrat angeklagt. Über sein weiteres Schicksal liegen keine zuverlässigen Informationen vor. Siehe hierzu auch A. Dick: Mathematiker aus Mannheim. Mannheimer Hefte *1*, 26–28 (1968). Vgl. hierzu auch [524].
7. Auch Rudolf Seeliger (1886–1965) promovierte 1910 bei Sommerfeld. Nach vorübergehender Tätigkeit in der Physikalisch-Technischen Reichsanstalt und an der Universität in Berlin folgte er 1918 einem Ruf nach Greifswald. Zusammen mit Debye war er Mitherausgeber der Physikalischen Zeitschrift.
8. Peter Paul Ewald (geb. 1888) war von 1908 bis 1921 fast ständig mit Sommerfeld in Kontakt, ausgenommen eine kurze Assistentenzeit 1912/1913 bei Hilbert in Göttingen. 1921 übernahm er eine Professur in der Technischen Hochschule in Stuttgart und begründete hier ein bedeutendes Festkörperforschungszentrum. Sein erster Assistent wurde Erwin Fues. Nachdem er 1933 aus Protest gegen das Rassengesetz das Rektoramt niedergelegt hatte, emigrierte er 1937 in die Vereinigten Staaten.
9. Wilhelm Lenz (1888–1957) war nach Debye der zweite Assistent von Sommerfeld, der einen Ruf (1920 nach Rostock) erhalten hatte. Über seine Berufung nach Hamburg und Paulis Assistentenzeit bei ihm haben wir im Band I berichtet.

10. Möglicherweise handelt es sich hier um den Münchener Psychologen Kurt Huber (1893–1943). Huber hatte 1912 mit dem Musikstudium in München begonnen und als Nebenfach Philosophie und Physik belegt. Nach der Promotion 1917 wurde er 1920 Dozent und 1926 Professor für experimentelle und angewandte Psychologie in München. Zusammen mit den Geschwistern Sophie und Hans Scholl beteiligte er sich am Widerstandskampf gegen die Nationalsozialisten. Mit diesen wurde er 1943 hingerichtet.
11. Wahrscheinlich handelt es sich um den ungarischen Physiker Rudolf (und nicht Franz Josef) Ortvay, einem Schüler des Barons von Eötvös, der an den Universitäten von Kolozsvár, Szeged und Budapest lehrte. Ortvay arbeitete 1913/1914 in München an einem Problem aus der Gitterdynamik. 1918 besuchte er nochmals das Institut. Seine bekanntesten Schüler sind Cornel Lánczos und Johann Kudar.
12. Walther Friedrich (1883–1968) ist vor allem durch seinen Beitrag zum Nachweis der Raumgitterstruktur von Kristallen mit Hilfe von Röntgenstrahlen bekannt geworden. Von 1912 bis 1914 war er Assistent im Institut von Sommerfeld. Seit 1921 wirkte er in Berlin am Institut für Strahlenforschung. Durch seine Arbeiten ist er zum Wegbereiter der Strahlentherapie und medizinischen Physik geworden. Von 1951 bis 1955 war er Präsident der Deutschen Akademie der Wissenschaften in der DDR.
13. Alfred Landé (1888–1975) studierte in Göttingen und München. 1914 promovierte er bei Sommerfeld mit einer Arbeit „Zur Methode der Eigenschwingungen in der Quantentheorie". Weitere Angaben findet man in Band I.
14. Arthur Rosenthal (geb. 1887) hat ebenfalls in München studiert und 1909 bei dem Mathematiker Lindemann promoviert. 1930 (in Heidelberg) zum Professor ernannt, wurde er 1935 „entpflichtet". Hermann Weyl und Emmy Noether hatten 1934 einen Hilfsfond für deutsche Mathematiker gegründet. In einem Brief an die Mitglieder wurden Informationen über notleidende Kollegen ausgetauscht. In einem solchen Schreiben berichtet Weyl auch über Rosenthal: „Überdies haben wir Hellinger, Hamburger und Arthur Rosenthal eingeladen, die Vereinigten Staaten zu besuchen ... Rosenthal und Hellinger befinden sich mit Sicherheit im Konzentrationslager ..." (Zitiert nach C. Reid: Richard Courant 1888–1892. Berlin, Heidelberg, New York 1979. Dort S. 253.)
15. Eberhard Buchwald (1886–1975) blieb, obwohl er während seiner Studienjahre von 1904 bis 1910 nur vorübergehend Sommerfelds Vorlesungen besucht hatte, stets ein großer Bewunderer von Sommerfeld, von dem er sagte, daß er das „schönste physikalische Buch des letzten Halbjahrhunderts" geschrieben hat. Von 1917 bis 1923 lehrte er in Breslau und seit 1923 als Ordinarius an der Technischen Hochschule in Danzig.
16. Wojciech Adalbert Rubinowicz (1889–1974) ist der bekannte Sommerfeldschüler, der während seiner Münchener Assistentenzeit 1917/1918 die Auswahlregeln für den Drehimpuls bei Strahlungsübergängen ableitete (vgl. z.B. [17] und [93]). Seit 1922 wirkte er an der Technischen Hochschule in Lwów (deutsch Lemberg), der dritten polnischen Universität nach Krakau und Warschau. (Vgl. J. Dabrowskis Nachruf in Physics Today, März 1975, S. 61–63.)
17. Auch Erwin Fues (1893–1970) wurde schon mehrfach im Band I ([140], [148] und [155]) erwähnt. Fast gleichzeitig mit Pauli studierte er in München und promovierte 1920 mit einer Arbeit über Funken- und Bogenspektren. Fues verfaßte auch eine Abhandlung über „Störungstheorie" für das blaue Handbuch der Physik. Pauli hat ihm dafür seine Aufzeichnungen aus dem Jahre 1925 überlassen, die ursprünglich für seinen eigenen Artikel über Quantentheorie [1926] gedacht waren. Das 75 Seiten umfassende Manuskript mit der Überschrift „Mechanische Grundlagen" wird in der Pauli-Sammlung im CERN aufbewahrt. 1922 erhielt Fues eine Privatdozentenstelle bei Ewald in Stuttgart, die er bis 1927 ausfüllte. In diese Zeit fallen auch zwei längere Aufenthalte in Zürich (bei Schrödinger) und in Kopenhagen. 1928 erfolgte die Ernennung zum Ordinarius an der Technischen Hochschule in Hannover. Nach Borns Entlassung 1933 mußte Fues vorübergehend dessen Lehrauftrag in Göttingen übernehmen.
18. Walter Kossel (1888–1956) ist ein Schüler Lenards, der von 1913 bis 1921 eine Assistentenstelle bei Sommerfeld bekleidete. Nach seiner Habilitation ging er nach Kiel und 1932 als Nachfolger von Ramsauer nach Danzig. Nach dem Kriege übernahm er den Lehrstuhl für Experimentalphysik in Tübingen. Kossel entwickelte die ersten Vorstellungen über den Vorgang von Anregung und Emission bei der Röntgenstrahlung und über die Verwandtschaft dieser Erscheinungen mit den sichtbaren Spektren.
19. Der Wiener Physiker Karl Herzfeld (1892–1979) kam 1920 als Privatdozent nach München.

Bei ihm hörte Pauli im Sommersemester 1920 die Einführung in die statistische Mechanik und im folgenden Winter die Elektronentheorie der Metalle. 1926 nahm Herzfeld einen Ruf an die John Hopkins Universität in Baltimore an, wo er zusammen mit Maria Goeppert-Mayer eine Schule bildete.

20. Adolf Kratzer (geb. 1893) setzte 1916 sein Studium nach einer Kriegsverletzung bei Sommerfeld fort und promovierte 1920 mit einer Untersuchung über die Bandenspektren, die von Kramers und Pauli fortgesetzt wurde (1923a). 1922 erfolgte ein Ruf nach Münster, wo er sich mehr seinen Lehraufgaben zuwendete.
22. Hans Georg Grimm (1887–1958), wurde 1923 Dozent in München und erhielt 1924 einen Ruf an das Chemische Institut der Universität Würzburg. In Anlehnung an Paulis Arbeit (1925b) publizierte er 1925 zusammen mit Sommerfeld eine Untersuchung „Über den Zusammenhang des Abschlusses der Elektronengruppen im Atom mit den chemischen Valenzzahlen".
23. Während seines Philosophiestudiums in München hatte Fritz London (1900–1954) Sommerfelds Vorlesungen besucht. Nach dem Staatsexamen 1922 ging er zuerst in den Schuldienst. Anfang 1925 kehrte er zu Sommerfeld zurück, um sich nun ganz der theoretischen Physik zu verschreiben. Schon zum Jahresende erhielt er eine Assistentenstelle bei Ewald an der Technischen Hochschule in Stuttgart. Die berühmte Arbeit über die homöopolare Bindung nach der Quantentheorie mit Heitler entstand im Sommer 1927 während eines Studienaufenthalts bei Schrödinger in Zürich. Von dort folgte er Schrödinger nach Berlin, der hier zum Wintersemester 1927/1928 die ehrenvolle Nachfolge von Planck antrat. 1933 mußte auch London Deutschland verlassen. Es folgen zwei Jahre in Oxford, zwei Jahre in Paris und schließlich 1939 eine Berufung nach Amerika auf den Lehrstuhl für theoretische Chemie an der Duke University in Durham.
24. Heinrich Ott (1894–1962) studierte in München und wurde von 1922 bis 1929 Sommerfelds Assistent. Während Sommerfelds Weltreise 1928/1929 übernahm er dessen Kursvorlesungen. 1929 erhielt er einen Ruf nach Würzburg.
25. Karl Bechert (1901–1981) studierte in München und promovierte 1925 bei Sommerfeld. 1926 wurde er sein Assistent und blieb in dieser Stellung bis zu seiner Berufung 1933 nach Gießen. Ein Nachruf erschien in Physics Today, Juni 1981, S. 75 und Phys. Bl. **37**, 376–377 (1981).
26. In München hatte Robert Emden bereits 1907 mit seinem Werk „Gaskugeln" die Grundlagen für eine thermodynamische Behandlung der Himmelskörper geschaffen. Die spektroskopische Untersuchung der Sternatmosphären und ihre quantentheoretische Deutung war dem Sommerfeldschüler Albrecht Unsöld (geb. 1905) vorbehalten. Während seiner Studien- und Assistentenjahre in München hatte Unsöld zusammen mit Sommerfeld und unter der Anleitung von Wentzel vorerst rein quantenmechanische Probleme bearbeitet (vgl. [140]). Nach der Promotion 1927 begann er, sich ausschließlich astrophysikalischen Fragen zuzuwenden, nachdem ihm Sommerfeld zu einem Rockefeller-Stipendium nach Pasadena verholfen hatte. Im Sommer 1930 folgte ein Wechsel in das Hamburger Institut für Theoretische Physik, bis er 1932 eine Stellung in Kiel erhielt.
27. Helmut Hönl (1903–1981) setzte sein begonnenes Physikstudium 1923 in München fort und machte 1926 seinen Doktor bei Sommerfeld. 1929 erhielt er eine Assistentenstelle an der Technischen Hochschule in Stuttgart. – Karl Selmayr, über den Ott, Bechert, Unsöld und Hönl zu erreichen waren, war der Institutsmechaniker des Sommerfeldschen Instituts. Mit Sommerfeld teilte er eine Skihütte in Sudelfeld, die im Winter von vielen Physikern benutzt wurde. Selmayr stellte später nach Ewalds Angaben die ersten Kristallmodelle her und verkaufte sie im In- und Ausland. Auch Schrödinger forderte solche Modelle für seine Berliner Vorlesungen an. (Vgl. Schrödingers Schreiben vom 24. Februar 1931 an Sommerfeld.)
28. Gregor Wentzel (1898–1978) kam nach beendetem Studium fast gleichzeitig mit Pauli zur Promotion nach München. 1921 erhielt er eine Assistentenstelle und blieb bis zu seiner Berufung nach Leipzig ([133], [138], [140], [162] und [166]) Sommerfelds treuer Mitarbeiter. Paulis Freundschaft mit Wentzel datiert aus dieser Zeit. Leider sind keine Gegenstücke von Wentzel zu Paulis Briefen (vgl. [133], [140] und [162]) erhalten. Im Wintersemester 1925/1926 war Wentzel bei Pauli in Hamburg und anschließend bei Bohr in Kopenhagen zu Besuch ([115], [120], [122] und [123]). Als Pauli 1928 an die ETH nach Zürich ging, setzte er sich energisch für Wentzels Berufung als Schrödingers Nachfolger an die benachbarte Universität in Zürich ein (vgl. [175] und [201], [202a] und [203a]).
29. Otto Laporte (1902–1971) kam 1921 nach München. Zu dieser Zeit war bereits Wentzel Sommerfelds Assistent geworden. Während in einem speziell eingerichteten Seminarraum Bücher und

Zeitschriftenaufsätze gelesen wurden, konnten die Studenten Fragen an den Assistenten richten. Pauli half Wentzel öfters bei der Beantwortung. Kurz nach seiner Promotion 1924 (vgl. [53]) ging Laporte nach Amerika, zuerst nach Washington und 1926 an die Universität von Michigan. Laporte reiste am 17. Februar von San Francisco ab, um bis zum Juli 1928 mit dem japanischen Physiker T. Takamine in Tokyo zusammenzutreffen. Auf der Rückreise wollte er Sommerfeld in München aufsuchen. (Vgl. Laportes Brief vom 4. Januar 1928 an Sommerfeld.)

30. Werner Heisenberg (1901–1976) reiste zum Frühjahr 1929 ebenfalls nach Amerika und verabredete sich dort mit Sommerfeld zu einer Tagung in Washington. »Mit Ihnen zusammen bin ich dort bereits zu einem offiziellen Dinner eingeladen«, schrieb er seinem Lehrer am 28. März 1929 von Boston aus; »außerdem hab' ich mit Breit ausgemacht, daß wir eine kleine Unterabteilung der Tagung mit der Devise: „Für Atombau und Spektrallinien" einrichten wollen.«
31. Den amerikanischen Chemiker und Physiker Linus Pauling (geb. 1901) hatte Sommerfeld wahrscheinlich als jungen Student im Winter 1922/1923 während eines Besuches in Kalifornien kennengelernt. 1926/1927 kam Pauling zu einem Studienaufenthalt nach Europa und besuchte bei dieser Gelegenheit das Münchener Institut. 1927 kehrte er an das California Institute of Technology in Pasadena zurück.
32. Der gebürtige Schweizer Jakob Kunz (1874–1939) promovierte 1902 an der ETH in Zürich. 1908 erhielt er eine Professur für mathematische Physik an der Universität von Illinois in Urbana. Unabhängig von Pierre Weiss und Walter Ritz hatte Kunz die Vorstellung von Elementarmagneten (oder Magnetonen) zur Erklärung der ferromagnetischen Eigenschaften der Materie entwikkelt. Als Sommerfeld 1922/1923 zum erstenmal Amerika besuchte, verbrachte er die Weihnachtstage bei Kunz in Urbana.
33. Paul Sophus Epstein (1883–1966) war von 1911 bis 1914 und im Wintersemester 1919/1920 in München. Weitere Einzelheiten findet man im Kommentar zu [236].
34. Wahrscheinlich handelt es sich hier um den amerikanischen Gast Hermann W. March, der bei Sommerfeld eine Dissertation über die Ausbreitung der elektromagnetischen Wellen auf der Erdkugel anfertigte. Dieses Problem übergab Sommerfeld später seinem neuen Schüler Otto Laporte zur Weiterführung (vgl. hierzu Laportes Schreiben vom 21. November 1922 an Sommerfeld).

[191a] [Debye an Pauli][a]

[Leipzig], 23. April 1928
[Maschinenschriftliches Rundschreiben]

Sehr geehrter Herr Kollege!
Am 5. Dezember 1928 wird Sommerfeld seinen 60ten Geburtstag feiern. Wir alle, die seine Schüler sind, wollen versuchen, ihm an jenem Tage eine Freude zu bereiten. Nach dem Vorschlage von Ewald und Pauli soll das dadurch geschehen, daß ihm an jenem Tage eine Festschrift überreicht wird, zu der nur frühere Schüler Beiträge geliefert haben. Ich bin überzeugt, daß dieser Vorschlag auch Ihren Beifall findet, denn gerade in dieser Weise kann eindrucksvoll dokumentiert werden, wie fruchtbar Sommerfelds Lehrtätigkeit sich im Laufe der Jahre gestaltet hat.

Die Firma S. Hirzel in Leipzig hat den Verlag der Festschrift mit einem Umfange von etwa 20 Bogen übernommen. Natürlich können für die Beiträge keine Honorare gezahlt werden. Andererseits werden die gesamten Kosten von der Firma bedingungslos getragen in der Erwartung, daß der Verkauf des Werkes die nötige Kompensation schaffen wird.

Ihr Einverständnis mit dem Plane voraussetzend, bitte ich Sie nun, einen geeigneten Beitrag zu der Festschrift liefern zu wollen. Ich werde als einer der ältesten Schüler die Redaktion besorgen und erwarte gern Ihr Manuskript an die Adresse:

Prof. Dr. P. Debye, Leipzig, Linnéstraße 4.

Als letztes Datum für die Ablieferung habe ich mich mit dem Verlag, der ein früheres Datum wünschte, auf den 1. August einigen können. Ist es Ihnen möglich, das Manuskript früher zu senden, so bitte ich, das zu tun. Sie werden sofort die Korrektur bekommen und können alles noch vor den Ferien erledigen. Für Ihren Beitrag stehen Ihnen, dem geplanten Gesamtumfange entsprechend, etwa 10 Druckseiten zur Verfügung.

Ich werde gern vernehmen, ob Sie mit dem Plane einverstanden sind, und ob ich einen Beitrag von Ihnen erwarten darf.

Mit besten Grüßen Ihr [Debye]

Handschriftlicher Zusatz[b]

Dieses Rundschreiben wurde an folgende Herren geschickt:

1. Prof. Dr. Otto Blumenthal, Technische Hochschule Aachen (26. April 1928)
2. Prof. Dr. Walter Rogowski, Elektrotechnisches Institut, Aachen (3. Mai 1923)
   Prof. Dr. Peter Debye, Leipzig, Linnéstr. 4
3. Prof. Dr. Max von Laue, Berlin-Zehlendorf, Albertinenstr. 17
4. Prof. Dr. Ludwig Hopf, Aachen, Hirschgraben 11 (25. April 1928)
5. Prof. Dr. Demetrios Hondros, Physikalisches Institut der Universität Athen
6. Prof. Dr. Fritz Noether, Universität Breslau (24. Juni 1928)
7. Prof. Dr. Rudolf Seeliger, Greifswald, Loitzerstr. 43/44 (25. April 1928)
8. Prof. Dr. Peter Paul Ewald, Physikalisches Institut der Technischen Hochschule Stuttgart
9. Prof. Dr. Wilhelm Lenz, Physikalisches Institut der Universität Hamburg
10. Prof. Dr. [Kurt] Huber, Frankfurt/Main-Ginnheim, Prächterstr. 14
11. Prof. Dr. [Franz Josef] Ortvay, Universität Szegedin (11. Mai 1928)
12. Prof. Dr. [Walter] Friedrich, medizinisch-physikalisches Röntgeninstitut der Universität Berlin (25. April 1928)
13. Prof. Dr. Alfred Landé, Physikalisches Institut Tübingen
14. Prof. Dr. Arthur Rosenthal, angew. Math. Heidelberg (28. April 1928)
15. Prof. Dr. Eberhard Buchwald, Institut für theoretische Physik Danzig (25. April 1928)
16. Prof. Dr. [Adalbert] Rubinowicz, Institut für theoretische Physik, Lemberg
17. Prof. Dr. Erwin Fues, Institut für theoretische Physik der Technischen Hochschule Stuttgart (27. April 1928)
18. Prof. Dr. Walter Kossel, Kiel, Feldstr. 134
19. Prof. Dr. Karl Herzfeld, Baltimore, Md., John Hopkins University, Physical Laboratory (7. Mai 1928)
20. Prof. Dr. Adolf Kratzer, Münster/Westfalen, Serturnerstr. (28. April 1928)
21. Prof. Dr. Wolfgang Pauli, Physikalisches Institut der E.T.H., Zürich
22. Prof. Dr. Hans G. Grimm, Würzburg, Schönleinstr. 3
23. Dr. Fritz London, Institut für theoretische Physik, Berlin

24. Dr. [Heinrich] Ott
25. Dr. [Karl] Bechert
26. Dr. [Albrecht] Unsöld
27. Dr. [Helmut] Hönl

(24.–27.) an [Karl] Selmayr, München

28. Prof. Dr. Gregor Wentzel, Leipzig
29. Prof. Dr. Otto Laporte, Ann Arbor, University of Michigan U.S.A.*
30. Prof. Dr. Werner Heisenberg, Leipzig
31. Prof. Dr. Linus Pauling, Pasadena (11. Mai 1928)
32. Prof. Dr. Jacob Kunz, Urbana (Ill.) Institut für Mathematik (5. Mai 1928)
33. Prof. Dr. Paul Sophus Epstein, Pasadena
34. Prof. Dr. [Hermann W.] March, Madison, University of Wisconsin

a) Das vorliegende Schreiben befand sich im Nachlaß von Werner Heisenberg. Herr Helmut Rechenberg stellte es freundlicherweise für diese Edition zur Verfügung. – b) Die folgende Namenliste wurde offenbar auf Debyes Anweisung angefertigt. Sie enthält hinter einigen Namen ein Datum, welches wohl den Eingang einer Zusage angibt.

Als einer der Initiatoren der Sommerfeld-Festschrift arbeitete Pauli schon seit längerer Zeit an einem Beitrag [1928], in dem er den Entropiesatz quantentheoretisch zu begründen suchte. Die Anregung dazu hatte er im März 1928 während eines Besuches in Kopenhagen erhalten, als man dort über die Einseitigkeit der Zeitrichtung diskutierte (vgl. [201] und [203]).

[202a] Pauli an Debye

[Zürich], 30. Juni [1928][a]
[Postkarte]

Lieber Debye!
Auf Ihren Brief vom 27. will ich gleich antworten.[b] Ich beabsichtige Ihnen für die Sommerfeld-Festschrift eine Abhandlung „über das H-Theorem vom Anwachsen der Entropie vom Standpunkt der neuen Quantenmechanik“ zu schicken. Macht es etwas, wenn es etwas mehr als 10 Druckseiten sind? – Den größeren Teil der Arbeit habe ich schon geschrieben und ich glaube bestimmt, in ein bis zwei Wochen das ganze fertig zu haben. (Über den Inhalt weiß Heisenberg näheres.[c])

Ich möchte noch den bestimmten Wunsch hinzufügen, daß die Arbeit ohne einen Trennungsstrich in die Mitte gedruckt wird.

Nun ist ja Wentzel hier und ich habe den Eindruck, daß alles gut gehen wird. Im Lauf der nächsten Woche wird sich wohl die Sache entscheiden[d]. Meyer hat plötzlich hysterische Angstzustände vor Zwicky bekommen (ich glaube, er träumt die ganze Nacht von ihm) und jammert dem Wentzel ununterbrochen vor, er hätte zuviel verlangt. Ich selbst bin aber doch optimistisch.

Mit vielen Grüßen Ihr W. Pauli

* [Im Manuskript ist diese Adresse von Laporte durchgestrichen (vgl. Fußnote 5 des Kommentars) und durch folgende ersetzt:] Tokyo, Institute for Physical and Chemical Research, Hongo, Komagome, Tokyo.

a) Ort und Jahresangabe aus dem Poststempel. – b) Wahrscheinlich wurde das Rundschreiben [191 a] erst am 27. Juni an Pauli geschickt. – c) Offenbar hatte Pauli das Problem schon mit Heisenberg diskutiert und ihm seine Ergebnisse brieflich mitgeteilt [200]. Das vorläufige Manuskript war inzwischen auch schon in Heisenbergs Händen. In seinem Antwortbrief [204] machte Heisenberg einige Verbesserungsvorschläge. – d) Die Berufungsverhandlungen über die Nachfolge von Schrödinger auf den Lehrstuhl für theoretische Physik an der Universität Zürich drohten zu scheitern, weil Wentzel offenbar zu hohe Forderungen gestellt hatte. Der langjährige Direktor des Physikalischen Institutes Edgar Meyer hatte sich für diese Berufung besonders eingesetzt. Er befürchtete, daß man jetzt dem in Amerika weilenden Konkurrenten Fritz Zwicky den Vorzug geben könnte; dieser hatte mit einer theoretischen Arbeit über Kristallphysik an der ETH bei Debye promoviert und als gebürtiger Bulgare in der Schweiz die Heimatberechtigung erlangt. Obwohl er ein ernst zu nehmender Konkurrent war, wurde schließlich Wentzel zum Wintersemester berufen [203 a].

[203 a] Pauli an Debye

Zürich, 14. Juli 1928

Lieber Herr Debye!

Anbei sende ich Ihnen die versprochene Abhandlung für die Sommerfeld-Festschrift. Hoffentlich ist sie nicht zu lang (es ist mir beim besten Willen nicht gelungen, sie kürzer zu machen). Darf ich noch bitten, Korrekturen außer an mich, auch an Heisenberg zu schicken![a]

Hier in Zürich gefällt es mir sehr gut. Nun sieht es übrigens doch sehr so aus, als ob Wentzel an die Universität hierher käme, hoffentlich schon im Winter!

Viele Grüße, auch von Scherrer Ihr W. Pauli

a) Einen Sonderdruck seiner Arbeit [1928] sandte Pauli im Februar 1929 zusammen mit einer Abhandlung von Felix Bloch mit folgender Bemerkung an Bohr: „Aus dem beiliegenden Separatum von Bloch wirst Du sehen, daß Dein Triumph über die Gelehrten vollständig ist! Von Leipzig kam ich sehr befriedigt zurück. Die Quantenelektrodynamik scheint jetzt doch zu gehen." – Obwohl Pauli selbst die Grundlage zur modernen Festkörperphysik geschaffen hatte, besaß er eine ausgesprochene Abneigung gegen dieses Gebiet. Blochs Vorliebe führte er auf Bohrs Einfluß zurück. Vgl. hierzu H.B.G. Casimir: „Development of Solid-State Physics". In: Proceedings of the International School of Physics »Enrico Fermi«. Varenna on Lake Como, Villa Monasterio, 31. Juli–12. August 1972. Academic Press: New York und London 1977. Dort S. 158–169.

Zum Jahresende sandte Debye „ein Exemplar der Festschrift, welche wir, d.h. 30 Deiner Schüler, zu Deinem Geburtstage verfaßt haben", an Sommerfeld, der zu diesem Zeitpunkt an California Institute of Technology in Pasadena weilte. Die Verschickung war etwas später als beabsichtigt erfolgt, weil der Verleger „Hirzel und wir Wert darauf legten, diesem Exemplar ein hübsches äußeres Gewand zu geben."[1]

[1] Vgl. hierzu Debyes Begleitschreiben vom 21. Dezember 1928.

[203 b] [Debye] an Pauli

[Leipzig], 16. Juli 1928

Sehr geehrter Herr Prof. Pauli!

Ich bestätige den Erhalt des Manuskriptes Ihres Beitrages zur Sommerfeld-Festschrift, wofür ich bestens danke.

Mit vorzüglicher Hochachtung i.a.: [Debye]

Paulis Telegramme [216a] und [217a] sind Erwiderungen auf Bohrs Einladung zu der ersten Kopenhagener Physikerkonferenz im Frühjahr 1929.[1]

[1] Vgl. hierzu den Kommentar zu [217].

[216a] Pauli an Bohr

Zürich, 1. März 1929
[Telegramm]

Mein Kommen wahrscheinlich möglich. Brief folgt.

Pauli

[217a] Pauli an Bohr

Zürich, [März 1929][a]
[Telegramm]

Konferenz in erster Aprilhälfte paßt ausgezeichnet.[b]
Vorlesungsbeginn Zürich 20. April

Pauli

a) Das uns vorliegende Telegramm war unter Bohrs Papieren aus dem Jahr 1929 abgelegt. Es enthält die Aufschrift des Telegraphenamtes: Zürich 145/31 18/17 4/3 16.07=. – b) In seinem Schreiben [218] an Oskar Klein bat Pauli um eine genaue Mitteilung des Konferenzbeginns. Das vorliegende Telegramm dürfte eine Erwiderung und damit erst nach dem 16. März abgesandt worden sein.

[218a] Pauli an Bonhoeffer[a]

Wien, 25. März [1929]
[Postkarte]

Lieber Herr Bonnhoeffer!
Ich habe in den Naturwissenschaften Ihre Mitteilung über Ortho- und Parawasserstoff gelesen,[b] die mich sehr interessiert hat. Nun komme ich Anfang nächster Woche am 2. oder 3. für paar Tage nach Berlin und würde gerne wissen, ob Sie um diese Zeit auch in Berlin sind und ob ich Sie im Institut aufsuchen kann. Für baldige Nachricht an die Adresse: Wien XVIII, Weimarerstr. 31 bei Behr wäre ich sehr dankbar. – Wissen Sie zufällig auch, ob Frl. Meitner zur angegebenen Zeit in Berlin ist?

Im Voraus bestens dankend und mit den besten Grüßen

Ihr sehr ergebener W. Pauli

a) Die folgende Karte wurde von Frau Dr. Marion Kazemi (Archiv zur Geschichte der Max Planck-Gesellschaft Berlin) aufgefunden und der Edition zur Verfügung gestellt. – b) Siehe [218], Anm. b.

XII. Anhang

1. Nachwort und Hinweise für den Benutzer des zweiten Bandes

Die wissenschaftshistorische Bedeutung der Briefe

Mit der Herausgabe des Pauli-Briefwechsels soll die (möglichst) vollständige wissenschaftliche Korrespondenz eines herausragenden Physikers des 20. Jahrhunderts vorgelegt werden, der sich an der Entwicklung der modernen Theorien maßgeblich beteiligt hat. Auf die Bedeutung gerade dieser Briefe für die neuere Wissenschaftsgeschichte wurde in den Rezensionen des ersten Bandes mehrfach hingewiesen: „Die 241 Briefe eines besonders bewegten Jahrzehnts in der Entwicklung der theoretischen Physik haben schon zu mancher Korrektur in Standardwerken der Geschichte dieser Wissenschaft geführt. Unter dem Eindruck dieses Briefwechsels kam es in einigen neueren Arbeiten dazu, die Geschichte der Quantenmechanik im wesentlichen als die Geschichte der Explikation von Ideen Wolfgang Paulis erscheinen zu lassen.“ [1]

Auch in dem folgenden hier behandelten Jahrzehnt wurden in der Physik bedeutende theoretische Fortschritte gemacht, selbst wenn sie in ihrer Tragweite nicht immer mit den großen Errungenschaften der zwanziger Jahre auf dem Gebiete der Quantenmechanik vergleichbar sind. Dem Ausbau und der Erweiterung der gewonnenen Theorie und dem Vordringen in neue bisher unzugängliche Bereiche des Mikrokosmos galten die Bemühungen dieses Jahrzehnts. Auch manches, was formuliert und wieder verworfen wurde, diente als Vorstufe zu späteren Einsichten, die das physikalische Weltbild unserer Zeit prägen halfen.

Mit der Veröffentlichung dieses zweiten Bandes hoffen wir, sowohl dem Physiker als auch dem Wissenschaftshistoriker weitere Quellen in die Hand zu geben, die ihm einen unmittelbaren Zugang zum Verständnis dieses Entstehungsprozesses eröffnen.

Die Editionsgrundsätze

Alles was an der entsprechenden Stelle für den Benutzer von Band I gesagt wurde, gilt auch für den Band II. In den Zuschriften an die Herausgeber wurden verschiedene Anregungen zur Änderung der Gestaltung und des Aufbaues der Edition gegeben. Ihnen konnte im allgemeinen nicht entsprochen werden, obwohl sie in einigen Fällen durchaus in Erwägung zu ziehen waren. Auf der einen Seite sollte aber die einheitliche Konzeption des Gesamtwerkes nicht durchbrochen werden, auf der anderen Seite sprachen die äußeren Voraussetzungen für die Beibehaltung des einmal gewählten Verfahrens.

Die Aufbewahrung und das Auffinden neuer Briefe

Der größte Teil der hier wiedergegebenen Briefe aus den dreißiger Jahren stammt aus der Pauli Letter Collection (PLC) bei CERN. Dieser Bestand konnte jedoch durch systematische Suche oder durch Hinweise von anderer Seite ergänzt werden. Die Unterstützung durch zahlreiche Archive im Aus- und Inland und die Mitwirkung vieler Wissenschaftler und ehemaliger Freunde Paulis hat wesentlich dazu beigetragen, daß wir außer

[1] U. Röseberg in Deutsche Literaturzeitung **103**, Heft 1 vom 1. Januar 1982.

diesen zusätzlichen Briefen auch noch einen Nachtrag von Briefen zum ersten Band zustande bringen konnten.

Die Office for History of Science and Technology der University of California in Berkeley hat unter der tatkräftigen Leitung von John L. Heilbron und Bruce R. Wheaton das durch Thomas S. Kuhn initiierte Unternehmen[2] mit der Sammlung von Quellen zur Geschichte der Physik des 20. Jahrhunderts fortgeführt. Ein großer Teil der wissenschaftlichen Korrespondenz wichtiger Physiker aus der Zeit vor 1930 steht in Form von Mikrofilmen für Forschungszwecke zur Verfügung.[3]

Darüber hinaus wird in Berkeley an einem noch umfassenderen Katalog der Korrespondenzen von etwa 5000 Wissenschaftlern gearbeitet, die sich in dem Zeitraum von 1896–1952 direkt oder indirekt mit physikalischen Fragen befaßt haben. In 1500 öffentlichen und privaten Institutionen, Bibliotheken und Archiven in 35 verschiedenen Ländern wurden Nachforschungen angestellt. Gegenwärtig liegen Hinweise auf mehr als 500000 Briefe vor.[4] Diese gewaltige Quellenerschließung war für das Auffinden neuer Korrespondenzen und für ihre Kommentierung von großem Nutzen.

Die Kommentierung und ihre Probleme

Als vorrangiges Ziel der Kommentierung galt die Herstellung eines Bezuges zwischen den Briefen untereinander und zwischen den Briefen und den veröffentlichten Schriften. Dort wo das Gebiet schon eine wissenschaftshistorische Bearbeitung erfahren hat, wurde auf die bestehende Sekundärliteratur hingewiesen, soweit sie dem Herausgeber vorlag.

Wegen der Unvollständigkeit des erhaltenen Briefwechsels ist man bei einer Kommentierung öfters auf Bemerkungen und Hinweise in den Schriftwechseln von nahestehenden Personen der Korrespondenten angewiesen. Doch der Zugang zu solchen Briefen aus der Zeit nach 1930 ist oft sehr mühsam, weil diese Schriftstücke nur in einzelnen Fällen verfilmt wurden. Viele Archive mußten deshalb aufgesucht werden.

Die Physik der dreißiger Jahre ist weniger überschaubar als die des vorhergehenden Jahrzehnts. Nachdem die einfacheren quantentheoretischen Probleme gelöst waren, kamen jetzt schwierigere und komplexere Fragestellungen an die Reihe. Die Anwendung der Quantenmechanik auf die neuen Erfahrungsbereiche in der Höhenstrahlung und in der Kern- und Elementarteilchenphysik machte rasch ihre Grenzen sichtbar.

Neue Ansätze und Entwicklungen blieben jetzt häufiger stecken. Kam es vor Aufgabe einer solchen Theorie nicht mehr zu einer Veröffentlichung, so hinterblieben ihre Spuren zuweilen nur noch in den Briefen. Eine nachträgliche Rekonstruktion des betreffenden Gedankenganges ist aber ohne Unterstützung durch eine zusammenhängende Darstellung, die meistens erst in einem Zeitschriftenaufsatz in geschlossener Form dargeboten wird, äußerst problematisch. Auf derartige Probleme konnte natürlich bei der Kommentierung nicht näher eingegangen werden. Die Wiedergabe einiger gelegentlich den Briefen beigefügter Manuskripte kann dem interessierten Leser manchmal weiterhelfen.

Die Nachträge zu dem Briefwerk

Die 367 Briefe des vorliegenden Bandes umfassen – mit nur einer Ausnahme[5] – die gesamte bisher nachgewiesene Korrespondenz Paulis aus den dreißiger Jahren. Darin

[2] Vgl. T.S. Kuhn, J.L. Heilbron, P. Forman und L. Allen: Sources for History of Quantum Physics. An Inventory and Report. Philadelphia 1967.

[3] Die Office for History of Science and Technology beherbergt eine nahezu vollständige Sammlung der bereits verfilmten Briefe und Dokumente zur Geschichte der Quantentheorie aus den Jahren 1896–1930. Erfaßt sind rund 25000 Dokumente einiger hundert Physiker.

[4] Eine detailliertere Beschreibung dieser Quellensammlung (ISHTCP) findet man in Isis **75**, 153–157 (1984).

[5] Es handelt sich um ein Schreiben des Schweizer Psychologen Carl Gustav Jung an Pauli, welches in der Edition des Jung-Briefwechsels enthalten ist. (Vgl. hierzu die weiteren Angaben im chronologischen Verzeichnis der Korrespondenz.)

Gesamtübersicht über die 80 wichtigsten PAULI-Korrespondenzen

In runden Klammern die Anzahl der Briefe *von* Pauli
(Abkürzungen: NBI: Niels-Bohr-Institut; SPK: Staatsbibliothek Preußischer Kulturbesitz; AJC: Archives Frédéric et Irène Joliot-Curie; AIP: American Institute of Physics)

Korrespondent	Anzahl der Briefe					Nobelpreis	Aufbewahrung zusätzlicher, nicht in der PLC enthaltener Briefe
	I 1919–1929	II 1930–1939	III 1940–1949	IV 1950–1958	Summe		
1. H. Bethe (geb. 1906)	–	2 (0)	8 (8)	–	10 (8)	1967	Cornell Univ., New York
2. H. Bhabha (1909–1966)	–	1 (1)	16 (16)	–	17 (17)		Bombay, Tata Institut
3. P.M.S. Blackett (1897–1974)	–	1 (1)	–	–	1 (1)	1948	London, Royal Society
4. D. Bohm (geb. 1917)	–	–	–	8 (1)	8 (1)		
5. A. Bohr (geb. 1922)	–	–	3 (0)	–	3 (0)	1975	Kopenhagen, NBI
6. N. Bohr (1885–1962)	69 (36)	14 (2)	54 (25)	33 (22)	170 (85)	1922	Kopenhagen, NBI
7. M. Born (1882–1970)	1 (0)	3 (3)	7 (6)	15 (13)	26 (22)	1954	Berlin, SPK
8. L. de Broglie (geb. 1892)	–	–	1 (1)	5 (4)	6 (5)	1929	
9. H.B.G. Casimir (geb. 1909)	–	1 (0)	6 (5)	–	7 (5)		
10. P. Debye (1884–1966)	4 (2)	–	–	–	4 (2)	1936	München, Heisenberg-Archiv
11. M. Delbrück (1906–1981)	–	–	11 (10)	12 (9)	23 (19)	1969	Pasadena, Millikan Library
12. P.A.M. Dirac (geb. 1902)	–	16 (16)	11 (11)	–	27 (27)	1933	London, Churchill-College
13. F.J. Dyson (geb. 1923)	–	–	11 (11)	21 (11)	32 (22)		
14. P. Ehrenfest (1880–1933)	13 (7)	12 (7)	–	–	25 (14)		Leiden, Boerhaave Museum
15. A. Einstein (1879–1955)	3 (2)	4 (2)	7 (5)	–	14 (9)	1921	Princeton, Einstein Archiv
16. W. Elsasser (geb. 1904)	–	–	–	5 (2)	5 (2)		
17. Ch. Enz (geb. 1925)	–	–	–	6 (4)	6 (4)		
18. P.S. Epstein (1883–1966)	1 (1)	2 (2)	–	–	3 (3)		Pasadena, Millikan Library
19. M. Fierz (geb. 1912)	–	–	44 (39)	283 (159)	327 (198)		Zürich, ETH-Bibliothek
20. J. Franck (1882–1964)	–	–	8 (3)	–	8 (3)	1965	Chicago, Regenstein-Library
21. G. Gamow (1904–1968)	–	–	–	1 (1)	1 (1)		Washington, Libr. of Congress
22. W. Gerlach (1889–1979)	2 (2)	–	–	–	2 (2)		München, Deutsches Museum
23. V. Glaser	–	–	–	7 (3)	7 (3)		
24. S. Goudsmit (1902–1978)	1 (1)	4 (3)	–	–	5 (4)		New York, AIP
25. F. Gürsey	–	–	–	17 (9)	17 (9)		
26. T. Gustafson (geb. 1904)	–	–	16 (10)	7 (6)	23 (16)		
27. E. Hecke (1887–1947)	–	2 (2)	–	–	2 (2)		
28. W. Heisenberg (1901–1976)	64 (3)	170 (83)	16 (11)	198 (98)	448 (195)	1932	München, Heisenberg-Archiv
29. L. van Hove (geb. 1924)	–	–	1 (1)	7 (5)	8 (6)		
30. E. Hulthén (geb. 1891)	–	–	18 (9)	–	18 (9)		
31. G.C. Jaffé (1880–1965)	–	7 (6)	–	–	7 (6)		Berkeley, Bancroft Library
32. J.M. Jauch (1914–1974)	–	3 (3)	30 (29)	4 (4)	37 (36)		
33. J.H.D. Jensen (1907–1973)	–	–	–	1 (0)	1 (0)	1963	
34. F. Joliot (1900–1958)	–	3 (3)	–	–	3 (3)	1935	Paris, AJC

37. N. Kemmer (geb. 1911)		30 (20)	3 (3)	2 (2)	35 (25)		
38. O. Klein (1894–1977)	2 (2)	11 (11)	7 (5)	17 (17)	37 (35)		Kopenhagen, NBI
39. H.A. Kramers (1894–1952)	5 (5)	–	–	–	5 (5)		
40. R. Kronig (geb. 1904)	11 (11)	4 (4)	4 (4)	7 (7)	26 (26)		Zürich, ETH-Bibliothek
41. L.D. Landau (1908–1968)	–	–	–	3 (1)	3 (1)	1962	
42. A. Landé (1888–1975)	24 (24)	–	2 (2)	–	26 (26)		
43. T.D. Lee (geb. 1926)	–	–	–	1 (1)	1 (1)	1957	
44. H.A. Lorentz (1853–1928)	1 (0)	–	–	–	1 (0)	1902	Amsterdam, Inst. Theor. Phys.
45. G. Lüders (geb. 1920)	–	–	–	35 (4)	35 (4)		München, Heisenberg-Archiv
46. S.T.Ma	–	–	12 (12)	–	12 (12)		
47. L. Meitner (1878–1968)	–	4 (4)	2 (2)	7 (3)	13 (9)		Stockholm, Akad. Wiss.
48. L. Michel (geb. 1923)	–	–	–	2 (0)	2 (0)		
49. R.A. Millikan (1868–1953)	–	4 (2)	–	–	4 (2)	1923	Pasadena, Millikan Library
50. Chr. Møller (1904–1980)	–	–	9 (6)	8 (4)	17 (10)		Kopenhagen, NBI
51. R. Oppenheimer (1904–1967)	–	–	11 (8)	15 (11)	26 (19)		Washington, Libr. of Congress
52. A. Pais (geb. 1908)	–	–	14 (14)	12 (12)	26 (26)		Princeton, Inst. Adv. Study
53. E. Panofsky (1892–1968)	–	–	1 (1)	37 (33)	38 (34)		Princeton, Privatsammlg.
54. R. Peierls (geb. 1907)	–	28 (19)	–	8 (0)	36 (19)		Oxford, Bodleian-Library
55. I. Rabi (geb. 1898)	–	–	1 (0)	–	1 (0)	1944	
56. L. Rosenfeld (1904–1974)	–	–	2 (2)	2 (0)	4 (2)		Kopenhagen, NBI
57. A.W. Rubinowicz (1889–1974)	–	2 (2)	–	–	2 (2)		
58. A. Salam (geb. 1926)	–	–	–	13 (8)	13 (8)	1979	
59. M.R. Schafroth (1923–1959)	–	–	–	26 (20)	26 (20)		
60. P. Scherrer (1890–1969)	1 (1)	–	–	–	1 (1)		Zürich, ETH-Bibliothek
61. M. Schlick (1882–1936)	1 (1)	2 (2)	–	–	3 (3)		Amsterdam, Schlick-Archiv
62. E. Schrödinger (1887–1961)	8 (3)	4 (3)	5 (3)	5 (3)	22 (12)	1933	Alpbach, Privatsammlg.
63. J. Schwinger (geb. 1918)	–	–	1 (1)	–	1 (1)	1965	Princeton, Inst. Adv. Stud.
64. A. Sommerfeld (1868–1951)	11 (8)	7 (5)	6 (4)	2 (0)	26 (17)		München, Deutsches Museum
65. O. Stern (1888–1969)	–	–	–	9 (7)	9 (7)	1943	New York, Columbia Univ.
66. E.C.G. Stueckelberg (1905–1984)	–	1 (0)	–	–	1 (0)		München, Deutsches Museum
67. K. Symanzik (1923–1983)	–	–	–	11 (5)	11 (5)		
68. E.Teller (geb. 1908)	–	–	–	3 (1)	3 (1)		Berkeley, Bancroft Library
69. A. Thellung (geb. 1924)	–	–	–	22 (20)	22 (20)		Zürich, Universität
70. W. Thirring (geb. 1927)	–	–	–	21 (3)	21 (3)		Wien, Inst. Theor. Phys.
71. B. Touschek (1921–1978)	–	–	–	20 (11)	20 (11)		
72. G. Uhlenbeck (geb. 1900)	–	4 (3)	12 (11)	–	16 (14)		New York, Rockefeller Univ.
73. J.H. van Vleck (1899–1980)	–		2 (2)	–	2 (2)	1977	Berkeley, Bancroft Library
74. V.F. Weisskopf (geb. 1908)	–	11 (3)	1 (1)	38 (27)	50 (31)		Boston, MIT
75. C.F. v. Weizsäcker (geb. 1912)	–		–	10 (8)	10 (8)		
76. G. Wentzel (1898–1978)	6 (6)	3 (3)	8 (8)	6 (6)	23 (23)		
77. H. Weyl (1885–1955)	5 (3)	–	1 (1)	–	6 (4)		
78. A. Wightman (geb. 1922)	–	–	–	5 (4)	5 (4)		
79. C.S. Wu (geb. 1912)	–	–	–	7 (4)	7 (4)		
80. C.N. Yang (geb. 1922)	–	–	–	8 (7)	8 (7)	1957	
	237 (122)	360 (215)	378 (295)	1144 (684)	2119 (1316)		

enthalten ist außerdem ein Nachtrag von 16 Briefen aus den zwanziger Jahren, die in der Zwischenzeit aufgefunden wurden.[5] Auch in Zukunft ist natürlich mit weiteren Nachträgen zu rechnen. Dennoch schien eine Veröffentlichung vor Abschluß der gesamten Edition angezeigt, um auf diese Weise wertvolle Materialien für eine Geschichte der frühen Jahre schon jetzt der Forschung zugänglich zu machen.

Eine vorläufige Übersicht über den gesamten Briefnachlaß

Das Verzeichnis auf S. 716f. gibt Auskunft über die wichtigsten bereits gesammelten Korrespondenzen und ihre Verteilung auf die vier Dezenien von Paulis wissenschaftlicher Tätigkeit. Besonders für die beiden letzten Jahrzehnte dürfte diese Sammlung noch eine wesentliche Erweiterung erfahren.

Originale oder Kopien der meisten hier edierten Briefe befinden sich in der Pauli Letter Collection. Ist das nicht der Fall, so ist in der letzten Spalte der Tabelle die jeweilige Herkunft der Briefkopien vermerkt.[6]

Anhand dieses Verzeichnisses lassen sich auch in den dreißiger Jahren weiterhin große Lücken in dem Briefbestand feststellen. Während die umfangreiche Korrespondenz mit Heisenberg in diesem Zeitraum nahezu vollständig erhalten sein dürfte, fehlen diesmal fast alle Briefe an Bohr. Eine mögliche Ursache ist die Besetzung des Bohr-Institutes durch die Deutschen während des Krieges. Da Pauli in seinen Briefen an Bohr über die Angelegenheiten der vertriebenen Wissenschaftler berichtete und wohl auch nicht mit Kritik am nationalsozialistischen Staat gespart haben mag, dürfte die rechtzeitige Beseitigung solcher Dokumente ratsam gewesen sein.

Umgekehrt fehlen alle Gegenstücke zu Paulis Briefen an Oskar Klein. Ohne Zweifel sind hier ähnliche Motive im Spiel, da sich auch Klein in Stockholm eifrig um das Schicksal der Emigranten kümmerte. So mußte Pauli derartige kompromittierende Briefe vernichten, bevor er die Schweiz während des Krieges verließ, um sich einem möglichen Zugriff der Nationalsozialisten zu entziehen.

Mitwirkung von Personen und Institutionen

Auch bei der Entstehung dieses Bandes beteiligten sich viele Gelehrte, Kollegen und Freunde.

David C. Cassidy hat während eines längeren Aufenthaltes am Lehrstuhl für Geschichte der Naturwissenschaften und Technik in Stuttgart bei der Vorbereitung der Kommentare und Anmerkungen zu den Briefen aus den Jahren 1936–1939 wertvolle Hilfe geleistet. Erik Rüdinger, Klaus Stolzenburg und Helge Kragh waren bei der Übersetzung der dänischen Briefe behilflich.

Hinweise auf die Existenz neuer Briefe verdanken wir insbesondere Ruth Braunizer (Alpbach), David C. Cassidy (z.Z. in Princeton), H.F. Cohen (Leiden), Michael Eckert (München), Beat Glaus (Zürich), John L. Heilbron (Berkeley), Marion Kazemi (Berlin); Gaby und Wolfgang Kerber (Wien), Anne Kox (Amsterdam), Rudolf Peierls (Oxford), Helmut Rechenberg (München), Erik Rüdinger (Kopenhagen), Roman U. Sexl (Wien), J. Six (Paris), Armin Thellung (Zürich), Spencer Weart (New York), Victor F. Weisskopf (Boston) und Bruce Wheaton (Berkeley).

---

[5] Diese Nachträge – ebenso wie Briefe, die erst kurz vor der Drucklegung dieses Bandes gefunden wurden – sind durch entsprechende Briefnummern eingeordnet und durch Hinzufügung kleiner Buchstaben gekennzeichnet.

[6] Nur ein Teil der Briefe ist im Original zugänglich. Auch bei den Briefkopien in der PLC ist die Herkunft nicht immer nachzuweisen. Von einer Angabe der Aufbewahrungsorte wurde Abstand genommen, weil eine lückenlose, nachträgliche Ermittlung mit einem zusätzlichen, unvertretbaren Aufwand verbunden wäre.

Der Witwe Franca Pauli, den noch lebenden und den Erben der bereits verstorbenen Korrespondenten Paulis sei an dieser Stelle für alle Briefe und Dokumente gedankt, die sie auch für diesen zweiten Band der Edition zur Verfügung gestellt haben. In einem bisher unbekannten Teilnachlaß von Arnold Sommerfeld wurden kürzlich weitere Briefe aus der Korrespondenz mit Pauli gefunden. Auf die Existenz dieser Briefe machte freundlicherweise Michael Eckert aufmerksam. Hans Hoffmann, dem Enkel Sommerfelds, ist dafür zu danken, daß nun auch diese Briefe ([118a], [247a] und [537a]) hier wiedergegeben werden können.

Helmut Rechenberg war bei der Beschaffung einer Vorlage für das in diesem Band wiedergegebene Faksimile behilflich. Viktor J. Frenkel verdanken wir den Hinweis auf zwei bisher unbekannte Beiträge Paulis (1938d, e) in russischer Sprache.[7]

Besonderer Dank gebührt Alfred Günther und Rosvitha Rahmy für ihre stetige Unterstützung während der Arbeiten im Pauli-Archiv bei CERN in Genf.

Alle die in dem Verzeichnis der Briefe aufgeführten Archive stellten Kopien für die Edition zur Verfügung.

Die Abschrift der Briefe und die Herstellung des Manuskriptes besorgte die Sekretärin am Stuttgarter Lehrstuhl Marianne Willi. Joachim Sommer half bei der Anfertigung der Register.

Die Deutsche Forschungsgemeinschaft ermöglichte weiterhin durch Gewährung von Personal- und Sachmitteln die Durchführung des Unternehmens.

Neben den Inhabern der Copyrights zu den Briefen erteilten auch folgende Institutionen ihre Genehmigung zum Abdruck der hier im einzelnen aufgeführten Briefe:

Archiv des Schweizerischen Schulrates, Zürich: [173a], [175a], [176a], [180a] und [182a]
Archives Frédéric et Irène Joliot-Curie, Paris: [344a], [349a] und [371a]
Bancroft Library, Berkeley: [250], [252], [253], [254], [255], [256] und [334]
Bibliothek und Archiv zur Geschichte der Max-Planck-Gesellschaft, Berlin: [218a]
Bibliothek für Physik, Universität Wien: [7a]
Boerhaave Museum, Leiden: [249], [271], [284], [294], [295], [299], [300], [301], [302] und [303]
Churchill College, Cambridge: [273], [298], [306], [308], [309], [332], [335] und [371]
Hebrew University, Jerusalem: [288], [315], [527] und [530]
Millikan Library, Pasadena: [478] und [524]
Niels Bohr Institutet, Kopenhagen: [322], [381], [431], [482] und [488]

[7] Siehe hierzu die genaueren Angaben im Literaturverzeichnis.

2. Zeittafel 1900–1939

1900	Wolfgang Ernst Friedrich Pauli wurde am 25. April in Wien geboren und am 31. Mai d.J. römisch-katholisch getauft. Der Vater Wolfgang Josef (geboren am 11. September 1869 in Prag, gestorben am 4. November 1955 in Zürich) war Arzt und seit 1913 Vorsteher eines innerhalb der medizinischen Fakultät der Universität Wien für ihn eingerichteten physikalisch-chemisch-biologischen Laboratoriums. Er gilt als einer der Begründer der modernen Kolloidchemie. Die Mutter Berta Camilla Schütz (geboren in Wien am 29. November 1878) starb frühzeitig (am 15. November 1927) an einer Vergiftung. Paulis jüngere Schwester Hertha (geboren am 4. September 1909) war eine anerkannte Schriftstellerin und Verfasserin zahlreicher Romane. Schon während seiner Schulzeit zeigte der junge Pauli außergewöhnliche mathematische Fähigkeiten. Sein Pate Ernst Mach betreute in diesen Jahren seine wissenschaftliche Ausbildung. Er empfahl die Lektüre anspruchsvoller mathematischer und naturwissenschaftlicher Werke.
1914 Januar	Der Vater berichtet dem Paten Mach, sein Sohn habe das Studium von Eulers »Introductio in Analysin infinitorum« beendet.
1918 2. Juli	Pauli besteht seine Reifeprüfung am Döblinger Gymnasium in Wien mit Auszeichnung (Reifezeugnis).
22. September	Eingang der ersten wissenschaftlichen Veröffentlichung über allgemeine Relativitätstheorie (1919a).
4. Oktober	Aufnahme des Studiums an der Ludwig-Maximilians-Universität in München. (Damaliger Wohnort: München, Theresienstraße 66.)
29. November	Pauli hält sein erstes Referat in Sommerfelds Münchener Mittwochskolloquium.
1919	Weitere Publikationen zu Weyls erweiterter allgemeinen Relativitätstheorie (1919b, c).
1920 Frühjahr	Beginn mit der Arbeit an dem Relativitätsartikel [1921] für die Mathematische Enzyklopädie.
18. Juni	Eingang der ersten atomphysikalischen Arbeit (1920b).

18.–26. September	86. Naturforscherversammlung in Bad Nauheim. Paulis Beitrag über das Bohrsche Magneton (1920c). Nach dem Vortrag von Weyl beteiligt sich Pauli an der Diskussion. Bei dieser Gelegenheit wird er durch Lise Meitner Einstein vorgestellt.
10. Dezember	Referat im Münchener Mittwochskolloquium über Arbeiten von Kratzer und Loomis.
1921 20. Mai	Referate über Lorentz' und Bohrs Beiträge zum Solvay-Kongreß im Münchener Mittwochskolloquium.
24. Juni	Pauli berichtet in einem Kolloquiumsvortrag über die Ergebnisse seiner Dissertationsarbeit »Über das Modell für das Molekülion des Wasserstoffs.«
25. Juli	Promotion in München mit summa cum laude. Das Wasserstoffmolekülion (1922a).
Juli	Quantentheoretische Erweiterung der Langevin-Formel für den Paramagnetismus (1921).
19. September	Der Relativitätsartikel erscheint.
19.–24. September	Teilnahme an der Physikertagung in Jena [14].
13. Oktober	Abgangszeugnis der Universität München.
1. Oktober	Pauli wird planmäßiger Assistent am physikalischen Institut in Göttingen. Arbeiten mit Born zur Störungstheorie (1922b) und über das Heliumatom.
1922 1. April	Pauli tritt die Stelle eines „wissenschaftlichen Hilfsarbeiters" bei Lenz am physikalischen Staatsinstitut in Hamburg an.
12.–22. Juni	Göttinger „Bohrfestspiele". Erste Begegnung mit Niels Bohr [22].
17.–24. September	Naturforscherversammlung in Leipzig
30. September	Pauli läßt sich zu einem einjährigen Studienaufenthalt bei Bohr in Kopenhagen beurlauben. Seine Hamburger Stelle wird vorübergehend durch Ernst Ising besetzt.
1923 3. Januar	Eingang einer gemeinsam mit Kramers durchgeführten Untersuchung über Bandenspektren (1923a).
26. April	Erste Veröffentlichung über den anomalen Zeemaneffekt (1923b).
9. August	Eingang der Untersuchung über das Strahlungsgleichgewicht (1923c).
16.–22. September	Physikertagung in Bonn. Pauli ist nicht anwesend ([37], [43]). Höhepunkt der Wirtschaftskrise im Deutschen Reich.
1. Oktober	Pauli kehrt zu Lenz nach Hamburg zurück [43].
Mitte Oktober	Besuch bei Born in Göttingen.
20. Oktober	Termzuordnungen für schwache und starke Felder beim Zeemaneffekt (1924a).
20. Dezember	Pauli wohnt Heisenbergs Vortrag über dessen neue Theorie des Zeemaneffektes bei [52] und beteiligt sich an der anschließenden Diskussion.

22. Dezember	Reise nach Wien zu den Eltern [52].
1924 4. Januar	Rückkehr nach Hamburg [52].
30. Januar	Zulassung zur Habilitation [37]. Habilitationsschrift: Über eine Verallgemeinerung der Einsteinschen statistischen Gesetze für die Strahlungstheorie.
23. Februar	Antrittsvorlesung: Quantentheorie und periodisches System der Elemente.
April	Ferienaufenthalt in Kopenhagen [58]. Diskussion über die „neue Strahlungstheorie" von Bohr, Kramers und Slater.
Sommer	Arbeit an den Beiträgen über Quantentheorie [1929b] und schwarze Strahlung [1929a] für Müller-Pouillets Lehrbuch der Physik.
22. Juni	Sitzung des Gauvereins Niedersachsen der DPG in Hamburg.
17. August	Hypothese des Kerndrehimpulses (1924c).
21.–27. September	Naturforscherversammlung in Innsbruck. Gespräch mit Einstein [66].
November	Entdeckung des Ausschließungsprinzips ([71], [72]).
2. Dezember	Postulierung einer „klassisch nicht beschreibbaren Art von Zweideutigkeit" des Leuchtelektrons (1925a).
1925 9./10. Januar	Aufenthalt in Wien während der Weihnachtsferien. Pauli besucht während der Rückreise nach Hamburg Landé in Tübingen ([78], [80]). Dort lernt er seinen späteren Assistenten Kronig kennen.
16. Januar	Eingang der Arbeit über das Pauli-Prinzip (1925b). Vorübergehende Beschäftigung mit der Wärmeleitung im Festkörper.
Februar	Beginn der Arbeit am Handbuchartikel über Quantentheorie [1926].
9. Februar	Pauli trägt auf der Sitzung des Gauvereins Niedersachsen in Göttingen über Reststrahlenabsorption in Kristallen vor (1925d).
Mitte März	Pauli begibt sich nach Kopenhagen und beschäftigte sich dort mit den Intensitäten von Kombinationslinien (1925c). (Gleichzeitig ist der Vater in Kopenhagen anwesend.)
29. April	Rückflug nach Hamburg.
Mitte Juni	Heisenberg besucht Pauli auf seiner Rückreise von Helgoland in Hamburg [91].
Ende Juni	Kronig hält sich für einige Tage im Hamburgischen Institut auf.
19. Juli	Pauli trifft sich während einer Durchreise durch Göttingen mit Born in einem Zugabteil und lehnt eine Zusammenarbeit mit Born ab.
28. Juli	Eingang von Heisenbergs Quantenmechanik.
31. August bis 4. September	Mathematikerkongreß in Kopenhagen [104].
10.–16. September	Physikertagung in Danzig.

17. Oktober	Wentzel vertritt Lenz für das Wintersemester in Hamburg. Uhlenbecks und Goudsmits Spinhypothese wird veröffentlicht [107].
Oktober	Abschluß des Handbuchartikels [1926].
Anfang November	Berechnung des H-Atoms nach der neuen Quantenmechanik ([103], [104]).
9. Dezember	Bohr trifft sich mit Pauli während der Durchreise durch Hamburg [111].
Mitte Dezember	Diskussionen mit Bohr über das rotierende Elektron während eines Berlinbesuches [114].
	Vereinbarung eines Programms zur Behandlung der dringendsten Probleme der Atomphysik.
30. Dezember	Pauli in Wien [114].
1926 17. Januar	Eingang der Arbeit über das Wasserstoffatom (1926a).
20. Januar	Heisenberg kommt zu einem kurzen Besuch nach Hamburg ([116], [117]).
Januar bis Februar	Bemühungen um eine erweiterte Quantenmechanik der unperiodischen Vorgänge. Vergebliche Versuche, das „rotierende Elektron“ in die neue Theorie einzubauen.
22. Januar	Dirac kommt Pauli mit seiner Abhandlung über nicht-periodische Vorgänge zuvor [125].
27. Januar	Eingang von Schrödingers erster Mitteilung zur Wellenmechanik [120].
Februar	Goudsmit besucht Pauli in Hamburg. Pauli erhebt weiterhin schwerwiegende Einwände gegen das rotierende Elektron [125].
14.–15. Februar	Tagung des Gauvereins Niedersachsen in Braunschweig.
20. Februar	Thomas' Note erklärt den Faktor 1/2 beim Problem des Elektronenspins.
Anfang März	Pauli akzeptiert den Elektronenspin [127].
April	Frenkel zu Besuch in Hamburg. Gespräche mit Pauli über das rotierende Elektron. Pauli verbringt seine Osterferien in Kopenhagen [130]. Äquivalenzbeweis von Matrizen- und Wellenmechanik [131]. Relativistische Wellengleichung.
1. Mai	Rückreise von Kopenhagen nach Hamburg.
10. Mai	Schrödinger veröffentlicht seine Intensitätsformeln für die Wasserstofflinien und macht damit Paulis Ergebnisse überflüssig ([131], [135]).
Mai	Berufsverhandlungen um das Leipziger Extraordinariat für theoretische Physik ([132], [139]).
21–26. Juni	Physikalische Vortragswoche in Zürich ([134], [140]).
25. Juni	Borns Quantenmechanik der Stoßvorgänge. Erste Anwendungen der Quantenmechanik auf die Molekülphysik durch Pauli und Mensing (1926b).

Juli	Beschäftigung mit der wellenmechanischen Behandlung des Comptoneffektes [140].
19.–26. September	Naturforscherversammlung in Düsseldorf [154]. Heisenbergs Vortrag über »Quantenmechanik«. Auseinandersetzungen mit Schrödinger wegen der Interpretation der Wellenmechanik [140].
Oktober	Gasentartung und Paramagnetismus ([143], [147]).
19. Oktober	Pauli teilt Heisenberg seine Ansichten über die physikalische Deutung der Quantenmechanik mit. Transformationstheorie [143].
20.–23. Oktober	Besuch in Leiden bei Ehrenfest.
8. November	Dirac veröffentlicht seine wellenmechanische Theorie des Comptoneffektes vor Pauli.
22. November	Verleihung des Professorentitels an Pauli [142]. Nichtrelativistische Spintheorie [148].
Dezember	Beschäftigung mit der relativistischen Wellengleichung. Abermalige Kollision mit Schrödingers Arbeiten ([150], [151]).
16. Dezember	Eingang der Arbeit über Gasentartung und Paramagnetismus (1927a).
1927 2. Februar	Dirac begründet mit seiner Strahlungstheorie die Quantenelektrodynamik. Pauli und Heisenberg vereinbaren ein »Programm« zur Entwicklung der Quantenelektrodynamik (»Volterramathematik«). ([154], [157], [160], [161]).
5.–6. Februar	Born nimmt an der Gauvereinssitzung in Hamburg teil.
23. März	Heisenberg veröffentlicht seine »Unschärferelationen« unter Hinweis auf Paulis Anregungen.
4. April	Pauli trifft sich mit Born und Jordan in Göttingen [160].
6.–18. April	Erholungsreise in Süddeutschland [157].
3. Mai	Unrelativistische Spintheorie. Pauli-Matrizen. (1927b). Arbeit an dem Nachtrag zu dem Artikel [1929b] für das Müller-Pouilletsche Lehrbuch der Physik [162].
Anfang Juni	Kurzer Aufenthalt in Kopenhagen während der Pfingstferien [165].
Juli	Gauvereinstagung in Goslar-Clausthal [162].
Juli bis August	Zusammenarbeit mit Jordan über Quantenelektrodynamik [168].
Mitte August	Reise nach Tirol und in die Schweiz [168].
11.–20. September	Internationaler Physikerkongreß in Como.
21. Oktober	Bohr besucht das Hamburgische Institut [173].
24.–29. Oktober	Pauli nimmt zum erstenmal an einer Solvaykonferenz teil [171].
27. Oktober	Fresnel-Jahrhundertfeier.
November	Beginn der Berufungsverhandlungen mit dem Züricher Polytechnikum, dessen Präsident ihn in Hamburg aufsucht [173a].
15. November	Tod der Mutter.

7. Dezember	Quantenelektrodynamik ladungsfreier Felder (mit Jordan), (1928b).
1928 2. Januar	Diracs relativistische Spintheorie.
Ende Januar	Bohr besucht Pauli während seiner Ferienrückreise [177].
20. Januar	Pauli ab 1. April für 10 Jahre zum Professor der ETH-Zürich ernannt.
Januar bis Februar	Arbeit an einer Quantenelektrodynamik für Felder mit geladenen Teilchen mit Heisenberg [183].
Anfang März	Bei seiner Durchreise nach Leiden macht Bohr einen kurzen Zwischenaufenthalt in Hamburg [188].
Mitte März	Besuch in Kopenhagen. Vortrag über Quantenelektrodynamik [189].
1. April	Pauli tritt die neue Stellung an der ETH in Zürich an.
Sommersemester	Vorlesungen über Elektrodynamik und Quantentheorie. Physikalisches Kolloquium mit Scherrer und Tank.
1. Mai	Kronig wird Paulis erster Assistent.
Juni	Beschäftigung mit Quantenstatistik [200] und Gruppentheorie [203].
18.–23. Juni	Leipziger Vorträge [226]. Bemühungen um Wentzels Berufung nach Zürich [201].
15.–24. August	Ferien mit Koch, Gordon u.a. auf der Insel Neuwerk ([203], [206]).
Anfang September	Besuch in Kopenhagen ([203], [204], [206]).
16.–22. September	Naturforscherversammlung in Hamburg [203].
Ende September	Besuch bei Ehrenfest in Leiden ([208], [209], [210]). Entwurf eines utopischen Romans: »Gullivers Reisen nach Uranien«, [216].
5. Dezember	Feier zu Sommerfelds 60. Geburtstag. Beschäftigung mit der Supraleitung [214]. Pauli verbringt seine Weihnachtsferien in Pontresina im Engadin [214].
1929 19.–20. Januar	Tagung des Gauvereins Thüringen-Sachsen-Schlesien in Leipzig. Besprechungen über das relativistische Mehrkörperproblem mit Heisenberg [214]. Oppenheimer kommt bis zum Juni aus Leiden nach Zürich [226].
Februar	Intensive Arbeit an der »Quantendynamik der Wellenfelder.« Beschäftigung mit dem kontinuierlichen β-Spektrum [216]. Bloch wird Paulis neuer Assistent [215].
1. März	Heisenberg tritt seine Amerikareise an und überläßt Pauli die Ausarbeitung der gemeinsamen Veröffentlichung zur »Quantendynamik der Wellenfelder« (1929).
Mitte März	Aufenthalt in Wien und anschließender Besuch in Berlin [218].
19. März	Eingang der Arbeit (1929).

8.–15. April	Erste Kopenhagener Physikerkonferenz [218].
23.–25. April	Physikertreffen in Zürich. Lise Meitner und Schrödinger zu Besuch. Diskussionen über das kontinuierliche β-Spektrum [219].
6. Mai	Austritt aus der römisch-katholischen Kirche.
19.–25. Mai	Theoretisch-physikalische Konferenz in Charkow. Rabi in Zürich [225].
1.–4. Juli	Physikalische Vortragswoche in Zürich: Röntgenstrahlen und Quantentheorie. Leipziger Vorträge: »Dipolmoment und chemische Struktur.«
Anfang August	Reise mit Hecke durch Schweden und Norwegen [241].
Ende August bis Anfang September	Kurze Aufenthalte in Kopenhagen und Berlin ([235], [236]).
7. September	Zweite gemeinsame Veröffentlichung mit Heisenberg zur Quantenfeldtheorie (1930).
15.–21. September	Physikertagung in Prag. Fürths Spekulationen über ein Neutronen-Modell [237].
6. Dezember	Dirac gibt seine Löchertheorie bekannt. ([238], [241]). Pauli besucht auf seiner Reise nach Wien Leipzig, wo er sich mit Bekannten trifft.
23. Dezember	Heirat mit Käthe Deppner (geboren am 29. August 1906 in Leipzig ([235], [237], [241]). Die Ehe wurde am 26. November 1930 in Wien wieder aufgelöst.
1930 Januar	Der 2. Teil der Quantentheorie der Wellenfelder von Heisenberg und Pauli (1930) erscheint.
	Auseinandersetzung mit dem kontinuierlichen β-Spektrum der Kerne und Diracs Löchertheorie. Überlegungen zum Spin freier Elektronen.
Februar	Peierls, Blochs Nachfolger auf der Assistentenstelle bei Pauli, beendet zusammen mit Landau eine wichtige Arbeit zur Quantenelektrodynamik. – Rosenfeld bei Pauli (bis Anfang 1931).
19. März	Pauli zu Besuch in Leiden (wie eine Inschrift an der „Leidener Wand" ausweist).
Anfang April	Pauli besucht die Kopenhagener Osterkonferenz.
Sommersemester	Pauli liest über Elektrodynamik und Atomtheorien des Magnetismus. Gemeinsames Kolloquium mit Scherrer und Tank.
5.–15. Juni	Heisenberg auf Helgoland [245].
10. Juni	Pauli in Como [246].
Ende Juni	Leipziger Vorträge [247]. Pauli sendet zu dieser Veranstaltung stellvertretend seinen Assistenten Peierls. Auch Bohr ist anwesend.
August	Rußlandreise zum 7. Allunions Kongreß in Odessa mit anschließender Dampferreise über das Schwarze Meer nach Batumi. Rückkehr über die Türkei und Wien [250], [251].
September	6. Physikertag in Königsberg.

Wintersemester	Vorlesungen über Wellenmechanik und über Optik und Elektronentheorie.
20.–25. Oktober	6. Solvay-Kongreß in Brüssel. Pauli trägt über das »magnetische Elektron« (1930a) vor. Landau arbeitet zeitweilig in Zürich.
26. November	Scheidung der am 23. Dezember 1929 mit Käthe Deppner geschlossenen Ehe.
1. Dezember	Erster Hinweis auf die Neutrinohypothese in einem Brief an Heisenberg [256].
4. Dezember	Der Offene Brief an die »Radioaktiven« [259].
6.–7. Dezember	Tagung der Gauvereine Württemberg und Baden-Pfalz in Tübingen. Abschluß einer Arbeit (1931) zur Hyperfeinstruktur der Kernspektren (zusammen mit Paul Güttinger). Landau in Zürich [261].
1931 Mitte März	Kopenhagener Institutsfeier. Heisenberg trifft mit seinem Assistenten Teller schon am 28. Februar ein. Pauli folgt später [274]. Besuch in Berlin bei Schrödinger.
Sommersemester	Vorlesungen über Thermodynamik und spezielle Anwendungen der Quantentheorie.
April	Pauli in Kopenhagen. Diskussionen über die Diracsche Löchertheorie mit Bohr.
Ende April	Auf der Rückreise Besuch bei Ehrenfest in Leiden. Bohr gibt seine geplante Reise nach Zürich wegen Erkrankung auf.
20.–24. Mai	Züricher Vorträge über Kernphysik.
Ende Mai	Antritt der USA-Reise
6. Juni	Ankunft in New York
9.–10. Juni	Reise nach Chicago und Besuch bei Goudsmit.
15.–20. Juni	Pauli trägt auf dem Pasadena Meeting über Hyperfeinstruktur und (zum erstenmal öffentlich) über seine Neutrinohypothese vor.
22. Juni	Abreise von Pasadena [272].
Juli	Teilnahme an der Summerschool in Ann Arbor [282].
14. Juli	Wegen einer Verletzung seiner Schulter muß Pauli für längere Zeit das Bett hüten [280].
29. August	Bohr spricht sich erneut während der Faraday-Jahrhundertfeier in London für die Nichterhaltung der Energie beim β-Zerfall aus.
August bis September	Pauli nochmals in Chicago und New York.
13.–18. September	Physikertag in Bad Elster.
1. Oktober	Das »Magnetpol-Neutronen-Kolloquium« in Princeton mit Pauli und Dirac wird zu einer »Hauptattraktion« [283].
2.–11. Oktober	Rückreise nach Europa über Neapel und Rom [283].
11.–18. Oktober	Internationaler Kongreß über Kernphysik in Rom.

19. Oktober	Ankunft in Zürich.
Wintersemester	Vorlesungen über kinetische Theorie der Materie und spezielle Anwendungen der Quantentheorie.
31. Oktober	Pauli wird in Amsterdam mit der Lorentz-Medaille ausgezeichnet. Ehrenfest hält die Laudatio. Bohr kommt aus Luzern angereist.
23. Oktober	Einstein bei Paul Ehrenfest in Leiden.
1932 Frühjahr	Pauli schreibt an der »Wellenmechanik« [1933] für das Handbuch der Physik.
20. Februar	Peierls wird zum Privatdozenten für theoretische Physik an der ETH ernannt.
Ende März	Manuskript des unrelativistischen Teils des Handbuchartikels [1933] abgeschlossen. Delbrück in Zürich mit der Absicht, die zum Wintersemester frei werdende Assistentenstelle von Peierls zu übernehmen [291].
3. April	Pauli hegt Reiseabsichten, geht schließlich aber nicht nach Kopenhagen.
3.–13. April	Kopenhagener Physikerkonferenz. Erstmalige Aufführung der Faust-Parodie.
Sommersemester	Vorlesungen über Elektrodynamik und über Relativitätstheorie.
Mai	Entdeckung der »Nicht-Paulischen« Neutronen durch Chadwick. Güttinger wird Paulis Doktorand.
7. Juni	Heisenbergs erste Abhandlung »Über den Bau der Atomkerne« geht bei der Zeitschrift für Physik ein.
5.–12. Juli	5. Internationaler Elektrizitätskongreß in Paris. Fermi äußert sich zu Paulis Neutrinoidee.
Wintersemester	Vorlesungen über Optik und Elektronentheorie und über Allgemeine Relativitätstheorie und ihre Entwicklung.
Ende September	Peierls geht als Rockefeller-Stipendiat nach Rom. Casimir wird Paulis neuer Assistent. Bekanntgabe der Entdeckung des Positrons durch C.D. Anderson. Pauli auf der Gauvereinstagung in Heidelberg.
1933 Januar	Korrekturlesen des Handbuchartikels.
Februar	»Leipziger Vorträge über Magnetismus.« Pauli sagt ab.
27. Februar	Pauli hält einen Vortrag in Göttingen und reist anschließend nach Berlin. Dort trifft er wahrscheinlich Heisenberg.
März	Begegnung mit Bohr [310].
28. März	Einstein erklärt seinen Austritt aus der Preußischen Akademie der Wissenschaften.
Sommersemester	Vorlesungen über Thermodynamik und kinetische Gastheorie und über ausgewählte Kapitel der Wellenmechanik.

7. April	Gesetz zur „Wiederherstellung des Berufsbeamtentums“ verordnet die Entlassung „nichtarischer“ Staatsbeamte.
25. April	Veröffentlichung einer Liste entlassener Beamte. Beginn der Vertreibung jüdischer Physiker aus Deutschland.
1. Mai	Johannes Stark Präsident der Physikalisch-Technischen Reichsanstalt. Born begibt sich in die Schweiz nach Selva Gardena.
Juni	Erste politische Schwierigkeiten für Heisenberg.
28. Juni bis 1. Juli	Physikalische Vortragswoche in Zürich.
August	Bekanntschaft mit Franca Bertram. Während der Sommerferien Treffen mit Schrödinger und Born in Selva Gardena. – Bloch zeitweise in Zürich. Casimir verläßt Zürich und kehrt nach Holland zurück.
Ende August	Ferienreise nach Südfrankreich mit dem Auto in Begleitung von Franca.
Wintersemester	Vorlesungen über Statistische Mechanik und Quantentheorie und über ausgewählte Kapitel aus der Optik.
14.–20. September	Physikerkonferenz in Kopenhagen. Unter den Gästen zum letztenmal Ehrenfest.
18.–22. September	9. Deutscher Physikertag in Würzburg [323].
25. September	Ehrenfest begeht Selbstmord.
Oktober	Weisskopf wird Paulis neuer Assistent.
22.–29. Oktober	7. Solvay-Konferenz in Brüssel. Erste gedruckte Bekanntgabe der Neutrinohypothese durch Pauli. Heisenberg und Pauli vereinbaren ein Programm zur Klärung der »Löchertheorie«.
3. November	Verleihung der Max-Planck-Medaille an Heisenberg.
26. November	Heisenberg besucht Pauli in Zürich.
10. Dezember	Der Nobelpreis für das Jahr 1932 geht an Heisenberg; der für 1933 an Dirac und Schrödinger.
1934 Januar	Pauli besucht über die Feiertage (in Begleitung von Franca) seine Eltern in Wien.
16. Januar	Fermi sendet seine Theorie des β-Zerfalls an die Zeitschrift für Physik.
Februar	Pauli erhält Diracs neue »Löcher-Arbeit«.
4. April	Heirat mit Franca Bertram in London.
Anfang April	Pauli besucht in Begleitung von Franca Niels Bohr in Kopenhagen.
Ostern	Besuch bei Erich Hecke in Hamburg.
Sommersemester	Vorlesungen über Elektrodynamik und analytische Dynamik.
Mitte April	Pauli zurück in Zürich. Heisenberg auf Vortragsreise in England. Bohr reist in der Angelegenheit Houtermans nach Rußland.
Mai	Pauli macht Ferien.

Juli	»Anti-Dirac-Theorie« zusammen mit Weisskopf fertiggestellt [378].
16.–20. September	93. Versammlung Deutscher Naturforscher und Ärzte in Hannover [384].
Wintersemester	Vorlesungen über Optik und Elektronentheorie und über Quantenmechanik.
Oktober	Physikerkongreß über Metalle in Genf [392]. – Heisenberg reist nach Bern.
1.–6. Oktober	Internationaler Physikerkongreß in London und Cambridge Fermi und Pauli für eine Gastprofessur in Princeton vorgeschlagen.
22. Dezember–4. Januar	Weihnachtsferien in Zürs am Arlberg. Besuch Heisenbergs.
1935 März	Pauli hält Vorträge über relativistische Quantentheorie am Institut Henri Poincaré in Paris. Entlassung des Herausgebers der »Naturwissenschaften« Arnold Berliner.
Sommersemester	Vorlesungen über Quantenstatistik, Thermodynamik und statistische Mechanik.
Ende Juli	Heisenberg besucht die Paulis in Zürich.
Anfang August	Ferienreise in die Dolomiten.
Ende September	Die geplante Konferenz in Kopenhagen wird auf das Frühjahr 1936 verschoben.
20. September	Beginn der zweiten Amerikareise [421]. Vorlesungen und Seminare in Princeton ([412], [417] und [422]).
1936 21.–22. Februar	Auf dem New York Meeting der American Physical Society.
Sommersemester	Vorlesungen über Elektrodynamik und über Differentialgleichungen in der mathematischen Physik.
1. Mai	Rückreise nach Europa auf der »Lafayette«.
Juni	Weisskopf geht nach Kopenhagen. Fierz wird zum Wintersemester Paulis neuer Assistent [428]. – Jauch beginnt seine Diplomarbeit bei Pauli. Ferien in Val Santa Maria.
17.–20. Juni	Pauli trifft sich in Berlin mit Heisenberg und reist zur Kopenhagener Physikerkonferenz.
21.–26. Juni	Zweiter Internationaler Kongreß für Einheit der Wissenschaft in Kopenhagen.
30. Juni bis 4. Juli	Physikalische Vortragswoche in Zürich. Auseinandersetzung mit der Fermi-Theorie. Paulis »Gitterwelt«.
September	94. Versammlung Deutscher Naturforscher und Ärzte in Dresden.
Wintersemester	Vorlesungen über Optik und Elektronentheorie sowie ausgewählte Kapitel aus der mathematischen Physik.
November	Fortgesetzte Bemühungen um eine Theorie des β-Zerfalls.

1937 13.–16. Januar	Jubiläumstagung zum 50jährigen Bestehen der physikalischen Gesellschaft in Zürich über Festkörperphysik. – Sommerfeld bei Pauli in Zürich.
Sommersemester	Vorlesungen über Thermodynamik und kinetische Gastheorie und über Relativitäts- und Gravitationstheorie.
8. Mai	Tagung der Schweizerischen Physikalischen Gesellschaft in Liestal.
September	Physikerkonferenz in Kopenhagen.
Wintersemester	Vorlesungen über Statistische Mechanik und Quantentheorie und über Wellenmechanik.
20.–24. September	13. Physikertag in Bad Kreuznach.
20.–26. September	Pauli auf dem Kernphysikerkongreß in Moskau [386].
18.–21. Oktober	Zweihundertjahrfeier des Geburtstags von Luigi Galvani in Bologna. Unter den Teilnehmern Bohr, Heisenberg und Pauli. Vortrag über die Emission langwelliger Lichtquanten (1938 a). Bloch vorübergehend in Zürich. Physikertagung in Genf.
1938 Januar	Zusammenarbeit mit Kemmer und Bhabha.
13. Februar	Eingliederung Österreichs in das Deutsche Reich. Flucht und Verhaftung österreichischer Wissenschaftler. Reisebehinderungen durch deutsche Behörden erschweren den Besuch wissenschaftlicher Veranstaltungen [393, 398].
März	Pauli zu einer Vortragsreise in Cambridge und Leiden [489]. Bei seiner Rückkehr Einzug in das neugebaute Haus am Züricher See in Zollikon.
Sommersemester	Vorlesungen über Elektrodynamik und über Theorie der Metalle und des festen Körpers.
30. Mai–3. Juni	Physikerkongreß in Warschau. Pauli kann wegen Paßschwierigkeiten nicht teilnehmen [501].
September	95. Versammlung Deutscher Naturforscher und Ärzte in Stuttgart.
Wintersemester	Vorlesungen über Optik und Elektronentheorie und über analytische Dynamik.
1. Oktober	Einmarsch deutscher Truppen in das Sudetenland. Tagung der Schweizerischen Physikalischen Gesellschaft.
9. November	Ausschaltung der Juden aus dem Wirtschaftsleben in Deutschland (»Reichskristallnacht«).
4. Dezember	Festsitzung in München anläßlich des 70. Geburtstages von Sommerfeld. Heisenberg weist in seinem Festvortrag auf eine Konsequenz der Relativitätstheorie beim Mesonenzerfall hin.
22. Dezember	Erste Mitteilung von Hahn und Strassmann über Uranspaltung.
1939 Mitte Januar	Bohr berichtet in Princeton über die Entdeckung der Uranspaltung.

März	Einmarsch deutscher Truppen in »Böhmen und Mähren«.
Sommersemester	Vorlesungen über Thermodynamik und kinetische Gastheorie und über spezielle Kapitel der Optik.
Mitte April	Bhabha in Zürich. Pauli und Wentzel hören Diracs Vorträge im Institut Henri Poincaré in Paris.
Mitte Juni	Heisenberg reist in die USA.
12.–15. Juli	Treffen mit Bhabha während eines Aufenthaltes in Genf.
Ende Juli	Pauli schließt seinen Bericht für den geplanten 8. Solvay-Kongreß ab.
23. August	Deutsch-Sowjetischer Nichtangriffspakt.
1. September	Beginn des Polenfeldzuges. Die Züricher Physikertagung und der Solvay-Kongreß werden suspendiert.
Wintersemester	Pauli liest über statistische Mechanik und Quantentheorie und über die Theorie der Bremsung von Elementarteilchen.
Dezember	Fierz zum Privatdozent ernannt.

3. Literaturverzeichnis 1930–1939

In dem Verzeichnis sind neben den eigentlichen Publikationen auch Diskussionsbeiträge, Referate und Buchbesprechungen aufgenommen. Die Arbeiten sind nach dem Eingangsdatum geordnet, soweit dieses nachweisbar war.

Die in Klammern vorangestellte Jahreszahl wird bei Hinweisen im Text als Abkürzung verwendet. Bücher und Beiträge zu Sammelwerken sind durch eckige Klammern hervorgehoben. Hinweise auf Band und Seitenzahl in Paulis „Collected Scientific Papers“ werden mit CSP bezeichnet.

(1930) W. Heisenberg und W. Pauli: Zur Quantentheorie der Wellenfelder. II. Z. Phys. **59**, 168–190 (1930). Eingegangen am 7. September 1929. CSP: II/415–437

(1930a) Les théories quantiques du magnetisme: l'électron magnétique. Vortrag auf dem 6. Solvay Kongreß in Brüssel vom 20. bis 25. Oktober 1930. Veröffentlicht in: Le Magnetisme. Paris: Gauthier-Villars 1932, S. 175–238. CSP: II/502–565. Discussion du Rapport de M. Pauli: S. 239–280. CSP: II/566–607. Paulis Diskussionsbeiträge zu den Vorträgen der anderen Kongreßteilnehmer findet man auf S. 50, 74, 240–242, 244, 269, 272, 275, 276 und 364
Buchbesprechungen: ⟨Ergebnisse der exakten Naturwissenschaften, 8. Band.⟩ Naturwiss. **18**, 568–570 (1930). CSP: II/1395–1397. – ⟨M. Born und P. Jordan: Elementare Quantenmechanik.⟩ Naturwiss. **18**, 602 (1930). CSP: II/1397

(1931) P. Güttinger und W. Pauli: Zur Hyperfeinstruktur von Li^+. Teil II. Z. Phys. **67**, 743–765 (1931). – Eingegangen am 10. Dezember 1930. CSP: II/438–460
Diskussionsbemerkungen während der Züricher Vorträge über Kernphysik. Physik. Z. **32**, 664 (1931).
Buchbesprechungen: ⟨P.A.M. Dirac: The Principles of Quantum Mechanics.⟩ Naturwiss. **19**, 188 (1931). CSP: II/1397 – ⟨W. Heisenberg: Die physikalischen Prinzipien der Quantentheorie.⟩ Naturwiss. **19**, 188–189 (1931). CSP: II/1398 – ⟨A. March: Die Grundlagen der Quantenmechanik.⟩ Naturwiss. **19**, 867 (1931). CSP: II/1938

(1932a) Diracs Wellengleichung des Elektrons und geometrische Optik. Helv. Phys. Acta **5**, 179–199 (1932). Eingegangen am 14. Mai 1932. CSP: II/481–501

(1932b) W. Pauli und J. Solomon: La théorie unitaire d'Einstein et Mayer et les équations de Dirac. [I. Teil.] J. Phys. Radium (7) **3**, 452–463 (1932). CSP: II/461–472

(1932c) W. Pauli und J. Solomon: La théorie unitaire d'Einstein et Mayer et les équations de Dirac. II. Teil. J. Phys. Radium (7) **3**, 582–589 (1932). Eingegangen am 30. November 1932. CSP: II/473–480
Buchbesprechungen: ⟨Ergebnisse der exakten Naturwissenschaften, 10. Band.⟩ Naturwiss. **20**, 186–187 (1932). CSP: II/1399 –⟩ G. Gamow: Der Bau des Atomkerns und die Radioaktivität. ⟨Naturwiss. **20**, 582 (1932). CSP: II/1400

(1933a) Einige die Quantenmechanik betreffende Erkundigungsfragen. Z. Phys. **80**, 573–886 (1933). Eingegangen am 17. Dezember 1932. CSP: II/608–621

[1933] Die allgemeinen Prinzipien der Wellenmechanik[1]. Handbuch der Physik, herausgegeben von Geiger und Scheel. 2. Auflage. Bd. 24, 1. Teil. S. 83–272. Berlin: Julius Springer 1933. CSP: I/771–938

(1933b) Über die Intensität der Streustrahlung freier Elektronen. Helv. Phys. Acta **6**, 279–286 (1933). Eingegangen am 3. Juni 1933. CSP: II/622–629

(1933c) Über die Formulierung der Naturgesetze mit fünf homogenen Koordinaten. Teil I. (klassische Theorie.) Ann. Phys. (5) **18**, 305–336 (1933). Eingegangen am 15. Juni 1933. CSP: II/630–661

(1933d) Über die Formulierung der Naturgesetze mit fünf homogenen Koordinaten. Teil II. (Die Diracschen Gleichungen für die Materiewellen.) Ann. Phys. (5) **18**, 337–372 (1933). Eingegangen am 15. Juli 1933. CSP: II/662–697

(1933e) Paul Ehrenfest[2]. Naturwiss. **21**, 841–843 (1933). CSP: II/698–700

(1933f) Discussions. Septième Conseil de Physique Solvay, Noyaux Atomiques, Bruxelles 1933. S. 175, 180, 213–214, 215, 224–225, 324–325 (Neutrinovortrag), 330. Paris: Gauthier-Villars 1934.
Buchbesprechungen: ⟨J.H. van Vleck: The Theory of Electric and Magnetic Susceptibilities.⟩ Naturwiss. **21**, 239 (1933). CSP: II/1400 – ⟨Ergebnisse der exakten Naturwissenschaften, 11. Band.⟩ Naturwiss. **21**, 301–302 (1933). CSP: II/1401

(1934a) W. Pauli und V. Weisskopf: Über die Quantisierung der skalaren relativistischen Wellengleichung. Helv. Phys. Acta **7**, 709–731 (1934). Eingegangen am 27. Juli 1934. CSP: II/701–731

(1934b) Raum, Zeit und Kausalität in der modernen Physik.[3] Vortrag, gehalten in der philosophischen Gesellschaft in Zürich im November 1934. Scientia **59**, 65–76 (1936). CSP: II/737–748

(1935a) Beiträge zur mathematischen Theorie der Diracschen Matrizen. Beitrag zu: P. Zeeman, Verhandelingen, S. 31–43. Haag: Martinus Nijhoff 1935. Eingegangen am 1. Februar 1935. CSP: II/724–736

(1935b) The Theory of the Positron and related Topics. Report of a Seminar. (Notes by Dr. Banesh Hoffmann.) Princeton: The Institute for Advanced Study 1935–36.
Buchbesprechung: ⟨P. Debye: Kernphysik.⟩ Naturwiss. **23**, 772–773 (1935). CSP: II/1402

(1936a) W. Pauli und M.E. Rose: Remarks on the Polarization Effects in the Positron

[1] Dieser Artikel wurde in überarbeiteter Form auch in der neuen Ausgabe des Handbuchs der Physik (herausgegeben von S. Flügge), Band V, Teil 1, aufgenommen. Berlin-Göttingen-Heidelberg: Springer Verlag 1958. S. 1–168. Vom Teil B (Relativistische Theorien) der ersten Fassung wurden die letzten 30 Seiten weggelassen. Eine englische Übersetzung von P. Achuthan und K. Venkatesan erschien kürzlich unter dem Titel: General Principles of Quantum Mechanics. Berlin Heidelberg-New York: Springer-Verlag 1980. Diese Ausgabe enthält auch wieder den Teil B der ersten Auflage von 1933 und interessante historische Bemerkungen zur Entstehung dieses Werkes von Paulis letztem Assistenten Charles P. Enz. – Eine unautorisierte Übersetzung durch J. Alexander, G. Chew, W. Selove und Ch. Yang von Teil B unter dem Titel „Relativistic Quantum Mechanics" hatte 1946 das Physics Department der Universität von Illinois herausgegeben.

[2] Auch enthalten in W. Pauli: Aufsätze und Vorträge über Physik und Erkenntnistheorie. Braunschweig: Friedr. Vieweg und Sohn 1961. Eine Neuausgabe erschien 1984 im Vieweg-Verlag als Band 15 der Facetten der Physik.

[3] Die erweiterte Fassung dieses Vortrags wurde auch in dem bereits zitierten Buch[2] von Pauli aufgenommen.

Theory. Phys. Rev. **49**, 462–465 (1936). Eingegangen am 30. Januar 1936. CSP: II/749–752

(1936b) Contributions mathématiques à la théorie des matrices de Dirac. Ann. Inst. Henri Poincaré **6**, 109–136 (1936). CSP: II/753–780

(1936c) Théorie quantique relativiste des particules obéissant à la statistique de Einstein-Bose. Ann. Inst. Henri Poincaré **6**, 137–152 (1936). Vorgetragen im März 1935. CSP: II/781–796.

(1937) W. Pauli und M. Fierz: Über das H-Theorem in der Quantenmechanik. Z. Phys. **106**, 572–587 (1937). Eingegangen am 16. Juni 1937. CSP: II/797–812

(1938a) W. Pauli und M. Fierz: Zur Theorie der Emission langwelliger Lichtquanten.[4] Nuovo Cimento **15**, 167–188 (1938). CSP: II/813–834

(1938b) On Asymptotic Series for Functions in the Theory of Diffraction of Light. Phys. Rev. **54**, 924–931 (1938). Eingegangen am 3. Oktober 1938. CSP: II/835–842

(1938c) Some Basic Remarks about the Theory of β-Decay. (In russischer Sprache; Zusammenfassung auf Deutsch.) Bull-Acad. Sci. U.R.S.S. Série phys. S. 149–152 (1938). CSP: II/843–846. (Deutsche Übersetzung aus dem Russischen: Übersetzungsstelle der Universitätsbibliothek Stuttgart, Nr. 185, 6 Seiten.)

(1938d) The conservation laws in relativity and atomic physics. Vortrag in Moskau im September 1937. Der Vortrag wurde von I. Tamm ins russische übersetzt und in „Modern Problems of Physical chemistry and chemical Technology“, Moskau 1938 veröffentlicht. Dort Band 2, S. 21–35.

(1938e) Diskussionsbeiträge auf der 2. Allunionskonferenz über Kernphysik vom 20.–26. September in Moskau. Enthalten in Izvestija Akademija nauk SSSR. Serija fizičeskaja. Moskva, [3] (1938), Nr. 1–2. S. 126–128; 154; 228; 231–232. Eine Rückübersetzung ins Deutsche wurde bei der Übersetzungsstelle der Universität Stuttgart angefertigt.

(1939a) Über ein Kriterium für Ein- oder Zweiwertigkeit der Eigenfunktionen in der Wellenmechanik. Helv. Phys. Acta **12**, 147–168 (1939). Eingegangen am 22. Dezember 1938. CSP: II/847–868

(1939b) W. Pauli und M. Fierz: Über relativistische Feldgleichungen von Teilchen mit beliebigem Spin im elektromagnetischen Feld. Helv. Phys. Acta **12**, 297–300 (1939). Vortrag auf der Tagung der schweizerischen Physikalischen Gesellschaft in Brugg am 6. Mai 1939.

(1939c) M. Fierz und W. Pauli: On Relativistic Wave Equations for Particles of Arbitrary Spin in an Electromagnetic Field. Proc. Roy. Soc. (London) A **173**, 211–232 (1939). Eingegangen am 31. Mai 1939. CSP: II/873–894

(1939d) W. Pauli und F.J. Belinfante: On the Statistical Behaviour of Known and Unknown Elementary Particles. Physica **7**, 177–192 (1940). Eingegangen am 23. Dezember 1939. CSP: II/895–910

[4] Vortrag in Bologna im Oktober 1937 während der Zweihundertjahrfeier des Geburtstages von Luigi Galvani.

4. Verzeichnis der Vorlesungsmanuskripte 1930–1939

Schon während seiner Hamburger Zeit legte Pauli sich mehrere Kolleghefte zu, in denen er seine Gedanken und mathematischen Herleitungen für seine physikalischen Vorlesungen skizzierte. Später, wenn er die gleiche Vorlesung zu wiederholen hatte, ergänzte er diese Aufzeichnungen nur noch durch Randbemerkungen oder Zusätze, die er zum Teil auf eingelegten Zetteln festhielt. Aus diesen Unterlagen und den ausgearbeiteten Mitschriften der Studenten, die Pauli nachträglich öfters noch mit zusätzlichen Anmerkungen versah, entstand später der bekannte Zyklus der sechs Pauli-Vorlesungen[1], der auch in gedruckter Form vorliegt. Paulis alte Kolleghefte befinden sich heute im Pauli-Archiv bei CERN in Genf. Das folgende Verzeichnis enthält die während der dreißiger Jahre angefertigten Hefte mit der von Pauli angegebenen Kapiteleinteilung.

WS 1929/30 Kinetische Theorie der Wärme und Quantenstatistik (95 Blatt)

I Elementare Theorie

§ 1 Zustandsgleichung
§ 2 Gleichverteilungssatz. Spezifische Wärme verschiedener Freiheitsgrade
§ 3 Zahl der Zusammenstöße, freie Weglänge. – Stoßinvarianten
§ 4 Vorläufige Theorie von Wärmeleitung, Diffusion, innere Reibung
§ 5 Versuche von Kundsen

II Stoßzahlansatz

§ 6 Herleitung des Maxwellschen Verteilungsgesetzes
§ 7 Verschiedene Mittelwerte. Einfache Folgerungen. Schweres Gas
§ 8 Verfeinerte Theorie der Wärmeleitung
§ 9 Entropie und Wahrscheinlichkeit; H-Theorem. Grundsätzliche Erklärung irreversibler Vorgänge

III Allgemeine statistische Mechanik

§ 10 Liouvilles Theorie. Zeitmittel: Zahlmittel. Ergodensatz
§ 11 Mikrokanonische und kanonische Gesamtheit

[1] Folgende Vorlesungen wurden vom Verlag des Vereins der Mathematiker und Physiker an der ETH, Zürich herausgegeben:
1947: Statistische Mechanik (Ausgearbeitet von R. Schafroth)
1948/57: Optik und Elektronentheorie (Ausgearbeitet von A. Scheidegger/P. Erdös)
1949: Elektrodynamik (Ausgearbeitet von A. Thellung)
1950/51: Ausgewählte Kapitel aus der Feldquantisierung (Ausgearbeitet von U. Hochstrasser und M.R. Schafroth)
1952/58: Thermodynamik und kinetische Gastheorie (Ausgearbeitet von E. Jucker)
1959: Wellenmechanik (Ausgearbeitet von F. Herlach und H.E. Knoepfel) Neuauflagen dieser Vorlesungen wurden später bei Editore Boringhieri in Turin verlegt. Charles P. Enz bereitete außerdem eine 1973 erschienene Ausgabe vor, die den bleibenden Wert von Paulis Darstellungsweise dokumentiert.

§ 12 Zustandsintegral. Freie Energie und Entropie
§ 13 Gleichverteilung als Folgerung. Temperatur
§ 14 Adiabatische Prozesse
§ 15 Anwendung: Van der Waalsche Zustandsgleichung
§ 16 Schwankungsphänomene
§ 17 Brownsche Bewegung

IV Quantenstatistik

§ 18 Spezifische Wärme fester Körper: Planck, Einstein, Debye, Born-Kármán
§ 19 Plancksche Strahlungsformel
§ 20 Rotationswärme der Gase
§ 21 Theorie der Verdampfung. Chemische Konstante

SS 1931 Spezielle Anwendungen der Quantentheorie (69 Blatt)

§ 1 Lösung für homogenes Feld
§ 2 Verallgemeinerung für eindimensionales System mit zwei klassischen Umkehrpunkten und für Polarkoordinaten
§ 3 Elektronenemission durch elektrische Felder
§ 4 Geiger-Nutallsches Gesetz. (Methode der komplexen Eigenwerte.)
§ 5 Streuung durch Coulombfeld. Mottsche Theorie des Austausches
§ 6 Anomale Streuung, vor dem Eindringen
§ 7 Fundamentallösung der Dirac-Theorie (kräftefreier Fall)
§ 8 Ermittlung der Fundamentallösungen der skalaren Gleichung
[§ 9] Elektron im homogenen Magnetfeld nach der Dirac-Gleichung
[§ 10] Streuung von Strahlung in der Dirac-Theorie
[§ 11] Freie Elektronen
[§ 12] Ableitung des asymptotischen Verhaltens der Eigenfunktionen in der Nähe der „Turning Points" nach Kramers
[§ 13] Löcherquantelung nach Heisenberg

SS 1933 Ausgewählte Kapitel aus der Wellenmechanik (42 Blatt)

§ 1 W.K.B.-Verfahren
§ 2 Allgemeines über Stoßvorgänge
§ 3 Bose- und Fermi-Statistik
§ 4 Dynamische Theorie der Röntgen-Interferenzen
§ 5 Zweikomponentige Spintheorie (unrelativistisch)

5. Chronologisches Verzeichnis der Korrespondenz 1930–1939

Die den Briefen in eckiger Klammer vorangestellte Zahl wird als Abkürzung bei Hinweisen auf den entsprechenden Brief verwendet; Briefe *ohne* Zahl wurden nicht in der Sammlung aufgenommen. Ist keine Bemerkung angegeben, so handelt es sich um handschriftliche Briefe in deutscher Sprache. Ergänzungen in eckigen Klammern.

PK	Postkarte
BK	Briefkarte
MS	Maschinenschrift
MSA	maschinenschriftliche Abschrift
MSD	maschinenschriftlicher Durchschlag
unvollst.	Brief unvollständig erhalten
engl.	in englischer Sprache
dän.	in dänischer Sprache
franz.	in französischer Sprache

[242]	Pauli an Klein	Zürich	10. Februar	1930
[243]	Heisenberg an Pauli (PK)	Leipzig	18. Februar	1930
[243a]	Pauli an Klein	Zürich	10. März	1930
[244]	Sugiura an Pauli (engl.) (MS)	Tokio	30. März	1930
[245]	Heisenberg an Peierls	Leipzig	3. Juni	1930
[246]	Pauli an Schlick (PK)	Como	10. Juni	1930
[247]	Heisenberg an Peierls	Helgoland	13. Juni	1930
[247a]	Sommerfeld an Pauli (MSD)	München	24. Juni	1930
[248]	Pauli an Meitner	Zürich	1. August	1930
[249]	Pauli, Sommerfeld u.a. an Ehrenfest (PK)	An Bord der „Grusia“	25. August	1930
[250]	Pauli an Jaffé (PK)	Wien	18. September	1930
[251]	Pauli an Coster	Wien	19. September	1930
[252]	Pauli an Jaffé (PK)	Zürich	1. Oktober	1930
[253]	Jaffé an Pauli (Entwurf)	Rom	5. Oktober	1930
[254]	Pauli an Jaffé (PK)	Zürich	11. Oktober	1930
[255]	Pauli an Jaffé	Zürich	17. November	1930
[256]	Pauli an Jaffé (PK)	Zürich	20. November	1930
[257]	Heisenberg an Pauli (PK)	Leipzig	1. Dezember	1930
[258]	Heisenberg an Pauli	Leipzig	1. Dezember	1930
[259]	Pauli an Meitner u.a. (MSA)	Zürich	4. Dezember	1930
[260]	Heisenberg an Peierls	Leipzig	5. Dezember	1930
[261]	Pauli an Klein	Zürich	12. Dezember	1930
[262]	Heisenberg an Peierls (PK)	Leipzig	12. Dezember	1930
[263]	Pauli an Klein	Zürich	8. Januar	1931
[264]	Heisenberg an Peierls und Landau	Leipzig	26. Januar	1931
[265]	Pauli an Schlick (MSA)	Zürich	5. Februar	1931

[266]	Millikan an Pauli (engl.) (MSD)	Pasadena	7. Februar	1931
[267]	Pauli an Millikan (PK)	Zürich	11. März	1931
[268]	Pauli an Schrödinger	Zürich	11. März	1931
[269]	Heisenberg an Pauli	Leipzig	12. März	1931
[270]	Bohr an Pauli (dän.)	Kopenhagen	21. März	1931
[271]	Ehrenfest an Pauli (MSA)	Leiden	25. März	1931
[272]	Pauli an Goudsmit (PK)	Zürich	17. April	1931
[273]	Pauli an Dirac	Zürich	21. April	1931
[274]	Bohr an Pauli (dän.) (MS)	Kopenhagen	27. April	1931
[275]	Millikan an Pauli (Telegramm)	Pasadena	28. April	1931
[276]	Pauli an Millikan (Telegramm)	Zürich	4. Mai	1931
[277]	Pauli an Goudsmit (Telegramm)	Zürich	20. Mai	1931
[278]	Goudsmit an Pauli (Telegrammentwurf)	Ann Arbor	29. Mai	1931
[279]	Pauli an Peierls (1. Brief)	Ann Arbor	1. Juli	1931
[280]	Pauli an Peierls (2. Brief)	Ann Arbor	1. Juli	1931
[281]	Pauli an Peierls	Ann Arbor	3. Juli	1931
[282]	Pauli an Goudsmit (PK)	Ann Arbor	18. August	1931
[283]	Pauli an Peierls	New York	29. September	1931
[284]	Pauli an Ehrenfest (PK)	Zürich	26. Oktober	1931
[285]	Bohr an Pauli (dän.) (MS)	Kopenhagen	8. Dezember	1931
[286]	Pauli an Peierls (PK)	Zürich	12. Dezember	1931
[287]	Pauli an Meitner	Zürich	11. Januar	1932
[288]	Einstein an Pauli	Pasadena	22. Januar	1932
[289]	Pauli an Peierls (PK)	Zürich	24. März	1932
[290]	Heckmann an Pauli	Göttingen	13. Mai	1932
[291]	Pauli an Meitner	Zürich	29. Mai	1932
[292]	Pauli an Dirac (engl.) (mit Anhang)	Zürich	11. September	1932
[293]	Pauli an Peierls	Zürich	24. Oktober	1932
[294]	Pauli an Ehrenfest (MS)	Zürich	28. Oktober	1932
[295]	Ehrenfest an Pauli (MSD)	Leiden	31. Oktober	1932
[296]	Ehrenfest an Pauli (MSD)	Leiden	6. November	1932
[297]	Pauli an Dirac	Zürich	10. November	1932
[298]	Pauli an Dirac (engl.) (PK)	Zürich	15. November	1932
[299]	Pauli an Ehrenfest	Zürich	15. November	1932
[300]	Pauli an Ehrenfest (PK)	Zürich	24. November	1932
[301]	Ehrenfest an Pauli (MSD)	Leiden	28. November	1932
[302]	Ehrenfest an Pauli (MSD)	Leiden	2. Dezember	1932
[303]	Pauli an Ehrenfest (PK)	Zürich	5. Dezember	1932
[304]	Pauli an Heisenberg	Zürich	18. Januar	1933
[305]	Bohr an Pauli (dän.) (MS)	Kopenhagen	25. Januar	1933
[306]	Pauli an Dirac	Zürich	10. April	1933
[307]	Pauli an Blackett (engl.)	Zürich	19. April	1933
[308]	Pauli an Dirac (engl.)	Zürich	1. Mai	1933
[309]	Pauli an Dirac (engl.)	Zürich	13. Mai	1933
[310]	Pauli an Peierls	Zürich	22. Mai	1933
[311]	Pauli an Heisenberg	Zürich	2. Juni	1933
[312]	Pauli an Heisenberg	Zürich	16. Juni	1933
[313]	Pauli an Ehrenfest	Zürich	Mitte	1933
[314]	Pauli an Heisenberg	Zürich	14. Juli	1933
[315]	Pauli an Einstein (mit Anhang)	Zürich	16. Juli	1933
[316]	Heisenberg an Pauli	Leipzig	17. Juli	1933

[317]	Peierls an Pauli (MSD)	Cambridge	17. Juli	1933
[318]	Pauli an Heisenberg	Zürich	19. Juli	1933
[319]	Heisenberg an Pauli	Leipzig	21. Juli	1933
[320]	Pauli an Heisenberg	Zürich	22. Juli	1933
[321]	Pauli an Heisenberg	Zürich	25. Juli	1933
[322]	Bohr an Pauli (dän.) (MSD)	Kopenhagen	25. August	1933
[323]	Pauli an Heisenberg	Zürich	29. September	1933
[324]	Pauli an Heisenberg	Zürich	30. September	1933
[325]	Heisenberg an Pauli	Leipzig	7. Oktober	1933
[326]	Heisenberg an Pauli	Leipzig	6. November	1933
[327]	Pauli an Heisenberg (1. Brief)	Zürich	8. November	1933
[328]	Pauli an Heisenberg (2. Brief)	Zürich	9. November	1933
[329]	Pauli an Heisenberg (3. Brief)	Zürich	9. November	1933
[330]	Pauli an Heisenberg	Zürich	11. November	1933
[331]	Heisenberg an Pauli	Leipzig	12. November	1933
[332]	Pauli an Dirac	Zürich	14. November	1933
[333]	Pauli an Heisenberg	Zürich	14. November	1933
[334]	Pauli an Jaffé	Zürich	25. November	1933
[335]	Pauli an Dirac	Zürich	2. Dezember	1933
[336]	Pauli an Heisenberg	Zürich	11. Dezember	1933
[337]	Pauli an Born	Zürich	21. Dezember	1933
[338]	Pauli an Heisenberg	Zürich	7. Januar	1934
[339]	Heisenberg an Pauli	Leipzig	12. Januar	1934
[340]	Pauli an Heisenberg (PK)	Zürich	16. Januar	1934
[341]	Heisenberg an Pauli	Leipzig	18. Januar	1934
[342]	Pauli an Heisenberg (PK)	Zürich	19. Januar	1934
[343]	Pauli an Heisenberg (mit Anhang)	Zürich	21. Januar	1934
[344]	Heisenberg an Pauli	Leipzig	25. Januar	1934
[344a]	Pauli an Joliot	Zürich	26. Januar	1934
[345]	Pauli an Heisenberg	Zürich	27. Januar	1934
[346]	Pauli an Heisenberg (PK)	Zürich	27. Januar	1934
[347]	Heisenberg an Pauli	Leipzig	27. Januar	1934
[348]	Heisenberg an Pauli	Leipzig	29. Januar	1934
[349]	Pauli an Heisenberg	Zürich	30. Januar	1934
[349a]	Pauli an Joliot	Zürich	1. Februar	1934
[350]	Heisenberg an Pauli	Leipzig	5. Februar	1934
[351]	Pauli an Heisenberg	Zürich	6. Februar	1934
[352]	Pauli an Heisenberg	Zürich	7. Februar	1934
[353]	Heisenberg an Pauli	Leipzig	8. Februar	1934
[354]	Pauli an Heisenberg	Zürich	10. Februar	1934
[355]	Heisenberg an Pauli	Leipzig	13. Februar	1934
[356]	Pauli an Heisenberg	Zürich	13. Februar	1934
[357]	Bohr an Pauli (dän.) (MS)	Kopenhagen	15. Februar	1934
[358]	Heisenberg an Pauli	Leipzig	15. Februar	1934
[359]	Pauli an Heisenberg (mit Anhang)	Zürich	17. Februar	1934
[360]	Pauli an Heisenberg (PK)	Zürich	23. Februar	1934
[361]	Bohr an Pauli (dän.) (MS)	Kopenhagen	24. Februar	1934
[362]	Pauli an Heisenberg (PK)	Zürich	26. Februar	1934
[363]	Pauli an Heisenberg	Zürich	2. März	1934
[364]	Bohr an Pauli (dän.) (MS)	Kopenhagen	3. März	1934
[365]	Bohr an Pauli (dän.) (MS)	Kopenhagen	7. März	1934

[366]	Bohr an Pauli (dän.) (MS)	Kopenhagen	15. März	1934
[367]	Heisenberg an Pauli und Weisskopf	Leipzig	10. April	1934
[368]	Heisenberg an Pauli und Weisskopf	Leipzig	14. April	1934
[369]	Pauli an Heisenberg	Zürich	17. April	1934
[370]	Heisenberg an Pauli	Leipzig	19. April	1934
[370a]	Weisskopf an Heisenberg	Zürich	27. April	1934
[370b]	Weisskopf an Heisenberg	Zürich	1. Mai	1934
[370c]	Weisskopf an Heisenberg	Zürich	3. Mai	1934
[371]	Pauli an Dirac (engl.) (PK)	Zürich	15. Mai	1934
[371a]	Weisskopf an Heisenberg	Zürich	16. Mai	1934
[371b]	Pauli an Joliot	Zürich	4. Juni	1934
[372]	Heisenberg an Pauli und Weisskopf	Leipzig	8. Juni	1934
[373]	Pauli an Heisenberg	Zürich	14. Juni	1934
[374]	Heisenberg an Pauli	Leipzig	16. Juni	1934
[375]	Pauli an Heisenberg	Zürich	28. Juni	1934
[376]	Heisenberg an Pauli	Leipzig	11. Juli	1934
[377]	Pauli an Heisenberg	Zürich	16. Juli	1934
[378]	Pauli an Heisenberg	Zürich	25. Juli	1934
[379]	Heisenberg an Pauli	Leipzig	28. Juli	1934
[380]	Pauli an Kronig	Zürich	3. August	1934
[381]	Bohr an Pauli (dän.)	Tilsvilde	3. August	1934
[382]	Pauli an Born	Zürich	14. September	1934
[383]	Pauli an Heisenberg	Zürich	21. September	1934
[383a]	Weisskopf an Heisenberg	Zürich	21. September	1934
[383b]	Heisenberg an Weisskopf	Leipzig	2. Oktober	1934
[384]	Pauli an Heisenberg (MS)	Zürich	13. Oktober	1934
[384a]	Weisskopf an Heisenberg (MS)	Zürich	13. Oktober	1934
[385]	Heisenberg an Pauli und Weisskopf	Leipzig	23. Oktober	1934
[386]	Pauli an Heisenberg	Zürich	24. Oktober	1934
[387]	Weisskopf an Heisenberg	Zürich	24. Oktober	1934
[388]	Heisenberg an Pauli und Weisskopf	Leipzig	24. Oktober	1934
[389]	Pauli an Heisenberg (PK)	Zürich	25. Oktober	1934
[390]	Weisskopf und Pauli an Heisenberg	Zürich	26. Oktober	1934
[391]	Heisenberg an Pauli	Leipzig	28. Oktober	1934
	Jung an Pauli*	Zürich	29. Oktober	1934
[392]	Pauli an Heisenberg	Zürich	1. November	1934
[393]	Heisenberg an Pauli	Leipzig	4. November	1934
[394]	Pauli an Heisenberg	Zürich	7. November	1934
[395]	Heisenberg an Pauli	Leipzig	26. November	1934
[396]	Pauli an Heisenberg (PK)	Zürich	27. November	1934
[397]	Pauli an Heisenberg	Zürich	30. November	1934
[398]	Pauli an Heisenberg	Zürich	3. Dezember	1934
[399]	Pauli an Heisenberg (PK)	Zürich	11. Dezember	1934
[400]	Heisenberg an Pauli	Leipzig	12. Dezember	1934
[401]	Pauli an Heisenberg	Zürich	16. Dezember	1934
[402]	Heisenberg an Pauli	Leipzig	1. Februar	1935
[403]	Pauli an Heisenberg	Zürich	9. Februar	1935
[404]	Pauli an Sommerfeld	Zürich	12. Februar	1935

* Nicht in der Edition. Vgl. C.G. Jung: Briefe. Erster Band 1906–1945. Herausgegeben von A. Jaffé in Zusammenarbeit mit G. Adler, Olten und Freiburg i.Br. 1972. Dort S. 226–228.

[405]	Heisenberg an Pauli	Leipzig	22. März	1935
[406]	Pauli an Kronig	Zürich	5. April	1935
[407]	Heisenberg an Pauli (mit Anlage)	Leipzig	25. April	1935
[408]	Heisenberg an Pauli	Leipzig	29. April	1935
[409]	Heisenberg an Pauli	Leipzig	12. Mai	1935
[410]	Heisenberg an Pauli	Leipzig	30. Mai	1935
[411]	Casimir an Pauli	Leiden	Mitte	1935
[411 a]	Pauli an Peierls	Zürich	13. Juni	1935
[412]	Pauli an Heisenberg	Zürich	15. Juni	1935
[413]	Schrödinger an Pauli	Dublin	Anfang Juli	1935
[414]	Heisenberg an Pauli	Leipzig	2. Juli	1935
[415]	Pauli an Schrödinger	Zürich	9. Juli	1935
[416]	Pauli an Klein	Zürich	17. Juli	1935
[417]	Pauli an Klein	Zürich	18. Juli	1935
[418]	Pauli an Klein	Am Bodensee	8. August	1935
[419]	Pauli an Klein	Zürich	20. August	1935
[420]	Pauli an Klein	Zürich	21. August	1935
[421]	Pauli an Klein	Zürich	7. September	1935
[422]	Pauli an Kronig	Princeton	20. November	1935
[423]	Heisenberg an Pauli	Leipzig	20. November	1935
[423 a]	Pauli an Franck (PK)	New York	25. November	1935
[424]	Bethe an Pauli	Ithaca	7. Dezember	1935
[425]	Bethe an Pauli	Ithaca	13. Dezember	1935
[426]	Heisenberg an Pauli	Leipzig	18. Februar	1936
[427]	Pauli an Wentzel	Princeton	24. Februar	1936
[428]	Heisenberg an Pauli	Leipzig	23. Mai	1936
[429]	Heisenberg an Pauli	Leipzig	26. Mai	1936
[430]	Heisenberg an Pauli	Leipzig	30. Mai	1936
[431]	Bohr an Pauli (dän.)	Kopenhagen	6. Juni	1936
[432]	Pauli an Heisenberg	Zürich	9. Juni	1936
[433]	Heisenberg an Pauli	Leipzig	11. Juni	1936
[434]	Pauli an Kronig und Jordan (PK)	Zürich	14. September	1936
[435]	Pauli an Heisenberg	Zürich	26. Oktober	1936
[436]	Heisenberg an Pauli	Leipzig	29. Oktober	1936
[437]	Heisenberg an Pauli	Leipzig	31. Oktober	1936
[438]	Heisenberg an Pauli	Leipzig	1. November	1936
[439]	Pauli an Heisenberg (PK)	Zürich	4. November	1936
[440]	Heisenberg an Pauli	Leipzig	7. November	1936
[441]	Pauli an Heisenberg	Zürich	9. November	1936
[442]	Pauli an Heisenberg (PK)	Zürich	9. November	1936
[443]	Heisenberg an Pauli	Leipzig	12. November	1936
[444]	Pauli an Heisenberg (PK)	Zürich	14. November	1936
[445]	Pauli an Kemmer (PK)	Zürich	14. November	1936
[446]	Heisenberg an Pauli	Leipzig	16. November	1936
[447]	Pauli an Heisenberg (PK)	Zürich	18. November	1936
[448]	Pauli an Kemmer	Zürich	18. November	1936
[449]	Heisenberg an Pauli	Leipzig	19. November	1936
[450]	Pauli an Heisenberg (PK)	Zürich	20. November	1936
[451]	Pauli an Heisenberg (PK)	Zürich	20. November	1936
[452]	Pauli an Kemmer	Zürich	20. November	1936
[453]	Heisenberg an Pauli (PK)	Leipzig	22. November	1936

[454]	Pauli an Heisenberg	Zürich	24. November 1936
[455]	Heisenberg an Pauli	Leipzig	26. November 1936
[456]	Pauli an Heisenberg	Zürich	6. Dezember 1936
[457]	Pauli an Sommerfeld	Zürich	6. Dezember 1936
[458]	Heisenberg an Pauli	Leipzig	7. Dezember 1936
[459]	Pauli an Heisenberg	Zürich	13. Dezember 1936
[460]	Pauli an Kemmer (PK)	Zürich	15. Dezember 1936
[461]	Heisenberg an Pauli	Leipzig	18. Dezember 1936
[462]	Pauli an Heisenberg (PK)	Zürich	21. Dezember 1936
[463]	Heisenberg an Pauli	Leipzig	16. Januar 1937
[464]	Pauli an Heisenberg	Zürich	19. Januar 1937
[465]	Heisenberg an Pauli (mit Anhang)	Leipzig	21. Januar 1937
[466]	Heisenberg an Pauli (PK)	Leipzig	27. Januar 1937
[467]	Pauli an Heisenberg	Zürich	30. Januar 1937
[468]	Heisenberg an Pauli	Leipzig	2. Februar 1937
[469]	Heisenberg an Pauli (PK)	Leipzig	4. Februar 1937
[470]	Pauli an Heisenberg	Zürich	5. Februar 1937
[471]	Heisenberg an Pauli	Leipzig	14. Februar 1937
[472]	Pauli an Heisenberg	Zürich	10. März 1937
[473]	Heisenberg an Pauli	Leipzig	26. April 1937
[474]	Pauli an Heisenberg	Zürich	2. Mai 1937
[475]	Pauli an Uhlenbeck (PK)	Zürich	4. Juni 1937
[476]	Pauli an Heisenberg	Zürich	10. Juni 1937
[477]	Heisenberg an Pauli	Leipzig	12. Juni 1937
[478]	Pauli an Heisenberg	Zürich	14. Juni 1937
[479]	Heisenberg an Pauli	Leipzig	17. Juni 1937
[480]	Pauli an Weisskopf	Zürich	20. Juli 1937
[481]	Pauli an Weisskopf	Zürich	3. August 1937
[481 a]	Pauli an Klein	Zürich	9. August 1937
[482]	Pauli an Bohr	Zürich	31. August 1937
[483]	Peierls an Pauli	Birmingham	12. Oktober 1937
[484]	Pauli an Peierls	Zürich	15. Oktober 1937
[485]	Pauli an Peierls	Zürich	25. November 1937
[486]	Pauli an Peierls (PK)	Zürich	7. Dezember 1937
[487]	Pauli an Epstein	Zürich	10. Dezember 1937
[487 a]	Pauli an Weisskopf	Zürich	13. Januar 1938
[488]	Pauli an Bohr	Zürich	11. Februar 1938
[489]	Pauli an Heisenberg (PK)	Zürich	22. Februar 1938
[490]	Pauli an Kemmer	Zürich	28. Februar 1938
[491]	Pauli an Kemmer	Zürich	5. März 1938
[492]	Pauli an Heisenberg	Zürich	10. März 1938
[493]	Heisenberg an Pauli	Leipzig	12. März 1938
[494]	Pauli an Heisenberg	Cambridge	15. März 1938
[495]	Pauli an Peierls	Cambridge	19. März 1938
[496]	Peierls an Pauli (MSD)	Birmingham	24. März 1938
[497]	Heisenberg an Pauli (MS)	Leipzig	5. April 1938
[498]	Pauli an Heisenberg	Zürich	11. April 1938
[499]	Heisenberg an Pauli (MS)	Leipzig	14. April 1938
[500]	Pauli an Peierls	Zürich	18. April 1938
[501]	Pauli an Heisenberg	Zürich	21. April 1938
[502]	Peierls an Pauli (MSD)	Birmingham	23. April 1938

[503]	Pauli an Peierls	Zürich	27. April	1938
[504]	Heisenberg an Pauli	Leipzig	4. Mai	1938
[505]	Pauli an Heisenberg	Zürich	10. Mai	1938
[506]	Heisenberg an Pauli	Leipzig	14. Mai	1938
[507]	Peierls an Pauli (MSD)	Birmingham	14. Mai	1938
[508]	Pauli an Peierls (PK)	Zürich	21. Mai	1938
[509]	Pauli an Sommerfeld	Zürich	22. Mai	1938
[510]	Heisenberg an Pauli	Leipzig	23. Mai	1938
[511]	Pauli an Peierls	Zürich	25. Mai	1938
[511]	Pauli an Peierls	Zürich	25. Mai	1938
[512]	Pauli an Heisenberg	Zollikon-Zürich	28. Mai	1938
[513]	Peierls an Pauli (MSD)	Birmingham	3. Juni	1938
[514]	Pauli an Peierls	Zürich	9. Juni	1938
[515]	Pauli an Uhlenbeck	Zürich	9. Juli	1938
[516]	Heisenberg an Pauli	Fischen i.Allg.	15. Juli	1938
[517]	Pauli an Peierls	Zürich	18. Juli	1938
[518]	Pauli an Rubinowicz	Zürich	22. Juli	1938
[519]	Peierls an Pauli (MSD)	z.Z. Milton Farm	24. Juli	1938
[520]	Uhlenbeck an Pauli	Utrecht	Juli	1938
[521]	Pauli an Uhlenbeck	Zürich	27. Juli	1938
[522]	Pauli an Heisenberg	Zollikon-Zürich	15. August	1938
[523]	Pauli an Wentzel	Zürich	18. August	1938
[524]	Pauli an Epstein	Zollikon-Zürich	21. August	1938
[525]	Pauli an Rubinowicz	Zürich	31. August	1938
[526]	Peierls an Pauli	Birmingham	31. August	1938
[527]	Pauli an Einstein	Zürich	6. September	1938
[528]	Pauli an Hecke	Zollikon-Zürich	7. September	1938
[529]	Pauli an Peierls (PK)	Brüssel	10. September	1938
[530]	Einstein an Pauli (MSD)	Princeton	September	1938
[531]	Heisenberg an Pauli (MS)	Fischen i.Allg.	14. September	1938
[532]	Pauli an Heisenberg	Zollikon-Zürich	19. September	1938
[533]	Pauli an Kemmer	Zürich	14. Oktober	1938
[534]	Pauli an Hecke	Zollikon-Zürich	20. Oktober	1938
[535]	Pauli an Dirac (engl.)	Zürich	11. November	1938
[536]	Pauli an Dirac (engl.)	Zürich	17. November	1938
[537]	Pauli an Dirac (engl.) (MS)	Zürich	26. November	1938
[537a]	Pauli an Sommerfeld	Zollikon-Zürich	2. Dezember	1938
[538]	Sommerfeld an Pauli	München	1. Januar	1939
[539]	E. Sommerfeld an Pauli	München	1. Januar	1939
[540]	Pauli an Dirac (engl.)	Zürich	15. Februar	1939
[541]	Kemmer an Pauli	London	6. April	1939
[542]	Pauli an Kemmer	Zürich	9. April	1939
[543]	Kemmer an Pauli	London	12. April	1939
[544]	Pauli an Kemmer	Zürich	15. April	1939
[545]	Pauli an Kemmer (PK)	Zürich-Zollikon	16. April	1939
[546]	Heisenberg an Pauli	Leipzig	20. April	1939
[547]	Kemmer an Pauli	London	20. April	1939
[548]	Pauli an Kemmer	Zürich	23. April	1939
[549]	Heisenberg an Pauli	Leipzig	23. April	1939
[550]	Pauli an Wentzel	Zürich	24. April	1939

Nachtrag zu Band I, 1919-1929

[182a]	Pauli an Rohn	Hamburg	2. Februar	1928
[191a]	Debye an Pauli (Rundschreiben)	Leipzig	23. April	1928
[202a]	Pauli an Debye (PK)	Zürich	14. Juli	1928
[203b]	Debye an Pauli	Leipzig	16. Juli	1928
[216a]	Pauli an Bohr (Telegramm)	Zürich	1. März	1929
[217a]	Pauli an Bohr (Telegramm)	Zürich	März	1929
[218a]	Pauli an Bonhoeffer (PK)	Wien	25. März	1929

6. Alphabetisches Verzeichnis der Korrespondenten 1930–1939

Briefe *von* Pauli sind durch P gekennzeichnet. In runden Klammern die Anzahl der Briefe *von* Pauli

Bethe 2 (0)

1) [424] 7. Dezember 1935
2) [425] 13. Dezember 1935

Bhabha 1 (1)

1) P [554] 4. Mai 1939

Blackett 1 (1)

1) P [307] 19. April 1933

Bohr 14 (2)

1) [270] 21. März 1931
2) [274] 27. April 1931
3) [285] 8. Dezember 1931
4) [305] 25. Januar 1933
5) [322] 25. August 1933
6) [357] 15. Februar 1934
7) [361] 24. Februar 1934
8) [364] 3. März 1934
9) [365] 7. März 1934
10) [366] 15. März 1934
11) [381] 3. August 1934
12) [431] 6. Juni 1936
13) P [482] 31. August 1937
14) P [488] 11. Februar 1938

Born 3 (3)

1) P [337] 21. Dezember 1933
2) P [382] 14. September 1934
3) P [587] 24. Dezember 1939

Casimir 1 (0)

1) [411] Mitte 1935

Coster 1 (1)

1) P [251] 19. September 1930

Dirac 16 (16)

1) P [273] 21. April 1931
2) P [292] 11. September 1932
3) P [297] 10. November 1932
4) P [298] 15. November 1932
5) P [306] 10. April 1933
6) P [308] 1. Mai 1933
7) P [309] 13. Mai 1933
8) P [332] 14. November 1933
9) P [335] 2. Dezember 1933
10) P [371] 15. Mai 1934
11) P [535] 11. November 1938
12) P [536] 17. November 1938
13) P [537] 26. November 1938
14) P [540] 15. Februar 1939
15) P [564] 12. Mai 1939
16) P [575] 18. Juli 1939

Ehrenfest 12 (7)

1) P [249] 25. August 1930
2) [271] 25. März 1931
3) P [284] 28. Oktober 1932
4) P [294] 26. Oktober 1931
5) [295] 31. Oktober 1932
6) [296] 6. November 1932
7) P [299] 15. November 1932
8) P [300] 24. November 1932
9) [301] 28. November 1932
10) [302] 2. Dezember 1932
11) P [303] 5. Dezember 1932
12) P [313] Mitte 1933

Einstein 4 (2)

1) [288] 22. Januar 1932
2) P [315] 16. Juli 1933
3) P [527] 6. September 1938
4) [530] September 1938

Epstein 2 (2)

1) P [487] 10. Dezember 1937
2) P [524] 21. August 1938

Franck 1 (1)

1) P [423a] 25. November 1935

Goudsmit 4 (3)

1) P [272] 17. April 1931
2) P [277] 20. Mai 1931
3) [278] 29. Mai 1931
4) P [282] 18. August 1931

Hecke 2 (2)

1) P [528] 7. September 1938
2) P [534] 20. Oktober 1938

Heckmann 1 (0)

1) [290] 13. Mai 1932

Heisenberg 170 (83)

1) [243] 18. Februar 1930
2) [245] 3. Juni 1930
3) [247] 13. Juni 1930
4) [257] 1. Dezember 1930
5) [258] 1. Dezember 1930
6) [260] 5. Dezember 1930
7) [262] 12. Dezember 1930
8) [264] 26. Januar 1931
9) [269] 12. März 1931
10) P [304] 18. Januar 1933
11) P [311] 2. Juni 1933
12) P [312] 16. Juni 1933
13) P [314] 14. Juli 1933
14) [316] 17. Juli 1933
15) P [318] 19. Juli 1933
16) [319] 21. Juli 1933
17) P [320] 22. Juli 1933
18) P [321] 25. Juli 1933
19) P [323] 29. September 1933
20) P [324] 30. September 1933
21) [325] 7. Oktober 1933
22) [326] 6. November 1933
23) P [327] 8. November 1933
24) P [328] 9. November 1933
25) P [329] 9. November 1933
26) P [330] 11. November 1933
27) [331] 12. November 1933
28) P [333] 14. November 1933
29) P [336] 11. Dezember 1933
30) P [338] 7. Januar 1934
31) [339] 12. Januar 1934
32) P [340] 16. Januar 1934
33) [341] 18. Januar 1934
34) P [342] 19. Januar 1934
35) P [343] 21. Januar 1934
36) [344] 25. Januar 1934
37) P [345] 27. Januar 1934
38) P [346] 27. Januar 1934
39) [347] 27. Januar 1934
40) [348] 29. Januar 1934
41) P [349] 30. Januar 1934
42) [350] 5. Februar 1934
43) P [351] 6. Februar 1934
44) P [352] 7. Februar 1934
45) [353] 8. Februar 1934
46) P [354] 10. Februar 1934
47) [355] 13. Februar 1934
48) P [356] 13. Februar 1934
49) [358] 15. Februar 1934
50) P [359] 17. Februar 1934
51) P [360] 23. Februar 1934
52) P [362] 26. Februar 1934
53) P [363] 2. März 1934
54) [367] 10. April 1934
55) [368] 14. April 1934
56) P [369] 17. April 1934
57) [370] 19. April 1934
58) [372] 8. Juni 1934
59) P [373] 14. Juni 1934
60) [374] 16. Juni 1934
61) P [375] 28. Juni 1934
62) [376] 11. Juli 1934
63) P [377] 16. Juli 1934
64) P [378] 25. Juli 1934
65) [379] 28. Juli 1934
66) P [383] 21. September 1934
67) [383b] 2. Oktober 1934
68) P [384] 13. Oktober 1934
69) [385] 23. Oktober 1934
70) P [386] 24. Oktober 1934
71) [387] 24. Oktober 1934
72) P [388] 24. Oktober 1934
73) P [389] 25. Oktober 1934
74) [390] 26. Oktober 1934
75) [391] 28. Oktober 1934
76) P [392] 1. November 1934
77) [393] 4. November 1934
78) P [394] 7. November 1934
79) [395] 26. November 1934
80) P [396] 27. November 1934
81) P [397] 30. November 1934
82) P [398] 3. Dezember 1934

83) P [399] 11. Dezember 1934
84) [400] 12. Dezember 1934
85) P [401] 16. Dezember 1934
86) [402] 1. Februar 1935
87) P [403] 9. Februar 1935
88) [405] 22. März 1935
89) [407] 25. April 1935
90) [408] 29. April 1935
91) [409] 12. Mai 1935
92) [410] 30. Mai 1935
93) P [412] 15. Juni 1935
94) [414] 2. Juli 1935
95) [423] 20. November 1935
96) [426] 18. Februar 1936
97) [428] 23. Mai 1936
98) [429] 26. Mai 1936
99) [430] 30. Mai 1936
100) P [432] 9. Juni 1936
101) [433] 11. Juni 1936
102) P [435] 26. Oktober 1936
103) [436] 29. Oktober 1936
104) [437] 31. Oktober 1936
105) [438] 1. November 1936
106) P [439] 4. November 1936
107) [440] 7. November 1936
108) P [441] 9. November 1936
109) P [442] 9. November 1936
110) [443] 12. November 1936
111) P [444] 14. November 1936
112) [446] 16. November 1936
113) P [447] 18. November 1936
114) [449] 19. November 1936
115) P [450] 20. November 1936
116) P [451] 20. November 1936
117) [453] 22. November 1936
118) P [454] 24. November 1936
119) [455] 26. November 1936
120) P [456] 6. Dezember 1936
121) [458] 7. Dezember 1936
122) P [459] 13. Dezember 1936
123) [461] 18. Dezember 1936
124) P [462] 21. Dezember 1936
125) [463] 16. Januar 1937
126) P [464] 19. Januar 1937
127) [465] 21. Januar 1937
128) [466] 27. Januar 1937
129) P [467] 30. Januar 1937
130) [468] 2. Februar 1937
131) [469] 4. Februar 1937
132) P [470] 5. Februar 1937
133) [471] 14. Februar 1937
134) P [472] 10. März 1937
135) [473] 26. April 1937
136) P [474] 2. Mai 1937
137) P [476] 10. Juni 1937
138) [477] 12. Juni 1937
139) P [478] 14. Juni 1937
140) [479] 17. Juni 1937
141) P [489] 22. Februar 1938
142) P [492] 10. März 1938
143) [493] 12. März 1938
144) P [494] 15. März 1938
145) [497] 5. April 1938
146) P [498] 11. April 1938
147) [499] 14. April 1938
148) P [501] 21. April 1938
149) [504] 4. Mai 1938
150) P [505] 10. Mai 1938
151) [506] 14. Mai 1938
152) [510] 23. Mai 1938
153) P [512] 28. Mai 1938
154) [516] 15. Juli 1938
155) P [522] 15. August 1938
156) [531] 14. September 1938
157) P [532] 19. September 1938
158) [546] 20. April 1939
159) [549] 23. April 1939
160) P [551] 27. April 1939
161) [552] 1. Mai 1939
162) P [562] 11. Mai 1939
163) [567] 19. Mai 1939
164) [569] 8. Juni 1939
165) P [570] 10. Juni 1939
166) [571] 12. Juni 1939
167) P [577] 7. August 1939
168) [578] 14. August 1939
169) [579] 24. August 1939
170) P [580] 29. August 1939

Jaffé 7 (6)

1) P [250] 18. September 1930
2) P [252] 1. Oktober 1930
3) [253] 5. Oktober 1930
4) P [254] 11. Oktober 1930
5) P [255] 17. November 1930
6) P [256] 20. November 1930
7) P [334] 25. November 1933

Jauch 3 (3)

1) P [568] 28. Mai 1939
2) P [576] 18. Juli 1939
3) P [584] 1. November 1939

Joliot 3 (3)

1) P [344a] 26. Januar 1934
2) P [349a] 1. Februar 1934
3) P [371b] 4. Juni 1934

Jung 1 (0)

1) 29. Oktober 1934

Kemmer 30 (20)

1) P [445] 14. November 1936
2) P [448] 18. November 1936
3) P [452] 20. November 1936
4) P [460] 15. Dezember 1936
5) P [490] 28. Februar 1938
6) P [491] 5. März 1938
7) P [533] 14. Oktober 1938
8) [541] 6. April 1939
9) P [542] 9. April 1939
10) [543] 12. April 1939
11) P [544] 15. April 1939
12) P [545] 16. April 1939
13) [547] 20. April 1939
14) P [548] 23. April 1939
15) [553] 2. Mai 1939
16) P [555] 5. Mai 1939
17) P [556] 8. Mai 1939
18) [557] 8. Mai 1939
19) P [558] 9. Mai 1939
20) [559] 9. Mai 1939
21) [560] 9. Mai 1939
22) P [561] 10. Mai 1939
23) [563] 11. Mai 1939
24) P [565] 13. Mai 1939
25) [566] 17. Mai 1939
26) P [572] 13. Juni 1939
27) P [573] 27. Juni 1939
28) [574] 2. Juli 1939
29) P [581] 29. August 1939
30) P [585] 24. November 1939

Klein 11 (11)

1) P [242] 10. Februar 1930
2) P [243a] 10. März 1930
3) P [261] 12. Dezember 1930
4) P [263] 8. Januar 1931
5) P [416] 17. Juli 1935
6) P [417] 18. Juli 1935
7) P [418] 8. August 1935
8) P [419] 20. August 1935
9) P [420] 21. August 1935
10) P [421] 7. September 1935
11) P [481a] 9. August 1937

Kronig 4 (4)

1) P [380] 3. August 1934
2) P [406] 5. April 1935
3) P [422] 20. November 1935
4) P [434] 14. September 1936

Meitner 4 (4)

1) P [248] 1. August 1930
2) P [259] 4. Dezember 1930
3) P [287] 11. Januar 1932
4) P [291] 29. Mai 1932

Millikan 4 (2)

1) [266] 7. Februar 1931
2) P [267] 11. März 1931
3) [275] 28. April 1931
4) P [276] 4. Mai 1931

Peierls 28 (19)

1) P [279] 1. Juli 1931
2) P [280] 1. Juli 1931
3) P [281] 3. Juli 1931
4) P [283] 29. September 1931
5) P [286] 12. Dezember 1931
6) P [289] 24. März 1932
7) P [293] 24. Oktober 1932
8) P [310] 22. Mai 1933
9) [317] 17. Juli 1933
10) [411a] 13. Juni 1935
11) [483] 12. Oktober 1937
12) P [484] 15. Oktober 1937
13) P [485] 25. November 1937
14) P [486] 7. Dezember 1937
15) P [495] 19. März 1938
16) [496] 24. März 1938
17) P [500] 18. April 1938
18) [502] 23. April 1938
19) P [503] 27. August 1938
20) [507] 14. Mai 1938
21) P [508] 21. Mai 1938
22) P [511] 25. Mai 1938
23) [513] 3. Juni 1938
24) P [514] 9. Juni 1938
25) P [517] 18. Juli 1938
26) [519] 24. Juli 1938

27)		[526]	31. August 1938
28)	P	[529]	10. September 1938

Rubinowicz 2 (2)

1)	P	[518]	22. Juli 1938
2)	P	[525]	31. August 1938

Schlick 2 (2)

1)	P	[246]	10. Juni 1930
2)	P	[265]	5. Februar 1931

Schrödinger 4 (3)

1)	P	[268]	11. März 1931
2)		[413]	Anfang Juli 1935
3)	P	[415]	9. Juli 1935
4)	P	[583]	4. Oktober 1939

A. Sommerfeld 7 (5)

1)		[247a]	24. Juni 1930
2)	P	[404]	12. Februar 1935
3)	P	[457]	6. Dezember 1936
4)	P	[509]	22. Mai 1938
5)	P	[537a]	2. Dezember 1938
6)		[538]	1. Januar 1939
7)	P	[582]	29. August 1939

E. Sommerfeld 1 (0)

1)		[539]	1. Januar 1939

Stueckelberg 1 (0)

1)		[586]	17. Dezember 1939

Sugiura 1 (0)

1)		[244]	30. März 1930

Uhlenbeck 4 (3)

1)	P	[475]	4. Juni 1937
2)	P	[515]	9. Juli 1938
3)		[520]	Juli 1938
4)	P	[521]	27. Juli 1938

Weisskopf 11 (3)

1)		[370a]	27. April 1934
2)		[370b]	1. Mai 1934
3)		[370c]	3. Mai 1934
4)		[371a]	16. Mai 1934
5)		[383a]	21. September 1934
6)		[348a]	13. Oktober 1934
7)		[387]	24. Oktober 1934
8)		[390]	26. Oktober 1934
9)	P	[480]	20. Juli 1937
10)	P	[481]	3. August 1937
11)	P	[487a]	13. Januar 1938

Wentzel 3 (3)

1)	P	[427]	24. Februar 1936
2)	P	[523]	18. August 1938
3)	P	[550]	14. April 1939

Nachtrag zu Band I, 1919-1929

Bohr 2 (2)

1)	P	[216a]	1. März 1929
2)	P	[217a]	März 1929

Bonhoeffer 1 (1)

1)	P	[218a]	25. März 1929

Debye 4 (2)

1)		[191a]	23. April 1928
2)	P	[202a]	30. Juni 1928
3)	P	[203a]	14. Juli 1928
4)		[203b]	16. Juli 1928

Epstein 1 (1)

1)	P	[23b]	1. September 1922

Rohn 4 (4)

1)	P	[173a]	11. November 1927
2)	P	[176a]	6. Dezember 1927
3)	P	[180a]	28. Januar 1928
4)	P	[182a]	2. Februar 1928

Scherrer 1 (1)

1)	P	[175a]	26. November 1927

Sommerfeld 1 (0)

1)		[118a]	3. Februar 1926

Schlick 1 (1)

1)	P	[23a]	21. August 1922

Thirring 1 (1)

1)	P	[7a]	30. Juni 1920

7. Personenregister

8. Sachwortregister

Berichtigungen zu Band I

Seite	falsch	richtig
XXXIII, 12. Z. v. u.	wir	wie
XXXVIII, 21. Z. v. u.	Ralf	Ralph
XLIII, 3. Z. v. u.	funtionale	funktionale
35, 8. Z. v. u.	–	Pauli war eigenen Angaben zufolge „planmäßiger Assistent“ am Göttinger physikalischen Institut. (Vgl. Paulis Personalakte an der Hamburgischen Universität.)
57, 16. Z. v. o.	H^i	H_i
59, 12. Z. v. u.	HCL	HCl
65, 7. 10. Z. v. U.	Leibzig	Leipzig
69, 2. Z. v. u.	angelangt, ..., handelt es hier	anbelangt, ..., handelt es sich hier
133, 5. Z. v. u.	$s(s+1)$.	$s(s+1))$.
141, 10. Z. v. u.	den	der
143, 5. Z. v. o.	angehendere	eingehendere
156, 2. Z. v. u.	nich[t]	noch
188	Die Fußnote* gehört auf S. 189.	
212, 4. Z. v. u.	e	l
217, 18. Z. v. o.	ganze Zeile streichen!	
234, 8. Z. v. o.	sie	Sie
274, 11. Z. v. u.	[112]	[114]
275, 13. Z. v. o.	$\frac{12\,h}{2\pi}$	$\frac{1}{2}\frac{h}{2\pi}$
278, 22. Z. v. o.	abhängig	unabhängig
278, 13. Z. v. u.	[118 I]	[118]
289, 11. Z. v. o.	Nodell	Modell
290, 9. Z. v. u.	die zwei	die von zwei
319, 3. u. 4. Z. v. u.	[An-schlußes][e]	[An-schlußes][1]
320, 22. Z. v. o.	Störungstheori	Störungstheorie
324, 12. Z. v. o.	Poilletsche	Pouilletsche

Seite	falsch	richtig
328, 14. Z. v. o.	due	die
329, 11. Z. v. o.	des letzten Briefes [135]	des Briefes [134]
335, 12. Z. v. o.	Artikels.	Artikels.[i]
335, 5. Z. v. u.	(1926)	(1927)
338, 8. Z. v. u.	Die	[c]Die
341, 13. Z. v. u.	Theori	Theorie
357, 20. Z. v. o.	September	Oktober
377, 18. Z. v. u.	chrakteristisch	charakteristisch
393, 3. u. 4. Z. v. o.	**93**	**43**
400, 1. Z. v. u.	[205]	[206]
459, 9. Z. v. u.	kritischen	kinetischen
512, 3. Z. v. u.	viel kleiner	*viel kleiner*
518, 9. Z. v. o.	**11**	**3**
539, 14. Z. v. u.	[42]	[142]
544, 1. Z. v. o.	Elektronentruppen	Elektronengruppen
562, 4. Z. v. u.	Jankov	Jakov
568, 23. Z. v. u.	Cadium	Cadmium
572, 5. Z. v. u.	Poillet-	Pouillet-
572, 21. Z. v. u.	Fehlern	Feldern
574, 8. Z. v. o.	Rutherforsche	Rutherfordsche

G. de Rham

Differentiable Manifolds

Forms, Currents, Harmonic Forms

Translated from the French by F. R. Smith
Introduction to the English Edition by S. S. Chern
1984. X, 167 Seiten. (Grundlehren der mathematischen Wissenschaften, Band 266)
ISBN 3-540-13463-8

Contents: Introduction. - Notions About Manifolds. - Differential Forms. - Currents. - Homologies. - Harmonic Forms. - Bibliography. - Subject Index. - List of Notation.

Georges de Rham's classic work on **Differentiable Manifolds** is at last available in English translation. As S. S. Chern writes in his foreword (which also goes on to describe the development of the field since the appearance of the French edition):
"Professor de Rham's book is an introduction to differentiable manifolds. Its main objective seems to be the first detailed proof, different from Hodge-Weyl, of Hodge's fundamental theorem. It must have given him great pleasure in writing the book, for Hodge theory is a natural culmination of the de Rham theory...
Modern developments in the general area of "elliptic operators in manifolds", such as the index theory and the spectral theory, have raced way beyond the content of this book. I believe, however that in this enthusiasm for new results a mathematician will be well-advised to stop at this landmark, where he will have a lot to learn both on the mathematics and on the mathematical style."
For all mathematicians, from the beginning graduate student to the active researcher, this coherent exposition of the theory of 'differential forms' on a 'manifold' and 'harmonic forms' on a 'Riemannian space' will be a welcome and frequently utilized reference.

Springer-Verlag
Berlin
Heidelberg
New York
Tokyo

Errata

Sources in the History of Mathematics and Physical Sciences **2**,
Wolfgang Pauli, Wissenschaftlicher Briefwechsel, **Band I**
ISBN 3-540-08962-4
Springer Verlag New York Heidelberg Berlin 1979

Seite	falsch	richtig
XXXIII, 12. Z. v. u.	wir	wie
XXXVIII, 21. Z. v. u.	Ralf	Ralph
XLIII, 3. Z. v. u.	funtionale	funktionale
35, 8. Z. v. u.	–	Pauli war eigenen Angaben zufolge „planmäßiger Assistent" am Göttinger physikalischen Institut. (Vgl. Paulis Personalakte an der Hamburgischen Universität.)
57, 16. Z. v. o.	H^i	H_i
59, 12. Z. v. u.	HCL	HCl
65, 7. 10. Z. v. U.	Leibzig	Leipzig
69, 2. Z. v. u.	angelangt, ..., handelt es hier	anbelangt, ..., handelt es sich hier
133, 5. Z. v. u.	$s(s+1)$.	$s(s+1))$.
141, 10. Z. v. u.	den	der
143, 5. Z. v. o.	angehendere	eingehendere
156, 2. Z. v. u.	nich[t]	noch
188	Die Fußnote* gehört auf S. 189.	
212, 4. Z. v. u.	e	l
217, 18. Z. v. o.	ganze Zeile streichen!	
234, 8. Z. v. o.	sie	Sie
274, 11. Z. v. u.	[112]	[114]
275, 13. Z. v. o.	$\frac{12h}{2\pi}$	$\frac{1}{2}\frac{h}{2\pi}$
278, 22. Z. v. o.	abhängig	unabhängig
278, 13. Z. v. u.	[118 I]	[118]
289, 11. Z. v. o.	Nodell	Modell
290, 9. Z. v. u.	die zwei	die von zwei
319, 3. u. 4. Z. v. u.	[An-schlußes][e]	[An-schlußes][1]
320, 22. Z. v. o.	Störungstheori	Störungstheorie
324, 12. Z. v. o.	Poilletsche	Pouilletsche

Seite	falsch	richtig
328, 14. Z. v. o.	due	die
329, 11. Z. v. o.	des letzten Briefes [135]	des Briefes [134]
335, 12. Z. v. o.	Artikels.	Artikels.[i]
335, 5. Z. v. u.	(1926)	(1927)
338, 8. Z. v. u.	Die	[c]Die
341, 13. Z. v. u.	Theori	Theorie
357, 20. Z. v. o.	September	Oktober
377, 18. Z. v. u.	chrakteristisch	charakteristisch
393, 3. u. 4. Z. v. o.	**93**	**43**
400, 1. Z. v. u.	[205]	[206]
459, 9. Z. v. u.	kritischen	kinetischen
512, 3. Z. v. u.	viel kleiner	*viel kleiner*
518, 9. Z. v. o.	**11**	**3**
539, 14. Z. v. u.	[42]	[142]
544, 1. Z. v. o.	Elektronentruppen	Elektronengruppen
562, 4. Z. v. u.	Jankov	Jakov
568, 23. Z. v. u.	Cadium	Cadmium
572, 5. Z. v. u.	Poillet-	Pouillet-
572, 21. Z. v. u.	Fehlern	Feldern
574, 8. Z. v. o.	Rutherforsche	Rutherfordsche

MIX
Papier aus verantwortungsvollen Quellen
Paper from responsible sources
FSC® C105338

If you have any concerns about our products, you can contact us on
ProductSafety@springernature.com

In case Publisher is established outside the EU, the EU authorized representative is:
Springer Nature Customer Service Center GmbH
Europaplatz 3, 69115 Heidelberg, Germany

Printed by Libri Plureos GmbH
in Hamburg, Germany